Ökologie und Ökologische Biochemie

Gerd-Joachim Krauß · Felix Bärlocher

Ökologie und Ökologische Biochemie

Allgemeine Prinzipien und Grundlagen

Gerd-Joachim Krauß
Institut für Biochemie und Biotechnologie
Martin Luther Universität Halle-Wittenberg
Halle (Saale), Deutschland

Felix Bärlocher
Department of Biology
Mount Allison University
Sackville, Canada

ISBN 978-3-662-70585-8   ISBN 978-3-662-70586-5   (eBook)
https://doi.org/10.1007/978-3-662-70586-5

Die Deutsche Nationalbibliothek verzeichnet diese Publikation in der Deutschen Nationalbibliografie; detaillierte bibliografische Daten sind im Internet über https://portal.dnb.de abrufbar.

© Der/die Herausgeber bzw. der/die Autor(en), exklusiv lizenziert an Springer-Verlag GmbH, DE, ein Teil von Springer Nature 2025
Das Werk einschließlich aller seiner Teile ist urheberrechtlich geschützt. Jede Verwertung, die nicht ausdrücklich vom Urheberrechtsgesetz zugelassen ist, bedarf der vorherigen Zustimmung des Verlags. Das gilt insbesondere für Vervielfältigungen, Bearbeitungen, Übersetzungen, Mikroverfilmungen und die Einspeicherung und Verarbeitung in elektronischen Systemen.
Die Wiedergabe von allgemein beschreibenden Bezeichnungen, Marken, Unternehmensnamen etc. in diesem Werk bedeutet nicht, dass diese frei durch jede Person benutzt werden dürfen. Die Berechtigung zur Benutzung unterliegt, auch ohne gesonderten Hinweis hierzu, den Regeln des Markenrechts. Die Rechte des/der jeweiligen Zeicheninhaber*in sind zu beachten.
Der Verlag, die Autor*innen und die Herausgeber*innen gehen davon aus, dass die Angaben und Informationen in diesem Werk zum Zeitpunkt der Veröffentlichung vollständig und korrekt sind. Weder der Verlag noch die Autor*innen oder die Herausgeber*innen übernehmen, ausdrücklich oder implizit, Gewähr für den Inhalt des Werkes, etwaige Fehler oder Äußerungen. Der Verlag bleibt im Hinblick auf geografische Zuordnungen und Gebietsbezeichnungen in veröffentlichten Karten und Institutionsadressen neutral.

Illustrationen von Martin Lay

Planung/Lektorat: Stefanie Wolf
Springer Spektrum ist ein Imprint der eingetragenen Gesellschaft Springer-Verlag GmbH, DE und ist ein Teil von Springer Nature.
Die Anschrift der Gesellschaft ist: Heidelberger Platz 3, 14197 Berlin, Germany

Wenn Sie dieses Produkt entsorgen, geben Sie das Papier bitte zum Recycling.

Vorwort

Der Begriff Ökologie wurde im Jahr 1866 von Ernst Haeckel geprägt. Ursprünglich war Ökologie hauptsächlich eine deskriptive Wissenschaft. Es ging in erster Linie darum, das Vorkommen von Arten in verschiedenen Habitaten zu dokumentieren. Heute versteht man unter Ökologie jene naturwissenschaftliche Disziplin, die Wechselbeziehungen der Organismen untereinander und mit ihrer biotischen und abiotischen Umwelt untersucht. Dabei kann der Fokus auf Individuen (Autökologie), ihre Interaktionen (Synökologie), die Dynamik ihrer Populationen (Populationsökologie) oder auf die kollektiven Eigenschaften vieler Populationen (Ökosysteme, Biosphäre) gerichtet sein. Auf der Grundlage fundamentaler Kenntnisse aus Botanik, Zoologie und Mikrobiologie, einschließlich Genetik, Physiologie und Biochemie stützt sich die Ökologie auch auf Wissen aus Nachbardisziplinen wie Mathematik, Physik, Chemie, Geologie und Geografie. Die erfolgreiche Nutzung fachübergreifender Methoden und Erkenntnisse für die ökologische Betrachtungsweise der Natur als interaktives Netzwerk von Organismen in einer physikalisch-chemisch geprägten Umwelt wurde bereits durch Alexander von Humboldt (1769–1859) eindrücklich belegt.

Als wichtiger Link zwischen biochemischen Erkenntnissen und ökologischer Forschung erweist sich das Fachgebiet der Ökologischen Biochemie, das sich seit 30 Jahren durch Nutzung hochsensitiver chemisch-analytischer, molekularbiologischer und mikroskopischer Verfahren rasant entwickelt. Damit wird es immer besser möglich, die biochemisch-physiologische Flexibilität der Arten als entscheidenden Faktor für die Biodiversität und Strukturierung der Ökosysteme zu verstehen. Die chemische Signatur der Lebewesen ist bedeutsam für die Absicherung von Nahrungsressourcen über die Stoffkreisläufe und für die Kommunikation zwischen den Arten. Aus diesem Grund räumen wir in unserem Buch ökologisch-biochemischen Aspekten einen größeren Platz ein.

Eine wesentliche Grundlage ökologischer Forschung ist die Formulierung von Hypothesen, die durch Experimente geprüft werden. Wie in allen Naturwissenschaften gilt es, reproduzierbare, auf testbaren Hypothesen beruhende Daten zu sammeln. Diese Zielstellung wurde besonders dringlich mit der zunehmenden Erkenntnis, wie sehr das Wohlergehen und letzten Endes das Überleben der Menschheit von funktionierenden Ökosystemen abhängen und wie diese zunehmend vom Menschen beeinflusst und verändert werden. Besondere Herausforderungen ergeben sich aus den vielgestaltigen Vernetzungen zwischen Arten und Populationen in den Lebensräumen. Hinzu kommt, dass Experimente in der Ökologie oft schwierig oder aus praktischen und ethischen Gründen sogar unmöglich sind (z. B. induziertes Artensterben, planetenweite Experimente zum Klimawandel). Es ist wesentlich, solche Einschränkungen zur Kenntnis zu nehmen und der Versuchung zu widerstehen, aus Einzelstudien allgemein gültige Regeln abzuleiten. Deshalb gehört Grundlagenwissen über Statistik und mathematische Modellierung zum Methodenarsenal eines praktizierenden Ökologen.

In unserem Buch erörtern wir Ökologie als eine biologische Wissenschaft, für die die Aussage gilt: „Nichts in der Biologie ergibt einen Sinn außer im Licht der Evolution" (Theodosius Dobzhansky, 1900–1975). Alle evolutionären Veränderungen auf der Stufe des Individuums sind zunächst wertneutral und verursachen nicht zwingend eine höhere Effizienz oder Angepasstheit des Gesamtsystems, denn „die Natur kennt keinen Sollzustand" (Reichholf 2006). Die Auseinandersetzung mit der Umwelt führt zu einem Selektionsdruck auf Individuen und dadurch zu „erfolgreicheren" Lebensformen. Veränderungen einer Art beeinflussen die biotische Umwelt besonders für eng vernetzte Arten. Dadurch kann es zu Coevolution kommen als Ergebnis von gegenseitiger Anpassung zweier oder mehrerer Arten.

In der Umgangssprache wandelte sich der Begriff Ökologie in eine positive Norm und „ökologisch" gilt als ein erstrebenswertes Ziel. Das ist jedoch eine anthropozentrische Interpretation. Wissenschaftliche Ökologie kann zwar die Folgen unserer Aktionen voraussagen, nicht aber, was wir tun sollten. Dazu müssen alle möglichen Konsequenzen gegeneinander abgewogen werden. Die Bewertung kann auf ökonomischen, gesundheitlichen, pädagogischen, ethischen oder ästhetischen Zielen beruhen und hängt von unserer Prioritätensetzung ab.

Das Buch ist in vier Teile gegliedert:

- Teil I erörtert historische Wurzeln der Naturerkenntnis sowie die Entwicklung ökologischer Sichtweisen. Der Beginn von Ackerbau und Viehzucht als entscheidender Schritt in der Menschheitsgeschichte war mit Eingriffen in die Natur verbunden, die als Umweltveränderungen beobachtet und bewertet wurden. Der Text gibt eine Einführung in evolutionäres Denken und entsprechende Arbeitsweisen und erläutert grundlegende Begriffe, Aufgaben und Ziele der Ökologie. Es werden Modelle und Konzepte zur Dynamik einzelner Populationen und zu ihren Interaktionen in Ökosystemen sowie Befunde zur Artbildung und Biodiversität in den Erdzeitaltern vorgestellt. Einblicke in Energieflüsse, Nahrungsketten und Stoffkreisläufe schließen sich an.
- Teil II vermittelt biochemische Kenntnisse, die ökologisch relevant sind. Die Organismen entwickelten durch Evolution und Coevolution eine biochemische Diversität, die ihnen eine erfolgreiche Anpassung an wechselnde Umweltbedingungen in den unterschiedlichen Lebensräumen ermöglicht. Besondere Bedeutung kommt dabei spezialisierten Metaboliten als zelluläre Schutzstoffe sowie inner- und zwischenartliche Kommunikationsmittel zu. Einen Schwerpunkt legen wir auf Pflanzen, die durch ihre Standortbindung eine besonders flexible biochemische Adaptationsfähigkeit ausprägen müssen.
- Teil III beschreibt die großräumige Gliederung der Biosphäre. Terrestrische und aquatische Lebensräume werden dargestellt und bezüglich Struktur und Funktion miteinander verglichen.
- Teil IV thematisiert die Gefahren für die Natur und unseren Lebensraum durch Klimawandel, Veränderung der Biodiversität und Bevölkerungswachstum. Es werden Lösungsansätze für eine nachhaltige Vorsorge besprochen, wie Schutz der Ökosysteme und Artenvielfalt, eine schonende Ressourcennutzung sowie Renaturierungsmaßnahmen.

Unser Anliegen ist es, einen Einblick in die komplexen Fragestellungen der Ökologie und Ökologischen Biochemie zu geben. Dabei legen wir besonders Wert auf fachübergreifende Zusammenhänge.

Das Buch richtet sich an Studierende in Bachelor- und Masterstudiengängen wie Biologie, Ökologie, Pflanzenphysiologie, Biochemie, Mikrobiologie, Geografie, Land- und Forstwirtschaft sowie Umweltwissenschaften. Wir hoffen, dass das Buch auch von Interesse für Postgraduierte und Wissenschaftler ist, die in ökologisch-umweltwissenschaftlich orientierten Fachgebieten tätig sind.

Für die kritische Durchsicht von Kapiteln und wertvolle Hinweise danken wir sehr den Kollegen Prof. Bruno Streit, Goethe-Universität Frankfurt/Main, Prof. Heinz Brendelberger, Universität Kiel, Dr. Stefan Klotz, Umweltforschungszentrum Leipzig-Halle, Prof. Michael Wink, Universität Heidelberg, sowie Prof. Dietrich H. Nies und Axel Fläschendräger, Martin-Luther-Universität Halle-Wittenberg.

Verschiedene Personen haben uns freundlicherweise wertvolle Fotos zur Verfügung gestellt. Dabei gilt Herrn Axel Fläschendräger, Botanischer Garten der Martin-Luther-Universität, ein besonderer Dank.

Ganz herzlich danken wir Frau Stefanie Wolf und Frau Dr. Meike Barth vom Springer Spektrum Verlag für die ausgezeichnete Zusammenarbeit sowie Herrn Dr. Martin Lay für die sorgfältige Bearbeitung der Abbildungen.

Nicht zuletzt bedanken wir uns bei unseren Ehefrauen für die Unterstützung und Geduld während der Entstehung dieses Buchs.

Wir sind sehr dankbar für Kommentare und Hinweise aus der geschätzten Leserschaft.

Gerd-Joachim Krauß
Halle (Saale), Deutschland

Felix Bärlocher
Sackville, Canada

Inhaltsverzeichnis

I Ökologisches Grundwissen

1 Einführung: Mensch und Natur – eine konfliktreiche Wechselbeziehung 3
Felix Bärlocher
1.1 Ökologie – Naturwissenschaft und Weltanschauung 4
1.2 Das Gleichgewicht der Natur – ein uraltes Konzept 6
1.3 Das ökologische Gleichgewicht in heutiger Wissenschaft und Umweltschutz 7
1.4 Ökologische Eingriffe und Erkenntnisse der indigenen Einwohner und frühen Zivilisationen 7
1.4.1 Wie naturnah war Amazoniens Regenwald wirklich? 9
1.4.2 Wildnis – mit oder ohne Mensch? 9
1.4.3 Traditionelles Wissen – Stärken und Schwächen 9
1.5 Ökologie und Landwirtschaft 11
1.5.1 Frühe Anfänge 11
1.5.2 Schritte zu einer intensiven Landwirtschaft 12
1.5.3 Anthropozän oder Homogenozän? 12
1.6 Ökologische Ansätze der neueren Zeit 13
1.7 „Nichts in der Biologie ist sinnvoll, außer im Lichte der Evolution betrachtet" (Theodosius Dobzhansky, 1900–1975) 14
1.7.1 Frühe Hinweise auf Artensterben 14
1.7.2 Evolutionstheorie nach Darwin und Wallace 15
1.7.2.1 Die vier Postulate 15
1.7.2.2 Evolution als Tüftler 16
1.7.2.3 Proximate und ultimate Faktoren 17
1.7.2.4 Stufe der Selektion 17
1.7.2.5 Das Problem kooperativer Interaktionen 18
1.7.2.6 Genverwandtschaften 19
1.7.2.7 Reziproker Altruismus 19
1.7.2.8 Biofilme als Testfall für Darwins Evolutionstheorie 20
1.7.2.9 Artbildung und Biodiversität 22
1.7.2.10 Massenaussterben von Arten 23
Literatur 25

2 Wie Ökologen arbeiten 27
Felix Bärlocher
2.1 Ökologie und andere Naturwissenschaften 28
2.2 Datensammlung und Auswertung 29
2.2.1 Der hypothetisch-deduktive Ansatz 29
2.2.2 Der statistische Ansatz nach Thomas Bayes und Ronald A. Fisher 30
2.2.3 Wissenschaftliche Revolutionen (Paradigmenwechsel) 30
2.2.4 Wie wird Wissenschaft tatsächlich betrieben? 31
2.2.5 Experimente und Beobachtungen 31
2.2.6 Computermodelle und Big Data 31
Literatur 33

3 Individuen und Populationen 35
Felix Bärlocher
3.1 Biodiversität – eine Bestandsaufnahme 36
3.1.1 Wie viele Arten gibt es? 36
3.1.2 Vielfalt auf verschiedenen geografischen Skalen 39
3.1.3 Die Arten-Areal-Kurve 40

3.1.4	Inselbiogeografie	40
3.1.5	Evenness – wie gleichmäßig sind die Arten verteilt?	42
3.1.6	Biodiversität und ökologische Funktionen	44
3.2	**Wachstum der Populationen**	45
3.2.1	Dichteunabhängiges, exponentielles Wachstum	45
3.2.2	Dichteabhängiges, logistisches Wachstum	46
3.2.2.1	Lebensstrategien (*r*- vs. *K*-Strategien)	46
3.2.2.2	Verzögerte Rückkopplung, Stochastizität und Chaos	47
3.2.3	Altersstruktur und Demografie	47
3.2.4	Angewandte Populationsökologie – maximaler, nachhaltiger Ertrag	49
3.3	**Zwischenartliche Wechselbeziehungen**	50
3.3.1	Positive, negative und neutrale Interaktionen	50
3.3.2	Konkurrenz zwischen zwei Arten	52
3.3.3	Räuber-Beute-Beziehungen	54
3.3.4	Mutualismus	55
3.3.5	Parasitismus	56
	Literatur	57
4	**Von paarweisen Wechselbeziehungen zu Ökosystemen**	59
	Felix Bärlocher	
4.1	**Gause'sches Exklusionsprinzip im Labor und in der Natur**	61
4.1.1	Metapopulationen – offene vs. geschlossene Systeme	61
4.1.2	Dynamik der Populationen – Gleichgewicht vs. Ungleichgewicht	61
4.2	**Die ökologische Nische**	64
4.2.1	Nische als *n*-dimensionaler Hyperraum	64
4.2.2	Nischenbreite und Nischenüberlappung	65
4.2.3	*Character displacement* und *character release*	66
4.2.4	Realisierte Artenzusammensetzung in Biozönosen – Auffüllen von Nischen oder Würfelspiel?	68
4.2.5	Struktur vs. Funktionen	68
4.3	**Das Zusammenspiel vieler Arten**	69
4.3.1	Ökosysteme	69
4.3.2	Leben in Netzwerken	69
4.3.3	Energiefluss und Nahrungsketten	71
4.3.4	Die Rolle von Parasiten und Pathogenen	73
4.3.5	Herbivoren- und Detritusnahrungsketten	74
4.3.6	Stoffkreisläufe	74
4.3.6.1	Biogeochemische Zyklen	74
4.3.6.2	Wasserkreislauf	75
4.3.6.3	Kohlenstoffkreislauf	77
4.3.6.4	Stickstoffkreislauf	77
4.3.6.5	Phosphorkreislauf	80
4.3.6.6	Schwefelkreislauf	81
4.3.7	Schlüsselarten, Ökosystemingenieure und trophische Kaskaden	84
4.4	**Die Grüne-Welt-Hypothese**	85
4.5	**Ökologische Dienstleistungen und Gesundheit eines Ökosystems**	87
4.6	**Metabolische Theorie und ökologische Stöchiometrie**	90
4.7	**Biodiversität und ökologische Stabilität**	91
4.7.1	Was ist ökologische Stabilität?	91
4.7.2	Strukturelle Aspekte	91
4.7.3	Funktionale Aspekte	92
	Literatur	93

II Zusammen leben – Chemie und Biochemie prägen das ökologische Netzwerk

5	**Grundlegendes über den Stoffwechsel der Organismen**	99
	Gerd-Joachim Krauß	
5.1	Organismen benötigen die zelluläre Organisation	100
5.1.1	Prokaryotisches und eukaryotisches Leben	100
5.1.2	Die eukaryotische Zelle – biochemische Strukturierung in Kompartimenten	103
5.1.2.1	Biomembranen, Zellwände, Cytoskelett	103
5.1.2.2	Das eukaryotische Organellennetzwerk und seine physiologisch-biochemische Relevanz	106
5.2	Stoffwechselwege und Energiewandlung	109
5.2.1	Das Wasser – molekulare Eigenschaften und physiologische Bedeutung	109
5.2.2	Metabolismus und Energie	110
5.2.3	Die biologische Oxidation	113
5.2.3.1	Glykolyse	113
5.2.3.2	Tricarbonsäurezyklus und Atmungskette	114
5.3	Die autotrophe CO_2-Verwertung durch Pflanzen	116
5.3.1	Die Kompartimentierung der Leistungen und der Einfluss der Umwelt	116
5.3.2	Photosynthese	118
5.3.2.1	Photochemische Reaktionen	118
5.3.2.2	Calvin-Zyklus	120
5.3.3	Photorespiration	123
5.3.4	C_4-Pflanzen	124
5.3.5	CAM-Pflanzen	126
5.4	Spezialisierte Metaboliten – ökobiochemisch relevante Stoffwechselprodukte	129
5.4.1	Evolution und Bedeutung	129
5.4.2	Diversität in Struktur und Funktion	134
5.4.3	Flüchtige Metaboliten – eine spezielle Chemodiversität	138
	Literatur	140
6	**Was gebraucht wird und manchmal Stress auslöst**	145
	Gerd-Joachim Krauß	
6.1	Strategien zur Stressbewältigung	146
6.2	Licht und Schatten	151
6.3	Reaktive Sauerstoffspezies	153
6.4	Wasserverfügbarkeit	155
6.4.1	Wasserstress und Osmolyte	155
6.4.2	Hohe Temperatur und Trockenheit	157
6.4.3	Niedrige Temperatur und Gefrierschutz	162
6.4.4	Hoher Salzgehalt	165
6.4.5	Wasserüberschuss	169
6.5	Essenzielle Elemente und der besondere Umgang mit Metallen	171
6.6	Feuer als Stressor	178
6.7	Leben unter hohem Druck	181
	Literatur	183
7	**Mikrobielles Leben in Biofilmen**	189
	Gerd-Joachim Krauß	
7.1	Struktur, Genese und Funktionalität	190
7.2	Mikrobielle Gemeinschaften in terrestrischen Lebensräumen	192
7.2.1	Biofilme im Boden und im tiefen kontinentalen Untergrund	192
7.2.2	Biofilme in der Rhizosphäre und Phyllosphäre von Pflanzen	193

7.3	**Biofilme im aquatischen Lebensraum**	194
7.3.1	Ozeane	194
7.3.2	Süßwasser	198
7.4	**Mikrobielle Aerosole in der Atmosphäre**	198
7.5	**Biofilme in Tieren**	198
7.6	**Mikrobiom des Menschen**	199
	Literatur	201
8	**Pflanzen im engen Kontakt mit Bakterien und Pilzen**	**203**
	Gerd-Joachim Krauß	
8.1	**Symbiosen – Leben im nützlichen Verbund**	204
8.1.1	Die Assimilation von Luftstickstoff – Bakterien und Pflanzen	204
8.1.2	Mykorrhiza – Pilze und Pflanzen	208
8.2	**Flechten – Pilze, Algen und Bakterien**	210
8.3	**Biologische Krusten**	212
8.4	**Phytopathogene Mikroorganismen und pflanzliche Abwehr**	215
	Literatur	220
9	**Wechselwirkungen zwischen Pflanzen**	**223**
	Gerd-Joachim Krauß	
9.1	**Allelopathie – Konkurrenz wird signalisiert**	224
9.2	**Parasitische Pflanzen – Leben auf Kosten anderer**	227
	Literatur	229
10	**Pflanze-Tier- Wechselbeziehungen**	**231**
	Gerd-Joachim Krauß	
10.1	**Blüten, Früchte, Samen – Mutualismus mit Tieren**	232
10.1.1	Pflanzen und Bestäubung	232
10.1.2	Optische Signale – Morphologie und Farbe	234
10.1.3	Olfaktorische Signale	238
10.1.4	Nährsubstanzen – Pollen, Nektar, Öl	240
10.1.5	Früchte und Samen	242
10.2	**Carnivore Pflanzen – Locken, Fangen und Verdauen**	244
10.3	**Pflanzen, Ameisen und Termiten– ein besonderes Verhältnis**	251
10.3.1	Die biotische Umwelt der Ameisen	251
10.3.2	Myrmecophile Pflanzen mit Domatien	253
10.3.3	Ameisen und Termiten kultivieren Pilze	254
10.4	**Herbivorie und pflanzliche Abwehr**	258
10.4.1	Pflanzen und Herbivoren im coevolutionären Kontext	258
10.4.2	Konstitutive physikalische Abwehr	259
10.4.3	Konstitutive chemische Abwehr	261
10.4.4	Induzierte chemische Abwehr	267
10.4.5	Gallen, eine spezielle Form herbivoren Lebens	271
10.5	**Algen in mutualistischer Beziehung mit Tieren**	274
10.5.1	Algen als Symbiosepartner von wirbellosen Tieren	274
10.5.2	Algengärten bei Wirbeltieren	277
	Literatur	278
11	**Kommunikation zwischen Tieren**	**283**
	Gerd-Joachim Krauß	
11.1	**Pheromone und innerartlicher Informationsaustausch**	284
11.1.1	Biochemische Diversität und Sensorik	284
11.1.2	Sexualpheromone	284
11.1.3	Aggregations- und Alarmpheromone	286
11.1.4	Pheromone eusozialer Insekten	290

11.2	**Farben, Muster und Licht**	291
11.2.1	Farbgebung und innerartliche Bedeutung	291
11.2.2	Warnung und Tarnung	295
11.2.3	Biolumineszenz	298
11.3	**Schutz und chemische Abwehr**	302
11.3.1	Konstitutive Abwehr	302
11.3.2	Induzierte Abwehr	305
	Literatur	307

III Ein ökologischer Blick aufs Ganze

12	**Terrestrische Lebensräume**	315
	Felix Bärlocher	
12.1	**Der Boden – ein ökologischer Schlüsselraum**	316
12.1.1	Struktur und Profil	316
12.1.2	Böden als Grundlage des terrestrischen Lebens	317
12.1.3	Das Edaphon	319
12.1.4	Die Rhizosphäre – ein Hotspot ökologischer Funktionen und mikrobieller Biodiversität	320
12.1.5	Das Phytomikrobiom und der Holobiont	321
12.1.6	Trophische Strukturen	322
12.2	**Klima und Biome**	324
12.3	**Die neun Zonobiome und ihre Vegetation**	326
12.3.1	Äquatoriale Zone – tropischer Regenwald	326
12.3.2	Tropisch-subtropische Zone – tropischer Laubwald oder Savanne	328
12.3.3	Subtropisch-tropische Zone – heiße Halbwüsten und Vollwüsten	329
12.3.4	Mediterran – Hartlaubgehölzvegetation	329
12.3.5	Warmgemäßigt – gemäßigter, immergrüner Wald (Lorbeerwald)	331
12.3.6	Nemoral – sommergrüner Wald	331
12.3.7	Arid-gemäßigt kontinental – Steppen bis Wüsten	332
12.3.8	Boreal – borealer Nadelwald	333
12.3.9	Polar – baumfreie Tundravegetation	334
12.4	**Alpines Orobiom – Hochgebirge**	335
12.5	**Inselberge**	336
	Literatur	337
13	**Aquatische Lebensräume**	339
	Felix Bärlocher	
13.1	**Grundlegende Unterschiede zwischen aquatischen und terrestrischen Lebensräumen**	340
13.1.1	Physikalische und chemische Umweltfaktoren	340
13.1.1.1	Dichte und Viskosität	340
13.1.1.2	Wärmeeigenschaften	341
13.1.1.3	Die Bipolarität des Wassermoleküls	341
13.1.1.4	Im Wasser gelöste Gase und Stoffe	342
13.1.1.5	Das Strahlungsklima im Wasser	343
13.1.1.6	Der Wärmehaushalt in Seen und Flüssen	343
13.2	**Gliederung aquatischer Lebensbezirke – Pelagial und Benthal**	345
13.2.1	Nahrungsnetze im Pelagial – Plankton, mikrobielle Schleife, viraler Shunt, Mykoloop	345
13.2.2	Nahrungsnetze im Meeresbenthal	347
13.2.2.1	Mangroven	347
13.2.2.2	Salzmarschen	349
13.2.2.3	Korallenriffe	349

13.2.3	Nahrungsnetze im Süßwasserbenthal	349
13.2.3.1	Marschen	349
13.2.3.2	Fließgewässer	350
	Literatur	355

IV   Unsere Umwelt – Gefährdung und nachhaltige Vorsorge

14	**Wie wir unsere Umwelt beeinflussen**	359
	Felix Bärlocher	
14.1	**Frühgeschichte des Menschen**	361
14.2	**Das Bevölkerungswachstum fordert heraus**	361
14.2.1	Zugang zu mehr Ressourcen erlaubt größere Populationen	361
14.2.2	Bevölkerungszuwachs – eine Malthusianische Katastrophe?	362
14.2.3	Das demografische Übergangsmodell	363
14.2.4	Die Zukunft – weiteres Wachstum, Erreichen einer stabilen Population oder Kolonisierung des Mars?	364
14.2.5	Absolute Bevölkerungszahlen und die IPAT-Gleichung	365
14.2.6	Energiesklaven und der ökologische Fußabdruck	365
14.3	**Willkommen im neuen Erdzeitalter!**	365
14.3.1	Das Anthropozän	365
14.3.2	Bald mehr Plastik als Fische in den Weltmeeren?	366
14.3.3	Urbanisierung	368
14.4	**Der Klimawandel beeinflusst die gesamte Biosphäre**	370
14.4.1	Wetter, Witterung und Klima	370
14.4.2	Atmosphäre und Klimawandel	370
14.4.3	Treibhausgase und Temperaturanstieg	372
14.5	**Die Bedrohung von Lebensräumen und Artenvielfalt**	373
14.6	**Artensterben und Klimawandel**	374
14.7	**Artensterben in ausgewählten Gruppen**	375
14.7.1	Wirbeltiere	375
14.7.2	Wirbellose Tiere	375
14.7.3	Mikroorganismen	375
14.7.4	Bedrohung der Tierwelt in Deutschland	377
14.8	**Eingewanderte Arten können Probleme bringen**	377
14.8.1	Was unterscheidet invasive von nichtinvasiven Arten?	378
14.8.2	Emergente Krankheiten	379
14.8.3	Invasive Pflanzen	380
14.8.4	Biodiversität und Invasion von Inselökosystemen	381
14.8.5	Nutzen und Schaden gebietsfremder Arten	383
14.9	**Biologische und chemische Kontrolle von Schädlingen – notwendig, aber riskant**	384
14.9.1	Von der Wild- zur Kulturpflanze	384
14.9.2	Optimierung der Photosynthese	385
14.9.3	Pflanzenschutzmittel	386
14.9.4	Biologische Schädlingsbekämpfung	387
14.9.5	Ökologische Landwirtschaft	387
14.10	**Gentechnisch veränderte Organismen machen Sorgen**	388
14.10.1	Was sind GVOs?	388
14.10.2	Die grüne Revolution mit Gentechnik	389
14.10.3	Ökologische Konsequenzen der Gentechnik	390
	Literatur	390

15	**Naturschutz, Umweltschutz und Nachhaltigkeit – was wir tun müssen**	393
	Felix Bärlocher	
15.1	**Vermeidung und Abschwächung zukünftiger Schäden**	394
15.1.1	Ein Schlüsselbegriff – Nachhaltigkeit	394
15.1.2	MIPS – Materialintensität pro Serviceeinheit	395
15.2	**Anthropogenes CO_2**	395
15.2.1	Quellen	395
15.2.2	Fossile vs. alternative Energiequellen	396
15.2.3	Schadensverminderung	397
15.2.4	Anpassungsmaßnahmen	398
15.2.5	Umweltbewusstes Verhalten des Einzelnen	399
15.2.6	Psychologie des Umweltschutzes – Rebound-Effekte und moralische Lizenzierung	400
15.3	**Anthropogene Beanspruchung von globaler Nettoprimärproduktion und Gesamtfläche**	400
15.3.1	Half-Earth-Proposal	401
15.3.2	Kreislaufwirtschaft	402
15.4	**Was Naturschutz bedeutet**	403
15.4.1	Was soll geschützt werden?	403
15.4.2	Artenschutz	404
15.4.3	Lebensraumschutz (Biotopschutz)	406
15.4.4	Management der Schutzgebiete	406
15.4.5	Naturschutzgebiete als Museen oder als dynamische Systeme	408
15.4.6	Renaturierungsökologie	409
15.4.7	Naturschutzgebiete enthalten dynamische, sich stets entwickelnde und ändernde Systeme	412
15.4.8	Moderner Naturschutz – pragmatisch definierte Ziele und Kompromisse	414
15.4.9	Internationale Konventionen zum Schutz der Biodiversität und nachhaltiger Nutzung	416
	Literatur	418

Serviceteil
Stichwortverzeichnis 423

Ökologisches Grundwissen

» „Natur ist nicht ein Platz zum Besuchen; sie ist ein Zuhause."
„Nature is not a place to visit; it is home." (Gary Snyder)

Inhaltsverzeichnis

Kapitel 1 Einführung: Mensch und Natur – eine konfliktreiche Wechselbeziehung – 3
Felix Bärlocher

Kapitel 2 Wie Ökologen arbeiten – 27
Felix Bärlocher

Kapitel 3 Individuen und Populationen – 35
Felix Bärlocher

Kapitel 4 Von paarweisen Wechselbeziehungen zu Ökosystemen – 59
Felix Bärlocher

Einführung: Mensch und Natur – eine konfliktreiche Wechselbeziehung

Felix Bärlocher

Inhaltsverzeichnis

1.1 Ökologie – Naturwissenschaft und Weltanschauung – 4

1.2 Das Gleichgewicht der Natur – ein uraltes Konzept – 6

1.3 Das ökologische Gleichgewicht in heutiger Wissenschaft und Umweltschutz – 7

1.4 Ökologische Eingriffe und Erkenntnisse der indigenen Einwohner und frühen Zivilisationen – 7
1.4.1 Wie naturnah war Amazoniens Regenwald wirklich? – 9
1.4.2 Wildnis – mit oder ohne Mensch? – 9
1.4.3 Traditionelles Wissen – Stärken und Schwächen – 9

1.5 Ökologie und Landwirtschaft – 11
1.5.1 Frühe Anfänge – 11
1.5.2 Schritte zu einer intensiven Landwirtschaft – 12
1.5.3 Anthropozän oder Homogenozän? – 12

1.6 Ökologische Ansätze der neueren Zeit – 13

1.7 „Nichts in der Biologie ist sinnvoll, außer im Lichte der Evolution betrachtet" (Theodosius Dobzhansky, 1900–1975) – 14
1.7.1 Frühe Hinweise auf Artensterben – 14
1.7.2 Evolutionstheorie nach Darwin und Wallace – 15

Literatur – 25

Ökologie als biologische Wissenschaft untersucht Beziehungen zwischen Organismen und deren belebter und unbelebter Umwelt. Für den Menschen fungieren gewisse Funktionen unserer Umwelt als überlebenswichtige Dienstleistungen (▶ Abschn. 4.5). Umgekehrt hat der Mensch insbesondere seit der Einführung der Viehwirtschaft und Agrikultur entscheidend in natürliche Abläufe eingegriffen, indem er Nützlinge förderte und Schädlinge bekämpfte (▶ Abschn. 14.8). Dienstleistungen, Nützlinge und Schädlinge sind anthropozentrische Begriffe und eine strikte Abgrenzung zwischen Mensch und Natur ist wissenschaftlich nicht sinnvoll. Der Begriff Natur steht jedoch weiterhin für all das, was nicht direkt vom Menschen geschaffen wurde. Heute ist der anthropogene Einfluss auf Ökosysteme so groß, dass ein neues, vom Menschen geprägtes Zeitalter, das Anthropozän, vorgeschlagen wurde (Vince 2016; ▶ Abschn. 1.5.3 und 14.3). Allerdings wird es noch nicht als offizieller geologischer Zeitabschnitt anerkannt.

Städte sind häufig Hotspots der Evolution, die Basis aller biologischen Wissenschaften (▶ Abschn. 1.7) und urbane Ökologie (Stadtökologie) ist von wachsendem Interesse (▶ Abschn. 14.3.3). Der Mensch wird zu einem wichtigen Selektionsfaktor direkt durch Beseitigung oder Hinzufügung von Arten und indirekt durch Schaffung neuer Umweltbedingungen.

In der Alltagssprache wird der Begriff Ökologie oft mit einer Weltanschauungsweise verwechselt: eine idealisierte (unrealistische) Natur, weitgehend abgeschirmt vor menschlichen Eingriffen, wird als Vorbild für Nachhaltigkeit und effizienten Umgang mit Ressourcen dargestellt. Damit verknüpft ist oftmals die Annahme, dass die Natur einem „Superorganismus" vergleichbar sei, der sich ohne menschliche Eingriffe in einem „Gleichgewicht" befindet (▶ Abschn. 4.7). Solche Vorstellungen lassen sich bis mindestens in die Antike zurückverfolgen, spielen in der aktuellen Forschung aber kaum eine Rolle.

Symbiosen (enges Zusammenleben zweier verschiedener Organismen) und andere kooperative Beziehungen innerhalb und zwischen Arten sind weit verbreitet (▶ Abschn. 1.7.2.5, 1.7.2.7, 3.3.4 und 8.1). Am überzeugendsten lassen sie sich als Ergebnis natürlicher Selektion für einen reziproken Altruismus interpretieren (▶ Abschn. 1.7.2.7). Interaktionspartner optimieren ihre eigenen Interessen; häufig bedeutet das gegenseitige Kooperation. Wenn sich der Kontext verändert, schlägt die Beziehung oft in einseitige Ausbeutung um.

1.1 Ökologie – Naturwissenschaft und Weltanschauung

Wichtige ökologische Sichtweisen auf die Natur hat Alexander von Humboldt (1769–1859) begründet und dauerhaft geprägt. Am Ende des 18. Jahrhunderts unternahm er lange Entdeckerreisen durch Mittel- und Südamerika. Ein Reiseziel war im Jahre 1802 der Berg Chimborazo (Höhe: 6263 m) im heutigen Ecuador, den er mit seinem Gefährten, dem Botaniker Bonpand, bis auf eine Höhe von ca. 5900 m bestieg. Ausgestattet mit neuesten Geräten ermittelte Humboldt zahlreiche physikalische Daten wie Höhe, Position (Breite und Länge), Luftfeuchtigkeit, Temperatur, Bläue des Himmels. Akribisch sammelte, entdeckte und bestimmte er Pflanzen in den höhenabhängigen Vegetationszonen. Dabei korrelierte er physikalische Parameter mit dem Vorkommen von Biota, insbesondere Pflanzen.

Ökologie, abgeleitet von *oikos* (Haus, Haushalt) und *logos* (Lehre), also „Lehre vom Haushalt", ist heute eine wissenschaftliche Teildisziplin der Biologie. Geprägt und popularisiert wurde der Begriff durch den deutschen Biologen Ernst Haeckel (1834–1919). Haeckel wurde in seiner Forschungsarbeit und Denkweise maßgeblich durch Humboldt und Darwin geprägt. Er übernahm Humboldts und Darwins Anschauung von komplexen Wechselwirkungen in der Natur.

In seiner ursprünglichen Definition von 1866 versteht Haeckel unter Ökologie „die gesamte Wissenschaft von den Beziehungen des Organismus zur umgebenden Außenwelt. Diese sind teils organischer, teils anorganischer Natur". Der Schwerpunkt liegt hier auf dem Verhalten und der Physiologie des Individuums. Etwas später legte Haeckel die Betonung auf die „Lehre von der Ökonomie (von *oikos* und *nomos*, Gesetz), von dem Haushalt der tierischen Organismen", womit er eher auf emergente, holistische Eigenschaften eines Ökosystems (Nahrungskreisläufe, Energiefluss) hinweist. Heute versteht man unter Ökologie die Wissenschaft der Wechselbeziehungen der Organismen untereinander und mit ihrer Umwelt, wobei der Fokus auf Individuen (Autökologie), ihre Interaktionen (Synökologie), die Dynamik ihrer Populationen (Populationsökologie), emergente bzw. kollektive Eigenschaften eines Ökosystems oder die gesamte Biosphäre gerichtet sein kann. Das ist natürlich ein sehr weites Gebiet und die meisten Wissenschaftler spezialisieren sich, z. B. in Bezug auf die Organismengruppe (Tier-, Pflanzen-, Mikrobenökologie mit weiteren Unterteilungen wie z.

B. Insekten- oder Säugerökologie), die untersuchte Stufe (Autökologie, Synökologie, Ökosystemforschung), den Lebensraum (terrestrische Ökologie, Gewässerökologie) oder angewandte Methoden (beschreibend, experimentell, theoretisch). Eine ausführliche Kategorisierung findet man in Wittig und Streit (2004).

Aus der Vielfalt der relevanten Methoden, Arten und Standorte folgt, dass erfolgreiche Forschung häufig multidisziplinär sein muss. Wegen der Bedeutung natürlicher Prozesse für die menschliche Existenz (▶ Abschn. 4.5) sind ökologische Erkenntnisse auch für die Sozialwissenschaften (Ökonomie, Soziologie, Psychologie) relevant.

In unserem Buch werden wir Ökologie im ursprünglichen, naturwissenschaftlichen Sinne behandeln und zeigen, wie uns ihre Erkenntnisse helfen können, mögliche Folgen unseres Handelns auf unsere Umwelt abzuschätzen. Es ist uns jedoch bewusst, dass dieser Begriff in der Alltagssprache anders aufgefasst wird. „Ökologisch" wird häufig als Synonym für „naturschonend" oder „nachhaltig" verwendet. Einerseits steckt dahinter die begründete Einsicht, dass viele Dienstleistungen der Natur wie Produktivität der Böden und Gewässer, Bestäubung der Pflanzen, Reinigung von Luft und Wasser, aber auch kulturelle und ästhetische Bereicherung für den Menschen überlebenswichtig sind oder zumindest unsere Lebensqualität entscheidend beeinflussen (▶ Abschn. 4.5). Zusätzlich wird angenommen, dass die Natur, oder Ökologie, als Vorbild für ethisches oder moralisches Verhalten dienen kann: Was natürlich (ökologisch) ist, ist gut. Diese Interpretation bezeichnet man als naturalistischen Fehlschluss (*naturalistic fallacy*). Wie wir sehen werden, gibt es in der Natur keine übergeordneten Mechanismen, die etwa die Stabilität, Effizienz oder Nachhaltigkeit eines Ökosystems gewährleisten. Reichholf (2006) drückte es wie folgt aus: „Die Natur kennt keinen Sollzustand." Ökologische Gesetzmäßigkeiten, die wir beobachten oder postulieren, werden am besten als ungeplante Konsequenzen von Interaktionen zwischen Individuen interpretiert, bei denen Eigennutz die treibende Kraft ist. Dabei kommt es oft zu Situationen, bei denen es sich für zwei oder mehrere Partner lohnt, zusammenzuarbeiten. Symbiosen und andere Formen von Kooperation sind deshalb in der Natur weit verbreitet (▶ Abschn. 1.7.2; Dawkins 2007; Wickler und Seibt 1981).

Der Begriff Ökologie ist in der heutigen Umweltdiskussion mehrdeutig geworden. Er wird u. a. für Empfindung, Wahrnehmung, Kognition, soziale und politische Beziehungen verwendet und verliert dabei zusehends seinen Bezug zur Natur.

Das Konzept der **Tiefenökologie** (*deep ecology*) wurde 1973 durch den norwegischen Philosophen Arne Naess eingeführt. Er setzt ihn als Gegensatz zu „oberflächlicher" Ökologie (*shallow ecology*), worunter er den Kampf gegen Verschmutzung und übermäßige Ausnutzung der Ressourcen versteht. Das Ziel der oberflächlichen Ökologie sei es, die Gesundheit und den Wohlstand der entwickelten Welt zu gewährleisten – sie wäre also anthropozentrisch. Tiefenökologie ist eine holistische Umweltphilosophie. Ihr Ziel ist ein Leben in der Harmonie mit der Natur. Jede Lebensform habe einen inneren Wert, unabhängig davon, ob sie für den Menschen nützlich oder schädlich sei. Nach Naess beansprucht der Mensch einen übergroßen Anteil der Biosphäre. Er schlägt deshalb eine Reduktion der Weltpopulation auf 100 Mio. Menschen vor.

Obwohl Tiefenökologie durch wissenschaftliche Studien beeinflusst wurde, geht sie darüber hinaus. Ein wichtiger Anstoß war Rachel Carsons Buch „Der stumme Frühling" (englischer Titel: „Silent Spring"), das 1962 erschien. Im Wesentlichen ging es darum, wie Pestizide (z. B. DDT) durch Nahrungsketten angereichert werden können und nicht nur in der Zielgruppe (z. B. Insekten) Schaden anrichten. Diese Einsicht wird oft verallgemeinert: „Alles ist mit allem verknüpft" (mehr darüber in ▶ Kap. 4). Eine große Rolle spielt in Carsons Buch das überholte Konzept eines ökologischen Gleichgewichts, das sich über Jahrmillionen eingespielt habe und durch den Menschen auf unverantwortliche Art und Weise gestört werde.

Östliche Religionen und Mythen und die Philosophie der amerikanischen Ureinwohner spielten ebenfalls eine wichtige Rolle bei der Entwicklung der Tiefenökologie. Naess und viele andere kritisieren die jüdisch-christliche Religion, die menschliche Arroganz gegenüber der Natur ermutige. Als Unterstützung wird häufig die folgende Stelle zitiert: „… und Gott sprach: Lasst uns Menschen machen, ein Bild, das uns gleich sei, die da herrschen über die Fische im Meer und über die Vögel unter dem Himmel und über das Vieh und über die ganze Erde und über alles Gewürm, da auf Erden kriecht" (Genesis 1:26).

Durch Tiefenökologie beeinflusste Bewegungen vertreten eine Umweltethik, bei der Schutz und Erhaltung der Biodiversität und natürlicher Ressourcen und Reduktion der menschlichen Bevölkerung im Vordergrund stehen. Mindestens in einer abgeschwächten Form erscheinen diese Ziele vielen erstrebenswert. Ökologie, strikt als Naturwissenschaft interpretiert (▶ Kap. 2), kann die Konsequenzen menschlicher Aktivitäten für Biodiversität und Ökosysteme zeigen. Welche dieser Konsequenzen wir als positiv oder negativ bewerten, sind jedoch politische und ethische Entscheidungen.

Für die Ökologie als biologische Naturwissenschaft gilt heute: „Nichts in der Biologie ist sinnvoll, außer im Lichte der Evolution betrachtet" (Dobzhansky 1973; ▶ Abschn. 1.7). Haeckel war ein früher und wichtiger

Vertreter von Darwins Ideen in Deutschland. Evolution durch natürliche Selektion bedeutete für ihn in erster Linie Kampf ums Dasein. Natürlich entstehen Komplikationen durch sexuelle Selektion und Gendrift (wovon Darwin noch nichts wusste) und „Kampf" kann auch Kooperation zwischen verschiedenen Individuen oder Arten beinhalten. Symbiosen sind weit verbreitet und beeinflussen maßgeblich die Entwicklung, Vernetzung und Stabilität der Ökosysteme (▶ Abschn. 1.7 und 12.1.5).

Obwohl Darwin und Haeckel den Kampf ums Dasein und damit das Entstehen neuer und das Aussterben alter Arten akzeptierten, hielten sie am Konzept eines biologischen Gleichgewichts fest und nahmen an, dass die Natur über lange Zeiträume gleich bleibt (womit in der Regel ein paar wenige menschliche Generationen gemeint sind).

1.2 Das Gleichgewicht der Natur – ein uraltes Konzept

Das klassische Weltbild der Ökologie wurde maßgeblich von der Physik beeinflusst. Sie nimmt an, dass sich die Natur in einer gewissen Harmonie (in einem Gleichgewicht) befindet. Diese Idee lässt sich mindestens bis zur Antike zurückverfolgen. Es wurde häufig mit dem Makrokosmos- bzw. Mikrokosmoskonzept und der großen Kette des Seins (*scala naturae*) verknüpft (siehe unten). Dabei wurden die Begriffe Gleichgewicht und Natur selten klar definiert und unkritisch auf andere Einheiten übertragen, z. B. auf Organismen, auf Funktionen und Biodiversität von Ökosystemen, auf tierische und menschliche Populationen etc. Der Einfluss und die Interpretation dieser Idee, von den Griechen bis zur Neuzeit, wurden von Egerton (1973) und McIntosh (1985) zusammengefasst.

Ökologisches oder biologisches Gleichgewicht im Sinne von Stabilität und Konstanz war in der Antike eine mehr oder weniger stillschweigende Voraussetzung. Allerdings gab es Opponenten: Theophrastus sah Unordnung im Universum und sagte, dass Ordnung bewiesen werden muss und nicht vorausgesetzt werden kann. Und von Heraklit stammt die berühmte Aussage: „Das einzig Beständige ist der Wandel."

Herodot von Halikarnassos fragte sich im 5. Jahrhundert v. Chr. konkret, wie jede biologische Art ihre Population konstanthalten kann. Seine Folgerung war, dass die göttliche Vorsehung die Arten mit verschiedenen Fortpflanzungsfähigkeiten ausgestattet habe. Räuberische Arten hätten in der Regel weniger Nachwuchs als ihre Beutetiere. So könnten sich die Trächtigkeitsperioden im Hasen überlappen (was stimmt), die Löwin pflanze sich nur ein einziges Mal in ihrem Leben fort (was falsch ist) und gebäre einen einzigen Nachkommen. Es verwundert, dass Herodot nicht einsah, dass dies unweigerlich zu einem raschen Aussterben des Löwen führen müsste. Insgesamt enthalten die Schriften von Herodot über die Natur die für die Antike übliche Mischung von Wahrheiten, Halbwahrheiten und Absurditäten. Ein wichtiger Fortschritt bestand allerdings darin, dass er versuchte, sich auf empirische Tatsachen zu stützen.

Im Gegensatz zu Herodot diskutierte Platon (428/427–348/347 v. Chr.) vorwiegend Theorien und Ideen. Er sah die Welt als etwas Lebendiges, das alle anderen Geschöpfe in sich enthält. Daraus lassen sich zwei wichtige und einflussreiche Vorstellungen ableiten: einerseits das Mikrokosmos- bzw. Makrokosmoskonzept, andererseits die Interpretation des Universums als koordinierter Superorganismus (Kosmos = Ordnung). Der Mensch wird als „kleine Welt" (Mikrokosmos) interpretiert, worin sich der Kosmos (Makrokosmos) spiegelt. Menschliche Organe und Gliedmaßen entsprächen verschiedenen Teilen des Universums. Andererseits ist das Universum durch eine Weltseele belebt – der Mensch und alle anderen Arten sind Organe dieses Superorganismus.

Diese Idee, dass sich grundlegende Strukturen auf verschiedenen Stufen wiederholen, hat eine gewisse Verwandtschaft mit Fraktalen. Viele natürliche Gebilde wie Bäume, Meeresküsten oder Wolken lassen sich mit ein paar einfachen Regeln aufbauen, die auf mehreren aufeinanderfolgenden Stufen identisch bleiben.

Aristoteles (384–322 v. Chr.) verwarf die Idee Platons, dass jedes mögliche Wesen oder Ding auch tatsächlich existieren muss. Andererseits taucht in seiner Philosophie der Begriff der Kontinuität auf. Die Übergänge zwischen unbelebter und belebter Natur und zwischen Pflanzen und Tieren stellte er sich als fließend vor. Ferner nahm er an, dass alle Tiere auf einer Stufenleiter (*scala naturae*) aufgereiht werden können, beruhend auf ihrem Grad der Vollkommenheit. Damit legte er die Grundlage zur Idee der großen Kette des Seins: Die Lebewesen können als eine immense Kette aufgereiht werden, wobei der Abstand zwischen den einzelnen Gliedern so gering wie möglich ist. Diese Idee hatte einen enormen Einfluss auf spätere Philosophen, Theologen, Dichter und indirekt auf Wissenschaftler. Es war nur ein kleiner Schritt zur Folgerung, dass jedes Glied auch nötig ist zur Vollkommenheit des Ganzen. Die bestmögliche Welt muss vollständig sein oder wie Alexander Pope schreibt:

> „From nature's chain whatever link you strike,
> Tenth or ten thousandth, breaks the chain alike."

Es ist deshalb besser, dass ein Tier getötet und gefressen werde, als dass es gar nicht existiere. Diversität war das wesentliche Merkmal des Vollkommenen oder, in der

Tat, der Existenz. Ein aufschlussreiches Beispiel wurde von Thomas von Aquin beschrieben: Ein Engel steht zweifelsohne auf einer höheren Stufe als ein Stein. Trotzdem sind zwei Engel nicht besser als ein Engel und ein Stein, da zwei verschiedene Naturen besser sind als zwei Individuen von der gleichen Natur oder Stufe. Die Vollkommenheit des Universums ist direkt verknüpft mit der Anzahl der verschiedenen Naturen, die es enthält – ein offensichtlicher Vorgänger der Idee, dass höhere Biodiversität etwas Wertvolles ist (▶ Abschn. 3.1).

1.3 Das ökologische Gleichgewicht in heutiger Wissenschaft und Umweltschutz

Im ursprünglichen Sinne befinden sich Ökosysteme oder die Natur als Ganzes dann im Gleichgewicht, wenn sie nach externen Störungen (z. B. durch menschliche Eingriffe) in den ursprünglichen Zustand zurückkehren. Damit verknüpft ist die Annahme, dass Populationen der verschiedenen Arten sich stets einer optimalen, stabilen Größe annähern.

Mindestens seit der modernen Interpretation von Fossilien ausgestorbener Arten und der Postulierung von Evolution durch natürliche Selektion wurde klar, dass sich die Natur über lange Zeiträume stets verändert hat. Sowohl Haeckel wie auch Darwin (und die meisten frühen Ökologen) nahmen jedoch weiterhin an, dass sich die Natur über kürzere Zeiträume (definiert als ein paar Menschenalter) im Gleichgewicht befindet (Egerton 1973). Damit verknüpft ist das Konzept eines Ökosystems als Superorganismus, das vor allem durch den amerikanischen Pflanzenökologen Frederic Clements (1874–1945) vertreten wurde. Die Arten wurden mit Organen verglichen, die, in trophischen Stufen organisiert, Nahrung produzieren und verarbeiten.

Die Begründung verlief häufig nach dem folgenden Muster (Ehrlich und Birch 1967): Die Art A (oder eine biologische Funktion wie Primärproduktion) hat seit Tausenden von Jahren existiert und sich weder ins Unendliche vermehrt noch ist sie ausgestorben. Dasselbe gilt für Hunderttausende anderer Arten. Während den nächsten 100 Jahren werden die Populationen aller dieser Arten variieren, trotzdem wird keine ins Unendliche ansteigen und nur wenige werden aussterben. Deshalb werden die Populationen als kontrolliert oder reguliert betrachtet und drastische Veränderungen beruhen auf einer Störung des Gleichgewichts. Das fundamentale Problem besteht offenbar darin, Grenzwerte zu definieren, innerhalb derer Populationsschwankungen noch als „im Gleichgewicht" akzeptiert werden. Deshalb spielt das Konzept eines Gleichgewichts in der Natur kaum mehr eine Rolle in der Forschung (Egerton 1973; Reichholf 2008a; Botkin 1990, 2012; Kircher 2009; Simberloff 2014). Wissenschaftliche Ökologie konzentriert sich auf die oft chaotische Dynamik der Natur, die durch häufige Störungen beeinflusst wird (▶ Abschn. 4.1.2 und 4.7). Das Postulat eines ökologischen Gleichgewichts lebt weiter im populären Verständnis der Bevölkerung und in Naturschutzkreisen, welche die Fragilität der Natur gegenüber menschlichen Aktivitäten betonen.

Ein verwandtes Konzept ist das der Stabilität (▶ Abschn. 4.7). Die Betonung liegt hier auf der Reaktion eines Ökosystems (Artenzusammensetzung, Funktionen) auf Störungen.

1.4 Ökologische Eingriffe und Erkenntnisse der indigenen Einwohner und frühen Zivilisationen

Obwohl der menschliche Einfluss auf die Natur heute besonders stark ausgeprägt ist, spielte er auch bei indigenen Völkern eine Rolle. Besonders eindeutig war er auf Inseln im tropischen Pazifik, der letzten größeren Region, die vor etwa 4000 Jahren durch Menschen besiedelt wurde. Folgen davon waren Kahlschlag mit Erosion als wichtige Folge (z. B., Hawaii, Fidschi, Osterinsel) und die Ausrottung von rund 1300 endemischen Vogelarten (Duncan et al. 2013).

In Nordamerika starben rund 80 % der großen Säuger (Megafauna) kurz nach der menschlichen Besiedlung dieses Kontinents aus, in Südamerika waren es rund 70 %. Darunter gab es Arten wie Mammuts, Mastodonten, Kamele, Biber von der Größe eines Bären und Riesenfaultiere (bis 6 m lang, mehrere Tonnen schwer). Gleichzeitig veränderte sich das Klima dramatisch und die als Folge davon entstehende Landbrücke zwischen Asien und Nordamerika (Beringstraße) ermöglichte oder zumindest erleichterte die menschliche Besiedlung. Die Gründe für das Verschwinden der Megafauna sind umstritten, aber neben Klimawandel und durch den Menschen eingeführte Arten (Neobionten) und Krankheitserregern erwähnen viele Forscher übermäßige Jagd der neu eingewanderten Ureinwohner als mögliche Ursache. Eine ähnliche Diskussion findet über Konsequenzen der Erstbesiedlung Australiens statt. In Europa (Eurasien) gehen das Aussterben oder stark schwindende Populationen großer Säuger wie Wölfe, Bären, Auerochsen, kaukasische Elche und Wisente auf die Aktivität des Menschen zurück (wobei sich Wolf- und Bärenpopulationen in den letzten Jahren zum Teil wieder kräftig vermehren). Der Löwe überlebte bis vor etwa 1000 Jahren in Transkaukasien, der kaspische Tiger bis 1970 im Osten der Türkei und im Kaukasus. Raubtiere wurden als Konkurrenten und Feinde betrachtet, die Nahrung und Leben der Menschen gefährdeten.

Die Zivilisationen von Mesopotamien (Zweistromland) hingen vom Wasser des Tigris' und Euphrats ab – beide Flüsse liegen höher als die Ackerflächen. Ein ausgeklügeltes Bewässerungssystem erlaubte eine beträchtliche Steigerung der landwirtschaftlichen Produktion. Allerdings führte das langfristig zu Problemen, die auch heute schwer lösbar sind: Sediment lagerte sich in den Kanälen ab und Böden versalzten, da kein natürlicher Abfluss möglich war. Neben diesen ökologischen Ursachen trugen auch kriegerische Nachbarn zum Niedergang der frühen mesopotamischen Zivilisationen bei (Hughes 1975, 2014),

Die Landwirtschaft des alten Ägyptens hing ebenfalls von einem Fluss ab, dem Nil. Die jährliche Überflutung deponierte nährstoffreiches Sediment, gleichzeitig verhinderte sie Versalzung. Die ägyptische Kultur existiert seit mehreren Tausend Jahren und diente bis ins 3. Jahrhundert als Roms Getreidekammer.

Griechenland war ursprünglich von einem sklerophyllen Wald bedeckt, d. h. von Bäumen mit dicken, dürreresistenten Blättern. Eine wachsende Bevölkerung zerstörte fortschreitend den Wald, um Holz für Feuerstellen und Bau zu gewinnen. Bäume wurden auch gefällt, um Platz für Ackerbau zu machen. Das erhöhte die Erosion des Bodens, besonders an steilen Hügeln, was wiederum die Erholung des Walds erschwerte. Dazu kam die Beweidung durch Ziegen, die bevorzugt Keimlinge, auch von Bäumen, konsumieren. Ziegen werden deshalb oft als „gehörnte Heuschrecken" bezeichnet.

Einige griechische Autoren erkannten klar die Zerstörung der Umwelt. So beschrieb Platon um 400 v. Chr. Veränderungen des Bodens in Attika wie folgt: „Was heute noch bleibt, sind nur noch Knochen eines erkrankten Körpers, der fette und lockere Boden ist verschwunden, und nur der hagere Leib des Landes bleibt zurück." Er verknüpfte diese Veränderungen mit der Abholzung der Wälder. Die Ausbreitung des Ackerbaus auf Kosten des ursprünglichen Walds, was häufig zu Erosion und Auslaugung der Böden führte, war eine der bedeutendsten Konsequenzen menschlicher Eingriffe in die Natur. Schon früh wurde die Bedeutung von Dienstleistungen von Ökosystemen (▶ Abschn. 4.5) erkannt, allerdings häufig dem Wohlwollen der Natur oder Göttern zugeschrieben.

Die Zerstörung der ursprünglichen Wälder verbreitete sich im römischen Reich von den Taurus-Bergen in der Türkei bis nach Spanien. Sie intensivierte sich im späten Mittelalter, als der Holzverbrauch für Feuer und Schiffbau stark anstieg. Die Restauration zum ursprünglichen Waldbestands ist sehr schwierig, weil Erosion den Großteil der Nährstoffe entfernt hat.

Insgesamt versteht man unter traditionellem Wissen (indigenem Wissen) Kenntnisse, die durch langzeitige Beobachtungen der Umwelt und ihre Beeinflussung durch den Menschen gesammelt wurden. Sie beruhen häufig auf Erfahrungen, die weit in die Vergangenheit zurückführen und selten analytisch verstanden wurden. Oft werden sie mit ethnischen und religiösen Vorstellungen verknüpft, die, in Mythen verpackt, das Verhalten der Menschen beeinflussen, um die Stabilität der Natur und ihrer davon abhängigen Gesellschaft zu bewahren. Traditionelles Wissen verbinden wir vor allem mit nichtindustrialisierten, naturnahen Völkern, es kommt aber auch in Sektionen von Industriegesellschaften vor (z. B. Schweizer Almbauern, friesische Fischer). Das Konzept eines Bann- oder Schutzwalds geht ins Mittelalter zurück – ursprünglich ging es um Einschränkungen der Jagd und der Fischerei oder Schutz vor Erosion und Lawinen.

In Deutschland wird die Vorstellung des Lebens auf den amerikanischen Kontinenten vor Kolumbus häufig durch eine „Winnetou-Romantik" geprägt. Der Ureinwohner wird als Symbol eines friedlichen, einfacheren Lebens im Einklang mit der Natur und Mitmenschen gesehen. Diese Vorstellung eines „edlen Wilden" oder unverdorbenen Naturmenschen geht leicht in Rassismus über. Man könnte auf eine primitive, wenig entwickelte Gesellschaft schließen, die in kleinen Gruppen auf riesigen Gebieten verteilt und im Wesentlichen der Willkür der Natur ausgeliefert war. Diese Interpretation der amerikanischen Kontinente als *terra nullius* (unbevölkertes Niemandsland) diente oft als Rechtfertigung für Kolonisierung und Zivilisierung. Nach Mann (2013, 2016) sah die Realität wesentlich anders aus:

- Die indianischen Gesellschaften waren viel zahlreicher als häufig dargestellt (nach Ankunft der Europäer durchliefen ihre Populationen durch Krieg und Krankheiten einen katastrophalen Kollaps).
- Sie waren technologisch auf hoher Stufe.
- Sie hatten einen messbaren Einfluss auf die Natur. Ihr ökologischer Fußabdruck (▶ Abschn. 14.2.6) war nicht vernachlässigbar. Vor allem das Einsetzen von Feuer zur Manipulation von Vegetation und dadurch das Verhalten und die Verteilung von Beutetieren beeinflusstewar weit verbreitet, nicht nur in Amerika, sondern auch in Australien. Allerdings waren diesen Kulturen Eisen und Stahl unbekannt, auch fehlten Zugtiere für den Ackerbau. Landwirtschaft (und damit der Eingriff in die Natur) wurde im Wesentlichen durch menschliche Muskelkraft limitiert.

1.4 · Ökologische Eingriffe und Erkenntnisse der indigenen Einwohner und frühen Zivilisationen

1.4.1 Wie naturnah war Amazoniens Regenwald wirklich?

Amazonien umfasst über 6 Mio. km² in neun Ländern und enthält rund die Hälfte des heute noch intakten Regenwalds. Er existiert seit mindestens 55 Mio. Jahren. Der Boden ist arm, der Großteil der Nährstoffe ist in der Biomasse des Walds immobilisiert. Tote Pflanzen- und Tierteile werden sehr schnell abgebaut und die Nährstoffe wieder verwertet. Eine wichtige externe Quelle für Phosphor ist Staub aus der Sahara im nördlichen Tschad.

Lange wurde angenommen, dass der Regenwald Amazoniens immer sehr spärlich bevölkert war (0,2 Bewohner pro km²), obwohl Francisco de Orellana, der im Jahre 1452 als erster Europäer diese Gegend erforschte, von einer blühenden, komplexen Zivilisation berichtete. Neuere Erkenntnisse bestätigen dies. Der Regenwald war nicht eine unberührte Wildnis und Bevölkerungsdichten waren wesentlich höher (stellenweise bis zu 14,6 Bewohner pro km²). Seit Jahrtausenden wurden weite Gebiete in Waldgärten mit fruchtbarem Boden umgewandelt. Typisch ist das Vorkommen von *terra preta do índio*. Diese schwarze Indianererde (Fachausdruck: Anthrosol mit holzkohlehaltigem Horizont) enthält Holz- und Pflanzenkohle, Dung, Knochen und Fischgräten. Sie entstand vor rund 2500 Jahren und ist bis zu 2 m dick. Schätzungen ihres Ausmaßes reichen von 0,1–10 % der Gesamtfläche des östlichen Amazoniens. Ähnliche Formationen sind von Benin, Liberia und Südafrika bekannt.

Wie entstanden diese Böden, die zwischen 20 und 360 ha groß waren? Anstatt des heute üblichen *slash and burn* (Brandrodung) praktizierten die Ureinwohner *Slash and char* (Rodung durch unvollständige Verbrennung, Verkohlung). Die Holzkohle wurde mit dem Boden vermischt und mit Küchenabfällen angereichert. Diese sanftere Behandlung erlaubte eine standortgerechte, nachhaltige Landwirtschaft. Nach Mann (2011) führte die Ankunft der Spanier zu einem katastrophalen Bevölkerungskollaps (Krankheiten wie Pocken, Sklavenhändler). Überlebende verließen ihre Siedlungen und nahmen ein Leben als Jäger und Sammler auf (Watling et al. 2017).

1.4.2 Wildnis – mit oder ohne Mensch?

In vielen Fällen wurden indigene Völker von ihrem angestammten Land vertrieben, mit katastrophalen Folgen für die Betroffenen (Verlust ihrer Kultur, Lebensgrundlage, Gesundheit). Wichtige Motivationen waren Bergbau, Abholzung und die Einführung großflächiger Landwirtschaft. Weniger bekannt ist, dass solche Umsiedlungen oft im Namen des Naturschutzes verordnet wurden und immer noch verordnet werden. Viele der einflussreichsten Naturschutzorganisationen waren davon überzeugt, dass Mensch und Natur im Gegensatz stehen und dass Natur im Sinne der ursprünglichen Wildnis nur dort aufblühen kann, wo der Mensch fehlt. Der weltweit erste Naturschutzpark, der Yellowstone-Nationalpark, wurde 1872 in den USA gegründet. Die dort ansässigen indigenen Amerikaner (Native Americans) wurden zwangsumgesiedelt.

Auch heute noch sind viele Naturschützer davon überzeugt, dass die wahre Natur nur ohne Mensch intakt bleiben kann (▶ Abschn. 15.4). Zwangsumsiedlungen der indigenen Bevölkerung gehören leider immer noch zur Routine bei der Erstellung neuer Naturschutzgebiete in Südamerika, Afrika und Asien. Dabei wird übersehen, dass 80 % der terrestrischen Biodiversität auf indigenen Territorien liegen und Mensch und Natur dort für Jahrhunderte bis Jahrtausende coexistierten. Gemäß einem FAO-Bericht liegt die Abholzrate in indigenen Schutzgebieten im Amazonasgebiet zwischen der Hälfte und einem Drittel im Vergleich zu anderen Gebieten mit ähnlicher Ökologie. Die Wirbeltierdiversität in indigen verwalteten Gebieten ist mindestens so hoch ist wie in traditionellen Naturschutzgebieten in Australien, Brasilien und Kanada (Schuster et al. 2019). Die FAO empfiehlt deshalb die Stärkung der indigenen Gemeinschaften und ihrer Rolle als Wächter der Natur als kosteneffektive Strategie im Kampf gegen Abholzung und den damit verknüpften CO_2-Ausstoß.

1.4.3 Traditionelles Wissen – Stärken und Schwächen

Traditionelles Wissen hat sich für viele Zivilisationen als wertvoll erwiesen und kann auch heute noch wichtige Beiträge liefen, z. B. um Veränderungen in der Tier- und Pflanzenwelt zu diagnostizieren und verstehen. So verhinderte der bewusste und kontrollierte Einsatz von Feuer in Amerika und Australien die Ansammlung von dürrem Holz und Busch und minderte damit das Risiko großflächiger, zerstörerischer Waldbrände. Die indigene Volksgruppe der Tsonga in Südafrika betreibt jahrhundertealten Fischfang, der die Ressource Meer nachhaltig nutzt. Sie lebt im Kosi Bay Nature Reserve, einem Teil des Simangaliso-Wetland-Parks (ehemals Greater-St.-Lucia-Wetland-Park) am Indischen Ozean. Dieses Gebiet ist seit 1999 UNESCO-Weltnaturerbe. Im St.-Lucia-See, der bei einer Länge von 50 km und einer Breite von 15 km von Mangrovenvegetation gesäumt ist, pflegen die Fischer eine besondere Fangtradition. Jeweils einzelne Familien errichten spezielle Vor-

Abb. 1.1 Traditioneller Fischfang durch das indigene Volk der Tsonga (Kosi Bay Nature Reserve, Simangaliso Wetland Park, Indischer Ozean): Die Fotos zeigen die Fischzäune (Fischreusen) im St. Lucia-See (Fotos: Gudrun Krauß)

richtungen. Dazu werden im relativ flachen Wasser aus Ästen reusenartige Kanäle gebaut, die in Körben mit einem ventilähnlichen Eingang münden (Abb. 1.1). Die Anlage nutzt auch die Wasserströmung. Die Fische können die Kammer nicht wieder verlassen und werden mit Netz oder Speer entnommen. Die Fangmethode ist nachhaltig, da kleine Fische wieder ins freie Wasser gelangen können und die Reproduktion der Population gewährleisten.

Allerdings hat traditionelles Wissen auch Schwächen. Diamond (2005) diskutiert den Zerfall von mehreren fortgeschrittenen, anfänglich erfolgreichen Gesellschaften, z. B. auf Inseln im Pazifik (darunter die berühmte Osterinsel), die Anasazi in der Four-Corner-Region der USA, die Maya in Mesoamerika und verschiedene Wikingersiedlungen. Einen entscheidenden Anstoß lieferten oft ökologische Probleme: In der Regel zwangen zunehmende Populationen mit steigenden Ansprüchen zu intensiverer Agrikultur, was die bestehenden Felder überforderte (Verlust an Nährstoffen, Erosion, Versalzung der Böden, Probleme mit der Wasserversorgung, übermäßige Jagd und Fischerei). Dazu kamen oft rascher Wandel des Klimas (Niederschlagintensität und jährliche oder jahreszeitliche Verschiebungen) und Konflikte mit feindlichen Nachbarn, die unter demselben Druck standen. Häufig hatten die Menschen noch nie ähnlich drastische Veränderungen erfahren und reagierten falsch – Geschichte muss vorwärts gelebt werden, die Lehren dazu stammen jedoch aus der Vergangenheit. Über Jahrhunderte bewährte Verhaltensregeln, häufig durch kulturell-religiöse Dogmen zementiert, kollidierten mit neuen Erkenntnissen oder Zwängen. Dazu gehört die traditionelle Jagd der Inuit auf Eisbären, Wale und Seehunde, was von vielen Menschen des Westens abgelehnt wird, aus Sorge vor Gefährdung der Restbestände oder aus Gründen des Tierschutzes. Dem ist entgegenzuhalten, dass Wirbeltierdiversität in indigen verwalteten Gebieten mindestens so hoch ist wie in traditionellen Naturschutzgebieten (Schuster et al. 2019).

Nach Trosper (1995) beruht traditionelles ökologisches Wissen der amerikanischen indigenen Völker auf vier Prinzipien, die eine „Ethik des Respekts" definieren:

- „Gemeinschaft": Menschen gehören zu einer Gemeinschaft, welche alle Lebewesen einschließt, und alle haben gegenseitige Verpflichtungen. Mensch-zu-Mensch-Beziehungen sind nicht grundsätzlich verschieden von Mensch-zu-Pflanze- und Mensch-zu-Tier-Beziehungen. Das Prinzip der Reziprozität (Gegenseitigkeit) gilt für alle Beziehungen.
- „Vernetzung" (connectedness): Aus der Annahme, dass der Mensch zu einer Gemeinschaft mit Pflanzen und Tieren gehört, lassen sich Verhaltensregeln ableiten. Die Idee der connectedness beschreibt eine Interpretation der Welt. Daraus folgt, dass wir Teile der Natur nicht in Isolation verändern können. Unsere Eingriffe können unvorhersehbare, weitreichende Konsequenzen haben.
- „Die siebte Generation": Wir erbten unsere Welt von früheren Generationen. Es ist unsere Pflicht, diese Hinterlassenschaft unversehrt bis zur siebten Folgegeneration weiterzugeben.
- „Demut, Bescheidenheit" (humility): Unser Verhalten gegenüber der Natur sollte durch Demut geprägt sein. Die natürliche Welt ist mächtig und wir können großen Schaden anrichten, wenn wir sie nicht mit Respekt behandeln.

Nach dieser Interpretation ist indigenes Wissen eine holistische Weltanschauung. Es umfasst nicht nur Informationen über die Biologie der Pflanzen und Tiere, sondern auch unsere Einstellung zur Natur. Die westliche Wissenschaft bemüht sich, die Zusammensetzung der Ökosysteme zu verstehen, macht aber wenig Aussagen darüber, wie wir handeln sollten.

1.5 Ökologie und Landwirtschaft

1.5.1 Frühe Anfänge

Der Mensch war seit Urzeiten auf Einblicke in natürliche Zusammenhänge angewiesen. Jäger und Sammler brauchten zuverlässige Informationen über das Vorkommen von essbaren Pflanzen, Insekten und Beutetieren. Die Anfänge der Landwirtschaft lassen sich auf etwa 12.000–9000 v. Chr. datieren: Die Menschen wurden Ackerbauer und Viehhalter. Diese Entwicklung setzte neue Kenntnisse der ökologischen Beziehungen zwischen Boden und Kulturpflanzen voraus. Landwirtschaft entstand unabhängig in mindestens elf Regionen. Für Europa war vor allem der Fruchtbare Halbmond von Bedeutung. Er umfasst Gebiete, die heute zu Ägypten, Libanon, Israel, Irak und Iran gehören. Unabhängig davon begann die Domestizierung von Pflanzen und Tieren in Zentral- und Südamerika, in Zentralasien, in China und Indien und in Abessinien (heutiges Äthiopien, Eritrea und Somalia (Heiser 1990).

Erst vor 3000 Jahren führten Landwirtschaft und Viehzucht zu einem signifikanten Landschafts- und Umweltwandel. Im sogenannten ArchaeGLOBE Project haben mehr als 250 Archäologen umfangreiche Datensets aus verschiedenen Erdteilen ausgewertet und den Beginn intensiver Landnutzung mit globalen Folgen belegt. Die frühe Landnutzungsgeschichte vervollständigt unser Bild zur Geschichte anthropogener Umweltveränderungen.

Landwirtschaft beruht natürlich auf der bewussten Förderung von Nutzpflanzen und -tieren und der Bekämpfung von Schädlingen (▶ Abschn. 14.9). Das führt zu tiefgreifenden Änderungen und mit zunehmender Intensität zu Verlusten der Biodiversität. Wiesen sind menschlich geprägte Grünflächen, die im Gegensatz zu Weiden nicht durch das Grasen von Tieren, sondern durch Mähen genutzt werden. Eine stark gedüngte Mähwiese ist produktiver und gleichzeitig artenärmer als eine Fettwiese, noch extremer sind industriell bewirtschaftete Monokulturen von Mais oder Weizen. Ähnliche Entwicklungen sehen wir bei zunehmender Industrialisierung der Forstwirtschaft.

Ein zunehmend wichtiger Gesichtspunkt betrifft Auswirkungen menschlicher Tätigkeiten auf das Klima. Landwirtschaft ist insgesamt für 20–25 % des Nettoausstoßes von CO_2 verantwortlich, wobei der geschätzte Nahrungsbedarf bis 2050 um 50 % ansteigen wird (▶ Abschn. 14.2 und 14.9). Gemäß einer Studie in Schweden könnte diese Zahl bei einer Umstellung von konventioneller auf biologische Landwirtschaft (ohne Mineraldünger oder industrielle Pestizide) um 50–70 % ansteigen, vor allem wegen geringerer Produktivität und deshalb größerem Flächenbedarf, die vorwiegend auf Kosten von natürlichen Ökosystemen erfolgen müssten (Searchinger et al. 2018). Allerdings sind landwirtschaftliche Nettoerträge schwierig zu vergleichen und organische Einträge sind schonender in Bezug auf Biodiversität und andere Dienstleistungen (Ponisio et al. 2015). Gleichzeitig müssen wir mit vermehrtem Auftreten extremer Wetterereignisse rechnen. Nach Seppelt et al. (2022) genügen Effizienzverbesserungen in der Landwirtschaft unter diesen Bedingungen nicht, um Nahrungsmittelsicherheit (*food security*) zu gewährleisten.

1.5.2 Schritte zu einer intensiven Landwirtschaft

In Europa setzte sich ab dem 8. Jahrhundert die Dreifelderwirtschaft mit Winter- und Sommergetreide und einer einjährigen Brache durch. Die Landwirtschaft intensivierte sich zusehends und ab dem 18. Jahrhundert setzte sich der kontinuierliche Fruchtwechsel durch. Neue Techniken und Feldfrüchte wurden eingeführt. Justus von Liebig (1803–1873) leistete einen wichtigen Beitrag mit seiner Publikation „Die organische Chemie in ihrer Anwendung auf Agricultur und Physiologie". Er zeigte, dass entgegen der damals geläufigen Annahme der Großteil des von Pflanzen genutzten Kohlenstoffs nicht vom Humus, sondern aus der Atmosphäre stammt. Er begann mit der Entwicklung von Mineraldünger, was eine enorme Ertragssteigerung ermöglichte. Dazu trugen auch Erfolge in Pflanzen- und Tierzüchtung und weitgehende Mechanisierung bei. Justus von Liebig formulierte das auch für Ökologen wichtige **Gesetz des Minimums**: Derjenige Pflanzennährstoff, der im Verhältnis zum Bedarf in geringster Menge zur Verfügung steht, ist entscheidend für die Höhe des Ertrags (oder allgemeiner ausgedrückt, den Erfolg eines Individuums).

Der Übergang von der Dreifelderwirtschaft zu moderner Landwirtschaft mit intensiver Agrochemie erhöhte den Ertrag von 0,6–0,7 auf 5–8 t ha^{-1}. Gleichzeitig sank der Anteil der Arbeiter, die in Landwirtschaft beschäftigt wurden, von > 90 % im Jahre 1800 auf 2–3 % am Ende des 20. Jahrhunderts (Nentwig et al. 2011; Seppelt et al. 2022).

1.5.3 Anthropozän oder Homogenozän?

Als Folge des Ackerbaus wurde ein ansteigender Teil der von Pflanzen genutzten Sonnenenergie von den Menschen genutzt, was wiederum das Bevölkerungswachstum förderte. Höhere Bevölkerungsdichte und intensivere Landwirtschaft schaukelten sich gegenseitig hoch und eine stetig wachsende Produktion der Biosphäre wurde immer mehr vom Menschen beansprucht. Heute ist der anthropogene Einfluss besonders groß in Bezug auf Treibhausgase, Anteil der landwirtschaftlich genutzten Flächen, Erosion, Übersäuerung der Ozeane und Ausrottung vieler Arten. Das veranlasste den Atmosphärenforscher Paul J. Crutzen und den Algenspezialisten Eugene F. Stoermer zur Einführung des Begriffs **Anthropozän** (Vince 2016). Damit bezeichnen sie ein neues Erdzeitalter, das maßgeblich von Menschen geprägt wurde (von *anthropo*, Mensch, und *cene*, neu) (▶ Abschn. 14.3.1). Es wird noch nicht als geologischer Zeitabschnitt anerkannt.

Charles C. Mann schlug den Begriff **Homogenozän** vor. Damit meint er die Homogenisierung oder den Angleichungsprozess von Biologie und Kultur, die 1492 durch die Landung von Kolumbus auf der Insel Hispaniola eingeleitet wurde. Damit beendete oder mindestens schwächte er die lange physische und biologische Isolation der Kontinente, die mit dem Auseinanderbrechen des Superkontinents Pangäa vor 175 Mio. Jahren begann (◘ Abb. 1.2). Diese Trennung löste die weitgehend unabhängige Evolution der Tier- und Pflanzenwelt aus, die beispielsweise zu den charakteristischen Tier- und Pflanzenwelten in Australien und Madagaskar führte.

Eine wichtige Folge der Kolonisierung von Amerika durch Europäer war die bewusste Ausbreitung von Tabak, Kautschuk, Zuckerrohr, Kartoffeln, Süßkartoffeln, Mais und Haustieren (Pferde, Vieh, Ziegen, Schafe) in andere Regionen und Kontinente (▶ Abschn. 14.8). Dabei wurden ungewollt auch Schädlinge wie Ratten und Insekten mitverbreitet. Freiwillige und unfreiwillige (Sklavenhandel) Migration in neue Erdteile förderten die weltweite Verbreitung von tödlichen Krankheiten wie Malaria, Tuberkulose, Diphtherie, Ty-

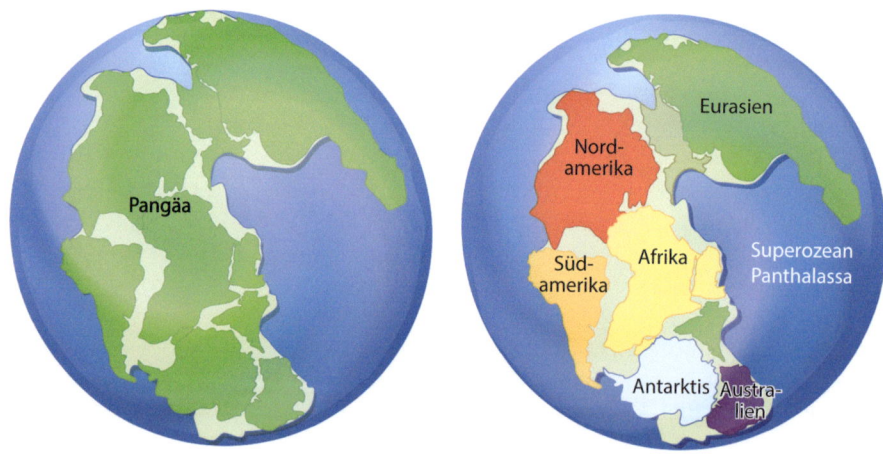

◘ Abb. 1.2 Zwei Darstellungen der Erde zeigen den Superkontinent Pangäa oder Urkontinent (nach Wegener) vor 250 Mio. Jahren und der Beginn seines Auseinanderbrechens durch kontinentale Drift vor 175 Mio. Jahren. (© designua/ ▶ stock.adobe.com)

phus, Scharlach und Pocken (wobei z. B. Pocken später auch bewusst als biologische Waffe eingesetzt wurden). Alfred Crosby bezeichnete 1972 diese enormen biologischen Veränderungen als „kolumbianischen Austausch". Der Austausch zwischen den östlichen und westlichen Hemisphären führte zu tiefgreifenden und permanenten Änderungen im ökologischen Gefüge und im täglichen Leben vieler Menschen. Einige Ökologen bezeichnen diesen Austausch als den wichtigsten biologischen Vorgang seit dem Aussterben der Dinosaurier.

Im Vergleich zu Anthropozän ist Homogenozän ein eher neutraler Begriff und scheint den Menschen von der Verantwortung für globale Veränderungen zu entlasten. Menschliche Aktivitäten waren unbestritten der ursprüngliche Auslöser, heute steht jedoch zumindest die biologische Globalisierung weitgehend außerhalb unserer Kontrolle.

1.6 Ökologische Ansätze der neueren Zeit

Die Einsicht, dass menschliche Aktivitäten die ökologischen Prozesse beeinflussen, geht also weit in die Vergangenheit zurück. Dabei ging es vorwiegend um praktische Anliegen. So fand man Hinweise auf die Massenvermehrungen der Wanderheuschrecken und deren Auswirkungen auf die Landwirtschaft. Ursachen wurden jedoch in der Regel in religiösen Phänomenen gesehen. Aristoteles, Theophrastus und Plinius der Ältere, neben vielen anderen, beschrieben biologische Vorgänge häufig als vereinzelte Beobachtungen, ohne sie zu integrieren. Im Mittelalter wurde versucht, die Beobachtungen der Klassiker zu replizieren. Grundlegende Beobachtungen in neuerer Zeit lieferten der vor allem als Taxonom bekannte Carl von Linné, der eigentliche Gründer von Biodiversitätsstudien, daneben Antoni van Leeuwenhoek, der Entdecker der Bakterien, und George-Louis Leclerc de Buffon (1749–1804), der das gesamte damalige Wissen in Naturgeschichte, Geologie und Anthropologie zusammenfasste. Auch populärwissenschaftliche Werke wie „Das illustrierte Tierleben" von Alfred Brehm, zuerst 1864–1869 publiziert, enthielten zahlreiche ökologische Informationen.

Das 18. und 19. Jahrhundert waren geprägt durch Forschungsexpeditionen, deren primäre Motivation der Handel und die Suche nach neuen Ressourcen waren. Wissenschaftler waren oft wichtige Teilnehmer. Einen großen Einfluss hatten die Reisen von Vater und Sohn Forster, die James Cook begleiteten, sowie Alexander von Humboldts Expeditionen. Von Humboldt versuchte, Zusammenhänge zwischen Gesteins- und Bodenformationen, dem Klima und dem Vorkommen von Tieren und Pflanzen herzustellen. Er gilt als Gründer der Pflanzengeografie und Geobotanik. Von großer Bedeutung war natürlich die Expedition von Charles Darwin, die er in „The Zoology of the Voyage of H.M.S. Beagle" beschrieb (fünf Teile, 1838–1843).

Frühe Ökologie lässt sich als beschreibende Naturgeschichte bezeichnen. Ihr Ziel war das Dokumentieren von Arten und ihrem Vorkommen unter verschiedenen Bedingungen.

Haeckel definierte ein neues Forschungsgebiet (Ökologie), aber veröffentlichte kaum Arbeiten in dieser Richtung. Sein direkter Einfluss auf die ökologische Forschung blieb gering. Obwohl er ein überzeugter Anhänger von Darwins Ideen war, glaubte er, dass der „Kampf ums Dasein" das Zusammenspiel der verschiedenen Arten nur über längere Perioden beeinflusst.

Sehr einflussreich waren die Untersuchungen von Möbius über die Lebensgemeinschaft der Austernbank (1877). Dafür prägte er den Begriff Biozönose oder Lebensgemeinschaft. Er sah vor allem in abiotischen Faktoren die wahre Ursache aller Anpassungen. Er lehnte allerdings Darwins natürliche Selektion weitgehend ab (K. P. Sauer, Vorwort zu Begon et al. 1998): „Der Ausdruck Kampf ums Dasein riecht so stark nach Pessimismus, dass ich ihn niemals brauche, um die erhaltungsmäßigen Tätigkeiten und Einrichtungen der organischen Wesen zu bezeichnen. Er ist roh und am wenigsten für Naturforscher geeignet, die doch nicht deswegen arbeiten, um Schlechtigkeiten der Natur aufzudecken, sondern die ewige Harmonie ihres Seins und Wirkens." In seinen Untersuchungen betonte Möbius die gegenseitigen Abhängigkeiten von Konkurrenten, was insgesamt zu einem biozönotischen Gleichgewicht führe.

Obwohl Darwins entscheidende Einsicht der Kampf ums Dasein war, sah er weiterhin die Natur als ein „Netz von komplexen, kooperativen Beziehungen". Kein Organismus und keine Art können unabhängig von diesem Netz existieren. Auch die unscheinbarste Art ist wichtig für das Überleben der mit ihr verknüpften Mitarten. Nach Darwin ist der Haushalt der Natur ein stabiles System von Plätzen (die wir heute als Nischen bezeichnen). Diese Plätze sind nicht identisch mit Arten. In verschiedenen Regionen füllen verschiedene Arten die gleiche Rolle, z. B. die eines Primärproduzenten oder eines Herbivoren (▶ Abschn. 4.2 und 4.3). Darwins entscheidende Einsicht war natürlich, dass auch lokal, über längere Perioden, eine Art durch neu entstandene Konkurrenten verdrängt werden kann. Er nahm an, dass die Natur ein relativ konstantes Angebot von Nischen anbietet, um deren Besetzung harte Konkurrenz herrscht. Besser angepasste Individuen setzen sich durch, was als *survival of the fittest* (Überleben des Fittesten oder des Stärksten) zusammengefasst wird. Dabei kann Fitness vieles bedeuten, z. B. höhere Effizienz bei Nahrungssuche oder -verwertung, körperliche Stärke, bessere Toleranz von Temperaturextremen usw. Fortschreitende Evolution führt deshalb nicht zwangsmäßig zu immer größerer Effizienz einer Art. Darwin glaubte aber, dass starke zwischenartliche Konkurrenz zu kontinuierlich zunehmender Gesamteffizienz des Systems führen wird. Damit meinte er u. a., dass in artenreichen, „reifen" Ökosystemen ein zunehmend größerer Anteil der möglichen Ressourcen verwertet wird. Eine ähnliche Hypothese wurde später von MacArthur aufgegriffen (▶ Abschn. 3.1.3). Empirische Untersuchungen liefern keine eindeutigen Antworten (Ghedini et al. 2018).

In einer einflussreichen Arbeit über Seen stützte sich Forbes (1886) auf die altbekannten Konzepte des Mikrokosmos bzw. Makrokosmos und Gleichgewichts. Der See als geschlossene, geordnete Einheit (Mikrokosmos) spiegelt die Mechanismen der gesamten Biosphäre wider. Heute wissen wir, dass alle Ökosysteme durch Austausch mit benachbarten Systemen verknüpft sind. Streng genommen gibt es keine unabhängigen Systeme (auch die Biosphäre als Gesamtes hängt letzten Endes von der Sonnenenergie ab). Nach Forbes ist es im gemeinsamen Interesse aller Arten, ihre Fortpflanzungsraten gegenseitig anzupassen, um ein stabiles Zusammenleben zu garantieren. Der Räuber reguliert sein Fressverhalten, damit er seine Beute nicht ausrottet. Das Konzept des *prudent predator* (des klugen, vorausschauenden Räubers) wurde in den 1970er-Jahren diskutiert (z. B. Slobodkin 1974). Weil es schwer mit natürlicher Selektion auf der Stufe von Individuen oder Genen vereinbar ist (▶ Abschn. 1.7), wird es heute nur noch selten erwähnt.

Arthur Tansley führte 1935 den Begriff Ökosystem ein. Darunter verstand er ein interaktives System zwischen der Biozönose (den lebenden Organismen) und dem Biotop (ihrer physikalischen Umwelt). Eine konsequente Ökosystemperspektive wurde in einem einflussreichen Lehrbuch von den Brüdern Howard T. Odum und Eugene P. Odum propagiert (erste Auflage in 1953). Die Betonung setzten sie auf den Fluss von Energie zwischen verschiedenen trophischen Ebenen (▶ Abschn. 4.3.2). Zumindest in den ersten Auflagen wurde Darwin kaum erwähnt und der Ansatz zeigt gewisse Ähnlichkeiten mit dem Superorganismuskonzept, das explizit durch den Pflanzenökologen Frederic Clements propagiert wurde. In einer späteren Arbeit spricht Eugene P. Odum (1969) von einer Strategie der Ökosystementwicklung.

Unabhängig voneinander entwickelten Alfred J. Lotka (1880–1949) und Vito Volterra (1860–1940), beide Mathematiker und Physiker, mehrere Gleichungen, welche die Beziehungen zwischen Konkurrenten und Räuber und Beute modellierten. Damit begann ein erstes „goldenes Zeitalter" der mathematischen oder theoretischen Ökologie (McIntosh 1985). Beginnend in den 1960er-Jahren wurde dieser Ansatz durch die Arbeiten von George Evelyn Hutchinson (1903–1991) und seinen Studenten und Mitarbeitern (z. B. Robert MacArthur, Daniel Simberloff, Eugene und Howard Odum, Raymond Lindeman, E. O. Wilson) weitergeführt und vertieft.

Im deutschen Sprachraum wurden theoretische Ansätze lange vernachlässigt oder beschränkten sich auf die „Entwicklung immer neuer Definitionssysteme" (K. P. Sauer in Begon et al. 1998). Andererseits entstanden blühende experimentelle Disziplinen in physiologischer Ökologie und ökologischer Biochemie, z. B. Untersuchungen der Beziehungen zwischen Organismen und ihrer physikalisch-chemischen Umwelt (in Limnologie August Thienemann, 1882–1960). Evolutionstheoretische Gesichtspunkte wurden oft vernachlässigt. Lampert und Sommer (1993) schrieben eines der ersten Lehrbücher (Limnologie), in dem diese Fragen prominent behandelt wurden. Heute ist die evolutionäre Ökologie ein wichtiges Forschungsgebiet.

1.7 „Nichts in der Biologie ist sinnvoll, außer im Lichte der Evolution betrachtet" (Theodosius Dobzhansky, 1900–1975)

1.7.1 Frühe Hinweise auf Artensterben

Alle heute existierenden Arten sind aufgrund evolutionärer Prozesse entstanden. Dieselben Prozesse führten aber auch zum Aussterben von Arten, die der stets wechselnden abiotischen und biotischen Umwelt nicht mehr gewachsen waren. Man schätzt, dass insgesamt 90–99 % aller jemals existierenden Arten ausgestorben sind. Diese enorme Dynamik wurde als Widerspruch zur Annahme einer vollkommenen Schöpfung interpretiert, was die Akzeptanz von Fossilien als Hinweis auf ausgestorbene Arten erschwerte. Bahnbrechend waren die Arbeiten von Georges de Cuvier (1769–1832), der Vater der Paläontologie genannt wird. Er verglich Skelette von fossilen und lebenden Tieren und vereinigte sie in einem allumfassenden taxonomischen System. Aufgrund seiner Arbeiten akzeptierte die Wissenschaft die Möglichkeit, dass Arten aussterben können.

Von überragender Bedeutung für Geologie und Biologie hielt Cuvier katastrophale Ereignisse, vor allem periodische Überschwemmungen, die in kurzer Zeit die Geologie und Biologie weiter Gebiete beeinflussten und alle Arten auslöschten. Katastrophismus steht im Gegensatz zu Aktualismus (*uniformitarianism*), die Annahme, dass die geologischen Vorgänge der Gegenwart sich nicht von denen der erdgeschichtlichen Vergangenheit unterscheiden. Formuliert wurde Aktualismus zuerst von James Hutton in 1788 („Theory of the Earth") und später von Charles Lyell in „Principles of Geology" (1830) weiterentwickelt. Lyell nahm außerdem an, dass geologische Veränderungen nie durch Phasen besonderer Aktivitäten wie einem verstärkten Vulkanismus gekennzeichnet waren; er bezeichnete das als Gradualismus (Gleichförmigkeit von geringfügigen Veränderungen, die über längere Zeitabschnitte zu großen Veränderungen führen). Heute dient Aktualismus als Arbeitshypothese, die Möglichkeit von seltenen „Katastrophen" wie Meteoriteneinschlägen wird jedoch ausdrücklich anerkannt.

Ähnliche Diskussionen finden unter Evolutionsforschern statt. Veränderungen in Arten und ihr Aussterben sind in der Regel das Resultat von vielen kleinen Veränderungen. Von Zeit zu Zeit kann es zu drastischen Umweltänderungen kommen, die zu Massenaussterben führen, was den Überlebenden das Eindringen in leere Nischen erlaubt. Als Paradebeispiel dient häufig das Aussterben der nichtvogelartigen Dinosaurier durch einen Asteroideneinschlag vor 66 Mio. Jahren. Insgesamt werden fünf Massenaussterben anerkannt, daneben gab es mehrere Perioden von erhöhten Extinktionen (▶ Abschn. 1.7.2.10).

Darwin betonte einen phyletischen Gradualismus, d. h. eine langsame, kontinuierliche Transformation der Arten. Diese Prozesse erfordern Zeiträume, die weit über das aufgrund der Bibel geschätzte Alter der Erde hinausgehen (nach Berechnungen des irischen Erzbischofs James Ussher waren das etwa 4000 Jahre). Basierend auf Wärmegradienten erhöhte Lord Kelvin diese Zahl auf 20–400 Mio. Jahre. Unter Berücksichtigung von radioaktiven Zerfallskonstanten von Elementen kommt man heute auf ein Erdalter von 4,54 Mrd. Jahren. Die ersten Lebewesen entstanden vor rund 3,5 bis 4 Mrd. Jahren.

Im Gegensatz zur stetigen, langsamen Artbildung formulierten Eldredge und Gould (1972) die Hypothese des Punktualismus (*punctuated equilibrium*), wonach Evolution durch lange Phasen der Stagnation dominiert wird, die periodisch durch kurzfristige Eruptionen von sprunghaften Veränderungen unterbrochen werden (◻ Abb. 1.3). Heute wird in der Regel akzeptiert, dass die relative Häufigkeit von Stagnation vs. Punktualismus art- und gattungsspezifisch ist.

Cuvier glaubte, dass durch katastrophale Fluten entleerte Gebiete durch Einwanderung von benachbarten, aber verschonten Gebieten wieder neu besiedelt wurden. Er lehnte die in der Naturgeschichte erstmals von Jean-Baptiste Lamarck vorgeschlagene Transformation der Arten ab. Als treibende Kraft postulierte Lamarck einen

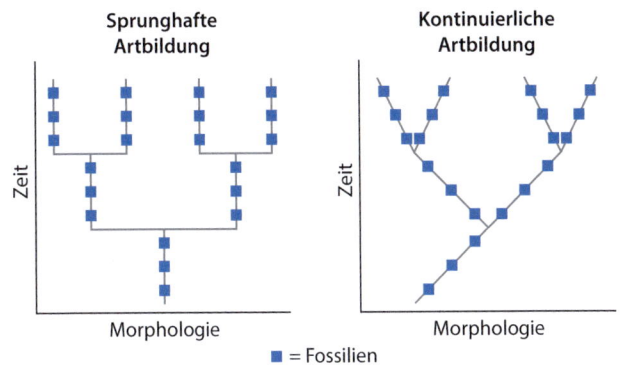

◻ **Abb. 1.3** Sprunghafte (*punctuated*) vs. kontinuierliche (*gradualistic*) Bildung von neuen Arten. x-Achse: morphologische Strukturen, die sich abrupt oder allmählich ändern. Nach Eldredge und Gould (1972) (Miguel Chavez, CC BY-SA 4.0)

„inneren Drang" zu stetig steigender Komplexität. Darwin lehnte diese Interpretation ab, nicht aber das, was heute unter Lamarckismus bekannt ist: die Annahme, dass Individuen vorteilhafte Eigenschaften, die sie im Lauf ihres Lebens erwerben, an Nachkommen weitervererben.

1.7.2 Evolutionstheorie nach Darwin und Wallace

1.7.2.1 Die vier Postulate

Die heute allgemein akzeptierte Evolutionstheorie durch natürliche Auslese wurde am 1. Juli 1858 auf einer Sitzung der Linnean Society of London gemeinsam von Charles Darwin und Alfred Russel Wallace vorgestellt. Beide nahmen an der Sitzung nicht teil, aber ihre Aufsätze wurden vom Sekretär der Gesellschaft vorgelesen. Sie beruht im Wesentlichen auf vier Annahmen oder Postulaten:

— Individuen einer Art unterscheiden sich in ihren Merkmalen (Variation).
— Zumindest ein Teil dieser Variation ist vererblich.
— In jeder Generation übersteigt die Anzahl Nachkommen die Anzahl Überlebender und sich Fortpflanzender (sowohl Darwin wie auch Wallace kannten die Arbeiten von Malthus; ▶ Abschn. 14.2).
— Überleben und Fortpflanzung sind nicht zufällig – natürliche Auslese entfernt Individuen, die weniger gut an ihre Umwelt angepasst sind. Individuen mit höherer Fitness überleben und können sich fortpflanzen.

Variationen zwischen Individuen gehen letzten Endes auf Veränderungen des Erbguts zurück. Wichtige Rollen spielen Mutationen (Änderungen in der Nukleotidsequenz) und besonders bei Pflanzen Polyploidisierung.

Bei geschlechtlicher Fortpflanzung besteht zusätzlich der Zwang, einen Partner zu finden. Sexuelle Auslese kann zu Eigenschaften führen, welche den Erfolg im Alltag erschweren, wie z. B. die metabolisch aufwendigen Federn des Pfaus. Unter Darwin'scher Fitness versteht man deshalb den Fortpflanzungserfolg eines Individuums summiert über seine Lebenszeit. Ausschlaggebend sind dabei Kombinationen der verschiedenen Gene, die in den Nachkommen vertreten sind. Für seine Ausführungen stützte sich Darwin auf höhere Pflanzen und Tiere mit klar abgegrenzten Individuen, die sich in der Regel sexuell fortpflanzen.

Der vertikale Genfluss dominiert – DNA wird von Eltern an Nachkommen weitergegeben. Die Biologie der Bakterien mit klonaler Fortpflanzung, der Tendenz, Biofilme zu bilden, und horizontalem Genfluss (DNA-Austausch zwischen Nachbarzellen ohne Sex, durch Transformation, Transduktion, Konjugation) war weitgehend unbekannt. Ihre Berücksichtigung führt zu wichtigen Modifikationen, wie wir evolutionäre Individuen interpretieren, liefert andererseits Paradebeispiele für Evolution durch Selektion (z. B. bakterielle Resistenz gegen Antibiotika).

Darwin wusste wenig über die Quellen der Variation im Erbgut (Mutationen) und über Vererbungsmechanismen, obwohl Mendel seine grundlegenden Arbeiten etwa gleichzeitig veröffentlicht hatte. Die Integration der Mendel'schen Vererbungsmechanismen mit Populationsgenetik und natürlicher und sexueller Auslese führte zur synthetischen Theorie der Evolution (*new synthesis*, *modern synthesis* oder *neo-darwinian theory*). Wichtige Beitragende waren u. a. August Weismann, Ronald A. Fisher, Sewall Wright, Ernst Mayr, George Gaylord Simpson, G. Ledyard Stebbins und Theodosius Dobzhansky. Weitere Durchbrüche kamen mit der Entdeckung und Charakterisierung von DNA und RNA. Sowohl Darwins ursprüngliche Theorie wie auch neue molekulare Ansätze tragen wesentlich zur modernen ökologischen Forschung bei (Munk 2009).

Ganz allgemein lässt sich Evolution als Veränderung von Genfrequenzen in einer Population oder Art verstehen. Präziser ausgedrückt handelt es sich um Frequenzen von Allelen, d. h. möglichen homologen Formen eines Gens an einer bestimmten Stelle oder einem Locus eines Chromosoms. Geringfügige Veränderungen über wenige Generationen werden oft als Mikroevolution zusammengefasst. Wenn sie insgesamt zur Bildung einer neuen Art führen, bezeichnet man das als Makroevolution (zu Artdefinition ▶ Abschn. 1.7.2.9).

Evolution beruht nicht auf Veränderung auf der Stufe eines Individuums, außer wenn das Erbgut mutiert. Das legitimiert die Interpretation von Evolution und Auslese vom Gesichtspunkt eines Gens (oder Genkombinationen), was vor allem Dawkins (2007) konsequent und mit großem Erfolg ausführte (siehe auch Winkler und Seibt 1991). Es geht dabei um die Einheit, die selektioniert wird, und diese ist, mehr oder weniger per definitionem, „egoistisch". Das ist natürlich nicht wörtlich zu nehmen, aber Eigenschaften, die Überleben und Fortpflanzung der evolutionären Einheit fördern (also „egoistisch" sind), werden sich in der Evolution durchsetzen.

Neben der Sequenz der DNA beeinflusst auch ihr Aktivitätsmuster die aktuellen Funktionen eines Individuums und damit seine Fitness. Je nach Umweltbedingungen können gewisse Gene selektiv ein- und ausgeschaltet werden. Dabei spielen drei Prozesse eine wesentliche Rolle (Bossdorf et al. 2007; Kilvitis et al. 1981): 1. Methylierung von Cytosinbausteinen der DNA, 2. Modifikation von Histonproteinen, 3. Regulation durch kleine RNA-Moleküle. Unter **Epigenetik** versteht man vererbbare Veränderungen in Genfunktionen und -expressionen, die nicht auf Unterschiede der Nukleotidsequenz zurückgehen. Sie sind mitverantwortlich für vererbbare phänotypische Variabilität. Die Berücksichtigung epigenetischer Prozesse erlaubt ein vertieftes Verstehen natürlicher Variation in ökologisch relevanten Funktionen, z. B. die Reaktion auf jahreszeitliche Veränderungen oder Stress durch Klimawandel. Epigenetische Mechanismen beeinflussen u. a. den Übergang zur Blütenbildung und können tierisches Verhalten modifizieren. Sie spielen auch eine wichtige Rolle bei der Hybridisierung der Pflanzen und deshalb bei der Artbildung (▶ Abschn. 1.7.2.9) und bei der Invasion durch gebietsfremde Arten (▶ Abschn. 14.8). Wie wichtig epigenetische Mechanismen im Vergleich zu klassischen genetischen Prozessen sind, ist zurzeit noch eine offene Frage.

1.7.2.2 Evolution als Tüftler

In fossilen Ablagerungen können Arten oft „plötzlich" auftauchen (wobei „plötzlich" in geologischen Zeiträumen Hunderttausende bis Millionen Jahre bedeuten kann). Darauf basierend verwenden Kreationisten oft das Argument der nicht reduzierbaren Komplexität (*irreducible complexity*), um Evolution durch natürliche Selektion zu verneinen. Organe wie das Wirbeltierauge seien so komplex und die Funktionen seiner Einzelteile wie Linse, Iris, Retina, Sehnerv so stark integriert und gegenseitig abhängig, dass nur das voll ausgebildete Auge einen Vorteil bringen kann. Eine Linse ohne Sehnerv sei nutzlos, genauso wie ein Sehnerv ohne Retina. Man müsste also postulieren, dass alle diese Einzelstrukturen und Funktionen plötzlich und gleichzeitig ohne Vorstufen erschienen seien – was äußerst unwahrscheinlich ist. Vergleichende Untersuchungen an verschiedenen Tieren haben jedoch gezeigt, dass sich für jede untersuchte Augenstruktur und -funktion Vorläufer finden, die dem Träger einen Vorteil bringen. Allerdings kann sich dabei die Funktion verändern. So dienen Crystallinproteine als Strukturelemente der Augenlinse; abgeleitet sind sie von Stressproteinen. Natürliche Selektion kann also existierende Strukturen mit definierten Funktionen modifizieren und für neue Zwecke einsetzen. Viele Beispiele dazu findet man in den Büchern von Stephen Jay Gould (1941–2002). Man kann sagen, dass Evolution kein Ingenieur, sondern ein Tüftler ist. Strukturen werden nicht von Grund auf neu entworfen, sondern aus bestehenden Teilen zusammengebastelt. So erscheinen carnivore Pflanzen (▶ Abschn. 10.2) auf den ersten Blick paradox. Wir sind nicht gewohnt, Tiere als Nahrung für Pflanzen zu betrachten. Man könnte deshalb erwarten, dass dazu neue Verdauungsgene nötig wären. Untersuchungen zeigten jedoch, dass verwandte Gene auch in nicht carnivoren Pflanzen vorkommen. So fand man Gene, die in der Venusfliegenfalle während der Verdauung aktiviert werden, in der Wurzel der Ackerschmalwand (*Arabidopsis thaliana*, Brassicaceae, Brassicales). Wurzelproteine wurden also in Blätter „verlegt". Ursprünglich dienten die Verdauungsenzyme zur Abwehr von Fressfeinden und Krankheitserregern. Dem Sonnentau dienen sie zur Verdauung von tierischen Proteinen (Hedrich und Schultz 2021; Palfalvi et al. 2020).

1.7.2.3 Proximate und ultimate Faktoren

Ökologie und Evolutionsforschung entwickeln sich zunehmend von beschreibenden zu erklärenden Wissenschaften. Morphologische und physiologische Eigenschaften werden mit dem Erfolg (Fitness) eines Organismus (oder einer Art) unter verschiedenen Umweltbedingungen verknüpft. Dabei ist es oft praktisch, zwischen zwei Fragestellungen zu unterscheiden: Welcher Faktor in der Umwelt löst eine neue Adaptation aus (**ultimate Ursache**, Warum-Fragen) und wie reagiert die Population auf diese Herausforderung (**proximate Ursache**, Wie-Fragen). Dieselbe ultimate Ursache kann zu ganz verschiedenen Adaptationen führen. Ein Beispiel: Die meisten Arten haben Fressfeinde. Sie können ihnen durch Laufgeschwindigkeit entrinnen (Gazellen) oder sich wehren (Nashörner, Stachelschweine). Pflanzen sind an einen festen Standort gebunden. Sie verteidigen sich durch Strukturen (Stacheln, Dornen) oder durch chemische Inhaltsstoffe (▶ Abschn. 10.4). Die Frage nach dem „Wie" sucht nach Mechanismen. In dieser Beziehung ähnelt Ökologie anderen Naturwissenschaften wie Physik, Chemie und Physiologie. Die Frage nach dem „Warum" sucht den adaptiven Wert bestimmter Eigenschaften und Mechanismen oder ihrer Abwesenheit. Es ist oft schwierig, dazu eindeutige Experimente zu planen. Die Antworten sind dementsprechend oft spekulativ (Gould und Lewontin 1979).

1.7.2.4 Stufe der Selektion

Auf welcher Stufe wird ausgelesen? Diese Frage ist nicht trivial. Die Antwort ist wichtig für unsere Interpretation von ökologischen Vorgängen. Bis vor wenigen Jahren fand man in einigen Lehrbüchern und in vielen populärwissenschaftlichen Artikeln die Annahme, dass Evolution zwischen Arten oder Gruppen auswählt. Das Verhalten von Individuen würde optimiert „zum Wohl oder Überleben der Art". Nach Dawkins (1982, 2007) ist das ein Fehlschluss. Individuen, oder allgemeiner: evolutionäre Individuen oder Einheiten, interpretiert er als Vehikel für Gene oder Genkombinationen. Evolutionäre Individuen variieren in ihren Eigenschaften, diese Variation beeinflusst ihre Fitness und sie ist vererbbar. Im einfachsten Fall besteht eine evolutionäre Einheit aus einer Art. In pilzzüchtenden Termiten und Ameisen (▶ Abschn. 10.3.3) kann man die Symbiose als integrierte Einheit zweier Arten interpretieren. Flechten setzen sich aus mindestens einem Pilz (in der Regel ein Ascomycet) und mindestens einer Alge oder einem Cyanobakterium zusammen. Zusätzlich beherbergen viele Flechten offenbar auch assoziiert eine Basidiomycetenhefe und Bakterien (▶ Abschn. 3.3.4). Der Erfolg einer Flechte hängt von den Genkombinationen der Partner ab. In pilzzüchtenden Termiten und Flechten stehen die Partner in engen, gegenseitigen Beziehungen. In Biofilmen findet man ein Spektrum von losen Ansammlungen verschiedener Arten bis zu eng integrierten Einheiten (▶ Kap. 7). Stets hängt ihr Erfolg jedoch vom Zusammenspielen der verschiedenen Gene ab. Gene, d. h. Nukleotidsequenzen, sind deshalb im Prinzip unsterblich. Dawkins (2007) zog ursprünglich als alternativen Titel für sein Buch „Das unsterbliche Gen" vor.

Wenn wir diese Logik akzeptieren, ist das Überleben einer Art ein Nebeneffekt. Nach einer Massenentwicklung einer Art setzen die meisten Individuen oft weniger Nachkommen in die Welt. Tun sie das im Interesse der Arterhaltung oder weil sie damit die Überlebenswahrscheinlichkeit ihrer eigenen Nachkommen erhöhen? Die letztere Erklärung ist nach dem Prinzip der Parsimonie (sparsamste Erklärung) vorzuziehen, weil sie leichter falsifizierbar ist (▶ Abschn. 2.2). Dazu ein Beispiel: Ein Löwenrudel besteht in der Regel aus zehn bis 15 Weibchen und zwei bis vier Männchen. Alle paar Jahre werden diese männlichen Löwen durch jüngere, kräftigere Artgenossen vertrieben. Als Erstes versuchen die Neuankömmlinge alle Jungtiere totzubeißen. Dieses Verhalten ließe sich schwer als „arterhaltend" interpretieren. Die einfachere (sparsamere) Interpretation ist, dass das Verhalten der neuen Alphatiere das Weitergeben ihrer Gene in die nächste Generation fördert. Löwinnen, die ihre Nachkommen verloren haben, werden kurz danach wieder paarungswillig.

Ausgehend von der genzentrischen Interpretation muss man außerdem schließen, dass Evolution nicht zwangsmäßig zu erhöhter Effizienz innerhalb einer Art führen muss. Ein verschwenderisches Umgehen mit einer Ressource kann durchaus gefördert werden, wenn dadurch schnelleres Wachstum und Fortpflanzung ermöglicht werden. So spezialisieren sich einige Pilze (z. B. Mitglieder der Mucorales, Hefen) im Wesentlichen auf den Abbau von Zucker und vermeiden den Abbau von komplexeren Polysacchariden. Wiederkäuer gehen trotz ihrer vier Mägen ebenfalls nicht besonders sparsam mit der Energie ihrer Nahrung (z. B. Gras) um. Etwa 3–12 % ihrer Nahrung wird in Methan umgewandelt und ausgeschieden (Crutzen et al. 1986; Wilkinson 2012). Ein weiterer Teil wird als Kot verworfen. Fossile Brennstoffe entstanden, weil Abbauprozesse von organischen Pflanzen nicht mit der Produktion von höheren Pflanzen und Mikroorganismen mithalten konnten.

Allerdings schaffen die Abfälle einer Art Opportunitäten für andere Arten. Man kann leicht den Eindruck bekommen, dass mit genügend langer Zeit jede energiereiche Substanz einen Abnehmer findet. Kot dient als Nahrung für Insekten und Pilze. Holz ist relativ schwer abbaubar, was zu einem großen Teil auf seinen Gehalt an Lignin zurückzuführen ist. Der Einbau dieser Substanz in Holz begann zwischen spätem Silur (vor 443 bis 419 Mio. Jahren) und frühem Devon (vor 419 bis 359 Mio. Jahren) und trug maßgeblich zur pflanzlichen Kolonisierung des Landes bei. Die einzigen Mikroorganismen, die Lignin relativ effizient angreifen, sind Weißfäulepilze (Agariomycetes, Basidiomycota). Flouders et al. (2012) zeigten, dass die „Erfindung" von Ligninabbau, geschätzt durch molekulare Analysen der entsprechenden Gene, zeitlich mit einem abrupten Rückgang der Kohlebildung am Ende des Karbons (vor 359 bis 299 Mio. Jahren) zusammenfiel. Sogar die Energie radioaktiver Strahlung wird offenbar zum Teil von Pilzpigmenten eingefangen (Dadachova et al. 2007).

Von Darwin stammt die berühmte Metapher: „Das Gesicht der Natur lässt sich mit einer verformbaren Oberfläche vergleichen, worin zehntausend Keile nahe zusammen gepackt sind, die durch unablässige Schläge eingetrieben werden, manchmal der eine Keil, dann ein anderer mit größerer Wucht." Damit vermittelt er ein Bild der Natur, die im Wesentlichen „vollständig" ist – der Erfolg einer Art geht häufig auf Kosten einer Nachbarart. Außerdem scheint er eine sofortige Reaktion auf neue Lücken oder Opportunitäten zu suggerieren, was zumindest im Fall des Ligninabbaus nicht der Fall war.

1.7.2.5 Das Problem kooperativer Interaktionen

Die Betonung von Konflikt und egoistischem Verhalten, besonders in Bezug auf menschliche Gesellschaften, als anscheinende Konsequenz von Darwins Evolutionstheorie wurde und wird häufig angegriffen. Darwin übernahm Herbert Spencers Begriff *struggle for existence* (Kampf ums Dasein), der häufig als Synonym für *nature red in tooth and claw* (Natur mit roten [blutigen] Zähnen und Klauen) interpretiert wurde. Man könnte den Eindruck gewinnen, dass die Natur eine Arena ist, in der ein Krieg von allen gegen alle dominiert (nach Thomas Hobbes: *bellum omnium contra omnes*).

Einer der berühmtesten frühen Opponenten dieser pessimistischen Interpretation war der russische Anarchist Peter Alexejevich Kropotkin (1842–1941). Seine Essays fasste er in „Mutual aid: a factor in evolution" zusammen. Darin griff er den Sozialdarwinismus an (eine sozialwissenschaftliche Theorierichtung, die einen biologischen Determinismus als Weltbild vertritt). Gleichzeitig lehnte er auch die romantische Interpretation von Jean-Jacques Rousseau ab, der menschliche Kooperation durch universale Liebe motiviert sah. Seiner Meinung nach hat gegenseitige Hilfe praktische Vorteile für menschliche und tierische Gesellschaften und wurde durch natürliche Auslese gefördert. Er verneinte nicht die Bedeutung von Konkurrenz, betonte aber, dass gegenseitige Unterstützung, Hilfe und Verteidigung gegen Feinde ebenso, wenn nicht mehr, ein Gesetz der Natur seien. Zwar akzeptierte er den Konflikt zwischen Raubtieren und ihrer Beute. Aufgrund seiner Beobachtungen in Sibirien und Nordostasien schloss er jedoch, dass innerhalb einer Art Nahrungsmangel und Wetterextreme die wichtigsten Faktoren im Kampf ums Dasein sind, die durch gegenseitige Hilfe gemildert werden.

In der Tat braucht man nicht weit nach eindrucksvollen Beispielen für Zusammenarbeit innerhalb und zwischen Arten zu suchen: Überleben und Fortpflanzung eines Individuums beruhen natürlich auf der Zusammenarbeit von vielen Genen. Die Eroberung des Landes durch Pflanzen wurde durch Unterstützung von Pilzen erleichtert (Malloch et al. 1980). Heute leben die meisten Pflanzen in einer Symbiose mit Pilzen (Mykorrhiza) (▶ Abschn. 8.1.2). Neben diesen eng verknüpften Symbiosen findet man viele Beispiele von Kooperationen zwischen Individuen derselben oder verschiedener Arten und Gattungen. Kropotkin betonte also zu Recht, dass gegenseitige Unterstützung ein wichtiger Erfolgsfaktor in Evolution und Ökologie ist. Als ausschlaggebend betrachtete er jedoch oft das Wohl der Population oder der

Art, was der allgemein akzeptierten Interpretation widerspricht: Eigenschaften oder Verhalten werden nur dann durch Auslese gefördert, wenn sie ihrem Eigentümer nützlich sind. Wie lassen sich gegenseitige Unterstützung oder gar Altruismus mit dem egoistischen Gen vereinbaren? Im Wesentlichen gibt es darauf zwei Antworten: Genverwandtschaften und reziproker (gegenseitiger) Altruismus.

1.7.2.6 Genverwandtschaften

Eltern, besonders Mütter, investieren oft viel Zeit und Energie in das Wohlergehen ihrer Nachkommen. Das beginnt mit der Produktion von Spermien und Eiern. Viele Tierarten, vor allem Vögel und Säugetiere, versorgen ihre Nachkommen auch nach der Geburt mit Nahrung und schützen sie vor Feinden, wobei sie oft ihr eigenes Leben riskieren. Auf den ersten Blick erscheint dieses Verhalten selbstlos. Genetisch betrachtet kann man es als egoistisch interpretieren: Die Eltern unterstützen damit ihre Gene in der nächsten Generation. W. D. Hamilton verallgemeinerte dieses Prinzip. Eltern und Kinder teilen in der Regel 50 % ihres Erbguts. Dasselbe gilt im Durchschnitt für Geschwister mit gemeinsamen Eltern. Bei Vettern ersten Grades sinkt dieser Wert auf 1/8. Der Verwandtschaftsgrad kann deshalb ein Hinweis darauf sein, wie wahrscheinlich ein anscheinend „selbstloser" Akt sein wird. Für diese Art der natürlichen Auslese hat sich im Englischen der Ausdruck *kin selection* eingebürgert, auf Deutsch spricht man von Familienselektion oder Verwandtschaftsselektion. Sie wird u. a. zur Erklärung des gehäuften Auftretens von Eusozialität in Hymenopteren herangezogen. Unter Eusozialität versteht man das Auftreten von sterilen Individuen, welche die Fortpflanzung anderer unterstützen. Im Extremfall hat ein einziges Weibchen ein Monopol auf Reproduktion. Solcher „Fortpflanzungsaltruismus" scheint dem traditionellen Darwinismus zu widersprechen und ist in der Tat selten, hat sich in den Hymenopteren (z. B. Bienen, Ameisen) aber unabhängig acht bis elf Mal durchgesetzt.

In Bienen- und Ameisenstaaten sind die Nachkommen zum größten Teil Weibchen und werden von ihren Schwestern aufgezogen. Begünstigt wurde dieser reproduktive Altruismus der Arbeiterinnen durch die eigenartige Genetik der Hymenopteren. Weibchen sind diploid und Männchen sind haploid. Die Genome aller weiblichen Nachkommen eines Paars (Schwestern) sind deshalb zu 75 % identisch (der gesamte haploide Chromosomensatz des Vaters ist in allen Töchtern vertreten, außerdem teilen sie im Durchschnitt 25 % der mütterlichen Gene). Andererseits teilt eine Mutter im Durchschnitt nur 50 % ihrer Gene mit einer Tochter (die anderen 50 % stammen vom Vater). Genetisch betrachtet kann es für ein Weibchen profitabler sein, eine Schwester als eine Tochter aufzuziehen. Allerdings wird eine Bienenkönigin in der Regel von mehreren Männchen begattet, was den Verwandtschaftsgrad zwischen gleichaltrigen Schwestern sehr schnell sinken lässt (außer wenn zuerst alle Spermien des ersten Männchens aufgebraucht werden, dann jene des zweiten, dann die des dritten Männchen; Winkler und Seibt 1991).

Natürlich kann es auch zwischen nahen Verwandten, z. B. zwischen Eltern und Kindern, zu Konflikten kommen. Grundsätzlich ist jeder zu 100 % mit sich selbst verwandt und weniger verwandt mit allen anderen Individuen (außer mit einem identischen Zwilling oder in Arten mit klonaler oder asexueller Fortpflanzung). Die Interessen von Kind und Mutter sind deshalb nicht immer identisch, genauso wenig wie jene von Geschwistern. Eine Mutter versucht, ihren Fortpflanzungserfolg zu optimieren. Das heißt, sie muss ihre verfügbaren Ressourcen möglichst effizient auf ihre Nachkommen verschiedenen Alters verteilen. Anderseits ist jedes ihrer Kinder in erster Linie an sich selbst interessiert. Für eine Mutter und ihr Kind stimmt deshalb der ideale Zeitpunkt des Abstillens (Abgewöhnung der Milchnahrung) nicht unbedingt überein: Das Kind möchte weiterhin Zugang zu dieser hochwertigen Nahrung, die Mutter möchte ihre Ressourcen für die nächste Schwangerschaft sparen. Das kann zu sehr „lautstarken" Konflikten zwischen Mutter und Kind führen (Dawkins 2007).

1.7.2.7 Reziproker Altruismus

Darwin erkannte die Schwierigkeit, die Entstehung eines echten Altruismus (Selbstlosigkeit, Uneigennützigkeit): „Wenn sich beweisen lässt, dass irgendein Teil aus der Gesamtstruktur einer beliebigen Art ausschließlich zum Nutzen einer anderen Art entwickelt wurde, dann wäre meine Theorie nichtig; denn dergleichen kann durch natürliche Selektion nicht entstehen." Seine Theorie schließt jedoch gegenseitige Hilfe oder Unterstützung nicht aus. Dabei kann es sich um Individuen derselben oder verschiedener Arten handeln. Wichtig ist, dass beide einen Beitrag leisten und beide profitieren (strikt genommen kann man dabei nicht von Altruismus sprechen, „aufgeklärter Selbstnutz" wäre treffender). Die Schwierigkeit besteht darin, wie ein solches System ohne zentrale Kontrolle entstehen kann. Was hindert die Partner daran, aus Egoismus den Vorteil einzukassieren, ohne den Beitrag zu leisten? Als Illustration wird häufig das Gefangenendilemmaspiel verwendet. In der ursprünglichen Version wird zwei Gefangenen, die nicht miteinander kommunizieren können, eine Wahl gegeben. Sie können ein Geständnis ablegen (Betrug ihres Partners) oder ihre Unschuld beteuern (Zusammenarbeit mit ihrem Partner). Ökologisch realistischer kann es sich um einen Austausch von gegenseitiger Hilfe han-

Tab. 1.1 Gefangenendilemma. Die Zahlen geben „meinen" (den eigenen) Gewinn in willkürlichen Einheiten an. (Nach Dawkins 2007)

		Was mein Partner tut	
		Zusammenarbeiten	Betrug
Was ich tue	Zusammenarbeiten	300	−50
	Betrug	500	0

deln (z. B. Nahrungsaustausch, Hilfe gegen Feinde etc.). Die Annahme ist, dass der Austausch blind geschieht, d. h. keiner der beiden Partner weiß, ob der andere betrügen oder kooperieren wird. Der Gewinn hängt von dem Verhalten beider Partner ab (◘ Tab. 1.1).

Wesentlich sind nicht die absoluten, sondern die relativen Beträge. Wenn wir beide ehrlich sind, gewinnen wir je 300 Einheiten. Wenn wir beide betrügen, gehen wir leer aus. Von einer egoistischen Perspektive aus überlege ich mir, wie ich meinen Gewinn optimieren kann (dasselbe gilt natürlich für meinen Partner). Falls mein Partner kooperiert (was ich nicht weiß), gewinne ich mehr durch Betrug als durch Kooperation (500 vs. 300 Einheiten). Dasselbe gilt, falls mein Partner mich betrügt – durch Kooperation würde ich 50 Einheiten verlieren. Wenn ich ebenfalls betrüge, kann ich diesen Verlust verhindern, gehe allerdings leer aus. Mein Partner ist in derselben Lage. Betrug ist für beide die rationale (egoistische) Entscheidung. Dadurch entgeht uns jedoch ein möglicher Gewinn von 300. Trotzdem ist Zusammenarbeit weit verbreitet. Wie lässt sich dieses Paradoxon erklären?

Eine Lösung liegt im wiederholten Gefangenendilemma. Das Spiel endet nicht nach der ersten Entscheidung, sondern wird mehrmals wiederholt, mit den gleichen Bedingungen. Entscheidend ist, dass wir uns das Verhalten des Partners merken und darauf reagieren können. Was wäre in diesem Fall die optimale Strategie? Um das zu bestimmen, forderte Robert Axelrod (1984) 14 Experten aus Psychologie, Ökonomie, Mathematik und Politischer Wissenschaft auf, je ein Computerprogramm mit Verhaltensregeln einzuschicken, die er dann gegeneinander spielen ließ. Gewinner war das Programm, das am meisten Punkte sammelte. Zu seiner Überraschung war dies das einfachste Programm: *tit for tat* (Wie du mir, so ich dir). In der ersten Runde kooperiert das Programm, danach kopiert es das Verhalten des Partners in der vorherigen Runde. Weitere Untersuchungen haben dieses Resultat im Wesentlichen bestätigt, *tit for tat* ist eine evolutionär stabile Strategie (*evolutionarily stable strategy*). Das heißt, wenn eine Mehrzahl der Teilnehmer diese Strategie verwendet, kann sie nicht durch eine andere Strategie unterwandert werden.

Nach Axelrod (1984) beruht der Erfolg von *tit for tat* auf der Tatsache, dass diese Strategie „nett" ist (sie wird nie als Erste betrügen), sie reagiert sofort auf Betrug des Partners (er wird bestraft durch Entzug der Kooperation in der nächsten Runde) und sie ist verzeihend (wenn der Partner wieder ehrlich wird, ist sie ebenfalls zu neuer Kooperation bereit).

Es leuchtet ein, dass das wiederholte Gefangenendilemma Kooperation begünstigen kann zwischen Individuen, die sich gegenseitig erkennen und an frühere Interaktionen erinnern. Bei Organismen, die dazu nicht in der Lage sind, kann ununterbrochene Assoziation wichtig sein (z. B. Mykorrhiza, Mikrobiome, Biofilme). Bei Betrug kann der Partner sofort reagieren.

Man darf jedoch nie aus den Augen verlieren, dass natürliche und sexuelle Auslese Egoismus fördert. Wenn sich die Umweltbedingungen ändern, kann das relative Gleichgewicht einer Symbiose oder gegenseitige Zusammenarbeit in einseitige Ausbeutung durch einen Partner umschlagen (Beispiele dazu in ▶ Kap. 4). Deshalb ist stetige Wachsamkeit unabdingbar.

1.7.2.8 Biofilme als Testfall für Darwins Evolutionstheorie

Ganz allgemein erlauben Biofilme den Bakterien, Prozesse zu koordinieren, die ineffizient wären, wenn sie nur von einzelnen Zellen durchgeführt würden (▶ Kap. 7). Biofilme erscheinen deshalb als integrierte, durchorganisierte Einheiten und einige Wissenschaftler interpretieren sie denn auch als multizelluläre Organismen (Superorganismen). Damit verwandt sind die Begriffe des **Metaorganismus** oder **Holobionten**. Beide betonen Interaktionen zwischen biologischen Einheiten, in der Regel zwischen Makroorganismen (als Wirt) und den Mikroben ihrer Biofilme. Gesunde Tiere und Pflanzen können in der Natur nicht ohne körpereigene Mikroben existieren. Für ein vertieftes Verständnis ihrer Beziehungen zur Umwelt (ökologische Funktionen) müssen wir deshalb die Eigenschaften des Holobionten oder Metaorganismus kennen. Die Versuchung besteht, das Netzwerk von Interaktionen im Biofilm oder zwischen Biofilm und Gastgeber als Konsequenz einer aktiven, übergeordneten Koordination zwischen verschiedenen Zellgruppen zu interpretieren. Die meisten Forscher sähen darin einen Widerspruch zu Darwins Theorie. Untersuchungen an Modellbiofilmen haben denn auch gezeigt, dass einfache Verhaltensregeln individueller Zellen ohne zentrale Kontrolle zu komplexen Mustern führen können.

In Biofilmen sind Bakterien oft eng gepackt. Der Nährstofftransport im Biofilm beruht vorwiegend auf Diffusion (▶ Kap. 7). Verglichen mit dem Metabolismus ist das ein langsamer Prozess. Die chemische Umwelt in einem Biofilm kann sich deshalb über kurze Distanzen verändern, wenn wir von der Oberfläche in die Tiefe gehen. Diese Unterschiede (Gradienten) charakterisieren verschiedene Mikronischen, die von lokal angepassten Zellarten besiedelt werden. Ein klassisches Beispiel ist die Sauerstoffkonzentration mit zunehmender Tiefe: In großen Biofilmen kann aerobe Atmung in den ersten 100–200 µm anoxische Bedingungen herstellen. Zellen nahe der Oberfläche haben einen aeroben Metabolismus. Zellen in größerer Tiefe müssen auf Anaerobiose umschalten oder gehen in einen Ruhezustand über.

Solche räumliche Segregation beruht oft auf dem bevorzugten Elektronenakzeptor. Sauerstoff ist nur einer von mehreren. So ist Stratifikation häufig in Biofilmen auf Abwasserreaktoren zu beobachten. Die Versorgung mit Sauerstoff ist relativ gering und er wird vollständig in den obersten Schichten konsumiert. In der obersten Schicht wird Ammonium zu Nitrit oxidiert, unmittelbar darunter oxidieren andere Arten Nitrit zu Nitrat. Noch tiefer im Biofilm, wo kein Sauerstoff mehr vorhanden ist, reduzieren Denitrifikanten Nitrat zu elementarem Stickstoff. Eine ähnliche Stratifikation finden wir in Bezug auf schwefelreduzierende und -oxidierende Artenkomplexe. Computermodelle haben gezeigt, dass differenzielles Wachstum der Bakterienarten aufgrund verschiedener Mikrohabitate genügt, eine reproduzierbare Schichtung in Biofilmen herzustellen.

Aus der Artensegregation aufgrund metabolischer Differenzierung könnte man schließen, dass mikrobielle Konsortien sich selbst organisieren, um die Gesamtproduktivität oder -aktivität zu maximieren. Das widerspräche Darwins Postulat, dass natürliche Selektion die Reproduktionsrate der individuellen Bakterien fördert und nicht die Effizienz der Gruppe, zu der sie gehören. Dazu ein Beispiel: Die Nitrifikation ist in zwei Schritte unterteilt, die in verschiedenen Arten ablaufen: Oxidation von Ammonium zu Nitrit, gefolgt von Oxidation von Nitrit zu Nitrat. Man ist versucht, darin ein Beispiel von zwischenartlicher Kooperation zu sehen.

Eine einfachere, darwinkonforme Erklärung beruht darauf, dass z. B. *Nitrosomonas* (Nitrosomonadaceae, Nitrosomonadales; oxidiert Ammonium zu Nitrit) schneller wächst als ein hypothetisches Bakterium, das beide Schritte der Nitrifikation in derselben Zelle ausführt. Schnellwachsende, aber metabolisch limitierte Zellen setzen sich durch, obwohl sie weniger effizient sind (falls man Effizienz als ATP-Produktion per Ammoniummolekül misst). Als Folge davon wird Nitrit als Abfallprodukt freigesetzt und von *Nitrobacter* (Hyphomicrobiales, Alphaproteobacteria) als Energiequelle verwendet. Das ist ein klarer Fall von Arbeitsteilung, aber nicht geeignet als formelles Beispiel von Kooperation.

Ein unter Evolutionsforschern beliebter Vergleich ist der von Blüten und Pollinatoren mit Elefantendung und Mistkäfern. Pflanzen begannen Nektar zu produzieren, um Bestäuber anzulocken. Elefanten begannen ihre Dungproduktion nicht, um Mistkäfern zu helfen. Allerdings ist auch das Beispiel der nitrifizierenden Bakterien komplizierter als oben dargestellt. Es gibt Hinweise darauf, dass gewisse nitritoxidierende Bakterien (*Nitrospira moscoviensis*, Nitrospiraceae, Nitrospirales) eine Urease ausscheiden. Dieses Enzym produziert Ammonium zum Nutzen von jenen ammoniumoxidierenden Bakterien, die keine eigene Urease produzieren. Das wäre ein klarer Fall von coevolutionärer, gegenseitiger Kooperation. Ob in Biofilmen kooperative oder antagonistische Beziehungen überwiegen, ist umstritten und dürfte vom Biofilmtyp und von den Umweltbedingungen abhängen. Nach der akzeptierten Definition von gegenseitiger Kooperation müssen beide Arten (oder Stämme) in einer gemischten Kultur besser wachsen als in den jeweiligen Einzelkulturen.

Solche und ähnliche Studien zeigen, dass physiologische und räumliche Heterogenität in Biofilmen aufgrund von physikalisch-chemischen Mechanismen und einfachen Verhaltensregeln der individuellen Zellen, also ohne zentrale Koordination, entstehen kann. Das bedeutet nicht, dass Kooperation oder lokale Koordination ausgeschlossen ist. Zum Beispiel produziert *Vibrio cholerae* (Vibrionaceae, Vibrionales) bei hoher Populationsdichte (lokale Nahrungsknappheit) Botenstoffe, die die EPS-Bildung unterbrechen und extrazelluläre Enzyme induzieren. Das führt zur Auflösung des Biofilms und zur Ausbreitung der Zellen. Oder es werden Metaboliten freigesetzt, die für alle Zellen von Nutzen sind (Pyoverdin, Exoenzyme). In anderen Worten: Einige Individuen produzieren etwas, das allen zugutekommt. Solche Systeme sind stets verletzlich gegenüber Betrügern oder Trittbrettfahrern, d. h. Individuen, die von sogenannten öffentlichen Gütern (*public goods*) profitieren, aber nicht zu ihrer oft aufwendigen Produktion beitragen (Hardin 1968). Das ist kein Problem, wenn die Nutznießenden nahe verwandt sind. In einem Biofilm, dessen Zellen einer Population genetisch identisch sind (klonale Fortpflanzung), ist deshalb Kooperation wahrscheinlicher und stabiler. Die beschränkte Diffusion von Exoenzymen und Siderophoren im Biofilm garantiert, dass ihr Nutzen nahe beim Produktionsort am größten ist.

Durch Mutationen können sich jedoch ursprünglich homogene Gemeinschaften in Sektoren mit verschiedenen klonalen Linien aufspalten. Auch durch horizontalen Genfluss können genetische Mosaike entstehen. Hier hilft es oft, die Interaktionen vom Gesichtspunkt eines Gens aus zu betrachten: Ein Antibiotikaresistenzplasmid kann sich oft frei zwischen verschiedenen Bakterienarten bewegen. In einer Region mit hoher Antibiotikakonzentration werden infizierte Zellen (und damit das Plasmid) bevorzugt überleben und sich teilen.

Bei Kooperationen, die auf reziprokem Altruismus beruhen, ist die Gefahr von Betrügern besonders hoch und Kontroll- und Vergeltungsmaßnahmen sind üblich (in der englischen Literatur spricht man von *policing*). Dieser Effekt kann auf Pleiotropie beruhen. Darunter versteht man die Ausprägung mehrerer phänotypischer Merkmale, die durch ein einzelnes Gen hervorgerufen wird. Zum Beispiel kann die Synthese von extrazellulären polymeren Substanzen (EPS) (energetisch aufwendig) mit einer erhöhten „Klebrigkeit" und deshalb Eingliederung in den Biofilm verknüpft sein. Betrüger, die kein EPS produzieren, haben größere Mühen, sich in einen Biofilm einzugliedern,

Gut untersucht sind Gene für Gift und Gegengift, die eng verknüpft auf einem Plasmid oder dem bakteriellen Chromosom sitzen. Die Gastzelle produziert ein stabiles Gift, gleichzeitig produziert sie ein labiles Gegengift. Wenn *Pseudomonas aeruginosa* (Pseudomonadaceae, Pseudomonadales) virulent wird, produziert es Pyocin, ein Bacteriocin, das andere Bakterien (Konkurrenten) tötet. Ein Betrüger könnte sich die Kosten der Pyocinsynthese sparen. Das wird durch die enge Verknüpfung mit der Synthese von labilen Pyocinblockern verhindert. Ohne die gleichzeitige Bildung von Pyocin und dem Blocker wird die Betrügerzelle getötet.

1.7.2.9 Artbildung und Biodiversität

Durch natürliche und sexuelle Selektion ändern sich die Allelhäufigkeiten einer Population von Generation zu Generation (zusätzlich spielen Mutationen, Genfluss und genetische Drift eine Rolle). In getrennten Subpopulationen kann das über längere Zeit zu einer Trennung in zwei oder mehr reproduktiv isolierte Arten führen. Im klassischen Fall sind die Subpopulationen räumlich getrennt (allopatrische Artbildung), aber auch ökologische Spezialisierung im Gebiet der ursprünglichen Art ist möglich (sympatrische Artbildung). Definition und Identifizierung von Arten sind wesentlich für ein tieferes Verständnis von ökologischen Beziehungen und für wirksamen Naturschutz. Im Wesentlichen sind drei Artdefinitionen geläufig (Herron und Freeman 2014). Ihnen gemeinsam ist die Annahme, dass verschiedene Arten evolutionär unabhängige Einheiten sind, zwischen denen kein Genfluss stattfindet. Sie beruhen jedoch auf verschiedenen Kriterien, um diese Unabhängigkeit zu beurteilen.

- Die klassische Definition geht auf Ernst Mayr (1904–2005) zurück und beruht auf erfolgreicher geschlechtlicher Fortpflanzung. Danach ist eine Art „eine Gruppe sich miteinander kreuzender natürlicher Populationen, die reproduktiv von anderen solchen Gruppen isoliert ist" (Nentwig et al. 2011). In anderen Worten: Individuen innerhalb einer Art können sich paaren und lebensfähigen, fertilen (fruchtbaren) Nachwuchs erzeugen. Natürlich lässt sich dies bei den wenigsten Populationen empirisch überprüfen. Außerdem können Populationen, die wir als nahe verwandte Arten unterscheiden und die geografisch getrennt sind, durch Hybridisierung fruchtbaren Nachwuchs erzeugen (z. B. der europäische Rothirsch, *Cervus elaphus*, und der asiatische Sikahirsch, *Cervus nippon* (Cervidae, Artiodactyla). Bei Pflanzen sind Hybride häufiger als bei Tieren und werden oft von Chromosomenpolyploidie begleitet (Nentwig et al. 2011). Problematisch ist Mayrs Ansatz vor allem für obligat asexuelle Organismen, bei Bakterien, die keinen konventionellen Genaustausch haben, und bei ausgestorbenen Arten, die wir nur als Fossilien kennen.

- Typologische oder morphologische Definition: Eine typologische Art umfasst Individuen, deren Eigenschaften innerhalb relativ enger Grenze variieren. Die Gesamtheit der Eigenschaften einer Art (Typ) unterscheidet sich von jener einer anderen Art. Dieser Ansatz stützt sich häufig auf morphologische Merkmale und bildet die Grundlage der klassischen Taxonomie (Morphoart). Bei Fossilien ist er oft der einzig mögliche Ansatz (wobei heute möglicherweise fossile DNA herangezogen werden kann).

- Das phylogenetische oder kladistische Artkonzept beruht auf den Arbeiten von Willi Hennig (1913–1976). Er forderte, dass nur in sich geschlossene Abstammungsgemeinschaften berücksichtigt werden sollten. Solche monophyletischen Gruppen gehen letzten Endes auf einen einzigen gemeinsamen Vorfahren zurück und enthalten alle seiner Nachkommen. Eine kladistische Art ist die kleinste Gruppe von Populationen, die sich durch eine einzigartige Kombination von morphologischen oder genetischen Merkmalen von anderen Populationen unterscheiden. Als Merkmale werden zunehmend molekulare Messungen verwendet, z. B. Ähnlichkeiten von Nukleotidsequenzen. Ab welcher Abweichung von 100 % Übereinstimmung haben wir es mit einer anderen Art zu tun? Diese Entscheidung bleibt immer etwas willkürlich und hängt vom Organismus und den analysierten DNA-Regionen ab. In Untersuchungen, die ausschließlich auf dem

Vergleich von Nukleotidsequenzen beruhen, hat sich der Begriff OTU (operational taxonomic unit, operative taxonomische Einheit) anstelle von Art eingebürgert.

Keiner der drei Ansätze liefert allgemeingültige und konsistente Antworten. Einige Wissenschaftler, auf Englisch *lumpers*, sind eher konservativ und vermeiden die Proliferation in der Definition von neuen Arten. Andere, auf Englisch *splitters* genannt, sind weniger restriktiv.

Das Ziel der Taxonomie ist die Identifizierung, Beschreibung und Klassifizierung von Lebewesen. Neue Perspektiven ergeben sich aus der massiven Entwicklung und Anwendung moderner Methoden (Omics-Techniken) zur Analyse von Erbinformationen (DNA, RNA), Proteinen und Metaboliten. Damit wächst auch die Bedeutung der **integrativen Taxonomie** (▶ Abschn. 5.4.1).

Für die Konservationsbiologie ist die Erhaltung der genetischen Diversität das wichtigste Ziel. Falls genetische Diversität mit phänotypischer Diversität korreliert, führt der Schutz von mehreren, genetisch verschiedenen Populationen, ob sie nun als verschiedene Arten interpretiert werden oder nicht, am ehesten zum Überleben in einer sich wandelnden Umwelt (Herron und Freeman 2014). Darauf beruht das Konzept der *evolutionarily significant unit* (der evolutionär signifikanten Einheit) im amerikanischen Endangered Species Act.

1.7.2.10 Massenaussterben von Arten

Die Erde ist rund 4,6 Mrd. Jahre alt und die ersten Fossilien von Bakterien lassen sich in 3,5–3,8 Mrd. alten Gesteinen nachweisen (Baur 2010; Herron und Freeman 2014). Ursprünglich war das Leben auf aquatische Räume beschränkt. Vor rund 500 Mio. Jahren eroberten Pflanzen das Land, weniger später folgten Insekten. Seither hat die Diversität stark zugenommen, allerdings war die Zunahme nicht stetig (◘ Abb. 1.4) und wurde mehrmals durch Massenaussterben unterbrochen. Ein Massenaussterben wird oft definiert als die Extinktion von etwa 75 % aller existierenden Arten oder 25 % aller Familien während einer geologisch kurzen Periode (kurz bedeutet hier weniger als 2,8 Mio. Jahre). Allgemein werden fünf klassische Massenaussterben anerkannt (*the big five*). Daneben finden wir weitere bedeutsame Aussterbeereignisse (◘ Abb. 1.4). Gegenwärtig befinden wir uns in einer sechsten, menschengemachten Aussterbewelle (▶ Abschn. 1.4).

Massensterben sind spektakulär, insgesamt sind sie aber nur für etwa 4 % aller Extinktionen verantwortlich. Die übrigen 96 % werden dem Hintergrundaussterben zugeschrieben. Wie kommt es zum Massenaussterben? Kurz gesagt sind katastrophale Veränderungen von Umweltbedingungen dafür verantwortlich, wobei der auslösende Faktor variiert (◘ Abb. 1.4).

- Erstmals kam es vor 440–450 Mio. am Ende des Ordoviziums zu einem Massensterben. Als Hauptgrund wird Klimawandel identifiziert: zuerst eine Eiszeit, gefolgt von einer Wärmeperiode. Rund 85 % der damals lebenden Arten gingen zugrunde.
- Die Ursachen des zweiten Massenaussterbens am Ende des Devons (vor 372–359 Mio. Jahren) sind unklar. Sauerstoffmangel in den Ozeanen, Vulkanausbrüche, sinkende CO_2-Konzentrationen spielten vermutlich eine Rolle. Bis zu 90 % der Meerestierarten verschwanden.
- Beim größten aller Massenaussterben (vor 252 Mio. Jahren, Übergang von Perm zur Trias), in dem 95 % aller existierenden Arten verschwanden, waren enorme vulkanische Eruptionen der Auslöser, gekoppelt mit sinkendem Sauerstoffgehalt der Atmosphäre und steigenden Temperaturen.
- Zwischen Trias und Jura (vor 201 Mio. Jahren) starben rund drei Viertel aller Arten aus. Für immer verschwanden die marinen Conodonta (Kegelzähne) sowie alle großen Crurotarsi (Archosaurier) mit Ausnahme der Krokodile. Was dieses Massensterben

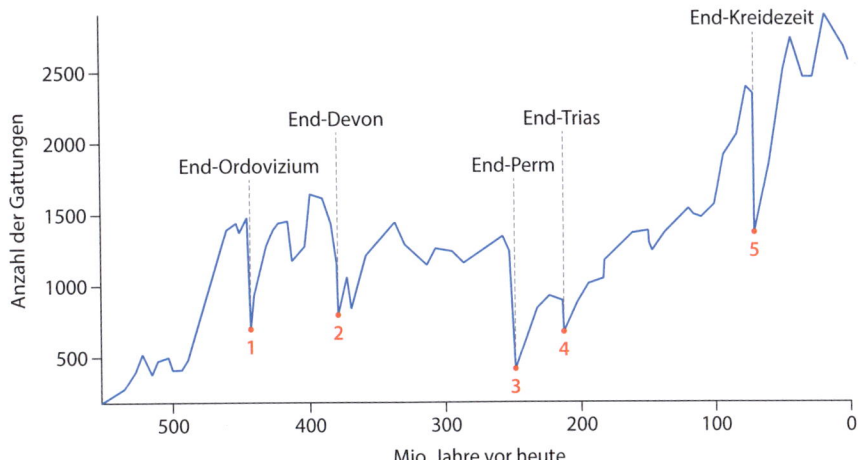

◘ Abb. 1.4 Entwicklung der Diversität (Stufe Gattungen, Meeresfossilien) während des Phanerozoikums (541 Mio. Jahre bis heute) mit fünf großen Rückgängen, entsprechend den klassischen Massenaussterben: 1 bei End-Ordovizium, 2 bei End-Devon, 3 bei End-Perm, 4 bei End-Trias und 5 bei End-Kreidezeit. (Nach Penzlin 2016)

ausgelöst hat, ist unklar: Genannt wurden vulkanische Aktivitäten, Asteroideneinschläge oder Schwankungen des Meeresspiegels.
- Bekannter, wenn auch weniger spektakulär, war das jüngste Massenaussterben zwischen Kreide und Paläogen (vor 66 Mio. Jahren). Es wurde durch einen Meteoriteneinschlag in Chicxulub (Mexiko) ausgelöst und löschte rund 60 % der Arten aus. Dieser Einschlag verursachte kilometerhohe Tsunamis und verheerende Brände. Der entstehende Rauch und Staub reduzierten das Sonnenlicht und damit Pflanzenproduktion für Monate. Viele Gruppen starben aus, u. a. die nichtvogelartigen Dinosaurier (was den Durchbruch der Säuger erleichterte) und Ammoniten.

Massensterben wurden durch extreme Umweltveränderungen ausgelöst, an die sich existierende Arten nicht genügend schnell anpassen konnten. Bessere Überlebenschancen hatten relativ kleine Tiere, da sie weniger Nahrung brauchen, die bei katastrophalen Umweltveränderungen oft zur Mangelware wird. Benachteiligt waren außerdem Arten, deren Vorkommen geografisch beschränkt war, oder Spezialisten, die nur in engen ökologischen Nischen vorkamen. Am besten überlebten weit verbreitete Arten mit hoher Nahrungsflexibilität, Mobilität und Fortpflanzungsrate. Überleben während einer Umweltkatastrophe hängt also weniger davon ab, wie gut eine Art an die Umwelt (vor oder nach dem Massensterben) angepasst ist, sondern wie gut sie den ursprünglichen Schock und seine Nachwehen überleben. Jablonski (2001) nennt das **nichtkonstruktive Selektivität**.

Massensterben erfolgen plötzlich und sind von kurzer Dauer. Die anschließende Erholung dehnt sich über mehrere Millionen Jahre aus. Lyson et al. (2019) analysierten das Sedimentgestein des Chicxulub-Kraters. Dabei fanden sie interessante Zusammenhänge zwischen Klima, Flora und Fauna. ◘ Abb. 1.5 zeigt einen Ausschnitt ihrer Resultate. In den ersten 10.000 Jahren nach dem Einschlag dominierten Farne und Palmen. Eine Wärmephase korreliert mit einer raschen Ausbreitung von Blütenpflanzen, darunter Walnussgewächse (Juglandaceae) mit nährstoffreichen Samen. Das förderte die Entwicklung pflanzenfressender Säuger wie *Baioconodon*. Einen weiteren Evolutionsschub löste eine zweite Wärmephase 700.000 Jahre nach dem Massensterben aus. Es entstand die Familie der Hülsenfrüchtler (Fabaceae), die in einer Symbiose mit Bakterien N_2 fixieren. Sie produzieren proteinreiche Nahrung, was wiederum mit steigender maximaler Körpergröße der Säuger korreliert. So traten erstmals Arten auf, die um die 30 kg (*Taeniolabis taoensis*, Taeniolabididae, Multituberculata) bzw. 50 kg (*Eoconodon coryphaeus*, Triisodontidae, Mesonychia) schwer waren. Es dauerte jedoch noch weitere 10 Mio. Jahre, bis Flora und Fauna wieder die Diversität von vor dem Asteroideneinschlag erreichten.

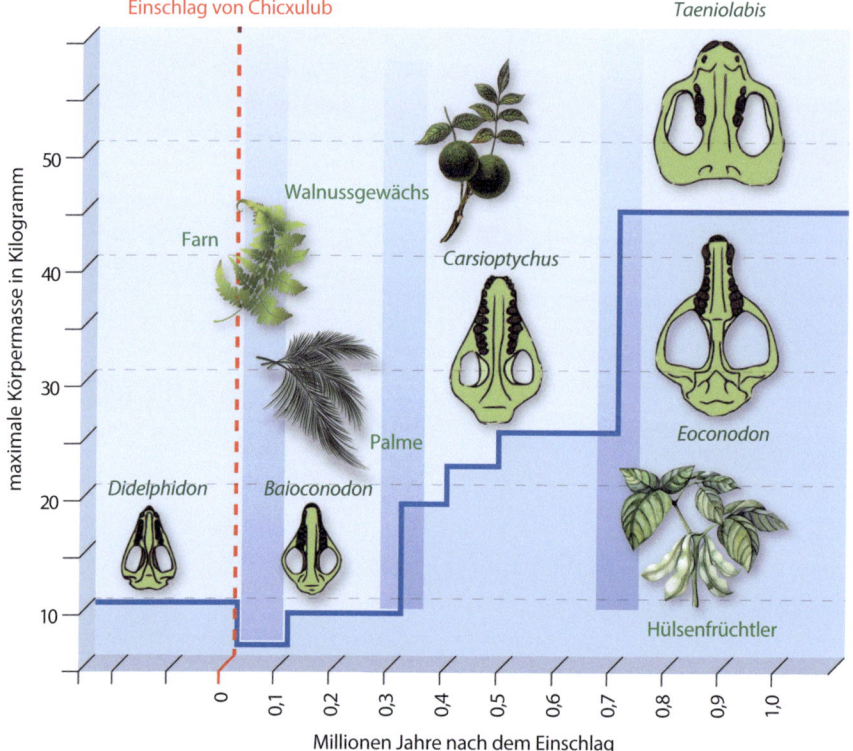

◘ **Abb. 1.5** Erholung von Flora und Fauna nach dem Massenaussterben zwischen Kreide und Paläogen. Nach dem Asteroideneinschlag bestand die Flora in den ersten 10000 Jahren zunächst aus Farnen und Palmen. Bei höheren Temperaturen entwickelten sich zusätzlich Walnussgewächse (Juglandaceae). Hülsenfrüchtler (Fabaceae) folgten in einer zweiten Phase der Klimaerwärmung. Blaue Bänder: Wärmeperioden. Blaue Linie: Gewicht des jeweils größten Säugers. Mit fossilen Schädeln typischer Säugerarten. (Mit freundlicher Genehmigung von Redazione Le Scienze)

Wer hat die besten Chancen, das heutige Massensterben zu überleben? Sehr wahrscheinlich sind es wieder relativ kleine, weit verbreitete und flexible Arten. Erstaunlicherweise zählt der amerikanische Paläontologe Tyler Lyson auch die Schildkröten dazu, da sie die Katastrophen am Ende des Perms, der Trias und der Kreidezeit überlebten. Stark gefährdet scheinen hingegen die Korallen zu sein. Manche Experten gehen davon aus, dass bis 2070 rund 75 % der Korallenriffe gefährdet sind. Allerdings haben Korallen schon vor 200 Mio. Jahren eine extreme globale Erwärmung überstanden. Der Mensch als großes Säugetier ist eigentlich besonders gefährdet. Unsere enorme Flexibilität und technische Fortschritte könnten uns aber vor dem Aussterben retten.

Literatur

Alroy J (2001) A multispecies overkill simulation of the endpleistocene megafaunal mass extinction. Science 292:1893–1896

Axelrod R (1984) The evolution of cooperation. Basic Book, New York

Baur B (2010) Biodiversität. UTB, Bern

Begon ME, Harper JL, Townsend CR (1998) Ökologie. Hrsg. KP Sauer, Spektrum Akademischer Verlag, Heidelberg, Berlin

Bollmann S (2021) Der Atem der Welt – Johann Wolfgang Goethe und die Erfahrung der Natur, Klett Cotta Verlag, Stuttgart ISBN 9783608964165

Bosch TCG, McFall-Ngai MJ (2011) Metaorganisms as the new frontier. Zoology 114:185–190

Bossdorf O, Richards CL, Pigliucci M (2007) Epigenetics for ecologists. Ecol Lett 10:1–10

Botkin DB (1990) Discordant harmonies. Oxford University Press, Oxford

Botkin DB (2012) The moon in the nautilus shell. Oxford University Press, Oxford

Bramwell A (1989) Ecology in the 20th century. Yale University Press, New Haven

Bruger E, Waters C (2015) Sharing the sandbox: Evolutionary mechanisms that maintain bacterial cooperation. F1000Research 2015 4(F1000 Faculty Rev):1504. https://doi.org/10.12688/f1000research.7363.1

Caldwell DE et al (1997) Do bacteria transcend Darwin? Adv Microbial Ecol 15:105–191

Carson R (2019) Der stumme Frühling. Beck Paperback, München

Carthey AJR, Blumstein DT, Gallagher RV, Tetu SG, Gillings MR (2020) Conserving the holobiont. Funct Ecol 34:764–776

Costa E, Pérez J, Kreft J-U (2006) Why is metabolic labour divided in nitrification? Trends Microbiol 14:213–219

Crosby AW (1986) Ecological imperialism of Europe, 900–1900. Cambridge University Press, Cambridge

Crutzen PJ, Aselmann I, Seiler W (1986) Methane production by domestic animals, wild ruminants, other herbivorous fauna, and humans. Tellus B: Chem Phys Meteorol 38:271–284. https://doi.org/10.3402/tellusb.v38i3-4.15135

Cuncliffe B (2016) 10000 Jahre – Geburt und Geschichte Eurasiens. WBG. Theiss, Darmstadt

Dadachova E, Bryan RA, Huang X, Moadel T, Schweitzer AD, Aisen P, Joshua D, Nosanchuk JD, Casadevall A (2007) Ionizing radiation changes the electronic properties of melanin and enhances the growth of melanized fungi. PLoS ONE 2(5):e457. https://doi.org/10.1371/journal.pone.0000457

Dawkins R (1982) The extended phenotype. W.H. Freeman, Oxford

Dawkins R (2007) Das egoistische Gen. Spektrum Akademischer, Berlin/Heidelberg

Deveau A et al (2018) Bacterial-fungal interactions: ecology, mechanisms and challenges. FEMS Microbiol Rev 42:335–352

Diamond J (2005) Collapse. Penguin Books, New York

Dobzhansky T (1973) Nothing in Biology Makes Sense except in the Light of Evolution The American Biology Teacher 35:125–129

Duncan RP, Boyer AG, Blackburn TM (2013) Magnitude and variation of prehistoric bird extinctions in the Pacific. Proc Natl Acad Sci USA 110:6436–6441

Egerton FN (1973) Changing concepts of the balance of nature. Quart Rev Biol 48:322–350

Eldredge N, Gould SJ (1972) Punctuated equilibria: an alternative to phyletic gradualism. In: Schopf T (Hrsg) Models in paleobiology. Freeman, Cooper and Co., San Francisco, S 82–115

Ereshefsky M, Pedroso M (2015) Rethinking evolutionary individuality. PNAS 112:10126–11032

Flouders D, Binder M, Riley R et al (2012) The paleozoic origin of enzymatic lignin decomposition reconstructed from 31 fungal genomes. Science 336:1715–1719

Foster KR, Bell T (2012) Competition, not cooperation, dominates interactions among culturable microbial species. Curr Biol 22:1845–1850

Gause GF (1934) The struggle for existence. Williams & Wilkins, Baltimore

Ghedini G, Loreau M, White CR, Marshall DJ (2018) Testing MacArthur's minimisation principle: do communities minimise energy wastage during succession? Ecol Lett 21:1182–1190

Gould SJ, Lewontin RC (1979) The spandrels of San Marco and the Panglossian paradigm: a critique of the adaptationist programme. Proc Roy Soc London, Series B, Biol Sci 205:581–598

Grimm V, Railsback SF (2005) Individual-based modelling and ecology. Princeton University Press, Princeton

Grimm V, Schmidt E, Wissel C (1992) On the application of stability concepts in ecology. Ecol Modelling 63:143–161

Hardin G (1968) The tragedy of the commons. Science 162:1243–1248

Hedrich R, Schultz J (2021) Grüne Jäger. Spektrum der Wissenschaft:30–36, Heft 6

Heiser CB (1990) Seed to civilization: the story of food. Harvard University Press, Cambridge

Herron JC, Freeman S (2014) Evolutionary analysis. Pearson, Boston

Hörl E (2016) Die Ökologisierung des Denkens. Schwerpunkt. Z Medienwissensch 14:33–45

Hughes JD (1975) Ecology for ancient civilizations. University of New Mexico Press, Albuquerque

Hughes JD (2014) Environmental problems of the Greeks and Romans. Johns Hopkins University Press, Baltimore

Jablonski D (2001) Lessons from the past: evolutionary impacts of mass extinctions. PNAS 98:5393–5398

Kilvitis HJ, Alvarez M, Foust CM, Schrey AW, Robertson M, Winkler W, Seibt U (1981) Das Prinzip Eigennutz. DTV, München

Kircher J (2009) The balance of nature. Ecology's enduring myth. Princeton University Press, Princeton

Kolbert E (2016) Das 6. Sterben. Suhrkamp, Berlin

Lampert W, Sommer U (1993) Limnoökologie. Thieme, Frankfurt

Liu W et al (2019) Deciphering links between bacterial interactions and spatial organization in multispecies biofilms. ISME J 13:3054–3066

Lyson TR et al (2019) Exceptional continental record of biotic recovery after the Cretaceous–Paleogene mass extinction. Science 366:977–983

Malloch DW, Pirozynski KA, Raven PH (1980) Ecological and evolutionary significance of mycorrhizal symbioses in vascular plants (A Review). Proc Natl Acad Sci USA 77:2113–2118

Mann CC (2011) 1493: Uncovering the New World Columbus Created. New York: Knopf. ISBN 978-0-307-26572-2

Mann CC (2013) Kolumbus' Erbe. Rowohlt,

Mann CC (2016) Amerika vor Kolumbus: Die Geschichte eines unentdeckten Kontinents. Rowohlt, Reinbek bei Hamburg

McIntosh RP (1985) The background of ecology. Cambridge University Press, New York

Möbius K (1877) Die Auster und die Austern Wirthschaft. Verlag von Wiegandt/Hempel & Parey, Berlin

Moran et al (2019) Evolutionary and ecological consequences of gut microbial communities. Ann Rev Ecol Evol Syst 50:451–475

Munk K (Hrsg) (2009) Taschenlehrbuch Biologie. Ökologie, Biologie. Thieme, Stuttgart

Nadell CD, Xavier JB, Foster KR (2008) The sociobiology of biofilms. FEMS Microbiol Rev 33:206–224

Naess A (1973) The shallow and the deep, long-range ecology movement. Inquiry 16:95–100

Nelson MK, Shilling D (Hrsg) (2018) Traditional ecological knowledge: learning from indigenous practices for environmental sustainability. Cambridge University Press,

Nentwig W, Bacher S, Brandl R (2011) Ökologie kompakt. Spektrum Akademischer, Heidelberg

Odum EP (1953) Fundamentals of ecology. In Collaboration with Howard T. Odum. W.P. Saunders, Philadelphia and London

Palfalvi G et al (2020) Genomes of the Venus flytrap and close relatives unveil the roots of plant carnivory. Curr Biol 30:2312–2320

Penzlin H (2016) Einleitung. In: Das Phänomen Leben. Springer Spektrum, Berlin, Heidelberg. https://doi.org/10.1007/978-3-662-48128-8_1

Pimm SL (1991) The balance of nature. University of Chicago Press, Chicago

Ponisio LC, M'Gonigle LK, Mace KC, Palomino J, de Valpine P, Kremen C (2015) Diversification practices reduce organic to conventional yield gap. Proc R Soc B 282:20141396. https://doi.org/10.1098/rspb.2014.1396

Reader J (1988) Man on Earth. Collins, London

Reichholf JH (2006) Die Zukunft der Arten. Neue ökologische Überraschungen. C.H. Beck, München

Reichholf JH (2008a) Stabile Ungleichgewichte. Suhrkamp, Frankfurt am Main

Reichholf JH (2008b) Ende der Artenvielfalt? Gefährdung und Vernichtung von Biodiversität. Fischer, Frankfurt am Main

Schaefer M (2012) Wörterbuch der Ökologie. Spektrum Akademischer, Heidelberg

Schuster R et al (2019) Vertebrate biodiversity on indigenous-managed lands in Australia, Brazil, and Canada equals that in protected areas. Environ Sci Policy 101:1–6

Searchinger TD, Wirsenius S, Beringer T, Dumas P (2018) Assessing the efficiency of changes in land use for mitigating climate change. Nature 564:249–264

Seppelt R, Klotz S, Peiter E, Volk M (2022) Agriculture and food security under a changing climate: an underestimated challenge. Science 25:105551, December 22, 2022

Simberloff D (2014) The „Balance of Nature" – evolution of a Panchreston. PLoS Biol 12(10):e1001963. https://doi.org/10.1371/journal.pbio.1001963

Slobodkin LB (1974) Prudent predation does not require group selection. Am Nat 108:665–678

Trosper RL (1995) Traditional American Indian economic policy. Am Indian Cult Res J 19:65–95

Vince G (2016) Am achten Tag. Eine Reise in das Zeitalter des Menschen. WBG, Darmstadt

Watling J et al (2017) Impact of pre-Columbian „geoglyph" builders on Amazonian forests. PNAS 114:1868–1873

Weng J-K, Chapple C (2010) The origin and evolution of lignin biosynthesis. New Phytologist 187:273–285

White L Jr (1967) The historical roots of our ecologic crisis. Science 155:1203–1207

Wickler W, Seibt U (1981) Das Prinzip Eigennutz. DTV, München

Wilkinson JM (2012) Methane production by ruminants. Livestock 17. https://doi.org/10.1111/j.2044-3870.2012.00125.x

Wittig R, Streit B (2004) Ökologie UTB Basics. Ulmer,

Worster D (1977) Nature's economy. University of Cambridge Press, Cambridge

Wulf O (2016) Alexander von Humboldt und die Erfindung der Natur, Bertelsmann, München

Wie Ökologen arbeiten

Felix Bärlocher

Inhaltsverzeichnis

2.1 Ökologie und andere Naturwissenschaften – 28

2.2 Datensammlung und Auswertung – 29
2.2.1 Der hypothetisch-deduktive Ansatz – 29
2.2.2 Der statistische Ansatz nach Thomas Bayes und Ronald A. Fisher – 30
2.2.3 Wissenschaftliche Revolutionen (Paradigmenwechsel) – 30
2.2.4 Wie wird Wissenschaft tatsächlich betrieben? – 31
2.2.5 Experimente und Beobachtungen – 31
2.2.6 Computermodelle und Big Data – 31

Literatur – 33

2.1 Ökologie und andere Naturwissenschaften

Ökologie ist eine biologische Wissenschaft (▶ Kap. 1). Je nach Forschungsspezialisierung sind fundamentale Kenntnisse von Botanik, Zoologie, Mikrobiologie, einschließlich Genetik, Physiologie und Biochemie notwendig. Außerdem stützt sich Ökologie auf Methoden und Ergebnisse von Nachbardisziplinen wie Physik, Chemie, und Geologie. Für erfolgreiche ökologische Forschung ist deshalb Vertrautheit mit deren Ansätzen sowie ihren Stärken und Schwächen unabdingbar. Dasselbe gilt für Versuchsplanung und Datenauswertung. Grundkenntnisse der Wissenschaftsphilosophie und Hintergründe der Statistik sind wesentlich für gute, reproduzierbare Forschung.

Die Bedeutung verschiedener naturwissenschaftlicher Disziplinen für die Erforschung der Natur hat Alexander von Humboldt (1769–1859) als Erster in konsequenter Zusammenschau belegt (▶ Abschn. 1.1). Auf seinen sorgfältig geplanten Reisen, insbesondere durch Südamerika, nutzte er Erkenntnisse aus verschiedenen wissenschaftlichen Fächern und legte einen wesentlichen Grundstein für die **Ökologie**. Humboldts Sicht auf die Natur als ein interaktives Netz von Organismen in ihrer physikalisch-chemischen Umwelt wurde von Charles Darwin (1809–1882) und Alfred Russell Wallace (1823–1913) aufgegriffen und auf der Grundlage eigener Forschungsreisen zur heute gültigen **Evolutionstheorie** entwickelt (▶ Abschn. 1.7.2).

Mit Bezug auf die Arbeiten von Humboldt und Darwin definierte Ernst Haeckel das Fachgebiet **Ökologie** (▶ Abschn. 1.1). Er stellte die Zoologie in den Kontext ökologischer Forschung und verfasste aus dieser Sicht eine „Generelle Morphologie der Organismen" (1866).

Humboldt, Darwin und Haeckel verkörpern drei Wissenschaftlergenerationen, die mit interdisziplinärem Ansatz die Natur als Netzwerk und Leben als Einheit in Vielfalt auffassten.

» „Die Natur ist für die denkende Betrachtung Einheit in der Vielfalt, Verbindung des Mannigfaltigen in Form und Mischung, Inbegriff der Naturdinge, als ein lebendiges Ganzes." (**Alexander von Humboldt,** 1769–1859; in: Kosmos – Entwurf einer physischen Weltbeschreibung, 1. Band, Berlin, 1845)

» „Nichts in der Geschichte des Lebens ist beständiger als der Wandel." (**Charles Darwin**, 1809–1882; Briefe)

» „… der Grundgedanke zur Geldung kommt, welchen ich für die erste und nothwendigste Vorbedingung jedes wirklichen Fortschritts auf unserem Wissenschafts-Gebiet halte: der Gedanke von der gesamten Einheit der organischen und anorganischen Natur, der Gedanke von der allgemeinen Wirksamkeit mechanischer Ursachen in allen erkennbaren Erscheinungen, der Gedanke, dass die entstehenden und die entwickelten Formen der Organismen nichts Anderes sind, als das nothwendige Product ausnahmsloser und ewiger Naturgesetze." (**Ernst Haeckel**, 1834–1919; in: Generelle Morphologie der Organismen, Band 1, Berlin 1866)

Humboldts interdisziplinärer Forschungsansatz ist bis heute als Maßstab für das Verständnis von Ökosystemen gültig. Er definierte beispielsweise verschiedene Klimate und Bodenzustände wie im Höhengradienten eines Berges (Chimborazo, Ecuador) als Verursacher vielgestaltiger, dynamischer Vegetationszonen. Diversität von Pflanzen und anderen Organismen wird über weite Gebiete hinweg durch physikalische (abiotische) Parameter (Klima und Verfügbarkeit von Nährstoffen) und die Eigenschaften der Organismen (biotische Faktoren) bestimmt. Er erfand die Isothermen und nutzte die **meteorologische Wissenschaft**. Seine Vorgehensweise bezeichnete er als „vergleichende Klimatologie". Die Daten aus Ecuador ergänzte er mit Erkenntnissen aus Vegetationszonen anderer Bergregionen.

210 Jahre nach Humboldts Studien wurden die **Vegetationszonen** am Chimborazo erneut untersucht (Morueta-Holme et al. 2015). Die Wissenschaftler erfassten im Abstand von jeweils 100 Höhenmetern zwischen 3800 und 5200 m Vorkommen und Häufigkeit von Pflanzenarten. Sie beobachteten eine deutliche Verschiebung mehrerer Pflanzenarten in eine größere Höhe (um über 500 m). Ursache ist maßgeblich der Klimawandel. Bei Auswertung der nationalen Temperaturaufzeichnungen in Ecuador zwischen 1866 und 2012 ergab sich ein mittlerer Anstieg der Temperatur von ca. 1,5 °C. In unteren Berglagen zeigten sich allerdings auch Veränderungen in der Artenzusammensetzung durch die starke Landnutzung, insbesondere durch intensive Landwirtschaft.

Jüngste Forschungsergebnisse setzen die bahnbrechenden Experimente und Erkenntnisse Humboldts fort. In einer umfangreichen Studie wurden in 134 Bergregionen der Erde globale Datensets erhoben für ca. 21.000 Amphibien, Vögel und Säugetiere sowie Insekten- und Pflanzenspezies. Die Befunde verweisen nachdrücklich auf den komplexen Einfluss klimatischer Faktoren auf die Biodiversität der Bergregionen in geografisch unterschiedlichen Gebieten unserer Erde (Rahbek et al. 2019).

Vor 20 Jahren wurde in der Schweiz das Netzwerk Global Mountain Biodiversity Assessment (GMBA) gegründet (▶ www.gmba.unibe.ch). Diese interdisziplinäre Plattform sammelt Daten zur Biodiversität von Bergökosystemen als Grundlage von Maßnahmen zum Schutz und zur nachhaltigen Nutzung von natürlichen Ressourcen.

Die moderne ökologische Forschung ist besonders stark interdisziplinär ausgerichtet. Zur kausalanalytischen Beweisführung werden **mathematische Methoden** wie **Statistik** und **Computermodelling** herangezogen. Neben den zentralen „klassischen" Fachgebieten **Botanik**, **Zoologie** und **Mikrobiologie** hat sich eine **Geobiologie** etabliert, die die Geowissenschaften (**Geologie** und **Geografie**) mit der Biologie verbindet, wie **Geobotanik**, **Geozoologie** und **Geomikrobiologie**. Diese drei Disziplinen forschen in mehreren Untersuchungsebenen, vom Organismus über Populationen und Lebensgemeinschaften bis zum Ökosystem. Humboldts Buch „Ideen zu einer Geographie der Pflanzen nebst einem Naturgemälde der Tropenländer" wird oft als erstes ökologisches Lehrbuch, allerdings mit geobotanischem Fokus, angesehen.

Essenziell für ökologische Studien sind physiologische und biochemische Erkenntnisse über das Netzwerk der Natur. Abiotische und biotische Faktoren aus der Umwelt bestimmen die biochemische Flexibilität der Organismen und die Interaktionen zwischen artgleichen und artfremden Organismen sowie ihre Einpassung in die verschiedenen Formen von Lebensgemeinschaften. Dabei kommt spezialisierten Metaboliten als zellulären Schutzstoffen für metabolische Reaktionen, aber auch als Mediatorsubstanzen zwischen den Lebewesen besondere Bedeutung zu (▶ Abschn. 5.4). Diesen interdisziplinären Link zwischen biochemischen Erkenntnissen und ökologischer Forschung bietet das Fachgebiet **Ökologische Biochemie** (**Ökobiochemie**). Bereits bei Humboldt ist zu dieser Thematik ein interessanter Denk- und Forschungsansatz zu finden. In seinem Buch „Aphorismen aus der chemischen Physiologie" (1794) beschäftigt er sich mit dem Einfluss von Sonnenlicht, Wasser, Kohlenstoff und Sauerstoff auf das Leben der Pflanzen. Mit Hinweis auf eine Publikation des französischen Biologen Brugmann von 1785 beschreibt Humboldt auch Wurzelausscheidungen, die heute in der Ökologischen Biochemie Forschungsgegenstand der **Allelopathie** sind (▶ Abschn. 9.1): „Es tröpfeln nämlich, besonders nachts, durch die äußersten Enden der Würzelchen Säfte, welche die benachbarten Pflanzen und ihnen selbst, theils schädlich, theils nützlich sind … Durch diese Erscheinung läßt sich vielleicht erklären, was das heiße, den Acker ruhen zu lassen und was die Harmonie der Pflanzen sei, worüber man seit den ältesten Zeiten so viel geträumt hat." Heute sind uns zahlreiche ausgeschiedene Wirkstoffe bekannt, die zu ökologischen Interaktionen von Pflanzen führen (▶ Abschn. 9.1).

Die **Chemische Ökologie** ist ein interdisziplinäres chemisch-biologisches Forschungsgebiet. Es werden die Identifizierung, Biogenese und Struktur-Wirkungs-Beziehungen niedermolekularer, spezialisierter Metaboliten erforscht, die als Signalstoffe die Interaktionen zwischen den Organismen und in den Lebensgemeinschaften vermitteln.

Ökologische Biochemie und Chemische Ökologie haben sich insbesondere in den letzten 30 Jahren durch die Nutzung sensitiver chemisch-analytischer, mikroskopischer und molekularbiologischer Methoden rasant entwickelt. Die kontinuierlich verfeinerten **Omics-Technologien** (▶ Abschn. 5.4) erlauben auch immer bessere Kenntnisse über evolutionäre Prozesse, die für alle ökologischen Teildisziplinen nützlich sind.

Empfindliche analytische Techniken benötigt auch die **Ökologische Chemie**, die sich vor allem mit der ökologischen Beurteilung von Fremdstoffen in der Natur befasst. Es werden Voraussetzungen für den nachhaltigen Umgang mit Chemikalien im Sinne eines vorsorgenden Umwelt- und Gesundheitsschutzes vermittelt.

Beginnend mit dem 20. Jahrhundert setzt sich die Ökologie in stärkerem Maße mit dem Einfluss des Menschen auf Natur und Ökosysteme auseinander, der sich besonders aus Bevölkerungswachstum, Umweltverschmutzung, Veränderung der Biodiversität und globalem Klimawandel ergibt. Bereits vor 200 Jahren hat Alexander von Humboldt auf die folgenreiche Veränderung der Landschaft durch den Menschen in Venezuela hingewiesen. In Bezug auf die Folgen kolonialer Plantagenwirtschaft warnte er als Erster davor, dass umfassende Entwaldung zu Trockenheit, Bodenerosion und starken Veränderungen der Vegetation führt, während Wald und Wiederaufforstung das Klima positiv beeinflussen.

Ökologische Forschung zielt heute vermehrt auf angewandte Erkenntnisse im globalen Rahmen. Davon profitieren **Land- und Forstwirtschaft**, **Landschaftsplanung** und **Naturschutz**.

Die **Humanökologie** nutzt ein noch breiteres interdisziplinäres Fächerspektrum mit z. B. **Ökonomie**, **Soziologie**, **Jura** und **Ethik**.

2.2 Datensammlung und Auswertung

2.2.1 Der hypothetisch-deduktive Ansatz

Wie alle Wissenschaften sucht die Ökologie nach kausalen Zusammenhängen zwischen Beobachtungen. Die wissenschaftlich-methodische Vorgehensweise beschrieb Alexander von Humboldt in seinem Buch „Ansichten der Natur" (1849): „Vom Beobachten wird fortgeschritten zum Experimentieren, zum Hervorrufen der Erscheinungen unter bestimmten Bedingungen, nach leitenden Hypothesen, d. h. nach dem Vorgefühl von dem inneren Zusammenhang der Naturdinge und

Naturkräfte. Was durch Beobachtung und Experiment erlangt ist, führt, auf Analogien und Induktion gegründet, zur Erkenntnis empirischer Gesetze."

Wie man Kausalzusammenhänge aus Beobachtungen und Experimenten ableiten kann, wird in der Philosophie weiterhin diskutiert (Balzer 2002). Die meisten Biologen bekennen sich jedoch zu einer Version der **hypothetisch-deduktiven Methode**, die im Wesentlichen auf Karl Popper (1902–1994) zurückgeht. Aufgrund von Beobachtungen wird eine **Hypothese** erarbeitet. Eine gute Hypothese sagt voraus, wie sich das System unter neuen Bedingungen verhalten wird. Wenn sich das System anders verhält, haben wir die Hypothese falsifiziert, wir verwerfen oder modifizieren sie (nach Thomas Huxley: „Science is organized common sense where many a beautiful theory was killed by an ugly fact", „Wissenschaft ist organisierter gesunder Menschenverstand, in der manche schöne Theorie durch eine hässliche Tatsache getötet wurde"). Falls die Beobachtungen unseren Erwartungen entsprechen, halten wir die Hypothese (vorläufig) aufrecht. Dazu ein triviales Beispiel: Aufgrund unserer Beobachtungen in Europa erstellen wir die Hypothese, dass alle Schwäne weiß sind. Diese Hypothese würde durch die Beobachtung eines einzigen schwarzen Schwans, z. B. in Australien, falsifiziert.

Poppers Schriften waren außerordentlich einflussreich (für eine Übersicht siehe Popper 1995). Konrad Lorenz (1983) wendet dieselbe Interpretation auf die Evolution an. Danach erstellen Organismen Hypothesen über ihre Umwelt. Eine Hypothese, welche die Umwelt besser oder zweckmäßiger widerspiegelt, überlebt. Durch natürliche Selektion werden eine falsche Hypothese und damit ihr Träger ausgemerzt.

2.2.2 Der statistische Ansatz nach Thomas Bayes und Ronald A. Fisher

Hypothesen lassen sich selten so eindeutig formulieren wie im Beispiel der weißen Schwäne. In der Regel treten mögliche Beobachtungen mit einer gewissen Wahrscheinlichkeit ein, was ihre Interpretation erschwert. Der am weitesten verbreitete Ansatz geht auf Ronald A. Fisher zurück, der maßgebend die **statistische Versuchsplanung** ausarbeitete. Im Mittelpunkt steht die **Nullhypothese** und wir entscheiden mit einem **Signifikanztest**, ob wir sie verwerfen (Bärlocher 2008). Die Grundlage für diese Entscheidung ist nicht sehr intuitiv. Wir nehmen an, dass die Nullhypothese stimmt, d. h., dass kein Unterschied besteht zwischen den **Kennwerten** (z. B. Durchschnittswachstum) einer Kontroll- und einer (oder mehreren) Vergleichspopulation. Wir machen mehrere unabhängige Messungen an beiden Populationen und berechnen für jede Replikation den Kennwert. Daraus lässt sich der durchschnittliche Unterschied zwischen den beiden Populationen bestimmen, den wir als **Teststatistik** definieren können (in der Regel würde man komplexere Teststatistiken verwenden, hier z. B. den t-Wert oder F-Wert). Nun bestimmen wir die erwartete Verteilung der Teststatistik, falls die Nullhypothese stimmt. Wie groß ist die Wahrscheinlichkeit, dass unsere gemessene Teststatistik mindestens so extrem, (d. h., so weit vom Durchschnitt entfernt) ist wie der Kennwert zweier Populationen, die sich nicht unterscheiden (d. h., die Nullhypothese ist korrekt)? Falls diese unter einen vorher festgelegten Wert fällt (**Signifikanzniveau** p, in der Regel 0,05, manchmal 0,01), verwerfen wir die Nullhypothese.

Unkritische Anwendung des Signifikanztests hat eine beschränkte Aussagekraft (Bärlocher 2008). Unter anderem kann ein statistisch gesicherter Wert biologisch irrelevant sein. Wichtiger sind oft die geschätzte **Effektgröße** (d. h., wie groß der Unterschied zwischen Kontrolle und Experiment ist) und die **Power** (Sensitivität; wie groß die Wahrscheinlichkeit ist, dass ein existierender Unterschied korrekt diagnostiziert wird).

Ein signifikanter p-Wert in einem Experiment ist keine Garantie dafür, dass der postulierte Effekt reproduzierbar ist. Nach Ioannidis (2005) lassen sich über die Hälfte der publizierten Arbeiten nicht replizieren, d. h., bei einer Wiederholung eines Experiments oder einer Beobachtung ergibt die statistische Auswertung keinen signifikanten Wert mehr. Man spricht deshalb von einer *replication (reproducibility) crisis* (Replikations- oder Reproduzierbarkeitskrise), die in Psychologie und medizinischen Wissenschaften besonders ausgeprägt ist.

Der Signifikanztest gibt keine direkte Information darüber, wie wahrscheinlich unsere Hypothese ist. Dafür eignet sich der Ansatz von Thomas Bayes (1701–1761). Eine anfängliche Wahrscheinlichkeit (**A-priori-Wahrscheinlichkeit**), dass unsere Hypothese stimmt, wird kontinuierlich durch neue Daten modifiziert (**A-posteriori-Wahrscheinlichkeit**). Eine Einführung in den Bayes'schen Ansatz in der Ökologie findet man bei Ellison (2004).

Statistische Analysen können spezifische biologische Kenntnisse nicht ersetzen. Nach Box (1976) sind alle statistischen Modelle falsch, einige sind jedoch nützlich. Die Expertise besteht darin, Modelle zu entwickeln und anwenden, die das Wesen des Systems erfassen.

2.2.3 Wissenschaftliche Revolutionen (Paradigmenwechsel)

Nach Thomas Kuhn (1962) wird die Geschichte der wissenschaftlichen Forschung durch „Normalwissenschaft" dominiert, die von Zeit zu Zeit von wissenschaftlichen Revolutionen unterbrochen wird. Die normale Wissenschaft, wie sie von der Mehrzahl betrieben wird, besteht im Wesentlichen aus Rätsellösen innerhalb eines allgemein akzeptierten **Paradigmas** (Erklärungsmodell; z. B. Newtons Physik). Von Zeit zu Zeit tauchen Anomalien auf, die nicht durch einfaches Anpassen der bestehenden Theorien und Regeln assimiliert werden können. Schließlich kann das zu einem Umsturz der dominanten Theorie führen (**Paradigmenwechsel**; z. B. von Newtons Physik zur Relativitätstheorie). Besonders wenn ein Paradigma stark dominiert, besteht die Gefahr eines **Bestätigungsfehlers** (*confirmation bias*). Darunter versteht man die Tendenz, Daten so zu messen oder auszusuchen, dass sie bestehende Erwartungen bestätigen.

2.2.4 Wie wird Wissenschaft tatsächlich betrieben?

In der Praxis stützen sich die meisten Ökologen auf *error-probability statistics* (auf Deutsch etwa „Statistik der Fehlerwahrscheinlichkeiten"; Mayo 1996; Scheiner 2001; ◘ Abb. 2.1). In einem primären Modell wird ein relativ breites Problem in Teilhypothesen und Schätzungen von theoretischen Erwartungswerten (z. B., Artenzahl, Primärproduktion) unterteilt. Das primäre Modell wird in ein experimentelles Modell übersetzt, d. h., der Wissenschaftler plant Experimente oder Beobachtungen, die Teilhypothesen bestätigen oder verwerfen können. Datenmodelle konzentrieren sich auf Sammlung und statistische Auswertung von Rohdaten. Das Vorgehen ist dynamisch und iterativ, neue Daten beeinflussen experimentelle und primäre Modelle, was ihrerseits zu Sammlungen von neuen Daten führen kann. Dabei spielen sachverständige Bewertungen von möglichen Fehlentscheidungen eine wesentliche Rolle. Neue Erkenntnisse ergeben sich in der Regel Schritt für Schritt; große Durchbrüche sind selten.

2.2.5 Experimente und Beobachtungen

Ökologische Forschung beruht also im Wesentlichen auf der Konfrontation von Hypothesen mit empirischen Daten (Hilborn und Mangel 1997). Am eindeutigsten ist diese Beziehung in kontrollierten Experimenten. In Regressionsanalysen variieren wir eine unabhängige Variable und messen ihren Einfluss auf eine abhängige Variable (z. B. Einfluss von Temperatur auf Wachstum

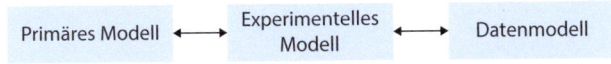

◘ Abb. 2.1 Typisches Vorgehen in der ökologischen Forschung

einer Art oder Aktivierung von bestimmten Enzymen). Bei sorgfältiger Planung (Replikationen, unabhängige Messungen) ist die Interpretation der Resultate relativ unkompliziert, gilt aber strikt genommen nur für den Parameterraum, der durch unsere experimentellen Bedingungen beschrieben wird.

Experimente lassen sich am leichtesten unter Laborbedingungen kontrollieren, die allerdings natürliche Bedingungen nur eingeschränkt widerspiegeln. Um diese zu berücksichtigen, werden oft Mesokosmen verwendet, wie Treibhäuser, die täglichen Schwankungen der Temperatur und Belichtung ausgesetzt sind, wo aber Nährstoffe gezielt variiert werden können. Schließlich können wir Daten von natürlichen Ökosystemen sammeln und analysieren. Dabei sind sorgfältige Planung der Messungen und ihre Auswertung Voraussetzungen für die Gewinnung von sachdienlichen Informationen. Eine Einführung in spezifisch ökologische Ansätze findet man u. a. in Underwood (1997), Hairston (1989), Gotelli und Ellison (2004), Leyer und Wesche (2008) und Krebs (2014).

Von zunehmender Bedeutung sind menschliche Eingriffe in Ökosysteme durch Pestizide, Düngung, Rodung, Staudämme usw. Um die Konsequenzen korrekt zu identifizieren, müsste man mehrere unabhängige und zufällig ausgewählte Standorte mit oder ohne gezielte Eingriffe vergleichen können. Das ist oftmals nicht möglich. Stattdessen muss man sich häufig mit **BACI**-Studien (*before-after control-impact*) zufriedengeben. Dabei vergleicht man den Zustand vor und nach dem Eingriff (Green 1979; Conner et al. 2016; Smokorowski und Randall 2017). Ähnliche Ansätze werden in Monitoring-(Überwachungs-)programmen verwendet, z. B. um den Effekt von Klimawandel zu beurteilen.

2.2.6 Computermodelle und Big Data

Moderne ökologische Forschung stützt sich im Wesentlichen auf drei Ansätze: Experimente, Beobachtungen und Modellbildungen. Für alle drei sind heute Computer unabdingbar – ohne dieses Hilfsmittel wären Datenauswertung und Modellvalidierung kaum möglich. Computermodelle erlauben uns, mögliche Folgen von veränderten Umweltfaktoren abzuschätzen.

Bei analytischen Modellen werden die Beziehungen zwischen Variablen mathematisch definiert (z. B. der Einfluss von Temperatur auf die pflanzliche Primärproduktion). Daten werden gesammelt und ihre Übereinstimmung mit postulierten Werten geprüft (Validierung). Simulationsmodelle enthalten in der Regel Parameter oder Konstanten, die geschätzt werden müssen. Das ist gleichzeitig eine Stärke (d. h., das Modell ist sehr flexibel und durch geschickte Wahl der Parameter kann praktisch jeder Datensatz an ein Modell angepasst werden) und eine Schwäche (ein Modell lässt sich durch verschiedene Kombinationen von Parametern validieren). John von Neumann (1903–1957) drückte es wie folgt aus: „With four parameters I can fit an elephant. If you allow me a fifth free parameter, the model I build will forecast that the elephant will fly" („Mit vier Parametern kann ich einen Elefanten simulieren. Mit einem fünften Parameter wird mein Modell voraussagen, dass der Elefant fliegt"; Dyson 2004). Offensichtlich spielen auch hier Intuition und Spezialkenntnisse des Forschers eine wesentliche Rolle.

Konventionelle Modelle werden in der Regel **bottom-up** (von unten nach oben) konstruiert. Die gewählten Einheiten (z. B. Tierpopulationen) werden durch gemessene oder geschätzte Durchschnittswerte (Alter, Gewicht etc.) charakterisiert. Wegen emergenter Effekte lassen sich daraus übergeordnete Systemeigenschaften oft nur schwer voraussagen. Ein anderer Ansatz (***individual-based modelling*** oder ***cellular automata***, Grimm und Railsback 2005) beruht auf Interaktionen einzelner Individuen untereinander und mit ihrer Umwelt. Aus der Gesamtheit dieser Interaktionen ergeben sich oft unerwartete Einsichten in Faktoren, welche das Gesamtsystem beeinflussen (z. B. bei der Entwicklung von Biofilmen, ▶ Abschn. 1.7.2.8 und 7.1).

Eine gute Übersicht der Konstruktion von Ökosystemmodellen findet man in Müller et al. (2011). Die wichtigsten Schritte sind in ◘ Abb. 2.2 zusammengefasst. Zuerst muss der Zweck des Modells klar definiert werden. Welchen Prozess will man untersuchen? Innerhalb welcher Grenzen (z. B. Temperaturbereich)? Ebenfalls wichtig sind Maßstab (z. B. eine Wiese oder gemischte Wiesen- und Waldregionen) und Komplexität (individuelle Arten oder trophische Stufen). Als Nächstes müssen die Elemente des Modells und ihre gegenseitigen Beziehungen klar definiert werden. Darauf beruhend ergeben sich die nötigen Daten, um das Modell zu überprüfen, und ein konzeptuelles Diagramm, um einen Modelltyp mit den entsprechenden Algorithmen zu wählen. Unabhängige Daten (d. h. Daten, die nicht für die Konstruktion des ursprünglichen Modells verwendet wurden) dienen zur Überprüfung des Modells. Das umfasst verschiedene Aspekte wie Konsistenz und Sensitivität. Ziele sind die Validierung und die Kalibrierung des Modells. Abweichungen von erwarteten Werten dienen dazu, das Modell und seine Parameter zu modifizieren. Dieses Vorgehen kann mehrmals wiederholt werden.

Alle Ökosystemmodelle haben ihre Schwächen. Nach Müller et al. (2011) liefern Modelle selten spezifische Prognosen. Sie sind hingegen nützlich, um mögliche Szenarien auszuarbeiten. Die Limitierungen können wie folgt zusammengefasst werden:
- Modelle beruhen auf vereinfachenden Abstraktionen. Die Realität wird nur innerhalb dieses Rahmens erfasst.
- Modelle liefern nur zuverlässige Resultate, insofern die grundlegenden Annahmen zutreffen.
- Modelle können niemals die gesamte Komplexität der Natur erfassen. Hohe Komplexität eines Modells ist nicht identisch mit hoher Modelleffizienz.
- Modelle führen zu Unsicherheiten, d. h., der prognostizierte Ausgang unterscheidet sich vom tatsächlich beobachteten Ausgang. Solche Widersprüche sind oft besonders wertvoll. Sie zwingen uns, die ursprünglichen Annahmen neu zu überdenken.

Automatisierte Analysen und molekulare Methoden führten in den letzten Jahren bis Jahrzehnten zu einer enormen Flut an Daten. Mit **Big-Data-Challenge** bezeichnet man die Schwierigkeit, riesige Datenmengen

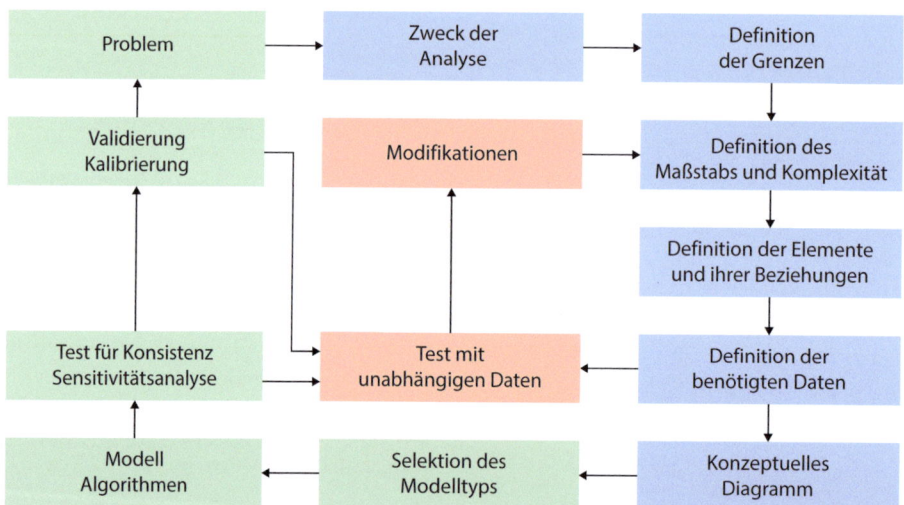

◘ Abb. 2.2 Schritte bei der Konstruktion eines ökologischen Modells. (Müller et al. 2011; S. 15, Abb. 2.1, © 2011 Springer-Verlag, Berlin Heidelberg)

auszuwerten und zu interpretieren. Informell spricht man von Big Data, wenn sie sich nicht mehr mit Excel bearbeiten lassen. Mayer-Schönberger und Cukier (2013) erstellten dazu drei provokante Postulate:
- Wir nähern uns einem Zustand, in dem wir alle relevanten Daten erfassen können, d. h., wir müssen uns nicht mehr auf Teilproben abstützen.
- Mit der Probengröße verringern wir den Zufallsfehler. Das kompensiert einen höheren Messfehler. Was wir an Treffgenauigkeit (*accuracy*) auf der Mikrostufe verlieren, kompensieren wir durch einen tieferen Einblick auf der Makrostufe.
- Korrelation ist Kausalität.

Mayer-Schönberger und Cukier (2013) stützten sich auf Internetdaten, die um mehrere Größenordnungen höher sind als jene, die durch Physik oder Biologie produziert werden. Vielleicht am umstrittensten ist das dritte Postulat. Ein Standardklischee in Statistikkursen für Anfänger ist: „Korrelation bedeutet nicht Kausalzusammenhang." Etwas ausführlicher lautet die Aussage von Mayer-Schönberger und Cukier (2013) so: „Korrelationen verraten uns nicht, **weshalb** etwas passiert, aber sie sagen uns, **dass** es passiert." Die Beziehung zwischen Korrelation und Kausalität sind komplex. Pfadanalyse (*path analysis*) und strukturelle Gleichungen (*structural equations*) dienen dazu, kausale Zusammenhänge in Situationen zu isolieren, wo kontrollierte Experimente nicht möglich sind (Shipley 2000).

Literatur

Bagneres A-G, Hossaert-Mckey M (Hrsg) (2016) Chemical ecology. John Wiley & Sons,
Balzer W (2002) Die Wissenschaft und ihre Methoden. Grundsätze der Wissenschaftstheorie. Alber, Freiburg/München
Bärlocher F (2008) Biostatistik. Thieme, Stuttgart
Begon M et al. (2012) Ökologie. 3.Aufl., Springer Spektrum, Heidelberg
Box GEP (1976) Science and statistics. J Am Stat Assoc 71:791–799
Conner MM, Saunders WC, Bouwes N, Chris Jordan C (2016) Evaluating impacts using a BACI design, ratios, and a Bayesian approach with a focus on restoration. Environ Monit Assess 188:555
Dyson F (2004) A meeting with Enrico Fermi. Nature 427:297
Ellison AM (2004) Bayesian inference in ecology. Ecol Lett 7:509–520
Gotelli NJ, Ellison AM (2004) A primer of ecological studies. Sinauer Associates, Sunderland
Green RH (1979) Sampling design and statistical methods for environmental biologists. Wiley, Chichester
Grimm V, Railsback SF (2005) Individual-based modelling and ecology. Princeton University Press, Princeton
Haeckel E (1866) Generelle Morphologie der Organismen, Band 1, Vorwort. Georg Reimer, Berlin, S XXIV
Hairston NG Jr (1989) Ecological experiments. Cambridge University Press, Cambridge
Harborne JB (2019) Ökologische Biochemie – eine Einführung. Spektrum Akademischer, Heidelberg
Henderson PA, Southwood TRE (2016) Ecological methods, 4. Aufl. Wiley, Hoboken New Jersey
Hilborn R, Mangel M (1997) The ecological detective. Confronting models with data. Princeton University Press, Princeton
Humboldt A (1794) Aphorismen aus der chemischen Physiologie. Voß und Compagnie, Leipzig, S 116–117
Humboldt A (1849) Ansichten der Natur mit wissenschaftlichen Erläuterungen, Bd 1. Cotta'scher, Stuttgart/Tübingen
Humboldt A (2004) Kosmos – Entwurf einer physischen Weltbeschreibung. Eichborn, Frankfurt am Main, S 10
Humboldt A, Bonpland A (1807) Ideen zu einer Geographie der Pflanzen nebst einem Naturgemälde der Tropenländer. F.G. Cotta, Tübingen
Ioannidis JPA (2005) Why most published research findings are false. PLoS Med 2(8):e124
Jopp F et al (2011) Modelling complex ecological dynamics – an introduction into ecological modelling. Springer, Berlin/Heidelberg
Krauss G-J, Nies DH (2015) Ecological Biochemistry – Environmental and interspecies interactions. Wiley-VCH, Weinheim
Krebs CJ (2014) Ecological methodology. Addison-Wesley, Menlo Park
Kuhlisch C, Pohnert G (2025) Metabolomics in chemical ecology. Nat Prod Rep. https://doi.org/10.1039/c5np00003c
Kuhn T (1962) The structure of scientific revolutions. University of Chicago Press, Chicago
Lambers H, Oliveira RS (2019) Plant physiological ecology, 3. Aufl. SpringerNature, Cham
Leyer I, Wesche K (2008) Multivariate Statistik in der Ökologie. Springer, Berlin & Heidelberg
Lorenz K (1983) Die Rückseite des Spiegels. Piper, München/Zürich
Lubrich O, Möhl A (2019) Botanik in Bewegung: Alexander von Humboldt und die Wissenschaft der Pflanzen, Haupt Verlag, Bern
Mayer-Schönberger V, Cukier K (2013) Big Data: a revolution that will transform how we live, work, and think. Houghton Mifflin Harcourt, Boston/New York
Mayo DG (1996) Error and the growth of experimental knowledge. University of Chicago Press, Chicago
Merillon J.-M, Ramawat KG (2020) Coevolution of secondary metabolites. Springer Nature Switzerland
Morueta-Holme N et al (2015) Strong upslope shifts in Chimborazo' vegetation over two centuries since Humboldt. Proc Natl Acad Sci. https://doi.org/10.1073/pnas.1509938112
Müller F et al (2011) What are the general conditions under which ecological models can be applied? In: Jopp F et al (Hrsg) Modelling complex ecological dynamics. Springer, Berlin, S 13–28
Pausas JHG, Bond WJ (2018) Humboldt and the reinvention of nature. J Ecol 107:1031–1037
Peters K et al (2018) Current challenges in plant eco-metabolomics. Int J Mol Sci. https://doi.org/10.3390/ijms19051385
Popper K (1995) Lesebuch. UTB, Tübingen
Raguso RA et al (2015) The raison d'être of chemical ecology. Ecology 96:617–630
Rahbek C et al (2019) Humboldt's enigma: what causes global patterns of mountain biodiversity? Science 365:1108–1113
Schaumlöffel D (2015) The -omics tool box, Kap.18. In: Krauss G-J, Nies DH (Hrsg) Ecological Biochemistry – environmental and interspecies interactions. Wiley VCH, Weinheim, S 343–365
Scheiner SM (2001) Theories, hypotheses and statistics. In: Schneider SM, Gurevitch J (Hrsg) Design and analysis of ecological experiments. Oxford University Press, Oxford, S 3–13

Schlee D (1992) Ökologische Biochemie, 2. Aufl. G. Fischer, Jena/Stuttgart/New York

Schneider SM, Gurevitch J (2001) Design and analysis of ecological experiments. Oxford University Press, Oxford

Schulze E-D et al (2019) Plant Ecology, 2. Aufl. Springer, Berlin

Shipley B (2000) Cause and correlation in biology. Cambridge University Press, Cambridge

Smokorowski KE, Randall RG (2017) Cautions on using the Before-After-Control-Impact design in environmental effects monitoring programs. Facets 2:212–232

Underwood AJ (1997) Experiments in ecology. Cambridge University Press, Cambridge

Wulf A (2015) Alexander von Humboldt und die Erfindung der Natur. Bertelsmann, München

Individuen und Populationen

Felix Bärlocher

Inhaltsverzeichnis

3.1 Biodiversität – eine Bestandsaufnahme – 36
3.1.1 Wie viele Arten gibt es? – 36
3.1.2 Vielfalt auf verschiedenen geografischen Skalen – 39
3.1.3 Die Arten-Areal-Kurve – 40
3.1.4 Inselbiogeografie – 40
3.1.5 Evenness – wie gleichmäßig sind die Arten verteilt? – 42
3.1.6 Biodiversität und ökologische Funktionen – 44

3.2 Wachstum der Populationen – 45
3.2.1 Dichteunabhängiges, exponentielles Wachstum – 45
3.2.2 Dichteabhängiges, logistisches Wachstum – 46
3.2.3 Altersstruktur und Demografie – 47
3.2.4 Angewandte Populationsökologie – maximaler, nachhaltiger Ertrag – 49

3.3 Zwischenartliche Wechselbeziehungen – 50
3.3.1 Positive, negative und neutrale Interaktionen – 50
3.3.2 Konkurrenz zwischen zwei Arten – 52
3.3.3 Räuber-Beute-Beziehungen – 54
3.3.4 Mutualismus – 55
3.3.5 Parasitismus – 56

Literatur – 57

3.1 Biodiversität – eine Bestandsaufnahme

Seit den 1980er-Jahren haben Wissenschaftler ein zunehmendes weltweites Artensterben dokumentiert, vergleichbar mit früheren Massensterben, jetzt jedoch zum überwiegenden Teil durch den Menschen und seine Aktivitäten verursacht. In diesem Zusammenhang stieg das Interesse am neu geprägten Begriff der **Biodiversität**. Den Durchbruch erreichte dieser Begriff mit Wilson (1988). Definiert wird Biodiversität als Variabilität des Lebens auf unserem Planeten Erde. Der Begriff ist umfassender, aber auch weniger präzise als der Terminus Artenvielfalt. Gemäß der offiziellen UN-Biodiversitätskonvention, die 1992 in Rio de Janeiro unterzeichnet wurde, versteht man darunter (nach Streit 2007):

— Die Diversität innerhalb von Arten, d. h. genetische Diversität. Daraus abgeleitet ist die sogenannte 50/500-Regel: Mindestens 50 Individuen einer Art sind nötig, um existenzgefährdende Inzucht zu vermeiden, und 500 Individuen sind nötig, um genetische Drift zu vermeiden. Diese Zahlen sind grobe Schätzungen. Bei Arten mit hoher Fortpflanzungsrate können sie kleiner sein.
— Die Diversität der Arten, d. h. Artenvielfalt.
— Die Diversität der Interaktionen zwischen Arten und Individuen.
— Die Diversität der Ökosysteme auf dem Festland und im Wasser.

Die Konvention wurde bisher von 195 Staaten und der EU unterzeichnet. Sie verpflichten sich, die natürliche Biodiversität zu erhalten, sie nachhaltig zu behandeln und die Gewinne aus genetischen Ressourcen auf faire Weise zu teilen.

3.1.1 Wie viele Arten gibt es?

Eine ökologische Untersuchung beginnt oft mit einer Bestandsaufnahme. Als Erstes wird ermittelt, wie viele verschiedene Arten sich z. B. auf einer Wiese, in einem Wald oder in einem See befinden. Gleichzeitig erfasst man die Populationsgrößen der verschiedenen Arten. Von großer Bedeutung sind dabei Auswahl und Anwendung von *unbiased* (unverzerrten, vorurteilslosen) Methoden. Bei Tieren und Pflanzen beruht die Identifizierung noch weitgehend auf Morphologie. So genügt für Vegetationsuntersuchungen in Europa häufig eine Begehung durch einen kompetenten Botaniker mit guten Bestimmungsschlüsseln. Für viele Organismengruppen und Gebiete sind unsere Kenntnisse jedoch mangelhaft. Ein wesentlicher Teil einer Bestandsaufnahme muss der Beschreibung neuer Arten gewidmet werden. Beim zunehmenden Mangel klassisch ausgebildeter Taxonomen ist das eine überwältigende Aufgabe. Im 20. Jahrhundert wurden pro Jahr rund 12.000 neue Arten entdeckt und beschrieben. Die Anzahl existierender eukaryotischer Arten wird auf zwischen 6 und 10 Mio. geschätzt (Sweetlove 2011). Nach 250 Jahren vorwiegend morphologisch-systematischer Arbeit wurden davon rund 1,7 Mio. Arten beschrieben. Um den Rest zu erfassen, würden 10.000–100.000 klassisch trainierte Experten gebraucht. Das ist bei zunehmendem Fehlen an finanzieller Unterstützung unrealistisch. Auch für die Erfassung des Verlusts an Biodiversität oder der Invasion von Krankheitserregern und Parasiten werden schnelle und verlässliche Identifizierungen benötigt. Dazu kommt, dass bei Einzellern und kleinen Vielzellern morphologische Merkmale oft zu wenig unterschiedlich sind, um eine eindeutige Charakterisierung zu erlauben. Bei Mikroorganismen (und zunehmend bei Makroorganismen) stützt man sich deshalb immer mehr auf molekularbiologische Daten. Damit lässt sich rasch und zuverlässig die Biodiversität eines Biotops oder eines Ökosystems charakterisieren. Molekulare Methoden geben nicht nur Auskunft über die Artenzusammensetzung, sie informieren uns auch über die potenziellen Funktionen der verschiedenen Arten und damit ihre Dienstleistungen (z. B. Talbot et al. 2013). Unter *multiomics* versteht man die integrative Analyse mehrerer „-ome" wie Genom, Proteom, Transkriptom und Metabolom. Kombinierte Daten aus der Untersuchung mehrerer Arten können Hinweise dafür liefern, wie ein Ökosystem auf Umweltveränderungen reagiert, z. B. auf die Bedrohung durch invasive Arten (▶ Abschn. 14.8; Qi et al. 2023).

Die Grundlage der molekularen Identifizierung von Arten beruht auf Variationen des **DNA-Barcodings** (Deiner et al. 2017). Darunter versteht man eine Methode, mit der Arten auf der Grundlage der DNA-Sequenz von Markergenen bestimmt werden. Der industrielle Strichcode des UPC (Universal Product Code) besteht aus elf Stellen mit jeweils zehn Variationen. Daraus ergeben sich 100 Mrd. verschiedene Codes. Ebenso einzigartig sind DNA-Sequenzen, charakterisiert durch die Folge der vier Nucleobasen (A, G, C und T). In der Regel werden Sequenzen bestehend aus 400–800 Basenpaaren als Barcodes gewählt. Wichtige Kriterien sind störungsfreie DNA-Extraktion und Polymerisierung, Abwesenheit von Introns, geringe Variation innerhalb einer Art und ausreichende Variation zwischen verwandten Arten. Für Tiere hat sich die Untereinheit 1 der Cytochrom-Oxidase durchgesetzt (abgekürzt COX1 oder CO1). Für Pflanzen werden ausgewählte Chloroplastengene wie *rbcL* und für Pilze die ITS-Sequenz empfohlen (ITS für Internal Transcribed Spacer). Diese Sequenzen oder Barcodes lassen sich leicht aus individuellen Organismen isolieren und analysieren. Das Ziel des 2004 gegründeten Consortium for the Barcode of Life ist die molekulare Katalogisierung aller Organismen unseres Planeten. Informationen über diese Initiative findet man unter BOLD (Barcode of Life Data Systems; ▶ http://barcodinglife.com). Mit zusätzlichen Sequenzen und geschätzten Mutationsraten lassen sich Verwandtschaftsbeziehungen zwischen Arten, Gatten und Familien ableiten.

DNA lässt sich auch aus der Umwelt isolieren. Umwelt-DNA (*environmental DNA*, eDNA) wird definiert als genetisches Material, das direkt aus Umweltmaterial (Boden, Sediment, Wasser) ohne offensichtliche biologische Quellmaterialien isoliert wurde (Thomsen und Willerslev 2015). Der Nachweis von artspezifischen Sequenzen in Umwelt-DNA eignet sich deshalb als Frühwarnsystem für Krankheitserreger, Parasiten und andere ökologisch relevante Eindringlinge (invasive Arten).

Durch **Metabarcoding** wird DNA/RNA so analysiert, dass gleichzeitig viele Arten in einer einzigen Probe identifiziert werden. Dieser Ansatz eignet sich besonders für die Charakterisierung mikrobieller Populationen. Dabei werden oft Sequenzen dokumentiert, die sich nicht mit bekannten, kultivierten Bakterien oder auch Pilzen verknüpfen lassen. Grossart et al. (2016) bezeichnen Letztere als *dark matter fungi* (DMF; Dunkle-Materie-Pilze; ▶ Abschn. 13.2.1). Die Schätzung von Populationsgrößen durch molekulare Methoden ist allerdings problematisch, da die Häufigkeit der Gene für die üblichen Barcodes artspezifisch ist. Kalibrierung mit ausgewählten reinen und gemischten Kulturen ist notwendig.

Sowohl traditionelle (beruhend auf Morphologie) wie auch molekulare Bestandsaufnahmen beruhen auf Extrapolationen von repräsentativen Proben. Zur Charakterisierung bestimmter Gruppen setzt man oftmals Fallen ein. Besonders häufig werden damit Arthropoden angelockt, z. B. blutsaugende Insekten (Epsky et al. 2008; Wilson et al. 2021). Als Lockmittel dienen u. a. Licht, Pheromone, CO_2, Milchsäure oder Proteine.

Für die Beurteilung des Status bedrohter Arten benötigen wir langfristige demografische Daten. Mit konventionellen, arbeits- und ressourcenintensiven Ansätzen ist das nur in Ausnahmefällen möglich. Fotografie, gekoppelt mit automatisierter Identifizierung, ist eine vielversprechende Alternative (De Lorm et al. 2023).

Lidar (auch LIDAR, LiDAR, LADAR: *light detection and ranging* oder *laser imaging, detection, and ranging*) erlaubt optische Abstandsmessungen mit Laserstrahlen (McManamon 2019). Damit lassen sich verschiedene Eigenschaften der Atmosphäre messen, z. B. Druck, Temperatur, Feuchte und Konzentrationen atmosphärischer Spurengase. Andere wichtige Anwendungen finden wir in der Agrikultur, z. B. die Entscheidung, wann und wo Düngemittel am effizientesten verwendet werden sollen. Lidar-Daten, ausgewertet durch künstliche Intelligenz (KI), eignen sich auch zum Monitoring von Insekten und Pflanzen. In der Landwirtschaft ist es das Ziel, zwischen Nutz- und Schadorganismen zu unterscheiden. In ökologisch orientierten Studien geht es darum, die Biodiversität verschiedener taxonomischer Gruppen durch klimatische und topografische Bedingungen zu erklären (Moeslund et al. 2019).

Nicht alle Arten kommen gleich häufig vor. In der Regel sind einige wenige Arten durch viele Individuen vertreten. Die meisten Arten sind jedoch selten. Daraus ergeben sich typische konkave Häufigkeitsverteilungen, z. B. die relativen Häufigkeiten von Lepidopteren in Lichtfallen (◘ Abb. 3.1). Insgesamt wurden 6814 Individuen gefangen, die zu 197 Arten gehörten. Links sind seltene Arten erfasst; 37 Arten wurden nur einmal gefunden. Die häufigste Art trat 1799 Mal auf (nicht in der Grafik dargestellt). Die erfassten Daten können an verschiedene Kurven angepasst werden. Oft handelt es sich dabei um eine annähernd logarithmische Normalverteilung (Log-Normalverteilung). Das heißt, die logarithmisch transformierte Artenzahl ist normalverteilt. Daraus folgt, dass eine doppelt logarithmisch transformierte Beziehung einen annähernd linearen Zusammenhang ergibt. Krebs (1999) beschreibt, wie man die Analyse vornehmen kann.

In der Regel werden nie alle Individuen eines Gebiets oder einer Region erfasst und identifiziert. Stichproben sind erforderlich. Je größer diese sind, desto mehr Arten werden gefunden. Das folgt direkt aus der Seltenheit der meisten Arten. Die ersten Individuen, die bestimmt werden, gehören wahrscheinlich zu den häufigsten Arten. Seltene Arten wird man erst bei größeren Proben finden.

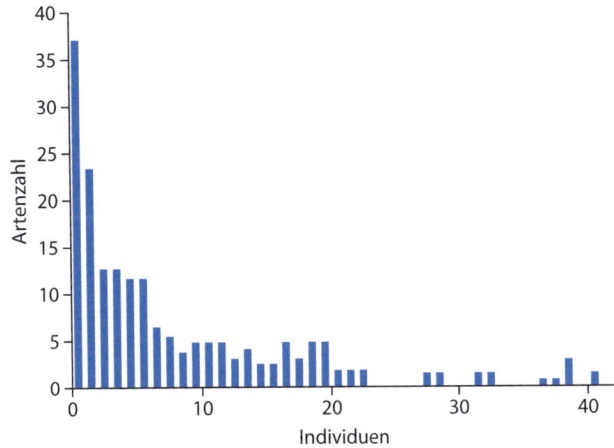

◘ Abb. 3.1 Relative Häufigkeiten von Lepidoptera in Lichtfallen. Die meisten Arten sind mit weniger als 10 Individuen vertreten, wobei 37 Arten nur einmal beobachtet wurden. Die Anzahl der Arten nimmt mit zunehmender Individuenzahl ab, wobei nur wenige Arten mehr als 20 Individuen haben. (Daten von Williams 1964, nach Krebs 1999, S. 425, Abb. 12.4)

Tab. 3.1 Daten für die Artensummenkurven in Abb. 3.2

Individuum	Originaldaten		Mischung 1		Mischung 2		Erwartungswert
	Art	Artenzahl	Art	Artenzahl	Art	Artenzahl	
1	A	1	C	1	A	1	1
2	A	1	A	2	D	2	1,76
3	E	2	D	3	E	3	2,37
4	A	2	B	4	A	3	2,86
5	A	2	A	4	A	3	3,29
6	C	3	A	4	C	4	3,67
7	C	3	A	4	C	4	4,01
8	D	4	C	4	B	5	4,32
9	B	5	A	4	A	5	4,61
10	B	5	B	4	B	5	4,88
11	B	5	A	4	B	5	5,13
12	A	5	A	4	A	5	5,37
13	F	6	B	4	F	6	5,59
14	A	6	E	5	A	6	5,80
15	A	6	F	6	A	6	6

Mit jedem identifizierten Individuum erhöht sich die Wahrscheinlichkeit, dass zusätzliche (seltene) Arten entdeckt werden. Diesen Vorgang fasst man in einer Artensummenkurve zusammen (Tab. 3.1; Abb. 3.2; fiktive Daten). Sie gibt die Gesamtzahl der identifizierten Arten als Funktion der Anzahl der erfassten Individuen wieder.

Die genaue Form der Artensummenkurve hängt von der Reihenfolge der identifizierten Individuen ab. Dazu ein einfaches Beispiel: Nehmen wir an, wir haben 15 Individuen (Tab. 3.1), die in einer bestimmten Reihenfolge identifiziert werden (Originaldaten). Als Erstes erfassen wir ein Individuum der Art A, gefolgt von einem Individuum derselben Art. Die Gesamtartenzahl bleibt 1. Sie erhöht sich auf zwei mit dem dritten Individuum, das wir als E identifizieren. Insgesamt erhalten wir Kurve in Abb. 3.2a. Die ursprüngliche Reihenfolge der identifizierten Individuen wird dann gemischt (z. B. durch einen Zufallsgenerator) und wir erhalten Spalte 2 und 3 (Tab. 3.1) und die Kurven in Abb. 3.2b, c. Wenn wir die Reihenfolge genügend oft variieren, erhalten wir einen Durchschnittswert für jeden Punkt in der Kurve (Erwartungswert; letzte Kolonne in Tab. 3.1). Diese Werte bilden die Rarefaktionskurve (Abb. 3.2d). Wir können sie durch Simulation (z. B. mit Statistics101, ► http://statistics101.net) oder durch Formeln bestimmen (Krebs 1999).

Die Artensummenkurve steigt anfangs steil an, flacht sich dann ab und nähert sich einer Asymptote an. Um die wahre Artenzahl zu schätzen, sollte diese Asymptote erreicht werden. Das setzt aber aufgrund des Sammelaufwands oft nicht erreichbare Probengrößen voraus. Probleme treten auf, wenn zwei Standorte verglichen werden sollen, deren geschätzte Artenzahlen auf verschieden großen Stichproben beruhen. In Abb. 3.3 fanden wir bei 1000 gesammelten Individuen des ersten Standorts 155 Arten (fiktive Daten). Im zweiten Standort wurden 145 Arten bei 2500 gesammelten Individuen bestimmt. Daraus könnte geschlussfolgert werden, dass Standort 2 rund 7 % weniger Arten als Standort 1 enthält. Für einen gültigen Vergleich müssen wir diese Zahlen jedoch durch Rarefaktion korrigieren. Im Beispiel beträgt die größte gemeinsame Probe 1000 Individuen. Korrigiert auf diesen Wert finden wir 155 Arten im Standort 1 und 110 Arten im Standort 2. Standort 2 wäre unter standardisierten Probengrößen also 29 % weniger artenreich.

Als Alternative können wir die asymptotischen Werte aufgrund von Populationsmodellen abschätzen. Dies ist jedoch mit beträchtlichen Unsicherheiten behaftet. Eine Übersicht dazu findet man in Krebs (1999) und in Magurran (2004). Dunbar et al. (2002) und Locey und Lennon (2016) schätzten mit dieser Methodik die Artenzahl von Bakterien.

3.1 · Biodiversität – eine Bestandsaufnahme

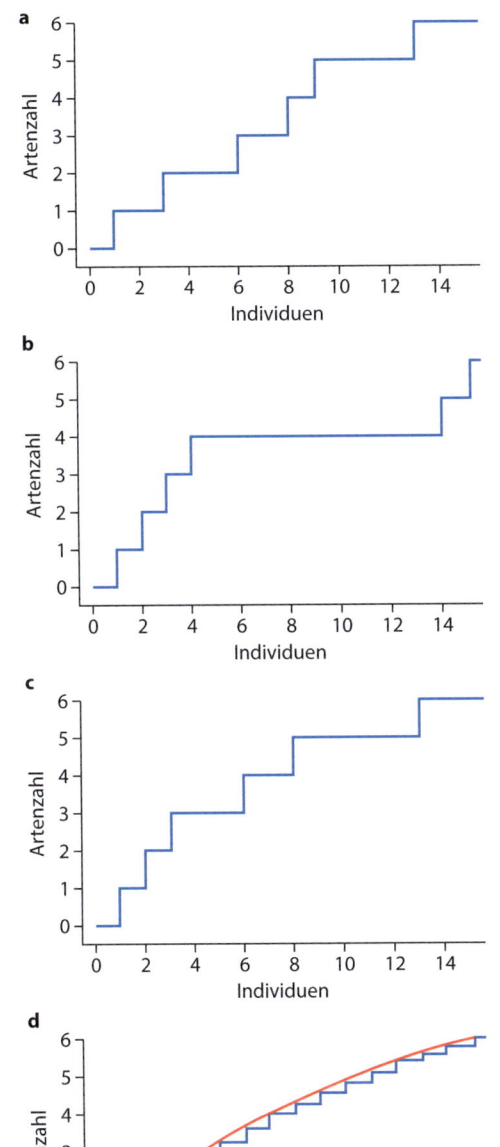

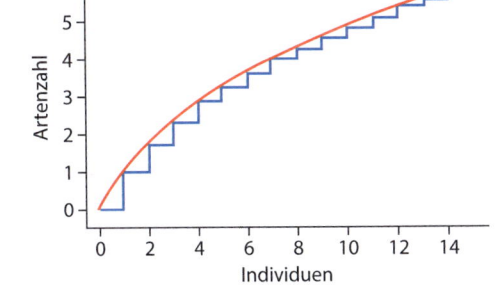

Abb. 3.2 Artensummenkurven. **a** Originaldaten. **b**, **c** Die Reihenfolge der identifizierten Arten wurde gemischt. **d** Konstruierte Rarefaktionskurve. (Daten aus ◘ Tab. 3.1)

3.1.2 Vielfalt auf verschiedenen geografischen Skalen

Artenvielfalt (Diversität) lässt sich nach Whittaker (1960) in Alpha-, Beta- und Gammadiversität (α-, β- und γ-Diversität) unterteilen:

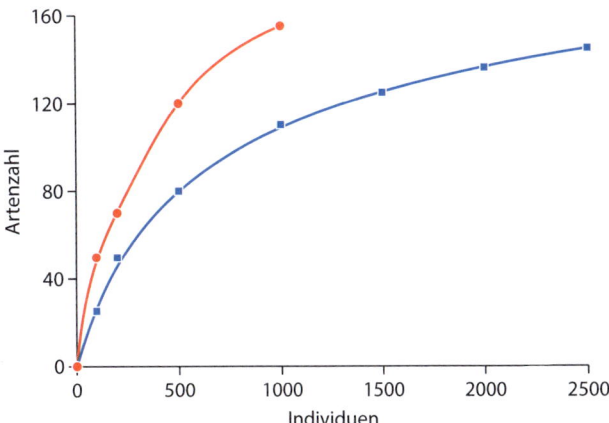

Abb. 3.3 Vergleich der Rarefaktionskurven zweier Standorte (rote und blaue Symbole)

— Unter α-Diversität versteht man lokale Diversität, z. B. die Anzahl Arten in einem Bach, einem Teich, einer Wiese. Aus praktischen Gründen beschränkt man sich häufig auf bestimmte taxonomische Gruppen (z. B. Vögel) oder funktionelle Gruppen (z. B. Laubfresser in einem Bach).
— β-Diversität ist der Unterschied im Arteninventar zwischen zwei Standorten einer Landschaft, z. B. zwischen zwei Wiesen auf verschiedenen Höhenstufen oder zwischen einer Wiese und einem Wald.
— Die γ-Diversität umfasst alle Arten aller Standorte einer größeren geografischen Einheit, also einer Landschaft oder Region, die Bäche, Wiesen, Wälder usw. beinhalten kann.

Im Wesentlichen kann man mit Whittakers Ansatz zwei Phänomene quantitativ festhalten:
— Die graduelle Veränderung einer Artengemeinschaft entlang eines Gradienten (z. B. der Temperatur, des Niederschlags oder der Höhenlage).
— Die Variation der Artengemeinschaft innerhalb eines Untersuchungsgebiets (z. B. Proben aus einem Wald oder See).

Es bestehen beträchtliche Unterschiede, wie die Werte von α, γ und vor allem von β erfasst und ausgewertet werden (Magurran 2004; Anderson et al. 2011). Für viele Fragestellungen stützt man sich auf die Anzahl Arten, ohne ihre Häufigkeiten zu berücksichtigen. Ein Beispiel dazu ist in ◘ Abb. 3.4 gezeigt (fiktive Daten). Standort 1 hat fünf Arten ($\alpha_1 = 5$), Standort 2 hat sechs Arten ($\alpha_2 = 6$); das durchschnittliche α ist also 5,5. Jedes Symbol entspricht einer Art. Insgesamt finden wir in den beiden Standorten acht Arten ($\gamma = 8$). Daraus berechnen wir $\beta = \gamma - \alpha = 8 - 5{,}5 = 2{,}5$. Wir können β auch multiplikativ definieren: $\alpha \cdot \beta = \gamma$. In unserem Beispiel wäre $\beta = 8/5{,}5 = 1{,}45$.

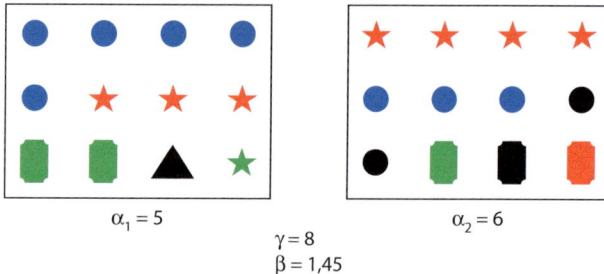

○ Abb. 3.4 α-, β- und γ-Diversität in einer Landschaft mit zwei fiktiven Standorten

3.1.3 Die Arten-Areal-Kurve

Wie oben dargestellt, nimmt die Artenzahl mit der Anzahl untersuchter Gebiete und damit der untersuchten Fläche zu. Darauf beruhende Areal-Arten-Kurven (*species-area relationships*) gehören zu den am besten untersuchten Regeln der Biodiversität. Sie lassen sich durch die folgende Gleichung beschreiben:

$$S = c * A^z$$

In logarithmischer Form:

$$\log(S) = \log(c) + z * \log(A)$$

S – Artenzahl

A – Flächengröße

c, z – Konstanten

Die Konstante c beschreibt die Artendichte und hängt von der taxonomischen Gruppe ab. Die Konstante z beschreibt die Steigung der logarithmischen (linearisierten) Form der Gleichung. Für das Festland variiert z in der Regel zwischen 0,12 und 0,18.

Die Steigung z ist in der Regel höher, wenn verschiedene Inseln oder Kontinente miteinander verglichen werden; ihr Wert variiert zwischen 0,25 und 0,35. Bei einem mittleren Wert von 0,3 würde eine Verzehnfachung des Areals eine Verdopplung der Artenzahl bedeuten. Umgekehrt erwartet man bei einer Flächenreduktion auf 10 % einen Artenverlust von 50 %.

3.1.4 Inselbiogeografie

Aufgrund ihrer klaren Grenzen und unterschiedlichen Größen eignen sich Inseln für gezielte Untersuchungen von Mechanismen, die Diversität regulieren. Besonders gut studiert wurden Meeresinseln. Obwohl sie nur 2,5 % der gesamten Erdfläche ausmachen, beherbergen sie 15–20 % aller terrestrischen Arten (Whittaker et al. 2017). Gleichzeitig kamen über 60 % der in den letzten 1500 Jahren ausgestorbenen Arten endemisch auf Inseln vor.

Nach David Lack (1910–1973) beruht die positive Arten-Areal-Kurve in erster Linie darauf, dass größere Flächen mehr unterschiedliche Lebensräume beinhalten. Das Fehlen gewisser Arten bedeutet also, dass geeignete Lebensräume fehlen. Demgegenüber interpretierten MacArthur und Wilson die Artenvielfalt auf Inseln als Gleichgewicht zwischen Einwanderung (Immigration) von benachbarten Habitaten (Festland oder andere Inseln) und Aussterberate (Extinktion) (MacArthur und Wilson 1967; ○ Abb. 3.5).

Die Immigration nimmt mit der Zahl der bereits auf der Insel vorhandenen Arten ab, da sich die Insel zunehmend füllt. Außerdem erschöpft sich allmählich der Pool der potenziellen Einwanderer. Umgekehrt erhöht sich die Extinktion mit zunehmender Artenzahl. Einwanderung korreliert ferner positiv mit der Größe der Insel (größeres Ziel) und ihrer Nähe zum Festland (leichter erreichbar). Die Extinktion nimmt mit der Größe der Insel ab. Der Schnittpunkt von Immigrations- und Extinktionskurve bestimmt die Artenvielfalt im Gleichgewicht.

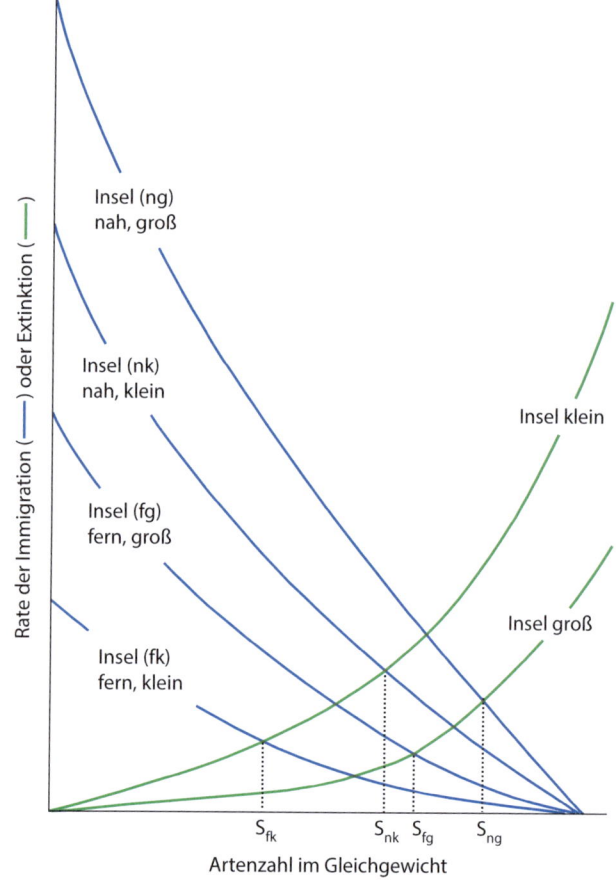

○ Abb. 3.5 Nach MacArthur und Wilson beruht die Artenzahl auf einer Insel auf einem Gleichgewicht zwischen Einwanderungs- und Aussterberaten, die von der Distanz zum Festland und der Größe der Insel abhängen. (Nach Schaefer 2012, S. 129, Abb. 23)

3.1 · Biodiversität – eine Bestandsaufnahme

Weder die Habitatdiversität noch das Gleichgewicht zwischen Einwanderung und Extinktion können als allgemeingültige Erklärungen der beobachteten Artenvielfalt dienen. Am besten betrachtet man sie als sich ergänzende Theorien. So ist auf Inseln der Anteil endemischer Arten (Arten, die nur in einer Region vorkommen) besonders groß. Das beruht darauf, dass eingewanderte Arten sich durch adaptive Radiation rasch in Tochterarten aufspalten können (Beispiele: Darwinfinken auf Galapagos, *Drosophila*-Arten auf Hawaii). Das lässt darauf schließen, dass Inseln zumindest in ihrer Frühphase unbesetzte Nischen aufweisen (▶ Abschn. 4.2). Häufig verlieren etablierte Arten allmählich das Potenzial, sich über größere Distanzen auszubreiten (Inselsyndrom). Vögel werden flugunfähig, besonders wenn größere Prädatoren fehlen. Natürlich macht sie das besonders gefährdet, wenn nachträglich Fressfeinde auf die Insel gelangen.

Durch die Erfassung der Inselbiogeografie erzielte Erkenntnisse werden bei Planung und Management von Naturschutzgebieten berücksichtigt (▶ Abschn. 15.4). Neben eigentlichen Inseln können auch Habitate oder Biotope (z. B. Seen, Berggipfel) in diskreten, inselartigen Einheiten vorkommen. Durch die fortschreitende Zerstückelung der Landschaft wurden viele ursprünglich zusammenhängende Ökosysteme in inselähnliche Teilsysteme unterteilt.

Whittaker et al. (2017) fassten den gegenwärtigen Status der Inselbiogeografie zusammen. Wichtige Schwachstellen sind das Fehlen von ökologischen und evolutionären Perspektiven. So werden biologische Interaktionen zwischen den Arten ignoriert, genauso wie die Bildung neuer Arten und die Schaffung und Besetzung neuer Nischen durch adaptive Radiation. Auch geodynamische Aspekte (Klimawandel, Erosion, vulkanische Aktivitäten) beeinflussen die Entwicklung der Biodiversität auf Inseln. Wie schnell Inselbiozönosen auf solche externen Einflüsse reagieren, ist eine offene Frage. Ein weiterer wichtiger Punkt betrifft die Entstehung der Insel. Meistens wird angenommen, dass die Insel sozusagen aus dem Nichts aufgetaucht ist und ursprünglich keinerlei Leben aufwies. Beispiele dafür sind die Inseln Hawaiis und die Insel Surtsey (siehe unten). Frühe Stadien sind oft durch rasches Ansteigen der Biodiversität geprägt.

Inseln entstehen jedoch auch durch Verkleinerung oder Auseinanderbrechen von bestehenden Regionen (z. B. die Unterteilung des Urkontinents Pangäa und das Auseinanderdriften der Kontinente, ▶ Abschn. 1.5.3). Die Flächenverkleinerung führt je nach Kontext zu einem Sinken oder Anstieg an Biodiversität (▶ Abschn. 15.4.3).

■ **Die Vulkaninsel Surtsey – wie ein Ökosystem entsteht**

Surtsey ist eine Insel im Atlantischen Ozean, etwa 30 km von der Südküste Islands entfernt. Sie entstand als südlichste der Westmännerinseln 1963 durch einen Vulkanausbruch, der 130 m unter der Meeresoberfläche begann und am 14. November die Oberfläche erreichte. Die größte Ausdehnung wurde 1967 mit 2,7 km^2 erreicht. Wegen Erosion verkleinerte sich die Insel und 2012 betrug die Fläche noch 1,3 km^2. Die maximale Erhebung 2007 war 155 m. Die Insel steht seit 1965 unter Naturschutz und darf nur für wissenschaftliche Untersuchungen betreten werden.

Surtsey ist ein wichtiger Standort für das Studium von biologischen Sukzessionen und der Entstehung und Entwicklung von Ökosystemen. Bereits 1965 wurden die ersten Gefäßpflanzen an den Stränden dokumentiert: der Meersenf (*Cakile arctica*, Brassicaceae, Brassicales), Strandroggen (*Leymus arenarius*, Poaceae, Poales), die Salzmiere (*Honckenya peploides*, Caryophyllaceae, Caryophyllales) und die Austernpflanze (*Mertensia maritima*, Boraginaceae, Boraginales). Moose und Flechten wurden erst 1967 bzw. 1970 erstmals gesichtet, vor allem an Orten, wo heißer Dampf entwich. Heute ist die Insel mit Ausnahme einiger Paragonithügel durchgehend mit Pflanzen bedeckt.

2013 wurden 69 Arten von Gefäßpflanzen registriert, davon 39 als permanente Populationen (Magnússon et al. 2014). Die Entwicklung der Vegetation ist eng mit Meeresvögeln verknüpft. Geschätzte 75 % der Gefäßpflanzen wurden durch Vögel importiert, 14 % durch Wind und 11 % durch Meeresströmungen. Vögel nutzen Pflanzen als Nistmaterial, andererseits tragen sie wesentlich zur Samenverbreitung bei und ihr Guano liefert wichtige Nährstoffe. Die ersten Nester von Vögeln wurden bereits drei Jahre nach den Eruptionen beobachtet. Heute kommen acht Arten permanent vor. Außerdem dient die Insel als temporärer Rastplatz für insgesamt 89 Arten.

Auf Surtsey hatten vor allem Möwenkolonien einen großen Einfluss auf Vegetation und Pflanzensukzession. Um Möwenkolonien herum entwickelte sich üppiges Gras. Artenreichtum, Biomasse und Bodenkohlenstoff nahmen zu. Der Stickstoffgehalt stieg um 47 kg ha^{-1} pro Jahr (Leblans et al. 2014). Parallel erhöhte sich die Wirbellosenfauna. Ab 2000 begannen langlebige Gräser mit Rhizomen zu dominieren (*Festuca*, *Poa*, *Leymus*; alle Poaceae, Poales). Parallel dazu sank die Vegetationsdiversität. Seit 2007 konnte man einen Nettoverlust an Arten beobachten. Im Gegensatz dazu haben benachbarte Inseln ohne ausgedehnte Meeresvogelkolonien karge, aber artenreiche Vegetation. Offensichtlich spielt auch hier die „buckelförmige" Beziehung zwischen Primärproduktion und Diversität eine Rolle (▶ Abschn. 4.4). Höhere trophische Stufen modulieren diese Beziehung: Auf ähnlichen Inseln mit Fressfeinden der Meeresvögel (Katzen, Ratten, Füchse) ist die Vegetation weniger produktiv (weniger Guano), aber artenreicher (▶ Abschn. 4.3.7).

Innerhalb von vier Jahren nach der Entstehung der Insel konnten 158 Arthropodenarten nachgewiesen werden. Die wenigsten konnten sich jedoch wegen spärlicher Vegetation eine permanente Population aufbauen. Als erste erreichten Fluginsekten die Insel. Weitere wichtige Transportwege sind angespültes Treibholz, Grasbüschel, tote und lebende Tiere.

Inseln werden natürlich auch von Meeresbewohnern benutzt. Im Jahr 1983 wurde die erste Fortpflanzung von Robben (Pinnipedia) auf der Insel dokumentiert. Heute schwankt ihre Gesamtpopulation um 70 Tiere.

Die meisten Untersuchungen beschränkten sich auf makroskopische Organismen, obwohl Mikroorganismen in der Regel zahlreicher sind und eine wesentliche Rolle bei der Nährstoffregeneration spielen. Die ersten Besiedler von Surtsey waren vermutlich Cyanobakterien. Die Gesamtzahl an Bakterien in den Böden korreliert signifikant mit dem organischen Kohlenstoffgehalt, der ein Maximum in Möwenkolonien erreicht. Typisch menschliche Pathogene wie *Salmonella* (Enterobacteriaceae, Enterobacterales), *Campylobacter* (Campylobacteraceae, Campylobacterales) und *Listeria* (Listeriaceae, Bacillales) fehlen. Die meisten Bakterien kommen relativ nahe bei der Bodenoberfläche vor. In tieferen, vulkanisch beeinflussten Schichten (bis rund 200 m) wurden thermophile Bakterien und Archaea nachgewiesen.

Die Insel Surtsey liegt etwa 30 km südlich vom nächsten Festland (Island). Man würde deshalb wegen des Entfernungseffekts (◘ Abb. 3.5) erwarten, dass die meisten eingewanderten Arten von dieser Quelle stammen. Surtsey entwickelte sich jedoch schnell zu einer beliebten „Raststelle" für Vögel, die den Atlantik zwischen Europa und Nordamerika überqueren. Dabei importierten sie viele Samen und Insekten von Kontinentaleuropa in das neue Habitat.

Wie wird sich das Ökosystem auf Surtsey weiterentwickeln? Eine wichtige Rolle spielen geomorphologische Prozesse: Wegen Erosion wird die Insel zunehmend kleiner. Jedes Jahr geht eine Fläche von der Größe eines Fußballfelds ans Meer verloren. Nach einem Szenario wird innerhalb 100 Jahren nur noch ein nackter (vegetationsfreier) Felsen von 0,4 km² übrig bleiben.

Auf der nahe gelegenen größten und einzigen bewohnten Westmännerinsel Heimaey brach am 23. Januar 1973 der Vulkan Eldfell mit einer starken Eruption aus und verschüttete einen Fischerort. Der Lavastrom ergoss sich im Osten der Insel ins Meer (◘ Abb. 3.6). Die Insel vergrößerte sich um 2,5 km². Auf der Lava und am Hang des Vulkans lässt sich sehr gut die Sukzession der Vegetation über die letzten 50 Jahre beobachten (◘ Abb. 3.6). Sie ist geprägt durch Krusten von Algen und Flechten und Bakterien sowie Polsterpflanzen, die mit zum Teil langen Wurzeln in den Untergrund eindringen.

Der Vulkanausbruch des Mount St. Helens (Skamania County im Süden des US-Bundesstaats Washington) am 18. Mai 1980 schuf auch eine weitgehend sterile Zone. Trotz klarer Unterschiede zur Surtsey-Insel zeigte die Primärsukzession aber auch Gemeinsamkeiten. Der Nährstoffeintrag war von entscheidender Bedeutung. Auf Surtsey waren es Meeresvögel und ihr Guano. Um den Mount St. Helens waren es ursprünglich Niederschläge. Später erhöhten stickstofffixierende Lupinen wie auf der Insel Heimaey die Fruchtbarkeit des Bodens.

Auch bei der Erholung nach einem Massensterben kann eine nährstoffreiche Vegetation entscheidend für die weitere Ausprägung der Biodiversität sein (▶ Abschn. 1.7.2.10).

3.1.5 Evenness – wie gleichmäßig sind die Arten verteilt?

Die Artenzahl allein liefert nur eingeschränkte Informationen über die Diversität. Wichtig ist auch die Verteilung der Individuen einer Probe auf die verschiedenen Arten. Entnehmen wir einer Gemeinschaft mit zehn gleich häufigen Arten zwei Individuen, ist es unwahrscheinlich, dass sie zur selben Art gehören ($p = 0{,}1 \cdot 0{,}1 = 0{,}01$). In einer Gemeinschaft, in der 99 % der Individuen zu einer Art gehören, finden wir mit hoher Wahrscheinlichkeit ($p = 0{,}99 \cdot 0{,}99 = 0{,}98$) zweimal dieselbe Art in einer Stichprobe von zwei Individuen. Die erste Gemeinschaft ist heterogener. Sie hat eine größere Evenness oder Äquitabilität (Equitability).

Der Simpson-Index war der erste Versuch, Artenzahl und Evenness in einer Zahl zu vereinen. Man bezeichnet Simpsons Index auch als Wiederholungsrate (*repeat rate*). Sie misst die Wahrscheinlichkeit, dass zwei zufällig ausgewählte Individuen zur selben Art gehören. Für eine unendlich große Gemeinschaft wird sie wie folgt berechnet:

$$D = \sum_{i=1}^{n} p_i^2$$

D – Simpson-Index

p_i – Anteil der Art i in der Gemeinschaft

Um diesen Index als Diversitätsmaß zu verwenden, berechnet man in der Regel (1 − D).

3.1 · Biodiversität – eine Bestandsaufnahme

Abb. 3.6 Pflanzensukzession auf 50 Jahre altem Vulkangestein der Insel Heimaey (Westmännerinseln, Island); natürliche Regeneration und Vegetationsentwicklung: **a** Vegetation an der Flanke des Vulkans. **b** Blick vom Hang des Vulkans zur Lavafläche mit Primärsukzession aus biologischen Krusten. **c, d** Besiedlung des Vulkangesteins durch Krusten- und Strauchflechten sowie Polsterpflanzen. (Fotos: Gudrun Krauß)

Heute stammen die meist verwendeten Diversitätsindizes aus der Informationstheorie. Das Ziel ist es, das Ausmaß der Ordnung (oder Unordnung) in einem System zu charakterisieren. Die Frage lautet: Wie schwierig ist es vorauszusagen, zu welcher Art die nächste Probe gehören wird? Diese Wahrscheinlichkeit wird durch den Shannon-Index berechnet (auch Shannon-Weaver- oder Shannon-Wiener-Index):

$$H = \sum_{i=1}^{n} p_i \cdot \ln(p_i)$$

H – Diversitätsindex nach Shannon (Information der Probe in bit/Individuum)

S – Anzahl Arten

p_i – Anteil der Probe, die zur Art i gehört

Anstelle von ln können auch Logarithmen zur Basis 10 oder 2 verwendet werden.

Der berechnete Wert einer Probe lässt sich mit dem Maximalwert vergleichen. Dieser wird erreicht, wenn alle Arten dieselbe Abundanz haben. Wir definieren die Shannon-Äquitabilität (Shannon-Equitability) E_H wie folgt:

$$E_H = \frac{H}{H_{max}} = \frac{H}{\ln S}$$

Der Wert von E_H variiert zwischen 0 und 1.

Je nach Fragestellung kann es vorteilhaft sein, für verschiedene Gemeinschaften Artenzahl und Evenness (Äquitabilität) separat zu erfassen. Der Evenness-Index wird in der Regel als Bruchteil des maximal möglichen Wertes berechnet, der erreicht wird, wenn alle Arten gleich häufig sind. Die Literatur über mögliche Indizes ist groß. Kritische Übersichten mit Empfehlungen, welcher Index für welche Fragestellungen vorzuziehen ist, findet man in Smith und Wilson (1996) und Tuomisto (2012). Das wichtigste Kriterium ist die Unabhängigkeit des Indexes von der Artenzahl. Weitere Kriterien betreffen die relativen Häufigkeiten von Arten mit geringen und hohen Abundanzen und die Möglichkeit, dass der Index einen Nullwert erreichen kann. Es ist wichtig festzuhalten, dass Werte der verschiedenen Indizes nicht direkt vergleichbar sind.

Hier möchten wir kurz den Evenness-Index nach Simpson einführen, der für viele Gemeinschaften akzeptable Werte liefert, vor allem, wenn wir die abundanten Arten stärker berücksichtigen wollen. Er erreicht ein Maximum (D_{max}), wenn alle Arten gleich häufig sind (S = Anzahl Arten):

$$D_{max} = \frac{1}{S}$$

Der Index wird deshalb wie folgt definiert:

$$E_{1/D} = \frac{1/D}{S}$$

$E_{1/D}$ – Simpson-Index für Evenness
D – Simpson-Index (siehe oben)
S – Anzahl Arten in Probe

Ein einfaches Beispiel mit einem Vergleich von vier fiktiven Standorten ist in ◘ Tab. 3.2 gezeigt. Sowohl Artenzahl wie auch Evenness können die Diversität entscheidend beeinflussen.

Zusätzlich zur Artendiversität lassen sich funktionelle und phylogenetische Diversitäten verschiedener Gemeinschaften oder Ökosysteme vergleichen.

3.1.6 Biodiversität und ökologische Funktionen

Die Gesamtheit der Arten bestimmt Ökosysteme, die man durch funktionelle Eigenschaften charakterisieren kann. So binden Wälder CO_2 und setzen Sauerstoff frei. Sie speichern Wasser, verhindern Erosion und bieten einen Lebensraum für Pflanzen, Tiere und Mikroorganismen. Vom Menschen aus betrachtet wird häufig die Nutzbarkeit dieser Funktionen ins Zentrum gerückt. Man spricht dann von Dienstleistungen (▶ Abschn. 4.5).

In der Regel bedeutet höhere Diversität eines Ökosystems auch höhere Stabilität der Funktionen und Dienstleistungen. Mit anderen Worten, in einem viel-

◘ **Tab. 3.2** Artenvielfalt und Verteilung an vier Standorten. An Standort 1 und 2 finden wir je zehn Arten, an Standort 3 und 4 finden wir fünf. Die Arten sind an Standort 2 und 4 gleichmäßiger verteilt, was sich im Shannon- und im Simpson-Index niederschlägt

Art	Standort			
	1	2	3	4
A	49	9	44	21
B	26	8	23	19
C	10	11	16	22
D	4	12	9	18
E	3	9	6	20
F	2	11		
G	2	7		
H	2	13		
I	1	14		
J	1	6		
Anzahl Individuen	100	100	100	100
Anzahl Arten	10	10	5	5
Simpson-Index D	0,322	0,106	0,296	0,201
Simpson-Diversität ($1 - D$)	0,678	0,894	0,704	0,799
Evenness-Index (Simpson)	0,311	0,942	0,677	0,995
Shannon-Index	1,491	2,271	1,411	1,607
Shannon-Äquitabilität	0,647	0,986	0,877	0,998

fältigen System bleiben Funktionen und Dienstleistungen weitgehend erhalten, wenn einige Arten verloren gehen. Man bezeichnet diese Situation als **Diversitäts-Stabilitäts-Hypothese** oder **Versicherungshypothese** (▶ Abschn. 4.7).

3.2 Wachstum der Populationen

3.2.1 Dichteunabhängiges, exponentielles Wachstum

Die Populationen der meisten Arten sind dynamischen Änderungen unterworfen. Dadurch können sich geschätzte Diversitätswerte kurzfristig ändern (▶ Abschn. 3.1.5). Bei vielen ökologischen Fragestellungen interessiert nicht nur das Vorkommen von Individuen einer Art, sondern die Größe der jeweiligen Populationen. Streng genommen versteht man darunter eine Gruppe von Individuen derselben Art, die miteinander in genetischem Austausch stehen. Man spricht aber auch von Populationen, wenn Individuen durch Parthenogenese (z. B. Blattläuse) oder rein vegetativ (z. B. Bakterien, Pilze) entstehen.

Grundsätzlich beruht das Wachstum einer Population auf dem Unterschied zwischen der Zuwachsrate und der Abnahmerate von Individuen. Die Zuwachsrate setzt sich aus Geburten (oder allgemeiner: Fortpflanzung, Reproduktion) und Einwanderung (Zuwanderung, Immigration) zusammen und die Abnahmerate aus Todesfällen und Auswanderung (Abwanderung, Emigration):

$$\frac{dN}{dt} = B + I - D - E$$

N – Populationsgröße
dN/dt – Zuwachs von N pro Zeiteinheit
B – Anzahl Geburten (Fortpflanzung, Reproduktion)
I – Immigration (Einwanderung, Zuwanderung)
D – Todesfälle
E – Emigration (Abwanderung, Auswanderung)

Vereinfachend können wir annehmen, dass die Population „geschlossen" ist, d. h., weder Ein- noch Abwanderung finden statt. Dann beruhen Zu- oder Abnahme der Bevölkerung auf dem Unterschied zwischen Geburten und Todesfällen. Weiter postulieren wir, dass die absoluten Zahlen von Sterblichkeit und Fortpflanzung mit der gegenwärtigen Populationsgröße korrelieren. Im einfachsten Fall sei diese Korrelation konstant und linear. Dann erhalten wir:

$$\frac{dN}{dt} = (b - d) \cdot N = r \cdot N$$

Gelöst nach N ergibt sich:

$$N_t = N_0 e^{r \cdot t}$$

N_0 – Populationsgröße zur Zeit 0
N_t – Populationsgröße zur Zeit t
t – Zeit in beliebigen Einheiten, z. B., Stunden, Tagen, Wochen
b – durchschnittliche Geburtenrate pro Individuum pro Zeiteinheit
d – durchschnittliche Todesrate pro Individuum pro Zeiteinheit

Der Ausdruck $(b - d)$ wird durch r ersetzt. Darunter versteht man die spezifische Zuwachsrate (*intrinsic rate of increase*). Falls dieser Wert konstant und größer als 1 ist, nimmt die Population exponentiell zu (◘ Abb. 3.7a). Natürlich ist das nur vorübergehend und in Extremsituationen möglich, z. B. wenn eine Art ein neues, „leeres" Habitat besiedelt oder, wie beim Menschen, wenn neue Technologien eine Erweiterung des Nahrungsangebots ermöglichen. Seit etwa dem 17. Jahrhundert hat sich denn auch die menschliche Bevölkerung exponentiell, zum Teil sogar überexponentiell entwickelt, d. h., r nimmt zu (▶ Abschn. 14.2). Früher oder später stößt jede Population jedoch an eine Grenze. Im exponentiellen Modell ist das Populationswachstum **dichteunabhängig**, d. h., die gegenwärtige Größe der Population hat keinen Einfluss auf r.

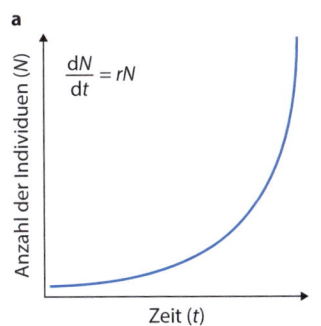 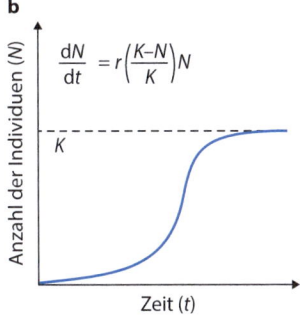

◘ **Abb. 3.7** Wachstumskurven für Populationen. **a** Exponentielles Wachstum. **b** Logistisches Wachstum. (Nach Munk (2009), S. 95, Abb. 3.5)

3.2.2 Dichteabhängiges, logistisches Wachstum

Durch eine einfache Modifikation können wir unser Modell realistischer machen: Wir nehmen an, dass r von der gegenwärtigen Populationsgröße abhängt, d. h., das Populationswachstum ist **dichteabhängig**. Im einfachsten Fall postulieren wir, dass die Geburtenrate b linear mit der Populationsgröße N abnimmt ($b = b_0 - k_b \cdot N$) und die Mortalitätsrate d linear zunimmt ($d = d_0 + k_d \cdot N$). Dabei stehen b_0 und d_0 für die Werte, denen sich b und d bei sehr kleinen Populationen annähern. Weiter können wir die Populationsgröße berechnen, bei der Mortalität und Geburtenrate gleich groß sind, d. h., die Population nimmt weder zu noch ab. Dieser Wert wird als K für Kapazität (*carrying capacity*) bezeichnet. Nach einigen Umformulierungen erhalten wir die bekannte logistische Gleichung:

$$\frac{dN}{dt} = r \cdot N \left(\frac{K-N}{K} \right)$$

N_t – Anzahl Individuen zum Zeitpunkt t
N_0 – Anzahl Individuen zum Zeitpunkt 0
r – spezifische Zuwachsrate
K – Kapazität

Falls N im Vergleich zu K klein ist, wächst die Bevölkerung praktisch exponentiell, dann flacht sich das Wachstum ab und nähert sich asymptotisch der Kapazität K an (◘ Abb. 3.7b).

Beispiele für logistische Wachstumskurven in der Natur sind selten, da sie auf einem streng deterministischen Modell beruhen. Man kann sie jedoch im Labor mit Reinkulturen von Bakterien oder Hefen annähernd reproduzieren. Im Freiland fluktuieren Populationsgrößen von Jahr zu Jahr, z. B. aufgrund von Klimavariationen, Pathogenen, Konkurrenten und menschlichen Eingriffen, die alle die Reproduktionsrate r und Kapazität K beeinflussen. Als Beispiel zeigt ◘ Abb. 3.8 die Anzahl brütender Graureiher in England und Wales. Starke Populationsrückgänge korrelieren mit strengen Wintern.

3.2.2.1 Lebensstrategien (*r*- vs. *K*-Strategien)

Jeder Organismus strebt danach, möglichst viele lebens- und reproduktionsfähige Nachkommen zu hinterlassen (► Abschn. 1.7.2). Dabei verfolgt das Invidiuum je nach Umweltbedingungen verschiedene Strategien. Einige Arten konzentrieren sich auf die Produktion von vielen, kleinen und energetisch gesehen „billig" zu produzierenden Nachkommen. Sie haben eine hohe Reproduktionsrate. Ihre Nachkommen können rasch ein leeres oder neu erstandenes Habitat (z. B. frisch erstarrte Lava, temporäre Gewässer) besiedeln, sind jedoch nicht sehr konkurrenzfähig im Vergleich zu späteren Ankömmlingen. Sie werden deshalb in Anlehnung an die logistische Kurve als *r*-Strategen bezeichnet. Begünstigt wird diese Strategie durch heterogene, rasch wechselnde Umweltbedingungen, wie sie z. B. durch Wildfeuer oder in stehenden Gewässern entstehen können.

Arten mit einer geringeren Reproduktionsrate, die sich besser in der Konkurrenz durchsetzen können, werden als *K*-Strategen bezeichnet. Sie dominieren in langlebigen, stabilen Ökosystemen. Reine *r*- und *K*-Strategen sind selten und Arten können ihre Strategie den Umweltbedingungen anpassen. Wasserflöhe vermehren sich im Frühjahr rasant durch Parthenogenese (*r*-Strategie). Im Spätsommer, wenn die Ressourcen erschöpft sind, wechseln sie zu sexueller Fortpflanzung (*K*-Strategie). Für Pflanzen hat Grime (1977) drei primäre Strategien beschrieben (wobei eine Mehrzahl der Arten gemischte Strategien verfolgt, wie SR, CS, CSR etc.):

— Konkurrenzstrategen (C-Strategen) zeichnen sich durch hohe Konkurrenzkraft aus und dominieren in den späteren Stadien einer Sukzession.
— Stresstoleranzstrategen (S-Strategen) dominieren in konkurrenzarmen Situationen unter ungünstigen, gestressten Bedingungen.
— Ruderalstrategen (R-Strategen) sind auf Standorte spezialisiert, die häufigen Störungen wie Feuern oder Überschwemmungen ausgesetzt sind.

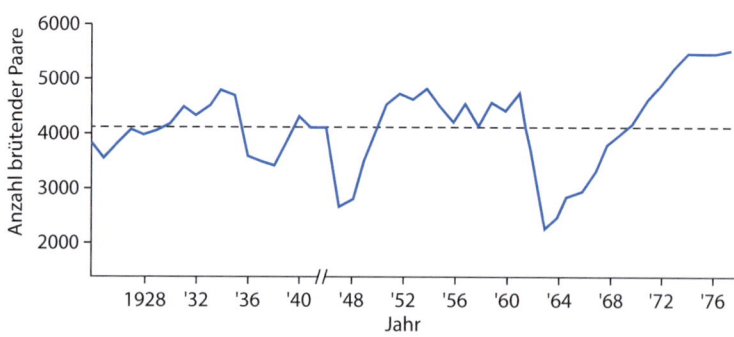

◘ **Abb. 3.8** Zahl brütender Graureiher in England und Wales. (Nach Wittig und Streit 2004, S. 38, Abb. 3.4, mit freundlicher Genehmigung von Ulmer)

3.2 · Wachstum der Populationen

3.2.2.2 Verzögerte Rückkopplung, Stochastizität und Chaos

Bisher haben wir angenommen, dass Fortpflanzung und Mortalität kontinuierliche Größen sind und ohne zeitliche Verzögerung auf die Fortpflanzungsrate rückwirken. Beides sind Vereinfachungen, die in der Natur nur annähernd stimmen. Viele Umweltfaktoren wie Temperatur und Niederschläge fluktuieren in einer kurzfristig nicht voraussagbaren Art und Weise (Umweltstochastizität), was die Werte von r und K und damit die Populationsdynamik beeinflusst (◘ Abb. 3.9). In den ursprünglich formulierten Modellen kann sich eine Population auch von sehr geringen Werten wieder erholen. In Wirklichkeit erhöht sich dort die Wahrscheinlichkeit des Aussterbens drastisch.

Bei verzögerter Rückkopplung, besonders mit diskreten, d. h. nicht überlappenden Generationen, überschreitet die Population kurzfristig die Kapazität K und fällt dann wieder zurück. Das kann zu stabilen Schwankungen zwischen zwei Werten führen.

In chaotischen, d. h. nichtlinearen, deterministischen Systemen können beliebig kleine Unterschiede in den Anfangsbedingungen zu enormen Unterschieden im späteren Verhalten des Systems führen. Symbolisiert wird dies durch den Schmetterlingseffekt: „Kann der Flügelschlag eines Schmetterlings in Brasilien einen Tornado in Texas auslösen?" (Lorenz 2008). In der realen Welt hat allerdings der Flügelschlag mit sehr viel höherer Wahrscheinlichkeit keine Auswirkungen.

Simulieren kann man chaotisches Verhalten in diskreten Modellen, wo R_m (maximale individuelle Reproduktionsrate) größer als 2 ist (May 1976). Die Populationsdynamik erscheint auf den ersten Blick irregulär mit Zufallsschwankungen, obwohl sie auf deterministischen Regeln beruht.

Ein chaotisches System lässt sich leicht mit einem Taschenrechner demonstrieren (May 1976; Gleick 1987). Man nimmt die diskrete Form der logistischen Gleichung, $X_{+1} = rX(1 - X)$, wobei X die jetzige Population und X_{+1} die Population der nächsten Generation symbolisieren. Der Prozess wird wiederholt, wobei X_{+1} jeweils als neues X verwendet wird. Je nach Wahl von r erhält man eine asymptotische Entwicklung, eine Oszillation zwischen 2, 4 oder mehr Werten oder eine chaotische Entwicklung, die vom ursprünglichen X-Wert abhängt (◘ Abb. 3.9a: $r = 2$, stabile Population; b: $r = 3$, Oszillation zwischen zwei Werten; c: $r = 3,5$: Oszillation zwischen vier Werten; d: $r = 4$; chaotisches Wachstum. In a, b, c ist der Anfangswert 0,05, in c sind die Anfangswerte 0,05 (blau) bzw. 0,06 (rot).

Die Unterscheidung zwischen stochastischer und chaotischer Populationsdynamik ist komplex. Es ist zurzeit umstritten, wie häufig chaotische Dynamik in natürlichen Populationen auftritt. Eine ausführliche Diskussion der Stärken und Schwächen verschiedener Populationsmodelle findet man in Begon et al. (1998) und Nentwig et al. (2011).

3.2.3 Altersstruktur und Demografie

Bisher haben wir vorausgesetzt, dass alle Individuen sich fortpflanzen und in gleichem Maße zur Populationsdynamik beitragen. Der Tod eines trächtigen Rehs hat jedoch einen größeren Einfluss auf die Entwicklung der Population als der Tod eines alten, kranken Rehbocks.

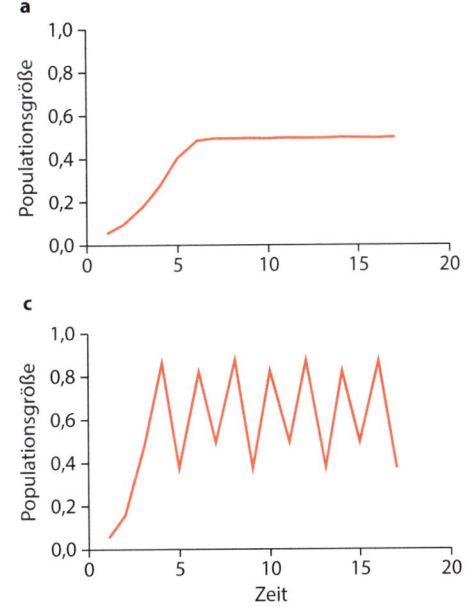
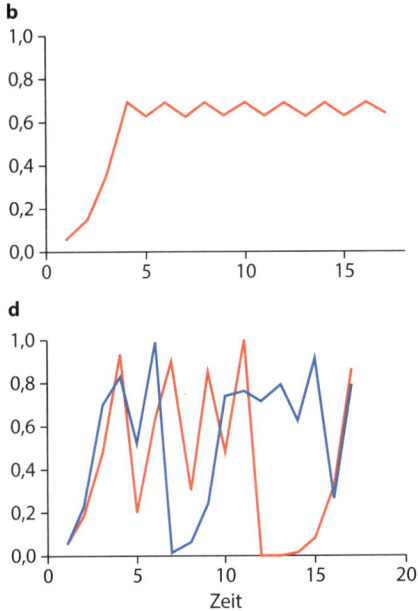

◘ **Abb. 3.9** Das diskrete Populationsmodell $X_{+1} = rX(1 - X)$ mit verschiedenen r-Werten. **a** Population stabilisiert sich bei etwa 0,5; **b** Population oszilliert um 0,7; **c** Population zeigt regelmässige, starke Schwankungen zwischen 0,4 und 0,8; **d** zwei Populationen (rot und blau), die unregelmäßige Schwankungen zwischen 0,1 und 0,9 aufweisen.
a: r=2; Anfangspopulation = 0.05
b: r=3; Anfangspopulation = 0.05
c: r=3.5; Anfangspopulation = 0.05
d: r=4; Anfangspopulation = 0.05 (blaue Linie) bzw. 0.06 (rote Line)

Herbivore, die bevorzugt Blüten oder Samen konsumieren, behindern das Wachstum der Pflanzenpopulation mehr als jene, die sich von Blättern ernähren.

Die Individuen fast aller Arten altern, d. h., sie verlieren allmählich die Fähigkeit, dem alltäglichen Stress durch Konkurrenten, Feinde und Pathogene erfolgreich zu widerstehen. Das Alter beeinflusst sowohl die Wahrscheinlichkeit eines Individuums, bis zum nächsten Stadium zu überleben, wie auch seine Fertilität. Detaillierte Kenntnisse über Geburt, Wachstum, Fortpflanzung und Tod sind wichtige Grundlagen der Demografie sowie der Untersuchung von Entwicklung und Strukturen von Populationen. Die wichtigsten demografischen Informationen werden in der Überlebenskurve und der Fertilitätskurve festgehalten.

Die Überlebenskurve zeigt für eine bestimmte Altersklasse den Anteil der überlebenden Individuen (◘ Abb. 3.10). Idealisiert werden drei Grundformen angenommen:

- Typ I: Nach Kurve I ist die Überlebensrate in jüngeren Stadien hoch und nimmt erst später wegen Altersschwäche rapide ab. Das trifft besonders für den modernen Menschen zu, bei dem Tod durch Unfälle, Krankheiten und Fressfeinde weitgehend eliminiert wurden. Auch für andere Großsäuger und im Labor aufgezogene Tiere und Pflanzen trifft Typ I zu.
- Typ II: In Überlebenskurven des Typs II ist die Mortalitätsrate konstant und unabhängig vom Alter, d. h., zu jeder Zeit wird ein konstanter Prozentsatz der Überlebenden eliminiert, durch Räuber, Unfälle usw. Die Überlebenskurve entspricht deshalb einem exponentiellen Zerfall. In einer halblogarithmischen Darstellung (Alter linear, Überlebensrate l_x logarithmisch) ergibt sich eine Gerade. Typ II wurde für viele Vögel, Fische und Pflanzen beschrieben, wobei jedoch die Mortalität in den frühesten Stadien deutlich höher ist.
- Typ III: Die häufigste Überlebenskurve gehört zum Typ III. Hier ist die Mortalität der Jugendstadien sehr hoch und geht in späteren Stadien zurück. Beispiele finden wir bei Arten, die viele Samen oder Eier produzieren, wie Austern oder Fische.

Zur Analyse werden Überlebenswerte nach Altersstufen oder Entwicklungsstadien unterteilt und in einer Lebenstafel zusammengefasst (◘ Tab. 3.3). Der Einfachheit halber werden nur Weibchen berücksichtigt. Mit l_x bezeichnet man den Anteil l (zwischen 1 und 0), der bis zum Stadium oder Alter x (in der Regel in Jahren) überlebt. Die Fertilität variiert ebenfalls mit dem Alter. Bis sexuelle Reife erreicht wird, ist sie 0. Sie wird als m_x symbolisiert und bezeichnet die erwartete Anzahl Nachkommen der Individuen, die das Altersstadium x erreicht haben. Multipliziert mit dem Überlebenswert l_x erhalten wir den Reproduktionswert für das Stadium x. Summiert über alle Lebensstadien ergibt sich der Nettoreproduktionswert R_0, definiert als die durchschnittliche Anzahl weiblicher Nachkommen, die jedes weibliche Individuum während seiner Lebenszeit gebärt.

Populationen können in Alterspyramiden dargestellt werden. Beim Menschen unterscheiden wir rund 100 Altersklassen und zwei Geschlechter. Traditionell werden die Jüngsten an der Basis der Grafik und die Ältesten an der Spitze aufgetragen. Männer werden links und Frauen rechts dargestellt. Aus der Form der Pyramide lassen sich wichtige biologische und gesellschaftliche Aspekte ablesen. So lässt ein hoher Anteil älterer Individuen auf eine stagnierende oder abnehmende Population schließen. In jungen Stadien überwiegen Männer (männlicher Geburtenüberschuss). In älteren Stadien

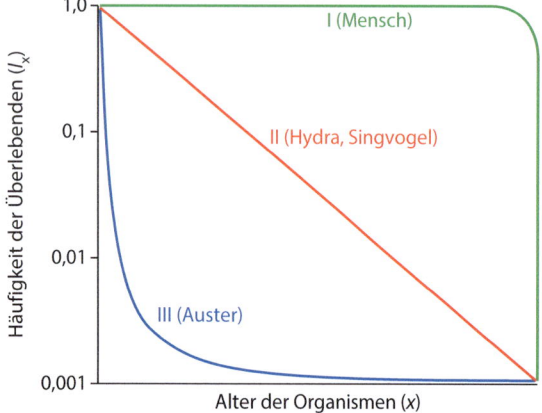

◘ **Abb. 3.10** Die drei Grundtypen der Überlebenskurve. Auf der y-Achse ist in logarithmischem Maßstab die Überlebensrate l_x dargestellt (1 = 100 %; 0,1 = 10 %; 0,01 = 1 % etc.). (Nach Wittig und Streit 2004, S. 40, Abb. 3.5, mit freundlicher Genehmigung von Ulmer)

◘ **Tab. 3.3** Beispiel einer Lebenstafel. l_x = Anteil der Individuen, der bis zum Stadium x überlebt; m_x = erwartete Anzahl weiblicher Nachkommen im Stadium x; R_0 = Nettoreproduktionsrate

X (Jahre)	l_x	m_x	$l_x m_x$
0	1,0	0	0
1	0,8	2	1,6
2	0,6	3	1,8
3	0,4	2	0,8
4	0,2	1	0,2
5	0	0	0
			$R_0 = 4,4$

3.2 · Wachstum der Populationen

finden wir mehr Frauen (höhere Lebenserwartung). Auch für Tierpopulationen, die wir für unsere Nahrung ausbeuten, liefern Lebenstafeln und Alterspyramiden wesentliche Informationen.

3.2.4 Angewandte Populationsökologie – maximaler, nachhaltiger Ertrag

Viele natürliche Ökosysteme werden vom Menschen ausgebeutet. Dazu gehören Wälder (Forstwirtschaft), Graslandschaften (Landwirtschaft) und Gewässer (Fischereiwirtschaft). Maximaler, nachhaltiger Ertrag (*maximum sustainable yield*) definiert man als die größtmögliche Anzahl geernteter Individuen (oder das Maximum der geernteten Biomasse), die durch Populationswachstum nachgeliefert werden kann. In der logistischen Kurve erreicht die individuelle Wachstumsrate $\frac{dN}{dt} \cdot \frac{1}{N}$ ein Maximum, wenn die Population nahe bei 0 ist. Das maximale Populationswachstum $\frac{dN}{dt}$ ergibt sich bei $N = \frac{K}{2}$, d. h., wenn die Population die Hälfte der Kapazität erreicht hat (◘ Abb. 3.11).

Im Sinne eines maximierten, nachhaltigen Ertrags kann man z. B. Fischbestände so beernten, dass deren Population dauernd bei 50 % der Kapazität bleibt. Falls die Population einer logistischen Wachstumskurve folgt, könnte jedes Jahr eine konstante Erntequote entfernt werden. Dieser Ansatz war lange populär, leidet jedoch unter mehreren Problemen. Die natürliche Kapazität und Reproduktionsrate sind schwierig zu bestimmen und bleiben wegen Umweltstochastizität selten konstant. Politisch ist es oft außerordentlich schwierig, einmal beschlossene Fischereiquoten herabzusetzen, was für die Erholung der Population notwendig wäre.

Außerdem lassen sich Arten selten in Isolation beernten. In der Regel ist die industrielle Fischerei mit Beifang verknüpft. Gleichzeitig mit den gewünschten, kommerziell wertvollen Arten wird ein weites Spektrum von anderen, nicht verwertbaren Organismen gefangen (Schildkröten, Delfine, kommerziell wertlose Fischarten). Vor der nordamerikanischen Pazifikküste kamen 1995 auf 27 t Fangmenge jeweils 9 t Beifang. Das kann enorme ökologische Konsequenzen haben.

Die Fischerei liefert zahlreiche Beispiele, wie übermäßige Beerntung zum Kollaps von anscheinend unerschöpflichen Populationen führte. Als John Cabot 1497 die Kabeljaupopulationen der Grand Banks (Flachmeer vor Neufundland und New England) entdeckte, waren sie so zahlreich, dass sie häufig seine Segelschiffe behinderten (Rose 2011). Zwischen 1501 und 1504 begannen zuerst portugiesische, dann französische, spanische und schließlich englische Fischer, diese reichen Fischgründe auszubeuten. Während der folgenden 200 Jahre wurden pro Jahr etwa 20.000 t geerntet. Mit zunehmender Anzahl Schiffe und besserer Technologie steigerte sich der Ertrag auf 200.000–300.000 t pro Jahr (18.–19. Jahrhundert). Die Entwicklung der industriellen Fischerei ermöglichte eine weitere Steigerung. Im Jahr 1968 wurde ein Höchststand von 800.000 t erreicht, bevor der Ertrag massiv abstürzte und 1992 zu einem Moratorium führte.

Würde das elegante, logistische Modell mit dichteabhängiger Rückkopplung der Realität entsprechen, müsste sich die Kabeljaupopulation erholen und die kommerzielle Fischerei könnte einen Neustart beginnen. Bis heute ist das nicht passiert. Der Kabeljau ist zwar nicht ausgestorben, bleibt aber auf dem Niveau einer kleinen Population. Der grundlegende Fehler des Modells ist die Annahme, dass die ausgebeutete Population eine unabhängige Einheit ist. Die Fischerei konzentriert sich häufig auf die wesentlichen Prädatoren des Nahrungsnetzes. Das trifft auch auf den Kabeljau zu. Seine Nahrung besteht aus mittelgroßen Raubfischen, die sich ihrerseits von Zooplankton ernähren. Am Anfang der Nahrungskette steht das Phytoplankton, das von anorganischen Nährstoffen abhängt. Eine zusätzliche Komplikation ergibt sich daraus, dass junge Sta-

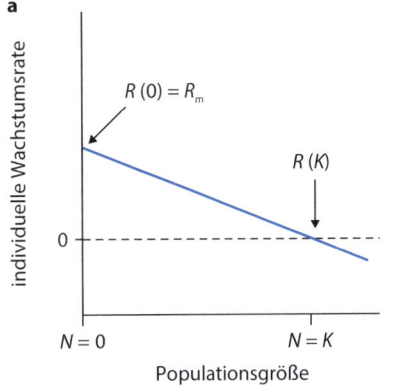
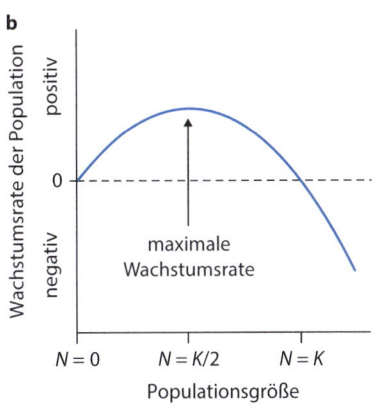

◘ **Abb. 3.11** **a** Individuelle Wachstumsrate. **b** Populationszunahme im logistischen Modell. (Nach Nentwig et al. 2011, S. 59, Abb. 2.7)

dien des Kabeljaus mittelgroßen Fischen als Beute dienen. Deren Populationen werden normalerweise durch erwachsene Kabeljautiere unter Kontrolle gehalten. Der stark geschrumpfte Kabeljaubestand ist dazu jedoch nicht mehr in der Lage und bleibt deshalb wegen mangelnden Nachwuchses auf einem niedrigen Niveau. Dieses Beispiel zeigt, dass einfache und vermeintlich elegante Populationsmodelle selten ein realistisches Abbild der Natur widerspiegeln. Sie vernachlässigen die Vernetzung der Arten. Der Eingriff in den Bestand einer Art kann zu nichtlinearen, schwer voraussehbaren ökologischen Kaskaden führen (▶ Abschn. 4.3.6). Neuere Ansätze zu einer nachhaltigen Beerntung versuchen, solche Details in die Modelle einzubauen. Ein bedeutender Fortschritt wurde z. B. durch die Unterteilung in Metapopulationen erzielt (▶ Abschn. 4.1.1).

Rein ökonomisch betrachtet ist eine nachhaltige Fangquote oder Pflanzenernte selten optimal. Das Erzielen eines raschen Gewinns, der dann in andere Unternehmen investiert wird, kann zumindest kurz- oder mittelfristig rentabler, aber für die Natur kritisch sein. So war die praktische Ausrottung des Blauwals ökonomisch durchaus rational (Clark 1973) Auch der Kahlschlag eines Regenwalds ist profitabler als selektives, nachhaltiges Ernten von einigen Bäumen. Aus ethischen und ökologischen Gründen ist das natürlich nicht vertretbar. In den letzten Jahrzehnten entstand mit der Umweltökonomie (auch Umweltökonomik) ein neues Fachgebiet mit dem Ziel, ökologische Fragestellungen wie nachhaltige Ressourcennutzung in ökonomische Modelle einzubeziehen (Endres 2007). Wirtschaftliche Entscheidungen berücksichtigen zunehmend die tatsächlichen und langfristigen ökologischen Kosten.

3.3 Zwischenartliche Wechselbeziehungen

3.3.1 Positive, negative und neutrale Interaktionen

Das Wachstum von Populationen wird grundlegend durch abiotische Rahmenbedingungen beeinflusst, wie Temperatur, Verfügbarkeit von Wasser, anorganischen Nährstoffen usw. (▶ Kap. 6). Zusätzlich spielen Wechselbeziehungen mit anderen Arten eine wesentliche Rolle. Konventionell werden Wechselbeziehungen für jeweils zwei Arten in positiv, negativ und neutral unterteilt (◘ Tab. 3.4, nach Wittig und Streit 2004).

Im englischen Sprachraum steht der Oberbegriff Kommensalismus für Wechselbeziehungen, die für Individuen der einen Art positiv und für die Individuen der zweiten Art neutral oder positiv sind. Die ursprüngliche Definition meint „Mitessertum" oder Tischgemeinschaft (von *mensa*, Tisch). Darunter versteht man „die geduldete Gesellung" einer anderen Art, des Kommensalen mit einem Wirt, die sich auf Mitnutzen von Nahrung beschränkt, ohne den Wirt zu schädigen (Schaefer 2012).

Ein verwandter Begriff, der vor allem in der Pflanzenökologie verwendet wird, ist *facilitation* (Begünstigung, förderliche Wirkung einer Population auf eine andere). Bei einer Parabiose treten die beiden Arten gleichzeitig auf, kommen also nebeneinander vor. Zum Beispiel leben Orchideen epiphytisch auf anderen Pflanzen des Regenwalds, ohne diese zu schädigen, und gewinnen dadurch besseren Zugang zum Licht.

In der Metabiose handelt es sich um ein zeitliches Nacheinander, z. B. das Nisten von Meisen in verlassenen Nisthöhlen von Spechten.

◘ Tab. 3.4 Wechselwirkungen zwischen zwei Arten A und B. + Förderung; − Hemmung; 0 keine Wirkung

Resultat für A	Resultat für B	Begriff	Überbegriff	
+	0	Parabiose Metabiose	Kommensalismus	Probiose
+	+	Mutualismus	Symbiose	
+	−	Prädation Weidegang Parasitismus	Antibiose	
−	−	Konkurrenz		

3.3 · Zwischenartliche Wechselbeziehungen

Wenn beide Partner profitieren, spricht man von Mutualismus. Im Extremfall ist die Partnerschaft der beiden Arten obligatorisch (Symbiose) und sie können nicht mehr selbstständig überleben. Das trifft weitgehend für Algen und Pilze in Flechten zu.

Schließlich werden Wechselwirkungen, bei denen ein Partner auf Kosten des anderen Partners profitiert, unter Antibiose zusammengefasst. Darunter fallen Prädation (Räuber-Beute-Beziehungen), Weidegang und Parasitismus und schließlich Konkurrenz, bei der beide Partner geschädigt werden.

Theoretische Ökologen haben sich von Anfang an auf Konkurrenz und auf Räuber-Beute-Beziehungen konzentriert. Innerartliche Konkurrenz bildet natürlich die Grundlage von Darwins Evolutionstheorie und das Erlegen eines Büffels durch Löwen ist eindrucksvoller als die Schwächung eines Tiers oder einer Pflanze durch Parasiten. Insgesamt überwiegen probiotische und symbiotische Beziehungen, besonders wenn wir die endosymbiotische Natur der eukaryotischen Zelle und die Strukturen der Biofilme berücksichtigen (▶ Kap. 7). Dabei muss man sich stets vor Augen halten, dass intra- und interspezifische Beziehungen dynamisch sind und dass sie sich leicht abschwächen oder ins Gegenteil umschlagen können. Was uns auf den ersten Blick als überzeugendes Beispiel eines harmonischen, gegenseitig nützlichen Zusammenlebens erscheint, kann sich als Ausbeutung (Parasitismus) herausstellen. Madenhacker sind Sperlingsvögel der Gattung *Buphagus* (zwei Arten; Buphagidae, Passeriformes). Man findet sie in den afrikanischen Savannen südlich der Sahara, bevorzugt in Assoziation mit großen Wild- und Haustieren wie Büffeln, Nilpferden, Antilopen, Giraffen und Hausrindern (◘ Abb. 3.12). Die Vögel ernähren sich zum Teil von Zecken und anderen Parasiten, die sie aus dem Fell des Wirts entfernen. Außerdem wurde vermutet, dass die Vögel offene Wunden reinigen und deren Heilung beschleunigen. Auf den ersten Blick erscheint das eine gegenseitig nützliche Putzsymbiose. Die Vögel erhalten eine freie Mahlzeit und entfernen für den Wirt schädliche Parasiten. Gezielte Untersuchungen an Hausrindern in Simbabwe haben jedoch gezeigt, dass der Madenhacker sich eher als Parasit verhält. So verbringen die Vögel nur etwa 15 % ihrer Zeit mit Parasitenentfernung und Parasitenbefall wird durch ihre Aktivität nicht signifikant gesenkt (also kein Nutzen für den Wirt; Weeks 2000). Den Rest der Zeit picken die Vögel an Wunden, um sie offenzuhalten. Den Großteil ihrer Nahrung beziehen sie vom fließenden Blut, kleinen Fleischstückchen und Ohrenschmalz, was dem Wirt keinen offensichtlichen Nutzen bringt. Zumindest die Beziehung zwischen Hausrindern und dem Madenhacker ist asymmetrisch. Es ist allerdings nicht klar, ob diese Schlussfolgerung auf andere Großtiere übertragen werden kann.

In den 1920er-Jahren entwickelten Alfred J. Lotka und Vita Volterra Modelle für die wechselseitigen Beziehungen zwischen zwei Konkurrenten und zwischen einem Räuber und seiner Beute. Diese Modelle beruhen jeweils auf zwei differenziellen Gleichungen, welche den gegenseitigen Einfluss zweier antagonistischer Arten auf ihre Populationsdynamik beschreiben. Obwohl die Modelle natürliche Verhältnisse sehr vereinfacht darstellen, geben sie ein recht realistisches Bild von Laborpopulationen und bilden die Grundlage für wichtige Weiterentwicklungen der theoretischen Ökologie.

Weniger erfolgreich war die Anwendung des Konkurrenzmodells auf symbiotische (oder allgemeiner auf probiotische) Beziehungen (◘ Tab. 3.4). Dort führen klassische, deterministische Lotka-Volterra-Gleichungen leicht zu unrealistischen Wachstumskurven.

◘ Abb. 3.12 Madenhacker auf **a** einer Impalaantilope (Foto: Gudrun Krauß) und **b** einem afrikanischen Büffel. (© Lars Johansson/stock.adobe.com)

Die ersten Studien von Parasit-Wirt-Beziehungen befassten sich mit Infektionskrankheiten des Menschen. Daniel Bernoulli veröffentliche 1766 ein Modell, das die Ausbreitung von Pocken (*Variola*) in einer Population beschreibt. Heute ist die medizinische Epidemiologie jene wissenschaftliche Disziplin, die sich mit Typen, Verbreitung und Folgen von Krankheitserregern in Populationen beschäftigt. Natürlich können Epidemien auch Struktur und Funktionen von Ökosystemen grundlegend verändern, man denke z. B. an das Ulmensterben (*dutch elm disease*) oder an Chytridiomykose, eine Pilzkrankheit, die in vielen Gebieten eine akute Bedrohung für Amphibien darstellt.

3.3.2 Konkurrenz zwischen zwei Arten

Als Grundlage dient die logistische Gleichung (▶ Abschn. 3.2.2). Sie wird für zwei Konkurrenten mit Populationsgrößen N_1 und N_2 definiert. Wie stark wirkt sich Anwesenheit eines Konkurrenten aus? Wir definieren diesen Wert mit Konkurrenzkoeffizienten, wobei α_{12} den hemmenden Einfluss von Art 2 auf Art 1 ausdrückt und α_{21} die Hemmung von Art 1 auf Art 2. Falls Individuen unabhängig von der Art denselben Einfluss haben, sind sowohl α_{12} wie auch $\alpha_{21} = 1$; falls ein Individuum der Art 2 das Wachstum von Art 1 doppelt so stark hemmt wie ein Individuum der Art 1, ist $\alpha_{12} = 2$.

$$\frac{dN_1}{dt} = r_1 N_1 \left(\frac{K_1 - (N_1 + \alpha_{12} N_2)}{K_1} \right)$$

$$= r_1 N_1 \left(\frac{K_1 - N_1 - \alpha_{12} N_2}{K_1} \right)$$

$$\frac{dN_2}{dt} = r_2 N_2 \left(\frac{K_2 - (N_2 + \alpha_{21} N_1)}{K_2} \right)$$

$$= r_2 N_2 \left(\frac{K_2 - N_2 - \alpha_{21} N_1}{K_2} \right)$$

Aus diesen Gleichungen können wir ableiten, unter welchen Bedingungen die Populationen der beiden Arten konstant bleiben. Das ist der Fall, wenn die Abundanzen beider Arten weder zu- noch abnehmen, d. h.:

$$\frac{dN_1}{dt} = \frac{dN_2}{dt} = 0$$

Daraus folgt:

$$0 = r_1 N_1 \left(\frac{K_1 - N_1 - \alpha_{12} N_2}{K_1} \right)$$

$$0 = r_2 N_2 \left(\frac{K_2 - N_2 - \alpha_{21} N_1}{K_2} \right)$$

Umgeformt:

$$N_1 = K_1 - \alpha_{12} N_2$$

$$N_2 = K_2 - \alpha_{21} N_1$$

Diese beiden Geradengleichungen nennt man Nullisoklinen. Aus ihren gegenseitigen Positionen können wir ablesen, ob die Populationen der beiden Arten ein Gleichgewicht anstreben oder welcher Konkurrent den anderen verdrängen wird. Traditionell wird das grafisch gemacht. Dazu erstellen wir ein Phasendiagramm mit zwei Achsen (◘ Abb. 3.13).

Auf der x-Achse tragen wir N_1 auf (Abundanz der Art 1) und auf der y-Ache N_2 (Abundanz der Art 2). Zuerst nehmen wir an, dass N_2 konstant bleibe, und wir suchen die zu erwartende Abundanz für N_1. Per Definition muss dieser Wert auf der Nullisokline liegen (◘ Abb. 3.13a):

$$\frac{dN_1}{dt} = 0$$

Bei Anfangswerten links von der Isokline wird N_2 deshalb zunehmen, bei Werten rechts von der Isokline wird N_2 zunehmen. In der Abbildung wird diese Dynamik durch Vektoren (Pfeile) dargestellt. Als Nächstes nehmen wir an, das N_1 konstant sei, und ermitteln die erwartete Abundanz von N_2. Bei Werten über der Nullisokline für N_2 wird deren Wert abnehmen, darunter wird er zunehmen (◘ Abb. 3.13b).

◘ **Abb. 3.13** Nullisoklinen in Lotka-Volterra-Konkurrenzgleichungen. **a** N_2 bleibt konstant. **b** N_1 bleibt konstant. (Nach Nentwig et al. (2011), S. 127, Abb. 3.9)

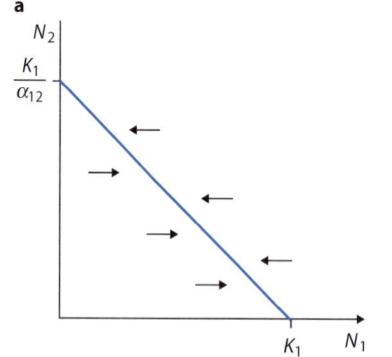
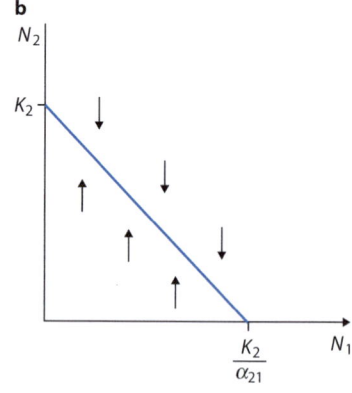

3.3 · Zwischenartliche Wechselbeziehungen

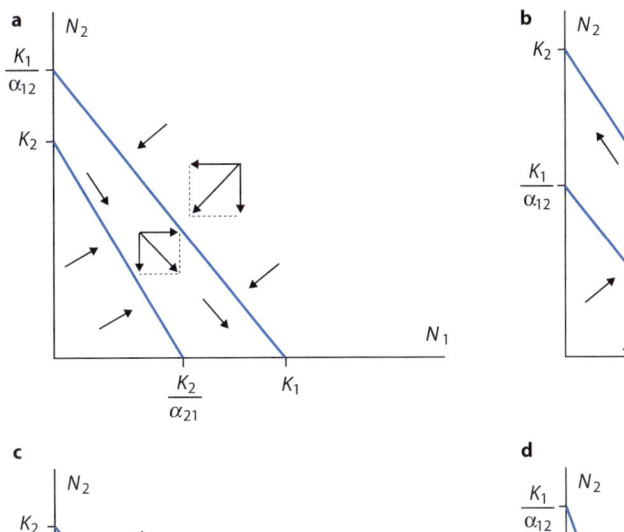
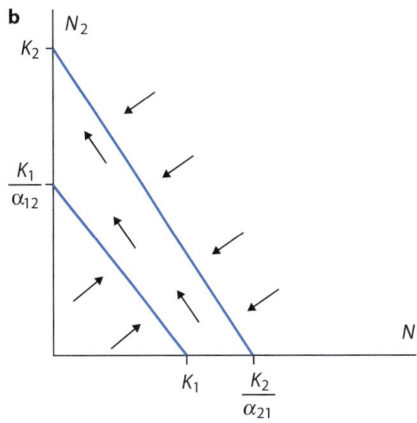
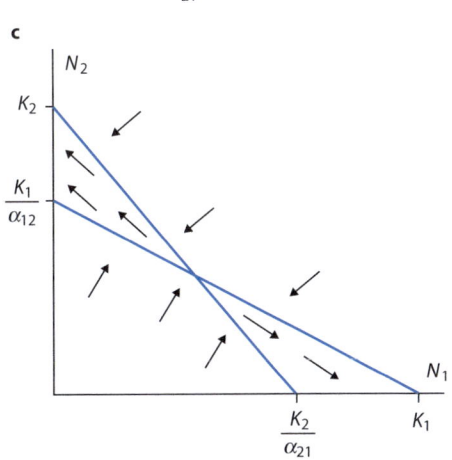
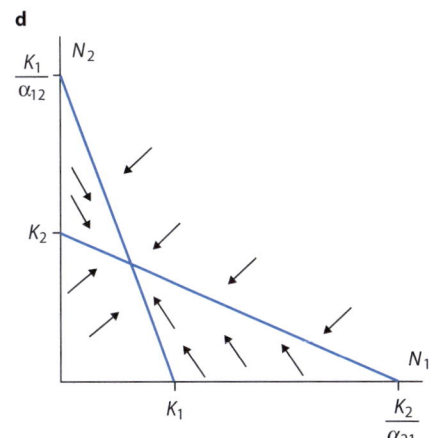

Abb. 3.14 Kombinierte Phasendiagramme zur Lotka-Volterra-Konkurrenz. Art 2 **a** oder Art 1 **b** wird verdrängt. (**c**) Die Art mit der höheren Anfangspopulation gewinnt. **d** Die beiden Arten coexistieren. (Nach Nentwig et al. (2011), S. 129. Abb. 3.14)

Schließlich werden beide Isoklinen im selben Diagramm eingetragen und die Vektoren kombiniert (◘ Abb. 3.14). Je nach ihrer gegenseitigen Lage und ihren Achsenschnittpunkten gibt es vier Möglichkeiten, welche Art bei erreichtem Gleichgewicht überleben wird.

- Wenn sich die Geraden nicht im ersten Quadranten schneiden, gewinnt Art 1 oder Art 2, je nachdem, welche Isokline höher liegt (◘ Abb. 3.14a, b). Daraus lässt sich ableiten, dass interspezifisch starke Konkurrenten interspezifisch schwache Konkurrenten verdrängen.
- Wenn sich die beiden Isoklinen im ersten Quadranten schneiden, kann es zu einer stabilen Coexistenz der beiden Arten kommen (◘ Abb. 3.14d). Für beide Arten ist intraspezifische Konkurrenz stärker als interspezifische Konkurrenz.
- Wenn interspezifische Konkurrenz stärker als intraspezifische Konkurrenz ist, hängt das Endresultat von den anfänglichen Abundanzen ab (◘ Abb. 3.14c). Möglicherweise kann es hier zu einem instabilen Gleichgewicht kommen.

Zusammengefasst können zwei Arten coexistieren, wenn sie sich jeweils selbst stärker hemmen, als dass sie durch den Konkurrenten gehemmt werden. Anders formuliert: Wenn zwei Arten in ihren Bedürfnissen zu ähnlich sind, können sie auf die Dauer nicht coexistieren. Diese Aussage wird als Gause'sches Exklusionsprinzip (nach G. F. Gause, einem russischen Pionier der experimentellen Konkurrenzforschung), als Exklusionsprinzip oder als Konkurrenzausschlussprinzip bezeichnet. Es lässt sich leicht in Laboruntersuchungen demonstrieren. In der Natur ist jedoch die vollständige Verdrängung einer Art durch einen Konkurrenten selten. Ein wesentlicher Faktor ist dabei die Homogenität der Umweltbedingungen im Labor. Wenn man zwei Arten von Mehlkäfern der Gattungen *Tribolium* (Tenebrionidae, Coleoptera) und *Oryzaephilus* (Silvanidae, Coleoptera) in einem Gefäß mit Mehl konkurrieren lässt, gewinnt unweigerlich *Tribolium*. Wenn wir diesem Biotop zusätzlich kleine Glasröhrchen hinzufügen, können beide überleben. Die Röhrchen sind zu eng für *Tribolium* und bilden ein Refugium für die kleineren *Oryzaephilus*-Larven.

Die Heterogenität eines Lebensraums ist eng mit der Artenvielfalt verknüpft: Je heterogener ein Lebensraum ist, desto höher die Anzahl möglicher Nischen, die durch verschiedene Arten besetzt werden können (▶ Abschn. 4.2). Zusätzlich sind Populationen häufig in mehrere Teilpopulationen unterteilt, die räumlich mehr oder weniger stark voneinander getrennt sind und insgesamt eine Metapopulation bilden. Lokal mag eine Art aussterben, das „leere" Habitat kann jedoch von einem benachbarten Gebiet aus wieder kolonisiert werden. Diese Dynamik verzögert oder verhindert globales Aussterben einer Art. Eine wichtige Rolle spielen dabei abiotische (Feuer, Überschwemmungen) und biotische (Fressfeinde) Störungen (▶ Abschn. 4.1).

3.3.3 Räuber-Beute-Beziehungen

Als Räuber-Beute-System bezeichnet man die Wechselbeziehung zwischen zwei Populationen, in denen sich die Individuen der einen Art (Räuber, Prädator) von lebenden Individuen einer zweiten Art (Beute) ernähren. Es ist einer der fundamentalen Prozesse des Energieflusses durch Ökosysteme und ein entscheidender Faktor für die Entstehung und Erhaltung der Biodiversität.

Der Begriff Räuber umfasst Pflanzenfresser (Herbivoren) und Tiere (oder carnivore Pflanzen wie der Sonnentau *Drosera*, ▶ Abschn. 10.2), die andere Tiere verzehren. Ebenfalls dazu werden Parasitoide gezählt, die besonders unter Insekten verbreitet sind. Sie stehen zwischen Räubern, die ihre Opfer töten, und Parasiten, die sich von einem lebenden Wirt ernähren. Parasitoide verhalten sich anfänglich als Parasiten und erhalten den Wirt am Leben. Letzten Endes geht dieser jedoch unweigerlich an den Gewebezerstörungen zugrunde. Herbivoren ähneln insofern Parasiten, indem sie vielfach ebenfalls nur Teile ihrer Beute fressen, ohne sie zu töten. Der modulare Aufbau der Pflanzen erlaubt ihnen, auf einen Angriff durch Fressfeinde zu reagieren und damit weiteren Schaden zu minimalisieren. Die wechselseitigen Beziehungen zwischen Pflanzen und Herbivoren sind deshalb subtiler und lassen sich schlecht durch die traditionellen Lotka-Volterra-Gleichungen darstellen.

Im klassischen Fall tötet der Räuber seine Beute. Lotka und Volterra modellierten deshalb, wie sich diese Beziehung auf die Populationen der beiden Arten auswirkt. Sie stützten sich auf zwei einfache Annahmen: 1. Die Geburtenrate des Räubers wird mit zunehmender Beutezahl ansteigen. 2. Die Sterberate der Beute wird mit zunehmender Räuberzahl ansteigen.

$$\frac{dN_1}{dt} = (B_1 N_2 - D_1) N_1 = B_1 N_2 N_1 - D_1 N_1$$

$$\frac{dN_2}{dt} = (B_2 - D_2 N_1) N_2 = B_2 N_2 - D_2 N_1 N_2$$

N_1 – Anzahl Räuber
B_1, D_1 – Geburten- bzw. Sterberate des Räubers. Die Geburtenrate ist proportional zur Beutepopulation.
N_2 – Anzahl Beute

B_2, D_2 – Geburten- bzw. Sterberate der Beute. Die Sterberate ist proportional zur Räuberpopulation.

Die Annahme, dass die Geburtenrate des Räubers und die Sterberate der Beute vom Produkt der beiden Populationen abhängen, entspricht dem Massenwirkungsgesetz der Chemie. Danach verläuft die Geschwindigkeit einer Reaktion proportional zum Produkt der Konzentrationen der Moleküle, die an der Reaktion beteiligt sind.

Eine interessante Konsequenz der beiden Gleichungen ist das sogenannte **Volterra-Prinzip**. Werden Räuber und Beute in gleichem Maße getötet, erholt sich die Beutepopulation schneller als die Räuberpopulation. Das Produkt $N_1 N_2$ bestimmt die Geburtenrate des Räubers und die Todesrate der Beute. Bei 50 %iger Reduktion beider Populationen verringern sich diese Raten je um 25 %. Das Volterra-Prinzip spielt eine Rolle bei der Verwendung von nichtspezifischen Insektiziden, die sowohl Schädlinge wie Nützlinge (die sich von Schädlingen ernähren) töten. Schädlingspopulationen erholen sich in der Regel schneller.

Wie bei den Konkurrenzgleichungen können wir bestimmen, unter welchen Bedingungen die Populationen der beiden Arten konstantbleiben. Das ist der Fall, wenn die Abundanzen beider Arten weder zu- noch abnehmen, d. h., $dN_1/dt = 0$, und $dN_2/dt = 0$. Bei konstanter Räuberpopulation erhalten wir $N_2 = D_1/B_1$ und bei konstanter Beutepopulation $N_1 = B_2/D_2$. In einem Koordinatensystem mit den Achsen N_1 und N_2 lässt sich die Dynamik der beiden Populationen ablesen (◘ Abb. 3.15). Bei vielen Beutetieren wächst die Räuberpopulation (rechts von der senkrechten Geraden). Das erhöht die Sterberate der Beute und schließlich erschöpft sich ihr Reproduktionspotenzial (oberhalb von der waagrechten Geraden) und die Beutepopulation sinkt. Wegen mangelnder Nahrung muss schließlich auch die Räuberpopulation sinken und die Beutepopulation kann sich wieder erholen. Werden die beiden Populationen als Funktion der Zeit aufgetragen, ergeben sich zwei zeitlich verschobene Oszillationen (◘ Abb. 3.15).

Im Labor sind solche Oszillationen höchstens über ein paar wenige Zyklen reproduzierbar. Dann verhungert entweder der Räuber wegen Nahrungsmangels und die Beutepopulation erholt sich oder die Beute wird ausgerottet, was ebenfalls zum Aussterben des Räubers führt. In der Natur sind Populationszyklen relativ häufig und einige wurden im Sinne des Lotka-Volterra-Modells interpretiert. Der wohl berühmteste Fall sind die Populationszyklen des Kanadischen Luchses (*Lynx canadensis*, Felidae, Carnivora) und seiner Hauptbeute, des Schneeschuhhasen (*Lepus americanus*, Leporidae, Lagomorpha), in Kanada (◘ Abb. 3.16).

3.3 · Zwischenartliche Wechselbeziehungen

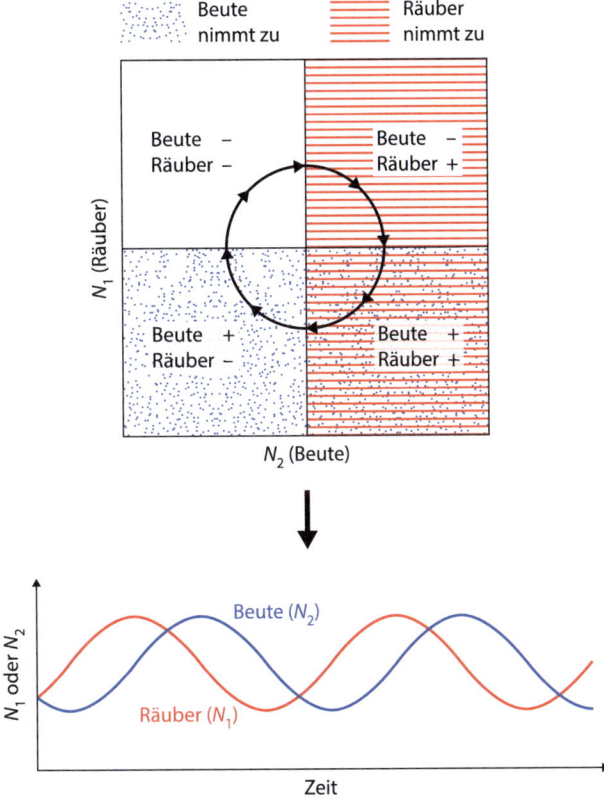

• **Abb. 3.15** Räuber-Beute-Beziehungen gemäß Lotka-Volterra-Gleichung. **a** Häufigkeiten zweier in Wechselbeziehung stehender Populationen. **b** Populationen als Funktion der Zeit. (Nach Wilson und Bossert (1973) Abb. 3.7, S. 120)

Allerdings zeigten genauere Untersuchungen, dass außer der offensichtlichen Räuber-Beute-Beziehung andere Mechanismen mitspielen. Die wenigsten Räuber ernähren sich ausschließlich von einer Beuteart und Beutepopulationen werden oft durch das Nahrungsangebot kontrolliert. Sowohl für Räuber wie für Beute können Massenwanderungen eine wichtige Rolle spielen, daneben physiologischer Stress bei Überbevölkerung und genetische Veränderungen in den Populationen. Diese Faktoren lassen sich grafisch oder analytisch in das ursprüngliche Modell einbauen.

3.3.4 Mutualismus

Mutualistische Beziehungen, oft auch als gegenseitige Ausbeutung interpretiert, sind in der Natur weit verbreitet, z. B. Mykorrhizen (▶ Abschn. 8.1.2), Biofilme, Mikrobiome auf Pflanzen und Tieren (▶ Kap. 7), Bestäubung (▶ Abschn. 10.1) usw. Einfache Modelle, analog zu Lotka-Volterra-Ansätzen, führen nach Robert May zu *silly solutions*, z. B. unbegrenztem Wachstum, oder erweisen sich als instabil. Auch heute noch ist die Theorie des Mutualismus weniger gut ausgearbeitet als jene für Konkurrenz und Räuber-Beute-Beziehungen.

Das beruht u. a. darauf, dass der Nutzen für die beiden Partner kontextabhängig ist. So erhalten Pflanzen durch Symbiose mit Mykorrhizapilzen besseren Zugang

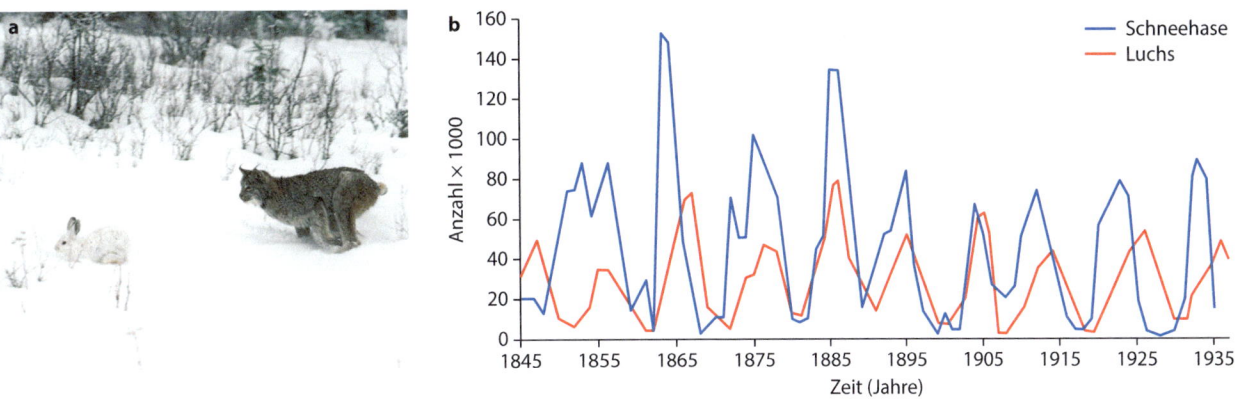

• **Abb. 3.16** **a** Schneeschuhhase und Luchs. (© Joe McDonald/Bruce Coleman/Photoshot/picture alliance). **b** Zyklische Schwankungen von kanadischen Schneehasen- und Luchspopulationen. (Nach Wilson und Bossert (1973), S. 121, Abb. 3.8)

zu anorganischen Nährstoffen (▶ Abschn. 8.1.2). In phosphatreichen Böden verringert sich dieser Vorteil, während der Pilz weiterhin organische Substanzen von der Pflanze bezieht. Mutualistische Beziehungen schlagen deshalb leicht in Parasitismus um und umgekehrt, was zu Instabilität führen kann. Stabiler Mutualismus ist wahrscheinlicher, wenn beide Arten auf unbefriedigende Leistung des Partners mit Vergeltungsmaßnahmen reagieren können.

Zahlreiche Pilze leben als Endophyten in der Pflanze. Der Begriff Endophyt wurde von De Bary im Jahr 1866 eingeführt. Darunter verstand er Organismen, meistens Bakterien und Pilze, die im Inneren von Pflanzen vorkommen. Mykorrhizapilze, deren Mycel zum Teil ebenfalls im Pflanzeninneren existiert, werden in der Regel nicht als Endophyten bezeichnet (▶ Abschn. 8.1.2).

Endophyten wurden in allen bisher untersuchen Pflanzenarten nachgewiesen. Die meisten Gräser beherbergen zu den Clavicipitaceae (Hypocreales) gehörende Pilzarten, darunter der Mutterkornpilz *Claviceps purpurea*. Ihre Sklerotien enthalten verschiedene für Säugetiere giftige Alkaloide. Weit bekannt wurde die Lysergsäure, woraus der Schweizer Chemiker Albert Hofmann (1906–2008) LSD (Lysersäurediethylamid) synthetisierte.

Ursprünglich wurden endophytische Beziehungen als durchgehend symbiotisch oder mutualistisch interpretiert. Durch den Endophyten synthetisierte Metaboliten schützen die Pflanze vor Fressfeinden und erhöhen ihre Stresstoleranz. Die heute geläufige Definition von Endophyten ist neutral in Bezug auf gegenseitigen Nutzen oder Schaden. Wechselwirkungen reichen von Mutualismus über fakultativen bis zu obligaten Parasitismus (Wäli et al. 2013). Schulz et al. (1999) interpretieren die Beziehung zwischen Wirtspflanze und Endophyt als „ausgewogenen Antagonismus", der je nach Umweltbedingungen zugunsten des einen Partners ausschlagen kann. Mutualistische Verhältnisse entwickelten sich oft durch Coevolution aus einer ursprünglich parasitären Beziehung (Wheeler et al. 2019).

3.3.5 Parasitismus

Parasiten leben in oder auf einem Wirt, ernähren sich von ihm und fügen ihm Schaden zu. Im Gegensatz zu Parasitoiden oder typischen Räubern töten sie ihn jedoch nicht unbedingt. Parasitoide, die unter den Insekten weit verbreitet sind, leben anfänglich wie Parasiten im oder auf dem Körper eines lebenden Wirts. Wegen zunehmender Gewebezerstörung stirbt der Wirt jedoch zwangsläufig. Die Beziehungen zwischen Parasitoiden und ihren Wirten können deshalb analog zu jenen zwischen konventionellen Räubern und ihrer Beute modelliert werden. Da Parasitismus nicht unbedingt zum Tode des Wirts führt, sind die Konsequenzen für die Populationsdynamik der beiden Arten subtil und oft schwierig zu erfassen.

Ursprünglich parasitäre Beziehungen können leicht mutualistisch werden, besonders wenn es sich um Infektionen durch Bakterien oder Viren handelt. Amöben, die im Labor mit ursprünglich aggressiv-pathogenen Bakterien infiziert wurden, entwickelten bald eine Toleranz und letzten Endes eine obligate endosymbiotische Beziehung mit dem ursprünglichen Parasiten. Ähnliche Vorgänge trugen zur Entstehung eukaryotischer Zellen bei (▶ Abschn. 5.1.1).

Interessant ist, dass das menschliche Genom zu 5–8 % (mindestens 1 %) aus Elementen besteht, die hohe Ähnlichkeit mit Retroviren aufweisen. Vermutlich gehen sie auf Infektionen zurück, die Jahrmillionen zurückliegen. Heute haben diese Elemente in der Regel keinen stark negativen Einfluss auf die menschliche Gesundheit, außer möglicherweise bei gewissen chronischen Krankheiten. Sie spielen auch eine Rolle bei der Genregulation. Insgesamt verhalten sie sich heute weitgehend als Kommensalen, möglicherweise als Mutualisten.

In weit gefasster Definition können wirbellose Tiere, Protozoen, Pflanzen, Pilze, Bakterien und Viren Parasiten sein. Besonders in aquatischen Ökosystemen dominieren parasitische Beziehungen häufig den Energiefluss in Nahrungsnetzen (Sánchez Barranco et al. 2020). In Ozeanen töten Viren jeden Tag geschätzte 20 % der Gesamtbiomasse, die zu > 90 % aus Mikroorganismen besteht. Parasitäre Chytridiomyceten spielen eine wesentliche Rolle beim Einschleusen von Diatomeen in das Nahrungsnetz (▶ Abschn. 13.2.1). Rund 80 % der Mortalität von wirbellosen Tieren in Fließgewässern werden auf direkte und indirekte Folgen von Parasitismus zurückgeführt (Cummins und Wilzbach 1988).

Bei menschlichen Parasiten (Krankheitserregern) steht häufig die Ausbreitung der Krankheit in einer konstanten Population im Vordergrund. Grundlage ist das **SIR-Modell**. Dabei stehen S für suszeptibel, d. h. infizierbar, I für infiziert und R für *removed*, d. h. für aus dem Infektionsprozess entfernte Individuen (immunisiert oder gestorben). Dieser Ansatz erlaubt Aussagen über die Dynamik der Krankheit in einer Population: Wie verändern sich die Proportionen der S-, I- und R-Individuen? Nimmt die Prävalenz der Krankheit (Anteil erkrankter Individuen) zu oder ab? Eine wichtige Kenngröße ist die **Basisreproduktionszahl** R_0 (auch Grundvermehrungsrate genannt). Sie gibt an, wie viele Individuen ein erkranktes Individuum ansteckt, falls kein Individuum einer Bevölkerung immun ist. Daraus lässt sich die Ausbreitung einer Krankheit im Frühstadium ableiten. Je höher R_0 ist, desto schwieriger ist es, eine Epidemie unter Kontrolle zu halten.

Das SIR-Modell wird selten dazu verwendet, den Einfluss der Krankheit auf die Dynamik der erkrankten Population abzuschätzen. Für solche Fragestellungen muss man die Parasitenlast der erkrankten Individuen kennen. Diese beeinflusst sowohl die Wahrscheinlichkeit, dass die Krankheit weitergegeben wird, wie auch den Schaden, den der Wirt erleidet, und deshalb seine Mortalität. Das Ziel ist es abzuschätzen, in welcher Zahl der Parasit die Populationsdynamik des Wirts beeinflusst. Das kann uns z. B. bei Entscheidungen über den gezielten Einsatz von Pestiziden helfen.

Literatur

Anderson J et al (2011) Navigating the multiple meanings of β diversity: a roadmap for the ecologist. Ecol Lett 14:19–28

Balvanera P et al (2006) Quantifying the evidence for biodiversity effects on ecosystem functioning and services. Ecol Lett 9:1146–1156

Baur B (2010) Biodiversität. Haupt, Bern

Begon ME, Harper JL, Townsend CR (1998) Ökologie (Hrsg von KP Ssauer). Spektrum Akademischer, Heidelberg

Begon M et al (2017) Ökologie. Springer Spektrum, Berlin/Heidelberg

Cernansky R (2017) The biodiversity revolution. Nature 546:22–24

Clark CW (1973) Profit maximization and the extinction of animal species. J Polit Econ 81:950–961

Cummins KW, Wilzbach MA (1988) Do pathogens regulate stream invertebrate populations? Verh Int Ver theor u angew Limnol 23:1232–1243

De Lorm TA et al (2023) (2023) Optimizing the automated recognition of individual animals to support population monitoring. Ecol Evol 13:e10260. https://doi.org/10.1002/ece3.10260

Deiner K et al (2017) Environmental DNA metabarcoding: transforming how we survey animal and plant communities. Mol Ecol 26:5872–5895

Del Moral R, Magnússon B (2014) Surtsey and Mount St. Helens: a comparison of early succession rates. Biogeosciences 11:2099–2111

Dunbar J, Barns SM, Ticknor LO, Kuske CR (2002) Empirical and theoretical bacterial diversity in four arizona soils. Appl Environ Microbiol 68:3035–3045

Endres A (2007) Umweltökonomie, 3. Aufl. Kohlhammer, Stuttgart

Epsky ND et al (2008) Traps for capturing insects. In: Capinera JL (Hrsg) Encyclopedia of entomology. Springer, Dordrecht, S 3887–3901. ISBN 978-1-4020-6242-1

Fesel PH, Zuccaro A (2016) Dissecting endophytic lifestyle along the parasitism/mutualism continuum in *Arabidopsis*. Curr Opin Microbiol 32:103–112. https://doi.org/10.1016/j.mib.2016.05.008

Fontaneto D et al (2015) Guidelines for DNA taxonomy, with a focus on the meiofauna. Mar Biodiv. https://doi.org/10.1007/s12526-015-0319-7

Gaston KJ, Spicer JI (2004) Biodiversity. An introduction, 2. Aufl. Blackwell Publishing, Oxford

Gause GF (1934) The struggle for existence, 1. Aufl. Williams & Wilkins, Baltimore

Grime JP (1977) Evidence for the existence of three primary strategies in plants and its relevance to ecological and evolutionary theory. Am Nat 111:1169–1184

Grossart H-P et al (2016) Discovery of dark matter fungi in aquatic ecosystems demands a reappraisal of the phylogeny and ecology of zoosporic fungi. Fungal Ecol 19:28–38

Jackson MD et al (2019) SUSTAIN drilling at Surtsey volcano, Iceland, tracks hydrothermal and microbiological interactions in basalt 50 years after eruption. Sci Dril 25:35–46

Jeon KW, Jeon MS (1976) Endosymbiosis in amoebae: recently established endosymbionts have become required cytoplasmic components. J Cell Physiol 89:337–344

Khare E, Mishra J, Arora NK (2018) Multifaceted interactions between endophytes and plant: developments and prospects. Front Microbiol 9:2732. https://doi.org/10.3389/fmicb.2018.02732

Krebs CJ (1999) Ecological methodology, 2. Aufl. Addison Wesley, Menlo Park

Krebs CJ, Boonstra R, Boutin S, Sinclair ARE (2001) The ten-year cycle of snowshoe hares. BioScience 51:25–35

Leblans NIW et al (2014) Effects of seabird nitrogen input on biomass and carbon accumulation after 50 years of primary succession on a young volcanic island, Surtsey. Biogeosciences 11:6237–6250

Locey KJ, Lennon JT (2016) Scaling laws predict global microbial diversity. PNAS 113:5970–5975

Lorenz EN (2008) Predictability: does the flap of a butterfly's wings in Brazil set off a tornado in Texas? Lecture in 1972 Annual Meeting of The American Association for the Advancement of Science. Science 320(2008):431

MacArthur RH, Wilson EO (1967) The theory of island biogeography. Princeton University Press, Princeton

Magnússon B, Magnússon SH, Ólafsson E, Sigurdsson BD (2014) Plant colonization, succession and ecosystem development on Surtsey with reference to neighbouring islands. Biogeosciences 11:5521–5537

Magurran AE (2004) Measuring biological diversity. Blackwell Publishing, Oxford

Magurran AE, May RM (Hrsg) (1999) Evolution of biological diversity. Oxford University Press, Oxford

Marteinsson V et al (2015) Microbial colonization in diverse surface soil types in Surtsey and diversity analysis of its subsurface microbiota. Biogeosciences 12:1191–1203

May RM (1976) Simple mathematical models with very complicated dynamics. Nature 261:459–467

McManamon P (2019) LiDAR technologies and systems. SPIE Press, Bellingham

Moeslund EJ et al (2019) LIDAR explains diversity of plants, fungi, lichens and bryophytes across multiple habitats and large geographic extent. Ecol Appl 29(5):e0190

Munk K (Hrsg) (2009) Taschenlehrbuch Biologie. Ökologie Biologie. Thieme, Stuttgart

Nentwig W, Bacher S, Brandl R (2011) Ökologie kompakt. Spektrum, Heidelberg

Qi R et al (2023) Omics approaches in invasion biology: understanding mechanisms and impacts on ecological health plants. 12:1860. https://doi.org/10.3390/plants12091860

Rose A (2011) Who killed the grand banks?: The untold story behind the decimation of one of the world's greatest natural resources. John Wiley & Sons, Mississauga

Sánchez Barranco V et al (2020) Trophic position, elemental ratios and nitrogen transfer in a planktonic host-parasite-consumer food chain including a fungal parasite. Oecologia. https://doi.org/10.1007/s00442-020-04721-w

Schaefer M (2012) Wörterbuch der Ökologie, 5. Aufl. Spektrum, Heidelberg

Schleuter D, Daufresne M, Massol F, Argillier C (2010) A user's guide to functional diversity indices. Ecol Monogr 80:469–484

Schmitz O, J. (2017) The new ecology. Princeton University Press, Princeton

Schulz B, Römmert A-K, Damann U, Aust HJ, Strack D (1999) The endophyte-host interaction. Symbiosis 25:213–227

Smith B, Wilson JB (1996) A consumer's guide to evenness indices. Oikos 76:70–82

Smith TM, Smith RL (2014) Ökologie, 6. Aufl. Pearson-Studium, München

Steinke D, Brede N (2006) Taxonomie des 21. Jahrhunderts. Biol unserer Zeit 1:40–46

Streit B (2007) Was ist Biodiversität? Erforschung, Schutz und Wert biologischer Vielfalt. C.H. Beck, München

Sutherland WJ (1996) Ecological census techniques. Cambridge University Press, Cambridge

Suttle CA (2007) Marine viruses – major players in the global ecosystem. Nat Rev (Microbiol) 5:801

Sweetlove L (2011) Number of species on Earth tagged at 8.7 million. Nature. https://doi.org/10.1038/news.2011.498

Talbot JM et al (2013) Independent roles of ectomycorrhizal and saprotrophic communities in soil organic matter decomposition. Soil Biol Biochem 57:282–291

Thomsen PF, Willerslev E (2015) Environmental DNA – an emerging tool in conservation for monitoring past and present biodiversity. Biol Conserv 183:4–18

Tuomisto H (2012) An updated consumer's guide to evenness and related indices. Oikos 121:1203–1218

Wäli PP, Wäli PR, Saikkonen K, Tuomi J (2013) Is the pathogenic ergot fungus a conditional defensive mutualist for its host grass? PLoS ONE 8(7):e69249. https://doi.org/10.1371/journal.pone.0069249

Weeks P (2000) Red-billed oxpeckers: vampires or tickbirds. Behav Ecol 11:154–160

Wheeler DL, Sung Dung JK, Johnson DA (2019) From pathogen to endophyte: an endophytic population of Verticillium dahliae evolved from a sympatric pathogenic population. New Phytol 222:497–510

Whittaker RH (1960) Vegetation of the Siskiyou Moutains, Oregon and California. Ecol Monogr 30:279–338

Whittaker RJ et al (2017) Island biogeography: taking the long view of nature's laboratory. Science 357:885–893

Williams CB (1964) Patterns in the balance of nature. Academic Press, London

Wilson EO (Hrsg) (1988) Biodiversity. National Academy Press, Washington

Wilson EO, Bossert WH (1973) Einführung in die Populationsbiologie. Springer, Berlin

Wilson R et al (2021) Artificial light and biting flies: the parallel development of attractive light traps and unattractive domestic lights. Parasites Vectors 14:28. https://doi.org/10.1186/s13071-020-04530-3

Wittig R, Niekisch M (2014) Biodiversität: Grundlagen, Gefährdung, Schutz. Springer Spektrum, Berlin/Heidelberg

Wittig R, Streit B (2004) Ökologie. UTB Basics,

Zélé F et al (2018) Ecology and evolution of facilitation among symbionts. Nat Commun 9:4869. https://doi.org/10.1038/s41467-018-06779-w

Von paarweisen Wechselbeziehungen zu Ökosystemen

Felix Bärlocher

Inhaltsverzeichnis

- **4.1 Gause'sches Exklusionsprinzip im Labor und in der Natur – 61**
  - 4.1.1 Metapopulationen – offene vs. geschlossene Systeme – 61
  - 4.1.2 Dynamik der Populationen – Gleichgewicht vs. Ungleichgewicht – 61

- **4.2 Die ökologische Nische – 64**
  - 4.2.1 Nische als *n*-dimensionaler Hyperraum – 64
  - 4.2.2 Nischenbreite und Nischenüberlappung – 65
  - 4.2.3 *Character displacement* und *character release* – 66
  - 4.2.4 Realisierte Artenzusammensetzung in Biozönosen – Auffüllen von Nischen oder Würfelspiel? – 68
  - 4.2.5 Struktur vs. Funktionen – 68

- **4.3 Das Zusammenspiel vieler Arten – 69**
  - 4.3.1 Ökosysteme – 69
  - 4.3.2 Leben in Netzwerken – 69
  - 4.3.3 Energiefluss und Nahrungsketten – 71
  - 4.3.4 Die Rolle von Parasiten und Pathogenen – 73
  - 4.3.5 Herbivoren- und Detritusnahrungsketten – 74
  - 4.3.6 Stoffkreisläufe – 74
  - 4.3.7 Schlüsselarten, Ökosystemingenieure und trophische Kaskaden – 84

- **4.4 Die Grüne-Welt-Hypothese – 85**

- **4.5 Ökologische Dienstleistungen und Gesundheit eines Ökosystems – 87**

- **4.6 Metabolische Theorie und ökologische Stöchiometrie – 90**

© Der/die Herausgeber bzw. der/die Autor(en), exklusiv lizenziert an Springer-Verlag GmbH, DE, ein Teil von Springer Nature 2025
G.-J. Krauß, F. Bärlocher, *Ökologie und Ökologische Biochemie*, https://doi.org/10.1007/978-3-662-70586-5_4

4.7 Biodiversität und ökologische Stabilität – 91
4.7.1 Was ist ökologische Stabilität? – 91
4.7.2 Strukturelle Aspekte – 91
4.7.3 Funktionale Aspekte – 92

Literatur – 93

4.1 Gause'sches Exklusionsprinzip im Labor und in der Natur

Aus den **Lotka-Volterra-Gleichungen**, die auf einem stark vereinfachten, deterministischen Modell beruhen, wurde das **Exklusionsprinzip** abgeleitet (Abschn. 3.2.7.2). Danach können Arten mit ähnlichen Ansprüchen auf die Dauer nicht im selben Habitat coexistieren. Das lässt sich leicht in Laboruntersuchungen demonstrieren. In der Natur ist die vollständige Verdrängung einer Art durch einen Konkurrenten selten. Besonders auffällig ist dieser Widerspruch in Planktongemeinschaften, wo eine geringe Anzahl essenzieller Ressourcen (vorwiegend Licht, N, P, Si, Fe) die Coexistenz einer unerwartet großen Anzahl an Phytoplanktonarten erlaubt. G. Evelyn Hutchinson bezeichnete diese Beobachtung als *paradox of the plankton*. Nach Tilmans mechanistischem Modell ist die Anzahl coexistierender Arten direkt proportional zur Anzahl limitierender Ressourcen des Systems: Bei X limitierenden Ressourcen können im Gleichgewichtszustand nicht mehr als X Arten coexistieren. In natürlichen Biozönosen finden wir jedoch oft viele Hunderte von Arten. Es ist unwahrscheinlich, dass eine ähnliche hohe Zahl von essenziellen Ressourcen existiert.

Im Boden finden wir eine hohe Artenvielfalt der Mikroarthropoden, z. B. Oribatida (Hornmilben), auf wenigen Quadratmetern coexistieren oft über 100 Arten. Deren Nahrungs- und Habitatansprüche sind wenig spezialisiert und überlappen weitgehend. Trotzdem spielt Exklusion durch Konkurrenz eine geringe Rolle bei der Strukturierung der Artengemeinschaft.

Zwei Faktoren tragen zur Lösung dieser Diskrepanz zwischen Theorie und Realität bei. Erstens existieren die meisten Populationen nicht als homogene, geschlossene Einheiten. Zweitens erreichen die wenigsten Populationen ein stabiles Gleichgewicht. Ebenso wichtig sind das Verhalten einer Population im Ungleichgewicht und die Dauer dieses Zustands.

4.1.1 Metapopulationen – offene vs. geschlossene Systeme

Falls eine Art als homogene, geografisch beschränkte Population vorkommt, bedeutet Aussterben das endgültige Verschwinden der Art. In der Regel sind Populationen jedoch in multiple, mehr oder weniger klar getrennte Unterpopulationen unterteilt (◘ Abb. 4.1). Solche Systeme werden als **Metapopulationen** bezeichnet. Die Art mag von einem oder von mehreren Teilhabitaten verschwinden (lokales Aussterben), aber solange eine Teilpopulation irgendwo überlebt, können „entleerte" Habitate wieder kolonisiert und dadurch globales Aussterben verhindert werden. Die Populationsgrößen der

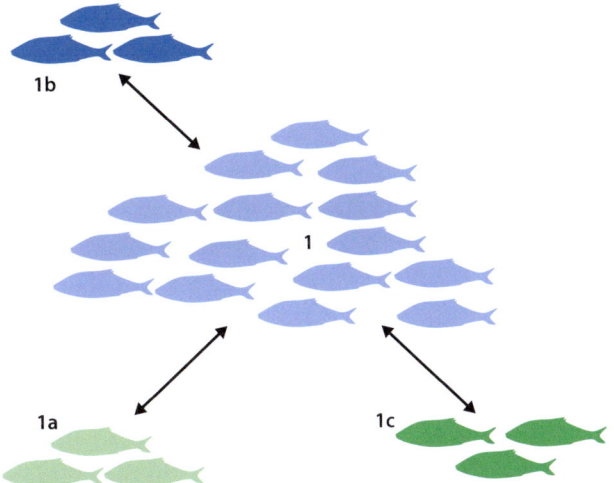

◘ **Abb. 4.1** Eine Metapopulation beschreibt eine Gruppe von Teilpopulationen, die untereinander einen eingeschränkten Genaustausch haben. Häufig ist sie in eine Hauptpopulation (1) und mehrere kleinere Subpopulationen (1a, 1b, 1c) unterteilt, deren Dynamik durch Migrationen beeinflusst wird. (Kjspencer12, CC BY-SA 4.0 via Wikimedia Commons)

einzelnen Gebiete werden entscheidend durch Immigration (Einwanderung) und Emigration (Abwanderung) geprägt. Diese Begriffe umfassen nicht nur aktives Wandern (Migrieren), sondern auch passives Einbringen in lokale Biozönosen, z. B. über die Atmosphäre (Pollen, Samen, Mikroorganismen) oder durch Phoresie: Eine Art, der Gast, nutzt eine andere Art, den Wirt, als Transportsystem. In aquatischen Ökosystemen ist die Einschwemmung über Meeresströmungen oder Fließgewässer von erheblicher Bedeutung.

Bei der Planung von Naturschutzgebieten kann ein System von kleinen Teilgebieten vorteilhafter sein als ein homogenes, zusammenhängendes Gebiet (▶ Abschn. 15.4). Besonders wichtig sind natürlich Refugien, die Beutearten Schutz vor ihren Feinden bieten. Dieses Prinzip lässt sich auch auf die Fischerei anwenden. In Gebieten der Weltmeere, wo jegliche Fischerei verboten wird (*marine protected areas*, **MPAs**), kann sich der Bestand erholen. Je nach Umständen führt das bald zu einem Überfluss und Fische wandern in benachbarte, nicht geschützte Regionen ab. Paradoxerweise lässt sich also der Gesamtertrag erhöhen, indem man in Teilgebieten ein totales Fischereiverbot erlässt. Cabral et al. (2020) schätzen, dass bereits die Klassifizierung von 5 % der Weltmeere als MPAs genügen würde, um den Gesamtfischfang um 20 % zu erhöhen.

4.1.2 Dynamik der Populationen – Gleichgewicht vs. Ungleichgewicht

Traditionell wurden Konkurrenzmodelle dazu benutzt, den Stand der Populationen bei erreichtem Gleichgewicht zu bestimmen (▶ Abschn. 3.3.2). Was vorher geschieht, wurde weitgehend ignoriert. Hutchinson betonte die Bedeutung dieser Übergangsperiode. Er definierte zwei Variablen: t_c (Zeit, die verstreicht, bis die stärkere Art die schwächere Art vollständig verdrängt) und t_e (Zeit, die verstreicht, bis sich die Umweltbedingungen grundsätzlich verändern, z. B. wegen wechselnder Jahreszeiten). Aus den relativen Größen der beiden Variablen lassen sich drei Fälle ableiten.

- $t_c \ll t_e$: Der Konkurrent, der am besten an existierende, konstante Umweltbedingungen angepasst ist, gewinnt.
- $t_c \cong t_e$: Kein Gleichgewicht wird erreicht.
- $t_c \gg t_e$: Der Konkurrent, der insgesamt besser an das Spektrum der erfahrenen Umweltbedingungen angepasst ist, gewinnt.

Das bedeutet, dass häufig sich ändernde Umweltbedingungen den endgültigen Durchbruch einer dominanten Art verhindern (oder verlangsamen). Solche Veränderungen können als **Störungen** (*disturbance*) zusammengefasst werden. Dazu gehören Brände, Überschwemmungen, die Aktivitäten von Raubtieren, Herbivoren und Parasiten sowie menschliche Eingriffe in die Natur wie Abholzung, Waldrodung und Einführung invasiver Arten. Auf den ersten Blick scheinen solche Ereignisse negative Folgen zu haben, sie spielen jedoch eine wesentliche Rolle bei der Erhaltung der Biodiversität. Einer der frühesten Hinweise geht auf Charles Darwin zurück: Er fungierte selbst als „Räuber", indem er ein Stück Rasen periodisch mähte und ein Kontrollstück mit denselben Kontrollpopulationen sich selbst überließ. Auf dem nicht gemähten Rasen mit ursprünglich 20 Pflanzenarten wurden neun verdrängt, da hochwachsende Pflanzen rasch die Oberhand gewannen. Das zugrundeliegende Prinzip ist einleuchtend. Durch periodische Störungen werden die Populationen der dominanten Arten zurückgestutzt und schwächere Konkurrenten können das verlorene Habitat zurückerobern. Besonders eindeutig ist die Lage, wenn der Räuber (oder andere Störungen) die jeweils häufigste Art am meisten schädigt (◘ Abb. 4.2).

Gemäß der **Kill-the-Winner-Hypothese** („tötet den Sieger!") spielt diese Präferenz eine wichtige Rolle bei der Erhaltung der bakteriellen Diversität in Ozeanen durch Bakteriophagen (Winter et al. 2010). Traditionell interpretierte man Bakterienpopulationen als statische Gleichgewichte, wo Wachstum genau durch Verluste ausgeglichen wird. Nach neueren Erkenntnissen können Virusinfektionen zu einem abrupten Kollaps einer Bakterienart führen, wenn Letztere eine genügend hohe Population erreicht hat. Das schafft Opportunitäten für Bakterien, die bislang nicht konkurrieren konnten. Die Aktivität von Feinden, hier Bakteriophagen, kann also die Anzahl coexistierender Beutearten (Bakterien) erhöhen.

Daniel Janzen und Joseph Connell schlugen unabhängig voneinander eine Erklärung der hohen Diversität von Baumarten im tropischen Regenwald vor (◘ Abb. 4.3). Ihre Hypothese beruht auf zwei Postulaten:

- Die meisten Samen werden in der Nähe des Elternbaums deponiert („der Apfel fällt nicht weit vom Stamm"). Mit der Entfernung sinkt die Anzahl deponierter Samen exponentiell.
- Die hohe Samenkonzentration lockt spezialisierte Konsumenten an. Die Überlebensrate der Samen oder Keimlinge ist deshalb in der Nähe des Elternbaums am geringsten.

Daraus können wir schließen, dass für Keimlinge die besten Überlebenschancen nicht in der unmittelbaren Nähe des Elternbaums liegen. Individuen derselben Art wachsen deshalb selten in unmittelbarer Nachbarschaft auf. Als Folge ergibt sich die typische verstreute Verteilung von Baumarten im tropischen Regenwald. Die **Janzen-Connell-Hypothese** wurde mehrheitlich bestätigt, wenn Insekten die wichtigsten Herbivoren waren (Comita et al. 2014; Jia et al. 2020). Die relativen Beiträge von Insekten, Wirbeltieren und Pathogenen zur Samenmortalität sind jedoch weitgehend unbekannt.

Die Janzen-Connell-Hypothese wurde für tropische Regenwälder formuliert. In ihrer ursprünglichen Form stützt sie sich auf spezialisierte Samenkonsumenten, deren Aktivität (oder Aussterben) einen überdurchschnittlichen hohen Einfluss auf die Biodiversität und Funktion eines Ökosystems hat. Man bezeichnet sie deshalb als **Schlüsselarten** (*key species* oder *keystone species*). Eingeführt wurde der Begriff 1969 durch den Zoologen Robert T. Paine aufgrund seiner Arbeiten in der Gezeitenzone mit ihrem periodischen Wechsel zwischen Ebbe und Flut. Eine Schlüsselart ist der Seestern *Pisaster ochraceus*, der sich vorwiegend von Muscheln (Mollusken) ernährt. Wird dieser Prädator von Gezeitenpools entfernt, explodiert die Population von *Balanus glandula* (Seepocken; Balanidae, Balanomorpha). Nach

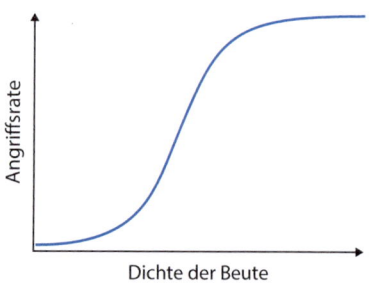

◘ Abb. 4.2 Dichteabhängige Angriffsrate. Bei geringer Beutedichte werden unterdurchschnittlich wenige, bei hoher Dichte überdurchschnittlich viele Individuen angegriffen

4.1 · Gause'sches Exklusionsprinzip im Labor und in der Natur

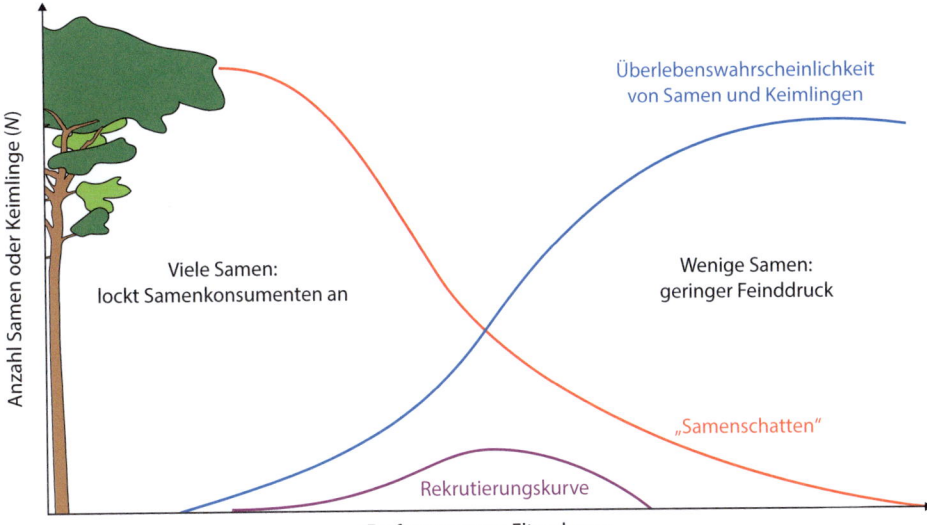

Abb. 4.3 Die Janzen-Connell-Hypothese. (Adaptiert von Janzen 1970)

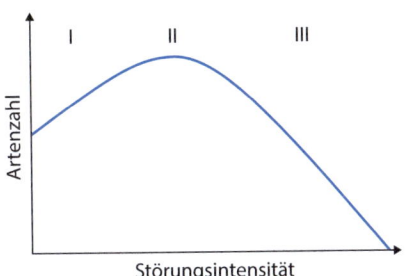

Abb. 4.4 *Intermediate disturbance hypothesis* (Hypothese der mittleren Störungsintensität). Die meisten Arten coexistieren bei mittlerer Störungsintensität. (Sciencerelatedusername, CC BY-SA 4.0)

ein paar Monaten wird diese Art durch *Mytilus californiensis* (eine Muschel) verdrängt, die schließlich den Großteil des verfügbaren Raums besetzt. Das führt u. a. zu einer drastischen Reduktion von sessilen Algenarten. Als Schlüsselart beeinflusst *Pisaster* nicht nur Arten, mit denen sie in direkter Wechselbeziehung steht.

Die Arbeiten von Robert Paine trugen maßgebend zur Formulierung von Connells ***intermediate disturbance hypothesis*** bei (**Hypothese der mittleren Störungsintensität**; ◘ Abb. 4.4). Störungen reduzieren Populationen in einem Habitat. Sie können abiotisch (Feuer, Frost) oder biotisch (Räuber, Parasiten, Krankheitserreger) sein. Bei geringer Intensität (seltene oder schwache Störungen) spielen Störungen eine geringe Rolle und Diversität wird weitgehend durch Konkurrenz bestimmt (K-Selektion, ▶ Abschn. 3.2.3). Der hohe Konkurrenzdruck treibt viele Arten zum Aussterben. Analog können nur wenige Arten eine hohe Störungsintensität überleben (r-Selektion, ▶ Abschn. 3.2.3). Die meisten Arten überleben bei mäßiger Störungsintensität. Daraus ergibt sich eine glockenförmige (unimodale) Beziehung zwischen Artenzahl und Störungsintensität.

In vielen Gezeitenpools der amerikanischen Atlantikküste ist die Gemeine Strandschnecke (*Littorina littorea*, Littorinidae, Sorbeoconcha) der wichtigste Herbivore, der sich vorwiegend von sessilen Algen ernährt und deshalb als Störung interpretiert werden kann. Trägt man die Anzahl der Algenarten gegen Anzahl der Schnecken (als Maß für die Störungsintensität) im Gezeitentümpel auf, ergibt sich eine klar glockenförmige Beziehung (◘ Abb. 4.5a, b). Auf emergenten Substraten (zumindest bei Ebbe der Luft ausgesetzter, felsiger Untergrund) ist die Beziehung jedoch linear und negativ (◘ Abb. 4.5c, d). Das lässt sich darauf zurückführen, dass die Schnecken im Tümpel bevorzugt Algen konsumieren, die sonst dominieren würden. Auf emergenten Substraten hingegen ernähren sie sich vorwiegend von kompetitiv schwächeren Arten.

Die *intermediate disturbance hypothesis* lieferte die Inspiration für viele Studien. Als Erklärungsprinzip hat sie wie bei obigem Beispiel gemischten Erfolg. Ein Schwachpunkt ist die Schwierigkeit, Störungen umfassend zu beschreiben. In einer Studie von Jane Lubchenco an der Atlantikküste spielt der regelmäßige Wechsel zwischen Ebbe und Flut auf emergenten Substraten eine zusätzliche Rolle. Unbestritten bleibt, dass Störungen wesentlich zur Strukturierung von Ökosystemen beitragen. Sie schaffen Lücken und damit neue Lebensräume. Anstatt von einer homogenen Lebensgemeinschaft in einem Gleichgewicht sprechen wir im **Patchdynamikmodell** von einem Mosaik von Patches (Flecken), die sich in Größe, Artenzusammensetzung und Geschichte unterscheiden. Dazu gehören z. B. Baumsturzlückenmosaike in naturnahen Wäldern.

In dominanzkontrollierten Systemen folgen zwischenartliche Beziehungen innerhalb eines Patches weitgehend dem Modell von Lotka und Volterra und führen nach einer voraussagbaren Sukzession zu loka-

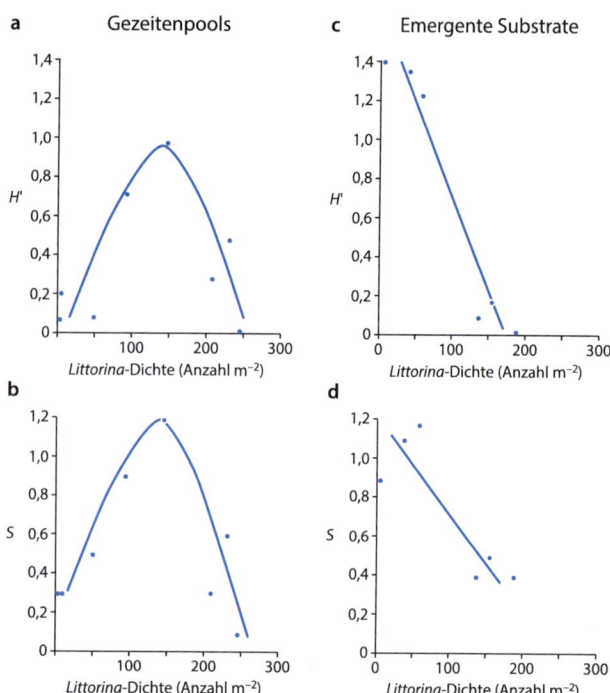

□ **Abb. 4.5** Diversität (H') und Artenzahl (S) der Algen in einem Gezeitenpool oder auf emergenten Substraten als Abhängigkeit von der Dichte der Gemeinen Strandschnecke *Littorina littorea*. (Lubchenco 1978)

lem Aussterben der schwächeren Konkurrenten. Das Patchdynamikmodell beschreibt jedoch ein offenes System, d. h., durch Migration können Arten neu entstandene Lücken wieder besiedeln. Auch in dominanzkontrollierten Systemen können sich konkurrenzschwache Arten vorübergehend halten. In gründerkontrollierten Systemen sind alle Arten ähnlich konkurrenzstark. Erstbesiedler haben einen klaren Vorteil und können nur schwer wieder verdrängt werden.

Caswell (1978) demonstrierte die Bedeutung von offenen vs. geschlossenen Systemen und **Gleichgewichten vs. Ungleichgewichten** in einem einfachen, aber instruktiven Computermodell. Ein fiktives Ökosystem wird in Zellen unterteilt, die durch zwei Konkurrenten und einen Prädator besiedelt werden können. Der schwächere Konkurrent kann eine Zelle auf die Dauer weder mit seinem Konkurrenten noch mit dem Räuber teilen und stirbt aus. Zuvor können jedoch einige neu produzierte Nachkommen auswandern und, falls sie leere Zellen finden, diese besiedeln.

Der stärkere Konkurrent kann eine Zelle ebenfalls nicht mit einem Räuber teilen und stirbt aus. Auch er hat jedoch die Möglichkeit, leere Zellen zu besiedeln. Der Prädator kann nicht in einer leeren Zelle überleben. Besteht das System aus einer einzigen Zelle, was einem geschlossenen, homogenen System entspricht, sterben alle drei Arten aus. Erhöhen wir die Anzahl der Zellen und erlauben Migrationen, können alle drei Arten über zahlreiche Generationen im System überleben. Lokales Aussterben ist zwar häufig, aber es dauert lange, bis ein globales Gleichgewicht erreicht wird.

Caswells Modell ist abstrakt, lässt sich aber leicht auf reale Ökosysteme anwenden. Zellen entsprächen diskreten, voneinander abgegrenzten Patches wie Inseln, Seen, Berggipfel oder auch individuellen Pflanzen. Diese Unterteilung gewährleistet Heterogenität und verzögert dadurch globales Aussterben. Die Funktion des Räubers besteht darin, dass er „besetzte" Zellen leert und dadurch Opportunitäten für den schwächeren Konkurrenten schafft. Zusätzlich zu konventionellen Prädatoren können auch abiotische Störungen wie Feuer, Frost, Dürre usw. diese Rolle spielen.

4.2 Die ökologische Nische

4.2.1 Nische als *n*-dimensionaler Hyperraum

Die Heterogenität innerhalb von Ökosystemen, die maßgeblich durch periodische Störungen garantiert wird, kann also Gauses Exklusionsprinzip verzögern oder verhindern. Trotzdem besteht natürlich kein Zweifel daran, dass sich Arten an abiotische und biotische Umweltfaktoren angepasst haben, d. h., sie besetzen spezifische Nischen. Dieser Begriff hat eine lange Geschichte in der Ökologie. Er enthält Aspekte des Vorkommens einer Art (In welchen Biotopen finden wir eine Art?) und ihrer Funktionen (Was macht eine Art?). Eugene P. Odum unterschied zwischen dem **Habitat** („Adresse") und der **Nische** („Beruf") einer Art (im deutschen Sprachraum versteht man unter Habitat primär den Lebensraum einer bestimmten Art; im Englischen steht der Begriff häufig als Synonym für Biotop, also Lebensraum einer Gemeinschaft).

Heute ist die Nischendefinition von G. Evelyn Hutchinson weit verbreitet. Umweltfaktoren (für aquatische Organismen z. B. Temperatur, pH, Sauerstoffkonzentration) und Ressourcen (Nahrungskategorien, z. B. verschiedene Phytoplanktonarten) stellen Achsen dar, die insgesamt einen ***n*-dimensionalen Raum** definieren. Jede Art toleriert einen Teilbereich einer Achse (□ Abb. 4.6). Solche autökologischen Präferenzen haben häufig die Form einer Glockenkurve (Normalverteilung). Generalisten tolerieren einen großen Bereich einer Achse (oder des Hypervolumens), Spezialisten einen kleinen Bereich. Spezialisten sind in der Regel stärkere Konkurrenten, wenn die Umweltbedingungen ihren Präferenzen entsprechen. Wenn sich diese Bedingungen ändern, sind sie weniger flexibel als Genera-

4.2 · Die ökologische Nische

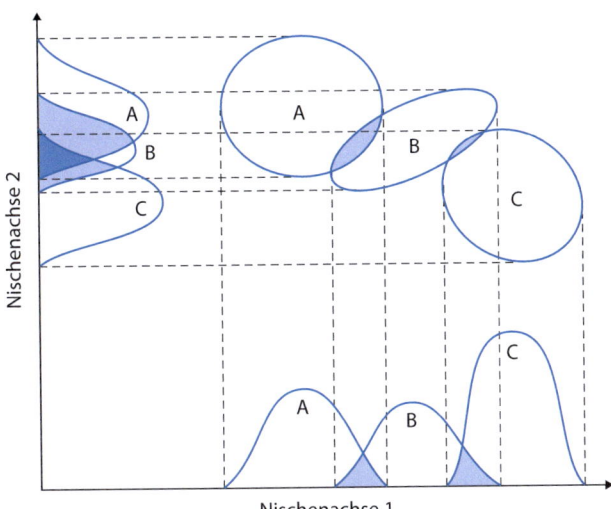

Abb. 4.6 Hutchinsons Nischenmodell mit drei Arten A, B und C und zwei Achsen. Hellblau: Überlappungen zwischen zwei Arten; dunkelblau: Überlappungen zwischen drei Arten. (Nentwig et al. 2011, S. 39, Abb. 1.17; nach Schaefer (2012), S. 194, Abb. 36)

listen und riskieren auszusterben. Arten mit ähnlichen Nischenpositionen werden als **Gilden** zusammengefasst.

Der Überlappungsbereich zweier Hypervolumina ist ein Maß für die **Nischenüberlappung** zweier Arten. ◘ Abb. 4.6 zeigt Nischenüberlappungen dreier Arten in zwei Dimensionen. Je mehr Dimensionen wir berücksichtigen, desto größer ist die Möglichkeit einer **Nischendifferenzierung**.

In der Regel lassen sich die Ansprüche einer Art mit zwei bis drei Achsen gut charakterisieren. Mit vier bis fünf Dimensionen, jeweils in zehn Stufen unterteilt, lassen sich 5000–20.000 Nischenräume definieren.

Die Nische wird hier als die Kombination der Eigenschaften einer Art definiert und die Anzahl der Nischen entspricht der Anzahl der Arten. Es besteht jedoch die Möglichkeit, durch gewisse Kombinationen eine „Berufsmöglichkeit" zu definieren. Kühnelt (1965) bezeichnete solche potenziellen Nischen als **Planstellen**. Besonders auf Inseln, deren Kolonisierung weitgehend durch Zufall erfolgt, sind unbesetzte Planstellen häufig (▶ Abschn. 3.1.4). Immigriert später eine Art, die diese Nische füllen kann, vermehrt sie sich oft explosionsartig und kann einheimische Arten gefährden.

In Australien produzieren einheimische Weidegänger (vorwiegend Kängurus) kleine, harte Kotballen. Einheimische Mistkäfer sind auf den Abbau dieses Kots spezialisiert. Eingeführte Rinder produzieren große, feuchte Mistfladen, die einheimische Mistkäfer nicht abbauen können. Rinder schufen damit eine neue, unbesetzte Nische (Planstelle). Die australische Regierung versucht, sie durch importierte Käfer aus Hawaii und Afrika zu füllen und damit die Akkumulation von Kot zu verhindern.

Durch **Nahrungsketten** und -netze (▶ Abschn. 4.3.2) werden breite Nischenkategorien definiert (Primärproduzenten, Herbivoren, Carnivoren), die praktisch in allen Ökosystemen vorkommen. Innerhalb geografisch benachbarter Systeme besetzen phylogenetisch verwandte Arten ähnliche Nischen. Bei längerer Isolation trifft das nicht mehr unbedingt zu. So dominieren in Australien Beuteltiere (Marsupialia) im Gegensatz zu Eurasien und Amerika, wo sie weitgehend durch höhere Säugetiere (Placentalia) ersetzt wurden.

Der Kiwi, eine flugunfähige Vogelart in Neuseeland, stochert im Boden nach Würmern und anderen wirbellosen Tieren. Auf anderen Kontinenten wird diese Nische durch kleine Säugetiere gefüllt.

Der n-dimensionale Raum definiert die Rahmenbedingungen oder die **fundamentale Nische**, in der eine bestimmte Art existieren kann. Zuerst muss sie allerdings an diesen Ort gelangen, dort überleben und sich fortpflanzen können. Das ist nicht selbstverständlich, man denke an eine schwer erreichbare Insel oder an eine neu entstandene Waldlichtung. Außerdem muss sich eine Art gegen Konkurrenten und Feinde durchsetzen können. Die Nische, die letzten Endes besetzt wird, nennt man **realisierte Nische**. Wegen Konkurrenten und Feinden ist die realisierte Nische in der Regel kleiner als die fundamentale Nische; mutualistische Beziehungen haben den entgegengesetzten Effekt.

4.2.2 Nischenbreite und Nischenüberlappung

Abiotische Faktoren wie pH-Wert und Temperatur lassen sich mit kontinuierlichen Achsen erfassen. Das ist selten der Fall mit Nahrungsressourcen, die in Kategorien unterteilt werden, z. B. verschiedene Samen, Insekten oder Pflanzen. Dann definieren wir die **Nischenbreite** als

$$\frac{1}{\sum_{i=1}^{i=m} p_i^2}$$

p_i = relative Nutzung der Ressourcenklasse i von insgesamt m Klassen. Die maximale Nischenbreite (Generalist) entspricht der Anzahl Ressourcenklassen.

Die **Nischenüberlappung** wird wie folgt definiert:

$$\frac{\sum_{i=1}^{i=m} p_1 \cdot p_2}{\sqrt{\sum_{i=1}^{i=m} p_1^2 \cdot \sum_{i=1}^{i=m} p_2^2}}$$

Sie variiert zwischen 0 (keine Überlappung) und 1 (identische Ressourcennutzung).

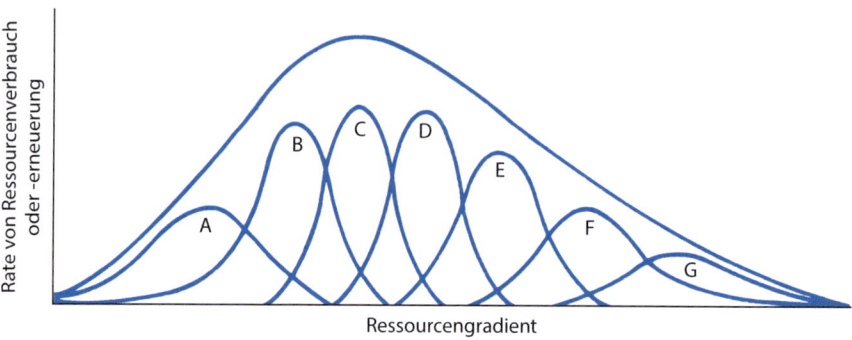

◘ **Abb. 4.7** Gradient der Verfügbarkeit einer Ressource. Eine hohe, konstante Produktion erleichtert die Coexistenz von Spezialisten (A–G), die sich jeweils auf einen kleinen Teil des Nahrungsspektrums spezialisieren (▶ http://www.zo.utexas.edu/courses/bio373/chapters/Chapter13/Chapter13.html)

Nehmen wir an, dass sich zwei Arten von insgesamt vier Pflanzen ernähren. Bei Art 1 tragen alle vier Pflanzen gleich viel bei (je 25 %), bei Art 2 tragen sie 50 %, 25 %, 25 % und 0 % bei. Die Nischenbreiten sind 4 (Art 1) und 2,67 (Art 2). Die Nischenüberlappung beträgt 0,82. Art 1 ist ein klarer Generalist und Art 2 hat eine spezialisiertere Ernährung.

In der Regel fördert ein hohes, stabiles Angebot an verschiedenen Ressourcen durch Primär- oder Sekundärproduktion (▶ Abschn. 4.3.2) eine stärkere Unterteilung der Konkurrenten in Spezialisten und damit eine höhere Biodiversität (◘ Abb. 4.7 B–E). Geringe Produktivität verhindert eine starke Spezialisierung (◘ Abb. 4.7 A). Allerdings ist eine hohe Primärproduktion nicht immer mit hoher Diversität verknüpft (◘ Abb. 4.7 F, G). Ein seit Langem bestehendes Problem ist die **Überdüngung in der Landwirtschaft**, aber auch in Gewässern (Gewässereutrophierung). Einige wenige Pflanzen profitieren vom künstlich erstellten Überfluss der Pflanzennährstoffe und verdrängen weniger schnell wachsende Arten. Das zeigt z. B. der Gegensatz von ungedüngten **Magerwiesen** (zweimal gemäht pro Jahr, bis zu 40 Pflanzenarten) und gedüngten **Fettwiesen** (zwei- bis sechsmal gemäht im Jahr, zehn bis 30 Pflanzenarten). Der Überschuss an Pflanzennährstoffen landet in Gewässern, wo sie häufig übermäßiges Algenwachstum verursachen.

4.2.3 *Character displacement* und *character release*

Nach William Brown und Edward Wilson kann natürliche Selektion dazu führen, dass sich Nischenüberlappungen und damit Konkurrenz in einer Gilde durch Evolution verringern. Besonders deutlich zeigt sich dies bei Arten, deren Vorkommen teilweise überlappen. In ◘ Abb. 4.8a kommen zwei konkurrierende Arten neu im selben Gebiet vor (**sympatrische Verteilung**). Morphologische und physiologische Unterschiede, die Konkurrenz beeinflussen, sind anfänglich gering. Durch natürliche Selektion werden Individuen gefördert, deren konkurrenzrelevante Eigenschaften stärker voneinander

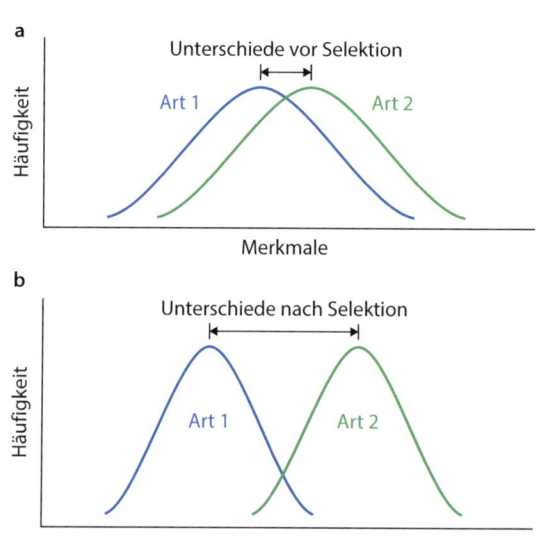

◘ **Abb. 4.8** *Character displacement*. **a** Wenn zwei potenziell konkurrierende Arten nicht am selben Ort vorkommen (Allopatrie), ähneln sie sich oft stark in Morphologie, Physiologie und Verhalten. **b** Kommen sie gleichzeitig am selben Ort vor (Sympatrie), besteht die Tendenz, dass sich Kontraste in ihren Eigenschaften verstärken, um die Nischenüberlappung und damit die Konkurrenz abzuschwächen. (Nach Pfennig und Pfennig 2009, Abb. 1, S. 205)

abweichen. Das verringert die Nischenüberlappung und dadurch Konkurrenz mit der anderen Art (◘ Abb. 4.8b). Diesen Vorgang nennt man *character displacement*. Da Evolution ein langsamer Prozess ist, sehen wir häufig nur das Endresultat. Bei invasiven Arten und in Laborversuchen beschleunigt er sich und kann unter Umständen direkt beobachtet und gemessen werden.

Kommt jeweils nur eine der konkurrierenden Arten in einem Gebiet vor (**allopatrische Verteilung**), sind diese Unterschiede weniger sichtbar und die beiden Arten lassen sich oft nur sehr schwer morphologisch unterscheiden (*character release*).

Ein klassisches Beispiel liefern zwei Finken auf den **Galapagosinseln (Darwinfinken)**: *Geospiza fuliginosa* und *G. fortis* (Thraupidae, Passeriformes). Der berühmte Ornithologe David Lack fand, dass auf Inseln, auf denen beide Arten vorkommen (**Sympatrie**), *G. fuligi-*

nosa einen deutlich größeren Schnabel hat. Kommt jeweils nur eine der beiden Arten vor (**Allopatrie**), sind die Schnabelgrößen praktisch identisch. Die Schnabelgröße steht in direktem Zusammenhang mit der Größe und Härte der Samen, die als Nahrung dienen. Aufgrund ihrer ähnlichen Physiologie und Morphologie besetzen eng verwandte Arten ähnliche Nischen (**phylogenetischer Nischenkonservativismus**). *Character release* (Befreiung, Freisetzung) kann es einer Art erlauben, ihre Nische zu erweitern. Bestehen Lücken im existierenden System (z. B. wegen nicht besetzter Planstellen), kann es zu einer **adaptiven Radiation** kommen, d. h. der Auffächerung einer wenig spezialisierten Art in mehrere stärker spezialisierte Arten. So entstanden aus einem Urfink, der zuerst die Galapagosinseln besiedelte, spezialisierte Insekten- und Samenfresser sowie Finken mit spechtartigem Schnabel und Verhalten. Die heutige Dominanz der Säuger innerhalb der Landwirbeltiere wird weitgehend ihrer adaptiven Radiation nach dem weitgehenden Aussterben der Dinosaurier zugeschrieben (aus kladistischer Sicht gehören Vögel zu den Dinosauriern; ▶ Abschn. 1.7.2.7).

Phylogenetischer Nischenkonservatismus verhindert zumindest kurzfristig die Besetzung fundamental verschiedener Nischenräume. Der Erwerb von Schlüsseleigenschaften kann diese Einschränkungen sprengen. Unabhängig von phylogenetischer Herkunft führen bestimmte Lebensweisen oft zu ähnlichen Anpassungen in Morphologie, Physiologie und Verhalten. So ist ein torpedoförmiger Körper offenbar wesentlich für große, marine, schnellgleitend schwimmende Tieren. Man findet sie bereits in Ichthyosauriern, in Pinguinen (Vögel), Delfinen (Säuger), Haien (Knorpelfische) und Schwertfischen (Knochenfische).

Bei Arten aus der Pflanzengruppe der Spermatophyten bestimmt das Klima maßgeblich die Anpassung an den Standort. Der dänische Botaniker Christian Raunkiær (1860–1938) hat fünf Lebensformen definiert. Sein System bezieht sich auf pflanzliche Strategien zur Überdauerung von Kälte- und Dürreperioden (Winter bzw. Sommer) und auf den Tagesrhythmus in der Wüste. Die Kategorien enthalten Angaben zur Lebensdauer des Sprosses und der Lage der Erneuerungsknospen (◘ Abb. 4.9):

- **Phanerophyten**: sommer- und wintergrüne Bäume und Sträucher mit Knospen höher als 50 cm über der Bodenoberfläche
- **Chamaephyten**: niederliegende Zwergsträucher (z. B. in der Tundra, Abschn. 22.3.9) und Polsterpflanzen (▶ Abschn. 3.1.4), Erneuerungsknospen ca. 10–50 cm über dem Boden, Frostschutz durch Schneedecke
- **Hemikryptophyten**: Gräser, überwinternde Rosettenpflanzen (▶ Abschn. 6.4.3), Pflanzen mit überdauernden Ausläufern, Erneuerungsknospen direkt an der Bodenoberfläche
- **Kryptophyten**: Erneuerungsknospen im Untergrund, Pflanzen mit Rhizomen oder Zwiebeln (Geophyten), Überdauerungsorganen im Sumpf (Helophyten, ▶ Abschn. 6.4.5) oder im Wasser (Hydrophyten)
- **Therophyten**: Überdauerung durch Samen, Absterben des Vegetationskörpers

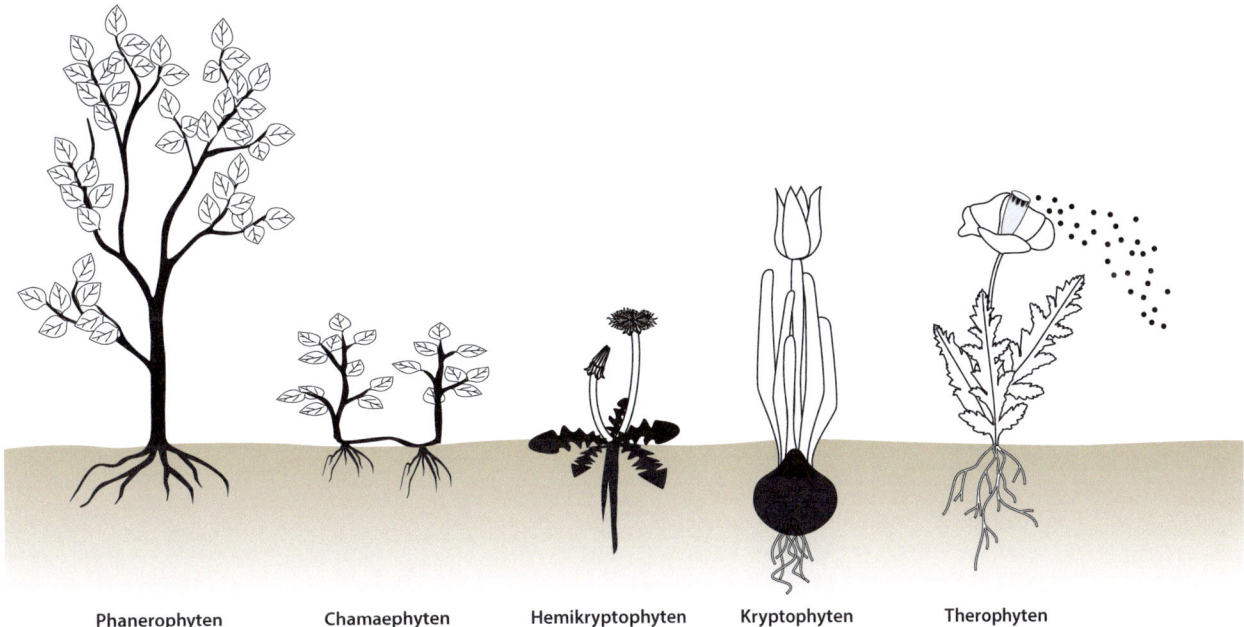

◘ Abb. 4.9 Lebensformen der Pflanzen nach Raunkiær als Anpassung an Kälte- und Trockenstress. Überdauernde Pflanzenteile sind schwarz gefüllt gezeichnet. (Verändert nach Boenigk 2021, S. 968, Abb. 37.5)

4.2.4 Realisierte Artenzusammensetzung in Biozönosen – Auffüllen von Nischen oder Würfelspiel?

Das **Hypervolumenmodell** der Nische liefert einen nützlichen Ausgangspunkt, um die Struktur von Biozönosen zu verstehen. Die Kombination von abiotischen Bedingungen und Angebot und Ressourcen bestimmt, unter welchen Bedingungen eine bestimmte Art im Prinzip überleben könnte. Historische Zufälle und die Anwesenheit von Konkurrenten und Feinden begrenzen diese fundamentale Nische zur realisierten Nische. Stochastische Störungen können angestrebte Gleichgewichte aufgrund von Nischendifferenzierungen verhindern und dadurch die Biodiversität entscheidend beeinflussen. Die Struktur von Biozönosen wird durch spezifische Kombinationen von Konkurrenz, Räuber, Parasiten, Mutualisten, Störungen und Rekrutierung geprägt. Individuelle Biozönosen mögen einem geschlossenen System ähneln, insgesamt sind sie jedoch in ein offenes System integriert, bestehend aus vielen Patches, deren Populationen sich asynchron entwickeln.

Stephen Hubbell ging einen Schritt weiter. Ausgehend von MacArthurs und Wilsons Inselbiogeografiemodell (▶ Abschn. 3.1.4) entwickelte er die **Neutraltheorie** von Biodiversität und Biogeografie. Er nimmt an, dass die Unterschiede zwischen den Eigenschaften der Mitglieder einer ökologischen Gemeinschaft für ihren Erfolg irrelevant (neutral) sind. Zumindest innerhalb einer trophischen Stufe bestimmt der Zufall, welche Arten sich letzten Endes durchsetzen werden. Kritisiert wurde die Neutraltheorie u. a., weil sie ein Gleichgewicht voraussetzt. Wichtige ökologische Faktoren ändern sich jedoch zu schnell und zu häufig, als dass je ein Gleichgewicht erreicht werden kann.

Ein wichtiger Faktor ist die Reihenfolge, in der Arten in einem Habitat eintreffen. Unter **Prioritätseffekten** (**Monopolisierungshypothese**) versteht man Mechanismen, die den Ausgang interspezifischer Interaktionen aufgrund historischer Zufälle (d. h. Reihenfolge der Besiedlung) entscheidend beeinflussen (Fragata et al. 2022). Das erlaubt es unter Umständen einem schwachen Konkurrenten, sich gegen einen stärkeren Konkurrenten durchzusetzen, indem er den Nischenraum präemptiv in Beschlag nimmt. Andererseits können Variationen in der Siedlungssequenz zu zwischenartlicher Erleichterung (*facilitation*) führen, mit kontextspezifischen Konsequenzen für die lokale Biodiversität.

Die große Diversität der Biozönosen erschwert es, allgemeingültige Aussagen über die Dominanz der verschiedenen Faktoren zu machen, und Begon et al. (1998) rufen zu einem Pluralismus bei der Interpretation der aktiven Mechanismen auf. Trotzdem bestehen beobachtbare Zusammenhänge zwischen der Artenzusammensetzung und den Eigenschaften eines Biotops. Drei dieser Beobachtungen wurden durch August Thienemann (1939) in **biozönotischen Grundprinzipien** zusammengefasst (je nach Quelle findet man auch zwei, drei oder vier dieser Grundprinzipien und Krogerus [1932] und Franz [1952/53] werden als Autoren genannt).

— Je größer die Diversität der Lebensbedingungen in einem Biotop ist, desto höher ist die Anzahl Arten, die jedoch mit relativ geringer Individuenzahl vorkommen.
— Unter extremen Bedingungen findet man nur wenige Arten mit hoher Individuenzahl. Extreme Bedingungen können auch künstlich erzeugt werden, z. B. durch übermäßige Versorgung mit Pflanzennährstoffen.
— Je länger ein Biotop im selben Zustand verbleibt, desto artenreicher und stabiler ist seine Gemeinschaft.

Eine altbekannte Beobachtung ist die zunehmende Biodiversität von den Polen aus in Richtung Äquator. Hotspots sind Regenwälder, Savannen und Korallenriffe. Als Erklärung für diesen latitudinalen Diversitätsgradienten wurden über 30 teilweise überlappende Hypothesen vorgeschlagen (Willig et al. 2003). Für den Regenwald werden die hohe und stabile Primärproduktion als wichtig betrachtet. Sie ermöglicht eine hohe Herbivorenbiomasse und räumliche Heterogenität. Außerdem existierte das Ökosystem für lange Zeit unter stabilen Bedingungen. Als fundamental wird auch die erhöhte und stabile Temperatur betrachtet. Sie beschleunigt ökologische (Produktion) und evolutionäre (Artbildung) Vorgänge (Brown et al. 2004).

4.2.5 Struktur vs. Funktionen

Die Untersuchung einer Biozönose oder eines Ökosystems beginnt meist mit einer Bestandsaufnahme (▶ Kap. 3). Damit beschreiben wir die Artenzusammensetzung oder **Struktur** von Lebensgemeinschaften. Verschiedene Arten verwenden charakteristische Strategien, um sich Ressourcen anzueignen, damit sie wachsen und sich fortpflanzen können. Durch natürliche Selektion werden artspezifische **funktionale Merkmale** (*functional traits*) gefördert, die Morphologie, Physiologie, Phänologie und Verhalten beeinflussen.

Arten lassen sich auf der Basis ihrer **Funktionen** gruppieren. So sind Pflanzen Primärproduzenten, Pilze Destruenten und Bienen Blütenbestäuber (▶ Kap. 10). Diese Grundfunktionen lassen sich weiter unterteilen, z. B. bauen Pilze artspezifisch pflanzliche Biopolymere wie Cellulose, Hemicellulosen oder Lignin ab.

Funktionale Diversität ist eine Komponente der Biodiversität. Sie umfasst die Aktivitäten der Organismen in Gemeinschaften und Ökosystemen. Dabei muss man von Fall zu Fall entscheiden, welche Eigenschaften für eine bestimmte Untersuchung relevant sind.

Funktionale Diversität kann oft einen höheren Anteil der beobachteten Variabilität erklären als Artendiversität (Nock et al. 2016). Der Ansatz ist besonders dann nützlich, wenn es darum geht, die Auswirkungen von Umweltveränderungen wie Verschmutzung oder Klimawandel auf Funktionen und Dienstleistungen von Ökosystemen abzuschätzen. Dabei muss man sich stets vor Augen halten, dass funktionale Merkmale zum Nutzen ihres „Eigentümers" selektioniert werden (als *response functional traits*), jedoch unweigerlich Individuen anderer Arten und damit Ökosystemfunktionen beeinflussen (*effect functional traits*). So kann eine erhöhte Effizienz bei der Aufnahme von anorganischen Nährstoffen für eine Pflanze von Vorteil sein (*response functional trait*). Gleichzeitig wird dadurch der Nährstoffkreislauf des Ökosystems beeinflusst (*effect functional trait*). Die Beziehungen zwischen *response functional trait* und *effect functional trait* sind nicht immer offenkundig und müssen empirisch festgestellt werden (Lavorel und Garnier 2002).

4.3 Das Zusammenspiel vieler Arten

4.3.1 Ökosysteme

Der Begriff Ökosystem wurde durch den britischen Biologen Arthur Tansley (1871–1955) eingeführt. Er verstand darunter „das gesamte System (im physikalischen Sinne) unter Einschluss nicht nur des Komplexes der Organismen, sondern auch des ganzen Komplexes der physikalischen Faktoren, die das formen, was wir die Umwelt nennen". Schaefer (2012) definiert Ökosysteme als Beziehungsgefüge der Lebewesen untereinander (Biozönose) und mit ihrem Lebensraum (Biotop). Der Begriff beinhaltet eine funktionelle Dimension, d. h., zusätzlich zur Bestandsaufnahme der Arten (**Struktur**) werden wechselseitige Beziehungen untersucht (**Funktionen**), vor allem durch Messungen von Energieflüssen und Stoffkreisläufen. Das Ziel ist es, kausale Zusammenhänge und damit natürliche Regelmäßigkeiten zu verstehen. Um grundlegende Interaktionen innerhalb einer Biozönose zu untersuchen, verlassen sich Biologen häufig auf stark vereinfachte, künstliche Ökosysteme, sogenannte Meso- oder Mikrokosmen.

August Thienemann entwickelte 1916 ein ähnliches Konzept. Der Entomologe Karl Friederichs führte dafür den Begriff **Holozön** ein. Er wurde bis in die 1960/70er-Jahre in Deutschland verwendet, z. B. in der Schule von H. J. Elster in Konstanz. Wegen der Dominanz der englischsprachigen Literatur wurde er jedoch praktisch vollständig von Tansleys Ökosystembegriff abgelöst.

In der Wissenschaft wird Ökosystem werturteilsfrei verwendet. Im Naturschutz dagegen werden spezifische Ökosysteme als besonders wertvoll und deshalb schützenswert betrachtet. Die **Invasion** eines Walds durch Fremdarten (**Neobiota**) kann die Struktur (Artenzusammensetzung) stark beeinflussen, während die Funktionen (Produktivität, Energiefluss, CO_2-Ausstoß) relativ konstant bleiben. Für einen funktional orientierten Biologen hat sich das Ökosystem nicht grundlegend verändert, für einen Taxonomen wurde das ursprüngliche Ökosystem durch ein anderes ersetzt.

Ökosysteme sind grundsätzlich offene Systeme, denn letzten Endes stammt die Energie von der Sonne. Die Unterteilung in spezifische Ökosysteme ist deshalb arbiträr und skalenunabhängig. So können wir das Mikrobiom eines Tiers als Ökosystem untersuchen, eingebettet in ein Wald- oder Seeökosystem. Das größte Ökosystem ist die Biosphäre, bestehend aus der Gesamtheit aller terrestrischen und aquatischen Ökosysteme.

4.3.2 Leben in Netzwerken

Unter Netzwerken versteht man Einheiten wie Computer, Zellen, Individuen, die miteinander durch Wechselwirkungen verknüpft sind. Die Ökosystemanalyse beginnt mit einer Inventarisierung. Arten und abiotische Kompartimente werden gelistet. Sie werden durch Funktionen (Energiefluss, Nährstoffzyklen) miteinander verknüpft, deren Parameter empirisch oder theoretisch geschätzt werden (◘ Abb. 4.10). Das erstellte Modell ist dann ein vereinfachtes Bild der Wirklichkeit, mit dessen Hilfe wir das Verhalten des Systems bei bestimmten Szenarien voraussagen wollen. In der Ökologie interessiert z. B. der Einfluss des CO_2-Ausstoßes auf Klima und Vegetation.

Das Ausmaß der Vernetzung in Ökosystemen ist außerordentlich hoch: „In der Natur ist alles mit allem verbunden; alles durchkreuzt sich, alles wechselt mit allem, alles verändert sich eines in das andere" (Gotthold Ephraim Lessing). Daraus wird oft fälschlicherweise geschlossen, dass jede Art unersetzlich ist und dass ihre Beziehung zu anderen Arten konstantbleibt. Dadurch wird aber die erstaunliche Flexibilität der meisten Arten unterschätzt, neue Verbindungen zu knüpfen (*ecological fitting*, ▶ Abschn. 14.7).

In Bezug auf Wälder ist die Vernetzung des Ökosystems wörtlich zu nehmen. In über 80 % der Pflanzenarten findet man Mykorrhiza, eine Symbiose zwischen Pilzen und dem Feinwurzelsystem der Pflanzen

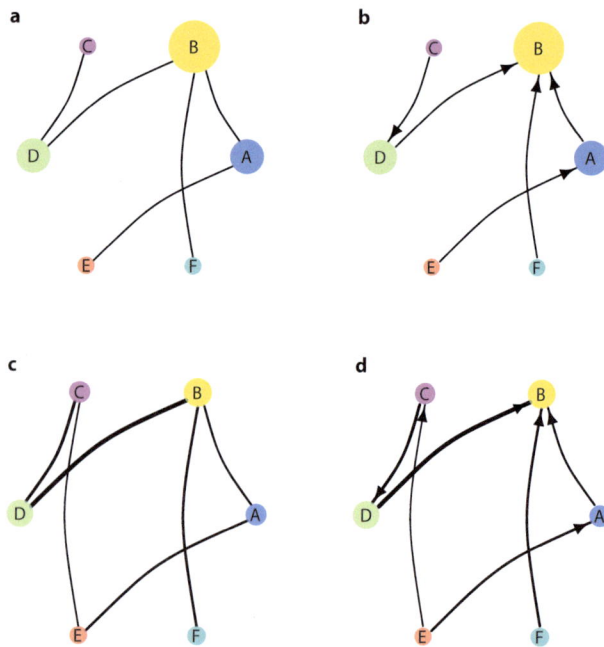

Abb. 4.10 Grafische Darstellung eines Netzwerks. Kreise stellen Arten dar (Knoten: *nodes*). Die Bedeutung der Art (Anzahl Individuen, Biomasse oder Produktion) wird durch die Größe der Knoten wiedergegeben. Beziehungen zwischen Arten werden durch Linien (Kanten: *edges*, *links* oder *lines*) oder durch Pfeile dargestellt. Pfeile zeigen Quelle (Ausgangspunkt) bzw. Ziel der Interaktion an. Die Stärke der Linie ist proportional zu ihrer Stärke. Der Informationsgehalt der Grafik steigt von (**a**) zu (**d**). (Nach Gysi und Nowick 2020, S. 5, Abb. 1)

(▶ Abschn. 8.1.2). In verholzten Pflanzen dominieren ektotrophe Mykorrhiza (basierend auf Basidiomycota, Ascomycota, Zygomycota), in Kräutern und Gräsern überwiegen arbuskuläre Mykorrhizen (basierend auf Glomeromycota) (▶ Abschn. 8.1.2). Traditionell wird die Beziehung als mutualistisch interpretiert: Die Pflanze erhält vom Pilz Mineralnährstoffe (P, N) und Wasser und liefert im Gegenzug organische Produkte der Photosynthese. Das funktioniert, solange beide Partner erleichterten Zugang zu Ressourcen erhalten, die für sie limitierend sind. Auf phosphatreichen Böden ist der Gewinn für die Pflanze minimal und der Pilz fungiert eher als Parasit denn als Symbiont. Die meisten Pflanzen reduzieren unter diesen Umständen den Export von Kohlenhydraten an den Pilz. Umgekehrt kann auch der Pilz die Weitergabe von P und N an die Pflanze reduzieren, wenn zu wenige Kohlenhydrate geliefert werden.

Wie jedoch Suzanne Simard und Mitarbeiter in Wäldern an der kanadischen Ostküste entdeckten, sind die Beziehungen zwischen Pflanze und Pilze wesentlich komplexer und flexibler. Mykorrhizen sind selten artspezifisch, d. h., eine Baumart kann durch verschiedene Pilzarten mit arteigenen und artfremden Bäumen verknüpft werden. In einem wegweisenden Experiment wurde nachgewiesen, dass Kohlenhydrate über ein Mykorrhizennetz bestehend aus sieben Pilzarten zwischen *Betula papyrifera* Marsh. (Betulaceae, Fagales) und *Pseudotsuga menziesii* (Mirb.) (Pinaceae, Coniferales) transportiert werden. Die jeweils photosynthetisch aktivere Art fungierte als Quelle. Durch den gleichen Mechanismus können Jungpflanzen Nährstoffe von großen „**Mutterbäumen**" erhalten, was als *parental care* (Brutpflege) interpretiert werden kann. Pilze transportieren auch Signalstoffe, die z. B. vor Insektenbefall oder Pathogenen warnen. Dieses ausgedehnte Netzwerk ist heute als **Wood Wide Web** (Anlehnung an das World Wide Web) bekannt. Es besteht kein Zweifel daran, dass Mykorrhizen einen entscheidenden Einfluss auf die Regeneration eines Walds und seine Diversität haben. Traditionell werden dabei die Dynamik der Nährstoffflüsse und ihrer Kontrolle oft überwiegend von der Perspektive eines Baums aus interpretiert. Das Hyphennetz der Pilze wird als eine Pipeline interpretiert, die passiv die vom Baum produzierten Substanzen weitertransportiert. Dabei sind Pilze natürlich selbstständige Organismen, die aufgrund der natürlichen Selektion ihre eigenen Interessen verfolgen. Den Transport von Nährstoffen zwischen verschiedenen Baumarten könnte man als Portfoliomanagement der Pilze interpretieren: Indem sie zurzeit „hungernde" Individuen unterstützen, sichern sie sich ein breiteres Angebot für die Zukunft (Versicherung durch Diversität; ▶ Abschn. 3.1). Falls die „Interessen" von Baum und Pilz übereinstimmen, ist die Beziehung mutualistisch. Bei wechselndem Kontext kann sie leicht in Parasitismus umkippen. Ein tieferes Verstehen dieser komplexen Beziehungen zwischen Bäumen, Pilzen und Böden kann wichtige Konsequenzen für eine nachhaltige Forstwirtschaft haben.

Aufgrund solcher Beobachtungen vergleichen holistische Ökologen Ökosysteme oft mit **Superorganismen**. Unbestritten ist, dass ein Ökosystem als Ganzes gewisse Eigenschaften mit einem Organismus teilt. Beide haben metabolische Funktionen wie Primärproduktion, Atmung, Wachstum. Eine extreme Interpretation ist die **Gaia-Hypothese** von James Lovelock. Danach ist die Biosphäre ein selbstregulierendes System, das aktiv lebensgünstige Bedingungen schafft und erhält. Eine implizite Annahme ist dabei die Präsenz einer übergeordneten Instanz, die einen Idealzustand anstrebt, was nicht mit Darwins Evolutionstheorie vereinbar ist.

Reduktionistische (mechanistische) Ökologen sehen Ökosysteme nicht als natürliche, sondern als pragmatisch definierte Einheiten. Sie verneinen **emergente Eigenschaften**, die sich nicht zumindest im Prinzip aus der Evolution von Bestandteilen des Systems (Arten bzw. Gene; ▶ Abschn. 1.7.2) ableiten lassen. Natürliche Selektion fördert Eigenschaften, die ihrem Träger nützen, unabhängig von den Konsequenzen für das System (▶ Abschn. 1.7). Trotzdem werden Ökosysteme oft als Vorbild für sparsame, nachhaltige Verwendung von

Energie und Nährstoffen hochgehalten. So sind die Böden der südamerikanischen Regenwälder ausgesprochen nährstoffarm. Trotzdem ist die Primärproduktion sehr hoch. Ermöglicht wird das durch ein fast geschlossenes, effizientes Nährstoffsystem. Tote Pflanzen oder Pflanzenteile werden sehr schnell zersetzt und die freigesetzten Nährstoffe unverzüglich wieder aufgenommen.

Während des **Phanerozoikums** (aktueller geologischer Äon, seit 542 Mio. Jahren) wurden Ökosysteme zunehmend effizienter in der Verwertung organischer Substanz. Dadurch verringerte sich der permanente Abfall (Detritus), der sich in anoxischen Sedimenten ansammelt. Gleichzeitig dominierten mehr und mehr Arten, die verschwenderisch mit ihren Ressourcen umgehen. Die Lösung dieses Paradoxons (verschwenderische Arten, sparsames System) beruht darauf, dass die dominanten Produzenten und Konsumenten Opportunitäten für andere Arten schaffen (Abfallverwerter). Das erinnert an die Metapher der „unsichtbaren Hand" des schottischen Ökonomen Adam Smith (1723–1790): Die Akteure einer Wirtschaft orientieren sich an ihrem eigenen Wohl. Das kann durch Selbstregulierung zu einer optimalen Produktionsmenge und -qualität führen. Voraussetzung ist natürlich, dass eine genügende Anzahl Spezialisten (Berufsleute oder Arten) vorhanden ist (Ghedini et al. 2018).

4.3.3 Energiefluss und Nahrungsketten

Der überwiegende Anteil der in Ökosystemen verfügbaren Energie stammt von der Sonne. Pflanzen, Algen und Bakterien fixieren rund 3 % der eingestrahlten Energie in Form von organischen Molekülen, die sie aus Kohlenstoffdioxid synthetisieren Sie werden als **photoautotroph** bezeichnet. Einige wenige **chemoautotrophe** oder **lithotrophe** Bakterien gewinnen Energie aus der Oxidation von anorganischen Verbindungen. Totale Nettoprimärproduktion (*net primary production*, NPP) stammt zu annährend gleichen Teilen aus terrestrischen ($56{,}4 \cdot 10^{15}$ g pro Jahr) und ozeanischen Ökosystemen ($48{,}5 \cdot 10^{15}$ g pro Jahr) (◘ Tab. 4.1).

Alle Tiere benötigen Nahrung in Form von organischen Molekülen, die sie entweder direkt von Pflanzen beziehen oder von anderen Tieren, die sich ihrerseits von Pflanzen oder Detritus ernährt haben. Als Elektronenspender dienen dabei organische Substanzen. Tiere werden deshalb als **organotroph** bezeichnet. Dasselbe gilt für heterotrophe Mikroorganismen (alle Pilze, viele Bakterien).

◘ **Tab. 4.1** Durchschnittliche jährliche Nettoprimärproduktion (NPP, in g m^{-2} pro Jahr) und Biomasse (kg m^{-2}) von ausgewählten Ökosystemen. (Nach Bärlocher und Rennenberg 2015)

	NPP	Biomasse
Festland		
Sumpf und Marsch	1000–2500	13
Tropischer Regenwald	2000	44
Tropischer Monsunwald	1500	36
Gemäßigter Nadelwald	1300	36
Gemäßigter Laubwald	1200	30
Borealer Wald	800	20
Grassteppe	700	4
Kultiviertes Land	644	1,1
Gemäßigtes Grasland	500	1,6
Seen und Fließgewässer	500	0,02
Marine Ökosysteme		
Salzmarsch	≤ 8000	≤ 15
Mangrovenwald	1000–5400	5–18
Großalgen und Korallenriffe	2000	2
Kontinentaler Schelf	360	0,01
Offener Ozean	127	0,003

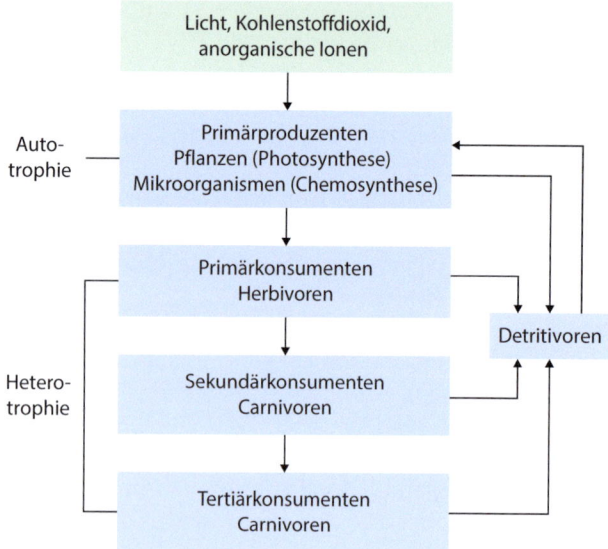

◘ Abb. 4.11 Energiefluss durch eine Nahrungskette mit vier trophischen Stufen. Die Energie nimmt mit jeder Stufe ab. (Krauss und Nies 2015, S. 94, Abb. 6.1, © Wiley-VCH GmbH)

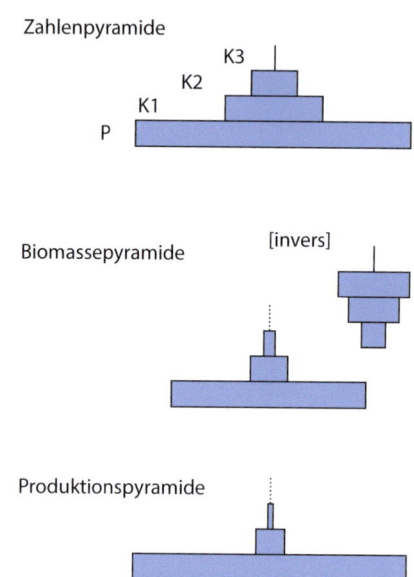

◘ Abb. 4.12 Ökologische Pyramide der trophischen Stufen. P, Produzenten; K1–3, Konsumenten der 1., 2. und 3. Stufe. (Nach Schaefer 2012, S. 202, Abb. 39, © Springer Nature)

Die Gesamtheit dieser trophischen Beziehungen (*trophein*, sich ernähren) wird in Nahrungsketten (oder **Nahrungsnetzen**) dargestellt. Dabei handelt es sich um lineare Beziehungen zwischen taxonomisch definierten oder trophischen Arten, wobei Arten derselben trophischen Stufe zusammengefasst werden (◘ Abb. 4.11). Arten derselben trophischen Stufe konkurrieren um Ressourcen. Zwischen Stufen spielen Räuber-Beute-Beziehungen und Parasiten bzw. Krankheitserreger wichtige Rollen. Mutualistische Beziehungen sind sowohl innerhalb als auch zwischen Stufen möglich (▶ Abschn. 4.3.4).

Die Kette beginnt mit Arten, die sich von keiner anderen Art ernähren (Primärproduzenten; höhere Pflanzen oder Algen). Sie dienen Herbivoren (**Primärkonsumenten**) als Nahrung, die ihrerseits von Sekundärkonsumenten oder Carnivoren gefressen werden. Auch **Sekundärkonsumenten** haben Feinde in Form von **Tertiärkonsumenten**. Die Kette endet mit Arten, die von keiner anderen Art gefressen werden (**Topprädatoren**). Detritivoren bauen tote Biomasse ab und stellen Stoffe für Primärproduzenten zur Verfügung. Aus thermodynamischen Gründen geht mit jeder Stufe sehr viel Energie verloren. Als Faustregel gilt, dass ein Konsument nur etwa 10 % der Nahrung in körpereigene Substanz umwandeln kann. Die Anzahl Individuen, Biomassen oder Produktivitäten der **trophischen Stufen** in Sequenz ergeben deshalb eine **Nahrungspyramide** (auch Elton'sche oder ökologische Pyramide genannt) (◘ Abb. 4.12). Eine auf den Kopf gestellte (inverse) Pyramide kann in aquatischen Ökosystemen vorkommen, wenn die Produktion pro Individuenzahl oder die Biomasse der unteren trophischen Ebenen sehr hoch ist.

In jeder trophischen Stufe werden Abfälle produziert (tote Organismen, unvollständig gefressene Individuen, Fäkalien usw.). Diese dienen als Nahrungsgrundlage für Saprobionten und Destruenten (Zersetzer), die ihrerseits Konsumenten als Nahrung dienen können.

Die Anzahl trophischer Stufen wird durch die Produktivität oder Größe eines Ökosystems beschränkt und überschreitet selten fünf oder sechs.

Nahrungsketten bzw. -netze sind ein wichtiger Faktor bei **Biomagnifikation**. Darunter versteht man die Anreicherung von Stoffen in einem Organismus durch Nahrungsaufnahme. Im Wasser wenig lösliche, lipophile Substanzen wie Pestizide lagern sich bevorzugt in fettreichen Geweben der Konsumenten an. Damit verknüpft ist das Konzept der **Bioakkumulation**. Die Konzentration vieler Nähr- und Fremdstoffe erhöht sich bei höheren Gliedern der Nahrungskette.

Traditionell wurden Nahrungsketten durch direkte Beobachtungen konstruiert. Wer frisst was? Was finden wir im Magen oder in den Ausscheidungen der Konsumenten? Besonders bei kleinen Organismen mit weichen Körperteilen kann eine verlässliche Identifizierung schwierig sein. Man stützt sich deshalb zunehmend auf molekulare Methoden wie **Barcoding** (▶ Abschn. 3.1.1) oder **Isotopenanalysen**, um Mageninhalte und unverdaute Nahrungsreste im Kot zu identifizieren.

Nahrungsketten suggerieren klare Grenzen zwischen trophischen Stufen und Arten. In der Natur ist das selten der Fall. Die meisten Arten dienen mehreren anderen Arten als Nahrung und die meisten Konsumenten ernähren sich von mehreren Arten. **Omnivoren** (Allesfresser) ernähren sich von Pflanzen und Tieren. Die Zu-

4.3 · Das Zusammenspiel vieler Arten

ordnung in eine trophische Stufe ist deshalb nicht immer eindeutig. So umfasst die Kette von Samen zu Taube zum Falken drei Stufen. Erbeutet der Falke eine Amsel, die sich von Früchten, Beeren und Regenwürmern ernährt hat, gehört er zur vierten trophischen Stufe.

In Nahrungsnetzen versuchen wir, alle trophischen Beziehungen zwischen allen Arten zusammenzufassen. Arten werden als Punkte oder Kästchen dargestellt und trophische Verknüpfungen durch Linien (◘ Abb. 4.13).

Um die Komplexität der Nahrungsnetze zu quantifizieren, wird ihre Vernetzungsstärke (Connectance, C) berechnet **Connectance** C berechnet. C ist definiert als der Quotient der beobachteten Verbindungen zwischen zwei Arten (L) zur maximal möglichen Anzahl Verbindungen (S). Werden Verbindungen in beide Richtungen erlaubt (je nach Lebensstadium frisst Art A die Art B oder umgekehrt), ergeben sich insgesamt $L/S(S - 1)$ Verbindungen. Werden solche Schleifen nicht erlaubt, reduziert sich diese Zahl auf die Hälfte. Wichtig ist auch die Stärke der Interaktionen (gemessen am Anteil der Energie, die zwischen zwei Arten fließt). Geringere Werte sind in der Regel mit erhöhter Stabilität verknüpft.

4.3.4 Die Rolle von Parasiten und Pathogenen

Wie schon erwähnt, berücksichtigten klassische Nahrungsnetze vorwiegend leicht identifizierbare Makroorganismen. Molekulare und hochauflösende mikroskopische Methoden haben die Dokumentation wirbelloser Tiere und Mikroorganismen und ihrer Einbindung in Nahrungsnetze erheblich verbessert und zeigen die enorme Komplexität der Nahrungsnetze (für Beispiele siehe ▶ www.foodwebs.org). Von großer Bedeutung hat sich dabei die Rolle von **Parasiten** und **Pathogenen** herausgestellt. ◘ Abb. 4.14 zeigt das Nahrungsnetz in einem norwegischen See mit und ohne Berücksichtigung der Parasiten. Die Parasiten der Fische und Vögel sind relativ gut charakterisiert; Parasiten des Phytoplanktons, oft Chytridiomyceten, sind in der Regel nur auf Stufe von Stämmen identifiziert. Ihre trophische Bedeutung wird in ▶ Abschn. 4.3.4 und 13.2 näher beschrieben.

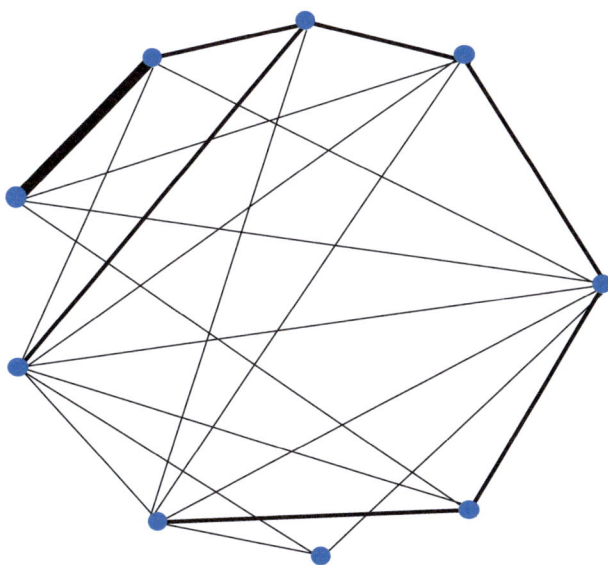

◘ **Abb. 4.13** Modell eines Nahrungsnetzes. Punkte repräsentieren Arten und Linien trophische Verknüpfungen. Die Stärke der Linien ist proportional zur weitergeleiteten Energie oder Biomasse. (Krauss und Nies (2015), S. 94, Abb. 6.2, © Wiley-VCH GmbH)

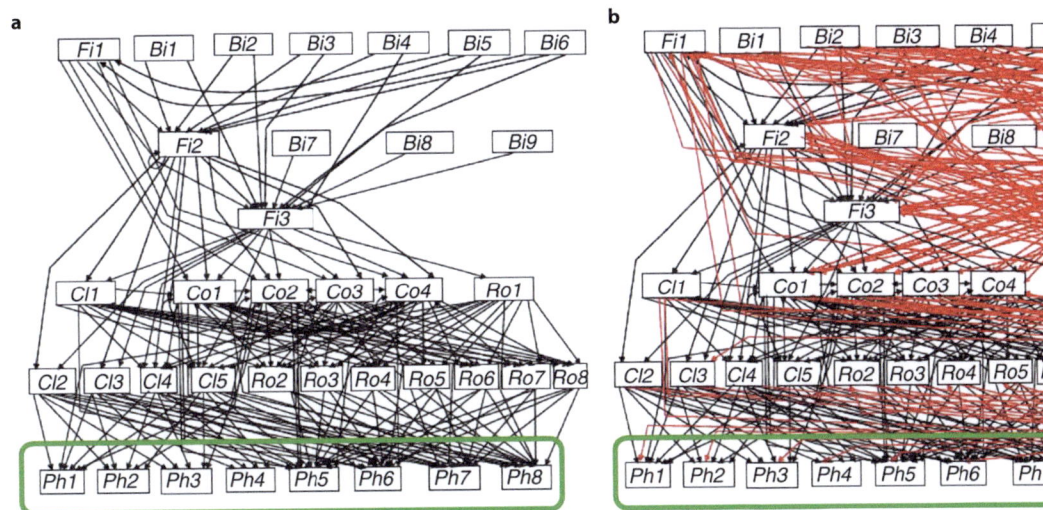

◘ **Abb. 4.14** Nahrungsnetz im norwegischen See Takvatnet **a** ohne und **b** mit Berücksichtigung der Parasiten (rote Linien). Bi, Vögel; Cl, Cladocera; Co, Copepoda; Fi, Fische; PA, Parasiten; Ph, Phytoplankton (im grünen Kasten); Ro, Rotifera. PA1–12, Parasiten von Fischen und Vögeln; PA13: Parasiten von Phytoplankton (im blauen Kasten) (Gachon et al. 2010, S. 637, Abb. 3)

Auch in terrestrischen Nahrungsketten spielen Parasiten und Pathogene eine häufig unterschätzte Rolle. So dienen Löwen mindestens 54 Arten als Nahrungsgrundlage. Neben den erwarteten Raubtieren wie Artgenossen, Leoparden und Hyänen, wird Löwenfleisch von mindestens zwei Arthropoden, zwei Bakterien, 31 Helminthen, sechs Protozoen und zehn Viren verwertet.

4.3.5 Herbivoren- und Detritusnahrungsketten

Es können zwei Typen von Nahrungsketten unterschieden werden (◘ Abb. 4.11): **Herbivorennahrungsketten** und **Detritusnahrungsketten**. Herbivorennahrungsketten (*grazing food chains*) beginnen mit lebenden Pflanzen oder Algen und Herbivoren. Detritusnahrungsketten (*detritus food chains*) beginnen mit der Aufnahme und dem Abbau von toter organischer Substanz (Laubblätter, abgestorbene Äste und Zweige). Da es keine direkte Rückkopplung des Konsumenten toten Materials (Pilze, wirbellose Tiere) auf den lebenden Produzenten (z. B. einen Baum) gibt, sind Detritusnahrungsketten häufig stabiler als Herbivorennahrungsketten, bei denen Konsumentendruck Abwehrreaktionen in den Pflanzen provozieren kann. Höhere trophische Stufen der beiden Ketten überlappen sich, d. h., Sekundär- und Tertiärkonsumenten können sich von Detritivoren oder Herbivoren ernähren.

Moorhead und Sinsabaugh (2006) unterscheiden drei Stadien im mikrobiellen Detritusabbau. In der ersten Phase dominieren opportunistische Mikroorganismen, die sich vorwiegend von löslichen, leicht abbaubaren Substanzen ernähren. Gefolgt werden sie von Celluloseabbauern und schließlich von Spezialisten, die Lignin und andere komplexe Moleküle angreifen. Gleichzeitig verändern sich die chemische Zusammensetzung und damit der Nährstoffgehalt des Detritus.

In aquatischen Systemen wird Detritus in drei Fraktionen unterteilt: Partikel, die größer als 1 mm sind, werden als grobe organische Partikel (*coarse particulate organic matter*, **CPOM**) definiert. Partikel, deren Größe zwischen 0,5 μm und 1 mm liegt, bezeichnet man als feine organische Partikel (*fine particulate organic matter*, **FPOM**). Material, das nicht durch einen 0,5-μm-Filter zurückgehalten wird, ist gelöste organische Substanz (*dissolved organic matter*, **DOM**).

DOM wird von den meisten Individuen, ob lebend oder tot, freigesetzt. Dieser Prozess ist vor allem in Gewässern von Bedeutung und wird in der **mikrobiellen Schleife** (*microbial loop*) verarbeitet (Azam et al. 1983). Bakterien und Pilze verarbeiten DOM und überführen sie dadurch in die partikuläre Form, die heterotrophen eukaryotischen Protisten als Nahrung dienen kann. Protozoen ihrerseits werden von Zooplankton gefressen (► Abschn. 13.2.1; ► Abb. 13.4).

4.3.6 Stoffkreisläufe

4.3.6.1 Biogeochemische Zyklen

Die grafische Darstellung von Nahrungsnetzen beginnt mit den Verknüpfungen der Arten. So zeigen Pfeile von der Beute zum Konsumenten. Weiterhin werden Energieflüsse geschätzt und durch die Stärke der Linien angezeigt. Verknüpft mit dem Energiefluss zirkulieren Nährstoffe durch Biozönosen und Ökosysteme. Diese Kreisläufe können global, auf der Stufe von Landschaften, Ökosystemen oder Individuen untersucht werden. Auf globaler Stufe können wir sie als biogeochemische Zyklen interpretieren, charakterisiert durch den Austausch zwischen Biosphäre, Geosphäre, Atmosphäre und Hydrosphäre (► Abb. 13.1). Sie sind praktisch geschlossene Kreisläufe, da Verluste ins Weltall vernachlässigbar sind. Unsere Kenntnisse der Quellen und Senken der verschiedenen Stoffe reichen jedoch häufig nicht aus, um quantitative Zyklen zu erstellen.

Auf der Ebene von Landschaften oder Ökosystemen können Stoffflüsse offen oder geschlossen sein. Annähernd geschlossene Kreisläufe (z. B. in Bezug auf Stickstoff und Phosphor) sind besonders häufig in terrestrischen Systemen unter Nährstoffmangel. Durch Abbau organischer Substanz freigesetzte Nährstoffe werden unverzüglich durch Mikroorganismen und Pflanzen absorbiert. Natürliche Störungen wie Extremwetter (Überschwemmungen, Trockenperioden) oder Wildfeuer können geschlossene Systeme kurzfristig in offene überführen, wobei Nährstoffe dann vermehrt in die Hydrosphäre, Atmosphäre oder benachbarte Ökosysteme verteilt werden. Häufige oder starke Störungen behindern nachhaltig die Produktivität der betroffenen Habitate.

Nährstoffzyklen auf Stufe des Individuums kommen besonders häufig bei mehrjährigen Pflanzen vor. Die Speicherung und Mobilisierung verringern die Abhängigkeit der Pflanze von externen Nährstoffen. Mehrjährige Pflanzen sind deshalb oft an nährstoffarme Bedingungen angepasst.

Fließgewässer sind überwiegend offene Systeme. Der größte Teil organischer und anorganischer Nährstoffe wird aus der terrestrischen Umgebung importiert und das Wasser wird vorwiegend durch Grundwasser geliefert. Besonders wichtig ist der Beitrag der Ufervegetation: Laubblätter tragen bis zu 95 % der insgesamt verfügbaren Nahrung bei. Durch Mineralisierung freigesetzte Nährstoffe werden in der Regel flussabwärts transportiert, bevor sie wieder von Organismen resorbiert und ins Nahrungsnetz eingetragen werden (Nährstoffspirale, ▶ Abschn. 13.2.3.2).

Seen sind weniger offen als Fließgewässer. Sie werden jedoch oft durch große Flüsse gespeist, die Nährstoffe und Sedimente einbringen. Abflüsse haben einen entgegengesetzten Effekt. Innerhalb des Sees zirkulieren Nährstoffe oft in einem jahreszeitlichen Rhythmus.

Meere bilden die natürliche Endstation der durch Flüsse transportierten Stoffe. Dazu kommen Einträge durch Niederschläge. Mangrovenwälder und die Vegetation der **Salzmarschen** vermindern den Transport ins offene Meer.

Der Fluss von Energie und Nährstoffen von terrestrischen Ökosystemen zu Fließgewässern zu Meeren ist jedoch keine Einbahnstraße. Überschwemmungen können Flusssedimente auf normalerweise trockenen Gebieten deponieren. Lachse migrieren vom Meer zurück in Süßgewässer und dienen Bären, Adler und anderen Prädatoren als Nahrung. Ein weniger spektakulärer Export basiert auf den Lebenszyklen von Insekten mit aquatischen Larven und terrestrischen Imagines (Adultformen). Der Mensch entzieht dem Meer enorme Mengen von Biomasse in Form von Fischen, größeren wirbellosen Tieren und Säugern. Aus Exkrementen von Vögeln (insbesondere Seevögeln wie Pinguinen und Kormoranen), die sich vorwiegend von Fischen ernährten, entstanden enorme Ansammlungen von N- und P-reichem Guano auf Inseln und an Küsten.

4.3.6.2 Wasserkreislauf

Wasser ist für das Leben auf der Erde essenziell. Die Organismen bestehen zu etwa 60–95 % aus Wasser. Nährstoffe werden durch Wasser in den Lebensräumen verteilt und von den Organismen aufgenommen. Das polare Molekül besitzt spezifische chemische Eigenschaften, die die biochemischen Abläufe in den Zellen und Geweben ermöglichen (▶ Abschn. 5.2.1), aber auch die Existenz der Lebewesen in den terrestrischen und aquatischen Ökosystemen (▶ Kap. 12 und 13).

Der globale Wasserkreislauf (◘ Abb. 4.15a) wird entscheidend durch Sonnenenergie gesteuert und ist durch enge Wechselbeziehungen mit dem Klima verbunden. Wasser verdunstet und gelangt nach Kondensation wieder auf die Erdoberfläche zurück. Über den Ozeanen dominiert die Verdunstung und über dem Land der Niederschlag. Terrestrischen Ökosystemen steht also mehr Wasser zur Verfügung, als sie durch Verdunstung freisetzen (◘ Abb. 4.15).

Niederschläge können oberflächlich abfließen oder den Boden infiltrieren. Wasser wird temporär als Bodenwasser (Grundwasser), in Seen oder als Eis gespeichert. Letztendlich gelangt das Wasser durch **Evapotranspiration** (Verdunstung plus pflanzliche Transpiration) in die Atmosphäre oder durch ober- und unterirdischen Abfluss wieder ins Meer zurück.

Etwa 97 % des global verfügbaren Wassers existiert als Meerwasser (◘ Abb. 4.15b), Süßwasser hat nur einen Anteil von ca. 3 %. Davon sind ca. 70 % in Gletschern fixiert und 30 % kommen mit hoher Verweildauer als Grundwasser vor. Weniger als 1 % Anteil am Süßwasser machen Seen, Flüsse und Moore aus (◘ Abb. 4.15b).

Der Wasserzyklus funktioniert auch ohne die Beteiligung lebender Organismen. Pflanzen können jedoch Regenwasser abfangen (**Interzeption**) und verringern damit die Versickerung im Boden. Außerdem absorbieren sie Wasser aus dem Boden und reduzieren den Abfluss ins Meer. Pflanzliche Transpiration trägt maßgeblich zum Rückfluss des Wassers in die Atmosphäre bei. Im Amazonasregenwald führt bauminduzierte Luftfeuchtigkeit zu einem frühen Beginn der Regenzeit (Wright et al. 2017).

Entscheidend für das Klima ist neben der absoluten Menge an Niederschlägen vor allem das Verhältnis zwischen Niederschlag und Verdunstung (◘ Abb. 4.15). Übertrifft der jährliche Niederschlag die Verdunstung, ist das Klima **humid** (nass, feucht). Im umgekehrten Fall (mehr Verdunstung als Niederschlag) ist das Klima **arid** (trocken). Von großer Bedeutung ist auch die zeitliche Verteilung des Niederschlags. So setzen lange Trockenzeiten ausgeprägte Anpassungen von Tieren und Pflanzen an Wassermangel voraus (▶ Abschn. 6.4.2).

Je nach Bodenrelief, Temperatur und zeitlichem Verlauf des Regens (Starkregen vs. Schwachregen) verdunsten bis zu zwei Drittel des Niederschlags sofort. Beträchtliche Mengen fließen oberflächlich ab oder fallen weit entfernt von menschlichen Siedlungen. Viele Regionen leiden deshalb an akutem Wassermangel. Zunehmende anthropogene Eingriffe können schwerwiegende Folgen nach sich ziehen. Kahlschlag der Tropenwälder verringert die Evapotranspiration und dadurch Niederschläge. Gleichzeitig erhöhen sich die Bodentemperatur und damit die Austrocknung des Bodens.

Grundwasserleiter (Aquifere) speichern große Mengen an Wasser (◘ Abb. 4.15b). Übermäßige Wasserentnahme führt zum Absinken des Grundwasserspiegels und oft zu Landsenkungen. In küstennahen Gebieten kann Salzwasser in die entleerten Grundwasserschichten einsickern. **Versalzung** tritt auch dort ein, wo natürliche Abflüsse fehlen und Wasser durch Verdunstung entfernt wird.

Wasserdampf und Wolken beeinflussen lokale und globale Temperaturen. Zusammen sind sie für 66–85 % des **Treibhauseffekts** verantwortlich. Im Vergleich dazu ist CO_2 nur für 9–26 % des Effekts verantwortlich. Trotzdem wird nicht Wasser, sondern CO_2 als die Grund-

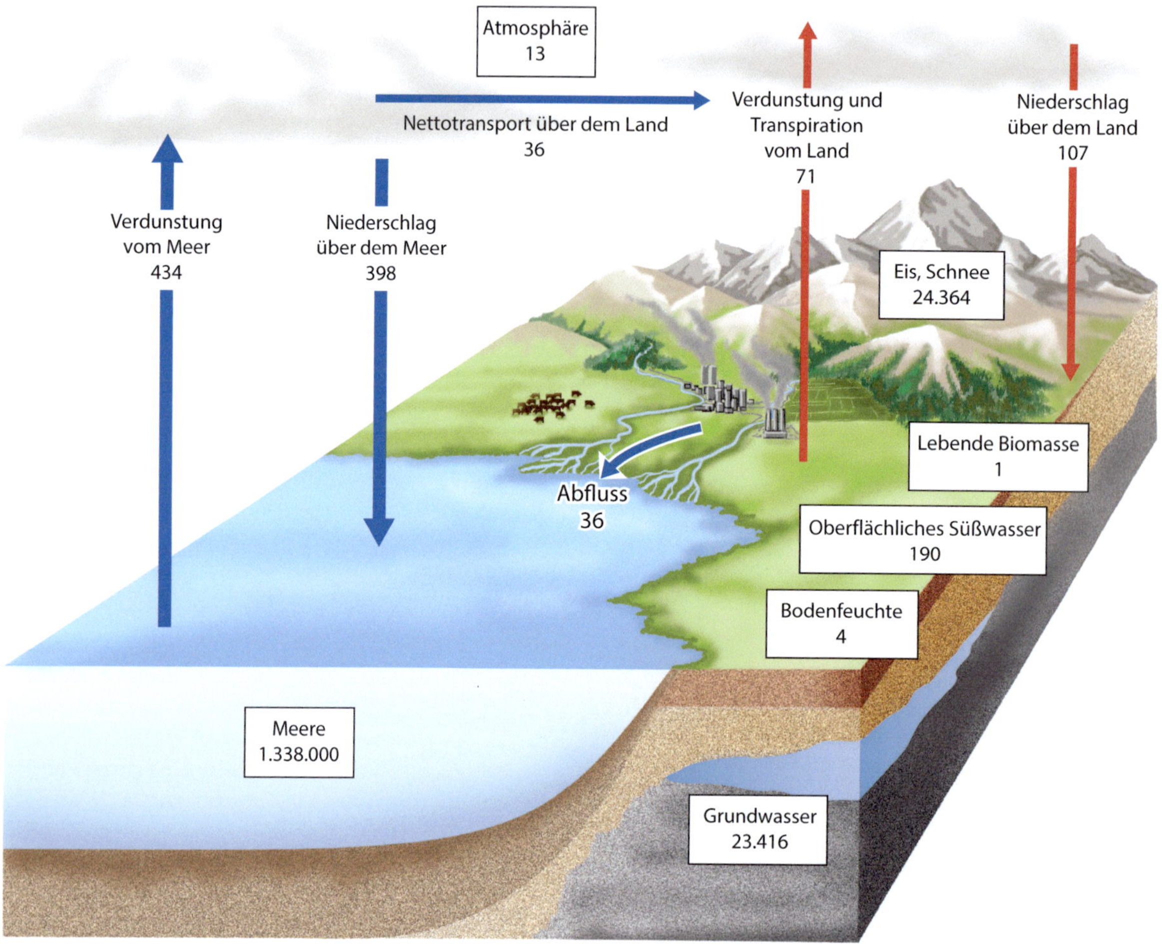

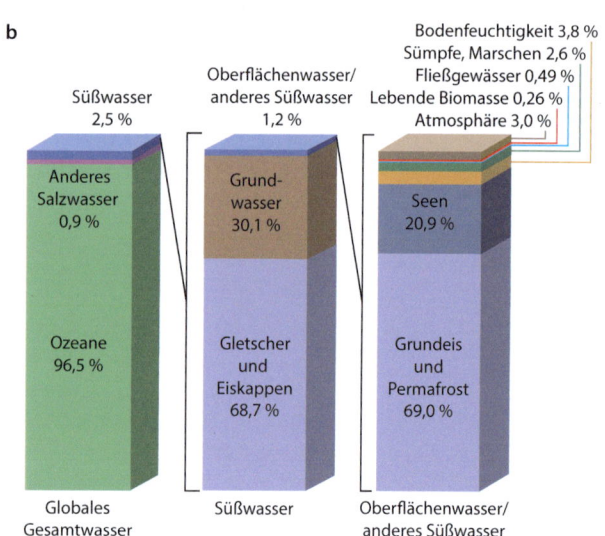

Abb. 4.15 Globaler Wasserkreislauf. Die geschätzte Speichermenge (weiße Inserts) und jährliche Austauschmengen (Pfeile) in Einheiten von 10^{12} t. (**a** Verändert nach Sadava et al. 2019, Abb. 57.12, **b** verändert nach ▶ Wikipedia.org/wiki/water_distribution_on_earth)

ursache des Klimawandels identifiziert. Der Anstieg von CO_2 wird als Schlüsselfaktor interpretiert, der zu einer Temperaturerhöhung führt. Als Folge (Feedback) erhöht sich der Wasserdampfgehalt in der Atmosphäre, was wiederum die Temperatur erhöht.

Wolken (kondensiertes Wasser in der Atmosphäre) behindern die Freisetzung von Wärme in den Weltraum. Gleichzeitig erhöhen sie die Rückstrahlkraft (**Albedo**), sodass weniger Wärme die Erdoberfläche erreicht. Die Beziehungen zwischen Wolken und Klima sind komplex und es besteht kein Konsens, ob Wolken insgesamt die globale Temperatur erhöhen oder erniedrigen. Die Mehrzahl der Forscher nimmt jedoch an, dass der Nettoeffekt neutral ist oder die Erwärmung leicht verringert wird.

4.3.6.3 Kohlenstoffkreislauf

Das Element Kohlenstoff kommt in allen organischen und vielen anorganischen Molekülen vor. Es gelangt über die photosynthetische Fixierung von Kohlenstoffdioxid durch Pflanzen in die Biosphäre (**Bruttoprimärproduktion**, BPP). Ein Teil wird aber durch Photorespiration wieder freigesetzt. Weitere Verluste entstehen durch die Atmung der Pflanzengewebe, inklusive Wurzeln mit Mykorrhizen. In tropischen Wäldern können so bis zu 80 % der BPP wieder als CO_2 ausgeschieden werden. Übrig bleibt die **Nettoprimärproduktion** (NPP), die für Herbivoren und Destruenten zur Verfügung steht. Deren Atmung setzt ebenfalls CO_2 frei. Unter anaeroben Bedingungen wandeln methanogene Bakterien CO_2 mit H_2 oder organischen Substanzen zu **Methan** (CH_4) um, ein wichtiges Treibhausgas. Andererseits verwenden methanoxidierende Bakterien Methan als ausschließliche Energiequelle. Der biologische Beitrag zum globalen Kohlenstoffkreislauf verläuft also weitgehend über die Atmosphäre.

Im Erdzeitalter des Karbons, das vor ca. 350 Mio. Jahren begann, kam es zu einer intensiven Ansammlung von Pflanzenresten. Durch Einwirkung von erhöhter Temperatur und Druck bildeten sich Kohle, Erdöl und Erdgas (Methan). Die Nutzung dieser **fossilen Brennstoffe** erhöhte den atmosphärischen CO_2-Gehalt von 0,025 Vol% in der Mitte des 18. Jahrhunderts auf mittlerweile (Anfang 2023) 0,042 Vol% und ist maßgeblich für den Klimawandel verantwortlich.

Die auf die Erde treffende Sonnenenergie wird nur etwa zur Hälfte absorbiert. Die dabei entstehende langwellige Strahlung wird von Treibhausgasen in der Atmosphäre absorbiert, die sich dabei erwärmen. Ohne diesen Treibhauseffekt wäre die durchschnittliche Temperatur bodennaher Luftschichten bei -18 °C und nicht bei $+15$ °C. Wichtigstes Treibhausgas ist Wasserdampf, gefolgt von CO_2 und CH_4. Wie bereits erwähnt, ist jedoch nicht Wasser, sondern CO_2 der entscheidende Faktor für Lufttemperatur und des Klimawandels.

Eine Schlüsselgröße bei der Beurteilung globaler Klimaszenarien (CO_2-Aufnahme durch Pflanzen sowie Bewertung der ökologischen Struktur von Grünflächen) bildet der **Blattflächenindex** (**BFI** oder **LAI** von *leaf area index*; Blattfläche pro Bodenoberfläche). Gemessen an diesem Index ist die Biosphäre zwischen 1982 und 2009 „grüner" geworden (Zhu et al. 2016). Statistische Modelle zeigen, dass 70 % dieser Zunahme auf den steigenden Kohlenstoffdioxidgehalt der Atmosphäre zurückzuführen ist, 9 % korrelieren mit Stickstoffdeposition, 8 % mit Klimawandel und 4 % mit veränderter Landnutzung.

Insgesamt wird die Erde in Bezug auf Kohlenstoff als geschlossenes System betrachtet. Zwischen 0,09 und 0,2 % ihrer Gesamtmasse besteht aus Kohlenstoff. Das Gesamtsystem kann in Kompartimente unterteilt werden: Lithosphäre (Gesteinsschichten), Hydrosphäre (Wasser), Atmosphäre (Luft) und Biosphäre. Das globale Kohlenstoffvorkommen beträgt ca. 75 Mio. Gt (Gigatonnen). Atmosphäre und Biosphäre sind die kleinsten C-Speicher. Die überwiegende Menge an Kohlenstoff (99 %) befindet sich in der Lithosphäre. Die Nutzung fossiler Brennstoffe trägt etwa 4000 Gt bei. Seit Beginn der Industrialisierung hat sich deshalb der CO_2-Gehalt stetig erhöht. Er könnte sich bis Ende des 21. Jahrhunderts verdoppeln, mit problematischen Konsequenzen für das Klima und die Biosphäre. Der globale Kohlenstoffkreislauf ist in ◘ Abb. 4.16 dargestellt. Zahlen zeigen die Größe in Gigatonnen der wichtigsten Reservoirs mit ihrem Austausch. Pfeile symbolisieren jährliche Flüsse zwischen den Reservoirs. Das weitaus größte Kohlenstoffreservoir ist die Lithosphäre mit carbonathaltigen Gesteinen, Sedimenten und fossilen Energieträgern. Austauschprozesse aus diesen Reservoirs erfolgen nur sehr langsam über geologische Zeiträume.

4.3.6.4 Stickstoffkreislauf

Die Atmosphäre enthält über 99 % des globalen Stickstoffvorrats als N_2 (Schlesinger 1997). Das Gas ist für die meisten Lebewesen nicht direkt nutzbar. Es kann im Organismenreich lediglich durch diazotrophe Prokaryoten (Bakterien, Archaea) in freier Lebensweise, in Biofilmen oder in Symbiose mit Pflanzen zu Ammonium (NH_4^+) reduziert werden (▶ Abschn. 8.1.1).

Nach dem Tod eines Organismus führt mikrobieller Proteinabbau zu Ammoniumionen (**Ammonifikation**). Diese werden durch bakterielle **Nitrifikation** zuerst zu Nitrit und dann zu Nitrat oxidiert. Sowohl Ammonium wie auch Nitrat werden von Pflanzen, Bakterien und Pilzen aufgenommen und wieder zu organischen Substan-

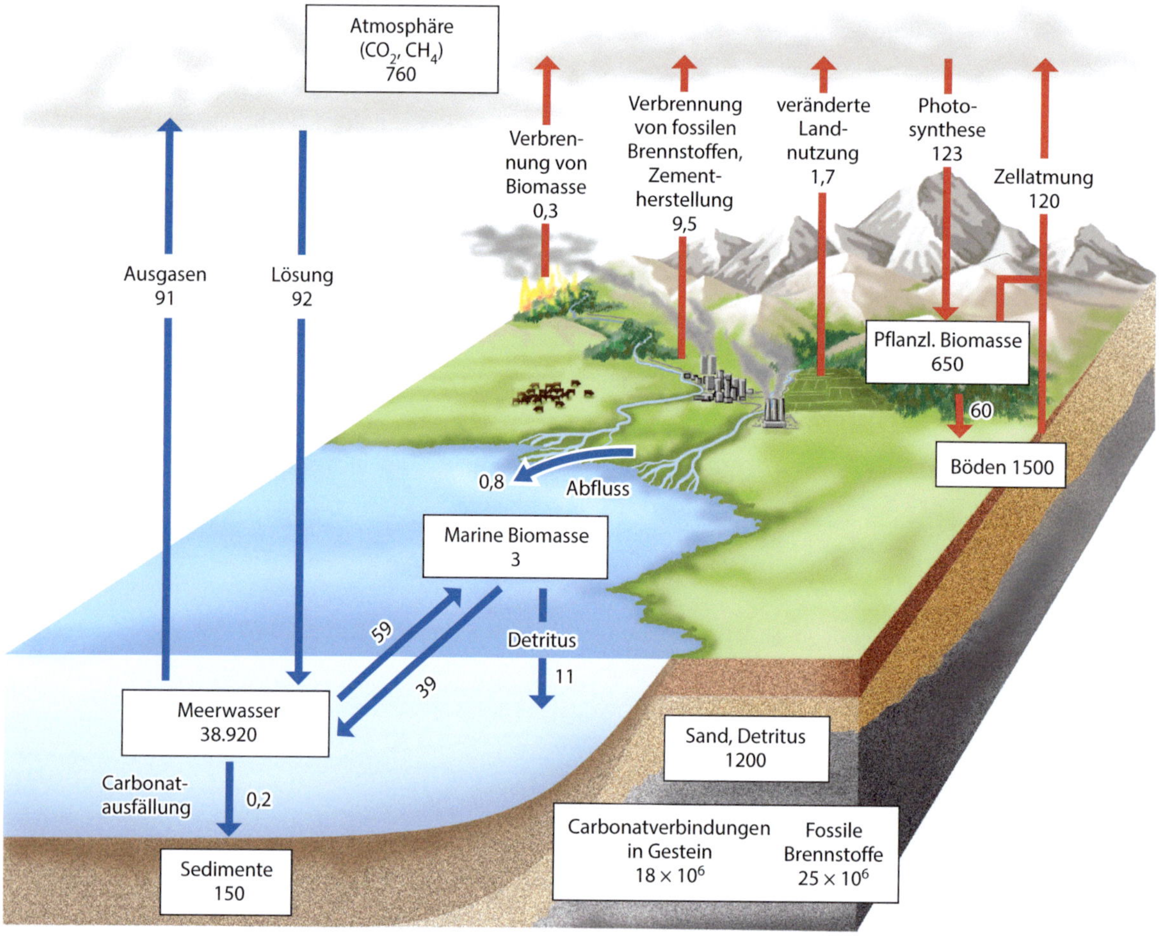

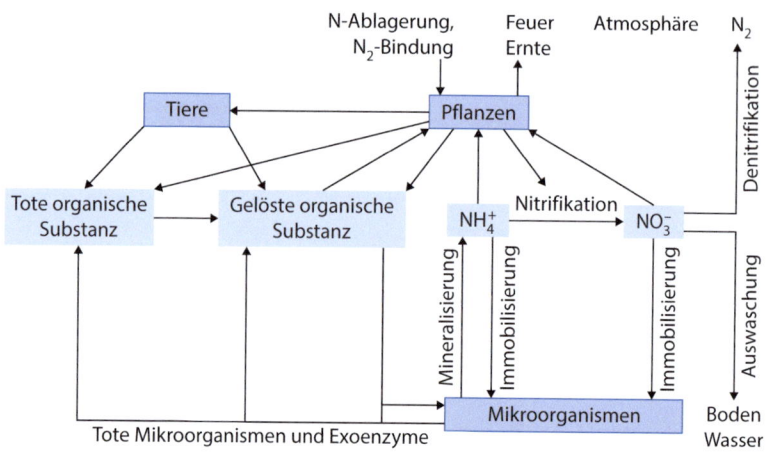

● **Abb. 4.16** Globaler Kohlenstoffkreislauf. Geschätzte Speichermenge (weiße Inserts) und jährliche Austauschmengen (Pfeile) in Einheiten von 10^9 t. (Verändert nach Sadava et al. 2019, Abb. 57.13)

● **Abb. 4.17** Umwandlungsprozesse von Stickstoff in Ökosystemen. (Verändert nach Lambers und Oliveira (2019), S. 305, Abb. 9.2A, © Springer Nature)

zen assimiliert (● Abb. 4.17 und 4.18). Somit ist Stickstoff ein essenzielles Makroelement (▶ Abschn. 6.5).

Unter sauerstoffarmen Bedingungen kann durch **Denitrifikation** Nitrat über NO_2^- und NO in Distickstoff (N_2) und Stickoxide (NO_x) umgewandelt werden.

Insgesamt dient die Denitrifikation der bakteriellen Energiegewinnung. In Abwesenheit von O_2 ist NO_3^- terminaler Elektronenakzeptor. Organische Substanzen, Schwefelwasserstoff (H_2S) und molekularer Wasserstoff (H_2) fungieren als Elektronendonatoren. Stickstoff-

4.3 · Das Zusammenspiel vieler Arten

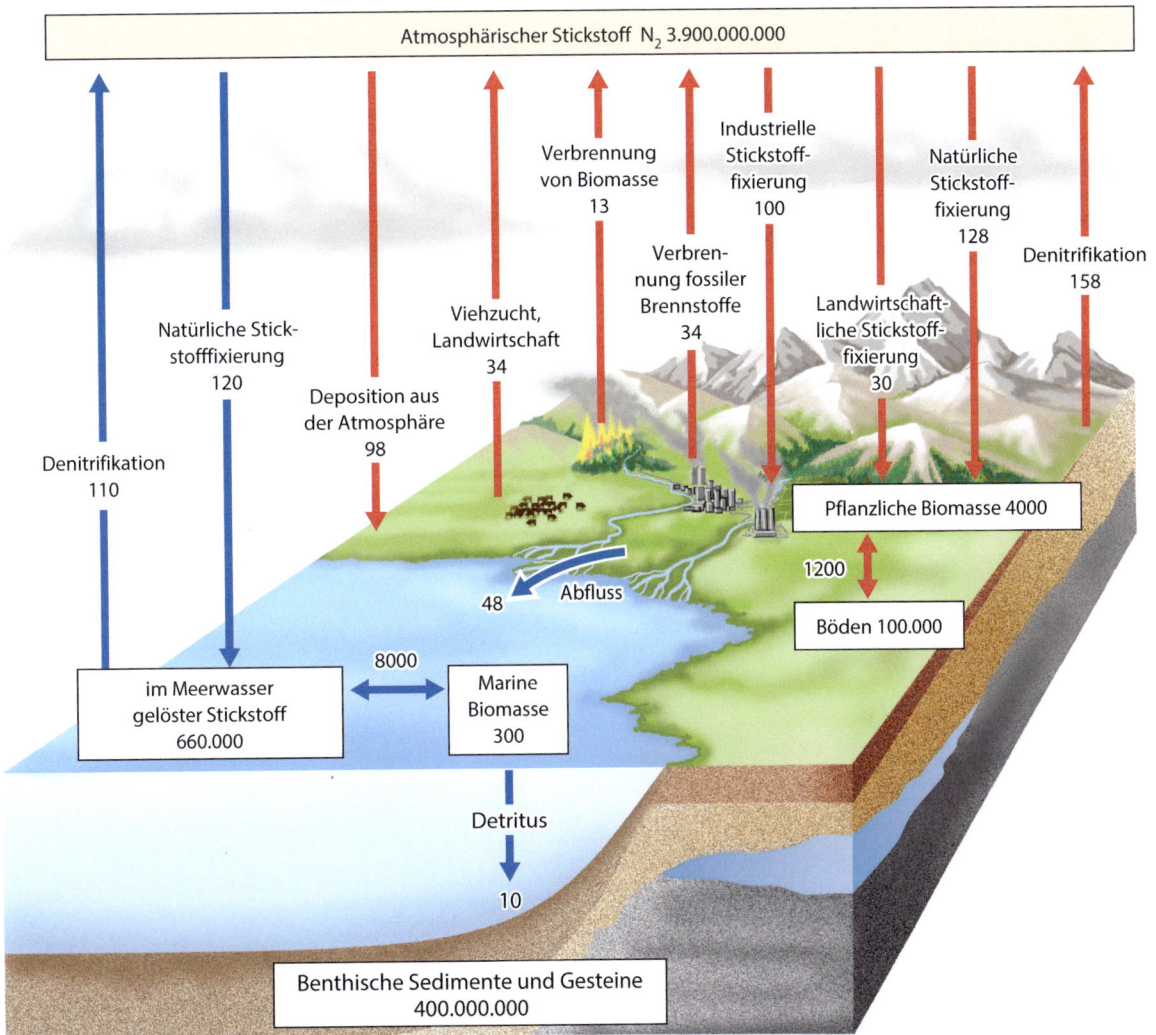

Abb. 4.18 Globaler Stickstoffkreislauf. Geschätzte Speichermengen (weiße Inserts) in jährlichen Austauschmengen an Stickstoff (Pfeile) in Einheiten von 10^6 t. (Verändert nach Sadava et al. 2019, Abb. 57.17)

dioxid (NO_2) ist ein wichtiges Treibhausgas, das gegenwärtig zu etwa 40 % durch anthropogene Aktivitäten (Landwirtschaft, fossile Brennstoffe, Industrie) freigesetzt wird.

Energetisch ist die biologische N_2-Fixierung sehr aufwendig, trotzdem dominiert dieser Prozess den natürlichen Transfer von Stickstoff in die Biosphäre. Im Vergleich dazu sind Einträge durch Gewitter und Wildfeuer unbedeutend. In klimatisch gemäßigten terrestrischen Ökosystemen war deshalb Stickstoff häufig ein limitierender Faktor. Das änderte sich unter anthropogenem Einfluss. Bei der Verbrennung stickstoffhaltiger Substanzen entweichen **Stickoxide** (NO_x). Sie reizen und schädigen Atmungsorgane und Pflanzen. Durch Reaktion mit Wasser entstehen Salpetersäure (HNO_3) und salpetrige Säure (HNO_2), die als saurer Regen zurück in die Biosphäre gelangen. Nach weiteren Umwandlungen können sie durch Pflanzen und Algen aufgenommen und verwertet werden.

Während des 19. Jahrhunderts nahm der Bedarf von Ammonium und Nitraten als Dünger stetig zu. Die Hauptquellen waren Saltpeterminen und Guano von tropischen Inseln und durch **Auftriebsströmungen (Upwellings)** beeinflusste Küstenstreifen. Dazu gehören die Westküste von Südamerika (Upwelling durch den Humboldtstrom) und die Westküste von Südafrika (Upwelling durch den Benguelastrom). Lokal wird dadurch die Biomasseproduktion von Meeresorganismen erhöht und damit auch die Populationen von fischfressenden Landvögeln. Deren N- und P-reiche Exkremente (Guano) wurden seit Jahrtausenden durch indigene Völker in Südamerika zur Düngung verwendet. Die industrielle Ausbeutung begann im 19. Jahrhundert.

Diese natürlichen Quellen erschöpften sich zunehmend. Zwei deutsche Chemiker, Fritz Haber und Carl Bosch, entwickelten anfangs des 20. Jahrhunderts einen Prozess, wodurch atmosphärischer Di stickstoff (N_2) und Wasserstoff (H_2) bei hoher Temperatur und hohem

Druck in Ammonium überführt wurden. Dieses sogenannte Haber-Bosch-Verfahren zur Bereitstellung von Düngemitteln ist heute für rund 20 % der globalen Umwandlung von N_2 in Pflanzennährstoffe verantwortlich. Durch die Düngung, kombiniert mit Pestizideinsatz und Entwicklung von Züchtungsprogrammen, konnte die landwirtschaftliche Produktivität insbesondere ab der zweiten Hälfte des 20. Jahrhunderts enorm gesteigert werden. Wäre der Ertrag auf den Werten von 1900 stehengeblieben, hätte die Gesamternte im Jahr 2000 rund viermal mehr Land erfordert und kultiviertes Land würde nicht 15 %, sondern beinahe die Hälfte der eisfreien Fläche benötigen. Beinahe 50 % des Stickstoffs, der heute im menschlichen Körper vorkommt, stammt vom Haber-Bosch-Prozess.

Der anthropogene Eintrag von Stickstoff in den natürlichen Stickstoffkreislauf hat gravierende Folgen für die „ursprünglichen" Ökosysteme. Typischerweise werden weniger als 50 % der Düngemittel von Pflanzen absorbiert. Der Rest wird ausgewaschen und fließt in Seen und Fließgewässer, wo er zur Eutrophierung führen kann. Auch Niederschläge sind heute eine wichtige Quelle von Stickstoff. In Deutschland werden so jährlich 20–40 kg N ha^{-1} abgelagert. Dieser Stickstoffüberschuss gefährdet die Artenvielfalt der Ökosysteme. Besonders gefährdet sind an N-Limitierung angepasste Pflanzenarten der Hochmoore und Heidegebiete. Pflanzenarten auf der deutschen Roten Liste sind zu über 70 % Stickstoffmangelanzeiger. Globale Stickstoffflüsse sind in Abb. 4.18 zusammengefasst.

4.3.6.5 Phosphorkreislauf

Obwohl nur 0,1 % der Erdkruste aus Phosphor bestehen, ist das Element für alle Organismen essenziell (▶ Abschn. 6.5). Phosphor ist in der Biosphäre vor allem als anorganisches und organisches Phosphat über die Vernetzung der terrestrischen und marinen Ökosysteme verfügbar (Abb. 4.19). Die Atmosphäre spielt im Kreislauf nur eine geringe Rolle, da gasförmige P-Verbindungen selten sind. Flüchtige Phosphane (frü-

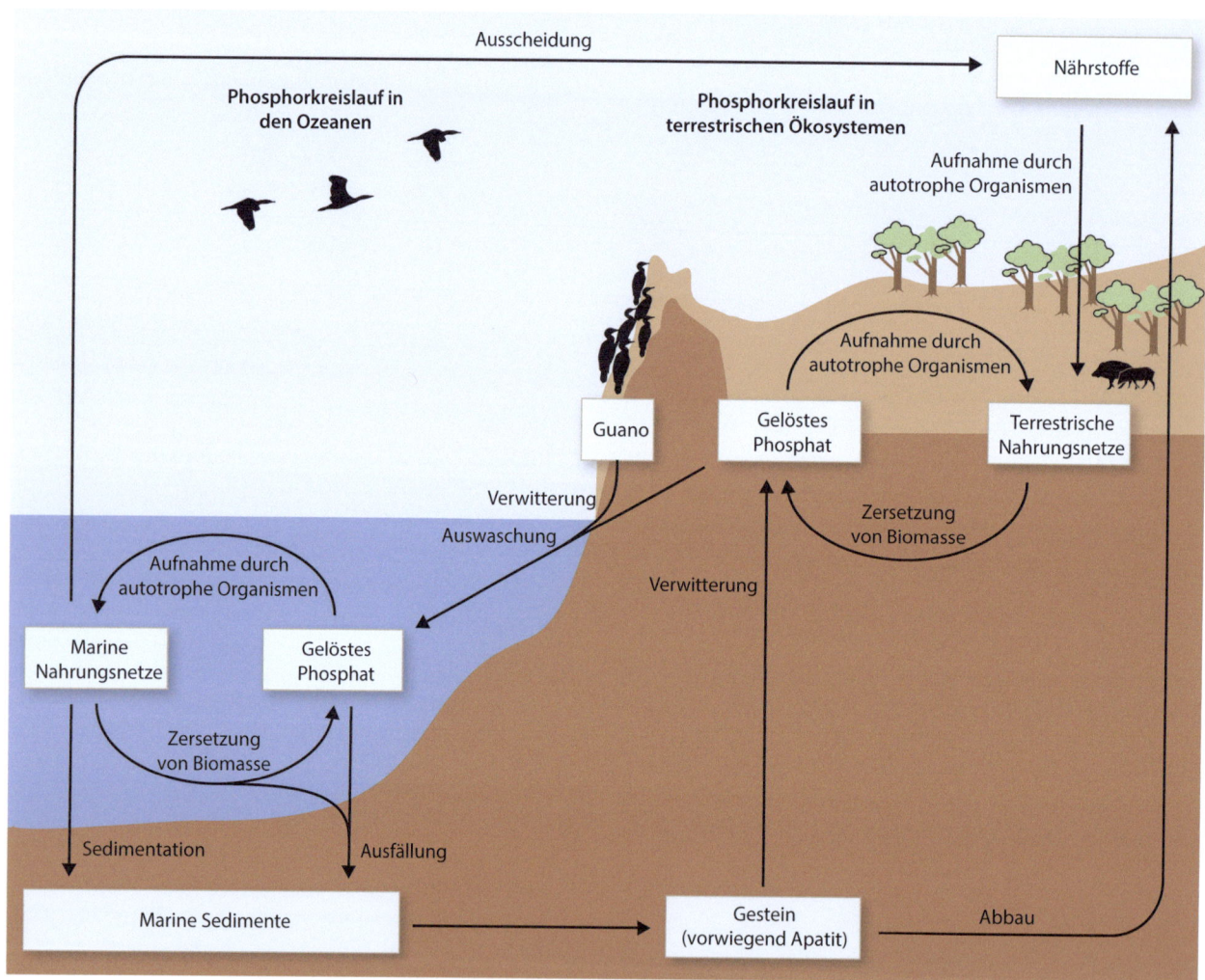

Abb. 4.19 Phosphorkreislauf in der Biosphäre. (Verändert nach Boenigk 2021, Abb. 36.11, © Springer Nature)

4.3 · Das Zusammenspiel vieler Arten

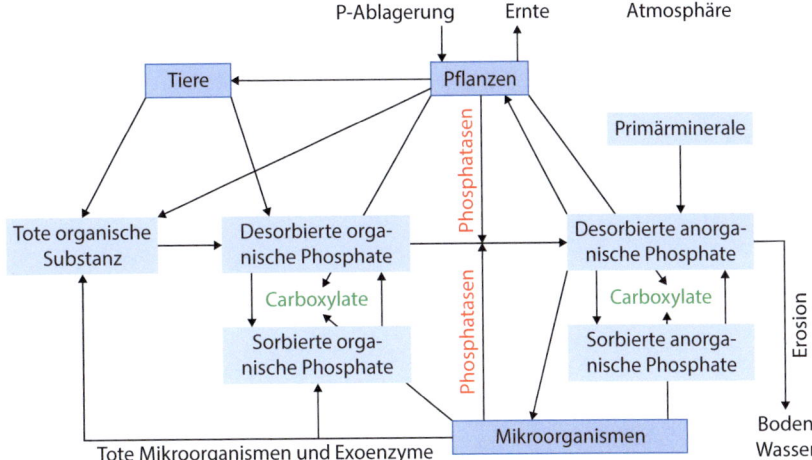

Abb. 4.20 Umwandlungsprozesse von Phosphor in Ökosystemen. (Verändert nach Lambers und Oliveira 2019, Abb. 9.2b, S. 304 © Springer Nature)

her Phosphine genannt) können jedoch in anaeroben, organisch angereicherten Sedimenten entstehen. In der Atmosphäre findet man Phosphorverbindungen vor allem in kleinen Staubpartikeln.

Die primäre mineralische Quelle für biologisch verwendetes Phosphat ist **Apatit** – $Ca_5(PO_4)_3(F, Cl, OH)$. Nach Verwitterung, in der Mykorrhizapilze eine wichtige Rolle spielen, wird es durch Pflanzen oder Mikroorganismen (Pilze, Bakterien) aufgenommen und in die organische Form übergeführt (Abb. 4.20). Tiere nehmen organisches Phosphat auf, indem sie Pflanzen, Mikroorganismen oder andere Tiere fressen. Destruenten schließen den Kreislauf und setzen anorganisches Phosphat frei, das in der Regel rasch durch Wurzeln und Mykorrhizen aufgenommen wird.

In natürlichen Ökosystemen ist Phosphor überall in geringen Mengen vorhanden, in unbelasteten Gewässern in der Größenordnung von $\mu g\ l^{-1}$. Deshalb ist dieses Nährelement häufig ein limitierender Faktor für Primärproduktion und Abbau organischer Substanz.

In natürlichen Gewässern kommt Phosphor in drei Fraktionen vor: anorganisches gelöstes Phosphat als Orthophosphat (je nach pH-Wert als HPO_4^{3-} oder $H_2PO_4^-$), organisches gelöstes Phosphat und organisches partikuläres Phosphat (in Organismen und Detritus). Alle Fraktionen zusammen bilden das **Gesamtphosphat** (*total phosphate*, **TP**). Für Pflanzen und Algen wichtiger ist **gelöstes reaktives Phosphat** (*soluble reactive phosphate*, **SRP**; Phosphat und Polyphosphat).

Die Oberflächen von Tonmineralien und Humuspartikeln sind negativ geladen. Die positiv geladenen Phosphationen werden deshalb schneller und stärker gebunden als negative Nitrationen. Dazu kommt, dass Phosphate in Gegenwart von Al^{3+}, Fe^{3+} und Ca^{2+} sehr gering löslich sind und im Sediment von Gewässern deponiert werden. Ihr Schicksal ist mit den Redoxbedingungen verknüpft. So ist Eisen(III)-hydroxophosphat unlöslich bei Redoxpotenzialen > 0,2 V. Bei << 0,5 mg $O_2\ l^{-1}$ wird PO_4^{3-} weitgehend freigesetzt. In Seen kann eine Algenblüte zu Sauerstoffmangel führen, was wiederum Phosphatfreisetzung und erneute Primärproduktion nach sich zieht.

Durch Erosion und mit Oberflächen- oder Grundwasserfluss gelangt ein Teil der freigesetzten oder gebundenen Phosphate in Fließgewässer und Seen und erreicht letzten Endes das Meer, wo er sedimentiert. Durch Abfluss ins Meer verlieren terrestrische Ökosysteme allmählich (über Jahrtausende) Phosphor und sind auf Nachverwitterung oder Eintrag angewiesen. Diese Verarmung beschleunigt sich in industrieller Agrikultur. Allerdings erhöht sich dabei auch der Eintrag durch Düngung und evtl. auch Deposition.

Tektonische Hebungen können phosphathaltige Meeressedimente wieder in terrestrische Systeme überführen. Dieser Vorgang ist jedoch sehr langsam. Durchschnittlich bleibt das Phosphation 20.000–100.000 Jahre im Meer. Eine schnellere Rückführung von P und N erfolgt durch Auftriebsströmungen, welche Nährstoffe von tiefen Meeresschichten an die Oberfläche transportieren (▶ Abschn. 4.3.6.4). Global betrachtet werden durch P-Transporte vom Meer zurück ans Land rund 3 % des Abflusses kompensiert.

Landwirtschaftliche Düngung führt zu einem Überangebot an Phosphaten, was zur **Eutrophierung** vieler Gewässer beiträgt. Eine weitere eutrophierende P-Quelle sind Waschmittel mit Polyphosphaten. Diese werden heute zum Teil durch Zeolith A (künstliches Natriumaluminiumsilikat), EDTA und NTA (Nitrilotriessigsäure) ersetzt. In Abwässern kann Orthophosphat mit Ca^{2+}- oder Metallionen gefällt werden.

4.3.6.6 Schwefelkreislauf

Alle Organismen benötigen Schwefel als Makroelement (▶ Abschn. 6.5), insbesondere für die Biosynthese von Aminosäuren und Proteinen. In einigen Bakterien spielt das Element eine Rolle bei anaerober Energiegewinnung.

Schwefel existiert in der Litho-, Hydro- und Biosphäre hauptsächlich als Sulfat (SO_4^{2-}), Schwefelwas-

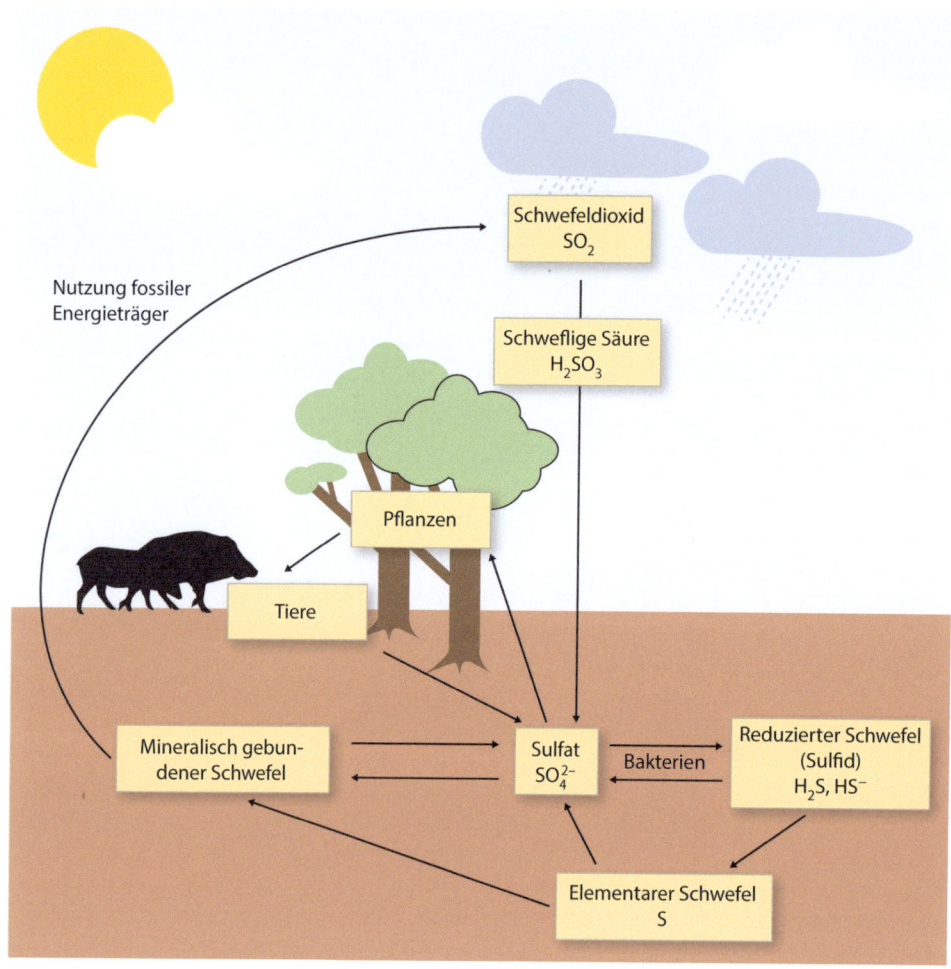

☐ **Abb. 4.21** Schwefelkreislauf in der Biosphäre. (Verändert nach Boenigk 2021, Abb. 36.2, © Springer Nature)

serstoff (H$_2$S), Metallsulfide und -disulfide sowie als elementarer Schwefel (S$_8$). Der globale S-Kreislauf ist in ☐ Abb. 4.21 dargestellt.

Der Hauptanteil des globalen Schwefels ist als **Sulfat** (SO$_4^{2-}$) in Mineralien der Erdkruste gebunden. Vor der Industrialisierung wurde Schwefel vor allem durch Verwitterung in die Biosphäre eingeschleust. Zusätzlich gelangt **Schwefelwasserstoff** mit vulkanischen Gasen aus dem Erdinneren an die Oberfläche oder wird durch anaerobe Zersetzung freigesetzt.

Menschliche Aktivitäten, vor allem die Verbrennung fossiler Energieträger, haben den globalen Schwefelkreislauf grundlegend beeinflusst. Sie sind verantwortlich für die jährliche Freisetzung von 70–100 Mio. t gasförmiger Schwefelverbindungen in die Atmosphäre. Natürliche Vorgänge setzen 20–40 Mio. t frei. Anthropogener Schwefel besteht zum größten Teil aus SO$_x$ (SO$_2$ und geringe Mengen schwefliger Säure (H$_2$SO$_3$). In der Stratosphäre wird SO$_2$ zu Schwefelsäure (H$_2$SO$_4$) umgesetzt und fungiert als Auslöser für die Wolkenbildung. Saurer Regen mobilisiert in den Böden Ca^{2+}, Al^{3+} und verschiedene Schwermetalle. In Nordamerika und Europa wurde daher seit den 1990er-Jahren schwefelreiche Kohle weitgehend durch schwefelarme Brennstoffe ersetzt.

In aquatischen Ökosystemen existiert Schwefel vorwiegend als Sulfat, das durch Phytoplankton und andere phototrophe Organismen aufgenommen, zur SH-Gruppe in Molekülen reduziert und z. B. über Aminosäuren in Proteine eingebaut wird. Beim Abbau toter Biomasse durch Destruenten wird H$_2$S wieder freigesetzt. Unter anaeroben Bedingungen können Sulfat oder elementarer Schwefel als terminale Sauerstoffakzeptoren zur mikrobiellen Oxidation organischer Substanzen verwendet werden (**Desulfurikation**).

Das Schicksal des Schwefels wird letzten Endes durch die Kombination von organischem Detritus, Sauerstoff und Licht bestimmt. Ohne Licht in Gegenwart von Sauerstoff oxidieren **chemolithotrophe Bakterien** H$_2$S, elementaren Schwefel und Thiosulfate und verwenden die dabei gewonnene Energie zur Synthese organischer Substanzen. **Phototrophe, anoxygene Bakterien** oxidieren H$_2$S in der Gegenwart von Licht und sind strikt anaerob (*Chlorobium*, Chlorobiaceae). Diese

4.3 · Das Zusammenspiel vieler Arten

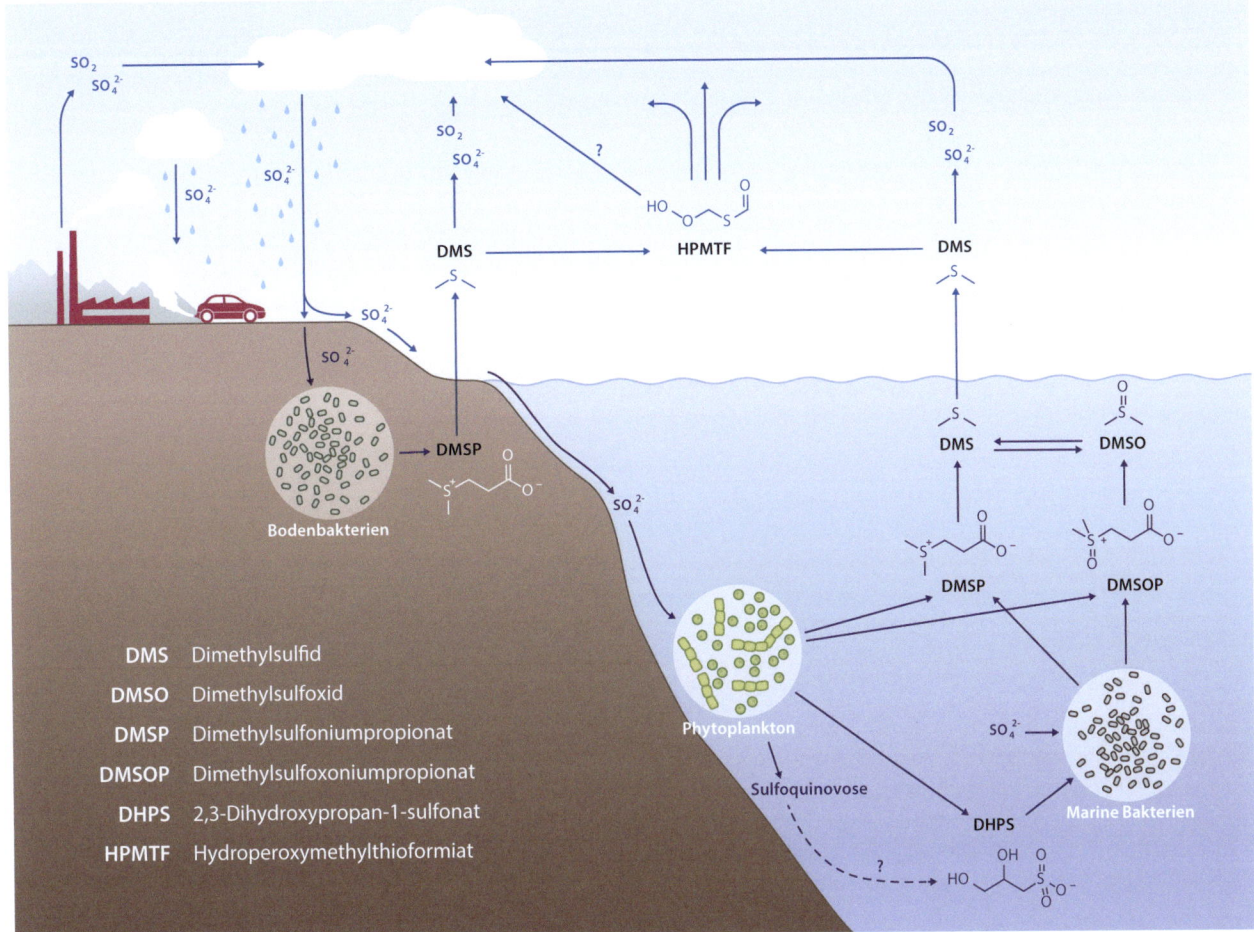

◘ **Abb. 4.22** Die Bildung von Dimethylsulfid als Teil des Organoschwefelkreislaufs im marinen Ökosystem. (© Emde-Grafik)

Bedingungen existieren in einem schmalen Band in der Wassersäule von Seen oder Meeren und können zu enormen Populationen von Schwefelbakterien führen.

Das marine Ökosystem trägt in erheblichem Maße zum globalen Schwefelkreislauf bei. Verschiedene Bakterien und das Phytoplankton produzieren eine Vielzahl an Organoschwefelverbindungen, die auch ineinander umgewandelt werden (◘ Abb. 4.22):

- **Dimethylsulfid** (DMS, $[CH_3]_2S$) umfasst mit etwa 300 Mio. t ein Drittel des atmosphärischen Schwefels und wirkt maßgeblich auf die globale Klimaregulation. Seine Oxidationsprodukte SO_2 und SO_4^{2-} beeinflussen die Wolkenbildung durch Bildung von Aerosolpartikeln, an denen Wasserdampf kondensiert. Die Höhe des Reflexionsschutzes vor Strahlung bestimmt wesentlich das Klima. Über Sulfat fließt das Nährelement mit dem Regen zurück in terrestrische und aquatische Ökosysteme. Über 30 % des DMS werden über den Ozeanen in Hydroxyperoxymethylthioformiat (HPMTF) oxidiert als Ausgangsstoff für SO_2. DMS vermittelt in der Oberflächenschicht der Meere eine mutualistische, tritrophe (umfasst Arten von drei trophischen Stufen) Wechselbeziehung, insbesondere im südlichen Ozean. Verschiedene Kieselalgen (z. B. *Phaeocystis antarctica*, Phaeocystaceae, Phaeocystales) sind im Phytoplankton dominante Produzenten von DMS und werden vom Antarktischen Krill (*Euphausia superba*) aus der Gruppe der Leuchtgarnelen (Euphausiidae, Euphausiacea) und anderen Crustaceen konsumiert. DMS lockt Meeresvögel wie Albatrosse und Sturmvögel an, die das Zooplankton konsumieren. Die Exkremente der Vögel werden dem Ozean als Nährstoffe (z. B. Eisen) zugeführt. Während der Brutzeit dieser Vögel erfolgt der Nährstoffeintrag allerdings in hohem Maße in Böden. Interessanterweise ist DMS im terrestrischen Ökosystem auch ein Sexualhormon des Goldhamsterweibchens.
- **Dimethylsulfoniumpropionat** (**DMSP**) ist die Hauptverbindung zur Synthese von DMS. In verschiedenen

Organismen wird es als Osmolyt synthetisiert (▶ Abschn. 6.4.1) und vom Phytoplankton in großen Mengen produziert. Zahlreiche Bakterien nutzen im nährstoffarmen Ozean DMSP als Schwefel- und Kohlenstoffquelle sowie zur Energiegewinnung. DMSP und DMS sind auch bakterielle Produkte in Sümpfen und Sedimenten der ozeanischen Küstenbereiche.

– Verschiedene Mikroalgen und marine Bakterien synthetisieren **Dimethylsulfoxoniumpropionat (DMSOP)**, das im Meerwasser in Dimethylsulfoxid (DMSO) und DMS umgewandelt wird.
– Kieselalgen (Diatomeen) stellen in hohen Konzentrationen **2,3-Dihydroxypropan-1-sulfonat (DHPS)** her, das Bakterien als Schwefel- und Kohlenstoffquelle verwenden. Ausgangssubstanzen für DHPS ist möglicherweise ein seltener C_6-Zucker (Sulfoquinovose), der anstelle einer Hydroxygruppe eine Sulfonsäuregruppe enthält. Das Molekül ist Teil der Thylakoidmembran in Chloroplasten (▶ Abschn. 5.1.2.1).

4.3.7 Schlüsselarten, Ökosystemingenieure und trophische Kaskaden

Die Quantifizierung von Energie- und Stoffflüssen zwischen den Arten kann auch für einfache Nahrungsnetze sehr komplex sein, besonders wenn wir Mikroorganismen und Parasiten berücksichtigen (◘ Abb. 4.14). Sie gibt erste Hinweise darauf, welche Arten besonders einflussreich sind, indem sie z. B. die Primärproduktion oder Abbauprozesse dominieren. Allerdings lässt sich die Häufigkeit einer Art nicht immer mit ihrem Einfluss auf die Diversität einer Gemeinschaft gleichsetzen. Als **Schlüsselarten** (*keystone species*) bezeichnet man Arten, deren Entfernen die Artenvielfalt und -zusammensetzung der Biozönose überproportional verändert. Bei Schüsselarten handelt es sich meistens um Prädatoren, deren Fraßdruck die Populationsdichte ihrer Beutetiere stark verringert. Das schwächt die Bedeutung der zwischenartlichen Konkurrenz und ermöglicht eine hohe Biodiversität auf der tieferen trophischen Stufe. Als erster beschrieb Robert Paine dieses Phänomen mit dem Seestern als Schlüsselräuber in einer Lebensgemeinschaft von sessilen Muscheln, Schnecken und Seepocken (▶ Abschn. 4.1.2).

Als **Ökosystemingenieure** bezeichnet man Arten, die einen Lebensraum tiefgreifend verändern. Dazu zählt man z. B. Regenwürmer und Ameisen, die entscheidend die Struktur und Funktionen eines Bodens beeinflussen. Als klassisches Modell eines Ökosystemingenieurs gilt der Biber. Er verändert durch das Fällen von Bäumen und die Konstruktion eines Staudamms die Lebensbedingungen und dadurch die Verteilung und Häufigkeit der ursprünglich vorhandenen Arten stark. Gleichzeitig wird aber auch neuer Lebensraum für einwandernde Arten geschaffen.

Aus den thermodynamischen Grundgesetzen ergibt sich, dass die Produktivität mit jeder trophischen Stufe abnimmt (**ökologische Pyramide**, ◘ Abb. 4.12). Es gibt deshalb mehr Pflanzen als Pflanzenfresser und mehr Pflanzenfresser als Fleischfresser. Das Resultat ist die typische trophische Pyramide (**Bottom-up-Kontrolle**; ◘ Abb. 4.12). Oft wird die Produktion der Pflanzenfresser jedoch von einer höheren Stufe beeinflusst (**Top-down-Kontrolle**). So können Fleischfresser Anzahl und Biomasse der Pflanzenfresser kontrollieren. Die Prädatoren bestimmen also indirekt durch ihren Druck auf Herbivoren die Biomasse der Primärproduzenten. Dieser indirekte Effekt wird als **trophische Kaskade** bezeichnet und umfasst mindestens drei trophische Stufen. Kaskaden über vier bis fünf Stufen kommen vor, sind aber selten (◘ Abb. 4.23).

Vor allem von aquatischen Systemen sind mehrere trophische Kaskaden bekannt. So findet man in Seen häufig die folgende Nahrungskette: Raubfische fressen kleinere Fische fressen Zooplankton fressen Phytoplankton. Das Entfernen der Raubfische erlaubt eine Massenvermehrung der kleineren Fische, was sich negativ auf Zooplanktonpopulationen auswirkt, wovon letzten Endes das Phytoplankton (Primärproduzenten) profitiert.

An der kanadischen Ostküste führte die Überfischung des Hummers zu einem starken Rückgang der Seetangwälder. Grund war die verstärkte Beweidung des Seetangs durch Seeigel, deren Populationen früher durch den Hummer in Schach gehalten wurden.

Berühmt sind auch die Studien im Yellowstone-Nationalpark (Wyoming, Montana und Idaho in den USA; Gable et al. 2020). Über Jahrzehnte hatte man einen Rückgang der Amerikanischen Zitterpappel (*Populus tremuloides*, Salicaceae, Malpighiales) an den Ufern von Bächen und Flüssen beobachtet. Eine der Hauptursachen war der Wildverbiss der Jungpflanzen durch Wapitihirsche. Nach der Einführung des Wolfs in 1994/1995 erholten sich die Uferwälder. Die Ursachen dafür sind komplex. Einerseits sank die Populations-

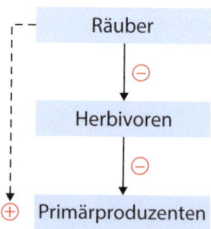

◘ **Abb. 4.23** Kontrollmechanismen in einer trophischen Kaskade. (Nach Silliman und Angelini 2012, Abb. 1 © Springer Nature)

dichte der Hirsche, was den Wildverbiss verringerte. Andererseits verhinderte die Bedrohung durch Wölfe das ungestörte Äsen und damit die vollständige Zerstörung der Jungbäume in einem Gebiet. Auch Biber spielen offenbar eine wichtige Rolle: Übermäßige Begrasung durch Hirsche entzieht ihnen die Nahrungsgrundlage. Sobald die Uferwälder sich wieder entwickeln konnten, kehrten die Biber zurück. Ihre Staudämme überfluteten die Bachauen, was wiederum den Wapitis den Zugang erschwerte. In nördlichen Wäldern werden Biberpopulationen (und damit die Schaffung und Erhaltung von Teichen und Feuchtgebieten) auch direkt durch Wolfprädation kontrolliert.

Pathogene und Parasiten können ebenfalls komplexe trophische Kaskaden auslösen (Fischhoff et al. 2020). Eine Rinderpestepidemie dezimierte die Populationen von Gnus der ostafrikanischen Savanne (Holdo et al. 2009). Sie erholten sich, nachdem in den 1960er-Jahren die Rinderpest weitgehend kontrolliert wurde. Ihre erhöhte Aufnahme von Pflanzenmaterial verringerte die Häufigkeit von Wildfeuern, was wiederum erhöhte Primärproduktion und Überleben von Bäumen erlaubte. Das Ökosystem wandelte sich von einer CO_2-Quelle zu einer CO_2-Senke.

Der **Rinderpestvirus** fungiert als Prädator eines Herbivoren. Häufig spielen auch Pathogene die Rolle eines Herbivoren, indem sie Primärproduzenten befallen. Dabei ist es wichtig, zwischen Kaskaden auf Stufe der Populationen oder Gemeinschaften zu unterscheiden. Unkontrolliert agierende Herbivoren oder Pathogene können selektiv dominante Art zurückdrängen, die möglicherweise durch eine resistentere Art ersetzt wird. So wurden die enormen Bestände der amerikanischen Kastanie (*Castanea dentata*, Fagaceae, Fagales) durch den Ascomyceten *Cryphonectria parasitica* (Cryphonectriaceae, Diaporthales) weitgehend ausgerottet. Das **Ulmensterben** in Europa und Nordamerika wurde ebenfalls durch Pilze verursacht (drei Arten von *Ophiostoma*, Ophiostomataceae, Ophiostomatales), deren Sporen durch Borkenkäfer verbreitet werden. In beiden Fällen führte das zu tiefgreifenden Änderungen in den Nahrungsnetzen. Besonders eindeutig war das im Fall der Kastanienbäume, deren Früchte für Wildtiere von großer Bedeutung sind. Funktional, auf der Stufe des Ökosystems, ist die Primärproduktion jedoch weitgehend gleich geblieben. Andere Arten haben die Lücken schnell gefüllt, ein Hinweis auf die Bedeutung der Biodiversität als Versicherung der ökologischen Resilienz (▶ Abschn. 4.7). Für eine klassische trophische Kaskade müssten wir potenzielle Prädatoren der pathogenen Pilze miteinbeziehen. Infrage kommen vor allem Viren. Über ihre Bedeutung in natürlichen Ökosystemen ist wenig bekannt.

Kaskadeneffekte demonstrieren eindrücklich die Vernetzung in Ökosystemen. Geringe Modifikationen eines Glieds können dramatische Veränderungen in scheinbar nur lose verknüpften Arten nach sich ziehen. Die Herausforderung für den Ökologen besteht darin, solche Konsequenzen zu identifizieren und besonders folgenreiche Veränderungen zu verhindern. Dabei ist es leicht, sich eine Kette von möglichen Kausalzusammenhängen auszudenken (oder einzubilden). So wusste Charles Darwin, dass Hummeln eine wichtige Rolle bei der Bestäubung von Rotklee spielen und dass Katzen oft Hummelnester zerstören. Daraus schloss er, dass die Häufigkeit des Klees durch Katzen kontrolliert wird. Das ist zwar möglich, jeder Schritt müsste aber empirisch belegt werden. So müsste man die Aktivitäten von alternativen Bestäubern untersuchen. Gibt es sie und könnten sie Hummeln ersetzen? Wie häufig ist die Zerstörung von Hummelnestern durch Katzen? Werden dadurch die Hummelpopulationen und ihre Aktivitäten merklich gesenkt? Besonders die Populärliteratur unterliegt oft der Versuchung, sich auf die Beschreibung solcher Ketten zu beschränken, ihre Bedeutung als gegeben zu betrachten und mit weiteren Gliedern zu verknüpfen. In erweiterten Versionen beginnt Darwins Hummelgeschichte mit alleinstehenden Frauen, die häufig Katzen als Gesellschaft halten. Klee dient als Futter für Rinder und gepökeltes Rindfleisch war eine wichtige Nahrungsgrundlage der britischen Seeleute. Man könnte daraus zu folgern, dass alleinstehende Frauen und ihre Katzen wesentlich zur Eroberung des britischen Weltreichs beitrugen. In diesem Fall ist die Schlussfolgerung offensichtlich absurd. Sie kann aber als Warnung davor dienen, die enorme Vernetzung in Ökosystemen als statisch und leicht Interpretier- und manipulierbar zu betrachten. Vielmehr beruht die Resilienz der Ökosystemfunktionen weitgehend auf der Flexibilität und Redundanz ihrer Glieder.

4.4 Die Grüne-Welt-Hypothese

Im Jahre 1960 veröffentlichten Nelson Hairston, Frederick Smith und Lawrence Slobodkin einen einflussreichen Artikel über die Natur der Kontrollen, die unbeschränktes Wachstum natürlicher Populationen verhindern. Sie stellten darin die sogenannte Grüne-Welt-Hypothese vor. Ausgangspunkt ist die Beobachtung, dass heutzutage die Bildung und Akkumulation von fossilen Brennstoffen im Vergleich zur jährlichen Energiefixierung durch Photosynthese gering sind. Praktisch die gesamte Energie fließt durch die Biosphäre. Daraus kann man schließen, dass die Biosphäre insgesamt durch die jährlich fixierte Energiemenge limitiert ist. Im Besonderen muss das Wachstum der Destruenten (Pilze und Bakterien) durch die verfügbare Nahrung begrenzt sein, da sie Pflanzen- und Tierreste abbauen, deren Ansammlung zu fossilen Brennstoffen führen könnte.

Die Populationen von Organismengruppen, die keinen Ressourcenmangel leiden, müssen durch andere Faktoren kontrolliert werden. Die großflächige Zerstörung von Landpflanzen durch ihre Feinde (z. B. Insekten) oder durch Wetterkatastrophen ist selten. Natürliche Ökosysteme sind voll von höchstens leicht beschädigten Pflanzen, in anderen Worten: „**Die Welt ist grün.**" Pflanzenpopulationen werden deshalb in der Regel weder durch natürliche Katastrophen noch durch Herbivoren (Pflanzenfresser) eingeschränkt. Stattdessen werden sie durch Erschöpfung ihrer Ressourcen wie Licht, Wasser und anorganische Nährstoffe kontrolliert.

Gelegentlich kommt es jedoch zur Massenvermehrung von Herbivoren und ein großer Teil der Vegetation kann zerstört werden. So können sich Ziegen, die auf Inseln ausgesetzt werden, ohne natürliche Feinde und ohne menschliche Kontrolle epidemieartig vermehren und dabei der Vegetation verheerende Schäden zufügen. Ähnliche Probleme entstehen in Zentraleuropa durch die Massenvermehrung von Rehen und Hirschen wegen der weitgehenden Ausrottung von größeren Raubtieren. Herbivoren können also die Vegetation sichtbar schädigen, wenn sie genügend hohe Konzentrationen erreichen. Normalerweise tun sie das nicht. Die Größe ihrer Populationen wird deshalb nicht durch die verfügbare Nahrung eingeschränkt. Die Alternative, die von Hairston et al. (1960) vorgeschlagen wurde, beruht auf der Kontrolle der Herbivoren durch biologische Feinde. Danach werden durch Räuber und Parasiten die Populationen der meisten Pflanzenfresser auf einem so tiefen Niveau gehalten, dass ihnen ein Überfluss von Nahrung zur Verfügung steht. Weiter kann man daraus schließen, dass die Feinde der Herbivoren ihre eigene Nahrung so stark ausnutzen, dass sie darum konkurrieren müssen. In Landökosystemen wären also grüne Pflanzen, Destruenten (saprotrophe Pilze und Bakterien) und Räuber durch Konkurrenz limitiert. Als alternative (oder ergänzende) Erklärung des begrenzten Einflusses von Herbivoren auf Pflanzenpopulationen werden morphologische (z. B. Dornen) und chemische

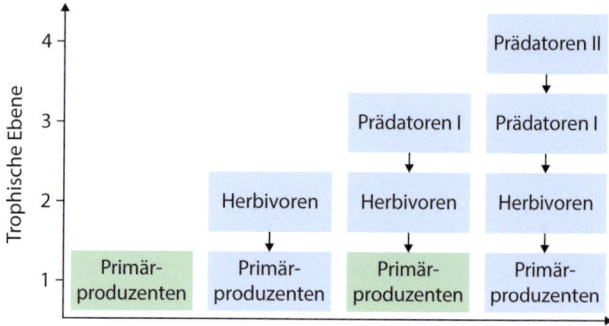

• **Abb. 4.24** Nach der Fretwell-Oksanen-Hypothese erscheint die Welt grün, wenn die Aktivität der Herbivoren beschränkt ist, entweder durch sehr geringe Primärproduktion oder durch aktive Prädatoren. (Nach Tadesse 2017, Abb. 2, © Springer Nature)

(spezialisierte Metaboliten) als Abwehrmaßnahmen der Pflanzen vorgeschlagen (▶ Abschn. 10.4).

Die Grüne-Welt-Hypothese wurde auf Inseln in einem neu geschaffenen Dammsee in Venezuela überprüft. Blattschneiderameisen, Iguanas und Brüllaffen waren die dominanten Herbivoren; auf kleinen Inseln fehlten Feinde der herbivoren Wirbeltiere. Wie die Grüne-Welt-Hypothese voraussagt, sank als Folge die Dichte der Baumsprösslinge nach elf Jahren auf 37 % und nach 16 Jahren auf 25 % der Kontrollinseln mit Prädatoren. Zumindest in diesem System wird die Primärproduktion klar durch eine trophische Kaskade kontrolliert.

Die Grüne-Welt-Hypothese setzt drei trophische Ebenen voraus. Bei durch Klima und Nährstoffe stark eingeschränkter Primärproduktion kann die Herbivorenbiomasse zu gering sein, um eine dritte Stufe zu ermöglichen, aber genügend aktiv, um die Pflanzenbiomasse zu kontrollieren. Bei extrem geringer Primärproduktion werden auch Herbivoren weitgehend ausgeschaltet. Bei sehr produktiven Systemen sind weitere Stufen möglich, was wiederum den Endeffekt auf die Primärproduktion entscheidend verändern kann. Diese komplexen Zusammenhänge zwischen Produktivität von Standorten, Anzahl trophischer Stufen und Kontrolle der Vegetation wurden in der **Fretwell-Oksanen-Hypothese** zusammengefasst (• Abb. 4.24). Die Anzahl der trophischen Stufen bestimmt, ob ein Ökosystem grün erscheint, d. h. durch Pflanzenressourcen kontrolliert wird.

4.5 Ökologische Dienstleistungen und Gesundheit eines Ökosystems

Aus dem Zusammenspiel der verschiedenen Populationen ergeben sich Eigenschaften, die wir als Ökosystemfunktionen bezeichnen. Dazu gehören Produktion und Abbau von Pflanzenbiomasse, Filterung und Speicherung von Wasser, Bodenbildung, Bestäubung der Pflanzen, Nahrungsketten und -netze, Stoff- und Energieflüsse. Viele Aspekte dieser Leistungen sind für das Überleben und Wohlergehen der Menschheit unentbehrlich. Sie werden als **Dienstleistungen** bezeichnet und müssten bei ihrem Entfallen durch Technik ersetzt werden. Kosten für diese Ersatzleistungen werden als Wert der Ökosystemdienste bezeichnet. Costanza et al. (1997) schätzten den jährlichen Gesamtbetrag auf 33.000 Mrd. US-Dollar, was rund dem Doppelten des globalen Bruttosozialprodukts entspricht.

Die Vereinten Nationen veröffentlichten 2005 einen Bericht zum Millenium Ecosystem Assessment. Die Autoren unterschieden vier Kategorien von Ökosystemdienstleistungen (nach Weber 2018):

- **Bereitstellende Dienstleistungen** (*provisioning services*): Bereitstellung von Nahrung, sauberem Wasser, Bau- und Brennmaterialien, Rohstoffe für Arzneimittel
- **Regulierende Dienstleistungen** (*regulating services*): Regulierung von Klima, Wasserqualität, Abfallbeseitigung, Schutz vor Überflutungen und anderen Naturkatastrophen; Bestäubung von Wild- und Kulturpflanzen
- **Kulturelle Dienstleistungen** (*cultural services*): Erholung, Naturtourismus, ästhetische und spirituelle Aspekte
- **Unterstützende Dienstleistungen** (*supporting services*): Bodenbildung, Sauerstoffbildung, Nährstoffkreisläufe, genetische Vielfalt

Ökosystemfunktionen, die der Mensch nutzt, werden als Dienstleistungen kategorisiert. Die Unterscheidung ist jedoch nicht absolut und kann kulturbedingt sein. Naturnahe Gesellschaften beziehen einen größeren Anteil ihrer Nahrung, Arzneien und Gebrauchsstoffe von Wildpflanzen und -tieren. Zusätzlich haben ökologische Funktionen mehrere Aspekte. Wir bezeichnen Pflanzen, von denen wir keinen direkten Nutzen haben, als Unkräuter. Sie tragen jedoch auch zur Bodenstabilisierung bei, bieten Nahrung für Bestäuber und entfernen CO_2 aus der Atmosphäre – alles Funktionen, die wir als Dienstleistungen interpretieren können. Der Beziehungen zwischen Ökosystemfunktionen und -dienstleistungen sind deshalb selten eindeutig.

Ein verwandtes Konzept ist jenes der **Ökosystemgesundheit** (*ecosystem health*), oft mit **Ökosystemintegrität** gleichgesetzt. Die International Society for Ecosystem Health sieht als ihre Mission „das Verstehen der kritischen Verknüpfungen zwischen menschlichen Aktivitäten, ökologischem Wandel und menschlicher Gesundheit", eine klar anthropozentrische Definition.

Ökosystemgesundheit kann sich auch auf die Gesundheit des Ökosystems selbst beziehen. Damit wird suggeriert, dass ein Ökosystem gesund oder krank sein kann, analog zu einem menschlichen oder tierischen Körper. Das Konzept lehnt sich an die **Gaia-Hypothese** an (▶ Abschn. 4.3.2), wonach Ökosysteme Superorganismen sind, welche sich an die Umwelt anpassen können und sie aktiv für ihre Bedürfnisse umgestalten. Daraus wird geschlossen, dass ein gesundes Ökosystem stabil und gegen Störungen widerstandsfähig ist und zum Ausgangszustand zurückkehren kann (Resilienz). Seine Struktur (Artenzusammensetzung) und Funktionen sind stressresistent (für Biodiversität und Stabilität siehe ▶ Abschn. 4.7). Das Problem ist die Definition objektiver, kohärenter Kriterien (Indikatoren) der „gesunden" Ausgangslage. In einer mehrjährigen Studie in Neuseeland wurden traditionelle und funktionale Gesundheitsindikatoren in einem Fließgewässer verglichen (Young et al. 2006). Die traditionellen Kriterien waren Konzentrationen von Stickstoff und Phosphor und ein Index, basierend auf der Wirbellosengemeinschaft. Als funktionale Kriterien wurden Kombinationen von Sauerstoffverbrauch (durch Atmung) und -freisetzung (durch Photosynthese) sowie Messungen von Abbauprozessen (Laubblätter, Holzstäbchen) verwendet. Sie stützten sich somit auf die zwei wohl fundamentalsten Ökosystemfunktionen: Primärproduktion und Abbau. Trotzdem fanden die Autoren „überraschend wenige Korrelationen zwischen den Gesundheitsindikatoren". Mit anderen Worten: Je nach benutztem Kriterium gelangt man zu verschiedenen Schlüssen, was die Ökosystemgesundheit betrifft.

Zusätzlich spielen anthropozentrische Gesichtspunkte eine dominante Rolle. Häufig wird Gesundheit mit der nachhaltigen Nutzung von Ökosystemen verknüpft. Das können ökonomische (Ertrag in Fischerei, Waldwirtschaft) oder ästhetische Ziele (Wald als Erholungsgebiet) sein. In traditioneller Forstwirtschaft wurden tote, zerfallende Äste und Bäume oft als störend empfunden und entfernt. Dabei bilden sie die Nahrungsgrundlage von artenreichen Pilz- und Wirbellosengemeinschaften. Oder wir empfinden Ökosysteme als gesund, wenn Herbivoren wie Rehe und Hirsche durch Raubtiere (oder Jäger) unter Kontrolle gehalten werden, damit die Vegetation nicht übermäßig gestresst wird.

Die Schutzgemeinschaft Deutscher Wald listet vier Hauptgründe, weshalb gesunde Wälder wichtig sind, nämlich ihre Nutzungsfunktion, Schutzfunktion, Erholungsfunktion und Bildungsfunktion. Das sind natürlich überzeugende Gründe, den Wald zu erhalten und zu schützen. Es ist jedoch schwierig, daraus eindeutige Kriterien für die Gesundheit des Walds abzuleiten.

Anstatt ein Ökosystem holistisch zu bewerten, können wir uns auf ausgewählte Arten konzentrieren. Zeigerarten sind Arten mit einer engen Toleranz oder Präferenz für bestimmte Umweltfaktoren. Ihr Vorkommen gibt uns deshalb Hinweise auf lokale Bodeneigenschaften, klimatische Bedingungen und das Vorkommen von Schadstoffen. Einige Beispiele für **Zeigerpflanzen** sind in ◘ Tab. 4.2 zusammengefasst, mit Illustrationen in ◘ Abb. 4.25.

Ein in Mitteleuropa weit verbreiteter Ansatz zur Beurteilung der biologischen Qualität von Fließgewässern ist das **Saprobiensystem**. Es beruht auf einer Verknüpfung von organischer Belastung mit Indikatorarten. Traditionell werden vier **Güteklassen** unterschieden (vereinfacht nach Munk 2009).

- **Oligosaprob** (Güteklasse I): kaum verunreinigt, hoher O_2-Gehalt, viele Insektenlarven; Indikatoren: *Asterionella formosa* (Fragilariaceae, Fragilariales), *Planaria alpina* (Planariidae, Tricladida), *Margaritifera margaritifera* (Margaritiferidae, Unionida), *Perla bipunctata* (Perlidae, Plecoptera)
- **ß-Mesosaprob** (Güteklasse II): mäßig verunreinigt, hohe Artenvielfalt, viele Fische; Indikatoren: *Dendrocoelum lacteum* (Dendrocoelida, Tricladida), *Ancylus fluviatIlis* (Planorbidae, Gastropoda), *Cloeon dipterum* (Baetidae, Ephemeroptera), *Hydropsyche lepida* (Hydropsychidae, Trichoptera).
- **α-Mesosaprob** (Güteklasse III): stark verunreinigt, hoher Gehalt löslicher Abbauprodukte wie Aminosäuren, viele Bakterien und Protozoen, aber auch Muscheln, Krebse, Insektenlarven und Fische; Indikatoren: *Paramecium caudatum* (Parameciidae, Peniculida), *Spirostomum ambiguum* (Spirostomidae, Ciliata), *Erpobdella atomaria* (Erpobdellidae, Arhynchobdellida), *Sphaerium corneum* (Spheriidae, Sphaeriida), *Stratiomys chamaeleon* (Stratiomyidae, Diptera).
- **Polysaprob** (Güteklasse IV): sehr stark verunreinigt, hoher Gehalt an organischen Stoffen, O_2-Mangel, H_2S-Bildung, vor allem Bakterien und Protozoen; Indikatoren: *Amoeba limax* (Lobosea), *Euglena viridis* (Euglenaceae, Euglenida), *Tubifex tubifex* (Naididae, Tubifixida), *Chironomus thummi* (Chironomida, Diptera), *Eristalis tenax* (Syrphidae, Diptera).

Seen und autotrophe Flussabschnitte (Primärproduktion überwiegt importierte Produktion; Kap. xx) werden nach ihrer Produktivität (Trophie) in oligotroph, mesotroph und eutroph eingeteilt. Auch hier können Indikatorarten definiert werden. Häufig wird stattdessen die Phosphatkonzentration im Frühjahr als Maß der Produktivität verwendet.

◘ **Tab. 4.2** Zeigerpflanzen für Bodentyp und Versorgung mit Licht. (Nach Ellenberg 2001)

Bodentyp	Zeigerpflanze
Stickstoffreich	a *Urtica dioica* (*Brennnessel*, Urticaceae, Rosales)
	b *Galium aparine* (*Kletten-Labkraut*, Rubiaceae, Gentianales)
Stickstoffarm	c *Sedum acre* (*Scharfer Mauerpfeffer*, Crassulaceae, Saxifragales)
Sauer	d *Rumex acetosella* (*Kleiner Sauerampfer*, Polygonaceae, Caryophyllales)
	e *Vaccinium myrtillus* (*Heidelbeere*, Ericaceae, Ericales)
Alkalisch	f *Anthyllis vulneraria* (*Echter Wundklee*, Fabaceae, Fabales)
Kalkhaltig	g *Pulsatilla vulgaris* (*Kuhschelle*, Ranunculaceae, Ranunculales)
	h *Consolida regalis* (*Acker-Rittersporn*, Ranunculaceae, Ranunculales)
Feucht	i *Trollius europaeus* (*Trollblume*, Ranunculaceae, Ranunculales)
Salzhaltig	j *Salicornia europaea* (*Queller*, Amaranthaceae, Caryophyllales)
Versorgung mit Licht	
Lichtzeiger	k *Helianthemum nummularium* (*Gelbes Sonnenröschen*, Cistaceae, Malvales)
Schattenzeiger	l *Sauerklee* (*Oxalis acetosella*, Oxalidaceae, Oxalidales)

4.5 · Ökologische Dienstleistungen und Gesundheit eines Ökosystems

◘ **Abb. 4.25** Zeigerpflanzen für Bodentyp und Lichtversorgung. **a** *Urtica dioica.* **b** *Gallium aparine.* **c** *Sedum acre.* **d** *Rumex acetosella.* **e** *Vaccinium myrtillus.* **f** *Anthyllis vulneraria.* **g** *Pulsatilla vulgaris.* **h** *Consolida regalis.* **i** *Trollius europaeus.* **j** *Salicornia europaea.* **k** *Helianthemum nummularium.* **l** *Oxalis acetosella.* (© **a** wiha3, **b** RRF, **c** O.Riepe, **d** LFRabanedo, **e** alexmak, **f** Marc, **g** Katarzyna, **h** Oleh Marchak, **i** scimmery1, **j** Thorsten Schier, **k** Jon Benedictus, **l** Ruckszio, alle ► stock.adobe.com)

Abb. 4.25 (Fortsetzung)

4.6 Metabolische Theorie und ökologische Stöchiometrie

Ein relativ neuer Ansatz verknüpft die **metabolische Theorie** mit **ökologischer Stöchiometrie** (Brown et al. 2004). Dabei wird der Metabolismus (Gesamtstoffwechsel) eines Organismus über den Sauerstoff- (heterotrophe Organismen) oder Kohlendioxidverbrauch (autotrophe Organismen) gemessen. Dieser Kennwert variiert in Abhängigkeit von Körpergröße, Temperatur und Stöchiometrie.

Im engeren Sinne befasst sich die **ökologische Stöchiometrie** mit den atomaren Proportionen verschiedener Elemente in der Umwelt oder in Organismen. Alfred Redfield analysierte 1934 den Gehalt von C, N und P in Phytoplankton und im freien Wasser. Er fand, dass ihre molaren Proportionen erstaunlich konstant und nahe bei 106:61:1 waren (Redfield-Ratio oder Redfield-Verhältnis). Abweichungen können oft auf breite phylogenetische Unterschiede zurückgeführt werden, welche Körpergröße, Wachstumsraten und Stützstrukturen beeinflussen. So haben Mikroorganismen oft einen erhöhten P-Gehalt, weil ihre hohe Wachstumsrate viel RNA voraussetzt. Hohe P-Werte bei Wirbeltieren lassen sich auf den Phosphorgehalt in den Knochen zurückführen.

Energie und Materie sind durch Chemie und Metabolismus eng verknüpft. Das Endziel von metabolischer Theorie ist ein Verständnis, wie metabolische Raten ökologische Prozesse von Individuen zu Nahrungsnetzen zur gesamten Biosphäre kontrollieren. Kombiniert mit der Stöchiometrie kann dies zu einem besseren Verständnis führen, wie der Klimawandel (höhere Temperatur, mehr CO_2) Biozönosen und Nahrungsnetze beeinflussen wird.

Die klassische ökologische Stöchiometrie stützt sich im Wesentlichen auf die Elemente C, N und P. Natürlich spielen andere Nährelemente ebenfalls eine Rolle und können die ökologische Nischenbildung beeinflussen. K, Mg, Fe, Ca, Mo, Mn und Zn beeinflussen oder ermöglichen spezifische metabolische Funktionen wie Photosynthese, Atmung, Regulierung des intrazellulären pH-Werts etc. (▶ Abschn. 6.5). Letzten Endes wirkt sich das auf die ökologischen Merkmale aus. So wurde erhöhte Dürreresistenz mit dem K-Gehalt korreliert. Verschiedene Arten entwickelten spezifische Kombinationen von biochemischen und physiologischen Fähigkeiten, welche eine optimale Mischung der verschiedenen

Bioelemente bestimmen und insgesamt ihre Nische definieren. Beruhend auf Hutchinsons Hypervolumenmodell lässt sich eine biogeochemische Nische ableiten (Peñuelas et al. 2019), wobei individuelle Elemente als Achsen dienen. Die Gesamtheit aller Elemente innerhalb einer Art wird als **Elementom** bezeichnet. Unterschiede zwischen Arten werden u. a. durch Taxonomie, phylogenetische Distanz und Geografie beeinflusst. Im Vergleich zu anderen Konzepten kann die biochemische Nische problemlos durch chemische Analysen bestimmt werden. Allerdings sind mögliche Beziehungen zwischen dem Elementom und biologischen und ökologischen Merkmalen einer Art noch weitgehend unbekannt.

4.7 Biodiversität und ökologische Stabilität

4.7.1 Was ist ökologische Stabilität?

In der Literatur findet man 167 verschiedene Definitionen von Stabilität und 70 verschiedene Konzepte. Im weitesten Sinne versteht man unter Stabilität die Beständigkeit eines Systems auch bei äußeren Einwirkungen (Stress) und die Fähigkeit, diesen Störungen entgegenzuwirken und den ursprünglichen Zustand wieder zu erreichen. Stabilität ist nicht absolut: Wird ein spezifischer Schwellenwert (*tipping point*) der biotischen und abiotischen Bedingungen überschritten, kann sich das System irreversibel verändern. Möglicherweise wird dabei ein alternativer stabiler Zustand erreicht, charakterisiert durch eine neue Kombination von abiotischen und biotischen Bedingungen und mindestens vorübergehend resistent gegenüber weiteren Veränderungen.

Schaefer (2012) definiert vier Grundtypen der Stabilität (◘ Abb. 4.26):
- **Konstanz**: Ohne Störungen verändert sich das Ökosystem nicht. Beispiele wären Klimaxstadien von Sukzessionen, etwa Wälder, die sich über Jahrzehnte, im Extremfall über Jahrhunderte, wenig verändern.
- **Zyklizität**: Auch ohne Störungen verändert sich das Ökosystem kontinuierlich, kehrt aber periodisch in den Ausgangszustand zurück. Das trifft für die meisten Wälder zu, die sich nach der Klimax sukzessive in Zerfalls-, Initial- und Reifestadien entwickeln.
- **Resistenz**: Bei Störungen verändert sich das Ökosystem nicht.
- **Elastizität**: Bei Störungen verändert sich das Ökosystem, kehrt aber bei Beendigung der Störung in die Ausgangslage zurück.

Verwandte Begriffe sind Persistenz (im Sinne von Konstanz oder Resistenz) und Resilienz (die Geschwindigkeit der Rückkehr in den Ausgangszustand nach einer Störung).

4.7.2 Strukturelle Aspekte

Eine zentrale Frage in der Ökologie betrifft die Beziehungen zwischen Biodiversität und Stabilität. Bei der Unschärfe dieser Begriffe überrascht es nicht, dass keine einfache, allgemeingültige Antwort möglich ist. Eine wichtige Unterscheidung ist jene in strukturelle und funktionale Aspekte.

Unter Struktur eines Ökosystems verstehen wir die Vielfalt der Arten und ihre relativen Häufigkeiten. Nach der klassischen **Diversitäts-Stabilitäts-Hypothese**, die auf Charles Elton zurückgeht (1900–1991), können komplexe Systeme Störungen besser auffangen. Mathematische Modelle von Robert May in den 1970er-Jahren zeigten jedoch, dass Elastizität und Persistenz von Nahrungsnetzen mit ihrer Diversität und Komplexität sinken. Starke Störungen hätten also schwerwiegendere Folgen in diversen Ökosystemen, einfache Ökosysteme wären am stabilsten und natürliche Systeme sollten sich also in Richtung geringerer Komplexität entwickeln. Dem widersprechen die hohe Diversität und Stabilität vieler natürlicher Systeme wie des tropischen Regenwalds und der Korallenriffe. Andererseits sind auch natürliche Monokulturen wie Röhrichte und Seegraswiesen ausgesprochen stabil. Die Lösung dieses Paradoxons mag in der Annahme der theoretischen Modelle liegen, dass die Struktur der Nahrungsnetze und Stoffflüsse zwischen den Arten zufällig verteilt sind. In Wirklichkeit beeinflussen Körpergröße, Respirations- und Fressraten spezifische zwischenartliche Verknüpfungen, was eine hohe Stabilität ermöglicht.

Verknüpft mit der Resilienz einer Gemeinschaft ist die Fähigkeit, gebietsfremde Einwanderer (Neobiota) auszuschließen (▶ Abschn. 14.7). Typischerweise sind Immigranten am erfolgreichsten in nährstoffreichen, klimatisch günstigen Biotopen mit ausgeprägten

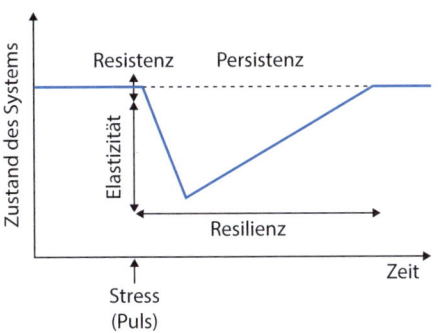

◘ Abb. 4.26 Aspekte der Stabilität als Reaktion auf eine Störung. Die blaue Linie zeigt den jeweiligen Zustand des Systems (Nach Schaefer 2012, S. 274, Abb. 50 © Springer Nature)

anthropogenen Eingriffen wie in landwirtschaftlichen oder städtischen Gebieten. Außerdem sind Inselgemeinschaften anfälliger gegenüber Fremdarten, weil aufgrund der Zufallsbesiedlung (▶ 4.2.4) nicht alle Nischen besetzt werden.

In lokalen Gemeinschaften korreliert Diversität in der Regel mit Resistenz gegenüber Einwanderern. Über größere Regionen sind jedoch native und invasive Diversität positiv verknüpft. Dafür verantwortlich sind die Heterogenität der Ressourcen und die Unterteilung in Metapopulationen.

4.7.3 Funktionale Aspekte

Anstatt der Identität spezifischer Arten können wir spezifische ökologische Funktionen wie Photosynthese oder Abbau organischer Substanz mit Biodiversität in Verbindung setzen (◘ Abb. 4.27). Nach der sogenannten Nullhypothese besteht keine Beziehung zwischen Artenzahl und Ökosystemfunktionen. Voraussetzung ist, dass mindestens eine Art vorhanden ist. Jede Art ist funktional gleichwertig und deshalb ersetzbar. Es ist eine extreme Form des **Redundanzmodells** (◘ Abb. 4.27a), in der mehrere Arten eine ähnliche Funktion haben. Am wahrscheinlichsten sind solche Beziehungen, wenn die untersuchten Arten zur selben Gilde oder trophischen Stufe gehören (z. B. pflanzliche Primärproduzenten, laubfressende Wirbellose). Bei tiefen Werten steigt die Funktion (Primärproduktion, Laubabbau) schnell mit der Artenzahl an, erreicht aber bald einen Sättigungspunkt und die Funktion nähert sich einer Asymptote. Die damit verwandte **Nietenhypothese** geht auf Ehrlich und Ehrlich (1981) zurück. Sie verglichen ein Ökosystem mit einem Flugzeug, bei dessen Konstruktion zur Absicherung mehr Nieten als unbedingt notwendig eingesetzt wurden. Fallen eine oder mehrere Nieten (Arten) aus, funktioniert das Flugzeug (Ökosystem) weiterhin, bis eine untere Schwelle erreicht wird. Jeder weitere Verlust einer Niete kann zum Absturz oder zum Kollaps der betroffenen Funktion führen.

Nach der **Komplementärhypothese** (◘ Abb. 4.27b) erhöht jede zusätzliche Art die ökologische Funktion und die Arten ergänzen sich gegenseitig. Falls jede Art einen identischen Beitrag liefert, ist die Beziehung linear, andernfalls ist sie asymptotisch (z. B. in Form einer rechteckigen Hyperbel). Bei **Idiosynchrasie** sind Effekte einzelner Arten auf ökologische Funktionen schwierig voraussagbar und erscheinen erratisch. Schließlich kann mit der Addition einer **Schlüsselart** die Intensität einer ökologischen Funktion sprunghaft ansteigen.

Die in natürlichen Ökosystemen beobachteten Diversitäts-Funktions-Beziehungen lassen sich selten eindeutig und ausschließlich einem dieser Modelle zuordnen. In experimentellen Pflanzengemeinschaften führt eine reduzierte Artenzahl in der Regel zu einer Reduktion verschiedener ökologischer Funktionen. Besonders deutlich zeigt sich dieser Effekt bei der Gesamtproduktivität der Gemeinschaft. Das ist ein Hinweis auf komplementäre Funktionen der verschiedenen Arten. Allerdings existiert dieser Effekt nur bei geringer Diversität. Bei Artenzahlen > 15–20 nähert sich die Produktivität einer Asymptote und funktionale Redundanz scheint zu überwiegen.

In Böden des nordamerikanischen Kontinents fanden Talbot et al. (2014) klare regionale Unterschiede in Bezug auf die Struktur der Pilzgemeinschaften (Artenzusammensetzung). Im Gegensatz dazu gab es kaum Unterschiede in funktionalen Aspekten (Aktivität extrazellulärer Enzyme, die Abbauprozesse einleiten). Das Fehlen einer Struktur-Funktions-Korrelation weist auf weitgehende funktionale Redundanz der Pilzgemeinschaften hin.

Aus der enormen Anzahl Untersuchungen haben Hooper et al. (2005) mehrere Gesetzmäßigkeiten in den Wechselwirkungen zwischen Biodiversität und Ökosystemfunktionen, -stabilität und -dienstleistungen abgeleitet. Als bewiesen betrachten sie die folgenden Postulate:

- Sowohl artspezifische Eigenschaften (Idiosynchrasie) wie auch Diversität als solche haben einen starken Einfluss.
- Invasionen durch Neobiota oder Aussterben nativer Arten verändern in vielen Fällen ökologische Funktionen, Stabilität und Funktionen.
- Die Auswirkungen einer sich ändernden Gemeinschaft sind häufig spezifisch für Ökosystemtypen.
- Einige Ökosystemeigenschaften sind anfänglich wenig empfindlich gegen Artenverlust, weil erstens mehrere Arten ähnliche Funktionen erfüllen, zwei-

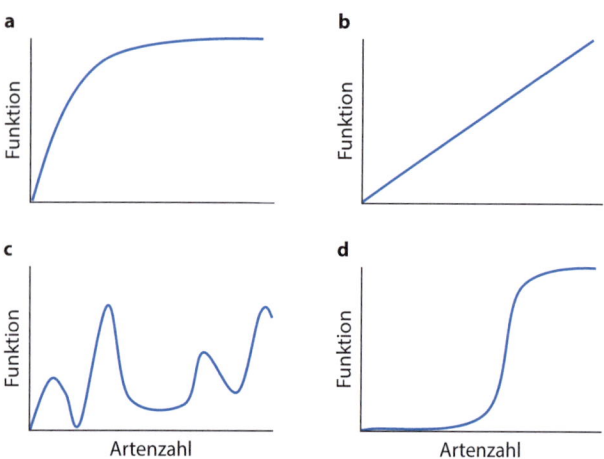

◘ Abb. 4.27 Mögliche Beziehungen zwischen Diversität und ökologischen Funktionen. **a** Redundanzmodell. **b** Komplementärmodell. **c** Idiosynchrasiemodell. **d** Schlüsselartenmodell. (Nach Nentwig et al. 2011, S. 211, ◘ Abb. 4.22, © Springer Nature)

tens einige Arten wenig zu den Gesamtfunktionen beitragen, drittens einige Eigenschaften vorwiegend durch abiotische Faktoren kontrolliert werden.
- Über längere Perioden und größere Gebiete erhöhen sich räumliche und zeitliche Variabilität. Eine höhere Biodiversität ist deshalb wünschenswert, um auch unter diesen Bedingungen eine stabile Versorgung mit Ökosystemleistungen und -diensten zu garantieren.

Weitere drei Postulate werden „with great confidence" (mit großer Zuversicht) als wahr betrachtet:
- Gewisse Artenkombinationen komplementieren sich gegenseitig und erhöhen die Produktivität und Immobilisierung der Nährstoffe.
- Die Resistenz gegen die Invasion durch gebietsfremde Arten ist stark abhängig von der Zusammensetzung der vorhandenen Arten und nimmt mit deren Diversität zu.
- Funktionen in Ökosystemen mit Arten, die unterschiedlich auf verschiedene Störungen reagieren, sind stabiler.

Schließlich werden fünf Forschungsgebiete identifiziert, wo weitere Forschung dringend nötig ist:
- Weitere, detaillierte Untersuchungen der Beziehungen zwischen taxonomischer und funktionaler Diversität und Zusammensetzung der Biozönose.
- Vertiefte Studien der Diversität bzw. ökologischen Funktionen über mehrere trophische Stufen.
- Mehr Langzeitstudien.
- Besseres Verstehen von Rückkopplungsmechanismen zwischen Biodiversität und Eigenschaften der Ökosysteme.
- Vermehrte Berücksichtigung von Süßwasser- und besonders marinen Ökosystemen ist dringend.

Die Autoren warnen davor, die Resultate kleinräumiger und kurzzeitiger Untersuchungen auf ganze Ökosysteme oder Biome zu extrapolieren. Wie erwähnt, nimmt in experimentellen Pflanzengemeinschaften die Gesamtproduktivität asymptotisch mit der Artenzahl zu. Eine weit verbreitete Annahme für natürliche Ökosysteme ist eine glockenförmige Korrelation, d. h., die Produktivität steigt anfänglich mit der Artenzahl, erreicht ein Maximum und sinkt dann wieder. Eine Metaanalyse von 171 Studien gab ein differenziertes Bild. Die Beziehung hängt von der Fläche der untersuchten Gemeinschaft ab. Bei verschiedenen Skalen innerhalb eines Kontinents war sie in 41–45 % aller Studien glockenförmig, d. h., die Produktivität war maximal bei mittlerer Artenzahl. Die nächsthäufigste Beziehung war positiv (stetige Zunahme der Produktivität mit Diversität). Glockenförmige und positive Korrelationen dominierten gemeinsam, wenn Kontinente verglichen wurden.

Andererseits fand eine Studie von 48 krautartigen Pflanzengemeinschaften auf fünf Kontinenten keine konsistenten Beziehungen zwischen Produktivität und Artenvielfalt auf lokaler, regionaler oder globaler Stufe (Adler et al. 2011).

Ähnlich haben Modelle und Experimente positive, negative oder auch keine Korrelationen zwischen Diversität und Komponenten ökologischer Stabilität wie Variabilität, Resistenz und Resilienz berichtet. In einer Untersuchung von 690 Mikrokosmen mit Ciliaten war die Beziehung je nach Kriterienwahl glockenförmig (Maximum bei mittlerer Diversität) oder u-förmig (Minimum bei mittlerer Diversität). Eine zusätzliche Komplikation besteht darin, dass Struktur und Funktion eines Ökosystems durch anthropogene Eingriffe wie Pestizide oder Eutrophierung entkoppelt werden können. Eine leicht veränderte Zusammensetzung einer Gemeinschaft kann mit schwerwiegenden Folgen für Ökosystemfunktionen verknüpft sein oder umgekehrt.

Aus diesen widersprüchlichen Ergebnissen folgt, dass detaillierte, spezifische Kenntnisse und klare Definitionen der verwendeten Kriterien wesentlich für korrekte Interpretation und Management eines Ökosystems sind.

Literatur

Adler PB et al (2011) Productivity is a poor predictor of plant species richness. Science 333:1750–1753

Azam F, Fenchel T et al (1983) The ecological role of water-column microbes in the sea. Marine Ecol Prog Series 10:257–263

Bärlocher F, Rennenberg H (2015) Food chains and nutrient cycles. In: Krauss G-J, Nies DH (Hrsg) Ecological biochemistry: environmental and interspecies interactions. Wiley & Sons, S 92–121

Begon ME, Harper JL, Townsend CR (1998) Ökologie. In: Sauer KP (Hrsg) . Spektrum Akademischer, Heidelberg

Boenigk J (2021) Biologie. Der Begleiter in und durch das Studium. Springer Spektrum

Brazil R (2022) Die Rätsel des Schwefelkreislaufs, Spektrum der Wissenschaft, spektrum.de/artikel/2040268

Brown JH (2014) Why are there so many species in the tropics? J Biogeogr 41:8–22

Brown JH et al (2004) Toward a metabolic theory of ecology. Ecology 85:1771–1789

Brown WL Jr, Wilson EO (1956) Character displacement. System Zool 5(2):49–64

Cabral RB et al (2020) A global network of marine protected areas for food. Proc Nat Acad Sci 117:28134–28139

Carpenter SR, Kitchell JF (1988) Consumer control of lake productivity. BioScience 38:764–769

Caswell H (1978) Predator-mediated coexistence: a nonequilibrium model. Am Nat 112:127–154

Comita LS et al (2014) Testing predictions of the Janzen-Connell hypothesis: a meta-analysis of experimental evidence for distance- and density-dependent seed and seedling survival. J Ecol 102:845–856

Connell JH (1978) Diversity in tropical rain forests and coral reefs. Science 199:1302–1310

Costanza R et al (1997) The value of the world's ecosystem services and natural capital. Nature 387:253–260

Ehrlich PR, Ehrlich AH (1981) Extinction: The causes and consequences of the disappearance of species. Random House, New York

Ellenberg H (2001) Zeigerwerte von Pflanzen in Mitteleuropa, 3. Aufl. Goltze, Göttingen

Elosegi A, Gessner MO, Young RG (2017) River doctors: learning from medicine to improve ecosystem management. Science Total Environment 595:294–302

Feckler A, Bundschuh M (2020) Decoupled structure and function of leaf-associated microorganisms under anthropogenic pressure: potential hurdles for environmental monitoring. Freshwater Sci 39:652–664

Fischhoff IR, Huang T, Hamilton SK, Han BA, LaDeau SL, Ostfeld RS, Rosi EJ, Solomon CT (2020) Parasite and pathogen effects on ecosystem processes: a quantitative review. Ecosphere 11(5):e03057. https://doi.org/10.1002/ecs2.3057

Fragata I et al (2022) Specific sequence of arrival promotes coexistence via spatial niche pre-emption by the weak competitor. Ecol Lett 25:1629–1639

Gable TD et al (2020) Outsized effect of predation: Wolves alter wetland creation and recolonization by killing ecosystem engineers. Sci Adv 6:eabc5439

Gachon CMM, Sime-Ngando T, Strittmatter M, Chambouvet A, Kim GH (2010) Algal diseases: spotlight on a black box. Trends Plant Sci 15:633–640

Germain RM, Williams JL, Schluter D, Angert AL (2018) Moving character displacement beyond characters using contemporary coexistence theory. Trends Ecol Evol 33:74–84

Ghedini G, Loreau M, White CR, Marshall DJ (2018) Testing MacArthur's minimisation principle: do communities minimise energy wastage during succession? Ecology Letters 21:1182–1190

Gysi DM, Nowick K (2020) Construction, comparison and evolution of networks in life sciences and other disciplines. J R Soc Interface 17:20190610. https://doi.org/10.1098/rsif.2019.0610

Hairston NG, Smith FE, Slobodkin LB (1960) Community structure, population control, and competition. Am Nat 94:421–425

Hanski I (1999) Metapopulation ecology. Oxford University Press, ISBN 0-19-854065-5

van der Heijden MGA, Horton TR (2009) Socialism in soil? The importance of mycorrhizal fungal networks for facilitation in natural ecosystems. J Ecol 97:1139–1150

Holdo RM, Sinclair ARE, Dobson AP, Metzger KL, Bolker BM, Ritchie ME, Holt RD (2009) A disease-mediated trophic cascade in the Serengeti and its implications for ecosystem C. PLoS Biol 7:e1000210

Hooper DU et al (2005) Effects of biodiversity on ecosystem functioning: a consensus of current knowledge. Ecol Monogr 75:3–35

Hui D (2012) Food web: concept and applications. Nat Educ Knowl 3(12):6

Huston M (1979) A general hypothesis of species diversity. Am Nat 113:390–101

Hutchinson GE (1961) The paradox of the plankton. Am Nat 95:137–145

Hutchinson GE (1978) An introduction to population ecology. Yale University Press, New Haven/London

Janzen DH (1970) Herbivores and the Number of Tree Species in Tropical Forests. The American Naturalist. 104:501–528

Jia S et al (2020) Tree species traits affect which natural enemies drive the Janzen-Connell effect in a temperate forest. Nat Commun 11:286. https://doi.org/10.1038/s41467-019-14140-y

Kennedy TA et al (2002) Biodiversity as a barrier to ecological invasion. Nature 417:636–638

Krauss G-J, Nies DH (2015) Ecological biochemistry: environmental and interspecies interactions. Wiley & Blackwell ISBN: 978-3-527-31650-2

Lafferty KD, Allesin S, Arim M, Briggs CJ, De Leo G, Dobson AP, Dunne JA, Johnson PTJ, Kuris AM, Macrogliese DJ, Martinez ND, Memmott J, Marquet PA, McLaughlin JP, Mordecay EA, Pascual M, Poulin R, Thieltges DW (2008) Parasites in food webs: the ultimate missing links. Ecol Lett 11:533–546

Lambers H, Oliveira RS (2019) Plant physiological ecology, 3. Aufl. Springer Nature, Cham

Lavorel S, Garnier E (2002) Predicting changes in community composition and ecosystem functioning from plant traits: revisiting the Holy Grail. Funct Ecol 16:545–556

Liu Y et al (2008) Global phosphorus flows and environmental impacts from a consumption perspective. J Ind Ecol 12:229–247

Lubchenco J (1978) Plant species diversity in a marine intertidal community: importance of herbivore food preference and algal competitive ability. Am Nat 112:23–39

Mann KH (1977) Destruction of kelp-beds by sea-urchins: a cyclical phenomenon or irreversible degradation? Helgoländer wiss. Meeresunters 30:455–467

Maslov S, Sneppen K (2016) Population cycles and species diversity in dynamic Kill-the-Winner model of microbial ecosystems. Nat Sci Rep 7:39642. https://doi.org/10.1038/srep39642

Millenium Ecosystem Assessment (2005) Ecosystems and human well-being: synthesis. Island Press, Washington, DC

Moorhead DL, Sinsabaugh RL (2006) A theoretical model of litter decay and microbial interaction. Ecol Monogr 76:151–174

Munk K (Hrsg) (2009) Taschenlehrbuch Biologie. Ökologie, Biologie. Thieme, Stuttgart

Nentwig W, Bacher S, Brandl R (2011) Ökologie kompakt. Spektrum Akademischer, Heidelberg

Nock CA, Vogt RJ, Beisner BE (2016) Functional traits. In: eLS. John Wiley & Sons, Chichester. https://doi.org/10.1002/9780470015902.a0026282

Oksanen L, Fretwell SD, Arruda J, Niemela P (1981) Exploitation ecosystems in gradients of primary productivity. Am Nat 118:240–261

Pennekamp F et al (2018) Biodiversity increases and decreases ecosystem stability. Nature 563:109–126

Peñuelas J et al (2019) The bioelements, the elementome, and the biogeochemical niche. Ecology 100(5):e02652

Pfennig KS, Pfennig KW (2009) Character displacement: ecological and reproductive responses to a common evolutionary problem. Quart Rev Biol 84:253–276

Pyron RA, Costa GC, Patten MA, Burbrink FT (2015) Phylogenetic niche conservatism and the evolutionary basis of ecological speciation. Biol Rev 90:1248–1262

Ripple WJ, Beschta RL (2012) Trophic cascades in Yellowstone: the first 15 years after wolf reintroduction. Biol Conserv 145:205–213

Sadava D et al (2019) Purves Biologie. Springer Spektrum, Heidelberg

Savoca MS, Nevitt GA (2014) Evidence that dimethyl sulfide facilitates a tritrophic mutualism between marine primary producers and top predators. Proc Nat Acad Sci. https://doi.org/10.1073/pnas.1317120111

Schaefer M (2012) Wörterbuch der Ökologie, 5. Aufl. Spektrum Akademischer, Heidelberg

Schlesinger WH (1997) Biogeochemistry. Academic Press, San Diego

Schulze ED, Beck E, Buchmann N, Clemens S, Müller-Hohenstein K, Scherer-Lorenzen M (2019) Ecosystem characteristics. In: Plant ecology. Springer, Berlin/Heidelberg. https://doi.org/10.1007/978-3-662-56233-8_13

Schwoerbel J, Brendelberger H (2005) Einführung in die Limnologie. Elsevier, München

Sheldrake M (2020) Entangled life: how fungi make our worlds, change our minds & shape our futures. Random House, New York

Silliman BR, Angelini C (2012) Trophic cascades across diverse plant ecosystems. Nat Educ Knowl 3(10):44

Simard S (2021) Finding the mother tree: discovering the wisdom of the forest. Knopf, New York

Simard SW (2012) Mycorrhizal networks: mechanisms, ecology and modelling. Fungal Biol Rev 26:39–60

Simard SW et al (1997) Net transfer of carbon between ectomycorrhizal tree species in the field. Nature 388:579–582

Smith TM, Smith RL (2014) Ökologie, 6. Aufl. Pearson-Studium, München

Stuart YE, Losos JB (2013) Ecological character displacement: glass half full or half empty? Trends Ecol Evol 28:402–408

Tadesse SA (2017) Community structure and trophic level interactions in the terrestrial ecosystems: a review. Int J Avian Wildlife Biol 2(6):00040

Talbot JM et al (2014) Endemism and functional convergence across the North American soil mycobiome. PNAS 111:6341–6346

Terborgh J et al (2001) Ecological meltdown in predator-free forest fragments. Science 294

Terborgh J et al (2006) Vegetation dynamics of predator-free land-bridge islands. J Ecol 94:253–263

Thume K et al (2018) The metabolite dimethylsulfoxonium propionate extends the marine organosulfur cycle. Nature. https://doi.org/10.1038/s41586-018-0675-0

Tilman D (1982) Resource competition and community structure, Monographs in Population Biology 17. Princeton University Press, Princeton. 296 p

Veres PR et al (2020) Global airborne sampling reveals a previously unobserved dimethyl sulfide oxidation mechanism in the marine atmosphere. Proc Nat Acad Sci. https://doi.org/10.1073/pnas.1919344117

Vermeija GJ (2019) The efficiency paradox: how wasteful competitors forge thrifty ecosystems. Proc Nat Acad Sci 116:17619–17623

Weber E (2018) Biodiversität. Springer, Berlin

Willig MR, Kaufman DM, Stevens RD (2003) Latitudinal gradients of biodiversity: pattern, process, scale, and synthesis. Annual Rev Ecol Evol System 34:273–309

Winter C, Bouvier T, Weinbauer MG, Thingstad TF (2010) Trade-offs between competition and defense specialists among unicellular planktonic organisms: the "killing the winner" hypothesis revisited. Microbiol Mol Biol Rev 74(1):42–57. https://doi.org/10.1128/MMBR.00034-09

Wittig R, Niekisch M (2014) Biodiversität: Grundlagen, Gefährdung, Schutz. Springer Spektrum,

Wright JS et al (2017) Rainforest-initiated wet season onset over the southern Amazon. PNAS 114:8481–8486

Yodzis P (1986) Competition, mortality and community structure. In: Diamon J, Case TJ (Hrsg) Community ecology. Harper & Ross, New York, S 480–491

Young RG, Matthaei CD, Townsend CR (2006) Functional indicators of river ecosystem health – final Project Report. Prepared for ministry of the environment. cawthron report, Bd 1174, 38 pp

Young RG, Matthaei CD, Townsend CR (2008) Organic matter breakdown and ecosystem metabolism: functional indicators for assessing river ecosystem health. J N Am Benthol Soc 27:605–625

Zhu Z et al (2016) Greening of the Earth and its drivers. Nat Climate Change 6:791–795

Zusammen leben – Chemie und Biochemie prägen das ökologische Netzwerk

» „Wie anziehend ist es, ein mit verschiedenen Pflanzen bedecktes Stückchen Land zu betrachten, mit singenden Vögeln in den Büschen, mit zahlreichen Insekten, die durch die Luft schwirren, mit Würmern, die über den feuchten Erdboden kriechen, und sich dabei zu überlegen, dass alle diese kunstvoll gebauten, so sehr verschiedenen und doch in so verzwickter Weise voneinander abhängigen Geschöpfe durch Gesetze erzeugt worden sind, die noch rings um uns wirken."

» „It is interesting to contemplate an entangled bank, clothed with many plants of many kinds, with birds singing on the bushes, with various insects flitting about, with worms crawling through the damp earth, and to reflect that these elaborately constructed forms, so different from each other, and dependent upon each other in so complex a manner, have all been produced by laws acting around us."
(Charles Darwin, On the Origin of Species, 1895)

Inhaltsverzeichnis

Kapitel 5 **Grundlegendes über den Stoffwechsel der Organismen – 99**
Gerd-Joachim Krauß

Kapitel 6 **Was gebraucht wird und manchmal Stress auslöst – 145**
Gerd-Joachim Krauß

Kapitel 7 **Mikrobielles Leben in Biofilmen – 189**
Gerd-Joachim Krauß

Kapitel 8 **Pflanzen im engen Kontakt mit Bakterien und Pilzen – 203**
Gerd-Joachim Krauß

Kapitel 9 **Wechselwirkungen zwischen Pflanzen – 223**
Gerd-Joachim Krauß

Kapitel 10 **Pflanze-Tier-Wechselbeziehungen – 231**
Gerd-Joachim Krauß

Kapitel 11 **Kommunikation zwischen Tieren – 283**
Gerd-Joachim Krauß

Grundlegendes über den Stoffwechsel der Organismen

Gerd-Joachim Krauß

Inhaltsverzeichnis

5.1 Organismen benötigen die zelluläre Organisation – 100
5.1.1 Prokaryotisches und eukaryotisches Leben – 100
5.1.2 Die eukaryotische Zelle – biochemische Strukturierung in Kompartimenten – 103

5.2 Stoffwechselwege und Energiewandlung – 109
5.2.1 Das Wasser – molekulare Eigenschaften und physiologische Bedeutung – 109
5.2.2 Metabolismus und Energie – 110
5.2.3 Die biologische Oxidation – 113

5.3 Die autotrophe CO_2-Verwertung durch Pflanzen – 116
5.3.1 Die Kompartimentierung der Leistungen und der Einfluss der Umwelt – 116
5.3.2 Photosynthese – 118
5.3.3 Photorespiration – 123
5.3.4 C_4-Pflanzen – 124
5.3.5 CAM-Pflanzen – 126

5.4 Spezialisierte Metaboliten – ökobiochemisch relevante Stoffwechselprodukte – 129
5.4.1 Evolution und Bedeutung – 129
5.4.2 Diversität in Struktur und Funktion – 134
5.4.3 Flüchtige Metaboliten – eine spezielle Chemodiversität – 138

Literatur – 140

© Der/die Herausgeber bzw. der/die Autor(en), exklusiv lizenziert an Springer-Verlag GmbH, DE, ein Teil von Springer Nature 2025
G.-J. Krauß, F. Bärlocher, *Ökologie und Ökologische Biochemie*, https://doi.org/10.1007/978-3-662-70586-5_5

5.1 Organismen benötigen die zelluläre Organisation

5.1.1 Prokaryotisches und eukaryotisches Leben

Wasser, Licht, Temperatur und geochemische Ressourcen waren Grundvoraussetzungen für die Entstehung und Evolution der Organismen auf unserem Planeten. Über Jahrmilliarden entstanden die vielfältigen Organisationsformen des Lebens, die heute in komplexe Nahrungsketten und Stoffkreisläufe der Biosphäre eingebunden sind (▶ Abschn. 4.4). Organismen stehen als **offene Systeme** im Austausch mit der abiotischen und biotischen Umwelt. Die Zellen zeigen in ihrem Stoffwechsel einen hohen Grad an Ordnung, der aber weit entfernt von einem thermodynamischen Gleichgewichtszustand ist. Das notwendige **dynamische Fließgleichgewicht** mit stetiger Energiegewinnung und -wandlung sichert die Homöostase des zellulären Systems. Ein Über- oder Unterangebot an Ressourcen kann Systemstress auslösen und Anpassung erfordern (▶ Kap. 6).

Auf der Grundlage ihrer biochemischen Diversität und diverser Strategien zur Energiegewinnung haben die heute lebenden Organismen verschiedene Ernährungstypen entwickelt:

- **Autotrophie**: Die Organismen bauen organische Biomoleküle aus anorganischen Stoffen auf.
  - **Photoautotrophie**: Oxygene photoautotrophe Organismen (Cyanobakterien, Algen, höhere Pflanzen) erzeugen nach Lichtabsorption Energie durch photolytische Spaltung von Wasser und fixieren Kohlenstoffdioxid über den Calvin-Zyklus (▶ Abschn. 5.3.2.2). Die Absorption von Photonen wird genutzt, um die Redoxenergie zellulärer Komponenten zu erhöhen. In der Folge der CO_2-Fixierung kommt die herausragende Eigenschaft des Kohlenstoffs zum Tragen, der stabile und multiple C-C-Bindungen aufbauen kann und durch Bindung von H, N, O, S und P grundlegende Molekülstrukturen des Lebens möglich macht. Pflanzen zeigen zusätzlich eine N-Autotrophie (assimilatorische Nitratreduktion) und S-Autotrophie (assimilatorische Sulfatreduktion, Cysteinbiosynthese). **Anoxygene photoautotrophe Bakterien** gewinnen Energie durch Photolyse von H_2S, um CO_2 in Biomasse umzuwandeln.
  - **Chemo(litho)autotrophie** (Bakterien, Archaeen): Energie wird als ATP aus der Oxidation anorganischer Moleküle gewonnen, die z. B. Eisen, Schwefel oder Stickstoff enthalten. Anaerobe Bakterien reduzieren Nitrat, Sulfat und Carbonat.
- **Heterotrophie**: Energie wird in Form von ATP durch Abbau organischer Nährstoffe gewonnen, wie Kohlenhydrate, Lipide und Proteine. Die Wege dieser biologischen Oxidation sind in allen heterotrophen Organismen sehr ähnlich (▶ Abschn. 5.2.3).
  - **Photoheterotrophie** (Bakterien, Archaeen): Energie wird durch Photolyse organischer Substanzen mittels Bakteriochlorophyll erzeugt und für den Aufbau von Biomasse verwendet. Archaeenarten wie *Halobacterium* spp. nutzen organische Substarte über lichtgetriebene Ionenpumpen, z. B. mittels Bakteriorhodopsin. Dadurch wird beispielsweise ihr Leben in hoch konzentrierten Salzlösungen eines extremen Habitats möglich.
  - **Chemo(organo)heterotrophie** (Bakterien, Pilze, Tiere): Kohlenstoff und Energie werden aus organischen Substanzen wie z. B. Kohlenhydraten gewonnen.

Die Evolution der Ernährungstypen begann auf der frühen Erde mit der Entstehung von Zellen, d. h. der Abgrenzung und Stabilisierung eines Reaktionsraums durch eine Membran. Diese Barriere musste selektiv permeabel sein, um den Austausch mit der Umwelt durch regulierte Stoffprozesse zu gewährleisten. Über Jahrmillionen entstand die prokaryotische Lebensweise, die zu zwei phylogenetisch getrennten Domänen des Stammbaums der Lebewesen führte, den **Bakterien** und **Archaeen**. Die Zellen rezenter Prokaryoten enthalten weder Zellkerne noch ein echtes Cytoskelett sowie nur selten membranumschlossene Kompartimente im Cytoplasma. DNA ist als Nucleoid strukturiert und für Reproduktion und Differenzierung verantwortlich. Die Verfügbarmachung unterschiedlichster Energiequellen ermöglichte die evolutionäre Ausprägung einer außerordentlich großen Vielfalt des Stoffwechsels. Dazu gehört auch die Fähigkeit, in besonders extremen Habitaten zu leben.

Bakterien und Archaeen besiedelten auf der frühen Erde die aquatischen Habitate in Form von Lebensgemeinschaften und **Biofilmen** (▶ Kap. 7). Es entstanden prokaryotische Zellverbände wie z. B. die photoautotrophen Cyanobakterien, die heute in terrestrischen und aquatischen Habitaten weit verbreitet sind. Mit der Konkurrenz um Nährstoffe und Energie entwickelte sich eine Coexistenz zahlreicher, sich metabolisch ergänzender Mikroorganismen. Geochemische Daten und fossile Biosignaturen sowie die Analyse von DNA, Proteinen und Stoffwechselleistungen gegenwärtig lebender Organismen erlauben einige grundsätzliche Schlussfolgerungen auf die physikalisch-chemische Situation zur Zeit der Entstehung erster prokaryotischer Zellen und der Bildung früher Lebensgemeinschaften (◘ Abb. 5.1):

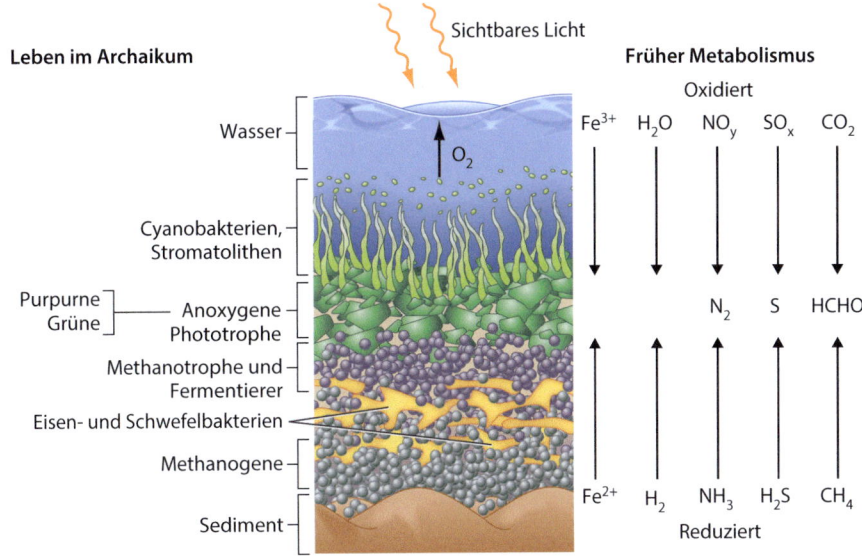

● **Abb. 5.1** Die Entstehung erster prokaryotischer Lebensgemeinschaften im aquatischen Lebensraum der frühen Erde. (Verändert nach Slonczewski und Foster 2012, S. 738, Abb. 7.9)

— **Redoxreaktionen** verursachten geochemische Veränderungen. In den Urozeanen waren oxidierte Formen von Stickstoff, Schwefel und Eisen vorhanden, die zum Teil auch aus der Atmosphäre stammten. Es kam zu Reaktionen mit reduzierten Materialien aus dem Sediment, die wahrscheinlich hydrothermale Quellen lieferten. So ist z. B. aus dem Verhältnis der Schwefelisotope ($^{34}S/^{32}S$) zu schließen, dass bereits vor 3,5 Mrd. Jahren schwefelreduzierende Bakterien lebten. Geochemische Befunde zur Häufigkeit oxidierten Eisens (Fe^{3+}) und anderer oxidierter Minerale in den oberen Gesteinsschichten vor ca. 2,3 Mrd. Jahren geben Hinweise auf die Zunahme der Sauerstoffkonzentration in der Atmosphäre durch Aktivität phototropher Mikroorganismen (● Abb. 5.1).
— **Methanogenese**, d. h. die Reaktion von CO_2 und H_2 zu CH_4 und H_2O, war auf der frühen Erde weit verbreitet. Aus Klimamodellen kann auf eine Methanatmosphäre geschlossen werden, die über die Aktivität methanogener Archaeen aufgebaut worden sein könnte. Genomanalysen rezenter Archaeen lassen auf die frühe Evolution eines Vorfahren schließen.
— **Lichtgetriebene Ionenpumpen** waren sicherlich ein bedeutender Fortschritt für den Stoffwechsel erster Zellen. Die ersten Formen phototropher Organismen könnten rezenten Halobakterien (**halophile Archaeen**) geähnelt haben, die Ionenpumpen wie das Bakteriorhodopsin unter Nutzung von Licht verwendeten. Ein solches integrales Membranprotein absorbiert Licht im Absorptionsbereich von 500 bis 600 nm. Das entspricht der Nutzung eines Wellenlängenbereichs in den oberen Schichten von Meerwasser. Möglicherweise haben sich zusammen mit Halobakterien auch Cyanobakterien entwickelt, die mittels Chlorophyll Licht im noch nicht durch Mikroorganismen genutzten blauen (400–500 nm) und roten Bereich (600–700 nm) des Lichtspektrums verwenden konnten.

Die Entstehung von **Cyanobakterien**arten, die oxygene Photosynthese betreiben konnten, war ein einschneidendes Ereignis in der Evolution des Lebens. Diese Prokaryoten entwickelten ein intrazelluläres Membransystem als Träger von Lichtsammelkomplexen. Die Strukturen waren die Voraussetzung für die photosynthetische Fixierung von CO_2, die Wasserspaltung und Freisetzung von Sauerstoff in die Atmosphäre. Jüngste Untersuchungen von Mikrofossilien aus einer australischen Gesteinsformation sind der bisher älteste Beleg für photosynthetisch aktive Cyanobakterien (*Navifusa majensis*). Die etwa 1,75 Mrd. Jahre alten Zellen enthalten Thylakoidmembranen, wie sie heute, in hoch differenzierter Form, in den Chloroplasten der Pflanzen als Träger der Photosysteme vorkommen (▶ Abschn. 5.1.2.2). Die kontinuierliche Zunahme des Sauerstoffgehalts in der Biosphäre der frühen Erde vergrößerte die Vielfalt der Lebensformen.

Rezente Cyanobakterien sind von wesentlicher Bedeutung für die Stoffkreisläufe (▶ Abschn. 4.3.5). Sie besiedeln häufig als Pionierorganismen extreme Habitate. Verschiedentlich leben sie mutualistisch. Ein Beispiel dafür ist der Wasserfarn (*Azolla* sp.). In den Hohlräumen dieser Pflanzen siedeln *Anabaena*-Arten, die in spezialisierten Zellen (Heterocysten) Luftstickstoff zum beiderseitigen Vorteil der Symbiosepartner binden können (▶ Abschn. 8.1.1).

Nach etwa 3 Mrd. Jahren prokaryotischen Lebens auf der Erde begann die Evolution der **Eukaryoten**. Entsprechend dem weithin anerkannten Drei-Domänen-System, das von Carl Woese zum ersten Mal postuliert wurde, bilden Eukaryoten neben Bakterien und Archaeen eine dritte eigenständige Domäne im Stammbaum des Lebens. Seit einigen Jahren mehren sich experimentelle Befunde, die auf einen bisher kontrovers diskutierten **Zwei-Domänen-Stammbaum** schließen lassen. So wurden aus Sedimenten eines Geothermalgebiets in der Tiefsee (2300 m) vor Grönland bisher unbekannte und noch nicht kultivierbare Archaeenarten isoliert (Klasse Lokiarchaeota und weitere drei verwandte Phyla; die sogenannte Asgard-Gruppe). Der anaerobe Prokaryot *Lokiarchaeum* enthält ca. 3 % Gene, die stark Genen für eukaryotische Proteine ähneln. So sind einige Proteine Bestandteile des eukaryotischen Cytoskelettts (▶ Abschn. 5.1.2.1). Andere Gene codieren Proteine, die aus der eukaryotischen Vesikelbiogenese im zellulären Endomembransystem (▶ Abschn. 5.1.2.2) bekannt sind. Aus ca. 2500 m Tiefe im Ozean vor Japan wurde erstmalig die extrem langsam wachsende Archaeenart *Prometheoarchaeum synthrophicum* (Lokiarchaeota) kultiviert. Biochemische Untersuchungen weisen auf **80 eukaryotische Proteinsignaturen** hin. Aus den bisherigen Befunden lässt sich die Hypothese ableiten, dass die heute lebenden Archaeen einen gemeinsamen Vorfahren mit den Eukaryoten haben. Organismen könnten später in der Evolution anaerobe Prokaryoten (ähnlich den heute lebenden Alphaproteobakterien) aus dem gemeinsamen Lebensraum durch Phagocytose aufgenommen haben, die sich im Laufe der Evolution zu Mitochondrien (▶ Abschn. 5.1.2.1) entwickelten. Ein solcher Vorgang wird als **primäre Endosymbiose** bezeichnet. Auf ähnliche Weise wurde nach der **Endosymbiontentheorie** vor mehr als 1,5 Mrd. Jahren ein Vorfahr der rezenten Cyanobakterien in eine andere proeukaryotische Zelle integriert und entwickelte sich zum Chloroplasten.

Aus den „eingefangenen" Zellen entstanden in der Evolution die Organellen der Eukaryoten mit ihrem eigenen, aber der Wirtszelle über die Zeit angepassten Genom und Proteinbiosyntheseapparat. Einige Gensequenzen der photosynthetisch aktiven Endosymbionten wurden in das Genom von Algen und höheren Pflanzen übernommen. Die Umhüllung der Plastiden mit zwei Membranen erinnert noch an die Herkunft der Organellen von gramnegativen Cyanobakterien mit Doppelmembranen.

Plastiden der Rotalgen (**Rhodoplasten**) enthalten spezielle Lichtsammelkomplexe (**Phycobilisomen**), die auch noch heute in Cyanobakterien vorkommen. Chloroplasten der grünen Pflanzen (Chlorobionta) besitzen als spätere Stufe der Evolution keine Phycobilisomen mehr. Sie haben spezielle Lichtsammelkomplexe entwickelt (▶ Abschn. 5.3.2).

Neben primären Endosymbiosen hat die Evolution auch **sekundäre Endosymbiosen** hervorgebracht. Dieser Symbiosetyp entwickelte sich mehrfach unabhängig voneinander. So haben Vorfahren der photosynthetisch aktiven Euglenoida vermutlich Grünalgen in ihre Zellen integriert. Die daraus strukturierten Chloroplasten besitzen in rezenten Arten immer noch eine dritte Hüllmembran, die aus der Plasmamembran der Grünalge stammt.

Eine **tertiäre Endosymbiose** ist in der Algengruppe der Cryptophyta verwirklicht. Die Arten enthalten Plastiden mit vier Hüllmembranen. Ihre Vorfahren haben in der Evolution offensichtlich rotalgenähnliche Eukaryoten aufgenommen.

Zahlreiche Endosymbiosen entwickelten sich in der Evolution relativ spät. Sie ermöglichen aber vielfältige Beziehungen zum gegenseitigen Vorteil der Partner (**Mutualismen**). Beispiele sind:

- Anaerobe Knöllchenbakterien (Rhizobien, *Frankia*-Arten) und Cyanobakterien (*Anabaena* sp.) fixieren in Symbiose mit Pflanzen Distickstoff aus der Luft (▶ Abschn. 8.1.1).
- Dinoflagellaten (*Symbiodinium*-Arten) leben in intrazellulärer Symbiose mit Steinkorallen (▶ Abschn. 10.5.1).
- Marine Schlundsackschnecken (z. B. *Elysia chlorotica*, Placobranchidae, Opisthobranchia) lagern nach Aufnahme und Verdauung von Grünalgen intakte Chloroplasten in periphere Zellschichten ein (▶ Abschn. 10.5.1).
- Die Süßwasseramöbe *Pelomyxa palustris* (Pelomyxidae, Pelobiontida) enthält endosymbiotische Bakterien, die anstelle von Mitochondrien Atmungsfunktionen übernehmen.

Aus der hohen Zahl unterschiedlichster Endosymbiosen ist zu schließen, dass eukaryotische Zellen mit ihren Organellen in der Evolution polyphyletisch entstanden sind. Coevolution führte zu diesem engen, mutualistischen Beziehungsgefüge. Molekularbiologisch lässt sich ein intrazellulärer **horizontaler Gentransfer** zwischen den Organellen belegen. In der Folge dieser gegenseitigen Anpassung wurden Proteine für intrazelluläre Stofftransporte markiert (Targeting), der Metabolismus reguliert und die Funktionalität von Membranen für definierte Stofftransporte adaptiert.

Erste photosynthetisch aktive Pflanzen traten vor etwa 1,5 Mrd. Jahren auf. Im aquatischen Lebensraum entstanden Glaucophyten, Rhodophyten, Chlorophyten und Charophyten (◘ Abb. 5.2). Über Jahrmillionen entwickelten sich die vernetzten Wege des Grundstoffwechsels. Im Zuge der Evolution wurde schrittweise der terrestrische Lebensraum durch die **Embryophyta** (Bryo-

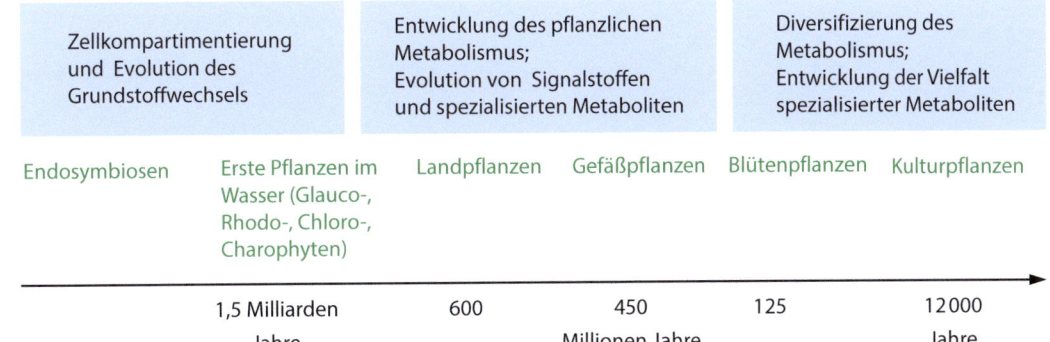

○ Abb. 5.2 Schematische Darstellung der Evolution des pflanzlichen Stoffwechsels

phyta, Pteridophyta und Spermatophyta) erschlossen. Es entwickelte sich die hohe Diversität des pflanzlichen Stoffwechsels. Zentrale Wege des Metabolismus wurden Ausgangspunkte für neue Biosynthesestrategien, die zu ökologisch bedeutsamen spezialisierten Metaboliten führten (▶ Abschn. 5.4).

5.1.2 Die eukaryotische Zelle – biochemische Strukturierung in Kompartimenten

5.1.2.1 Biomembranen, Zellwände, Cytoskelett

Die Zelle ist die elementare Grundeinheit der Organismen. Alle pro- und eukaryotischen Zellen sind durch Grenzflächen (Membranen und Zellwände) zur Umwelt bzw. zum Gewebeverband abgegrenzt und enthalten verschiedene strukturierte Reaktionsräume. Im Cytoplasma eukaryotischer Zellen sind verschiedene Organellen lokalisiert, in denen spezifische und streng regulierte Stoffwechselreaktionen ablaufen (○ Abb. 5.3).

Die **Kompartimentierung** des Zellraums (**Cytoplasma**) war eine evolutionäre Voraussetzung für die Entwicklung der eukaryotischen Lebensweise. Der hohe Differenzierungsgrad bringt erhebliche Vorteile für Stoffwechsel und Reproduktion der Zellen:
- Selektiv permeable Grenzflächen (Membranen) ermöglichen den regulierten Metabolit- und Informationsaustausch.
- Optimale Nutzung des Zellwassers in einer kolloidalen Lösung.
- Aufbau von Konzentrationsgradienten für Ionen beiderseits der Membranen.
- Erleichterte Kopplung biochemischer Reaktionen, aber gleichzeitig auch Abgrenzung konkurrierender Teile des Stoffwechsels.
- Kommunikation verschiedener Kompartimente durch regulierten Metabolitfluss.
- Konzentrationserhöhung von Metaboliten in den Stoffwechselwegen „vor Ort".
- Kontrollierte Wandlung, Speicherung und Nutzung von Energie.
- Organisation von Enzymen in Aggregaten über Protein-Protein-Wechselwirkungen, z. B. in Multienzymkomplexen. Dadurch wird eine hohe Affinität für Zwischenprodukte des Stoffwechsels erreicht, die in dieser Mikroumgebung von Enzym zu Enzym auf engem Raum weitergegeben, biochemisch verändert und als Endprodukte entlassen werden.
- Membrangebundene Enzyme erhöhen die Funktionalität der metabolischen Umsetzungen.

Biomembranen wirken als Kontrolleinheiten für die jeweiligen Stoffwechselwege. Sie sind meist aus Doppelschichten unterschiedlicher Lipidzusammensetzung aufgebaut. Hauptbestandteile sind **amphiphile Phospholipide** mit einer polaren Kopfgruppe, die Wassermoleküle über Wasserstoffbrücken (▶ Abschn. 5.2.1) binden können. Die unpolaren Fettsäurereste im Molekül haben hydrophobe Eigenschaften und aggregieren unter Wasserausschluss. Im wässrigen Milieu der Zellen entstehen dann Membrandoppelschichten. Dabei orientieren sich die Phospholipide mit der hydrophilen Molekülseite zu den wasserhaltigen Reaktionsräumen. Die Doppelschicht hat eine hohe Elastizität (Fluidität), in der sich Lipidmoleküle frei bewegen können. Diese Dynamik ermöglicht schnelle Reaktionen auf äußere Reize. Für die Phospholipidbiosynthese ist das endoplasmatische Reticulum verantwortlich (▶ Abschn. 5.1.2.2). Über zahlreiche Kontaktstellen werden die amphiphilen Moleküle eingebaut. Die Funktion dieser Bindeorte ist sehr bedeutsam für die Anpassung an abiotischen Stress. Dabei reagieren die Zellen mit einer Veränderung der Lipidzusammensetzung in den Membranen und somit einer Justierung der Fluidität. Lipidtransfermoleküle des endoplasmatischen Reticulums regulieren dabei den Lipidaustausch.

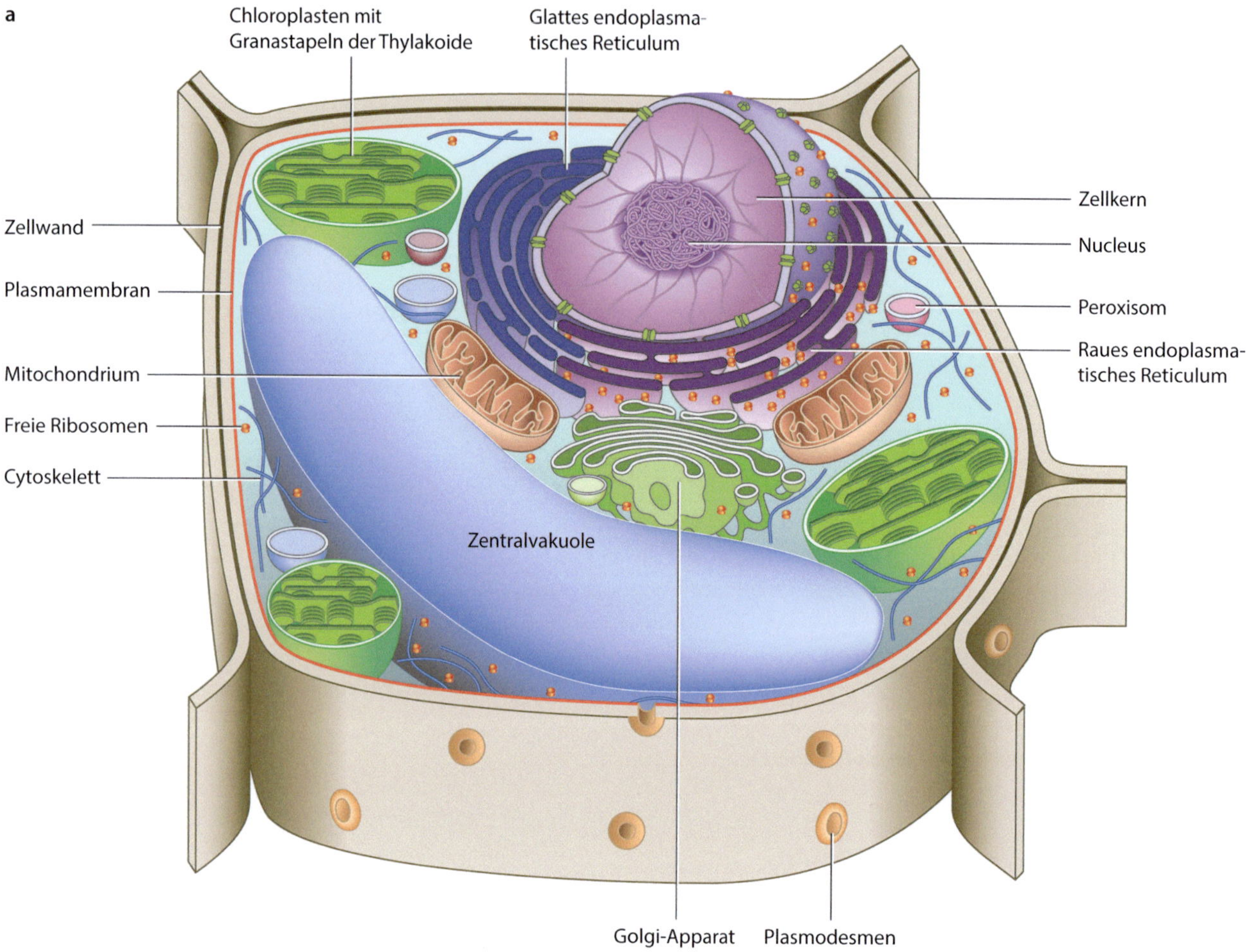

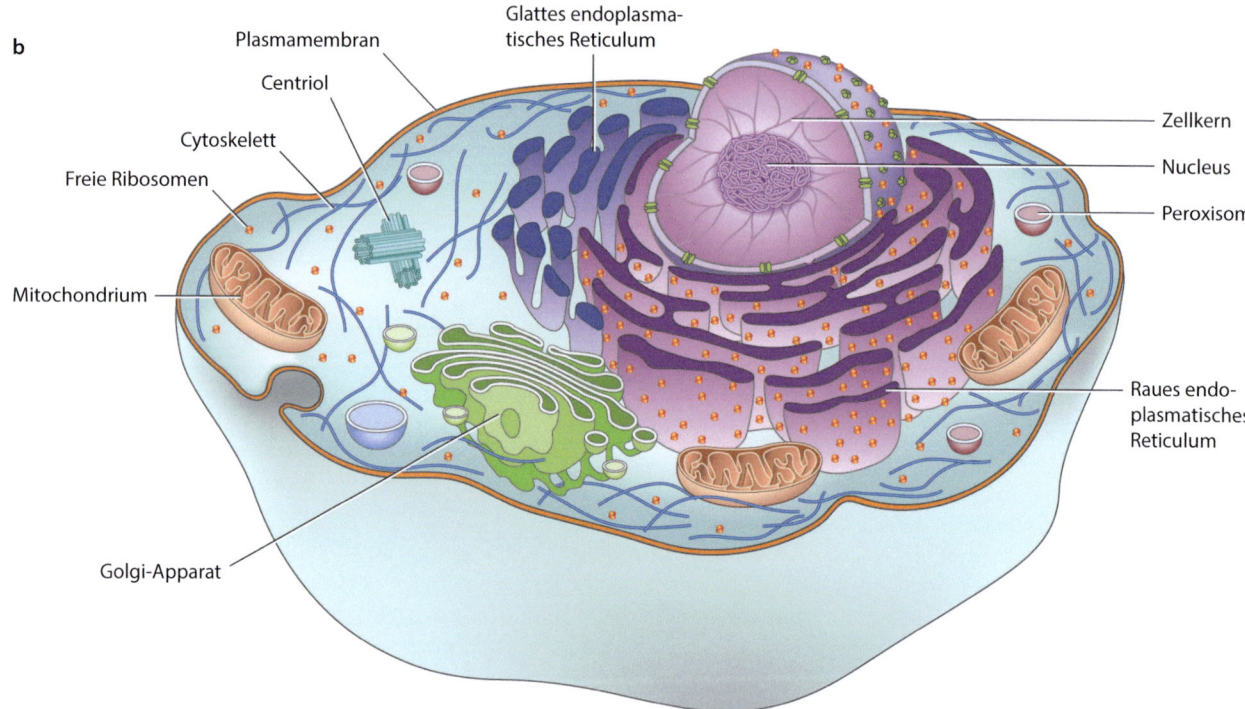

Abb. 5.3 Der Bau von Tier- und Pflanzenzelle. **a** Pflanzenzelle. **b** Tierzelle. (Aus Boenigk 2021, Abb. 3.16 und 3.17, © Springer Nature)

5.1 · Organismen benötigen die zelluläre Organisation

Die Biomembranen enthalten Proteine asymmetrisch verteilt und in unterschiedlicher Menge. Sie befinden sich auf der Oberfläche (**periphere Membranproteine**), ragen in des Innere der Lipidschicht oder durchdringen die Membran vollständig (**integrale Membranproteine**). Transmembranproteine sind für den aktiven und passiven Stofftransport verantwortlich. Viele Membranen tragen auf der Außenseite Kohlenhydrateinheiten, die kovalent an Lipide oder Proteine gebunden sind. Es sind polare Erkennungsregionen für Wechselwirkungen zwischen den Zellen. Membranen eukaryotischer Zellen entstehen ständig neu, unterliegen Fusionen und können abgebaut werden. Die beteiligten Vesikel sind Teil des dynamischen Endomembransystems der Zellen (▶ Abschn. 5.1.2.2).

Die **Plasmamembran** ist verantwortlich für den Austausch von Ionen, Molekülen und Signalen zwischen dem intra- und extrazellulären Milieu. Sie steht mit dem Endomembransystem der Zelle (endoplasmatisches Reticulum, Golgi-Apparat; ▶ Abschn. 5.1.2.2) in Verbindung. Intrazelluläres Material wird durch **Exocytose** ausgeschleust bzw. extrazelluläres Material durch **Endocytose** aufgenommen.

Die Plasmamembran (Plasmalemma) der Pflanzelle fungiert zusammen mit der Zellwand als Pufferbereich zwischen dem alkalischen Cytoplasma (pH ~7,5) und dem Boden mit einem sauren pH Wert < 5,5–7,0. Es besteht eine Sensorik für den Ausgleich von pH-Wert-Änderungen im Bodenhorizont des Wurzelbereichs. So erfolgt über die Membran eine Regulation von Transportern für Protonen und die gesteuerte Ausscheidung und Aufnahme organischer Moleküle. So werden beispielsweise in die Rhizosphäre spezialisierte Metaboliten abgegeben, wie spezielle Phytosiderophore für die Metallaufnahme (▶ Abschn. 6.5) oder chemische Kontaktstoffe zwischen Pflanzen (Allelopathie, ▶ Abschn. 9.1).

Prokaryoten besitzen **Zellwände**, die als Stütz- und Schutzschicht auf der Plasmamembran liegen. Viele Bakterien, jedoch nicht Archaeenarten, bilden Zellwände aus Polymeren von Aminozuckern (Peptidoglykane). Manche Bakterien tragen über der Peptidoglykanhülle noch eine weitere, polysaccharidhaltige Phospholipidmembran. Zusätzlich ist der Besatz der äußeren Zellschicht mit Geißeln und Pili (fädige Proteinstrukturen) möglich.

Tierische Zellen sind von einer **Plasmamembran** umgeben (◘ Abb. 5.3b), häufig noch umhüllt von einer extrazellulären Matrix aus kohlenhydrat- oder lipidhaltigen Proteinen. Deren Aufgaben sind (a) die Zell-Zell-Erkennung und -Adhäsion, (b) die Gewährleistung der mechanischen Stabilität im Stützgewebe, (c) die Unterstützung von Filtrationsvorgängen, (d) die Signalübermittlung über Proteinstränge zwischen den Zellen.

Die **Zellwände der filamentösen Pilze** sind für die Ausprägung eines verzweigten, aus zahlreichen Hyphen bestehenden Mycels essenziell. Sie bestehen aus dem Biopolymer **Chitin**, das sich aus N-Acetylglucosamin und β-1,3-Glucan zusammensetzt. Chitin ist auch die wesentliche Komponente der Cuticula der Arthropoda. Die Cuticula wird von der äußeren Zellschicht des Tiers, dem Ektoderm, gebildet. Das Exoskelett weist eine hohe Stabilität auf und wird bei der Häutung des Tiers abgestreift.

Die **Zellwand der höheren Pflanzen** wird schrittweise aufgebaut. Ihre Struktur ist zell- und artspezifisch. Eine Primärwand entsteht aus Polysacchariden, Pektinen und zunächst geringen Mengen an Cellulosefibrillen. In der Sekundärwand, die nach dem Wachstum gebildet wird, nimmt der Celluloseanteil zu und formt als Gerüstsubstanz zahlreiche maschenartige Zwischenräume. Besonders Festigungsgewebe und Wasserleitbahnen (Xylem) haben cellulosereiche Sekundärwände. Im interfibrillären Raum der Cellulosefibrillen können andere Polymere eingelagert werden, z. B. Polyphenole, u. a. Lignin. Es kommt zur Verholzung der Gewebe. Gleichzeitig sind Lignine spezialisierte Metaboliten mit Abwehrfunktion gegenüber Herbivoren (▶ Abschn. 10.4). Bei lokaler Zellverletzung durch pathogene Mikroorganismen und Herbivoren kann das Polysaccharid Callose zum Verschluss der Zellwand eingebaut werden (▶ Abschn. 8.3). In verschiedenen Pflanzenfamilien werden anorganische Substanzen in Zellwände inkrustiert, z. B. Siliciumdioxid (Sauergräser, Schachtelhalme, Kieselalgen), Calciumcarbonat (Armleuchteralgen) und Calciumoxalat (Araceae).

Pflanzliche Zellwände sind lebensnotwendig, da über diese Strukturen Wasser durch Osmose in die Zellen und Vakuolen aufgenommen wird und sich somit ein hydrostatischer Innendruck (Turgor) aufbaut. Trotzdem bleibt die Zelle elastisch und kann Form und Volumen in begrenztem Maße ändern. Die Zellwand und die interzellulären Zwischenräume bilden den Apoplasten. Diese Diffusionsräume sind für den Stoffaustausch sehr wichtig. Bei höheren Landpflanzen dichtet eine wasserundurchlässige Schicht, die Cuticula, den Apoplasten zur Atmosphäre ab und schützt vor Herbivoren und Schaderregern. Der Apoplast von Wurzelhaaren hat dagegen einen direkten Kontakt zum Bodenwasser.

Zwischen den Pflanzenzellen besteht Kontakt über Kanäle (**Plasmodesmen**) (◘ Abb. 5.3a). Die cytoplasmatische Verbindung ist von einer Plasmamembran begrenzt und durchzieht die Zellwand. Stränge des endoplasmatischen Reticulums vermitteln den Stofftransport. Actinfilamente, die auch durch die Plasmodesmen führen, werden durch einige Pflanzenviren (z. B. Tabakmosaikvirus) genutzt, um zwischen den Zellen zu wandern.

In eukaryotischen Zellen durchzieht ein stützendes Proteinnetzwerk (**Cytoskelett**) das Cytoplasma (◘ Abb. 5.3). Es hat röhrenförmige, tubuläre Strukturen (**Mikrotubuli**) oder ist fibrillär aufgebaut (**Actinfilamente, Intermediärfilamente**). Neben der Formgebung ermöglicht die Netzstruktur die Bewegung und Anordnung von Organellen. Die Mikrotubuli tragen Motorproteine (Dynein, Kinesin), die Vesikel und Granula durch die Zelle transportieren. Actinfilamente ermöglichen die Muskelkontraktion in tierischen Zellen. Während der Zellteilung sind Mikrotubuli im Spindelapparat verantwortlich für die Verteilung der Chromosomen zu den Tochterzellen. Mittels Mikrotubuli werden Cilien und Geißeln bewegt.

5.1.2.2 Das eukaryotische Organellennetzwerk und seine physiologisch-biochemische Relevanz

Die Entstehung von intrazellulären Strukturen und Organellen war ein entscheidender Schritt zur weiteren **Kompartimentierung** und **Spezialisierung von Zellen**.

Die sensitive Aufnahme und Übermittlung von Signalen aus Zellen- und Geweben, aber auch der Umwelt gelingt über die Sensorik in Membranen, im Cytoplasma und in den Organellen. Transportprozesse und intrazelluläre Signalkaskaden sind die vermittelnden Faktoren zu Veränderungen im Metabolismus (▶ Abschn. 6.1). Wichtige Regelgrößen für die metabolischen Abläufe sind auch der unterschiedliche pH-Wert im Cytoplasma und in den Organellen sowie ein pH-Sensing für den Lebensraum. So erfordern beispielsweise Änderungen im pH-Wert des Bodens eine Justierung des Nährstoffaufnahmesystems der Wurzelzellen, verbunden mit dynamischen Änderungen der Genexpression.

Funktionen der verschiedenen Zellkompartimente sind in ◘ Abb. 5.4 dargestellt.

Nucleoide und Zellkerne

Prokaryoten enthalten DNA als einzelnen, geschlossenen und dicht gepackten Faden (Nucleoid). Manche Bakterien besitzen neben der chromosomalen DNA des

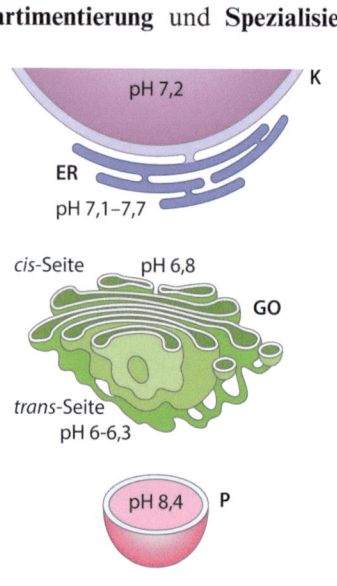

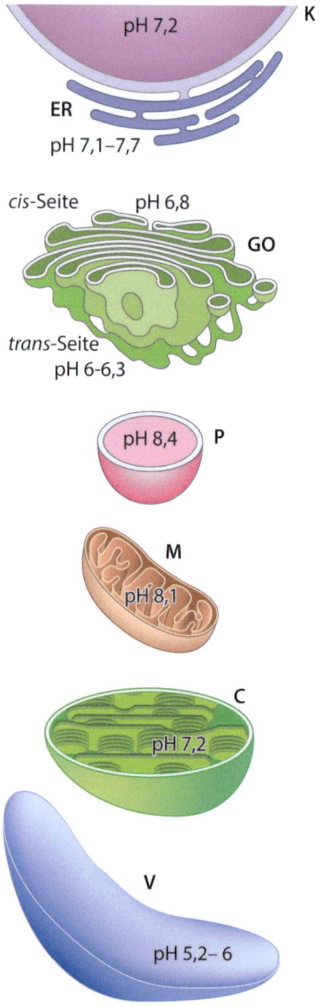

Zellkern (K)
DNA-Replikation, Genexpression und Transkription

Endoplasmatisches Reticulum (ER)
Membransynthese, Proteinsynthese (raues ER), Proteinsortierung, -modifizierung und -transport, Kanalisierung von Metaboliten, Lipidsynthese, Entgiftung von Fremdstoffen

Golgi-Apparat (GO)
Sortierung und Verteilung von Proteinen, Synthese von Zellwandpolysacchariden (Cellulose), Abschnüren von Sekretionsvesikeln

Peroxisom (P)
Photorespiration (z.T), Fettsäureabbau, Glyoxylatzyklus

Mitochondrium (M)
Matrix: Tricarbonsäurezyklus, Photorespiraton (z. T.); Cristae: Atmungskette

Chloroplast (C)
Photosynthese, C_4- und CAM-Pflanzen-Metabolismus (z. T.), Chlorophyllsynthese, oxidativer Pentosephosphatzyklus (z. T.), Nitritassimilation, Sulfatassimilation, Aminosäuresynthese, Fettsäuresynthese, Membranlipidsynthese, Stärkespeicher, Start der Jasmonsäuresynthese, Phenylpropanoid- und Terpensynthese (z. T.)

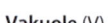

Vakuole (V)
Wasserreservoir, Speicherung von Salzen und organischen Säuren, Akkumulation von Farbstoffen, Bitterstoffen, Giften und Xenobiotika, Synthese von spezialisierten Metaboliten (z. T.), Fructansynthese

◘ **Abb. 5.4** Organellen einer Pflanzenzelle und ihre wichtigsten biochemischen Funktionen (pH-Werte nach Tsai und Schmidt 2021). CAM, Crassulaceen-Säuremetabolismus; z. T., zum Teil

Nucleoids noch extrachromosomale DNA (Plasmide). Auch Organellen der eukaryotischen Zelle (Plastiden, Mitochondrien) verfügen noch über DNA in Nucleoidform. Dies ist ein Hinweis auf die endosymbiotische Herkunft der Organellen (▶ Abschn. 5.1.1).

Eukaryotische Zellen besitzen einen Zellkern (Nucleus), in dem DNA im Verbund mit Chromatin in Chromosomen verpackt ist. Er ist der Ort der DNA-Replikation und Genexpression, d. h. der genetischen Kontrolle und Regulation zellulärer Aktivitäten. Im Nucleolus, einem Bereich des Zellkerns, liegen die Gene, die die ribosomalen Untereinheiten aus Proteinen und rRNA-Molekülen zusammenbauen. Diese Untereinheiten werden im Cytoplasma weiter strukturiert. Freie Ribosomen sowie Ribosomen am rauen endoplasmatischen Reticulum (◘ Abb. 5.3) sind die Orte der Proteinbiosynthese im Cytoplasma.

Die Hülle des Zellkerns ist mit dem Membransystem des endoplasmatischen Reticulums verbunden und trägt Poren für den Stoffaustausch mit dem Cytoplasma.

■ **Mitochondrien**

Mitochondrien haben etwa die Größe einer Bakterienzelle. Ihre Zahl in den Zellen variiert und ist oftmals mit dem Energiebedarf der Zelle korreliert. Mitochondrien besitzen eine Doppelmembran. Die innere Membran ist in den Innenraum (Matrix) gefaltet und bildet septenartige Ausstülpungen (Cristae) (◘ Abb. 5.3 und 5.4). In der Matrix sind DNA, Ribosomen und verschiedene Stoffwechselwege lokalisiert, insbesondere der Tricarbonsäurezyklus (▶ Abschn. 5.2.3.2). Er beendet zusammen mit der Atmungskette in den Cristae die biologische Oxidation zur Energiegewinnung.

Die Aktivitäten in pflanzlichen Mitochondrien, aber auch in Chloroplasten verlaufen streng koordiniert. Verschiedene Vorgänge sind kerncodiert (**anterogrades Signaling**). Es haben sich aber auch biochemische Signale entwickelt, die die Expression der Kerngene kontrollieren (**retrogrades Signaling**). Beispiele hierfür sind **reaktive Sauerstoffspezies** (*reactive oxygen species*, **ROS**), die in Mitochondrien und Chloroplasten gebildet werden. Abiotischer und biotischer Stress greifen in die mitochondriale ROS-Homöostase ein (▶ Abschn. 6.3). Solche Stresssignale aktivieren Signalwege im Kern, wodurch die Expression von Genen durch Aktivierung oder Hemmung von Transkriptionsfaktoren verändert wird. Somit sind Mitochondrien in Pflanzenzellen neben Chloroplasten auch Sensoren für Umweltereignisse. Verschiedene Phytohormonsignalwege interagieren mit beiden Organellen (▶ Abschn. 6.1).

■ **Chloroplasten**

Chloroplasten sind typisch pflanzliche Organellen. Hier findet die Photosynthese statt (▶ Abschn. 5.3.2). Es wird Lichtenergie in chemische Energie umgewandelt und dabei Kohlenstoffdioxid fixiert. Die Organellen sind auch Orte für andere Stoffwechselwege (▶ Abb. 5.3a und 5.4). Chloroplasten werden von einer Doppelmembran zum Cytoplasma abgegrenzt. Ein weiteres Membransystem (**Thylakoidmembran**) hat eine röhrenförmige Form und ist teilweise in **Grana** gestapelt (◘ Abb. 5.3). Es durchzieht den Innenraum des Organells (**Stroma**). Algen haben keine Granalamellen. Die Thylakoidmembranen tragen die Photosynthesepigmente für die Lichtreaktionen. Das Stroma mit DNA (**Plastom**) und Ribosomen für die spezifische Proteinbiosynthese weisen auf die weitgehende Autonomie des Organells hin. Hier sind auch die Enzyme des Calvin-Zyklus und andere Stoffwechselwege kompartimentiert (◘ Abb. 5.4). Wie Mitochondrien besitzen auch Chloroplasten eine retrograde Signalgebung zu Kerngenen. Dies dient der Kontrolle der Chloroplastenbiogenese und den spezifischen Funktionen dieses Organells.

Chloroplasten reagieren auf biotischen und abiotischen Stress durch anterograde und retrograde Kommunikation. Dabei findet beispielsweise eine Translokation chloroplastenbürtiger Transkriptionsfaktoren in den Kern statt. Biotische Einflüsse wie Mikroorganismen- und Herbivorenbefall beeinflussen die ROS-Homöostase der Chloroplasten.

Eine enge Wechselwirkung zwischen Chloroplasten und endoplasmatischem Reticulum (ER) ist essenziell für die **Lipidhomöostase**: (a) die Fettsäurebiosynthese in Chloroplasten, (b) der Transport zum ER, (c) die ER-katalysierte Modifikation von Glycerolipiden und Rücktransport zu den Chloroplasten, (d) die Synthese von Galactolipiden für die Thylakoidmembran des Chloroplasten. Für spezielle Stoffwechselreaktionen wird der Chloroplast unmittelbar an andere Zellorganellen angelagert. So ist **Photorespiration** nur möglich, wenn das Organell über ein Peroxisom mit einem Mitochondrium in Kontakt steht (▶ Abschn. 5.3.3).

Aus den Vorstufen der Plastiden (Proplastiden) können in den unterschiedlichen Geweben weitere Organellen differenziert werden, z. B. **Leukoplasten**, die Stärke (in Amyloplasten) oder Öl (in **Elaioplasten**) speichern, sowie Chromoplasten in Blüten und Früchten mit hohen Carotinoidkonzentrationen (▶ Abschn. 10.1).

Zellen von Gefäßpflanzen (Tracheophyta) enthalten auch **Tannosomen**, die sich von Chloroplasten ableiten und am Stoffwechsel spezialisierter Metaboliten beteiligt sind. Protocyanidine (Vorstufen von Anthocyanidinen) werden aus dem Cytoplasma in die Chloroplasten transportiert und zu Tanninen polymerisiert. Die Polyphenole werden in 30 nm großen Tannosomen konzentriert, die aus Teilen der Thylakoide entstehen. Nach Abschnürung aus den Chloroplasten transportieren diese Organellen Tannine zu den Vakuolen als Speicherorten.

- **Endoplasmatisches Reticulum (ER)**

Das röhrenförmige ER wird aus der Kernmembran gebildet und durchzieht die eukaryotische Zelle als Hauptbestandteil des Endomembransystems (◘ Abb. 5.3 und 5.4) Der ER-Anteil beträgt ca. 50 % aller zellulären Membranen. Als **raues ER** werden die tubulären Teile bezeichnet, die mit Ribosomen besetzt sind. Neu synthetisierte Proteine können in das Lumen des ER transportiert, glykosyliert, gefaltet und in Proteinkomplexen organisiert werden. Der Proteintransport erfolgt dann in abgeschnürten Vesikeln zum zellulären Bestimmungsort. Etwa ein Drittel des zellulären Proteoms wird im ER bereitgestellt und im Golgi-Apparat für den weiteren Einsatz im Stoffwechsel sortiert.

Das sogenannte **glatte ER** synthetisiert Lipide und Steroide und verteilt sie innerhalb der dynamischen Organellenarchitektur des Membrannetzes. Die enge Verbindung mit anderen Organellen erfolgt über zahlreiche Kontaktdomänen der Außenmembran und fördert die Kommunikation. Im ER-Lumen werden spezialisierte Metaboliten und Fremdstoffe anthropogener Herkunft wie Pestizide chemisch modifiziert und somit für die Entgiftung vorbereitet.

- **Dictyosomen und Golgi-Apparat**

Der Golgi-Apparat ist ein außerordentlich dynamisches Organell aus flachen Membransäckchen, die zu Zisternen gestapelt und in größeren Einheiten organisiert werden (**Dictyosomen**). Das Organell, das alle Dictyosomen der Zelle umfasst, ist eng mit dem ER assoziiert. An der sogenannten *cis*-Seite (Bildungsseite) des Dictyosoms entstehen aus Vesikeln des ER neue Zisternen. An der vom ER abgewandten *trans*-Seite (Sekretionsseite) werden ständig Vesikel in das Cytoplasma abgeschnürt (◘ Abb. 5.4). In den Vesikeln werden Proteine konzentriert, sortiert und in Vesikel für den Transport zum zellulären Bestimmungsort verpackt. Der **Golgi-Apparat der Pflanzenzelle** produziert einige Polysaccharide für die Zellwand. Golgi-Vesikel geben nach Verschmelzung mit Lipidschichten Stoffe durch **Exocytose** über die Plasmamembran nach außerhalb der Zelle ab und durch **Endocytose** in andere Organellen, z. B. Vakuolen. Der Transport von Sekretionsvesikeln wird als **Membranfluss** bezeichnet.

- **Lysosomen**

Lysosomen sind Membranvesikel tierischer Zellen. Als sogenannte primäre Lysosomen stammen sie aus dem Golgi-Apparat und bauen hydrolytisch Biopolymere ab. Sie nehmen auch durch Phagocytose Stoffe von außerhalb der Zelle durch Einstülpung der Plasmamembran auf. Diese Vesikel (**Phagosomen**) fusionieren mit primären Lysosomen zu sekundären Lysosomen. In deren Innenraum geht dann die Hydrolyse weiter. Nicht verdautes Material wird durch Exocytose über die Plasmamembran aus der Zelle ausgeschieden.

- **Microbodies**

Einige eukaryotische Zellen enthalten Microbodies, die mit speziellen Metaboliten und Reaktionswegen ausgestattet sind:
- **Peroxisomen** (Abb. 5.3a) bauen enzymatisch reaktive Sauerstoffspezies wie H_2O_2 ab. Sie kompartimentieren Teile der Photorespiration (▶ Abschn. 5.3.3).
- **Glyoxysomen** sind pflanzliche Organellen mit ähnlicher Funktion wie die Peroxisomen. Besonders junge Pflanzen sind reich an Glyoxysomen. Sie wandeln Speicherlipide zu Kohlenhydraten um. Fettsäuren werden zu Acetyl-CoA abgebaut.

- **Vakuolen**

Vakuolen (Abb. 5.3a) kommen in Pilzen und Pflanzen vor. Sie werden von einer einzelnen Membran umschlossen und leiten sich aus dem ER und dem Golgi-Apparat ab. Junge Pflanzenzellen enthalten zahlreiche multifunktionelle Vakuolen. Sie können sich in älteren Zellen zu einer großen Zentralvakuole vereinigen, die bis zu 90 % des Zellvolumens einnimmt. Vakuolen bestimmen den Zelldruck (**Turgor**) und sind für Entwicklung und Physiologie der Pflanze als Wasserspeicher lebensnotwendig. Das Auffangen des Turgordrucks durch den Gegendruck der Zellwände gibt krautigen, nicht verholzten Pflanzenteilen mechanische Stabilität. Durch den Turgor von Drüsenzellen werden über spezielle Orte der Zellwände Sekrete abgegeben, die von ökobiochemischer Bedeutung sind.

Vakuolen haben einen sauren pH-Wert von 5 bis 6, enthalten hydrolytische Enzyme und akkumulieren osmotisch aktive Substanzen (◘ Abb. 5.4). Dazu gehören anorganische Ionen (z. B. Nitrat, Sulfat, Phosphat), die als essenzielle Nährstoffe gespeichert werden, und Kationen (Natrium, Kalium, Calcium). Die Vakuole ist der Hauptspeicher für Calcium, das besondere Bedeutung für die intrazelluläre Signalgebung hat (▶ Abschn. 6.1). Metalltolerante Pflanzen entgiften Metalle (z. B. Fe^{2+}, Cd^{2+}, Zn^{2+}) durch Transport in die Vakuole. Auch organische Säuren wie Malat, Citrat und Oxalat werden akkumuliert. In Crassulaceenarten, die den Crassulaceen-Säuremetabolismus (CAM) ausprägen, wird Malat in der Nacht vakuolär akkumuliert (▶ Abschn. 5.3.5).

Pflanzliche Vakuolen sind Speicherorte für Kohlenhydrate und Proteine, die auch remobilisiert werden können:
- Vakuolen akkumulieren **Saccharose**. Das Disaccharid ist auch Ausgangsstoff für die vakuoläre **Biosynthese von Fructanen**, die in dem Organell gelagert werden. Ihre Mobilisierung dient auch der Stabilisierung von Membranen unter Trocken- und Froststress (▶ Abschn. 6.4).

– **Proteinspeichervakuolen** sind dominierende Organellen im Speichergewebe von jungen Pflanzen, in Knollen oder im Endosperm von Samen. Einige Proteine wie Lektine und Proteaseinhibitoren sind toxisch und schützen die Samen vor Räubern (Abschn. 10.15).

Vakuolen spielen während der pflanzlichen Ontogenese eine besondere Rolle und stehen für die Bewältigung von abiotischem und biotischem Stress zur Verfügung:
- Zellen der Blütenblätter enthalten in Vakuolen Farbstoffe aus verschiedenen Substanzklassen für die Anlockung von Bestäubern (▶ Abschn. 10.1.2). Manche dieser spezialisierten Metaboliten wie Anthocyanine werden nach Aufnahme in das Organell noch zusätzlich enzymatisch modifiziert.
- Vakuolen in Zellen der Samenschale akkumulieren Flavonoide (▶ Abschn. 5.4.2), die den Embryo vor schädlichem UV-Licht schützen (▶ Abschn. 6.2).
- Vakuolen speichern hydrophile, spezialisierte Metaboliten (Alkaloide, cyanogene Glykoside, Senfölglykoside, nichtproteinogene Aminosäuren, Saponine, Herzglykoside), die vor Mikroorganismenbefall und Herbivorenfraß schützen.
- Fremdstoffe (Xenobiotika) werden nach Modifikation in den sogenannten Phase-I- und Phase-II-Reaktionen als Konjugate (z. B. Glucoside) in den Vakuolen eingelagert.
- Vakuolen enthalten Nucleasen, die bei Virenbefall in das Cytoplasma abgegeben werden. Dadurch wird die Proliferation der Viren gehemmt.
- Die Fusion von vakuolären und Plasmamembranen ist eine Abwehrreaktion der Zellen gegen pathogene Bakterien.

5.2 Stoffwechselwege und Energiewandlung

5.2.1 Das Wasser – molekulare Eigenschaften und physiologische Bedeutung

Alle Organismen sind obligat vom Wasser abhängig. Seine Bedeutung als Medium für die vielfältigen zellulären Stoffwechselreaktionen beruht auf der molekularen Struktur und Reaktivität im gepufferten Milieu der Zelle. Wasser besitzt eine **tetraedrische Struktur** und tritt als **Dipol** auf (▶ Abb. 6.4). Das Sauerstoffatom, das kovalent zwei Wasserstoffatome gebunden hat, zieht Elektronen stärker an. Dadurch erhalten die Wasserstoffatome jeweils eine positive Teilladung. Sauerstoff hat dagegen zwei freie Elektronenpaare zur Verfügung

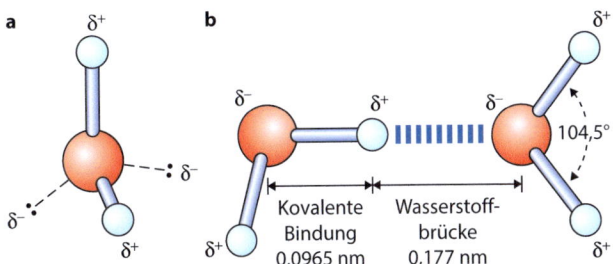

◘ **Abb. 5.5** Die polare Natur des Wassers im Kugelstabmodell. **a** Tetraedrischer Wasserdipol. **b** Ausbildung einer Wasserstoffbrückenbindung zwischen zwei Wassermolekülen. (Nach Nelson und Cox 2009, Abb. 2.1)

und trägt eine negative Teilladung Dadurch kann das Wassermolekül Donator, aber auch Akzeptor von Wasserstoffatomen sein. Durch elektrostatische Anziehung bildet Wasser im flüssigen Aggregatzustand Molekülverbände über **Wasserstoffbrückenbindungen** aus (**Dipol-Dipol-Wechselwirkungen**) (◘ Abb. 5.5).

Wasser ist das ideale Milieu für Lebensprozesse. Es löst Salze wie NaCl, indem es um die Na^+- und Cl^--Ionen eine stabilisierende Wasserhülle (**Hydrathülle**) bildet. Die gute Wasserlöslichkeit von Produkten des Grundstoffwechsels wie Kohlenhydraten, Aminosäuren und Nucleotiden aber auch spezialisierten Metaboliten wird dadurch erreicht, dass Wasserstoffbrückenbindungen von polaren funktionellen Gruppen zu Wasser aufgebaut werden. Natürlich können auch Wasserstoffbrücken innerhalb von Biomolekülen aufgebaut werden. In Biopolymeren wie Proteinen und Nucleinsäuren tragen diese Bindungen zur Stabilität der Raumstruktur bei. Auch ionische Wechselwirkungen sind dabei beteiligt. Hydrophobe funktionelle Gruppen (◘ Abb. 5.6) können keine Wasserstoffbrücken ausbilden. So verdrängen z. B. Alkylketten von Membranlipiden (z. B. Phosphatidylcholin, ▶ Abb. 6.5) Wassermoleküle aus ihrer Umgebung und bilden über **hydrophobe Wechselwirkungen (Van-der-Waals-Kräfte)** Aggregate, die beispielsweise Biomembranen strukturieren (▶ Abschn. 5.1.2) und auch die räumliche Gestalt von Proteinen stabilisieren. Amphiphile Moleküle besitzen hydrophile und hydrophobe Strukturanteile (◘ Abb. 5.6).

Die zelluläre Wasseraufnahme und -abgabe erfolgt durch **Osmose**, d. h. Diffusion durch semipermeable Biomembranen. Grundlage dafür ist der osmotische Gradient zwischen Zelle und Außenmedium, der durch den Konzentrationsunterschied gelöster Substanzen bestimmt wird. Dadurch wird der **Turgor**, der elastische Gegendruck der Zellwand auf den wasserreichen Zellinhalt, stabilisiert. Der Turgor gibt den Zellen und Geweben die spezifische Struktur. Bei mehrzelligen Geweben ist der Druck zu beiden Seiten der Zellmembran bzw. Zellwand gleich groß, d. h. isoton.

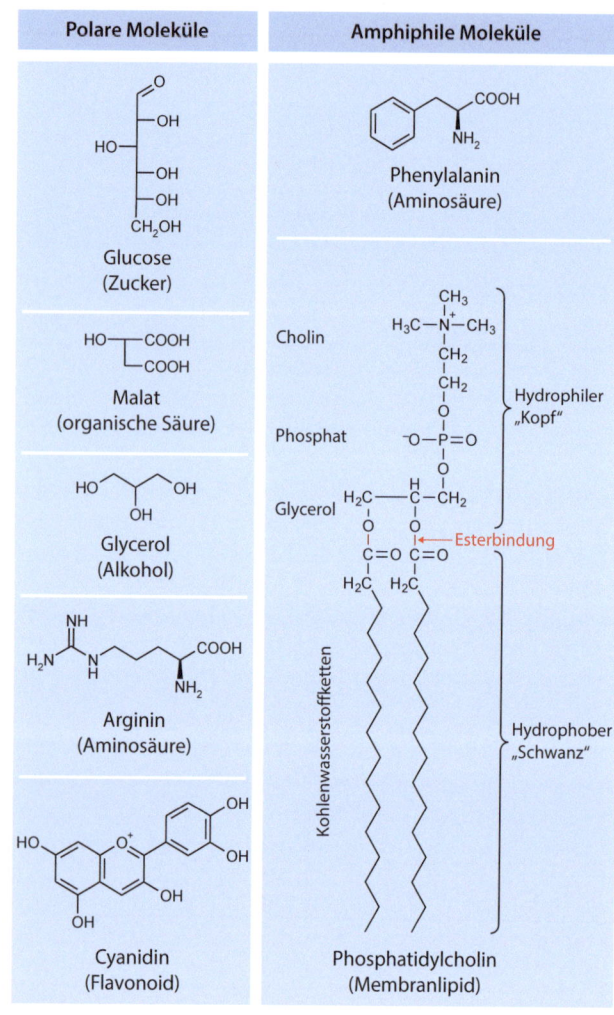

Abb. 5.6 Beispiele für polare (hydrophile) und amphiphile Stoffwechselprodukte

Der Wassereinstrom mittels Diffusion durch die Lipiddoppelschichten ist allerdings begrenzt. Für die kontrollierte Aufnahme von Wasser stehen in den Biomembranen spezielle Kanalproteine (**Aquaporine**) zur Verfügung. Sie kommen in Pro- und Eukaryoten vor. In Pflanzen sind Aquaporine für die Wassertranslokation in der Plasmamembran und der vakuolären Membran (Tonoplast) besonders wichtig. Hier muss ein geregelter Transport erfolgen, um Turgor und osmotisches Gleichgewicht der Gesamtzelle einzustellen. Das gilt vor allen Dingen bei Wasserstress im Lebensraum, z. B. Trockenheit, Staunässe und hoher Salzgehalt (▶ Abschn. 6.4).

Neben seiner Funktion als Lösungsmittel ist Wasser das bestimmende Reaktionsmedium für die metabolischen Wege in den Zellkompartimenten. Es ist Substrat für enzymatische Reaktionen und für die photosynthetische Wasserspaltung (▶ Abschn. 5.3.2) sowie Produkt der Atmungskette (▶ Abschn. 5.2.3.2). Die molekularen Eigenschaften und Funktionen des Wassers sind die Voraussetzung dafür, dass Organismen die unterschiedlichen Lebensräume besiedeln können, die durch den Wasserkreislauf versorgt werden (◘ Tab. 5.1).

Die Fähigkeit zur Regulation ihres Wassergehalts ermöglicht es den Organismen, unter differenzierten Umweltbedingungen zu leben:

- **Homoiohydrische Organismen** regulieren den Wasserhaushalt auf vielfältige Weise und machen sich weitgehend unabhängig vom Wassergehalt ihrer Umgebung. Pflanzen nutzen Vakuolen als Wasserspeicher. Auch Tiere regulieren streng ihren Wasserhaushalt.
- **Poikilohydrische Organismen** passen sich mit ihrem Wassergehalt der Feuchtigkeit ihres Habitats an (▶ Abschn. 6.4). Beispiele sind verschiedene Mikroorganismen (Cyanophyceae, Pilze), manche Tiere (einige Nematoden), Flechten (Abschn. 8.1.3), Moose an trockenen Standorten und auch die Wiederauferstehungspflanzen (*resurrection plants*). Letztere Pflanzen können eine mehrjährige Austrocknung überstehen und sich bei erneuter Wasserversorgung vollständig physiologisch regenerieren (▶ Abschn. 6.4.2).
- **Stenohaline Organismen** kommen in marinen und limnischen Habitaten vor. Sie können nur in Bereichen leben, in denen die Konzentration an osmotisch aktiven Substanzen (Salze) ihrem inneren Milieu entspricht.
- **Euryhaline Organismen** besitzen eine höhere osmotische Toleranz. Sie akzeptieren größere Veränderungen im Salzgehalt und können somit in verschiedenen aquatischen Habitaten mit wechselnden osmotischen Zuständen siedeln, z. B. im Brackwasser. Eine Barriere ist allerdings für die meisten Arten der Übergang von Meer- zu Süßwasser (▶ Abschn. 13.2.2.1).

5.2.2 Metabolismus und Energie

Das lebende System ist von der einzelligen bis zur mehrzelligen Organisationsform stets geprägt von thermodynamischen Grundgesetzen. Nach dem **ersten Hauptsatz der Thermodynamik** (Gesetz von der Erhaltung der Energie) bleibt im Verlauf eines jeden Prozesses die Gesamtenergie eines Systems und seiner Umgebung gleich, aber sie kann bei allen chemischen und physikalischen Veränderungen in verschiedene Formen umgewandelt werden. Der **zweite Hauptsatz der Thermodynamik** (Gesetz von der Vermehrung der Entropie) ist ein Maß für die Unordnung eines Systems, in dem spontane Prozesse stattfinden. Energieumsetzende Reaktionen in einer zur Umwelt abgegrenzten, aber mit ihr auch verbundenen Organisationsform waren der erforderliche evolutionäre Schritt zum Aufbau erster protobiotischer Systeme auf der frühen Erde (▶ Abschn. 5.1.1).

5.2 · Stoffwechselwege und Energiewandlung

Tab. 5.1 Physikalisch-chemische Eigenschaften von Wasser und deren Bedeutung für den pflanzlichen Wasserhaushalt. (Verändert nach Munk 2009, Tab. 9.1, S. 303, © Georg Thieme Verlag KG)

Molekulare Merkmale	Spezifische Eigenschaften	Bedeutung für den Wasserhaushalt
Polarität	Tendenz zur Hydratation	Erleichterte Aufnahme von Ionen Stabilisierung der Proteinstruktur Kompartimentierung
Ausbildung von Wasserstoffbrücken	Kohäsion	Stabilisierung der Wassersäule beim Ferntransport im Xylem
	Adhäsion	Wasserferntransport, unterstützt durch Kapillarkräfte
	Oberflächenspannung	Wasserfilm um Bodenpartikel ermöglicht Aufnahme von Nährstoffen Entstehung des Transpirationssogs
	Hohe spezifische Wärmekapazität	Abmilderung von Temperaturschwankungen, global bedeutsam für das Klima
	Hohe Verdunstungsenthalpie	Kühlung der Blätter durch Transpiration
Geringe Viskosität		Langstreckentransport in engen Leitgefäßen Ermöglicht Algen den Schwebezustand im aquatischen Lebensraum

Alle biochemischen Reaktionen folgen selbstverständlich den Gesetzen der Thermodynamik. Energie wird in den Organismen aus Nährstoffen gewonnen, die über die Nahrungsnetze zur Verfügung stehen. Die Stoffumwandlungen im Organismus erfolgen über **energieliefernde (exergone) Prozesse** (Substanzabbau und -umbau) und **energieverbrauchende (endergone) Prozesse**. Beide Prozesse sind in den Lebewesen gekoppelt (**energetische Kopplung**). Aus der mathematischen Funktionsverknüpfung des ersten und zweiten Hauptsatzes der Thermodynamik wurde die Zustandsgröße der freien Energie (freie Enthalpie, Gibbs-Energie) abgeleitet. Darunter versteht man diejenige Energieform, die unter isothermen (gleiche Temperatur) und isobaren (gleicher Druck) Arbeit verrichten kann.

Der Energieumsatz von Zellen ergibt sich aus drei Leistungen:

— **Biochemische Arbeit**: endergone Reaktionen in Biosynthesen und Konformationsänderungen von Proteinen, Erhaltung der dynamischen Struktur der Kompartimente, Wachstums- und Vermehrungsprozesse
— **Transportarbeit**: aktive Bewegung von Ionen und Biomolekülen durch Membranen, osmotische Arbeit
— **Mechanische Arbeit**: Mobilität der Chromosomen während der Zellteilung, Bewegung von Organellen und Cilien, Muskelkontraktion und Mobilität von Organismen

Während heterotrophe Organismen freie Energie ausschließlich durch Oxidation von Nahrungsstoffen gewinnen, verwenden phototrophe Lebewesen die Lichtenergie. Die nutzbare Energie in den biochemischen Um-

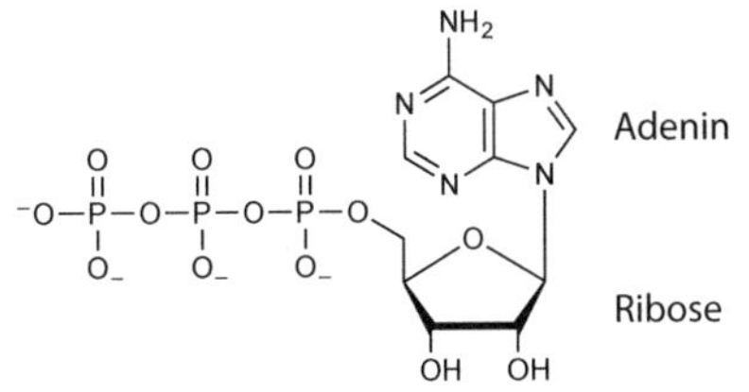

Abb. 5.7 Adenosintriphosphat, die universelle Energiewährung der Zelle

setzungen wird in energiereiche Verbindungen überführt, die wertvolle Energiespeicher und -vermittler im Metabolismus sind. Das verfügbare Angebot an Energie ist die umfassende Steuergröße im zellulären Stoffwechsel.

Adenosintriphosphat (ATP) nimmt die zentrale Stellung in der energetischen Kopplung ein (Abb. 5.7). Das Molekül ist der bedeutendste frei konvertierbare Speicher chemischer Energie und wird über drei Hauptprozesse bereitgestellt:

— **Substratkettenphosphorylierung**: Während der Oxidation organischer Substrate entstehen phosphorylierte, energiereichreiche Intermediate, die einen Phosphatrest auf Adenosindiphosphat (ADP) übertragen (Beispiele: Glykolyse, Tricarbonsäurezyklus [TCC]) (▶ Abschn. 5.2.3.2)
— **Oxidative Phosphorylierung** in der Atmungskette: Die Coenzyme $NADH+H^+$ und $FADH_2$ übergeben Elektronen an eine Elektronentransportkette. Gleichzeitig wird ein Protonengradient an der inneren Mitochondrienmembran erzeugt. Der Energiegehalt ergibt sich aus einem Konzentrationsgradienten, der einen pH-Gradienten zwischen bei-

den Seiten der Membran erzeugt und dann energetisch genutzt wird ▶ (Abschn. 5.2.3.2).
— **Photophosphorylierung** bei Cyanobakterien und grünen Pflanzen: ATP wird photochemisch in der Photosynthese gebildet. Auch hier wird ein elektrochemischer Gradient an der Thylakoidmembran zur Energieerzeugung genutzt (▶ Abschn. 5.3.2.1).

ATP wird immer nur in jener Zelle verwendet, in der es erzeugt wird. Für seine Biosynthese muss Energie aufgewendet werden (endergone Reaktion). Durch hydrolytische Spaltung von ATP in ADP und anorganisches Phosphat (P_i) wird Energie frei (exergone Reaktion) und kann für verschiedene metabolische Prozesse genutzt werden. Beispiele sind:
— Aktivierung wenig reaktionsfreudiger Verbindungen durch Übertragung eines Phosphatrests (Phosphorylierung), z. B. in Glykolyse und Tricarbonsäurezyklus
— Signalmolekül für regulatorische Enzyme
— Enzymkatalysierte Modifikation von Proteinen
— Polymerisierung von Monomeren des Cytoskeletts
— Wärmeproduktion

Zahlreiche zelluläre Prozesse basieren auf Redoxreaktionen. Das Cosubstrat **NAD$^+$ (Nicotinamidadenindinucleotid)** sowie die prosthetische Gruppe **FAD (Flavinadenindinucleotid)** übernehmen Reduktionsäquivalente aus den Wegen der biologischen Oxidation (NADH+H$^+$: Glykolyse, TCC; FADH$_2$: TCC) und geben Protonen und Elektronen zur Energieerzeugung (ATP-Synthese) in der Atmungskette der Mitochondrien ab (▶ Abschn. 5.2.3). Ein anderes Cosubstrat, NADP$^+$ (Nicotinamidadenindinucleotidphosphat), wird am Ende der Lichtreaktionen der Photosynthese reduziert und im Calvin-Zyklus verwendet (▶ Abschn. 5.3.2.2).

Der Stoffwechsel der Organismen umfasst ein koordiniertes Netzwerk aus Einzelreaktionen (a) zur Gewinnung und Wandlung chemischer Energie durch heterotrophe oder autotrophe Lebensweise und (b) für Synthese und Abbau von Biomonomeren (Metaboliten des Grundstoffwechsels sowie spezialisierte Metaboliten) und Biopolymeren (Kohlenhydrate, Proteine, Lipide und Nucleinsäuren). Es kommt zu vielgestaltigen Veränderungen der Substanzen, die dem Organismus zugeführt oder von ihm selbst synthetisiert werden. Die Regulation in den Stoffwechselwegen erfolgt über die Enzymmenge, die Enzymaktivität und die Verfügbarkeit der Substrate. Enzyme von metabolischen Wegen können zu strukturell-funktionellen Komplexen zusammengeschaltet sein, die man **Metabolons** nennt. Gut untersuchte Beispiele sind die Glykolyse und der Tricarbonsäurezyklus sowie die Biosynthese von Dhurrin, einem cyanogenen Glykosid (▶ Abschn. 10.4.4). Nicht-

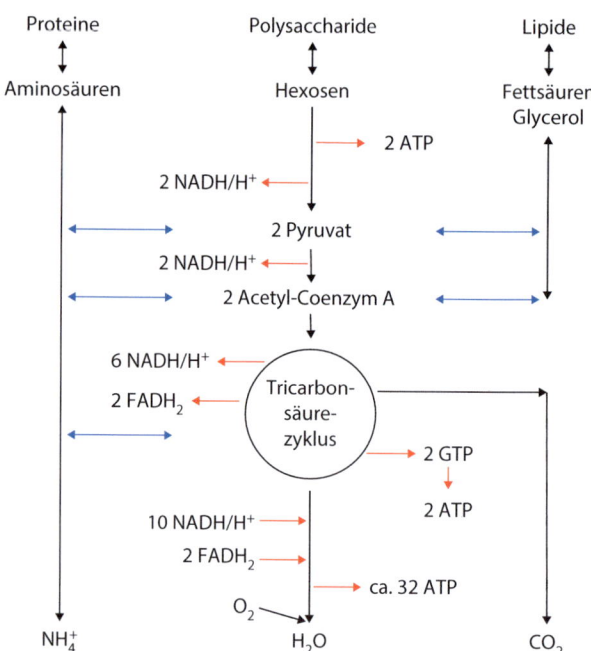

■ **Abb. 5.8** Katabolismus von Nähr- und Reservestoffen und die Energiegewinnung in der biologischen Oxidation. ATP, Adenosintriphosphat; GTP, Guanosintriphosphat; NAD$^+$, Nicotinamidadenindinucleotid; FAD, Flavinadenindinucleotid; rote Pfeile: Energieerträge; blaue Pfeile: Zu- und Abstrom von Metaboliten

kovalente Wechselwirkungen zwischen den Enzymproteinen sowie die Assoziation zu Biomembranen, aber auch zum Cytoskelett der Zellen schaffen eine effektive und geschützte Mikroumgebung für Stoffumsetzungen. Substrate gelangen zielgerichtet zu den Enzymen (**Channeling**). Weitere Vorteile sind (a) die Erhöhung der katalytischen Effizienz, (b) die lokale Anreicherung der Substrate, (c) der Schutz vor toxischen Zwischenprodukten (Autotoxizität), (d) die Vermeidung des Abbaus instabiler intermediärer Moleküle und (e) die regulierte Verknüpfung zu anderen Stoffwechselwegen.

Alle Bestandteile der Lebewesen unterliegen einem ständigen Umsatz (**Turnover**) in den vielstufigen Reaktionsketten des Katabolismus und Anabolismus (■ Abb. 5.8).

Metabolische Wege können Stoffe für biochemische Umsetzungen aufnehmen bzw. abgeben (**amphibole Wege**). Dafür sind Glykolyse und Tricarbonsäurezyklus gute Beispiele. Die Konzentration der Zwischenprodukte des Stoffwechsels unterliegt hoch dynamischen **Fließgleichgewichten**. Durch die Kompartimentierung der Zellen in die Reaktionsräume der Organellen verlaufen Stoffwechselwege in strikter Regulation nebeneinander und nacheinander. Das Nebeneinander kataboler und anaboler Wege wie Glykolyse und Gluconeogenese (▶ Abschn. 5.2.3.1) funktioniert nur durch die strenge Kontrolle von Schlüsselenzymen dieser beiden Wege (z. B. durch allosterische Regulation der Phosphofructokinase in der Glykolyse) oder durch Einsatz unterschiedlicher Enzyme in der Gluconeogenese, die in einige Reaktionen rückwärts zur Glykolyse katalysieren.

Der Stoffwechsel und die Auseinandersetzung mit wechselnden Umwelteinflüssen unterliegen im Organismus einer **molekularen Uhr**, die auf tägliche und jahreszeitliche Veränderungen reagiert. Somit werden Signalketten und metabolische Reaktionen innerhalb von Zellen und Geweben beeinflusst. Dazu gehören Rückkopplungssignale zwischen dem Zellkern und den Kompartimenten der Zelle (▶ Abschn. 5.1.2.2).

5.2.3 Die biologische Oxidation

5.2.3.1 Glykolyse

Die **biologische Oxidation (Zellatmung)** ist eine mehrstufige Sequenz enzymatisch katalysierter Reaktionen, die sich in **Glykolyse**, **Tricarbonsäurezyklus (TCC)** und **Atmungskette** gliedern. In diesem zentralen Stoffwechselbereich von Pflanzen und Tieren wird unter aeroben Bedingungen Energie in Form von ATP und Reduktionsäquivalenten erzeugt. Glykolyse und TCC übernehmen Stoffwechselprodukte aus anderen katabolen Wegen. Gleichzeitig werden Intermediärprodukte aus der biologischen Oxidation für andere anabole Wege entnommen (◘ Abb. 5.8). Bei Pflanzen können abhängig von der Art und den spezifischen Wachstumsbedingungen bis zu 70 % der photosynthetisch generierten Kohlenhydrate am selben Tag in die biologische Oxidation fließen.

Zur Glykolyse sind auch viele Bakterien fähig, unabhängig von deren aerober oder anaerober Lebensweise. Die Glykolyse umfasst zehn enzymatisch katalysierte Reaktionen (◘ Abb. 5.9), die im Cytoplasma lokalisiert sind. Der Startmetabolit Glucose (C_6-Struktur), die aus der Nahrung oder aus dem Abbau von Speicherpolysacchariden (Glykogen in Tieren, Stärke in Pflanzen) stammt, wird in zwei C_3-Strukturen (Pyruvat) gespalten. Zwei Intermediate werden durch Phosphokinasen und ATP und somit unter Energieverbrauch phosphoryliert und erhalten dadurch das notwendige energiereiche Potenzial, um den Phosphatrest in der Phase der Energiegewinnung zur ATP-Synthese auf ADP übertragen zu können (▶ Abb. 6.8). In der Summe beträgt der Energiegewinn in der Glykolyse, bezogen auf ein Molekül Glucose, zwei Moleküle ATP. Zuzüglich werden in diesem Reaktionsweg Reduktionsäquivalente in Form von $NADH+H^+$ erzeugt, die in der Atmungskette zur ATP-Synthese herangezogen werden.

Die meisten Schritte der Glykolyse sind reversibel und verlaufen, katalysiert durch die gleichen Enzyme bei der Glucoseneusynthese (**Gluconeogenese**), in umgekehrter Richtung. Die Schritte 1, 3 und 10 sind irreversibel und werden bei der Gluconeogenese durch andere Enzyme katalysiert (◘ Abb. 5.9). An den Reaktionsschritten der Gluconeogenese sind auch Mitochondrien und endoplasmatisches Reticulum beteiligt.

Zahlreiche Mono- und Disaccharide werden über vorbereitende Reaktionen zu Intermediaten der Glykolyse umgesetzt und weiterverarbeitet. Andererseits sind Zwischenprodukte der Glykolyse auch Ausgangsstoffe für verschiedene Biosynthesen. So werden in Pflanzenzellen beispielsweise aus Glucose-6-phosphat und Fructose-6-phosphat osmotisch aktive Verbindungen synthetisiert, die vor Wassermangel schützen (▶ Abschn. 6.4.1). Gleichzeitig ist Glucose-6-phosphat eingebunden in die Biosynthese von Kohlenhydraten als Speichersubstanzen (Stärke, Saccharose und Fructane), aber auch als stabilisierende Stoffe (Cellulose, Callose). Pyruvat wird in Pflanzen für die Biosynthese von proteinogenen C_3-Aminosäuren (Alanin, Leucin, Valin) verwendet, die auch Vorstufen von Signalmolekülen und spezialisierten Metaboliten sein können (▶ Abschn. 5.4.2 und 5.3.1).

Im Anschluss an die Glykolyse, die auf der Stufe von Pyruvat endet, folgen bei aerober Situation der TCC und die Atmungskette. Da unter anaeroben Bedingungen Sauerstoff als finaler Elektronenakzeptor fehlt oder nur in sehr geringen Mengen vorhanden ist, werden im Zellstoffwechsel **Gärungsprozesse** gestartet, z. B. die Milchsäure- bzw. Lactatgärung und die alkoholische Gärung in Mikroorganismen. Bei Gärungsprozessen stoppt der weitere Fortgang der biologischen Oxidation bereits beim Pyruvat. In der Bilanz entstehen somit nur zwei ATP-Moleküle pro Glucose statt maximal 30 Moleküle ATP im Fall des Anschlusses von TCC und Atmungskette.

Alkoholische Gärung wird auch im pflanzlichen Meristem ausgelöst, wenn bei Überflutung eine zu geringe Sauerstoffversorgung des Gewebes eintritt (▶ Abschn. 6.4.5). In Wirbeltieren fällt **Lactat** an, wenn es bei extremer Muskelarbeit zu einem Sauerstoffmangel im Gewebe kommt. Dann wird nicht genug Pyruvat oxidiert. Das Muskelgewebe baut bei Belastung den Glucosespeicher Glykogen ab, um ATP durch Gärung zu erzeugen. Das Lactat erreicht dabei auch hohe Konzentrationen im Blut. In der Erholungsphase wird Lactat in der Leber wieder in Glucose umgewandelt. Auch der Quastenflosser, ein evolutionär sehr alter Fisch, der vor den Küsten Südafrikas und Indonesiens lebt, besitzt in seinen Geweben einen weitgehend anaeroben Stoffwechsel. Anfallendes Lactat aus dem Kohlenhydratabbau wird dabei auch ausgeschieden. In kleinen Wirbeltieren ist das Kreislaufsystem in der Lage, Sauerstoff in ausreichendem Maße an die Muskeln zu liefern, sodass eine anaerobe Situation in den Zellen vermieden wird. So leiden Zugvögel auch bei langen Flügen ohne Rast nicht unter Sauerstoffmangel.

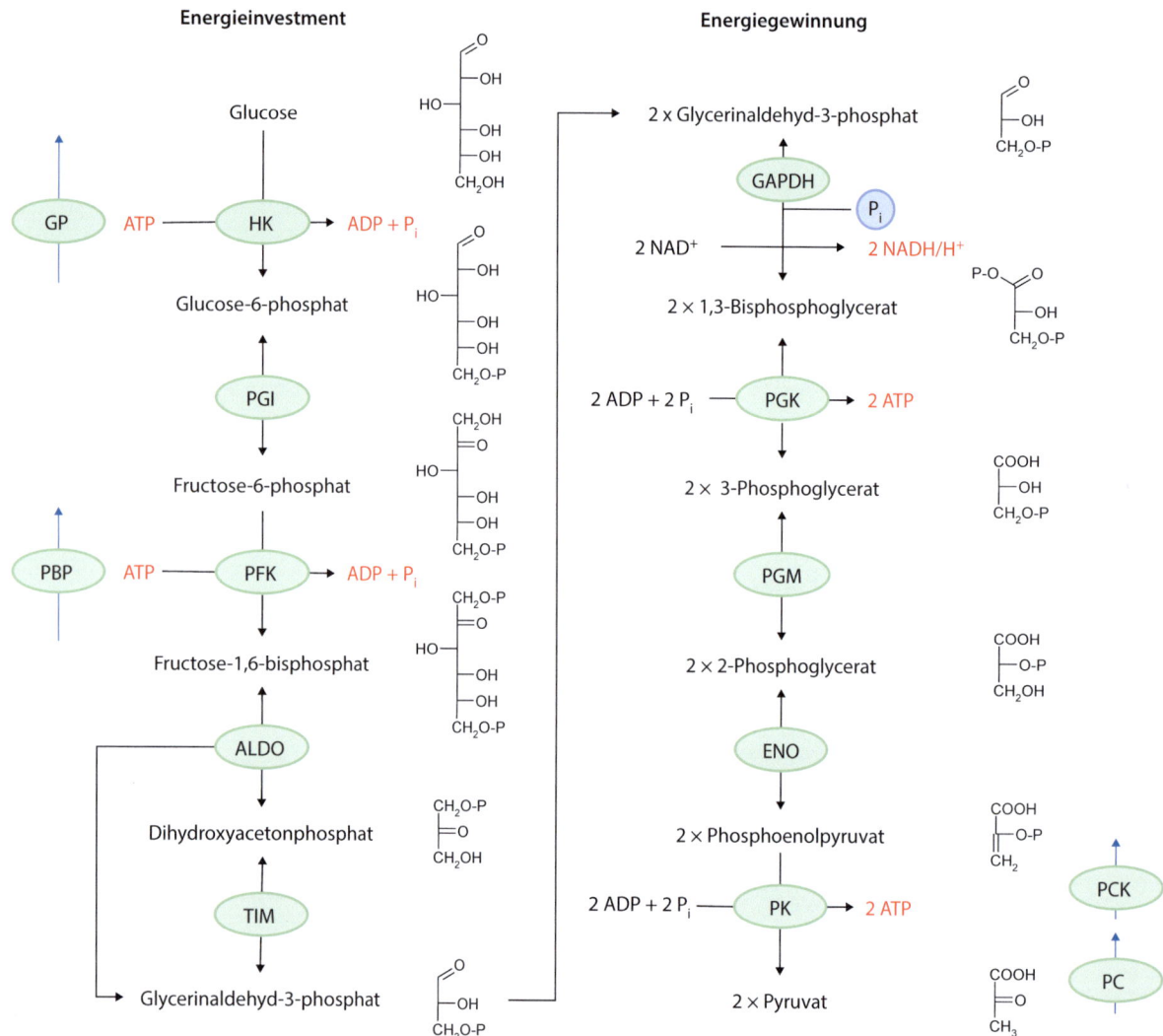

Abb. 5.9 Glykolyse. Der Abbau von einem Molekül Glucose (C$_6$) zu zwei Molekülen Pyruvat (C$_3$). In der Gluconeogenese werden drei irreversible Reaktionen der Glykolyse durch vier neue Enzyme bzw. Reaktionen umgangen (blaue Pfeile). HK, Hexokinase; PGI, Glucose-6-phosphat-Isomerase; PFK, Phosphofructokinase-1; ALDO, Aldolase; TIM, Triosephosphat-Isomerase; GAPDH, Glycerinaldehyd-3-phosphat-Dehydrogenase; PGK, Phosphoglyceratkinase; PGM, Phosphoglycerat-Mutase; ENO, Enolase; PK, Pyruvatkinase; GP, Glucose-6-phosphatase; PBP, Fructose-1,6-bisphosphatase; PCK, Phosphoenolpyruvat-Carboxykinase; PC, Pyruvat-Carboxylase. (Verändert nach Krauss und Nies 2015, Kap. S1, Abb. S.1.14, © Wiley-VCH GmbH)

5.2.3.2 Tricarbonsäurezyklus und Atmungskette

Der Tricarbonsäurezyklus (TCC) erfüllt als **amphiboler Stoffwechselweg** zwei Funktionen:

— Zentraler Weg für den **Endabbau der Kohlenhydrate**, **Proteine** und **Lipide** zur **ATP-Gewinnung** (Katabolismus) und Erzeugung von Reduktionsäquivalenten (NADH+H$^+$, FADH$_2$) durch Substratkettenphosphorylierung mit anschließender oxidativer Phosphorylierung in der Atmungskette.

— **Bereitstellung von Vorstufen (Präkursoren)** für Biosynthesen (Anabolismus), z. B. Aminosäuren für die Proteinbiosynthese und für spezialisierte Metaboliten.

Pyruvat als Endprodukt der Glykolyse wird in die Mitochondrien transportiert. Voraussetzung ist das Vorhandensein von genügend Sauerstoff. Die Passage erfolgt durch aktiven Transport in die Matrix der Mitochondrien. Dort entsteht durch oxidative Decarboxylierung an einem Multienzymsystem zunächst Acetyl-Coenzym A, das eine zentrale Position für Abbau und Aufbau von Stoffen einnimmt (Abb. 5.10 und 5.30). Der Metabolit ist Startermolekül für den TCC in der Mitochondrienmatrix, der in acht Reaktionsschritten Energie in Form von ATP (nach Umwandlung des entstehenden GTP in Schritt 4) und Reduktionsäquivalente (NADH+H$^+$, FADH$_2$) (▶ Abb. 6.9) bereitstellt. Die Succinat-Dehydrogenase, die in der

5.2 · Stoffwechselwege und Energiewandlung

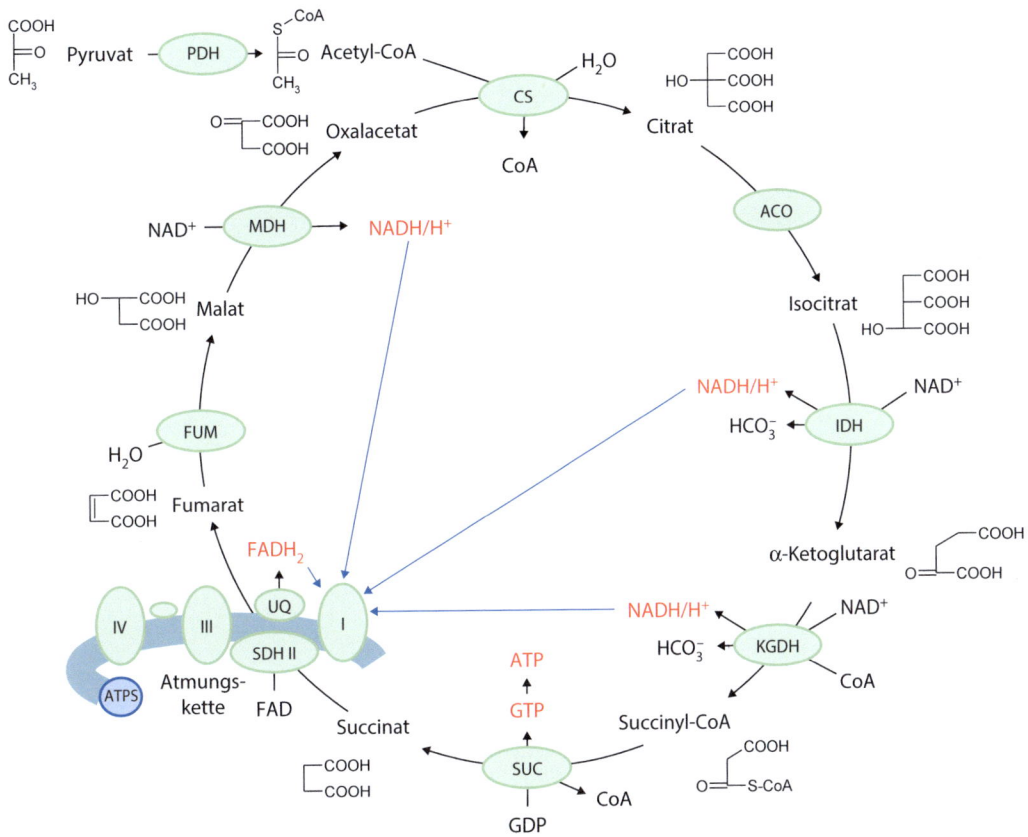

Abb. 5.10 Tricarbonsäurezyklus (TCC). PDH, Pyruvat-Dehydrogenase; CS, Citrat-Synthase; ACO, Aconitase; IDH, Isocitrat-Dehydrogenase; KGDH, α-Ketoglutarat-Dehydrogenase; SUC, Succinyl-CoA-Synthetase; SDH, Succinat-Dehydrogenase; FUM, Fumarat-Hydratase; MDH, Malat-Dehydrogenase. (Verändert nach Krauss und Nies 2014, Kap. S1, Abb. S.1.21, © Wiley-VCH GmbH)

Reaktionssequenz Succinat in Fumarat umwandelt, ist mit der inneren Mitochondrienmembran assoziiert. Das Enzym bildet den Komplex II der Atmungskette. Während die bei der Dehydrierung anfallenden Protonen auf die fest am Enzym gebundene prosthetische Gruppe FAD übertragen werden, erfolgt die Einspeisung der Elektronen direkt in die Atmungskette (◘ Abb. 5.10).

ATP und Reduktionsäquivalente aus dem TCC werden in der **Atmungskette** für die oxidative Phosphorylierung verwendet (◘ Abb. 5.11). Die Energiedifferenz bei der Wasserstoffoxidation wird zur Gewinnung chemischer Energie in Form von ATP genutzt. Das geschieht schrittweise. Elektronen werden über vier Proteinkomplexe und zwei in der inneren Mitochondrienmembran bewegliche Elektronencarrier (Ubichinon bzw. Coenzym Q) und Cytochrom c geführt und zur Reduktion von molekularem Sauerstoff bei Bildung von Wasser genutzt. Die frei werdende Energie steht dem vektoriellen Protonentransport aus der Mitochondrienmembran in den Innenraum zwischen Innen- und Außenmembran des Mitochondriums zur Verfügung. Es entstehen ein **Protonengradient** über der inneren Membran und ein elektrochemischer Gradient. Die Energie aus dem Wiedereinstrom von Protonen aus dem Zwischenmembranraum in die Mitochondrienmatrix über einen Kanal in der **ATP-Synthase** versorgt den Enzymkomplex mit Energie, die für die ATP-Synthese genutzt wird (◘ Abb. 5.11). Pro Glucosemolekül werden über alle Stufen der biologischen Oxidation insgesamt etwa 32 ATP-Moleküle gebildet.

Pflanzliche Mitochondrien weisen eine Besonderheit auf. Die innere Mitochondrienmembran enthält eine sogenannte **alternative Oxidase** (AOX), die als Bypass Elektronen vom Ubihydrochinon (UB2) direkt auf Sauerstoff überträgt. Das Ziel dieser Reaktion ist die Erzeugung von Wärmeenergie, ohne dass dabei ATP gebildet wird. Dieser alternative Weg wird beschritten, um bei einem Überangebot von Reduktionsäquivalenten aus dem TCC eine Überenergetisierung in den Mitochondrien zu verhindern, aber auch gleichzeitig die Bildung von reaktiven Sauerstoffspezies (ROS) (▶ Abschn. 6.3) zu kontrollieren. Einige Pflanzen nutzen diesen speziellen Weg zur Erzeugung von Wärmeenergie, um die Bestäubung von Blüten durch Insekten zu fördern. Ein Beispiel sind die Blüten von Aronstabarten. Diese sind zu einer zeitlich streng regulierten

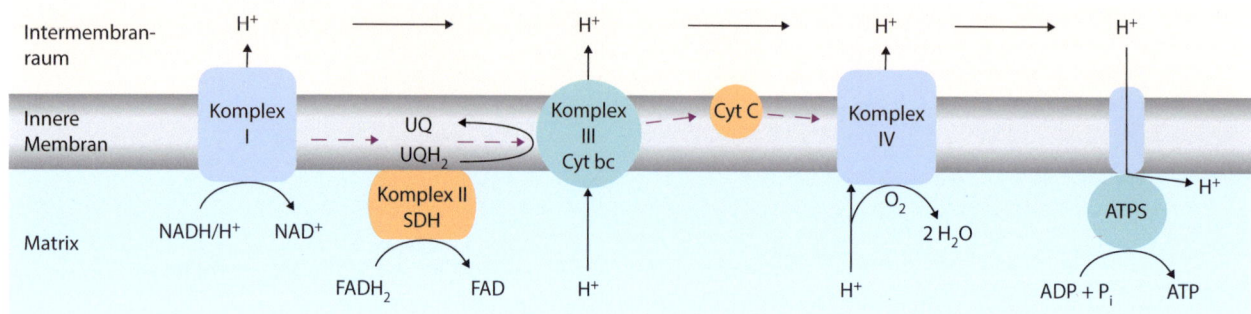

• **Abb. 5.11** Atmungskette. ATPS, ATP-Synthase; UQ, Ubichinon; SDH, Succinat-Dehydrogenase; Cyt bc, Cytochrom b, c; Cyt c, Cytochrom c; Komplex I: NADH:Ubichinon-Oxidoreduktase; Komplex II: Succinat:Ubichinon-Oxidoreduktase; Komplex III: Ubichinol:Cytochrom-c-Oxidoreduktase; Komplex IV: Cytochrom-c:O_2-Oxidoreduktase (Cytochrom-c-Oxidase); gestrichelte blaue Linie: Elektronentransport. (Verändert nach Krauss und Nies 2015, Abb. 8.2b, © Wiley-VCH GmbH)

Thermogenese fähig, die der Anlockung und vorübergehenden Festsetzung der bestäubenden Insekten dient (▶ Abschn. 10.1.3).

5.3 Die autotrophe CO_2-Verwertung durch Pflanzen

5.3.1 Die Kompartimentierung der Leistungen und der Einfluss der Umwelt

Die Photosynthese ist ein fundamentaler Prozess für das Leben auf dem Land und im Meer. Der Großteil der Biomasse besteht aus Kohlenstoff, der über die Photosynthese in die Ökosysteme eingebracht wird. Heterotroph lebende Organismen wie Tiere sind auf pflanzliche Nahrung angewiesen und nutzen den photoautotroph erzeugten Sauerstoff.

Mittels Lichtenergie synthetisieren photoautotrophe Lebewesen aus anorganischen Vorstufen organische Substanzen. Während die Kohlenstoffquelle CO_2 ist, fungieren verschiedene anorganische Verbindungen als Elektronendonatoren für die Stoffumsetzung. Grüne Pflanzen und Cyanobakterien nutzen Elektronen aus der photolytischen Wasserspaltung für die CO_2-Fixierung, aber auch die Nitritassimilation in Chloroplasten und die Sulfatassimilation.

Vorläufer der heutigen **Cyanobakterien** entwickelten vor ca. 2,7 Mrd. Jahren die Fähigkeit der oxygenen Photosynthese. Ihre Aufnahme in eine prokaryotische Zelle durch Endosymbiose (▶ Abschn. 5.1.1) war der Start der Chloroplastenentwicklung in einem eukaryotischen System. Plastiden entstehen in Pflanzen aus Proplastiden, die über die Eizellen und auch über Pollen auf die Tochtergenerationen der Pflanze übertragen werden oder auch durch Abschnürung aus reifen Chloroplasten entstehen. Das innere Membransystem der Organellen fehlt zunächst noch und wird unter Lichteinfluss zum funktionsfähigen Thylakoidmembransystem differenziert. **Amyloplasten** sind chlorophyllfrei und speichern Stärke. Im farblosen Parenchym, z. B. in verschiedenen Blütenblättern, kommen Leukoplasten vor. Auch **Chromoplasten** sind chlorophyllfrei. Sie synthetisieren und speichern Farbstoffe wie Carotinoide und Xanthophylle, die – in unterschiedlichen Mischungsverhältnissen beispielsweise in Blütenzellen und Früchten – Tiere zur Bestäubung bzw. zur Samenverbreitung anlocken (▶ Abschn. 10.1.1).

Chloroplasten sind mit ihrem Chlorophyllbestand und ihren Hilfspigmenten zur Photosynthese fähig. Das Licht wird im Gewebe von Gefäßpflanzen durch eine Konzentrierung von Chloroplasten in Zellen nahe der Gefäße gesammelt. Dadurch kann die Versorgung mit Wasser, aber auch der unmittelbare Export von Produkten der Photosynthese vorteilhaft gewährleistet werden. Bei einigen epiphytisch lebenden Orchideen findet die Photosynthese in chloroplastenreichen Rindenzellen der Luftwurzeln (Assimilationswurzeln) statt. Ein Beispiel dafür ist *Dendrophylax funalis* (Orchidaceae, Asparagales), bei der Blätter und Sprossachse fast vollständig reduziert sind.

Die Aufnahme von Kohlenstoffdioxid erfolgt durch Stomata mittels beweglicher Schließzellen in der äußeren Zellschicht der oberirdischen grünen Teile der Pflanzen. Im Gewebe diffundiert CO_2 aus den Intrazellularräumen zu den zellulären Orten der Carboxylierung.

Die Zellen von Algen und grünen Pflanzen enthalten eine unterschiedliche Zahl an Chloroplasten (einen bis 1000) verschiedener Größe und Form. Die Organellen haben eine weitgehend frei permeable Außenmembran, jedoch eine Innenmembran, die nur selektiv permeabel ist. In den Thylakoidmembranen, die einen röhrenförmigen Innenraum umschließen, sind die Komplexe der Lichtreaktionen eingebettet. Die Thylakoide liegen häufig gestapelt in zehn bis 100 Grana pro Chloroplast vor. In Cyanobakterien sind die Lichtreaktionen in Einstülpungen und häufig auch gefalteten Teilen der Plasmamembran lokalisiert.

Der gesamte Stoffwechsel der Plastiden wird auf sehr komplexe Weise gesteuert und an die Umweltsituation angepasst. Zahlreiche kernexprimierte Gene versorgen den Chloroplasten über das Cytoplasma mit Genprodukten. **Retrograde Signale** aus den Chloroplasten beeinflussen die Genexpression. Dazu gehören die Redoxsituation sowie der Gehalt an Produkten der Chlorophyllbiosynthese, Pflanzenhormone (insbesondere Abscisinsäure) und Kohlenhydrate.

Die Photosyntheseleistung ist von zahlreichen Faktoren aus der Umwelt abhängig. Wesentliche ökophysiologische Voraussetzungen sind die gute Verfügbarkeit von Wasser und Nährstoffen (**edaphische Faktoren**) sowie geeignete Licht- und Temperaturbedingungen (**klimatische Faktoren**). Variable abiotische Umweltbedingungen, die auch extreme Lebensbedingungen an alpinen Standorten, in der Wüste oder in schattigen Tropenwäldern einschließen, werden zusammen mit biotischen Einflüssen durch Anpassung (**Adaptation**) des Stressgeschehens bewältigt.

Der typische Aufbau eines Laubblatts fördert die optimale Absorption von Lichtenergie (**photosynthetisch aktive Strahlung**). Von den Epidermiszellen wird Licht zu den Chloroplasten im darunterliegenden Palisadenparenchym fokussiert. Kurzfristige Schwankungen in der Lichtintensität werden dadurch ausgeglichen, dass sich Chloroplasten mit ihren Lichtsammelkomplexen in eine günstige Position bewegen. Daran ist das Cytoskelett beteiligt (▶ Abschn. 5.1.2.1). Viele Pflanzen wie Bohne, Luzerne und Baumwolle positionieren Stängel und Blätter entsprechend dem Sonnenstand (**Phototropismus**), sodass die Belichtung mit maximaler Intensität und minimierter Reflexion möglich wird. Die Entwicklung von Sonnen- und Schattenblättern wird durch den Photorezeptor Phytochrom gesteuert (▶ Abschn. 6.2).

Eine weitere Einflussgröße ist der Chlorophyllgehalt. So enthalten Schattenblätter eine größere Anzahl an Granastapeln, größere Lichtsammelantennen und eine höhere Chlorophyllkonzentration pro Blattfläche als intensiv beleuchtete Blätter. Die Nettophotosynthese ist von der Lichtintensität abhängig. Als **Lichtkompensationspunkt** wird die Lichtintensität bezeichnet, bei der CO_2-Verbrauch und O_2-Produktion so groß sind, dass der O_2-Verbrauch durch die mitochondriale Atmung kompensiert wird. **Schattenpflanzen** besitzen einen niedrigeren Lichtkompensationspunkt als Sonnenpflanzen. Sie benötigen eine geringere Dichte an Lichtquanten, um einen Substanzgewinn durch Photosynthese zu erreichen. Schattenpflanzen unter einem dichten Blätterdach erzielen somit eine positive Kohlenstoffbilanz, die die Besiedlung dieses Lebensraums ermöglicht. Allgemein gilt, dass Pflanzen die Lichtsättigung ihrer Photosynthese an die Lichtintensitäten der jeweiligen Habitate anpassen.

Im **marinen Lebensraum** führt die Verfügbarkeit von Licht definierter Wellenlänge zu einer Zonierung von photoautotrophen Pflanzen und Bakterien in entsprechender Wassertiefe. Die photosynthetische Effizienz bei hohem Nutzungsgrad der jeweiligen Wellenlänge wird hierbei durch **spezifische Pigmentmuster** bestimmt. In den obersten Wasserschichten leben Grünalgen und höhere Pflanzen (Chlorophyll a, b, Carotinoide, Xanthophylle), weiter unten Braunalgen, Diatomeen und Dinoflagellaten (Chlorophyll a, c, Carotinoide wie Fucoxanthin). Danach folgen Rotalgen und Cyanobakterien (Chlorophyll a, Carotinoide, Phycoerythrin, Phycocyanin), die auch in Abhängigkeit von der Lichtqualität das Verhältnis von Phycocyanin und Phycoerythrin regulieren (**komplementäre chromatische Adaptation**). Im tieferen Habitat leben photosynthetisch aktive Bakterien, z. B. Athiorhodaceae, die Bakteriochlorophyll a und Carotinoide enthalten. In noch größerer Tiefe siedeln weitere Bakterien wie Thiorhodaceae (Nutzung von Rotlicht bis 1000 nm; Bakteriochlorophyll b, Carotinoide) und unter dieser Zone Chlorobacteriaceae (Bakteriochlorophyll a–e).

In den verschiedenen Lebensräumen terrestrischer Pflanzen ist die **Temperatur** maßgeblich für die photosynthetische Effizienz. Frost führt an alpinen Standorten, zusammen auch mit hoher Lichtintensität, zur **Photoinhibition**. Nach dem Frostereignis erholt sich die Leistung, erreicht aber nicht das gleiche Niveau wie im Sommer. Hitzestress dagegen beeinflusst die Öffnung der Stomata und kann zu einer erhöhten und dann nachteiligen Transpiration führen.

Während die Lichtreaktionen der Photosynthese überwiegend temperaturunabhängig verlaufen, zeigen die enzymatischen Abläufe des Calvin-Zyklus eine höhere Temperaturabhängigkeit. Die Enzymaktivitäten unterliegen der **RGT-Regel (Van't Hoff'sche Reaktionsgeschwindigkeits-Temperatur-Regel)**, nach der sich die Reaktionsgeschwindigkeit bei einer Temperaturerhöhung um 10 °C verdoppelt. In C_3-Pflanzen ist bei geringen Lichtintensitäten die Photosynthese allerdings weniger von der Temperatur abhängig. Höhere Temperatur führt zur Abnahme der CO_2-Aktivität der Ribulosebisphosphat-Carboxylase/Oxygenase (Rubisco), zu einer verstärkten Bindung von O_2 und somit zum Start der Photorespiration (▶ Abschn. 5.3.3).

Die **CO_2-Bereitstellung** ist abhängig vom CO_2-Transport in der Atmosphäre, dem CO_2-Austausch zwischen Atmosphäre und Pflanzengesellschaft sowie zwischen Atmosphäre und Boden. Bei optimaler Sonneneinstrahlung wird die photosynthetische Leistung vom

CO_2-Angebot bestimmt. C_4- und CAM-Pflanzen haben in Anpassung an sonnenreiche und trockene Standorte für den Calvin-Zyklus einen spezifischen und zellulär kompartimentierten Konzentrierungsmechanismus für CO_2 vorgeschaltet (▶ Abschn. 5.3.4 und 5.3.5). Die Photosynthese von C_3-Pflanzen wird bei Erhöhung der CO_2-Konzentration im Luftraum gesteigert. Dieser Effekt ist für die Pflanzenkultivierung in Gewächshäusern nützlich. Bei einem optimalen Angebot an Licht, Wasser und Nährstoffen kann z. B. durch eine 0,1 %ige Erhöhung der CO_2-Konzentration der Ernteertrag für Gurken und Tomaten um bis zu 30 % gesteigert werden.

In jüngster Zeit gibt es intensive Bemühungen, die photosynthetische Leistung von Kulturpflanzen gentechnisch zu verbessern, um die zunehmende Bevölkerung auf der Erde in Zeiten des Klimawandels ausreichend zu versorgen. Mit den modernen Methoden von *genomics*, *transcriptomics*, *proteomics* und *metabolomics* werden Gen-Funktion-Beziehungen aufgeklärt, die Zugang zu qualitativen und quantitativen Veränderungen ökophysiologischer Parameter ermöglichen. Ansatzpunkte sind die Regulation der CO_2-Diffusion durch Stomata und Mesophyllzellen, die Verbesserung des Elektronentransports in den Lichtreaktionen, die vergleichende Kinetik der CO_2-Fixierung im Calvin-Zyklus sowie in C_4- und CAM-Pflanzen und auch die Verringerung der Photorespiration. Durch Erfassung von Zusammenhängen zwischen genetischer Information, unterschiedlichen Phänotypen (**Phänotypisierung**) und variablen Umweltbedingungen ergeben sich Möglichkeiten, Pflanzen für eine nachhaltige Produktion für Nahrung und für die Energiegewinnung zu selektieren.

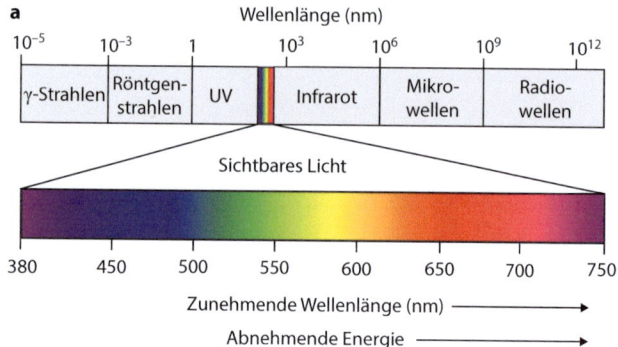

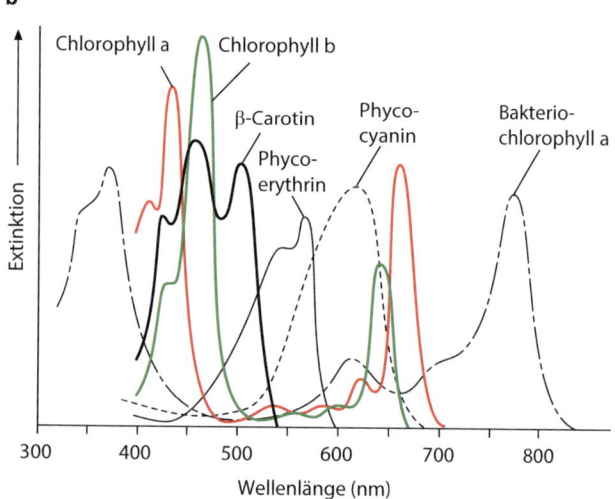

Abb. 5.12 Licht und Photosynthese. **a** Spektrum der elektromagnetischen Strahlung. **b** Absorptionsspektren verschiedener Photosynthesepigmente. (Aus Kadereit et al. 2014 Abb. 19.20, 19.24, © Springer Nature)

5.3.2 Photosynthese

5.3.2.1 Photochemische Reaktionen

Voraussetzung für die photosynthetischen Leistungen ist die **Absorption von Strahlungsenergie**. Von dem pro Fläche und Zeit einfallenden Licht nutzen terrestrische Pflanzen nur einen kleinen Teil im Wellenlängenbereich von ca. 400–700 nm (◘ Abb. 5.12). Im aquatischen System wird mit zunehmender Wassertiefe der nutzbare Wellenlängenbereich weiter eingeengt und prägt die Zonierung und Anpassung der Organismen (▶ Abschn. 5.3.1).

Lichtquanten (Photonen) werden von **Lichtsammelkomplexen** (LHC, *light harvesting complexes*) in den Thylakoidmembranen der Chloroplasten absorbiert. Dadurch erhalten verschiedene Pigmente einen Energiezuwachs und gehen in den angeregten Zustand über. **Chlorophyll a und b** bestehen aus einem Porphyrinringsystem mit Magnesium als Zentralatom und mit einem hydrophoben Kohlenwasserstoffrest, mit dem die Moleküle in der Lipiddoppelschicht verankert sind. Die Pigmente absorbieren Licht im blauen (400–480 nm) und roten (600–700 nm) Bereich des Absorptionsspektrums. Zusätzliche **akzessorische Pigmente** wie Carotinoide und Xanthophylle aus der Stoffgruppe der Terpene (▶ Abschn. 5.4.2) unterstützen die Lichtabsorption im Blau- und Blaugrünbereich und verkleinern die sogenannte Grünlücke des Lichtspektrums (◘ Abb. 5.12). In diesem Bereich erfüllen Phycocyane und Phycoerythrine in Cyanobakterien, Rotalgen und Cryptophyceae die Lichtsammelfunktion (◘ Abb. 5.12 und 5.13). Aufgrund dieser Eigenschaften können größere Wassertiefen besiedelt werden.

Die Lichtsammelkomplexe sind um ein **Reaktionszentrum** der beiden Photosysteme PSII (680 nm) und PSI (700 nm) angeordnet (◘ Abb. 5.14). Die dicht gepackten Farbstoffkomplexe geben die Anregungsenergie eines jeweils absorbierten Photons zu benachbarten Molekülen weiter. Die Pigmente sind dabei exakt ausgerichtet, sodass ein optimaler Energietransfer in Form von Elektronen zum Chlorophyll a als terminalem Akzeptor im Reaktionszentrum des jeweiligen Photosys-

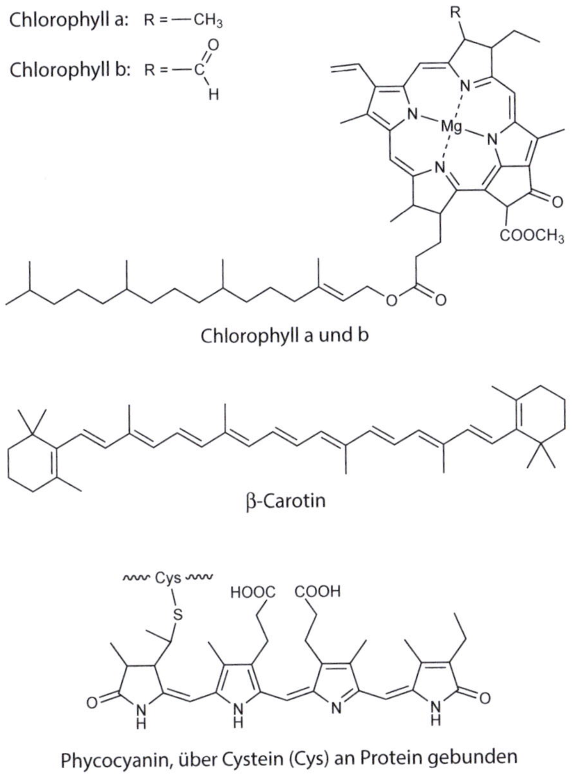

5.3 · Die autotrophe CO₂-Verwertung durch Pflanzen

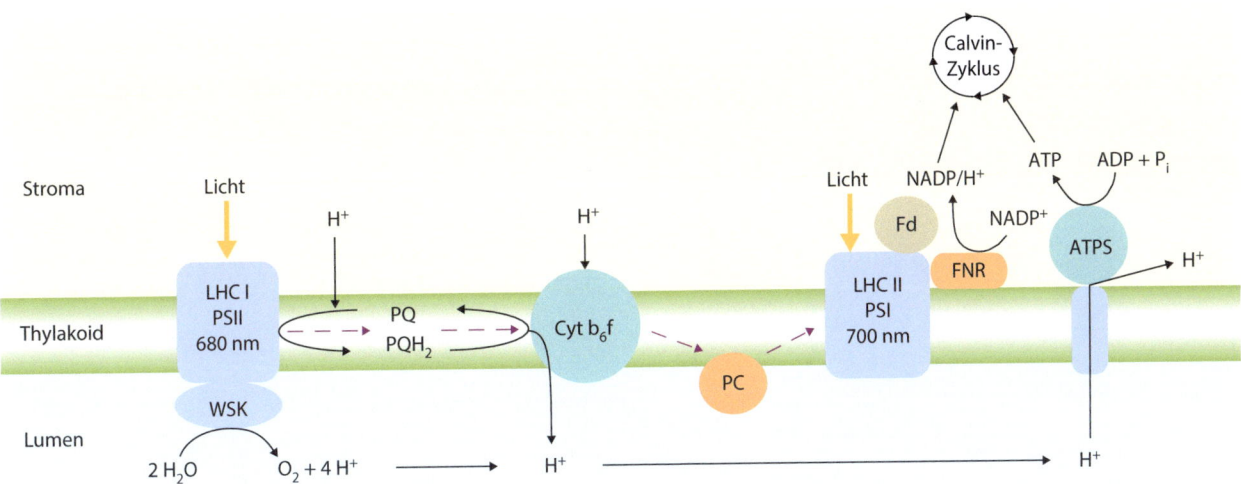

Abb. 5.13 Essenzielle Pigmente für photosynthetische Leistungen

tems erfolgen kann. Pflanzen besitzen im Reaktionszentrum immer ein Paar Chlorophyll-a-Moleküle, die nach Absorption von Photonen im angeregten, ionisierten Zustand dann als Elektronendonatoren (Reduktionsmittel) wirken.

Die Lichtreaktionen der Photosynthese beginnen im Reaktionszentrum des **Photosystems II** (**PSII**, 680 nm). Die emittierten Elektronen wandern über ein am D-Protein gebundenes Phaeophytin (ein magnesiumfreies Chlorophyll) sowie zwei gebundene Chinone in einen **Plastochinonpool (PQ)** in der Thylakoidmembran. PQ nimmt auch Protonen aus der Photolyse des Wassers auf und gibt sie nach Oxidation am benachbarten Cytochrom-b₆f-Komplex in das Thylakoidlumen ab.

Plastochinon ist ein Produkt der Terpenbiosynthese (▶ Abschn. 5.4.2). Die beiden Sauerstoffatome des Chinonrings sind die Orte des Redoxprozesses (▶ Abb. 6.14). Die PQ-Moleküle diffundieren in der Lipidschicht der Membran. Der PQ-Pool reagiert flexibel auf Umweltveränderungen und reguliert die PQ-Homöostase. Die Konzentration der PQ-Moleküle in der Thylakoidmembran wird dadurch geregelt, dass in Ausstülpungen (Plastoglobuli) ein stets verfügbares PQ-Reservoir angelegt wird (◘ Abb. 5.15). Plastochinon ist in die zelluläre **Homöostase reaktiver Sauerstoffspezies** (ROS, *reactive oxygen species*) eingebunden, die unter Stress ein wichtiges Regulationsprinzip des Stoff-

Abb. 5.14 Die Lichtreaktionen der Photosynthese. LHC, Lichtsammelkomplex; PS, Photosystem; WSP, wasserspaltender Komplex; PQ, Plastochinon; Cyt b₆f, Cytochrom b₆f; PC, Plastocyanin; Fd, Ferredoxin; FNR, Ferredoxin:NADP⁺-Oxidoreduktase; ATPS, ATP-Synthase. (Verändert nach Krauss und Nies 2015, Abb. 8.2a, © Wiley-VCH GmbH)

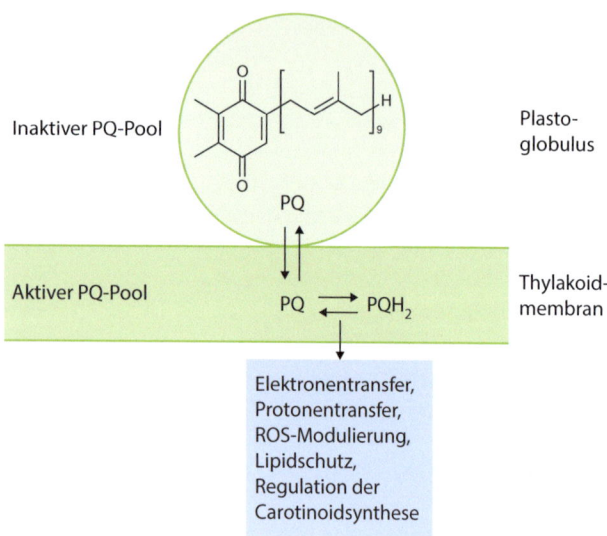

◘ Abb. 5.15 Plastochinon: Kompartimentierung und zelluläre Funktionen. PQ, Plastochinon; PQH2, Plastohydrochinon

wechsels darstellt (▶ Abschn. 6.3). PQ kann als Antioxidans wirken und ROS abfangen (Scavenger). Offensichtlich ist der Redoxzustand des PQ-Pools auch Signalgeber für die Expression von Genen, die für die Stöchiometrie und Antennengröße am PSII sowie seine Lichtanpassung zuständig sind.

Mit dem PSII assoziiert befindet sich an der Thylakoidmembran ein **wasserspaltender Komplex** aus vier Manganatomen, vier Sauerstoffatomen und einem Calciumatom, der schrittweise die Photolyse des Wassers zu Protonen und Sauerstoff katalysiert (▶ Abb. 6.13). Elektronen aus dieser Reaktion nimmt das PSII auf. Die Protonen werden zusammen mit den Protonen aus dem Thylakoidstroma vom reduzierten PQ zum ATP-Synthase-Komplex geführt. Es wird geschätzt, dass die gesamte Pflanzenwelt ca. 1900 km^3 Wasser pro Jahr photolytisch zu Sauerstoff spaltet.

Vom Plastochinon werden Elektronen über den Cytochrom-b$_6$f-Komplex und Plastocyanin zum **Photosystem I** (**PSI**, 700 nm) geführt. An diesen Komplex ist eine ferredoxinabhängige NADP-Reduktase gebunden, die mittels Protonen NADPH+H$^+$ für die Verwendung im Calvin-Zyklus synthetisiert.

An der Thylakoidmembran wird während der Lichtreaktionen eine protonenmotorische Kraft aufgebaut, die zur ATP-Synthese (Photophosphorylierung) genutzt wird (▶ Abb. 6.13). Das Enzym ATP-Synthase besteht aus zwei Strukturteilen, einer knopfähnlichen Struktur (CF$_1$, *coupling factor*), die ins Stroma zeigt, und einem protonentransportierenden Kanal (CF$_0$), der Anschluss zum Lumen der Thylakoide hat. Im Sinne eines Rotationsmotors gelingt mit der Energie des Protonentransports aus dem Protonengradienten der Membran die Synthese von ATP. Über Thioredoxin wird der Rotormechanismus im Licht eingeschaltet und im Dunkeln ausgeschaltet.

Unter bestimmten Bedingungen wird ein zyklischer Elektronentransport verwirklicht, der aus dem Bereich des PSI heraus erfolgt. Die Elektronen werden vom PSI-Komplex schrittweise in der Überträgerkette zum Plastocyanin-Cyt-b6f-Komplex zurückgeführt und erneut zum PSI. Die gewonnene Energie wird so für eine ATP-Synthese herangezogen, allerdings findet dabei keine NADPH+H$^+$-Bildung statt. Der Weg wird genutzt, wenn Pflanzen einen sehr hohen Energiebedarf haben.

Im Ergebnis der Lichtreaktionen stehen ATP und NADPH+H$^+$ für den anschließenden Calvin-Zyklus zur Verfügung.

5.3.2.2 Calvin-Zyklus

ATP und Reduktionsäquivalente (NADPH+H$^+$) sind die Energielieferanten für den Calvin-Zyklus, der im Stroma der Chloroplasten abläuft. Dieser Reaktionsweg verarbeitet CO$_2$ zu Kohlenhydraten. Die Synthese von einem Molekül Hexose erfordert den sechsmaligen Ablauf des Calvin-Zyklus. Nach Subtraktion des Ribulose-1,5-bisphosphats auf beiden Seiten der Gleichung ergibt sich folgende Nettobilanz:

$$6\,CO_2 + 12\,NADPH + 12\,H^+ + 18\,ATP \rightarrow C_6H_{12}O_6 + 18\,ADP + 18\,P_i + 12\,NADP^+$$

Ein erfolgreicher Start des Calvin-Zyklus setzt eine ausreichende Versorgung am Ort der Fixierung voraus. Es wird angenommen, dass das CO$_2$- und auch sauerstoffbindende Enzym **Ribulose-1,5-bisphosphat-Carboxylase/Oxygenase (Rubisco)** in der Evolution bereits vor etwa 3,5 Mrd. Jahren bei der Entstehung erster chemoautotropher Bakterien entwickelt wurde. Die neuen Lebensformen passten sich der atmosphärischen CO$_2$-Konzentration an, die sich im Verlauf der Erdgeschichte erniedrigte.

Um die Kohlenstoffversorgung mit CO$_2$ zu verbessern, entstanden in verschiedenen Organismengruppen zusätzliche **CO$_2$-Konzentrierungsmechanismen** (*carbon concentration mechanism*, CCM) am zellulären Ort der Carboxylierung. Über einen CCM reichern Cyanobakterien HCO$_3^-$ in speziellen cytoplasmatischen Proteinkomplexen (**Carboxysomen**) an. Dort entsteht über Katalyse der Carboanhydrase CO$_2$ als Substrat für die Rubisco. Verschiedene Algen enthalten **Pyrenoide**, die ebenfalls CO$_2$ konzentrieren können. Die speziellen

5.3 · Die autotrophe CO₂-Verwertung durch Pflanzen

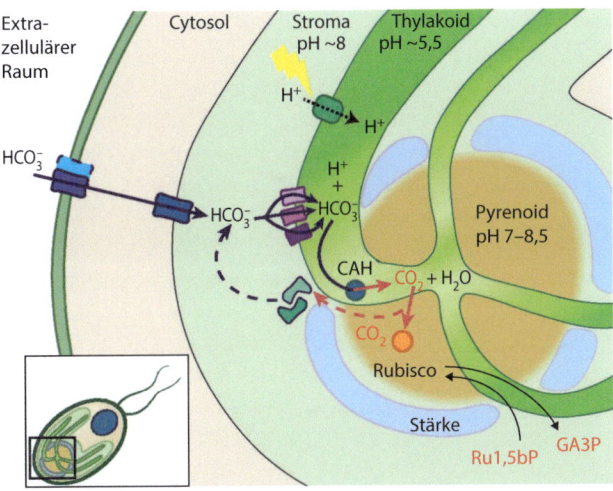

◘ Abb. 5.16 Funktionalität des Pyrenoids in der Grünalge *Chlamydomonas reinhardtii*. GA3P, Glycerinaldehyd-3-phosphat; Rubisco, Ribulose-1,5-bisphosphat-Carboxylase/Oxygenase; CAH, Carboxyanhydrase; Ru1,5bP, Ribulose-1,5-bisphosphat. (Verändert nach Mukherjee et al. 2019, Abb. 7)

Strukturen kommen auch in einigen Hornmoosen, aber nicht in Gefäßpflanzen vor. Die frühesten fossilen Belege für Hornmoose sind ca. 100 Mio. Jahre alt. In jener Zeit fand eine starke Verringerung des CO₂-Gehalts in der Atmosphäre statt.

Der CCM mittels eines Pyrenoids wurde besonders gut in der Grünalge *Chlamydomonas reinhardtii* (Chlamydomonaceae, Chlamydomonadales) untersucht (◘ Abb. 5.16). In der aktuellen Forschung zu Struktur und Funktion des Pyrenoids ergeben sich Ansatzpunkte, um durch gezieltes Genetic Engineering die photosynthetische Effizienz von Kulturpflanzen und somit deren Ertrag zukünftig zu steigern.

Chlamydomonas besitzt nur einen napfförmigen Chloroplasten mit Granastapeln. Ein sternförmiges, röhrenartiges Thylakoidnetzwerk durchzieht in ungestapelter Form das Pyrenoid, das spezielle strukturelle und biochemische Eigenschaften besitzt (▶ Abb. 6.15):

- Flüssig-kristallines, mikrostrukturiertes Kompartiment, umgeben von einer Schicht aus Stärke.
- Konzentrierung von zahlreichen Rubiscoproteinen in der Pyrenoidmatrix.
- Linkerproteine binden die Rubisco in speziellen Regionen.
- Diffusion und Umsetzung von HCO_3^- mittels Carboanhydrase zu CO_2 mit anschließendem Transport zur Rubisco.
- Kanalförmige Abzweigungen in den Thylakoidtubuli verbinden die Pyrenoidmatrix mit dem Stroma, in dem die anderen Reaktionen des Calvin-Zyklus ablaufen. Auf diesem Weg erfolgt der An- bzw. Abtransport von Ribulose-1,5-bisphosphat und 3-Phosphogycerat.

- Die pH-Verhältnisse in den einzelnen Kompartimenträumen beeinflussen maßgeblich die biochemischen Reaktionen.

Das Starterenzym des Calvin-Zyklus ist die **Ribulose-1,5-bisphosphat-Carboxylase/Oxygenase (Rubisco)** (◘ Abb. 5.16 und 5.18). Sie macht ca. 25 % des löslichen Proteingehalts in Blättern aus. Da das Enzym als Substrat CO_2 benötigt, muss zelluläres Hydrogencarbonat in CO_2 umgewandelt werden. Das Enzym Carboanhydrase katalysiert die Reaktion:

$$HCO_3^- + H^+ \rightarrow CO_2 + H_2O$$

Die Fixierung von CO_2 durch die Rubisco entfernt das Substrat kontinuierlich aus der Gleichgewichtsreaktion und hält somit das Diffusionsgefälle zum Enzym aufrecht.

Aquatische Pflanzen (Hydrophyten), Wassermoose, Algen und Cyanobakterien nutzen HCO_3^- aus dem Wasser für die Photosynthese. Submers lebende Pflanzen nehmen mit ihren Wurzeln auch aus dem Sediment CO_2 auf. Ein Vertreter ist *Lobelia dortmanna* (Campanulaceae, Asterales) (◘ Abb. 5.17). Die Pflanze ist in Nord-

◘ Abb. 5.17 Die Wasserpflanze *Lobelia dortmanna*. (© FloralImages/Alamy/Alamy Stock Photos/mauritius images)

amerika und Westeuropa weit verbreitet und siedelt in nährstoffarmen, stehenden Gewässern bis zu einer Tiefe von ca. 30 cm. Unter Wasser entwickeln sich Laubblätter und ein Blütenstand, der über die Wasseroberfläche ragt. Kohlenstoffdioxid diffundiert in ein spezielles Durchlüftungsgewebe (**Aerenchym**). Das ausgeprägte Interzellularsystem ist der geeignete Diffusionsraum für den Gasaustausch in den submersen Pflanzenorganen. Die Chloroplasten als Orte der CO_2-Fixierung im Calvin-Zyklus werden in den Zellen nahe zum Aerenchym konzentriert.

Den **Calvin-Zyklus** bezeichnet man auch als **reduktiven Pentosephosphatzyklus**. Diesen Weg nutzen ebenfalls fakultativ anaerobe Purpurbakterien bei der lithotrophen Verwertung von CO_2 aus verschiedenen Stoffwechselwegen. Der Calvin-Zyklus umfasst drei Phasen (◘ Abb. 5.18):

- **Carboxylierungsphase**: Kohlenstoffdioxid wird bei der Katalyse durch die Ribulose-1,5-bisphosphat-Carboxylase/Oxygenase (Rubisco) an eine C_5-Struktur (Ribulose-1,5-bisphosphat) gebunden. Der entstandene instabile C_6-Körper wird umgehend in zwei C_3-Strukturen gespalten. Pflanzen mit dieser metabolischen Eigenschaft werden als **C_3-Pflanzen** bezeichnet und machen die Mehrzahl aller Pflanzenarten aus. Die Rubisco arbeitet bei hoher O_2-Konzentration als Oxygenase mit O_2 als Substrat und startet dann die Photorespiration (▶ Abschn. 5.2.3). Der pH-Wert des Stromas und die Mg^{2+}-Ionen-Konzentration haben auch regulierenden Einfluss auf die Rubiscoaktivität.
- **Reduktionsphase**: Die Carboxygruppe des 3-Phosphoglycerats wird unter Verbrauch von ATP und NADPH+H⁺ zur Aldehydgruppe im Glycerinaldehyd-3-phosphat reduziert. Die verantwortliche Dehydrogenase wird über das Ferredoxin-Thioredoxin-System im Licht reguliert.
- **Regenerationsphase**: Über zahlreiche Reaktionssequenzen wird der CO_2-Akzeptor Ribulose-1,5-bisphosphat regeneriert und dabei weitere Kohlenhydrate durch verschiedene Interkonversionen gebildet.

Intermediate des Calvin-Zyklus wie Glycerinaldehyd-3-phosphat, Fructose-6-phosphat und Erythrose-4-phosphat sind Ausgangsstoffe für zahlreiche Metaboliten des Kohlenhydrat- und Aminosäurestoffwechsels, aber auch für die Synthese spezialisierter Metaboliten (◘ Abb. 5.31). Das Reservekohlenhydrat Saccharose wird aus dem Mesophyllgewebe über das Phloem in der Pflanze verteilt und im Speichergewebe gelagert. Das Polysaccharid Stärke wird in Form von Granula in Chloroplasten angereichert.

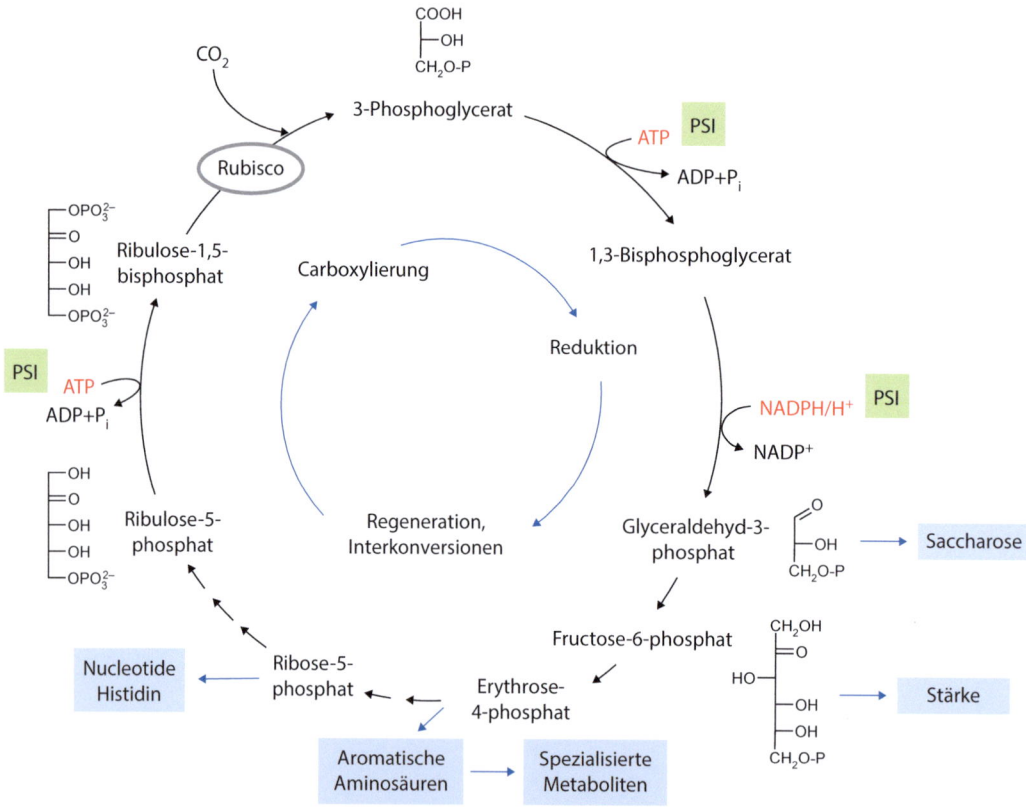

◘ **Abb. 5.18** Calvin-Zyklus im Stroma der Chloroplasten und der Abstrom von Metaboliten in andere Stoffsynthesen. PSI, Photosystem I; Rubisco, Ribulosebisphosphat-Carboxylase/Oxygenase. (Verändert nach Krauss und Nies 2014, Abb. 1.6, © Wiley-VCH GmbH)

Im Stroma der Chloroplasten, aber auch in den nichtgrünen Leukoplasten und Chromoplasten läuft neben dem reduktiven Pentosephosphatzyklus der **oxidative Pentosephosphatzyklus** ab. Dieser metabolische Weg kommt auch im Tierreich vor, verwertet Kohlenhydrate und oxidiert Glucose. Zunächst erfolgt die Phosphorylierung zu Glucose-6-phosphat. Das Substrat wird dann in zwei Schritten zu 6-Phosphogluconsäure oxidiert. Dabei entsteht $NADPH+H^+$ als Reduktionsäquivalent, das für reduktive Synthesen in anabolen Prozessen Verwendung findet. In der weiteren Reaktionsfolge wird decarboxyliert und in einer Regenerationsphase (ähnlich dem Calvin-Zyklus) über verschiedene Kohlenhydratmonomere (Interkonversionen) entsteht wieder Glucose-6-phosphat. Die Intermediärprodukte Glycerinaldehyd-3-phosphat und Fructose-6-phosphat können in die Glykolyse eingespeist werden. Ribose-5-phosphat steht für Nucleotidsynthesen zur Verfügung.

Das Nebeneinander von reduktivem und oxidativem Pentosephosphatzyklus in Chloroplasten erfordert eine strikte Regulation beider Wege. Während verschiedene Enzyme des Calvin-Zyklus im Licht aktiviert werden, z. B. die Rubisco, hemmt Licht den ersten Reaktionsschritt des oxidativen Wegs. Auf diese Weise wird die Funktionsfähigkeit des Metabolismus photosynthetisch aktiver Zellen im Dunkeln sichergestellt. Die Regulation erfolgt über ein Redoxnetzwerk mit Elektronen aus den Lichtreaktionen. Die Elektronen werden vom Ferredoxin auf das Redoxmediatorprotein Thioredoxin übertragen und so können Enzyme reduziert werden. Im Dunkeln erfolgt dann die Autoxidation des lichtaktivierten Enzyms. Ergänzt wird diese Aktivitätskontrolle im Chloroplastenstroma durch Regulation über den jeweiligen Metabolitspiegel.

5.3.3 Photorespiration

In C_3-Pflanzen wird die Photosynthese durch hohe Sauerstoffkonzentrationen gehemmt. Ursache dafür ist eine zweite katalytische Funktion der Ribulose-1,5-bisphosphat-Carboxylase/**Oxygenase**. Bei hohem Sauerstoffpartialdruck wird statt CO_2 Sauerstoff fixiert (◘ Abb. 5.19). Unter intensiver Belichtung beträgt der Oxygenierungsanteil an der Rubiscoaktivität 20–30 %, der sich bei hohen Temperaturen auf bis zu 50 % erhöhen kann. Ursache dafür ist die sinkende Affinität des Enzyms für CO_2 bei gleichzeitiger höherer Affinität für O_2. Mit dem Start der Photorespiration erleidet die Pflanze einen deutlichen Verlust an Kohlenstoff. Allerdings bietet die Photorespiration auch eine Schutzfunktion vor oxidativer Schädigung der Lichtreaktionen. An heißen und trockenen Standorten können C_3-Pflanzen über 30 % ihres primär assimilierten Kohlenstoffs verlieren. Der CO_2-Verlust muss durch eine Erhöhung der CO_2-Absorption über die Stomata ausgeglichen werden. Allerdings ist dieser Vorgang mit einem deutlichen Verlust an Wasser durch erhöhte Transpiration verbunden. C_4- und CAM-Pflanzen können durch spezielle Mechanismen der zellulären CO_2-Konzentrierung die Photorespirationsrate senken (▶ Abschn. 5.3.4 und 5.3.5).

Die Reaktionsschritte der Photorespiration sind über vier Kompartimente (Chloroplasten, Peroxisomen, Mitochondrien, Cytoplasma) verteilt, die sich in Mesophyllzellen in einem engen räumlichen Kontakt befinden (◘ Abb. 5.19). Der Metabolitaustausch zwischen den Kompartimenten erfolgt über Translokatoren in den Biomembranen. Die Rubisco katalysiert die Umsetzung von Ribulose-1,5-bisphosphat zu 3-Phosphoglycerat, das in den Calvin-Zyklus eingeht, sowie 2-Phosphoglycolat. Da das letztere Molekül nicht im Calvin-Zyklus verwendet werden kann und somit die Kohlenstoffbilanz sehr negativ wäre, wird in der kompartimentierten Reaktionsfolge ein Triosephosphat (Glycerinaldehyd-3-phosphat) mit Zugang zum Calvin-Zyklus regeneriert. Bei kurzzeitigem Stickstoffmangel ist die Vakuole als zusätzliches fünftes Kompartiment beteiligt. Glycerat wird in der Vakuole zwischengelagert und nach verbesserter Stickstoffversorgung für den Photorespirationsweg remobilisiert.

Charakteristisch für die Photorespiration ist die Synthese von Wasserstoffperoxid (H_2O_2) aus Glycolat in den Peroxisomen, wobei Glyoxylat gebildet wird. Katalase entgiftet dann H_2O_2 durch Spaltung in H_2O und O_2. Glyoxylat wird durch die Glutamat-Glyoxylat-Aminotransferase zu Glycin umgewandelt. In den Mitochondrien erfolgt dann die Umsetzung in Serin, CO_2 und NH_4^+. Die Nutzung des Ammoniums im Chloroplasten ist für den pflanzlichen Stickstoffstoffwechsel sehr wichtig und wird über das GS/GOGAT-Enzym (◘ Abb. 5.19) der Chloroplasten in Glutamat eingebaut, ein Intermediärprodukt für die Glycin- und Serinbiosynthese im Peroxisomen-Mitochondrien-Verbund. Die Reassimilation von NH_4^+ in den Chloroplasten wird ergänzt durch eine Ammoniumbereitstellung aus der Nitratassimilation nach Reduktion von Nitrit.

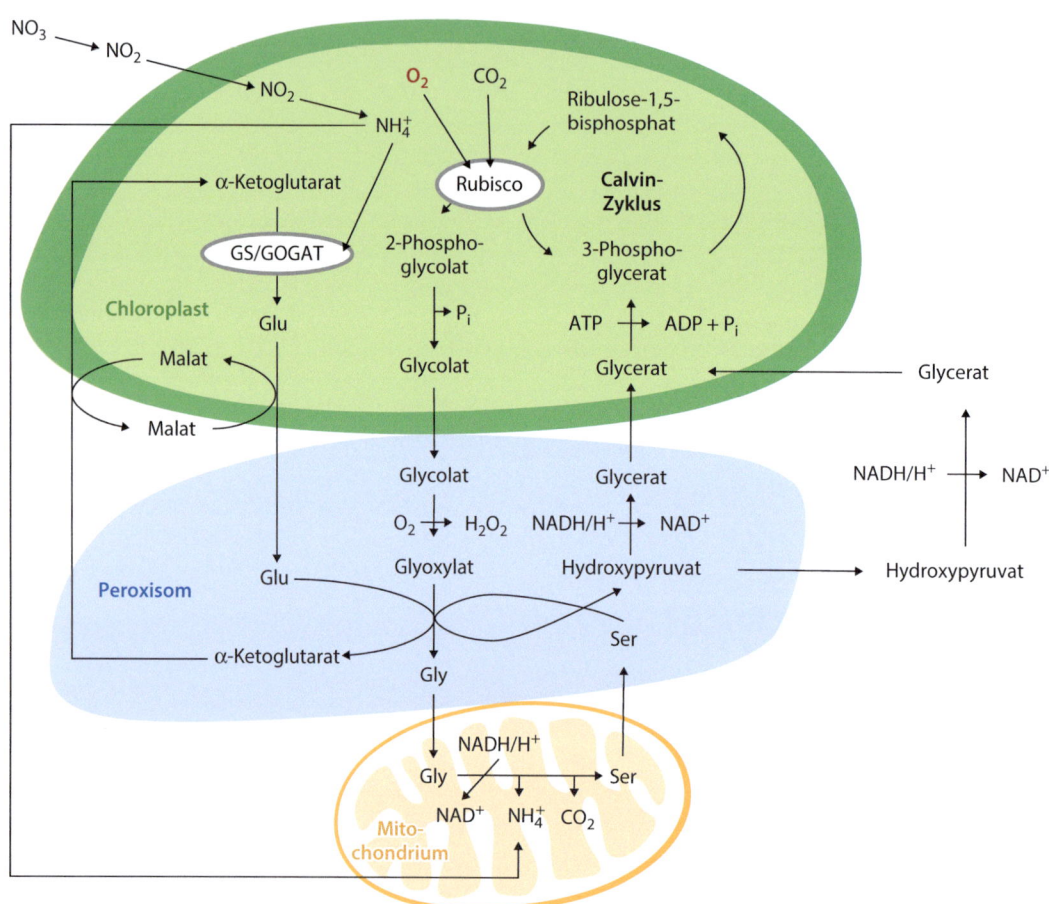

Abb. 5.19 Die Photorespiration, kompartimentiert über drei Organellen. Rubisco, Ribulosebisphosphat-Carboxylase/Oxygenase; GS/GOGAT, Glutamin-Synthetase/Glutamin-Oxoglutarat-Aminotransferase; Glu, Glutaminsäure; Gly, Glycin; Ser, Serin. (Verändert nach Krauss und Nies 2015, Abb. 1.7, © Wiley-VCH GmbH)

5.3.4 C$_4$-Pflanzen

Die Fähigkeit zur speziellen photosynthetischen CO$_2$-Verwertung in **C$_4$-Pflanzen** entwickelte sich in der Evolution wesentlich später als die CO$_2$-Fixierung in C$_3$-Pflanzen. Wie molekulare Analysen ergaben, entstanden z. B. die C$_4$-Gräser vor ca. 25 Mio. Jahren. Offensichtlich kam es mehrfach zu einer konvergenten Entstehung dieser Stoffwechselleistung. Dazu trug möglicherweise die abnehmende CO$_2$-Konzentration in der Atmosphäre bei. Vor 2–8 Mio. Jahren begann eine intensive Ausbreitung von C$_4$-Gräsern in Graslandschaften und Savannen (▶ Abschn. 12.3.2) begünstigt durch die steigende Aridität dieser Lebensräume und die Coevolution großer Weidetiere, z. B. in Nordamerika. Auch Buschbrände trugen sicherlich zur „Überwachung" der Habitate bei, wie es auch heute noch in diesen Landschaftszonen im Wettbewerb mit dem Baumbewuchs der Fall ist. Es sind gegenwärtig über 500 Arten von C$_4$-Pflanzen aus 15 Angiospermenfamilien mit monokotylen und dikotylen Vertretern bekannt. Dazu gehören Kulturpflanzen tropischer und subtropischer Herkunft wie Mais, Zuckerrohr und Hirse.

C$_4$-Pflanzen weisen eine spezielle Blattanatomie (**Kranzanatomie**) auf. Die Leitbündel sind von Bündelscheidenzellen umgeben. Die Chloroplasten diesen Zelltyps besitzen keine Grana (**agranale Chloroplasten**), aber speichern intensiv Stärke. Über zahlreiche Plasmodesmen sind diese Zellen mit Mesophyllzellen verbunden, deren Chloroplasten typische Grana zeigen. Die morphologische Differenzierung der Zellen wird von einer physiologischen Arbeitsteilung begleitet. Der schrittweise Ablauf der C$_4$-Photosynthese in den beiden Zelltypen ist stark kompartimentiert. ◘ Abb. 5.20 zeigt die Reaktionsfolge am Beispiel des malatbildenden Pflanzentyps (z. B. Mais und Zuckerrohr) unter den C$_4$-Pflanzen:

- **Primärfixierung von CO$_2$** bzw. HCO$_3^-$ durch Carboxylierung von Phosphoenolpyruvat (PEP) zu Oxalacetat im Cytoplasma der **Mesophyllzellen**. Da HCO$_3^-$ das Substrat der PEP-Carboxylase ist, muss zunächst CO$_2$ durch eine Carboanhydrase zu Hydrogencarbonat umgewandelt werden. Weil die Rubisco

5.3 · Die autotrophe CO$_2$-Verwertung durch Pflanzen

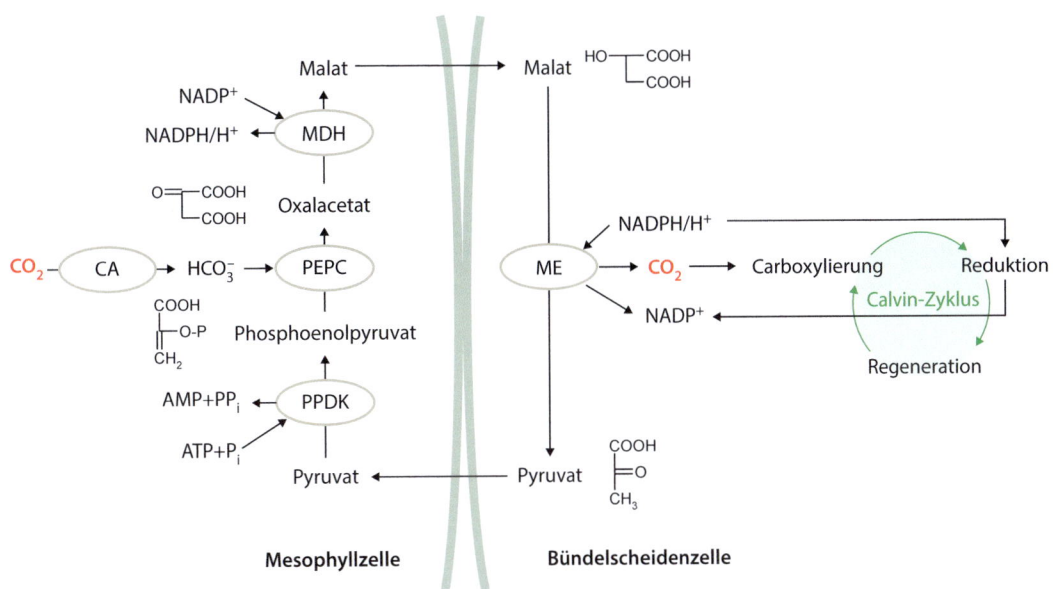

Abb. 5.20 C$_4$-Photosynthese (NADP$^+$-Malatenzym-Typ). CA, Carboanhydrase; MDH, NADP$^+$-Malat-Dehydrogenase; ME, NADP$^+$-Malatenzym; PEPC, Phosphoenolpyruvat-Carboxylase; PPDK, Pyruvatphosphatdikinase. (Verändert nach Krauss und Nies 2015, Abb. 1.8, © Wiley-VCH GmbH)

fehlt, gibt es in diesen Zellen keine Konkurrenz um das Substrat. In Chloroplasten wird Oxalacetat zu Malat umgesetzt.

— Malattransport aus den Chloroplasten und Diffusion über Plasmodesmen in die **Bündelscheidenzellen**. Durch Decarboxylierung des Malats in den Chloroplasten wird CO$_2$ für die Fixierung im Calvin-Zyklus bereitgestellt (**Sekundärfixierung**). Gleichzeitig ist Malat Träger von Reduktionsäquivalenten für die NADPH+H$^+$-Synthese. Durch das Fehlen von Grana in den Bündelscheidenzellen ist die Aktivität des Photosystems II (PSII) nur gering. In den Thylakoiden läuft ein zyklischer Elektronentransport über das PSI und den Cytochrom-b$_6$f-Komplex ab, der die notwendige Energie von ATP für den Calvin-Zyklus bereitstellt.

— Rücktransport des Decarboxylierungsprodukts Pyruvat in die Mesophyllzellen und Phosphorylierung zu Phosphoenolpyruvat.

Durch die fehlende PSII-Aktivität in den Chloroplasten der Bündelscheidenzellen ist die Photolyse des Wassers stark eingeschränkt oder fehlt ganz. Als Konsequenz geringer O$_2$-Konzentrationen, aber erhöhter CO$_2$-Konzentrationen wird praktisch die Oxygenasereaktion der Rubisco unterbunden und somit die Photorespiration verhindert. Dadurch entwickeln C$_4$-Pflanzen gegenüber C$_3$-Pflanzen eine höhere Nettophotosyntheseleistung.

Es existieren im Pflanzenreich neben dem Malattyp noch zwei weitere Varianten der C$_4$-Photosynthese, in der Aspartat ein Zwischenprodukt ist, das zu den Bündelscheidenzellen wandert. Alanin bzw. Phosphoenolpyruvat und Alanin sind die Metaboliten, die dann zurück in die Mesophyllzellen transportiert werden.

Wassermangel begünstigt den Ablauf der CO$_2$-Fixierung in C$_4$-Pflanzen, die somit an Biotope mit hoher Trockenheit, Temperatur und Strahlungsintensität angepasst sind. So sind z. B. 70 % aller Pflanzenarten an Extremstandorten des Death Valleys in Kalifornien C$_4$-Pflanzen. Es wird geschätzt, dass C$_4$-Pflanzen etwa 17 % der Landfläche besiedeln und zu ca. 30 % zur globalen Photosynthese beitragen.

Zahlreiche C$_4$-Pflanzen gehören zu den Amaranthaceae. Die halophile Art *Atriplex glabriuscula* (Chenopodiaceae, Caryophyllales) besiedelt salzreiche Extremstandorte (Abb. 5.21a). Die submers im Süßwasser lebende Grundnessel *Hydrilla verticillata* (Hydrocharitaceae, Alismatales) (Abb. 5.21b), weltweit verbreitet und in Nordamerika ein aggressiver Neophyt, kann neben der C$_3$-Photosynthese auch den C$_4$-Weg betreiben. Die Pflanze besitzt keine Kranzanatomie der Gewebe. Die über die PEP-Carboxylase synthetisierte Dicarbonsäure Oxalacetat wird in ein und derselben Zelle in die Chloroplasten transportiert, decarboxyliert und somit im Sinne eines Konzentrierungsmechanismus der Rubisco zur Verfügung gestellt. Es wird vermutet, dass diese physiologische Ausprägung

> **Abb. 5.21** C_4-Pflanzen. **a** *Atriplex glabriuscula*, ein terestrischer Halophyt (© blickwinkel/G. Ewald/picture alliance). **b** *Hydrilla verticillata*, eine Wasserpflanze. (© ananaline/► stock.adobe.com © ananaline/► stock.adobe.com)

ein früher Schritt zur Evolution von C_4-Pflanzen mit Kranzanatomie war.

5.3.5 CAM-Pflanzen

CAM-Pflanzen (CAM von *crassulacean acid metabolism*, Crassulaceen-Säuremetabolismus) sind überwiegend sukkulente Arten und kommen mit über 10.000 Spezies in ca. 30 mono- und dikotylen Pflanzenfamilien vor. Sie zeigen im Stoffwechsel einen Tag-Nacht-Rhythmus (**diurnaler Säurerhythmus**) bei der CO_2-Fixierung und dem Metabolismus der Dicarbonsäure Malat. Der CAM-Zyklus läuft in vier Phasen ab (Abb. 5.22):

1. Phase (Nacht): CO_2 wird aus dem Luftraum über die geöffneten Stomata aufgenommen und durch die PEP-Carboxylase (PEPC) fixiert. Das Produkt Oxalacetat wird dann durch die Malat-Dehydrogenase (MDH) zu Malat umgesetzt und in der Vakuole akkumuliert. Der Malateinstrom ist mit einem aktiven Protonentransport verknüpft. Dadurch verringert sich der pH in der Vakuole bis zum Morgen von pH 6 bis pH 3. Die Äpfelsäure liegt dann in freier Form vor.
2. Phase (früher Morgen): Die Aktivität der PEPC wird langsam verringert und die Aktivität der Rubisco erhöht. Die Stomata schließen sich langsam.
3. Phase (Tag): Im Licht wird Malat aus der Vakuole in das Cytoplasma transportiert und dort decarboxyliert. Der CO_2-Partialdruck in der Zelle steigt und ist das Signal für das Schließen der Stomata. Die Rubisco ist aktiv.
4. Phase (Nachmittag): Wenn das gespeicherte Malat verbraucht ist, öffnen sich langsam die Stomata. CO_2 wird erneut aus der Atmosphäre aufgenommen und im Licht über die Rubisco im Calvin-Zyklus assimiliert.

Der beschriebene Ablauf des CAM-Zyklus trifft auf **obligate CAM-Pflanzen** zu, z. B. bei *Kalanchoe daigremontiana* (Crassulaceae, Saxifragales) (Abb. 5.23a) in Madagaskar und der strauch- und baumförmig wachsenden Kaktee *Opuntia ficus-indica* (Cactaceae, Caryophyllales).

Ein Netzwerk aus verschiedenen abiotischen Umweltfaktoren wie Wasser- und Nährstoffverfügbarkeit sowie Licht und Temperatur nimmt Einfluss auf die unterschiedlichen CO_2-Konzentrierungsstrategien mancher CAM-Pflanzen (Abb. 5.22).

CAM-Idling-Pflanzen

(*idling*, Leerlauf): Die Stomata sind Tag und Nacht geschlossen. In der Nacht wird Kohlenstoffdioxid aus der Atmung refixiert. Am Tag wird CO_2 aus Malat wieder für die Rubisco bereitgestellt. Diesen Stoffwechseltyp haben Pflanzen entwickelt, die in Habitaten mit extremer Trockenheit leben. Ein Beispiel ist *Opuntia basilaris* (Cactaceae, Caryophyllales) im südlichen Nordamerika (Abb. 5.23b).

CAM-Cycling-Pflanzen

Bei geschlossenen Stomata wird in der Nacht CO_2 aus der Atmung in Malat gespeichert. Die Stomata sind allerdings am Tag geöffnet, sodass neben dem CO_2 aus Malat zusätzlich Kohlenstoffdioxid aus dem Luftraum

5.3 · Die autotrophe CO$_2$-Verwertung durch Pflanzen

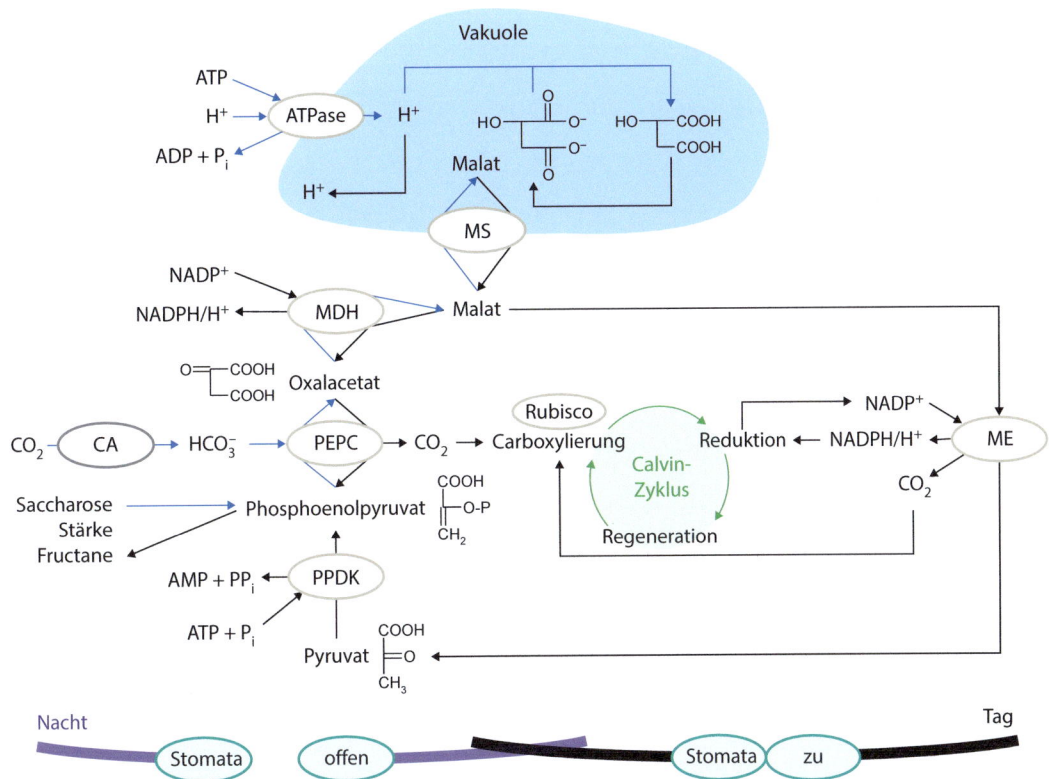

Abb. 5.22 Crassulaceen-Säuremetabolismus (CAM). ATPase, Adenosintriphosphatase; CA, Carboanhydrase; ME, Malatenzym; MDH, NADP$^+$-Malat-Dehydrogenase; MS, Malatshuttle; PEPC, Phosphoenolpyruvat-Carboxylase; PPDK, Pyruvatphosphatdikinase; Rubisco, Ribulosebisphosphat-Carboxylase/Oxygenase; V, Vakuole; blaue Pfeile: Reaktionen in der Nacht; schwarze Pfeile: Reaktionen am Tag. (Verändert nach Krauss und Nies 2014, Abb. 1.9, © Wiley-VCH GmbH)

durch die Rubisco fixiert werden kann. Der Epiphyt *Codonanthopsis crassifolia* (Gesneriaceae, Laminales), der endemisch in den atlantischen Wäldern Brasiliens lebt, kann bei schlechter Wasserversorgung auch auf CAM-Idling umschalten (◘ Abb. 5.23c).

▪▪ C$_3$/CAM-intermediäre(fakultative) Pflanzen

Manche Pflanzen können von der C$_3$-Photosynthese zur CAM-Situation umschalten Bei steigenden Temperaturen und hoher Trockenheit wird auch zwischen beiden CO$_2$-Fixierungstypen reversibel gewechselt. *Portulaca pilosa* (Portulacaceae, Caryophyllales) betreibt CAM im sukkulenten Stamm, aber C$_3$-Stoffwechsel in den Blättern. *Mesembryanthemum crystallinum* (Aizoaceae. Caryophyllales) ist im Mittelmeerraum, auf den Kanarischen Inseln und im südlichen Afrika verbreitet und kann bei Wassermangel und Salzstress irreversibel von der C$_3$- zur CAM-Situation umschalten (◘ Abb. 5.23d).

Ein ökophysiologischer Vorteil der CAM-Pflanzen ist die **hohe Effizienz der Wassernutzung**, zu der auch die Speicherung von Wasser in speziellen Geweben gehört. Zahlreiche CAM-Pflanzen wie Orchideen, Bromeliaceae und einige Farne leben epiphytisch in tropischen Regenwäldern mit problematischem Wasserhaushalt. Der Epiphyt *Tillandsia usneoides* (Bromeliaceae, Poales) besitzt keine Wurzeln. Wasser- und Nährstoffversorgung erfolgen über die Pflanzenoberfläche. Dicht angeordnete Saugschuppen nehmen Wasser auf (◘ Abb. 5.24). Der epiphytisch lebende Kletterfarn *Pyrrosia piloselloides* (Polypodiaceae, Polypodiales) ist ein anderes Beispiel.

Die evolutionär ursprünglichsten CAM-Pflanzen sind Bärlappgewächse (Lycopodiopsida) der Gattung *Isoetes*. Das See-Brachsenkraut (*Isoetes lacustris*, Isoetaceae, Isoetales) lebt submers im Süßwasser Europas und Nordamerikas. Es muss sich dort der niedrigen CO$_2$-Konzentration im Wasser anpassen. Nachts verwenden die Pflanzen die erhöhten CO$_2$-Mengen, die von anderen Organismen bereitgestellt werden.

Einige CAM-Pflanzen sind wertvolle Kulturpflanzen. Dazu gehört die Ananaspflanze (*Ananas comosus*, Bromeliaceae, Poales). Aus der Blauen Agave (*Agave tequilana*, Asparagaceae, Asparagales) (◘ Abb. 5.25) werden Zuckersirup und Alkohol gewonnen. Der Feigenkaktus *Opuntia ficus-indica* (Cactaceae, Caryophyllales) dient in verschiedenen Teilen der Welt als Nahrung und auch als Viehfutter.

◘ **Abb. 5.23** CAM-Pflanzen mit unterschiedlicher CO_2-Konzentrierungsstrategie. **a** Obligate CAM-Pflanze: *Kalanchoe daigremontiana* mit Brutknospen am Blattrand (© Adrian davies/Alamy/Alamy Stock Photos/mauritius images). **b** CAM-Idling-Pflanze: *Opuntia basiliaris* (USA, Kalifornien, Anza Borrego Dessert; © Chris Cheadle/All Canada Photos/picture-alliance). **c** CAM-Cycling-Pflanze: *Codonanthe crassifolia* (© Trevor Sims/GWI/picture alliance). **d** C_3/CAM-intermediäre Pflanze: *Mesembryanthemum crystallinum* (© Harry Laub/imageBROKER/mauritius images)

◘ **Abb. 5.24** Die epiphytisch lebende CAM-Pflanze *Tillandsia usneoides*. **a** Pflanzen an Ästen von *Lysiloma latisiliquum* (Florida, © Roger Tidman/Photoshot Creative/mauritius images). **b** Pflanzentriebe mit Saugschuppen (Pine Island, Davie, Florida, USA, © blickwinkel/G. Poelking/picture alliance)

Abb. 5.25 *Agave tequilana*-Kultur. (Tequila, Jaliscoa, Mexiko, © Peter Groenendijk/robertharding/picture alliance)

5.4 Spezialisierte Metaboliten – ökobiochemisch relevante Stoffwechselprodukte

5.4.1 Evolution und Bedeutung

Der Grundstoffwechsel aller Organismen umfasst die fundamentalen und lebensnotwendigen Reaktionen des Anabolismus und Katabolismus von Biomonomeren und Biopolymeren im zellulär organisierten System. Die Erzeugung und Wandlung von Energie ist das verbindende Element in den biochemischen Abläufen (▶ Abschn. 5.2).

Neben Metaboliten des Grundstoffwechsels kommen in den Lebewesen in großer Vielfalt chemische Verbindungen vor, die speziell für die Adaptationsfähigkeit der Arten in einer abiotisch und biotisch geprägten Umwelt verantwortlich sind. Für diese Substanzen wurde vor Jahrzehnten der Begriff Sekundärmetaboliten oder Sekundärstoffe geprägt, da man diese Stoffe als nicht essenziell für lebende Zellen definierte. Die wissenschaftlichen Fortschritte der jüngsten Zeit aus genetischen, physiologischen und biochemischen Studien machen jedoch deutlich, dass eine strikt abgrenzende Definition von sogenannten Primär- und Sekundärmetaboliten nicht mehr überzeugen kann. In der neueren wissenschaftlichen Literatur wird der Begriff „sekundär" ersetzt und man spricht von **spezialisierten Metaboliten**. Diese Moleküle kommen ubiquitär vor und sind Informationsträger, die in den Organismen biochemisch-physiologische Antworten auslösen. Die coevolutionär entwickelte Strukturvielfalt ist ein deutlicher Hinweis auf die ökologische Bedeutung spezialisierter Metaboliten für die Biodiversität und Strukturierung der Ökosysteme, für die Interaktion der Organismen, für die Absicherung von Nahrungsressourcen, die Stabilisierung von Energieflüssen und Stoffkreisläufen sowie die Adaptation an abiotischen und biotischen Stress (◘ Abb. 5.26). Besonders im Pflanzenreich ist die **Chemodiversität** der einzelnen Moleküle sowie ihre Quantität und Funktionalität groß. Das liegt darin begründet, dass die meisten Pflanzenarten in den terrestrischen Lebensräumen ortsgebunden (sessil) leben und somit besonders intensiv wechselnden Umweltbedingungen ausgesetzt sind.

Sehr früh in der Evolution entstand zwischen Pro- und Eukaryoten ein interaktives Netzwerk, das auf der spezifischen Ausprägung des Stoffwechsels der Teilnehmer beruht. Durch **Coevolution** bildeten sich ökologische Beziehungen heraus, die durch spezialisierte Metaboliten geprägt wurden. Natürlich können evolutionäre Schlüsse auf biosynthetische Fähigkeiten nur durch Untersuchung rezenter Arten gezogen werden. Es stellt sich die Frage, wie die verantwortlichen Gene für die Produktion spezialisierter Metaboliten in Pflanzenzellen in der Evolution strukturiert und komplettiert wurden. Hier gibt auch die Endosymbiontentheorie Antworten (▶ Abschn. 5.1.1). Mit der Aufnahme von Alphaproteobakterien (spätere Mitochondrien) und Cyanobakterien (spätere Chloroplasten) gelangten sicherlich bereits in der frühen Evolution Gene in die ersten Pflanzenzellen, die die Synthese spezieller Moleküle codierten (◘ Abb. 5.27). Es ist auch davon auszugehen, dass die „Übernahme" von Endophyten in die prokaryotischen Vorläuferzellen der Pflanzen die Syntheseleistung neuer Metaboliten vorangebracht hat. **Endophytische Pilze**, die heute mit ca. 80 % der Landpflanzen in Symbiose leben, könnten genetische Information durch horizontalen Gentransfer weitergegeben haben. Eine Übertragung von Genen ist auch denkbar bei Infektion von Pflanzenzellen durch Viren oder durch die Aktivität von Herbivoren, die Bakterien übertragen können.

Für evolutionäre Innovationen des Stoffwechsels, die zu spezialisierten Metaboliten führten, spielten **Genduplikationen** und **Mutationen** eine wesentliche Rolle. Genduplikate können auf demselben Chromosom hintereinandergeschaltet sein, aber auch durch Relokalisation zu einem anderen Ort des Genoms gelangen. Die biochemischen Reaktionswege codieren auch Gene in Form von Clustern (funktionelle, gruppenartige Anordnung von Genen), die man aus Mikroorganismen gut kennt und die eine koordinierte transkriptionelle Regulation ermöglichen. In Pflanzen kommen partielle **Gencluster** vor, bei denen die Cluster durch nicht zugehörige Gene unterbrochen sind.

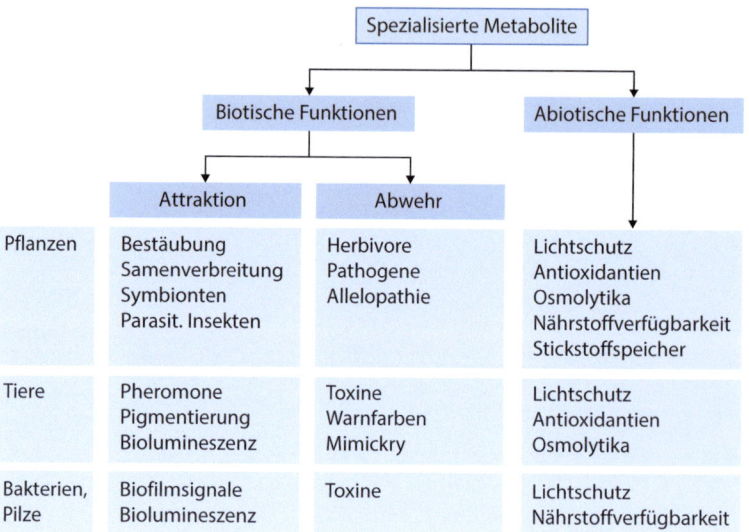

Abb. 5.26 Funktionen von spezialisierten Metaboliten in Pflanzen, Tieren und Mikroorganismen

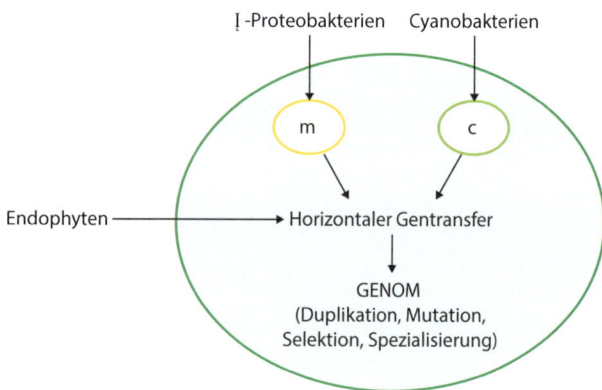

Abb. 5.27 Schema der möglichen Evolution von Genen für die Biosynthese spezialisierter Metaboliten in Pflanzenzellen unter Berücksichtigung der Endosymbiontentheorie und des horizontalen Gentransfers. m, Mitochondrium; c, Chloroplast

Im Zuge der Evolution spezialisierter Metaboliten entstanden Varianten von Enzymen des Grundstoffwechsels mit veränderten biochemischen Eigenschaften wie neuen Substratspezifitäten, veränderten Regulationsprinzipien der Aktivität und Variation von Protein-Protein-Wechselwirkungen. Im Ergebnis wurde die Fähigkeit erlangt, aus Molekülstrukturen des Grundstoffwechsels neue Metaboliten in häufig komplexen Synthesewegen herzustellen. Präkursoren aus verschiedenen Teilen des Grundstoffwechsels werden dabei auch zusammengefügt. Einzelne Reaktionssequenzen sind in **metabolische Netze** (*metabolic grids*) eingebunden. Einige spezialisierte Metaboliten sind auch an der Feedbackregulation der Transkription beteiligt. Biosynthesewege finden in verschiedenen Zellkompartimenten statt. Eine **Speicherung spezialisierter Metaboliten** erfolgt häufig in spezialisierten Geweben wie Ölzellen, Trichomen und Laticiferen (▶ Abschn. 10.4.5). Ein Grund dafür ist auch der Schutz des Organismus vor den selbst synthetisierten toxischen Verbindungen durch eine spezifische Kompartimentierung z. B. hydrophiler Verbindungen in Vakuolen und lipophiler Substanzen in Harzgängen.

Triebkräfte für die Entwicklung biochemischer Innovationen bei pflanzenspezifischen Verbindungen waren (a) die schrittweise Evolution der Landpflanzen in Anpassung an abiotische Veränderungen beim Übergang in den terrestrischen Lebensraum (veränderte Ernährungsbedingungen aus Boden und Luftraum, UV-Licht, hohe Temperaturunterschiede zwischen Tag und Nacht, zeitweilige Trockenperioden) und (b) der coevolutionäre Selektionsdruck aus dem Zusammenleben mit anderen Organismen (◘ Abb. 5.28). In den ersten Landpflanzen war die Hauptfunktion von spezialisierten Metaboliten wie Terpenen, Phenolen, Flavonoiden und Wachsen wahrscheinlich der Schutz vor UV-Licht und Austrocknung. Terpene und Flavonoide waren vermutlich bereits in Moosen vor über 400 Mio. Jahren (Paläozoikum) verbreitet, während Alkaloide bei Bärlappgewächsen (Lycopodiophyta) wohl erst ab dem Devon vor ca. 400 Mio. Jahren auftraten (◘ Abb. 5.28). Die Entwicklung der aufrecht stehenden Gefäßpflanzen wurde durch die Entstehung von stützenden Polymeren wie Lignin gefördert. Es entstanden auch Trichome zur physikalischen und chemischen Abwehr (▶ Abschn. 10.4.3). Die **Evolution der Blütenpflanzen** führte zu einer besonders ausgeprägten chemischen Vielfalt für die Anlockung (z. B. von Bestäubern), die Abwehr (z. B. neurotoxische Alkaloide gegen Herbivoren) und schließlich

5.4 · Spezialisierte Metaboliten – ökobiochemisch relevante Stoffwechselprodukte

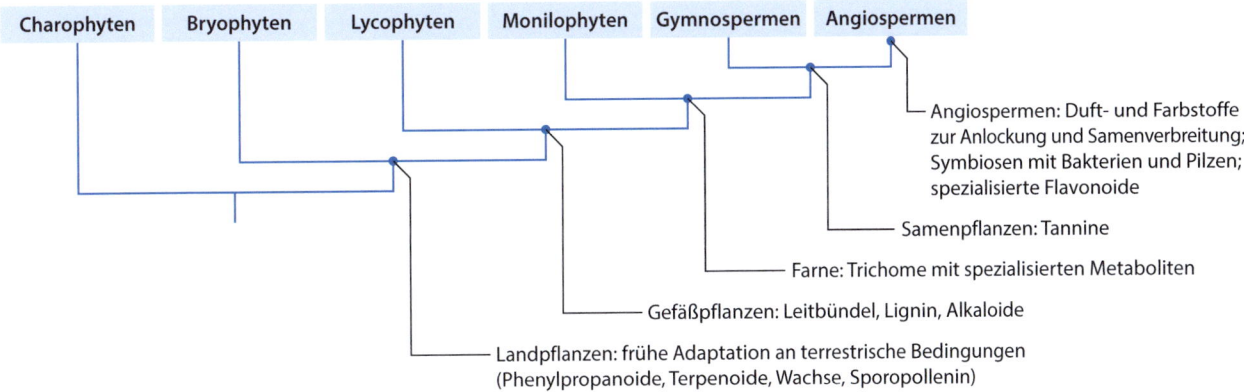

Abb. 5.28 Vereinfachter Stammbaum der Evolution von Landpflanzen sowie die Entstehung spezialisierter Metaboliten für die Anpassung an die neue Umwelt. (Verändert nach Weng 2014, Abb. 1, mit freundlicher Genehmigung von Wiley)

die Ausprägung von Symbiosen mit Bakterien (z. B. Wurzelknöllchen) und Pilzen (z. B. Mykorrhiza) (Abb. 5.28).

Vor einigen Jahrzehnten versuchte man, spezialisierte Metaboliten als pflanzensystematische Marker für eine **Chemotaxonomie** zu nutzen. Von 1962 bis 2001 hat Hegnauer das phytochemische Wissen in einer 13-bändigen „Chemotaxonomie der Pflanzen" zusammengefasst. Die Entdeckung und Aufklärung der chemischen Strukturen ergab, dass manche Einzelverbindungen aus unterschiedlichen Stoffklassen im Pflanzenreich nur gering verbreitet sind und in nicht verwandten Gattungen und Familien vorkommen. Manche Nachweise und Verbreitungsmuster zeigen allerdings auch **chemische Konvergenz** in unterschiedlichen Pflanzenfamilien. Verschiedentlich besteht sogar Konvergenz zu Arten aus dem Tierreich (▶ Abschn. 5.4.2). Damit wird deutlich, dass spezialisierte Metaboliten als adaptive Merkmale keine alleinigen Ansätze für taxonomische Klassifizierungen und den phylogenetischen Stammbaum sein können.

Die chemische Signatur der Organismen ist allerdings Teil der **integrativen Taxonomie**. In einem interdisziplinären Ansatz werden die klassischen taxonomischen Methoden ergänzt. Mit modernen **Hochdurchsatzmethoden** (*high-throughput technologies*), sogenannten Omics-Technologien (*genomics, transcriptomics, proteomics* und *metabolomics*), werden große Datenmengen aus den einzelnen Untersuchungsebenen computergestützt dokumentiert, analysiert und verknüpft. Der gekoppelte Einsatz der verschiedenen Analysemethoden, einschließlich hochauflösender mikroskopischer Verfahren, ist auch bereits bei der Untersuchung einzelner Zellen erfolgreich. Auf diesem Wege gelang z. B. die zeitlich-räumliche Aufklärung der Biosynthese von medizinisch relevanten Monoterpenindolalkaloiden in entsprechend spezialisierten Zellen im Gewebe von *Catharanthus roseus*-Pflanzen (Apocynaceae, Gentianales).

Ziel der integrierten Datenverarbeitung ist eine umfassende Merkmalanalyse für die Identifizierung der Organismen, ihre systematische Stellung und die Beschreibung von Zustand und Veränderung der globalen Biodiversität unter wechselnden Umweltbedingungen. Die Analyse des Musters spezialisierter Metaboliten durch *metabolomics* trägt auf vielfältige Weise zur integrativen Taxonomie und zur praktischen Nutzung bei:

- Erkenntnisse zum Potenzial spezieller Moleküle für die ökologische Adaptation an abiotische und biotische Situationen
- Räumlich-zeitliche Bewertung intra- und interspezifischer Signalnetze der Organismen in den Lebensräumen
- Neue ökologische Sichtweisen aus dem Datenabgleich mit molekulargenetischen Erkenntnissen
- Erarbeitung quantitativer Modelle für ein Chemodiversitätsmodeling
- Nutzung ökobiochemischer Daten für den Erhalt gefährdeter Habitate bzw. ihre Wiederherstellung
- Charakterisierung von neuen Wirkstoffen für die Schädlingsbekämpfung in der Agrar- und Forstwirtschaft, aber auch für die medizinisch-pharmazeutische Anwendung

In allen Lebensräumen sind **spezialisierte Substanzen als Mediatoren** für das Zusammenleben der Organismen von herausragender Bedeutung. Die Zielgenauigkeit der chemischen Strukturen im Sender-Empfänger-Kontext wird durch die Qualität und Quantität der Moleküle bestimmt. Eine besondere Situation im terrestrischen Lebensraum entsteht allerdings dadurch, dass infolge der Zersetzung pflanzlicher Biomasse, vor allem aus dem Laubfall, äußerst komplexe Gemische an spezialisierten Metaboliten in den Lebensraum gelangen. Das trifft speziell auf die gemäßigten Landschaftszonen der Erde zu. Im Herbst werden im Boden große Wirkstoffmengen mit unterschiedlicher Funktionalität angereichert, die die trophische Funktion der Detritivoren (▶ Abschn. 4.3.4) beeinflussen und damit die Humusbildung und Mineralisierung. In der ersten Phase des Abbaus von Pflanzenmaterial werden Nährstoffe mit Herkunft aus dem Grundstoffwechsel (Kohlenhydrate, Proteine, Lipide u. a.) freigesetzt, aber auch gut lösliche spezialisierte Moleküle. Somit gelangen antibakterielle und antifungale Wirkstoffe in den Boden, die die Zusammensetzung der Bodenflora verändern und die Nahrungsketten stören. Niedermolekulare Phenole werden häufig von Mikroorganismen als Nahrungsquelle genutzt.

Höhermolekulare Phenole aus Pflanzen, z. B. **Tannine** (◘ Tab. 5.2), können mit Proteinen und Metallionen Komplexe bilden und verzögern die Mineralisierung von Bodenstickstoff. Auch die Aktivität mikrobieller, extrazellulärer Enzyme wird gehemmt. **Lignin**,

◘ Tab. 5.2 Hauptklassen spezialisierter Verbindungen und ihre ökologisch-biochemische Bedeutung. VOC, flüchtiger spezialisierter Metabolit (Die farbliche Codierung der Substanzgruppen wird in den Abbildungen des Buches verwendet)

Substanzklasse	Beispiele	Wirkung
Terpenoide		
Hemiterpene (C_5)	Isopren (VOC)	Hitze- und Ozonschutz?
Monoterpene (C_{10})	Linalool (VOC)	Lockstoff in Blüten, Sexualpheromon
	Pinen (VOC)	Pflanzl. Abwehr von Insekten
Sesquiterpene (C_{15})	1,8-Cineol	Allelochemikalie
	(E)-β-Caryophyllen (VOC)	Pflanzl. Abwehr von Insekten
	(E)-β-Farnesen (VOC)	Pflanzl. Abwehr, Alarmpheromon
Diterpene (C_{20})	Taxol	Pflanzl. Abwehr von Insekten
	Dihydrobienital	Pflanzl. systemische Pathogenabwehr
Triterpene (C_{30})	Steroide, z. B. Cardenolide	Pflanzl. Abwehr von Insekten
Tetraterpene (C_{40})	Carotinoide	Pflanzenfarbstoffe
Polyterpene	Kautschuk	Pflanzl. Fraßgift
Alkaloide		
Pyrrolizidinalkaloide	Lycopsamin	Pflanzl. Fraßgift, Pheromonvorstufe
Guanidinalkaloide	Tetrodoxin	Toxin aus Fröschen
Steroidalkaloide	Batrachotoxin	Bakterizid von Amphibien
Nichtproteinogene Aminosäuren Aminosäurederivate		
	Canavanin	Pflanzl. Fraßgift
	Volicitin	Elicitor aus Insekten für pflanzl. VOCs
Indol und Indolderivate		
	Indol	Blütenlockstoff (VOC), Lockstoff für parasitoide Wespen
	Benzoxazinoide	Allelochemikalien, pflanzl. Abwehr von Insekten
	Camalexin	Pflanzl. Pathogenabwehr
Tetrapyrrole		
	Biliverdin	Pigment (Insekten)
	Turacin	Pigment (Vögel)
Peptide und Proteine		
Peptide	Phytochelatine	Metallchelatoren
	Victorine	Mikrobielle Phytotoxine
	Defensine	Antimikrobielle Peptide
	Apamin	Bienentoxin
Proteine	Antifrostproteine	Gefrierschutz

5.4 · Spezialisierte Metaboliten – ökobiochemisch relevante Stoffwechselprodukte

Tab. 5.2 (Fortsetzung)

Substanzklasse	Beispiele	Wirkung
Phenole 🚩		
Einfache Phenole	Guajakol (VOC)	Lockstoff zum Brandherd
	4-Vinylanisol (VOC)	
	Catechol	Pheromon, Allelochemikalie
Chinone	Juglon	Allelochemikalie
	Plumbagin	Pflanzl. Bakterizid
Flavonoide	Anthocyanine	Pflanzl. Pigmente
	Daidzein	Anlockung symbiot. Bakterien
Cumarine	Scopoletin	Pflanzl. Pathogenabwehr
Polyphenole	Tannine	Pflanzl. Fraßschutz
	Lignin	Pflanzl. Stütz- und Schutzstoff
Polyketide 🚩		
	Anthrachinone	Tierpigmente
	Melanine	Tierpigmente
	Psittacofulvin	Pigment (Vögel)
	Coronatin	Bakterien-Toxin
Oxylipine 🚩		
	Hexanal (VOC)	Pflanzl. Abwehr
	Azelainsäure	Pflanzl. systemische Pathogenabwehr
Cyanogene Glykoside 🚩		
	Linamarin	Pflanzl. Abwehr
	Dhurrin	Pflanzl. Abwehr
Glucosinolate 🚩		
	Glucobrassicin	Pflanzl. Abwehr
Zucker/Zuckeralkohole 🚩		
Disaccharide	Trehalose	Osmolyte
Polysaccharide	Fructane	Osmolyte
Polyole	Mannitol	Osmolyte

eine hochmolekulare Struktur aus polymerisierten Phenylpropanoideinheiten, ist im Boden sehr abbauresistent. Lediglich Weißfäulepilze synthetisieren extrazelluläre Enzyme, die zum Ligninabbau fähig sind und niedermolekulare aromatische Verbindungen für den weiteren Abbau durch Bakterien bereitstellen. Monoterpene im Boden hemmen ebenfalls die Mineralisierung von Stickstoffverbindungen. So wird z. B. das Bakterium *Nitrosomonas europaea* (Nitrosomonadaceae, Nitrosomonadales) inhibiert, das in der Nitrifikation Ammonium zu Nitrit oxidiert (▶ Abschn. 4.3.6.4).

Veränderungen der Bodenflora und -fauna beeinflussen maßgeblich die Strukturierung der Ökosysteme, die sich in einem Wandel der Vegetation äußern kann. In Auwäldern Alaskas wurde eine Sekundärsukzession von Grauerlen (*Alnus incana* ssp. *tenuifolia*, Betulaceae, Fagales) zu Balsam-Pappeln (*Populus balsamifera*, Salicaceae, Malpighiales) untersucht (◘ Abb. 5.29). Ursache dieses Vorgangs sind Veränderungen im Kohlenstoff- und Stickstoffkreislauf des Bodens durch spezialisierte Metaboliten. Mit dem Blattfall gelangen vor allem Tannine in den Boden, die die **Stickstoffverfügbarkeit** deutlich reduzieren. Besonders gravierend ist die Beeinflussung der Actinorhiza (▶ Abschn. 8.1.2) in den Erlenbeständen. Tannine hemmen die Distickstoffbindung in dieser Wurzelsymbiose der Erle mit Actinomyceten (grampositive Bakterien; *Frankia alni*, Frankinaceae, Frankineae) (▶ Abschn. 8.1.1). Dies verschafft der Balsam-Pappel einen ökologischen Vorteil und ist gleichzeitig ein Beispiel für **Allelopathie** (▶ Abschn. 9.1).

5.4.2 Diversität in Struktur und Funktion

Spezialisierte Metaboliten in Mikroorganismen, Pflanzen und Tieren haben ihren **biosynthetischen Ursprung** in Zwischenprodukten des Grundstoffwechsels. Aus diesen Verzweigungspunkten des Stoffwechsels entwickelten sich über Jahrmillionen Verbindungsklassen mit Molekülstrukturen, die in vielfältiger zeitlich und räumlich strukturierter Weise ihre Wirkung im abiotischen und biotischen Umfeld der Organismen entfalten. In ◘ Abb. 5.30 sind Verknüpfungen zwischen Reaktionen des Grundstoffwechsels und Biosynthesewegen zu spezialisierten Metaboliten in Pflanzen dargestellt. Strukturen aus dem Grundstoffwechsel werden mittels Enzymen u. a. durch Oxidation, Reduktion,

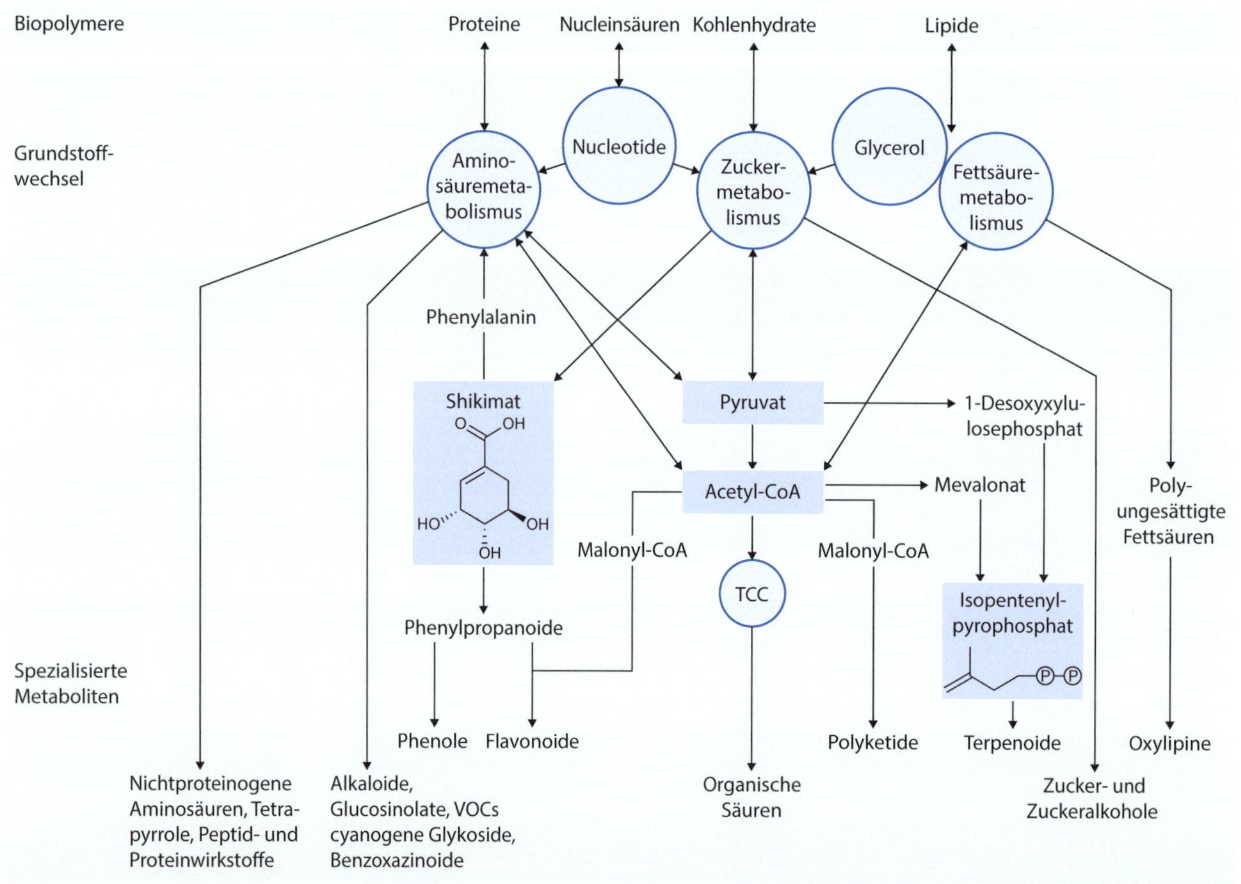

◘ **Abb. 5.29** Auwaldbestand an *Populus balsamifera*. (Grand Teton National Park, Wyoming, USA) (© FLPA/Alamy/Alamy Stock Photos/mauritius images)

◘ **Abb. 5.30** Beziehungen zwischen dem Grundstoffwechsel und den Biosynthesewegen spezialisierter Metaboliten in Pflanzen. TCC, Tricarbonsäurezyklus; VOCs, flüchtige spezialisierte Substanzen. (Verändert nach Schlee 1992, Abb. 98)

5.4 · Spezialisierte Metaboliten – ökobiochemisch relevante Stoffwechselprodukte

Hydroxylierung, Esterbildung und auch Polymerisierung zum potenziellen Wirkstoff modifiziert. Ein zentraler Metabolit für die Stoffwandlungen ist **Acetyl-CoA**, das als Vorstufe für Terpene, Polyketide und Fettsäuren verwendet wird. Über den Polyketidweg entstehen Chinone und partiell auch Flavonoide und Catechine. Phenylalanin und Tyrosin dienen als Vorstufen von Phenolen. Diese aromatischen Aminosäuren und zahlreiche andere proteinogene Aminosäuren sind Ausgangsverbindungen für eine Vielzahl von Wirkstoffen (◘ Abb. 5.31).

Die Biosynthese spezialisierter Metaboliten erfolgt in den Zellen streng reguliert. Die meisten Substanzen werden im Cytoplasma produziert. **Chloroplasten** sind Syntheseorte für einige Terpenoide und Alkaloide. In **Mitochondrien** werden verschiedene Amine und Alkaloide gebildet. Pflanzen synthetisieren und speichern Gemische spezialisierter Metaboliten in unterschiedlichen Zellkompartimenten und Geweben. Wasserlösliche Wirkstoffe (z. B. Alkaloide, Glucosinolate, cyanogene Glykoside und Flavonoide) werden in **Vakuolen** gelagert (▶ Abschn. 5.1.2.2). Harzkanäle, Ölzellen, Trichome, Laticiferen und die Oberfläche der Cuticula sind **Speicherorte** für hydrophile, aber auch **lipophile Substanzen** (▶ Abschn. 10.4.3).

Flüchtige spezialisierte Metaboliten (VOCs, *volatile organic compounds*) (▶ Abschn. 5.4.3) werden über Stomata, verletztes Gewebe, aber auch viskose Ausscheidungen freigesetzt. Es sind vor allem Terpenoide, Fettsäurederivate, Aldehyde, Alkohole, organische Säuren, Ester sowie N- und S-haltige VOCs aus dem Aminosäurestoffwechsel (◘ Abb. 5.30 und 5.31, ◘ Tab. 5.2). Flüchtige Wirkstoffe fungieren als wesentliche ökobiochemische Signale zwischen Pflanzen (▶ Kap. 9), Pflanzen und Mikroorganismen (▶ Kap. 8), Pflanzen und Insekten (Anlockung von Bestäubern, ▶ Abschn. 10.1.3; Abwehr von Herbivoren, ▶ Abschn. 10.4; Anlockung von räuberischen Insekten, Parasitoiden und entomophagen Nematoden, ▶ Abschn. 5.4.3) und zwischen Insekten (z. B. Pheromone, ▶ Abschn. 11.1).

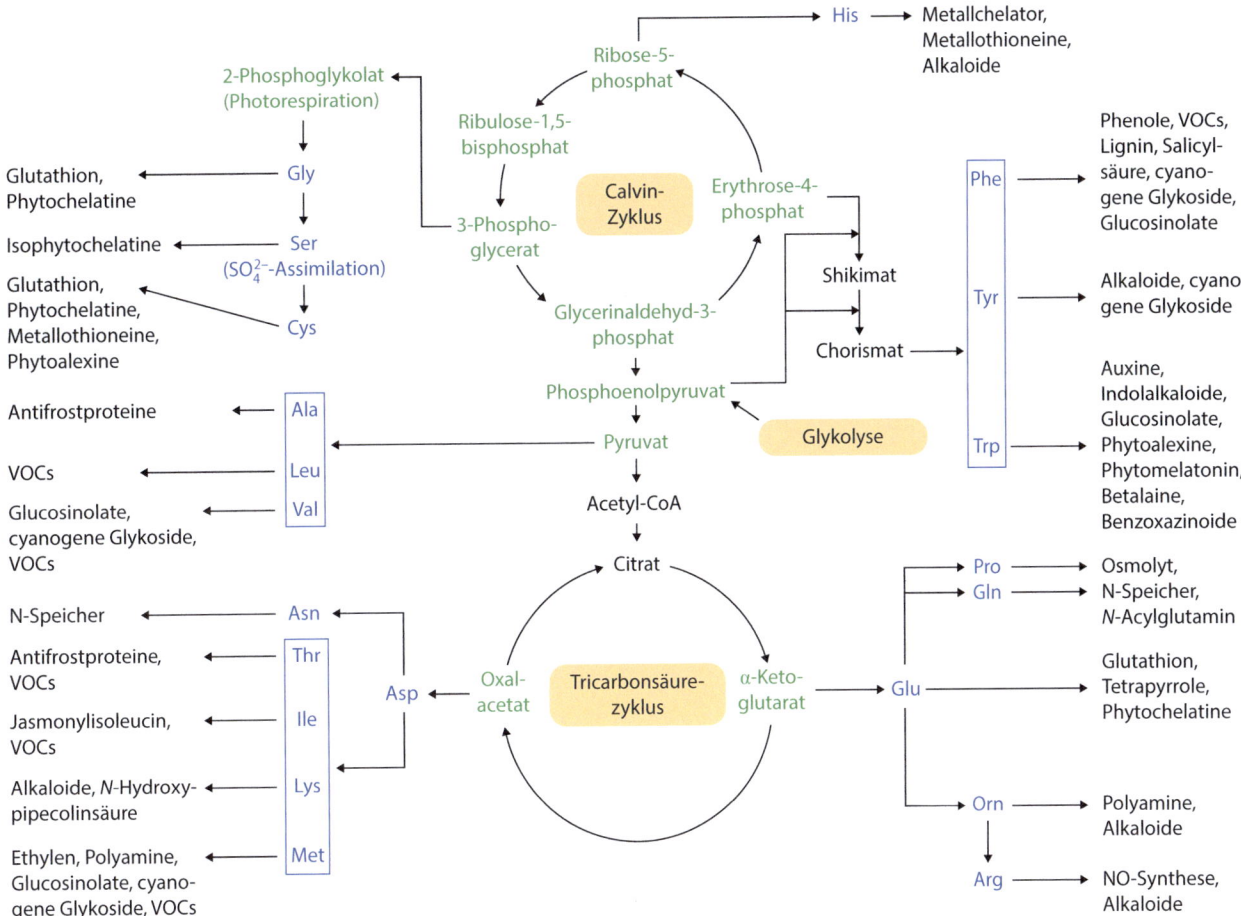

◘ **Abb. 5.31** Biosynthetische Herkunft von Aminosäuren und spezialisierten Metaboliten in Pflanzen. (Verändert nach Krauss und Nies 2015, Abb. 1.11, © Wiley-VCH GmbH)

■ Tab. 5.2 enthält ausgewählte Beispiele für spezialisierte Metaboliten, die auch im laufenden Text des Buchs behandelt werden. Die Farbmarkierung der Substanzgruppen wird in den Abbildungen des Buchs verwendet. Damit soll auf die biosynthetische Herkunft der Verbindungen hingewiesen werden.

Terpenoide sind mit über 30.000 Substanzen die größte und strukturell vielfältigste Gruppe spezialisierter Metaboliten. Ihre Biosynthese erfolgt aus **Isopentenylpyrophosphat**, einem C_5-Körper (■ Abb. 5.30). Nach Abspaltung der beiden Phosphatreste entsteht das Hemiterpen **Isopren**. Dieses flüchtige Molekül ist die am häufigsten von Pflanzen in die Atmosphäre abgegebene Substanz. Isopren dient wahrscheinlich als Transpirationsschutz für Pflanzen bei hohen Temperaturen. Das Gas trägt aber auch mit über 300 Mio. t zum Treibhauseffekt bei.

Mit Isopentenylpyrophosphat startet über die chemische Kopf-Schwanz-Reaktion der Aufbau höherer aliphatischer und zyklischer Struktureinheiten (■ Tab. 5.2). Die Terpengrundstrukturen, die unterschiedliche funktionelle Gruppen enthalten können, leiten sich aus vielfältigen biochemischen Reaktionen ab. Von großer ökobiochemischer Bedeutung sind, neben dem Isopren, viele andere flüchtige Terpenoide (▶ Abschn. 5.4.3). Die Isoprenstruktur kann enzymatisch als sogenannter Prenylrest auf andere Wirkstoffe übertragen werden, z. B. Phenole. Auf solche Weise werden Stoffwechselwege zu spezialisierten Metaboliten kombiniert.

Mikroorganismen produzieren Terpenoide als Signalstoffe und Membranbestandteile. Pflanzen synthetisieren die größte Zahl differenter Terpenoide und nutzen den **Mevalonatweg** (im Cytoplasma) und den **Methylerythritolphosphatweg** (in Chloroplasten) (■ Abb. 5.30). Tiere besitzen nur den Mevalonatweg. Die vielfältigsten Terpenoidstrukturen im Tierreich finden sich bei Insekten (Hemiptera, Coleoptera).

Pflanzen haben besonders komplexe Terpenoidgemische entwickelt, auch mit verschiedenen Isomeren der gleichen Substanz. Beispiele konvergenter Evolution in Pflanze und Tier sind das Monoterpen **Myrcen** und das Sesquiterpen (*E*)-ß-**Farnesen**, die als flüchtige Wirkstoffe jeweils unterschiedliche Aufgaben erfüllen (■ Abb. 5.32). Zahlreiche Terpene haben lipophile Eigenschaften und können die Fluidität und Permeabilität von Biomembranen stören. Viele Arzneipflanzen mit antimikrobieller Aktivität sind häufig reich an Terpenoiden. Triterpenglykoside werden als **Saponine** bezeichnet. Ihre besondere Bedeutung liegt im Schutz der Pflanzen vor Pilzpathogenen und Herbivoren (bitterer Geschmack, Zytotoxizität) (▶ Abschn. 8.3).

Alkaloide sind eine Gruppe spezialisierter Metaboliten mit über 27.000 Molekülstrukturen in Pflanzen, Tieren und Mikroorganismen. Der Name, der 1819 vom Apotheker Carl Friedrich Wilhelm Meißner (Apotheker in Halle, Saale) in seinen chemischen Pflanzenstudien geprägt wurde, bezog sich auf die alkalische Natur der Substanzen, die Stickstoff enthalten. Das macht diese

■ **Abb. 5.32** Flüchtige Terpenoide: Myrcen und (*E*)-ß-Farnesen. Chemische Konvergenz zwischen Pflanze (**a** *Thymus serpyllum*, **b** *Picea abies*) und Tier (**c** *Ips typographus*, **d** *Myzus persicae*) (a © Rejdan/▶ stock.adobe.com, b © Lev Paraskevopoulos/▶ stock.adobe.com, c © Tomasz/▶ stock.adobe.com, d © Mary Evans Picture Library/Steve Hopkin/▶ ardea.com/picture alliance)

Stoffgruppe natürlich sehr heterogen. In den meisten Fällen stammt der Stickstoff aus dem Aminosäurestoffwechsel (◘ Abb. 5.30 und 5.31). Die Wege der Alkaloidbiosynthese sind ein gutes Beispiel für die Vernetzung mit dem Grundstoffwechsel. Alkaloide kommen in der Phylogenie der Pflanzen erstmals in den Bärlappgewächsen (Lycopodiophyta) vor (◘ Abb. 5.28). Besonders reich an diesen Substanzen sind die Angiospermen mit Arten der Solanaceae, Apocynaceae, Papaveraceae, Ranunculaceae, Fabaceae, aber auch zahlreiche Pilze. Vergleichsweise alkaloidarm sind dagegen terpenreiche Pflanzen wie die Asteraceae und Lamiaceae.

Alkaloide dienen Pflanzen vor allem als **Fraßschutz** und Tieren zur **Prädatorenabwehr** (▶ Abschn. 10.4). Manche Verbindungen werden in Pflanzen nach Pathogeninfektion verstärkt gebildet, z. B. die Phytoalexine (▶ Abschn. 8.3). **Betalaine** dagegen sind Blütenfarbstoffe bei Caryophyllales (▶ Abschn. 10.1.1). Das rote Pigment des Fliegenpilzhuts ist auch ein Betalain.

Alkaloide werden in der Medizin als Arzneimittel verwendet (z. B. Morphin aus *Papaver*-Arten, Ranunculaceae, Ranunculales). Zu den Genussmitteln gehört Coffein aus dem Kaffee. Viele Alkaloide beeinflussen das Nervensystem. Der Konsum pflanzlicher Rauschmittel hat Suchtpotenzial (z. B. Kokain aus der Cocapflanze; *Erythroxylum coca*, Erythroxylaceae, Malpighiales).

Die Indolmetaboliten **Benzoxazinoide** leiten sich aus einem Zwischenprodukt (Indol-3-glycerolphosphat) der Biosynthese von Tryptophan ab, einer proteinogenen Aminosäure (◘ Abb. 5.31). Diese spezialisierten Metaboliten kommen verbreitet in monokotylen Pflanzen wie Poaceae (Weizen, Mais, Reis) vor, aber auch in einigen Dikotyledonen (z. B. Ranunculaceae, Lamiaceae). Artspezifisch liegen sie im Gewebe in unterschiedlichen Gemischen in glykosidischer Form vor und werden in der Vakuole gespeichert. Sie schützen Pflanzen vor Herbivoren und Mikroorganismen. Als Allelochemikalien modulieren sie auch das Mikrobiom der Rhizosphäre (▶ Abschn. 9.1). Einige Benzoxazinoide binden im Boden Eisen und machen es so für die Pflanze verfügbar. Bemerkenswert ist, dass Eisen-Benzoxazinoid-Komplexe den Larven des Maiswurzelbohrers (*Diabrotica virgifera*, Chrysomelidae, Coleoptera) zur Identifizierung der Wirtspflanze dienen. Der Käfer ist ein Schadinsekt, das ursprünglich in Amerika vorkommt, aber sich seit 30 Jahren europaweit ausbreitet.

Einige lineare und zyklische **Tetrapyrrole**, die sich biosynthetisch aus Glutaminsäure ableiten, spielen eine Rolle als Pigmentfarben in Tieren (▶ Abschn. 11.2).

Nichtproteinogene Aminosäuren sind mit über 700 unterschiedlichen Strukturen im Pflanzenreich weit verbreitet und werden vor allem als konstitutiver Fraßschutz gegen Herbivoren eingesetzt. Durch die Ähnlichkeit mit proteinogenen Aminosäuren (Strukturanaloga) kann es im Stoffwechsel der Schadtiere zur Hemmung von Aufnahme, Transport und Biosynthese von Aminosäuren kommen. **Canavanin** als analoge Verbindung (Antimetabolit) zum Arginin kann im tierischen Organismus in Proteine eingebaut werden und führt dadurch zur Vergiftung (▶ Abschn. 10.4.3).

Spezielle **Peptide** und **Proteine** sind auch effektive Wirkstoffe. Hierzu gehören beispielsweise zyklische Hexapeptide als mikrobielle Phytotoxine (z. B. Victorine, ▶ Abschn. 8.3), **Defensine** und andere antimikrobielle Peptide (AMP) als pflanzliche Abwehrstoffe gegen Phytopathogene (▶ Abschn. 8.3) und Tiergifte zur Abwehr (▶ Abschn. 11.3).

Das grundlegende Strukturmerkmal der Stoffgruppe der **Phenole** ist mindestens ein aromatisches Ringsystem, das mit einer oder mehreren Hydroxygruppen substituiert ist. Die phenolischen OH-Gruppen können in negativ geladene Phenolationen dissoziieren. Die außerordentlich vielgestaltigen und funktionell sehr unterschiedlichen Verbindungen werden über den Shikimatweg produziert, der zu Phenylpropankörpern (C_5-C_3) führt (◘ Abb. 5.30). In dieser Stoffwechselsequenz wird die Aminosäure Phenylalanin in *trans*-Zimtsäure umgewandelt. Das verantwortliche Enzym, die **Phenylalanin-Ammonium-Lyase**, wird durch Phytochrom und Rotlicht reguliert (▶ Abschn. 6.2). Der Shikimatweg ist auch an der Biosynthese der **Flavonoide** beteiligt (◘ Abb. 5.30), die mit ca. 10.000 unterschiedlichen Strukturen vorkommen. Sie prägen z. B. die Farbgebung der Blüten (▶ Abschn. 10.1.2), sind Lichtschutzfaktoren in Land- und Wasserpflanzen (▶ Abschn. 10.1.2), dienen im Boden als Signalmoleküle für die Knöllchenbildung der Leguminosenwurzel mit Distickstoffbindenden Bakterien (▶ Abschn. 8.1.1) und wehren phytopathogene Mikroorganismen ab (▶ Abschn. 8.3). In den meisten Gefäßpflanzen kommen Tannine vor. Es sind Polyphenolstrukturen, die gegen Herbivore und Pathogene schützen, aber auch vor UV-Licht (▶ Kap. 7). Sie werden mittels spezieller Organellen (Tannosomen) in die Vakuolen transportiert (▶ Abschn. 5.1.2) Das komplexe Polyphenol Lignin stützt und schützt die Pflanzenzelle.

Polyketide bilden mit über 700 unterschiedlichen Strukturen in Pflanzen eine diverse Stoffgruppe, deren Vertreter aus Acetyl-CoA und Malonyl-CoA gebildet werden (◘ Abb. 5.30). Beispiele sind das **Anthrachinon** aus den Polygonaceae, das auf Bakterien im Darmtrakt herbivorer Insekten toxisch wirkt, sowie das **Melanin**, welches Pilze vor UV-Licht schützt. Anthrachinone erzeugen bei vielen Tieren Durchfall und wirken daher gegen Herbivoren.

Auch die **Oxylipine** leiten sich aus dem Lipidstoffwechsel ab, speziell aus ungesättigten C_{18}-Fettsäuren (◘ Abb. 5.30). Beispiele sind das Phytohormon **Jasmonsäure** (▶ Abschn. 6.1) und flüchtige aliphatische C_6- oder C_9-Verbindungen (Aldehyde, Alkohole und ihre Ester), die als Lock- und Abwehrstoffe dienen (▶ Abschn. 5.4.3). Die nichtflüchtige **Azelainsäure** vermittelt bei Pathogenbefall der Pflanze deren systemische Resistenz (▶ Abschn. 8.3).

Cyanogene Glykoside kommen in mehr als 2600 Pflanzenarten vor, insbesondere in Angiospermen und hier vor allem in Fabaceae, Poaceae, Rosaceae, Asteraceae und Passifloraceae, aber auch in einigen Koniferen und Farnen. Diese spezialisierten Metaboliten leiten sich aus fünf proteinogenen Aminosäuren ab (◘ Abb. 5.30 und 5.31). Es sind über 60 unterschiedliche Molekülstrukturen bekannt, die aus einem α-Hydroxynitril-(Cyanhydrin-)rest besteht, der mit ein bis drei Zuckereinheiten (meist Glucose) verlängert ist. Die enzymatische Spaltung bei Verletzung der Pflanzen erfolgt über die Hydrolyse der glykosidischen Bindung durch ß-Glucosidasen. In einer Zweischrittreaktion wird flüchtige und toxische Blausäure (HCN) freigesetzt. Diesen Vorgang nennt man **Cyanogenese** (◘ Abb. 5.33).

Cyanogene Glykoside sind auch in Arthropoden weit verbreitet (Lepidoptera, Coleoptera, Diplopoda). Larven des Schmetterlings *Zygaena filipendulae* (Zygaenidae, Lepidoptera), der in Europa häufig vorkommt, nehmen diese Substanzen (z. B. **Linamarin**) aus dem Hornklee (*Lotus corniculatus*, Fabaceae, Fabales) auf (◘ Abb. 5.33). Die Larven speichern die Abwehrstoffe in Tröpfchen aus cuticulären Kanälen auf der Dorsalseite des Tiers. Das Insekt kann aber auch selbst Linamarin synthetisieren und HCN zur konstitutiven Abwehr nutzen. Die einzelnen Reaktionsschritte entsprechen der Biosynthese dieser Verbindungen in Pflanzen. Allerdings sind die Enzymproteine nicht identisch. Die Enzyme entstanden somit in konvergenter Evolution und nicht durch horizontalen Gentransfer. Zusätzlich zur chemischen Abwehrstrategie trägt der Schmetterling eine Warnfärbung (**Aposematismus**) (▶ Abschn. 11.2) für potenzielle Fressfeinde.

Einige Pflanzen nutzen cyanogene Glykoside auch als Stickstoffspeicher. In Hirsearten (*Sorghum*) unterliegt das aromatische cyanogene Glykosid **Dhurrin** einem Turnover, der das Recycling der Cyanidgruppe über ß-Cyanoalanin zu Ammonium, Asparaginsäure und Asparagin einschließt.

Glucosinolate, die mit mehr als 100 Vertretern in der Pflanzenordnung der Brassicales vorkommen, enthalten eine ß-D-Glucose-Struktureinheit, die über ein Schwefelatom zu einem (Z)-N-Hydroximinsulfatester mit einer variablen Aminosäureseitenkette verknüpft ist (▶ Abschn. 10.4.3). Das spaltende Enzym **Myrosinase** wird bei Verletzung der Pflanzen durch herbivore Insekten aus Vakuolen des Parenchyms freigesetzt. Die flüchtigen, scharf schmeckenden Hydrolyseprodukte (Isothiocyanate) wehren Schadinsekten ab (▶ Abschn. 10.4.3).

5.4.3 Flüchtige Metaboliten – eine spezielle Chemodiversität

Flüchtige spezialisierte Metaboliten (VOCs, *volatile organic compounds*) sind wesentliche Komponenten im Informationsaustausch zwischen den Organismen und zur Umwelt. Sie sind eingebunden in die Koordination diurnaler, circadianer und saisonaler Rhythmen ökologischer Leistungen für die Adaptation an abiotische und biotische Umwelteinflüsse. In der Ontogenese werden Wachstum und Reproduktion beeinflusst. VOCs sind kleine Moleküle (<300 Da) mit geringer Polarität und hohem Dampfdruck unter normalen Umweltbedingungen. Sie werden in verschiedenen Stoffwechselwegen synthetisiert und sind vor allem Derivate von Fettsäuren, Terpenen, Phenolen und Aminosäuren (◘ Abb. 5.30 und 5.31). Ausscheidungsorte in Pflanzen sind Cuticula, Stomata und verletztes Gewebe, aber auch viskose Exkrete wie Blumenöl (▶ Abschn. 10.1.3).

Die terrestrischen Pflanzengesellschaften, aber auch das Phytoplankton erzeugen erhebliche Mengen biogener VOCs. Das gilt insbesondere für Wälder, die ein Drittel der Landoberfläche besiedeln. Sie beeinflussen durch CO_2-Fixierung, Transpiration und Emission

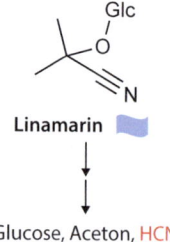

◘ **Abb. 5.33** Cyanogenes Glykosid Linamarin. Chemische Konvergenz zwischen Pflanze (**a** *Lotus corniculatus* var. *japonicus*) und Tier (**b** *Zygaena filipendulae*). Glc, Glucose (a © Takao Onozato/Aflo/picture alliance, b © gabriffaldi/▶ stock.adobe.com)

flüchtiger Metaboliten die Dynamik von Atmosphäre und Klima und sollten in Bewertungen ökologischer Dienstleistungen (*ecosystem services*) einbezogen werden (▶ Abschn. 4.5). Es wird geschätzt, dass allein das Terpen **Isopren** einen Anteil von 50 % an den biogenen Emissionen hat. Die Ausscheidungen sind stark abhängig von Lichtintensität, UV-Licht-Anteil, Wasserverfügbarkeit und atmosphärischen CO_2- und Ozonkonzentrationen.

Oftmals kann ein Signalmolekül definierter Struktur unterschiedliche Reaktionen in den verschiedenen Lebewesen auslösen (◘ Abb. 5.32). Insekten nehmen **artspezifische Duftstoffgemische** wahr, können aber auch einzelne Verbindungen unterscheiden und Signale entsprechend für Anlockung oder Abwehr decodieren. Die flüchtigen Moleküle werden von sensiblen Haaren der Insekten aufgenommen, über Poren in die Sensillen geleitet und in der Endolymphe an Transportproteine gebunden. **Chemosensorische Rezeptorproteine** der Dendriten von olfaktorischen Neuronen übermitteln die Information dann zur Verarbeitung ins Gehirn.

Flüchtige Signale aus Bodenmikroorganismen breiten sich insbesondere über Poren in der Bodenmatrix aus und beeinflussen das Mikrobiom. Besonders die unmittelbare Umgebung der Pflanzenwurzeln (**Rhizosphäre**) ist sehr reich an Mikroorganismen (▶ Abschn. 7.2.2). Wurzelausscheidungen wie Wasser, Sauerstoff, Enzyme, aber auch verschiedenste Metaboliten, die 20–40 % des pflanzlich produzierten Kohlenstoffs ausmachen, werden dort zur Ernährung genutzt.

Organismen produzieren und entschlüsseln während ihrer verschiedenen Lebensweisen flüchtige Signalmoleküle auf der Grundlage unterschiedlicher chemischer Struktur und Funktionalität:

- Pflanzen:
  - Verschiedene Wirkmuster des Phytohormons **Ethylen** in der Ontogenese der Pflanzen (▶ Abschn. 6.1).
  - **Allelopathische Einflussnahme** auf Konkurrenzpflanzen (▶ Abschn. 9.1).
  - **Anlockung von Bestäubern** zu Blüten und von samenverbreitenden Tieren zu Früchten (▶ Abschn. 10.1.3): Ein Beispiel ist **β-Ionon** (◘ Abb. 5.34a), ein Spaltprodukt des Tetraterpens β-Carotin (◘ Tab. 5.2). Die Verbindung wird von Blüten zahlreicher Pflanzen als Lockstoff für Bestäuber abgegeben. β-Ionon ist Bestandteil eines Gemischs verschiedener flüchtiger Carotinoidderivate in Blüten der Nipapalme (*Nypa fruticans*, Arecaceae, Arecales), die ausschließlich in Mangrovenwäldern (vor allem in Asien) lebt (◘ Abb. 5.34a). Bestäuber sind Insekten, Vögel und auch Fledermäuse. Andererseits wirkt die Emission von β-Ionon aus Blättern von Kleepflanzen (*Trifolium glanduliferum*, *T. strictum*, Fabaceae, Fabales) abschreckend auf die herbivore Spinne *Halotydeus destructor* (Pethaleidae, Arachnida). Der Terpenalkohol **Linalool** (◘ Abb. 5.34b) kommt in der Mehrzahl von Blüten vor, besonders als Lockstoff für Bienen und Schmetterlinge. Gleichzeitig können aber auch fakultative Blütenbesucher mit dieser Substanz vom Blütenbesuch abgeschreckt werden. β-Ionon und Linalool sind auch Bestandteile von flüchtigen Fruchtaromen. Vertreter der Araceae (Alismatales) entwickeln im Blütenstand besonders vielfältige Gemische an flüchtigen Lockstoffen für Bestäuber (▶ Abschn. 10.1.3).

◘ **Abb. 5.34** Flüchtige Signalstoffe aus Pflanzen. **a** *Nypa fruticans* (Tapi-Fluss; Surat Thani, Thailand). **b** *Datura wrightii*. **c** *Zea mays*. **d** *Gossypium hirsutum*. (a Axel Fläschendräger, b © Tom/▶ stock. adobe.com, c © cmnaumann/▶ stock.adobe.com, d © monster_code/▶ stock.adobe.com)

- **Abwehr von Herbivoren**: VOCs sind nicht nur anlockende Signalmoleküle, sondern wirken fraßabschreckend gegen viele Herbivoren. Flüchtige Abwehrstoffe entstehen auch beim Abbau von pflanzlichen Glucosinolaten und cyanogenen Glykosiden (▶ Abschn. 5.4.2). Bei Befall von Maiswurzeln durch den Käfer *Diabrotica virgifera* (Chrysomelidae, Coleoptera) wird das flüchtige Sesquiterpen **(*E*)-ß-Caryophyllen** (◘ Abb. 5.34c) zur Abwehr emittiert. Gleichzeitig werden im Sinne einer indirekten Verteidigung (▶ Abschn. 10.4.3) räuberische parasitische Nematoden angelockt. **Methyljasmonat** (◘ Abb. 5.34d), ein Derivat des Phytohormons Jasmonsäure (▶ Abschn. 6.1), wird nach Blattlausbefall induziert und wirkt abschreckend auf diese saugenden Insekten. Der spezialisierte Metabolit wirkt auch bei Spinnmilbenbefall und lockt parasitische Raubmilben als Parasiten der Spinnmilben an (▶ Abschn. 10.4.4).
- Nach Herbivorenbefall Auslösen induzierter **Abwehrreaktionen bei benachbarten Pflanzen** (▶ Abschn. 9.1): Weit verbreitet sind sogenannte *Green leaf volatiles*. Der Name bezieht sich auf den spezifischen Geruch geschnittener Blätter. Das Duftstoffgemisch enthält aliphatische C_6-Verbindungen (**Oxylipine** wie Alkohole, Aldehyde und Ester), die sich biosynthetisch aus ungesättigten C_{18}-Fettsäuren ableiten (◘ Abb. 5.30). Die Substanzen werden zur Abwehr von Herbivoren eingesetzt, aber verursachen gleichzeitig auch induzierte Resistenz. Sie wirken ebenfalls gegen phytopathogene Bakterien.
- Insekten:
  - Neben ökobiochemischen Beziehungen zwischen Pflanzen und Insekten (▶ Kap. 10) wirken flüchtige spezialisierte Metaboliten auch zwischen Insekten (aber auch anderen tierischen Organismen) als intraspezifische Botenstoffe (**Pheromone**) (▶ Abschn. 11.3). Verschiedene phytophage Insekten erhöhen die Pheromonausschüttung, wenn sie Duftsignale aus Blüten empfangen. In der biologischen Schädlingsbekämpfung kann dieser Effekt genutzt werden, indem Pheromonfallen für Insekten auch mit Lockstoffen aus Pflanzen bestückt werden.
- Mikroorganismen:
  - Förderung des Pflanzenwachstums durch Bakterien in der Rhizosphäre (PGPB, *plant growth promoting bacteria*) (▶ Abschn. 12.1.4): Verschiedene VOCs wie **2,3-Butandiol** (◘ Abb. 5.35) fördern das Wurzelwachstum. Das Bodenbakterium *Bacillus subtilis* GB 03 (Bacillaceae, Caryophanales) erniedrigt den pH-Wert des Bodens durch Ausscheidung **flüchtiger Säuren** (Diethylbuttersäure ◘ Abb. 5.35; **3-Methylbutansäure**) und regt auch die Pflanzenwurzel zur verstärkten Abgabe von Protonen an. Die Acidifizierung der Rhizosphäre erhöht die Verfügbarkeit von Eisen als essenziellem Element für Pflanzen (▶ Abschn. 6.6). **Dimethyldisulfid** (◘ Abb. 5.35) aus grampositiven und gramnegativen Bodenbakterien erhöht die pflanzliche Biomasse und kann bei *Arabidopsis thaliana* (Brassicaceae, Brassicales) auch als schwefelhaltiger Nährstoff dienen. Andererseits trägt das flüchtige Signal zur Resistenz und Toleranz der Pflanzen bei.
  - Signalstoffe in Biofilmen: **Dimethylsulfid** ist ein wichtiger Signalstoff in **Biofilmen** (▶ Abschn. 7.2) und hemmt gleichzeitig Bodenpilze.
  - Lockstoffe aus symbiotischen Bakterien: Ameisen leben mutualistisch mit Blattläusen zusammen (▶ Abschn. 10.3). Die weiße Blattlaus *Acyrthosiphon pisum* (Aphididae, Rhynchota) enthält im ausgeschiedenen Honigtau Bakterien (*Staphylococcus xylosus*, Staphylococcaceae, Bacillales). Diese Mikroorganismen produzieren Gemische flüchtiger Stoffe (u. a. mit **Butansäure**, **Limonen**), die auf sogenannte Kundschafterameisen attraktiv wirken.

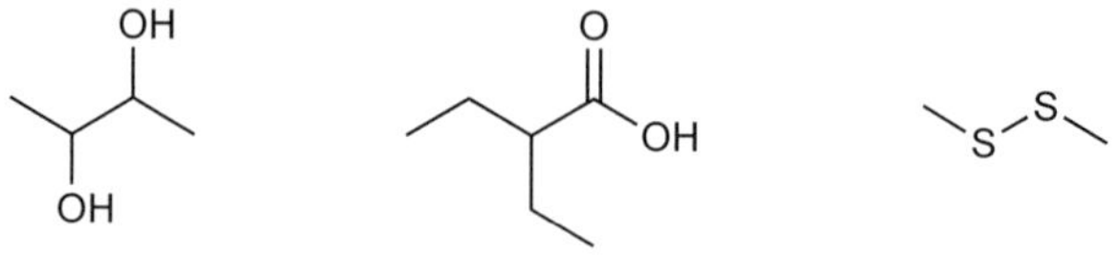

◘ Abb. 5.35 Flüchtige Signale aus Mikroorganismen

Literatur

▶ Abschn. 5.1

Bowles AMC et al (2023) The origin and early evolution of plants. Trends Plant Sci. https://doi.org/10.1016/j.tplants.2022.09.009

Brillout J-M et al (2013) The tannosome is an organelle forming condensed tannins in the chlorophyllous organs of Tracheophyta. Ann Bot 112:1003–1014

Cackett L et al (2021) Chloroplast development in green plant tissues: the interplay between light, hormone, and transcriptional regulation. New Phytol. https://doi.org/10.1111/nph.17839

Combarnous Y et al (2020) Cell communication among microorganisms, plants, and animals: origin, evolution, and interplays. Int J Mol Sci 21(8052). https://doi.org/10.3390/ijmss21218052

Corpas FJ et al (2020) Plant peroxisomes: a factory of reactive species. Frontiers Plant Sci. https://doi.org/10.3389/fpls.2020.00853

Demoulin CF et al (2024) Oldest thylakoids in fossil cells directly evidence oxygenic photosynthesis. Nature. https://doi.org/10.1038/s41586-023-06896-7

Literatur

Eme L et al (2023) Inference and reconstruction of the heimdallarchaeial ancestry of eukaryotes. Nature. https://doi.org/10.1038/s41586-023-06186-2

Fernandez JC, Burch-Smith TM (2019) Chloroplasts as mediators of plant biotic interactions over short and long distances. 50:148–155, Curr Opin Plant Biol, https://doi.org/10.1016/j.pbi2019.06.002

Ghifari AS, Murcha MW (2020) Plant Mitochondria. In: eLS. Wiley, Chichester. https://doi.org/10.1002/9780470015902.a0029217

Greening C, Lithgow T (2020) Formation and function of bacterial organelles. Nature Rev Microbiology. https://doi.org/10.1038/s41579-020-0413-0

Imachi H et al (2020) Isolation of an archaeon at the prokaryote – eukaryote interface. Nature 577:519–525

Kunz H-H et al (2024) Chloroplast homeostasis – what do we know and where should we go ?, New Phytol; https://doi.org/10.1111/nph.19661

Liu L, Li J (2019) Communication between endoplasmic reticulum and other organelles during abiotic stress response in plants. Front Plant Sci. https://doi.org/10.3389/fpls.2019.00749

Maeda HA, Ferie AR (2021) Evolutionary history of plant metabolism. Ann Rev Plant Biol 72:185–216

Puginier C et al (2022) Plant microbe interactions that have impacted plant terrestrializations. Plant Physiol. https://doi.org/10.1093/plphys/kiac258

Rea PA (2018) Plant vacuoles. In: eLS. Wiley, Chichester. https://doi.org/10.1002/9780470015902.a0001675.pub3

Rieseberg TP et al (2023a) Crossroads in the evolution of plant specialized metabolism. Semin Cell Dev Biol. https://doi.org/10.1016/j.semcdb.2022.03.004

Shen J et al. (2020) Exocytosis, endocytosis and membrane recycling in plant cells. In: eLS. Wiley, Chichester. https://doi.org/10.1002/9780470015902.a0029216

Shimada T et al (2018) Plant vacuoles. Ann Rev Plant Biol 69:123–145

Shitan N, Yazaki K (2020) Dynamism of vacuoles toward survival strategy in plants. Biochim Biophys Acta – Biomembranes. https://doi.org/10.1016/j.bamem.2019.183127

Slonczewski JL, Foster JW (2012) Mikrobiologie – eine Wissenschaft mit Zukunft. Springer Spektrum, Berlin/Heidelberg

Storch V et al (2013) Evolutionsbiologie, 3. Aufl. Springer Spektrum, Berlin/Heidelberg

Tsai H-H, Schmidt W (2021) The enigma of environmental pH sensing in plants. Nat Plants 7:106–115

Wang Y et al (2020) Linking mitochondrial and chloroplast retrograde signalling in plants. Phil Trans. R. Soc. B 375:20190410

Watson T (2019) The trickster microbes shaking up the tree of life. Nature 569:322–324

Zaremba-Niedzwiedzka K et al (2017) Asgard archaea illuminate the origin of eukaryotic cellular complexity. Nature 541:353–358

▶ **Abschn. 5.2 und 5.3**

Barrett J et al (2021) Pyrenoids: CO_2-fixing phase separated liquid organelles. BBA – Molecular. Cell Res 1868:118949

Baslam M et al (2020) Photosynthesis in a global climate: scaling up and scaling down crops. Front Plant Sci. https://doi.org/10.3389/fpls.2020.0082

Baslam M et al (2021) Recent advances in carbon and nitrogen metabolism in C_3 plants. Int J Mol Sci. https://doi.org/10.3390/ijms22010318

Bhatla SC, La MA (2018) Plant physiology, development and metabolism. Springer Nature, Singapore

Buckley CR et al (2023) A bittersweet symphony: metabolic signals in the circadian system. Curr Opinion Plant Biol. https://doi.org/10.1016/j.pbi.2022.102333

Fu X et al (2023) Integrated flux and poll size analysis in plant central metabolism reveals unique roles of glycine and serine during photorespiration. Nat Plants. https://doi.org/10.1038/s41477-022-01294-9

Havaux M (2020) Plastoquinone in and beyond photosynthesis. Trends Plant Sci 25:1252–1265

Heyduk K (2022) Evolution of Crassulacean acid metabolism in responce to the environment. past, present and in future. Plant Physiol. https://doi.org/10.1093/plphys/kiac303

Krauss G-J, Nies DH (Hrsgb) (2015) Ecological biochemistry – Environmental and interspecies interactions, Wiley VCH, Weinheim

Lambers H, Oliveira RS (2019) Plant physiological ecology, 3. Aufl. Springer Nature, Cham

Mackinder LCM (2018) The *Chlamydomonas* CO_2-concentrating mechanism and its potential for engineering photosynthesis in plants. New Phytol 217:54–61

Mukherjee A et al (2019) Thylakoid localized bestrophin-like proteins are essential for the CO_2 concentrating mechanism of *Chlamydomonas reinhardtii*. Proc Natl Acad Sci 116:16915–16920

O'Leary BM, Plaxton WC (2016) Plant respiration. In: eLs. Wiley, Chichester. https://doi.org/10.1002/9780470015902.a0001301.pub3

Sandmann G (2021) Diversity and origin of carotinoid biosynthesis. Its history of coevolution towards plant photosynthesis. New Phytol. https://doi.org/10.1111/nph.17655

Schlüter U, Weber APM (2021) Regulation and evolution of C_4 photosynthesis. Ann Rev Plant Biol 71:183–215

Schreier TB, Hibberd JM (2019) Variations in the Calvin-Benson Cycle: Selection pressures and optimization? J Exp Botany 70:1697–1701

Shi X, Bloom A (2021) Photorespiration: the futile cycle? Plants. https://doi.org/10.3390/plants10050908

Simkin AJ et al (2019) Feeding the world: improving photosynthetic efficiency for sustainable crop production. J Exp Botany 70:1119–1140

Stirbet A et al (2020) Photosynthesis: basics, history and modelling. Annals Botany 126:511–537

Timm S, Eisenhut M (2023) Four plus one: vacuoles serve in photorespiration. Trends Plant Sci. https://doi.org/10.1016/j.tplants.2023.08.008

Wickell D et al (2021) Underwater CAM photosynthesis elucidated by *Isoetes* genome. Nature Commun 12:6348. https://doi.org/10.1038/s41467-021-26644-7

Zhang Y, Fernie AR (2021) Metabolons, enzyme-enzyme assemblies that mediate substrate channeling, and their role in plant metabolism. Plant Comm. https://doi.org/10.1016/j.xplc.2020.100081

Zhao C et al (2019) Crop phenomics: current status and perspectives. Front Plant Sci. https://doi.org/10.3389/fpls.2019.00714

▶ **Abschn. 5.4**

Bagneres A-G, Hossaert-Mckey M (Hrsg) (2016) Chemical ecology. Wiley VCH, Weinheim

Bai Y et al (2024) Using synthetic biology to understand the function of plant specialized metabolites. Ann Rev Plant Biol. https://doi.org/10.1146/annurev-arplant-060223-013842

Bass E (2024) Getting to the root divergent outcomes in the modulation of plant-soil feedbacks by benzoxazinoids. New Phytol 241:2316–2319

Beran F et al (2019) Chemical convergence between plants and insects: biosynthetic origins and functions of common secondary metabolites. New Phytol. https://doi.org/10.1111/nph.15718

Bisht R et al (2021) An overview of the medicinally important plant type III PKS derived polyketides. Front Plant Sci. https://doi.org/10.3389/fpls.2021.746908

Boncan DAT et al (2020) Terpenes and terpenoids in plants: interactions with environment and insects. Int J Mol Sci 21:7382. https://doi.org/10.3390/ijms21197382

Bouwmeester H et al (2019) The role of volatiles in plant communication. Plant J 100:992–907

Buchanan BB et al (Hrsg) (2015) Biochemistry and molecular biology of plants, 2. Aufl. Wiley Blackwell, Oxford

Burlat V et al (2023) Medicinal plants enter the single-cell multiomics era. Trends Plant Sci. https://doi.org/10.1016/j.tplants.2023.08.005

Calcagnile M et al (2019) Bacterial semiochemicals and transkingdom interactions with insects and plants. Insects 10(441). https://doi.org/10.3390/insects10120441

Chomel M et al (2016) Plant secondary metabolites: a key driver of litter decomposition and soil nutrient cycling. J Ecol 104:1527–1541

Da Silva Rodrigues-Corrêa KC (2019) Abiotic stresses and non-protein amino acids in plants. Crit Rev Plant Sci 38:411–430

De Bruijn et al (2018) Structure and biosynthesis of benzoxazinoids: plant defence metabolites with potential as antimicrobial scaffolds. Phytochemistry 155:233–243

Dötterl S, Gershenzon J (2023) Chemistry, biosynthesis and biology of floral volatiles: roles in pollination and other functions. Nat Prod Rep. https://doi.org/10.1039/10.1039/d3np00024a

Erb M, Kliebenstein DJ (2020) Plant secondary metabolites as defenses, regulators, and primary metabolites: the blurred functional trichotomy. Plant Phys 184:39–52

Fernandez C et al (2016) From chemical ecology to ecochemistry. In: Bagneres A-G, Hossaert-Mckey M (Hrsg) Chemical ecology. Wiley, London, S 95–116

Fincheira P, Quiroz A (2017) Microbial volatiles as plant growth inducers. Microb Res 208:63–75

Florean M et al (2023) Reinventing metabolic pathways: independent evolution of benzoxazinoids in flowering plants. Proc Nat Acad Sci. https://doi.org/10.1073/pnas.2307981120

Gleadow RM, MØller BL (2014) Cyanogenic glycosides: synthesis, physiology, and phenotypic plasticity. Annu Rev Plant Biol 65:155–185

Hammerbacher A et al (2019) Roles of plant volatiles in defence against microbial pathogens and microbial exloitation of volatiles. Plant Cell Environ 42:2827–2843

Hartmann T (2007) From waste products to ecochemicals: fifty years research of plant secondary metabolism. Phytochemistry. https://doi.org/10.1016/j.phytochem.2007.09.017

Hause B, Hause G (2014) Microscopic techniques and single cell analysis, Kap. 15. In: Kraus G-J, Nies DH (Hrsg) Ecological biochemistry: environmental and interspecies interactions. Wiley-VCH, Weinheim, S 367–382

Hegnauer R (1962-2001) Chemotaxonomie der Pflanzen. Eine Übersicht über die Verbreitung und die systematische Bedeutung der Pflanzenstoffe. Birkhäuser, Basel

Hu L et al (2018) Plant iron acquisition strategy exploited by an insect herbivore. Science 361:694–697

Huang X-Q, Dudareva N (2023) Plant specialized metabolism. Current Biol 33:R453–R518

Jacobowitz JR, Wenig J-K (2020) Exploring uncharted territories of plant specialized metabolism in the postgenomic era. Annu Rev Plant Biol 71:631–658

Krauss G-J, Nies DH (Hrsg) (2014) Ecological biochemistry: Environmental and interspecies interactions. Wiley VCH, Weinheim

Kumano T (2024) Specialized metabolites degradation by microorganisms. Biosci Biotechnol Biochem. https://doi.org/10.1093/bbb/zbad184

Li D, Gaquerel E (2021) Next-generation mass specrometry metabolomics revives the functional analysis of plant metabolic diversity. Annu Rev Plant Biol 72:867–891

Li Y et al (2023) Enough ist enough: feedback control of specialized metabolism. Trends Plant Sci. https://doi.org/10.1016/j.tplants.2023.07.012

Ludwig-Müller J, Gutzeit H (2014) Biologie von Naturstoffen – Synthese, biologische Funktionen und Bedeutung für die Gesundheit. Eugen Ulmer, Stuttgart

Maeda HA (2019) Evolutionary diversification of primary metabolism and its contribution to plant chemical diversity. Front Plant Sci. https://doi.org/10.3389/fpls.2019.00881

Maoz I et al (2022) Amino acids metabolism as a source for aroma volatiles biosynthesis. Curr Opinion Plant Biol 67:102221. https://doi.org/10.1016/j.pbi.2022.102221

Marone D et al (2022) Specialized metabolites: physiological and biochemical role in stress resistance, strategies to improve their accumulation, and new appllications in crop breeding and management. Plant Phys Biochem 172:48–55

Mérillon J-M, Ramawat KG (Hrsg) (2020) Co-evolution of secondary metabolites. Springer Nature, Cham

Nguyen VPT et al (2020) Glucosinolates: natural occurence, biosynthesis, accessibility, isolation, structures, and biological activity. Molecules 25:4537. https://doi.org/10.3390/molecules25194537

Oladipo A et al (2022) Production and functionalities of specialized metabolites from different organic sources. Metabolites. https://doi.org/10.3390/metabo12060534

Ono E, Murata J (2023) Exploring the evolvatibility of plant specialized metabolism: uniqueness out of uniformity and uniqueness behind uniformity. Plant Cell Physiol. https://doi.org/10.1093/pcp/pcad057

Paparella A et al (2021) β-Ionone: its occurence and biological function and metabolic engineering. Plants 10:754. https://doi.org/10.3390/plants10040754.s

Raguso RA et al (2015) The raison d'être of chemical ecology. Ecology 96:617–630

Rasheed MU et al (2023) Tree communication: the effects of „wired" and „wireless" channels on interactions with herbivores. Curr Forest Rep. https://doi.org/10.1007/s40725-022-00177-8

Rieseberg TP et al (2023b) Crossroads in the evolution of plant specialized metabolism. Seminars Cell Dev Biol. https://doi.org/10.1016/j.semcdb.2022.03.004

Schaumlöffel D (2014) The -omics tool box, Kap. 18. In: Krauss G-J, Nies DH (Hrsg) Ecological biochemistry: environmental and interspecies interactions. Wiley-VCH, Weinheim, S 343–365

Schlaeppi K et al (2021) Plant chemistry and food web health. Phytochemistry 231:957–962

Schlee D (1992) Ökologische Biochemie, 2. Aufl., Gustav Fischer Verlag Jena, Stuttgart, New York

Schumann MC (2023) Where, when, and why do plant volatiles mediate ecological signaling? The answer is blowing in the wind. Annu Rev Plant Biol. https://doi.org/10.1146/annurev-arplant-040121-114908

Schwab W et al (2008) Biosynthesis of plant derived flavor compounds. Plant J. https://doi.org/10.1111/j.1365-313X.2008.03446.x

Scott S et al (2022) Variation on a theme: the structure and biosyntheis of specialized fatty acid natural products in plants. Plant J. https://doi.org/10.1111/tpj.15870

Simpraga M et al (2019) Unravelling the function of biogenic volatiles in boreal and temperate forest ecosystems. Eur J Forst Res 138:763–787

Literatur

Singh G et al (2023) Specialized metabolites as versatile tools in snaping plant-microbe associations. Mol Plant. https://doi.org/10.1016/j.molp.2022.12.006

Sun P et al (2023) The role of indole derivative in the growth of plants: a review. Front Plant Sci. https://doi.org/10.3389/fpls2022.1120613, https://doi.org/10.1111/ele.14365

Thon FM et al (2023) The evolution of chemodiversity in plants – from verbal to quantitative models. Ecology Letters https://doi.org/10.1111/ele.14365

Tissier A et al (2014) Specialized plant metabolites: diversity and biosynthesis. In: Kraus G-J, Nies D (Hrsg) Ecological Biochemistry. Wiley VCH, Weinheim, S 15–37

Torres JP, Schmidt EW (2019) The biosynthetic diversity of the animal world. J Biol Chem. https://doi.org/10.1074/jbc.REV119.006130

Vincenti S et al (2019) Biocatalytic synthesis of natural green leaf volatiles using the lipoxygenase metabolic pathway. Catalysts 9(873). https://doi.org/10.3390/catal9100873

Wang S et al (2022) Natural variance at the interface of plant primary and specialized metabolism. Curr Opinion Plant Biol 67:102201. https://doi.org/10.1016/j.pbi.2022.102201

Weiskopf L et al (2021) Microbial volatile organic compounds in intra-kingdom and inter-kingdom interactions. Nat Rev. https://doi.org/10.1038/s41579-020-00508-1

Weng J-K (2014) The evolutionary paths towards complexity: a metabolic perspective. New Phytol 201:1141–1149

Wenig J-K et al (2021) Adaptive mechanisms of plant specialized metabolism connecting chemistry to function. Nature Chem Biol. https://doi.org/10.1038/s41589-021-00822-6

Wink M (2015) Evolution of secondary metabolism in plants. In: Krauss G.-J, Nies D (Hrsg) Ecological biochemistry. Wiley VCH, Weinheim, S 39–47

Wink M (2016) Evolution of secondary plant metabolism. In: eLS. Wiley, Chichester. https://doi.org/10.1002/9780470015902.a0001922.pub3

Wink M (2020) Evolution of the angiosperms and co-evolution of secondary metabolites, especially of alkaloids. In: Mérillon J-M, Ramawat KG (Hrsg) Co-Evolution of secondary metabolites, Reference series in phytochemistry. Springer, S 1–24. https://doi.org/10.1007/978-3-319-76887-8_22-1

Wouters FC et al (2016) Plant defense and herbivore counter-defense: benzoxazinoids and insect herbivores. Phytochem Rev. https://doi.org/10.1007/s11101-016-9481-1

Wu M et al (2023) Stressing the importance of plant specialized metabolites: omics-based approaches for discovering specialized metabolism in plant stress response. Front Plant Sci. https://doi.org/10.3389/fpls.2023.1272363

Zhou S et al (2018) Beyond defense: multiple functions of benzoxazinoids in maize metabolism. Plant Cell Physiol. https://doi.org/10.1093/pcp/pcy064

Was gebraucht wird und manchmal Stress auslöst

Gerd-Joachim Krauß

Inhaltsverzeichnis

- 6.1 Strategien zur Stressbewältigung – 146
- 6.2 Licht und Schatten – 151
- 6.3 Reaktive Sauerstoffspezies – 153
- 6.4 Wasserverfügbarkeit – 155
  - 6.4.1 Wasserstress und Osmolyte – 155
  - 6.4.2 Hohe Temperatur und Trockenheit – 157
  - 6.4.3 Niedrige Temperatur und Gefrierschutz – 162
  - 6.4.4 Hoher Salzgehalt – 165
  - 6.4.5 Wasserüberschuss – 169
- 6.5 Essenzielle Elemente und der besondere Umgang mit Metallen – 171
- 6.6 Feuer als Stressor – 178
- 6.7 Leben unter hohem Druck – 181

  Literatur – 183

© Der/die Herausgeber bzw. der/die Autor(en), exklusiv lizenziert an Springer-Verlag GmbH, DE, ein Teil von Springer Nature 2025
G.-J. Krauß, F. Bärlocher, *Ökologie und Ökologische Biochemie*, https://doi.org/10.1007/978-3-662-70586-5_6

6.1 Strategien zur Stressbewältigung

Die Organismen finden in den Lebensräumen unterschiedlichste Voraussetzungen für ihre Entwicklung und Reproduktion. Aus der Vielfalt der Umwelteinflüsse prägen insbesondere physikalisch-chemische Bedingungen (**abiotische Faktoren**) das Struktur- und Funktionsgefüge der Ökosysteme. ◘ Abb. 6.1 zeigt die Situation für ortsgebundene terrestrische Pflanzen. Andere Organismen im Lebensraum beeinflussen zusätzlich als **biotische Faktoren** Entwicklung, Fitness und Überleben der einzelnen Individuen und Populationen.

Die Organismen sind in Nahrungsnetze und Stoffkreisläufe eingebunden (▶ Abschn. 4.3). Zwischen den Lebewesen entstanden dabei in der Evolution enge Wechselbeziehungen, z. B. zwischen Blütenpflanzen und Bestäubern. Landpflanzen müssen sich in der Phyllosphäre und Rhizosphäre mit Mikroorganismen auseinandersetzen, die dort in Biofilmen leben (▶ Abschn. 12.1.4), als Symbiosepartner mit der Pflanze mutualistische Beziehungen aufbauen (▶ Abschn. 8.1) oder als pathogene Keime in das Pflanzengewebe eindringen (▶ Abschn. 8.3). Das außerordentlich vielgestaltige Zusammenleben mit Mikroorganismen und Tieren kann unter abiotischen und biotischen Veränderungen aber auch zu Stresssituationen führen. Umweltstress im Lebensraum beeinflusst dann das gesamte Gefüge des Signalnetzwerks, auf dem das Zusammenleben im Habitat beruht.

Abiotischer Stress verursacht weltweit große Verluste in der Agrar- und Forstwirtschaft, die durch Klimaänderungen massiv verstärkt werden. Einflüsse und Folgen von Hitze, Trockenheit, Überflutung, Versalzung und Nährstoffmangel sind von zentralem Interesse zunächst für die Forschung und dann für die agrarwirtschaftliche Praxis.

Alle Umwelteinflüsse können in den Organismen Stress auslösen. Ein Faktor wird dann zum Stressor, wenn die Dosis zu hoch oder zu niedrig ist. Allerdings ist es für die Lebewesen möglich, sich an eine veränderte physikalisch-biochemische Umwelt anzupassen. Über die Evolution erfolgte eine langfristige Anpassung, z. B.

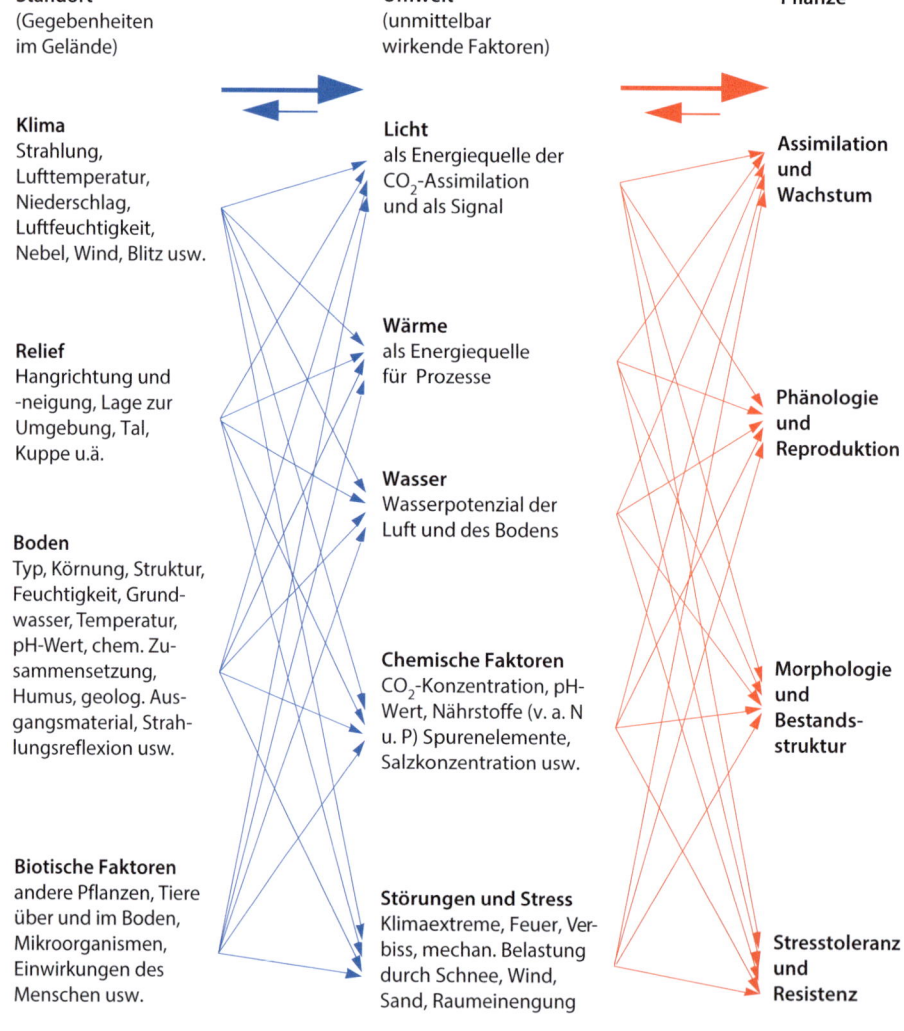

◘ Abb. 6.1 Die Wirkung abiotischer und biotischer Umweltfaktoren auf terrestrische Pflanzen. (Verändert nach Kadereit et al. 2021, Abb. 21.9, © Springer Nature)

beim Übergang von Pflanzen und Tieren aus dem aquatischen Lebensraum in terrestrische Habitate (**evolutionsbedingte Anpassung**). Als **modifikative Anpassung** wird die jahreszeitlich bedingte Adaptation an den Standort während der ontogenetischen Entwicklung bezeichnet. Auf diese Weise erreicht der Organismus eine phänotypische Plastizität. Einflüsse aus der Umwelt können auch zu vererbbaren Änderungen der Genaktivität führen, die die **Epigenetik** erforscht. Die meisten epigenetischen Veränderungen sind somatisch und werden nicht vererbt. Nur bei Pflanzen mit nichtsexueller Fortpflanzung (Ableger, Knospung) dürfte eine direkte Weitergabe erfolgen. Ohne Veränderungen in der DNA-Sequenz kann die Genexpression durch DNA-Methylierung, Histonmodifikation und Veränderung der Chromatinstruktur beeinflusst werden. Untersuchungen zur Stabilität epigenetischer Variationen können auch zur Klärung der Wechselwirkung von Organismen mit ihrer Umgebung unter abiotischem und biotischem Stress beitragen. Diese Befunde sind von praktischem Nutzen für den Pflanzenbau in Zeiten des Klimawandels.

Die physiologische Auseinandersetzung mit belastenden Faktoren beruht auf metabolischen Veränderungen in Zellen und Geweben. Dazu gehört in besonderem Maß auch die Synthese und Kompartimentierung spezialisierter Metaboliten mit ökologischer Relevanz (▶ Abschn. 5.4). Diese sind Teil spezieller Resistenzstrategien:

— Durch Schutzmaßnahmen (Abschirmmechanismen; **Avoidance**) wird die Wirkung von Stressfaktoren vermindert. Das ist z. B. bei Pflanzen der Fall, die mit der Anlage von Pflanzenhaaren einen morphologisch-physikalischen Schutz ausprägen.
— **Toleranz** entsteht, wenn der Organismus sich aktiv auf Stress einstellt und z. B. artfremde Stoffe durch Kompartimentierung oder biochemische Modifikation entgiftet.

Jeder Organismus besitzt in seiner Umwelt ein spezifisches Reaktionsvermögen auf unterschiedlichste Stressfaktoren, das genetisch festgelegt ist. Das **biologische Stresskonzept** beschreibt in einem Phasenmodell die Antworten des lebenden Systems auf stressbedingte Reize (◘ Abb. 6.2). Es wurde durch Selge in die Medizin und durch Levitt und Larcher in die Pflanzenwissenschaften eingeführt. Unter Stress versteht man im physiologischen Sinne einen Beanspruchungszustand, der zunächst Destabilisierung bewirkt, danach Normalisierung der Lebensfunktionen und Erhöhung der Resistenz. Eine Überschreitung der Anpassungsamplitude führt zum Tod. **Eustress** benennt positive Stresswirkungen und **Dysstress** negative Einflüsse.

Der Stressverlauf wird in verschiedene Phasen gegliedert:
1. **Alarmphase**: Der Stressor löst im Organismus eine Reaktion aus, die zu einer Abweichung aus dem Normzustand führt. Die Vitalität nimmt ab. Sehr starker Stress kann bereits zu einer akuten Schädigung (Dysstress) führen. Bei geringem Stresseinfluss kommt es zur Erholung. Stress hat somit keine negativen Folgen und entfaltet positive Wirkung durch Entwicklung von Resistenz. Es kommt zur Akklimatisation, d. h. zur morphologischen und physiologischen Reaktion.
2. **Widerstandsphase**: Das lebende System hat sich angepasst und bleibt resistent, solange sich die Stressstärke nicht ändert oder biochemische Reserven nicht ausgeschöpft sind. Stress wirkt somit positiv (Eustress). Je nach Stressdauer gelingen dem Organismus die Anpassung und die Rückkehr in den Normalzustand, der funktionelle Stabilisierung bedeutet.
3. **Erschöpfungsphase**: Lang anhaltende Belastung überfordert das Anpassungsvermögen. Die Situation des Resistenzmaximums geht in ein Resistenzminimum über, das zu chronischer Schädigung oder zum Tod des Organismus führt.

Jede Pflanze ist multiplen Faktoren aus der Umwelt ausgesetzt (◘ Abb. 6.1), die eine adäquate Reaktion des Organismus auslösen. Die Informationen aus verschiedenen, parallel wahrgenommenen Stimuli werden integriert und führen zu einem Gradienten intrazellulärer

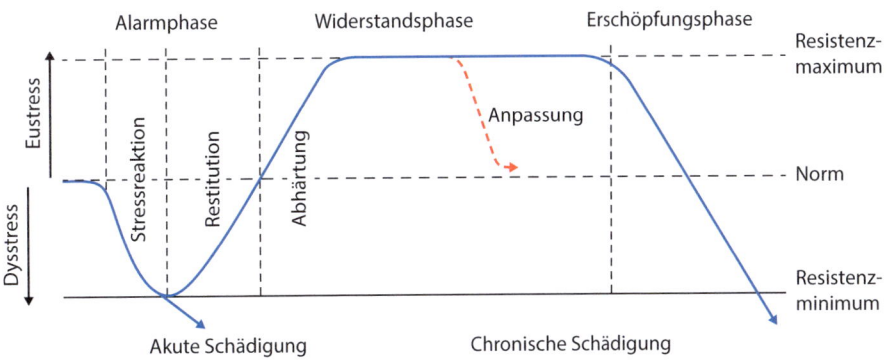

◘ **Abb. 6.2** Die Phasen der Stresswirkung auf Organismen. (Verändert nach Larcher 2003, Abb. 6.2, © Springer Nature)

Signalmoleküle. Dazu gehören **Phytohormone** als essenzielle Bestandteile der Signalketten in pflanzlichen Zellen, Geweben und Organen. Sie steuern Wachstums- und Entwicklungsprozesse durch synergistische, aber auch häufig antagonistische Wechselwirkungen. In Abhängigkeit vom Stadium der Ontogenese sowie abiotischen und biotischen Einflüssen werden spezifische Konzentrationen an Phytohormonen eingestellt, die zusammen mit anderen regulierenden Molekülen in komplexe Netzwerke eingebunden sind (◘ Tab. 6.1, ◘ Abb. 6.4, und 6.5). Häufig stammen Phytohormone aus den gleichen Biosynthesewegen wie spezialisierte Metaboliten (▶ Abschn. 5.4.2, ▶ Abb. 5.30, und 5.31).

Die biochemischen Ereignisse in Pflanzenzellen nach Einwirkung von Umweltfaktoren kann man in verschiedene Module einordnen (◘ Abb. 6.3):

◘ **Tab. 6.1** Phytohormone und andere regulierende Moleküle in Pflanzen

Phytohormon	Biosynthetische Herkunft	Physiologische Aktivität
Abscisinsäure	Monoterpene	Zentrale Stellung im Phytohormon-Crosstalk, Kontrolle der pflanzlichen Entwicklung, Frucht- und Samenreifung, Wasserstressanpassung, Knospen- und Samenruhe
Auxine (Indol-3-essigsäure)	Tryptophan	Förderung von Streckungswachstum, Apikaldominanz, Wurzelbildung, Samenkeimung
Cytokinine	Purine	Entwicklung und Differenzierung von Zellen, Hemmung von Wurzelwachstum, Seneszenzverzögerung
Gibberelline	Diterpene	Förderung von Streckungswachstum, Aufhebung von Ruhestadien, (Knospen, Samen), Blütenbildung
Brassinosteroide	Triterpene, Steroide	Wachstumsförderung von Spross und Pollenschlauch, Förderung der Zellteilung, Stomataverschluss
Strigolactone	Tetraterpene, Carotinoide	Regulation von Entwicklungsprozessen und Nährstoffbereitstellung, Stimulans für Mykorrhizabildung, Induktion der Samenkeimung (parasit. Pflanzen)
Karrikine	Kohlenhydrate (bei Hitze)	Förderung der Samenkeimung nach Feuerereignis, Photomorphogenese von Samen und Wurzeln, Regulation von Trockenstress
Jasmonsäure und -derivate	Oxylipine	Hemmung von Wachstum und Entwicklung, Induktion spezialisierter Metaboliten, Abwehr von abiotischem und biotischem Stress (Pathogene)
Ethylen	Methionin	Induktion von Seneszenz und Fruchtreifung, Abwehr von biotischem Stress, Signalaustausch zwischen Pflanzen
Salicylsäure	Phenylpropanoide	Induktion der Blütenbildung, Regulation der Thermogenese in Blüten (*Arum*), Abwehr von abiotischem (Wassermangel) und biotischem Stress (Pathogene)
Andere regulierende Moleküle		
Phosphoinositide	Membranlipide (Phosphatidylinositol)	Regulation der Biomembranorganisation und -Funktion, Regulation von Zellpolarität, Vesikeltransport und Dynamik des Cytoskeletts
Polyamine	Ornithin, Arginin	Regulation von Entwicklungsprozessen und Stresstoleranz (Trocken-, Salz- und Metallstress)
Phytomelatonin (*N*-Acetyl-5-methoxytryptamin)	Tryptophan	Beeinflussung von Wachstum, Blattseneszenz, Samenkeimung und Synthese spezialisierter Metaboliten, Stresstoleranz (Trockenheit, ROS, Pathogene)
N-Hydroxypipecolinsäure	Lysin	Induktion der Salicylsäuresignaltransduktion, Aktivierung der systemischen Abwehr
Peptide (10–25 Aminosäuren)	Prozessierung aus größeren Peptiden	Steuerung von Wachstum und Entwicklung, Kontrolle der Herbivorenabwehr (Systemin)
Mikro-RNA	RNA-Metabolismus	Postranskriptionale Regulation der Genexpression, Steuerung von Blütenbildung, Wachstum und Stresstoleranz, Signalgebung in symbiotischen und parasitischen Interaktionen

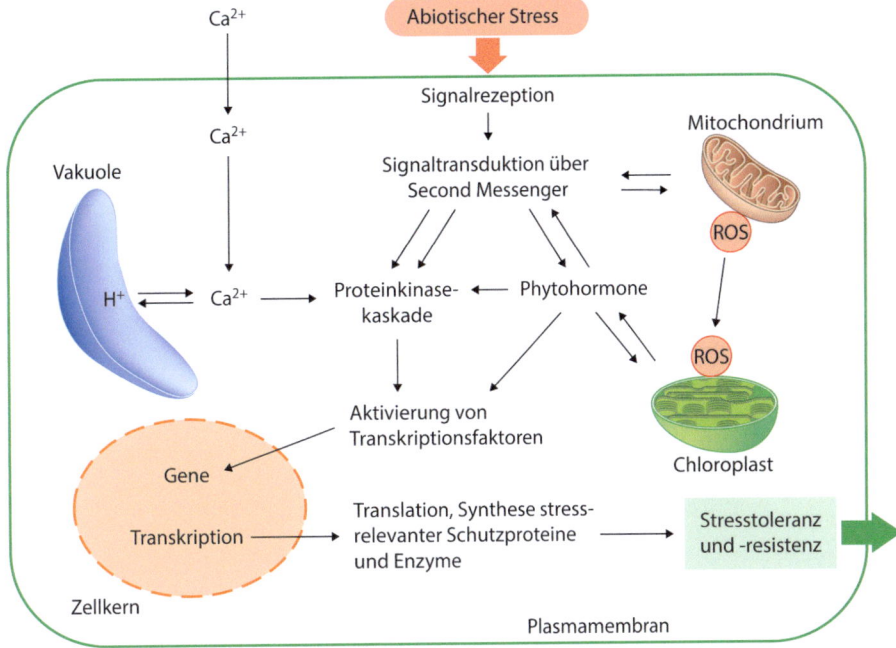

◘ Abb. 6.3 Grundlegende biochemische Abläufe in der Pflanzenzelle, um Toleranz gegenüber abiotischem Stress zu erreichen. (Verändert nach Khan et al. 2020, Abb. 9.1, © Springer Nature)

▪▪ 1. Avoidance, Signalempfang und -erkennung

Externe Signale beeinflussen Wachstum und Entwicklung der Pflanzen und können sich in Qualität und Quantität über die Zeit ändern (◘ Abb. 6.1). Extreme Umweltsituationen wie hohe Lichtintensität, Wassermangel, Überflutung oder auch anthropogen verursachte Verschmutzung lösen zelluläre Stressantworten aus. Schutz bietet in den oberirdischen Teilen zunächst die Cuticula, eine hydrophobe Schicht aus einer Kohlenhydratmatrix, die mit Wachsen imprägniert ist. So ist z. B. Trockentoleranz eng mit einer Wachsakkumulation verbunden. Es wird der Verlust von Wasser und Gasen begrenzt, aber auch das Eindringen von Schadorganismen. Die Zellwand unter der Cuticula ist eine weitere physikalische Barriere.

Im Organismus wird die Stressinformation von der **Plasmamembran** registriert. Diese trägt verschiedenartige Rezeptoren, Ionenkanäle, spezifische Enzyme und Transporter, die die Nachricht in die Zellen übermitteln. Dazu dienen auch Änderungen des Membranpotenzials, die beispielsweise durch mechanische Reizung ausgelöst werden. So wird bei einigen carnivoren Pflanzen ein Signaltransduktionsweg gestartet, der z. B. bei der Venusfliegenfalle (*Dionaea muscipula*, Droseraceae, Caryophyllales) bei Berührung zur Blattbewegung und damit zum Fangen von Insekten dient (▶ Abschn. 10.2).

Die **Membranrezeptoren** erlauben flexible Reaktionen und besitzen spezielle Eigenschaften wie eine selektive Affinität für Wirkstoffe und reversible Bindefähigkeit von Liganden. Neben externen Signalen werden auch chemische Signale (z. B. Phytohormone) aus den Zellen und Geweben erkannt. Grundlage dafür ist der zelluläre Kontakt über den apoplastischen Raum, aber auch Plasmodesmen, die die Symplasten der Zellen vernetzen (▶ Abschn. 5.1.2). Auf diese Weise werden Stressinformationen zwischen den Zellverbänden übermittelt.

Die Gestaltung der Biomembranen übersetzt die wechselnden Situationen der Umwelt in die Zelle. So kann sich beispielsweise die Fluidität der Membranen bei extremen Temperaturänderungen ändern. Solche Situationen haben Einfluss auf die Bereitstellung mehrfach ungesättigter Fettsäuren, die auch Vorstufen für das Phytohormon Jasmonsäure (▶ Abschn. 5.4.2) sowie für Oxylipine (▶ Abschn. 5.4.2) sind.

Die größte Gruppe von Membranrezeptoren sind **Rezeptorkinasen**. Sie übergeben die Information aus Signalen an molekulare Zielstrukturen. Durch ihre Phosphorylierungsaktivität werden zelluläre Proteine in Stabilität, Bindungseigenschaft, Enzymaktivität oder subzellulärer Lokalisierung verändert. Weitere Rezeptoren sind G-Proteine, die membranassoziiert vorliegen. Sie werden mit Guanosinnucleotiden (GDP/GTP) aktiviert und sind z. B. auch an der Regulation von Abwehrreaktionen beteiligt. G-Proteine sind der wichtigste Rezeptortyp in Tieren. Signalrezeption kann aber auch über Ionenkanäle erfolgen. So gibt es z. B. einen Calciumkanal, der auf mechanische Reize reagiert. Pflanzenzellen besitzen neben Membranrezeptoren auch lösliche Rezeptoren, wie z. B. Lichtsensoren (▶ Abschn. 5.3.2).

2. Signaltransduktion

Informationen werden nach der Erkennung durch Rezeptoren in der Plasmamembran (reaktive Sauerstoffspezies, NO, Ca^{2+}) über Botenstoffe (**Second Messenger**) zu den Signalketten weitergeleitet. Diese werden schnell bereitgestellt, sind diffusionsfähig und aktivieren bzw. deaktivieren Enzymreaktionen, um über zahlreiche Zwischenschritte schließlich Transkriptionsfaktoren zu regulieren. Um die notwendige metabolische Antwort zu erreichen, wird das Protein- bzw. Enzymmuster der Zellen verändert. Natürlich sind Signaltransduktionsprozesse, auch unabhängig vom Stressgeschehen, Teil des pflanzlichen Entwicklungsprogramms. In besonderem Maße ist **Calcium** in die Signalgebung im Cytoplasma und in den Organellen eingebunden. Es kommt ubiquitär in Eukaryoten vor und vermittelt physiologische Änderungen bei Bindung an ein Protein (**Calmodulin**). Über spezielle Kanäle in der Plasmamembran werden die Zellen mit Ca^{2+} versorgt. Während die Ca^{2+}-Konzentration im Cytoplasma pflanzlicher Zellen am geringsten ist, dienen Organellen wie die Vakuole als Speicher.

Zentrale Elemente der zellulären Signaltransduktion sind Kaskaden an **Proteinkinasen** und **-phosphatasen**, die Proteine in Zustände unterschiedlicher Aktivität verwandeln. Eine Superfamilie von Proteinkinasen, die sogenannten mitogenaktivierte Proteinkinasen (MAPK), aktivieren zahlreiche Reaktionen im Zusammenhang mit der Zellteilung (Mitose). In Pflanzen können verschiedene MAPK-Signalkaskaden existieren.

Reaktive Sauerstoffspezies (ROS), die eine Konsequenz der aeroben Lebensweise sind, agieren als Second Messenger bei abiotischem Stress (z. B. Wassermangel, Salzstress, Metallüberschuss) und biotischem Stress (z. B. Pathogenbefall). Sie entstehen in verschiedenen Zellorganellen (◘ Abb. 6.3, und 6.7) und beeinflussen die auch Transkriptionskontrolle. Ziel ist dabei der Schutz der Pflanzenzelle, aber auch in bestimmten Fällen der programmierte Zelltod. Gleichzeitig sorgt die Pflanze natürlich auch dafür, dass ROS wieder entgiftet werden. Gegen zu hohe ROS-Konzentration nutzen Pflanzen auch Antioxidanzien wie Polyphenole, Carotinoide, Allicin und Senföle.

Phosphoinositide sind regulatorische Membranlipide, die aus Phosphatidylinositol gebildet werden.

3. Transkriptionskontrolle

In Pflanzen steuern 1500–3000 unterschiedliche Transkriptionsfaktoren die Genexpression. Diese Einflussnahme auf Promotoren stresskorrelierter Gene führt zur Anpassung des zellulären Stoffwechsels. Die Aktivität dieser Faktoren kann unterschiedlich kontrolliert werden, wie durch die DNA-Bindungsaktivität, Modulierung der translationalen Modifikationen und die subzelluläre Lokalisation. Zusätzlich erfolgt aus den Organellen heraus eine retrograde Signalgebung zum Zellkern (▶ Abschn. 5.1.2.2), z. B. über den ROS-Status von Chloroplasten, Mitochondrien und endoplasmatischem Reticulum unter Stress.

Das Phytohormon **Abscisinsäure (ABA)** spielt eine zentrale Rolle bei der Kontrolle stressinduzierter Gene. Es gibt beispielsweise ABA-abhängige, aber auch ABA-unabhängige Wege der Signaltransduktion bei osmotischem Stress, wodurch eine spezifische Toleranz aufgebaut wird. Zahlreiche andere Phytohormone und Signalmoleküle interagieren während der Ontogenese der Pflanzen sowie unter Stress über synergistische und antagonistische Wechselwirkungen (◘ Tab. 6.1, ◘ Abb. 6.4 und 6.5).

4. Biochemische Stressantworten

Grundlage aller Ereignisse in der Entwicklung und Stressbewältigung ist das komplexe und streng koordinierte Reaktionsnetzwerk im pflanzlichen Organismus. Als Ergebnis der differenziellen Genexpression entstehen Proteine und Metaboliten, die dann für die Bewältigung von Stresssituationen in einem integrierten Netzwerk mit den Zellkompartimenten herangezogen werden. So stehen intrazellulär Schutzproteine (**Chaperone**) zur Verfügung, die allerdings grundsätzlich auch in den normalen Entwicklungsprogrammen der Pflanze eingesetzt werden. Diese Stoffgruppe wird auch als Hitzeschock- oder Hitzestressproteine (HSPs) bezeichnet, da sie als Folge von extremem Temperaturstress entdeckt wurden. Entsprechend ihrer Molmasse unterscheidet man verschiedene Chaperone, die (a) Proteine während der Faltung schützen, (b) fehlerhafte Proteine entfalten, (c) die Aggregation denaturierter Proteine verhindern, (d) Proteine vor extremem Temperaturstress schützen und den Transport neu synthetisierter Proteine in die Zellorganellen unterstützen.

Ein typisches Beispiel für Stressmetaboliten sind **osmotisch aktive Substanzen**, die als spezialisierte Metaboliten (z. B. Trehalose, Mannitol, Glycinbetain) Pflanzen vor Wassermangel schützen (▶ Abschn. 6.4). Auch Prolin ist in Pflanzen weit verbreitet als Osmolyt und Puffer für das zelluläre Redoxpotenzial unter ROS-Einfluss sowie als Metallchelator (▶ Abschn. 6.6).

6.2 · Licht und Schatten

Abb. 6.4 Phytohormone

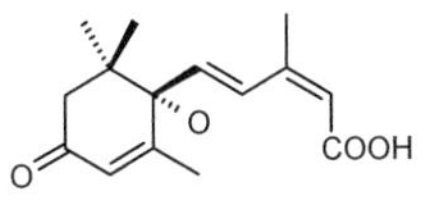

Abscisinsäure 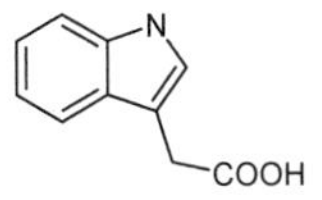   Indol-3-essigsäure (ein Auxin) 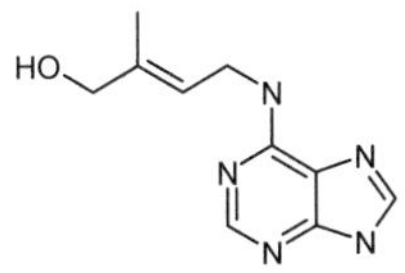   *trans*-Zeatin (ein Cytokinin)

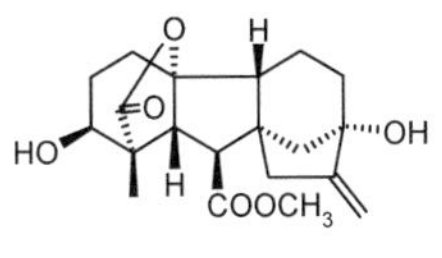

Gibberellin A1 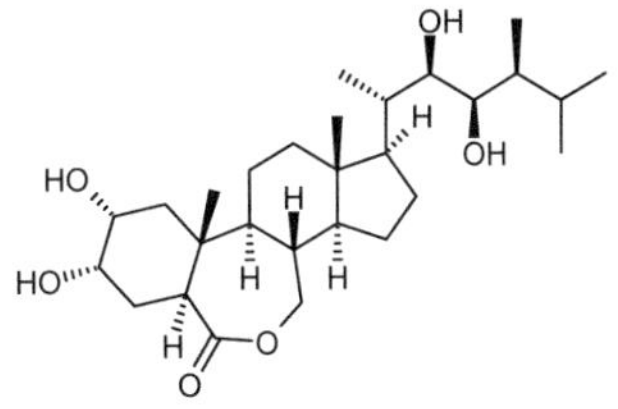   Brassinolid (ein Brassinosteroid) 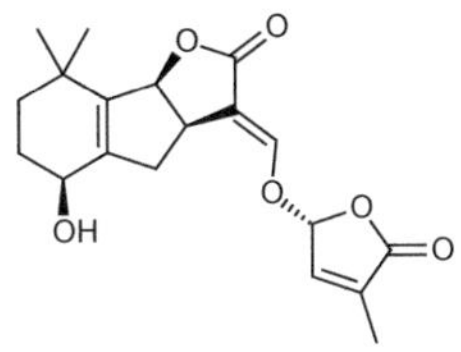   5-Deoxystrigol (ein Strigolacton)

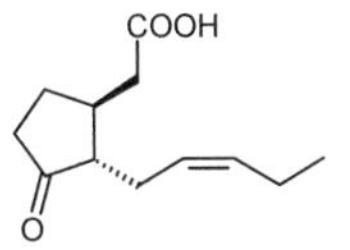

(−)-Jasmonsäure 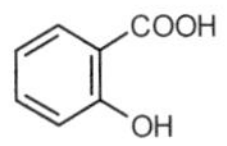   Salicylsäure 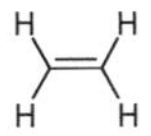   Ethylen

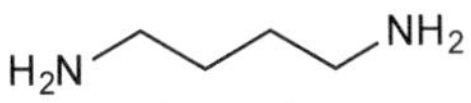

Putrescin (ein Polyamin)

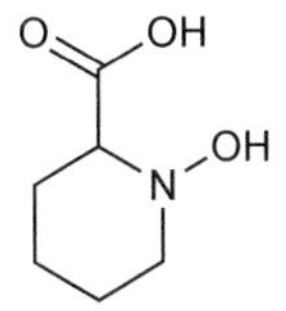

N-Hydroxypipecolinsäure 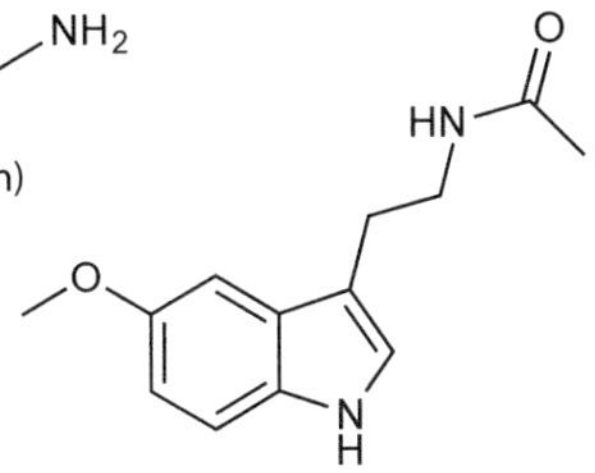   Phytomelatonin *N*-Acetyl-5-methoxytryptamin

Abb. 6.5 Regulierende Moleküle in Pflanzen

6.2 Licht und Schatten

Licht ist ein wesentlicher ökologischer Faktor für das Leben auf der Erde. Photoautotrophe Organismen nutzen die Lichtenergie bestimmter Wellenlängen für die Regulation von Ontogenese und Stoffwechsel. Für viele Tiere ist Licht ein bedeutender Informationsträger, der nach Wahrnehmung durch komplexe Sinnesorgane zur Orientierung in der Umwelt dient (▶ Abschn. 11.2). Pflanzen als Primärproduzenten benötigen Licht als Energiequelle für die photosynthetische CO_2-Fixierung (▶ Abschn. 5.3.2), aber auch für die Regulation der Genexpression. Biochemische Abläufe und Reaktionsmuster, darunter die Chloroplastendifferenzierung, werden über die spektrale Zusammensetzung und Intensität des Lichts sowie die Dauer der Lichteinwirkung gesteuert. Häufig verläuft die Transkription von Genen lichtgesteuert und die Aktivität verschiedener Enzyme, z. B. im Calvin-Zyklus (▶ Abschn. 5.3.2) und bei der Nitratreduktion, wird reguliert. Viele Prozesse unterliegen einem ausgeprägten Tag-Nacht-Rhythmus (diurnale Aktivität).

Pflanzen registrieren in ihren Zellen Licht verschiedener Wellenlängen mittels spezifischer Photorezeptoren. Die Lichtsignale lösen Signalketten aus, die für die Entwicklung der Pflanzen, aber auch die Bewältigung von Umweltstress essenziell sind.

Phytochrome absorbieren Rotlicht und sind verantwortlich für die Regulation lichtabhängiger physiologischer Antworten wie Photomorphosen, z. B. Samenkeimung, Keimlingsentwicklung, Differenzierung der Stomata und Induktion des Blühvorgangs. Die Lichtrezeption beruht auf der Absorption von Rotlicht an der chromophoren Gruppe eines Sensorproteins. Durch Anregung von Licht der Wellenlänge 730 nm (dunkelrot) wird ein offenkettiges Tetrapyrrolsystem aktiviert (◘ Abb. 6.6). Licht der Wellenlänge 665 nm (hellrot) inaktiviert Phytochrom und führt es in den Ausgangszustand zurück. Das Molekül unterliegt somit einem Photozyklus. Dabei kommt es zu einer intramolekularen Bewegung, das mit einem „Umklappen" des endständigen Teils des Chromophors verbunden ist (◘ Abb. 6.6). Fünf verschiedene Phytochrome (A–E) sind für **Photomorphogenesen** in unterschiedlichen Pflanzenorganen verantwortlich. Phytochrome steuern z. B. auch die Bewegung der Fiederblätter von *Mimosa pudica* (Fabaceae, Fabales), die auf Turgoränderungen beruhen. Beispiel für eine Steuerung durch Genaktivierung ist die Regulation des Enzyms Phenylalanin-Ammonium-Lyase, das den Biosyntheseweg zu Phenolen und Flavonoiden startet, einer großen Gruppe spezialisierter Metaboliten (▶ Abschn. 5.4.2). So wird bei hoher Lichtintensität die Synthese von Anthocyane eingeleitet, die durch Einlagerung in die Vakuolen der Zellen Keimlinge vor Sonnenbrand schützen.

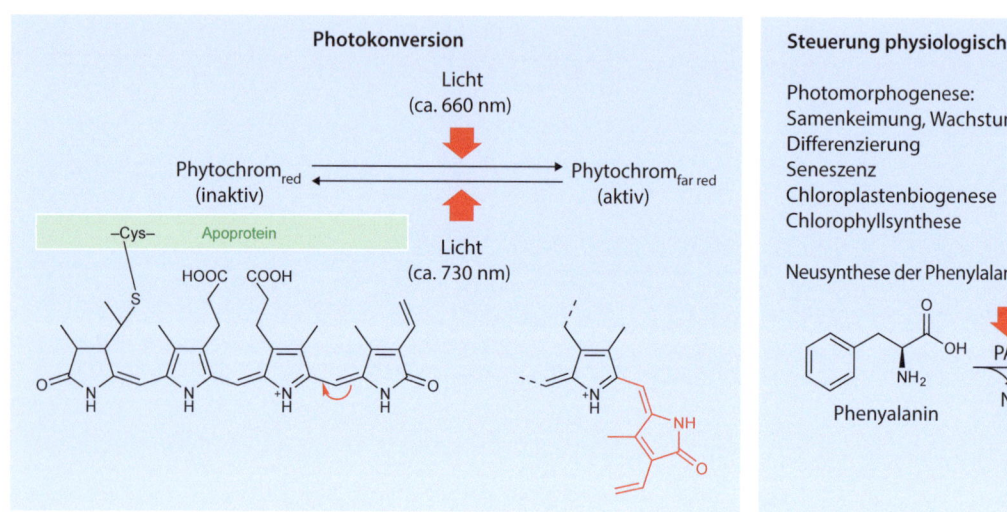

Abb. 6.6 Lichtsensorik des Phytochroms und die Regulation physiologisch-biochemischer Prozesse

Cryptochrome sind Blaulicht/UV-A-Lichtrezeptoren (315–500 nm), die ein Flavinadenindinucleotid und Pterin als Chromophore enthalten. Auch sie sind vor allem für die Regulation von Photomorphogenesen verantwortlich. Diese Rezeptoren kommen auch in Bakterien, Pilzen und Tieren vor und sind offensichtlich in der Evolution mehrfach entstanden (konvergente Evolution). Bei Vögeln sollen sie der Orientierung über das Magnetfeld der Erde dienen.

Phototropine mit Flavinmononucleotid als Chromophor sind weitere pflanzliche Photorezeptoren, die Blaulicht und UV-A-Licht (315–500 nm) absorbieren und vor allem Phototropismen steuern. Blaulicht aktiviert Photolyasen, die für die Reparatur UV-Licht-geschädigter DNA verantwortlich sind. Der **Photorezeptor UVR-8** reagiert auf UV-B-Licht (280–315 nm) und beeinflusst die Lichtantwort durch direkte Bindung an entsprechende Transkriptionsfaktoren.

Filamentöse Pilze, die auch extreme Lebensräume besiedeln können, besitzen bis zu elf Photorezeptoren. Sie reagieren auf langwelliges UV-Licht, Blau- und Rotlicht, aber auch Grünlicht (500–565 nm). Sensoren für Grünlicht sind Proteine wie Retinal als Chromophor (**Opsine**). Retinal kommt auch in Bakterien und den Stäbchenzellen der Augennetzhaut vor. Nach Lichtrezeption durch die Pilzhyphen werden Protonenmembranpumpen reguliert. Interessanterweise kommen Opsine nur in Pilzen vor, die mit Pflanzen in enger Wechselwirkung leben. Beispiel dafür ist der phytopathogene Pilz *Colletotrichum gloeosporoides* (Glomerellaceae, Glomerellales). Pilzliche Photorezeptoren kontrollieren mit Licht verschiedener Wellenlängen physiologische Prozesse wie Sporenkeimung, vegetatives Wachstum, Pathogenität, Nährstoffaufnahme und Stoffwechsel spezialisierter Moleküle.

Licht kann direkt, aber auch in Kopplung mit anderen abiotischen und biotischen Faktoren komplexe Stressreaktionen in Pflanzen induzieren:

- **Hohe Lichtintensität**: Das Photosystem II der photosynthetischen Lichtreaktionen kann geschädigt werden und zur Photoinhibition führen (▶ Abschn. 5.3.2). Als Antwort bewegt die Pflanze ihre Blätter (Heliotropismus) aus dem Bereich höchster Lichtintensität, verändert die Gruppierung der Chloroplasten in den Zellen oder nutzt spezialisierte Pigmente zur Abschirmung.
- **Lichtwechsel**: Die Pflanze reagiert auf Änderungen in der Belichtung (z. B. Beschattung unter dichtem Blattwerk, Wolkenbewegung, Sonnenstand). Ein Akklimatisationsprozess ist das Umschalten des Elektronenflusses in den Lichtreaktionen der Photosynthese auf zyklischen Elektronentransport, um die Energiebereitstellung zu gewährleisten.
- **UV-Licht**: UV-A- und UV-B-Licht verursachen dosisabhängig DNA-Schädigungen, die aber durch lichtabhängige Photolyasen repariert werden können. Lichtschutz bieten auch Phenolderivate, die in die Vakuolen von Epidermiszellen eingelagert werden.
- **Hohe Temperatur**: Phytochrome können als Thermosensoren wirken. Hohe Temperaturen verändern Organellenstrukturen, die Membranfluidität und -permeabilität sowie Enzymaktivitäten (▶ Abschn. 6.4.2).
- **Kälte**: Niedrige Temperaturen lösen biochemische Stressantworten aus (▶ Abschn. 6.4.3). Licht ist für die Induktion verschiedener Gene essenziell, die die Kälteanpassung codieren.
- **Trockenheit**: Hohe Temperaturen und extreme Austrocknung lösen zahlreiche Signalwege für die

schrittweise physiologische und morphologische Adaptation aus (▶ Abschn. 6.4.2). Zusätzlich wird noch Licht verschiedener Wellenlänge als Regelgröße genutzt.
- **Biotischer Stress**: Pflanzen besitzen ein komplexes Abwehrsystem gegen Schadorganismen, in das Licht als Steuerungsfaktor eingeschlossen ist. So beeinflusst Licht speziell Phytochrome und die lokale Akkumulation des Phytohormons Salicylsäure (▶ Abschn. 6.1). Es wird auch die Synthese von phenolischen Abwehrstoffen bei Befall mit Pathogenen und Herbivoren aktiviert. Schattenbedingungen können die Abwehrbereitschaft der Pflanzen vermindern, was sich auch in der veränderten Abgabe flüchtiger Signalstoffe zeigt.

6.3 Reaktive Sauerstoffspezies

Sauerstoff ist die Grundlage des aeroben Lebens auf der Erde. Er wird essenziell in den Atmungsprozessen der Eukaryoten gebraucht, die im Sinne der Endosymbiontentheorie entstanden sind (▶ Abschn. 5.1.1). Der molekulare Sauerstoff (O_2) ist der terminale Elektronenakzeptor in der Atmungskette der Mitochondrien (▶ Abschn. 5.1.2.2). Das Gas wird aus der photosynthetischen Wasserspaltung (▶ Abschn. 5.3.2.1) freigesetzt und ermöglicht so die Existenz der sauerstoffabhängigen Organismen. Im Verlauf der Erdgeschichte entstand die heutige Atmosphäre mit 21 % Sauerstoff.

Der reaktionsträge Molekularsauerstoff kann in den Zellen und ihren Kompartimenten durch Änderungen in seiner Elektronenkonfiguration im äußeren Atomorbital zu reaktiven Sauerstoffspezies (*reactive oxygen species*, **ROS**) verändert werden (◘ Abb. 6.7): **Superoxidradikal ($O_2^{·-}$), Hydroxylradikal (·OH), Singulettsauerstoff ($^1O_2$)**. Eine besondere Rolle im pflanzlichen Organismus übernimmt das reaktive **Wasserstoffperoxid (H_2O_2)**. Als stabilste ROS kann es durch Biomembranen diffundieren und wirkt als Signalstoff auf die Aktivität von Proteinkinasen, die Calciumregulation in den zellulären Signalkaskaden und die Gestaltung der Genexpression. H_2O_2 ist an der pflanzlichen Morphogenese, der Stomataregulation und am Aufbau einer systemischen Resistenz der Pflanze beteiligt. ROS haben mutagene Eigenschaften, da sie die DNA-Base Guanosin zu 8-Oxoguanosin oxidieren können. Während Guanosin mit Cytosin paart, hat 8-Oxoguanosin Affinität zu Adenosin. So können Punktmutationen entstehen. Auch Stickstoff ist Teil des reaktiven Sauerstoffnetzwerks in Tieren und Pflanzen. Das **Stickstoffoxidradikal (Stickstoffmonoxid) NO** Entsteht in Pflanzen aus der Aminosäure Arginin in den Mitochondrien und Peroxisomen. Es reagiert auch mit dem Superoxidradikal zum toxischen Peroxynitrit ($ONOO^-$). Stickstoffmonoxid ist neben Ethylen (▶ Abschn. 6.1) ein weiterer gasförmiger Signalstoff in Pflanzen mit vielfältiger endogener Wirkung. Es ist in das phytohormonvermittelte Signalnetzwerk der Zelle integriert sowie in die Pflanzenentwicklung und Bewältigung von abiotischem und biotischem Stress, z. B. in die Pathogenabwehr.

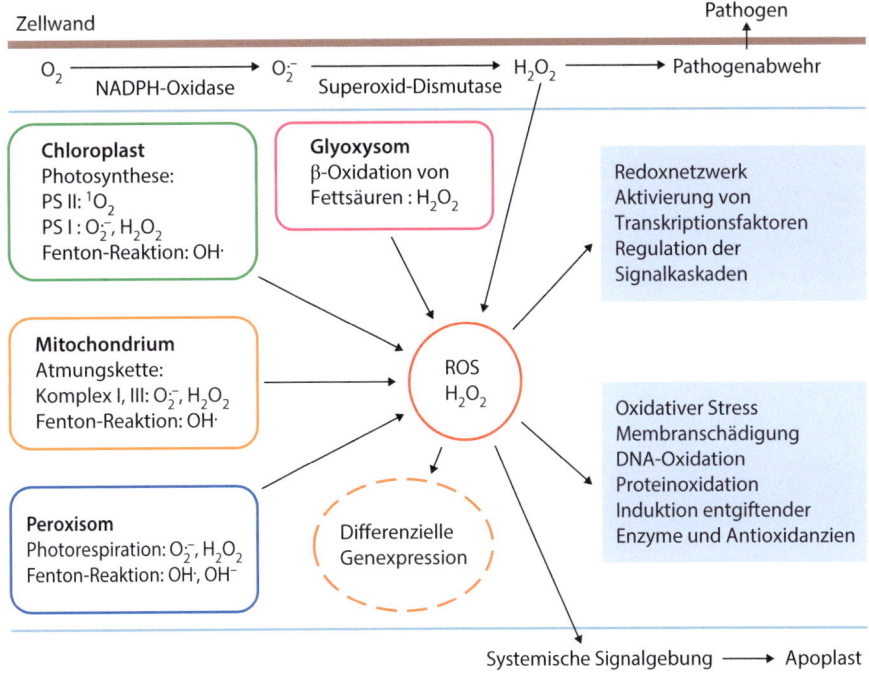

◘ Abb. 6.7 Reaktive Sauerstoffspezies in den Zellkompartimenten der Pflanze. Redoxsignalnetzwerk und Stressantwort

Die reaktive Sauerstoffspezies **Ozon (O_3)** wirkt auf alle Zellen toxisch. Es bildet in der Stratosphäre in 15–50 km Höhe eine Schutzschicht gegen die lebensgefährdende UV-C- (100–280 nm) und UV-B-Strahlung (280–330 nm). Ozon entsteht aber auch in der erdnahen Atmosphäre im Sonnenlicht aus Stickstoffoxiden und organischen Substanzen anthropogenen Ursprungs. Dadurch ist es ein global bedeutender Stressor.

Durch Ozon werden in den Zellen hochreaktive Hydroxylradikale generiert und die toxische Lipidperoxidation der Plasmamembran in Pflanzen ausgelöst. Als Stressavoidancemechanismus verschließen Pflanzen die Stomata als Gaseintrittspforte. Ozon hat wesentlichen Einfluss auf die Zusammensetzung der Lebensgemeinschaften von Pflanzen, Tieren und Mikroorganismen. Zusammen mit dem Hydroxylradikal wird die Abgabe flüchtiger Signale gestört und somit beispielsweise Pflanze-Bestäuber-Wechselwirkungen. Ozongegenwart erhöht auch die Anfälligkeit gegenüber Befall mit Herbivoren und pathogenen Mikroorganismen.

Verschiedene Organellen der Pflanzenzellen tragen mit vielfältigen Reaktionen zur **Produktion und Entgiftung von ROS** bei (◘ Abb. 6.7):

- Chloroplasten: Das Superoxidanion entsteht beim Elektronentransport von Photosystem II zum Photosystem I. Es wird über H_2O_2 oder durch Reaktion mit Carotinoiden und Lipiden entgiftet. Singulettsauerstoff wird bei der physikalischen Aktivierung von O_2 durch angeregtes Chlorophyll im PS I gebildet. Schlauchartige Ausstülpungen der Chloroplasten (Stromuli) können H_2O_2 zum Zellkern transportieren und es wahrscheinlich unter Lichtstress als retrogrades Signal für die Genexpression einsetzen. Neue Befunde weisen auf diese besondere Rolle der Chloroplasten bei der Stressbewältigung hin.
- Mitochondrien: Das Superoxidanion an Komplex I und III der Atmungskette wird durch die Superoxid-Dismutase zu H_2O_2 umgesetzt.
- Peroxisomen: In einem Teilbereich der Photorespiration entsteht H_2O_2, das durch Katalase entgiftet wird (▶ Abschn. 5.3.3).

In allen Kompartimenten der pflanzlichen Zelle entsteht innerhalb von Nanosekunden das Hydroxylradikal durch H_2O_2-Kontakt mit Eisen (Fe^{2+}) oder Kupfer (Cu^{2+}) in der sogenannten Fenton-Reaktion. Es wird jedoch mit Protonen des Milieus zu H_2O umgesetzt.

Der Apoplast vermittelt ausgehend vom Wasserstoffperoxid die ROS-Signalgebung in der ganzen Pflanze. Einige physiologische Beispiele dafür sind die Regulation von Stomataverschluss, Pollenschlauch- und Wurzelhaarentwicklung sowie die Ausprägung der zellulären Sekundärwand (Lignifizierung). Der H_2O_2-Gehalt im Nektar wirkt antibakteriell und schützt somit diese wichtige Ressource für Bestäuber (▶ Abschn. 10.1.4).

Die Redoxsituation im Signalnetzwerk der Zellen und Gewebe wirkt sich auf die differenzielle Genexpression aus. Die eukaryotische Zelle ist darauf eingestellt, eine Balance zwischen Produktion und Beseitigung (Scavenging) reaktiver Sauerstoffspezies zu erreichen. Die ROS-Produktion in den Zellorganellen vermittelt retrograde Signale zum Zellkern, wodurch von dort eine anterograde Kontrolle der Akklimatisation von Pflanzen justiert wird. Zum Schutz vor ROS stehen aber auch entgiftende Enzyme zur Verfügung, z. B. die **Katalase** und **Peroxidase**, sowie auch **Antioxidanzien**. Zu Letzteren gehören in Pflanzen die Ascorbinsäure (Vitamin C), die in allen Zellkompartimenten und dem Apoplasten vorkommt, sowie Glutathion und Polyphenole, aber auch plastidäres β-Carotin. Diese enzymatische und nichtenzymatische Detoxifizierung ist gleichzeitig die Voraussetzung zur Bewältigung von abiotischem und biotischem Stress, die durch Erhöhung der ROS-Konzentration im Zusammenhang mit den verschiedenen Umweltfaktoren zu schwerwiegenden Schäden führen kann:

- **Licht**: Erhöhung der ROS-Produktion in Chloroplasten, Bildung von Hydroxylradikalen aus H_2O_2, Chlorophyllabbau, frühzeitige Blattalterung.
- **Hitze**: Strukturelle Schäden im Photosyntheseapparat (PSI, PSII), Veränderungen des Ionentransports, Auslösung von Nekrosen.
- **Gefrierstress**: ROS-Akkumulation, Schädigung des PSII, Auslösung von Seneszenz.
- **Überflutung**: Erniedrigter Gehalt an Antioxidanzien, reduzierter und veränderter Gasaustausch, Reduktion der Wurzelatmung.
- **Salinität**: Reduktion von Wasseraufnahme und -translokation, Veränderungen der Thylakoidstruktur in den Chloroplasten.
- **Mineralstoff- und Metallungleichgewicht**: ROS-Akkumulation, Reduktion von Antioxidanzien, reduzierte Aktivität von Metalloenzymen, Verringerung der photosynthetischen Leistung.
- **Biotischer Stress**: Bei Befall durch Mikroorganismen wird eine hypersensitive Reaktion der Pflanzenzelle ausgelöst, in der H_2O_2 im Apoplasten direkt auf den pathogenen Mikroorganismus wirkt (◘ Abb. 6.7). Andererseits kann auch ein lokaler programmierter Zelltod verursacht werden. Durch differenzielle Genexpression wird in Nachbarzellen Resistenz aufgebaut. Dazu gehört auch der Wundverschluss durch Callose und die Zellwandverstärkung durch Lignineinbau.

6.4 Wasserverfügbarkeit

6.4.1 Wasserstress und Osmolyte

Wasser ist für alle Organismen in den unterschiedlichsten Habitaten lebensnotwendig (▶ Abschn. 5.2.2). Die Regulation des Wasserstatus befähigt die Arten zur Anpassung an den Lebensraum. Für terrestrische Lebewesen ist es besonders wichtig, sich auf die jeweilige Verfügbarkeit von Wasser einzustellen und bei Wassermangel durch Avoidance- und Toleranzmechanismen zu reagieren (▶ Abschn. 6.1). Der globale Klimawandel mit häufig extremen Wetterbedingungen ist eine besondere Herausforderung.

Sessile Pflanzen haben effektive Strategien entwickelt, Wasser aus dem Boden aufzunehmen, im Organismus zu verteilen und die Wasserhomöostase zusammen mit der Aufrechterhaltung des Zelldrucks (Turgor) zu gewährleisten. Zur Synthese von 1 kg Trockenmasse werden einige Hundert Kilogramm Wasser benötigt. Ein strikt regulierter Wasserfluss durch die Pflanze ist dafür notwendig, der durch Wasserpotenzialgradienten reguliert wird. Wurzelhaare nehmen mit ihrer großen Oberfläche Wasser aus dem Boden auf, das dann mit Leitbahnen in die verschiedenen Gewebe verteilt wird. In Mykorrhizasymbiosen (▶ Abschn. 8.1.2) wird Wasser durch die Pilzhyphen aufgenommen und radial über verschiedene Gewebe (Epidermis, Rindenzellen, Endodermis, Perizykel) zum Xylem transportiert. Die Leitbahnen des Xylems im Zentralzylinder verteilen das Wasser mit dem Transpirationsstrom in die oberirdischen Pflanzenteile. Wassertransport erfolgt auch in den Zellwänden und Zellzwischenräumen (**Apoplast**) durch passive Diffusion, aber auch durch das Cytoplasma der Gewebe, das durch Plasmodesmen miteinander verbunden ist (**Symplast**). Die Transpiration durch die Spaltöffnungen wird durch variierende Umweltfaktoren bestimmt, z. B. Luftfeuchte, Temperatur, Licht und Windgeschwindigkeit.

In extrem niederschlagsarmen Gebieten versorgen sich Pflanzen und Tiere häufig mit Wasser, das an ihren Oberflächen kondensiert. Pflanzen nutzen besonders in Wüstengebieten Tau und Küstennebel, die sich in einer kalten Nacht niederschlagen. Zur Ableitung des Wassers sind Blattstrukturen notwendig, die die Adhäsionskraft der Tropfen erhöhen. In der Namib-Wüste in Namibia, einem seit Millionen von Jahren existierenden extremen Lebensraum, sind Küstennebel für die Organismen eine wesentliche Quelle für die Wasserversorgung. Diese treten etwa 90-mal im Jahr bei Abkühlung der Lufttemperatur in der Nacht auf. Nebelkondensat auf Sand, Steinen und Pflanzen kann von Tieren aufgenommen werde. Der Schwarzkäfer *Onymacris unguicularis* (Tenebrionidae, Coleoptera), der sich tagsüber in Sand eingräbt, hat eine spezifische Leistung zur aktiven Wasserversorgung entwickelt. Die Tiere laufen am frühen Morgen zum Dünenkamm und richten ihr Hinterteil in einem Winkel von ca. 20° zu Windrichtung auf. Kleine Nebeltropfen kondensieren auf der Körperoberfläche und werden nach Ablaufen vom Käfer getrunken (◘ Abb. 6.8). **Osmolyte** wie **Glycerol** und **Trehalose** (◘ Abb. 6.9 und 6.10) schützen den thermophilen Organismus auch bei Nacht, wenn die Temperaturen nahezu 0 °C erreichen. Ein anderer Schwarzkäfer, *Lepidochora discoidalis*, legt in der Nacht an der Dünenflanke einen kleinen Graben an und nimmt das kondensierte Wasser von den Sandkörnern auf.

Wassermangel wird neben Trockenheit auch durch niedrige Temperaturen und hohen Salzgehalt verursacht. Erforderlich ist dann eine entsprechende Anpassung des zellulären Stoffwechsels. Unabhängig vom spezifischen Umweltfaktor werden verschiedene physiologisch-biochemische Maßnahmen getroffen:

- Aquaporine und Ionenpumpen regeln die Wasser- und Ionenhomöostase.
- Antioxidative Enzyme und Metaboliten entfernen reaktive Sauerstoffspezies (▶ Abschn. 6.3). Auch Kohlenhydrate der Raffinosefamilie sind neben ihrer Osmolytfunktion wichtig für die ROS-Entgiftung.
- Bereitstellung von Schutzproteinen (Hitzestressproteine; Chaperone), die die Struktur von Proteinen und Biomembranen stabilisieren.
- Intrazelluläre Osmolyte unterschiedlicher metabolischer Herkunft schützen Struktur und Funktion der Zellen. Auch Wasser selbst wird gebunden. Osmolyte werden auch als kompatible Substanzen bezeichnet. Sie interagieren mit anderen biochemischen Strukturen und werden in die Hydrathüllen der Makromoleküle integriert, indem polare, nichtkovalente Bindungen wie Wasserstoffbrücken- und Ionenbeziehungen (▶ Abschn. 5.2.1) zu funktionellen Gruppen der Molekülpartner aufgebaut werden. Die Schutzstoffe werden nach ihrer Struktur in vier Hauptgruppen eingeteilt:

◘ **Abb. 6.8** Schwarzkäfer *Onymacris unguicularis* (Coleoptera) sammelt Nebelkondensat in der Namib-Wüste (© Michael & Patricia Fogden/Minden Pictures/mauritius images)

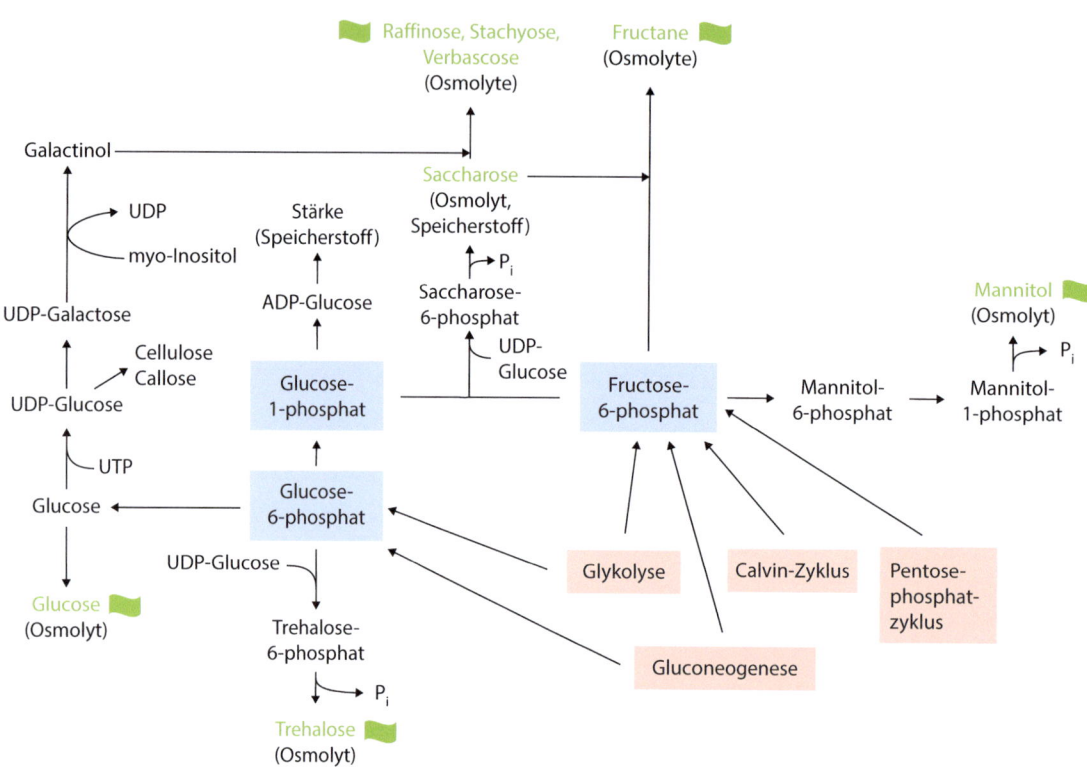

● Abb. 6.9 Die biosynthetische Herkunft osmolytisch aktiver Kohlenhydrate für die Bewältigung von Wasserstress in Pflanzen. (Verändert nach Krauß und Nies 2014, Abb. 1.5, © Wiley-VCH GmbH)

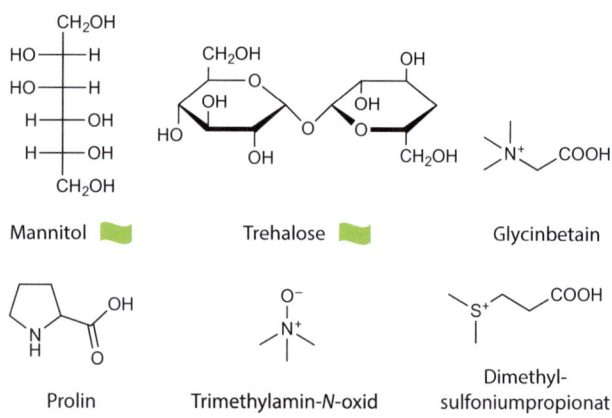

● Abb. 6.10 Beispiele für osmotisch aktive Verbindungen

Kohlenhydrate

In Algen, Pflanzen und Pilzen sind Zuckerderivate die wesentlichen Osmolyte. Sie leiten sich biosynthetisch aus dem Zuckerstoffwechsel ab (● Abb. 6.9). Das Disaccharid **Trehalose** (● Abb. 6.10), das Trisaccharid **Raffinose** sowie Polyole (z. B. **Glycerol**, **Mannitol** [● Abb. 6.10], **Pinitol**) sind weit verbreitet (● Abb. 6.10). Trehalose wird in Bakterien, Archaeen, Pilzen, Pflanzen und Tieren akkumuliert. Die Substanz wird aus Trehalose-6-phosphat synthetisiert, einem wichtigen Regulator für den Saccharosegehalt in Pflanzen. Raffinose bewirkt Trockentoleranz in Pflanzengeweben und Samen. In der Hefe *Saccharomyces cerevisiae* und häufig in Tieren kommt **Glycerol** vor. **Mannitol** wirkt in Algen und Pflanzen als Osmolyt bei Trocken- und Salzstress. Für pathogene filamentöse Pilze wird eine Rolle des spezialisierten Metaboliten als Schutzstoff vor reaktiven Sauerstoffspezies (ROS) diskutiert, die die Pflanze unmittelbar nach Befall synthetisiert.

In Pflanzen sind Di- und Trisaccharide neben ihrer Funktion als Osmolyte auch Transportformen für Assimilate zu den Verbrauchsorganen. Die polymeren **Fructane**, die in Vakuolen synthetisiert werden, dienen als Speichermoleküle und werden zur Stabilisierung von Membranen bei Trocken- und Salzstress herangezogen.

Aminosäuren

Im Pflanzenreich ist die proteinogene Aminosäure **Prolin** (● Abb. 6.10), die aus Glutaminsäure gebildet wird, ein weit verbreiteter Osmoregulator. Die Aminosäure wird auch für die Bewältigung anderer Stressereignisse eingesetzt, z. B. bei Veränderungen im Redoxgleichgewicht des Stoffwechsels, bei Metallbelastung (► Abschn. 6.6) und in der Abwehr von Pathogenen (► Abschn. 8.3). In *Escherichia coli* (Enterobacteriaceae, Enterobacterales) und *Salmonella typhimurium* (Enterobacteriaceae, Enterobacterales) ist die Aufnahme hoher Mengen

6.4 · Wasserverfügbarkeit

an Kaliumionen mit der Bereitstellung von Glutaminsäure selbst verbunden, die diese Ionen bindet und auf diese Weise als Osmolyt wirkt.

■■ Methylamine
Glycinbetain (◘ Abb. 6.10) wird in Pflanzen verstärkt unter Wassermangel synthetisiert. Bei hohem Salzgehalt stabilisiert es die Struktur von Photosynthesepigmenten und schützt auch vor Trocken- und Gefrierstress. In Säugetieren schützt Glycinbetain, neben Polyolen, die Nierenmarkzellen vor extremen NaCl- und Harnstoffkonzentrationen. Die Substanz kommt auch in Bakterien vor. **Trimethylamin-*N*-oxid** (◘ Abb. 6.10) ist ein zellulärer Osmolyt in Fischen und Krebsen, die in Salzwasser leben. Der spezialisierte Metabolit schützt Tiere bei der Erhöhung von hydrostatischem Druck mit zunehmender Meerestiefe sowie Bakterien in der Tiefsee (▶ Abschn. 6.7).

■■ Sulfoniumverbindungen
Dimethylsulfoniumpropionat (◘ Abb. 6.10) ist ein wichtiger Osmoregulator für Phytoplankton und benthische Algen der Meeresküsten. Die Verbindung wird von Bakterien zu Dimethyldisulfid abgebaut, das für den Klimahaushalt der Erde große Bedeutung hat (▶ Abschn. 4.3.5).

6.4.2 Hohe Temperatur und Trockenheit

Der Wasserhaushalt von Pflanzen ist eng mit den unterschiedlichen CO_2-Fixierungsstrategien verbunden, die sich in den unterschiedlichen Lebensräumen evolutionär entwickelt haben (▶ Abschn. 5.3). Neben dem Calvin-Zyklus als Hauptweg können Pflanzen Photorespiration betreiben. Dann schaltet das Enzym Ribulosebisphosphat-Carboxylase/Oxygenase entsprechend dem Verhältnis im CO_2- und O_2-Angebot auf O_2-Verwertung um. An trockenen und heißen Standorten muss der CO_2-Verlust, der durch eine verringerte Löslichkeit des Gases bedingt ist, durch eine verstärkte CO_2-Aufnahme über die Stomata ausgeglichen werden, was aber gleichzeitig zu einem deutlichen Wasserverlust durch Transpiration führt. Adsorpiertes CO_2 gelangt zu den photosynthetisch aktiven Mesophyllzellen des Blatts. Die Spaltöffnungen sind eng mit dem Wasserhaushalt verbunden und müssen in Verbindung mit der Stressantwort auf Trockenheit in ihrem Turgor streng reguliert werden.

Verschiedene Pflanzen, insbesondere Gräser, haben für sehr trockene Standorte die C_4-Photosynthese entwickelt (▶ Abschn. 5.3.4). Diese Pflanzen können die Öffnung der Stomata bei Trockenheit reduzieren. Ein anderer effektiver Weg, den Wasserverlust über geöffnete Stomata zu reduzieren, ist der Crassulaceen-Säuremetabolismus (*crassulacean acid metabolism*, CAM) (▶ Abschn. 5.3.5), der in sukkulenten, aridopassiven Pflanzen wie Euphorbiaceen vorkommt.

Dehydrierungssignale, die von **Osmosensoren** in der Plasmamembran ausgehen, lösen die biochemische Stressantwort aus. Es wird in das Phytohormonnetzwerk eingegriffen. Die lokale Biosynthese von Abscisinsäure wird erhöht und die weitere Signalkaskade zur Stressbewältigung ausgelöst (◘ Abb. 6.3). Mindestens ein Signalpeptid, das in den Wurzeln produziert und über den Gefäßstrang verteilt wird, stimuliert die Abscisinsäuresynthese. Rezeptoren für Brassinosteroide koordinieren Wachstum und Überleben unter Trockenstress durch Regulation der Akkumulation von Osmolyten. Der Photosyntheseapparat wird durch Hemmung des Chlorophyllabbaus und Aktivierung des antioxidativen Systems geschützt. Ein weiteres wichtiges Signalmolekül für die Adaptation an Trockenstress ist γ-Aminobuttersäure, die die Öffnungsweite der Stomata reguliert.

Pflanzen, die in besonders trockenen (ariden) Vegetationszonen leben, werden als **Xerophyten** bezeichnet. Sie haben drei morphologisch-physiologische Möglichkeiten für die Anpassung an Trockenstress entwickelt:

Aridopassive Pflanzen leben in Wüstengebieten der Erde (▶ Kap. 12). Verschiedene Blütenpflanzen überdauern dort längere Dürreperioden durch Anlage trockenresistenter Samen mit einem Wassergehalt von nur 1–5 %. Einige Pflanzen besitzen unterirdische Wasserspeichergewebe. Die Ontogenese dieser Pflanzen startet bei ausreichendem Regen. Sie ist ungewöhnlich kurz und führt zum Phänomen der „blühenden Wüste" (◘ Abb. 6.11a).

Aridoaktive Pflanzen haben verschiedene Strategien entwickelt, um auch extremen Wasserverlust zu vermeiden:
- Kleine, oftmals vertikal gestellte Blätter zur Verringerung der Verdunstungsoberfläche.
- Dicke Cuticula mit Wachsauflagerung.
- Mehrschichtige Epidermis zur Reduktion der cuticulären Wasserabgabe.
- Abgesenkte Stomata auf der Blattoberfläche.
- Dichter Besatz der Blätter mit Trichomen (▶ Abschn. 10.4.2) als Licht- und Transpirationsschutz.
- Tiefe, lange Wurzeln, z. B. der Anabaum *Faidherbia albida* (Fabaceae, Fabales) (◘ Abb. 6.11b) mit ca. 40 m langen Wurzeln bis zum Grundwasser. Durch das große Wurzelwerk im Oberboden wird auch länger Wasser gehalten. Der Baum treibt zu Beginn der Trockenzeit Blätter und ernährt, auch mit seinen Früchten, viele Wildtiere. Wurzelknöllchen binden Luftstickoff und erhöhen so die Bodenfruchtbar-

keit. Der Anabaum eignet sich in Afrika zur Pflanzung auf Getreidefeldern und trägt über den Blattfall zur Ertragssteigerung bei. Der Baum wird im Niger zur Wiederbegrünung öder Flächen genutzt.
- Blatt- und Stammsukkulenz, z. B. *Aloidendron dichotomum* (Xanthorrhoeaceae, Asparagales) (◘ Abb. 6.11c) mit zusätzlich langen Wurzeln, oder auch der afrikanische Baobab oder Affenbrotbaum (*Adansonia digitata*, Malvaceae, Malvales) (◘ Abb. 6.11d). Diese Pflanze prägt die Savannen des südlichen Afrikas und speichert Wasser im Stamm. Elefanten reißen die Rinde auf und versorgen sich über das

◘ **Abb. 6.11** Aridopassive Pflanzen: **a** Blühende Halbwüste bei Betta, Hardap, Namibia (© Manok/► stock.adobe.com). Aridoaktive Pflanzen: **b** *Faidherbia albida*, Tsaobis-Nationalpark, Namibia (Gudrun Krauß). **c** *Aloidendron dichotomum* (Gudrun Krauß). **d** *Adansonia digitata*, Krüger-Nationalpark, Südafrika (Gudrun Krauß). **e** *Welwitschia mirabilis* (Peter Schreck). **f** *Acanthosicyos horridus*, Namib-Wüste, Namibia (© Gerrit Rautenbach/► stock.adobe.com)

feuchte, faserige Holz mit Wasser. Die Früchte haben mit ihrem hohen Gehalt an Vitamin C und B sowie Calcium einen hohen Nährwert. Blattpulver enthält große Mengen an spezialisierten Metaboliten und wird von den Einheimischen als Medizin eingesetzt.

Ein Beispiel für eine Pflanze, die erstaunliche morphologisch-physiologische Merkmale zur Bewältigung von Hitze- und Trockenstress ausgebildet hat, ist *Welwitschia mirabilis* (Welwitschiaceae, Gnetales) (◘ Abb. 6.11e). Diese Gymnospermenart kommt endemisch in der Küstenregion der Namib-Wüste (Südwestafrika) vor. Der dortige Lebensraum ist seit mehr als 80 Mio. Jahren ein Gebiet mit hoher Trockenheit, die sich in den letzten 10 Mio. Jahren noch extrem erhöht hat. Über die Zeit kam es in den Pflanzen zu einer Verdopplung des Genoms. Aus duplizierten Genen entstanden durch Selektion neue Varianten, die das Überleben im extremen Wüstenhabitat ermöglichten. Veränderungen betrafen beispielsweise Transkriptionsfaktoren, die für das ständige Nachwachsen von nur zwei Blättern verantwortlich sind, sowie für die erhöhte Synthese von Lignin in den festen, faserigen Blättern. Die *Welwitschia*-Pflanzen können bis zu 1500 Jahre alt werden und überleben drastische Temperaturunterschiede zwischen ca. 6 °C in der Nacht und bis zu 50 °C am Tag. Der Lebensraum ist extrem trocken, bei einem Regeneintrag von weniger als 50 mm pro Jahr. Die Wasserversorgung erfolgt über eine tiefe Pfahlwurzel. Das Wurzelsystem nimmt einen Radius von ca. 15 m ein. Zur Bereitstellung von Wasser trägt auch die minimale Taubildung durch den Küstennebel bei. Die Pflanzen entwickeln lediglich zwei Blätter (1–2 m lang, 0,5–1 m breit). Männliche und weibliche Blüten bilden Nektar, der bis zu 50 % Zucker enthält, von dem sich Wanzen (*Probergrothius angolensis*, Pyrrhocoridae, Hemiptera) ernähren.

Im gleichen Lebensraum wie *Welwitschia* lebt endemisch die Nara-Pflanze (*Acanthosicyos horridus*, Cucurbitaceae, Cucurbitales) (◘ Abb. 6.11f). Der blattlose Strauch betreibt in Stängeln und Dornen Photosynthese und nimmt Wasserkondensat über die Blattoberfläche auf. Die Pflanze schafft sich inselartige Standorte im Sand, besitzt eine bis 40 m lange Pfahlwurzel und reichert ihre unmittelbare Umgebung mit Nährstoffen aus abgestorbenen Pflanzenteilen an. Die melonenartigen Früchte sind wesentliche Nahrung für Wüstentiere wie Kamele.

Für Wüstenpflanzen ist es wichtig, Siedlungsräume für assoziierte Mikroorganismen an den Wurzeln, aber auch in der Phyllosphäre bereitzustellen. An die extremen Habitate sind vor allem Proteobakterien angepasst, z. B. mit der Fähigkeit zur Luftstickstoffbindung (*Rhizobium*, *Azorhizobium*). Eine andere verbreitete Gruppe sind Actinobakterien. Auf der Wurzeloberfläche wird eine Schleimschicht gebildet, die Bodenpartikel festhält (*rhizosheath*) (► Abschn. 12.1.4). Dort entstehen Biofilme, die für Pflanzen und Mikroorganismen zur Wasser- und Nährstoffversorgung wichtig sind.

Aridotolerante Pflanzen („Wiederauferstehungspflanzen", *resurrection plants*) überleben eine vollständige Austrocknung des Gewebes und gehören zu den poikilohydren Arten. Diese Fähigkeit entstand offensichtlich sehr früh in der Evolution und beschreibt einen latenten Zustand, der als Anhydrobiose bezeichnet wird. Austrocknungstoleranz ist ein polyphyletisches und konvergentes Merkmal auf dem Weg zum terrestrischen Leben und über das gesamte Organismenreich verbreitet. Zahlreiche Bryophyten können austrocknen. Flechten als Pilz-Algen-Bakterien-Symbiosen müssen bei der Besiedlung extremer Habitate wie heißen Wüsten und hohen Bergen mit einem äußerst geringen Wasserbudget auskommen und überleben auch schnelle Wechsel der Hydratation.

Aridotoleranz ist nur für ca. 350 Pflanzenarten bekannt. Sie besiedeln extrem wasserarme Wüstenstandorte. Nur wenige Arten kommen an mediterranen Standorten vor. Der Milzfarn *Asplenium ceterach* (Aspleniaceae, Polypodiales) (◘ Abb. 6.12a) wächst in Felsspalten der europäischen Gebirge. Die Spreuschuppen der Blattunterseite unterstützen durch kapillare Führung von Wasser, z. B. aus Tau, die schnelle Rehydratisierung der Pflanze.

Die Austrocknungstoleranz ist in vielen Fällen durch konvergente Evolution entstanden. Allerdings sind bei den meisten Bedecktsamern auch Pollen und Samen trocknungstolerant. Pflanzengesellschaften auf sogenannten Inselbergen (► Abschn. 12.5) enthalten zahlreiche poikilohydre Arten. Diese Lebensräume bildeten sich häufig auf sonnenexponierten Granit- und Gneismonolithen in verschiedenen klimatischen Zonen, aber mit Schwerpunkt in den Tropen, z. B. Brasilien, Madagaskar, Australien und Südindien. Das Mikroklima ist durch hohe Temperaturen und Wasserknappheit geprägt. Pflanzen wachsen hier auch in biologischen Krusten (► Abschn. 8.2) und auch in Matten.

Aridotolerante Pflanzen besitzen fast ausschließlich eine parallele Blattnervatur. In der Regel sind es monokotyle Pflanzen. Die Blätter werden beim schrittweisen Trocknen entlang der Blattgefäße gefaltet. Die Wurzeln einiger Vertreter der Cyperaceae, Velloziaceae und Boryaceae haben zusätzlich eine meist mehrlagige, schwammartige Zellschicht (Velamen radicum), die geringe Wassermengen gut speichern kann. Das Sauergras *Microdracoides squamosa* (Cyperaceae, Poales), das im tropischen Afrika wächst, entwickelt Stämmchen, die die Pflanze auch vor kurzfristigen saisonalen Feuern und somit vor schnellem Wasserverlust schützt.

Abb. 6.12 Aridotolerante Pflanzen: **a** *Asplenium ceterach*, Samos, Kokkari, Griechenland. **b** *Myrothamnus flabellifolius*, Tsaobis-Nationalpark, Namibia. **c** Dehydrierte Pflanze. **d** Zweig mit rehydrierten Blättern. (**a** Foto: Axel Fläschendräger; **b**, **c**, **d**: Fotos: Gudrun Krauß)

Entsprechend ihrer Überlebensstrategie werden austrocknungstolerante Pflanzen in zwei Gruppen eingeteilt:

Homoiochlorophylle Arten erhalten bei Trocknung die Thylakoidstruktur und den Chlorophyllbestand der Chloroplasten. Ihre Revitalisierung bei erhöhtem Wasserangebot erfolgt in nur wenigen Stunden. Ein Beispiel ist der Strauch *Myrothamnus flabellifolius* (Myrothamnaceae, Gunnerales) (Abb. 6.12b, c, d), der im Süden Afrikas verbreitet ist und verschiedentlich auch auf Inselbergen wächst. Die Pflanze überdauert zwei bis drei Jahre in ausgetrocknetem Zustand. Die Änderung des Turgordrucks bei beginnender Trocknung induziert eine Zellwandfaltung. **Arabinosehaltige Glykoproteine** werden neu synthetisiert. Der Polypeptidteil der Moleküle ist reich an der nichtproteinogenen Aminosäure **Hydroxyprolin**. Die Einlagerung der neuen Biopolymere in die Blattpalisaden- und -parenchymzellen erhöht deren Flexibilität. Die *Myrothamnus*-Zellen sind reich an Phenolen, die etwa 50 % der Trockenmasse ausmachen. Vakuolen enthalten ein spezielles Polyphenol (3,4,5-Tri-O-Galloylchinasäure). Dieses Tannin schützt durch Einlagerung in die Plasmamembran als Antioxidans bei der Beseitigung toxischer reaktiver Sauerstoffspezies. Saccharose und Trehalose wirken als Osmolyte.

Poikilochlorophylle Arten bauen während der Dehydrierung die Thylakoidstruktur der Chloroplasten und die Chlorophyllmoleküle ab. Die Chloroplastenaußenmembran bleibt erhalten. Die Revitalisierung mit Aufbau der photosynthetischen Struktur und Leistung dauert bis zu 60 h. Bereits nach einigen Stunden stellen die Zellen den notwendigen hohen Energiebedarf sicher. Besonders intensiv wurden die physiologisch-biochemischen Vorgänge während der Austrocknung und Rehydrierung der Pflanze *Craterostigma plantagineum* (Linderniaceae, Laminales) untersucht, die im regenarmen Süden Afrikas und in Indien vorkommt. Die Pflanze kann bis zu 90 % ihres Wassergehalts verlieren und akkumuliert bis zu 40 % der Trockenmasse **Sac-**

charose als Osmolyt. Während der Austrocknung schließen sich die Stomata, die CO_2-Assimilation wird verringert und die C_3-Photosynthese auf den CAM-Typ (▶ Abschn. 5.3.5) umgestellt. Die Stickstoffassimilation sowie die Synthese von γ-Aminobuttersäure und Saccharose werden stimuliert. Die erforderliche Energie für alle Maßnahmen stammt aus der Erhöhung der biologischen Oxidation (▶ Abschn. 5.2.3). Die Zellwände werden gefaltet und der Protoplast schrumpft, aber die Plasmodesmenverbindung zwischen den Zellen bleibt erhalten. Das Phytohormon Abscisinsäure ist über die Signalkaskaden maßgeblich an der Genregulation während der Umstellung des Stoffwechsels beteiligt. Mit der Revitalisierung beginnt die Restrukturierung der Biomembranen durch erhöhte Glycerophospholipidsynthese sowie die erneute Etablierung von Photosynthese und Transpiration.

Die molekularen Abläufe in Pflanzen unter Trockenstress werden derzeit intensiv untersucht. Ziel ist es, eine bessere Nutzung der Wasserressourcen durch Kulturpflanzen in Zeiten des Klimawandels zu erreichen.

Auch Tiere aus verschiedenen systematischen Gruppen können längerfristige Trockenheit und vollständige Dehydrierung überleben. Sie nutzen ähnliche biochemische Schutzmöglichkeiten wie Pflanzen. Die Rückführung in den stoffwechselaktiven Normalzustand ist abhängig von Temperatur, Sauerstoffgehalt und pH-Wert der Umgebung.

Anhydrobiose bei Tieren hat Antoni van Leeuwenhoek im Jahr 1702 als Erster bei Rotiferen und möglicherweise auch schon bei Bärtierchen entdeckt. Besonders widerstandsfähig gegen extreme Temperaturen sind Bärtierchen (Tardigrada, Ecdysozoa). Es gibt mehrere Tausend Tardigradaarten, die in aquatischen Habitaten (Süß- und Meerwasser) und feuchten Lebensräumen verbreitet sind. Vertreter, die in Moosbeständen siedeln, überleben die häufige Austrocknung durch Reduktion ihres Körperwassers auf ca. 1 %. Dabei ändern sie ihre Körperform zu walzenähnlichen, unbeweglichen „Tönnchen". Die Art *Hypsibius dujardini* (Hypsibiidae, Parachela), die im Boden vorkommt, aber auch in Süßwasserhabitaten siedelt, überlebt extremen Trockenstress. Sie synthetisiert sogenannte **intrinsische Proteine**. Diese Biopolymere, die keine konstante dreidimensionale Struktur besitzen, bilden Wasserstoffbrücken zu essenziellen zellulären Proteinen und übernehmen die stabilisierende Funktion der fehlenden Wassermoleküle.

Die Zuckmückenart *Polypedilum vanderplanki* (Chironomidae, Diptera), die in Nigeria und Uganda verbreitet ist, erniedrigt graduell ihren Wassergehalt auf 3 % und kann auch nach 17 Jahren Austrocknung zu lebensfähigen Individuen rehydriert werden. Das trocken-, aber auch kälteresistente Insekt lebt in Felslöchern von Wüstenhabitaten, die bei Regenarmut austrocknen. Zur Überlebensstrategie gehört eine induzierte Synthese von **Trehalose** (◘ Abb. 6.9 und 6.10). Der Osmolyt wird, bezogen auf den Normalgehalt der Zellen, um das bis zu 20-Fache angereichert.

Der Salinenkrebs *Artemia salina* (Artemiidae, Crustacea) (◘ Abb. 6.13) kann die Entwicklung seiner Embryonen unter extremen Umweltbedingungen (Trockenheit, Sauerstoffmangel) unterbrechen (**Diapause**). Unter optimalen Lebensbedingungen setzen die weiblichen Tiere schwimmende Naupliuslarven frei. Bei sehr hohen Temperaturen jedoch werden Embryonen im Gastrulastadium entlassen. Deren Entwicklung wird durch das weibliche Tier durch Umhüllung mit einer Schutzschicht gestoppt. Die entstandene anhydrobiotische Cyste ist metabolisch inaktiv und sehr widerstandsfähig.

Extrem trockene Landschaften entstehen durch menschliche Aktivität in **Bergbaugebieten**. Die Wiederherstellung von naturnahen Lebensräumen nach Ende des Bergbaus erfordert außerordentlich komplexe Maßnahmen. Ein Beispiel ist das Lausitzer Braunkohlenrevier im Osten Deutschlands, in dem seit Jahrzehnten eine erfolgreiche Rekultivierung der Kippböden betrieben wird. Seit 1990 wurden mehr als 90 km² Tagebaufläche rekultiviert und ca. 30 Mio. Bäume gepflanzt. Der lockere, erosionsgefährdete Abraum besteht zu 90 % aus Sanden und Lehmsanden mit geringer Wasserspeicherkapazität, schlechter Nährstoffbindung, hoher Salzkonzentration und Erosionsgefährdung. Die Wiederherstellung eines fruchtbaren Bodens mit ver-

◘ **Abb. 6.13** Der Salinenkrebs *Artemia salina* (© S. Rohrlach/Getty Images/iStock)

Abb. 6.14 Bergbaulandschaften. **a** aktiver Braunkohletagebau Welzow-Süd, Lausitz, Land Brandenburg. **b** Rekultivierte Landschaft mit Robinien- und Birkenbewuchs (Heinz-Sielmann-Stiftung, Wanninchen, Naturpark Niederlausitzer Landrücken, Land Brandenburg). (Fotos: Gudrun Krauß)

netzten Nährstoffkreisläufen ist langwierig. Während für Ca^{2+}, Mg^{2+} und Mikronährstoffe keine Defizite auftreten, ist die Stickstoffversorgung besonders kritisch.

Pflanzen müssen sich auf solchen Rekultivierungsflächen mit erheblichem Trockenstress bei gleichzeitigem Nährstoffmangel auseinandersetzen. Zur Aufforstung und Vorbereitung einer natürlichen Pflanzensukzession werden neben anderen Pionierbäumen (z. B. Schwarzkiefern, verschiedene Eichenarten, Hainbuchen, Grauerle, Birke) auch Robinien (*Robinia pseudoacacia*, Fabaceae, Fabales) gepflanzt (◘ Abb. 6.14b). Die Robinie, die zunächst nur in Nordamerika heimisch war, hat sich in allen temperaten terrestrischen Ökosystemen verbreitet. Ein wesentlicher Vorteil ist dabei der Austrieb aus oberflächlich wachsenden Wurzeln. *Robinia pseudoacacia* gehört global zu den etwa 40 invasiven, verholzten Angiospermen.

Robinien sind auch physiologisch sehr konkurrenzstark. Sie zeichnen sich durch hohe Trockenstresstoleranz aus und bewältigen den Mangel an Stickstoff im Boden durch symbiotische Luftstickstoffbindung mittels Wurzelknöllchen (▶ Abschn. 8.1.1). Sie bilden Symbiosen mit Vertretern verschiedener Bakteriengattungen wie *Burkholderia*, *Rhizobium*, *Sinorhizobium* und *Mesorhizobium*. Die zusätzliche Ausprägung arbuskulärer Mykorrhiza und auch Ektomykorrhiza (▶ Abschn. 8.1.2) sorgt für eine bessere Versorgung der Bäume mit Phosphat, Kohlenstoff und Wasser und stimuliert die Knöllchenbildung. Inkubationsversuche im Labor mit Knöllchenbakterien und Mykorrhizapilzen an Keimpflanzen der Robinie, die aus einem semiariden Renaturierungsgebiet in Nordchina (Lössplateau) stammen, zeigten höheres Wachstum und deutlich verbesserte Stressresistenz gegenüber Nährstoff- und Wassermangel. Die ökologische Signifikanz einer möglichen direkten Bodenbeimpfung mit Bakterien und Pilzmaterial muss weiter untersucht werden.

Ein weiterer Aspekt der Pflanzung von Robinien ist, dass das Holz der schnellwachsenden Bäume forstwirtschaftlich als nachwachsender Energieträger für Biomasseheizkraftwerke genutzt werden kann.

6.4.3 Niedrige Temperatur und Gefrierschutz

In verschiedenen Lebensräumen müssen Organismen eine physiologische Toleranz gegenüber niedrigen Temperaturen entwickeln. Etwa 80 % der Erdoberfläche sind im Jahresverlauf Temperaturen unter 5 °C ausgesetzt. Dazu gehören die arktischen und antarktischen Zonobiome, Hochgebirgsregionen und Permafrostböden, die an besonders niedrige Temperaturen angepasst sind. In den Böden leben Bakterien, Archaeen, Hefen, filamentöse Pilze, Flechten, kleine Invertebraten und Algen. Fische, aber auch Insekten auf den Eisflächen akkumulieren lebenserhaltende, osmolytisch wirksame Substanzen (▶ Abschn. 6.4.1), um den Gefrierpunkt ihrer Zellen niedrig zu halten.

Organismen in gemäßigten Zonobiomen stellen sich im Jahresgang auf besonders niedrige Temperaturen im Winter ein. Der eingeschränkte Zugang zu Nahrung und Wasser führt bei Tieren zur spezifischen Vorbereitung des dormanten Zustands. Säugetiere wie Eichhörnchen und Bären treten in eine **Winterruhe** ein. Die Körpertemperatur wird abgesenkt und Stoffwechselenergie gespart. Ruhe- und Schlafphasen werden für die Nahrungsaufnahme unterbrochen. Kleine Säugetiere wie Hamster, Murmeltiere und Igel halten **Winterschlaf (Hibernation)**. Die Körpertemperatur wird abgesenkt und der Energiebedarf auf bis zu 4 % des normalen Umsatzes gesenkt (**metabolische Reduktion**). Dabei verringert sich die Bereitstellung von Acetyl-CoA über die Glykolyse (▶ Abschn. 5.2.3.1). Über einen verstärkten Fettsäuremetabolismus werden die Speicherfette der Tiere für die Aufrechterhaltung des Betriebsstoffwechsels genutzt.

In Zonobiomen mit zeitweilig sehr niedriger Temperatur können Tiere auch in **Kältestarre** überwintern. Der Zitronenfalter (*Gonepteryx rhamni*, Pieridae, Lepidoptera) (◘ Abb. 6.15a) übersteht so Temperaturen bis −20 °C in seinen winterlichen Rückzugsorten wie Baumrinde oder die Unterseite von Brombeer- und Efeublät-

 Abb. 6.15 Gefriergeschütztes Tier. Zitronenfalter *Gonepteryx rhamni*. (© Elke Schwarzer/mauritius images)

 Abb. 6.16 Eisfläche mit Biofilmen der roten Schneealge (*Chlamydomonas nivalis*), Aosta-Tal, italienische Alpen. (© emmor/► stock.adobe.com)

tern. Frostschutzmittel im Insekt ist vor allem **Glycerol**. Im arktischen Laufkäfer *Pterostichus brevicornis* (Carabidae, Coleoptera) (Abb. 6.15b) variiert der Glycerolgehalt saisonal. Im Winter mit Temperaturen bis zu −40 °C beträgt der Glycerolgehalt ca. 20 % in der Hämolymphe.

Pflanzen haben eine unterschiedliche Toleranz gegenüber niedrigen Temperaturen entwickelt. Bereits bei Temperaturen deutlich über dem Gefrierpunkt zeigen die meisten tropischen Pflanzen Kälteschäden. In Zonobiomen mit temperatem Klima bestimmen in der Abfolge der Jahreszeiten morphologische und physiologische Parameter, z. B. Wasser- und Nährstoffversorgung, die Reaktionsmuster der Pflanzen gegenüber Kälte und Frost. Die oberirdischen Organe, aber auch Wurzelhärchen sind besonders frostgefährdet. Stärker kälteempfindlich sind reproduktive Organe. Reife Samen sind allerdings durch den sehr geringen Wassergehalt geschützt.

Frost verringert oder unterbindet die Wasseraufnahme durch Pflanzen (**Winterdürre**) und somit auch die Aufnahme von Nährstoffen. Hinzu kommen mechanischer Stress unter Eis und Schnee sowie ein veränderter Gasaustausch. Die Verringerung der CO_2- und O_2-Permeabilität kann Wurzeln schädigen. Dadurch werden Pflanzen gegenüber kälteliebenden (psychrophilen), pathogenen Pilzen weniger resistent.

Frosttoleranz besitzen Algen der marinen intertidalen Bereiche und verschiedene Süßwasseralgen. In alpinen und polaren Lebensräumen leben auf Gletschern und Schneefeldern rotgefärbte, einzellige Grünalgen wie *Chlamydomonas nivalis* (Chlamydomonaceae, Chlamydomonadales), die den sogenannten Blutschnee bilden (Abb. 6.16). Durch Anreicherung von Carotinoiden in den Zellen sind sie in der Lage, die hohe Strahlenbelastung durch Lichtabsorption zu tolerieren und reaktive Sauerstoffspezies (ROS) zu entgiften.

Mehrjährige Pflanzen in mediterranen Zonobiomen haben ihren Wachstumszyklus an die Jahreszeiten angepasst und auch eine Frostresistenz entwickelt. Im Spätsommer und Herbst wird das Wachstum der Bäume eingestellt und Überwinterungsknospen werden angelegt. Die Pflanze geht in einen physiologischen Ruhezustand über, der durch Verstärkung von Avoidancemechanismen (Tab. 6.1) geprägt ist. Auslöser sind Änderungen von Tageslänge, Luft- und Bodentemperatur. Dabei spielen Phytochrome (► Abschn. 6.2) als Steuerungsgrößen eine bedeutende Rolle. Besonders das Phytohormon Abscisinsäure (► Abschn. 6.1) vermittelt im Kontext mit anderen Phytohormonen die Umstellung des Stoffwechsels. Reservekohlenhydrate wie Stärke werden in den Wurzeln akkumuliert. Der Speicherstoff ist Ausgangspunkt für die Synthese osmotisch aktiver Zucker, die die Frosthärte erhöhen. In Lupinenwurzeln steigt zunächst der Stärkegehalt mit der Verkürzung des Tageslichts bis Ende September. Mit weiterer Erniedrigung der Temperatur verringert sich der Stärkegehalt und der Saccharosegehalt steigt an.

Verschiedene tropische Pflanzen tolerieren erhebliche tageszeitliche Schwankungen der Lufttemperatur, die +20 bis +30 °C am Tag und −5 bis −10 °C in der Nacht betragen können. Diese extreme Situation, die als **Frostwechselklima** bezeichnet wird, können z. B. Polsterpflanzen, Horstgräser und sklerophylle Gräser bewältigen. *Lobelia telekii* (Campanulaceae, Asterales) (Abb. 6.17), eine große, afroalpine Rosettenpflanze, entwickelt stark behaarte Blätter und einen Kranz abgestorbener Blätter an der Pflanzenbasis als Kälteschutz. Der Blütenstand ist hohl, mit Wasser gefüllt und speichert Wärme, die über den Tag absorbiert wird. Die Art *Dendrosenecio keniodendron* (Asteraceae, Asterales) (Abb. 6.17), die auf dem Mount Kenya in Kenia vorkommt, besitzt sogenannte Nachtknospen. Ältere Blätter schlie-

• **Abb. 6.17** Pflanzen, die an Frostwechselklima angepasst sind. *Lobelia teleki* (Vordergrund) und *Dendrosenecio keniodendron*, Mount Kenya, Kenia. (© Minden Pictures/Grant Dixon/Hedgehog House/picture alliance)

ßen sich am Abend und schützen den Vegetationspunkt über Nacht.

Verschiedene biochemische Maßnahmen zur Erniedrigung des Gefrierpunkts (*supercooling*) garantieren die metabolische Aktivität in den Symplasten der Zellen (• Abb. 6.18):
- **Veränderungen in der Konfiguration der fluiden Biomembranen** (▸ Abschn. 5.1.2.1); Variation des Sättigungsgrads des Fettsäureanteils der Membranlipide.
- **Akkumulation osmotisch aktiver Substanzen** wie Glycerol, Methylamine, Trehalose, Polyole.
- Einlagerung von Schutzproteinen (**Chaperone**).
- Stabilisierung des zellulären Redoxstatus (**reaktive Sauerstoffspezies**).
- **Bildung eisbindender Proteine** (*ice binding proteins*): Gefrierschutzproteine kommen in allen Organismengruppen vor. Sie erniedrigen den Gefrierpunkt des Wassers und verhindern die schädliche Eisbildung in Zellen und Körperflüssigkeiten, aber auch auf Körperoberflächen. Eisbindende Proteine steuern physikalisch-chemisch Größe und Struktur von Eiskristallen, aber auch die Rekristallisation bei periodischen Temperaturänderungen mit Gefrier- und Tauschritten.

Es werden zwei Gruppen von eisbindenden Proteinen unterschieden:

Antifrostproteine (*anti-freeze proteins*, **AFPs**) erniedrigen den Gefrierpunkt von Zellen und Körperflüssigkeiten und hemmen die Rekristallisation. Dafür sind definierte Aminosäuresequenzen in der Proteinstruktur verantwortlich, die aus α-Helices und β-Faltblättern besteht. Trotz struktureller Diversität erfüllen diese Biopolymere in unterschiedlichen Organismen die gleiche Funktion. Sie adsorbieren auf der Moleküloberfläche kleinste Eiskristalle und bilden eine organische Hülle, die das Wachstum zu großen Kristallen unterbindet.

In **Fischen** kommen kleine AFPs mit Molmassen von 3–33 kDa vor. Diese Glykoproteine bestehen aus vier bis 50 sich wiederholenden Tripeptidsequenzen aus Alanin-Alanin-Threonin und einer terminalen Disaccharideinheit (• Abb. 6.19). Ein Beispiel ist der Seeskorpion *Myoxocephalus scorpius* (Cottidae, Perciformes), eine Fischart, die am Grund des Nordatlantiks und im Arktischen Ozean vorkommt (• Abb. 6.19). Die Wassertemperatur des Salzwassers erreicht zeitweise ca. −2 °C. AFP-Moleküle formen im Blut der Tiere mikrokristalline Suspensionen und sichern so das Überleben. Zusammen mit Glykolipiden schützen AFPs auch den Waldfrosch *Lithobates sylvaticus* (Ranidae, Anura), auch Eisfrosch genannt. Das Tier lebt in Kanada und übersteht die Winterzeit mit Temperaturen bis −20 °C im tiefgefrorenen Zustand. Einen zusätzlichen Frostschutz bietet die Anreicherung von Harnstoff im Körper. Mit der Froststarre wird kein Harnstoff mehr ausgeschieden, aber als Osmolytikum im Blut akkumuliert.

AFPs in **Pflanzen** wurden erstmalig vor über 30 Jahren aus dem Apoplasten von Winterroggen (*Secale cereale*, Poaceae, Poales) isoliert. Einige AFPs zeigen in ihrer Struktur Homologien zu antipathogenen Proteinen. Sie besitzen neben eisbindenden Eigenschaften antifungale, hydrolytische Aktivitäten wie die Fähigkeit zur Spaltung von Chitin in der Zellwand pathogener Pilze. Dieser Schutz ist wichtig, da einige pathogene, psychrophile Pilze als sogenannter Schneeschimmel hohe Verluste an Wintergetreide verursachen können. So befällt die Art *Typhula phacorrhiza* (Thyphulaceae, Agaricales) in Kanada Winterweizenpflanzen und löst die ertragsmindernde *Thyphula*-Fäule aus.

Verschiedene AFPs aus **Mikroorganismen** tragen zur speziellen Gestaltung ihres Lebensraums bei. Das halophile, marine Bakterium *Marinomonas primoryensis*

6.4 · Wasserverfügbarkeit

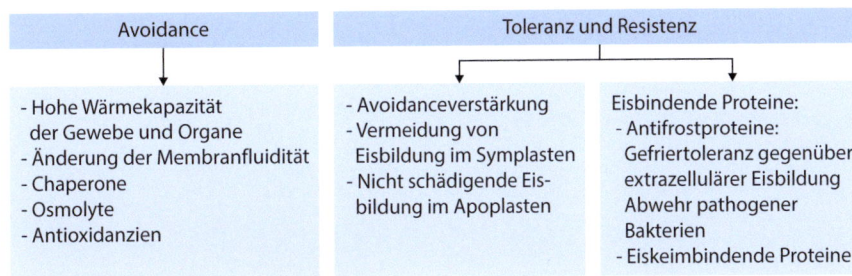

● **Abb. 6.18** Vermeidung von Kälteschäden und Froststress in Pflanzen

● **Abb. 6.19** Der Fisch *Myoxocephalus scorpius* (Weißes Meer, Karelien, Russland) schützt sich durch Antifrostproteine. (Foto © Andrey Nekrasov/imageBROKER/picture alliance)

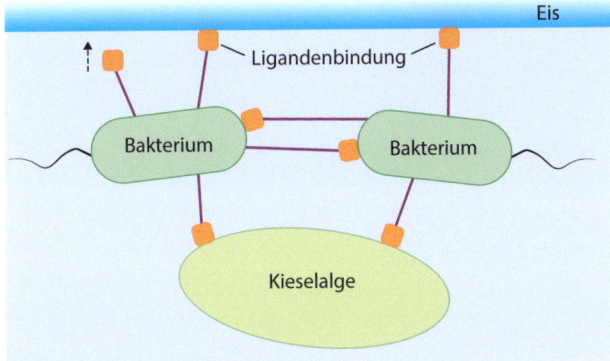

● **Abb. 6.20** Schema des Aufbaus eines Biofilms unter einer Eisschicht mittels eines Antifrostproteins des marinen Bakteriums *Marinomonas primoryensis*. (Verändert nach Guo 2017, Abb. 8)

(Oceanaspirillaceae, Oceanaspirillales) bildet mit 1,5 MDa eines der größten natürlichen Proteine überhaupt. Mit seiner N-terminalen Domäne ist es an der Zellwand verankert. Das andere Ende des Proteinfadens (0,6 µm lang) bindet an die Unterseite von Eisschichten von Ozeanen oder Salzseen (● Abb. 6.20). Hier ist die Versorgung mit Sauerstoff und Nährstoffen gut gewährleistet, die vor allem von photosynthetisch aktiven Mikroorganismen stammen. Das bakterielle AFP bindet an Bakterien derselben Art und auch an sauerstoffproduzierende Kieselalgen (Diatomeen) (● Abb. 6.20). Auf diese Weise entsteht ein vernetzter, multifunktioneller und sauerstoffproduzierender Biofilm. Das Bindeprotein ist ein Beispiel für sogenannte **Adhäsine**. Vertreter diese Proteingruppe kommen auch als Virulenzfaktoren bei pathogenen Bakterien vor. Sie heften sich an Körperzellen und initiieren Infektionen über die Ausprägung von Biofilmen (▶ Abschn. 7.6).

Eiskeimbindende Proteine (*ice nucleating proteins*) lösen die Kristallisation von Eis bei Temperaturen von 0 bis −2 °C aus. Diese großen Biopolymere besitzen Struktureinheiten, die als Kristallisationskeime dienen. Sie kommen z. B. in der Zellwand phytopathogener Bakterien vor, wie *Pseudomonas syringae* (Pseudomonadaceae, Pseudomonadales) und *Erwinia*-Arten (Enterobacteriaceae, Enterobacterales). Durch die lokale Eisbildung wird die pflanzliche Zellwand aufgebrochen. Die Bakterien gelangen so an Nährstoffe und sind verantwortlich für weltweite Ernteverluste.

Zahlreiche Forschungsarbeiten an eisbindenden Proteinen sind praxisorientiert. Es werden große Hoffnungen in den Einsatz dieser Biopolymere zur Kryokonservierung von Lebensmitteln gesetzt. Hilfreich könnte auch ihre Verwendung in der Medizin für das schonende Einfrieren von Organen sein, um das Zeitfenster zwischen Entnahme und Transplantation zu verlängern.

6.4.4 Hoher Salzgehalt

Die Auseinandersetzung mit hohem Salzgehalt begleitet die Organismen über ihre gesamte Evolution. Die größten **salinen Lebensräume** finden sich in den Ozeanen. Der offene Ozean enthält durchschnittlich 480 mM Na^+ und 560 mM $Cl^−$. Dies entspricht einer ca. 3 %-igen NaCl-Lösung. Der Mündungsbereich von Flüssen, in dem sich Salz- und Süßwasser mischen, stellt besondere Anforderungen. Lebewesen haben physiologische Möglichkeiten entwickelt, um sich dem wechselnden Salzgehalt anzupassen. Die unmittelbar angrenzenden Küstenbereiche der Meere wie Dünenlandschaften, Mangrovenwälder (● Abb. 6.21) und Salzmarschen

Abb. 6.21 Mangrovenbäume. **a**, **b** *Rhizophora* sp., Cape Tribulation, Queensland, Australien. **c**, **d** *Avicennia* sp. Kosi Bay, Südafrika. (Fotos: Gudrun Krauß)

sind stark von Salz aus dem Meer betroffen, das durch Wind und Wolken auch noch weiter ins Binnenland transportiert wird. Intensiv prägen die Gezeiten küstennahe Lebensräume. Hierzu gehören das **Wattenmeer** der Nordseeküste, aber auch die Mangrovenwälder am Rand tropischer Gewässer. Mangrovenbäume wie *Rhizophora*- und *Avicennia*-Arten sind sehr salztolerant. Hinzu kommt, dass die oberirdischen Stelzwurzeln von *Rhizophora*-Arten (Rhizophoraceae, Malpighiales) (Abb. 6.21a, b) und die Atemwurzeln (Pneumatophore) von *Avicennia*-Arten (Abb. 6.21c, d) selbst bei hohem Wasserstand die Sauerstoffversorgung der Pflanzen gewährleisten. Diese Pflanzenbestände bieten Lebensraum für zahlreiche Organismen. Die Wurzeln der Bäume sind mit Biofilmen besetzt, die aus Bakterien und Algen, insbesondere Rotalgen, bestehen. Im Sediment, das durch die Gezeiten einer hohen Dynamik unterliegt, leben viele Tierarten.

Terrestrische, salzreiche Habitate finden sich in ariden Steppen und Savannen (▶ Abschn. 12.3), in denen zeitweise, aber manchmal auch lang andauernd die Verdunstung von Wasser im Gegensatz zur Niederschlagsmenge überwiegt. Das gilt auch für Salzwüsten, die in abflusslosen Sedimentbecken entstanden sind. Salzböden enthalten vor allem angereichertes NaCl. In Böden der Steppe kommen häufig auch Sulfate und Carbonate in hoher Konzentration vor. Da sich mit Erhöhung der Salzkonzentration im Boden das Wasserpotenzial der Bodenlösung verändert, entsteht in nicht angepassten Pflanzen ein Wassermangel. Hinzu kommt die Toxizität von Salzionen, insbesondere von Na^+, in hohen Konzentrationen.

Großflächige Versalzungen sind weltweit ein ernst zu nehmendes Problem in der Agrarwirtschaft. Ein effektiver Anbau von Kulturpflanzen ist weltweit nur auf 17 % der agrarwirtschaftlich genutzten Fläche durch Bewässerung möglich. Es wird geschätzt, dass jedes Jahr 200.000 ha Anbaufläche neu versalzen.

Anthropogen verursachter Eintrag von Salzen führt zu erheblichen Belastungen der aquatischen und terrestrischen Ökosysteme mit Na^+, Ca^{2+}, Mg^{2+}, Cl^-, SO_4^{2-}, CO_3^{2-} und HCO_3^-. Hauptverursacher solcher Versalzungen in Europa ist der **Kalibergbau** für die Düngemittelindustrie. In Deutschland werden jährlich etwa 35 Mio. t Kalisalz unter Tage gefördert. Bei der Aufarbeitung und Reinigung gewinnt man hauptsächlich KCl und $MgSO_4$. Dabei fallen bis zu 80 % Salzrückstände, insbesondere NaCl, an, die in Halden aufgeschüttet

6.4 · Wasserverfügbarkeit

werden. In Mitteldeutschland entstanden so bis zu 200 m hohe Rückstandshalden, zum Teil mit einer Grundfläche bis zu 100 ha (◘ Abb. 6.22). Durch Niederschläge gelangen kontinuierlich mit dem Abstrom hoch konzentrierte Salzlösungen in Oberflächen- und Grundwässer. Lange Zeit wurden flüssige Rückstände des Kalibergbaus auch im Wesereinzugsgebiet in Thüringen und Hessen in die Werra eingeleitet oder in den Untergrund verpresst.

Böden in der Nähe des Haldenfußes sind durch austretende Salzsole stark betroffen. Zum Teil bilden sich kleine Salzseen. Es entsteht eine Zonierung in der Vegetation entsprechend der Salzkonzentration. So entwickelte sich an der Halde eines stillgelegten Bergwerks in Teutschenthal (Sachsen-Anhalt) eine charakteristische Flora aus salzliebenden Pflanzen (**Halophyten**). Über Jahrzehnte wurde die Haldenumgebung von fakultativen und obligaten Halophyten (z. B. dem sukkulenten Queller; *Salicornia europaea* ssp. *brachystachya*, Amaranthaceae, Caryophyllales) besiedelt (◘ Abb. 6.23). Wasser aus alten Stollen des Bergbaus trägt in diesem Habitat zur Verbreitung der Samen salztoleranter Pflanzen bei.

Der hohe Salzgehalt und die Erosion verhindern eine dichte Besiedlung der Rückstandshalden des Kalibergbaus. Allerdings bilden dort Organismen Mikroökosysteme in biologischen Bodenkrusten (▶ Abschn. 8.2), die aus Proteobakterien, Cyanobakterien (z. B. *Nostoc*-Arten, Nostocaceae, Nostocales), Actinobakterien und Grünalgen (z. B. *Dunaliella*-Arten, Dunaliellaceae, Chlamydomonadales) bestehen. **Algenreiche Biokrusten** sind erfolgversprechende Kandidaten für die Besiedlung hypersaliner Halden und die Verfestigung des Abraummaterials.

Halophile Pflanzen, hauptsächlich aus den Ordnungen Caryophyllales, Alismatales, Malpighiales, Poales, Laminales und Fabales, haben verschiedene Strategien zur Anpassung an ihren Standort entwickelt:

- **Ausschluss von Ionen**

Ein hoher Salzgehalt wird durch Unterbrechung des Ionentransports in die Pflanze verhindert. Im Strauch *Prosopis farcta* (Fabaceae, Fabales), der salzhaltige, aride Standorte besiedelt, wird zwar NaCl zunächst aufgenommen, aber Na^+ bereits in der Wurzel zurückgehalten. Eine Na^+-Diskriminierung verbunden mit einer K^+-Selektivität hat das Gras *Puccinella intermedia*

◘ **Abb. 6.22** Abraumhalde eines ehemaligen Kalisalzbergwerks bei Teutschenthal (Sachsen-Anhalt). (Foto: Gudrun Krauß)

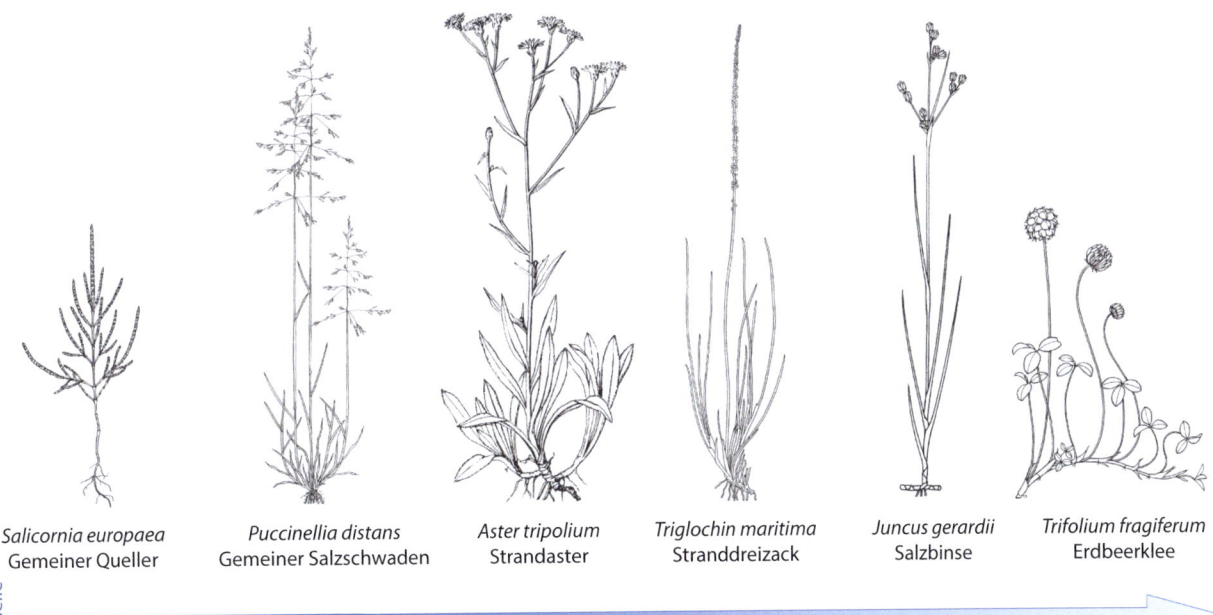

◘ **Abb. 6.23** Unterschiedliche Salztoleranz von Pflanzen, die zu einer Sukzession von Pflanzen im salzreichen Biotop führt. (Verändert nach Krauß und Miersch 1983 Chemische Signale, Abb. 4)

(Poaceae, Poales) entwickelt. Einige Mangrovenarten besitzen ein Ultrafiltrationssystem in der Wurzelrinde, das den Salztransport in andere Gewebe stark reduziert. Das Xylemwasser ist dann salzarm. In manchen Arten wird eine höhere Salzfracht im Phloem rücktransportiert, in der ganzen Pflanze verteilt und verdünnt. Damit wird der Schutz der zellulären Stoffwechselleistung gewährleistet.

Einige Kakteen, die inselartig in tropischen Salzpfannen leben, nehmen größere Salzmengen lediglich in der Sprossbasis auf, die dann abstirbt. Der restliche Spross ist weiterhin lebensfähig und betreibt als CAM-Pflanze sogenanntes CAM-Idling (▶ Abschn. 5.3.5). Die Stomata bleiben Tag und Nacht geschlossen.

■ **Salzeliminierung**

Marines Phytoplankton, Makroalgen, einige Pilze, aber auch der Halophyt *Mesembryanthemum crystallinum* (Aizoaceae, Caryophyllales) entsorgen Halogenionen in Form von gasförmigem Methylchlorid, -bromid oder -jodid. Manche Landpflanzen speichern größere Salzmengen in ihren Blättern. Sie werfen dann die alten Blätter ab und bilden neue Blattorgane. Beispiele dafür sind Rosettenpflanzen wie *Plantago maritima* (Plantaginaceae, Lamiales), *Triglochin maritima* (Juncaginaceae, Alismatales) und *Tripolium pannonicum* (Syn. *Aster tripolium*, Asteraceae, Asterales) (◘ Abb. 6.23).

Verschiedene Pflanzen akkumulieren überschüssiges Salz in speziellen **Blasenhaaren**, z. B. *Atriplex*-Arten. Diese toten Salzhaare auf der Blattoberfläche tragen im Inneren eine große Vakuole. Über eine Stielzelle, die ein ausgeprägtes endoplasmatisches Reticulum enthält, wird Salz in Vesikeln über Plasmodesmen in die Vakuole gepumpt. In der kalifornischen Wüste dient der sogenannte Salzbusch *Atriplex confertifolia* (Amaranthaceae, Caryophyllales) (◘ Abb. 6.24a), der Salzhaare trägt, zur Ernährung eines kleinen Nagetiers (*Dipodomys microps*, Heteromyidae, Rodentia). In der Regenzeit fressen die Tiere die jungen und nur gering salzhaltigen Blätter. In der niederschlagsarmen Zeit streifen sie die Salzhaare ab und fressen dann nur die salzarmen Blattspreiten.

Einige Mangrovenarten (z. B. *Avicennia officinalis*, Acanthaceae, Lamiales) (◘ Abb. 6.21c, d) scheiden aus mehrzelligen **Salzdrüsen** eine hoch konzentrierte NaCl-Lösung aus, die aus sekretorischen Zellen in eine Kammer unter der Cuticula gepumpt wird. Aus deren Poren wird dann regelmäßig Salz auf der Oberfläche freigesetzt, wo es kristallisiert bzw. abgewaschen wird. Verschiedene halophile Gräser (Poaceae) besitzen zweizellige Drüsen mit gleicher Funktion.

Voraussetzung für die morphologisch-physiologische Anpassung von Pflanzen an salzhaltige Standorte ist die **zelluläre Erkennung und Verarbeitung von Signalen**. Die biochemischen Abläufe sind vom selektiven und artspezifischen Ionenmilieu abhängig. Stoffwechselreaktionen unter Salzstress werden durch die Regulation der Ionenhomöostase geschützt:

— **Wasser- und Ionentransport**: Für die Transportprozesse in die Zellen und ihre Vakuolen stehen Ionenkanäle und energieabhängige Transporter zur Verfügung. Das Wasserpotenzial wird über die Regulation wassertransportierender Kanäle (Aquaporine) in der Plasmamembran aufrechterhalten.

— **Salzkompartimentierung**: Große Mengen anorganischer Ionen werden in der Vakuole akkumuliert. Hohe Na^+- und Cl^--Konzentrationen würden im Cytosol die Pools essenzieller Nährelemente, wie K^+ und Ca^{2+} verändern und damit den Stoffwechsel schädigen. Die vakuoläre Salzanreicherung in speziellen Zellen des Oberflächengewebes von Halophyten ist die Voraussetzung für die Abgabe von Sal-

◘ **Abb. 6.24** Halophyten mit verschiedenen Mechanismen zur Regulation ihres Wasser- und Ionenhaushalts. **a** *Atriplex confertifolia* (Cainville Desert, Hanksville, Utah, USA, © Jon G. Fuller/VWPics/Alamy/Alamy Stock Photos/mauritius images). **b** *Salicornia fruticosa* (Paros, Kolimbithres, Griechenland, Foto: Axel Fläschendräger)

zen über Haare und Drüsen (siehe oben). Besonders große Vakuolen im Blattgewebe speichern Wasser und Salz und ermöglichen die **Salzsukkulenz** (z. B. *Salicornia fruticosa*, Amaranthaceae, Caryophyllales, ◘ Abb. 6.24b).

- **Schutz durch Osmolyte**: Der hohe osmotische Druck der Vakuole muss im Cytoplasma durch Einlagerung von organischen Osmolyten (▶ Abschn. 6.4.1) ausgeglichen werden, die Membranen und Proteine schützen.
- **Schutz vor oxidativem Stress**: Da Salzstress die Bildung reaktiver Sauerstoffspezies (ROS) fördert, werden ROS-Entgiftungsmöglichkeiten ausgelöst (▶ Abschn. 6.3).
- **Schutz und Modifikation der Photosynthese**: Die Kontrolle der Na^+-Konzentration in den Chloroplasten ist sehr wichtig, da hohe Konzentrationen die Elektronentransportketten in den Photosystemen negativ beeinflussen. Einige Halophyten schützen sich vor dem Wassermangel, der mit Salzstress verbunden ist, auch durch Modifikation der Photosynthese zum Crassulaceen-Säuremetabolismus (CAM-Typ) (▶ Abschn. 5.3.5).

Ionen- und Osmoregulation bestimmen auch das **Leben der Tiere**. Dabei kommt den Körperflüssigkeiten die besondere Aufgabe zu, über die qualitative und quantitative Zusammensetzung der Salzionen das intrazelluläre Milieu in den verschiedenen Geweben zu kontrollieren. Im besonders salzreichen Meerwasser haben sich Organismen unterschiedlich adaptiert. Die Mehrzahl der wirbellosen Tiere passt den osmotischen Zustand ihrer extrazellulären Flüssigkeit an die Osmolarität des Meerwassers an. Wirbeltiere müssen in marinen Habitaten die Osmolarität ihrer extrazellulären Körperflüssigkeit so regulieren, dass diese unter der hohen Osmolarität des Meerwassers liegt. Zum Schutz vor hoher Ionenstärke werden auch Osmolyte akkumuliert. Der Salinenkrebs *Artemia salina* (Artemiidae, Anostraca) (◘ Abb. 6.13) lebt im Toten Meer und auch im Großen Salzsee in Utah (USA), der einen NaCl-Gehalt von 22 % besitzt.

Für die Ausscheidung von überschüssigem Salz, das mit der Nahrung aufgenommen wird, sind Drüsen als Teil der Osmoregulation in verschiedenen Tieren verantwortlich, z. B. nasale Drüsen (Meeresvögel und Eidechsen), Orbitaldrüsen (marine Schildkröten), Zungendrüsen (Krokodile) und Rektaldrüsen (Knorpelfische: Haie und Rochen).

Eine extreme ökologische Nische hat die Salzfliege *Ephydra hians* (Ephydridae, Diptera) besiedelt (◘ Abb. 6.25). Die Population lebt zusammen mit Salzkrebsarten (*Artemia* sp., Artemiidae, Anostraca) im Mono Lake in der Nähe des Yosemite National Park (Kalifor-

◘ **Abb. 6.25** *Ephydra hians*, eine Fliege, die im extrem salinen Mono Lake in Kalifornien lebt. (Aus van Breugel und Dickinson 2017, Abb. 1A)

nien, USA). Die Dipteren sind die Hauptnahrungsquelle von Wandervögeln. Der See ist dreimal salzhaltiger als das Wasser des Stillen Ozeans. Hinzu kommt ein pH-Wert von 10, der hauptsächlich vom hohen Natriumhydrogencarbonat- und Natriumcarbonatgehalt verursacht wird. Aus Quellen im See tritt $CaCO_3$-reiches Wasser aus, das aus den benachbarten Bergen stammt und ausgefällte Tuffsteinkrusten bildet. Die Fliege trägt auf der Körperoberfläche eine dichte Schicht stark hydrophober, speziell gewachster Haare (Superhydrophobie). Durch diese Struktur sind die Tiere beim Tauchen von einer Luftblase umhüllt, die aber die Augen frei lässt (◘ Abb. 6.25). Unter Nutzung kräftiger Krallen weiden die Insekten an den Tuffsteinfelsen Biofilme aus Bakterien und Algen ab. Auch Eier werden dort abgelegt.

6.4.5 Wasserüberschuss

Zahlreiche Landpflanzen haben sich an Habitate mit feuchter Luft und hohem Wassergehalt im Boden angepasst. Feuchtpflanzen (**Hygrophyten**) wachsen im Bodenbereich tropischer Regenwälder. Morphologie und Anatomie ihrer Blätter sind auf eine verbesserte Transpiration eingestellt, z. B. durch lebende Haare (Trichome), aus der Epidermis herausgewölbte Stomata und Drüsen (Hydathoden) zur Abgabe von Wasser. Wasserpflanzen (**Hydrophyten**) können submers im aquatischen Lebensraum siedeln. Andere Arten tragen Blätter, die auf der Wasseroberfläche schwimmen. Großlumige Interzellularen sind über Luftkanäle mit einem Durchlüftungsgewebe (Aerenchym) verbunden. Es durchzieht die Pflanzen bis zu den Wurzeln und versorgt die Pflanze mit Sauerstoff. Schwimmblätter wie bei der Lotosblume (*Nelumbo nucifera*, Nelumbonaceae, Proteales; ◘ Abb. 6.26a) tragen in der unteren Epidermis Zellkomplexe, die Mineralstoffe aus dem Wasser aufnehmen. **Rheophyten** siedeln in stark strömendem Wasser (manchmal sogar Stromschnellen) mit hohem Sauerstoffgehalt. Ein Beispiel ist *Marathrum* sp. (Podostemaceae, Malpighiales) (◘ Abb. 6.26b).

Eine spezielle morphologische und physiologische Adaptation an wechselnde Wasser- und Salzverhältnisse (▶ Abschn. 6.4.4) haben **Pflanzen an tropischen Küsten** entwickelt (▶ Abschn. 13.2.2). Das außerordentlich artenreiche Ökosystem nimmt auf der Erde eine Fläche von etwa 140.000 km^2 ein und hat sich im Gezeitenbereich tropischer Ästuare, Lagunen und Flussdeltas entwickelt. Von hier aus findet ein bedeutender Nährstofftransport in angrenzende Seegraswiesen und Korallenriffe statt. Mangroven im Bereich von Flussmündungen müssen, bedingt durch den dauernden Wechsel von Süß- und Salzwasser, in besonderer Weise an Salzstress (▶ Abschn. 6.4.4) und Sauerstoffmangel angepasst sein. Bei Ebbe wird eine gute Sauerstoffversorgung durch ein spezielles Wurzelwerk sichergestellt. *Rhizophora*-Arten verankern sich im Schlickboden mit bogenförmigen **Stelzwurzeln** (◘ Abb. 6.21a, b). Lenticellen in der Rindenschicht nehmen Luftsauerstoff auf, der über ein Aerenchym verteilt wird. *Avicennia*-Arten entwickeln aus dem unterirdischen Wurzelsystem **Atemwurzeln (Pneumatophore)**, die bei Ebbe in den Luftraum ragen und über Lenticellen ebenfalls Sauerstoff über den Cortex der Wurzeln aufnehmen (◘ Abb. 6.21c, d). Die Wurzeloberflächen tragen artenreiche Biofilme. So leisten Cyanobakterien mit ihrer Fähigkeit zur Luftstickstoffbindung (▶ Abschn. 8.1.1) einen wichtigen Beitrag zum Nährstoffkreislauf. Der dichte Pflanzenbestand fördert die Sedimentbildung, in dem Abbauprozesse organischer Substanzen einen steten Sauerstoffmangel hervorrufen.

Phytotoxische Sulfide verhindern weitestgehend den Unterwuchs in Mangrovenwäldern.

Die globale Erwärmung birgt die Gefahr, dass der Meeresspiegel deutlich ansteigt. Küstennahe Ökosysteme würden überflutet und ihre Biodiversität verändert. Davon wären die Mündungsbereiche großer Flüsse und Mangrovenwälder ebenso betroffen wie die Salzmarschen der Küsten, die die wechselnde Überflutung für den Erhalt der charakteristischen Flora und Fauna dieser Lebensräume benötigen.

Die permanent feuchten Habitate der **Moore**, die weltweit verbreitet sind, zeichnen sich durch sauerstoff- und nährstoffarmes Wasser mit niedrigem pH-Wert aus. Hier leben Sumpfpflanzen (**Helophyten**). Torfmoose (*Sphagnum*-Arten, Sphagnaceae, Sphagnales) besiedeln weltweit diese Lebensräume. Sie sind zur kapillaren Wasserspeicherung fähig und damit bedeutsam für den Wasserhaushalt großer Gebiete. Mit dem Haftwasser gelangen Mineralstoffe aus dem gesamten nährstoffarmen Habitat durch Ionenaustauschvorgänge an den Gewebeoberflächen in die Moose. Die Pflanzen wachsen kontinuierlich. Sie sterben im unteren Teil stetig ab und bilden auf diese Weise Torfschichten mit stark wärmeisolierenden Eigenschaften (◘ Abb. 6.27).

In Hochmooren siedeln nur wenige Angiospermen. Arten der Ericaceae überwinden die Nährstoffarmut dieses Habitats durch Mykorrhizabildung (▶ Abschn. 8.1.2). Insectivore Pflanzen wie *Drosera*-Arten füllen ihr Nährstoffbudget durch Fang und Verdau von Invertebraten auf (▶ Abschn. 10.2).

Permanent nasse Böden sind auch in flussnahen **Auwäldern** zu finden. Hohe Wasserstände wechseln sich mit Niedrigwasser ab und formen in den Überflutungsflächen einen speziellen Lebensraum. Ein Beispiel ist die Auen- und Moorlandschaft des Spreewalds im Land Brandenburg, der über Jahrhunderte durch menschliche Tätigkeit geprägt wurde (◘ Abb. 6.28). Schwarzerlen,

◘ Abb. 6.26 **a** Der Hygrophyt *Nelumbo nucifera* (Botanical Garden, Singapur, Foto: Gudrun Krauß) und **b** der Rheophyt *Marathrum* sp. (Nationalpark Rincon de la Vieja, Costa Rica, Foto: Axel Fläschendräger)

Weiden, Ulmen und Eichen sind an diese Bedingungen angepasst. Die Schwarzerle (*Alnus glutinosa*, Betulaceae, Fagales) lebt beispielsweise permanent auf wassergesättigten Böden. Die Sauerstoffversorgung erfolgt im Wurzelbereich über Interzellularen und oberirdisch über Lenticellen. Der Bedarf an Stickstoff wird wesentlich in symbiotischer Lebensweise durch Wurzelknöllchen mit Bakterien (*Frankia*-Arten) gedeckt (▶ Abschn. 8.1.1). Die Zersetzung abgeworfener Blätter versorgt den Boden mit Stickstoff.

Anaerobe Mikroorganismen in Böden mit Stauwasser schaffen ein reduzierendes Milieu, das reich an Fe^{2+}, Mn^{2+}, H_2S und Sulfiden ist. Unter diesen hypoxischen Bedingungen synthetisieren methanogene Bakterien große Mengen an Methan (**Methanogenese**). Etwa ein Drittel der globalen Methanemissionen in die Atmosphäre stammt aus natürlichen Feuchtgebieten. Auch durch Reisanbau entstehen erhebliche Methanmengen. Die Kulturpflanze Reis (*Oryza sativa*, Poaceae, Poales) erweist sich im Nassanbau als tolerant gegenüber Wasserüberschuss. Die Samen keimen unter anaeroben Bedingungen. Die Pflanzen wachsen zunächst submers und entwickeln zahlreiche Adventivwurzeln. Unter erhöhter Synthese des Phytohormons Ethylen wächst der Spross durch Streckungswachstum mit etwa 25 cm pro Tag über die Wasseroberfläche. Die benötigte Stoffwechselenergie wird durch erhöhte ATP-Produktion über die biologische Oxidation (▶ Abschn. 5.2.3) bereitgestellt.

Überflutungssensitive Pflanzen müssen sich an kurzzeitigen Sauerstoffmangel akklimatisieren. Sie gewinnen ATP durch den Abbau von Reservepolysacchariden, Glykolyse und anaerobe Respiration, bei der Pyruvat über Acetaldehyd zu Ethanol umgesetzt und das entstehende $NADH+H^+$ zur Energiegewinnung herangezogen wird. Ethanol kann mit dem Transpirationsstrom transportiert und in die Luft freigesetzt werden.

6.5 Essenzielle Elemente und der besondere Umgang mit Metallen

Alle Organismen benötigen essenzielle Elemente aus anorganischen und organischen Quellen. Menge und Verfügbarkeit beeinflussen die Biodiversität in den Ökosystemen. Allerdings unterscheiden sich die Organismen in der Effizienz von Aufnahme und Verwendung von Nährstoffen. Eine Unterversorgung führt zu Mangelerscheinungen.

Die **Makronährelemente** Kohlenstoff, Stickstoff, Phosphor und Schwefel sind in Stoffkreisläufe und Nahrungsketten eingebunden, die ihre jeweilige Verfügbarkeit in den Lebensräumen bestimmen (▶ Abschn. 4.3.5). Photoautotrophe Pflanzen nutzen CO_2, O_2 und Wasser aus ihrer Umwelt. N_2 für die Bindung in Symbiose mit Bakterien stammt aus dem Luftraum. Pflanzen nehmen Mineralstoffe aus dem Boden auf, vor allem als Oxoanionen (NO_3^-, SO_4^{2-}, $H_2PO_4^-$). Weitere Makronährstoffe sind Kalium, Calcium und Magnesium (◘ Tab. 6.2).

In geringen Mengen benötigen Pflanzen **Mikronährelemente** (Spurenelemente) (◘ Tab. 6.3). Der Bedarf ist aber sehr unterschiedlich. Eine mangelhafte Verfügbarkeit, aber auch zu hohe Konzentrationen führen zu Wachstums- und Entwicklungsstörungen, die sich durch vorzeitigen Blattabwurf, Nekrosen und Chlorosen äußern.

◘ Abb. 6.27 Moorlandschaft (Haspelmoor, Rotes Moos, Bayern). (© Mark Robertz/mauritius images)

◘ Abb. 6.28 Auwald. **a, b** Schwarzerlenbestände im Spreewald, Land Brandenburg. (Fotos: Gudrun Krauß)

Tab. 6.2 Essenzielle Makroelemente für Pflanzen. Verfügbarkeit und Funktion im Stoffwechsel

Element	Aufnahmeform	Vorkommen und Funktion
Stickstoff (N)	NO_3^-, NH_4^+, N_2 aus der Luft	Nucleinsäuren, Proteine, spezialisierte Metaboliten
Phosphor (P)	$H_2PO_4^-$, HPO_4^{2-}	Nucleinsäuren, ATP, Coenzyme, Zuckerphosphate, Phosphoproteine und -lipide
Schwefel (S)	SO_4^{2-}, SO_2 aus der Luft	Proteine, Coenzyme, Glutathion, Sulfolipide, spezialisierte Metaboliten
Kalium (K)	K^+	Osmoregulation, Ionengleichgewicht, Enzymaktivierung
Calcium (Ca)	Ca^{2+}	Bestandteil zellulärer Signalketten, Membran- und Zellwandstabilisierung
Magnesium (Mg)	Mg^{2+}	Zentralatom im Chlorophyll, Mg-ATP-Komplexe, Enzymaktivierung

Tab. 6.3 Essenzielle Mikroelemente für Pflanzen. Verfügbarkeit und Funktion im Stoffwechsel

Element	Aufnahmeform	Vorkommen und Funktion
Eisen (Fe)	Fe^{2+}- oder Fe^{3+}-Chelate	Redoxreaktionen, Elektronentransport, Chlorophyllsynthese, Nitrogenase (N_2-Fixierung)
Mangan (Mn)	Mn^{2+}	Photosynthese (Wasserspaltung), Cofaktor von Enzymen
Kupfer (Cu)	Cu^{2+}	Redoxreaktionen, Elektronentransport, Ligninbiosynthese
Molybdän (Mo)	MoO_4^{2-}	Bestandteil von FeMo-Cofaktoren (Nitrat-Reduktase, Nitrogenase)
Zink (Zn)	Zn^{2+}	MnZn-Superoxid-Dismutase, Transkriptionsfaktoren
Cobalt (Co)	Co^{2+}	Vitamin B_{12} (Cofaktor des Leghämoglobins)
Nickel (Ni)	Ni^{2+}	Bestandteil der Urease
Bor (B)	H_3BO_3	Stabilisierung von Zellwänden, Pollenbildung, Kohlenhydrattranslokation
Selen (Se)	SeO_3^{2-}, SeO_4^{2-}	Antioxidative Eigenschaften, Verringerung von abiotischem Stress
Silicium (Si)	$Si(OH)_4$	Einlagerung in Zellwände, Metallimmobilisierung, physikalische Herbivorenabwehr
Natrium (Na)	Na^+	Osmotisch wirksam (z. B. in Halophyten)
Chlor (Cl)	Cl^-	Photosystem II (wasserspaltender Komplex), osmotisch wirksam

Veränderungen in der **Wurzelarchitektur** sind wesentliche Voraussetzungen für die Nährstoffaufnahme. Durch Wurzelhaare wird eine vergrößerte Oberfläche zur Aufnahme von Wasser und Nährstoffen aus Böden und Sedimenten erreicht. Sie variieren in Länge (80–1500 µm) und Durchmesser (5–17 µm) und erschließen das Bodensubstrat unter häufig erheblichem mechanischen Stress. Ein zeitlich und räumlich wechselnder pH-Wert im Boden verändert die Verfügbarkeit von Nährstoffen. Gleichzeitig ändert sich das Muster der Metaboliten, die von Mikroorganismen und Pflanzenwurzeln in die Rhizosphäre ausgeschieden werden. Mit einer komplexen pH-Sensorik, die noch nicht vollständig aufgeklärt ist, stellt sich die Pflanze auf den pH-Wert des Bodens ein und entwickelt die hohe Flexibilität zur Aufnahme und Verteilung von Mineralstoffen in den Geweben. Alkalische Böden (pH > 7) besitzen eine niedrige Wasserkapazität und geringe Verfügbarkeit für Eisen, Mangan und Phosphat. Auf diese Verhältnisse stellen sich Arten der Proteaceae ein, die auf der Südhalbkugel der Erde heimisch sind. Sie wachsen häufig auf phosphatarmen Böden und entwickeln in einem relativ kleinen Bodenvolumen ein dichtes Geflecht an sogenannten **Proteoidwurzeln**. Durch Ausscheidung großer Mengen an Citronensäure wird die Phosphatlöslichkeit aus den Bodenpartikeln erhöht. Gleichzeitig können die Pflanzen bei Starkregen in den Boden gespülte Nährstoffe über die große Wurzeloberfläche besonders gut aufnehmen. Eine ähnliche Wurzelarchitektur besitzt auch die Weiße Lupine (*Lupinus albus*, Fabaceae, Fabales).

In **sauren Böden** sind Eisen und Mangan besser verfügbar, aber es werden dort häufig auch toxische Konzentrationen von Aluminium angereichert. Wechsel im

6.5 · Essenzielle Elemente und der besondere Umgang mit Metallen

pH-Wert der Rhizosphäre verändern auch die Mikrobiomstruktur. Bakterien, die für Wachstum und Entwicklung der Pflanzen wichtig sind (*plant growth promoting bacteri*, PGPBs), bevorzugen neutrale oder gering alkalische pH-Werte. Bei niedrigen pH-Werten überwiegen pathogene Mikroorganismen.

Nährelemente werden in der Rhizosphäre aus dispersen Bodenpartikeln mobilisiert, die als Ionenspeicher und -puffer dienen. Das geschieht durch Austauschadsorption oder Komplexierung.

Das besonders wichtige Nährelement **Eisen** ist für Pflanzen schwer verfügbar, obwohl es in den meisten Böden in größerer Menge vorkommt. Besonders alkalische Böden enthalten Eisen als gering gelöstes Fe^{3+}. Pflanzen haben zwei Strategien entwickelt, um die Löslichkeit und damit Verfügbarmachung dieser Ionen zu verbessern, sie aufzunehmen und zu Fe^{2+}-Ionen zu reduzieren. Spezialisierte Metaboliten vermitteln die Reaktionen (◘ Abb. 6.29):

Strategie I: Dikotyle und monokotyle Pflanzen (außer Poaceae) scheiden Protonen und organische Säuren aus, um den pH-Wert in der Rhizosphäre abzusenken. Das trifft besonders auf alkalische Böden zu. In einigen Pflanzen, darunter auch *Arabidopsis thaliana*, werden Reaktionen des Phenylpropanoidstoffwechsels (▶ Abschn. 5.4.2) induziert. Es entstehen je nach Bodentyp und pH-Wert der Rhizosphäre zwei unterschiedliche **Cumarine**, die in den Boden diffundieren. Bei einem pH-Wert < 5,5 wird **Sideretin** und bei einem pH-Wert > 7 **Fraxetin** aus den Wurzeln abgegeben. Die Fe^{3+}-Ionen werden an der Plasmamembran durch eine NADH-abhängige Reduktase zu Fe^{2+}-Ionen reduziert und mithilfe eines Transportproteins in die Zelle aufgenommen. Pflanzenbürtige Cumarine beeinflussen die Zusammensetzung des Bodenmikrobioms. Sie fördern die Biodiversität des Bodenbioms und somit die Aktivität von PGPBs in eisendefizienten Böden.

Strategie II: Gräser (Poaceae) scheiden **Muginsäure** aus, ein Phytosiderophor, das mit hoher Affinität Fe^{3+}-Ionen komplexiert. Die Chelate werden durch epidermale und Cortexzellen in die Wurzel aufgenommen (◘ Abb. 6.29). Muginsäure wird aus S-Adenosylmethionin über Nicotianamin gebildet. S-Adenosylmethionin ist ein zentraler Metabolit des pflanzlichen Stoffwechsels, der auch für die Synthese von Polyaminen (▶ Abschn. 6.1), Ethylen (▶ Abschn. 6.1) sowie für Methyltransferreaktionen bei der Synthese spezialisierter Metaboliten herangezogen wird. Nicotianamin kommt in allen Pflanzen vor und reguliert den verfügbaren Zinkspiegel in Zellen und Geweben.

Auch Bakterien und Pilze sezernieren Siderophore mit unterschiedlicher Bindekapazität zu Eisen und anderen Metallionen. Die Metallbindefähigkeit natürlicher, nichttoxischer Chelatbildner ist für den praktischen Einsatz interessant, z. B. zur Bodensanierung durch spezifische Extraktion, selektive bakterielle Anreicherung und Gewinnung von Metallrohstoffen sowie Einsatz in der Biosensorik von Metallen.

Der **Transport von Nährstoffen** aus der Rhizosphäre in die Wurzel erfolgt durch Diffusionsgradienten (z. B. für Phosphat und Kalium), durch Massenfluss, der vom Transpirationsstrom angetrieben wird (z. B. Nitrat, Calcium, Magnesium), und durch direkten Austausch von Kationen zwischen negativ geladenen Bodenpartikeln

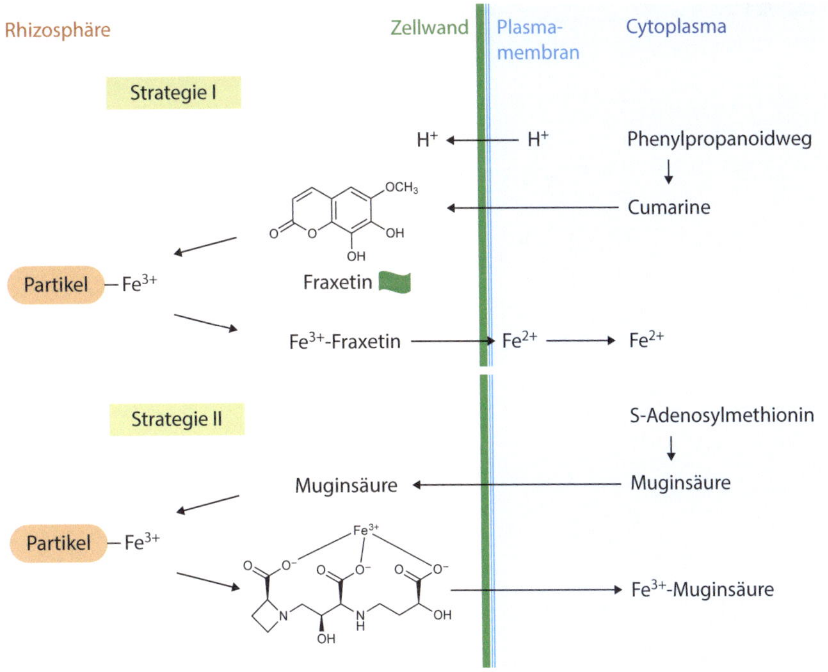

◘ **Abb. 6.29** Zelluläre Herkunft und Funktionalität pflanzlicher Wurzelausscheidungen für zwei Strategien der Verfügbarmachung des Nährelements Eisen aus dem Boden

und den Zellwänden. Mykorrhizapilze unterstützen durch Vergrößerung der resorbierenden Wurzeloberfläche die Versorgung mit Mineralstoffen wie Phosphat. Die Nährstoffe gelangen dann in den Apoplasten und werden über die Plasmamembranen in den Symplasten transportiert. Diese Membranen sind Selektivitätsbarrieren auf Basis aktiver und passiver Transportvorgänge. Die Verteilung der anorganischen Salze in der Pflanze erfolgt über das Xylem.

Am natürlichen Standort ist der Wiedereintrag von Nährelementen in den Boden durch Absterben und Zersetzung von Pflanzenteilen gewährleistet. Auf landwirtschaftlich genutzten Böden ist dies nur bei Gründüngung der Fall. In der Mehrzahl der Fälle müssen Nährelemente (vor allem N, P, K) über mineralische Düngung wieder in den Boden eingebracht werden, um die Bodenmikroflora zu stärken und hohe Ernteerträge zu erreichen.

Der Bedarf an **Mikronährelementen** ist geringer als der an Makronährstoffen, aber für zahlreiche Lebensfunktionen essenziell (◘ Tab. 6.3). Häufig werden aber Pflanzen mit einem Überangebot an Metallen am Standort konfrontiert. Hinzu kommt das Auftreten toxisch wirkender Metalle wie Cadmium, Quecksilber und Blei, sowie Metalloide, die als Oxyanionen vorkommen, z. B. Arsenat, Arsenit, Chromat, Chromit. Ihre Toxizität äußert sich durch Eingriffe in den Stoffwechsel, die häufig in Konkurrenz mit essenziellen Metallen stattfinden:

- Bindung an Thiolgruppen von Proteinen und somit Veränderung von Enzymaktivitäten und Strukturproteinen
- Ersatz von Metallen in aktiven Zentren von Enzymen und Regulatorproteinen
- Veränderungen der zellulären Redoxhomöostase

Hohe Metallkonzentrationen sind in sauren Böden und auf oberflächennahen Erzadern zu finden. Der Gehalt an Metallen in der Pflanze ist ein Maß für die Resistenz, die selbst in einer Art sehr unterschiedlich sein kann. Die Metallanreicherung im Boden führt zu einer Anpassung verschiedener Pflanzen (**Metallophyten**, **Galmeipflanzen**) und zur Ausprägung von Ökotypen, die als **Indikatorpflanzen** metallreiche Standorte anzeigen, z. B. mit viel Zink (*Viola lutea* ssp. *calaminaria*, Violaceae, Malpighiales) (◘ Abb. 6.30a), Kupfer (*Sabulina verna* ssp. *hercynica*, Caryophyllaceae, Caryophyllales) (◘ Abb. 6.30b), Silber (*Eriogonum ovalifolium*, Polygonaceae, Caryophyllales) (◘ Abb. 6.30c) und Nickel (*Alyssum morale*,

◘ Abb. 6.30 Indikatorpflanzen für Metalle. **a** *Viola lutea* ssp. *calaminaria* (Zink) (Nordrhein-Westfalen). **b** *Sabulina verna* ssp. *hercynica* (Kupfer) (Nordrhein-Westfalen). **c** *Eriogonum ovalifolium* (Silber) (Krater im Moon National Monument, Idaho, USA). (**a** © M. Woike/blickwinkel/picture alliance, **b** © blickwinkel/A. Jagel/picture alliance, **c** © Astrid Hinderks/► stock.adobe.com)

Brassicaceae, Brassicales). Der Schraubenbaum *Pandanus candelabrum* (Pandanales, Pandanaceae) wächst nur auf eisenreichem Vulkangestein (Komberlit) in Afrika, in dem Diamanten vorkommen. Indikatorpflanzen können für die Prospektion von Bodenschätzen, aber auch die Bewertung agrar- und forstwirtschaftlicher Nutzflächen herangezogen werden.

Hohe Metallkonzentrationen in Böden und Wässern können auch durch anthropogenen Eintrag verursacht werden. Verschiedene Pflanzen und Pilze haben sich an derartige Kontaminationen angepasst. Beispiele für solche extreme Siedlungsorte sind die belasteten Folgelandschaften eines langen Erzbergbaus, z. B. im Harz (Land Niedersachsen). Im Mansfelder Land (regionalgeologische Einheit „Mansfeld-Eislebener Mulde", Land Sachsen-Anhalt) wurde über 800 Jahre bis 1990 intensiv Kupferschieferbergbau betrieben. Zuletzt wurden bis zu 1,4 Mio. t Erz jährlich verhüttet. Metallhaltige Schlämme hat man auf Armerz- und Schlackehalden deponiert. Durch Verwitterung entstanden stark mit Zink, Kupfer, Cadmium und Blei belastete Sickerwässer. Seit 30 Jahren allerdings wird das extrem belastete Wasser geklärt. Der Abstrom einer Quelle unter einer Halde enthielt bis zu 2 g Zink l^{-1} im Wasserkörper zusammen mit großen Mengen an Cu, Cd und Pb, aber auch Sulfat, Nitrat und polyaromatischen Kohlenwasserstoffen (◘ Abb. 6.31).

Aus diesem Wasser wurden sieben Arten **aquatischer Hyphomyceten** (*ingoldian fungi*, Ascomyceten) isoliert, die als wichtige Teilnehmer an der Detritusaufarbeitung in aquatischen Habitaten bekannt sind (▶ Abschn. 13.2.3.2). Sie vermitteln in natürlichen Ökosystemen den Transfer von Nährstoffen zwischen verschiedenen trophischen Ebenen. Trotz hoher Metall- und Salzkonzentrationen und einer dichten Kruste eines Sekundärminerals (Zinkwoodwardit mit Aluminium, Schwefel, Kupfer und Zink) konnten die Pilze auf explantierten Erlenblättern im extrem belasteten Sickerwasser des Standorts wachsen. Ein Blattabbau bei zunehmendem Wachstum der filamentösen Pilze wurde trotz des Einschlusses der Hyphen in die Kristallpräzipitate nachgewiesen (◘ Abb. 6.32). Allerdings verringerte das hoch belastete Wasser Artenzahl, Wachstum und Sporenzahl der Pilze sowie die Aufbereitungsrate des Blatts gegenüber unbelasteten Standorten.

Pflanzen und Pilze haben verschiedene Strategien der Stressbewältigung gegenüber Übergangsmetallen, vor allem Fe, Al, Ni, Cu, Cd, Pb und Hg, entwickelt. Die erste Kontaktzone für Metallionen sind apikale Meristeme der Wurzelspitzen bzw. Hyphenspitzen filamentöser Pilze. In diesen Zellen beginnen anatomische und physiologische Veränderungen, auf die sich der Organismus im Zuge der Metall(oid)translokation in alle anderen differenzierten Zellen biochemisch einstellt:

- Vermeidungs-(Avoidance-)mechanismen:
  - Ausscheidung komplexbildender Moleküle, um die Metallmobilisierung zu verringern. So geben tropische Pflanzen auf sauren Böden Malat, Citrat und Oxalat in die Rhizosphäre ab, um das toxische Metall Aluminium zu binden.
  - Adsorption in die Zellwände der Wurzeln und der Mykorrhizapilze.
  - Spezifische Regulation des Metalltransports durch die Plasmamembran.

◘ **Abb. 6.31** Aquatische Pilze aus einem anthropogen belasteten Gewässer an einer Armerz- und Schlackehalde bei Hergisdorf (Mansfelder Land, Sachsen-Anhalt). **a** Halde mit Ableitung des Haldensickerwassers zu einer Reinigungsanlage. **b** Extrem belastetes Sickerwasser an der Haldenbasis. Insert: Sporen aquatischer Hyphomyceten. 1, *Neonectria lugdunensis* (Syn. *Heliscus lugdunensis*); 2, *Tricladium angulatum*; 3, *Tetracladium marchalianum*. (Fotos: Gudrun Krauß)

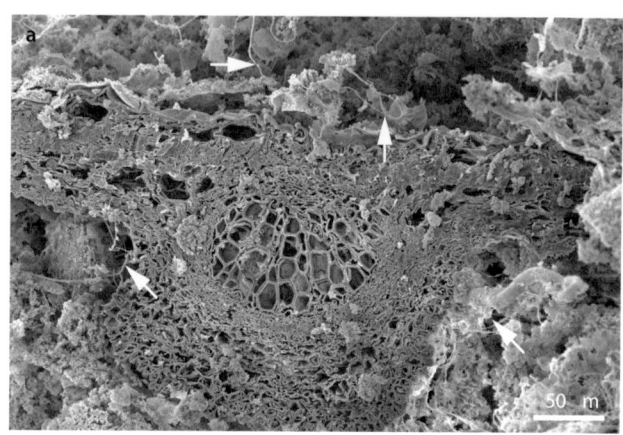

Abb. 6.32 Rasterelektronenmikroskopische Aufnahmen von Pilzmycel auf Erlenblättern, die im Haldensickerwasser (Standort Hergisdorf, Land Sachsen-Anhalt) über vier Wochen explantiert wurden. **a** Besiedlung des Blatts mit Pilzmycel. **b** Sekundärmineralien bilden Krusten um das wachsende Mycel. (Fotos: J. Ehrman, Gudrun Krauß)

- Toleranzmechanismen:
  - Selektive Aufnahme von Metallen über Transportproteine der Plasmamembran.
  - Erhöhte Ausscheidung, z. B. durch Guttation und Blattabwurf.
  - Speicherung in Trichomen, z. B. in *Brassica juncea* (Brassicaceae, Brassicales) und *Nicotiana tabacum* (Solanaceae, Solanales).
  - Zelluläre Akkumulation bei Pflanzen und Pilzen innerhalb vakuolärer Polyphosphatpräzipitate oder extrazelluläre Salzbildung bei Pilzen als CdS-Kristallite (z. B. *Neonectria lugdunensis* [Syn. *Heliscus lugdunensis*], Nectriaceae, Ascomycota).
  - Induktion von Schutzproteinen (Chaperone).
  - Schutz vor reaktiven Sauerstoffspezies (ROS), z. B. durch Glutathion als wesentlichen Redoxregulator der Zellen (▶ Abschn. 6.3) oder durch erhöhte Bereitstellung von Polyaminen (Tab. 6.1) als Antioxidanzien.
  - Intrazelluläre Komplexbildung mit organischen Säuren (Zn-Malat, Cd-Oxalat) oder Oligopeptiden (Cd-Glutathion-Komplex) in Pflanzen (z. B. in der Mehrzahl der Moosarten) und Pilzen. Die Chelatkomplexe werden in der Vakuole gespeichert.
  - Induktion der nichtribosomalen Synthese von unterschiedlich langen **Phytochelatinen** aus reduziertem **Glutathion** (sogenannte kanonische Phytochelatine) mit einem C-terminalen Glycinrest (Abb. 6.33a). Es sind verschiedene Phytochelatinisoformen bekannt, die statt Glycin andere Aminosäuren (z. B. Serin, Alanin oder Glutamin) im Molekül enthalten können. Es kann auch Glutaminsäure N-terminal in einigen Phytochelatinen fehlen. Die Oligopeptidkomplexe von Metallen oder Metalloiden mit multiplen Thiolgruppen der Cysteinreste (Abb. 6.33b) werden in die Vakuolen transportiert und dort, oftmals noch mit Sulfid komplexiert, gespeichert. Phytochelatine mit unterschiedlichen Isoformen und verschiedener Kettenlänge kommen in Grünalgen (z. B. *Chlamydomonas reinhardtii*, Chlamydomonaceae, Chlamydomonadales), Charophyten, in einigen Bryophyta (Hornmoose, Anthocerotophyta; Lebermoose, Marchantiophyta) sowie in Gefäßpflanzen (Bärlapp- und Samenpflanzen) und Farnen vor. In der Mehrzahl der Moose wird **Glutathion**, jedoch keine Phytochelatine, durch Cadmium induziert. Der Metabolit bildet wahrscheinlich intrazelluläre Cd-Glutathion-Metallkomplexe, die in der Vakuole abgelagert werden. Pilze enthalten unterschiedlich lange „kanonische" Phytochelatine (Abb. 6.33a) (z. B. *Schizosaccharomyces pombe*; Schizosaccharomycetaceae, Schizosaccharomycetales) oder auch nur ein Phytochelatin (n = 2) (z. B. *Saccharomyces cerevisiae*, Saccharomycetaceae, Saccharomycetales) und *Neonectria lugdunensis* (Syn. *Heliscus lugdunensis*, Nectriaceae, Ascomycota).
  - Induktion von **Metallothioneinen**: Diese metallbindenden Proteine sind in Prokaryoten (außer Archaeen) und Eukaryoten weit verbreitet. Sie haben eine kleine Molmasse (2,4–14 kDa) und enthalten zahlreiche Cysteinreste, die Metalle als sogenannte Thiolatkomplexe über die freien SH-Gruppen binden können (Abb. 6.33c). Metallothioneine sind wichtig für die Kupfer- und Zinkbindung und damit für die Homöostase dieser essenziellen Elemente in den Organismen. Das Genexpressionsmuster folgt dem jeweiligen Entwicklungszustand der Arten. Metallothioneine werden in den Zellen aber auch für die Entgiftung toxischer Metalle herangezogen. Im aquatischen Hyphomyceten *Neonectria lugdunensis* (Syn. *Heli-*

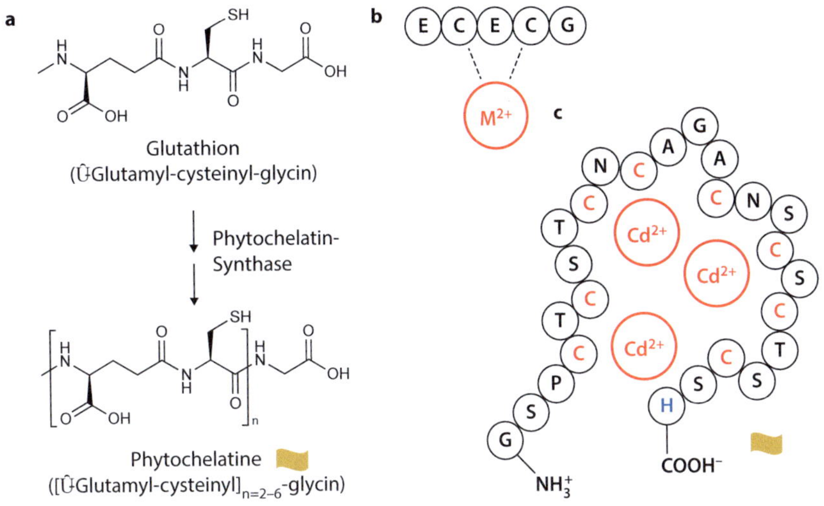

6.5 · Essenzielle Elemente und der besondere Umgang mit Metallen

Abb. 6.33 Cadiumentgiftung in Pflanzen und Pilzen mithilfe von Peptiden und Proteinen. **a** Synthese von „kanonischen" Phytochelatinen aus Glutathion. **b** Phytochelatin-2-Metallkomplex (M, Metall). **c** Metallothionein-Cd-Komplex aus dem aquatischen Pilz *Neonectria lugdunensis* (Syn. *Heliscus lugdunensis*). Aminosäuren sind im Ein-Buchstaben-Code bezeichnet: A, Alanin; N, Asparagin; C, Cystein; E, Glutaminsäure; G, Glycin; H, Histidin; P, Prolin; S, Serin; T, Threonin

scus lugdunensis), der aus einem zink- und cadmiumreichen Habitat als ein spezieller Ökotyp isoliert wurde (siehe oben) (Abb. 6.31b), wird neben einem Phytochelatin ein kleines Metallothionein (2,4 kDa) lediglich durch Cadmium (nicht durch Zn und Cu) induziert. Es bindet auch, als bisher einmaliger Befund für das Organismenreich, bevorzugt Cadmium (Abb. 6.33c). Die Metallentgiftung erfolgt in diesem Pilz in den Spitzenzellen der Hyphen.

Mehr als 700 Angiospermenarten aus unterschiedlichen taxonomischen Gruppen, mit Schwerpunkt in den Brassicaceae, Asteraceae und Phyllanthaceae, haben die Fähigkeit entwickelt, in stark belasteten Böden und Wässern Metalle in hohen Konzentrationen anzureichern. Häufig kommen diese Pflanzen endemisch vor und werden als **Metallhyperakkumulatoren** bezeichnet. Das Phänomen hat sich mehrmals durch konvergente Evolution entwickelt. Die genetische Variation förderte die Ausprägung hypertoleranter Ökotypen mit Unterschieden in der Akkumulationsrate von Metallen. Einige Beispiele sind:

- Mangan: >10 mg g^{-1} Trockenmasse, 42 Arten aus 16 Familien, *Virotia neurophylla* (Proteaceae, Proteales), endemisch in Neukaledonien
- Zink: >3 mg g^{-1} Trockenmasse, 21 Arten aus neun Familien, *Noccaea caerulescens* (Brassicaceae, Brassicales) (Abb. 6.34a)
- Nickel: >1 mg g^{-1} Trockenmasse, 532 Arten aus 54 Familien, *Pycnandra acuminata* (Sapotaceae, Ericales), endemisch in Neukaledonien
- Blei: >1 mg g^{-1} Trockenmasse, neun Arten aus sieben Familien, Schwimmfarn *Salvinia minima* (Salviniaceae, Salviniales)
- Arsenat (As^{5+}) und Arsenit (As^{3+}): >1 mg g^{-1} Trockenmasse, fünf Arten aus einer Familie, Saumfarn *Pteris vittata* (Pteridaceae, Polypodiales) (Abb. 6.34b)
- Cadmium: >0,1 mg g^{-1} Trockenmasse, 43 Arten aus sieben Familien, *Noccaea caerulescens* (Brassicaceae, Brassicales) (Abb. 6.34a)

Die Nutzung von Hyperakkumulatoren zur sogenannten **Phytosanierung** kontaminierter Böden durch Metallentnahme (Phytoextraktion) wird versucht. Einfacher Anbau, schneller Wuchs und große Biomasse sind Voraussetzungen für einen Erfolg, der allerdings stets nur zu einer Verringerung der Metallbelastung des Bodens führt.

Hoch metalltolerante Pflanzen haben spezielle Anpassungsstrategien entwickelt:

- Erhöhte Raten der Aufnahme und Verteilung von Metallen in den Geweben.
- Effektiver apoplastischer und symplastischer Transport von den Wurzeln zum Spross. Metallbindende Moleküle (siehe oben) unterstützen die Translokation.
- Entgiftung in den Vakuolen von Blattzellen, z. B. Ni in großen epidermalen Zellen von *Noccaea caerulescens*, oder Eintrag in Mesophyllzellen der Blätter (Mn: *Gossia bidwillii*, Myrtaceae, Myrtales; Cd, Zn: *Sedum alfredi*, Crassulaceae, Saxifragales).
- Standortvorteile im Lebensraum: Der hohe Metallgehalt der Zellen verbessert den Schutz gegenüber herbivoren Insekten und Phytopathogenen. Durch Zersetzung des Blattfalls und damit Freisetzung von Metallen wird die Bodenflora und -fauna beeinflusst. Neben der Wechselwirkung der Pflanzen mit verschiedenen Bodentypen entsteht eine komplexe

Abb. 6.34 Metallhyperakkumulierende Pflanzen. **a** *Noccaea caerulescens* (Zink, Cadmium) (Belgien, © Wiert/► stock.adobe.com). **b** *Pteris vittata* (Arsenat, Arsenit). (Deniyaya, Sri Lanka, Foto: Axel Fläschendräger)

Interaktion mit anderen Organismen im metallreichen Habitat. Der hohe Metallgehalt im pflanzlichen Gewebe wirkt sich auch auf endophytische Bakterien und Mykorrhizapilze aus, die ebenfalls eine größere Metalltoleranz erreichen.
– Synergistische Wirkung hoher Metallkonzentrationen zusammen mit spezialisierten Metaboliten auf Herbivoren (► Abschn. 10.4)

6.6 Feuer als Stressor

Periodische Brände in der Vegetation begleiten seit Millionen von Jahren die evolutionäre Ausprägung der Zonobiome. Jüngste Studien zeigen einen Zusammenhang zwischen dem Massensterben großer Pflanzenfresser vor etwa 50.000–7000 Jahren im späten Quartär und der Häufigkeit von Bränden in Graslandökosystemen. Dazu wurden auf mehreren Kontinenten Brandaktivitäten auf der Grundlage von Pflanzenaschesedimenten untersucht. Die Feuerhäufigkeit nahm in den Lebensräumen zu, in denen die meisten Grasfresser ausstarben. Davon war insbesondere Südamerika betroffen. Auch heute spielen Aktivität und Diversität großer Herbivoren eine entscheidende Rolle für den Erhalt von Graslandschaften (► Abschn. 4.4).

Feuer ist in allen Vegetationszonen, außer Trocken- und Polarwüsten, ein wesentlicher Faktor für die Entwicklungsdynamik von Ökosystemen. Indigene Völker haben es oft bewusst zur Manipulation von Fauna und Flora eingesetzt (► Abschn. 1.4). Allerdings sind vom Menschen verursachte großflächige Brände zur Rodung tropischer Wälder für Land- und Weidewirtschaft kontraproduktiv.

Lokale Feuer prägen zahlreiche Zonobiome wie Savannen, mediterrane Gebiete und boreale Wälder. Die Häufigkeit natürlicher Feuerzyklen variiert bei Savannen (jährliche Brände) und mediterraner Buschlandschaft (Brände im Abstand von 30 bis 40 Jahren). Die zeitliche und räumliche Heterogenität der Feuerereignisse beeinflusst maßgeblich die Biodiversität.

Mit dem Feuer variieren Umweltbedingungen wie Temperatur, Wasserverfügbarkeit und Lichtintensität. Es ändern sich die physikalisch-chemischen Eigenschaften des Bodens, z. B. Struktur, pH-Wert und Nährelementgehalt. Auch die nährstoffreiche Streuschicht des Bodens verbrennt. Infolge der Feuereinwirkung wird Ammonium als Stickstoffquelle im Boden angereichert und dadurch die Keimlingsentwicklung gefördert (◘ Abb. 6.35). Dieser Effekt wurde bei *Phacelia grandiflora* (Boraginaceae, Boraginales) und *Salvia mellifera* (Lamiaceae, Lamiales) in der Chaparralvegetation in Südkalifornien untersucht. Wenn in der Folge genügend Feuchtigkeit im Boden vorhanden ist, führt die bakterielle Nitrifikation zu Nitrat als einem weiteren wesentlichen Pflanzennährstoff (◘ Abb. 6.35). Auf den verbrannten Flächen, die mit nährstoffreicher Asche bedeckt sind, beginnt eine natürliche Renaturierung des Lebensraums. Ein über die Zeit beschleunigtes Nährstoffrecycling fördert die Regeneration der Vegetation und die Neubesiedlung durch Tiere.

Feuerangepasste Pflanzen (**Pyrophyten**) erholen sich nach Bränden und nutzen die Ereignisse für eine neue, regenerative Entwicklungsdynamik:
– Regeneration der oberirdischen Teile von Gräsern aus dem unbeschädigten Wurzelmeristem.
– Freisetzung keimfähiger Samen aus Früchten wie Zapfen (z. B. Pinien) und Kapselfrüchten (z. B. Eukalyptusbäume) oder Fruchtständen von Proteaceae (z. B. *Banksia*-Arten, Proteales). Die Samen verbleiben über lange Zeit, manchmal Jahre, in den Früchten, bis das nächste Feuer eintritt.
– Aufbrechen der Samenschalen im Boden durch die hohe Temperatur.

6.6 · Feuer als Stressor

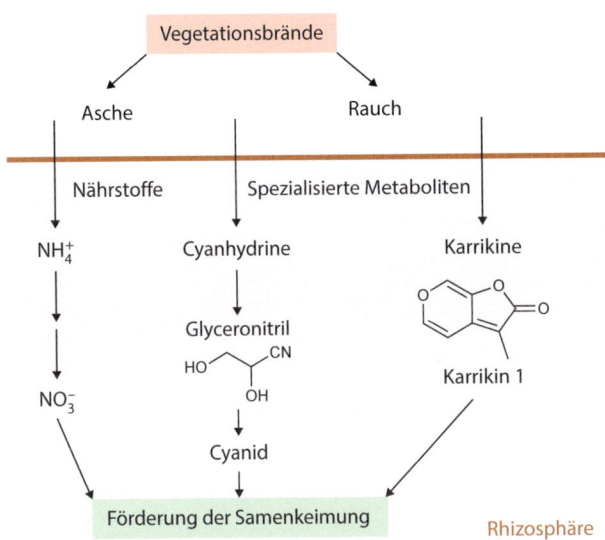

◘ Abb. 6.35 Die stimulierende Wirkung von Substanzen aus verbranntem Pflanzenmaterial auf die Keimung von Samen im Boden

- Blühinduktion von Pflanzen, häufig mit unterirdischen Überdauerungs- und Speicherorganen wie Rhizomen.
- Chemisch induzierte Samenkeimung.
- Schutz des Stamms und ruhender Knospen durch stark strukturierte Borke (z. B. die Korkeiche *Quercus suber*, Fagaceae, Fagales).
- Schutz des Stamms durch eine dicke Schicht abgestorbener Blätter (z. B. *Aloe ferox*, Asphodelaceae, Asparagales) (◘ Abb. 6.36a).
- Austrieb aus Stämmen (z. B. *Eucalyptus*-Arten, Myrtaceae, Myrtales) (◘ Abb. 6.36b).
- Austrieb aus der verholzten Stammbasis, die reich an Nährstoffen ist (verschiedene *Eucalyptus*- und Myrtaceenarten).

Rauchpartikel enthalten spezielle Pflanzenmetaboliten (◘ Abb. 6.35). Dazu gehören **Karrikine**. Die Molekülstruktur dieser sogenannten Butenolide entsteht durch Verbrennung pflanzlicher Kohlenhydrate wie Cellulose und Xylose in Gegenwart von Sauerstoff durch Pyrolyse. Die Substanzen stimulieren die Samenkeimung, Photomorphogenese und Wurzelentwicklung (◘ Abb. 6.35). Karrikine ähneln in Struktur und Wirkung Vertretern der Phytohormongruppe der (▶ Abschn. 6.1). Für die Signalaufnahme ist ein ubiquitär in Pflanzen verbreiteter Karrikin-(KAI-)rezeptor (KAI 2) verantwortlich. Es wird angenommen, dass sich der Strigolactonsignalweg in der Evolution aus dem KAI-Weg entwickelt hat.

Im Rauch ist häufig auch **Glyceronitril** enthalten. Es gehört zur Stoffgruppe der Cyanhydrine, die in Pflanzen als Schutzstoffe gegen Herbivoren weit verbreitet sind (▶ Abschn. 10.4). Aus Glyceronitril wird im Boden in Gegenwart von Wasser Cyanid freigesetzt, das die Keimung von Samen stimuliert (◘ Abb. 6.35). Ein Beispiel dafür ist die Känguru-Blume *Anigozanthos manglesii* (Haemodoraceae, Commelinales), die endemisch in Westaustralien vorkommt (◘ Abb. 6.37b).

Eine bemerkenswerte Anpassung an einen feuergeschädigten Lebensraum hat der Schwarze Kiefernprachtkäfer *Melanophila acuminata* (Buprestidae, Coleoptera) (◘ Abb. 6.38) erreicht, der in Europa, Asien und Nordamerika vorkommt, aber nicht in Australien und Ozeanien. Für eine erfolgreiche Fortpflanzung sind die Tiere auf brandgeschädigte Bäume angewiesen (z. B. *Pinus sylvestris*, Pinaceae, Coniferales). Aus über 10 km Entfernung zum Brandherd nehmen die Käfer über Rezeptoren in den Fühlern **Guajacol** (2-Methoxyphenol) im Luftraum wahr (◘ Abb. 6.38a). Zusätzlich besitzen die Tiere photomechanische **Infrarot-(IR-)sensoren** an den Basen der mittleren Beinpaare und am dritten Thoraxsegment. Diese Sinnesorgane (Sensillen) sind kleine, mit Wasser gefüllte Druckgefäße (◘ Abb. 6.38b), die sich durch die Wärmestrahlung ausdehnen und über das mechanische Signal Sinneshärchen stimulieren. Die weiblichen Tiere legen ihre Eier in das geortete angebrannte Holz, aus denen sich dort die Larven entwickeln. Zunächst fehlen Fressfeinde und Nahrungskonkurrenten, da erst längere Zeit nach dem Feuer der Lebensraum weiter besiedelt wird.

Auf dem australisch-ozeanischen Kontinent siedeln anstelle von *Melanophila*-Arten Vertreter der pyrophilen Käfergattung *Merimna*. Der australische Feuerkäfer *Merimna atrata* (Buprestidae, Coleoptera), der *Eucalyptus*-Stämme anfliegt, besitzt im Gegensatz zu *Melanophila*-Arten abdominale thermische IR-Rezeptoren, die nach Absorption von Infrarotlicht den Temperaturanstieg messen. In den Ascheflächen der australischen *Eucalyptus*-Wälder lebt der kleine Aschekäfer (*Acanthocnemus nigricans*, Acanthocnemidae, Coleoptera), der mit seinen thermischen IR-Rezeptoren die Temperatur seiner möglichen „Landeplätze" während des Anflugs prüft.

Pyrophile Ascomyceten (*Daldinia*-Arten) besiedeln den Wurzelbereich junger *Eucalyptus*-Stämme, die an Ufern von Wasserflächen wachsen. Die Pilzhyphen bieten Nahrung für saugende Rindenwanzen (*Aradus fuscicornis*, *A. albicornis*, Aradidae, Hemiptera), die dort auch ihre Eier ablegen. Die Tiere besitzen photomechanische IR-Rezeptoren.

Abb. 6.36 Pflanzenregeneration nach Bränden. **a** *Aloe ferox* mit geschütztem Stamm, Keetmannshoop, Namibia (© blickwinkel/M. Woike/picture alliance). **b** Austrieb an einem Eukalyptusbaum, sechs Wochen nach einem Waldbrand, Victoria, Australien (© Daria Nipot/► stock.adobe.com)

Abb. 6.37 Pflanzen, die feuergeschädigte Landschaften wieder besiedeln. **a** *Arctotis acaulis*, Western Cape, Fynbos, Südafrika (© Peter Chadwick/Science Photo Library). **b** *Anigozanthos manglesii*, Westaustralien (© Elodie Rousset/Getty Images/iStock)

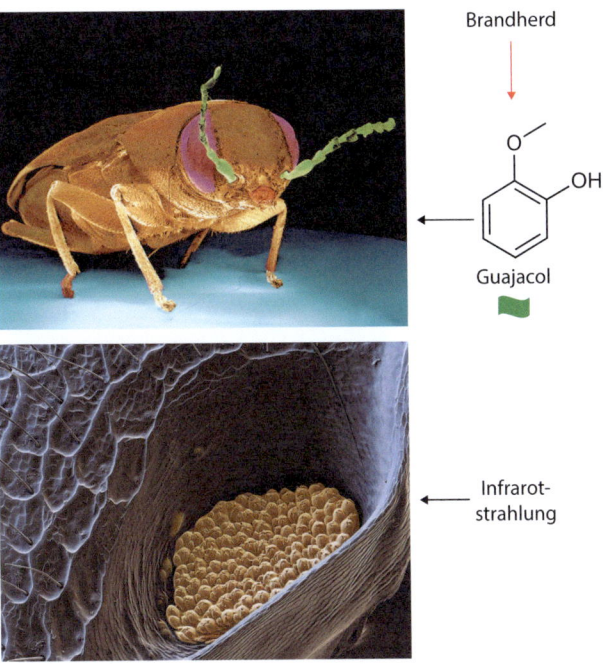

Abb. 6.38 Die Weibchen des Schwarzen Kiefernprachtkäfers *Melanophila acuminata* (oben, Rasterelektronenmikroskopie, © Steger Volker/Science Photo Library) werden durch mikrohydraulische Infrarotsensoren in Cuticulakugeln (unten, Rasterelektronenmikroskopie, Vergrößerung 300-fach) und durch Guajacol zu Brandherden gelockt (© EYE OF SCIENCE/Science Photo Library)

6.7 Leben unter hohem Druck

Die Lebensformen in den Ozeanen haben sich an hydrostatischen Druck angepasst, der sich mit der Wassertiefe erhöht. Damit bildet dieser Stressor unter allen abiotischen Einflussgrößen den größten kontinuierlichen Gradienten, der sich von der Oberfläche bis zur tiefsten Stelle des Ozeans ca. 11.000 m im Marianengraben des Pazifischen Ozeans erstreckt. Mit der Höhe der Wassersäule erhöht sich der Druck von 0,1 MPa bei 10 m Wassertiefe auf den Maximaldruck von 111 MPa im Marianengraben. Der tiefe Ozean ab 1000 m ist eines der größten Ökosysteme auf der Erde. Leben ist dort nur durch morphologische und physiologische Anpassungen möglich, wie an extremen Druck, niedrige Temperatur, ständige Dunkelheit, niedrigen Sauerstoffgehalt und geringes Nahrungsangebot.

In der Tiefsee leben druckstabile, sogenannte **piezophile** (oder auch **barophile**) **Bakterien**, aber auch verschiedene Protisten und Tiere. Mikroorganismen werden ständig durch sogenannten marinen Schnee (Aggregate organischer Partikel aus abgestorbenem Plankton), durch Wasserbewegung, tauchende Säugetiere (z. B. Wale) und Mikroplastik in die Meere eingetragen. Im Sediment des tiefsten Lebensraums, dem **Hadal**, siedeln piezophile Bakterien aus den Gruppen der Alpha-, Gamma- und Deltaproteobakterien. Für diese Mikroorganismen sind die spezialisierten Metaboliten **Trimethylamin** und **Trimethylamin-*N*-oxid** (**TMAO**) (◘ Abb. 6.10) lebensnotwendig. Einige Alphaproteobakterien nutzen TMAO als Stickstoffquelle. In Gammaproteobakterien aus den Gattungen *Shewanella* (Shewanellaceae, Alteromonadales) und *Vibrio* (Vibrionaceae, Vibrionales) ist TMAO unter anaeroben Bedingungen ein Elektronenakzeptor. Aus Sedimenten in 1245 m Tiefe wurde das Bakterium *Myroides profundi* (Flavobacteriaceae, Flavobacteriales) isoliert, das Trimethylamin aus dem Meerwasser aufnehmen und intrazellulär zu TMAO oxidieren kann. Dieser Metabolit macht die Zellen dann druckstabil. TMAO verhindert die druckinduzierte Störung der Hydrathülle von Biomolekülen, insbesondere Proteinen, durch Aufbau starker Wasserstoffbrückenbindungen zu Wasserdipolen auf der Oberfläche der Biopolymere. Der Osmolyt stabilisiert somit Zellvolumen und Zellstruktur sowie die physiologisch-biochemischen Abläufe in den Zellen.

Weitere biochemische Anpassungen von Tiefseebakterien sind die Einlagerung ungesättigter Fettsäuren in die Zellmembran zur Erhöhung der Fluidität, die Synthese spezieller Membranproteine für den Nährstofftransport in die Zellen, Schwermetallresistenz und die Bereitstellung von Chaperonen zum Schutz vor druckinduzierter Proteinaggregation.

Piezophile und gleichzeitig hyperthermophile **Archaeen** sind Glieder von Lebensgemeinschaften in der Nähe vulkanischer Hydrothermalquellen, sogenannter Schwarzer Raucher (◘ Abb. 6.39). Aus den Schloten wird Wasser mit einer Temperatur bis zu 400 °C ausgestoßen. Der extreme hydrostatische Druck, der durch die hohe Wassersäule erzeugt wird, belässt Wasser bei Temperaturen über 100 °C in flüssigem Zustand. Das saure Wasser (pH 2–4,5) ist metallreich (Fe^{3+}, Mn^{2+}) und enthält hohe Konzentrationen an CO_2 und H_2S, neben Wasserstoff und Methan. Bei Kontakt mit dem umgebenden, kalten Meerwasser werden insbesondere Metallsulfide ausgefällt und bilden röhrenförmige Austrittskegel (◘ Abb. 6.39).

An den Schloten leben Mikroorganismen in Form von Biofilmen (◘ Abb. 6.39). Sie sind die Nahrungsgrundlage von Tieren wie Röhrenwürmern und Muscheln. An den Außenflächen thermaler Schlote, aber auch an kalten Quellen am Meeresgrund leben Riesenmuscheln (*Bathymodiolus* sp., Mytilidae, Mytilida) mit Gammaproteobakterien als Endosymbiosepartner, die

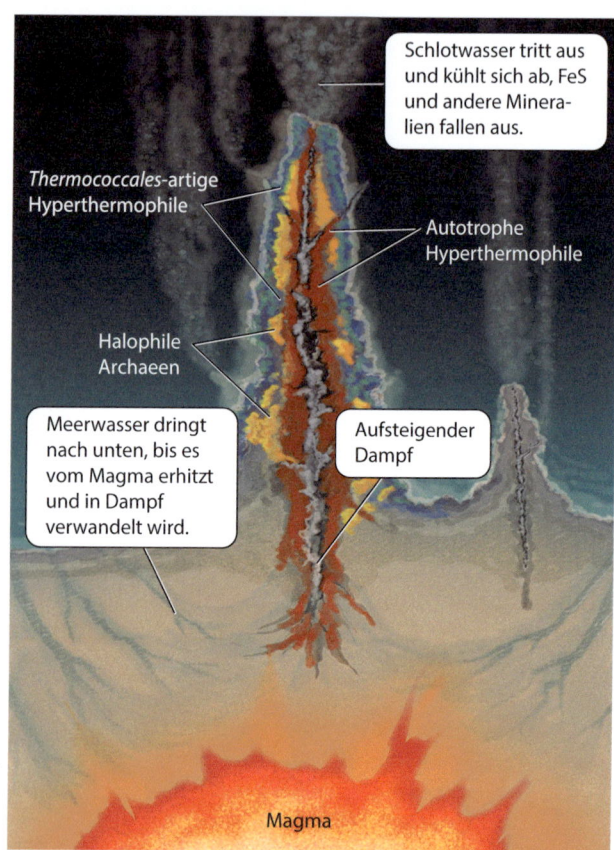

● **Abb. 6.39** Schema eines Schwarzen Rauchers in der Tiefsee, auf dem verschiedene Archaeenarten in Biofilmen siedeln. (Aus Slonczewski und Foster 2011, Abb. 19.9b)

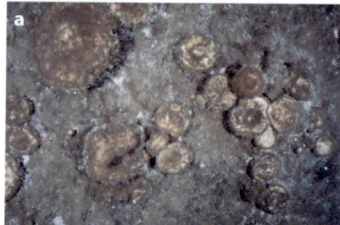 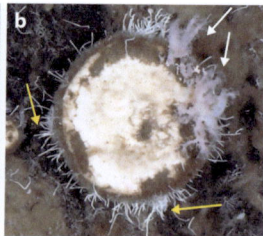

● **Abb. 6.41** *Geodia*-Schwämme auf arktischen Tiefseebergen. **a** Schwammkolonie. **b** Schwamm mit Besatz an Röhrenpolychaeten (gelber Pfeil) und Korallen (weißer Pfeil). (Aus Morganti et al. 2022, Alfred-Wegener-Institut/PS101 AWI OFOBS)

In 2000 m Tiefe leben Foraminiferenspezies (Xenophyophoren). Diese einzelligen Protisten bilden bis zu 15 cm große, druckstabile Gehäuse, leben in dichten Beständen auf dem Meeresboden und ernähren sich von abgesunkenem totem Planktonmaterial. Xenophyophoren sind bedeutsame Indikatoren für ein ungestörtes Ökosystem, das durch Tiefseefischfang und Gewinnung polymetallischer Rohstoffknollen gefährdet ist. Die Foraminiferengehäuse bieten Lebensraum für verschiedene Tiere. Hier legen z. B. Scheibenbäuche (*Pseudoliparis swirei*, Liparidae, Cottoidai) Eier ab und die Embryonalentwicklung beginnt dort. Diese Tiefseefische tauchen bis in eine Tiefe von 8000 m.

Im Nordpolarmeer wurden auf Tiefseebergen in einer Tiefe von 600–700 m und auf einer Fläche von > 15 km^2 dichte Bestände an Schwämmen, vor allem *Geodia* sp. (Geodiidae, Demospongiae) entdeckt. Diese Tiere filtern Nahrungspartikel aus dem Wasser. Tote Algen aus höheren Schichten des Meers tragen aber nur mit weniger als 1 % zum Kohlenstoffbedarf bei. Die Schwämme können überraschenderweise aber auch totes biologisches Material von früheren Bewohnern des Meeresbodens aufarbeiten, wie Nadeln von Schwämmen und Röhren von Bartwürmern (Siboglinidae). Die fossilen Wurmröhren aus **Chitin** und Stützproteinen werden von verschiedenen Arten endosymbiotischer, autotropher Bakterien zersetzt, die im Schwamm mit einer Dichte von ca. 10^8 Mikroorganismen pro Gramm Gewebe leben. Durch bakterielle enzymatische Spaltung erschließt der Schwamm das teilweise Jahrtausende alte Material als Kohlenstoff- und Stickstoffquelle. Die Tiere bieten auch Lebensraum für Bryozoen, Polychaeten und Korallenpolypen (● Abb. 6.41b). Somit wird in der nährstoffarmen Tiefsee ein lokales und sehr produktives Nahrungsnetz etabliert.

Viele Tiere können sich in verschiedenen Meerestiefen aufhalten und bewegen sich häufig bei Nahrungssuche auch vertikal. Von den Tieren, die an der Meeresoberfläche atmen müssen, taucht der Pottwal zur Nahrungsaufnahme mit 3000 m am tiefsten. Er kann sich bis zu 2 h in dieser Tiefe bei etwa 30 MPa Druck aufhalten. Voraussetzungen dafür sind (a) ein druck-

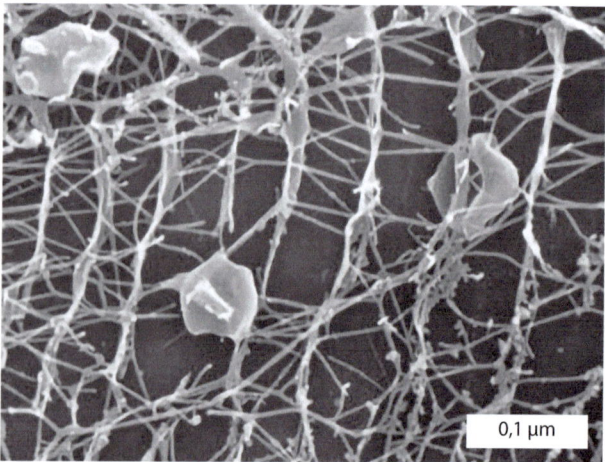

● **Abb. 6.40** Netzartiger Biofilm von *Pyrodictium abyssii*. (Aus Slonczewski und Foster 2011 Abb. 19.10 © Springer Nature)

u. a. Methan und Sulfid oxidieren. Arten der Archaeengattung *Pyrodictium* (Pyrodictiaceae, Desulfurococcales) bauen Netzwerke aus Zellen der gleichen Spezies auf. Die scheibenförmigen Zellen werden untereinander durch periplasmatische Bindungsfäden (**Cannulae**) verknüpft (● Abb. 6.40).

Literatur

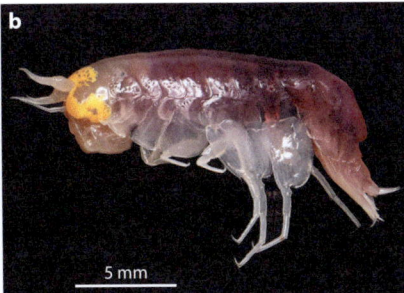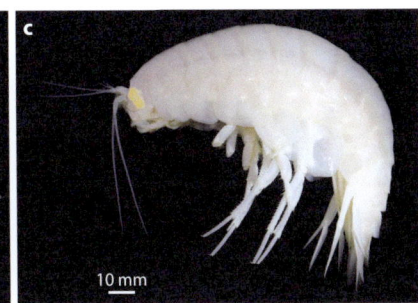

Abb. 6.42 Marine Tiere, die sich an den hydrostatischen Druck der Tiefsee angepasst haben. **a** Grenadierfisch *Coryphaenoides armatus*. **b** Flohkrebs *Hirondellea dubia* aus 7300 m Tiefe (Nova Canton Trough, Kiribati, Ozeanien). **c** *Alicella gigantea* aus 7300 m Tiefe (Tonga-Tiefseegraben Samoa-Inseln, Polynesien). (Fotos: a Wikimedia public domain; b,c Jenny Wainwright)

stabiles Gerüst aus Knorpelstangen um die Lunge, (b) die Einlagerung spezifischer oberflächenaktiver Stoffe in die Lungenbläschen, um die dortige Oberflächenspannung zu verringern, und (c) eine hohe Sauerstoffspeicherung im Muskelmyoglobin und in den Erythrocyten, die im Blut eine hohe Dichte erreichen.

Für die Wahrnehmung von Druckdifferenzen ist eine spezielle Sensorik notwendig. Crustaceenarten und Knorpelfische besitzen druckempfindliche Gleichgewichtsorgane, in denen Statolithen in einer flüssigkeitsgefüllten Kammer über Sinneszellen neuronale Reize auslösen. In Knochenfischen, die sich vertikal im Wasser bewegen, wird die Größe des Drucks über die gasgefüllte Schwimmblase registriert, die in Tiefseeknochenfischen fehlt.

Als Anpassung an den extremen Druck in der Tiefsee lagern Tiere häufig **Trimethylamin-*N*-oxid** (◘ Abb. 6.10) als Osmolyt (▶ Abschn. 6.4.1) in ihre Zellen ein. In Crustaceen, Knochen- und Knorpelfischen erhöht sich der TMAO-Gehalt mit zunehmender Tiefe. Ein Beispiel ist der Grenadierfisch *Coryphaenoides armatus* (Macrouridae, Gadiformes), der weltweit in einer Wassertiefe von 2000–5000 m lebt (◘ Abb. 6.42a). Im Hadal, dem tiefsten Bereich der Ozeane (6000–11.000 m), sind Flohkrebse (Amphipoda, Crustacea) verbreitet, z. B. *Hirondellea dubia* (◘ Abb. 6.42b) in allen Ozeanen. Der größte Vertreter dieser Tiergruppe ist *Alicella gigantea* (◘ Abb. 6.42c). Exoskelette aus $CaCO_3$ mit Aluminiumeinlagerungen bieten den kleinen Amphipoden zusätzlichen Schutz.

Literatur

Abschn. 6.1

Aerts N et al (2021) Multiple levels of crosstalk in hormone networks regulating plant defense. Plant J 105:489–504

Arnao M et al (2022) Phytomelatonin: an unexpected molecule with amazing performances in plants. J Exp Bot. https://doi.org/10.1093/jxb/erac009

Barbier F et al (2023) The strigolactone pathway plays a crucial role in integrating metabolic and nutritional signals. Nat Plants. https://doi.org/10.1038/s41477-023-01453-6

Blázquez MA et al (2020) Evolution of plant hormone response pathways. Annu Rev Plant Biol 71:327–353

Buckley CR et al (2023) A bitter sweet symphony: metabolic signals in the circadian system. Curr Opin Plant Biol. https://doi.org/10.1016/j.pbi.2022.102333

Chen D (2019) Polyamine function in plants: metabolism, regulation on development, and roles in abiotic stress response. Front Plant Sci 9:1945. https://doi.org/10.3389/fpls.2018.01945

Del Giudice M et al (2018) What is stress? A system perspective. Integr Comp Biol 58:1019–1032

Dietz K-J, Vogelsang L (2024) A general concept of quantitative stress sensing. Trends Plant Sci. https://doi.org/10.1016/j.tplants.2023.07.006

Du B et al (2024) Strategies of plants to overcome abiotic and biotic stress. Biol Rev. https://doi.org/10.1111/brv.13079

Gerth K et al (2017) Guilt by association: a phenotype-based view oft the plant phosphoinositide network. Annu Rev Plant Biol 68:349–374

Griffiths G (2020) Jasmonate signaling pathway modulates plant defense, growth, and their trade-offs. Int J Mol Sci. https://doi.org/10.3390/ijms23073945

Guerra G, Rommels T (2020) N-hydroxypipecolic acid: a general and conserved activator of systemic plant immunity. J Exp Bot 71:6193–6196

He M et al (2018) Abiotic stresses: general defenses of land plants and chances for engineering multistress tolerance. Front Plant Sci 9:1771. https://doi.org/10.3389/fpls.2018.01771

Heilmann I (2015) Kap. 7: Information processing and survival strategies. In: Krauss G-J, Nies DH (Hrsg) Ecological biochemistry – environmental and interspecies interactions. Wiley-VCH, Weinheim, S 125–152

Heilmann M, Heilmann I (2024) Regulators regulated: different layers of control for plasma membrane phosphoinositides in plants. Curr Opin Plant Biol. https://doi.org/10.1016/j.pbi.2022.102218

Jia X et al (2023) The origin and evolution of salicylic acid signaling and biosynthesis in plants. Mol Plant. https://doi.org/10.1016/j.molp.2022.12.002

Khan M et al (2020) Biochemical and molecular mechanisms of abiotic stress tolerance. In: Hasanuzzaman M (Hrsg) Plant ecophysiology and adaptation under climate change: mechanisms and perspectives II. Springer Nature, Singapore, S 187–230

Lamers J et al (2020) How plants sense and respond to stressful environments. Plant Physiol 182:1624–1635

Li C et al (2022) Jasmonate signaling pathway modulates plant defense, growth, and their trade-offs. Int J Mol Sci. https://doi.org/10.3390/ijms23073945

Liu L, Li J (2019) Communication between the endoplasmic reticulum and other organelles during abiotic stress response in plants. Front Plant Sci 10:749. https://doi.org/10.3389/fpls.2019.00749

Marzec M (2022) MicroRNA: a new signal in plant-to-plant communication. Trends Plant Sci. https://doi.org/10.1016/j.tplants.2022.01.005

Mauch-Mani B et al (2017) Defense priming: an adaptive part of induced resistance. Annu Rev Plant Biol 68:485–512

Millar AA (2020) The function of miRNAin plants. Plants 9:198. https://doi.org/10.3390/plants9020198

Peng Y (2021) Salicylic acid: biosynthesis and signaling. Annu Rev Plant Biol 72:761–791

Song X (2019) MicroRNAs and their regulatory roles in plant environment interactions. Annu Rev Plant Biol. https://doi.org/10.1146/annurev-arplant-050718-100334

Sun P et al (2023) The role of indole derivative in the growth of plants: a review. Front Plant Sci. https://doi.org/10.3389/fpls2022.1120613

Verma V et al (2016) Plant hormone-mediated regulation of stress responses. BMC Plant Biol 16:86. https://doi.org/10.1186/s12870-016-0771-y

Waadt R et al (2022) Plant hormone regulation of abiotic stress responce. Nature RevMol Cell Biol. https://doi.org/10.1038/s41580-22-00479-6

Wasternack C, Strnad M (2018) Jasmonates: news on occurence, biosynthesis, metabolism and action of an ancient group of signaling compounds. Int J Mol Sci. https://doi.org/10.3390/ijms19092539

Wu F et al (2022) Biological functions of strigolactones and their crosstalk with other phytohormones. Front Plant Sci. https://doi.org/10.3389/fpls.2022.821563

Yao J, Waters MT (2020) Reception of karrikins by plants: a continuing enigma. J Exp Bot. https://doi.org/10.1093/jxb/erz548

Zhang H et al (2022) Abiotic stress responses in plants. Nat Rev Genet 23:104–119

Zhao D et al (2021) Phytomelatonin: an emerging regulator of plant biotic resistance. Trends Plant Sci 26:70–82

Zhu J-K (2016) Abiotic stress signalling and responses in plants. Cell 167:313–324

Abschn. 6.2

Alsanius BW et al (2019) Light and microbial lifestyle: the impact of light quality on plant microbe interactions in horticultural production systems – a review. Horticulturae 5:41. https://doi.org/10.3390/horticulturae5020041

Cheng M-C et al (2021) Phytochrome signaling networks. Annu Rev Plant Biol 72:217–244

Delker C et al (2017) Thermosensing enlightened. Trends Plant Sci 22:185–187

Fernández-Milmanda GL et al (2021) Shade avoidance: expanding the color and hormone palette. Trends Plant Sci 26:509–523

Kretsch T (2015) Light, Kap. 9. In: Krauss G-J, Nies DH (Hrsg) Ecological biochemistry – environmental and interspecies interactions. Wiley-VCH, Weinheim, S 171–188

Podolec R et al (2021) Perception and signaling of ultraviolet-B radiation in plants. Annu Rev Plant Biol 72:793–822

Roeber VM et al (2021) Light acts as a stressor and influences abiotic and biotic stress responses in plants. Plant Cell Environ 44:645–664

Yu Z, Fischer R (2019) Light sensing and responses in fungi. Nat Rev 17:25–36

Abschn. 6.3

Agathokleous E et al (2020) Ozone affects plant, insect, and soil microbial community: a threat to terrestrial ecosystems and biodiversity. Sci Adv 6:eabc1176

Bobrovskikh A et al (2020) Subcellular compartmentalization of the plant antioxidant system: an integrated overview. PeerJ 8:e9451. https://doi.org/10.7717/peerj.9451.22

Brouquisse R (2019) Multifaceted roles of nitric oxide in plants. J Exp Bot 70:4319–4343

Castro B et al (2021) Stress-induced reactive oxygen species compartmentalization, perception and signaling. Nat Plants 7:403–412

Denjalli I et al (2024) The centrality of redox regulation and sensing of reactive oxygen species in abiotic and biotic stress acclimatization. J ExpBot. https://doi.org/10.1093/jxb/erae041

Dietz K-J (2015) Oxygen, Kap. 8. In: Krauss G-J, Nies DH (Hrsg) Ecological biochemistry – environmental and interspecies interactions. Wiley-VCH, Weinheim, S 155–168

Dvořák P et al (2021) Signaling toward reactive oxygen species – scavenging enzymes in plants. Front Plant Sci. https://doi.org/10.3389/fpls.2020.618835

Holdsworth MJ, Gibbs DJ (2020) Comparative biology of oxygen sensing in plants and animals. Curr Biol:R362–R369

Mittler R et al (2022) Reactive oxygen species signalling in plant stress responses. Nat Rev Mol Cell Biol. https://doi.org/10.1038/s41580-022-00499-2

Abschn. 6.4.1

Alvarez ME et al (2022) Proline metabolism as regulatory hub. Trends Plant Sci 27:39–55

Aung K et al (2018) The role of water in plant-microbe interactions. Plant J 93:771–780

Burg M, Ferraris JD (2008) Intracellular organic osmolytes: function and regulation. J Biol Chem 283:7309–7313

Ghosh UK et al (2021) Understanding the roles of osmolytes for acclimatizing plants to changing environment: a review of potential mechanisms. Plant Sign Behavior. https://doi.org/10.1080/15592324.2021.1913306

Patel TK, Williamson JD (2016) Mannitol in plants, fungi, and plant-fungal interactions. Trends Plant Sci 21:486–497

Sharma A et al (2019) Phytohormones regulate accumulation of osmolytes under abiotic stress. Biomolecules. https://doi.org/10.3390/biom9070285

Abschn. 6.4.2

Alsharif W et al (2020) Desert microbes for boosting sustainable agriculture in extreme environments. Front Microbiol 11:1666. https://doi.org/10.3389/fmicb.2020.01666

Boothby TC (2019) Mechanisms and evolution of resistance to environmental extremes in animals. EvoDevo 10:30. https://doi.org/10.1186/s13227-019-0143-4

Castroverde CDM, Dina D (2021) Temperature regulation of plant hormone signaling during stress and development. J Exp Bot 72:7436–7458

Chakrabarti U et al (2019) Importance of body stance in fog droplet collection by the Namib desert beetle. Biomimetics 4:59. https://doi.org/10.3390/biomimetics4030059

Chen P et al (2020) The dynamic responses of cell walls in resurrection plants during dehydration and rehydration. Front Plant Sci 10:1698. https://doi.org/10.3389/fpls.2019.01698

De Smet I et al (2021) High and low temperature signalling and response. J Exp Bot 72:7339–7344

Genchev T et al (2021) Systems biology of resurrection plants. Cell Mol Life Sci. https://doi.org/10.1007/s00018-021-03913-8

Gupta A et al (2020) The physiology of plant responses to drought. Science 368:266–269

Hibshman JD et al (2020) Mechanisms of desiccation tolerance: themes and variations in brine shrimp, roundworms, and tardigrades. Front Physiol 11:592016. https://doi.org/10.3389/phys.2020.592016

Hu S et al (2020) Sensitivity and responses of chloroplasts to heat stress in plants. Front Plant Sci 11:375. https://doi.org/10.3389/fpls.2020.00375

Kaczmarek Ł et al (2019) Staying young and fit? Ontogenetic and phylogenetic consequences of animal anhydrobiosis. J Zool 309:1–11

LBMV Lausitzer und Mitteldeutsche Bergbauverwaltunsgesellschaft mbH (2020) Den Boden für die Zukunft bereiten – Rekultivierung von Bergbaufolgelandschaften

Liu X et al (2022) Stress memory responses and seed priming correlate with drought tolerance in plants: an overview. Planta. https://doi.org/10.1007/s00425-022-03828-2

Liu Z et al (2020) Significance of mycorrhizal associations for the performance of N_2-fixing black locust (*Robinia pseudoacacia* L.). Soil Biol Biochem 145:107776. https://doi.org/10.1016/j.soilbio.2020.107776

Mitchell D et al (2020) Fog and fauna of the namib desert: past and future. Ecosphere 11(1):e02996. https://doi.org/10.1002/ecs2.2996

Nasir H (2005) Allelopathic potential of *Robinia pseudoacacia* L. J Chem Ecol 31:2179–2192

Naylor D, Coleman-Derr D (2017) Drought stress and root-associated bacterial communities. Front Plant Sci 8:2223. https://doi.org/10.3389/fpls.2017.02223

Oliver MJ et al (2020) Desiccation tolerance: avoiding cellular damage during drying and rehydration. Annu Rev Plant Biol 71:435–460

Porembski S (2007) Tropical inselbergs: habitat types, adaptive strategies and diversity patterns. Rev Bras Bot 30:579–586

Thorat L, Nath BB (2018) Insects with survival kits for desiccation tolerance under extreme water deficits. Front Physiol 9:1843. https://doi.org/10.3389/fphys.2018.01843

Wan T et al (2021) The *Welwitschia* genome reveals a unique biology under pinning extrem longevity in deserts. Nat Commun. https://doi.org/10.1038/s41467-021-24528-4

Xu B et al (2021a) GABA signalling modulates stomatal opening to enhance plant water use efficiency and drought resilience. Nat Commun 12:1952. https://doi.org/10.1038/s41467-021-21694-3

Xu X et al (2021b) Molecular insights into plant desiccation tolerance: transcriptomics, proteomics and targeted metabolite profiling in *Craterostigma plantagineum*. Plant J. https://doi.org/10.1111/tpj.15294

Yuan H et al (2022) Physiological responses of black locust-rhizobia symbiosis to water stress. Physiol Plant https://doi.org/10.1111/ppl.13641

Abschn. 6.4.3

Ambroise VA et al (2020) The roots of plant frost hardiness and tolerance. Plant Cell Physiol 61:3–20

Aslam M et al (2022) Plant low temperature stress: signaling and response. Agronomy. https://doi.org/10.3390/agronomy12030702

Białkowska A et al (2020) Ice binding proteins: diverse biological roles and applications in different types of industry. 10:274. https://doi.org/10.3390/biom10020274

Boothby, T.C. (2019) Mechanisms and evolution of resistance to environmental extremes in animal. EvoDevo 10:30. https://doi.org/10.1186/s13227-019-0143-4.

Bredow M, Walker VK (2017) Ice-binding proteins in plants. Front Plant Sci 8:2153. https://doi.org/10.3389/fpls.2017.02153

Ding Y et al (2019) Advances and challenges in uncovering cold tolerance regulatory mechanisms in plants. New Phytol 222:1690–1704

Dolev MB et al (2016) Ice-binding proteins and their function. Annu Rev Plant Biol 85:515–542

Guo S et al (2017) Structure of a 1.5-MDa adhesin that binds ist antarctic bacterium to diatoms and ice. Sci Adv 3:e1701440

Resemann HC, et al. (2021) Convergence of sphingolipid desaturation across over 500 million years of plant evolution. Nat Plants 7:219–232

Ritonga FN, Chen S (2020) Physiological and molecular mechanis involved in cold stress tolerance in plants. Plants 9:560. https://doi.org/10.3390/plants9050560

Roeters SJ et al (2021) Ice-nucleating proteins are activated by low temperatures to control the structure of interfacial water. Nat Commun 12:1183. https://doi.org/10.1038/s41467-021-21349-3

Yoshida M (2021) Fructan structure and metabolism in overwintering plants. Plants 10:933. https://doi.org/10.3390/plants10050933

Abschn. 6.4.4

Cunillera-Montcusí D et al (2022) Freshwater salinisation: a research agenda for a saltier front. Trends Ecol Evol. https://doi.org/10.1016/j.tree.2021.12.005

Hasanuzzaman M, Masayuki F (2022) Plant responses and tolerance to salt stress: physiological and molecular interventions. Int J Mol Sci. https://doi.org/10.3390/ijms23094810

Herbst DB (2023) Developmental and reproductive costs of osmoregulation to an aquatic insect that is a key food resource to shore birds at salt lakes threatened by rising salinity and desiccation. Front Ecol Evol. https://doi.org/10.3389/fevo.2023.1136966

John H (2000) Zur Ausbreitung von Halophyten und salztoleranten Pflanzen in der Umgebung von Kali-Rückstandshalden am Beispiel des FND „Salzstelle bei Teutschenthal-Bahnhof" (Saalkreis). Mitt Florist Kart Sachsen-Anhalt (Halle) 5:175–197

Martinez A et al (2020) Salinization effects an stream biofilm functioning. Hydrobiologia. https://doi.org/10.1007/s10750-20-04199-w

Riyazuddin R et al (2020) Ethylene: a master regulator of salinity stress tolerance in plants. Biomolecules 10:959. https://doi.org/10.3390/biom10060959

Sommer V et al (2019) Begrünung von Kali-Rückstandshalden mit biologischen Krusten: Von Vogelkot zu grünen Teppichen. Biol unserer Zeit 49:122–130

Van Breugel F, Dickinson MH (2017) Superhydrophobic diving flies (*Ephydra hians*) and the hypersaline waters of mono lake. Proc Natl Acad Sci 114:13483–13488

Van Zelm et al (2020) Salt tolerance mechanisms of plants. Annu Rev Plant Biol 71:403–433

Abschn. 6.4.5

Fukao T et al (2019) Submergence and waterlogging stress in plants: a review highlighting research opportunities and understudied aspects. Front Plant Sci 10:340. https://doi.org/10.3389/fpls.2019.00340

Sauter M (2013) Root responses to flooding. Curr Opin Plant Biol 16:282–286

Wang X, Komatsu S (2022) The role of phytohormones in plant responce to flooding. Int J Mol Sci. https://doi.org/10.3390/ijms23126383

Wright AJ et al (2016) Plants are less negatively affected by flooding when growing in species-rich plant communities. New Phytol 213:645–656

Abschn. 6.5

Angulo-Bejarano PI et al (2021) Metal and metaloid toxicity in plants: an overview on melucular aspects. Plants 10:635. https://doi.org/10.3390/plants10040635

Bellini E et al (2021) Responses to cadmium in early-diverging streptophytes (charophytes and bryophytes): current views and potential applications. Plants 10:770. https://doi.org/10.3390/plants10040770

Bienert MD et al (2021) Root hairs: the villi of plants. Biochem Soc Trans. https://doi.org/10.1042/BST202007-16

Braha et al (2007) Stress response in two strains of the aquatic hyphomycete *Heliscus lugdunensis* after exposure to cadmium and copper ions. BioMetals 20:93–105

Bräutigam A et al (2009) Analytical approach for characterization of cadmium-induced thiol peptides – a case study using *Chlamydomonas reinhardtii*. Anal Bioanal Chem 395:1737–1747

Bruns I et al (2001) Cadmium lets increase the glutathione pool in bryophytes. J Plant Physiol 158:79–89

Canarini A et al (2019) Root exudation of primary metabolites: mechanisms and their roles in plant responses to enviromental stimuli. Front Plant Sci 10:157. https://doi.org/10.3389/fpls.2019.00157

Carillo JT, Borthakur D (2021) Methods for metal chelation in plant homeostasis: review. Plant Physiol Biochem. https://doi.org/10.1016/j.plaphy.2021.03.045

Chai N, Schachtman DP (2021) Root exudates impact plant performance under abotic stress. Trends Plant Sci 27:P80–P91

Chatterjee S et al (2020) Diversity, structure and regulation of microbial metallothionein: metal resistance and possible applications in sequestration of toxic metals. Metallomics 12:1637–1655

De Bang TC (2020) The molecular-physiological functions of mineral macronutrients and their consequences for deficiency symptoms in plants. New Phytol 229:2446–2469

Dueli GF et al (2021) Metal accumulation alleviates the negative effects of herbivory on plant growth. Sci Rep 11:10962. https://doi.org/10.1038/s41598-021-98483-x

Ernst WH et al (2008) Interaction of heavy metals with the sulphur metabolism in angiosperms from an ecological point of view. Plant Cell Environ 31:123–143

Haggerty SE (2015) Discovery of a kimberlite pipe and recognition of a diagnostic botanical indicator in NW Liberia. Econ Geol 110:851–856

Isaure MP et al (2017) The aquatic hyphomycete *Heliscus lugdunensis* protects its hyphae tip cells from cadmium: a micro X-ray fluorescence and X-ray absorption near edge structure spectroscopy study. Spectrochim Acta B 137:85–92

Khan Z et al (2023) The role of selenium und nano selenium on physiological responses in plant: a review. Plant Growth Regul. https://doi.org/10.1007/s10725-023-00988-0

Krämer U (2024) Metal homeostasis in land plants: a perpetual balancing act beyond the fulfiment of metalloproteome cofactor demands. Annu Rev Plant Biol. https://doi.org/10.1146/annurev-arplant-070623-105324

Krauss G (2001) Aquatic hyphomycetes occur in hyperpolluted waters in Central Germany. Nova Hedwegia 72:419–428

Krauss G-J et al (2011) Fungi in fresh waters: ecology, physiology and biochemical potential. FEMS Microbiol Rev 35:620–651

Lambers H (2022) Phosphorus acquisition and utilization in plants. Annu Rev Plant Biol 73:17–42

Loebus J et al (2013) The major function of a metallothionein from aquatic fungus *Heliscus lugdunensis* is cadmium detoxification. J Inorg Biochem 127:253–260

Malik A et al (2022) Role of polyamines in heavy metal stressed plants. Plant Phys Rep. https://doi.org/10.1007/s40502-022-00657-w

Manara A et al (2020) Evolution of the metal hyperaccumulation and hypertolerance traits. Plant Cell Environ 43:2969–2986

Peiter E (2015) Mineral deficiencies. In: Krauss G-J, Nies DH (Hrsg) Ecological biochemistry – environmental and interspecies interactions. Wiley-VCH, Weinheim, S 209–235

Peng J-S et al (2021) Comparative understanding of metal hyperaccumulation in plants: a mini-review. Environ Geochem Health 43:1599–1607

Putra R, Müller C (2023) Extending the elemental defence hypothesis in the light of plant chemodiversity. New Phytol 239:1545–1555

Robe K et al (2021) The coumarins: secondary metabolites playing a primary role in plant nutrition and health. Trends Plant Sci 26:248–259

Seregin IV, Kozhevnikova AD (2023) Phytochelatins: sulfur-containing metal(loid)-chelating ligands in plants. Int J Mol Sci. https://doi.org/10.3390/ijms24032430

Shah SH et al (2022) Sulphur as a dynamic mineral element for plants: a review. J Soil Sci Plant Nutr 22:2118–2143

Sharma SS et al (2020) Emerging trends in metalloid-dependent signaling in plants. Trends Plant Sci 26:P452–P471

Sterckeman T, Thomine S (2020) Mechanisms of cadmium accumulation in plants. Crit Rev Plant Sci. https://doi.org/10.1080/07352689.2020.1792179

Tsai H-H, Schmidt W (2021) The enigma of environmental pH sensing in plants. Nat Plants 7:106–115

Yadav B et al (2021) Plant mineral transport systems and the potential for crop. Planta 253:45. https://doi.org/10.1007/s00425-020-03551-7

Yan A et al (2020) Phytoremediation: a promising approach for revegetation of heavy metal-polluted land. Front Plant Sci 11:359. https://doi.org/10.3389/fpls.2020.00359

Abschn. 6.6

Flematti GR et al (2015) What are karrikins and how were they ‚discovered' by plants? BMC Biol 13:108. https://doi.org/10.1186/s12915-015-0219-0

Karp AT et al (2021) Global responses of fire activity to late quaternary grazer extinctions. Science 374:1145–1148

Khatoon A et al (2020) Plant-derived smoke affects biochemical mechanisms on plant growth and seed germination. Int J Mol Sci 21:7760. https://doi.org/10.3390/ijms21207760

McLauchlan KK et al (2020) Fire as a fundamental process: research advances and frontiers. J Ecol 108:2047–2069

Miller RG et al (2019) Mechanisms of fire seasonality effects on plant populations. Trends Ecol Evol 34:1104–1117

Müller M et al (2008) Micromechanical properties of consecutive layers in specialized insect cuticle: the gula of *Pachnoda marginata* (Coleoptera, Scarabaeidae) and the infrared sensilla of *Melanophila acuminata* (Coleoptera, Buprestidae). J Exp Biol 211:2576–2583

Schmitz H, Schmitz A (2023) Die Infrarotrezeptoren feuerliebender Insekten. Leben auf einer frischen Brandfläche. Biol Zeit. https://doi.org/10.11576/biuz-6741

Schütz S et al (1999) Insect antenna as a smoke detector. Nature 398:298–299

Yao J, Waters MT. (2020) Perception of karrikins by plants: a continuing enigma. J Exp Bot 71:1774-1781.

Abschn. 6.7

Eitner P (2020) Schweredruck als abiotischer Faktor: Leben unter Druck. Biol unserer Zeit 50:331–337

Gooday AJ et al (2017) Giant protists (xenophyophores, Foraminifera) are exceptionally diverse in parts oft the abyssal eastern Pacific licensed for polymetallic nodule exploration. Biol Conserv 207:106–116

Kobayashi H et al (2019) An aluminium shield enables the amphipod *Hirondellea gigas* to inhabit deep-sea environments. PLoS One. https://doi.org/10.1371/journal.pone.0206710

Laurent H et al (2022) The ability of trimethylamine N-oxide to resist pressure induced pertubations to water structure. Commun Chem. https://doi.org/10.1038/s42004-022-00726-z

Levin LA, Rouse GW (2020) Giant protists (xenophyophores) function as fish nurseries. Ecology 101(4):e02933

Li W et al (2021) The adaptive evolution and gigantism mechanisms of the hadal „super giant" amphipod *Alicella gigantea*. Front Mar Sci. https://doi.org/10.3389/fmars.2021.743663

Liu Q et al. (2022) Trimethylamine N-oxide (TMAO) and Trimethylamine (TMA) determinations of two hadal amphipods. J Marine Sci Eng. https://doi.org/10.3390/jmse10040454

Morganti TM et al (2022) Giant sponge grounds of Central Arctic seamounts are associated with extinct seep life. Nat Commun 13:638. https://doi.org/10.1038/s41467-022-28129

Qin Q-L et al (2021) Oxidation of trimethylamine to trimethylamin N-oxide facilitates high hydrostatic pressure tolerance in a generalist bacterial lineage. Sci Adv 7:eabf9941

Weston JNJ, Jamieson AJ (2022) The multi-ocean distribution of the hadal amphipod, *Hirondellea dubia* Dahl, 1959 (Crustacea, Amphipoda). Front Mar Sci. https://doi.org/10.3389/mars.2022.824640

Yancey PH (2020) Cellular responses in marine animals to hydrostatic pressure. J Exp Zool A Ecol Integr Physiol. https://doi.org/10.1002/jez.2354

Mikrobielles Leben in Biofilmen

Gerd-Joachim Krauß

Inhaltsverzeichnis

7.1 Struktur, Genese und Funktionalität – 190

7.2 Mikrobielle Gemeinschaften in terrestrischen Lebensräumen – 192
7.2.1 Biofilme im Boden und im tiefen kontinentalen Untergrund – 192
7.2.2 Biofilme in der Rhizosphäre und Phyllosphäre von Pflanzen – 193

7.3 Biofilme im aquatischen Lebensraum – 194
7.3.1 Ozeane – 194
7.3.2 Süßwasser – 198

7.4 Mikrobielle Aerosole in der Atmosphäre – 198

7.5 Biofilme in Tieren – 198

7.6 Mikrobiom des Menschen – 199

Literatur – 201

© Der/die Herausgeber bzw. der/die Autor(en), exklusiv lizenziert an Springer-Verlag GmbH, DE, ein Teil von Springer Nature 2025
G.-J. Krauß, F. Bärlocher, *Ökologie und Ökologische Biochemie*, https://doi.org/10.1007/978-3-662-70586-5_7

7.1 Struktur, Genese und Funktionalität

Biofilme repräsentieren die wahrscheinlich älteste und sehr erfolgreiche Lebensgemeinschaft von Organismen in der Natur. Vermutlich wurde in einer frühen Phase der Lebensentstehung auch der Prozess der Endosymbiose durch Biofilme unterstützt, der in der Evolution zu eukaryotischen Zellen mit Mitochondrien und Chloroplasten als Organellen führte (▶ Abschn. 5.1.1). Laut Definition der IUPAC (International Union of Pure and Applied Chemistry) sind Biofilme **Aggregate von Mikroorganismen**, die in einem selbst produzierten, polymeren Hydrogel aus **extrazellulären polymeren Substanzen (EPS)** eingebettet sind und die aneinander und auch an einer Grenzfläche haften (◘ Abb. 7.1). Exopolysaccharide als Hauptbestandteile der EPS bilden durch intramolekulare Wechselwirkungen ein molekulares Netzwerk. Zusätzlich sind Proteine und fibrilläre Proteinaggregate (Amyloide), Lipide und oft überraschend große Mengen an extrazellulärer DNA sowie Membranvesikel enthalten.

Biofilme schützen Mikroorganismen vor physikalischem Stress, Austrocknung, Fressfeinden, Antibiotika und Pestiziden und im menschlichen oder tierischen Körper vor der Immunabwehr. Synergistischer Abbau von Schad- oder Nährstoffen kann einer Gemeinschaft von mehreren Arten das Überleben ermöglichen, während sie als Reinkulturen keine Chancen hätten.

Passive Sorption an die Biofilmoberfläche erlaubt es, Nährstoffe aus der oft oligotrophen Umwelt anzureichern. Bereiche der EPS-Matrix mit geringerer Viskosität unterstützen die Mobilität von Bakterien. Für die räumliche Organisation der Mikroorganismen in der Biofilmmatrix spielen O_2- und CO_2-Verfügbarkeit, pH-Wert, Lichtqualität und weitere Faktoren eine wesentliche Rolle (◘ Abb. 7.1).

Die hohe Zelldichte fördert die Akkumulation mobiler genetischer Elemente und somit einen horizontalen Gentransfer, der auch den Austausch von Resistenzgenen einschließt. Im Biofilm kann ein Organismus zehn- bis 1000-mal resistenter sein als in Suspensionskultur. Die Lebensgemeinschaften enthalten häufig sehr resistente, nur langsam wachsende oder ruhende Zellen (**Persister**), die gegen natürliche Biozide und Arzneimittel widerstandsfähig sind. In Gegenwart toxischer Wirkstoffe werden auch spezielle Transportsysteme in der bakteriellen Biomembran induziert (**Multidrug-Effluxpumpen**), die die Akkumulation von Antibiotika in der Zelle und somit deren toxische Wirkung reduzieren.

Ein Biofilm entsteht, wenn ein Bakterium auf eine Oberfläche oder auf ein anderes Bakterium trifft. Auch einzellige Pilze (Hefen) können Biofilme, oftmals im Verbund mit anderen Mikroorganismen, bilden. Wesentlich ist der Übergang von einer einzelligen, planktonischen Lebensweise zu einer sesshaften, vielzelligen

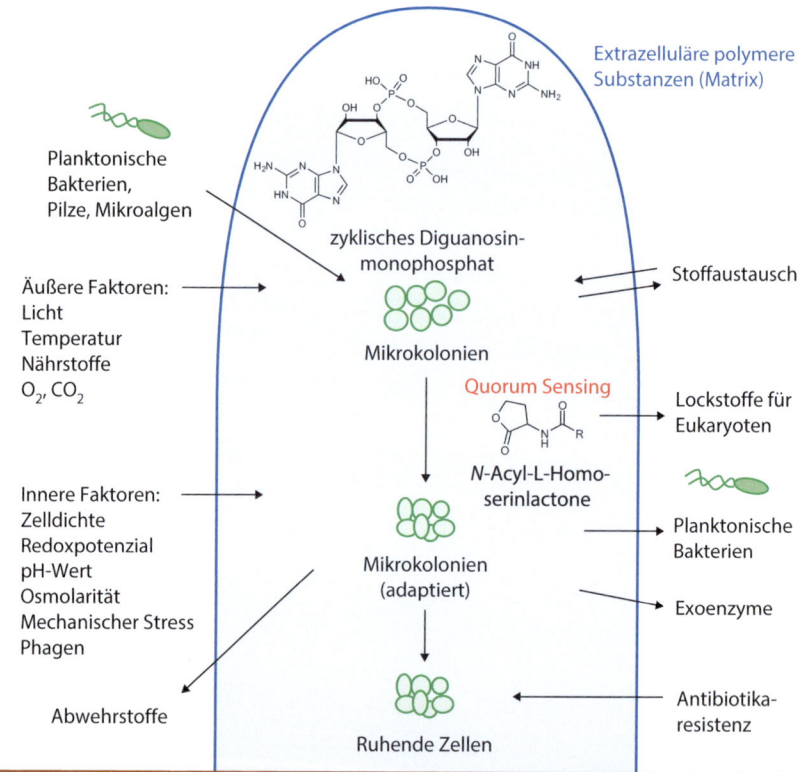

◘ Abb. 7.1 Eigenschaften von Biofilmen und ihre Beziehungen zur Umwelt

7.1 · Struktur, Genese und Funktionalität

Lebensweise. Das enge Zusammenleben verschiedener Bakterienarten erlaubt komplexe, emergente Verhaltensmuster, die nicht aus den Eigenschaften einzelner, planktonischer Zellen vorausgesagt werden können. Die Mikrobiota sezernieren oftmals Enzyme zur externen Aufbereitung organischer Substanzen und tauschen Substrate und Wachstumsfaktoren aus (z. B. Vitamin B_{12}).

Biofilme sind außerordentlich vielgestaltig. Sie können eine einzige Art (z. B. das Bodenbakterium *Myxococcus xanthus*, Myxococcaceae, Myxococcales), bis zu etwa 30 Arten (Biofilme mit Algen) oder mehrere Hundert Arten (z. B. im Zahnbelag des Menschen) enthalten. In allen Habitaten der Erde leben 40–80 % der Mikroorganismen in Form von Biofilmen an Grenzflächen wie Fest-Flüssig-, Fest-Gas-, Flüssig-Flüssig- und Flüssig-Gas-Phasenübergängen.

Die **Genese und Funktionalisierung** von Biofilmen an festen Oberflächen umfasst folgende Schritte (◧ Abb. 7.1):

1. Adhäsion frei beweglicher, planktonisch lebender Mikroorganismen (meist Bakterien und Archaeen) an Felsen, Boden- und Sedimentpartikel sowie biotische innere und äußere Oberflächen (Pflanze, Tier und Mensch). Das Signalmolekül **zyklisches Diguanosinmonophosphat (c-di-GMP)** (◧ Abb. 7.1) kontrolliert den Übergang von der einzelligen zur multizellulären Lebensphase.
2. Bildung von mikrobiellen Aggregaten unter Nutzung von Botenstoffen (**Quorum Sensing**).
3. Umweltfaktoren beeinflussen die Matrixsynthese und kontrollieren die Biofilmgenese (◧ Abb. 7.1).
4. Ausprägung von Mikrokolonien in einer mechanisch stabilen Matrix.
5. Aufbau komplexer, vielschichtiger Kolonien und „Matten" innerhalb der EPS-Struktur, z. B. bei marinen Biofilmen mit Bakterien, Archaeen, Pilzen, Protozoen und Sporen von Makroalgen.
6. Nach längerer Existenz der Biofilme über Wochen und Monate, die im Wesentlichen von der Stabilität der EPS-Matrix abhängt, werden durch die Scherkräfte der Wasserphase und physiologische Veränderungen in der Lebensgemeinschaft, z. B. Limitierung von Nährstoffen, Teile des Biofilms abgelöst. Dieser Vorgang wird durch Signalmoleküle gesteuert.
7. Rekolonisierung durch freigesetzte (planktonische) Mikroorganismen und abgelöste Teile des ehemaligen Biofilms auf anderen Oberflächen bzw. an bereits vorhandenen Biofilmen. Dabei kann auch neues genetisches Material, z. B. Resistenzgene, weitergegeben werden.

Biofilme entwickeln eine **ökologische Diversität** durch (a) mikrobielle Netzwerkstrukturen, (b) Veränderungen im Genom der Spezies (Mutation, Deletion, Duplikation, Transposition, horizontaler Gentransfer), (c) Einbau externer Fremd-DNA, (d) klimatische und Ernährungsfaktoren.

Die Teilnehmer der Mikrokolonien in einem Biofilm stehen im engen kommunikativen Kontakt. Intra- und interzelluläre Signalgebung (**Quorum Sensing**) löst in Bakterien die Expression verschiedener Gene aus (◧ Abb. 7.1). Dadurch wird eine flexible Anpassung an die äußeren und inneren Bedingungen des Biofilms erreicht. Man schätzt, dass 1–10 % der bakteriellen Gene in den Mikrokolonien über Botenstoffe reguliert werden.

Quorum Sensing wurde in den 1970er-Jahren des letzten Jahrhunderts bei Untersuchungen zur Biolumineszenz des heterotrophen, gramnegativen Bakteriums *Vibrio fischeri* (Vibrionaceae, Vibrionales) entdeckt. Das Bakterium lebt planktonisch im Meer oder als Symbiont in Leuchtorganen (Photophoren) der Tintenfischart *Euprymna scolopes* (Sepiolidae, Sepiolida) (▶ Kap. 11, ▶ Abb. 11.14). Die für die Biolumineszenz notwendige große Populationsdichte in Biofilmen dieser Organe wird durch **N-Acylhomoserinlactone (AHLs)** erzeugt. AHLs sind amphiphile Moleküle (▶ Abschn. 5.1.2.1) mit unterschiedlich langen Fettsäureresten (◧ Abb. 7.1, 7.2). Sie kontrollieren den Übergang der planktonischen Lebensweise von Bakterien zu Biofilmen, aber später auch die Auflösung der Mikrokolonien. Weiterhin regulieren AHLs die Biosynthese der EPS. In grampositiven Bakterien übernehmen Peptide die Funktion als Boten-

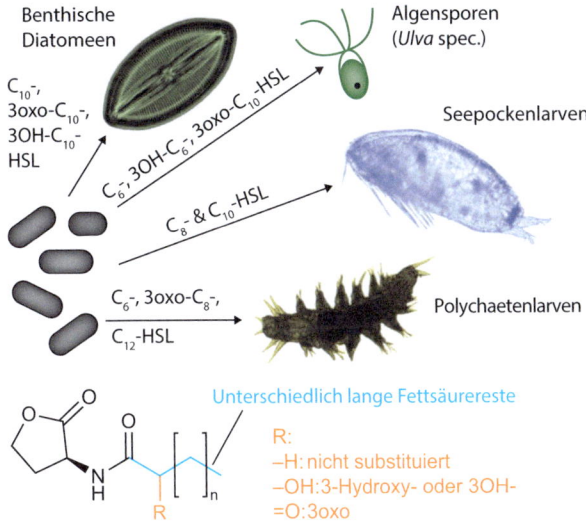

◧ **Abb. 7.2** Verschiedene bakterielle *N*-Homoserinlactone (HSLs) als Lockstoffe für Eukaryoten. (Verändert nach Roggatz und Parsons (2022), Abb. 1, © 2022 Roggatz and Parsons)

stoffe. AHLs wirken auch als Lockstoffe für marine Eukaryoten, die den trophischen Transfer von Substanzen in den Nahrungsketten unterstützen (◘ Abb. 7.2).

Je nach Lebenssituation können Botenstoffe im Biofilm verschiedene Reaktionen auslösen:
- Die **Konzentration der Regulatoren** liefert der Zelle Hinweise auf die lokale Populationsdichte gleichartiger Zellen. Wenn die Konzentration der Botenstoffe einen Schwellenwert erreicht oder auch unterschreitet, werden durch Geninduktionen neue Verhaltensweisen ausgelöst.
- Die **Diffusionsrate der Signalmoleküle** erlaubt es der Zelle abzuschätzen, wie lange sich bestimmte Moleküle in ihrer Umgebung aufhalten. Aufgrund dieser Information kann die Rezeptorzelle z. B. die Produktion von Exoenzymen regulieren.
- Durch Quorum Sensing können die **Bildung und Struktur des Biofilms**, die konzertierte Sekretion von Exoenzymen und die Sporulation beeinflusst werden.
- Von großer medizinischer Bedeutung ist das **Verhalten gefährlicher Humanpathogene** wie *Pseudomonas aeruginosa* (Pseudomonadaceae, Pseudomonadales), *Staphylococcus aureus* (Staphylococcaceae, Bacillales) und *Vibrio cholerae* (Vibrionaceae, Vibrionales): Bei geringer Populationsdichte verhalten sie sich „unauffällig", um eine Immunreaktion zu vermeiden. Beim Erreichen eines Schwellenwerts der Populationsgröße werden Virulenzfaktoren aktiviert. Durch deren plötzlichen, massiven Anstieg wird das Immunsystem oft überwältigt. Falls es gelingen sollte, diese Kommunikation zu manipulieren, könnte man möglicherweise den Übergang vom harmlosen Kommensalen oder Symbionten zu virulenten Faktoren verhindern.
- Botenstoffe spielen auch eine wichtige Rolle bei der **Freisetzung von DNA**. Wenn Populationen von *Streptococcus pneumoniae* (Streptococcaceae, Lactobacillales) einen Schwellenwert erreichen, lysiert ein Teil der Zellen. Dabei wird DNA freigesetzt, die von überlebenden Zellen aufgenommen wird. Deren Kompetenz zur DNA-Aufnahme wird durch Peptide gesteuert. Dies ist ein wichtiger Mechanismus für horizontalen Genfluss.

7.2 Mikrobielle Gemeinschaften in terrestrischen Lebensräumen

7.2.1 Biofilme im Boden und im tiefen kontinentalen Untergrund

Der **Boden** ist ein heterogenes Gemisch aus organischen und mineralischen Substanzen. Beim Abbau von organischen Stoffen durch Pilze und Bakterien im Stoffkreislauf der Natur entsteht Humus, der die Fruchtbarkeit im obersten Bodenhorizont bedingt (▶ Abschn. 12.1.1).

Die Bodenstruktur zeigt unterschiedliche physikalische, chemische und biologische Eigenschaften (▶ Abschn. 12.1.1). So sind verschiedene Bodentypen entstanden, die eine geeignete, porenreiche Oberfläche für die Ansiedlung von Biofilmen mit einer Stärke von 2–10 μm bieten. Diese Lebensgemeinschaften sind verantwortlich für lokale Gradienten von Sauerstoff- und Redoxpotenzial, pH-Wert, Nährstoff- und Wassergehalt. Die EPS-Hülle stabilisiert neben den Mikrokolonien auch die Bodenaggregate.

Der **Lebensraum im tiefen kontinentalen Untergrund** (bis zu 5000 m tief) wird durch Verfügbarkeit von Wasser, Porosität und Permeabilität der Gesteine sowie Druck und Temperatur geprägt. Die Existenz von Bakterien wurde durch Tiefenbohrungen im Granitgestein belegt. Das chemisch-physikalische Lebensmilieu prägt in großer Tiefe die spezifische Verwendung von Elektronendonatoren und -akzeptoren. Chemoautotrophe Mikroorganismen koppeln reduzierende und oxidierende Reaktionen und nutzen CO_2 und Mineralien zur Energiegewinnung. In Gesteinsschichten mit Grundwasserleitern leben mangan- und eisenoxidierende Gemeinschaften und, mit zunehmender Tiefe, Mangan-, Eisen- und Sulfatreduzierer. Wasserstoff ist das am meisten verwendete Substrat chemolithotropher Bakterien und kann zur Reduktion von CO_2 zu Methan genutzt werden.

In Gegenwart von Pilzhyphen werden auch Sekundärmineralien wie Zeolithe gelöst. In Tiefen von 1000 m leben Ascomyceten und Basidiomyceten. Über DNA-Sequenzen wurden Vertreter der Nectriaceenfamilie (Ascomyceten) (*Neonectria, Fusarium*); identifiziert. Diese Organismen ernähren sich fakultativ anaerob und können in Abwesenheit von Sauerstoff Nitrat und Nitrit als alternative terminale Elektronenakzeptoren verwenden. Vertreter beider Gattungen leben aber auch im sauerstoffreichen Wasser und bereiten dort pflanzlichen Detritus auf (▶ Abschn. 13.2.3).

7.2.2 Biofilme in der Rhizosphäre und Phyllosphäre von Pflanzen

Die oberen Bodenhorizonte zeichnen sich durch ein komplexes Nahrungsnetz aus (▶ Abschn. 12.1.2), das aus Bakterien, Archaeen, Pilzen, Oomyceten, Protozoen, Algen, Flechten, Moosen und Tieren sowie Wurzeln von Pflanzen besteht. Diese Lebensgemeinschaften liefern ihre spezifischen Beiträge zu den Stoffkreisläufen wie Wasser-, Stickstoff-, Schwefel- und Phosphorkreislauf (▶ Abschn. 4.3.5).

Im obersten Bodenhorizont wachsen Pflanzen, deren oberirdische und unterirdische Teile vor allem durch Bakterien und Pilze besiedelt werden (**Phytobiom**). Diese Biofilme, die durch die jeweilige chemische Oberflächenstruktur der Pflanzenteile Halt finden, beeinflussen wesentlich die pflanzliche Fitness und damit die Funktionsfähigkeit des Ökosystems (◘ Abb. 7.3).

Wurzeln scheiden je nach Genotyp der Pflanze zahlreiche organische Substanzen in die Rhizosphäre aus (5–30 % der Totalmenge an fixiertem Kohlenstoff), die als Nährstoffe für andere Mitbewohner dienen, aber auch chemische Signale für Anlockung und Abwehr von Bakterien, Pilzen, Tieren und Pflanzen sein können.

Bodenmikroorganismen beeinflussen das Pflanzenwachstum durch (a) Verbesserung der Bioverfügbarkeit von Nährstoffen aus Abbau und Mineralisierung organischer Substanzen (▶ Abschn. 12.1.4), (b) Distickstoffbindung in Symbiose mit der Pflanze (▶ Abschn. 8.1), (c) pathogene Wirkung (▶ Abschn. 8.3). Mikroorganismen setzen Nährelemente durch metabolischen Turnover, Zelllyse oder über konsumierte Biomasse durch Protozoen frei.

Auf vegetationsarmen Bodenoberflächen wie Böden arider Gebiete, Wüstengebiete, aber auch auf Ackerböden zwischen den Kulturpflanzen sowie auf gepflügten Äckern entstehen bei entsprechender Feuchtigkeit grüne Biofilme aus Grünalgen, Bakterien und Pilzen. Auf nährstoffarmen Böden produzieren Grünalgen als Primärproduzenten große Mengen an organischem Kohlenstoff. Distickstofffixierende Cyanobakterien bilden organischen Stickstoff. Diese **phototrophen Biofilme** sind Nährstoffspeicher, erhöhen die Bodenfruchtbarkeit und mindern die Erosion der Böden. Durch Isotopenmarkierungsstudien konnte gezeigt werden, dass ein hoher Anteil an organischen Stickstoffverbindungen zuerst durch Mikroorganismen assimiliert wird und erst durch den mikrobiellen Turnover für die Pflanzen zur Verfügung steht.

Insbesondere Bakterien interagieren seit etwa 450 Mio. Jahren mit Pflanzen, als die ersten Landpflanzen evolvierten. Die mikrobielle Besiedlung der Wurzeln durch Biofilme verbessert und stabilisiert die Nährstoffversorgung der Pflanze und schützt auch besser bei wechselnden Umweltbedingungen. **PGPBs (*plant growth promoting bacteria*)** (▶ Abschn. 12.1.5) siedeln auf Wurzeln, aber auch auf Hyphen von Mykorrhizapilzen, und unterstützen das Pflanzenwachstum. Das gilt auch für cyanobakterienreiche Biofilme, die eine stabile Matrix für wachstumsfördernde *Azotobacter*-, *Pseudomonas*-, *Serratia*- und *Mesorhizobium*-Spezies bieten. *Azospirillum*-Arten wirken durch Luftstickstoffbindung wachstumsfördernd auf Pflanzen und stimulieren durch Ausscheidung von Phytohormonen die Wurzeldifferenzierung und Nährstoffaufnahme. Biofilme, die *Pseudomonas fluorescens*-Zellen enthalten (Pseudomonadaceae, Pseudomonadales), schützen die Pflanze vor pathogenen Bakterien durch Ausscheidung von Antibiotika und Fungiziden.

Auch die oberirdischen Teile der Pflanze (**Phyllosphäre**), insbesondere die Blätter, tragen Biofilme (◘ Abb. 7.3). Diese Lebensgemeinschaften bestehen aus Prokaryoten und Eukaryoten mit einer Zelldichte von ca. 10^6–10^7 Zellen cm^{-2} Blatt. Mikroorganismen besiedeln die Pflanze in ihren unterschiedlichen Entwicklungsstadien. Quellen der Herkunft ausgedehnter Biofilme auf der Blattoberfläche älterer Pflanzen sind

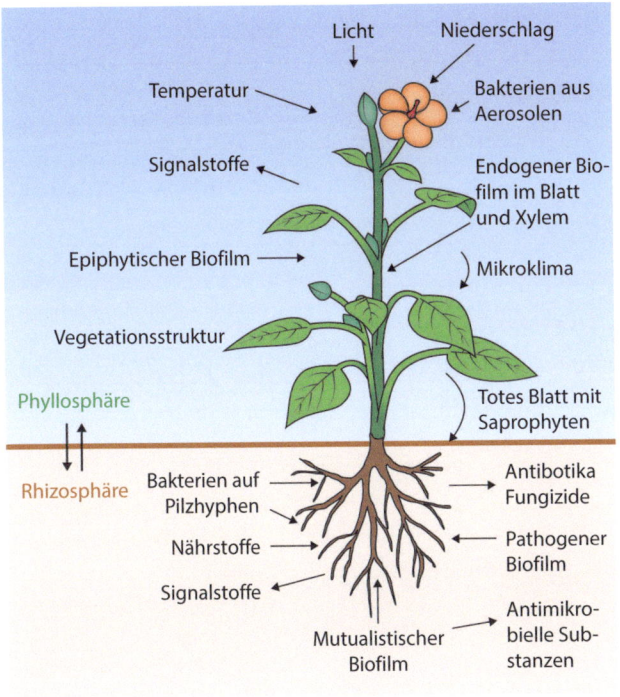

◘ Abb. 7.3 Biofilme auf einer terrestrischen Pflanze

(a) Bakterien in Samengewebe und Keimling, (b) Besiedlung mehrjähriger Pflanzen während der Knospenöffnung nach der Überwinterung, (c) Regentropfen, (d) Aerosole als wesentliche Verbreitungsform für Mikrobiota mit Herkunft aus dem aquatischen System, aus dem Boden sowie anderen Organismen, (d) Übertragung durch Tiere, insbesondere herbivore Insekten.

Der epiphytisch wachsende Biofilm ist starkem Stress wie wechselndem Wassergehalt, Nährstoffangebot, unterschiedlichen Lichtverhältnissen und konkurrierenden Organismen ausgesetzt. Eine besondere Rolle kommt Licht unterschiedlicher Wellenlänge und Intensität zu, das über Photorezeptoren der beteiligten Partner eine jeweils spezifische intrazelluläre Antwort auslöst. Das Volllichtspektrum beeinflusst z. B. die pilzliche Konidienbildung über *light-responsive elements*. Licht reguliert auch den circadianen Rhythmus des pathogenen Schimmelpilzes *Botrytis cinerea* (Sclerotiniaceae, Helotiales). Rotlicht kann eine systemische Resistenz der Wirtspflanze gegenüber dem pathogenen Bakterium *Pseudomonas syringae* (Pseudomonadaceae, Pseudomonadales) auslösen.

Mikroorganismen siedeln auf der **Cuticula** der Pflanzen, die die Epidermis als physikalische Barriere schützt. Die Cuticula besteht aus hydrophoben Biopolymeren mit Einlagerungen von Wachsen, die besonders langkettige Fettsäuren (C_{20}–C_{40}) enthalten. Manchmal wird die Besiedlung im Biofilm erst durch Bakterien (besonders Proteobakterien) möglich, die oberflächenaktive Substanzen (**Surfactants**) ausscheiden, z. B. Lipopeptide (Syringafactine) aus dem pathogenen Bakterium *Pseudomonas syringae*. Dieser Prozess führt zu einer Erhöhung der Cuticulapermeabilität. Untersuchungen an den Modellpflanzen *Zea mays* (Poaceae, Poales) und *Arabidopsis thaliana* (Brassicaceae, Brassicales) ergaben, dass die Zusammensetzung der Cuticula die Diversität der mikrobiellen Gemeinschaft beeinflusst. Andere Wirkfaktoren sind flüchtige Signale (*volatile organic compounds*, **VOCs**) (▶ Abschn. 5.4.3) sowie **Phytohormone** (▶ Abschn. 6.1), die in konvergenter Entwicklung auch durch Bakterien und Pilze produziert werden. Durch die Cuticula können Kohlenhydrate wie Glucose und Fructose diffundieren und als Nährstoffe für Mikrobiota dienen. Zum Nährstoffbudget tragen häufig diazotrophe Bakterien bei, die Distickstoff binden können.

An der Besiedlung der Pflanzenoberfläche sind auch Hefen und filamentöse Pilze beteiligt, von denen einige Pflanzenkrankheiten auslösen können (▶ Abschn. 8.3). Pilzgemeinschaften der Blätter gelangen mit dem Blattfall in Böden und Gewässer und sind am saprophytischen Cellulose- und Ligninabbau beteiligt. Im Süßwassersystem spielen aquatische Hyphomyceten eine Schlüsselrolle beim Blattabbau (▶ Abschn. 13.2.3). Einige Vertreter dieser Gruppe kommen bereits in der Phyllosphäre zahlreicher Pflanzen vor und koppeln damit terrestrische und aquatische Ökosysteme.

7.3 Biofilme im aquatischen Lebensraum

7.3.1 Ozeane

Ozeane verursachen einen intensiven Wasser- und Gasaustausch zwischen Hydrosphäre und Atmosphäre (▶ Abschn. 13.1). In ihrer Oberflächenschicht, aber auch im freien Wasser entstehen an mineralischen Partikeln oder auf Schwebstoffaggregaten organischer Herkunft (**mariner Schnee**) Biofilme. Auch Plastikmüll bietet Besiedlungsflächen an (◘ Abb. 7.4). Die Ansäuerung der Ozeane durch einen hohen CO_2-Gehalt der Atmosphäre stört jedoch die Biofilmbildung und Biomasseproduktion in den Ozeanen erheblich.

Im **Plankton** der Ozeane sind Bakterien (in hohem Maße Proteobakterien) zusammen mit Pilzen, Protozoen und Mikroalgen in Lebensgemeinschaften assoziiert, die durch interaktive Signalnetzwerke gesteuert werden. Chlorophyten und phototrophe Diatomeen (Kieselalgen) bilden mutualistische Biofilme mit Bakterien und stellen durch CO_2-Fixierung organischen Kohlenstoff für heterotrophe Bakterien bereit. Die Lebensgemeinschaften des Planktons bilden in Ozeanen und Seen wesentliche Teile der Nahrungsketten und Stoffkreisläufe (▶ Abschn. 13.2.1). Grundlage des Zusammenlebens sind Netzwerke zwischen den Organismen, in denen spezialisierte Metaboliten aus unterschiedlichen Substanzgruppen regulierende Funktionen wahrnehmen. Besonders eng sind Assoziationen zwischen einzelligen Algen und ihren bakteriellen Biofilmen. In der Umgebung der Algen (**Phycosphäre**) entstehen vielgestaltige biochemische Wechselwirkungen (◘ Abb. 7.5):

– Austausch von organischen Nährstoffen, Ammonium und Vitaminen
– Bakterielle Aufnahme von Tryptophan aus Algen zur Biosynthese von Auxin, das die Alge als Wuchsstoff nutzt
– Bakterielle Abgabe von Fe^{2+} (vermittelt über Siderophore) an die Alge und Nutzung organischer Moleküle aus der Alge
– Wirkung des Osmolyten **Dimethylsulfoniumpropionat** aus Algen (◘ Abb. 7.6) als Quorum-Sensing-Signalstoff für bakterielle Biofilme
– Zerstörung von Kieselalgen (*Skeletonema costatum*, Skeletonemataceae, Thalassiosirales) durch Proteasen aus Bakterien (*Kordia algicida*, Flavobacteriaceae, Flavobacteriales)

7.3 · Biofilme im aquatischen Lebensraum

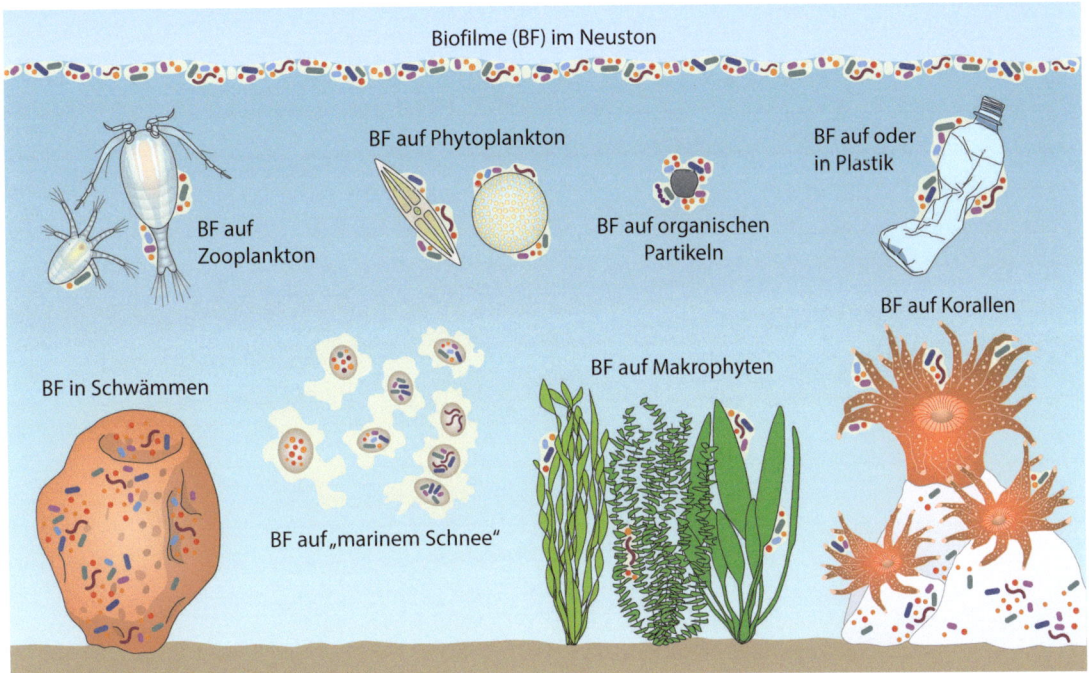

◘ Abb. 7.4 Marine Biofilme auf anorganischen und organischen Oberflächen im Meer. BF. Biofilme. (Verändert nach Flemming et al. 2019, Abb. 3, © SpringerNature)

Unter eutrophen Bedingungen kann es zur massenhaften Vermehrung von Algen und Cyanobakterien im Plankton kommen (**Algenblüte**), verbunden mit einer Zunahme bakterieller Biofilme auf Phyto- und Zooplankton. Viren im Lebensraum können dann die Zellen lysieren und dadurch zur Erhöhung des Pools an **DOM** (*dissolved organic matter*) im Wasser beitragen (▶ Abschn. 13.2.1). Gleichzeitig werden auch Toxine aus Cyanobakterien freigesetzt.

Auch Korallen, Meeresschwämme, Pflanzenwurzeln und Algenthalli tragen Biofilme (◘ Abb. 7.4). Auf Biofilmen von Mangrovenwurzeln lebt z. B. eine Crustaceenart (*Amphibalanus amphitrite*, Balanidae, Balanomorpha) in Abhängigkeit von der Zusammensetzung der Lebensgemeinschaft und der Ausscheidung verschiedener *N*-Acylhomoserinlactone.

Marine Biofilme sind bevorzugte Substrate für Zoosporen mehrzelliger Grünalgen (*Ulva*-Spezies, Ulvaceae, Ulvales), die durch bakterielle Quorum-Sensing-Moleküle wie *N*-Hexanoyl-L-Homoserinlacton angelockt werden (◘ Abb. 7.2, 7.6). Die Zoosporen nehmen selektiv die chemischen Signale wahr und Zoosporen heften sich nach der **Chemokinese** an die Biofilme. ***N*-Acylhomoserinlactone** sind aber auch für Wachstum und Entwicklung der Algen selbst notwendig. Durch die zusätzliche Ausscheidung von Dimethylsulfoniumpropionat (◘ Abb. 7.6), das gleichzeitig in der Alge als Osmolyt wirkt, locken *Ulva*-Thalli wiederum bakterielle Epiphyten an und stellen Polysaccharide und Glycerol für deren Wachstum zur Verfügung. Diese Form der Lebensgemeinschaft erwies sich für eine nachhaltige Aquakultur von *Ulva lactuca* (Meersalat) als sehr nützlich. Die Algenbiomasse dient in verschiedenen Ländern (z. B. Japan und Philippinen) als Nahrungsmittel.

Artenreiche Biofilme finden sich auch auf **Seegräsern**. Zu diesen monokotylen Pflanzen gehören ca. 70 Arten aus vier Familien (Posidoniaceae, Zosteraceae, Hydrocharitaceae und Cymodoceaceae), die obligat und submers in marinen Ökosystemen der Meeresküsten leben. Seegraswiesen sind über eine Fläche von 300.000–600.000 km an allen Kontinenten außer Antarktika verbreitet. Sie bieten Lebensraum für zahlreiche Organismen und sind sowohl ökologisch wie auch ökonomisch wertvolle Bestände der marinen Küstenregionen (▶ Kap. 13). In der Ostsee wachsen Spezies in bis zu 10 m Meerestiefe und werden im Wattenmeer bei Ebbe zeitweilig freigelegt. Seegräser sind an das Leben im Küstenwasser angepasst durch (a) Nutzung von Licht geringer Intensität, (b) speziell gebaute Zellwände, ähnlich wie bei Makroalgen, (c) organische Osmolyte in den Zellen, (d) sexuelle Vermehrung (Pollentransport durch Wasser und kleine Invertebraten), (e) Verankerung im Sediment durch Rhizome und klonales Wachstum (asexuelle Vermehrung), (f) Biofilme als Vermittler zur Umwelt (◘ Abb. 7.7). Die Mikroorganismen in den

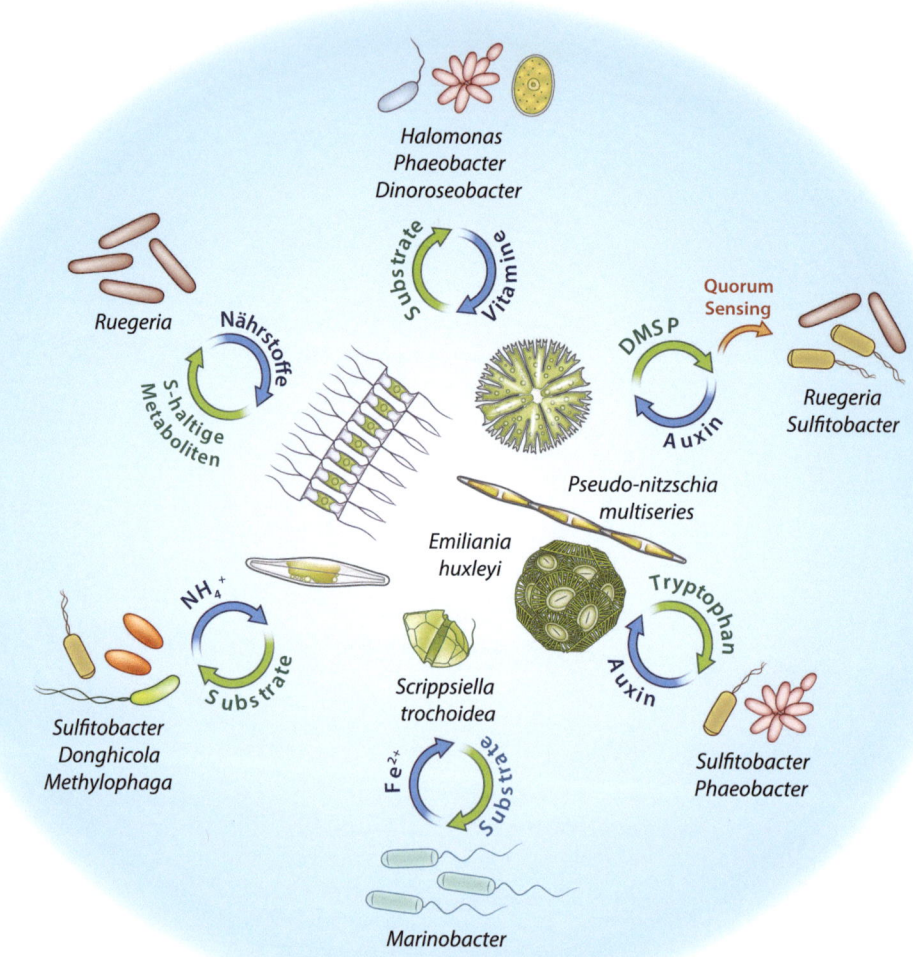

Abb. 7.5 Mikroplankton. Ökologisch-biochemische Wechselwirkungen zwischen Mikroalgen und Bakterien. DMSP, Dimethylsulfoniumpropionat. (Verändert nach Cirri und Pohnert, 2019, Abb. 1)

Abb. 7.6 *Ulva lactuca* in der Ostsee und Signalstoffe in der Algen-Biofilm-Beziehung. (Foto: © Hans-Joachim Schneider/picture alliance)

N-Hexanoylhomoserinlacton

Dimethylsulfoniumpropionat

7.3 · Biofilme im aquatischen Lebensraum

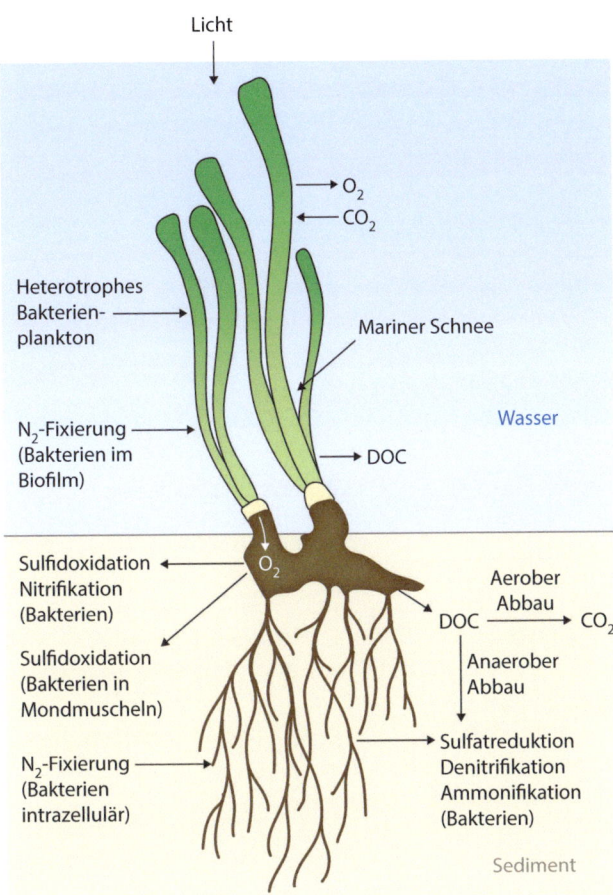

Abb. 7.7 Ökologisch-biochemische Eigenschaften von Biofilmen auf Seegras. DOC, *dissolved organic carbon*. (Verändert nach Ugarelli et al. 2017, Abb. 1)

Biofilmen stammen aus Bakterienplankton und sogenanntem marinen Schnee (*marine snow*) (Abb. 7.4).

Die marinen Pflanzen beeinflussen durch Ausscheidung von Sauerstoff und DOC (*dissolved organic carbon*) maßgeblich das Mikrobiom ihrer Phyllo- und Rhizosphäre. Exsudate enthalten Nährstoffe für die Bakterien. Durch Abgabe von Sauerstoff erzeugt die Pflanze im anoxischen Sediment einen Redoxgradienten, der chemolithotrophe Bakterien fördert. Das sulfidreiche Sediment wird mit dem Sauerstoff aus Wurzeln teilweise entgiftet (bakterielle Sulfidoxidation). Zur Beseitigung des toxischen Sulfids tragen auch sulfidreduzierende Bakterien bei, die in Symbiose mit Mondmuscheln (Lucinidae) in der Rhizosphäre leben (Abb. 7.7). Endosymbiotisch lebende Bakterien im Wurzelgewebe fixieren Distickstoff.

Die **tiefe subozeanische Biosphäre** umfasst ca. 70 % der Oberfläche der Erdkruste. Die oberste Schicht aus Basalt ist 500–1000 m dick und durch ihre Porosität als mikrobieller Lebensraum geeignet. Leben in diesem Bereich ist wichtiger Teil biogeochemischer Prozesse. Mikroorganismen können in tiefere Teile des Gesteins transportiert werden. Die Ausprägung von Biofilmen ist dabei essenziell für die Besiedlungs- und Überlebensstrategie unter energielimitierten Bedingungen. Eine wesentliche Energiequelle bietet Wasserstoff, der durch autotrophe methanogene Bakterien mittels Kohlendioxid zu Methan (CH_4) umgewandelt wird. Stickstoff ist ein limitierender Faktor in dieser ökologischen Nische.

In den Gesteinsschichten unter dem Meer siedeln in Biofilmen **anaerobe methanotrophe Archaeen.** Sie oxidieren die Kohlenstoffquelle Methan. In engem Verbund mit diesen Bakterien leben sulfatreduzierende Bakterien, die die überschüssigen Elektronen aus dem Methanabbau aufnehmen und Sulfat (SO_4^{2-}) zu Sulfid (S^{2-}) bzw. H_2S umwandeln. Ein großer Teil des Kohlenstoffs aus dem Methan fällt als Calciumcarbonat aus, das an den Rändern der Tiefsee-Methanquellen große Hügel bildet (▶ Abschn. 6.7).

Im Gestein in 10–750 m unter dem Meeresboden (Atlantis Bank, Indischer Ozean) wurden in feinen Felsrissen stoffwechselaktive Bakterien, Archaeen und Pilze entdeckt. Die Zelldichte der Biofilme war mit; < 2000 Zellen cm^{-3} sehr niedrig. Die Mikroorganismen leben heterotroph vom Abbau polyaromatischer Kohlenwasserstoffe und dem Recycling von Aminosäuren.

Problematisch für das Ökosystem der Ozeane sind anthropogene Verunreinigungen, insbesondere Mikroplastikpartikel (≤ 5 mm Größe). Diese Teilchen (**Plastisphäre**) werden durch Mikroorganismen besiedelt (Abb. 7.4) und über große Entfernungen transportiert. Sie konnten bereits an der tiefsten Stelle der Erde, im Marianengraben (ca. 11.000 m tief) des Pazifischen Ozeans, nachgewiesen werden. Ungefähr 80 % des Plastikmülls wird durch Flüsse in die Ozeane gespült. Die entstehenden Partikel tragen auch dazu bei, dass pathogene Keime verbreitet und die Algenblüte unterstützt wird. Die physikalische Modifikation der Partikeloberflächen und die Biotransformation der Kunststoffbestandteile durch Bakterien und Pilze führen zu Risiken für die menschliche Gesundheit und die Lebensmittelsicherheit.

Marine Biofilme sind auch für die unerwünschte Besiedlung technischer Oberflächen verantwortlich (**Biofouling**), z. B. von Schiffsrümpfen und Anlagen des Wasserbaus. Erkenntnisse über Genese und Struktur dieser Biofilme bilden die Grundlage für Antifoulingstrategien, um ökonomische Schäden zu vermeiden. Anti-Quorum-Sensing-Substanzen könnten als Wirkstoffe hier hilfreich sein.

Große Aufmerksamkeit wird derzeit der Leistung von Biofilmen für den möglichen Abbau von Mikroplastik in marinen Ökosystemen und einer möglichen Strategie für die Bioremediation geschenkt.

7.3.2 Süßwasser

Mikrobielle Biofilme sind dominante Bestandteile der aquatischen Lebensräume auf dem Land (Süßwasser). Bakterien und Pilze siedeln auf Steinen in Fließgewässern (**epilithische Besiedlung**), im **hyporheischen Bereich** und im **Grundwasser** (▶ Abschn. 13.2.3). Auf feinkörnigen Sedimenten wie in Seen und Marschen stabilisieren mikrobielle Lebensgemeinschaften die Strukturen. Biofilme auf Pflanzenmaterial, z. B. Blattfall und Holz, bereiten organisches Material für die bakterielle Mineralisierung auf und sind zusammen mit kleinen Wassertieren wie Crustacea wesentliche Bestandteile des aquatischen Nahrungsnetzes. Die Diversität auf den besiedelten Oberflächen sowie das physikalisch-chemische Milieu des Wassers beeinflussen die metabolische Plastizität der Mikrobiota. Insbesondere Betaproteobakterien kommen dominant zusammen mit aquatischen Pilzen, vor allem Ascomyceten, vor (▶ Abschn. 13.2.3). Unter günstigen Lichtverhältnissen enthalten Biofilme auch Cyanobakterien und Mikroalgen (Bacillariophyta, Chlorophyta), die organischen Kohlenstoff für heterotrophe Mikroorganismen bereitstellen. Obwohl Archaeen im freien Wasserkörper relativ selten vorkommen, sind sie in hyporheischen Lebensgemeinschaften oft zu finden.

Biofilme beeinflussen auch das **Schadstoffverhalten** in aquatischen Ökosystemen durch Biotransformationsprozesse und die Beteiligung am trophischen Stofftransfer. Technologische Verfahren, die Biofilme in verschiedenen Reaktortypen einsetzen, finden in der Abwasserreinigung Verwendung.

7.4 Mikrobielle Aerosole in der Atmosphäre

Die Atmosphäre enthält Aerosole, die durch Wind aus allen anorganischen und organischen Oberflächen freigesetzt werden. Bioaerosole sind reich an Bakterien und Pilzsporen. Die Übertragungsrate mit der Luft hängt von der Aerosolmenge und den atmosphärischen Bedingungen ab sowie von Partikelgröße und spezifischer Dichte. Atmosphärische Zirkulationsmodelle belegen, dass Partikel mit einem Durchmesser; < 20 µm sehr gut im Jahresverlauf zwischen den Kontinenten ausgetauscht werden können. Dies gilt für Bakterien (0,25–8 µm Durchmesser) und Pilzsporen (1–10 µm).

Kontinuierlich werden durch Wellenbewegungen Bakterien vom Meer in die Luft getragen. Bakterien und Pilze fördern in Wolken die Wasserkondensation und Eisbildung. Vertreter der Oxalobacteriaceae und Methylobacteriaceae sind auch in Tröpfchen des Wolkenwassers metabolisch aktiv.

7.5 Biofilme in Tieren

Biofilme sind von essenziellem Nutzen für die Physiologie des Wirtstiers, aber auch für seine intra- und interspezifischen Beziehungen innerhalb der Lebensgemeinschaft.

Das **Mikrobiom des Darms von Insekten** ist ein gutes Beispiel für mutualistische Beziehungen bei der Aufbereitung von Nahrung, z. B. im Darm von **Termiten**, die in tropischen, subtropischen, ariden und semiariden Ökosystemen siedeln (▶ Abschn. 12.3). Es wird pflanzliches Zellwandmaterial (Cellulose, Hemicellulose, Pektine und Lignin) mithilfe von Biofilmen verdaut und als Nährstoffe verfügbar gemacht. Termiten lassen sich aufgrund ihrer Nahrungspräferenz in zwei Gruppen unterteilen. Die niederen Termiten ernähren sich überwiegend von Holz. In ihrem Darm siedeln verschiedene Protozoa, die Bakterien als Endosymbionten enthalten. Die Protisten metabolisieren intrazellulär pflanzliche Polymere zu Glucose-6-phosphat. Der Metabolit wird durch assoziierte Bakterien zu Acetat umgewandelt, in den Biofilm ausgeschieden und auf diese Weise als Hauptenergie- und Kohlenstoffquelle zur Verfügung gestellt (▶ Abschn. 10.3.3).

Die höheren Termiten (Macrotermitinae) gehören zur Familie Termitidae. Sie sind nicht mehr strikt von Holz als Nahrungsgrundlage abhängig. Sie nutzen auch Humus, Blattstreu und Gräser. Die Arten der Unterfamilie Macrotermitinae kultivieren Basidiomycetenspezies der Gattung *Termitomyces* (Lyophyllaceae, Agaricales) und leben mit diesen in einer obligaten, mutualistischen Beziehung (◘ Abb. 7.8). Die verschiedenen Termitenarten züchten jeweils eigene Pilzarten. Die Stammbäume der beiden Partner haben sich parallel entwickelt. Die Artbildung beruht auf intensiver Coevolution, was man als Cospeziation bezeichnet.

Pilzkultivierende Termiten spielen zusammen mit einer speziellen Bakteriengemeinschaft in den Kammern des Nests eine wesentliche Rolle für das Recycling von Nährstoffen (▶ Abschn. 10.3.3). In ariden tropischen Gebieten (z. B. afrikanischen Savannen) werden so bis zu 90 % des gesamten toten Blattmaterials aufgearbeitet.

Eine konvergente Entwicklung findet man in **pilzzüchtenden Ameisen** (Blattschneiderameisen, Attini) der Tropen und Subtropen Amerikas. Hier besteht ein obligates Zusammenleben von Insekt und Pilz (▶ Abschn. 10.3.3). Eine Kolonie kann pro Tag so viel Pflanzenmaterial einsammeln, wie eine ausgewachsene Kuh frisst.

Auch **Zuckerkäfer** (*Odontotaenius disjunctus*, Passalidae, Coleoptera), die in Nordamerika auf morschem Holz leben, verdauen pflanzliche Zellwandbestandteile. Einen Teil der Abbauprodukte verwertet das Tier selbst

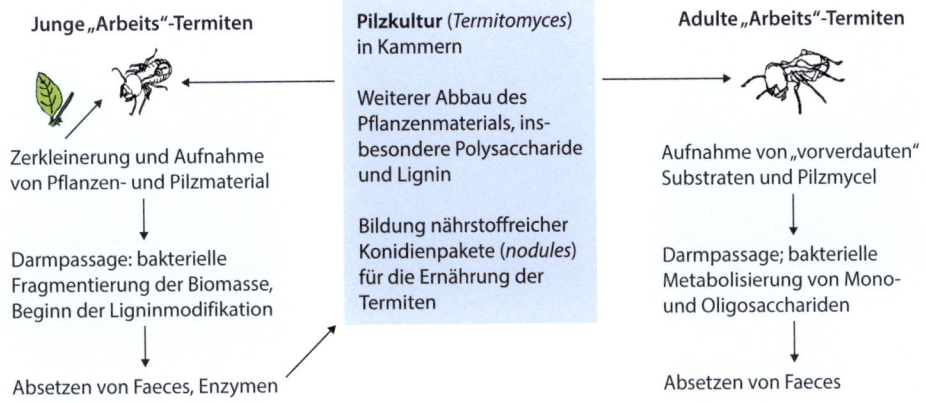

Abb. 7.8 Aufbereitung von Pflanzenbiomasse durch Termiten (*Macrotermes* sp.) mithilfe von Biofilmen im Darm und in mutualistischer Beziehung mit Pilzen (*Termitomyces* sp.)

als Nährstoffe, ein anderer Teil wird ausgeschieden und zur Ernährung der Larven verwendet. Mit dieser Nahrung wird bereits in den Larven das Darmmikrobiom der adulten Tiere aufgebaut. Der Darm des adulten Käfers besteht aus vier Abschnitten mit einem Sauerstoffgradienten, in denen jeweils unterschiedliche Populationen an Mikroorganismen die Nahrung verdauen. Eine erhöhte Sauerstoffkonzentration im Mitteldarm ist für die Cellulosespaltung und Ligninoxidation notwendig. Ein weiterer Abschnitt besitzt eine dickere Darmwand, sodass eine Wasserstoffproduktion durch Gärung möglich ist. Monosaccharide werden dann im hinteren Teil des Darms zu Essigsäure, Ethanol und Methan umgesetzt. Die Versorgung mit Stickstoff wird wahrscheinlich durch Distickstofffixierende Bakterien gewährleistet. Zuckerkäfer sind zusammen mit Termiten durch die Aufbereitung von Totholz wichtige Teilnehmer an den Stoffkreisläufen der Natur.

Im **Pansen (Rumen) der Wiederkäuer**, dem größten der drei Vormägen, wird Cellulose aus der pflanzlichen Nahrung zersetzt und für die weitere Verdauung vorbereitet. Innerhalb von zwei Tagen nach der Geburt des Kalbs wird der Magen-Darm-Trakt von Mikrobiota besiedelt. Daran sind ca. 30 Bakterien-, 40 Protozoen- und fünf Hefespezies beteiligt. Bakterien wie *Ruminococcus flavefaciens* (Oscillospiraceae, Oscillospirales) dringen in die inneren Teile der Blattnahrung ein. Es entsteht ein celluloseabbauender Biofilm, der mittels Exoenzymen Polysaccharide zu Oligo- und Monosacchariden umwandelt. Zucker werden zu organischen Säuren abgebaut, die durch methanogene Archaeen zu Methan metabolisiert werden. Im Rumen können auch toxische Metaboliten inaktiviert werden.

7.6 Mikrobiom des Menschen

Auf der Haut und im Inneren des menschlichen Körpers existieren ökologische Nischen, die sich aus Bakterien, Archaeen und Eukaryoten, aber auch Viren, zusammensetzen. Das Holobiontkonzept (▶ Abschn. 12.1.5) umfasst die Wechselwirkungen zwischen den Wirtszellen und den assoziierten Mikroorganismen. Die mikrobiellen Gemeinschaften bestimmen maßgeblich die Gesundheit eines Menschen.

Beim erwachsenen Menschen umfasst das Mikrobiom geschätzte $3{,}8 \cdot 10^{13}$ Bakterienzellen und entspricht damit etwa der Zahl der Körperzellen. Das Mikrobiom verbraucht etwa 20–25 % der durch Nahrung zugeführten Energie. Es unterstützt den Wirt bei der Verwertung der aufgenommenen Nahrung u. a. durch Synthese mehrerer lebenswichtiger Vitamine (B_1, B_2, B_6, B_{12}, K) und kurzkettiger Fettsäuren sowie bei der Entgiftung von Fremdstoffen. Durch ß-Oxidation der kurzkettigen Fettsäuren verbrauchen die Darmzellen viel Sauerstoff, der dann nicht in das Darmlumen eintreten kann.

Die meisten Mikroorganismen in den Biofilmen sind **Kommensalen**, aber auch potenzielle Krankheitserreger kommen vor. Mit natürlichen Biofilmen überwiegt für den gesunden Wirt der wesentliche Nutzen, potenzielle Krankheitserreger abzuwehren. Ernährungsweise, Stress und Einnahme von Arzneimitteln können jedoch den natürlichen Biofilm verändern. Die Lebensgemeinschaften haben eine höhere Resistenz gegenüber Antibiotika als frei bewegliche (planktonische) Bakterien. In tieferen Schichten des Biofilms erreichen Wirkstoffe die Bakterien nicht und sind gegenüber den ruhenden, persistenten Zellen inaktiv (◘ Abb. 7.1). Da die Lebensgemeinschaft die Mikrobiota auch vor dem Immunsystem des Körpers schützt, sind Biofilme mit pathogenen Bakterien und Pilzen gefährlich.

Der **Biofilm auf den Zähnen** (Zahnbelag, Plaque) spielt möglicherweise eine unterstützende Rolle bei Immunreaktionen. Andererseits ist er ein Risikofaktor für Karies, Zahnfleischentzündungen (Gingivitis) und Entzündung des Zahnhalteapparats (Paradontitis). Das hängt ohne Zweifel mit stark veränderten Essgewohnheiten zusammen. Erhöhter Konsum von Saccharose fördert die Bildung von Exopolymeren (EPS) und Biofilmen. Gleichzeitig kann Zuckerfermentation den pH des Biofilms drastisch senken und Dekalzifizierung durch Lactat eintreten. Dadurch wird der Zahnschmelz angegriffen und Karies gefördert. Mit der Entwicklung der Landwirtschaft und später durch Industrialisierung hat sich die Ernährung des Menschen grundlegend verändert (mehr Kalorien, Fett, Zucker, Salz). Mit ihren kurzen Generationszeiten können sich Mikroorganismen leicht an veränderte Umweltbedingungen anpassen und davon profitieren. Das kann insgesamt zu Diskrepanzen zwischen Zusammensetzung und Aktivitäten des Mikrobioms und der Gesundheit des menschlichen Körpers führen.

Das **gastrointestinale Mikrobiom** umfasst den größten Teil des menschlichen Mikrobioms. Im Darm leben anaerobe Bakterien (z. B. *Bacteroides*, *Clostridium*) und fakultativ anaerobe Bakterien (z. B. *Escherichia coli*, Enterobacteriaceae, Enterobacterales). Daneben kommen auch Hefen und Protozoen vor. *E. coli* wächst besonders gut in der Schleimschicht, die das Epithel des Darms bedeckt. Es ist in der Regel ein harmloser und nützlicher Darmbewohner. Einige Stämme können jedoch gefährliche Infektionen auslösen. Ein möglicher Eintrag von *E. coli* in Wasser über menschliche Fäkalien muss verhindert werden. In jeder menschlichen Population kommen asymptomatische Träger vor, d. h. Individuen ohne Krankheitssymptome, die aber pathogene Keime ausscheiden.

Bereits während und nach der Geburt nimmt der Säugling von der Mutter Mikrobiota auf und die Besiedlung des Darms beginnt. In den ersten Lebensjahren entsteht ein individuelles Artenspektrum. Bei Entwöhnung von der Muttermilch und Umstellung auf feste Nahrung verändert sich die mikrobielle Lebensgemeinschaft im Darm. Im erwachsenen Körper ist das Mikrobiom ähnlich spezifisch wie ein Fingerabdruck.

Durch Antibiotikabehandlung kann sich das Darmmikrobiom so ändern, dass es zu gefährlichen Infektionen durch *Clostridium difficile* (Clostridiaceae, Clostridiales) kommen kann. Hier zeigt sich die Schutzfunktion der normalen Mikroflora besonders deutlich. Durch Transplantation von Fäkalien eines gesunden Menschen lässt sich *C. difficile* oft erfolgreicher bekämpfen als durch weitere Gabe von Antibiotika.

Neue Erkenntnisse weisen darauf hin, dass die Darmflora neben genetischen und anderen Faktoren auch zur Entwicklung **neurologischer und neurodegenerativer Krankheitsbilder** beitragen kann. Durch den engen mikrobiellen Kontakt zum Immunsystem könnten Entzündungsreaktionen im Zentralnervensystem verstärkt oder auch gedämpft werden. Untersuchungen an Mäusen zeigten Einflüsse der Darmflora auf die Entwicklung von Altersdemenz. Nach Übertragung von Darmmikroorganismen älterer Alzheimer-Mäuse in den Darm jüngerer Mäuse wurden die krankheitsbedingten Ablagerungen (Protein: β-Amyloid) beschleunigt. Forscher vermuten krankheitsfördernde neben schützenden Bakterien in den Biofilmen des Darms. Die Hoffnung ist, dass durch eine spezielle Ernährung oder auch durch Gabe spezifischer Wirkstoffe die Diversität in den Biofilmen möglicherweise so verändert werden kann, dass das Demenzrisiko sinkt oder der Krankheitsverlauf verlangsamt wird.

Mikroorganismen siedeln auch auf allen Körperoberflächen (**Haut**, **Schleimhäute**), die direkt oder indirekt mit der Außenwelt in Verbindung stehen. Sie fehlen in den inneren Geweben der Organe und im Blut von gesunden Individuen. Haut und Schleimhäute bilden mit ihrer normalen Mikroflora eine natürliche Barriere, bei deren Verletzung oder Schädigung opportunistische Keime des Mikrobioms in Gewebe des menschlichen Körpers eindringen und gefährliche Infektionen und Reaktionen des Immunsystems (Sepsis) auslösen. Solche Mikroorganismen sind weit verbreitet. Man findet sie in 25–30 % der Mikrobiome gesunder Menschen. In 1 % kann man MRSA-Stämme (*methicillin-resistant Staphylococcus aureus*, Staphylococcaceae, Bacillales) nachweisen. Rund 50 % der Weltbevölkerung tragen *Helicobacter pylori* (Helicobacteraceae, Campylobacterales) im Magen. In einigen Fällen führt dieses Bakterium zu Geschwüren und vermutlich zu Magenkrebs. Dabei spielen sowohl genetische Prädisposition wie auch Umweltfaktoren eine Rolle.

Septische Infektionen gelten als die Hauptursache der Spätmortalität nach ausgedehnten, tiefen Verbrennungen. Bei 72 % der Patienten mit einer Verbrennung hohen Grades ist *Pseudomonas aeruginosa* (Pseudomonadaceae, Pseudomonadales) die Ursache der Sepsis. Auch in 60–90 % chronischer Wunden kommen zahlreiche Bakterien und Pilze vor. Infektionen auf der Hautoberfläche erfordern Desinfektionsstrategien für Krankenhauspersonal und Patienten. Besondere Beachtung finden potenzielle Biofilme auf medizinischen Materialien wie medizinischen Instrumenten, chirurgischen Implantaten, Dialyseschläuchen und Kathetern.

Die Erforschung der Mikrobiome hat durch die Entwicklung der **Omics-Technologien** (*genomics, transcriptomics, proteomics* und *metabolomics*) große Fortschritte gebracht. Die Methoden umfassen bei einem großen Probendurchsatz Sequenzierungstechnologien und die hochauflösende Massenspektrometrie in Kopplung mit Flüssigkeits- und Gaschromatografie. Laserbasierte Techniken (z. B. konfokale Laserscanningmikroskopie) visualisieren die räumliche Topografie der Biofilme und erlauben die Untersuchung der Dynamik in den räumlichen Wechselwirkungen zwischen Zellen und Matrixkomponenten. **Molekulare Bildgebungstechniken** (z. B. Kernspinresonanzspektroskopie [NMR] und Mikrocomputertomografie) ermöglichen die zeitliche und räumliche Analyse der Zusammensetzung und Verteilung von Metaboliten in Biofilmen.

Die Mikrobiomforschung bringt neue Erkenntnisse über die Biologie des Menschen und die Ursachen von Krankheiten mit dem Ziel neuer therapeutischer Ansätze. Von zentralem Interesse ist das Wissen über die Zusammensetzung und Genese des Mikrobioms im Laufe des Lebens sowie die Stabilisierung dynamischer Biofilme nach Antibiotikagabe.

Literatur

Acet Ö et al (2021) N-acyl-homoserine lactone molecules assisted quorum sensing: effects, consequences and monitoring of bacteria talking in real life. Arch Microbiol 203:3739–3749

Alagarasan G, Aswathy KS, Madhaiyan M (2017) Shoot the message, not the messenger – combating pathogenic virulence in plants by inhabiting quorum sensing mediated signaling molecules. Front Plant Sci 8:556

Amaral-Zettler LA et al (2020) Ecology of tthe plastisphere. Nat Rev Microbiol 18:139–151

Angus AA, Hirsch AM (2013) Biofilm formation in the rhizosphere: multispecies interactions and implications for plant growth. In: de Bruijn FJ (Hrsg) Molecular microbial ecology of the rhizosphere, Bd 2. J. Wiley and Sons, London, S 703–712

Antunes J et al (2019) Marine biofilms: diversity of communities and of chemical cues. Environ Microbiol Rep 11:287–305

Baker JL (2023) Illuminating the oral microbiome and its host interactions: recent advancements in omics and bioinformatics technologies in the context of oral microbiome research. FEMS Microbiol Rev. https://doi.org/10.1093/femsre/fuad051

Berlanga M, Guerrero R (2016) Living together in biofilms: the microbial factory and its biotechnological implications. Microbial Cell Fact 15:165–175

Besemer K (2016) Biodiversity, community structure and function of biofilms in stream ecosystems. Res Microbiol 166:774–781

Bonnineau C et al (2020) Role of biofilms in contaminant bioaccumulation and trophic transfer in aquatic ecosystems: current state of knowledge and future challenges. Rev Environ Contam Toxicol. https://doi.org/10.1007/398_2019_39

Bruger E, Waters C (2015) Sharing the sandbox: evolutionary mechanisms that maintain bacterial cooperation. F1000Research 4(F1000 Faculty Rev):1504. https://doi.org/10.12688/f1000research.7363.1

Brüssow H (2020) Öksystem Darm. Biol unserer Z. https://doi.org/10.1002/biuz2020.10707

Carthey AJR, Blumstein DT, Gallagher RV, Tetu SG, Gillings MR (2020) Conserving the holobiont. Funct Ecol 34:764–776

Carvalho SD, Castillo JA (2018) Influence of light on plant-phyllosphere interaction. Front Plant Sci. https://doi.org/10.3389/fpis2018.01482

Ceja-Navarro JA et al (2019) Gut anatomical properties and microbial functional assembly promote lignocellulose destruction and colony subsistence of a wood feeding beetle. Nat Microbiol 4:864–875

Ciofu O et al (2022) Tolerance and resistance of microbial biofilms. Nat Rev Micribiol. https://doi.org/10.1038/s41579-022-00682-4

Cirri E, Pohnert G (2019) Algae-bacteria interactions that balance the planktonic microbiome. New Phytol 223:100–106

Da Costa RR et al (2019) Symbiotic plant biomass decomposition in fungus-growing termites. Insects 10:87. https://doi.org/10.3390/insects10040087

Debroy A et al (2021) Role of biofilms in the degradation of microplastics in aquatic environments. J Chem Technol Biotechnol. https://doi.org/10.1002/jctp.6978

Deveau A et al (2018) Bacterial-fungal interactions: ecology, mechanisms and challenges. FEMS Microbiol Rev 42:335–352

Ereshefsky M, Pedroso M (2015) Rethinking evolutionary individuality. PNAS 112:10126–11032

Flemming H-C et al (2016) Biofilms: an emergent form of bacterial life. Nat Rev Microbiol 14:563–575

Flemming H-C et al (2019) Bacteria and archaea on earth and their abundance in biofilms. Nat Rev Microbiol 17:247–260

Flemming H-C et al (2023) The biofilm matrix: multitasking in a shared space. https://doi.org/10.1038/s41579-022-00791.0

Götze S et al (2019) Structure elucidation of the syringafactin lipopeptides provides insight in the evolution of nonribosomal peptide synthetases. Chem Sci. https://doi.org/10.1039/c)sc03633d

Grossart H-P et al (2019) Fungi in aquatic ecosystems. Nat Rev Microbiol 17:339–354

Ivarsson M (2018) Fungi in deep subsurface environments. Appl Microbiol 102:83–116

Li J et al (2020) Recycling and metabolic flexibility dictate life in the lower oceanic crust. Nature. https://doi.org/10.1038/s41586-020-2075-5

Lim MY et al (2023) Oral microbiome correlates with selected clinical biomarkers in individuals with no significant systemic disease. Front Cell Infect Microbiol. https://doi.org/10.3389/fcimb2023.1114014

Liu W et al (2019) Deciphering links between bacterial interactions and spatial organization in multispecies biofilms. ISME J 13:3054–3066

Lynch JB, Hsiao EY (2019) Microbiomes as source of emergent host phenotypes. Science 365:1405–1409

Matz C (2009) Biochemische Interaktionen in marinen Biofilmen. Chemie unserer Zeit 43:160–167

Moran et al (2019) Evolutionary and ecological consequences of gut microbial communities. Annu Rev Ecol Evol Syst 50:451–475

Ohkuma M (2008) Symbiosis of flagellates and prokaryotes in the gut of lower termites. Trends Microbiol 16:345–352. https://doi.org/10.1016/j.tim.2008.04.004

Philipp L-A et al (2023) Beneficial applications of biofilms. Nat Rev Microbiol. https://doi.org/10.1038/s41579-023-00985-0

Rahlff J (2019) The vironeuston: a review on viral-bacterial associations at air-water interfaces. Viruses 11:191–203

Reynoso-García J et al (2022) A complete guide to human microbiomes: body niches, transmission, development, dysbiosis, and restoration. Front Syst Biol. https://doi.org/10.3389/fsysb.2022.951403

Roggatz C.C., Parsons D.R. (2022) Climate impacts on the abiotic degradation of acyl-homoserine-lactons in the fluctuating conditions of marine biofilms. bioRxiv. https://doi.org/10.1101/2022.01.12

Saha M et al (2019) Using chemical language to shape future marine health. Front Evol Environ. https://doi.org/10.1002/fee.2113

Sauer K et al (2022) The biofilm life cycle: expanding the conceptual model of biofilm formation. https://doi.org/10.1038/s41579-022-00767-0

Sender R et al (2016) Revised estimates for the number of human and bacterial cells in the body. PLoS Biol. https://doi.org/10.1371/journ.pbio.1002533

Sharma S et al (2023) Microbial biofilm: a review on formation, infection antibiotic resistance, control measures, and innovative treatment. Microorganisms. https://doi.org/10.3390/microorganisms11061614

Sohrabi R et al (2023) Phyllosphere microbiome. Annu Rev Plant Biol. https://doi.org/10.1146/annurev-arplant-102820-032704

Ugarelli K et al (2017) The seagras holobiont and its microbiome. Microorganisms. https://doi.org/10.3390/microorganisms5040081

Van Hoogstraten SWG et al (2023) Molecular imaging of bacterial biofilms – a systematic review. Crit Rev Microbiol. https://doi.org/10.1080/1040841X.2023.2223704

Zhu Y-G et al (2022) Impacts of global change on the phyllosphere microbiome. New Phytol. https://doi.org/10.1111/nph.17928

Pflanzen im engen Kontakt mit Bakterien und Pilzen

Gerd-Joachim Krauß

Inhaltsverzeichnis

8.1 **Symbiosen – Leben im nützlichen Verbund – 204**
8.1.1 Die Assimilation von Luftstickstoff – Bakterien und Pflanzen – 204
8.1.2 Mykorrhiza – Pilze und Pflanzen – 208

8.2 **Flechten – Pilze, Algen und Bakterien – 210**

8.3 **Biologische Krusten – 212**

8.4 **Phytopathogene Mikroorganismen und pflanzliche Abwehr – 215**

Literatur – 220

8.1 Symbiosen – Leben im nützlichen Verbund

8.1.1 Die Assimilation von Luftstickstoff – Bakterien und Pflanzen

Der Boden, und insbesondere der Wurzelraum der Pflanzen (Rhizosphäre), sind geprägt durch ein komplexes Netzwerk aus Bakterien, Archaeen, Viren, Protozoen, Pilzen, Pflanzen und Tieren. Zahlreiche abiotische Faktoren beeinflussen dieses Ökosystem und können bei qualitativen und quantitativen Änderungen Stress auslösen. Besondere Bedeutung, auch im agrarwirtschaftlichen Sinne, kommt dem Mikrobiom der Rhizosphäre zu, das maßgeblich an den metabolischen Aktivitäten in Nahrungsketten und Stoffkreisläufen beteiligt ist (▶ Abschn. 12.1.4). Häufig ist Stickstoff im Boden ein limitierender Nahrungsfaktor. Gasförmiger **Distickstoff (N_2)**, der mit ca. 78 % in der Atmosphäre reichlich vorkommt, kann nur von einer Gruppe von Prokaryoten, den diazotrophen Mikroorganismen, in freier oder symbiotischer Lebensweise reduziert werden. Pflanzen nutzen im effektiven endosymbiotischen Verbund die reduzierte Stickstoffverbindung Ammonium im eigenen Stickstoffkreislauf. Für die Untersuchung des Stickstoffluxes im Organismus wird das schwere Isotop ^{15}N eingesetzt, das massenspektrometrisch in geringsten Mengen nachgewiesen werden kann.

Diazotroph leben Vertreter verschiedener Bakteriengruppen wie Alphaproteobakterien (*Rhizobium, Bradyrhizobium*), Betaproteobakterien (*Burkholderia, Nitrospira*), Gammaproteobakterien (*Pseudomonas, Klebsiella, Azotobacter*), Firmicutes (*Clostridium*) und Cyanobakterien (*Anabaena, Nostoc, Gloeothece*). Sie repräsentieren verschiedene Ernährungstypen. *Azotobacter vinelandii* (Pseudomonadaceae, Pseudomonadales) lebt aerob. Das Cyanobakterium *Gloeothece* (Aphanothecaceae, Chroococcales) betreibt tagsüber Photosynthese und fixiert nachts Distickstoff. *Klebsiella pneumoniae* (Enterobacteriaceae, Enterobacterales) ist ein fakultativ anaerobes Bakterium, das N_2 aber nur unter strikt anaeroben Bedingungen fixiert.

Wichtige Beiträge für die Stoffkreisläufe leisten photosynthetisch aktive Cyanobakterien in Böden, aber auch in aquatischen Lebensräumen (z. B. *Anabaena, Nostoc, Calothrix*). Sie besitzen eine fädige Struktur und betreiben in spezialisierten Zellen, den **Heterocysten**, die Distickstoffassimilation. Dicke Wände und das Fehlen des wasserspaltenden Photosystems II (▶ Abschn. 5.3.2) sind Voraussetzung für die sauerstoffgeschützte N_2-Fixierung. Nur in wenigen Arten ohne Heterocysten (z. B. *Gloeothece* sp.) findet der Prozess ebenfalls statt.

Verschiedene Bakterienarten leben eng assoziiert in Biofilmen (▶ Kap. 7) auf Pflanzenwurzeln, in der Elongationszone und auf Wurzelhaaren. Auf der Oberfläche von Wurzeln tropischer Gräser siedeln diazotrophe *Azospirillum*-Arten, die zu den wachstumsfördernden Bakterien (***plant growth promoting bacteria**, PGPBs*) (▶ Abschn. 12.1.4) zählen. Sie tragen bei Getreide (z. B. Mais) zu einem höheren Ertrag bei. Feldversuche haben gezeigt, dass die Beschichtung von Maissamen vor der Aussaat mit *Azospirillum lipoferum* (Azospirillaceae, Rhodospirillales) zu längeren Lateralwurzeln sowie einem verbesserten Wachstum der Pflanzen führt.

Moose in den borealen Wäldern, Mooren und in der arktischen Tundra (▶ Abschn. 12.3) besitzen ein bakterielles Mikrobiom, das für die nährstoffarmen Ökosysteme von essenzieller Bedeutung ist. Bei Untersuchungen von Moosarten in Alaska (u. a. *Sphagnum russowii* [Sphagnaceae, Sphagnales], *Pleurozium schreberi* [Hylocomiaceae, Hypnales], *Polytrichum strictum* [Polytrichaceae, Polytrichales]) wurden Bakterienarten aus acht verschiedenen Gruppen mit unterschiedlichen Anteilen nachgewiesen, z. B. Proteobakterien (ca. 50 %), Actinobakterien (ca. 12 %) und Cyanobakterien (ca. 4 %). Einige Arten fixieren Distickstoff in assoziativer Symbiose.

Aus mikrobiellen Biofilmen einer heißen Quelle (ca. 80 °C) wurden diazotrophe Bakterienarten der Gattung *Caldicellulosiruptor* (Firmicutes) isoliert. Die Organismen konservieren Energie durch Kohlenhydratabbau in den Biofilmen und liefern über die N_2-Reduktion Ammonium an die Lebensgemeinschaft. Aus einer **hydrothermalen Tiefseequelle** (ca. 90 °C) konnte die Archaeenart *Methanocaldococcus* sp. isoliert werden, die ebenfalls N_2 assimilieren kann.

Distickstofffixierende Bakterien kommen auch in Tieren vor. Im Biofilm des Termitendarms leben z. B. *Citrobacter freundii* (Enterobacteriaceae, Enterobacteriales) und *Enterobacter agglomerans* (Enterobacteriaceae, Enterobacteriales). Mithilfe dieser Mikroorganismen ergänzen die Tiere ihre ansonsten stickstoffarme Ernährung.

Verschiedene Pflanzen stellen in manchen Organen spezielle **Siedlungsräume für N_2-fixierende Cyanobakterien** bereit. Im Wasserfarn *Azolla filiculoides* (Salviniaceae, Salviniales) lebt *Anabaena azollae* (Nostocaceae, Nostocales) extrazellulär in Hohlräumen der Blätter, die mit Haaren und Schleim ausgekleidet sind (◻ Abb. 8.1). Mithilfe des Prokaryoten bindet *Azolla* ca. 95 kg Stickstoff ha^{-1} a^{-1}. Der Farn wird in Asien im Mischanbau mit Reis auf den gefluteten Feldern als Stickstofflieferant verwendet.

In schleimgefüllten Hohlräumen des Gametophyten (Thallus) einiger Moose (*Anthoceros punctatus* [Antho-

8.1 · Symbiosen – Leben im nützlichen Verbund

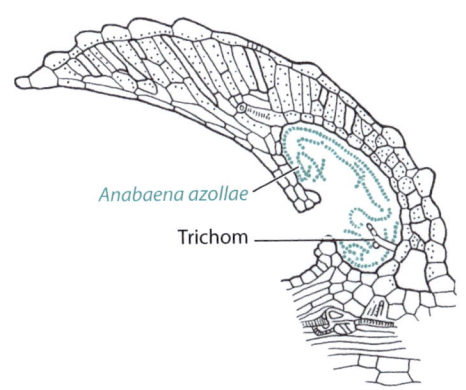

Abb. 8.1 Assoziative Symbiosen zwischen Pflanzen und Cyanobakterien. Kaverne im Oberblattlappen von *Azolla* sp. mit Cyanobakterien. (Verändert nach Kadereit et al. 2021, Abb. 6.3, © Springer Nature)

cerotaceae, Anthocerotales], *Blasia pulsilla* (Blasiaceae, Blasiales) siedeln N_2-bindende *Nostoc*-Arten.

Agrarökonomisch bedeutsam ist die bakterielle Besiedlung von **Zuckerrohr** (*Saccharum officinarum*, Poaceae, Poales). Diazotrophe Bakterien (*Acetobacter* sp., Acetobacteriaceae, Rhodospirillales) dringen über den Apoplasten in Wurzel- und Halmgewebe der Pflanzen ein und nutzen das hohe Zuckerangebot für ihren Stoffwechsel. Der Symbioseverbund befähigt zur Bindung von bis zu 150 kg Stickstoff ha^{-1} a^{-1}.

In speziell strukturierten **Koralloidwurzeln** (knotig verdickten Wurzelenden) einiger Palmfarne (Cycadales, Gymnospermae), die in den Tropen auf nährstoffarmen Standorten vorkommen, siedeln interzellulär in schleimgefüllten Gewebezonen N_2-bindende *Nostoc*-Arten. Sie produzieren auch Neurotoxine und Alkaloide, die die Pflanzen vor Herbivoren schützen. Koralloidwurzeln bildet auch der Palmfarn *Zamia pseudoparasitica* (Zamiaceae, Cycadales). Die Pflanze ist die einzige obligat epiphytische Gymnospermenart und kommt endemisch in tropischen Wäldern Panamas vor. Neben *Nostoc*-Arten enthalten die Wurzeln noch andere zur N_2-Bindung fähige Bakterien.

In manche Pflanzen wandern N_2-bindende Bakterien direkt in die Zellen ein. Ein Beispiel dafür sind Cyanobakterien (z. B. Arten der Nostocales). Sie bilden im Zuge der vegetativen Vermehrung kurze Filamente ohne Heterocysten, die zu Kriechbewegungen fähig sind und chemotaktisch vom pflanzlichen Wirt angelockt werden. So dringen z. B. an den Blattstielen von *Gunnera*-Arten Bakterien (z. B. *Nostoc* sp.) über Kanäle von Schleimdrüsen in die Zellen ein. Umhüllt von einer sauerstoffundurchlässigen Membran vermehren sich die Prokaryoten und bilden **Heterocysten** aus. Diese spezialisierten Zellen nutzen unter Drosselung der Photosynthese Kohlenhydrate aus dem pflanzlichen Gewebe zur N_2-Reduktion und Bereitstellung von Ammonium für die Pflanzen. *Gunnera magellanica* (Gunneraceae, Gunnerales) ist Teil der Pionierpflanzenvegetation in einem Gletschergebiet im Süden von Chile (◘ Abb. 8.2). Die Pflanze wächst auf einem außerordentlich stickstoffarmen Boden und reichert das Nährelement aus der symbiotischen Aktivität von *Nostoc* sp. an (ca. 300 kg Stickstoff ha^{-1} a^{-1}). Die Besiedlung des Gebiets durch diese dominante Pflanze ist wesentliche Voraussetzung für die sukzessive Etablierung von Scheinbuchenwäldern (*Nothofagus* sp., Nothofagaceae, Fagales). Die Bäume profitieren von der Stickstoffzufuhr in den Boden durch die *Gunnera*-Krautschicht, indem sie über Mykorrhizen (▶ Abschn. 8.1.2) das Nährelement aufnehmen. *Gunnera*-Arten sind in Europa invasive Neophyten, so z. B. in Irland.

Bisher ist nur ein Beispiel für eine **Symbiose zwischen Cyanobakterien und Pilzen** bekannt. Der filamentöse Bodenpilz *Geosiphon pyriformis* (Geosiphonaceae, Archaeosporales), der zur Gruppe der arbuskulären Mykorrhizapilze (▶ Abschn. 8.1.2) gehört, wächst im oberen, feuchten Bodenbereich. Er nimmt als Endosymbionten *Nostoc* sp. auf, der in etwa 1 mm großen Hyphenabschnitten lebt (◘ Abb. 8.3). Die speziellen Strukturen sind mit einer Chitinhülle umgeben. In diesem Symbiosom betreiben die Prokaryoten Photosynthese und Distickstoffassimilation und versorgen den Wirt mit Kohlenhydraten und reduzierten Stickstoffmetaboliten.

Endosymbiotische N_2-Reduktion trägt im Mittelmeer zum Wachstum großer **Bestände des Seegrases** *Posidonia oceanica* (Posidoniaceae, Alismatales) bei. Die Pflanzen bieten Lebensraum für unzählige andere Organismen und sind von globaler Bedeutung für die Bindung von atmosphärischem Kohlenstoffdioxid. Im Wurzelgewebe der Pflanzen lebt das Bakterium *Candidatus* Celerinatantimonas neptuna (Alteromonadales) und versorgt den Wirt mit dem wertvollen Nährelement. Eine derartige Symbiose war bisher nur von Landpflanzen bekannt.

Von besonderer agrarwirtschaftlicher Bedeutung ist die **symbiotische Distickstofffixierung im Verbund von Rhizobien und Leguminosen (Fabaceae)**. Hülsenfrüchte gehörten, neben Weizen und Gerste, zu den ersten Kulturpflanzen des Menschen. Bereits der griechische Philosoph und Naturforscher Theophrastos von Eresos (ca. 371–287 v. Chr.) beobachtete, dass Leguminosen die Bodenfruchtbarkeit verbessern. Der Römer M. T. Varro riet im 1. Jahrhundert n.Chr. in seinen landwirtschaftlichen Schriften zum Anbau dieser Pflanzen, um die Erträge der Folgefrucht zu verbessern. Leguminosen wie Sojabohne, Bohne, Erbse, Lupinen, Linse und Erdnuss werden heute weltweit als proteinreiche Nahrungsmittel geschätzt. Luzerne und Klee sind wichtige Futterpflanzen. Leguminosen bekommen zunehmende Auf-

● Abb. 8.2 *Gunnera magellanica* als stickstoffliefernde Pionierpflanze auf ehemaligen Gletscherflächen (Pia Glacier, Tierra del Fuego, Chile). **a** *Nothofagus*-Wald mit dichtem *Gunnera*-Bestand, **b** Erstbesiedlung durch Ausbildung einer *Gunnera*-Krautschicht (Benavent-Gonzalez et al. 2019, Abb. 1b, c)

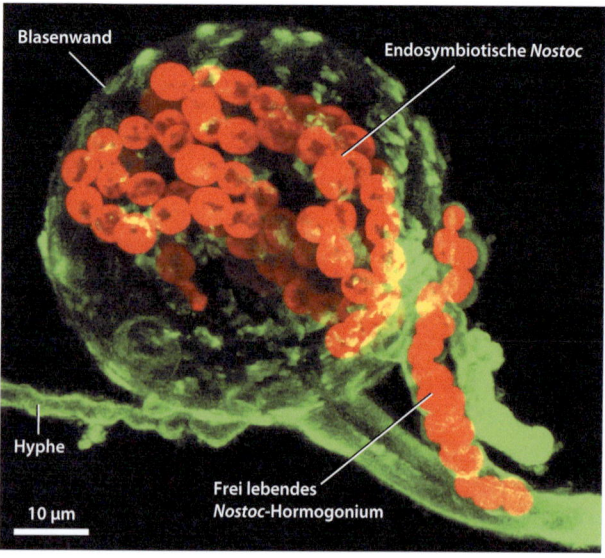

● Abb. 8.3 Blasenhyphe von *Geosiphon pyriformis* mit endosymbiotisch lebenden Cyanobakterien (*Nostoc* sp.). (Verändert nach Kadereit et al. 2021, Abb. 16.3, © Springer Nature)

merksamkeit in Forschung und Praxis hinsichtlich Ertragssteigerung und Verbesserung der Bodenfruchtbarkeit, zu der auch die Einflussnahme auf das Mikrobiom der Rhizosphäre gehört.

Grundlage für die effektive Leguminosen-Rhizobien-Symbiose ist die Differenzierung spezifischer Gewebestrukturen als **Wurzelknöllchen**. Die Wirtspflanze bietet den Bakterien eine ökologische Nische zur Bindung und Reduktion von Distickstoff im Symbioseverbund, der durch hochspezifische chemische Kommunikation und Signalaustausch zwischen den Partnern entsteht:

— Aus den Wurzeln werden spezielle **Flavonoide** ausgeschieden, die Rhizobien (z. B. *Rhizobium*, *Bradyrhizobium*, *Sinorhizobium*, *Mesorhizobium*) anlocken (● Abb. 8.4). Stickstoffmangel im Boden erhöht die Lockstoffabgabe und somit die Anreicherung von Mikroorganismen an den Wurzeln.

— In den Bakterien werden sogenannte **Nodulationsgene** (*nod*-Gene) aktiviert. Über Nodulationsproteine wird die Synthese von **Nodulationsfaktoren** (Lipopolysaccharide) gesteuert, die als aus-

geschiedene Signalmoleküle an der Plasmamembran der epidermalen Wurzelzelle erkannt werden. Die Expression pflanzlicher *nod*-Gene schafft die anatomischen und metabolischen Voraussetzungen für die Knöllchenbildung (◘ Abb. 8.4).
- Die Etablierung der Symbioseeinheiten im Wirt beginnt mit dem Einkrümmen des Wurzelhaars und Umschließen der Bakterien im entstehenden Haken. Die Bakterien dringen über einen Infektionsschlauch in die Gewebe bis zum Zentralzylinder vor. Durch induzierte Zellteilungen entsteht neues Gewebe, das schrittweise von den sich vermehrenden Bakterien besiedelt wird. Es entstehen N_2-fixierende **Bakteroide**, die, von einer Peribakteroidmembran umschlossen, als **Symbiosom** bezeichnet werden. Über die Membran erfolgen die metabolischen Wechselwirkungen zwischen den Partnern.
- Nach der Strukturierung der Bakteroide erfolgt eine mit der Pflanze abgestimmte Enzymausstattung. In den Bakteroiden wird, vom Bakteriengenom gesteuert, der **Nitrogenase-Enzymkomplex** aufgebaut. Nach einem mehrstufigen Übertragungsprozess werden Reduktionsäquivalente (Elektronen) aus den Reaktionen des Tricarbonsäurezyklus (▶ Abschn. 5.2.3.2) zusammen mit ATP für die N_2-Reduktion durch die Nitrogenase verwendet (◘ Abb. 8.5). Der reduzierte Stickstoff wird als Ammonium (NH_4^+) in die Pflanzenzelle transportiert, zur Aminosäuresynthese herangezogen und in der Pflanze verteilt. Die Nitrogenase ist sehr sauerstoffempfindlich. Leghämoglobin übernimmt die abschirmende und regulierende Funktion für die O_2-Konzentration. Der Tricarbonsäurezyklus in den Bakteroiden wird mit Kohlenstoffgerüsten aus der Photosynthese und der Glykolyse der Pflanzenzellen versorgt.

In den Wurzelknöllchen der Leguminosen leben neben den N_2-Fixierern noch andere symbiotische Bakterien. Sie unterstützen die Verfügbarmachung von Phosphat (z. B. *Pseudomonas* sp.), schützen vor osmotischem Stress (z. B. *Achromobacter* sp.) oder scheiden antipathogene Metaboliten aus (z. B. *Pseudomonas* sp. und *Streptomyces* sp.).

Rhizobien bilden außerhalb der Leguminosen nur mit Arten aus der Gattung *Parasponia* (Cannabaceae, Rosales) N_2-fixierende Wurzelknöllchen. Es sind Pionierpflanzen auf vulkanischem, stickstoffarmem Gestein des Malaiischen Archipels.

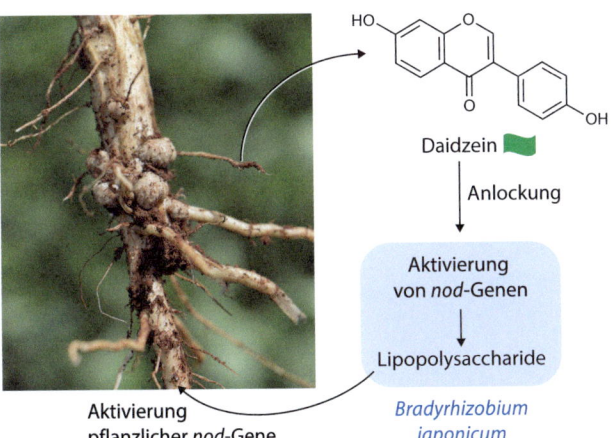

◘ Abb. 8.4 Biochemische Ereignisse bei der Bildung N_2-fixierender Wurzelknöllchen an einer Sojabohnenwurzel. (Foto: © Gerarda-Beatriz/▶ stock.adobe.com)

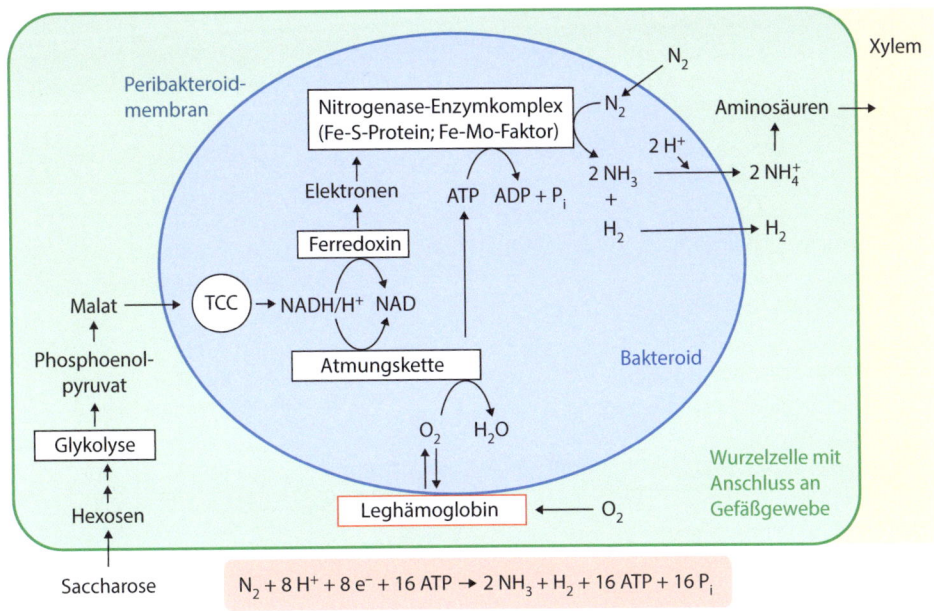

◘ Abb. 8.5 Biochemische Reaktionen im N_2-reduzierenden Bakteroid eines Wurzelknöllchens

Einige Pflanzen bilden mit Actinobakterien (filamentöse, grampositive Bakterien) N₂-reduzierende Wurzelstrukturen. Bei *Frankia*-Arten entstehen so knöllchenartige und büschelförmige Seitenwurzeln (Rhizothamnien). Pflanzen mit dieser sogenannten **Actinorhizasymbiose** spielen eine Schlüsselrolle als Besiedler stickstoffarmer Standorte, z. B. Bewuchs litoraler Sanddünen in Afrika (*Casuarina*-Arten, Casuarinaceae, Fagales), alpiner Standorte (*Dryas octopetala*, Rosaceae, Rosales) oder Überflutungsgebiete (Schwarzerle, *Alnus glutinosa*, Betulaceae, Fagales) (▶ Abschn. 6.4.5). Die Grauerle (*Alnus incana*) ist Teil der Wiederaufforstung ehemaliger Bergbaugebiete (▶ Abschn. 6.4.4).

8.1.2 Mykorrhiza – Pilze und Pflanzen

Die Beziehungen zwischen Pflanzen und Pilzen entwickelten sich während der Evolution in verschiedene Richtungen. Einige Pilze blieben Saprophyten, andere wurden aggressive Pathogene (▶ Abschn. 8.3) und einige bildeten mit Pflanzen effektive Symbiosen (**Mykorrhiza**). Die Fähigkeit zur Mykorrhizabildung ist durch mehrfache konvergente Evolution entstanden. Im Gegensatz zu Symbiosen mit Rhizobien sind Mykorrhizen im Pflanzenreich weit verbreitet. Sie kommen in etwa 80 % aller Angiospermen und in allen Gymnospermen vor. Diese Form der Partnerschaft war mitverantwortlich für die Eroberung des terrestrischen Lebensraums durch Pflanzen vor rund 450 Mio. Jahren.

Die Kontaktnahme zwischen dem Wurzelwerk und den Hyphen filamentöser Pilze wird biochemisch gesteuert und führt zu unterschiedlichen morphologischen Veränderungen (◘ Abb. 8.6). Signalstoffe beider Partner leiten die Etablierung der Symbiose ein. Der Grundstoffwechsel und die Bildung spezialisierter Metabolite werden aufeinander abgestimmt.

Für beide Partner hat der symbiotische Verbund zahlreiche Vorteile. Das Pilzmycel vergrößert die resorbierende Oberfläche des Wurzelsystems und liefert der Pflanze Wasser und Makronährstoffe, z. B. Nitrat, Ammonium und Phosphat, sowie Mikronährstoffe, z. B. Zink und Kupfer. Die Phosphatversorgung unterstützt der Pilz durch Ansäuerung des Bodens. Der Pilz profitiert von Kohlenhydraten aus der photosynthetischen Leistung der Pflanze. Die Biomasse des aktiven, aber auch des abgestorbenen Mycels ist eng gekoppelt mit den Stoffkreisläufen im Boden und der Produktivität der Pflanzen.

Mit der metabolischen Verknüpfung erhöhen sich die Vitalität der Partner und ihre Resistenz gegenüber

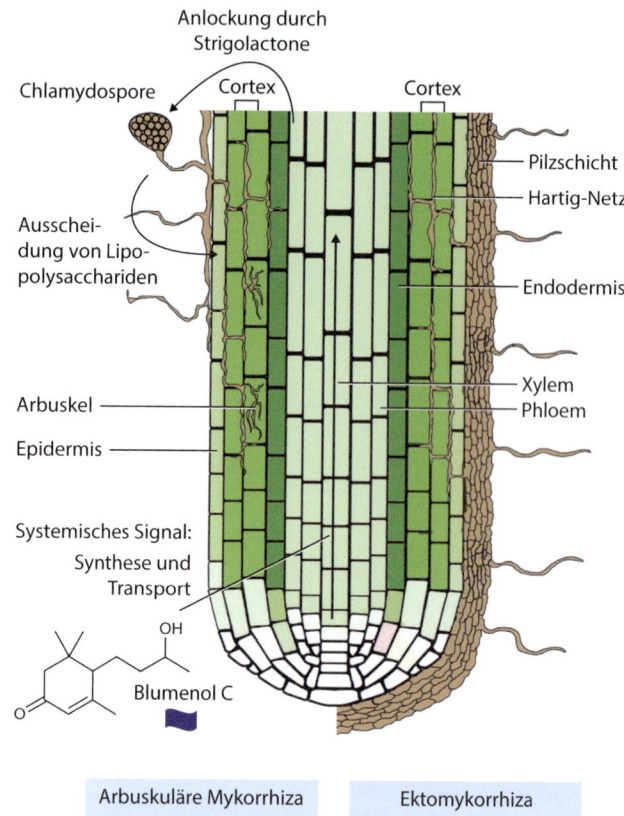

◘ **Abb. 8.6** Arbuskuläre und Ektomykorrhiza. (Verändert nach Krauss und Nies 2015, Abb. 5.3, © Wiley-VCH GmbH)

abiotischem und biotischem Stress. Die systemische Resistenz (▶ Abschn. 8.3) der Wirtspflanzen erhöht sich. Das Hyphengeflecht erlaubt den Pflanzen beispielsweise auch die Wiederbesiedlung entwaldeter Areale.

Es werden zwei grundsätzliche Mykorrhizatypen unterschieden:

1. Ektotrophe Mykorrhiza (Ektomykorrhiza, ECM) (◘ Abb. 8.6)

Der Pilzpartner bildet um die Wurzeln ein Mycelgeflecht (**Hartig-Netz**). Die Biomasse des Mycels, das die Wurzel umgibt, entspricht etwa 20–40 % des Gewichts der mykorrhizierten Wurzel. Die Hyphen scheiden zellwandspaltende Enzyme aus und wachsen in die Interzellularräume der Wurzelrindenzellen. Wirtspflanzen sind überwiegend Bäume und Sträucher mediterraner und borealer Zonobiome, aber auch einige tropische Arten aus den Familien Myrtaceae, Fagaceae und Dipterocarpaceae. Ektomykorrhiza kommt nur bei etwa 2000 Pflanzenarten vor. Dazu gehören wichtige Forstbäume aus den Familien der Pinaceae (Fichte, Kiefer, Lärche), Fagaceae (Eichen, Buchen) und Myrtaceae (*Eucalyptus*). Insgesamt sind ca. 6000 Pilzarten an der

Mykorrhizierung beteiligt. Da die meisten dieser Pilze in Reinkultur gezüchtet werden können, sind physiologische Untersuchungen zum Stoffaustausch zwischen den Symbiosepartnern gut möglich.

Fast alle Ektomykorrhizapilze gehören zu den Dikaryomycota, die meisten zu den Basidiomycota und nur eine kleine Zahl zu den Ascomycota. Der Ascomycet *Cenococcum geophilum* (Gloniaceae, Gloniales) ist ein weltweit verbreiteter Ektomykorrhizapilz und z. B. Symbiosepartner der Rotbuche (*Fagus sylvatica*, Fagaceae, Fagales), eines der verbreitetsten Laubbäume Deutschlands. Morphologisch lassen sich die Mykorrhizen nur in wenigen Fällen identifizieren. In der Regel bilden die Pilze aber einmal im Jahr makroskopische Fruchtkörper, die sich gut unterscheiden lassen. Dazu gehören bekannte Vertreter wie Fliegenpilz und Steinpilz (Basidiomyceten) und der Sommertrüffel (Ascomycet) (◘ Abb. 8.7). Ektotrophe Mykorrhizen haben oftmals nur eine geringe Partnerspezifität. So bildet die Douglasie (*Pseudotsuga menziesii*, Pinaceae, Coniferales) im Laufe ihres Lebens je nach Alter und Standort Symbiosen mit bis zu 2000 Pilzarten. Umgekehrt kann eine einzelne Pilzart mit mehreren Baumarten verknüpft sein. Diese weitgehende Vernetzung der Waldbäume durch das sogenannte Wood-Wide-Web (▶ Abschn. 4.3.2) erschwert die Untersuchung des Beziehungsgefüges zwischen Baum und Pilz.

2. Endotrophe Mykorrhiza (Endomykorrhiza)

– **Arbuskuläre Mykorrhiza** (◘ Abb. 8.6): Dieser Mykorrhizatyp ist im Pflanzenreich am weitesten verbreitet. Symbiosepartner sind obligat biotrophe Pilzarten aus dem Subphylum Glomeromycota. Sie bilden im Boden asexuelle Chlamydosporen, die durch chemische Signale (Strigolactone, ▶ Abschn. 6.1) aus den Wurzeln zur Keimung angeregt werden. Die Pilze scheiden dann als Signal für die Initiierung der Symbiose sogenannte Myc-Faktoren (Lipopolysaccharide) aus, die strukturelle Ähnlichkeit mit Signalstoffen der Wurzelknöllchenbildung haben und von speziellen pflanzlichen Proteinen erkannt werden. Mithilfe zellwandspaltender Enzyme (Hydrolasen wie Cellulasen und Pektinasen) wachsen die Hyphen ausschließlich in die Zellen der Wurzelrinde. Sie bilden dort büschelartige Geflechte (Arbuskeln). Der Pilz versorgt die Pflanze haupt-

◘ **Abb. 8.7** Fruchtkörper von ektotrophen Mykorrhizapilzen. Basidiomyceten: **a** Fliegenpilz (*Amanita muscaria*). **b** Gemeiner Steinpilz (*Boletus edulis*). Ascomycet: **c** Sommertrüffel (*Tuber aestivum*). (**a** © grafxart; **b** © Schmutzler-Schaub; **c** © gabbiere, alle Fotos ▶ stock.adobe.com)

sächlich mit Phosphat und Mikronährstoffen und übernimmt vom Partner vor allem Kohlenhydrate und Aminosäuren. Nach Beginn der Mykorrhizierung werden in den Wurzeln spezialisierte Metaboliten gebildet, die **Blumenole** (◘ Abb. 8.6). Sie leiten sich biosynthetisch aus Carotinoiden ab. In geringer Menge sind sie auch in den oberirdischen Teilen von Pflanzenarten unterschiedlicher Familien als systemische Signale nachweisbar. Das macht sie als Markersubstanzen für die Mykorrhizierung interessant. Daraus ergibt sich ein wertvoller diagnostischer Ansatz für zeitsparende Screeningprogramme, die in der Pflanzenzüchtung für den Nachweis des Mykorrhizierungsstatus von Kulturpflanzen eingesetzt werden können.

- **Feinwurzelendophyten:** Endosymbiotische Pilzpartner aus der Unterabteilung der Mucoromycotina besiedeln die Pflanzen mit einer anderen intrazellulären Morphologie, die aber auch zu arbuskulären Strukturen führt. Charakteristisch ist die fächerförmige Kolonisierung der Wurzeln, die bereits in fossilen Bärlapppflanzen (Lycophyta) nachweisbar ist. Dieser Mykorrhizatyp kommt neben Sporophyten (Lebermoose, Bärlapp) auch in Gefäßpflanzen weit verbreitet vor, häufig zusammen mit arbuskulärer Mykorrhiza.
- **Endomykorrhiza in Ericaceen (Ektendomykorrhiza):** Die Wurzeln der Ericaceenarten tragen ein Netz von Pilzhyphen, die aber auch in die Wurzelzellen wachsen. Die Pflanzen benötigen den Mykorrhizapartner obligat, um saure und nährstoffarme Böden wie Heidelandschaften und Hochmoore besiedeln zu können. Ein Beispiel ist die Besenheide (*Calluna vulgaris*, Ericaceae, Ericales). Die Mykorrhizapilze scheiden allelopathisch wirkende spezialisierte Metaboliten (▶ Abschn. 9.1) aus, die die Ausbreitung von Nadelbäumen als Konkurrenten im Lebensraum verhindern.
- Eine spezielle, offenbar parasitäre Partnerschaft vom Ericaceentyp hat der chlorophyllfreie Fichtenspargel (*Monotropa hypopitys*, Ericaceae, Ericales) entwickelt. Die Pflanze kommt in den gemäßigten Zonen der Nordhalbkugel der Erde vor. Der Mykorrhizapilz *Boletus* wird von der Pflanze obligat zur Ernährung benötigt (Mykoheterotrophie). Soweit bekannt ist, erhält der Pilz im Gegenzug keine Nährstoffe von *Monotropa*. Er bildet jedoch zusätzliche, konventionelle Symbiosen mit *Pinus*-Arten. *Pinus* versorgt *Boletus* mit organischen Substanzen. Ein Teil davon wird an *Monotropa*-Pflanzen weitergeleitet.
- **Endomykorrhiza in Orchideen:** Orchideen leben obligat mykotroph mit Basidiomyceten. Die extrem kleinen Samen enthalten keine Reservestoffe. Bereits während der Keimung stellen die Pilze Wasser und Nährstoffe in einer eher parasitischen Beziehung für die Pflanze bereit. Dies muss beachtet werden, wenn man Orchideen in Kultur nehmen oder wieder aussiedeln möchte. In verschiedenen adulten, autotrophen Pflanzenarten bleibt die Endomykorrhiza bestehen, bei anderen Arten werden die Pilzhyphen im Wurzelparenchym aufgelöst.

8.2 Flechten – Pilze, Algen und Bakterien

Die symbiotische Lebensweise der **Flechten** hat sich früh in der Geschichte des Lebens entwickelt. Fossilien belegen ihre Existenz bereits vor ca. 415 Mio. Jahren. In konvergenter Evolution entwickelte sich ein modularer, mutualistischer Lebensstil mit hoher Anpassungsfähigkeit an unterschiedlichste Umweltbedingungen. Flechten bestehen aus einem heterotrophen Pilz (**Mykobiont**, meist Ascomycet) mit autotrophen, photosynthesebetreibenden Partnern (**Photobiont**, Grünalgen und/oder Cyanobakterien). Sie bilden artspezifische Thalli und tragen ein charakteristisches Mikrobiom.

Bisher kennt man ca. 25.000 Flechtenarten unterschiedlichster Morphologie (◘ Abb. 8.8). Etwa 17 % der 110.000 beschriebenen Pilze sind Mykobionten. Flechten enthalten überwiegend Grünalgen. Den größten Anteil mit ca. 70 % haben einzellige Algen der Trebouxiaceae und Coccomyxaceae. Etwa 20 % sind filamentöse Grünalgen aus der Ordnung der Trentepohliales. Nur ungefähr 8–10 % aller Flechten enthalten Cyanobakterien. In einigen Fällen sind Grünalgen und Cyanobakterien zusammen die Partner des Mykobionten, z. B. bei *Lobaria pulmonaria* (Lobariaceae, Peltigerales), einer schnell wachsenden und in borealen Gebieten Europas weit verbreiteten Flechtenart, die auf Baumrinde wächst (◘ Abb. 8.8, 8.9).

Flechten kommen in fast allen terrestrischen Lebensräumen vor, von tropischen Habitaten, über mediterrane Gebiete, Wüsten und Hochgebirge bis in polare Bereiche. In Mitteleuropa leben ca. 2000 Arten. Flechten überleben extreme Temperaturen, passen ihren Feuchtigkeitszustand der Umgebung an (poikilohydre Organismen) und tolerieren intensive UV-Strahlung. Einige Flechten haben sich dem Leben in der Uferzone (Litoral) angepasst, andere leben bei ständigem Wechsel von Ebbe und Flut im intertidalen Ökosystem.

Häufig sind Flechten auf Land Erstbesiedler und bereiten die Pflanzensukzession z. B. auf Vulkangestein oder auch auf Abraumhalden als Teil biologischer Krusten vor. Flechten siedeln auf verschiedenen Oberflächen wie Gesteins- und Bodenoberflächen, Bäumen und Moosen. Sie wachsen sehr langsam (**Krustenflechten**

8.2 · Flechten – Pilze, Algen und Bakterien

◨ **Abb. 8.8** Flechten mit verschiedenen Wuchsformen. **a** Krustenflechtengemeinschaft auf einem Felsen. (Falsnestinden, Lyngenfjord, Norwegen, Foto: Leif Meißner). **b** Laubflechte *Lobaria pulmonaria*. (Boraler Nadelwald, Alaska, USA, © Stefan Wackerhagen/imageBROKER/picture alliance)

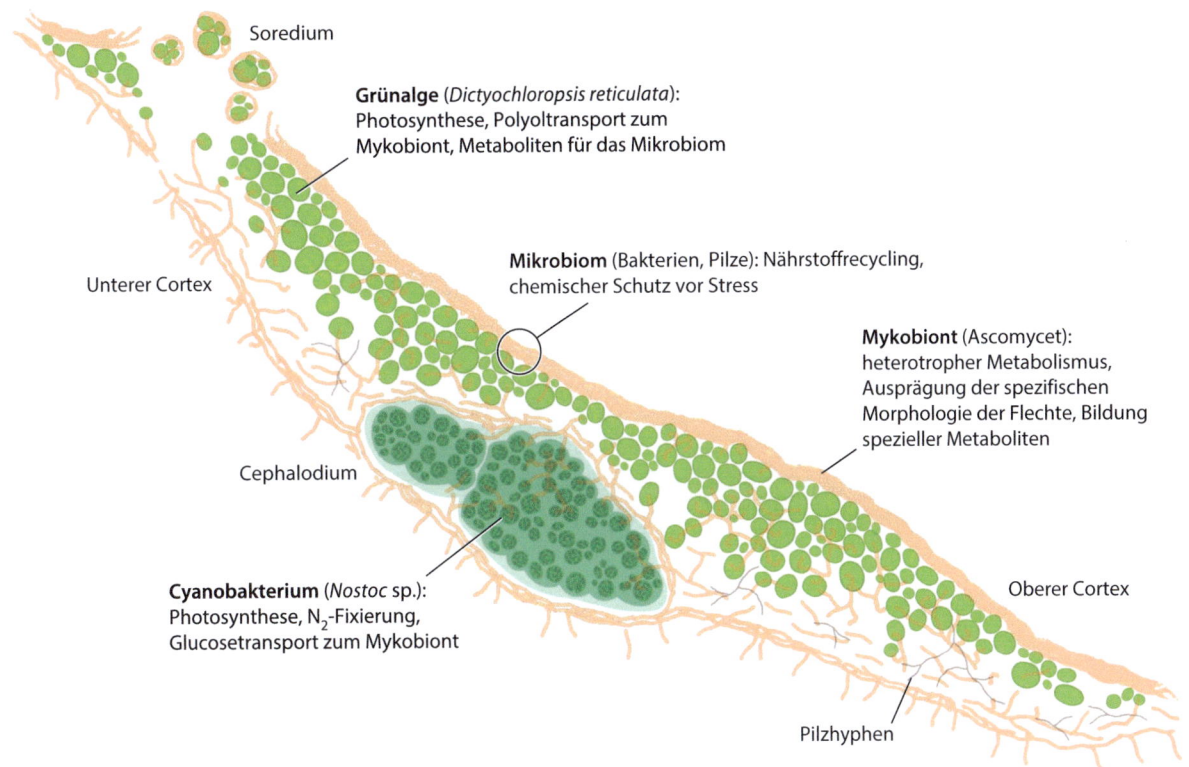

◨ **Abb. 8.9** Thallusstruktur von *Lobaria pulmonaria* und Eigenschaften der Symbiosepartner. (Verändert nach Grimm et al. 2021, Abb. 1)

ca. 0,1–2 mm a^{-1}, **Laubflechten** ca. 1–5 mm a^{-1}). Nur der Pilzpartner vermehrt sich sexuell über Sporen. Durch Abschnüren von Thallusteilen (**Soredien**) (◨ Abb. 8.9) ist eine vegetative Vermehrung der Flechten möglich.

Die symbiotischen Beziehungen im Flechtenverbund werden durch physiologisch-biochemische Eigenschaften und unterschiedliche Beiträge der Partner geprägt:

■■ **Mykobiont**

Der Pilz prägt die charakteristische Morphologie der Flechtenthalli. Rhizoidhyphen dienen der Befestigung an Bodenoberflächen. Die hydrophoben Zellwände des Mycels schützen durch eine spezielle Zusammensetzung aus Proteinen und Lipiden. Das Mycel umschließt die Zellen des Photobionten, versorgt sie mit Mineralstoffen über Diffusionsräume zwischen den Hyphen und bewegt sie über kurze Distanzen in eine für die Photosynthese günstige Position. Das Hyphengeflecht wird zusätzlich durch extrazelluläre Substanzen stabilisiert. Gleichzeitig wird die Ausbildung mikrobieller Biofilme ermöglicht sowie über Diffusionsräume zwischen den Hyphen Aufnahme und Transport von Mineralstoffen zum Photobionten. Unter optimalen Bedingungen wird genügend Wasser bereitgestellt, um den Gasaustausch mit den Photobionten zu gewährleisten. In der Flechte *Lobaria pulmonaria* (Lobariaceae, Peltigerales) siedeln Grünalgenkolonien im oberen Cortex und Cyanobakterien in sogenannten Cephalodien des unteren Cortex (◘ Abb. 8.9).

Der Mykobiont scheidet eine Vielzahl spezialisierter Metaboliten, insbesondere Phenolverbindungen, aus, die die Grünalgen vor UV-Licht schützen. Andere Substanzen wirken antibakteriell, aber auch antifungal, z. B. die Usninsäure gegen parasitäre Pilze (◘ Abb. 8.10). In einer Studie mit über 10.000 weltweit verbreiteten Flechten wurden Vorkommen und physikalisch-chemische Eigenschaften spezialisierter Metaboliten in Beziehung gesetzt zu ökologischen Merkmalen. Es konnte gezeigt werden, dass UV-Strahlung, Temperatur und Niederschlagsmenge die globale Verbreitung der Flechten beeinflussen und die Selektion über die Produktion von Flechteninhaltsstoffen steuern. Spezialisierte Metaboliten aus Flechten sind als potenzielle Wirkstoffe für die Medizin von hohem Wert.

■■ **Photobiont**

Der Photobiont, der nur etwa 10 % des Flechtenvolumens einnimmt, liefert dem Pilzpartner energiereiche Kohlenhydrate. Zuckeralkohole, insbesondere Ribitol, werden durch Grünalgen übergeben, während Cyanobakterien vor allem Glucose bereitstellen. Polyole schützen als Osmolyte vor Trockenstress (▶ Abschn. 6.4.2).

Zusätzlich zur photosynthetischen Leistung können Cyanobakterien in ihren Heterocysten Distickstoff assimilieren. Zum Schutz vor höheren Sauerstoffkonzentrationen sind die prokaryotischen Zellen deswegen in gallenähnlichen Strukturen (Cephalodien) der Flechte eingeschlossen (◘ Abb. 8.9). Der fixierte Stickstoff ist für alle Flechtenpartner verfügbar, wird durch absterbendes Zellmaterial in den Boden abgegeben und trägt so zum Nährstoffkreislauf am Standort bei.

■■ **Assoziiertes Mikrobiom**

Flechtenthalli können auch durch epiphytische Pilze (z. B. Hefen) besiedelt werden. Sie leben dort entweder als Kommensalen, Saprophyten oder Parasiten. In einzelnen Flechten sind bis zu 48 zusätzliche Pilzarten bestimmt worden. Verschiedentlich bilden sie gallenähnliche Strukturen, die auch wiederum Hyphen des Flechtenmykobionten und Hefen enthalten können.

Die Thalli enthalten in der hydrophilen Matrix zwischen den Hyphen neben Cyanobakterien auch eine Vielzahl anderer assoziierter Bakterien und Archaeen. Dort siedeln zahlreiche Alphaproteobakterien (u. a. N_2-bindende Rhizobien), aber auch Betaproteobakterien, Actinomyceten u. a. Wechselwirkungen zwischen den verschiedenen Partnern des Holobionten sind außerordentlich komplex und reichen von Antagonismus über Kommensalismus bis zu Mutualismus. Die Zusammensetzung der flechtenspezifischen Gemeinschaft wird durch antibiotische Substanzen (z. B. Penicillin, Cephalosporin u. a.) sowie auch antifungale Wirkstoffe (z. B. Usninsäure, ◘ Abb. 8.10) gegen Pilzparasiten kontrolliert. Das assoziierte Mikrobiom verbessert wesentlich die Adaptationsfähigkeit von Flechten an wechselnde Umweltbedingungen.

8.3 Biologische Krusten

In allen Zonobiomen bilden Gemeinschaften aus verschiedenen Organismengruppen auf Felsen und Böden **biologische Krusten**. Fossilien weisen auf erste terrestrische Lebensgemeinschaften hin, die vor ca. 2,45 Mrd. Jahren in Form von mattenförmigen Cyanobakterienkrusten die Erde zu besiedeln begannen. ◘ Abb. 8.11 gibt in Zeitsegmenten die wahrscheinlichen Schritte der evolutionären Entstehung und geografischen Verbreitung biologischer Krusten wieder.

Heute sind biologische Krusten in allen Ökosystemen verbreitet, in denen Wasser und Nährstoffe limitiert sind, Licht mit hoher Intensität die Erdoberfläche erreicht und Gefäßpflanzen nicht dominant vorkommen. In tropischen Feuchtsavannen breiten sich diese Lebensgemeinschaften häufig zwischen einzelnen Grashorsten aus. Bevorzugte Siedlungsräume sind jedoch polare Wüsten, hochalpine Habitate, Wüsten und Salzböden der ariden und semiariden Regionen, daneben auch Flächen in der Nähe von Vulkanen und Gletschern sowie Dünenlandschaften und Störungsflächen in der Vegetation, z. B. durch Entwaldung oder Bergbau.

◘ **Abb. 8.10** Die Laubflechte *Cladonia foliacea* produziert Usninsäure als Wirkstoff gegen parasitäre Pilze. (Foto: © Duncan/▶ stock.adobe.com)

8.3 · Biologische Krusten

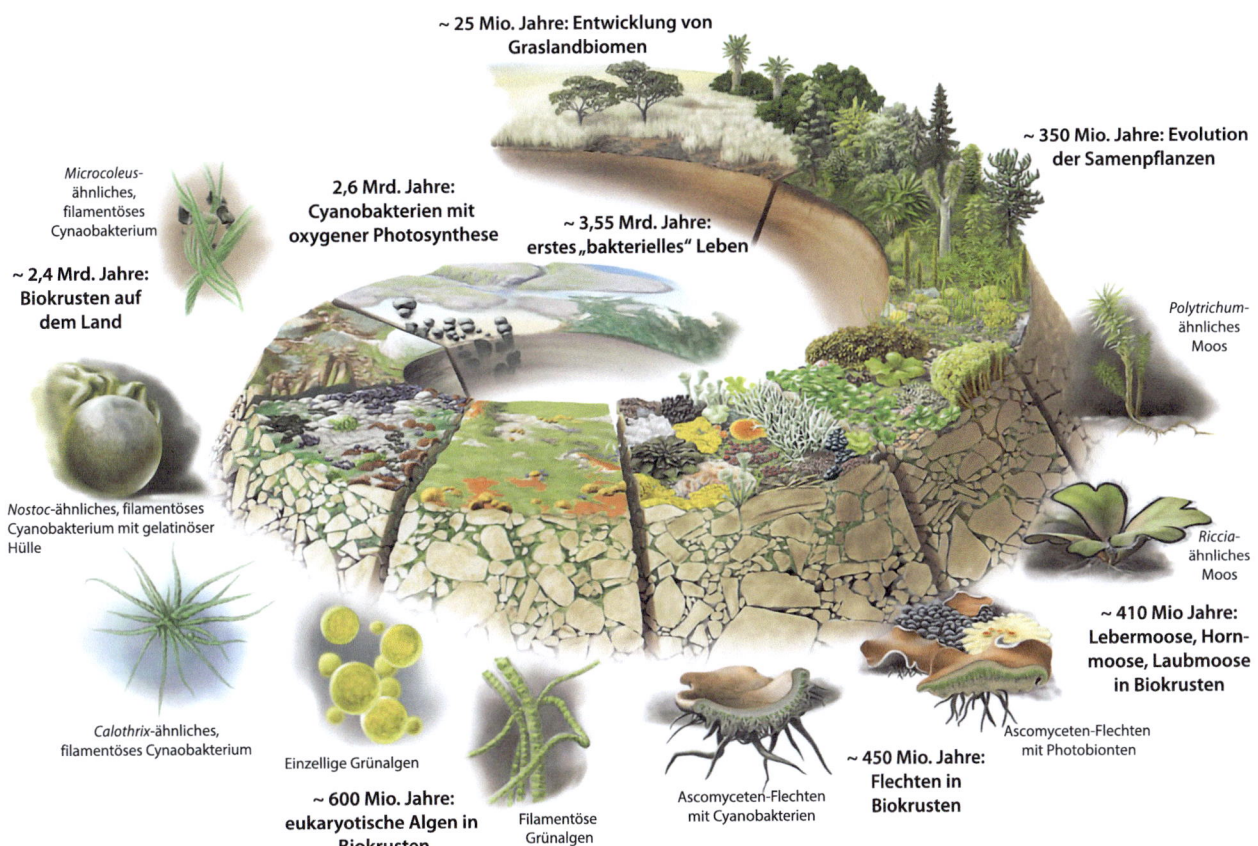

Abb. 8.11 Mögliche Schritte der evolutionären Entwicklung von biologischen Krusten in terrestrischen Ökosystemen. (Nach Weber et al. 2016, Abb. 25.2, © Springer Nature)

Biokrusten gestalten unter extremen Bedingungen vitale Habitate auf der Grundlage der Primärproduktion von Kohlenhydraten (Photosynthese) und Distickstoffbindung sowie Kohlenstoff- und Stickstoffspeicherung. Der multifunktionelle Organismenverbund bildet Boden, macht Nährstoffe verfügbar (z. B. Phosphat), stabilisiert die Bodenmatrix und reguliert die hydrologischen Bedingungen am Standort.

Photoautotrophe Cyanobakterien und Grünalgen, heterotrophe Bakterien, Archaeen und Mikropilze bilden die primäre Lebensgemeinschaft der Krusten und initiieren die weitere Kolonisierung durch Flechten, Bryophyten und die Mikrofauna. Filamentöse Pilze sind die Vermittler des Stoffaustauschs für die Etablierung von Pflanzengesellschaften in der Nähe der Krusten. Algen, Cyanobakterien und Pilzsporen werden über den Luftpfad oder durch Tiere verbreitet. Flechten können durch den Wind vom Untergrund gelöst und verbreitet werden.

Konsumenten wie Protozoen, Rotifera und Tardigrada binden die Gemeinschaft in höhere trophische Ebenen und das Nährstoffrecycling ein. Pilzhyphen und Ausscheidungen der beteiligten Partner erhöhen die Bodenfruchtbarkeit und Regeneration des gesamten Lebensraums. Es wird somit auch der zunehmende Bewuchs durch Gefäßpflanzen vorbereitet.

Die Vertreter der verschiedenen Organismengruppen tragen in unterschiedlicher Weise zu Funktion und Stabilität der Krustenlebensgemeinschaft bei:

- **Photoautotrophe Organismen**, z. B. Cyanobakterien, fixieren CO_2, produzieren O_2 und assimilieren zusätzlich Distickstoff aus der Luft. Durch die Ausscheidung viskoser Polysaccharide werden Bodenpartikel aggregiert. Die poikilohydrische Lebensweise schützt auch bei Einbindung in den Flechtenverband vor Trockenstress. Grünalgen tragen ebenfalls zum Kohlenstoff- und Sauerstoffbudget der Biokruste bei. Sie sind im Wesentlichen horizontal angeordnet. Organische Osmolyte, insbesondere Monosaccharide (► Abschn. 6.4.1), schützen intrazellulär bei Wassermangel. Über dickwandige Sporen können Mikroalgen jahrelange Trockenheit überdauern.
- **Chemoheterotrophe und diazotrophe Bakterien** leben in Biofilmen und nutzen die nährstoffreiche Zone der Cyanobakterien zum Wachstum. Die Bereitstellung von Stickstoff erleichtert die Besiedlung stickstofflimitierter Böden.
- **Pilze** nutzen die Energie aus dem Abbau von Biomasse. In der Flechtensymbiose umhüllen sie die photoautotrophen Partner und verwenden Assimilationsprodukte der anderen Partner.

Gleichzeitig bieten sie Schutz vor Licht und Trockenstress.
- Das Vorkommen von **Moosen** in Biokrusten hängt von der jährlichen Niederschlagsmenge sowie der Abfolge von Feuchtigkeits- und Trockenheitszyklen ab. Moose leben poikilohydrisch und verbessern den Wasserstatus der Biokrusten.

In **Wüsten** sind biologische Krusten von großer Bedeutung für den Wasserhaushalt. Die mattenförmige Auflage verhindert die windgestützte Abtragung von Sand. Der Verschluss von Poren führt dazu, dass Wasser gehalten wird und nur langsam versickert. Cyanobakterien fixieren in dieser extremen Umgebung erhebliche Mengen an Distickstoff aus der Luft. Bei Studien in der Negev-Wüste in Israel wurde ein jährlicher Stickstoffeintrag von 7–12 kg Stickstoff ha^{-1} gemessen.

In der Atacama-Wüste in Chile sind Cyanobakterien, Grünalgen und Flechten prägende Elemente in der kargen Landschaft (◘ Abb. 8.12). Sie gehört zu den ältesten Wüsten der Erde und umfasst an der Pazifikküste von Peru und Chile 200.000 km^2. Wasser ist äußerst knapp, aber in höheren Küstenlagen verbessert Nebelbildung die Lebensbedingungen. Der Nationalpark Pau de Azúcar ist durch Gesteinsfelder geprägt. Biokrusten aus Cyanobakterien, Grünalgen und Flechten heben sich durch eine schwärzliche Färbung von der Gesteinsoberfläche ab (◘ Abb. 8.12). Flechten erschließen mit den Hyphen der Pilzpartner auch Nährstoffe aus tieferem Gestein, erhöhen den pH-Wert der Umgebung und machen mineralische Nährelemente besser verfügbar. Pilzhyphen tragen mit ihrem unterschiedlichen Wassergehalt im Mikrohabitat durch Quell- und Schrumpfprozesse zum Gesteinsaufschluss und damit zur Verwitterung bei. Ein erster Boden (**Protopedion**) entsteht, der als Keimort für Samen höherer Pflanzen zur Verfügung steht.

Biologische Krusten, häufig mit Kryptogamen als Partnern, wachsen in verschiedenen Zonobiomen auch auf kargen Granit- und Gneisfelsen von Inselbergen (▶ Abschn. 12.5). Sie sind ebenfalls wesentliche Besiedlungsformen in dauerhaft kalten Ökosystemen. In der **Antarktis** herrschen extreme Bedingungen mit intensiver UV-Strahlung im Sommer, Dunkelheit in den Wintermonaten und nährstoffarmen Böden mit hohen pH-Werten und Salzgehalten (◘ Abb. 8.13a). Flüssiges Wasser ist nur während der Sommermonate an Gletscherzungen und Seeufern sowie aus aufgetauten

◘ **Abb. 8.12** Biologische Krusten im Nationalpark Pau de Azúcar in der Atacama-Wüste. **a** Landschaftsbild. **b** Mikrobiell besiedelte Quarzsteine. (Baumann et al. 2022, Abb. 4a, b)

◘ **Abb. 8.13** Biologische Krusten in einem arktischen Trockental (Taylor Valley). **a** Landschaftsbild mit endolithisch wachsenden Krusten. **b** Hypolithisch lebende Cyanobakterien an der Unterseite eines Quarzkiesels. (Kanz et al. 2020, Abb. 7a, Abb. 9)

Permafrostböden verfügbar. Osmolyte stabilisieren die Zellen, wenn die Temperatur sinkt. In einigen Gebieten besiedeln biologische Krusten den Boden bis zu 50 %. Sie leben endolithisch in der nur wenige Millimeter starken oberen Gesteinsschicht, aber auch hypolithisch an der Unterseite von Quarzkieseln (◘ Abb. 8.13b). Das wird dadurch ermöglicht, dass die Quarzsteine lichtdurchlässig sind und somit Photosynthese ermöglichen. Hinzu kommt gute Wasserverfügbarkeit nach Tauprozessen im Sommer. Auch hier setzt der Aufschluss des Gesteins die Bodenbildungsprozesse in Gang.

Biologische Bodenkrusten bereiten in anthropogen veränderten Landschaften die **Renaturierung** von Lebensräumen vor. Sie finden sich beispielsweise auf Rückstandshalden der Kalisalzindustrie (▶ Abschn. 6.4.4). Matten aus Cyanobakterien und Grünalgen siedeln sich dort zuerst an und widerstehen einem extremen Salz- und Trockenstress (▶ Abschn. 6.4). In Pilotversuchen zeigte sich, dass künstlich auf die Halden aufgetragene Deckschichten die Wasserinfiltration in das lockere Untergrundmaterial hemmen, aber gleichzeitig die Bildung von Biokrusten fördern.

8.4 Phytopathogene Mikroorganismen und pflanzliche Abwehr

Pflanzen sind in ihrem Lebensraum ständig **Phytopathogenen** (Bakterien, Pilze, Oomyceten, Viren) ausgesetzt, die Krankheiten auslösen und bei Kulturpflanzen ertragsmindernd zu erheblichen ökonomischen Schäden führen können. Im Zuge der Coevolution entwickelten sich spezielle Mechanismen für die Infektion der Pflanze nach Erkennung des Wirts und der Überwindung seiner Abwehrreaktionen (**Kompatibilität**). Von **Inkompatibilität** spricht man, wenn die Pflanze das Pathogen erkennt, die Abwehr organisiert und nicht erkrankt.

Es wird geschätzt, dass jede Pflanzenart von bis zu 100 unterschiedlichen Phytopathogenen bedroht ist, d. h. Mikroorganismen, denen es gelungen ist, die Abwehr zu durchbrechen. Die Wirtsspezifität kann sehr breit sein oder auch nur einzelne Pflanzenarten bzw. Genotypen einer Art betreffen. Spezifische Eigenschaften des Krankheitserregers (**Virulenzgene, Pathogenitätsfaktoren**) steuern die Ausprägung der Infektionssymptome an den Wirtspflanzen.

Phytopathogene gelangen häufig durch natürliche Öffnungen der Gewebe in die Pflanze, z. B. Stomata, Nektardrüsen, Lenticellen, Hydathoden, aber auch durch Verletzungen der oberflächlichen Zellschichten. Zahlreiche Bakterienarten wurden als Krankheitserreger von Kulturpflanzen beschrieben, wie gramnegative Bakterien (z. B. Arten von *Agrobacterium*, *Erwinia*, *Xanthomonas*, *Pseudomonas*) und Streptomyceten (*Streptomyces*). *Erwinia*-Arten (Enterobacteriaceae, Enterobacterales) scheiden zellwandspaltende Enzyme aus (Cellulasen, Pektinasen). Die Sekretion beginnt allerdings erst, wenn eine „ausreichend" große Population dieser Zellen vor Ort erreicht ist. Die Dichte der Population wird durch **Quorum Sensing** gemessen, das ein wesentliches biochemisches Steuerungselement in Biofilmen darstellt (▶ Abschn. 7.1). Pilze sind die größte Gruppe an Phytopathogenen mit den bedeutendsten negativen Effekten auf Ernteerträge. Ihre Sporen keimen direkt auf der Pflanzenoberfläche. Die spezialisierte Spitzenzelle (**Appressorium**) der entstehenden Infektionshyphe baut mechanischen Druck auf und dringt durch Cuticula und Zellwand in die Zellen ein. Gleichzeitig werden zellwandspaltende Enzyme abgegeben.

Das Mikrobiom der Pflanzen auf den ober- und unterirdischen Teilen enthält zahlreiche potenziell pathogene Bakterien, Pilze, Oomyceten und Viren. Verschiedene Lebensweisen von Mikroorganismen lösen über Pathogenitätsfaktoren in Wirtspflanzen Krankheiten aus:

— **Biotrophe Mikroorganismen**: Die Wirtswahl ist sehr spezifisch. Bei der Infektion wird die Zelle nur gering verletzt. Die Vermehrung der Mikroorganismen erfolgt im lebenden Gewebe. Beispiele sind *Pseudomonas*-Arten. Verschiedentlich werden Cytokinine (▶ Abschn. 6.1) in das Wirtsgewebe sezerniert und verhindern die Zellalterung an der Infektionsstelle. Das Alphaproteobakterium *Agrobacterium tumefaciens* (Rhizobiaceae, Rhizobiales) infiziert dikotyle Pflanzen und führt zur Ausbildung tumorähnlicher Wucherungen, vor allem an der Stängelbasis. Die Transkription der bakteriellen Virulenzgene wird durch spezialisierte Metaboliten der Pflanzen unterstützt. Zu den obligat biotrophen Pilzen gehört der Echte Mehltau (*Erysiphe necator*, Erysiphaceae, Helotiales), der Weinstöcke befällt. Als biotrophe Krankheitserreger treten auch Viren und endoparasitäre Nematoden auf.

— **Nekrotrophe Mikroorganismen**: Einige Bakterien und Pilze befallen Pflanzen durch Ausscheidung zellwandspaltender Enzyme und verschiedentlich auch von Toxinen. Die Wirtsspezifität ist relativ gering. Saprophytische Pilze (z. B. *Botrytis* sp., Sclerotinaceae, Helotidales) und Bakterien (z. B. *Erwinia*, Erwiniaceae, Enterobacterales) entnehmen Nährstoffe aus dem Pflanzengewebe, das dann abstirbt.

— **Hemibiotrophe Mikroorganismen**: Sie leben im Gewebe zunächst biotroph und verursachen aber später umfangreiche Nekrosen. Der Oomycet *Phytophthora infestans* (Peronosporaceae, Peronosporales) löst in Nachtschattengewächsen (Solanaceae) an Kraut und Knollen (z. B. Kartoffeln) schwere Krankheitsbilder aus. Der Erreger verursachte in der Mitte des 19. Jahrhunderts in Irland eine große Hungersnot, in deren Folge viele Menschen starben und etwa 1 Mio.

Menschen in die USA auswanderten. Heute stehen zur Bekämpfung verschiedene Fungizide zur Verfügung.

Insekten sind bedeutsame Überträger (**Vektoren**) für pathogene Viren, Viroide (kleine ringförmige RNA-Moleküle) und Mikroorganismen. Heuschrecken (Acrididae) und Blattflöhe (Psylloidea) sind wegen ihres breiten Wirtsspektrums wichtige Vektoren für Prokaryoten. Die pflanzensaugenden Blattläuse (Aphididaeae) verschaffen sich mit einem speziellen Mundwerkzeug, dem Stylet, über die Interzellularen Zugang zu den Siebzellen des Phloems als Nahrungsquelle. Der Speichel kleidet den Stichkanal aus und überträgt auch Bakterien. Die Pflanze versucht, eine Infektion durch induktive Abwehrmechanismen zu verhindern (siehe unten). Dazu gehört auch der Verschluss der Plasmodesmen als Transportweg durch Callosebildung sowie durch spezielle Proteinkomplexe (**Forisome**).

Herbivore Larven und erwachsene Tiere infizieren Pflanzenzellen während des Fressvorgangs, aber auch durch Absetzen von Fäkaltropfen. Die Infektion mit dem Bakterium *Erwinia tracheiphila* (Erwiniaceae, Enterobacterales) über Blattkäfer (Chrysomelidae) verursacht schwere Schäden in Kulturen verschiedener Cucurbitaceen. Der **Borkenkäferbefall** von Koniferen (▶ Abschn. 10.4.4) wird häufig von Pilzinfektionen begleitet. *Tomicus*-Arten (Scolytinae) übertragen beispielsweise Pilze (Ophiostomataceae, Ascomycota) auf die Yannan-Kiefer (*Pinus yunnanensis*, Pinaceae, Coniferales), einen ökologisch und ökonomisch wertvollen Baum im Südwesten Chinas. Die Pilze zerstören das Phloem und Xylem der Bäume. Seit 1990 wurden in dem untersuchten Gebiet durch Borkenkäfer- und Pilzbefall 93.000 ha Kiefernwald vernichtet. Ein anderer Borkenkäfer, der Ulmensplintkäfer, überträgt den Pilz *Ophiostoma novo-ulmi* (Ophiostomataceae, Ophiostomales), der in die Leitgewebe der Ulme (*Ulmus* sp., Ulmaceae, Rosales) wächst, den Wassertransport unterbindet und zum Absterben der Bäume führt.

Als Multivektor überträgt der Knollenflohkäfer *Epitrix tuberis* (Chrysomelidae, Coleoptera) auf Solanaceenarten neben den Oomyceten *Phytophthora infestans* auch verschiedene phytopathogene Bakterien.

Ameisen können ebenfalls **Vektoren für Phytopathogene** sein. Allerdings machen sie zugleich auf oberirdischen Pflanzenteilen andere Krankheitserreger unschädlich. Das geschieht mechanisch durch Entfernen bzw. Fraß von infiziertem Gewebe oder Zerstörung von Vektoren (z. B. anderen **herbivoren Insekten**) sowie chemisch durch Ausscheidung spezialisierter Metaboliten wie Terpenoiden. Durch bakterielle Biofilme an Kopf und Thorax der Tiere werden Antibiotika (z. B. Candicidin, Antimycin) freigesetzt. Candicidin verwenden Blattschneiderameisen auch zur Pflege von Pilzgärten in ihren unterirdischen Bauten (▶ Abschn. 10.3.3).

Pflanzen werden nach Infektion mit Pathogenen dann krank, wenn die Abwehrkraft gegenüber dem Pathogen gering ist (Suszeptibilität) und hohe Virulenz besteht. Pflanzen können jedoch Infektionen überstehen, wenn sie konstitutiv, induziert und systemisch abwehrbereit sind.

▪ 1. Konstitutive Abwehr

Pflanzen entwickeln eine Cuticula auf der Epidermis, spezielle Abschlussgewebe oder lignifizierte Zellwände auch als Schutz gegen Phytopathogene. Unter der Cuticula können Siliciumoxidkristalle als Schutz angereichert werden. Es erfolgt die Einlagerung in Hemicellulose der pflanzlichen Zellwand. Poaceenarten wie Reis akkumulieren SiO_2 in Form von Phytolithen (10–100 µm). Einige dikotyle Pflanzen konzentrieren SiO_2 in spezialisierten Zellen und Trichomen. Die lösliche Kieselsäure ($Si(OH)_4$) wird aus dem Boden aufgenommen und moduliert die Abwehrmechanismen. Auch der hohe Metallgehalt (z. B. Ni, Cd und Zn) in hyperakkumulierenden Pflanzen ist eine Barriere gegen phytopathogene Mikroorganismen und Herbivore (▶ Abschn. 6.6).

Antimikrobiellen Schutz bietet auch die Akkumulation spezialisierter Metaboliten. Diese **Phytoanticipine** liegen präformiert vor. Sie können in toten Zellen angereichert sein. So enthält die braungefärbte, äußere Schale der Speisezwiebel *Allium cepa* (Amaryllidaceae, Asparagales) Chinone und Catechol, die die Keimung von Pilzsporen (*Colletotrichum* sp., *Botrytis* sp.) unterbinden. Phenole schützen häufig auch unreife Früchte vor Pathogenbefall. Weit verbreitete Abwehrstoffe im Pflanzenreich sind Saponine. Das Triterpenglykosid Avenacin A1 (◘ Abb. 8.14) wird bei Hafer (*Avena sativa*, Poaceae, Poales) in die epidermalen Zellen der Wurzelhaare eingelagert und wirkt bei Zerstörung der Zellen auf pathogene Pilze toxisch. Einige Pilze können dieses Saponin allerdings auch durch enzymatische Veränderung entgiften. Steroidglykoside aus *Avena sativa* (Avenoside) wirken erst nach Gewebeverletzung und enzymatischer Abspaltung des Zuckerrests fungitoxisch. Die Wirkung beruht auf der Zerstörung der pilzlichen Membranstrukturen durch Komplexierung des essenziellen Steroidbestandteils Ergosterol. Andere Phytoanticipine, die ebenfalls erst zu Wirkstoffen biotransformiert werden müssen, sind Glucosinolate (▶ Abschn. 5.4.2) und cyanogene Glykoside (▶ Abschn. 5.4.2). Vertreter dieser Stoffgruppen dienen auch als Abwehrstoffe gegen herbivore Insekten (▶ Abschn. 10.4.3), aber auch Bakterien.

8.4 · Phytopathogene Mikroorganismen und pflanzliche Abwehr

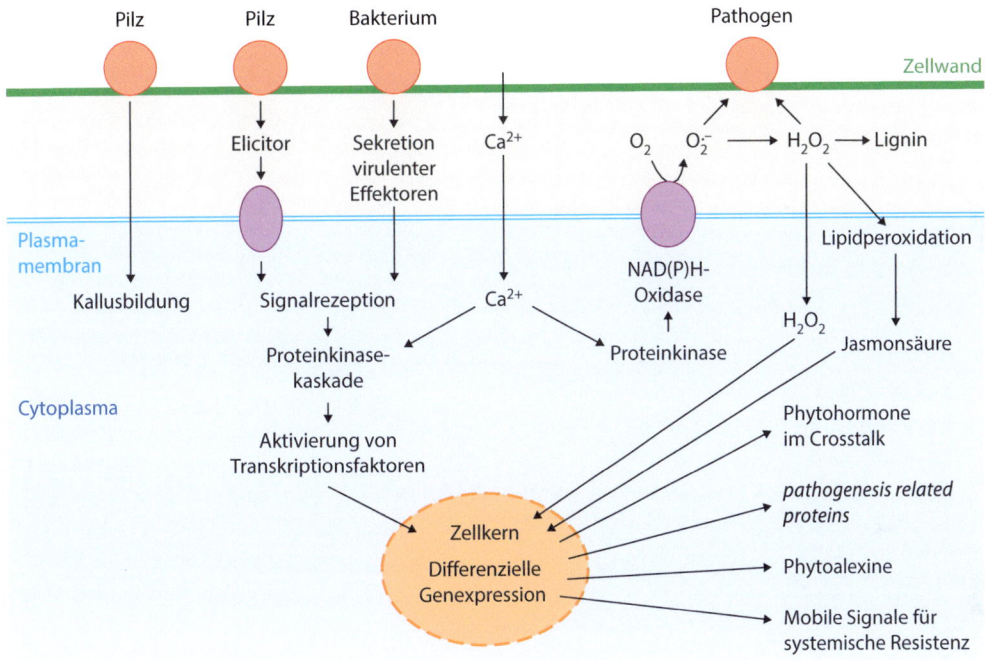

◘ Abb. 8.14 Phytoanticipin Avenacin A1 im Hafer (*Avena sativa*). (Foto: © Westend61/Wilfried Wirth /picture alliance)

◘ Abb. 8.15 Biochemische Strategien der Pflanze zur Abwehr phytopathogener Mikroorganismen und Viren

2. Induzierte Abwehr

Die induzierte Reaktion der Pflanzen auf lokalen Pathogenbefall umfasst komplexe Mechanismen aus Erkennung und Rezeption von Signalen, intrazellulären Signaltransduktionsketten (Proteinkinasekaskaden), differenzieller Genexpression und Bereitstellung antimikrobiell wirkender Agenzien (◘ Abb. 8.15). Einige Mechanismen ähneln der Herbivorenabwehr (▶ Abschn. 10.4). So kann Resistenz gegen Pathogene auch die Widerstandskraft gegen Herbivoren stärken (**Kreuzresistenz**).

Spezielle Molekülstrukturen der Zellwand pathogener Mikroorganismen (*pathogen-associoated molecular patterns*, **PAMPs**), z. B. Peptide von Bakterien, Pektin und Chitin von Pilzen, werden von membranassoziierten Rezeptoren (*pattern recognition receptors*, **PRRs**) erkannt und lösen in Pflanzen eine **PTI** (*PAMP-triggered immunity*) aus. Weiterhin verursachen **Elicitoren** in Pflanzenzellen Abwehrreaktionen. Es können Abbauprodukte bakterieller und pilzlicher Zellwände sein. Die Wirtspflanze scheidet kohlenhydrat- und proteinspaltende Enzyme aus, die spezifische Bruchstücke aus den Biopolymeren freisetzen. Diese Oligomere sind Effektoren für den Start der Abwehrprozesse. Elicitoren können aber auch von Mikroorganismen in die Pflanzenzelle injiziert werden. Solche Effektoren binden im Cytosol an Rezeptorproteine und lösen eine spezifische Immunantwort (*effector-triggered immunity*) aus.

Die koordinierten Abwehrreaktionen sind sehr komplex (Abb. 8.15):

a. Spezifische Gene werden zur Regulation des **Salicyl- und Jasmonsäurestoffwechsels** exprimiert. Zusammensetzung und Quantität der Phytohormone variieren entsprechend der Pflanzenart und dem Infektionsmodus. Darauf baut das systemische Netzwerk in der gesamten Pflanze auf. Methylsalicylat wirkt als flüchtiges Signal für benachbarte Pflanzen. Das Signalmolekül Phytomelatonin (▶ Abschn. 6.1) ist eine Regelgröße im Phytohormonnetzwerk während der pathogenen Interaktion.
b. Es werden **Ionenkanäle** reguliert, die Calcium für das Cytosol zur Aktivierung der Phosphokinasekaskaden als zentralem Signalweg bereitstellen.
c. **Reaktive Sauerstoffspezies** (ROS) (▶ Abschn. 6.3), wie das Superoxidradikal und H_2O_2 werden innerhalb von Minuten nach Pathogenbefall zur Abwehr bereitgestellt. Die verletzte Zellwand wird durch oxidative Polymerisierung von Phenolen abgedichtet. ROS sind auch am **hypersensitiven Zelltod** beteiligt. Dabei sterben in einem begrenzten Gewebebereich Zellen ab und das Pathogen erhält keine Nährstoffe mehr.
d. Zum Schutz vor dem weiteren Eindringen von Pilzhyphen wird an der Innenseite der Zellwand das Polysaccharid **Callose** als Barriere synthetisiert.
e. Der Pathogenangriff löst in der Pflanze die Bereitstellung von *pathogenesis-related proteins* aus, die zusammen zum Aufbau einer systemischen Resistenz beitragen. Die Proteine werden im Interzellularraum und in Vakuolen angereichert. Es sind kleine Polymere (10–40 kDa), die in insgesamt 17 Familien eingeteilt werden und unterschiedliche Funktionen erfüllen:
   - Enzyme wie Chitinasen, Pektinasen, Cellulasen und Proteasen bauen Strukturkomponenten von Zellwänden ab.
   - Einige Proteine hemmen die Keimung pilzlicher Konidiosporen sowie das Hyphenwachstum.
   - Antivirale Proteine werden in nichtinfizierten Pflanzenorganen akkumuliert, um die Virenvermehrung zu stoppen.
   - **Defensine** und andere antimikrobielle Peptide sind weit verbreitet. Sie interagieren mit Lipiden der Biomembran, stören die Ionenpermeabilität und schädigen dadurch pathogene Bakterien und Pilze.
   - **Lipidtransferproteine** enthalten in ihrer dreidimensionalen Struktur Hohlräume zum Transport hydrophiler Moleküle. Es sind essenzielle Proteine des pflanzlichen Stoffwechsels. Sie bilden verschiedentlich auf Oberflächengewebe eine Schutzschicht und verursachen bei Pathogenen einen Verlust der Membranintegrität. Eine Gruppe der Lipidtransferproteine vermittelt auch die Wirkung von Azelainsäure (Abb. 8.18) als Signalstoff in den Geweben.

f. Nach Pathogenbefall wird in Pflanzenzellen nahe dem Infektionsherd die Synthese von **Phytoalexinen** induziert. Diese spezialisierten Metaboliten sind Vertreter verschiedener Substanzgruppen, z. B. von Phenolen, Terpenoiden, Alkaloiden, Saponinen. Phytoalexine werden kurze Zeit nach der Infektion in Vakuolen akkumuliert und z. B. zur eindringenden Pilzhyphe transportiert. Sie greifen in den Stoffwechsel des Pathogens ein, destabilisieren Biomembranen und verhindern die Reproduktion des Pathogens. Das Indolderivat **Camalexin** (Abb. 8.16a) kommt in Brassicaceae vor und ist das dominante Phytoalexin in *Arabidopsis thaliana* (Brassicaceae, Brassicales). Das Flavonoid **Sakuranetin** (Abb. 8.16b) aus Reis (*Oryza sativa*, Poaceae, Poales) schädigt verschiedene phytopathogene Pilze. Seine Struktur ermöglicht die Anlagerung des Wirkstoffs über zahlreiche nichtkovalente Bindungen an DNA und Proteine der Pilzzellen.

Über den Eintrag von **Phytotoxinen** können Phytopathogene die Abwehrreaktionen der Pflanzen überwinden. Verschiedene Stämme des Bakteriums *Pseudomonas syringae* (Pseudomonadaceae, Pseudomonadales) infizieren taxonomisch sehr diverse Pflanzen. Dabei wird das Polyketid **Coronatin** (Abb. 8.17a) in die infizierten Zellen abgegeben. Der spezialisierte Metabolit ähnelt der Jasmonsäure (▶ Abschn. 6.1). Als analoger

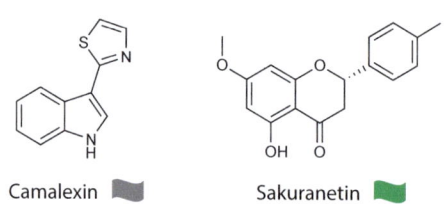

Abb. 8.16 Phytoalexine. **a** Camalexin. **b** Sakuranetin

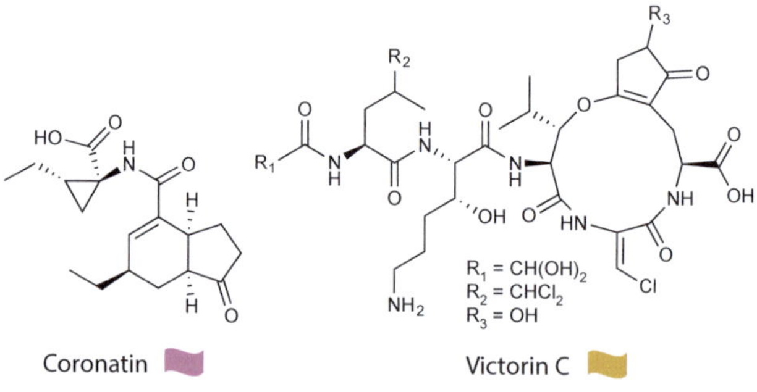

Abb. 8.17 Phytotoxine. **a** Coronatin. **b** Victorin C

Wirkstoff verursacht er, wie das Phytohormon, die Alterung der befallenen Blätter durch Pigmentabbau (Chlorose). **Victorin**, ein Gemisch chlorierter, zyklischer Hexapeptide aus dem nekrotrophen Pilz *Cochliobolus victoriae* (Pleosporaceae, Pleosporales) ist ein essenzielles Phytotoxin für die Infektion von Haferpflanzen (◨ Abb. 8.17b). Interessanterweise werden die Peptidgrundstrukturen ribosomal synthetisiert, aber translational zu bis zu zehn unterschiedlichen Derivaten modifiziert. Ursache für die Schädigung der Pflanzen ist der Abbau des Schlüsselenzyms des Calvin-Zyklus, der Ribulosebisphosphat-Carboxylase/Oxygenase (▶ Abschn. 5.3.2.2) sowie von Chlorophyll.

Die Mechanismen der konstitutiven, induzierten und systemischen Bewältigung von biotischem Stress durch Pathogene werden maßgeblich durch differenzierte Stoffwechselleistungen in den Pflanzenorganen bestimmt. Neben der Versorgung von Zellen und Geweben mit Nähr- und Speicherstoffen leisten insbesondere Chloroplasten wichtige Beiträge zur Gestaltung der Abwehr von Krankheiten und zum Aufbau von Resistenz:

— Infizierte Zellen starten lokale Abwehrmechanismen (◨ Abb. 8.18a). In den Chloroplasten wird die Synthese von Phytohormonen (Salicyl- und Jasmonsäure) ausgelöst. Reaktive Sauerstoffspezies entstehen und werden für die retrograde Signalgebung zur Genexpression im Zellkern eingesetzt (◨ Abb. 8.15), um die Abwehrantwort zu modulieren.
— Chloroplasten generieren verschiedene Metaboliten wie Glycerol-3-phosphat, Azelainsäure, *N*-Hydroxypipecolinsäure (▶ Abschn. 6.1), Phytomelatonin (▶ Abschn. 6.1) und Dehydrobietinal, ein Diterpen. Diese Moleküle werden vom Ort der Erstinfektion in andere Pflanzenteile transportiert und steuern die systemisch erworbene Resistenz (◨ Abb. 8.18b).
— Chloroplasten produzieren zahlreiche flüchtige spezialisierte Metaboliten wie Terpenoide und Oxylipine (▶ Abschn. 5.4.2), die benachbarten Pflanzen über den Luftraum den Pathogenbefall bzw. auch Herbivorenfraß signalisieren (◨ Abb. 8.18c).
— Zahlreiche Metaboliten aus Chloroplasten werden in die Wurzeln transportiert und in die Rhizosphäre ausgeschieden (▶ Abschn. 12.1.4). Sie gestalten maßgeblich das Mikrobiom. Pathogene Mikroorganismen können auch lokal das Wurzelgewebe infizieren und von dort die systemische Resistenz bewirken (◨ Abb. 8.18d). Offensichtlich stärken nichtpathogene Rhizobakterien auch die Abwehrkraft der Pflanzen.

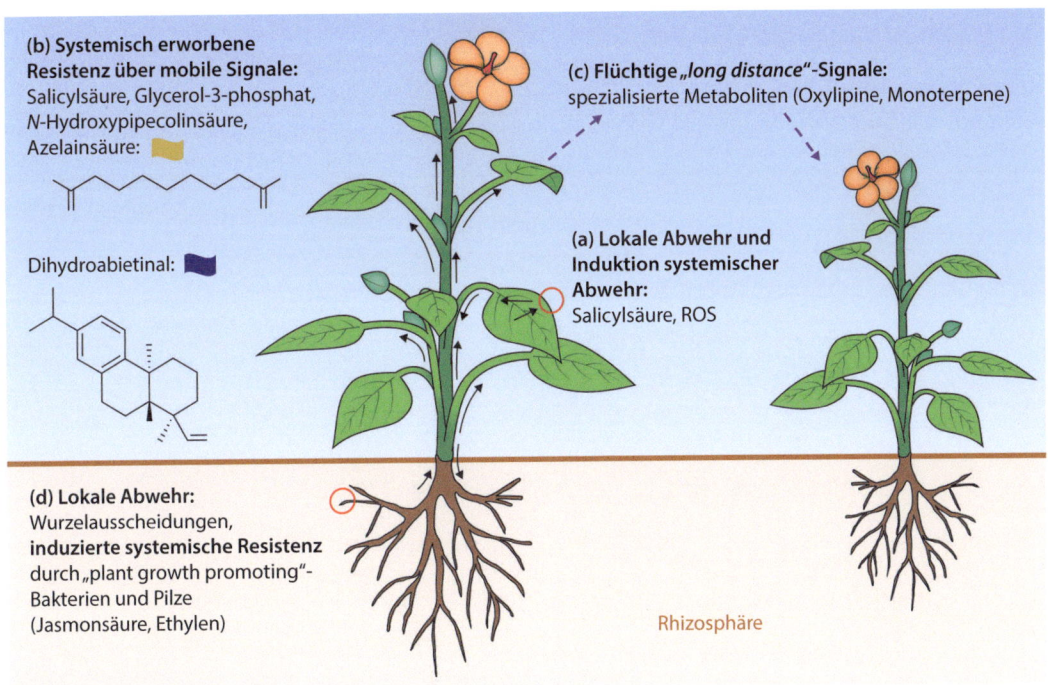

◨ **Abb. 8.18** Chemische Signale zur systemischen Ausprägung der pflanzlichen Immunität nach Pathogenbefall. (Verändert nach Fernandez und Burch-Smith 2019, Abb. 1, mit freundlicher Genehmigung von Elsevier)

Literatur

Abschn. 8.1.1

Alcaraz LD et al (2018) *Marchantia* liverworts as a proxy to plants' basal microbiomes. Scientific Reports 8:12712. https://doi.org/10.1038/s41598-018-31168-0

Carvalho TLG et al (2014) Nitrogen signalling in plant interactions with associative and endophytic diazotrophic bacteria. J Exp Bot 65:5631–5642

Chen Y et al (2021) Nitrogen-fixing and nitrogen fixation-related genes of thermophilic fermentative bacteria in the genus *Caldicellulosiruptor*. Microbes Environ 36. https://doi.org/10.1264/jsme2.ME21018

Dong W, Song Y (2020) The significance of flavonoids in the process of biological fixation. Int J Mol Sci 21:5926. https://doi.org/10.3390/ijms21165926

Dupin SE et al (2020) The non-legume *Parasponia andersonii* mediates the fitness of nitrogen-fixing rhizobial symbionts under high nitrogen conditions. Font Plant Sci 10:1779. https://doi.org/10.3389/fpls.2019.01779

Holland-Moritz H et al (2021) The bacterial communities of Alaskan mosses and their contributions to N_2-fixation. Microbiome 9:53. https://doi.org/10.1186/s40168-021-01001-4

Mohr W et al (2021) Terrestrial-type nitrogen-fixing symbiosis between seagrass and a marine bacterium. Nature 600:105–109

Mus F et al (2016) Symbiotic nitrogen fixation and the challenges to its extension to nonlegumes. Appl Environ Microb 82:3698–3710

Rozier C et al (2017) Field-based assessment of the mechanism of maize yield enhancement by *Azospirillum lipoferum* CRT1. Sci Rep 7:7416. https://doi.org/10.1038/s41598-017-07929-8

Schaedel M et al (2021) From microns to meters: exploring advances in legume microbiome diversity for agroecosystem benefits. Front Sustain Food Syst 5:668195. https://doi.org/10.3389/fsufs.2021.668195

Abschn. 8.1.2

Bell-Doyon P et al (2020) Specialized bacteriome uncovered in the coralloid roots of the epiphytic gymnosperm, *Zamia pseudoparasitica*. Environ DNA 2:418–428

Benavent-González A et al (2019) High nitrogen contribution by *Gunnera magellanica* and nitrogen transfer by mycorrhizas drive an extraordinarily fast primary succession in sub-Antarctic Chile. New Phytologist 223:661–674

Chang ACG et al (2019) Perspectives on endosymbiosis in coralloid roots: association of cycads and cyanobacteria. Front Microbiol 10:1888. https://doi.org/10.3389/fmicb.2019.01888

Dreischhoff S et al (2020) Local responses and systemic induced resistance mediated by ectomycorrhizal fungi. Front Plant Sci 11:590063. https://doi.org/10.3389/fpls.2020.590063

Fernandez CW (2021) The advancing mycelial frontier of ectomycorrhizal fungi. New Phytologist 230:1296–1299

Flonelli V et al (2019) Apocarotinoids: old and new mediators of the arbuscular mycorrhizal symbiosis. Front Plant Sci. https://doi.org/10.3389/fpls2019.01186

Ho-Plagáro T, Garcia-Garido JM (2022) Molecular regulation of arbuscular mycorrhizal symbiosis. Int J Molec Sci 23:5960. https://doi.org/10.3390/ijms/23115960

Hoysted GA et al (2018) A mycorrhizal revolution. Curr Opinion Plant Biol 44:1–6

Kaur S, Sussela V (2018) Unraveling arbuscular mycorrhiza-induced changes in plant primary and secondary metabolome. Metabolites 10:335. https://doi.org/10.3390/metabo10080335

Kowal J et al (2020) Prevalence and phenology of fine endophyte populations in *Lycopodiella inundata*. Mycorrhiza 30:577–587

Mathu MC et al (2021) The genome of *Geosiphon pyriformis* reveals ancestral traits linked to the emergence of the arbuscular mycorrhizal symbiosis. Current Biol 31:1570–1577

Mahmud K et al (2020) Current progress in nitrogen fixing plants and microbiome research. Plants 9:97. https://doi.org/10.3390/plants9010097

Strullu-Derrien C et al (2018) The origin and evolution of mycorrhizal symbioses: from palaeomycology to phylogenomics. New Phytologist 220:1012–1030

Wang M et al (2018) Blumenols as shoot markers of root symbiosis with arbuscular mycorrhizal fungi. eLife 7:e37093. https://doi.org/10.7554/elife.37093

Abschn. 8.2

Egbert S et al (2022) Unraveling usnic acid: a comparison of biosynthetic gene clusters between two reindeer lichen (*Cladonia rangifera* and *C. unicalis*). Fungal Biol. https://doi.org/10.1016/j.funbio.2022.08.007

Gasulla F et al (2021) Advances in understanding of desiccation tolerance of lichens and lichen-forming algae. Plants 10:807. https://doi.org/10.3390/plants10040807

Grimm M et al (2021) The lichens' microbiota, still a mystery? Front Microbiol 12:623839. https://doi.org/10.3389/fmicb.2021.623839

Hawksworth DL, Grube H (2020) Lichens redefined as complex ecosystems. New Phytol 227:1281–1283

Nazem-bokaee H et al (2021) Towards a systems biology approach to understanding the lichen symbiosis: opportunities and challenges of implementing network modelling. Front Microbiol 12:667864. https://doi.org/10.3389/fmicb.2021.667864

Schweiger AH et al (2022) Chemical properties of key metabolites determine the global distribution of lichens. Ecol Lett 25:416–426

Zhao Y et al (2021) A comprehensive review on secondary metabolites and health-promoting effects of edible lichen. J Funct Foods 80:104283. https://doi.org/10.1016/j.jff.2020.104283

Abschn. 8.3

Baumann K et al (2022) Die grüne Wüste Südamerikas? Biol i.u. Zeit 52:58–65

Colesi C et al (2016) Composition and macrostructure of biological crusts. In: Weber B et al (Hrsg) Biological soil crusts: an organizing principle in drylands. Springer Int. Publ, Cham, S 159–172

Felde VJMNL et al (2018) What stabilizes biological soil crusts in the negev desert? Plant Soil 429:9–18

Kanz B et al (2020) Leben zwischen Eis und Felsen. Biol. i.u. Zeit 50:122–133

Porembski S (2007) Tropical inselbergs: habitat types, adaptive strategies and diversity patterns. Revista Brasil Bot 30:579–586

Pushkareva E et al (2021) Diversity of microorganisms in biocrusts surrounding highly saline potash tailing piles in Germany. Microorganisms 9:714. https://doi.org/10.3390/microorganisms9040714

Roshan SK et al (2021) Taxonomic and functional diversity of heterotrophic protists (Cercozoa and Endomyxa) from biological soil crusts. Microorganisms 9:205. https://doi.org/10.3390/microorganisms9020205

Sommer V et al (2020) Halophilic algal communities in biological soil crusts isolated from potash tailings pile areas. Front Ecol Evol 8:46. https://doi.org/10.3389/fevo.2020.00046

Sommer V et al (2021) Artificial biocrust establishment on materials of potash tailing piles along a salinity gradient. J Appl Phycol 34:405–421

Warren SD et al (2019) Reproduction and dispersal of biological soil crust organisms. Front Ecol Evol 7:344. https://doi.org/10.3389/fevo.2019.00344

Weber B et al (2016) Synthesis on biological soil crust research. In: Weber B et al (Hrsg) Biological soil crusts: an organizing principle in drylands. Springer Int. Publ, Cham, S 527–534

Abschn. 8.4

Ali S et al (2018) Pathogenesis-related proteins and peptides as promising tools for engineering plants with multiple stress tolerance. Microbiol Res 212-213:29–37

Buscaill P et al (2021) Defeated by the nines: nine extracellular strategies to avoid microbe-associated molecular patterns recognition in plants. The Plant Cell 33:2116–2130

Deboever E et al (2020) Plant pathogen interactions: underestimated roles of phyto-oxylipins. Trends Plant Sci. https://doi.org/10.1016/j.tplants.2019.09.009

Du Fall L, Solomon PS (2011) Role of cereal secondary metabolites involved in mediating the outcome of plant-pathogen interactions. Metabolites. https://doi.org/10.3390/metabo1010064.

Fernandez JC, Burch-Smith TM (2019) Chloroplasts as mediators of plant biotic interactions over short and long distances. Curr Opinion Plant Biol 50:148–155

Grabka R et al (2022) Fungal endophytes and their role in agricultural plant protection against pests and pathogens. Plants 11:384. https://doi.org/10.3390/plants11030384

Guerra T, Romels T (2020) N-hydroxypipecolic acid: a general and conserved activator of systemic plant immunity. J Exp Botany 71:6193–6196

Hammerbacher A et al (2019) Roles of plant volatiles in defense against microbial pathogens and microbial exploitation of volatiles. Plant Cell Environ 42:2827–2843

Han G-Z (2018) Origin and evolution of the plant immune system. New Phytologist 222:70–83

Liang Y et al (2019) Challenging battles of plants with phloem-feeding insects and prokaryotic pathogens. Proc Nat Acad Sci 116:23390–23397

Kessler SC et al (2020) Victorin, the host-selective cyclic peptide toxin from the oat pathogen *Cochliobolus victoriae*, is ribosomally encoded. Proc Nat Acad Sci 117:24243–24250

Khan RS et al (2019) Plant defensins: types, mechanism of action and prospects of genetic engineering for enhanced disease resistance in plants. J Biotech. https://doi.org/10.1007/s13205-019-1725-5

Li P et al (2020) The life cycle of the plant immune system. Crit Rev Plant Sci 39:72–100

Oelmüller R (2021) Threat at one end of the plant what travels to inform the other parts? Int J Mol Sci 22:3152. https://doi.org/10.3390/ijms22063152

Offenberg J, Damgaard C (2019) Ants suppressing plant pathogens: a review. OIKOS 128:169–1703

Osbourn AE et al (2003) Dissecting plant secondary metabolism – constitutive chemical defence in cereals. New Phytol 159:101–108

Missaoui K et al (2022) Plant non-specific lipid transfer proteins: an overview. Plant Physiol Biochem 171:115–127

Saijo Y, Loo EP (2020) Plant immunity in signal integration between biotic and abiotic stress responses. New Phytologist 225:87–104

Shah J et al (2014) Sinaling by small metabolites in systemic acquired resistance. The Plant J 79:645–658

Stringlis JA et al (2019) The age of coumarins in plant-microbe interactions. Plant Cell Physiol 60:1405–1419

Tiku AR (2020) Antimicrobial compounds (phytoanticipins and phytoalexins) and their role in plant defense. In: Merillon J-M, Ramawat KG (Hrsg) Coevolution of secondary metabolites. Springer Nature, Cham, S 845–868

Vlot A et al (2021) Systemic propagation of immunity in plants. New Phytol 229:1234–1250

Wielkopolan B et al (2021) Beetles as plant vectors. Front Plant Sci. https://doi.org/10.3389/fpls.2021.748093

Zhang M, Kong X (2022) How plants discern friends from foes. Trends Plant Sci 27:107–109

Wechselwirkungen zwischen Pflanzen

Gerd-Joachim Krauß

Inhaltsverzeichnis

9.1 Allelopathie – Konkurrenz wird signalisiert – 224

9.2 Parasitische Pflanzen – Leben auf Kosten anderer – 227

Literatur – 229

9.1 Allelopathie – Konkurrenz wird signalisiert

Chemische Wechselbeziehungen zwischen Pflanzen werden in Luft, Boden und Wasser über Substanzen vermittelt, die chemisch variabel sind, gewebespezifisch erzeugt sowie räumlich und zeitlich reguliert eingesetzt werden.

Für die Einzelpflanzen geht es nach der Keimung des Samens vorrangig darum, genügend Platz für eine gesunde Entwicklung zu haben und die begrenzten Ressourcen an Licht, Wasser und Nährstoffen optimal zu nutzen. Man schätzt, dass Pflanzen 5–20 % des photosynthetisch fixierten Stickstoffs über Wurzeln in die Rhizosphäre ausscheiden. Metabolite des Grundstoffwechsels wie Kohlenhydrate, Aminosäuren und organische Säuren sind wichtige Nährstoffe für Mikroorganismen, dienen aber der Pflanze auch zur Mobilisierung von Mineralstoffen und Metallen. Zusätzlich geben Pflanzen spezialisierte Verbindungen in Boden, Luft (flüchtige Signale, VOCs) und Wasser ab, die die innerartliche, aber auch zwischenartliche Konkurrenz im Biotop beeinflussen (Abb. 9.1). Auch die mikrobeninduzierte Freisetzung pflanzlicher VOCs beeinflusst Nachbarpflanzen durch die Veränderung des Bodenmikrobioms.

Pflanze-Pflanze-Wechselwirkungen werden als **Allelopathie** bezeichnet. Der Begriff wurde durch Hans Molisch (1937) geprägt und leitet sich aus den griechischen Wörtern *allelon* (wechselseitig, untereinander) und *pathos* (Leiden) ab. Verschiedentlich wird heute in der Literatur auch von einer allelochemischen Wechselwirkung bei Interaktion zu anderen bzw. zwischen anderen Organismen gesprochen.

Das allelopathische Potenzial der Pflanzen wird durch verschiedene Faktoren bestimmt:
- Aktivität einzelner ausgeschiedener Metaboliten
- Spezifische Zusammensetzung von Stoffgemischen
- Physiologisch-morphologischer Status der Pflanze (Entwicklungsstadium, Gewebsspezifität)
- Genotyp
- Abiotische Umweltfaktoren (Licht, Temperatur, Wasser, Mineralstoffverfügbarkeit, Persistenz)
- Biotische Faktoren (Konkurrenz, Pathogene, Herbivore)
- Mikrobiom und Fauna des Bodens

Allelopathische Wechselwirkungen sind entscheidend für die Konkurrenz zwischen verschiedenen Pflanzenarten. Die ausgeschiedenen Metaboliten beeinflussen den Stoffwechsel des Mitbewerbers durch Veränderung von Membranpermeabilität, Wasser- und Nährstoffaufnahme, Phytohormonhomöostase, Atmungskette und Photosynthese, Redoxstatus, Enzymaktivitäten, Synthese und Metabolismus von Proteinen und Nucleinsäuren.

Manchmal nehmen Pflanzen spezialisierte Metaboliten auf, die aus artfremden Nachbarpflanzen ausge-

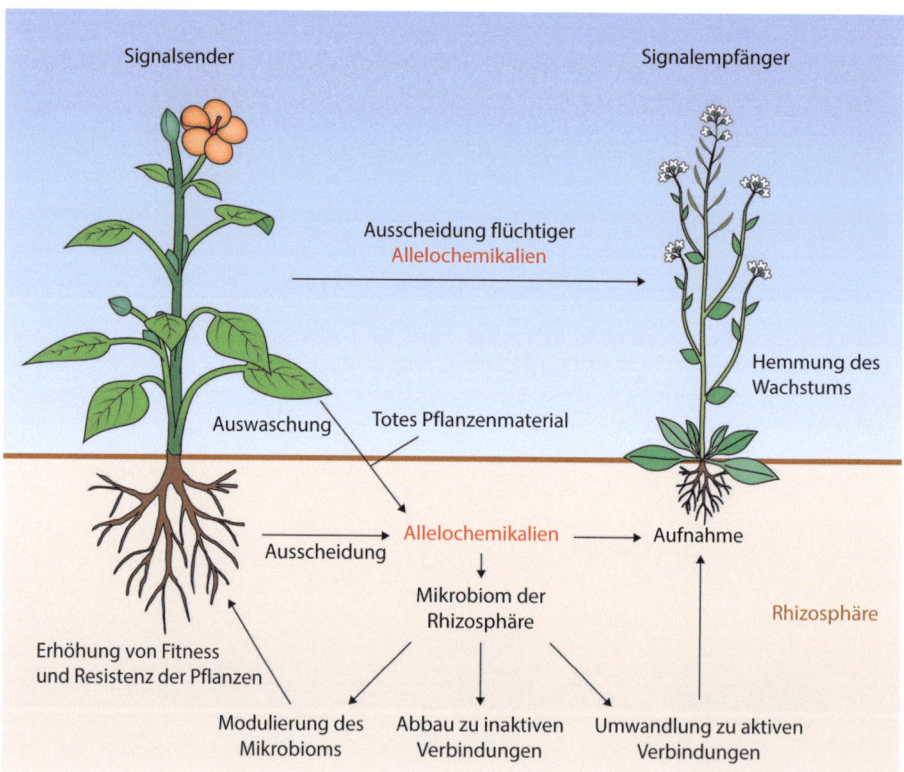

Abb. 9.1 Allelopathische Wechselwirkungen zwischen Pflanzen

9.1 · Allelopathie – Konkurrenz wird signalisiert

schieden werden. Das ist beispielsweise für Pyrrolizidinalkaloide bekannt. Die ökobiochemische Bedeutung für diesen Vorgang ist unklar. Allerdings sind solche Kontaminationen beispielsweise für Arzneipflanzen, die keine Alkaloide enthalten, kritisch.

In der Regel wirken ausgeschiedene Metaboliten nicht toxisch auf den Produzenten. Unter spezifischen Umweltbedingungen am Standort, z. B. Wasser- und Nährstoffmangel, können Allelochemikalien jedoch zwischenartlich auch zur **Autotoxizität** führen. So scheidet beispielsweise der Guayule-Strauch *Parthenium argentatum* (Asteraceae, Asterales), der in nordamerikanischen Wüsten vorkommt, *trans*-Zimtsäure in den Wurzelraum aus. Dadurch wachsen die Sträucher in größerem Abstand voneinander.

Autotoxische allelopathische Effekte sind auch für die **Bodenmüdigkeit** verantwortlich. Der langjährige Anbau von Kulturpflanzen der gleichen Art auf der gleichen Fläche kann zur Minderung der Ernte führen. Der wechselnde Anbau verschiedener Arten verbessert dagegen Landnutzung und Ertrag. Eine Konkurrenzhemmung zwischen Pflanzen hat schon der griechische Botaniker Theophrastus um 300 v. Chr. beobachtet. Er stellte fest, dass Kichererbsen (*Cicer arietinum*, Fabaceae, Fabales) andere Wildkräuter am Wachstum hemmen.

Gärtner praktizieren häufig das Mulchen. Hierbei wird Baumrinde oder Stroh zum Abdecken der Umgebung von Kulturpflanzen, z. B. von Beerensträuchern und Erdbeeren, verwendet, um den Ertrag zu erhöhen. Regen und Tau waschen spezialisierte Metaboliten wie Gerbstoffe aus, die Keimung und Wachstum von Nahrungskonkurrenten hemmen oder verhindern.

Allelopathie beeinflusst im Ökosystem als allgegenwärtiges Phänomen Vegetationsmuster und Pflanzensukzessionen. Ein eindrucksvolles Beispiel sind Sträucher von *Salvia leucophylla* (Lamiaceae, Lamiales) und *Artemisia californica* (Asteraceae, Asterales) (◘ Abb. 9.2a) im südkalifornischen Buschland (Chaparral). Die Pflanzen scheiden flüchtige Monoterpene aus (z. B. **1,8-Cineol**, ◘ Abb. 9.2a), die zu einer Zonierung der Vegetation um diese Bestände herum führen: 1. Zone: 1–2 m vegetationslos; 2. Zone: 3–8 m Kümmerwuchs von Gräsern; 3. Zone: ungestörte Grasvegetation mit *Avena*-, *Bromus*- und *Festuca*-Arten. Die Monoterpene reichern sich auch in den oberen Bodenschichten an. Die hohe Konzentration der Allelochemikalien führt bei hohen Temperaturen zur leichten Entzündbarkeit und ist die Ursache für natürliche Feuerzyklen, die etwa alle 25 Jahre die Strauchbestände vernichten. Während danach zunächst die Grasvegetation wiederkehrt, etabliert sich erst nach sechs bis sieben Jahren erneut die typische Zonierung der Buschlandschaft des Chaparrals.

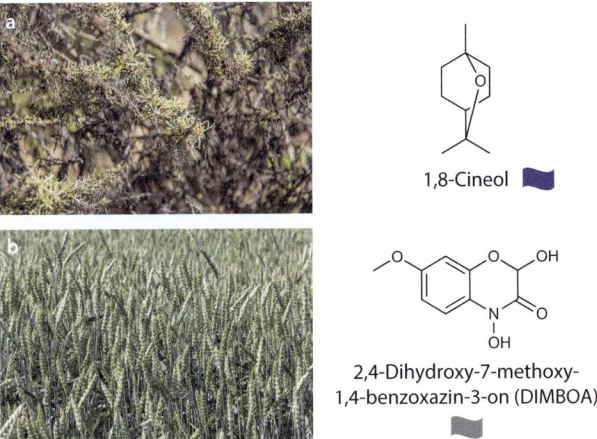

◘ **Abb. 9.2** Allelochemikalien aus **a** *Artemisia californica* (© PharmShot/Getty Images/iStock) und **b** *Avena sativa* (© Ernst Weingartner/CHROMORANGE/picture alliance)

Bestand, Aufbau und Wechsel von Pflanzengesellschaften werden stets begleitet von einer Veränderung der **mikrobiellen Populationen im Boden**. Spezialisierte Metaboliten wie Alkaloide, Benzoxazinoide, Phenole, Terpenoide, Flavonoide und Cumarine sind potenzielle Hemmstoffe für N_2-fixierende und nitrifizierende Bakterien und verändern somit auch den Nährstoffstatus des Bodens. Einige Benzoxazinoide hemmen beispielsweise die Nitrifikation im Boden. DIMBOA (◘ Abb. 9.2b) bildet Fe^{3+}-Komplexe und erleichtert so die Eisenaufnahme in Maiswurzeln. Mikrobielle Kolonisierung der Rhizosphäre und Biofilmbildung auf der Wurzeloberfläche können allerdings auch die Toxizität von Wirkstoffen im Wurzelbereich vermindern. Benzoxazinoide (▶ Abschn. 5.4.2) aus Weizen, Mais und Reiswurzeln begünstigen die Ansiedlung von *Pseudomonas putida*-Stämmen, die zu den *plant growth promoting bacteria* (PGPBs) gehören (▶ Abschn. 12.1.5). Ein Benzoxazinoid aus Weizen (DIMBOA, ◘ Abb. 9.2b) wirkt neben seiner allelopathischen Aktivität zusätzlich auch noch als Abwehrstoff gegen herbivore Insekten.

Abbau oder Biotransformation von Allelochemikalien durch Bodenmikroorganismen bestimmen die Wirkstoffaktivität und -dosis. So wird z. B. die allelopathisch wirksame Verbindung **Juglon** als chemische Vorstufe (1,4,5-Trihydroxynaphthalinglucosid) von der Walnuss *Juglans regia* (Juglandaceae, Fagales) in den Boden ausgeschieden und dort mikrobiell zum eigentlichen Wirkstoff Juglon umgewandelt (◘ Abb. 9.3a). Diese Substanz hemmt das Wachstum zahlreicher Pflanzen.

Eine andere Verbindung, **Sorgoleon** (◘ Abb. 9.3b), wird durch die Sorghumhirse *Sorghum bicolor* (Poaceae, Poales), ein wichtiges Getreide in Afrika, in den Boden abgegeben. Dieses Molekül greift wie Juglon aufgrund seiner chinoiden Struktur als ein Antimetabolit in die

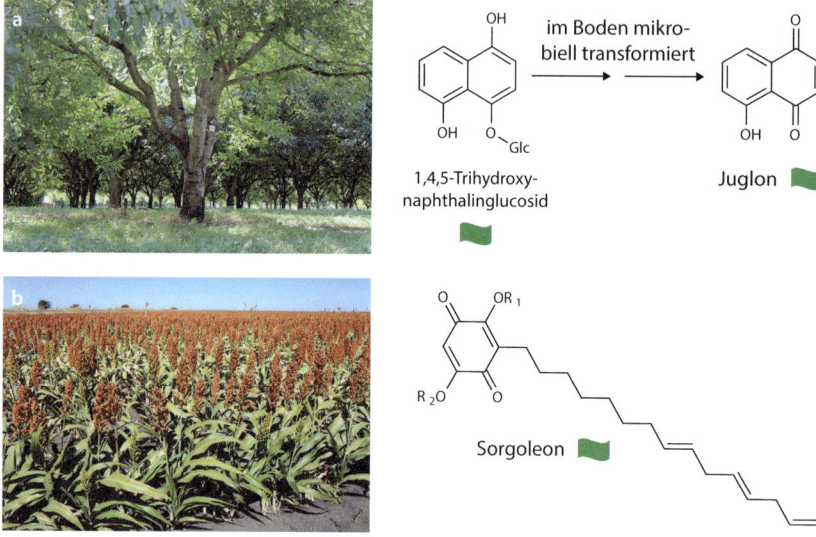

■ **Abb. 9.3** Allelochemikalien aus dem **a** Walnussbaum (*Juglans regia*) (Martel, Okzitanien, Frankreich, Foto: Silvia Meißner) und **b** der Sorghumhirse (*Sorghum bicolor*) (Pandamatenga, Botswana, Afrika, © Frauke Scholz/imageBROKER/picture alliance). Glc, Glucose

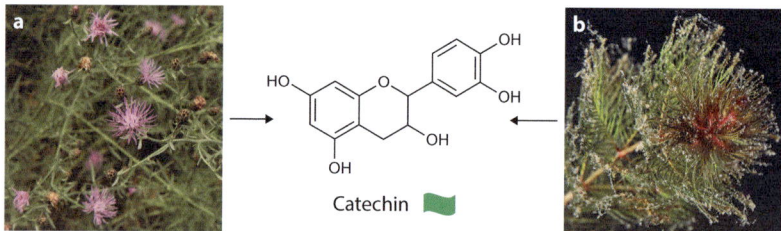

■ **Abb. 9.4** Ausscheidung von Catechin in den terrestrischen (**a** *Centaurea maculosa*) (© scubaluna/Getty Images/iStock) und aquatischen (**b** *Myriophyllum spicatum*) (© NajaShots/Getty Images/iStock) Lebensraum

Atmungskette (▶ Abschn. 5.2.3.2) und das Photosystem II (▶ Abschn. 5.3.2.1) der Rezipientenpflanzen ein.

Neue Befunde zeigen, dass allelopathisch wirksame Metaboliten im Boden auch die Populationsgröße und Verbreitung pflanzenschädigender Nematoden signifikant beeinflussen.

Allelopathie kommt auch im aquatischen Lebensraum vor. Der aquatische Makrophyt *Myriophyllum spicatum* (Haloragaceae, Saxifragales) scheidet Polyphenole aus, z. B. das Flavonoid **Catechin** (■ Abb. 9.4). Diese Substanz erwies sich zusammen mit anderen Vertretern der Stoffgruppe als effektiver Hemmstoff des Cyanobakteriums *Microcystis aeruginosa* (Microcystaceae, Chroococcales). Die Befunde sind interessant für die Suche nach Wirkstoffen gegen die „**Algenblüte**" in eutrophen Gewässern, die besonders für die Fischereiwirtschaft fatale Folgen haben kann.

Allelochemikalien sind maßgeblich an der Verbreitung **invasiver Pflanzenarten** beteiligt, die weltweit die Ökosysteme bedrohen (▶ Abschn. 14.7). Ein Beispiel ist die Flockenblume (*Centaurea stoebe*, Syn. *C. maculosa*, Asteraceae, Asterales) (■ Abb. 9.4b), die in Europa heimisch ist. Nach ihrem Einschleppen vor 100 Jahren in nordamerikanische Präriegebiete entfaltete die Art ein großes invasives Potenzial durch Wurzelausscheidungen von **Catechin** (■ Abb. 9.4). Da diese Substanz im Bodenlebensraum der Prärie nicht vorkommt, konnte sich diese Pflanze schnell durchsetzen und andere Glieder der Pflanzengesellschaft massiv verdrängen. Ursache hierfür ist die schädigende, catechininduzierte Akkumulation von reaktiven Sauerstoffspezies (▶ Abschn. 6.3) im Wurzelmeristem der Konkurrenzpflanzen.

Bei manchen Arten unterstützt allerdings auch der Mensch die lokale Ausbreitung von ursprünglich nicht heimischen Pflanzen, die erhebliche Mengen von Allelochemikalien ausscheiden. So wird beispielsweise die Robinie (*Robinia pseudoacacia*, Fabaceae, Fabales) als Pionierbaumart mit allelopathischem Potenzial auf die trockenen Böden der Bergbaufolgelandschaft in der Niederlausitz gepflanzt (▶ Abschn. 6.4.2). Die schnell wachsende Pflanze bietet einen sehr guten Erosionsschutz. Die Aufforstung versorgt den nährstoffarmen Lebensraum mit organischem Kohlenstoff und Stickstoff und führt zu einer schnelleren Besiedlung durch andere Organismen. Eine höhere Jahresmitteltemperatur, die der Klimawandel mit sich bringt, wirkt sich an diesem Standort zusätzlich günstig aus.

Die praktische Nutzung allelopathischer Effekte in der Land- und Forstwirtschaft wird gegenwärtig intensiv untersucht. Ziele sind die Züchtung von Nutzpflanzen mit hoher allelopathischer Wirkung auf Konkurrenzpflanzen und die Entwicklung von Allelochemikalien für die Kontrolle konkurrierender Pflanzen.

9.2 Parasitische Pflanzen – Leben auf Kosten anderer

Unter den Angiospermen kommt **Parasitismus** bei mehr als 4000 Arten aus ca. 290 Gattungen und 20 Familien vor. Unter den Gymnospermen ist nur eine parasitäre Art (*Parasitaxus usta*, Podocarpaceae, Pinales) bekannt, die in Neukaledonien als strauchförmiger Holoparasit auf den Wurzeln einer anderen Podocarpaceenart (*Falcatifolium taxoides*) wächst. Die parasitische Lebensweise führt in Wirtspflanzen zu einem hohen Nährstoff- und Wasserverlust. Man unterscheidet zwei parasitische Lebensformen. Allerdings sind bei einigen Arten alle physiologischen Übergänge zwischen den beiden Formen zu finden:

■ Hemi-(Halb-)parasiten

Diese Pflanzen enthalten Chlorophyll und sind somit zur Photosynthese fähig.

Die immergrüne Mistel *Viscum album* (Santalaceae, Santales) besiedelt Nadel- und Laubbäume (z. B. Linde, ◘ Abb. 9.5a, b). Vögel verbreiten die Samen aus den klebrigen Beerenfrüchten, die auf der Wirtspflanze keimen und über sogenannte Rindenwurzeln die Gefäßsysteme der Bäume (Xylem und Phloem) anzapfen. Die parasitischen Pflanzen versorgen sich mit Mineralstoffen, aber auch, trotz eigener Photosynthese, mit bis zu 40 % des Gesamtbedarfs an Kohlenstoff (vor allem Kohlenhydrate) und Stickstoff (Aminosäuren) aus der Wirtspflanze. Der windende, kletternde Sprosshemiparasit *Cassytha filiformis* (Lauraceae, Laurales) wächst auf dem afrikanischen Strauch *Scaevola taccada* (◘ Abb. 9.5c). Sein Habitus ähnelt dem Holoparasiten *Cuscuta reflexa* (◘ Abb. 9.6) und entstand durch konvergente Entwicklung. Einige Hemiparasiten besiedeln Wurzeln. Dazu gehören *Striga*-Arten (Orobanchaceae, Lamiales) wie *Striga gesnerioides* (◘ Abb. 9.6). Einige sind auch auf Gräser spezialisiert. *Striga hermonthica* kommt in Afrika vor und verursacht erhebliche Ernteverluste, z. B. bei Hirse bis zu 40 % des Jahresertrags. *Striga* produziert pro Pflanze mehr als 100.000 Samen, die im Boden jahrelang überleben können. In Uganda, Afrika, konnten durch die gemeinsame Aussaat von Hirse zusammen mit *Celosia argentea* (Amaranthaceae, Caryophyllales) *Striga*-Arten bekämpft und die Erträge des Getreides erhöht werden. Gleichzeitig ist die ausgesäte Art ein Nahrungsmittel. Der Einfluss von *Celosia argentea* ist auf allelopathische Effekte (▶ Abschn. 9.1) dieser Pflanze zurückzuführen.

In der Forschung wird intensiv daran gearbeitet, Kontrollstrategien für ein *Striga*-Management im Kulturpflanzenanbau zu erarbeiten. Dazu gehört beispielsweise die Entwicklung synthetischer Keimungsstimulatoren für *Striga*-Samen vor Anbau der Kulturpflanze, aber auch Wirkstoffe, die die biochemische Kommunikation zwischen parasitischer Pflanze und Wirt unterbrechen.

Als **obligate Wurzelparasiten** wachsen auch *Orobanche*-Arten (Orobanchaceae, Lamiales) (◘ Abb. 9.5c), die zur Mehrzahl hemiparasitisch leben (ca. 70 %). Andere Arten dieser Gattung sind Holoparasiten. Ein Befall mit *Orobanche*-Spezies führt im Mittleren Osten und Afrika zu massiven Ernteverlusten bei Getreidearten, aber auch Tomaten-, Kartoffel- und Sonnenblumenkulturen.

■ Holo-(Voll-)parasiten

Diese Pflanzen ernähren sich ausschließlich von Assimilaten und Mineralstoffen des Wirts. Bis auf eine Gymnospermenart (siehe oben) wachsen alle Holoparasiten auf Angiospermen als Wirte. Etwa 150 *Cuscuta*-Arten (Convolvulaceae, Solanales) sind obligate Sprossparasiten, z. B. *Cuscuta reflexa*. Der Keimling entwickelt einen Stängel, der durch kreisende Bewegungen (**Circumnutation**) den Spross einer krautigen Wirtspflanze sucht und sich um diesen windet (◘ Abb. 9.6). Im Wirtsgewebe werden Xylem- und Phloemgefäßstränge zur Versorgung mit Wasser und Nährstoffen angezapft. *Cuscuta* wächst auf zahlreichen Blütenpflanzen. Die Gattung enthält aber auch hemiparasitisch wachsende Arten.

Als Wurzelholoparasiten leben *Cistanche phelypaea* (Orobanchaceae, Lamiales) (◘ Abb. 9.5d) und *Orobanche pubescens* (Orobanchaceae, Lamiales) (◘ Abb. 9.5e). Die wohl beeindruckendste holoparasitische Pflanze, *Rafflesia arnoldii* (Rafflesiaceae, Malpighiales) (◘ Abb. 9.5f), ist in den Regenwäldern Südostasiens heimisch. Ihr Vegetationskörper besteht nur aus mycelähnlichen Gewebesträngen, die endophytisch die Wurzeln der Wirtsbäume durchziehen. Die Pflanze entwickelt mit einem Durchmesser von 1 m die größte Blüte der Welt, mit ca. 10 kg Gewicht. Mit einem speziellen Duftstoffcocktail (Aasgeruch) werden Insekten, besonders Fliegen, als Bestäuber angelockt.

Verschiedene morphologische und physiologisch-biochemische Parameter prägen die Ausbildung der Beziehung zwischen Parasit- und Wirtspflanze (◘ Abb. 9.6):
— Induktion der Samenkeimung im Boden durch **Strigolactone**, die zum Ausscheidungsmuster von Pflanzen in der Rhizosphäre gehören. Diese Substanzen sind auch für die Ausbildung der arbuskulären Mykorrhiza notwendig (▶ Abschn. 8.1.2).
— Kontakt zur Wirtspflanze: Die Samen besitzen für den Keimungsverlauf nur geringe Energiereserven. Die Keimlinge müssen schnell Kontakt zum Wirt aufnehmen. Dieser Vorgang wird im Boden durch Strigolactone vermittelt, wie bei Arten von *Striga* (u. a. durch Strigol, ◘ Abb. 9.6) und *Orobanche*. Keimende *Cuscuta*-Samen reagieren auf flüchtige Signalstoffe der Wirtspflanze wie Terpenoide, z. B. **ß-Myrcen**, aus Tomatenpflanzen (◘ Abb. 9.6).

Abb. 9.5 Parasitäre Pflanzen. Sprosshemiparasiten: **a**, **b** Mistel (*Viscum album*) auf einer Linde (Ballenstedt, Harz). **c** *Cassytha filiformis* (Insel Kho Poda, Thailand). Wurzelholoparasiten: **d** *Cistanche phelypaea* (Tifnite, Marokko). **e** *Orobanche pubescens* (Samos, Heraion, Griechenland). **f** *Rafflesia arnoldii* (Benkulu, Indonesien). (a, b Fotos: Gudrun Krauß, c, d, e Axel Fläschendräger, f © Muhammad A.F/AA/picture alliance)

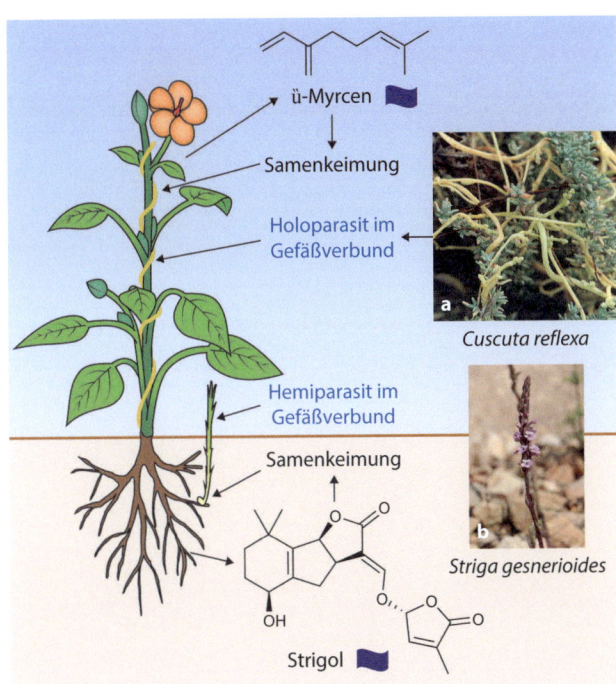

◘ **Abb. 9.6** Chemische Interaktionen zwischen parasitärer und Wirtspflanze. **a** Sprossholoparasit *Cuscuta reflexa* (© blickwinkel/R. Koenig/picture alliance). **b** Wurzelhemiparasit *Striga gesnerioides* (Agadir, Marokko, Foto: Axel Fläschendräger)

— Adhäsion an den Wirt durch Ausscheidung spezieller Polysaccharide und **Prähaustorien**bildung durch die parasitäre Pflanze. In den Sprossepidermiszellen des Wirts wird beispielsweise **ein arabinosehaltiges Glykoprotein** induziert, das am Plasmalemma die Kontaktstelle verstärkt. Einige Angiospermenarten können jedoch auch **Lignin** an der Kontaktstelle zur Abwehr des Parasiten einlagern.
— Entwicklung von **Haustorien**: Anlage einer speziellen Gewebestruktur für den Anschluss an die Leitbündel des Wirts. Dabei werden durch Exkretion hydrolytischer Enzyme wie **Pektinasen und Cellulasen** die Zellwände im Wirtsgewebe abgebaut.
— Verbund mit dem Gefäßsystem: Xylem – Entnahme von Wasser und Mineralstoffen; Phloem – Entnahme von organischen Nährstoffen.
— Komplettierung des Lebensstils der parasitischen Pflanze durch Einbinden des Stoffwechsels der parasitären Pflanzen in das Kommunikationsnetzwerk der Wirtspflanzen. Dazu gehören verschiedene Wachstumshormone. *Cuscuta campestris* und *Orobanche aegyptiaca* verwenden auch **Mikro-RNAs** (miRNAs) (▶ Tab. 6.1) für die Modulierung der gewebespezifischen Transkriptionskontrolle in der Wirtspflanze. Allerdings sind weitere Befunde notwendig, um die Regulationsmechanismen für den parasitischen Lebensstil besser verstehen zu können.

— Die photosynthetische Leistung der Hemiparasiten wird etabliert. Hohe Transpirationsraten, die zur Entnahme von Wasser aus dem Xylem notwendig sind, können in der Wirtspflanze zu Trockenstress führen. Dies ist auch der Grund, dass sich *Striga* in ariden und semiariden Regionen mit Wasser als limitierendem Faktor verbreitet und dieser Befall zu drastischen Ernteverlusten führt (reduziertes Wachstum des Wirts, verminderte Biomasse, vorzeitiges Blühen, verminderte Samenreifung).

Verschiedene parasitische Pflanzen nehmen aus der Wirtspflanze auch spezialisierte Metaboliten (z. B. **Alkaloide**) auf und nutzen sie zur Abwehr von Herbivoren. Ein Beispiel dafür sind nordamerikanische *Castilleja*-Arten (Orobanchaceae, Lamiales), die Chinolizidinalkaloide aus Lupinen als ihren Wirtspflanzen in die eigenen Gewebe einlagern.

Literatur

Abschn. 9.1

Adler LS, Wink M (2001) Transfer of quinolizidine alkaloids from hosts to hemiparasites in two *Castilleja-Lupinus* associations: analysis of floral and vegetative tissues. Biochem Syst Ecol 29:551–561

Cheng F, Cheng Z (2015) Research progress on the use of plant allelopathy in agriculture and the physiological and ecological mechanisms of allelopathy. Front Plant Sci. https://doi.org/10.3389/fpls.2015.01020

Ehlers BK et al (2020) Plant secondary compounds in soil and their role in belowground species interactions. Trends Ecol Evol. https://doi.org/10.1016/j.tree.2020.04.001

Hickmann DT et al (2020) Review: allelochemicals as multi-kingdom plant defence compounds: towards an integrated approach. Pest Manag Sci. https://doi.org/10.1002/ps.6076

Hierro JL, Callaway RM (2021) The ecological importance of allelopathy. Annu Rev Ecol Evol Syst 52:25–45

Howard MM et al (2022) Integrating plant-to-plant communication and rhizosphere microbial dynamics: ecological and evolutionary implications and a call for experimental rigor. ISME J. 16:5–9

Kalisz S et al (2021) Allelopathy is pervasive in invasive plants. Biol Invasions 23:367–371

Kostina-Bednarz M et al (2023) Allelopathy as a source of bioherbicides: challenges and prospects for sustainable agriculture. Rev Environ Sci Bio/Technol. https://doi.org/10.1007/s11157-023-09656-1

Macías FA et al (2019) Recent advances in allelopathy for weed control: from knowledge to applications. Pest Manag Sci. https://doi.org/10.1002/ps.5355

Molisch H (1937) Der Einfluß einer Pflanze auf die andere – Allelopathie. Gustav Fischer, Jena

Nowak M et al (2016) Interspecific transfer of pyrrolizidine alkaloids: an unconsidered source of contaminations of phytopharmaceuticals and plant derived commodities. Food chemistry. https://doi.org/10.1016/j.foodchem.2016.06.069

Scavo A et al (2019) Plant allelochemicals: agronomic, nutritional and ecological relevance in the soil system. Plant Soil 442:23–48

Schandry N, Becker C (2020) Allelopathic plants: models for studying plant interkingdom interactions. Trends Plant Sci. https://doi.org/10.1016/j.tplants.2019.11.004

Abschn. 9.2

Bouwmeester H et al (2021a) Parasitic plants: physiology, development, signaling, and ecosystem interactions. Plant Physiol. https://doi.org/10.1093/plphys/kiab055

Bouwmeester H et al (2021b) Adaptation of the parasitic life style: germination is controlled by essential host signaling molecules. Plant Physiol. https://doi.org/10.1093/plphys/kiaa066

Hegenauer V et al (2017) Plant under stress by parasitic plants. Curr Opin Plant Biol 38:34–41

Jamil M et al (2021) Current progress in *Striga* management. Plant Physiol. https://doi.org/10.1093/plphys/kiab040

Jhu M-Y, Sinha NR (2022) Parasitic plants: an overview of mechanisms by which plants perceive and respond to parasites. Ann Rev Plant Biol. https://doi.org/10.1146/annurev-arplant-102820-100635

Kaiser B et al (2015) Parasitic plants of the genus *Cuscuta* and their interaction with susceptible and resistant host plants. Front Plant Sci. https://doi.org/10.3389/fpls.2015.00045

Ma L et al (2024) Micro-RNA: a mobile signal mediating information exchange within and beyond plant organisms. Crit Rev Plant Sci. https://doi.org/10.1080/07352689.2024.2338006

Ogawa S et al (2022) Strigolactones are chemoattractants for host tropism in Orobanchaceae parasitic plants. Nat Commun. https://doi.org/10.1038/s41467-022-32314-Z

Shen G et al (2023) Between plant signaling. Annu Rev Plant Biol. https://doi.org/10.1146/annurev-arplant-070122-015430

Têšitel J et al (2021) The bright side of parasitic plants: what are they good for? Plant Physiol. https://doi.org/10.1093/plphys/kiaa069

Wicaksono A et al (2021) A plant within a plant: insights on the development of the *Rafflesia* endophyte within its host. Bot Rev 87:233–242

Zangishei Z et al (2022) Parasitic plant small RNA analyses unveil parasite-specific signatures of microRNA retention, loss, and gain. Plant Physiol. https://doi.org/10.1093/plphys/kiac331

Pflanze-Tier-Wechselbeziehungen

Gerd-Joachim Krauß

Inhaltsverzeichnis

10.1 Blüten, Früchte, Samen – Mutualismus mit Tieren – 232
10.1.1 Pflanzen und Bestäubung – 232
10.1.2 Optische Signale – Morphologie und Farbe – 234
10.1.3 Olfaktorische Signale – 238
10.1.4 Nährsubstanzen – Pollen, Nektar, Öl – 240
10.1.5 Früchte und Samen – 242

10.2 Carnivore Pflanzen – Locken, Fangen und Verdauen – 244

10.3 Pflanzen, Ameisen und Termiten– ein besonderes Verhältnis – 251
10.3.1 Die biotische Umwelt der Ameisen – 251
10.3.2 Myrmecophile Pflanzen mit Domatien – 253
10.3.3 Ameisen und Termiten kultivieren Pilze – 254

10.4 Herbivorie und pflanzliche Abwehr – 258
10.4.1 Pflanzen und Herbivoren im coevolutionären Kontext – 258
10.4.2 Konstitutive physikalische Abwehr – 259
10.4.3 Konstitutive chemische Abwehr – 261
10.4.4 Induzierte chemische Abwehr – 267
10.4.5 Gallen, eine spezielle Form herbivoren Lebens – 271

10.5 Algen in mutualistischer Beziehung mit Tieren – 274
10.5.1 Algen als Symbiosepartner von wirbellosen Tieren – 274
10.5.2 Algengärten bei Wirbeltieren – 277

Literatur – 278

10.1 Blüten, Früchte, Samen – Mutualismus mit Tieren

10.1.1 Pflanzen und Bestäubung

Mit Beginn der Evolution der Samenpflanzen (Spermatophyten) vor etwa 360 Mio. Jahren entstanden der abiotische Weg (Luft, **Anemophilie**; Wasser, **Hydrophilie**) und biotische Weg (Tiere, **Zoophilie**) zur Befruchtung von Blüten. Bei Gymnospermen überwiegt die Bestäubung durch Wind. Nur Arten der Cycadophyta und Gnetophyta (z. B. *Welwitschia*, ▶ Abschn. 6.4.2) haben einen besonderen, obligaten Bestäubungsmutualismus mit Insekten entwickelt. Der Ginkgo-Baum (*Ginkgo biloba*, Ginkgoaceae, Ginkgoales) und Cycadophyta nutzen spezielle Bestäubungstropfen als Pollenfangmechanismus.

Nur etwa 20 % der Angiospermenarten werden durch Wind bestäubt. Ihre Blütenform verursacht Luftwirbel, die das Einfangen des Pollens verbessern. Bei etwa 2 % der Angiospermen wird Pollen durch Wasser transportiert. Aber auch kleine Invertebraten befördern Pollen zu marinen Angiospermen. Die männlichen Blüten von *Thalassia testudinum* (Hydrocharitaceae, Alismatales), einem dominanten Seegras in der Karibik, öffnen sich in der Nacht. Pollen wird mit einer Schleimhülle freigesetzt und durch nachtaktive Invertebraten auf weibliche Blüten übertragen.

Ein besonders vielgestaltiges und wechselseitiges Beziehungsgefüge hat sich seit mehr als 140 Mio. Jahren zwischen Blütenpflanzen und ihren tierischen Bestäubern (Insekten, Vögel, Säugetiere) entwickelt. Unter stetem Selektionsdruck und in **Coevolution** mit den Besuchern entstand eine große morphologische und physiologisch-biochemische Diversität der Blüten (■ Abb. 10.1).

Die **Blütenbiologie terrestrischer Angiospermen** wurde durch Christian Konrad Sprengel (1750–1816) begründet. Er veröffentlichte ein Buch mit dem Titel „Das entdeckte Geheimnis der Natur in Bau und in der Befruchtung der Blumen" (Sprengel 1793) (■ Abb. 10.2a). Zum ersten Mal beschrieb er Farben und Muster von Blüten mit ihrer Funktion zur Anlockung von Insekten. Bei Betrachtung einer Vergissmeinnichtblüte be-

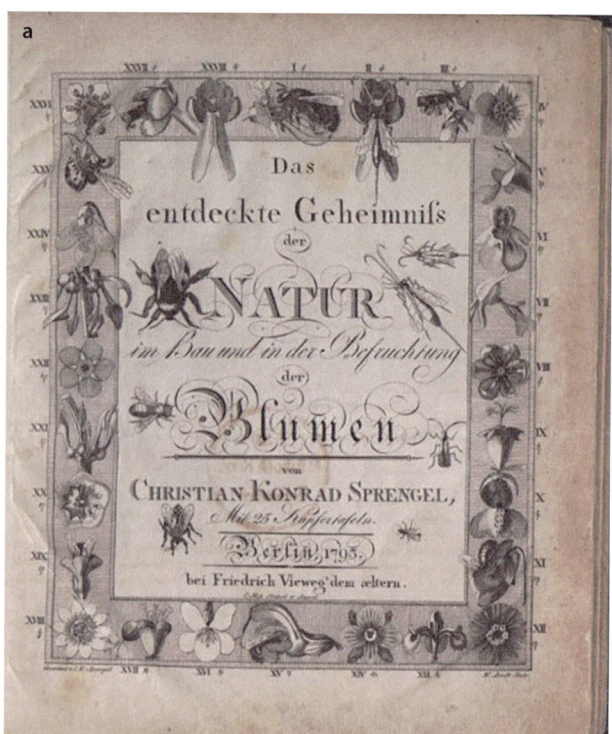

■ Abb. 10.1 Die Eigenschaften von Blüten und ihre Bedeutung für die Bestäubung. (Foto: Leif Meißner)

■ Abb. 10.2 **a**. Titelblatt des Buchs von C. K. Sprengel (Berlin, 1793). **b**. Blüten vom Vergissmeinnicht (*Mysotis* sp.) (Foto: Leif Meißner)

merkte er den intensiv gelb gefärbten Ring in der Blütenmitte (◘ Abb. 10.2b). Er schrieb: „Zugleich aber fiel mir der gelbe Ring auf, der die Kronröhre umgibt, und gegen die himmelblaue Farbe des Kronensaums so schön absticht. Sollte die Natur wohl diesen Ring zu dem Ende gefärbt haben, damit derselbe den Insekten den Weg zu den Safthaltern [Nektarien] zeige? ... Wenn, dachte ich, die Krone [die Blütenblätter] der Insekten wegen an einer besonderen Stelle besonders gefärbt ist, so ist sie überhaupt der Insekten wegen gefärbt."

Sprengels Buch blieb lange unbeachtet. Erst Charles Darwin (1809–1882) machte die Publikation bekannt. Er verwendete die Erkenntnisse in eigenen biologischen Arbeiten, vor allem in seinem Buch über die Beziehungen zwischen Orchideen und ihren Bestäubern (Darwin 1862). Berühmt sind seine Spekulationen über *Angraecum sesquipedale* (Orchidaceae, Asparagales), eine Orchidee in Madagaskar mit einer 30 cm langen Nektarröhre. Auf der Grundlage sorgfältiger Messungen und Experimente postulierte er, dass Bestäubung wahrscheinlich durch einen Schwärmer „with a wonderfully long proboscis" (mit einem wunderbar langen Rüssel) erfolgt. Eine solche Art (*Xanthopan morganii* var. *praedicta*, Lepidoptera, Sphingidae) wurde 43 Jahre später entdeckt und ihre Rolle in der Bestäubung der Orchidee nach weiteren 82 Jahren nachgewiesen.

Darwin interpretierte die Entwicklung von Nektarröhre und Rüssel als Produkt eines langen, auf Rückkopplungen beruhenden Prozesses, der heute als Coevolution bezeichnet wird. Natürliche Selektion förderte Orchideen mit einer etwas längeren Nektarröhre. Das zwang den Schwärmer, den Kopf tiefer in die Röhre zu drücken, um den Nektar zu erreichen und die Bestäubung zu erleichtern. Gleichzeitig erhöhte sich der ökologische Druck auf das Insekt, einen längeren Rüssel zu entwickeln, um leichter an den Nektar zu gelangen.

Darwins Interpretation scheint überzeugend, ist jedoch nicht zwingend. Die Korrelation von Nektarröhre mit Rüssellänge könnte auch durch wechselnde Bestäubergruppen vorgetäuscht werden. In der Gattung *Aquilegia* (Ranunculaceae, Ranunculales; ◘ Abb. 10.12a) kann man drei Artengruppen unterscheiden, die jeweils vorwiegend durch Hummeln (relativ kurze Rüssel), Kolibris (längere Zungen) und Schwärmer (sehr lange Rüssel) bestäubt werden. Anstatt einer langen, kontinuierlichen Reihe von gegenseitigen Anpassungen gibt es hier eine Serie mit abrupten Übergängen (siehe auch ▶ Abschn. 1.7.1).

Meist sind die Beziehungen zwischen Blüte und Bestäuber mutualistisch. Für die Pflanze steigt die Wahrscheinlichkeit, dass sie durch arteigenen Pollen befruchtet wird. Der Bestäuber wird für seine Dienstleistung mit **Nektar** belohnt. Wie in allen paarweisen Beziehungen gibt es jedoch auch hier Individuen, die die Beziehung zu ihren Gunsten manipulieren (▶ Abschn. 1.7.2.7). Nektarräuber beißen Löcher in die Nektarröhre, um direkt zur Nahrungsquelle zu gelangen. Dadurch wird oftmals die Übertragung von Pollen verhindert. Als Gegenmaßnahmen verstärken die Pflanzen die Stärke der Röhre oder produzieren spezifische Abwehrstoffe.

Bedingt durch den Klimawandel kann die Synchronizität zwischen Blütenbildung und Aktivität der Bestäuber gestört werden. Daraus können sich drastische Konsequenzen für Bienen ergeben, die im Frühling neue Kolonien gründen. Indem sie Löcher in Blätter beißen, können Hummeln (*Bombus terrestris*, Apidae, Apoideae) auch nichtblühende Pflanzen (u. a. *Solanum lycopersicum*, Solanaceae, Solanales) dazu bringen, Blüten um bis zu 30 Tage früher auszuprägen.

Formen und Funktionen der Blüten belegen Modularität als Konzept der Blütenevolution. Die Modularität erhöht die Fähigkeit eines Organismus, sich an den Selektionsdruck anzupassen. Die Teile der Blüte haben spezifische Funktionen im reproduktiven Prozess der Pflanzen. Dies zeigt sich in der jeweiligen Attraktivität für den Bestäuber sowie in einem wirksamen Pollentransfer. Verwandte Arten, die von verschiedenen Bestäubergruppen besucht werden, unterliegen auf der Basis ihrer Blütenmorphologie auch einer unterschiedlichen Selektion. In einer Studie untersuchten Wissenschaftler 30 Pflanzenarten einer tropischen Pflanzengruppe (Merianieae, Melastomataceae), die in Südamerika beheimatet ist. Modularität und evolutionäre Selektivität bestimmen die Anpassungen der Blüten dieser Pflanzen, die von verschiedenen Bestäubern (Bienen, Vögel, Fledermäuse, Mäuse) besucht werden. Neben vibrationsvermittelter Bestäubung durch Bienen und Hummeln gibt es in der untersuchten Pflanzengruppe u. a. auch Arten, die mit nährstoffreichen Kapseln am Grund der Antheren Vögel als Bestäuber anlocken (▶ Abschn. 10.1.4). Mittels Computertomografie wurden 3D-Modelle von Melastomataceenblüten erstellt und geometrisch-morphometrisch ausgewertet. Die Untersuchungen ergaben, dass sich (a) die Form der Blüten an die verschiedenen Bestäuber angepasst hat und (b) die reproduktiven Organe der Blüte eine langsamere Anpassung aufweisen als die gefärbten Blütenblätter.

Etwa 6 % der Blütenpflanzen tragen in den Blüten Antheren, deren **Pollen** durch kleine Poren bzw. Schlitze unter Vibration freigesetzt werden. Dieser biomechanische Bestäubungstyp ist für Bienen bekannt. Die Vibrationen mit einer Frequenz von 100–400 Hz werden durch Thoraxmuskeln des Insekts erzeugt und mit dem ganzen

Körper zur Blüte übertragen. Die jeweilige Bienenart produziert Vibrationen mit unterschiedlicher Frequenz und Dauer. Die Tiere sammeln auf diese Weise Pollen von unterschiedlichen Pflanzenarten mit unterschiedlicher Blütenmorphologie, aber mit porösen Antheren.

Die Blütenbestäubung ist für alle terrestrischen Ökosysteme von zentraler Bedeutung. Die mannigfaltigen Wechselbeziehungen zwischen Pflanzen und Tieren tragen wesentlich zur Biodiversität bei. Der global wichtigste Bestäuber ist die Honigbiene (*Apis mellifera*, Apidae, Apoidea). Sie war ursprünglich nur in Europa, im Mittleren Osten und in Afrika heimisch. Es wird geschätzt, dass diese Art global im Durchschnitt für 13 % aller Blütenbesuche verantwortlich ist, aber nur 5 % aller Blüten exklusiv durch sie bestäubt werden. Andererseits werden 49 % der Blütenarten nie von Honigbienen besucht. Andere Bestäuber spielen auch eine wichtige Rolle.

Als Bestandteil der Ökosystemdienstleistungen für den Menschen ist die Bestäubung essenziell für die weltweite Produktion von Kulturpflanzen. Allerdings werden die wichtigsten Nahrungspflanzen Weizen, Reis und Mais windbestäubt.

In vielen Regionen kommt die Honigbiene frei lebend vor. Sie wurde aber auch domestiziert. In den Vereinigten Staaten werden über das Jahr viele Bienenvölker quer durch den Kontinent transportiert. Die Reise beginnt in Kalifornien, wo jeden Frühling rund 80 Mio. Mandelbäume bestäubt werden müssen und dafür etwa 1,5 Mio. Bienenkolonien nötig sind. Später transportiert man die Bienenvölker in höhere Breitengrade, um Gurken, Melonen, Äpfel, Heidelbeeren usw. zu bestäuben.

Heutige Veränderungen in der Natur durch **Klimawandel** und industrielle Landwirtschaft gefährden die Biodiversität von Pflanzen und Insekten (▶ Abschn. 14.4). Die Zunahme an Monokulturen bedeutet, dass das Nahrungsangebot für Bestäuber zwischen Überfluss und Mangel fluktuiert. Mit den importierten Honigbienen können native Insekten oft nicht konkurrieren. Hinzu kommt, dass gleichzeitig alternative, nektarspendende Pflanzen verdrängt werden. Sowohl frei lebende wie auch domestizierte Bienen sind durch weltweites Massensterben bedroht (Bienenvolkkollaps). Mögliche Auslöser sind Pestizide und die aus Asien eingeschleppte Varroamilbe.

10.1.2 Optische Signale – Morphologie und Farbe

Angiospermenblüten locken Bestäuber mit arttypischen optischen und chemischen Merkmalen an, die in coevolutionärer Anpassung entstanden sind. Größe, Form und Farbe der Blüten entfalten eine besondere Attraktivität. Die Blütengestaltung bestimmt die Effektivität der Bestäuber. Die für Farbe und Geruch verantwortlichen spezialisierten Metaboliten dienen der Anlockung. Im Nahbereich wirken sie aber auch fraßabschreckend. Bestäuber werden durch Nektar belohnt und davon abgehalten, die Blüten zu fressen.

Beim Blütenbesuch heftet sich Pollen an Haare oder Federn der Tiere und wird dann auf die Fruchtblätter anderer Blüten übertragen (**Pollination**). Tagaktive Bestäuber erfassen mit ihren Augen besonders gut das komplexe Erscheinungsbild der Blüten. Ihr Nervensystem verarbeitet die Reize aus den unterschiedlichen Wellenlängen von reflektiertem Licht zur physiologischen Sinneswahrnehmung von Farbe und Form. Manche Blütenbesucher suchen verschiedene Pflanzenarten auf, andere sind auf ganz bestimmte Arten spezialisiert (**Blütenstetigkeit**).

Die Blüte als Träger von Pollen und Nektar ist für den Bestäuber primär als Nahrungsquelle attraktiv. Pollenkörner enthalten Farbstoffe wie Flavonoide, Carotinoide und Betalaine und locken durch auffällige Farben. In wechselseitiger evolutionärer Anpassung zwischen Bestäuber und Pflanze entwickelten sich im biogeografisch definierten Lebensraum flache Blüten mit freiem Zugang, aber auch Blüten, in die nur Spezialisten mit langem Rüssel oder Schnabel zu Pollen und Nektar am Blütenboden gelangen können.

Die Pflanze kann den Besuch der Bestäuber über die Wahrnehmung der Blütentemperatur regeln:

- Blütenform und Größe bestimmen die Strahlungsabsorption.
- Orientierung der Blüten zum Licht (**Heliotropismus**) erhöht die Attraktivität für die Bestäuber und beeinflusst die Wärmebalance in der Krone. So reagieren junge Sonnenblumenpflanzen auf Zeitpunkt und Himmelsrichtung des Sonnenaufgangs mit einer entsprechenden Ausrichtung ihrer Blüten, die durch das Phytohormon Auxin (▶ Abschn. 6.1) gesteuert wird.
- Farbgebung modifiziert die Blütentemperatur. Dunkle Farben absorbieren mehr Strahlungsenergie.
- Öffnen und Schließen der Blüten durch Bewegung der Kronblätter (**Nastie**), beinflussbar durch Lichtintensität, Feuchtigkeit und Außentemperatur.
- Erhöhung der Blütentemperatur durch erhöhte Atmungsaktivität spezialisierter Zellen, z. B. in Araceae (▶ Abschn. 10.1.3).
- Verbesserte Flüchtigkeit gasförmiger Signalstoffe.
- Aktivität von Hefezellen im Nektar: Die Stinkende Nieswurz (*Helleborus foetidus*, Ranunculaceae, Ranunculales), die in Süd- und Mitteleuropa vorkommt, erzeugt während ihrer Blütezeit im Winter eine höhere Temperatur in der Blüte. Die Ursache sind Hefepilze (*Metschnikowia reukaufii*, Metschnikowiaceae, Saccharomycetales) im Nektar, die einen Teil seines Zuckergehalts für die Wärmeentwicklung verbrauchen. Hummeln besuchen wegen des Temperaturunterschieds zur Außenluft bevorzugt diese Blüten.

Die Vielfalt der **Blütenfärbung** lockt verschiedene Tiere zu unterschiedlichen Zeitpunkten durch wellenlängensensitive Lichtabsorption an. Die Mehrzahl der Farbstoffe sind spezialisierte Metaboliten aus den Stoffgruppen der **Flavonoide** (Flavonole, Flavone, Anthocyane), **Carotinoide** und **Betalaine** (Betanin) (▶ Abschn. 5.4.3) (◘ Abb. 10.3). Weiße Blütenfarbe ergibt sich zu 95 % aus einem speziellen Flavonoidgehalt.

Die Farbgebung von Blüten wird auf verschiedene Weise gesteuert:
- Art, Konzentration, Copigmentierung und chemische Bindung der Farbstoffe in den Zellen des Blütenblatts: Die Blütenfarbe der Kornblume ergibt sich aus einer supramolekularen Copigmentierung von je sechs Anthocyan- und Flavonmolekülen, die durch Fe^{3+}-, Mg^{2+}- und Ca^{2+}-Ionen stabilisiert wird (◘ Abb. 10.3a).
- Helligkeit und Kontrastierung der Farbstoffe: Farbflecken erzeugen spezifische Muster für die Blütenzeichnung. So imitieren **Blütenmale** vom Fingerhut (*Digitalis purpurea*, Plantaginaceae, Lamiales) Staubbeutel und locken das Insekt zur Blütenröhre (◘ Abb. 10.4a). Manche Farbmuster werden nur durch Insekten erkannt, z. B. Bienen, die UV-Licht (310–380 nm) wahrnehmen. Pflanzenhaare auf den Blütenblättern können auch zur attraktiven Farbigkeit beitragen und imitieren manchmal Staubgefäße.
- Temperatur (siehe oben).
- Wechsel der Blütenfarbe während der Pflanzenentwicklung: Die Blüten des Lungenkrauts (*Pulmonaria officinalis*, Boraginaceae, Asteridae) verfärben sich von Rot nach Blau (◘ Abb. 10.4b). Ursache dafür ist eine pH-Wert-Änderung der Zellvakuole während der Blütenentwicklung. Insekten besuchen nur die roten jüngeren, nährstoffreichen Blüten. Für die Pflanzen erhöht sich so der Befruchtungserfolg.
- Faltung der Cuticula in gitterähnlicher Form zur Lichtbeugung und damit zu einer spezifischen Farbgebung.
- Farbveränderung durch Häufigkeit und Größe von Interzellularen im Gewebe des Blütenblatts.

Auch **elektrische Felder** beeinflussen den Blütenbesuch der Insekten. Blüten besitzen eine leicht negative elektrische Ladung, verursacht durch den permanenten Spannungsunterschied zwischen Atmosphäre und Erdoberfläche. Fliegende Insekten, z. B. Hummeln, sind durch Reibungseffekte positiv geladen. Beim Blütenbesuch kommt es zum Ladungsaustausch. Durch den Potenzialunterschied erkennen die Hummeln mithilfe der Sensorik ihrer Körperhaare den früheren Aufenthalt von Insekten auf der Blüte und damit deren Bestäubungsstatus.

Die Farb- und Formdiversität der Blüten erlaubt eine **Klassifizierung von Pflanze und Bestäubern**, die sich mit Körperbau und Sensorik für unterschiedliche Sig-

◘ Abb. 10.3 Blüten und Beispiele für Farbstoffe. **a**. Tagblume (*Commelina communis*). **b**. Narzisse (*Narcissus* sp.). **c**. *Bougainvillea* sp. (Südafrika). Anthocyanin-Flavon-Copigment (Commelinin) (nach Shiono 2008, Abb. 3a). Glc, Glucose. (Fotos: a © MTBS PHOTO/▶ stock.adobe.com; b, c Silvia Meißner)

Abb. 10.4 **a**. Blütensaftmale (*Digitalis purpurea*) (Foto: Hans Meißner). **b**. Wechsel der Blütenfarben (*Pulmonaria officinalis*) (© Alfred Schauhuber/CHROMORANGE/Picture Alliance)

nale coevolutionär an die Pflanze angepasst haben (Bestäubungssyndrom).

Bienen besuchen Blüten mit vielfältigen Formen (Schmetterlings-, Rachen-, Lippenblüten) (**Melittophilie**) (Abb. 10.5a). Die leuchtende Farbpalette reicht von Weiß bis Blau. Bienen können UV-Licht wahrnehmen (360 nm) und sehen Blüten deutlich kontrastiert. So werden Saftmale erkennbar, die beispielsweise das Insekt zu Nahrungsquellen (Nektarien) führt (Abb. 10.4a).

Fliegenblumen (**Myiophilie**) können geruchlos sein und einen günstigen Nektarzugang gewährleisten, aber auch für uns übel riechende, violett bis braun gefärbte Blüten tragen („Aasfliegenblumen"). So lockt der Aronstab Schmeißfliegen mit einem Geruchsstoffcocktail in die kesselartige Blüte (► Abschn. 10.1.3). Auch die parasitisch lebenden *Rafflesia*-Arten (► Abschn. 9.2) werden auf diese Weise bestäubt.

Tagfalterblumen (**Psychophilie**) besitzen aufrechtstehende, enge Blütenröhren. Duftstoffe und intensive Farbgebung locken die Schmetterlinge an, die mit langen Rüsseln bestäuben, aber auch den tief liegenden Nektar erreichen (Abb. 10.5b).

Nachtfalter (**Phalänophilie**) werden durch weiß und gelb gefärbte Blüten angelockt, die diese Insekten bei geringer Lichtintensität besser wahrnehmen. *Petunia hybrida*-Blüten (Solanaceae, Solanales) scheiden nachts zusätzlich Duftstoffe aus. Nachtfalter sind sehr effektive Bestäuber, da sie auf den Blüten intensiv Nahrung zu sich nehmen und dabei mit dem gesamten behaarten Körper größere Mengen an Pollen verschiedener Pflanzenarten aufnehmen und verbreiten. Die von ihnen besuchte Zahl an Pflanzenarten ist größer als die von Bienen und Tagfaltern. In Deutschland kommen über 3300 Nachtfalterarten vor, die 95 % aller Schmetterlingsarten repräsentieren. Hohe Diversität und Häufigkeit machen diese Insekten besonders schutzbedürftig für gefährdete Agrarökosysteme.

Käfer (**Cantharophilie**) bestäuben leicht zugängliche gelb bis braun gefärbte Blüten, die fruchtig riechen und reich an Nektar sind (Abb. 10.5c).

Vögel (**Ornithophilie**) bevorzugen vor allem intensiv rot gefärbte Blüten in Becher- oder Röhrenform. Die Blüte muss z. B. für den Schwebflug von Kolibris geeignet bzw. einen stabilen Sitz für andere Vögel gewährleisten (Abb. 10.5d). Vogelblumen sind in tropischen Gebieten Amerikas, Afrikas und Australiens weit verbreitet. Nach Blütenbesuch und Nektarfraß können Blüten einiger Pflanzen auch die Farbe ändern und werden dann z. B. von Kolibris nicht mehr besucht. Die Passionsblume (*Passiflora tarminiana*, Passifloraceae) ist obligat auf die Bestäubung durch den Schwertschnabel-Kolibri angewiesen. Die Länge der Blüte ist exakt an den Schnabel des Vogels angepasst. Kolibris und viele Nektarvögel sind obligate Nektarfresser und können nur dort vorkommen, wo es ganzjährig Blüten gibt. Das sind nur die Tropen und Subtropen. Daher ist die Ornithophilie besonders hier und nicht bei uns verbreitet.

Fledermausblumen (**Chiropterophilie**) kommen nur in den Tropen vor. Diese Pflanzen tragen sehr exponiert und stabil stark riechende, gelb bis braun gefärbte Blüten. Fledermäuse sind zu 50 % die Bestäuber der büschelförmigen Blüten von *Syzygium cormiflorum* (Myrtaceae, Myrtales), einem Baum im australischen Regenwald (Abb. 10.6a,b). Sie wachsen am Stamm (**Kauliflorie**) und bieten den Tieren somit guten Halt. Die Früchte werden vor allem durch Vögel verzehrt, z. B. Kasuaren, die dadurch auch Samen weit verbreiten (Abb. 10.6c,d). Die tropische Pflanze *Marcgravia evenia* (Marcgraviaceae, Ericales) hat zusätzlich zur Anlockung von Fledermäusen ein aufrecht stehendes, schüsselförmiges Blatt entwickelt, das die **Ultraschallechoortung** verbessert und die Tiere zu nektarreichen Blüten führt. Fledermäuse können sich auch per Ultraschall ein gutes Bild von der Blütenmorphologie machen.

10.1 · Blüten, Früchte, Samen – Mutualismus mit Tieren

Abb. 10.5 Verschiedene Bestäuber. **a** Holzbiene (*Xylocopa* spec.) auf *Lantana camara*. **b** Baumweißling (*Aporia crataegi*) auf *Cirsium* sp. **c** Rosenkäfer (*Cetania aurata*) auf *Rosa multiflora* **d** Helmlederkopf (*Philemon buceroides*) auf *Calliandra* sp. (Cape Tribulation, Queensland, Australien). (Fotos: a, d Gudrun Krauß, b, c Leif Meißner)

In der Angiospermenfamilie der Proteaceae mit 77 Gattungen und etwa 1600 Arten ist die Diversität der Bestäubungsmöglichkeiten besonders groß. Diese Pflanzen sind auf der Südhalbkugel der Erde weit verbreitet, mit einem Schwerpunkt in der Kap-Flora von Südafrika. In Coevolution mit dem Bestäuber entstanden Blüten mit jeweils unterschiedlicher Morphologie, Farbgebung, Duftstoffsynthese und Nektarzusammensetzung. Die Evolution der Blütenmerkmale führte zu einer jeweiligen Spezialisierung auf den Besuch von Insekten (vor allem Käfern), Vögeln oder Säugetieren (z. B. Mäusen). Zehn Vertreter der Proteaceengattung *Leucadendron* (Proteales) werden jedoch nur durch Wind bestäubt. Sie scheiden weder Duftstoffe noch Nektar aus. Die Narben sind für das Filtern von Pollen aus der Luft besonders großflächig ausgeprägt.

◘ **Abb. 10.6** Fledermausblüten und ein Konsument ihrer Samen. **a, b** Cauliflore Blüten von *Syzygium cormiflorum*. **c, d** Kasuar (*Casuarius casuarius*) (Cape Tribulation, Queensland, Australien). (Fotos: Gudrun Krauß)

10.1.3 Olfaktorische Signale

Flüchtige Naturstoffe (***volatile organic compounds***, **VOCs**, ► Abschn. 5.4.3) ergänzen das multifunktionale Signalmuster der Blüte und locken in spezifischer Mischung Bestäuber an. Gleichzeitig können aber auch herbivore Insekten abgewehrt werden (► Abschn. 10.4). Es sind ca. 1700 VOCs aus vor allem vier Hauptklassen spezialisierter Metaboliten (**Terpene**, **Phenole**, **Fettsäurederivate**, **Polyamine**; ► Abschn. 10.4) bekannt. Die Insekten detektieren Duftstoffe mittels hochspezifischer olfaktorischer Neuronen in ihren Antennen. Aber auch im Rüssel von Nachtfaltern (Tabakschwärmer, *Manduca sexta*, Sphingidae, Lepidoptera) wurden derartige Neuronen nachgewiesen.

Duftstoffe wirken in unterschiedlicher Zusammensetzung und Konzentration zeitlich und räumlich koordiniert auf das Tier. Alle Blütenteile wie Kronen- und Staubblätter, aber auch Pollen selbst sind zur Duftstoffabgabe aus epidermalen Zellen, Trichomen oder Drüsen fähig. Eine erhöhte Produktion von flüchtigen Substanzen kann z. B. zum Zeitpunkt der Pollenreife erfolgen.

◘ **Abb. 10.7** Blüten von *Mirabilis jalapa* und der flüchtige Hauptwirkstoff *trans*-β-Ocimen. (Foto: © Christian Hütter/imageBROKER/picture alliance)

Häufig ist die Abgabe von flüchtigen Stoffen auf die tageszeitliche Aktivität der Bestäuber abgestimmt. Fledermausblüten geben verstärkt in der Nacht Duftstoffe ab. In den Blüten der tropischen Pflanze *Mirabilis jalapa* (Nyctaginaceae, Caryophyllales) wird als Hauptwirkstoff ***trans*-β-Ocimen** zwischen 17 und 20 Uhr zur Anlockung von Nachtfaltern emittiert, gekoppelt an die

10.1 · Blüten, Früchte, Samen – Mutualismus mit Tieren

Öffnung der Blüten (◨ Abb. 10.7). Die Substanz wird auch durch Blüten von Fledermausblumen ausgeschieden. Interessant ist, dass die Abgabe von *trans*-β-Ocimen aus Blättern zur Abwehr von Blattschneiderameisen eingesetzt wird (▶ Abschn. 10.3).

Die südafrikanische Pflanze *Eucomis regia* (Asparagaceae, Asparagales) lockt mit Blütenduftstoffen und Nektar bodenbewohnende Elefantenspitzmäuse (*Elephantulus edwardii*, Macroscelididae, Macroscelidea) als Bestäuber an (◨ Abb. 10.8). Die VOCs werden artspezifisch gebildet. Die schwefelhaltige Verbindung Methional (◨ Abb. 10.8) spielt dabei die Schlüsselrolle. Das Terpen *exo*-**Brevicomin** (◨ Abb. 10.8) ist ein Beispiel für chemische Konvergenz. Die Verbindung wird in Borkenkäferpopulationen durch weibliche Tiere als Pheromon zur Anlockung des Sexualpartners ausgeschieden und wirkt auch als Aggregationspheromon (▶ Abschn. 11.1). Interessant ist, dass andere *Eucomis*-Arten mittels anderer spezifischer Duftstoffgemische durch Fliegen (z. B. *Eucomis bicolor*) oder Wespen (z. B. *Eucomis autumnales*) bestäubt werden, jedoch nicht durch Säugetiere.

Blüten verschiedener Orchideen (z. B. Ragwurzarten, *Ophrys* sp., Orchidaceae, Orchidales) imitieren mit einem Gemisch unterschiedlicher Kohlenwasserstoffe **Sexualpheromone** (▶ Abschn. 11.1) und locken männliche Solitärbienen (z. B. *Eucera*-Arten, Apoidea, Hymenoptera) an. Das Labellum der Blüte ist als zusätzliches optisches Signal in Form und Textur wie der Körper des Weibchens gestaltet. Während einer „Pseudokopulation" wird die Blüte bestäubt, aber auch Pollen für den nächsten Blütenbesuch übernommen. Eine Orchidee aus den kolumbianischen Anden (*Dracula chestertonii*, Orchidaceae, Asparagales) ahmt mit ihrem Labellum und einem Duftstoffgemisch den Fruchtkörper eines Pilzes nach. Dadurch werden Pilzfliegen für die Bestäubung angelockt, aber die abgelegten Insekteneier können sich im Pflanzengewebe nicht weiterentwickeln.

Ein besonderer Fall ökobiochemischer Wechselbeziehung ist der **Aronstab**. Die Blüten der Araceae sind als Kesselfallen für bestäubende Insekten angelegt. ◨ Abb. 10.9 zeigt den in Europa vorkommenden Gefleckten Aronstab. Das Hochblatt (Spatha) umhüllt den kolbenartigen Blütenstand (Spadix), der einen Fäkaliengeruch entwickelt.

Eine Temperaturerhöhung im Kolben um bis zu 10 °C, die durch das Phytohormon **Salicylsäure** (▶ Abschn. 6.1) zeitlich gesteuert wird, führt zur Flüchtigkeit der Lockstoffe. Entsprechend der Zusammensetzung der Duftstoffgemische werden Insekten angelockt. Aus dem Blütenstand von *Arum maculatum* werden bis zu 150 unterschiedliche, flüchtige Verbindungen ausgeschieden. Mittels Kopplung von Gaschromatografie und Elektroantennografie wurden die positiven olfaktorischen Reaktionen von 78 VOCs aus verschiedenen Substanzklassen (z. B. Indolverbindungen und Phenole (◨ Abb. 10.9), aber auch Mono- und Sesquiterpene) auf die Schmetterlingsmücke *Psychoda phalaenoides* (Psychodi-

◨ **Abb. 10.8** Blüten und Duftstoffe von *Eucomis regia* mit dem Bestäuber *Elephantulus edwardii*. (Aus Wester et al. 2019, Abb. 2b)

◨ **Abb. 10.9** **a.** Gefleckter Aronstab (*Arum maculatum*). **b.** Aufgeschnittener Blütenkessel (Bayern, Murnauer Moos). (Fotos: © S. Derder/blickwinkel/picture alliance)

dae, Diptera) als *Arum*-Bestäuber untersucht. Die angelockten Insekten gleiten über die ölige innere Wand der Spatha zum Blütengrund und werden durch abwärtsgerichtete Reusenhaare oberhalb der männlichen Blüten zurückgehalten. Die Tiere bestäuben die Blüten mit dem Pollen, den sie von anderen Pflanzen mitbringen. Zeitverzögert entlassen die Staubbeutel der jeweiligen Gastblüte ihren Pollen. Wenn die weiblichen Blüten bestäubt sind, verwelkt die Narbe und stellt Nektartropfen als Nahrung zur Verfügung. Danach welken die Reusenhaare, der Ölbelag verschwindet und die pollentragenden Insekten können den Blütenraum verlassen.

Auch carnivore Pflanzen verwenden für die Anlockung von Beuteinsekten Duftstoffcocktails aus den Fangorganen, die Blütenduftstoffe imitieren (▶ Abschn. 10.2).

10.1.4 Nährsubstanzen – Pollen, Nektar, Öl

Nach erfolgreicher Anlockung finden die Bestäuber in den Angiospermenblüten Nährstoffe vor.

Pollen, der für die Reproduktion der Pflanzen gebraucht und zielgerichtet zur Narbe (Stigma) transferiert werden soll, wird im Überschuss produziert. Die Pollenkörner sind besonders von Insekten als Nahrung begehrt und enthalten 5–60 % Proteine, bis 20 % Stärke, bis 15 % Zucker (vor allem Saccharose, Glucose, Fructose), 3–10 % Lipide und einen geringen Gehalt an Aminosäuren und Mineralstoffen.

Ein spezielles Nahrungsangebot halten Blüten südamerikanischer Regenwaldpflanzen (*Axinaea*-Arten, Melastomataceae, Myrtales) für Vögel bereit. Beerenartige, orangefarbene Kapseln, die sich an den Antheren befinden, locken Sperlingsvögel (Passeriformes) an (◘ Abb. 10.10). Beim Pflücken der nährstoffreichen, hexosehaltigen Kapseln reißt das schlauchartige Staubblatt. Der freigesetzte Pollen wird den Vögeln wie durch einen Blasebalg entgegengeschleudert und mit dem nächsten Blütenbesuch zur Bestäubung verwendet. Auch bereits über die freigesetzte Pollenwolke werden benachbarte Blüten bestäubt.

Pollen ist häufig zur Anlockung der Bestäuber durch Einlagerung von **Carotinoiden** und **Flavonoiden** (▶ Abschn. 5.4.3) intensiv gefärbt. Die vielfach verbreitete Gelbfärbung kann durch Bienen und Hummeln im UV-Licht-Anteil (360 nm) sehr gut wahrgenommen werden. Flüchtige Signalstoffe wie Terpenoide werden aus den apikalen und basalen Teilen der Antheren freigesetzt und dienen wohl auch zur Abwehr von Herbivoren. Der Pollen ist zusätzlich durch antimikrobielle Stoffe geschützt. Verschiedentlich nehmen Insekten mit dem Pollen **Sterole** auf, die sie selbst nicht synthetisieren

◘ **Abb. 10.10** *Axinaea costaricensis.* Blüte mit kugelartigen Kapseln an den Staubblättern. (Foto: Agnes S. Dellinger)

können. Diese Verbindungen können z. B. im Tier zu Cholesterin umgewandelt werden, aber auch zu Ecdyson, einem für die Häutung wichtigen Sterol.

Der für Blütenbesucher wichtige Nährstoff **Nektar** wird in floralen, aber auch extrafloralen **Nektarien** produziert (◘ Abb. 10.11). Da sein Gehalt in der Blüte meist gering ist, muss der Bestäuber mehrere Blüten aufsuchen und gewährleistet so eine effektive Verbreitung des Pollens. Nektar ist auch eine wichtige Wasserquelle für Insekten, besonders in extrem trockenen Lebensräumen. Die Nektarkonzentration wird stark durch die geografische Verbreitung der Pflanzen beeinflusst, aber auch durch wechselnde abiotische Umweltfaktoren. Durch Modulierung von Produktion, Menge und Zusammensetzung des Nektars steuert die Pflanze den Blütenbesuch durch die Bestäuber. Einige Pflanzen, z. B. Orchideen, sparen sich die Nektarproduktion und locken Bestäuber durch Täuschung an.

Nektar wird aus sekretorischem Gewebe über konstant geöffnete Stomata und/oder Trichome an der Basis von Narbe und Staubbeutel ausgeschieden. In Blüten einiger Ranunculaceenarten wie *Aquilegia* liegen die Nektardrüsen in sogenannten Nektarspornen, die nur für ausgewählte Bestäuber zugänglich sind (◘ Abb. 10.12a).

Nektar enthält wie Pollen qualitativ und quantitativ unterschiedliche Mischungen von Nährsubstanzen als Energie- und Stickstoffquelle, insbesondere Mono- und Disaccharide, vor allem Saccharose, Glucose und Fructose (15–75 %), Aminosäuren und seltener Proteine und Lipide. Hohe Saccharosekonzentrationen mögen besonders Honigbienen, Schmetterlinge und Kolibris. Neotropisch verbreitete Fledermäuse bevorzugen hexosereichen Nektar. Die Aminosäure Prolin stimuliert interessanterweise labelläre Chemosensoren der Insekten und resultiert in einem erhöhten Fressverhalten.

Nektar enthält auch zahlreiche spezialisierte Metaboliten. So kommen **Phenole**, **Alkaloide** und **Terpenoide** (▶ Abschn. 5.4.3) im Nektar von mehr als 20 Angiospermenfamilien vor. Sie dienen der Verteidigung gegenüber unerwünschten Blütenbesuchern. Allerdings muss die Konzentration solcher Substanzen sehr ausgewogen sein, um obligate Bestäuber nicht zu beeinträchtigen. Experimente mit Honigbienen zeigten, dass das Alkaloid **Coffein** in ähnlichen Konzentrationen wie in *Coffea*-Arten (Rubiaceae, Gentianales) den olfaktorischen Lernprozess beeinflusst und bei höheren Konzentrationen abwehrend wirkt. Coffein ist ein Antagonist des Adenosinrezeptors im Insektenhirn. Im Nektar von Solanaceenblüten (z. B. *Nicotiana attenuata*, Solanaceae, Solanales) kommt das Alkaloid Nicotin als Abwehrstoff vor. Die Pflanze kann die Nektarmenge reduzieren, aber auch die Bestäubungseffizienz und damit die Samenproduktion erhöhen. Im Nektar von *Senecio*-Arten (Asteraceae, Asterales) sind **Pyrrolizidinalkaloide** enthalten, die von Schmetterlingen (z. B. Danaiden) aufgenommen und in Körperzellen akkumuliert werden. Auf diese Weise bauen diese Insekten einen Schutz gegen Fressfeinde auf, aber verwenden die Substanzen auch für die Biosynthese von Sexualpheromonen (▶ Abschn. 11.1).

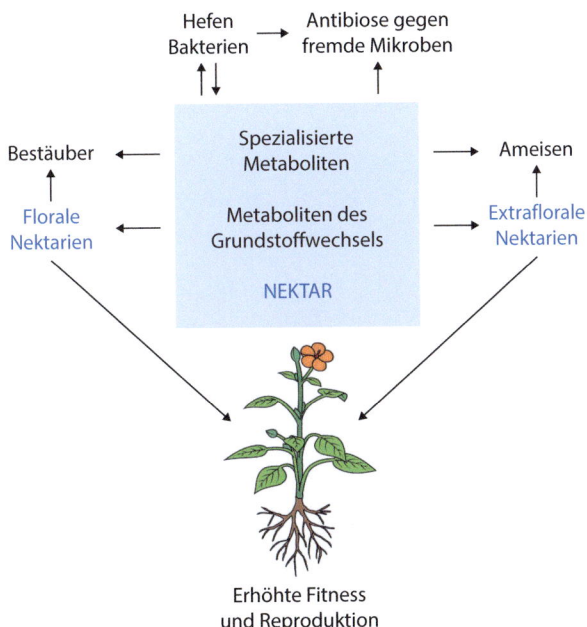

Abb. 10.11 Die mutualistische Bedeutung von Nektar

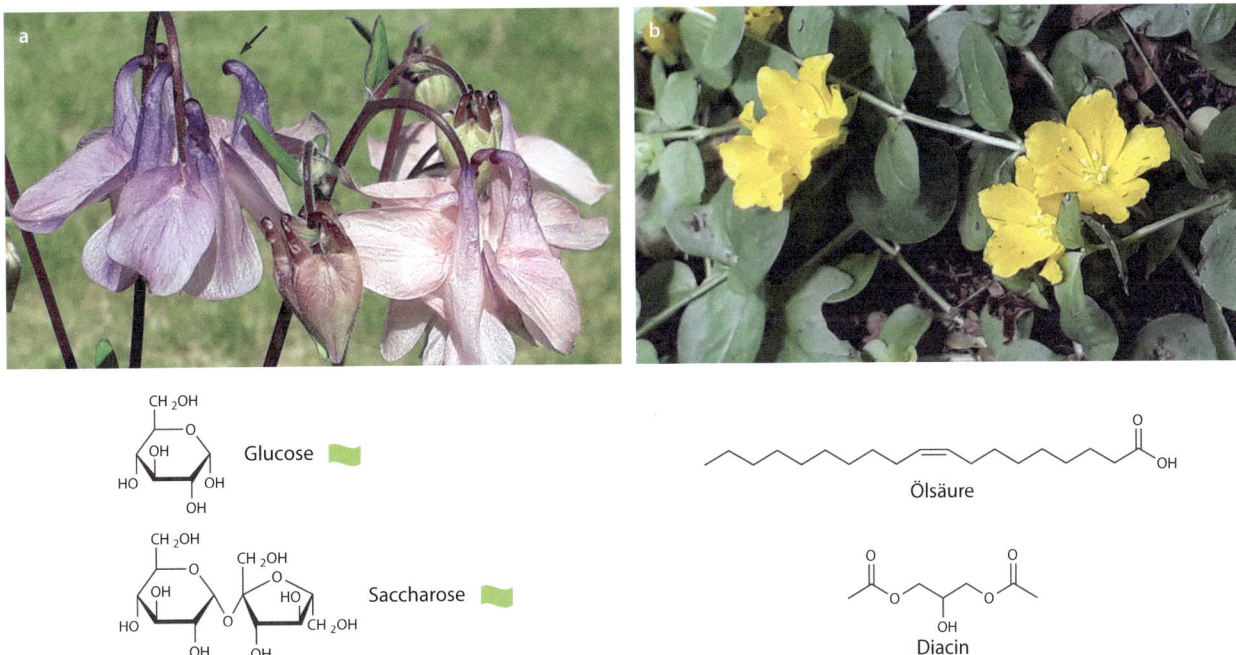

Abb. 10.12 a. Zuckerreicher Nektarsporn an einer *Aquilegia*-Blüte. b. Lipiderzeugende Blüten von *Lysimachia nummularia*. (Fotos: Leif Meißner)

Nektar bietet auch **Lebensraum für Hefen und Bakterien** (◘ Abb. 10.11). Die Mikroorganismen können durch Wind oder Regen eingetragen werden und sind an den hohen osmotischen Druck der zuckerreichen Umgebung angepasst. Besonders häufig kommen *Metschnikowia*-Hefen (Metschnikowiaceae, Saccharomycetales) sowie Bakterien der Gattung *Acinetobacter* vor. Die Mikroorganismen leben in Gruppen in Form einer physischen Assoziation zusammen. Einige *Metschnikowia*-Arten wirken antibiotisch auf „fremde" Mikroorganismen. *Metschnikowia reukaufii* im Nektar einer südchinesischen Kletterpflanze erzeugt flüchtige Signalstoffe (u. a. Ethanol), die Hummeln (*Bombus friseanus*, Apidae, Hymenoptera) anlocken.

Extraflorale Nektarien werden von Pflanzen aus mehr als 90 % der Angiospermenfamilien an Blättern, Blattstielen oder Sprossachsen gebildet. Sie kommen auch in Farnen vor. Eine besondere ökobiochemische Bedeutung hat die Anlockung von Ameisen, die in einer engen mutualistischen Beziehung mit tropischen Pflanzen leben. Sie schützen die Pflanze vor Herbivoren (▶ Abschn. 10.3).

Ein nährstoffreiches **Blütenöl** aus etwa 1800 Pflanzenarten aus elf Familien ist Nahrung für hoch spezialisierte Bienen. Ölpflanzen kommen zu 75 % in den Neotropen vor, mit Südamerika als Schwerpunkt. Weltweit haben sich etwa 380 von ca. 20.000 Bienenarten auf Blütenöl spezialisiert. Anstelle von Nektar wird nichtflüchtiges Öl in speziellen Drüsen (**Elaiophoren**) auf den Kronblättern, z. B. bei der einheimischen Art *Lysimachia nummularia* (Primulaceae, Ericales) (◘ Abb. 10.12b), oder im Blütenboden ausgeschieden. Die Öle enthalten hauptsächlich freie Fettsäuren und Acylglycerine, deren Zusammensetzung in den verschiedenen Pflanzenfamilien stark variiert. Die *Lysimachia*-Blüten werden von Schenkelbienen (*Macropis*-Arten, Melittidae, Apoidea) bestäubt. Die Insekten nehmen die Lipidsekrete mithilfe von haarigen Saugpolstern an den Vorderbeinen und häufig zusammen mit Pollen für die Aufzucht der Larven auf. Das Acylglycerol **Diacetin** ist das Duftstoffschlüsselsignal in dieser chemischen Kommunikation (◘ Abb. 10.12b).

Blüten einiger weniger Pflanzenfamilien scheiden ein **Harz** aus, das Terpenoide und Phenole enthält. In *Dalechampia*-Arten (Euphorbiaceae, Malpighiales), die in den Neotropen verbreitet sind, nutzen Solitärbienen das Harz bei der Ausgestaltung ihrer Nester. Die Wände sind dann wasserabweisend und besitzen antimikrobielle Eigenschaften.

10.1.5 Früchte und Samen

Fortpflanzung und Verbreitung der Pflanzen werden durch Samen gewährleistet. Darin ist der Embryo eingeschlossen, der mit Beginn der Keimung durch ein Nährgewebe versorgt wird. In Angiospermen sind die Samen von Fruchtgewebe umgeben, das sich aus dem Fruchtknoten entwickelt. Gymnospermen bilden dagegen freie, „nackte" Samen.

Der Übergang zur Fruchtreife in der Ontogenese der Pflanzen beruht auf physikalischen, physiologischen und biochemischen Veränderungen wie Textur, Farbe, Duft und Geschmack. Früchte schützen die Samen und tragen mit verschiedenen Bewegungsmechanismen zur Selbstverbreitung (**Autochorie**) bei. Beispiele für die Samenfreisetzung sind Schleudermechanismen (Springkraut, *Impatiens*-Arten, Balsamiaceae, Ericales), explosionsartige Vorgänge (Spritzgurke, *Ecballium elaterium*, Cucurbitaceae, Cucurbitales) oder die weit verbreiteten hygroskopischen Bewegungen trockener Öffnungsfrüchte, bei denen Quell- bzw. Entquellprozesse Früchte aufreißen.

Früchte fördern aber auch durch ihren Nährwert sowie attraktive Farben und Düfte die Verbreitung der Samen durch Tiere (**Zoochorie**). Das eingesetzte chemische Arsenal ähnelt dem der Blüten. Die Früchte können sich mit bestimmten Strukturen an die Tiere anheften (**Epizoochorie**). Andererseits sind sie zum Zeitpunkt der vollen Samenreife für Fruchtfresser (**Frugivoren**) am attraktivsten. Im unreifen Zustand sind sie häufig giftig. In tropischen Flüssen und saisonal überfluteten Wäldern und Savannen (z. B. im Amazonasgebiet) ist Frugivorie auch bei Fischen verbreitet. Samen gelangen mit dem Tierkot in einen neuen Lebensraum. Mit Verdauungsresten wird gleichzeitig organisch gedüngt. Reife Früchte sind in der Regel auch attraktiv für Mikroorganismen. Faulende Früchte werden von den meisten Frugivoren gemieden. Bakterien und Pilze verändern Aussehen, Geruch und Geschmack der Nahrung und reichern sie häufig mit toxischen Substanzen an.

Die Verbreitung von Samen ist für das Überleben von Pflanzenpopulationen essenziell. Es wird die Konkurrenz von Tochterpflanzen mit Elternpflanzen eingeschränkt, aber auch mit dem Transport über teils große Entfernungen ein neuer Lebensraum erschlossen. Das spielt eine wichtige Rolle bei der Erhaltung der Biodiversität (Janzen-Connell-Hypothese) (▶ Abschn. 4.1.2). Antimikrobielle Substanzen in der Schale halten die Samen im Boden auch über längere Zeit keimfähig. Einige hartschalige Samen müssen oftmals den Magensäften eines Tiers ausgesetzt werden, um zu keimen.

Nährstoffreiche Samen sind attraktiv für viele Tiere. Die Saisonalität der Frucht- und Samenproduktion hat wesentlichen Einfluss auf Verhalten, Vermehrung und Mobilität dieser Tiere. Bei gleichbleibender Produktion können sich die Konsumenten auf den zu erwartenden Ertrag an Samen einstellen. Dadurch wird die Nahrungsaufnahme der Tiere, aber auch der Schaden für die Pflanze als Produzent maximiert. Viele Pflanzenarten, vor allem Bäume, versuchen, dies zu vermeiden. In be-

10.1 · Blüten, Früchte, Samen – Mutualismus mit Tieren

stimmten Jahren (bei Eichen etwa alle acht Jahre) produzieren fast alle Individuen derselben Art in einem Gebiet außerordentlich viele Samen. Durch diese Überproduktion „überfordern" sie die Samenfresser (Eichhörnchen, Mäuse usw.), die wegen ihrer langen Generationszeit nur verzögert auf den Nahrungsüberfluss reagieren. Im Ergebnis bleibt eine größere Zahl an Samen übrig.

Ein spezieller Fall ist die Verbreitung von Samen durch Ameisen (**Myrmecochorie**). Weltweit sind über 3000 Pflanzenarten aus 80 Familien bekannt, deren Samen durch Ameisen transportiert werden. Dazu gehören verschiedene Frühblüher in Mitteleuropa. So entwickeln sich z. B. in den schotenartigen Kapseln des Hohlen Lerchensporns (*Corydalis cava*, Papaveraceae, Ranunculales), der in Deutschland heimisch ist, runde, schwarz glänzende Samen. Diese tragen nahrhafte, stickstoff- und fettreiche Ölkörper (**Elaiosomen**) als Anhängsel, die von Ameisen zur Larvenaufzucht verwendet werden (◘ Abb. 10.13). Gleichzeitig werden die Samen von den Insekten verbreitet. So zeigten Studien in tropischen Ländern, z. B. der Kap-Region in Südafrika, dass eingetragene Samen in Ameisennestern auch Feuerperioden überdauerten. Die hohe Temperatur hat auch die Keimfähigkeit erhöht.

Ein fruchttypisches Muster als Mimikry für Frugivoren zeigen die roten und blauen Samen der Pfingstrose (*Paeonia*-Arten, Paeoniaceae, Saxifragales) in den geöffneten Balgfrüchten. Die Samen tragen eine äußere weiche und somit fruchtähnliche Schale. Interessant ist, dass nur die blauen Samen keimfähig sind.

Attraktiv wirken Früchte, aber auch Samen, die rot oder anteilig rot gefärbt sind und für Vögel Beeren nachahmen (◘ Abb. 10.14a, b). Runde Beeren mit einer metallicblauen Strukturfarbe werden von der tropischen Pflanze *Pollia condensata* (Commelinaceae, Commelinales) gebildet, die an der Ostküste Afrikas unter Bäumen vorkommt (◘ Abb. 10.14c). Die intensive Färbung wird nicht durch chemische Substanzen erzeugt, sondern durch eine spezielle Anordnung von parallelen, leicht verdrehten Cellulosefibrillen in den Zellwänden, die Licht in spezieller Weise brechen und reflektieren. Auf ähnliche Weise werden auch bei manchen Tieren Farben durch Strukturbildung erzeugt (▶ Abschn. 11.2). Die Farbe der Beeren bleibt im trockenen Zustand erhalten und ist für Vögel auch im Unterholz längere Zeit gut zu sehen. Neben Aufnahme und Samenverbreitung erfüllen die Beeren auch die Funktion von Schmuckelementen für Nester. Einige männliche tropische Vögel nutzen dabei die farbigen Früchte zur Anlockung der Geschlechtspartner.

Für frugivore Vögel sind die roten Früchte der Paprikapflanze (*Capsicum annuum*, Solanaceae, Solanales) attraktiv. Während das Alkaloid **Capsaicin** die Früchte für Säugetiere ungenießbar macht, können Vögel das Fruchtfleisch fressen. Sie besitzen keinen Rezeptor für diesen Wirkstoff.

Interessant ist die Attraktivität von Samen der Pflanze *Ceratocaryum argenteum* (Restionaceae, Poales), die in der Kap-Region von Südafrika auf sandigem Boden heimisch ist. Die großen, ca. 1 cm langen Samen wirken auf Mistkäfer (*Epirinus flagellatus*, Scarabaeidae, Coleoptera) attraktiv und locken mit einer mehrfachen **Mimikry**. Größe, Form und Farbe der Samen, aber auch der Geruch (u. a. Phenole) entsprechen dem Kot verschiedener Antilopenarten. Der Käfer transportiert den vermeintlich nährstoffreichen Dung und gräbt ihn ein. Die harte Samenschale erlaubt allerdings keine Eiablage in das Innere des Samens. So kann der Samen später keimen.

◘ **Abb. 10.13** Lerchensporn (*Corydalis cava*). **a.** Blüten und Früchte (Foto: Gudrun Krauß). **b.** Reifende Samen mit Elaiosomen (Foto: Leif Meißner)

Abb. 10.14 Attraktive Früchte und Samen. **a**. Früchte der Eberesche (*Sorbus aucuparia*), attraktiv für eine Wacholderdrossel (*Turdus pilaris*). **b**. Samen (*Trichilia dregeana*) mit Beerenmimikry (Lynton Hall, Nähe Durban, Südafrika). **c**. Früchte von *Pollia condensata*. (Fotos: a Leif Meißner, b Gudrun Krauß, c © Paula Rudall/dpa/PNAS/picture alliance)

10.2 Carnivore Pflanzen – Locken, Fangen und Verdauen

Der carnivore (oder auch insectivore) Lebensstil der Pflanzen hat seit den experimentellen Arbeiten von Charles Darwin („Insectivorous Plants", 1875) besondere Aufmerksamkeit gefunden. Diese Pflanzen leben mixotroph in nährstoffarmen Lebensräumen aller Vegetationszonen und haben sich zusätzlich auf das Fangen von Insekten spezialisiert. Es sind derzeit etwa 800 carnivore Arten aus sechs Ordnungen und 14 Familien mit 21 Gattungen bekannt.

Carnivorie hat sich in Angiospermen polyphyletisch entwickelt, ursprünglich in offenen, feuchten und nährstoffarmen Biotopen (besonders Mangel an Stickstoff, z. B. in Savannen und Sümpfen) und später in der Evolution im aquatischen Bereich (saure Moore, Marschen, oligotrophe Gewässer) und in Gebirgen sowie mit Anpassung an den epiphytischen Lebensstil.

Hotspots der Diversität sind Pflanzengesellschaften in Australien (mit über 180 Spezies die artenreichste Region für carnivore Pflanzen), Brasilien, Mexiko, Indien, Indonesien und im Südosten von Nordamerika.

Carnivore Pflanzen besitzen spezielle morphologisch-physiologische und biochemische Eigenschaften für Anlockung, Fang und Verdauung von Insekten mit dem Ziel, insbesondere die Versorgung mit Nährelementen wie Stickstoff, Phosphor und Schwefel sowie Mineralstoffen (Kalium-, Calcium- und Magnesiumionen) am nährstoffarmen Standort sicherzustellen. Studien haben gezeigt, dass die Verfügbarkeit von N, P und K an solchen Biotopen fünf- bis 100-mal niedriger sein kann als in Böden, auf denen nichtcarnivore Pflanzen dominieren.

10.2 · Carnivore Pflanzen – Locken, Fangen und Verdauen

Carnivore Pflanzen können sich auch autotroph versorgen, aber haben durch Carnivorie einen Selektionsvorteil. Sie profitieren vom enzymatischen Abbau der Beute oder von Exkrementen der Pflanzenbesucher, indem sie Exoenzyme ausscheiden, die z. B. Proteine in Aminosäuren zerlegen, die dann resorbiert werden. Am Abbau beteiligen sich aber auch häufig Bakterien und Pilze als Kommensalen.

Von diesen Pflanzen unterscheiden sich Arten, die verschiedentlich als protocarnivore oder chemicarnivore Pflanzen bezeichnet werden. Diese fangen zwar Insekten, aber im Gegensatz zu den definiert carnivoren Pflanzen werden keine Exoenzyme zum Aufschluss der Beute ausgeschieden:

▪ Roridulaceae (Ericales)

Es gibt nur zwei Arten der Gattung *Roridula* (*R. dentata* und *R. gorgonias*; ◘ Abb. 10.15a). Diese kommen endemisch als Sträucher in den Bergen der Kap-Region von Südafrika im Fynbos vor, einer sehr trockenen und nährstoffarmen Pflanzengesellschaft mit regelmäßigen Bränden in Intervallen von zehn bis 15 Jahren.

Wie ein fossiler Fund im baltischen Bernstein (Kaliningrad, Russland) belegt, lebten Vorfahren der Roridulaceae noch bis vor 35 Mio. Jahren auch in der Nordhemisphäre der Erde.

Die *Roridula*-Pflanzen scheiden aus den Blättern über Trichome ein zähes, harzähnliches Sekret mit hohem Anteil an Triterpenen und Acylglycerinen aus. Das hydrophobe Harz reduziert den Wasserverlust der Pflanze, schützt vor Herbivoren und fängt adhäsiv Insekten. In **mutualistischer Beziehung** lebt exklusiv auf der Pflanze eine Weichwanze (*Pameridea roridulae*, Miridae, Hemiptera), die die festgeklebten Insekten frisst. Das Tier kann über die viskose Oberfläche laufen, indem es eine dicke, antiadhäsive Schleimschicht absondert. Es setzt stickstoffreichen Kot ab, aus dem Nährstoffe von der Pflanze aufgenommen werden (**Koprophagie**).

▪ Bromeliaceae (Poales)

Einige Arten wie *Brocchinia reducta* (◘ Abb. 10.15b) und der Epiphyt *Catopsis berteroniana* (Zentralamerika) sind Rosettenpflanzen, die an den dicht angeordneten Blattbasen wassergefüllte Zisternen (Tanks) bilden. Dort werden wirbellose Tiere gefangen, aber auch Blattfall aufgenommen. Bakterien zersetzen die Biomasse und die Nährstoffe werden von spezialisierten Pflanzenzellen aufgenommen. Die Zisternen bieten gleichzeitig Lebensraum für Algen und Protozoen, die von den Bakterien leben. Die Tanks von *B. tatei* sind selbst Habitat einer carnivoren Pflanze, *Utricularia humboldtii* (siehe unten und).

Carnivore Pflanzen haben durch Blattmetamorphosen spezielle Fangorgane und -techniken für wirbellose Tiere entwickelt. Nur bei einer Art werden Fanghaare an Blüten ausgebildet (siehe unten). Carnivore Pflanzen sind aber auch auf Insekten als Bestäuber angewiesen. So kommt es zu einem sogenannten

◘ **Abb. 10.15** Protocarnivore Pflanzen. **a.** Blatt von *Roridula gorgonias* (© Martin Nielsen/Alamy/Alamy Stock Photos/mauritius images). **b.** *Brocchinia reducta* (Kamoiran, 1400 m, Venezuela) (Foto: Axel Fläschendräger)

Bestäuber-Beute-Konflikt (*pollinator prey conflict*), der durch räumliche und zeitliche Trennung von Blühvorgang und Fallenpositionierung vermutlich unterschiedliche flüchtige Signale für Bestäuber und Beute oder auch durch bevorzugten Fang lediglich kleiner Insekten bewältigt werden könnte.

- **Passive Fangorgane** (Tab. 10.1)
- **Klebefallen**:

Die Blätter scheiden über Drüsenhaare zähflüssige, kohlenhydratreiche Sekrete aus. Insekten werden über Farbe, Geruch und Glitzern der Tröpfchen angelockt. Bei *Drosera*-Spezies (Droseraceae, Caryophyllales), die weltweit mit über 200 Arten verbreitet sind, wird die Beute von den Drüsenhaaren eingehüllt (Abb. 10.16a, 10.17a), die Verdauungssekrete ausscheiden. Die australische Art *D. glanduligera* trägt am Blattrand Sinneshaare, die die Beute bei Berührung innerhalb von 75 ms zu den Drüsenhaaren in der Blattmitte katapultieren. Die Gattung umfasst Arten mit verschiedenen Wuchsformen. *D. rotundifolia* entwickelt Blattrosetten (Abb. 10.17a). *D. macrantha* rankt sich bei Wiederbesiedlung abgebrannter *Eucalyptus*-Wälder in Australien an den verkohlten Stämmen empor. Auf einigen *Drosera*-Arten, die in Westeuropa vorkommen, leben Larven des herbivoren Falters *Buckleria paludum* (Pterophoridae, Lepidoptera). Die Tiere entfernen den viskosen Schleim von den Tentakeln und fressen verschiedene Pflanzenteile wie Tentakel, Blätter, Blüten und Früchte der Pflanzen.

Aus dem Pflanzenreich ist nur eine carnivore Art beschrieben (*Triphyophyllum peltatum*, Dioncophyllaceae, Caryophyllales), die fakultativ carnivor lebt. Die Spezies ist eine Liane, die in tropischen Regenwäldern Westafrikas vorkommt. Sie bildet nur unter Phosphatmangel Fangblätter mit Drüsen aus, die ein viskoses Sekret für den Beutefang abgeben (Abb. 10.17b). Als ebenfalls bisher einzige Art entwickelt *Triantha occidentalis* (Tofieldiaceae, Alismatales), die in Nordamerika siedelt, Drüsenhaare ausschließ-

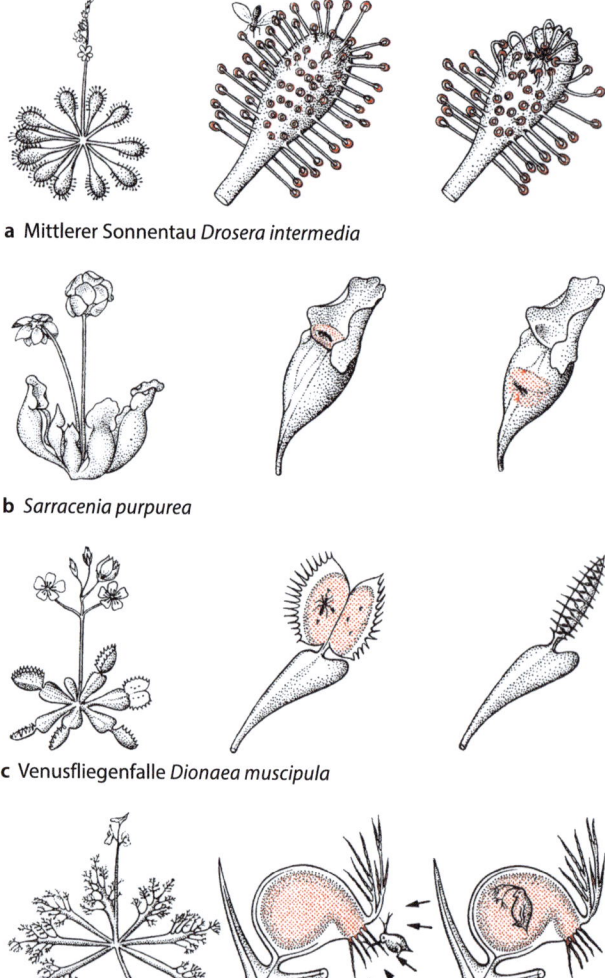

a Mittlerer Sonnentau *Drosera intermedia*

b *Sarracenia purpurea*

c Venusfliegenfalle *Dionaea muscipula*

d Wasserschlauch *Utricularia inflata*

Abb. 10.16 Carnivore Pflanzen. Passive (a,b) und aktive (c,d) Fangtechniken. (Nach Krauß und Miersch 1983, Abb. 35)

Tab. 10.1 Carnivore Pflanzen. Fangtechniken und Fangapparate

Fangtechnik	Fangapparat
Passive Fangorgane	
Grubenfallen, Kannenpflanzen	
Nepenthes, Sarracenia, Catopsis, Cephalotus, Darlingtonia, Heliamphora	Flüssigkeitscontainer
Klebfallen	
Drosera, Byblis, Drosophyllum, Pinguicula, Triphyophyllum	Blätter mit gestielten Drüsen
Philcoxia *Triantha*	Klebrige, unterirdische Blätter Blütenstand mit Drüsenhaaren
Reusenfallen	
Genlisea	Röhrenförmige Reusen
Aktive Fangorgane	
Klappfallen	
Dionaea, Aldrovanda	Klappbare Blatthälften mit Fühlborsten
Saugfallen	
Utricularia	Fangblasen unter Wasser

◘ **Abb. 10.17** Carnivore Pflanzen mit passiven Fangorganen. **a**. *Drosera rotundifolia* (Sackville, New Brunswick, Kanada). **b**. *Triphyophyllum peltatum* (Drüsenblatt). **c**. *Nepenthes albomarginata*. **d**. *Nepenthes lowii* (Borneo, Malaysia). (Fotos: a Gudrun Krauß, b aus Winkelmann 2023, Abb. 3d; c Axel Fläschendräger, d © Anjahennern/Alamy/Alamy Stock Photos/mauritius images)

lich am Stängel unterhalb der Blüte. Experimente mit ^{15}N angereicherten Taufliegen ergaben, dass etwa 60 % des Stickstoffgehalts der Blätter aus der Beute stammen.

- **Reusenfallen**:

Genlisea-Arten (Lentibulariaceae, Lamiales) leben in Afrika und Südamerika, häufig vergesellschaftet mit *Utricularia*-Spezies. Sie entwickeln unter der Bodenoberfläche chlorophyllfreie, gedrehte Blätter, die nach innen gerichtete Verdauungshärchen tragen. Hauptsächliche Beute sind Protozoa und Metazoa, die offenbar von Lockstoffen angezogen werden.

- **Gleitfallen** (Kannenfallen):

Einige Blätter dieser Pflanzen sind zu Kannen geformt. Die Gattung *Nepenthes* (Nepenthaceae, Caryophyllales) ist mit ca. 120 Spezies sehr artenreich und in der tropischen Vegetationszone weit verbreitet. ◘ Abb. 10.18 zeigt die Morphologie und ökobiochemische Funktion einer Kanne.

Kannenpflanzen sind für Insekten durch Ausscheidung von über 50 Duftstoffen sowie spezifische Farbmuster der Fangorgane attraktiv. Das **Peristom** (◘ Abb. 10.18) von *N. rafflesiana* lockt Arthropoden durch einen starken Farbkontrast zur restlichen Kanne im UV-Licht (350–370 nm) sowie Blau- (430–470 nm) und Grünlicht (490–540 nm) an. Das Peristom hat eine **anisotrope Oberflächenstruktur**, die durch Wachskristalle aus langkettigen Aldehyden (C_{30} bis C_{32}) und primären Alkoholen sehr glatt ist. Bei *N. gracilis* ist auch die Unterseite des Deckels mit Wachskristallen und Nektardrüsen ausgestattet. Regentropfen, die auf die Oberseite fallen, katapultieren dann die Beute in das Kanneninnere. Die Oberfläche des Peristoms dient Materialforschern als Vorbild für die Konstruktion sogenannter *slippery liquid porous surfaces*. Eine poröse Struktur aus Nanofasern schützt beispielsweise die Innenflächen medizinischer Schläuche, aber auch Außenflächen gegen Schmutz und Vereisung.

Die Rutschzone unterhalb des Peristoms ist ebenfalls mikromorphologisch auf den Beutefang angepasst. Der obere Teil der inneren Oberfläche ist mit epicuticulärem Wachs überzogen, das aus zwei übereinanderliegenden Schichten besteht. Die obere Schicht enthält 30–50 µm dicke Wachsplättchen, die vertikal zur unteren, stabileren Schicht angeordnet sind. Die Wachse sind unterschiedlich chemisch zusammengesetzt. Insektenfüße beschädigen die lockere obere Auflage, wodurch die Haftung auf der unteren Schicht verloren geht. Die Tiere verlieren den Halt und fallen in die viskoelastische Flüssigkeit am Grund der Kanne (◘ Abb. 10.19).

Der Kanneninhalt junger *Nepenthes*-Pflanzen ist bei geschlossenem Deckel zunächst steril. Bei geöffneter Kanne entsteht ein Lebensraum mit einer Nahrungskette aus Eu- und Prokaryoten. **Bakterien**, **Protozoen**, **Crustaceen**, **Pilze** und **Algen** beteiligen sich zusammen mit Verdauungsenzymen aus Drüsen der Kanneninnenwand an der Aufbereitung der Beute (◘ Abb. 10.19). Die Aktivität der pflanzlichen Enzyme wird gewebespezifisch reguliert. Einige Enzyme kommen konstitutiv vor, andere sind abhängig von der Entwicklungsstufe des Fangorgans bzw. werden von der Art der Beute stimuliert. Einige Arthropoden können sich räuberisch von der Beute in der Kanne ernähren, die sie mechanisch zerkleinern. In der Flüssigkeit steht die Mehrzahl der Organismen in einer mutualistischen Beziehung (**Kommensalismus**), wodurch die Pflanze ihren carnivoren Lebensstil optimiert. Die Produkte der Verdauung werden aus der sauren Flüssigkeit ebenfalls über Drüsen in das Pflanzengewebe aufgenommen. In der Kannenpflanze ***Sarracenia purpurea*** aus Nordamerika (◘ Abb. 10.16b) leben im Gewebe der Kammerinnenwand pilzliche Endophyten (Ascomyceten, Basidiomyceten), die an der Nährstoffverfügbarkeit für die Pflanze beteiligt sind.

Das Naphthochinon **Plumbagin** (◘ Abb. 10.19) schützt als Phytoanticipin (▶ Abschn. 10.3) in den Fangblättern carnivorer Arten der Caryophyllales (Nepenthaceae, Droseraceae) vor herbivoren Insekten. Gleichzeitig wirkt es wohl auch antimikrobiell auf unerwünschte Mikroorganismen während der Verdauungsprozesse.

Einige Tiere haben sich die kannenförmigen Blätter als spezielles Habitat erschlossen:

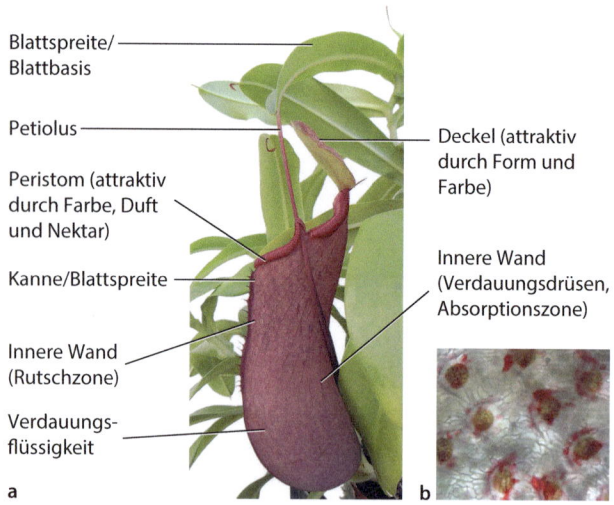

◘ Abb. 10.18 a. Morphologie und Physiologie der Kannenpflanze *Nepenthes* sp. (Foto: Gudrun Krauß). b. Verdauungsdrüsen von *N. ampullaria*. (Aus Krol et al. 2012, Abb. 2D)

10.2 · Carnivore Pflanzen – Locken, Fangen und Verdauen

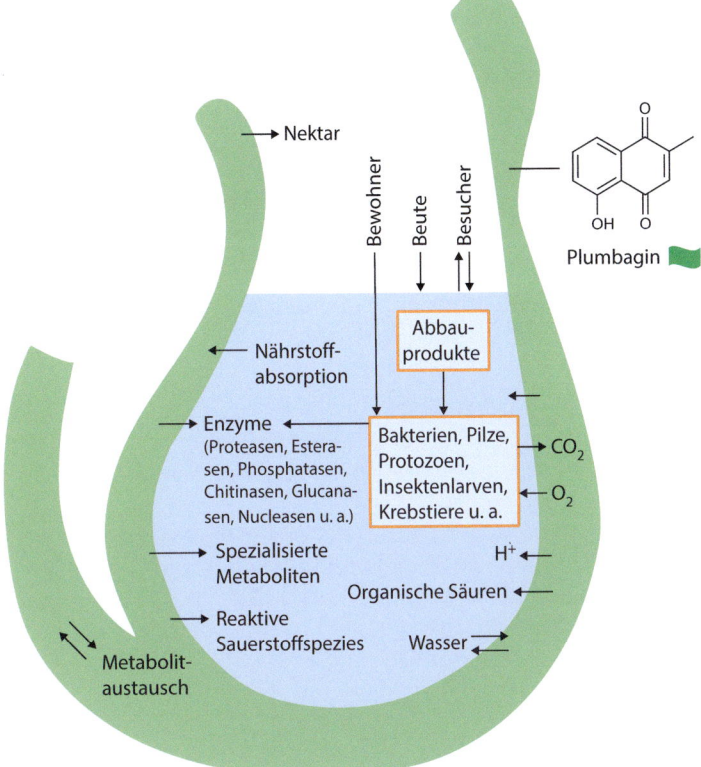

Abb. 10.19 Biochemische Vorgänge und mutualistische Wechselwirkungen in einer Kannenpflanze. (Verändert nach Krauss und Nies, 2015, Abb. 11.16, © Wiley-VCH GmbH)

- *Nepenthes bicalcarata* lebt auf Borneo in einer mutualistischen Beziehung mit einer Ameise (*Camponotus schmitzi*, Formicidae, Hymenoptera) (Myrmecophilie, ▶ Abschn. 10.1.3). Die Pflanze bietet der Ameise in den hohlen Stängeln der Kanne Raum zur Koloniebildung. Die Ameisen besitzen an den Füßen Haftplatten, um auf der glatten Oberfläche des Peristoms gut laufen zu können. Sie schützen die Pflanzen vor kleinen Herbivoren. Die Tiere tauchen auch in die Kannenflüssigkeit und ziehen Insekten (z. B. Moskitolarven) für die eigene Ernährung heraus. Gleichzeitig versorgen sie die Pflanze über Exkremente mit Nährstoffen.
- Die Kannen von *Nepenthes albomarginata* (Borneo) (◘ Abb. 10.17c) tragen am Rand weiße Haare, die von 0,5 cm großen Termiten abgefressen werden. Dabei fallen bis zu 20 Tiere pro Minute als Beute in die Falle.
- Eine Krabbenspinne (*Misumenops nepenthicola*, Thomisidae, Araneomorphae) lebt auf dem Kannenrand verschiedener asiatischer *Nepenthes*-Arten. Sie fängt dort ihre Beute, kann aber auch aus der Kannenflüssigkeit Tiere entnehmen. Eine andere Spinnenart spannt über den oberen Teil der Kanne ein Netz, das die fallende Beute auffängt.
- *Nepenthes lowii*, die auf Borneo vorkommt (◘ Abb. 10.17d), versorgt sich heterotroph mit Stickstoff aus tierischen Fäkalien. Die Kannen haben eine kugelige Form mit einem weit ausladenden, festen Wulst. An der Kannenöffnung befindet sich ein Deckel mit Borsten, die ein fetthaltiges, weißes Sekret ausscheiden. Von der wertvollen Nahrung wird das Hochland-Spitzhörnchen (*Tupaia montana*, Tupaiidae, Scandentia) angelockt, das sich beim Fressen auf der Krugöffnung positioniert. Die Pflanze bezieht 60–100 % ihres Stickstoffs aus den Ausscheidungen dieser Tiere.
- Bei *Nepenthes hemsleyana* ist in der Kanne oberhalb der Flüssigkeit Platz für eine kleine Fledermaus (*Kerivoula hardwickii*, Vespertilionidae, Chiroptera), die hier über den Tag geschützt vor starker Sonneneinstrahlung und Räubern schläft. Die Pflanze nutzt die Exkremente als Nährstoffquelle (Koprophagie) und deckt so etwa ein Drittel ihres Nährstoffbedarfs. Im Gewebe der Kanne wird der Stickstoff aus Harnstoff mittel Urease verfügbar gemacht.
- *Nepenthes ampullaria*, die auch auf Borneo vorkommt, bildet bodenständige, deckellose Kannen, die in erheblichem Maße Blattfall aufnehmen können. Etwa 50 % des Gesamtstickstoffs im Kannengewebe stammen aus dem gesammelten und verdauten Blattmaterial. In der Kannenflüssigkeit leben und laichen auch 10–13 mm große Frösche (*Microhyla nepenthicola*, Microhylidae, Anura).

- **Aktive Fangorgane** (◘ Tab. 10.1)
- **Klappfallen**:

In Mooren und feuchten Savannen Nordamerikas kommt die Venusfliegenfalle (*Dionaea muscipula*, Droseraceae, Caryophyllales) (◘ Abb. 10.16c) vor, die Insekten durch Zuklappen zweier speziell gestalteter Blatthälften fängt. Die Pflanze wurde erstmalig durch John Ellis (1710–1776), einen naturwissenschaftlich interessierten englischen Kaufmann beschrieben. Er schickte seine detaillierten Befunde zusammen mit einem kolorierten Kupferstich (◘ Abb. 10.20) an Carl von Linné (1707–1778), dessen Verdienst die Einführung der binären Nomenklatur der Arten in die Botanik und Zoologie ist.

Der Fangzyklus von *Dionaea muscipula* besteht aus fünf Phasen:
1. Anlockung von Insekten durch Färbung der Fangblattinnenseiten mit dicht angeordneten, roten Drüsen; Ausscheidung von mehr als 60 flüchtigen Substanzen (u. a. Terpenoide)
2. Berührung der Sinneshaare durch Insekten; mechanoelektrische Stimulation; Schließen der Falle innerhalb von 0,1 s
3. Aktivierung des Jasmonsäuresignalwegs (▸ Abschn. 6.1); Genexpression und Ausscheidung hydrolytischer Enzyme (1–2 h), die auch in Kannenpflanzen vorkommen
4. Zersetzung der Beute und Absorption der Nährstoffe (12 h bis 5 Tage), insbesondere Ammoniumionen
5. Öffnen der Falle mit Bereitschaft zum erneuten Beutefang

Die einzelnen Stadien des Fang- und Verdauungsvorgangs werden durch elektrische Aktionspotenziale begleitet, die in Zahl und Abfolge die Pflanzen über Größe und Nährstoffgehalt des Insekts informieren. Das Phloem wirkt als „grünes Kabel", über das elektrische Signale spannungsabhängige spezifische Calciumionenkanäle steuern. Der Signalprozess ist den neuronalen Kanälen der Tiere sehr ähnlich.

Für die Evolutionsforschung an carnivoren Pflanzen ist interessant, dass einige aktive Gene für die Nährstoffaufbereitung in *Dionaea muscipula* auch in den Wurzeln von *Arabidopsis thaliana* nachgewiesen wurden. Das gibt Hinweise darauf, dass typische Wurzelproteine eine vergleichbare Funktion auch in Blättern carnivorer Pflanzen wahrnehmen können.

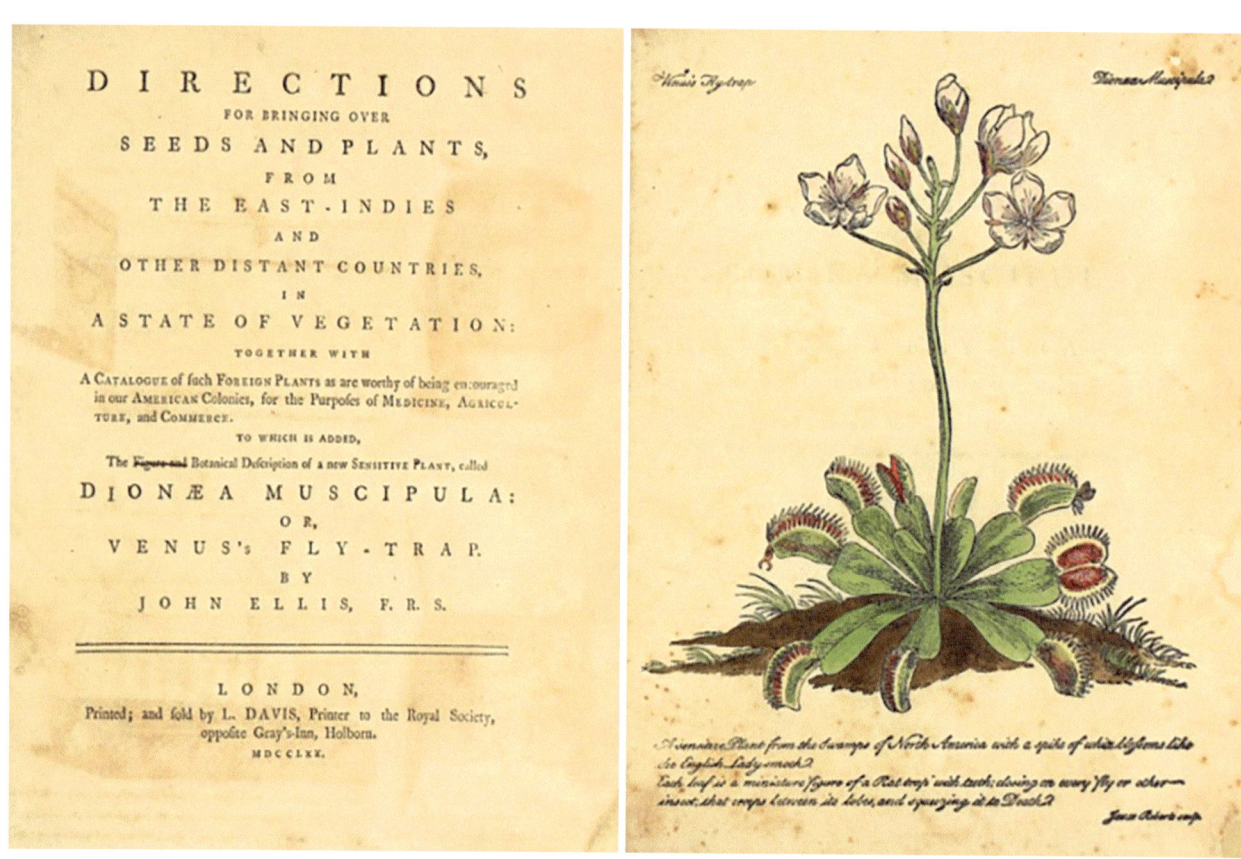

◘ Abb. 10.20 Erstmalige Beschreibung von *Dionaea muscipula* im Jahre 1770. (BHL, Biodiversity Heritage Library)

- **Saugfallen:**
    Die weltweit verbreitete Gattung der Wasserschläuche (*Utricularia*, Lentibulariaceae, Lamiales) (◘ Abb. 10.16d) umfasst mehr als 200 Arten. Das Lumen der Saugfalle bietet in den unterschiedlichen Funktionsphasen wechselnde Umweltbedingungen für Mikroorganismen, die unter mixotrophen Verhältnissen im Inneren leben. Actinomyceten, Cyanobakterien, Acidobakterien, Spirochaetes und andere sind an der Verdauung der Beutetiere beteiligt. Aber auch Protozoen sowie Phytoplankton (z. B. *Euglena*, *Scenedesmus*) finden gute Lebensbedingungen in der Saugblase.
    Utricularia bildet unter Wasser raffinierte blasenähnliche Fallen, die in zwei Phasen agieren:
    1. Innere Drüsen pumpen aktiv Wasser bis zu 50 % des Volumens aus der Kammer. Damit ist die Falle bereit für den Fang tierischer Organismen (kleine Crustaceen, Insektenlarven) und Phytoplankton.
    2. Organismen berühren die Sinneshaare an der Blasenöffnung und werden innerhalb von 300–700 μs durch den Unterdruck in die Kammer gezogen und dort mittels Drüsensekreten verdaut. Nach 5–20 h ist die Blase wieder zum Fangen bereit.

Auch **Pilze** können **Tiere fangen.** Etwa 0,5 % der Pilze in der Bodenbiozönose haben einen carnivoren Lebensstil entwickelt. Arten der Ascomycota, Zygomycota, und Basidiomycota können Nematoden, Rhizopoden und Collembolen fangen. Dazu bilden Teile eines dreidimensionalen Hyphennetzwerks verschiedene Formen von Schlingen. Der saprophytisch lebende Ascomycet *Arthrobotrys oligospora* (Orbiliaceae, Orbiliales) kann bei Gegenwart von Nematoden im Boden in eine parasitische Lebensweise übergehen. Ringförmige Hyphen schließen sich durch eine Bewegungsreaktion (Thigmonastie) um die Beutetiere. Hyphen wachsen in den Körper der Beute, produzieren Toxine und entnehmen den toten Tieren Nährstoffe. Die adaptive Lebensweise der parasitischen Pilze wird durch die Populationsdichte der Nematoden reguliert und ist eine Möglichkeit zur Kontrolle pflanzenparasitischer Nematoden in Böden.

10.3 Pflanzen, Ameisen und Termiten – ein besonderes Verhältnis

10.3.1 Die biotische Umwelt der Ameisen

Staatenbildende Insekten, wie sie bei Hymenopteren (Ameisen, Bienen) und Isopteren (Termiten) vorkommen, leben in einer speziellen sozialen Struktur. Diese **Eusozialität** stellt die komplexeste Form des Zusammenlebens von Tieren dar (▶ Abschn. 1.7.2.6, 11.1.4). Sie ist gekennzeichnet durch mehrere überlappende Generationen und kooperative Brutpflege. Die Mitglieder können in mehrere Teilgruppen oder Kasten unterteilt sein, die verschiedene Aufgaben erfüllen, z. B. Nahrungsbeschaffung (Arbeiter) und Verteidigung (Soldaten). Nicht alle Mitglieder der Gemeinschaft pflanzen sich fort. Bei der Honigbiene tut das nur die Königin.

Ameisen (Formicidae) sind eine der artenreichsten, weltweit verbreiteten Tiergruppen. Sie leben häufig in hoch organisierten Gemeinschaften, die auch als **Superorganismus** (nach Hölldobler und Wilson) bezeichnet werden. Typisch sind emergente, kollektive Eigenschaften, die nicht aus dem Verhalten der individuellen Mitglieder vorausgesagt werden können. Sie entstehen nicht aufgrund einer zentralen Kontrolle (z. B. durch die Königin), sondern durch unzählige Einzelentscheidungen der Mitglieder (*agent-based* oder *invididual-based decisions*, Railsback und Grimm 2012). Die soziale Organisation führte zu einem besonders eindrucksvollen evolutionären Erfolg. Die Glieder der Insektenstaaten kommunizieren durch verhaltensbiologische Signale sowie mittels **Pheromonen** (Abschn. 11.1.4), die Reproduktion, Brutfürsorge, Suche und Bereitstellung von Nahrung sowie Verteidigung regeln. Die chemische Kommunikation bindet die Ameisen in ein vielgestaltiges Netzwerk ein, an dem andere Insekten und Pflanzen, Pilze und Mikroorganismen beteiligt sind. Ameisen als wichtige Glieder der Nahrungsketten können verschiedenen trophischen Stufen (▶ Abschn. 4.3.2) zugeordnet werden.

Die biotischen Interaktionen der Ameisen sind für die Ökologie der Lebensräume von großer Bedeutung:
- Ameisen unterstützen Pflanzen in ihrem Habitat:
    Die Umgebung von Ameisenkolonien ist für Pflanzen ein vorteilhafter Lebensraum. Die Insekten lockern und belüften den Boden und beeinflussen seine Feuchtigkeit und Temperatur. Ihre Exkremente erhöhen den Nährstoffgehalt. Große Ameisenkolonien in nährstoffarmen Habitaten wie Savannen (▶ Abschn. 12.3.2) fördern Wachstum und Diversität der Pflanzen.
- Ameisen als Konsumenten von Pflanzenmaterial:
    Myrmecochorie: Fettreiche Teile von Samen (Elaiosomen) sind für Ameisen und ihre Larven attraktive Nahrungsquellen. In dieser mutualistischen Beziehung profitiert die Pflanze, da ihre Samen verbreitet werden (▶ Abschn. 10.1.5).
    Herbivorie: Blattschneiderameisen wählen in den Tropen bestimmte Pflanzenarten nach Genießbarkeit und Nährwert aus, fressen von den Pflanzensäften und transportieren die Pflanzenteile zur weiteren Verarbeitung in ihre unterirdischen Kolonien (Abschn. 10.3.3).

- Carnivore Pflanzen als Konsumenten von Ameisen:
  Diese Pflanzen locken mit Duftstoffgemischen und verdauen die Beute (▶ Abschn. 10.2). Allerdings sind einige Ameisenarten auch an das Leben auf den Fangorganen adaptiert.
- Ameisen schützen Pflanzen gegen Herbivoren:
  In einer symbiotischen Beziehung bieten tropische Pflanzen den Ameisen Lebensräume (**Domatien**) an. Diese vertreiben andere Insekten, versorgen aber auch Wirtspflanzen mit Nährstoffen aus ihren Exkrementen (Myrmecophilie) (▶ Abschn. 10.3.2). Bei Verletzung durch Herbivoren locken Pflanzen durch Abgabe flüchtiger Stoffe aus dem beschädigten Gewebe Ameisen und andere Insekten an, die dann in einer tritrophen Beziehung die Herbivoren bekämpfen (▶ Abschn. 10.4.4).
- Ameisen als Farmer:
  Auf zwei Fidschi-Inseln wurde eine bisher einmalige obligate Symbiose zwischen Pflanze und Ameise entdeckt. Die Insekten „pflanzen" in die Rinde von Bäumen einen speziellen Epiphyten und besiedeln in den Jungpflanzen die sich entwickelnden **Domatien** (▶ Abschn. 10.3.2).
- Ameisen und Termiten kultivieren Pilze:
  Blattschneiderameisen legen in den großen, unterirdischen Nestern auf zerkleinertem Pflanzenmaterial Pilzkulturen an und nutzen die Hyphenspitzen zur Aufzucht der Larven. Auch Termiten kultivieren Pilze in ihren Bauten (▶ Abschn. 10.3.3).
- Ameisen nutzen und schützen Blattläuse:
  Weltweit gibt es Ameisenarten, die Blattläuse (Sternorrhyncha, Hemiptera) in „Herden" halten. Diese Aphiden stechen Pflanzengewebe von jungen Blatteilen an und entnehmen aus dem Phloem vor allem Mono- und Disaccharide sowie Aminosäuren.

Ein Großteil der Nahrung (ca. 90 %) wird unverdaut über das Abdomen ausgeschieden (Honigtau) und von Ameisen konsumiert (Trophobiose), die so auf indirekte Weise von den Primärprodukten der Pflanze profitieren (◘ Abb. 10.21). Ameisen schützen Blattläuse vor Räubern, aber gleichzeitig auch Pflanzen vor anderen Herbivoren. Die Blattlauskolonien haben eine geringere Mortalität und nehmen an Größe zu. Allerdings können sich Pflanzen gegen zu starken Blattlausbefall mit einem dichten Trichombesatz ihrer Oberflächen wehren und so die Gewebe schützen.

Flüchtige chemische Verbindungen prägen die chemischen Wechselbeziehungen zwischen *Lasius niger*-Ameisen (Formicidae, Aculeata) und der Erbsen-Blattlaus (*Acyrthosiphon pisum*, Aphididae, Rhynchota). Blattlausassoziierte Staphylokokken (*Staphylococcus sciuri*, *S. xylosus*, Staphylococcaceae, Bacillales) leben im ausgeschiedenen Honigtau und geben eine ganze Palette an chemischen Wirkstoffen ab. Darunter sind auch einige Verbindungen wie **Buttersäure**, die aphidophage Insekten (z. B. die Schwebfliege *Episyrphus balteatus*, Syrphidae, Diptera) anlocken. ◘ Abb. 10.21 zeigt einige Beispiele.

Ameisen der Gattung *Dolichocerus* (Formicidae, Hymenoptera), die in Südostasien vorkommen, halten Blattlausherden der Gattung *Malaicoccus*. Von Zeit zu Zeit transportieren einige Ameisen der Kolonie die Aphiden mit den Mundwerkzeugen zu jungen Pflanzen. Die erfolgreiche Umsetzung und erneute Produktion hochwertiger Zuckersäfte werden dann den anderen Artgenossen durch Pheromone mitgeteilt.

Zahlreiche Aphiden auf Giftpflanzen akkumulieren Alkaloide und Herzglykoside und schützen sich so gegen Prädatoren.

◘ Abb. 10.21 Chemische Wechselbeziehungen von Erbsen-Blattläusen (*Acyrthosiphon pisum*) zu Ameisen und aphidophagen Insekten. (Foto: © Tomasz/▶ stock.adobe.com)

10.3.2 Myrmecophile Pflanzen mit Domatien

Verschiedene tropische Pflanzen bieten Ameisen spezielle morphologische Strukturen (Domatien) als Siedlungsraum an. Dazu gehören hohle Pflanzenstängel (z. B. Bambusarten), die gegebenenfalls vergrößert werden, oder auch Wurzelgeflechte tropischer Epiphyten. In hohlen Dornen von *Acacia*- (◘ Abb. 10.22a) und *Vachellia*-Arten (Fabaceae, Fabales) nisten Ameisen (z. B. *Pseudomyrmex ferrugineus*, Formicidae, Hymenoptera), die sich von **extrafloralen Nektarien** (▶ Abschn. 10.1.4), aber auch von proteinreichen **Belt'schen Körperchen** an den Blattspitzen ernähren. Ameisen nutzen pflanzenbürtige chemische Signale, um geeignete Myrmecophyten für die Koloniebildung zu lokalisieren.

Der sukkulente, rankende Epiphyt *Dischidia imbricata* (Apocynaceae, Gentianales) entwickelt auf Baumstämmen schildförmige Blätter, unter denen Ameisen leben. Die Tiere tragen in diese Räume organische Materialien ein, die über einwachsende Adventivwurzeln als Nährstoffquelle für die Pflanze dienen (◘ Abb. 10.22b).

Auch Vertreter der Gattung *Cecropia* (Urticaceae, Rosales) leben in Symbiose mit Ameisen. Die Sprossachse der sogenannten Ameisenbäume ist in hohle Internodien gegliedert, in denen sich nährstoffreiches Mark befindet. Davon ernähren sich Ameisen, die über kleine Löcher des Stängels in die Hohlräume eindringen. (◘ Abb. 10.22c, d). Ameisen schützen Pflanzen auch vor Herbivoren, indem sie ständig auf jungen Pflanzentrieben patrouillieren. Als Grund wird vermutet, dass

◘ **Abb. 10.22** Pflanzen und Ameisen in Symbiose. **a**. Ameisennest in einem *Acacia*-Dorn (Domatium) (Tansania). **b**. *Dischidia imbricata* (Khao Lak, Thailand). **c**. Sprossachse von *Cecropia* sp. **d**. Schnitt durch die Internodien von *Cecropia* sp. (Costa Rica, La Gamba, Rio Bonito) (a © Rocky/▶ stock.adobe.com, b–d Fotos: Axel Fläschendräger)

diese Pflanzenteile wegen ihrer Potenz zur Domatienausprägung besonders geschützt werden. Plätze für Nester sind der begrenzende Faktor für die Koloniebildung. Der Lockstoff **5-Methylsalicylat** kommt in jungen Stängeln als konstitutives Signal vor. In älteren Pflanzenteilen wird der spezialisierte Metabolit nach Herbivorenbefall induziert. Das führt zu einer Anlockung von Ameisen, aber auch anderen Insekten, die vor Herbivoren schützen sollen. Dabei werden auch Eier herbivorer Insekten entfernt.

Einige Pflanzenarten bilden Domatien aus, in denen die Ausscheidungen der Ameisen in erheblichem Maße zur Nährstoffversorgung der Pflanzen beitragen (**Myrmecotrophie**). Ein Beispiel sind epiphytisch lebende *Myrmecodia*-Arten (Rubiaceae, Gentianales), die eine weite Verbreitung auf tropischen Bäumen in Asien haben. Diese Pflanzen entwickeln ein stark verdicktes Hypokotyl mit zahlreichen Kavernen (◘ Abb. 10.23). In diesem Netzwerk von Kammern leben Ameisen, aus deren Exkrementen die Pflanze Nährstoffe absorbiert. Solche epiphytischen Ameisengärten sind häufig in Wäldern zu finden, die einer ausgeprägten Trockenzeit ausgesetzt sind. Die Ameisen können gut im porösen Gewebe der Domatien überleben und helfen der Pflanze gleichzeitig mit Nährstoffen. Epiphyten entwickeln auch häufig Samen mit Elaiosomen (▶ Abschn. 10.1.5), die durch pheromonähnliche Signale Ameisen anlocken

Die Insekten verteilen dann die Samen in der Nähe der Mutterpflanzen (**Myrmecochorie**).

Eine hoch spezialisierte, obligate Symbiose zwischen Ameisen und Pflanzen wurde in Ozeanien entdeckt. Sie hat sich über 3 Mio. Jahre entwickelt und belegt besonders eindrucksvoll die darwinsche Evolutionstheorie. In einer bisher einzigartigen mutualistischen Lebensweise kultivieren Ameisen Pflanzen (**Kultivierungssymbiose**). Nur sechs eng verwandte Arten der Pflanzengattung *Squamellaria* (Rubiaceae, Gentianales), die endemisch auf zwei Fidschi-Inseln leben, gehen eine obligate Symbiose mit der Ameisenart *Philidris nagasau* (Formicidae, Hymenoptera) ein.

Ein Ameisenvolk mit einer Königin und etwa 250.000 Arbeiterinnen legt auf Bäumen des Regenwalds Pflanzenfarmen aus etwa 50 Exemplaren an. Die Insekten sammeln Samen von noch nicht völlig reifen Früchten, bevor Vögel diese konsumieren. Bis zu zehn Samen werden in Spalten der Baumrinde gesteckt. Nicht alle keimen aus. Eine kleine Gruppe von Arbeiterinnen schützt die Samen vor Räubern und düngt sie mit Kot. Nach der Keimung entwickeln die Pflanzen Domatien aus ihrem Hypokotyl. Wenn diese ca. 1,5 cm groß sind und einen ersten Eintrittskanal gebildet haben, beginnt die Besiedlung durch die Ameisen. Mit dem Wachstum entstehen zwei Typen von inneren Strukturen, die die Symbiose prägen: 1. Kammern mit warzenähnlichen Ausstülpungen, an denen die Ameisen gezielt Faeces absetzen. Die N-reichen Nährstoffe werden über ein hoch absorptives Gewebe mit einer Analogie zu Wurzelhärchen direkt in den Epiphyten aufgenommen. 2. Kammern mit glatter Wand und einer großen inneren Oberfläche zur Aufzucht der Brut (◘ Abb. 10.24).

Die Ameisen schützen ihre Nestpflanze kontinuierlich vor Herbivoren. Der zucker- und aminosäurereiche Nektar aus älteren, bereits bestäubten *Squamellaria*-Blüten dient als Nahrungsquelle. Die Ameisen wählen als Kultivierungsfläche die sonnige Seite des Stamms. Dort ist die Nektarproduktion siebenmal höher. ◘ Abb. 10.24 illustriert den beiderseitigen Nutzen dieser Symbiose für Pflanze und Ameise. Phylogenetische Analysen zeigen, dass sich diese obligate Symbiose aus einer fakultativen Symbiose entwickelt hat. Der partnervermittelte Informationsaustausch reagiert gegenüber Umwelteinflüssen sehr sensibel und macht derartige Symbiosen zu potenziellen Indikatoren für globale Veränderungen.

10.3.3 Ameisen und Termiten kultivieren Pilze

Vor 50–60 Mio. Jahren begann die Evolution einer beeindruckenden Symbiose, in der Ameisen Blätter ernten und Pilzgärten als Monokultur mit einem Basidiomyceten für ihre Ernährung anlegen. Diese Fähigkeit ist bei

◘ **Abb. 10.23** Der Epiphyt *Myrmecodia tuberosa* bietet in einem Domatium Ameisen Lebensraum (Bako National Park, Sarawak, Borneo) (© AnSchieber/▶ stock.adobe.com)

10.3 · Pflanzen, Ameisen und Termiten– ein besonderes Verhältnis

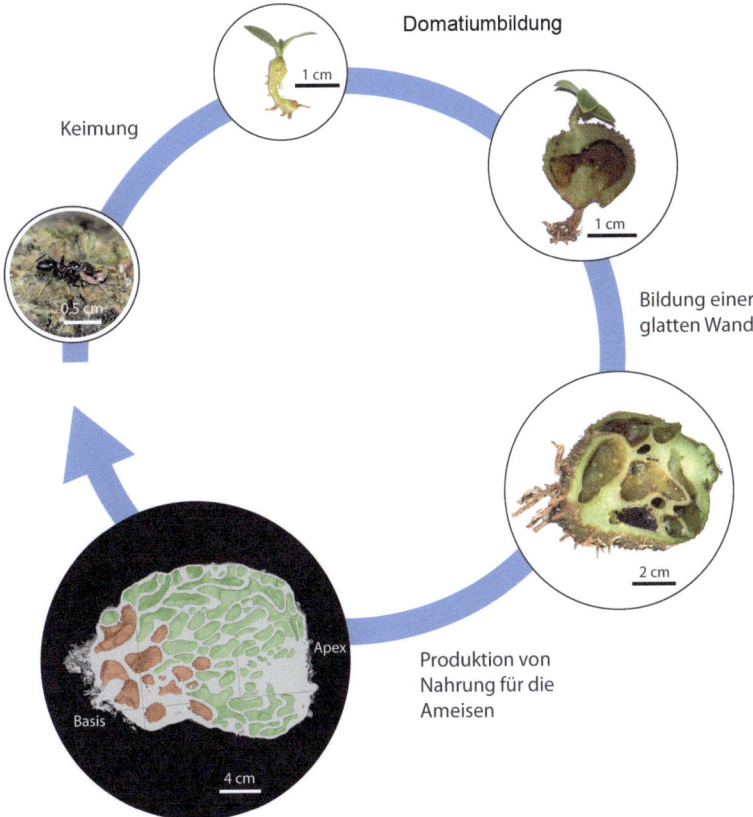

Abb. 10.24 Ontogenese einer *Squamellaria*-Pflanze mit schrittweiser, mehrjähriger Ausprägung eines Domatiums für die obligate Symbiose mit Ameisen (*Philidris nagasau*). Einige Fotos wurden mit Computertomografie erstellt. Grün: glatte Kammern zur Aufzucht der Brut; braun: Kammern mit Ausstülpungen, an denen Ameisen N-reichen Faeces absetzen. (Aus Chomicki et al. 2019 b, Abb. 2)

zwei Gattungen (*Atta*, *Acromyrmex*) der Ameisengruppe der Attini ausgeprägt, die nur auf dem amerikanischen Kontinent von Argentinien bis in den Süden der USA vorkommen. Die größte Diversität ist für äquatoriale Gebiete Südamerikas belegt, wo auch der evolutionäre Ursprung vermutet wird.

Blattschneiderameisen sind die bedeutendsten Herbivoren in neotropischen Wäldern. Sie können bis zu 500 kg Blätter (Trockenmasse) pro Jahr und Kolonie ernten. Somit richten sie in Nutzpflanzenplantagen großen Schaden an. Im natürlichen Lebensraum ist das nicht der Fall, da die Futterpflanzen häufig gewechselt werden. Die Anlage der Nester ist mit der Bewegung größerer Bodenmengen verbunden. Dadurch wird das Erdreich im oft verdichteten Tropenboden gelockert und es kommt zur Verteilung von Nährstoffen.

Aufbau, Organisation, Pflege und Nutzung des pilzzüchtenden Ameisenstaats erfolgt maßgeblich durch chemischen Informationsaustausch:

▪ 1. Gründung der Kolonie

Während des Hochzeitsflugs nimmt die Königin Spermien von einem oder mehreren Männchen auf, die sie speichert und bis zu 30 Jahre kontinuierlich zur Befruchtung der Eier nutzt. Alle befruchteten (diploiden) Eier sind weiblich und entwickeln sich zu Arbeiterinnen; unbefruchtete (haploide) Eier sind männlich und enthalten nur DNA von der Königin. Falls Arbeiterinnen den gleichen Vater haben, teilen sie 75 % des genetischen Materials. Königin und Töchter teilen nur 50 % der DNA. Diese haplodiploide Geschlechtsbestimmung wird dafür verantwortlich gemacht, dass Eusozialität bei Hymenopteren weit verbreitet ist (► Abschn. 1.7.2.6).

Die Königin sucht einen geeigneten Ort für den Aufbau des Erdnests. Von Hunderten Gründungsversuchen sind allerdings nur wenige erfolgreich. Bereits vor dem Hochzeitsflug hat sie ein kleines Stück Mycel des Kulturpilzes (z. B. *Leucoagaricus*, Agaricaceae, Agaricales) in einer Tasche unterhalb der Öffnung ihrer Speiseröhre abgelegt. Das Pilzmaterial wird am Ende eines 20–30 cm langen Gangs in eine kleine Kammer eingebracht. Schon nach drei Tagen wächst Mycel. Aus abgelegten Eiern schlüpfen Arbeiterinnen, die bereits Pilzmycel konsumieren. Nach etwa einer Woche werden erste Blattstücke geerntet. Der Aufbau des Nests beginnt.

▪ 2. Bau und Architektur des Nests

Nach sechs Jahren bewohnen ca. 8 Mio. *Atta*-Ameisen einen Nesthügel mit einer Fläche bis zu 50 m². Dieser enthält etwa 2000 Kammern. Davon werden mehr als 200 Kammern für die Pilzzucht in etwa 3 m Tiefe genutzt. Das Netzwerk der Gänge reicht bis in 8 m Tiefe. Zahlreiche Kammern enthalten Pflanzenabfall und degeneriertes Pilzmaterial. Das verzweigte Tunnelsystem nutzt ein Röhrensystem mit Verbindung zur Außenluft und passiver Belüftung. Eine Vielzahl von Tunneln dient dem Blatttransport. Über kleine Krater wird Erde aus dem Nest gebracht.

- **3. Organisation des Staats, Blaternte und Blattabbau**

Die größten Arbeiterinnen markieren mittels **Spurpheromonen** (▶ Abschn. 11.1) bis zu 800 m lange und ca. 7 cm breite Straßen zu den Nahrungsquellen. Für die Ernte werden Pflanzen ausgewählt, deren Inhaltsstoffe nicht toxisch sind. Spezialisierte Metaboliten wie das flüchtige ***trans*-β-Ocimen** wehren die Ameisen ab. Blätter werden von den größten Ameisen geschnitten und ins Nest transportiert. Kleine Tiere zerkleinern und verdauen die Teile, versetzen sie mit Analflüssigkeit und arbeiten sie ins Mycel des Kulturpilzes ein. Der symbiotische Pilz sowie assoziierte Mikroorganismen produzieren mehr als 150 Enzyme, die die Blattbiomasse abbauen, wie Lignocellulasen, Cellulasen, Pektinasen und Amylasen. Besonders häufig sind gramnegative Bakterien wie Gammaproteobakterien (*Enterobacter*, *Klebsiella*, *Citrobacter*, *Escherichia*). Der Pilz nutzt die Abbauprodukte zu Ernährung und Wachstum. Er bildet keulenförmige, lipid- und zuckerreiche Mycelstrukturen (**Gongylidia**), die die Ameisen zur Aufzucht der Larven verwenden.

Die Nester der Blattschneiderameisen verfügen über ein Tunnelnetz, das den Bau belüftet, die Temperatur reguliert und zur Entfernung von Gasen (Kohlenstoffdioxid, Distickstoffoxid, Methan) aus dem Blattabbau und organismischer Respiration mit der Atmosphäre in Verbindung steht. Dann wird auch der Eintritt von Distickstoff zur bakteriellen Luftstickstoffbindung (z. B. durch *Klebsiella* sp.) ermöglicht (◘ Abb. 10.25).

- **4. Nutzung und Pflege der Pilzgärten**

Die kleinste Arbeiterinnenkaste pflegt die Pilzgärten und entfernt ins Nest eingetragene Pilzsporen. Aus Metapleuraldrüsen scheiden die Insekten einen Wuchsstoff (**Indol-3-essigsäure**) für den Kulturpilz aus, aber auch antimikrobielle Wirkstoffe gegen eingebrachte „fremde" Mikroorganismen (z. B. Myrmicacin) (◘ Abb. 10.26). *Acromyrmex* trägt im frontalen Thoraxbereich Biofilme von *Pseudonocardia* sp. (Pseudonocardiaceae, Pseudonocardiales). Diese produzieren **Makrolidantibiotika** (z. B. **Canticidin D**) gegen einen phytopathogenen Pilz (*Escovopsis* sp., Ascomycota). Die Wirkstoffe werden von den Ameisen in den Pilzgarten eingearbeitet. Der Parasit hat jedoch eine Gegenstrategie entwickelt und ist in der Lage, mit Bakteriziden (z. B. **Shearinin D**, ein Terpenalkaloid) den *Pseudonocardia*-Biofilm zu schädigen (◘ Abb. 10.26). Dadurch kann es in der Pilzkultur zu einem Infektionsgeschehen kommen. Junge und kleine Pilzgärten sind dabei besonders gefährdet.

Eine Kultivierung von Pilzen kommt auch in **Termiten** (Termitidae, Dictyoptera) vor. Vertreter der Unterfamilie Macrotermitinae (sogenannte höhere Termiten mit 13 Gattungen und ca. 400 Arten) züchten in ihren

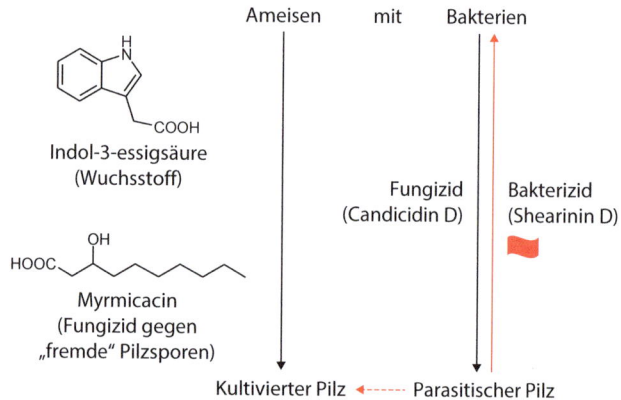

◘ **Abb. 10.26** Chemische Signale in den Pilzkammern des Nests von Blattschneiderameisen

◘ **Abb. 10.25** Blattschneiderameisen fragmentieren und transportieren Blattstücke, die von aufsitzenden, kleinen Arbeiterinnen geschützt werden. **a.** *Atta* sp. (Yasuni, Ecuador) (© Malcolm Schuyl/imageBROKER/FLPA/picture alliance). **b.** *Atta cephalotus* (Tambopata, Peru) (© Guenter Fischer/imageBROKER/picture alliance)

10.3 · Pflanzen, Ameisen und Termiten – ein besonderes Verhältnis

Nestern Basidiomyceten der Gattung *Termitomyces* (Weißfäulepilze, Lyophyllaceae, Agaricales). Diese Symbiose ist in Afrika, südlich der Sahara und in Südostasien verbreitet. Insekt und Pilz bilden einen stabilen Verbund und liefern insbesondere in Savannen und Trockengebieten wesentliche Beiträge zu Wasser- und Nährstoffzyklen, verbessern die Bodenstruktur und unterstützen das Pflanzenwachstum in der Nähe der Termitenhügel. Bei Anlage eines Tunnelsystems, insbesondere im unteren Bereich, entstehen durch Aushub des Bodens große Hügel, die die Landschaft prägen (◘ Abb. 10.27). Diese Bauten bestehen aus Boden- und Holzmaterial, aber auch fäkalen Ausscheidungen der Insekten. Zum Schutz wird in die Oberfläche der Hügel vermehrt anorganisches Material eingearbeitet.

In den Kammern des inneren Tunnelnetzes werden, ähnlich wie bei Blattschneiderameisen, Pilzgärten angelegt, die der Ernährung der Termiten dienen. Die *Termitomyces*-Arten entwickeln sporulierende Fruchtkörper. Sporen und Mycelteile werden von den Termiten in der Umgebung des Nests verteilt und von dort auch wieder bei Neuanlage der Kolonien eingetragen. Das Pilzwachstum in den Kammern wird durch ein Mikroklima mit hoher Luftfeuchtigkeit und konstanter Temperatur im gesamten Hügel gefördert.

Die Termiten tragen kontinuierlich Pflanzenbiomasse in ihre Kolonien ein. Das Material, insbesondere Cellulose und Hemicellulose, wird von bakteriellen Biofilmen im Insektendarm (▶ Abschn. 7.5) durch dominante Arten aus den Phyla Firmicutes, Bacteriodota, Proteobacteria und Actinobacteria verdaut. Die kultivierten Pilze setzen dann den Abbau von Pflanzenresten (insbesondere Lignocellulose) fort, der durch Darmbiofilme junger und adulter „Arbeitstermiten" begonnen wurde (▶ Abschn. 7.5). In den Hügeln entsteht ein weitestgehend organoheterotrophes **Mikrobiom** (◘ Abb. 10.28). Es werden erhebliche Mengen an Gasen (Kohlenstoffdioxid, Wasserstoff, Methan) freigesetzt, die wiederum von Bakterien als Kohlenstoff- und

◘ **Abb. 10.27** Termitenhügel. Krüger-National-Park, Südafrika (Foto: Gudrun Krauß)

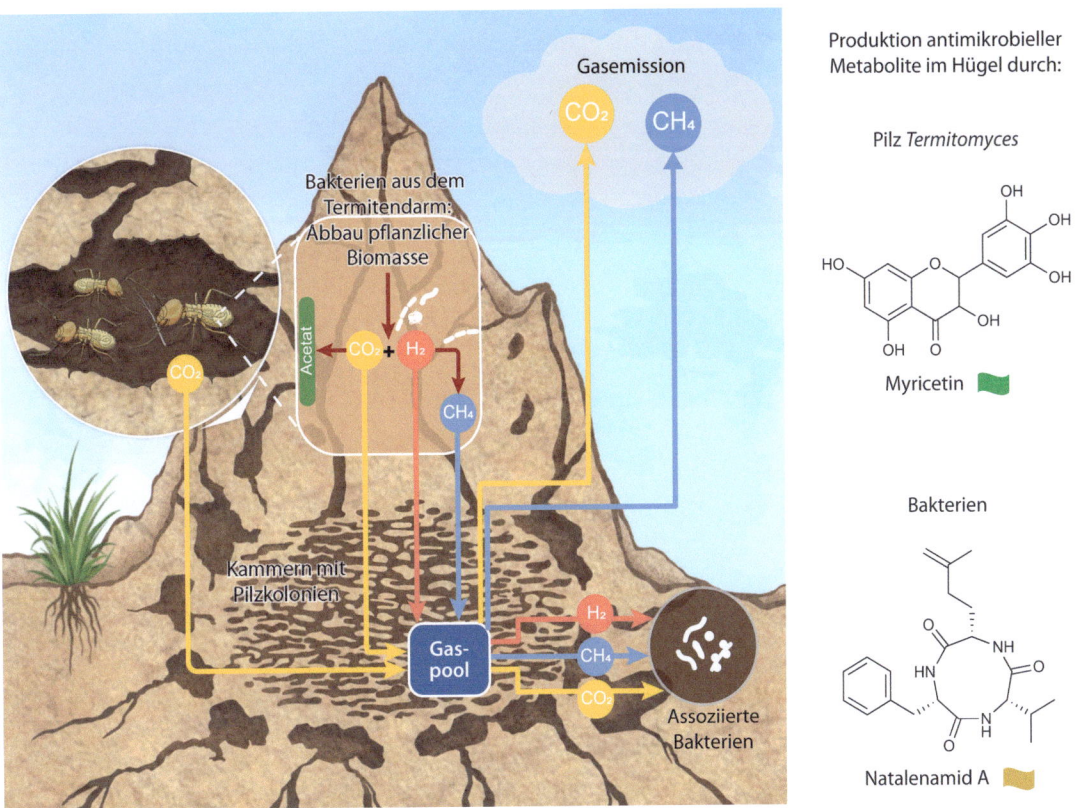

◘ **Abb. 10.28** Mikrobielle Prozesse und Mikroklima in einem Termitenhügel. (Verändert nach Li und Greening 2022, Abb. 3)

Energiequellen im Termitenhügel genutzt und recycelt, aber auch teilweise in die Atmosphäre abgegeben werden. Die Methanfreisetzung beträgt etwa 3 % der globalen Methanemissionen. Einige Bakterienarten im Hügel betreiben auch Nitrifikation und Distickstofffixierung aus dem Luftraum. Wasserstoff entsteht während der Oxidation von Polysacchariden zu Kohlenstoffdioxid und Acetat. Methanogene Archaeen reduzieren Kohlenstoffdioxid zu Methan.

Der kontinuierliche Eintrag pflanzlicher Biomasse macht die Pilzkulturen und das Mikrobiom natürlich empfindlich gegenüber Infektionen. Zur Begrenzung von Krankheiten in der Kolonie wird die gegenseitige Körperpflege genutzt, aber auch die Beseitigung infizierter Artgenossen bzw. das Versiegeln infizierter Kammern.

Gegen Infektionen helfen auch antimikrobielle spezialisierte Metaboliten, die von Bakterien und den kultivierten Pilzen ausgeschieden werden (◘ Abb. 10.28). *Termitomyces*-Arten produzieren Fettsäuren, Phenole, Terpenoide und Alkaloide. Die bakteriellen Symbionten der Termiten scheiden insbesondere bioaktive Polyketide und nicht ribosomal synthetisierte Peptide aus. Termitenspeichel enthält ebenfalls antimikrobielle Substanzen wie Sesquiterpene, Steroide, Lipide und Benzochinone.

10.4 Herbivorie und pflanzliche Abwehr

10.4.1 Pflanzen und Herbivoren im coevolutionären Kontext

Die Produktivität der Pflanzen in den natürlichen Lebensräumen, aber auch in der Agrar- und Forstwirtschaft wird maßgeblich durch Wechselwirkungen mit Insekten bestimmt. Wie Fossilien belegen, begleiteten Arthropoden die evolutionäre Entwicklung der Pflanzen auf der Erde. Herbivoren wie Arthropoden, Mollusken, Nematoden und Vertebraten konsumieren jährlich bis zu 20 % der pflanzlichen Biomasse auf der Erde. Sie wählen ihre Nahrung aus oberirdischen Teilen und Wurzeln der Pflanzen nach der Qualität aus. Relativ viel pflanzliche Biomasse benötigen Insektenraupen, da sie daraus ihren Flüssigkeitsbedarf decken. Es ist auch ein direkter Effekt von Mikroorganismen auf die Fressaktivität beobachtet worden. Ein Beispiel ist der Schwammspinner (*Lymantria dispar*, Erebidae, Lepidoptera), ein Nachtfalter und gefürchteter Schädling, der an Bäumen und Sträuchern großen Schaden anrichtet. Das Insekt ist in Europa, Nordamerika und Nordafrika weit verbreitet. Die Raupen bevorzugen Blätter, die mit dem Rostpilz *Melampsora larici-populina* (Pucciniomycetes, Basidiomycota) infiziert sind. Attraktiv für das Insekt ist der hohe Stickstoffgehalt des Pilzmycels.

Um den biotischen Stress durch Herbivoren zu bewältigen, stehen den Pflanzen Toleranz- und Resistenzstrategien zur Verfügung (▶ Abschn. 6.1). Toleranz ergibt sich aus der pflanzlichen Fähigkeit, negative Effekte nach einer Gewebezerstörung zu minimieren, um die Fitness des Organismus zu erhalten. Dazu gehören Wundverschluss, Ersatz der geschädigten Zellen und Gewebe, Erhöhung der photosynthetischen Effizienz und die Nutzung von Reservestoffen. Die Schädigung junger Pflanzen ist für die Vitalität nachhaltiger als der Herbivorenbefall älterer Pflanzen, die sich bei dichterem Blattwerk mit dem Abwerfen verletzter Blätter helfen können.

Fütterungsexperimente an Schnecken führten Christian Ernst Stahl (1848–1919), der in Jena forschte, im Jahr 1888 zur Schlussfolgerung, dass „Schutzmittel der Pflanzen" (Tannine, Oxalsäure, Alkaloide, ätherische Öle und Bitterstoffe) gegen Herbivoren wirken. Mit diesen Arbeiten wurde der Wissenschaftler zu einem Mitbegründer des Fachgebiets Chemische Ökologie (▶ Abschn. 2.1).

Pflanzen sind in der Lage, Reize aus dem Besuch herbivorer Insekten wahrzunehmen und in eine effiziente physiologisch-biochemische Antwort umzusetzen. Im Gegensatz zu Tieren werden alle Reize dezentral verarbeitet. Pflanzen erreichen dadurch eine hohe Plastizität beim Umgang mit biotischen und abiotischen Umwelteinflüssen:

- **Mechanorezeption**: Nach einem mechanischen Reiz werden die Fiederblätter der tropischen Pflanze *Mimosa pudica* (Mimosaceae, Fabales) mittels Turgoränderungen in den Zellen der Blattgewebe sehr schnell eingeklappt. Auf ähnliche Weise wird auch eine Verwundung innerhalb dieser Pflanzen kommuniziert. Beispiele dafür sind das Abbrechen von Trichomen durch Herbivoren oder das Aufschließen der Gewebe beim Fraß. Auf Mechanorezeption beruhen auch die aktiven Fangmechanismen carnivorer Pflanzen (▶ Abschn. 10.2).
- **Chemorezeption**: Lipide aus der Cuticula von Insekten, die eine gewisse Mobilität auf der Pflanzenoberfläche zeigen, induzieren pflanzliche Abwehrreaktionen. Weitere chemische Reizung kann durch Berührung von Pflanzenhaaren ausgelöst werden, aber auch durch abgelegte Eier und orale Sekrete, die beim Fraß der Insekten abgegeben werden.

Herbivore Invertebraten nehmen Geruch (olfaktorisch) und Geschmack (gustatorisch) wahr. Besonders die Erkennung flüchtiger Signalstoffe ist eine wesentliche Komponente des Kommunikationsnetzwerks zwischen Pflanze und Insekt bei der induzierten chemischen Abwehr, aber auch in der Reproduktionsstrategie des pflanzlichen Organismus. Durch Chemorezeption wählen die Tiere geeignete Pflanzen zu Eiablage und Ernährung aus. Pflanzen werden durch Generalisten und Spezialisten aus dem Insektenreich besucht. Während **Generalisten** verschiedene Pflanzenarten zur Ernährung aufsuchen (polyphage Insekten), sind **Spezialisten** bei der Nahrungssuche an wenige Arten (oligotrophe Insekten) oder nur eine Art (monotrophe Insekten) angepasst. Generalisten werden mit konstitutiver und induzierter chemischer Abwehr der Pflanzen konfrontiert. Spezialisten haben individuelle Anpassungsstrategien entwickelt und können die physikalische und chemische Barriere der Pflanzen besser überwinden.

Das Ausmaß der Schädigung von Pflanzengewebe durch herbivore Invertebraten hängt vom Fressverhalten ab. Blattläuse führen ihren Stechrüssel über den Interzellularraum (Apoplast) in die Siebzellen des Phloems ein. Dabei scheiden sie Speichel aus, der als gelartige Masse das Mundwerkzeug umhüllt. Dadurch wird das Insekt vor den Abwehrsubstanzen der Pflanze geschützt und die Einstichstelle abgedichtet. Lösliche Proteine aus dem Speichel wie zellwandabbauende Enzyme verhindern den Verschluss der Siebzellen durch polymere Kohlenhydrate wie Callose. Einen erheblichen Schaden nimmt die Pflanze, wenn phytopathogene Bakterien und Viren mit dem Insektenspeichel in das Phloem eingebracht werden. Blattläuse scheiden einen Großteil des Phloemsafts als Honigtau aus und locken so Ameisen an (▶ Abschn. 10.3). Größere Gewebeschäden verursachen herbivore Insekten aus den Ordnungen der Lepidoptera (insbesondere Raupen von Tag- und Nachtfaltern) sowie Orthoptera (Heuschrecken) und Hymenoptera (z. B. Bienen). Sie schließen mit ihren Mundwerkzeugen (Mandibeln) Pflanzengewebe auf. Milben (Acari) und Fadenwürmer (Nematoda) verwenden Stylets, um epidermale und Mesophyllzellen anzustechen. Auch herbivore Wirbeltiere verursachen umfassende Schäden durch Verbiss.

Herbivore Insekten müssen sich anpassen, um Wirtspflanzen erfolgreich als Nahrungs- und Energiequelle zu nutzen. Sie haben verschiedene biochemische Möglichkeiten entwickelt, auf die Verteidigungsstrategien der Wirtspflanzen zu reagieren:
- Vermeidung toxischer Pflanzen
- Geringe Empfindlichkeit gegenüber pflanzlichen Abwehrreaktionen
- Verzehr von Pflanzenteilen ohne oder mit nur geringen Mengen spezialisierter Metaboliten
- Keine Resorption und/oder schnelle Ausscheidung toxischer Stoffe
- Sequestrierung und Speicherung toxischer Substanzen; oftmals Nutzung zur Verteidigung gegen räuberische Insekten (▶ Abschn. 11.3.1)
- Verringerung der Menge aufgenommener Toxine durch Abbau mittels mikrobieller Symbionten im Darm
- Entgiftung aufgenommener Metaboliten durch enzymatische Strukturänderung oder Abbau
- Biotransformation pflanzlicher Metaboliten zu Signalsubstanzen, z. B. Pheromonen
- Coevolutionär geförderte Mutationen im Stoffwechsel zur Umgehung toxischer Effekte

Im Zuge der Coevolution zwischen Pflanzen und herbivoren Invertebraten entstanden verschiedene Genotypen, verbunden mit epigenetischer und phänotypischer Variation. Dieser sich kontinuierlich fortsetzende Vorgang führt zu einer verbesserten Adaptation an den Lebensraum. Morphologische und chemische Diversität in den Verteidigungsstrategien sind dazu eine Voraussetzung und führen wiederum zur coevolutionären Adaptation der Insekten (◘ Abb. 10.29). Diese Wechselseitigkeit bedeutet ein ständiges **Wettrüsten** (*arms race*). Erfolgreiche Adaptation sichert den Verbleib künftiger Generationen im Lebensraum, führt aber auch zur evolutionären Entfaltung (**Radiation**) und dem Erschließen neuer Habitate. In diesem Zusammenhang prägend für die ökobiochemische Forschung waren die Arbeiten von Ehrlich und Raven (1964). Sie postulierten eine schrittweise Coevolution zwischen Pflanzen und Tieren, nach der antagonistische, chemische Interaktionen zwischen Pflanzen und Herbivoren die Hauptfaktoren für die adaptive Radiation der jeweils beteiligten Arten sind.

10.4.2 Konstitutive physikalische Abwehr

Zahlreiche Pflanzen entwickeln auf der Oberfläche ihrer Organe morphologische Strukturen, die als physikalische Barrieren vor herbivoren Säugetieren schützen oder zumindest deren Nahrungsaufnahme reduzieren. Abwehr durch **Dornen** und **Stacheln** ist besonders in subtropischen Lebensräumen wichtig, in denen sich Pflanzen auf nährstoff- und wasserarmen Böden behaupten müssen. So wird beispielsweise die afrikanische Savanne durch *Acacia*-Arten geprägt, die Dornen gegen Fressfeinde einsetzen. Giraffen gelingt es trotzdem, mit ihrer bis zu 50 cm langen, sehr beweglichen Zunge die Blätter zwischen den Dornen zu fressen (◘ Abb. 10.30a). Die Verwundung verursacht die Freisetzung von Ethylen aus dem verletzten Gewebe. Bei benachbarten Pflanzen löst das gasförmige Stresshormon eine verstärkte Bildung toxischer spezialisierter Metaboliten, insbesondere Tannine, aus (induzierte chemische Abwehr, ▶ Abschn. 10.4.3). Die Giraffen meiden dann diese Nahrungsquelle und ziehen zu weiter entfernten Bäumen.

Auch Hartblättrigkeit (**Sklerophyllie**), die als umweltbedingte Konvergenz bei Pflanzen unter Licht- und Dürrestress beispielsweise im Mittelmeerraum auf-

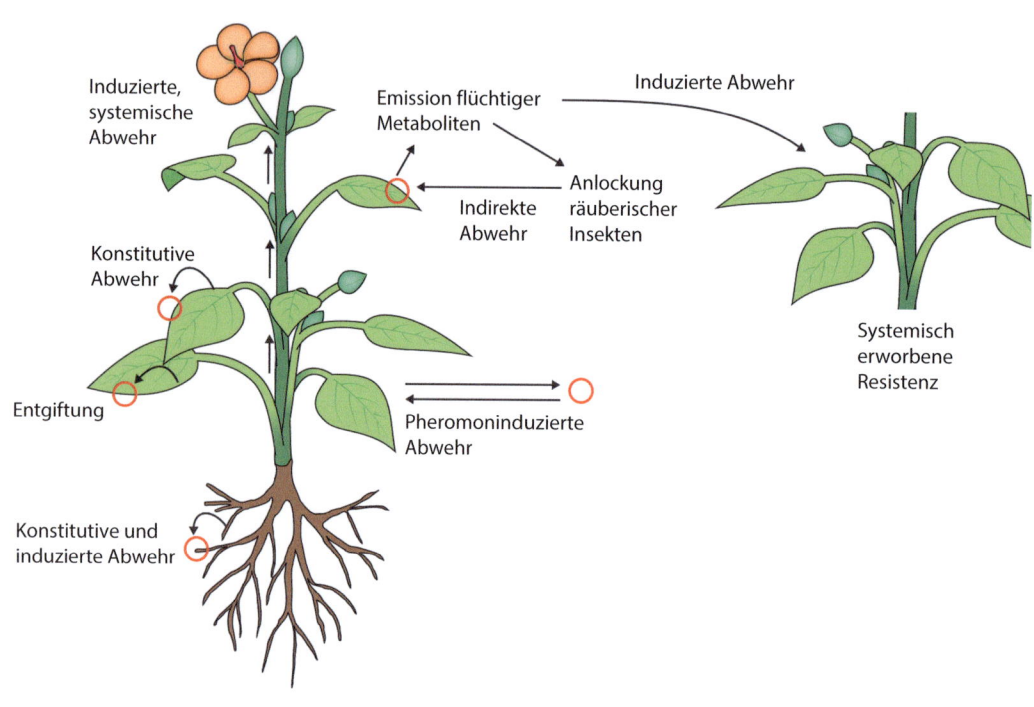

Abb. 10.29 Verteidigungsstrategien von Pflanzen gegen herbivore Insekten

Abb. 10.30 Beispiele für die konstitutive physikalische Abwehr der Pflanzen. **a.** Giraffe frisst an einem dornenreichen *Acacia*-Baum (Savanne, Krüger-Park, Südafrika) (Foto: Gudrun Krauß). **b.** *Pseudowintera colorata* mit rot umrandeten Blättern (aus Cooney et al. 2012, Abb. 1c). **c.** *Passiflora helleri* mit Eimimikry auf Blättern (© Geoff Kidd/Science Photo Library)

tritt, gilt zusammen mit schlechter Verdaulichkeit und unangenehmem Geschmack als wirksame Abwehrstrategie gegen Herbivoren.

Epicuticuläre Wachse erzeugen insbesondere auf Blättern sehr glatte Oberflächen, die das adhäsive Verhalten der Insekten, die Eiablage und Nahrungsaufnahme erschweren oder verhindern. Auch die Einlagerung von Lignin in die Zellwände bedeutet Schutz vor Herbivorie.

Siliciumdioxid (SiO_2) kann Zellen verschiedener Pflanzen als physikalische Barriere und mechanischer Schutz gegen phytophage Insekten dienen. Silicium wird als Monokieselsäure ($[Si(OH)_4]$) aus dem Boden aufgenommen, über die Pflanze verteilt und in Form von SiO_2-Mikrokristallen (**Phytolithe**) in der Cuticula, im apoplastischen Raum oder zwischen Zellwand und Plasmamembran abgelagert. Silicium kann auf bis zu 10 % des Trockengewichts angereichert werden. Besonders hohe Akkumulationsraten haben Moose, einige Farne und Gräser. Phytolithkristalle können die Mundwerkzeuge der Insekten beschädigen und verringern auch die Verdaulichkeit des pflanzlichen Gewebes. Zusätzlich

10.4 · Herbivorie und pflanzliche Abwehr

entwickeln Pflanzen häufig noch eine chemische Abwehr gegen Herbivoren. Die lösliche Siliciumverbindung wirkt als Modulator jasmonsäuregesteuerter Signalketten und führt zur Stimulation der Biosynthese spezialisierter Metaboliten wie Phenole und Terpenoide (▶ Abschn. 5.4).

Auch ein dichter Besatz von Blättern mit Haaren (**Trichomen**) hält Insekten fern. Allerdings kann dieser physikalische Schutz in manchen Fällen überwunden werden. Die Pflanze *Passiflora lobata* (Passifloraceae, Malpighiales) schützt ihre Blätter mit hakenförmigen Trichomen. Larven des Tagfalters *Heliconius charithonia* (Nymphalidae, Lepidoptera) können sich aber aus dieser Trichomenmatte befreien, indem sie die Spitzen der Haare verspinnen. Dadurch sind sie auf den Blättern bewegungsfähig.

Farbmuster der Blätter wirken häufig als visuelle Signale, um Herbivoren vom Fraß abzuhalten. *Pseudowintera colorata* (Winteraceae, Magnoliidae), ein immergrüner Strauch in Bergregionen Neuseelands, trägt neben grünen auch rot umrandete Blätter (◘ Abb. 10.30b). In Experimenten konnte gezeigt werden, dass die Larven des Nachtfalters *Ctenopseustis obliquana* (Tortricidae, Lepidoptera) eine deutliche Präferenz für die grünen Blätter entwickelten. Die roten Blattränder mit Einlagerung von Anthocyaninen und Giften (Polygodial, ein Sesquiterpendialdehyd) sind offensichtlich effektive Abwehrsignale für die Larven, die, wie viele herbivore Insekten, von den Blatträndern aus fressen.

Farbgebung und Form sind schützende optische Signale von *Passiflora*-Pflanzen, die mit über 600 Arten in tropischen und subtropischen Wäldern Amerikas und Afrikas vorkommen. Die Kletterpflanzen bilden Populationen geringer Dichte. In Anpassung an die verminderte Lichtintensität am Standort haben die Pflanzen die Blattfläche reduziert. Fraßschäden würden einen Konkurrenznachteil zu anderen Pflanzen im Habitat bedeuten. Während einer engen coevolutionären Entwicklung zwischen Schmetterlingen (ca. 70 Arten an *Heliconius*-Faltern) und *Passiflora*-Arten entstand unter Selektionsdruck eine besondere Vielfalt gegenseitiger Anpassungen in den Abwehrstrategien, zu denen auch eine konstitutive chemische Verteidigung (▶ Abschn. 10.4.3) gehört. Um die Eiablage (Oviposition) auf den Blättern zu verhindern oder zumindest einzuschränken, haben manche Arten, z. B. *Passiflora helleri*, gelbe Punkte auf der Blattoberfläche entwickelt (◘ Abb. 10.30c). Diese Strukturen ahmen Insekteneier nach (**Mimikry**) (▶ Abschn. 11.2). Da sich die weiblichen Schmetterlinge bei der Suche nach „intakten" Blättern visuell orientieren, meiden sie die vermeintlich eiertragenden Pflanzenorgane, um ihren Nachkommen einen guten Nahrungsplatz zu sichern.

10.4.3 Konstitutive chemische Abwehr

Pflanzen haben in Coevolution mit anderen Organismen vielfältige chemische Möglichkeiten zu Verteidigung und Selbsterhalt entwickelt. Beispielsweise werden im Grundstoffwechsel Proteine synthetisiert, die als **Proteaseinhibitoren** wirken. Sie hemmen proteolytische Enzyme im Verdauungsapparat und behindern somit den Nahrungsaufschluss. Besonders wichtige, im Pflanzenreich weit verbreitete Abwehrsubstanzen sind spezialisierte Metaboliten (▶ Abschn. 5.4). Sie werden in verschiedenen Kompartimenten der Pflanzenzelle synthetisiert. Wesentliche Bedeutung kommt den Vakuolen als Hauptspeicherort für hydrophile Substanzen zu (▶ Abschn. 5.1.2.2). Lipophile Stoffe werden zur Verteidigung in die Cuticula sowie in glanduläre Trichome, Laticiferen und Harzgänge eingelagert.

Synthese, Transport und Akkumulation spezialisierte Metaboliten erfolgen in der Pflanze räumlich und zeitlich reguliert. Meist sind Wurzeln und Blätter die Hauptsyntheseorte. Der Transport erfolgt über das Gefäßsystem, aber auch apoplastisch. Nach Verletzung von Geweben werden die präformierten Stoffe freigesetzt und können ihre abschreckende Wirkung bzw. Toxizität gegenüber Herbivoren entfalten.

Spezialisierte Metaboliten aus unterschiedlichen Stoffgruppen (▶ Abschn. 5.4.2) wirken an verschiedenen Zielstrukturen des herbivoren Organismus:

- **Alkaloide** (▶ Abschn. 5.4.2) sind entsprechend ihrer Quantität und Qualität in Pflanzen meist toxisch für Arthropoden und andere Tiere. Sie reagieren mit Neurorezeptoren, greifen in Signaltransduktionswege ein, interagieren in verschiedenen Teilen des Grundstoffwechsels und hemmen die DNA-Synthese und -Reparatur sowie die Zellteilung.

Die Herbstzeitlose (*Colchicum autumnale*, Colchicaceae, Liliales) produziert das Alkaloid **Colchicin**. Es hemmt die Polymerisierung von Mikrotubuli und somit die Zellteilung und Etablierung des Cytoskeletts. Sanguinarin, ein Isochinolinalkaloid aus *Sanguinaria canadensis* (Papaveraceae, Ranunculales) inhibiert verschiedene Arthropodenneurorezeptoren, die Neurotransmission und auch die DNA-Synthese.

Das Jakobs-Greiskraut *Jacobaea vulgaris* (Syn. *Senecio jacobaea*, Asteraceae, Asteridae) hat einen hohen Alkaloidgehalt. Die Pflanze mit ursprünglichem Vorkommen in Europa und Westasien ist heute ein invasiver Neophyt auch auf anderen Kontinenten. Sie enthält mehr als **20 Pyrrolizidinalkaloide**, die stark toxisch auf Herbivoren wirken. Die spezialisierten Metaboliten sind im Pflanzenkörper unterschiedlich verteilt (◘ Abb. 10.31). Diese Form

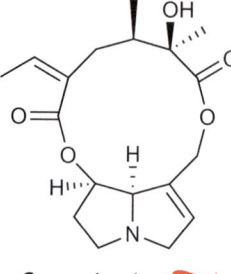

Akkumulation in Blättern und Blüten

Modifizierung an der Grundstruktur und Transport

Senecionin

Synthese der Alkaloid-Grundstruktur (Wurzeln)

Abb. 10.31 Biosynthese, Transport und Akkumulation des Pyrrolizidinalkaloids Senecionin in *Jacobaea vulgaris*; der Nachtfalter *Tyria jacobaeae* akkumuliert toxische Pyrrolizidinalkaloide aus der Pflanze und nutzt sie als Abwehrstoffe; die Larven tragen eine Warnfärbung (*Jacobaea vulgaris*, Syn. *Senecio jacobaea* © RukiMedia/► stock.adobe.com; *Tyria jacobaeae*, © Schmutzler-Schaub/► stock.adobe.com)

der Abwehr ist ein Beispiel für die **optimal defense theory**, nach der Pflanzen Resistenzstrategien auf der Basis einer organspezifischen Abwehr entwickeln können. Offensichtlich ist es für die Pflanze energetisch zu kostenintensiv, in allen Geweben die maximale Konzentration von spezialisierten Metaboliten aufrechtzuerhalten. So sind junge Blätter für den Organismus wertvoller als alte Blätter, denn sie haben mit höherem Alkaloidgehalt ein größeres Abwehrpotenzial. Auch Blüten als Reproduktionsorgane akkumulieren größere Mengen an toxischen Substanzen.

Im Jakobs-Greiskraut werden Synthese, Strukturvariation, Transport und Akkumulation von Pyrrolizidinalkaloiden räumlich und zeitlich reguliert (Abb. 10.31). Beispielsweise wird **Senecionin** in den Blüten angereichert. In anderen Pflanzenteilen dominieren andere Vertreter dieser Stoffgruppe. Der herbivore Schmetterling *Tyria jacobaeae* (Arctiinae, Arthropoda) ist wie die Wirtspflanze heute weltweit verbreitet und hat sich auf das Greiskraut als Wirt spezialisiert. Er akkumuliert Pyrrolizidinalkaloide und ist gegen diese resistent. Die Substanzen nutzt das Insekt für die Auswahl des Wirts und zur Orientierung für die Eiablage. Räuberische Insekten und Vögel werden durch die gespeicherten Toxine und Bitterstoffe abgewehrt. Eine auffällige Warnfärbung (Mimikry) der Larven schreckt zusätzlich ab (Abb. 10.31). *Senecio*-Bestände auf Weiden sind kritisch, da sie zu Vergiftungserscheinungen bei Pferden und Rindern führen, falls diese sie fressen. Meist werden jene Pflanzen aber gemieden.

Echium-Arten (Boraginoideae, Boraginaceae), die in Kontinentaleuropa vorkommen, speichern ebenfalls erhebliche Mengen an Pyrrolizidinalkaloiden. Spezies auf den Kanarischen Inseln, wo viele Herbivoren fehlen, enthalten dagegen nur geringe Mengen dieser Metaboliten. Die Inselstandorte repräsentieren ökologische Nischen, in denen der coevolutionäre Selektionsdruck fehlt. Bemerkenswert ist, dass Vertreter dieser Alkaloidgruppe in einigen Insekten auch als Ausgangsstoffe für die **Pheromonbiosynthese** verwendet werden (▶ Abschn. 11.1).

Das Steroidalkaloid **Demissin** schützt die Blätter der Wildkartoffel (*Solanum demissum*, Solanaceae, Solanales) vor Käferbefall. Es verhindert den Larvenfraß, indem es die Synthese des Häutungshormons Ecdyson hemmt, und somit die Metamorphose des Insekts.

- **Nichtproteinogene Aminosäuren** (▶ Abschn. 5.4.2) sind Strukturanaloga der 20 proteinogenen Aminosäuren. Diese spezialisierten Metaboliten beeinflussen Aufnahme, Transport und Einbau von Aminosäuren in die Proteine.

Ein Beispiel ist das **Canavanin**, das in Samen der tropischen Pflanze *Macropsychanthus megacarpus* (Syn. *Dioclea megacarpa*, Fabaceae, Fabales) mit bis zu 10 % des Trockengewichts vorkommt (◘ Abb. 10.32). Die Substanz ist der proteinogenen Aminosäure Arginin strukturell ähnlich. Die hohe Toxizität des Canavanins für Insekten, aber auch für andere Tiere und den Menschen beruht darauf, dass die Arginyl-Transfer-RNA in der Proteinbiosynthese nicht zwischen Arginin und Canavanin unterscheiden kann. Somit entstehen beim Einbau von Canavanin in die Proteine fehlerhafte Strukturen und dadurch schwere Schäden im Organismus. Für Larven des Käfers *Caryedes brasiliensis* (Chrysomelidae, Coleoptera) sind jedoch die canavaninreichen *Dioclea*-Samen die einzige Nahrungsquelle. Die weiblichen Samenkäfer legen in einem engen Zeitfenster Eier auf die reifenden Hülsen der Pflanze. Die geschlüpfte Larve bohrt sich durch die Hülse in die Samen und bildet im Speichergewebe eine Kammer. Die Larven entgiften das Canavanin aus der Nahrung durch Abbau der Aminosäure und nutzen den Aminostickstoff zur Ernährung. Eine Schädigung der körpereigenen Proteine ist ausgeschlossen, da eine spezielle Arginyl-Transfer-RNA nicht mit Canavanin reagiert.

- **Terpenoide** (▶ Abschn. 5.4.2) sind die größte und evolutionär älteste Gruppe der spezialisierten Metaboliten. Flüchtige Monoterpene, die auch Lockstoffe bei der Bestäubung sein können (▶ Abschn. 10.1.3), wurden durch natürliche Selektion auch zu effektiven Substanzen in der induzierten pflanzlichen Abwehrstrategie (siehe unten) entwickelt. Flüchtige Monoterpene aus großen Beständen der Waldkiefer (*Pinus sylvestris*, Pinaceae, Coniferales) reichern sich im Boden an. Das zyklische Monoterpen Car-3-en in der Nadelschicht des Bodens hat offensichtlich einen stimulierenden Effekt auf den mikrobiellen Stickstoffkreislauf.

Vielfach werden Terpenoide in spezifischen morphologischen Strukturen der Pflanze gespeichert, wie **Trichomen**, **Laticiferen** und **Harzkanälen** (siehe unten). Diese Verbindungen erhöhen z. B. bei Invertebraten, Vertebraten, aber auch Mikroorganismen die Fluidität der Zellmembranen und führen zur Veränderung des Transports von Ionen und Metaboliten. Herbivore Vertebraten meiden terpenreiche Nahrung, da die Substanzen das Darmmikrobiom schädigen und somit den Celluloseabbau. Zahlreiche Terpenoide sind auch toxisch wirkende Strukturanaloga zu essenziellen Produkten des Grundstoffwechsels wie Steroidhormonen und Neurotransmittern. Hinzu kommt die schädigende Bindung an Proteine und Nucleinsäuren. Vertreter der Gruppe der **Cardenolide** (Triterpenglykoside), die auch als Herzglykoside für Arzneimittel Einsatz finden, werden von zahlreichen Pflanzen zur Abwehr eingesetzt (siehe unten). Sie hemmen die **Na$^+$-K$^+$-ATPase**, die ubiquitär in Tieren vorkommt. Das Enzym katalysiert unter Hydrolyse von ATP den Transport von Na$^+$-Ionen aus der Zelle und den Einstrom von K$^+$-Ionen. Ein entsprechender Na$^+$/K$^+$-Gradient ist für physiologische Prozesse essenziell, z. B. für zelluläre Membranpotenziale. Arten verschiedener Insektengruppen können jedoch Cardenolide aus Pflanzen auch speichern und zur Verteidigung gegen Fressfeinde einsetzen (▶ Abschn. 11.3), z. B. Vertreter der Lepidoptera (Danaidae) (◘ Abb. 10.38), Coleoptera (Chrysomelidae), Homoptera (Aphididae). Diese Tiere haben eine Resistenz gegen Cardenolide entwickelt. Die Ursache sind Aminosäuresubstitutionen an der essenziellen Domäne der ATPase, die eine Verringerung der Bindefähigkeit für Cardenolide hervorruft.

- **Phenole** (▶ Abschn. 5.4.2) sind im Pflanzenreich weit verbreitet. Die Moleküle tragen zahlreiche Hydroxygruppen, die als negativ geladene Phenolationen an Proteine binden und diese in ihrer Aktivität im Stoffwechsel hemmen können. Beispielsweise

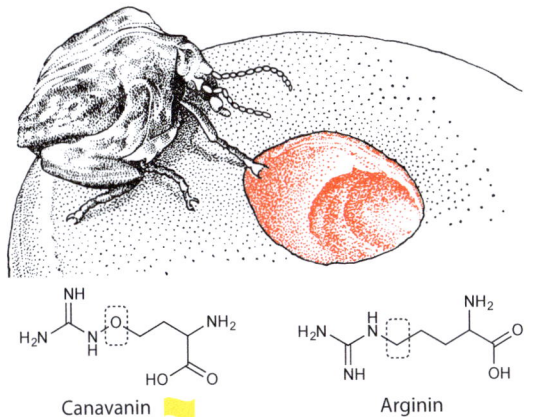

◘ Abb. 10.32 Adaptation des Samenkäfers *Caryedes brasiliensis* an die canavaninreichen Samen von *Macropsychanthus megacarpus*. Strukturanalogie zwischen Canavanin und Arginin. (Verändert nach Krauß und Miersch 1983, S. 98)

führt die Hemmung von Proteasen durch Tannine (Gerbstoffe) zur Störung der Nahrungsaufbereitung. Oftmals zeigen herbivore Tiere aber auch eine Anpassung des Verdauungssystems und sie reagieren weniger empfindlich auf Polyphenole. Zur Stoffgruppe der Phenole gehören auch Lignine, die in hohem Maße zur konstitutiven mechanischen Abwehr beitragen.

- **Glucosinolate** (Senfölglykoside) (▶ Abschn. 5.4.2) sind spezialisierte Metaboliten, die in Vakuolen der Pflanzenfamilie der Brassicaceae gespeichert werden. Bei Verwundung der Zellen treten die Substanzen aus und werden durch die cytoplasmatischen Enzyme Myrosinase und Sulfatase zu Glucose und Senfölen umgesetzt (◘ Abb. 10.33). Die Hydrolyseprodukte Isothiocyanate, Nitrile und Thiocyanate nutzt die Pflanze als Abwehrstoffe. Adaptierte Schmetterlinge wie Larven der nachtaktiven Kohlmotte (*Plutella xylostella*, Plutellidae, Lepidoptera) können Glucosinolate durch enzymatisches Entfernen der Sulfatgruppe entgiften und somit die Abwehr überwinden (◘ Abb. 10.33). Die Pfirsichblattlaus *Myzus persicae* (Aphididae, Hemiptera) umgeht die toxische Wirkung durch Aufnahme der glucosinolathaltigen Nahrung direkt aus dem Phloem von Brassicaceen, das keine Myrosinase enthält.

Als Beispiel für eine konvergente Entwicklung wird das Zweikomponentensystem aus Glucosinolat und Myrosinase auch von der Kohlblattlaus *Brevicoryne brassicae* (Aphididae, Hemiptera) zur Abwehr eingesetzt. Diese Tiere nehmen intakte Glucosinolate aus der Futterpflanze auf und speichern sie in der Hämolymphe. Bei Angriff durch räuberische Larven werden die Substrate mit der Myrosinase aus dem Muskelgewebe der Aphiden zusammengebracht und so z. B. zur Abwehr von Maikäfern eingesetzt.

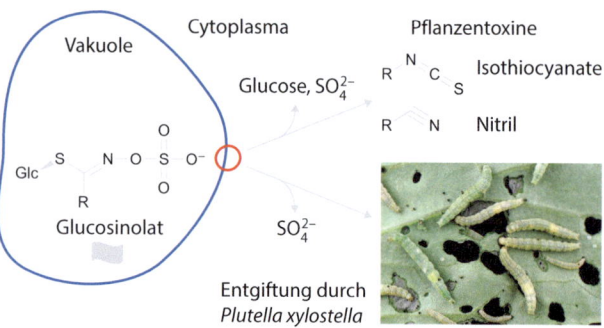

◘ **Abb. 10.33** Glucosinolate im Kohl. Freisetzung bei Herbivorenfraß und enzymatische Bildung von Giftstoffen; enzymatische Entgiftung durch *Plutella xylostella*-Larven. Glc, Glucose. (Foto: © Nigel Cattlin/Alamy/Alamy Stock Photos/mauritius images)

Interessanterweise wirkt das Spaltprodukt Isothiocyanat innerhalb der Aphidenkommunikation synergistisch mit dem Terpen (*E*)-ß-Farnesen, einem Alarmpheromon der Blattläuse.

Die Pflanze *Ochradenus baccatus* (Resedaceae, Brassicales), die in der Negev-Wüste vorkommt, schützt sich gegen Fressfeinde durch getrennte Kompartimentierung der Glucosinolate im Fruchtfleisch und der Myrosinase im Samen. Beim Verzehr durch Vertebraten werden beide Komponenten zusammengebracht. Die entstehenden Isothiocyanate schmecken bitter und werden gemieden. Die Ägyptische Stachelmaus (*Acomys cahirinus*, Muridae, Muroidea) umgeht diesen Abwehrmechanismus. Sie frisst nur das Fruchtfleisch, spuckt die Samen aus und trägt dadurch zur Verbreitung der Samen bei.

- **Cyanogene Glykoside** (▶ Abschn. 5.4.2) werden wie Glucosinolate in der Vakuole als nichttoxische Metaboliten gespeichert. Erst bei Zellzerstörung durch Herbivoren bauen cytoplasmatische Glucosidasen diese Verbindungen ab. Es entsteht Blausäure (HCN), das als schweres Gift in allen Organismen die Cytochrom-c-Oxidase in der Atmungskette (▶ Abschn. 5.2.3) hemmt. Allerdings sind verschiedene herbivore Insekten in der Lage, auf Wirtspflanzen mit hohem Gehalt an cyanogenen Glykosiden zu leben. Ein Beispiel ist der Schmetterling *Heliconius melpomene* (Nymphalidae, Lepidoptera) (◘ Abb. 10.34). Andere Falter können cyanogene Glykoside auch selbst synthetisieren, im Körper speichern und als Fraßgifte gegen Räuber einsetzen (▶ Abschn. 6.4.2).

Die Erkenntnisse zur getrennten Speicherung von cyanogenen Glykosiden und ihrer abbauenden Enzyme wurden für die Getreidewirtschaft in praktische Anwendung gebracht. Forscher entwickelten eine erfolgreiche Beizmethode für Getreidekörner. Auf das Korn werden nacheinander in einzelnen Schichten das Enzym ß-Glucosidase, Polymilchsäure, das cyanogene Glykosid **Amygdalin** (ein Toxin aus dem Bittermandelsamen) aufgebracht (◘ Abb. 10.35). Käferlarven, die das Korn befallen, vermischen während des Fressens Substrat und Enzym und sterben durch Aufnahme von HCN. Beispiele sind Larven des Mehlkäfers (*Tenebrio molitor*, Tenebrionidae) sowie des Getreidekapuziners (*Rhizopertha dominica*, Bostrichidae, Coleoptera). Der letztere Käfer ist ein weltweit verbreiteter Schädling in Weizenspeichern. Die Beizung hat auch den ökologischen Vorteil, dass die Beschichtung komplett biologisch abbaubar ist und die Qualität des Saatguts bei der Lagerung nicht leidet.

10.4 · Herbivorie und pflanzliche Abwehr

Abb. 10.34 Resistenz des Schmetterlings *Heliconius melpomene* gegen cyanogene Glykoside aus *Passiflora*-Arten. Glc, Glucose; R, Rest. (Foto: © Darren MEDLAND/Alamy/Alamy Stock Photos/mauritius images)

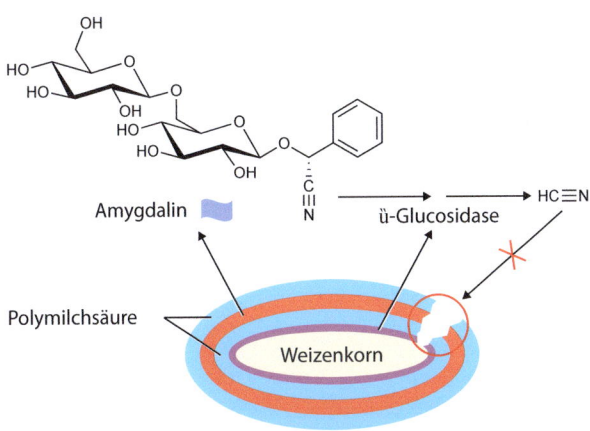

Abb. 10.35 Beizung eines Weizenkorns, die die Freisetzung toxischer Blausäure bei Käferfraß ermöglicht. (Verändert nach Mora et al. 2016)

Zahlreiche Pflanzen entwickeln morphologische Strukturen, die als Speicher für spezialisierte Metaboliten dienen:

- **Trichome**

Verschiedene Pflanzen bilden aus Epidermiszellen unterschiedlich große und geformte, haarähnliche Strukturen (Trichome) aus einer oder mehreren Zellen. Trichome sind im Pflanzenreich weit verbreitet (Bryophyten, Farne, Lycophyten, Gymnospermen, Angiospermen). So trägt die Modellpflanze *Arabidopsis thaliana* Trichome, die die Pflanze vor abiotischem Stress wie UV-Licht, hoher Lichtintensität und Trockenheit schützen. Schwermetalle und Salze können auch über Pflanzenhaare ausgeschieden werden. **Brennhaare** der Brennnesselgewächse (Urticaceae) enthalten in großen Vakuolen hautreizende Metaboliten (Histamin, Ameisensäure, Natriumformiat, Serotonin u. a.). Die Trichome besitzen eine spröde Zellwand mit Kieselsäureeinlagerungen. Bei Berührung reißt eine apikale, vorgeformte Bruchstelle auf und injiziert dem Tier die Substanzen. Verzweigte Brennhaare schützen eine Blumennesselart (*Xylopodia* sp., Losaceae, Cornales) in neotropischen Gebieten vor Fressfeinden (Abb. 10.36a).

Glanduläre Trichome (Abb. 10.36b) sind multizellulär aufgebaut, selbst biosynthetisch aktiv und produzieren spezialisierte Metaboliten aus verschiedenen Substanzklassen. Ihre Funktion ist die Verteidigung gegen Herbivoren, aber auch phytopathogene Mikroorganismen. Die Substanzen werden mit bis zu 20 % des Blatttrockengewichts in den Haaren akkumuliert. Dies weist auf eine hohe und spezifische Genexpression für Enzyme des Trichomstoffwechsels hin. Der Metabolismus der Trichomzellen ist auf eine gezielte Biosynthese spezialisierter Metaboliten ausgerichtet. Notwendige Zucker, besonders Mono- und Disaccharide, werden als Energielieferanten aus den angrenzenden Blattzellen bezogen.

Bei verschiedenen Vertretern der Nachtschattengewächse (Solanaceae) werden acylierte Saccharosederivate als viskose Schutzsekrete aus der apikalen Trichomzelle ausgeschieden, um Insekten am Fraß und an der Eiablage zu hindern. Die große Diversität dieser Substanzklasse ergibt sich aus dem unterschiedlichen Acylierungsmuster am Disaccharidmolekül (Abb. 10.37). Verantwortlich für die Biosynthese sind spezielle Enzyme (Acyltransferasen). Offensichtlich war auch hier Genduplikation die Triebkraft der Evolution zu strukturell vielfältigen Verbindungen, die in Trichomen von Solanaceen unterschiedliche artspezifische Substanzmuster bilden (Abb. 10.37).

Trichome können auch hydrophobe Metaboliten speichern, z. B. Fettsäurederivate oder Terpenoide. Letztere sind in großer Vielfalt auch in Solanaceenarten verbreitet. Ursache dafür ist eine hohe Zahl verwandter Terpen-Synthasen. In Trichomen der Lamiaceae und Asteraceae werden flüchtige Terpenoide gespeichert, die zunächst gelöst sind, aber bei Verletzung zur Abwehr abgegeben werden.

In natürlichen Pflanzenpopulationen entwickelten sich durch Coevolution mit Insekten verschiedene Chemotypen mit differenten Terpengemischen in den Trichomen. Beim Thymian (*Thymus vulgaris*, Asteridae, Lamiales) wurden sieben Chemotypen entdeckt. Die Pflanzen sind morphologisch identisch, aber unter-

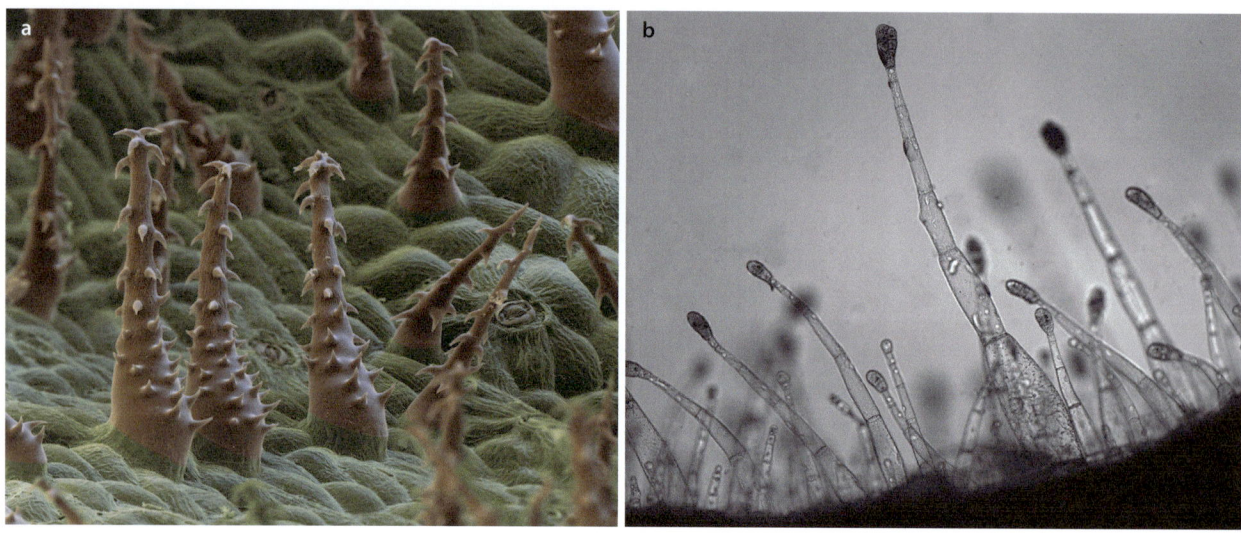

Abb. 10.36 Chemische Abwehr durch Trichome. **a.** Brennhaare von *Xylopodia* sp. (© EYE OF SCIENCE/Science Photo Library). **b.** Glanduläre Trichome von *Nicotiana tabacum* (Foto: Alain Tissier)

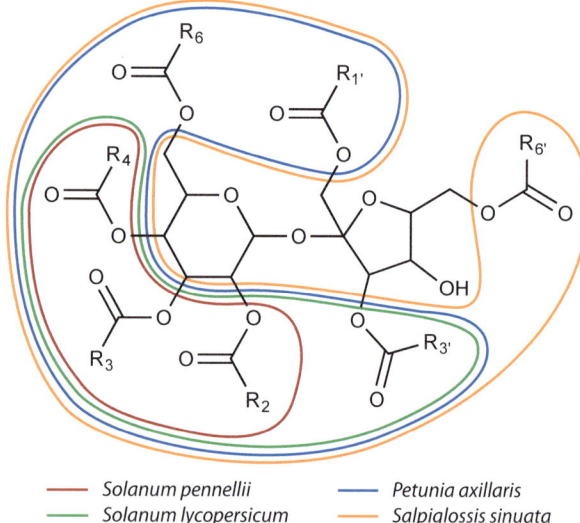

Abb. 10.37 Chemodiversität acylierter Saccharosederivate in Trichomen verschiedener Solanaceenarten. (Verändert nach Schuurink und Tissier 2020, Abb. 2a)

schiedlich in der chemischen Zusammensetzung der Trichominhalte. Der Gehalt an flüchtigen Monoterpenen unterscheidet sich deutlich von Typ zu Typ und wird zur Verteidigung gegenüber Herbivoren wie Insekten und Schnecken, aber auch Säugetieren, z. B. Ziegen, eingesetzt. Die unterschiedlichen Terpengemische sind Ausdruck einer Adaptationsstrategie gegen Räuber bei der Besiedlung von Lebensräumen mit unterschiedlichen klimatischen Bedingungen.

Befunde zur biologischen und chemischen Diversität sind für die Züchtung interessant. Ein Vergleich des Stoffwechsels in Trichomen von Wild- und Kulturtomaten ergab, dass im Verlauf der Züchtung und Selektion von Pflanzen mit höherem Ertrag an Früchten auch die genetische Ausstattung für die Synthese spezialisierter Metaboliten verringert wurde. Dies belegt, dass die Trichomforschung wertvolle Beiträge für die Züchtung neuer Kultursorten mit erhöhter Resistenz gegenüber Herbivoren liefern kann.

- **Laticiferen und Latex**

Über 20.000 Pflanzenarten aus ca. 40 Familien, vor allem der Angiospermen, aber auch aus Farnen und Gymnospermen haben in konvergenter Evolution Zellverbünde entwickelt (Laticiferen), die Latex zur Abwehr von Schadorganismen produzieren. Während Laticiferen in einigen Sapindaceenarten nur zwei bis vier Zellen mit 200–400 µm Länge umfassen, gibt es in Apocynaceae und Euphorbiaceae über 100 m lange, tubuläre Laticiferennetzwerke, die sich durch alle Pflanzenorgane ziehen.

Laticiferen produzieren Latex, der auf vielfältige Weise Pflanzen schützt. Bei Verletzung des Gewebes tritt Latex aus, eine milchig-weiße, viskose Flüssigkeit, die nach einiger Zeit erhärtet. Das Gewebe wird versiegelt und vor Pathogenen geschützt. Laticiferen sind wie alle anderen Pflanzenzellen mit Organellen ausgestattet, die neben Metaboliten des Grundstoffwechsels eine Vielzahl von spezialisierten Verbindungen synthetisieren. Aus den wesentlichen Produktionsorten Chloroplasten und endoplasmatisches Reticulum werden hydrophile und hydrophobe Substanzen in der Zentralvakuole in Form einer Emulsion als Latex gespeichert. In die Produktion der spezialisierten Inhaltsstoffe ist das Phytohormon Jasmonsäure als Signalstoff eingebunden. Phenolische Verbindungen wie Tannine hemmen Verdauungsenzyme herbivorer Insekten. Cardenolide

10.4 · Herbivorie und pflanzliche Abwehr

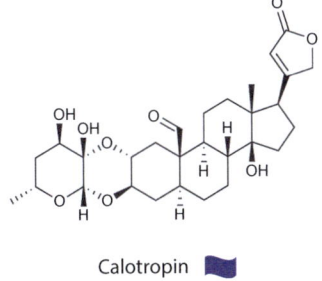

Calotropin

Abb. 10.38 Monarchfalter (*Danaus plexippus*). **a**. Adultes Tier auf einer *Asclepias incarnata*-Blüte (© Richard & Susan Day/Danita Delimont/► stock.adobe.com). **b**. Raupe schneidet ein *Asclepias*-Blatt auf. (Aus Agrawal et al. 2017, Abb. 5.5a)

(Herzglykoside), die sich aus Triterpenen (Steroiden) ableiten (► Abschn. 5.4.2), sind aber auch noch aus dem erstarrten Latex verfügbar, da das Polyisoprennetzwerk kleine Moleküle einschließt. Sie wirken auf viele Insekten toxisch und vergiften eine Na^+-K^+-ATPase, die im Tierreich für die Aufrechterhaltung zellulärer Membranpotenziale und die Weiterleitung von Nervenimpulsen lebensnotwendig ist.

Monarchfalter haben eine Strategie entwickelt, **Cardenolide** (z. B. Calotropin, ◘ Abb. 10.38) unbeschadet aufzunehmen. Ein Beispiel dafür ist *Danaus plexippus* (Nymphalidae, Lepidoptera), der in Nordamerika weit verbreitet ist (► Abschn. 11.1). Er hat sich auf herzglykosidhaltige Nahrungspflanzen (Seidenpflanzen, *Asclepias*, Apocynaceae) spezialisiert (◘ Abb. 10.38). Die Insekten werden nicht vergiftet, da durch eine Punktmutation das körpereigene, lebenswichtige Ionentransportprotein (**Na^+-K^+-ATPase**) nicht wie in anderen Tieren durch Cardenolide hemmbar ist (siehe oben). Die Pflanzeninhaltsstoffe werden toleriert und im eigenen Körper in Flügel und Abdomen angereichert. Auch die Raupen akkumulieren Herzglykoside. Für räuberische Vögel und Säugetiere wirken diese Steroide giftig. Jungvögel, die den Falter fressen, zeigen heftige Vergiftungssymptome und erlernen über Farbe und Muster der Schmetterlinge, die Beute zu meiden. Diese **Mimikry** übernehmen andere Schmetterlinge, die keine Cardenolide enthalten, zum eigenen Schutz. Interessanterweise ist der Vogel *Pheucticus melanocephallus* (Cardinalidae, Passeriformes) gegenüber Cardenoliden immun und kann die Monarchfalter während deren Überwinterung in Mexiko fressen.

Verschiedene Insekten versuchen, den Kontakt mit frisch ausgeschiedenem Latex gezielt zu vermeiden. Mit ihren Mandibeln schneiden sie an verschiedenen Stellen des Blatts Adern auf. Ziel ist es, das Blattgewebe ohne tödliche Toxinkonzentrationen als Nahrung zu verwenden. Raupen des Monarchfalters schneiden einen Ring in Blätter von Apocynaceenarten, Latex tritt aus und die Tiere können das restliche Gewebe des Blattstücks konsumieren (◘ Abb. 10.38b). Adulte Monarchfalter schneiden die Hauptader des Blatts an, unterbinden so den Latextransport in andere Teile des Organs und verringern die Cardenolidmenge im Blatt.

Latex enthält auch zahlreiche Proteine wie **Peptidasen** und das Protein **Osmotin** gegen pathogene Mikroorganismen (*pathogenesis related proteins*) (► Abschn. 8.3). **Chitinasen** hemmen das Hyphenwachstum pathogener Pilze, wirken aber auch insektizid. Allerdings haben verschiedene Monarchfalter auch die Fähigkeit erworben, die Toxizität von Peptidasen und Chitinasen durch Abbau dieser Enzyme im Verdauungstrakt zu verhindern.

■ **Harzkanäle**

Koniferen tragen im Holz röhrenartige, vernetzte Kanäle, aus denen bei Verletzung Harze zur Abwehr von Schadorganismen austreten. Diese komplexen Stoffgemische enthalten konsistente und flüchtige Terpenoide sowie Phenole. Die Harze werden in einem speziellen sekretorischen Gewebe erzeugt und in einem Netzwerk von Kanälen in Rinde und Holz, aber auch in Wurzeln und Nadeln gespeichert. Die Freisetzung erfolgt nach Verwundung durch Herbivoren und ist die Grundlage für die physikalisch-physiologische und biochemische Verteidigungsstrategie der Bäume durch konstitutive, aber auch induzierte Abwehr (► Abschn. 10.4.4).

10.4.4 Induzierte chemische Abwehr

Die Aktivität von Herbivoren auf den über- und unterirdischen Teilen der Pflanze löst eine schnelle physiologisch-biochemische Antwort aus. Bereits durch mechanischen Kontakt mit der Pflanze, insbesondere nach Fraßverletzung, reagiert das pflanzliche Gewebe mit einer Kaskade an Ereignissen, um den Befall zu verhindern oder zumindest einzuschränken. Die zellulären Ereignisse ähneln den Abläufen in einer pathogeninduzierten Signalkette (► Abschn. 8.3). Am Beginn der Reaktionskette steht die Erkennung induzierender Substanzen (**Elicitoren**). An Rezeptoren der äußeren Zellmembran (Plasmamembran) werden mehrstufige Signalkaskaden ausgelöst, die mittels Phytohormonen (Jasmonsäure, Ethylen) regulierend in den Zellstoffwechsel eingreifen. Über Änderungen in der Genexpression erfolgt die Ausprägung einer wirtsspezifischen Anpassung wie der Biosynthese spezialisierter Metaboliten und des lokalen Einsatzes reaktiver Sauerstoffspezies (▶ Abschn. 6.3). Neben mikrobiellen, durch Bakterien und Pilze ausgelösten Abwehrstrategien (*pathogen associated molecular patterns*, PAMPs) (▶ Abschn. 8.3) werden durch Herbivorenaktivität zwei Arten biochemischer Antwort angeregt:

- DAMP (*damage associated molecular pattern*)
  Die Pflanze erkennt eigenständig die Zerstörung der Zell- und Gewebestruktur. Die Antwort erfordert im Gegensatz zum HAMP (*herbivore associated molecular pattern*; siehe unten) keine Metaboliten aus dem Speichel des herbivoren Insekts. Am Verletzungsort entstehen pflanzeneigene Elicitoren wie Zellwandbruchstücke (Oligosaccharide), die die Schutzantwort mit dem Ziel der Wundheilung auslösen. Ein Beispiel dafür sind Solanaceenarten. Als Wundreaktion entsteht ein mobiler Signalstoff. Zunächst wird die Synthese des Proteins Prosystemin (200 Aminosäuren) induziert. Durch proteolytische Abspaltung entsteht daraus das Peptidhormon **Systemin** (18 Aminosäuren), das über das Gefäßsystem in der Pflanze verteilt wird. In den Zellen stimuliert der Signalstoff die Jasmonatbiosynthese und die Expression von Abwehrgenen. Die gesamte Pflanze stellt sich somit bei lokaler Verletzung auf eine direkte, systemische Verteidigung gegenüber herbivoren Insekten, aber auch phytopathogenen Pilzen ein. Die Alarmreaktion schließt die Induktion flüchtiger spezialisierter Metaboliten ein, die auch im Pflanzenbestand interspezifische Abwehrantworten auslösen.
- HAMP (*herbivore associated molecular pattern*)
  Bei Schädigung des pflanzlichen Gewebes durch Larven von verschiedenen Schmetterlingen, Fruchtfliegen und Grillen werden aus dem Insektenspeichel Konjugate aus Fettsäuren und Glutamin (*N*-Acylglutamine) in die Pflanze übertragen. Das am intensivsten untersuchte Beispiel ist Volicitin (*N*-17-Hydroxylinolenoyl-L-glutamin, ◘ Abb. 10.39). Es kommt im oralen Sekret des Eulenfalters *Spodoptera exigua* (Noctuidae, Lepidoptera) vor und regt Maispflanzen zur Emission flüchtiger spezialisierter Metaboliten an. Indol lockt räuberische Insekten und parasitoide Schlupfwespen an.

Die Biosynthese des Volicitins erfolgt im Insektendarm, wobei der Fettsäurerest des Moleküls aus der pflanzlichen Nahrung stammt. Auch Bakterien im Speichel der Larven können verschiedene *N*-**Acylglutamine** synthetisieren.

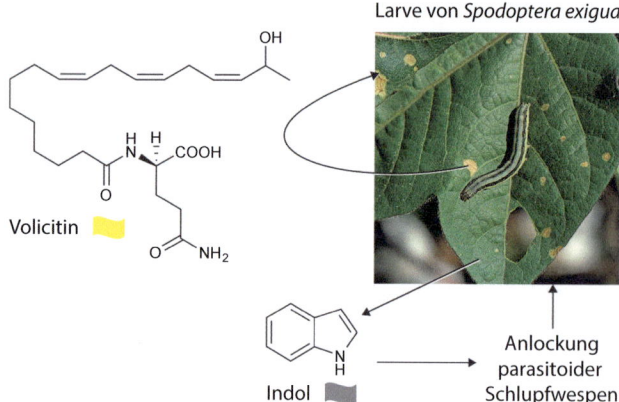

◘ **Abb. 10.39** Volicitin, ein Elicitor aus dem Speichel von Larven des Eulenfalters *Spodoptera exigua*, lockt durch Ausscheidung von Indol räuberische und parasitoide Insekten an. (Foto: © Nigel Cattlin/Alamy/Alamy Stock Photos/mauritius images)

Die Strukturanalyse mikrobieller DNA-Proben aus der Umwelt (Umwelt-DNA) ergab, dass die Gene zur Codierung dieser Stoffklasse unter Bakterien weit verbreitet sind. Daraus lässt sich schließen, dass die evolutionär sehr alten Wechselwirkungen zwischen Pflanzen und Bakterien eine trophische Stufe abbilden, die in das Signalnetzwerk der Pflanze-Insekt-Beziehungen übernommen wurde.

Bereits die Ablage von Insekteneiern induziert im Pflanzengewebe Abwehrreaktionen wie Zellnekrosen, die zum Abfallen der Eier führen, sowie Kallusbildung oder Freisetzung von flüchtigen Metaboliten zur Anlockung von räuberischen Insekten. Eier des Großen Kohlweißlings (*Pieris brassicae*, Pieridae, Lepidoptera) lösen auf *Arabidopsis thaliana*-Blättern eine Signalkaskade und Genexpression aus, die sich deutlich von den intrazellulären Ereignissen nach Larvenfraß (siehe oben) unterscheiden. Aus den Eiern diffundieren Phosphatidylcholine (▶ Abschn. 6.1) mit unterschiedlich langen Fettsäuren in die pflanzlichen Gewebe. Diese Elicitoren, die Bestandteile von Biomembranen sind, induzieren über die Akkumulation reaktiver Sauerstoffspezies und die Bildung von Salicylsäure den lokalen Zelltod betroffener Pflanzenzellen. Die Abwehrreaktion ähnelt den zellulären Vorgängen, die durch pathogene Mikroorganismen ausgelöst werden (▶ Abschn. 8.3).

Die Limabohne (*Phaseolus lunatus*, Fabaceae, Fabales) ist ein Beispiel für die Induktion einer **indirekten chemischen Verteidigung**. Die Pflanze nutzt zwei Strategien:

- **Extraflorale Nektarien** scheiden nährstoffreichen Nektar (▶ Abschn. 10.1.4) aus. Damit werden Ameisen angelockt, die die Pflanze gegen Schadinsekten verteidigen.
- Die Pflanze emittiert **flüchtige Lockstoffe**, wenn ihre Blätter durch Spinnmilben (*Tetranychus urticae*, Tetranychidae, Trombodiformes) attackiert werden.

10.4 · Herbivorie und pflanzliche Abwehr

Diese Insekten befallen weltweit über 200 Wirtspflanzen wie Erbsen, Sonnenblumen, Baumwolle und Obstgehölze. Flüchtige Metaboliten wie **(E)-Nerolidol** und **Methyljasmonat** wirken attraktiv auf parasitische Raubmilben (*Phytoseiulus persimilis*, Phytoseiidae, Arachnida), die auf den Larven der Spinnmilben Eier ablegen (dritte trophische Stufe). Diese Befunde bieten die Möglichkeit, die Populationsentwicklung des Schadinsekts in landwirtschaftlichen Kulturen biologisch zu bekämpfen.

Tritrophe Wechselwirkungen kommen auch in der **Rhizosphäre** vor, z. B. beim Mais. Larven des Käfers *Diabrotica virgifera* (Chrysomelidae, Coleoptera) bohren sich in die Wurzeln ein, aus denen dann das Sesquiterpen (*E*)-β-Caryophyllen emittiert wird. Die Substanz lockt parasitische Nematoden (*Heterorhabditis megidis*, Heterorhabditidae, Nematoda) an, die auf den Käferlarven parasitieren.

Sogar **vier trophische Ebenen** sind in der Kommunikation zwischen verletzten Pflanzen (Gemüsekohl, *Brassica oleracea*, Brassicaceae, Brassicales) und Insekten zu beobachten. Auf der Kohlpflanze leben Schmetterlingslarven der Gattung *Pieris* (zweite trophische Stufe), die die Pflanze zur Abgabe von Lockstoffen für primäre parasitoide Schlupfwespen (*Cotesia glomerata*, Hymenoptera, Braconidae) (dritte trophische Stufe) stimulieren. In einer vierten trophischen Stufe werden die Primärparasitoide durch hyperparasitoide Wespen wie *Lysibia nana* (Ichneumonidae, Hymenoptera) attackiert. Die Hyperparasitoide finden ihren Wirt, weil die Pflanze auf die Larven des primären Parasiten mit einer Veränderung des ausgeschiedenen Lockstoffmusters reagiert.

Flüchtige Metaboliten aus geschädigten Pflanzen sind auch Signalgeber für benachbarte Pflanzen der gleichen Art, die damit eine Abwehrbereitschaft gegen Herbivoren aufbauen können (**induzierte Resistenz**). Am besten wurden die weit verbreiteten sogenannten *green leaf volatiles* (▶ Abschn. 5.4.3) untersucht, die den charakteristischen Geruch von frisch geschnittenem Gras ausmachen. Es sind vor allem C_6-Verbindungen wie Hexenol und Hexanal aus dem Fettsäurestoffwechsel. Sie werden innerhalb weniger Minuten durch die verletzte Pflanze produziert und können einige Stunden in der Umgebung bleiben. Signalintensität und Ausbreitung im Luftraum sind allerdings stark abhängig von Luftbewegung, Temperatur, Lichtintensität und Ozonkonzentration. Diese Pflanzenstoffe werden derzeit als umweltfreundliche Substanzen für einen möglichen Einsatz gegen Herbivorenbefall in land- und forstwirtschaftlichen Kulturen geprüft.

Es ist bisher nur ein Beispiel bekannt, in dem eine induzierte systemische Antwort der Pflanze durch flüchtige Signale eines Insekts ausgelöst wird. Die Pflanze hört hier gewissermaßen die Kommunikation zwischen den Sexualpartnern ab. Die chemische Vorbereitung zur Abwehr (*priming*) wird in der kanadischen Goldrute (*Solidago altissima*, Asteraceae, Asterales) durch eine einzelne flüchtige Substanz, das Pheromon **E,S-Conophthorin**, ausgelöst. Der Metabolit ist Bestandteil eines Stoffgemischs, das das Männchen der Gallfliege *Eurosta solidaginis* (Tephritidae, Diptera) aussendet, um den Sexualpartner anzulocken (◘ Abb. 10.40). Die Induktion der Abwehr ist dosisabhängig. Jüngere männliche Tiere mit höherer Pheromonabgabe verursachen eine größere Abwehrbereitschaft der Pflanze. Eine Gallbildung kann die Pflanze nicht völlig verhindern, aber das Ausmaß des Befalls wird deutlich verringert. Offensichtlich erkennt das weibliche Insekt die Verteidigungsbereitschaft und wählt dann andere, nicht befallene Wirtspflanzen der gleichen Art zu Eiablage und Gallbildung aus.

◘ **Abb. 10.40** Induktion der systemischen Abwehr von *Solidago altissima* durch das Pheromon Conophthorin aus der Gallfliege *Eurosta solidaginis*. (Foto: © K Hase/▶ stock.adobe.com)

Pflanzliche Enzyme können auch Substrate tierischer Herkunft zur intrazellulären Synthese von Abwehrstoffen gegen Schadorganismen einsetzen. Das Pheromon Ascarosid-18 (ascr#18) aus parasitischen Nematoden wirkt als Elicitor und wird im Wurzelgewebe verschiedener Pflanzen zum neuen Metaboliten Ascarosid-9 biotransformiert (◘ Abb. 10.41). Nach Ausscheidung in die Rhizosphäre wirkt dieser spezialisierte Metabolit toxisch auf die Nematoden und führt zu einer Reduktion der Infektion der Pflanzen.

Nadelbäume repräsentieren ein besonders beispielhaftes **Netzwerk konstitutiver und induzierter Verteidigungsstrategien** gegenüber Schadinsekten. Die mehr als 600 Koniferenarten aus sieben Familien kommen am häufigsten in den gemäßigten Zonen der nördlichen Hemisphäre vor. Am weitesten verbreitet sind Pinaceae wie Tannen (*Abies*), Fichten (*Picea*) und Kiefern (*Pinus*). Die erfolgreiche Evolution der sehr langlebigen Koniferen ist auch auf die Entwicklung multipler Abwehrmechanismen gegen Herbivoren, z. B. Borkenkäfer (Scolytidae, Coleoptera; ▶ Abschn. 11.2.3, 11.3.1) und

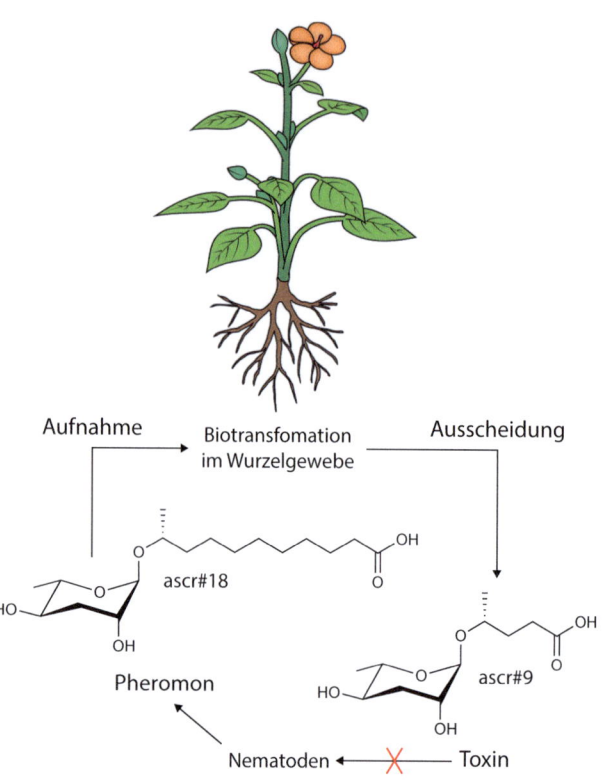

● Abb. 10.41 Pflanzliche Umwandlung eines Nematodenpheromons in einen nematodenschädigenden Metaboliten

Koniferen können durch unterschiedliche Herbivoren, aber auch Mikroorganismen (insbesondere Pilzen) befallen werden. Verschiedene Insektenlarven ernähren sich von den Nadeln und nehmen terpenoidhaltiges Harz auf. Larven der Blattwespe *Neodiprion sertifer* (Diprionidea, Hymenoptera) speichern zunächst das Harz in speziellen Taschen des Vorderdarms und erbrechen es wieder. Die flüchtigen Bestandteile wirken dann als Abwehrstoffe gegen räuberische Insekten wie Ameisen und Spinnen. Keimlinge der Schwarzkiefer (*Pinus sylvestris*, Pinaceae, Coniferales) wehren auch Schnecken ab (*Arion ater*, Gastropoda, Mollusca), indem die Konzentration von Monoterpenen im Harzfluss erhöht wird.

Große Bedeutung haben Borkenkäfer als Schädlinge in der Forstwirtschaft. Sie befallen Stämme von Nadelbäumen und tragen auch holzabbauende Pilze ein. Während sich die Mehrzahl der Arten von totem Holz ernährt, greifen Arten der Gattungen *Dendroctonus*, *Ips*, *Scolytus* und *Dryocoetes* lebende Bäume an und bohren sich in Rinde und Holz. Für einen Massenbefall ist die physiologische Kondition der Nadelbäume ausschlaggebend. Abiotischer Stress durch hohe Temperatur und geringe Wasserverfügbarkeit schwächt die Pflanzen und macht sie anfällig. Die Käfer legen im Holz Gänge an, wo sie sich paaren und Eier ablegen. Pheromone der Insekten regeln die Findung der Sexualpartner sowie die Aggregation der Käferpopulation (▶ Abschn. 11.1).

Die Kenntnisse über artspezifische, induzierte Gemische flüchtiger Metaboliten können in der Agrarwirtschaft genutzt werden, um das Verhalten von Schadinsekten und ihren natürlichen Feinden zu manipulieren. Das Ziel ist, einen hohen Ertrag an Kulturpflanzen zu erreichen. Dafür wird die sogenannte **Push-Pull-Strategie** eingesetzt. Ein Beispiel ist der nachhaltige Anbau von Mais in ostafrikanischen Ländern. Zwischen die Maispflanzen wird die Art *Desmodium uncinatum* (Fabaceae, Fabales) angepflanzt. Diese produziert flüchtige Stoffe zur **Abschreckung** (*push*) gegen Schmetterlingslarven der Arten *Chilo partellus* (Crambidae, Lepidoptera) und *Eldana saccharina* (Pyralidae, Lepidoptera). Der Anbau der Leguminosenart bringt dem Feld zwei weitere Vorteile. Die Pflanzenwurzeln enthalten Distickstoffbindende Bakterien (▶ Abschn. 8.1.1) und verbessern so den Stickstoffstatus des Bodens. Zusätzlich verhindern Wurzelausscheidungen einen weiteren Ernteverlust für den Mais, indem die Ausbreitung der parasitischen Pflanze *Striga hermonthica* (▶ Abschn. 9.2) verhindert wird. Am Rand des Felds wird das Elefantengras *Cenchrus purpureus* (Syn. *Pennisetum purpureum*, Poaceae, Poales) angebaut. Die Pflanzen **locken die Herbivoren an** (*pull*) und die Maispflanzen werden verschont. Insektenweibchen legen Eier auf dem Gras ab. Die Larven fressen auf der Pflanze und werden durch den austretenden Zellsaft ge-

Blattwespen (Diprionidae, Hymenoptera), zurückzuführen (● Abb. 10.42). Einen physikalischen Grundschutz liefern bereits die Nadeln sowie die Rinde der Bäume. Der Koniferenstamm besteht aus konzentrischen Ringen unterschiedlicher Zelltypen. Die äußere Schicht der Rinde, das Periderm, schützt vor abiotischem Stress (z. B. Wassermangel, Feuer). Polyphenole wie Suberin und Lignin in den Zellwänden werden häufig mit Calciumoxalatkristallen inkrustiert. Das sekundäre Phloem des Baums enthält Harzgänge, in denen konstitutiv, aber auch induzierbar Harz produziert wird. Parenchymzellen ergänzen die Abwehrstrategie durch Synthese und Speicherung von Phenolen.

Terpenoide im Koniferenharz sind Beispiele dafür, dass spezifisch zusammengesetzte Gemische spezialisierter Metaboliten eine synergistische Wirkung zum Schutz vor Fressfeinden, Parasiten und Pathogenen entfalten. Hinzu kommt der Vorteil, dass das Wirkstoffgemisch über eine längere Zeit wirkt als eine einzelne Verbindung. Das Harz enthält vor allem antiherbivore und antipathogene Monoterpenoide und Diterpensäure. Möglicherweise fungieren Monoterpene als Lösungsmittel, das den Transport höhermolekularer Diterpene aus den Harzkanälen zum Wirkort ermöglicht. Flüchtige Monoterpenanteile werden aber auch, je nach Konsistenz des Harzes, zur Abwehr eingesetzt werden.

10.4 · Herbivorie und pflanzliche Abwehr

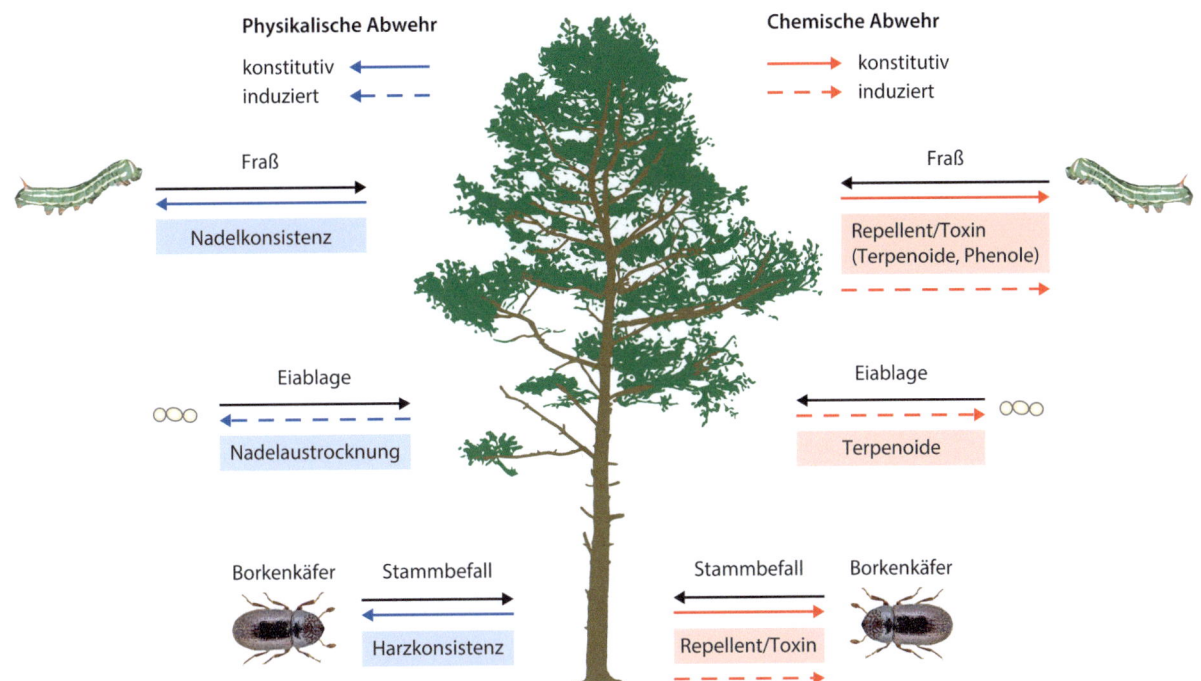

◘ **Abb. 10.42** Physikalische und chemische Abwehrstrategien von Koniferen (z. B. *Pinus* sp.) gegen herbivore Insekten. (Verändert nach Mumm und Hilker 2006, Abb. 1)

tötet. Ein zusätzlicher Effekt des agrarökologischen Vorgehens ist die Ernte des Elefantengrases als nährstoffreiches Zusatzfutter für Nutztiere.

10.4.5 Gallen, eine spezielle Form herbivoren Lebens

Gallen werden auf Pflanzen durch Viren, Mykoplasmen, Bakterien und Pilze, aber auch verschiedene herbivore Insekten, Milben und Nematoden erzeugt. Sie können die pflanzliche Abwehr überwinden, in Pflanzen eindringen und dort das Wirtsgewebe lokal verändern. Es entstehen artspezifische, neue morphologische Strukturen mit einem hohen Spezialisierungsgrad. Die größte Vielfalt an Pflanzengallen wird durch Insekten induziert, z. B. Gallwespen, -mücken und -blattläuse (◘ Abb. 10.43). Bereits Darwin (1868) war von Insektengallen fasziniert. Er beschrieb die auffallende Ähnlichkeit zu Blüten und Früchten wie zu Pfirsichen und Koniferenzapfen. Sogenannte Galläpfel sind seit der Antike beschrieben und wurden zu einer medizinischen Nutzung empfohlen.

Eine Galle bringt Insekten verschiedene Vorteile:
- Eiablage durch parasitische Insekten und Nutzung des insbesondere fett- und proteinreichen Gallengewebes zur Ernährung.
- Eiablage durch parasitoide Insekten in die präformierte Galle. Ei oder Larve des Parasiten („Erstbewohner") werden gefressen, aber auch das Gallengewebe.
- Insekten besiedeln Gallen, die von Gallenerzeugern verlassen wurden.

Das gallenbildende Tier manipuliert das Gewebe der Wirtspflanze und baut eine lokale Struktur auf, in der es einen Großteil seines Lebenszyklus verbringt. Dabei greift es in das Wachstums- und Entwicklungsprogramm der jeweiligen Pflanzenteile ein und aus dem Gewebe entstehen neue, organähnliche (organoide) Phänotypen. Beispiele dafür sind blüten- und fruchtähnliche Gallen, die z. B. von Gallwespen und von Gallmücken induziert werden (◘ Abb. 10.43a–d). Die Ausprägung der Galle verläuft synchron zur Entwicklung des befallenen Organs (z. B. Blatt). Bei der wilden Weinrebe (*Vitis riparia*, Vitaceae, Vitales), auf deren Blättern eine Reblaus (*Daktulosphaira vitifoliae*, Phylloxeridae, Hemiptera) Gallen induziert, konnte im Gallengewebe eine signifikant hohe Expression von Genen gemessen werden, die im ontogenetischen Entwicklungsprogramm der Pflanze für die Ausprägung der reproduktiven Organe (Blüten, Früchte) verantwortlich sind. Blattrebläuse beinträchtigen das Pflanzenwachstum, aber Wurzelrebläuse sind besonders schädlich im weltweiten Weinbau.

Abb. 10.43 Beispiele für Pflanzengallen, die durch Insekten induziert werden. **a**. *Rosa* sp., Gallwespe (*Diplolepis rosae*) (© boedefeld1969/► stock.adobe.com). **b**. *Quercus robur*, Gallwespe (*Biorhiza pallida*) (© Schmutzler-Schaub/► stock.adobe.com). **c**. *Euphorbia cyparissias*, Gallmücke (*Spurgia capitigena*) (© H. Bellmann/blickwinkel/F. Hecke/picture alliance). **d**. *Fagus* sp., Gallmücke (*Mikiola fagi*) (© Adelheid Nothegger/imageBROKER/picture alliance). **e**. *Rhus chinensis*, Blattlaus (*Schlechtendalia chinensis*) (Wang et al. 2020, Fig. 2A). **f**. *Picea* sp., Blattlaus (*Adelges viridis*) (© blickwinkel/P. Schuetz/picture alliance)

10.4 · Herbivorie und pflanzliche Abwehr

Sie schädigen das pflanzliche Gefäßgewebe und verursachen signifikanten Wasser- und Nährelementmangel. **Infektion und Ausprägung der Gallen** erfolgen in einem Netzwerk aus chemischen Signalen (◘ Abb. 10.44). Dazu gehören die Phytohormone Salicylsäure, Jasmonsäure und Ethylen (▶ Abschn. 6.1). Wachstumshormone wie Indol-3-essigsäure und Cytokinine sind speziell für Wachstum und Nährstoffbereitstellung im lokalen Gewebe verantwortlich, können aber auch durch Gallinsekten selbst bereitgestellt werden. Flüchtige Pflanzensignale wie Monoterpene locken die weiblichen Insekten an. Mit fortschreitender Gallenbildung wird das pflanzliche Signalmuster verändert. Eine Regelgröße dabei ist die schrittweise Erhöhung der Konzentration des Stresshormons Salicylsäure im Gewebe. Es gibt Beispiele, in denen flüchtige spezialisierte Metaboliten aus Gallen zur Abwehr von Herbivoren genutzt werden, aber verschiedentlich auch parasitoide Insekten anlocken. Abwehrfunktion haben auch nichtflüchtige Phenole (z. B. Tannine), die als konstitutive spezialisierte Metaboliten in den äußeren Zellschichten der Galle angereichert werden können. Auch Farbstoffe (z. B. Anthocyanine, Carotinoide) werden eingelagert. Physikalischen Schutz bietet zusätzlich die Lignifizierung von Zellwänden. Pflanzen, die permanent Gallen tragen, entwickeln eine chemische Signatur aus spezialisierten Verbindungen, die sich deutlich von Pflanzen unterscheidet, auf denen Insekten lediglich für einen kurzen Zeitraum fressen.

Etwa 10 % der ungefähr 5000 **Blattlausarten** sind in der Lage, Gallen auf Wirtspflanzen zu induzieren (◘ Abb. 10.43e, f). Die Tiere besitzen einen komplexen Lebenszyklus, die Parthenogenese, aber auch die Reproduktion mittels Gameten (Gametogenese) einschließt. Intensive Studien liegen zur Lebensgemeinschaft der Blattlaus *Schlechtendalia chinensis* (Aphididae, Hemiptera) vor, die hornförmige Blattgallen auf dem Sumach-Baum *Rhus chinensis* (Anacardiaceae, Sapindales) induziert (◘ Abb. 10.43e). Die Pflanze ist in Asien weit verbreitet. Die Aphiden besiedeln von April bis Oktober die Blätter des Baums als Primärwirt. Von Oktober bis März leben die Tiere unter dem Baum in einem dunklen und feuchten Habitat im Gewebe der Moosart *Plagiomnium maximoviczii* (Mniaceae, Bryales) als Sekundärwirt und vermehren sich durch Parthenogenese. Dann kehren sie auf den Baum zurück und induzieren neue Gallen, in denen Tausende von Tieren leben.

Der *Rhus*-Baum versucht, den Blattlausparasiten mit hohen Gewebekonzentrationen von **Tanninen** abzuwehren. Die Insekten können jedoch diese Substanzen mittels spezieller Enzyme (Laccasen) abbauen und als Nährstoffe nutzen. Im Gewebe der Galle werden auch eigene Nährstoffe recycelt. Kohlenstoffdioxid, das in Gallen mit etwa 10 % höherer Konzentration als in der Atmosphäre vorkommt, findet beispielsweise in der Photosynthese Verwendung. Metaboliten aus dem Gallenstoffwechsel werden aber auch in andere Pflanzenteile transportiert. In der Galle identifizierte man 26 flüchtige organische Verbindungen (u. a. Essigsäure als Hauptbestandteil), die antimikrobiell wirken.

Eine für beide Partner obligate und spezielle Form coevolutionärer Anpassung haben **Gallwespen** (*Blastophaga psenes*, Agaonidae, Hymenoptera) **und Feigen** aufgebaut. Das Insekt lebt im Mittelmeerraum mit Feigenbäumen in einer Symbiose, die eine parasitische Lebensweise, aber als mutualistische Lebensweise auch die Bestäubungsfunktion durch adulte Tiere einschließt. Die Blüten der sogenannten Ziegenfeigen (*Ficus carica* var. *caprificius*, Moraceae, Rosales) entwickeln Blütenstände mit männlichen und sterilen weiblichen Blüten, die kurze Griffel tragen. Über eine Legeröhre positioniert die Gallwespe ihre Eier in den Fruchtknoten und die Larvenentwicklung in einer Galle beginnt. Diese Feigen, in der die Wespe parasitiert, entwickeln keine Samen und sind ungenießbar. Essfeigen (*Ficus carica* var. *domestica*) dagegen, die benachbart kultiviert werden und zu den ältesten Nutzpflanzen überhaupt zählen, bilden weibliche Blüten aus, die durch Gallwespen mit dem Pollen aus den Ziegenfeigen bestäubt werden. Die langgriffeligen Blüten der Essfeige verwehren den Wespen den Zugang zum Fruchtknoten, sodass die Tiere dort keine Eier legen können. Diese Feigenbäume bilden die genießbaren Früchte.

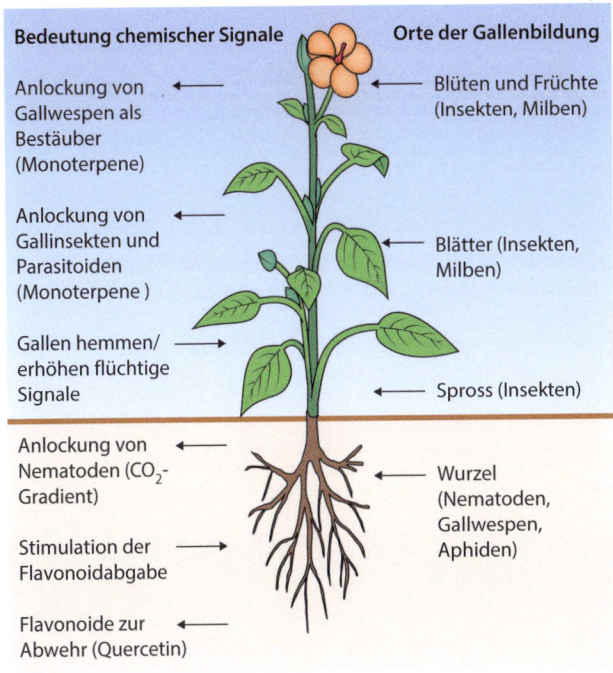

◘ Abb. 10.44 Wechselwirkungen von Pflanzen mit gallenbildenden Insekten und Nematoden

Gallen werden auch durch spezielle **endoparasitische Nematoden** (Fadenwürmer) (ca. 1 mm lang) erzeugt. Sie infizieren die Pflanzenwurzeln und bilden artspezifische Gallenstrukturen aus (◘ Abb. 10.45). Nematoden können in den Wurzeln siedeln, aber auch zu anderen Pflanzenorganen wandern. Einige Nematodenarten leben ektoparasitisch und ernähren sich von Wurzelgewebe. Parasitische Nematoden richten erhebliche Schäden in der weltweiten Landwirtschaft an. Man rechnet mit Ernteverlusten von ca. 80 Mrd. US-Dollar pro Jahr. Endoparasitische Arten der Ordnung Tylenchida sind die bedeutendsten Schädlinge.

Wurzelgallen sind je nach Nematodenart knoten- oder zystenförmig (◘ Abb. 10.45). Die Infektion der Pflanze erfolgt in mehreren Schritten:
1. Lokalisation des Wirts mittels chemosensorischer Rezeptoren und Bewegung der Fadenwürmer zum Wirt, neben spezialisierten Metaboliten ist auch der CO_2-Gradient im Boden ein effektives Signal
2. Eindringen in das Wurzelgewebe und Ausprägung der artspezifischen Galle oder Wanderung in andere Pflanzenteile, Ablegen von Eiern in die gelatinöse Matrix der Galle
3. Unterdrückung der chemischen Abwehrstrategie der Pflanzen, Eingriff in das Entwicklungsprogramm der Pflanzenzellen

In der Interaktion zwischen Pflanzen und Nematoden spielen Flavonoide, die durch die Wurzeln ausgeschieden werden, multiple Rollen (◘ Abb. 10.44). Diese Substanzen können die Tiere in ihrer Beweglichkeit hemmen, aber auch in frühen Entwicklungsstadien töten. Ein Beispiel für diese pflanzliche Abwehr ist das Phenol Quercetin. Pflanzen erhöhen bei Befall die Synthese- und Ausscheidungsrate von Flavonoiden. Allerdings haben einige Nematoden auch die Fähigkeit erworben, diese spezialisierten Metaboliten zu entgiften und somit die pflanzliche Abwehr zu überwinden.

10.5 Algen in mutualistischer Beziehung mit Tieren

10.5.1 Algen als Symbiosepartner von wirbellosen Tieren

Terrestrische und aquatische Pflanzen sowie Cyanobakterien leben autotroph und betreiben Photosynthese (▶ Abschn. 5.3.2). Im Tierreich haben verschiedene Protozoa und Metazoa in der Evolution die erstaunliche Fähigkeit erworben, in Symbiose mit Cyanobakterien oder photoautotrophen Algen zu leben. Einige Protozoa, Schwämme (Porifera) und Seescheiden (Ascidia) tragen in ihrem Gewebe Cyanobakterien. Verschiedene einzellige Algen leben assoziiert mit Mollusken (Riesenmuscheln, Nacktkiemer), Schwämmen, Nesseltieren (Cnidaria), Plattwürmern (Plathelminthes) und Seescheiden (Ascidia). Stabilität und Leistung eines solchen Verbunds werden maßgeblich durch die photosynthetische Aktivität der Endosymbionten bestimmt.

Eine ökologisch besonders bedeutsame Symbiose besteht zwischen riffbildenden Korallenpolypen (Nesseltiere, Cnidaria) und einzelligen Algen (Dinoflagellaten). Der leistungsfähige Verbund erlaubt die Gründung und den kontinuierlichen Aufbau des Korallenriffs als Lebensraum mit hoher Biodiversität. Korallenwachstum und Kalkbildung sind abhängig vom photoautotroph fixierten und dann von beiden Partnern metabolisierten Kohlenstoff. In Coevolution gelang über 485 Mio. Jahre die Eroberung des oligotrophen marinen Lebensraums in den Tropen. Darwin beschrieb in seinem Buch „The structure and distribution of coral reefs" (Darwin, 1842) Korallenriffe als geologische Struktur, die sich aus biologischen Prozessen ergibt. Er machte auch auf den Kontrast zwischen Artenreichtum in den Korallenriffen und der Nährstoffarmut des umgebenden Wasserkörpers aufmerksam (**Darwin'sches Paradoxon**). Die hohe Biodiversität erklärt sich aus dem strikten Recycling von organischen und anorganischen Stoffen, die aus den Organismen des Lebensraums stammen.

Korallenriffe gehören in den Tropen zu den artenreichsten Ökosystemen der Erde (▶ Abschn. 13.2.2.3). Obwohl sie weniger als 0,1 % der ozeanischen Fläche

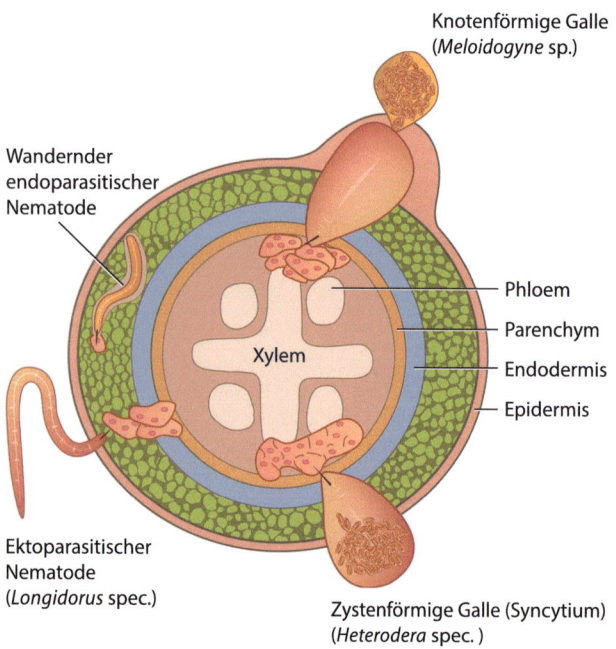

◘ **Abb. 10.45** Wurzelbefall durch Nematoden und die Bildung von Gallen (Wurzelquerschnitt). (Verändert nach Vieira, P, und Gleason C et al. 2019, Abb. 1)

beanspruchen, beherbergen sie mindestens 25 % aller marinen Arten. In der von Steinkorallen (Scleractinia) gebildeten, topografisch komplexen Struktur leben etwa 100.000 bekannte mehrzellige Pflanzen- und Tierarten. Eine bis zu zehnfach höhere Artenzahl wird vermutet.

Warmwasserkorallen leben in tropischen und subtropischen Habitaten bei Wassertemperaturen zwischen 20 und 30 °C. Aber auch bei niedrigeren Temperaturen (4–13 °C) können Korallen existieren, so z. B. an den europäischen Kontinentalrändern bis zu 600–1000 m Wassertiefe. Zwei Steinkorallenarten (*Lophelia pertusa*, Caryophylliidae, Scleractinia; *Madrepora oculata*, Oculinidae, Scleractinia) bauen hier Riffe, allerdings mit einer geringen Bildungsrate. Interessant ist, dass *Lophelia* vor der Küste Norwegens eine Symbiose mit einem Wurm (*Eunice norvegica*, Eunicidae, Eunicida) eingeht. Das bis zu 25 cm lange Tier baut entlang einer Korallenkolonie eine zunächst flexible Wohnröhre und entfernt bevorzugt größere Nahrungspartikel von der schleimigen Oberfläche des Polypen. Die Korallen umwachsen die Wohnröhre und stabilisieren sie durch Kalkabscheidung, die in Gegenwart des Polypen um das Vierfache gesteigert wird. Im Ergebnis wird der Lebensraum des Wurms geschützt und gleichzeitig die Korallenkolonie stabilisiert.

Lediglich Warmwasserkorallen im Schelfbereich der Küste bis maximal 30 m Tiefe leben in **Symbiose mit Algen**. Der häufigste Partner von Steinkorallen ist der photoautotroph lebende Dinoflagellat *Symbiodinium* (Symbiodiniaceae, Suessiales), von dem mehr als 100 Arten Symbiosen aufbauen können. Eine Koralle kann mehrere *Symbiodinium*-Arten enthalten. *Symbiodinium thermophilum* ist Symbiosepartner von Korallen in tropischen Gewässern des Persischen Golfs. Im Gegensatz zu anderen Arten der Gattung ist diese Spezies tolerant gegenüber hoher Temperatur. Sie trägt dazu bei, dass die Koralle bei Wassertemperaturen um 36 °C existieren kann. Dadurch wird diese Symbiose zu einem interessanten Objekt für Untersuchungen zur Stresstoleranz bei höheren Wassertemperaturen, die durch Klimaänderungen ausgelöst werden und Korallen massiv bedrohen.

Steinkorallen (Anthozoa, Cnidaria) gehören zu den ältesten Metazoa mit einem differenzierten Habitus. Ihr Lebenszyklus beginnt mit planktonischen Planulalarven, die sich auf hartem Untergrund festsetzen. Sie entwickeln einen radialsymmetrischen Körper mit einem Schlund, der mit Tentakeln besetzt ist. Der adulte Polyp besteht aus der Epidermis und Gastrodermis, die durch eine gelatinöse Matrix (Mesogloea) getrennt sind (Abb. 10.46). Die zum Verdauungsraum (Coelenteron) liegenden Gastrodermiszellen enthalten photoautotrophe *Symbiodinium*-Zellen (**Symbiosomen**), aber

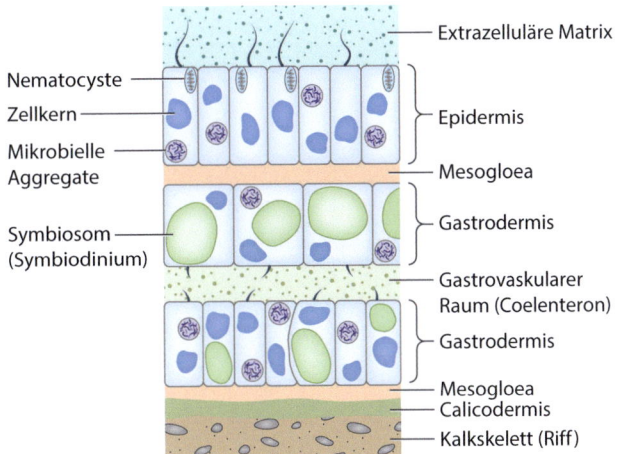

Abb. 10.46 Das Gewebe eines Korallenpolypen. (Verändert nach Bourne et al. 2016, Abb. 1b)

auch korallenassoziierte mikrobielle Aggregate, in denen symbiotische Bakterien leben. Auf der Epidermis befindet sich eine extrazelluläre Matrix aus Mucopolysacchariden. In die Epidermis sind Nesselzellen (Nematocyten) eingelegt, die durch Freisetzung von Giften Konkurrenten und Feinde abwehren.

Die zum Riff liegende Gastrodermis des Tiers (Abb. 10.46) ist über eine Mesogloeaschicht mit der Calicodermis verbunden. Die Zellen dieses Gewebes sind für den Aufbau des Kalkskeletts der Koralle verantwortlich. Die Kalzifizierung erfolgt in einem extrazellulären Kompartiment, das die Verbindung mit dem Riff herstellt. Dieses alkalische, kolloidale Gel mit einer maximalen Stärke von einigen Mikrometern wird durch die Calicodermis produziert. Unter physiologischer Kontrolle der Koralle wird $CaCO_3$ produziert (Abb. 10.47). Über die Bildung von Primärkristallen erfolgt die Biomineralisierung zu Aragonit als kontinuierlich laufender Prozess der Riffbildung.

Die Eingliederung von Bakterien und pflanzlichen Symbionten (**Zooxanthellen**) in das mehrzellige Tier erfordert verschiedene Voraussetzungen und Prozesse:
- Chemische Kontaktnahme und Erkennung geeigneter Partnerorganismen.
- Aufnahme von Bakterien und Organisation bakterieller Aggregate in den Zellen des Polypen.
- Aufnahme der Alge *Symbiodinium* sp. aus dem Coelenteron in die gastrodermale Wirtszelle durch Phagocytose: Die biochemischen und molekularbiologischen Signalketten ähneln den Reaktionen von Zellen auf pathogene Ereignisse.
- Intrazellulärer Transport des Photobionten, um die bestmögliche Lichtverwertung sicherzustellen.
- Etablierung des Symbiosoms: Aufbau einer Membran durch den Wirt, die die Algenzelle umschließt und deren Physiologie kontrolliert.

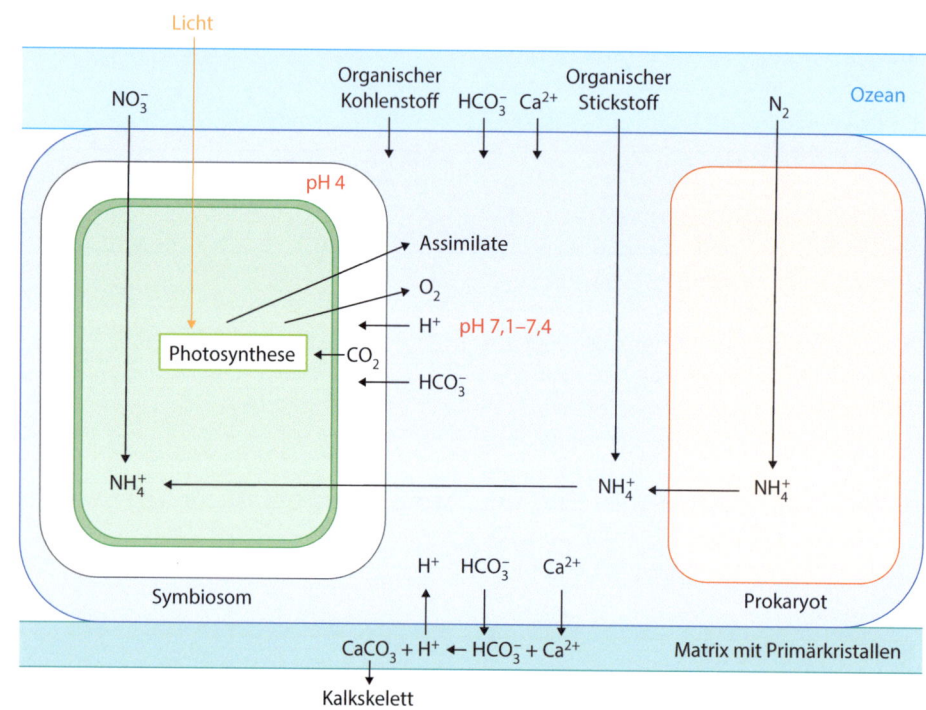

◘ **Abb. 10.47** Hauptwege der Verwertung anorganischer und organischer Nährstoffe im symbiotischen Verbund einer gastrodermalen Korallenzelle mit Grünalgen und diazotrophen Prokaryoten (Cyanobakterien)

- Regulation der zellulären Umgebung des Symbiosoms.
- Transfer und Turnover von Proteinen und Metaboliten zwischen den Partnern.

Das Symbiosom fixiert CO_2 aus Hydrogencarbonat (HCO_3^-), das aus der Wirtszelle über Membrantransporter zur Verfügung gestellt wird. Die Versorgungsrate mit Kohlenstoffdioxid ist von einem spezifischen chemischen Gleichgewicht zwischen CO_2, HCO_3^- und CO_3^{2-} abhängig. Die Steuerung erfolgt über den Wirt durch Erniedrigung des pH-Werts (pH ca. 4,0) im Zwischenmembranraum zur Algenzelle (◘ Abb. 10.47).

Das Symbiosom macht auch anorganische Ionen (NO_3^-, NH_4^+) für den N-Stoffwechsel verfügbar. Endosymbiotische Cyanobakterien (*Synechococcus*, Synechococcaceae, Synechococcales; und *Prochlorococcus*, Prochlorococcaceae, Synechococcales) als Bestandteile des Korallenmikrobioms in den bakteriellen Aggregaten fixieren Distickstoff zu Ammonium. Sie tragen mit ca. 11 % zum Stickstoffbudget des Symbiosoms bei (◘ Abb. 10.47).

Durch Photosynthese werden Sauerstoff und Assimilate an den Wirt sowie assoziierte Mikroorganismen abgegeben. Über seine heterotrophe Ernährung versorgt der Wirt alle Teile des Holobionten mit essenziellen Vitaminen und Metallen.

Symbiodinium unterstützt die Ernährung der Korallensymbionten durch Translokation von 40–80 % des photosynthetisch fixierten Kohlenstoffs. Davon werden 10–50 % in die extrazelluläre Matrix transferiert, die bakterielle Biofilme enthält. Damit leisten Korallen einen wichtigen Beitrag für anschließende Nahrungsnetze. Mikroorganismen im Korallenriff wachsen bis zu 50-mal schneller als im Wasserkörper.

Korallen gehören zu den größten Produzenten von **Dimethylsulfoniumpropionsäure (DMSP)**. Das Symbiosom erzeugt diese stabile, lösliche Verbindung aus dem Sulfatpool des Holobionten. DMSP ist eine osmotisch aktive Verbindung (▶ Abschn. 6.4.1) und sehr bedeutsam für das marine Ökosystem und den Schwefelkreislauf. Sein gasförmiges Abbauprodukt **Dimethylsulfoxid** ist die Schwefelverbindung mit dem größten Anteil in der Atmosphäre.

Die komplexe Physiologie und Biochemie des Korallenholobionten reagiert sehr empfindlich auf Umweltveränderungen. Wichtige Bedrohungen sind Eutrophierung, übermäßige Befischung (besonders mit Dynamit) und Tourismus. Von besonderer Bedeutung sind die Emission von Treibhausgasen und die Erwärmung der Atmosphäre. Hohe Temperaturen schädigen die Photosysteme des Symbiosoms durch Bildung toxischer Sauerstoffradikale (▶ Abschn. 6.3). Ein erhöhter Kohlenstoffdioxidgehalt der Atmosphäre löst die zunehmende Versauerung des Meerwassers aus. Dadurch wird das thermodynamische Gleichgewicht zwischen den Kohlenstoffdioxidspezies gestört (◘ Abb. 10.47) und damit die Aragonitsättigung und die Riffbildung ver-

10.5 · Algen in mutualistischer Beziehung mit Tieren

hindert. Die Polypen reagieren auf diese Störungen, indem sie ihre Algenpartner abstoßen. Das Korallenriff verliert dabei seine übliche goldbraune, blaue oder grüne Farbe und erscheint weiß (*coral bleaching*, Korallenbleiche). Derzeit wird versucht, diesen Vorgang durch Züchtung von wärmeresistenten Algen zu verlangsamen (*assisted evolution*).

Eine spezielle Form von Endosymbiose beginnt mit der Aufnahme funktionsfähiger Chloroplasten aus der pflanzlichen Nahrung in das Tiergewebe. Das Phänomen der **Kleptoplastie** kommt bei Dinoflagellaten und marinen Protisten vor, z. B. Foraminiferen und Ciliaten. Bei Metazoen ist die Nutzung der autotrophen Fähigkeiten nur auf Arten zweier Tiergruppen beschränkt, die im Meer leben: Schlundsackschnecken (Sacoglossa, Gastropoda) und Plattwürmer (Plathelminthes).

Schlundsackschnecken nehmen Algen als Nahrung auf. Bei der Verdauung bleiben intakte Chloroplasten übrig, die in Darmepithelzellen eingelagert werden. Die marine Art *Elysia chlorotica* (Placobranchidae, Opisthobranchia) ernährt sich von der filamentösen Gelbgrünen Alge *Vaucheria litorea* (Vaucheriaceae, Vaucheriales). Der Lebenszyklus beginnt mit einer planktonischen Lebensweise (◘ Abb. 10.48). Plastidenfreie Eier heften sich zunächst unter Wasser an Oberflächen an. Die reifenden Larven benötigen aber dann bereits obligat die Algen zur Ernährung und Metamorphose. Alle Zellbestandteile, außer den Plastiden, werden verdaut. Die Plastiden werden durch Phagocytose aufgenommen und in das Epithel des Verdauungstrakts transferiert. Sie bleiben circa zehn Monate photosynthetisch aktiv. Da der Zellkern der Algen fehlt, ist noch unklar, wie die autotrophe Leistung ohne kerncodierte Proteine funktioniert. Die Beteiligung des Wirts muss über weitere Transkriptom- und Genomdaten geklärt werden.

Untersuchungen an *Elysia viridis* haben ergeben, dass Metaboliten aus der Photosynthese unmittelbar auch in chloroplastenfreie Zellen des Wirts transportiert werden. In den Experimenten wurden stabilisotopmarkiertes Hydrogencarbonat ($H_2{}^{13}CO_3{}^-$) und Ammoniumchlorid ($^{15}NH_4Cl$) verwendet. Die lichtabhängige ^{13}C-Assimilation führt über Carbonsäuren zu Fettsäurevorstufen, die vom Wirt biochemisch verlängert werden können. Der photosynthetische Kohlenstofftransfer erfolgt in den Plastiden auch zum Reservepolysaccharid Stärke. Man nimmt an, dass die tierische Wirtszelle dieses Kohlenhydrat über den Abbau der Chloroplasten nutzt. Auch der Ammoniumstickstoff wird lichtabhängig assimiliert. Dies erfolgt über das zentrale GS/GOGAT-(Glutamin-Synthetase/Glutamin-Oxoglutarat-Aminotransferase-)System des Stickstoffstoffwechsels. Assimilierter Kohlenstoff und Stickstoff werden vorrangig in Gewebe und Organe eingebaut, die für die reproduktive Fitness des Wirts wichtig sind.

Die **marinen Plattwürmer** *Baicalellia solaris* und *Pogaina paranygulgus* (Provorticidae, Rhabdocoela) nehmen über die Nahrung **Plastiden aus verschiedenen Diatomeenarten** auf. Die Chloroplasten sind in den Wirtszellen eng assoziiert zum Zellkern, zu Mitochondrien und Lipidvesikeln. Diese **Kleptoplasten** besitzen Photosysteme, die bis zu sieben Tagen Nahrungsmangel der Tiere funktionsfähig bleiben. Danach werden die Organellen schnell abgebaut und dienen offenbar der heterotrophen Ernährung des Wirts.

10.5.2 Algengärten bei Wirbeltieren

In den artenreichen Korallenriffen der Tropen leben sogenannte **Farmerfische** (*Stegastes nigricans*, Pomacentridae, Ovalentaria) (◘ Abb. 10.49). Ihr Verbreitungs-

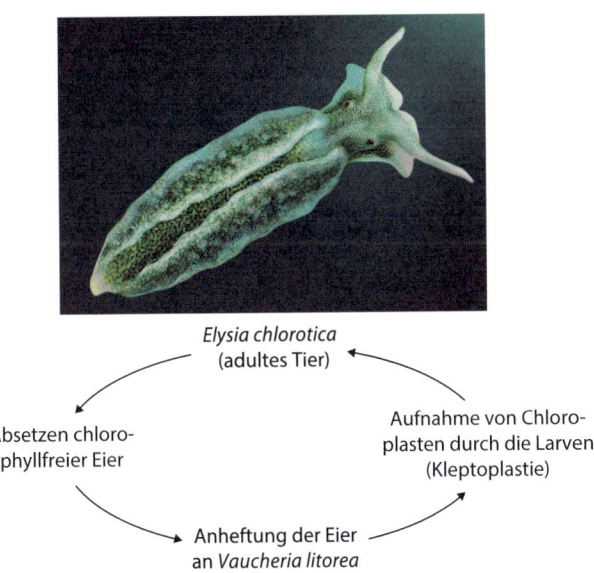

◘ **Abb. 10.48** Lebenszyklus der marinen Schlundsackschnecke *Elysia chlorotica*. (Verändert nach Rumpho et al. 2010, Abb. 4, Foto: © MirrorImages/Alamy/Alamy Stock Photos/mauritius images)

◘ **Abb. 10.49** Der Farmerfisch *Stegastes nigricans* in einem Korallenriff. (© mirecca/► stock.adobe.com)

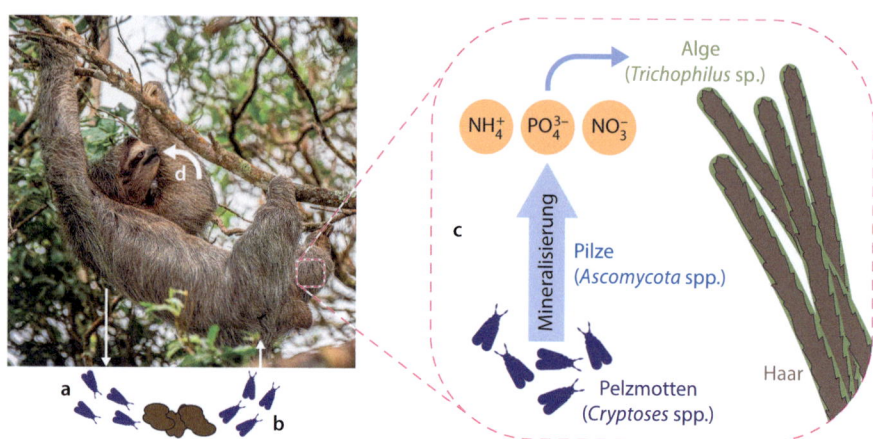

Abb. 10.50 Die mutualistischen Beziehungen eines Dreifinger-Faultiers (*Bradypus variegatus*) mit Grünalgen (*Trichophilus* sp.) und Faltern (*Cryptoses* sp.). **a**. Die Tiere setzen Kot ab, in den die Falter Eier legen. **b**. Adulte Tiere tragen Nährstoffe in das Fell der Tiere. **c**. Zersetzung toter Falter im Fell durch Destruenten, Nutzung der Mineralisierungsprodukte durch die Algen. **d**. Aufnahme der Algennahrung durch das Tier. (Verändert nach Pauli et al. 2014, Abb. 3, Foto: © Urs Hauenstein/Alamy/Alamy Stock Photos/mauritius images)

gebiet erstreckt sich vom westlichen Indischen Ozean bis zum Ostpazifik. Gruppen aus männlichen und weiblichen Tieren leben in Clustern auf dem Riff und nehmen ein definiertes Territorium ein. In einer obligaten mutualistischen Beziehung legen sie in Monokultur Gärten der filamentösen **Rotalge *Polysiphonia* sp.** (Rhodomelaceae, Ceramiales) an. Diese Alge ist für den Fisch am besten verdaubar. Die Kultur überlebt nur in dem geschützten Gebiet, das durch die Farmerfische gegen fremde herbivore Fische und Invertebraten (z. B. Seeigel) verteidigt wird. Der Farmerfisch verhindert ein Überwachsen der Algenmatte durch fremde Algenarten. In der nährstoffarmen Umgebung des Riffs stellen die Fische über ihre Ausscheidungen Nährstoffe für die Algenkulturen zur Verfügung. Im Lebensraum des Farmerfischs wachsen Korallen schneller und deren Mortalität ist niedriger, da Räuber ferngehalten werden.

Unter den terrestrischen Wirbeltieren lebt das **Dreifinger-Faultier** (*Bradypus variegatus*, Bradypodidae, Pilosa) in einer bisher einmaligen **mutualistischen Partnerschaft mit Grünalgen** (*Trichophilus welckeri*, Ulvophycaceae, Chlorophyta). Diese Tiere gehören zu den 4 % an Säugetiergattungen, die bevorzugt in Baumkronen leben. Habitate der Tiere sind die Regenwälder Mittel- und Südamerikas. Dreifinger-Faultiere haben ein geringes Gewicht und ernähren sich von relativ energiearmen Blättern, die ihren Nährstoffbedarf nicht vollständig decken. Sie ergänzen ihre Nahrung mit Algen, die in ihrem Fell mit hoher Biomasse leben (◘ Abb. 10.50). Einmal pro Woche verlassen die Tiere den Baum und setzen auf dem Boden Kot ab, in den Falter (*Cryptoses* sp., Pyralidae, Lepidoptera) ihre Eier ablegen. Die adulten Schmetterlinge fliegen ins Fell der Faultiere und tragen Kotrückstände ein. Die Ausscheidungsprodukte sind wichtige Nährstoffe für die Grünalgenkolonien, die mit dem Wasser im Fell hydroponisch wachsen. Tote Falter werden im Fell zersetzt, in dem auch Arthropoden und symbiotische Mikroorganismen leben. Pilzen kommt als Destruenten eine besondere Rolle zu. Die Grünalgen werden von den Faultieren aus dem Fell aufgenommen. Sie enthalten gut verdauliche Kohlenhydrate und Lipide. Mit einem fünfmal höheren Fettgehalt als in der Blattnahrung tragen die Algen wesentlich zum Energiebudget der Dreifinger-Faultiere bei.

Interessant ist, dass Zweifinger-Faultiere (zwei Finger an den Vorderfüßen) (*Choloepus* sp., Choloepodidae, Pilosa) eine deutlich unterschiedliche Lebensweise haben. Sie bewegen sich in einem größeren Lebensraum und fressen im Gegensatz zu Dreifinger-Faultieren neben Blättern auch Früchte und Insekten. Exkremente werden direkt aus der Baumkrone abgesetzt. Obwohl auch bei diesen Tieren einige Grünalgen im Fell leben, werden diese nicht obligat zur Ernährung genutzt.

Literatur

Abschn. 10.1

Abrahamczyk S, Lozada-Gobilard S, Ackermann M, Fischer E, Krieger V, Redling A et al (2017) A question of data quality – testing pollination syndromes in Balsaminaceae. PLoS ONE 12(10):e0186125. https://doi.org/10.1371/journal.pone.0186125

Adler LS et al (2006) Leaf herbivory and nutrients increase nectar alkaloids. Ecol Lett 8:960–967

Álvaraz-Pérez S et al (2019) Yeast-bacterium interactions, the next frontier in nectar research. Trends Plants Sci 24:393–401

Arditti J, Elliott J, Kitchings IJ, Wasserthal LT (2012) 'Good Heavens what insect can suck it' – Charles Darwin, *Angraecum sesquipedale* and *Xanthopan morganii praedicta*. Bot J Linn Soc 169:403–432

Bascompte J, Scheffler M (2023) The resilience of plant-pollinator networks. Ann Rev Entomol. https://doi.org/10.1146/annutrvento-120120-102424

Corlett RT (2021) Frugivory and seed dispersal. In: Del-Claro K, Torezan-Silingardi HM (Hrsg) Plant-animal-interactions. SpringerNature, Cham, S 119–174

Darwin C (1862) On the various contrivances by which British and foreign orchids are fertilised by insects, and on the good effect of intercrossing. John Murray, London

Dellinger AS (2020) Pollination syndromes in the 21st century: where do we stand and where may we go? New Phytol 228:1193–1213

Dellinger AS et al (2019) Modularity increase rate of floral evolution and adaptive success for functionally specialized pollination systems. Commun Biol. https://doi.org/10.1038/s42003-019-0697-7

Dötterl S, Gershenzon J (2023) Chemistry, biosynthesis and biology of floral volatiles: roles in pollination and other functions. Nat Prod Rep. https://doi.org/10.1039/d3np00024a

Farré-Armengol G et al (2017) β-Ocimene, a key floral and foliar volatile involved in multiple interactions between plants and other organisms. Molecules. https://doi.org/10.3390/molecules22071148

Gfrerer E et al (2022) Antennae of psychodid and sphaerocerid flies respond to a high variety of floral scent compounds of deceptive *Arum maculatum*. Sci Rep. https://doi.org/10.1038/s41598-022-08196y

Hung K-LJ, Kingston JM, Albrecht M, Holway DA, Kohn JR (2018) The worldwide importance of honey bees as pollinators in natural habitats. Proc R Soc B 285:2017–2140

Huryn VMB (1997) Ecological impacts of introduced honey bees. Q Rev Biol 72:275–297

Janzen D (1976) Why fruits rot, seeds mold, and meat spoils. Am Nat 111:691–713

Kite GC (1995) The floral odour of *Arum maculatum*. Biochem Syst Ecol 23:343–354

Krauss SL et al (2017) Novel consequences of bird pollination for plant mating. Trends Plant Sci. https://doi.org/10.1016/j.tplants.2017.03.005

Krishna S, Keasar T (2018) Morphological complexity as a floral signal: from perception by insect pollinators to co-evolutionary implications. Int J Mol Sci. https://doi.org/10.3390/ijms19061681

Micheneau C, Johnson SD, Michael FF (2009) Orchid pollination: from Darwin to the present day. Bot J Linn Soc 161:1–19

Midgley JJ et al (2015) Faecal mimikry by seeds ensures dispersal by dung beetles. Nat Plants. https://doi.org/10.1038/nplants.2015.141

Nepi M (2018) Nectar in plant insect mutualistic relationships: from food reward to partner manipulation. Front Plant Sci. https://doi.org/10.3389/fpls.2018.01063

Nevo O, Ayasse M (2020) Fruit scent: biochemistry, ecological function, and evolution. In: Mérrilon J-M, Ramawat KG (Hrsg) Co-evolution of secondary metabolites. Springer, Cham, S 403–425

Ollerton J et al (2009) A global test of the pollination syndrome hypothesis. Ann Bot 103:1471–1480

Pashalidou FG, Lambert H, Peybernes T, Mescher MC, De Moraes CM (2020) Bumble bees damage plant leaves and accelerate flower production when pollen is scarce. Science 368:881–884

Paudel BR, Kessler A, Shrestha M, Zhao JL, Li Q-J (2019) Geographic isolation, pollination syndromes, and pollinator generalization in Himalayan *Roscoea* spp. (Zingiberaceae). Ecosphere 10(11):e02943. https://doi.org/10.1002/ecs2.2943

Peralta G et al (2020) Trait matching and phenological overlap increase the spatio-temporal stability and functionality of plant–pollinator interactions. Ecol Lett 23:1107–1116

Pfeiffer M et al (2010) Myrmechorous plants use chemical mimicry to cheat seed dispersing ants. Funct Ecol 24:545–555

Polturak G, Aharoni A (2018) "La Vie en Rosé": biosynthesis, sources, and applications of betalain pigments. Mol Plant. https://doi.org/10.1016/j.molp.2017.10.008

Rivest S, Forrest JRK (2020) Defence compounds in pollen: why do they occur and how do they affect the ecology and evolution of bees? New Phytol 225:1053–1064

Ruxton GD, Schaefer HM (2016) Floral colour change as a potential signal to pollinators. Curr Opin Plant Biol 32:96–100

Sapir Y et al (2019) Floral evolution: breeding systems, pollinators, and beyond. Int J Plant Sci 180:929–933

Schäffler I et al (2015) Diacetin, a reliable cue and private communication channel in a specialized pollination. Sci Rep. https://doi.org/10.1038/srep12779

Schiestl FP (2015) Ecology and evolution of floral volatile-mediated information. New Phytol 206:571–577

Stevenson PC et al (2017) Plant secondary metabolites in nectar: impacts on pollinators and ecological functions. Funct Ecol 31:65–75

Tölke ED et al (2020) Diversity of floral glands and their secretions in pollinator attraction. In: Mérrilon J-M, Ramawat KG (Hrsg) Co-evolution of secondary metabolites. SpringerNature, Cham, S 709–754

Torezan-Silingardii H (2021) Pollination ecology. Natural history, perspectives and future directions. In: Del-Claro K, Torezan-Silingardi HM (Hrsg) Plant-animal-interactions. SpringerNature, Cham, S 119–174

Valido A, Rodríguez-Rodríguez MC, Jordano P (2019) Honeybees disrupt the structure and functionality of plant-pollinator networks. Sci Rep 9:4711. https://doi.org/10.1038/s41598-019-41271-5

Vallejo-Marin M (2019) Buzz pollination: studying bee vibrations on flowers. New Phytol 224:1068–1074

Van der Kooi CJ et al (2019) The thermal ecology of flowers. Ann Bot 124:343–353

Van Tussenbroek BJ et al (2015) Experimental evidence of pollination in marine flowers by invertebrate fauna. Nat Commun. https://doi.org/10.1038/ncomms12980

Varma S, Rajesh TP, Manoj K, Asha G, Jobiraj T, Sinu PA (2020) Nectar robbers deter legitimate pollinators by mutilating flowers. Oikos 129:868–878. https://doi.org/10.1111/oik.06988

Walton RE et al (2020) Nocturnal pollinators strongly contribute to pollen transport of wild flowers in an agricultural landscape. Biol Lett. https://doi.org/10.1098/rsbl.2019.0877

Wester P et al (2019) Scent chemistry is key in the evolutionary transition between insect and mammal pollination in African pineapple lilies. New Phytol 222:1624–1637

Wong DCJ et al (2023) Many different flowers make a bouquet: lessons from specialized metabolite diversity in plant pollinator interactions. Curr Opin Plant Biol. https://doi.org/10.1016/j.pbi.2022.102332

Abschn. 10.2

Adamec L et al (2021) Recent ecophysiological, biochemical and evolutionary insights into plant carnivory. Ann Bot 128:241–259

Castaldi V et al (2023) The ecology of bladderworts: the unique hunting-gathering-farming strategy in plants. Food Webs. https://doi.org/10.1016/j.fooweb.2023.e00273

Cross AT et al (2022) Capture of mammal excreta by *Nepenthes* is an effective heterotrophic nutrition strategy. Ann Bot. https://doi.org/10.1093/aob/mcac134

Darwin C (1875) Insectivorous plants. John Murray, London

Ellis J (1770) Directions for bringing over seeds and plants from the East-Indies and other distant countries, in a state of vegetation: together with a catalogue of such foreign plants as are worthy of being encouraged in our American colonies, for the purposes of medicine, agriculture, and commerce. To which added, the figure and botanical description of a new sensitive plant, called *Dionaea muscipula*: or Venus's fly trap. Davis, London

Freund M et al (2022) The digestive system of carnivorous plants. Plant Physiol. https://doi.org/10.1093/plphys/kiac2323

Gilbert KJ et al (2022) A semi-detritivorous picher plant, *Nepenthes ampullaria* diverges in its regulation of picher fluid properties. J Plant Interact. https://doi.org/10.1018/17429145.2022.2123567

Gorb E et al (2005) Composite structure of the crystalline epicuticular wax layer of the slippery zone in the pitchers of the carnivorous plant *Nepenthes alata* and its effect on insect attachment. J Exp Bot 208:4651–4662

Hatcher CR et al (2020) The functions of secondary metabolites in plant carnivory. Ann Bot 125:399–411

Hedrich R, Fukushima K (2021) On the origin of carnivory: molecular physiology and evolution of plants on a animal diet. Ann Rev Plant Biol 72:133–153

Hedrich, R., and J. Schuktz (2021) Grüne Jäger. Spektrum der Wissenschaft 6/21, spektrum.de/artikel/1859806.

Krauss G-J, Krauss G (2015) Carnivorous plants and fungi. In: Ecological biochemistry – environmental and interspecies interactions. Wiley-VCH, Weinheim, S 224–235

Krauß G-J, Miersch J (1983) Chemische Signale. Urania, Leipzig-Jena-Berlin, S 90–93

Król E et al (2012) Quite a few reasons for calling carnivores 'the most wonderful plants in the world'. Ann Bot 109:47–64

Lin Q et al (2021) A new carnivorous plant lineage (*Triantha*) with a unique sticky-inflorescence trap. Proc Natl Acad Sci. https://doi.org/10.1073/pnas.2022724118

Liu K et al (2012) How carnivorous fungi use three-celled constricting rings to trap nematodes. Protein Cell 3:325–328

Mithöfer A (2022) Carnivorous plants and their biotic interactions. J Plant Interact 17:333–343

Montero H, Fukushima K (2023) Non-prey biotic interactions in carnivorous plants. Curr Biol 33:R497–R499

Osaki H, Tagawa K (2020) Life on a deadly trap: *Buckleria paladium*, a specialist of carnivorous sundew plants, licks mucilage from glands for defense. Entomol Sci. https://doi.org/10.1111/ens.12419

Pavlovič A et al (2011) Nutritional benefit from leaf litter utilization in the pitcher plant *Nepenthes ampullaria*. Plant Cell Environ. https://doi.org/10.1111/j.1365-3040.2011.02382.x

Sadowski E-M (2015) Carnivorous leaves from Baltic amber. Proc Natl Acad Sci 112:190–195

Voigt D et al (2009) Hierarchical organisation of the trap in the protocarnivorous plant *Roridula gorgania* (Roridulaceae). J Exp Biol 212:3184–3191

Wang C, Guo Z (2020) A comparison between superhydrophobic surfaces (SHS) and slippery liquid-infused porous surfaces (SLIPS) in application. Nanoscale 12:22398–22424

Winkelmann T et al (2023) Carnivory on demand: phosphorous deficiency induce glandular leaves in the African liana *Triphyophyllum peltatum*. New Phytol. https://doi.org/10.1111/nph.18960

Wójciak M (2023) Biological potential of carnivorous plants from Nepenthales. Molecules. https://doi.org/10.3390/molecules.28083639

Yang E et al (2011) Origin and evolution of carnivorism in the ascomycota (fungi). Proc Natl Acad Sci 109:10960–10965

Abschn. 10.3

Ahmad F et al (2021) Multipartite symbioses in fungi-growing termites (Blattodea. Termitidae, Macrotermitinae) for the degradation of lignocellulose. Insect Sci 28:1512–1529

Blatrix R, Mayer V (2010) Communication in ant-plant symbioses. In: Baluska F, Ninkovic V (Hrsg) Plant communication from an ecological perspective. Springer, Berlin/Heidelberg, S 127–158

Bronstein JL et al (2006) The evolution of plant-insect mutualism. New Phytol 172:412–428

Calcagnile M et al (2019) Bacterial semiochemicals and transkingdom interactions with insects and plants. Insects. https://doi.org/10.3390/insects10120441

Campbell LCE et al (2023) The evolution of plant cultivation by ants. Trends Plant Sci. https://doi.org/10.1016/j.tplants.2022.09.005

Chomicki G, Renner SS (2017) The interaction of ants with their biotic environment. Proc R Soc B. https://doi.org/10.1098/rspb.2017.0013

Chomicki G et al (2019a) *Squamellaria*: plants domesticated by ants. Plants People Planet 1:302–305

Chomicki G et al (2019b) Farming by ants remodels nutrient uptake in epiphytes. New Phytol 223:2011–2023

Chomicki G et al (2020) Tradeoffs in the evolution of plant farming by ants. Proc Natl Acad Sci 117:2535–2543

Goes AC et al (2020) How do leaf-cutting ants recognize antagonistic microbes in their fungal crops? Front Ecol Evol. https://doi.org/10.3389/fevo.2020.00095

Green PWC, Kooij PW (2018) The role of chemical signalling in maintenance of the fungus-garden by leaf-cutting ants. Chemoecology 28:101–107

Heine D et al (2018) Chemical warfare between leafcutter ant symbionts and a co-evolved pathogen. Nat Commun. https://doi.org/10.1038/s41467-018-04520-1

Hölldobler B, Wilson EO (2010) Pilzzüchtende Blattschneider-Ameisen. Die ultimativen Superorganismen. In: Hölldober E, Wilson EO (Hrsg) Der Superorganismus – der Erfolg von Ameisen, Bienen, Wespen und Termiten. Springer, Heidelberg, S 485–555

Ivens ABF (2015) Cooperation and conflict in ant (Hymenoptera: Formicidae) farming mutualisms – a review. Myrmecol News 21:19–36

Li H, Greening C (2022) Termite engineered microbial communities of termite nest structures: a new dimension to the extended phenotype. FEMS Rev. https://doi.org/10.1093/femsre/fuac034

Mayer VE et al (2014) Current issues in the evolutionary ecology of ant-plant symbioses. New Phytol 202:749–764

Müller A, Mithöfer A (2024) Pflanzen mit Bodyguards: Ameisenpflanzen – Überleben durch Teamwork. Biol i. u. Zeit. https://doi.org/10.11576/biuz-6870

Nelson AS et al (2019) Plant chemical mediation of ant behavior. Curr Opin Insect Sci 32:98–103

Railsback SF, Grimm V (2012) Agent-based and individual-based modeling: a practical introduction. Princeton University Press, Princeton

Schmidt S et al (2022) The chemical ecology of the fungus-farming termite symbiosis. Nat Prod Rep 39:231–248

Styrsky J, Eubanks MD (2007) Ecological consequences of interactions between ants and honeydew-producing insects. Proc R Soc B 274:151–164

Swanson A et al (2019) Welcome to the *Atta* world. A framework for understanding the effects of leaf-cutter ants on ecosystem functions. Funct Ecol 33:1386–1399

Abschn. 10.4

Agrawal AA (2017) Monarchs and milkweed. Princeton University Press, Princeton

Agrawal AA et al (2012) Toxic cardenolides: chemical ecology and coevolution of specialized plant-herbivore interactions. New Phytol 194:28–45

Aljibory Z, Chen M-S (2018) Indirect defense against insect herbivores: a review. Insect Sci 25:2–23

Baronio GJ, Oliveira DC (2019) Eavesdropping on gall-plant interactions: the importance of the signalling function of induced volatiles. Plant signalling & behavior. https://doi.org/10.1080/15592324.2019.1665454

Chen X et al (2020) A complex nutrient exchange between a gall-forming aphid and its plant host. Front Plant Sci. https://doi.org/10.3389/fpls.2020.00811

Chin S et al (2018) Functions of flavonoids in plant-nematode interactions. Plants 7:85. https://doi.org/10.3390/plants7040885

Cook SM et al (2007) The use of push-pull strategies in integrated pest management. Ann Rev Entomol 52:375–400

Cooney LJ et al (2012) Red leaf margins indicate increased polygodial content and function as visual signals to reduce herbivory in *Pseudowintera colorata*. New Phytol. https://doi.org/10.1111/j.1469-8137.2012.04063.x

Darwin C (1868) The variation of animal and plants under domestication, Bd 2. John Murray, London

De Bobadilla MF et al (2021) Plant defense strategies against attack by multiple herbivores. Trends Plant Sci. https://doi.org/10.1016/j.tplants.2021.12.010

Dearing MD et al (2022) Demonstrating the role of symbionts in mediating detoxification in herbivores. Symbiosis 87:59–66

Del-Claro K, Torezan-Siligardi HM (2021) Plant-animal-interactions – source of biodiversity. SpringerNature, Cham

Dussourd DE (2017) Behavioral sabotage of plant defenses by insect folivores. Ann Rev Entomol 62:154–134

Ehrlich PR, Raven PH (1964) Butterflies and plants. A study in co-evolution. Evolution 18:586–608

Ensikat H-J et al (2021) Distribution, ecology, chemistry and toxicology of plant stringing hairs. Toxins. https://doi.org/10.3390/toxins13020141

Erb M et al (2012) Role of phytohormones in insect-specific plant reactions. Trends Plant Sci 17:250–259

Furlong MJ et al (2018) Bringing ecology back: How can the chemistry of indirect plant defenses against herbivory be manipulated to improve pest management? Front Plant Sci. 9:1436. https://doi.org/10.3389/fpls.2018.01436

Gershenzon J, Ullah C (2022) Plants protect themselves from herbivores by optimizing the distribution of chemical defense. Proc Natl Acad Sci. https://doi.org/10.1073/pnas.2120277119

Giron D et al (2016) Insect induced effects on plants and possible effectors used by galling and leaf-mining insects to manipulate their host plants. J Insect Physiol 84:70–89

Helms AM et al (2017) Identification of an insect-produced olfactory cue that primes plant defenses. Nat Commun. https://doi.org/10.1038/s41467-017-00335-8

Hilker M, Fatouros NE (2016) Resisting the onset of herbivore attack: plants receive and respond to insect eggs. Curr Opin Plant Biol. 32:9–16

Hou S et al (2019) Damage-associated molecular pattern-triggered immunity in plants. Front Plant Sci 10:646. https://doi.org/10.3389/fpls.2019.00646

Hughes NM, Lev-Yadun S (2015) Red/purple leaf margin coloration: potential ecological and physiological functions. Environ Exp Bot. https://doi.org/10.1016/j.envexpbot.2015.05.015

Jiang Y et al (2019) Challenging battles of plants with phloem-feeding insects and prokaryotic pathogens. Proc Natl Acad Sci USA 116(47):23390–23397

Krokene P (2015) Conifer defense and resistance to bark beetles, chapter 5. In: Hofstelt RW, Vega FE (Hrsg) Bark beetles: biology and ecology of native and invasive species. Elsevier/Academic Press, London

Lev-Yadun S (2016) Defensive (anti-herbivory) coloration in land plants. Springer, Cham

Manohar M et al (2020) Plant metabolism of nematode pheromones mediates plant-nematode interactions. Nat Commun. https://doi.org/10.1038/s41467-019-14104-2

Mason CJ (2020) Complex relationships at the intersection of insect gut microbiomes and plant defenses. J Chem Ecol 46:793–807

Meents AK, Mithöfer A (2020) Plant-plant communication: is there a role for volatile damage-associated molecular patterns? Front Plant Sci 11:583275. https://doi.org/10.3389/fpls.2020.583275

Mescher MC, De Moraes CM (2014) Role of plant sensory perception in plant-animal interactions. J Exp Bot 66:425–433

Mithöfer A, Boland W (2012) Plant defense against herbivores: chemical aspects. Annu Rev Plant Biol 63:431–450

Mithöfer A, Boland W (2016) Do you speak chemistry? EMBO Rep 17(5). https://doi.org/10.15252/embr.201642301

Mora CA et al (2016) Application of the *Prunus* spp. cyanide seed defense system onto wheat: reduced insect feeding and field growth tests. J Agric Food Chem 64:3501–3507

Mumm R, Hilker M (2006) Direct and indirect chemical defence of pine against folivorous insects. Trends Plant Sci 11:351–358

Polturak G, Osbourn A (2021) The emerging role of biosynthetic gene clusters in plant defense and plant interactions. PLOS Pathog. https://doi.org/10.1371/journal.ppat.1009698

Preiß S et al (2015) Plant – animal dialogues, Kap. 16. In: Krauss G-J, Nies DH (Hrsg) Ecological biochemistry – environmental and interspecies interactions. Wiley-VCH, Weinheim, S 313–330

Ramos MV et al (2019) Laticifers, latex, and their role in plant defense. Trend Plant Sci 24:553–567

Schmelz EA (2015) Impacts of insect oral secretions on defoliation-induced plant defense. Curr Opin Insect Sci 9:7–15

Schultz JC et al (2020) A galling insect activates plant reproductive programs during gall development. Sci Rep. https://doi.org/10.1038/s41598-018-38475-6

Schuurink R, Tissier A (2020) Glandular trichomes: micro-organs with model status? New Phytol 225:2251–2266

Séquin M (2017) The chemistry of plants and insects – plants, bugs, and molecules. Royal Society of Chemistry, London

Singh A et al (2020) Silicon: its ameliorative effect on plant defense against herbivory. J Exp Bot 71:6730–6743

Stahl E (1888) Pflanzen und Schnecken. Eine biologische Studie über die Schutzmittel der Pflanzen gegen Schneckenfraß. Ztschr. F. Naturwiss. 22:557–684

Stahl E et al (2020) Phosphatidylcholines from *Pieris brassicae* eggs activate an immune response in *Arabidopsis*. eLife 9:e60293. https://doi.org/10.7554/eLife.60293

Takeda S et al (2021) Recent progress regarding the molecular aspects of insect gall formation. Int J Mol Sci. https://doi.org/10.3390/ijms22179424

Vieira P, Gleason C (2019) Plant-parasitic nematode effectors – insights into their diversity and new tools for their identification. Curr Opin Plant Biol 50:37–43

Wang C et al (2020) Microenvironmental analysis of two alternating hosts and their impact on the ecological adaptation of the horned sumac gall aphid *Schechtendalia chinensis* (Hemiptera, Pemphiginae). Sci Rep. https://doi.org/10.1038/s41598-019-57138-8

War AR et al (2018) Plant defence against herbivory and insect adaptations. AoB Plants 10:ply037. https://doi.org/10.1093/aobpla/ply037

Wink M (2016) Secondary metabolites: Deterring herbivores. In: eLS. John Wiley & Sons, Ltd, Chichester. https://doi.org/10.1002/9780470015902.a0000918.pub3

Wink M (2018) Plant secondary metabolites modulate insect behavior – steps toward addiction? Front Physiol 9:364. https://doi.org/10.3389/fphys.2018.00364

Yip EC et al (2020) Sensory co-evolution: the sex attractant of a gall-making fly primes plant defences, but female flies recognize resulting changes in host-plant quality. J Ecol. https://doi.org/10.1111/1365-2745.13447

Zhou S, Jander G (2021) Molecular ecology of plant volatiles in interactions with insect herbivores. J Exp Bot 73:449–462

Abschn. 10.5

Barott KL et al (2015) Coral host cells acidify symbiotic algal microenvironment to promote photosynthesis. Proc Nat Acad Sci 112:607–612

Bosch S, Lurz P (2020) Die Tricks der stinkenden Nieswurz. Biologie in unserer Zeit. https://doi.org/10.1002/biuz.202010712

Bourne DG et al (2016) Insights into the coral microbiome: underpinning the health and resilience of reef ecosystems. Annu Rev Microbiol 70:317–340

Clavijo JM et al (2018) Polymorphic adaptations in metazoan to establish and maintain photosymbiosis. Biol Rev 93:2006–2020

Cruz S et al (2020) Functional kleptoplasts intermediate incorporation of carbon and nitrogen in cells of the Sacoglossa sea slug *Elysia viridis*. Sci Rep. https://doi.org/10.1038/s41598-020-66909-7

Darwin C (1842) The structure and distribution of coral reefs: Being the first part of the geology of the voyage of the Beagle, under the command of. Capt. Fitzroy, R.N. Smith, Elder, and Company, London

Davy SK et al (2012) Cell biology of cnidaria-dinoflagellate symbiosis. Microb Mol Biol Rev 76:229–261

Drake JL et al (2019) How corals made rocks through the ages. Glob Chang Biol 26:31–53

Freiwald A et al (2013) Korallenriffe im kalten Wasser des Nordatlantiks. In: Beck E (Hrsg) Die Vielfalt des Lebens – Wie hoch, wie komplex, warum? Wiley-VCH, Weinheim, S 89–98

Händler K et al (2009) Functional chloroplasts in Metazoan cells – a unique evolutionary strategy in animal life. Front Zool. https://doi.org/10.1186/1742-9994-6-28

Hata H, Kato M (2006) A novel obligate cultivation between damselfish and *Polysiphonia* algae. Biol Lett 2:593–596

Hata H et al (2010) Geographic variation in the damselfish – red alga cultivation mutualism in the Indo-West pacific. BMC Evol Biol 10:185. http://www.biomedcentral.com/1471-2148/10/185

Hume BCC et al (2015) *Symbiodinum thermophilum*, a thermotolerant symbiotic alga prevalent in corals of the world's hottest sea, the Persian/Arabian Gulf. Sci Rep. https://doi.org/10.1038/srep08562

Kolžoman, J. et al. (2024) Funktionale Kleptoplastie in Meeresnacktschnecken – Schnecken, die gerne Algen wären. https://doi.org/10.11576/biuz-6349.

Mohamed AR et al (2022) The coral microbiome: towards an understanding of the molecular mechanisms of coral-microbiota interactions. FEMS Microbiol Rev. https://doi.org/10.1093/femsre/fuad005

Mueller CE et al (2013) The symbiosis between *Lophelia pertusa* and *Eunice norvegica* stimulates coral calcification and worm assimilation. PLoS One 8:e58660

Pauli JN et al (2014) A syndrome of mutualism reinforces the lifestyle of a sloth. Proc R Soc B. https://doi.org/10.1098/rspb.2013.3006

Pruitt JN (2008) Collective aggressiveness of an ecosystem engineer is associated with coral recovery. Behav Ecol 29:1216–1224

Rumpho ME et al (2011) The making of a photosynthetic animal. J Exp Bot 214:303–311

Serodio J et al (2014) Photophysiology of kleptoplasts: photosynthetic use of light by chloroplasts living in animal cells. Philos Trans R Soc B 369. https://doi.org/10.1098/rstb.2013.0242

Sprengel CK (1793) Das entdeckte Geheimnis der Natur in Bau und Befruchtung der Blumen. F. Vieweg, Berlin

Van Steenkiste NWL et al (2019) A new case of kleptoplasty in animals: marine flatworms steal functional plastids from diatoms. Sci Adv 5:eaaw4337

Venn AA et al (2008) Photosynthetic symbiosis in animals. J Exp Bot 59:1069–1080

Kommunikation zwischen Tieren

Gerd-Joachim Krauß

Inhaltsverzeichnis

11.1 Pheromone und innerartlicher Informationsaustausch – 284
11.1.1 Biochemische Diversität und Sensorik – 284
11.1.2 Sexualpheromone – 284
11.1.3 Aggregations- und Alarmpheromone – 286
11.1.4 Pheromone eusozialer Insekten – 290

11.2 Farben, Muster und Licht – 291
11.2.1 Farbgebung und innerartliche Bedeutung – 291
11.2.2 Warnung und Tarnung – 295
11.2.3 Biolumineszenz – 298

11.3 Schutz und chemische Abwehr – 302
11.3.1 Konstitutive Abwehr – 302
11.3.2 Induzierte Abwehr – 305

Literatur – 307

© Der/die Herausgeber bzw. der/die Autor(en), exklusiv lizenziert an Springer-Verlag GmbH, DE, ein Teil von Springer Nature 2025
G.-J. Krauß, F. Bärlocher, *Ökologie und Ökologische Biochemie*, https://doi.org/10.1007/978-3-662-70586-5_11

11.1 Pheromone und innerartlicher Informationsaustausch

11.1.1 Biochemische Diversität und Sensorik

Pheromone werden von Tieren produziert und in terrestrischen und aquatischen Lebensräumen ausgeschieden. Sie dienen als Signalstoffe zur innerartlichen Kommunikation. Sie spielen eine grundlegende Rolle für die Steuerung des sexuellen Verhaltens, die Orientierung im Lebensraum, die Markierung von Territorien und Nahrungsquellen, die Auslösung von Alarm, aber auch Aggregationsverhalten sowie den Zusammenhalt der Kolonien eusozialer Insekten. Das chemische Signalgefüge verleiht den Gemeinschaften eine höhere Flexibilität bei der Anpassung an Umweltbedingungen.

Releaser-Pheromone lösen eine unmittelbare Verhaltensänderung der Tiere aus. **Primer-Pheromone** greifen in physiologische Prozesse ein und verursachen langfristige Modifikationen im Zielorganismus. Die meist niedermolekularen Pheromone wirken durch ihre spezielle Struktur sowie ihre Quantität. Durch artspezifische Mehrkomponentengemische werden die Identität und die genetische Herkunft der Artgenossen erkannt. Die einzelnen Individuen erfassen und verarbeiten die chemischen Signale über hoch empfindliche und selektive Chemorezeptoren, die über Signaltransduktionsketten differenzierte Verhaltensmuster auslösen.

Bei Insekten werden flüchtige Pheromone durch spezielle sensorische Neuronen des olfaktorischen Systems detektiert, die sich in den Antennen der Tiere befinden. Wasserlösliche Pheromone wirken durch Kontaktchemorezeption über das gustatorische System an den Rüsseln oder Beinen der Tiere. In beiden Fällen befinden sich die sensorischen Nervenzellen in haarähnlichen Strukturen der Cuticula (Sensillen).

Die chemische Diversität der Pheromone bestimmt ihre funktionelle Spezifität. Die Mehrzahl der Pheromone leitet sich biosynthetisch aus Zwischenprodukten des Grundstoffwechsels ab (z. B. Acetyl-Coenzym A, Mevalonat), die denen der Pflanzen entsprechen (▶ Abschn. 5.4.1, ▶ Abb. 5.30). Die Strukturvielfalt ergibt sich aus der Modifikation der Grundstruktur der Metaboliten, z. B. gesättigter und ungesättigter Kohlenwasserstoffe und Steroide, und durch Addition verschiedener funktioneller Gruppen. Beispiele sind Alkohole, organische Säuren, Ester, Aldehyde, Ketone und Epoxide. Auch Änderungen in Zahl, Position und Modifikation der Doppelbindungen in ungesättigten Kohlenwasserstoffen verändern die Spezifität der Moleküle. In der Cuticula, die das Exoskelett der Insekten schützt, kommen zahlreiche Kohlenwasserstoffe vor.

Neben dem Schutz vor Austrocknung werden durch sekretorische Zellen der Epidermis (**Oenocyten**) Signalstoffe aus der Stoffgruppe der Alkene sowie methylverzweigte Kohlenwasserstoffe synthetisiert. Lange Dien- und Monoenkohlenwasserstoffketten beeinflussen z. B. die Wahl der Geschlechtspartner in Dipteren, z. B. bei der Stubenfliege (*Musca domestica*, Muscidae, Diptera) oder der Taufliege *Drosophila melanogaster* (Drosophilidae, Diptera). Cuticuläre Kohlenwasserstoffe sind auch maßgeblich an der physiologisch-biochemischen Organisation der Insektenstaaten beteiligt (▶ Abschn. 11.1.4).

Eine große Bedeutung für die Wirkspezifität von Pheromonen hat die Chiralität der Moleküle. In Blattschneiderameisen ist das (*S*)-Isomer des Alarmpheromons 4-Methyl-3-heptanon 400-mal wirksamer als des (*R*)-Isomer. Eine bemerkenswerte, strukturell nur geringfügige Variabilität in der Position der Doppelbindungen zeigt sich bei zwei Arten der Faltergattung *Planotortrix* (Tortricidae, Lepidoptera), die in Neuseeland heimisch sind. Während *P. excessana* (*Z*)-5- und (*Z*)-7-Tetradecenylacetat als Sexualpheromone nutzt, verwendet *P. octo* für den gleichen Zweck (*Z*)-8- und (*Z*)-10-Tetradecenylacetat.

Molekulare Vorstufen von Pheromonen werden manchmal auch aus Pflanzen aufgenommen und im Tierkörper zu aktiven Signalmolekülen modifiziert. Ein Beispiel dafür ist die Biotransformation von Pyrrolizidinalkaloiden aus Arten der Asteraceae, Boraginaceae und Fabaceae durch Schmetterlinge (▶ Abschn. 11.1.2).

Detaillierte Kenntnisse über die molekulare Wirkung der Pheromone sind wichtig für deren Nutzung in der Schädlingsbekämpfung als Teil des integrierten Pflanzenschutzes (▶ Abschn. 14.8). Das Ziel des Einsatzes ist die artspezifische Manipulation des Verhaltens der Tiere in agrar- und forstwirtschaftlichen Flächen. Hauptstrategien beinhalten Eingriffe in das Paarungsverhalten der Tiere durch Ausbringen synthetischer Sexualpheromone und Störung der Partnerfindung sowie Massenfang in Fallen durch Sexual- und Aggregationspheromone.

11.1.2 Sexualpheromone

Eine große Gruppe von Pheromonen dient zur Anlockung des Geschlechtspartners. Bei Insekten sind häufig die Weibchen die Sender der chemischen Signale, die in artspezifischen Gemischen bei definiertem Volumenverhältnis und konstanter Abgaberate wirken. Als erstes Pheromon wurde im Jahr 1959 das **Bombykol** ([*E*, *Z*]-10,12-Hexadecadien-1-ol) isoliert, das die weiblichen Tieren des Seidenspinners (*Bombyx mori*, Bombycidae, Lepidoptera) synthetisieren (◘ Abb. 11.1). Der flüchtige, hydrophobe Metabolit wird zusammen mit dem an-

11.1 · Pheromone und innerartlicher Informationsaustausch

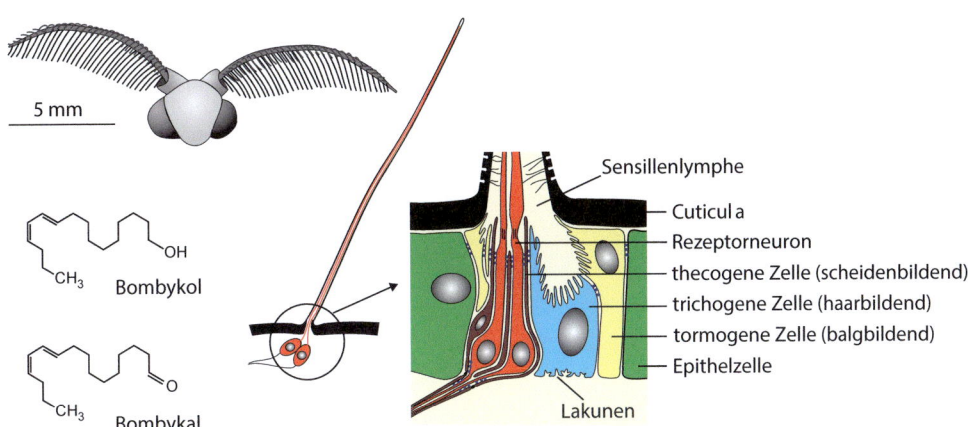

Abb. 11.1 *Bombyx mori.* Wahrnehmung der weiblichen Sexualpheromone Bombykol und Bombykal mittels Sensillen an den Antennen des männlichen Tiers. (Verändert nach Frings 2021, Abb. 8.3, © Springer Nature)

tagonistisch wirkenden Bombykal abgegeben, dessen Rolle für das Sexualverhalten aber noch nicht eindeutig geklärt ist.

Die Pheromone werden aus Drüsen am Ende des weiblichen Abdomens freigesetzt. Die Männchen empfangen die chemischen Signale mit ihren gefiederten Antennen am Kopf, die jeweils etwa 100.000 Sinneshaare (**Sensillen**) tragen. Die männlichen Falter bemerken die Pheromonmoleküle beim Flug gegen die Windrichtung innerhalb eines Bereichs von mehreren Kilometern. Die Sinneswahrnehmung beginnt, wenn etwa 200 Sinneshaare pro Sekunde aktiviert werden. Etwa 3000 Moleküle Bombykol pro Milliliter Luft sind der Schwellenwert, auf den die Falter mit dem Schwirren der Flügel beginnen. Die Pheromone diffundieren lateral auf der Cuticula der Sensillen zu den Mikroporen. Die Sensillen sind mit Lymphe gefüllt, die von den tormogenen und trichogenen Zellen hergestellt wird (■ Abb. 11.1) und pheromonbindende Proteine enthält. In die Sensillen ragen Dendriten der olfaktorischen Neuronen. In deren Membranen werden die Pheromone durch Rezeptoren detektiert und Aktionspotenziale ausgelöst.

Verschiedene Insekten nehmen spezialisierte Metaboliten aus Pflanzen auf und setzen sie unverändert oder enzymatisch umgewandelt zur sexuellen Kommunikation ein. Das Sesquiterpen **β-Caryophyllen** wird von männlichen Fruchtfliegen (*Bactrocera correcta*, Tephritidae, Diptera) aus Pflanzen entnommen, mit der Hämolymphe transportiert und in der Rektaldrüse angereichert. Das stark invasive Insekt ist ein ökonomisch wichtiger Schädling, der mehr als 60 Obst- und Gemüsearten aus 30 Pflanzenfamilien der Tropen und Subtropen befällt. In Thailand ist in besonderem Maße die Guaven- und Mangoproduktion betroffen. Die aktuelle Erforschung der Pheromonwirkung bei *Bactrocera*-Arten unterstützt die Entwicklung und Nutzung dieser Wirkstoffe als chemische Köder bei der Bekämpfung dieser Schadinsekten.

Schmetterlinge der Familie der Nymphalidae (Unterfamilie Danaidae) nehmen aus Arten der Asteraceae, Boraginaceae und Fabaceae Pyrrolizidinalkaloide als Vorstufen für Pheromone auf (■ Abb. 11.2). Die männlichen Tiere geben mit dem Rüssel einen Flüssigkeitstropfen auf das verletzte oder trockene Pflanzengewebe ab und saugen dann den alkaloidreichen Extrakt wieder auf. **Lycopsamin** wird vom Falter (z. B. *Danaus gilippus*, *D. chrysippus*) zum Pheromon **Danaidon** umgewandelt. Bemerkenswert ist, dass die Schmetterlinge durch flüchtige Pyrrolizidinalkaloide aus den Pflanzen (z. B. Hydroxydanaidal) angelockt werden. Danaidon wird in Partikel eingebaut, die auf den Haaren der abdominalen Haarpinsel haften (■ Abb. 11.2). Beim Treffen mit dem weiblichen Sexualpartner werden die Pheromontransferpartikel auf die weiblichen Fühler übertragen. Es kommt zu einem Dauerreiz, der zum Arretierflug („Hochzeitsflug") und zur Befruchtung der Weibchen führt (■ Abb. 11.2).

Chemisch unveränderte Pyrrolizidinalkaloide (PAs) aus Pflanzen sind im Körper der Danaidenarten ein konstitutiver Schutz der Insekten vor Fressfeinden (▶ Abschn. 11.3.1). Das gilt auch für männliche und weibliche Larven des südostasiatischen Falters *Creatonotos transiens* (Erebidae, Lepidoptera). Diese Larven erscheinen süchtig nach den PAs. Sie fressen sogar Löschpapier, das mit PAs getränkt wurde. Kurz vor dem Schlüpfen setzt das weibliche Tier aus der Haut (Integument) einen Teil der akkumulierten Alkaloide frei und überträgt sie auf die Eier. Das Gelege ist dann mit einem Gehalt an 4–6 mg Pyrrolizidinalkaloiden pro Gramm Frischgewicht vor Eiräubern gut geschützt. Die Männchen übertragen die Alkaloide wie bei den Danaiden während der Kopulation mit ihren Spermatophoren. Nach dem Schlüpfen synthetisieren die männlichen Tiere von *C. transiens* aus Pyrrolizidinalkaloiden der Futterpflanzen nicht Danaidon (siehe oben), sondern Hydroxydanaidal als flüchtigen Lockstoff für die Weib-

einem Massenbefall wie beispielsweise durch den Borkenkäfer wird die Überwindung der chemischen Verteidigungsmechanismen der Wirtsbäume mithilfe dieser Wirkstoffe erleichtert. Aggregationspheromone sind meist Gemische aus lipophilen Terpenoiden, Säuren, Alkoholen und Estern.

In Mittel- und Nordeuropa befällt der Borkenkäfer *Ips typographus* (Scolytinae, Coleoptera) die Gemeine Fichte (*Picea abies*, Pinaceae, Coniferales). Durch hohe Temperaturen und mehrjährige Trockenheit im Zuge des Klimawandels kommt es insbesondere in Monokulturen zu einem massiven Borkenkäferbefall, insbesondere dann, wenn sie auf ungünstigen Standorten angepflanzt wurden. Im Jahr 2021 mussten in Deutschland mehr als 40 Mio. m³ Schadholz gefällt werden. Davon waren bereits 80 % der Fichten durch Insekten geschädigt.

Große Schadensflächen durch Borkenkäferausbreitung treten auch in Nadelwäldern im Westen Nordamerikas auf. Verantwortlich dafür sind insbesondere *Dendroctonus*-Arten. Der Massenbefall erhöht dann auch das Risiko für verheerende Waldbrände. Der Besiedlung eines Nadelbaums wird durch spezialisierte Metaboliten unterstützt, die von der Wirtspflanze sowie den parasitierenden Käfern und ihren symbiotischen Pilzen abgegeben werden. Ein biochemisches Kommunikationssystem bestimmt den Besiedlungsablauf, der in ◘ Abb. 11.3 am Beispiel des nordamerikanischen Borkenkäfers *Dendroctonus brevicomis* (Curculionidae, Coleoptera) dargestellt ist. Die Geschlechtspartner bestimmen die Qualität und Quantität der freigesetzten Wirkstoffe, die die Auswahl des Wirts determinieren:

— Bei monogamen Borkenkäfern treffen die weiblichen Tiere (*D. brevicomis*) die Wirtswahl und bei polygamen Käfern die Männchen (*I. typographus*). Myrcen (◘ Abb. 11.3) gehört zu dem Gemisch flüchtiger Monoterpene, die der Baum unter anderem mit seinem Harz abgibt. Borkenkäfer werden angelockt. Sie wählen den Wirt aber auch nach Alter, Nährwert und Verteidigungsstatus aus. Mit dem Befall der Nadelbäume muss das Netzwerk konstitutiver und induzierter Verteidigungsstrategien überwunden werden (▶ Abschn. 10.4.4, ▶ Abb. 10.42).

— Die Käfer bohren sich in das Holz des Wirtsbaums und formen charakteristische Schadmuster mit zahlreichen Brutgängen. ◘ Abb. 11.4 zeigt Schadbilder durch *I. typographus* an *Picea abies*. Aus dem Holz treten Harze aus. Die Tiere tragen auch phytopathogene, ektosymbiotische Pilze ein, die als Gemeinschaften aus verschiedenen Arten siedeln und im unteren Teil der Rinde, im Phloem, nekrotische Läsionen verursachen. Die Pilze verwenden das Bohrmehl als Substrat, metabolisieren die pflanzlichen Abwehrstoffe (Terpenoide, Phenole) und schwächen dadurch die chemische Verteidigung des Wirts.

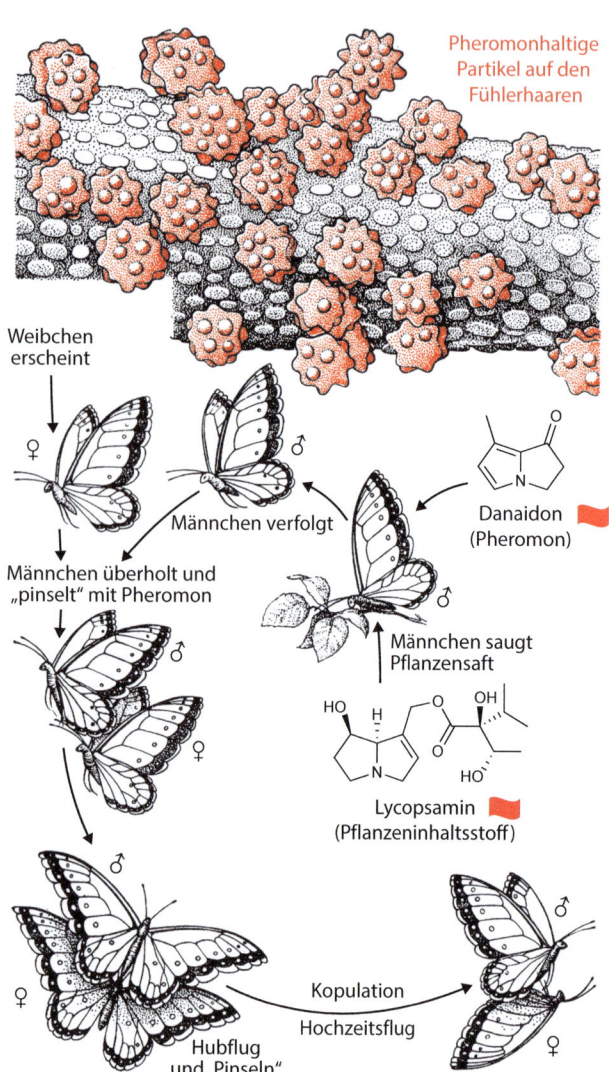

◘ **Abb. 11.2** Das Balzverhalten von *Danaus gilippus* unter dem Einfluss des Pheromons Danaidon, ein Umwandlungsprodukt aus dem pflanzlichen Alkaloid Lycopsamin. (Aus Krauß und Miersch 1983, S. 69–80)

chen. Die Pheromone werden aus den sich am Abdomen befindenden Coremata abgegeben.

11.1.3 Aggregations- und Alarmpheromone

Aggregationspheromone können von beiden Geschlechtern synthetisiert werden und locken Individuen der gleichen Art zum Ort der Freisetzung der spezialisierten Metaboliten. Über einen bestimmten Zeitraum kommt es zur Gruppenbildung. Die **Ansammlung** an einer Nahrungsquelle ist vorteilhaft für die Partnerwahl und schützt besser vor Umwelteinflüssen. Dieser Pheromontyp kommt unter Käfern, Mücken, Schaben, Fruchtfliegen, Fliegen, Wespen und Heuschrecken vor. Bei

11.1 · Pheromone und innerartlicher Informationsaustausch

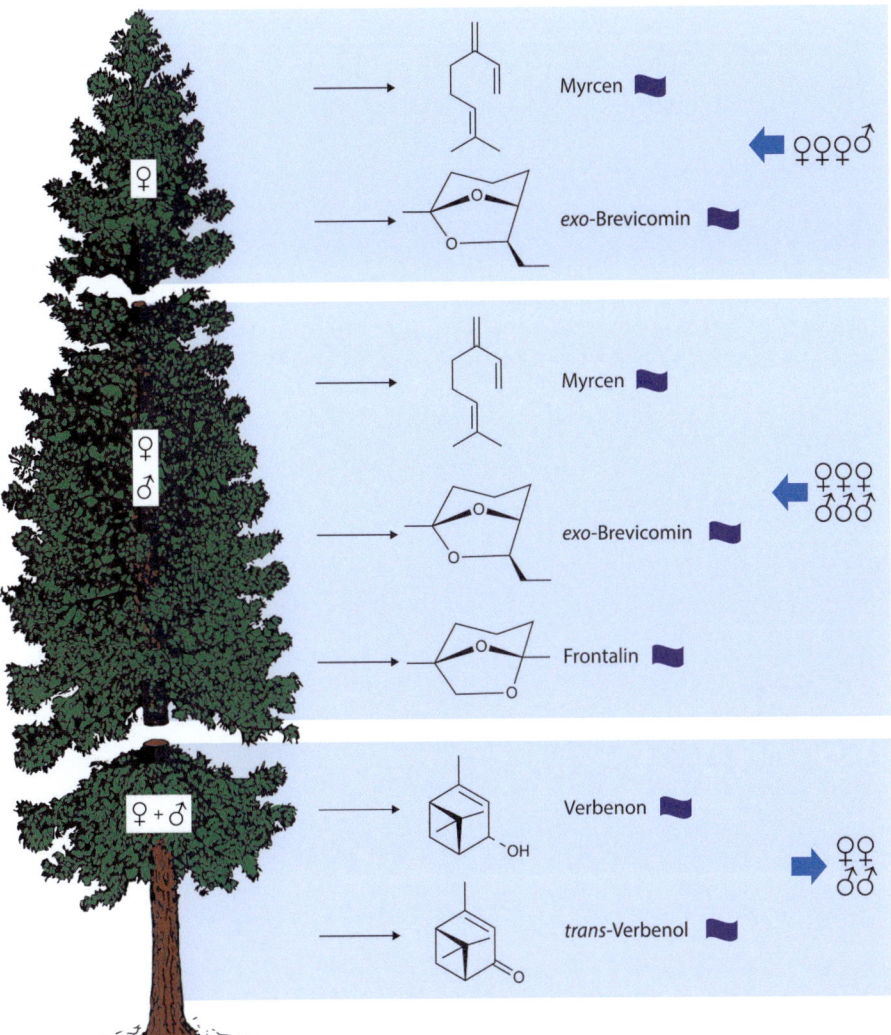

■ Abb. 11.3 Die Besiedlung der kalifornischen Kiefer *Pinus ponderosa* durch den Borkenkäfer *Dendroctonus brevicomis*. Geschlechterverhältnis und Emission von Lockstoffen sind in der zeitlich-räumlichen Abfolge des Befalls von oben nach unten dargestellt. (Verändert nach Dettner und Zwölfer 2010 Abb. 21-10, © Springer Nature)

— Die weiblichen Tiere von *D. brevicomis* synthetisieren das Sexualhormon **exo-Brevicomin** (■ Abb. 11.3) zur Anlockung der Männchen. Interessanterweise wird der Wirkstoff auch konvergent durch ektosymbiotische Pilze produziert und ergänzt dadurch das Metabolitgemisch.
— Die ankommenden Männchen geben das Pheromon **Frontalin** ab, das im Gemisch mit *exo*-Brevicomin und **Myrcen** (■ Abb. 11.3) weitere männliche und weibliche Käfer anlockt. Pilzliche Lockstoffe können auch dieses Wirkstoffmuster ergänzen und damit die Aggregation der Insekten verstärken. Experimentelle Untersuchungen am Studienobjekt *P. abies* – *I. typographus* ergaben, dass der Ascomycet *Grosmannia penicillata* (Ophiostomataceae, Ophiostomatales) wesentlich zum Borkenkäferbefall des Baums beiträgt. Jede neue Käfergeneration findet den Ektosymbionten über flüchtige Substanzen, die der Pilz aus spezialisierten Metaboliten des Holzes synthetisiert (■ Abb. 11.5). Der Organismus oxidiert Monoterpene, vor allem (−)β-Pinen und (−)Bornylacetat, die der Baum eigentlich zur Herbivorenabwehr be-

nötigt. Die entstehenden Pilzmetaboliten, von denen Terpinen-4-ol und (−)Campher den Hauptanteil ausmachen (■ Abb. 11.5), verändern die chemische Signatur der flüchtigen Signale und fördern die fortschreitende Kolonisierung des Baums durch den Borkenkäfer. Untersuchungen haben gezeigt, dass die Käfer über Sinneshaare verfügen, die auf die Perzeption der sauerstoffhaltigen Monoterpene spezialisiert sind. Alle aggregationsauslösenden Wirkstoffe verursachen zusammen den Massenanflug der Borkenkäfer.
— Die angelockten Geschlechtspartner kopulieren. Die männlichen Tiere setzen Antiaggregationspheromone (**Verbenon**, *trans*-**Verbenol**) (■ Abb. 11.3) frei, die die weitere Besiedlung des Wirts verhindern. Verbenon wird aus dem α-Pinen des Baums synthetisiert. Die Weibchen legen ihre Eier in den Brutgängen des Holzes ab (■ Abb. 11.4c). Nach einigen Wochen verpuppen sich die Larven. Die jungen Käfer verlassen während des Sommers den Baum und initiieren in einem neuen Wirt die nächste Generation.

Abb. 11.4 Der Borkenkäfer *Ips typographus* **a** verursacht typische Schadmuster am Stamm (Bohrlöcher, **b**) und im Holz **c** des Nadelbaums *Picea abies*. (Fotos: a © Tomasz/► stock.adobe.com; b, c Gudrun Krauß)

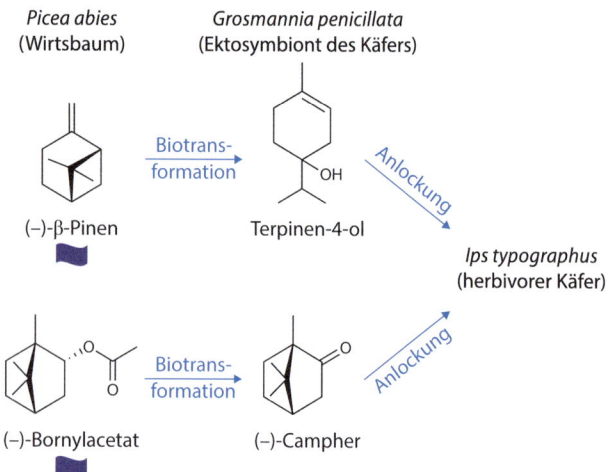

Abb. 11.5 Biotransformation von spezialisierten Metaboliten aus dem Holz des Wirtsbaums (*Picea abies*) durch den Ascomyceten *Grosmannia penicillata*, und die Anlockung des Borkenkäfers *Ips typographus*

Verschiedene Aggregationspheromone dienen im Tierreich zur Synchronisierung der Fortpflanzung. Dabei kommt eine Vielzahl an Individuen einer Art zur gleichen Zeit zur Reproduktion. Beispiele dafür sind das Laichen der Fische, die biolumineszenzbasierte Aggregation (► Abschn. 11.2.3) und die Eiablage von Schildkröten. Diese komplexen Prozesse erfordern die Integration äußerer Signale und innerorganismischer, hormoneller Regulation. Für Wanderheuschrecken liegen Befunde zur Aggregation zu Schwärmen und zur Steuerung des Reproduktionszyklus durch Pheromone vor. Diese Insekten bilden Schwärme mit Hunderten bis Tausenden Individuen, die in der Landwirtschaft Ostafrikas große Schäden anrichten. Am Beispiel der Europäischen Wanderheuschrecke (*Locusta migratoria*, Acrididae, Orthoptera) konnte experimentell nachgewiesen werden, dass das Aggregationspheromon **4-Vinylanisol** (◘ Abb. 11.6) die Schwarmbildung fördert. Der Wirkstoff wird von adulten männlichen Tieren in den Luftraum freigesetzt und bewirkt bei den Weibchen auch eine synchrone Geschlechtsreife in der Gruppe. Durch die Aggregation der Tiere (gregäre Phase, Wanderphase) wird das Risiko gegenüber Fressfeinden erniedrigt. In dieser Phase synthetisieren die Tiere den Wirkstoff **Phenylacetonitril** (◘ Abb. 11.16), der aus der Aminosäure Phenylalanin gebildet wird. Bei Angriff, z. B. durch Vögel, wird aus dieser Substanz die hochgiftige Blausäure zur aktiven Abschreckung (► Abschn. 11.3)

11.1 · Pheromone und innerartlicher Informationsaustausch

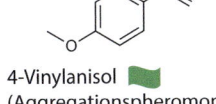

4-Vinylanisol
(Aggregationspheromon)

Phenylacetonitril
(Antikannibalismus-
pheromon, Abwehrgift)

Abb. 11.6 Pheromone der Europäischen Wanderheuschrecke (*Locusta migratoria*) (Asturien, Spanien). 4-Vinylanisol und Phenylacetonitril. (Foto: © Nick Upton/nature picture library/mauritius images)

synthetisiert. Phenylacetonitril übernimmt im Schwarm aber auch eine Pheromonfunktion. Mit Erhöhung der Populationsdichte bei der Schwarmbildung werden zunehmend größere Mengen dieses Metaboliten synthetisiert. Wie Verhaltensexperimente am Modellsystem *L. migratoria* ergaben, ist der Wirkstoff essenziell für die Regulation kannibalistischer Interaktionen der Individuen. Kannibalismus unter diesen Insekten wird gefördert, wenn die Populationsdichte steigt und im pflanzlichen Nahrungsangebot ein Mangel an Proteinen und Kohlenhydraten eintritt. Das ist der Fall, wenn der Tierschwarm zu lange am Nahrungsort verbleiben würde. Das Antikannibalismuspheromon Phenylacetonitril wehrt Fraßangriffe durch Artgenossen ab und treibt den Schwarm zum Weiterziehen an. Die Befunde zur chemisch gesteuerten Schwarmdynamik sind bedeutsam für die Entwicklung neuer Wirkstoffe gegen Wanderheuschrecken.

Aggregationspheromone werden von Tieren auch im aquatischen Lebensraum verwendet. Sie sind beispielsweise wichtige Faktoren, die die dichte Besiedlung des Meeresbodens durch benthisch lebende wirbellose Tiere wie Muscheln, Seepocken und Korallen unterstützen (▶ Abschn. 10.5). Die meisten dieser Arten verbringen die larvale Phase im Pelagial. Beispiel dafür ist die Dreikantmuschel *Mytilopsis sallei* (Dreissenoidea, Myida). Sie kommt ursprünglich in der Karibik vor. Aufgrund ihrer hohen Umwelttoleranz hinsichtlich Temperatur, Salinität und Sauerstoffgehalt des Meerwassers verbreitet sich das Tier als kritische invasive Art weltweit. In Laboruntersuchungen wurde gezeigt, dass die Purinverbindungen Adenosin, Inosin und Hypoxanthin als Aggregationspheromone wirken. Sie lösen nach Freisetzung durch adulte Tiere ins Wasser die Ansiedlung und Metamorphose von Larven der Artgenossen aus. Die benthisch lebenden Jungtiere haften sich an Oberflächen und beginnen, dort kompakte Kolonien zu bilden. Adenosin ist eine Vorstufe von ATP (▶ Kap. 5). Das Nucleosid wird in der Muschel in einem Signalweg verwendet, der den Entwicklungszyklus der Muschel reguliert. Die drei Purine sind typische Produkte des Grundstoffwechsels und erhalten in dieser Muschel eine unmittelbare ökologische Relevanz.

Alarmpheromone warnen Artgenossen, aber führen auch zur Vertreibung von Individuen aus dem Territorium. Die chemische Zusammensetzung von Gemischen dieser spezialisierten Signalstoffe kann bei den jeweiligen Arten stark variieren, und somit auch die jeweilige Ausprägung des entsprechenden Verhaltens. Zahlreiche Studien liegen zur Funktion dieser Wirkstoffe in eusozial organisierten Insekten vor. Bei Ameisen erfüllen Alarmpheromone zwei Funktionen. Mit einem Aggressionsalarm wird die aggressive Reaktion auf das antagonistische Tier ausgelöst. Ein Panikalarm führt aber auch zur Flucht vor Räubern.

Bei der Honigbiene erzeugen Arbeiterinnen bei Bedrohung am Eingang zum Bienenstock chemischen Alarm. Sie setzen auch Alarmpheromone aus ihren Stacheln beim Angriff frei. Mit dem Signalstoff, z. B. **Isopentenylacetat**, werden andere Artgenossen gewarnt. Sammlerbienen sind in der Lage, Alarmpheromoninformationen anderer Arten zu entschlüsseln. Dadurch vermeiden sie die interspezifische Konkurrenz beim Besuch von Wirts- und Nahrungspflanzen. Beispielsweise erkennt die asiatische Honigbiene *Apis cerana* (Apidae, Apoidea) die Alarmsignale von *A. dorsata* und *A. mellifera* und weicht auf andere Blüten aus.

Die Aktivität von Alarmpheromonen wurde auch bei Blattläusen (Homoptera, Aphididae) gut untersucht. Das liegt wohl auch daran, dass diese Insekten weltweit zu den bedeutendsten Schädlingen von Agrarkulturen gehören. Es sind über 5000 Arten bekannt, die mehr als 5 % der Kulturpflanzen schädigen. Einige Arten lösen auch Gallenbildung bei Wirtspflanzen aus (▶ Abschn. 10.4.5). Die Insekten leben häufig mit Ameisen in einer Symbiose, die durch spezialisierte Metaboliten gesteuert wird (▶ Abschn. 10.3.1, ▶ Abb. 10.21). Hauptkomponente der Alarmpheromongemische ist das Terpenoid (*E*)-β-**Farnesen** (◼ Abb. 11.7). Ein starkes chemisches Signal veranlasst die Kolonie, die Wirtspflanzen zu verlassen. Der Syntheseweg dieses Pheromons hat gemeinsame Zwischenprodukte mit der Biosynthese des Juvenilhormons. Aphiden setzen dann größere Mengen an Alarmpheromonen frei, wenn sie in dichten Populationen leben. Das Terpenoidsignal kann aber auch von anderen Tieren entschlüsselt werden (◼ Abb. 11.7). *E*-β-Farnesen aus dem Honigtau (▶ Abschn. 10.3.1) lockt den Asiatischen Marienkäfer (*Harmonia axyridis*, Coccinellidae, Coleoptera) bei der Suche nach Beute an. Die Larven der Gemeinen Feldschwebfliege (*Eupeodes corollae*, Syrphidae, Brachycera) ernähren sich ebenfalls von Blattläusen.

• **Abb. 11.7** Die intra- und interartliche Wirkung von (E)-β-Farnesen aus Blattlauskolonien (*Acyrthosiphon pisum*). (Fotos: *Harmonia axyridis* (© David Daniel/▶ stock.adobe.com), *Eupeodes corollae* (© Henk Wallays/Wirestock/▶ stock.adobe.com)

11.1.4 Pheromone eusozialer Insekten

Die komplexen Informationsnetzwerke zwischen eusozial lebenden Insekten werden maßgeblich durch Pheromone gesteuert. Eine besondere Rolle spielen Primer-Pheromone für die Stabilität der Homöostase in der Kolonie. Der ökologische Vorteil einer staatenbildenden Kolonie, auch als Superorganismus bezeichnet, liegt darin begründet, dass die Tiere in Gruppen (Kasten) verschiedene Aufgaben wie Fortpflanzung, u Nahrungssuche, Aufzucht der Brut, Verteidigung des Nests und Markierung des Territoriums erfüllen. Als Kommunikationsmittel sind cuticuläre Kohlenwasserstoffe weit verbreitet (▶ Abschn. 11.1.1). Syntheseorte sind spezielle Zellen (Oenocyten) in der Epidermis, von wo die Substanzen mittels Lipoproteinen in die Cuticula transportiert werden. Diese Signalstoffe definieren den Status der Koloniemitglieder, wie Identität der Art, Zugehörigkeit zur jeweiligen Kaste, Alter und Gesundheit sowie Reproduktionsfähigkeit. Parasitisch lebende Insekten täuschen den Wirt durch chemische Mimikry seiner Pheromone. Die Wespe *Polistes atrimandibularis* (Vespidae, Hymenoptera) kann dadurch in Nestern einer anderen Art dieser Gattung (*P. biglumis*) parasitieren. Dabei passt das Tier sein eigenes Gemisch cuticulärer Kohlenwasserstoffe dem chemischen, alkanreichen Profil des Wirts an.

Ein gut untersuchtes Beispiel für eusoziale Insekten ist die Honigbiene (*Apis mellifera*, Apidae, Apoidea). Alle Individuen der Kolonie kommunizieren untereinander mit mehr als 50 unterschiedlichen spezialisierten Metaboliten. Die Pheromone werden durch verschiedene Drüsen an verschiedenen Körperstellen sezerniert. Sie sind für die Kommunikation zwischen allen Kasten verantwortlich, wie zwischen Königin und Arbeitsbienen, Königin und Drohnen, zwischen den Arbeitsbienen, aber auch zwischen adulten Bienen und der Brut. Damit werden ein hoher Organisationsgrad und die funktionelle Plastizität der Kolonie in Auseinandersetzung mit sich ändernden Umweltbedingungen erreicht.

Die Königin nimmt eine zentrale Rolle für die Organisation des Zusammenlebens im Insektenstaat ein (• Abb. 11.8). Aus ihren Mandibeldrüsen werden fünf Hauptkomponenten freigesetzt **(E)-9-Oxo-2-decensäure**, (+)- und (−)-(2E)-9-Hydroxy-2-decensäure, Methyl-4-hydroxybenzoesäure und 4-Hydroxy-3-methoxyphenylethanol. Die Pheromone regulieren die Entwicklung und Homöostase der Kolonie mit Releaser- und Primer-Wirkung auf die Individuen der verschiedenen Kasten (• Abb. 11.8). Die Signalstoffe werden durch den ständigen physischen Kontakt von den Arbeiterinnen übernommen und unter den Individuen verteilt. Das Wirkmuster der Mandibularsekrete wird ergänzt durch Pheromone aus anderen Drüsen der Königin. Arbeitsbienen entwickeln Drüsen und Sekrete in einem speziellen zeitlichen Muster. Drüsen, die mit der Fütterungsaktivität von Larven verbunden sind, sind besonders in jungen Bienen aktiv. Alarmpheromone aus dem Stachel werden erst später in der Ontogenese produziert. Wenn bei Arbeitsbienen die Futtersuche stimuliert ist, produzieren die Mandibeldrüsen das Alarmpheromon 2-Heptanon.

Die sich entwickelnden Larven in der Bienenkolonie emittieren ein spezielles Pheromongemisch, das Verhalten und Physiologie der Arbeitsbienen in Bezug auf die Brutpflege steuert (Releaser-Pheromone). Es besteht aus zehn Methyl- und Ethylfettsäureestern und moduliert das Fütterungsverhalten der Arbeitsbienen und die Bereitschaft zum Sammeln von Pollen und induziert auch das Verschließen der Brutzellen vor der Verpuppung.

Die Pheromonsteuerung der Kolonien von **Termiten** und **Ameisen** (▶ Abschn. 10.3) erfolgt nach ähnlichen Prinzipien wie bei staatenbildenden Bienen. Spurpheromone mit Releaser-Charakter ergänzen die Signalstoffgemische. Wenn Arbeitsameisen eine Nahrungsquelle finden, so legen sie auf dem Rückweg zum Nest eine Duftspur. Dabei drücken sie ihre abdominalen Pheromondrüsen kontinuierlich auf den Boden. Die Markierung wird durch alle Individuen so lange ergänzt, bis die Nahrungsquelle erschöpft ist. Vertreter der Ameisenunterfamilie Formicinae nutzen Ameisensäure für die Duftspur. Dolichoderinae-Arten setzen Ketone ein.

11.2 · Farben, Muster und Licht

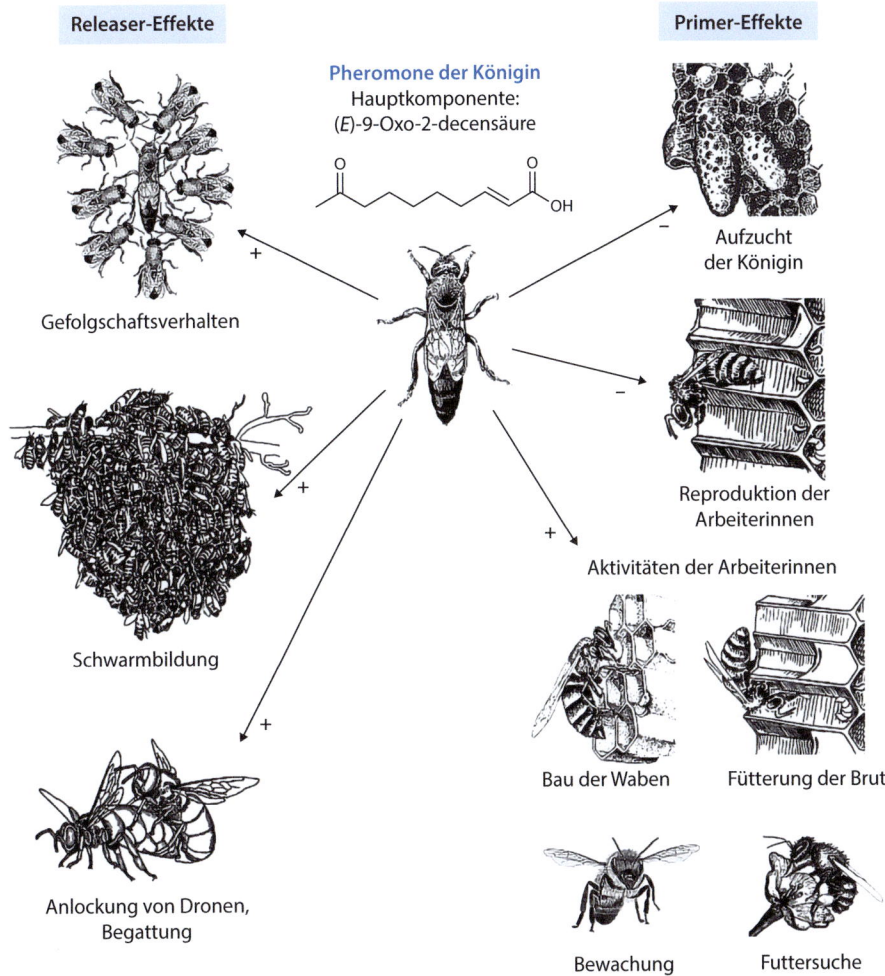

Abb. 11.8 Organisation und Regulation der Bienenkolonie (*Apis mellifera*) durch Pheromone der Königin. (+), stimulierende Effekte; (−), hemmende Effekte. (Verändert nach Bortolotti und Costa 2014, Abb. 5.1)

Blattschneiderameisen (▶ Abschn. 10.3.3) zeigen besondere Fähigkeiten beim Spur- und Wegebau. Nahrungssuche und chemische Markierung der Fährten erfolgen zunächst auf nicht geräumten Wegen. Arbeitsameisen entfernen dann bei stabiler Nahrungsquelle die Vegetation von den bis zu 200 m langen Pfaden und ebnen auch den Boden ein. Das Spurpheromon der Blattschneiderameise *Atta texana* (Formicinae, Hymenoptera), das Alkaloid Methyl-4-pyrrol-2-carboxylat, wird bereits bei einer Konzentration von 0,08 pg cm^{-1} der Spur wahrgenommen. Vertreter der Ameisengattungen *Tetramorium*, *Myrmica*, *Aphaenogaster* verwenden Dialkylpyrazine. Offensichtlich tragen auch Bakterien zur Bereitstellung von Pyrazinpheromonen bei. Das Gammaproteobakterium *Serratia marcescens* (Yersiniaceae, Enterobacterales), das assoziiert mit *Atta sexdens rubropilosa* (Formicinae, Hymenoptera) lebt, ist zur eigenständigen Synthese derartiger Signalstoffe befähigt.

11.2 Farben, Muster und Licht

11.2.1 Farbgebung und innerartliche Bedeutung

Das Erkennen von Farben, Mustern und Kontrasten ist neben anderen Sinneseindrücken wesentlicher Teil der Wahrnehmung der Umwelt durch Tiere. In den Augen stehen Pigmente zur Verfügung, die sich durch Anpassung an die spektralen Eigenschaften des Lichts, vor allem im langwelligen Bereich, entwickelt haben. Das differenzierte Sehen wird durch unterschiedlich lichtempfindliche Rezeptormoleküle (**Rhodopsine**) in den Photorezeptoren der Lichtorgane bestimmt. Die Rhodopsine bestehen jeweils aus dem Chromophor (**Retinal**), dass in ein Protein (**Opsin**) eingebaut ist. Der sterisch unterschiedliche Einbau der Retinale in die dreidimensionale Matrix des Chromoproteins bestimmt den

Wellenlängenbereich des absorbierten Lichts. Es sind vier Retinalvarianten bekannt: Retinal (Wirbellose und Wirbeltiere), 3-Dehydroretinal (Amphibien, Reptilien, einige Fische), 3-Hydroxyretinal (Insekten) und 4-Hydroxyretinal (nur bei einem Tintenfisch). Für die Biosynthese der Retinale sind lipophile Carotinoide erforderlich, die jedoch die Tiere nicht selbst herstellen können. Carotinoide sind typische pflanzliche Metaboliten, die direkt über die pflanzliche Nahrung oder durch Verzehr herbivorer Beutetiere aufgenommen werden müssen.

Carotinoide und andere Farbstoffe werden als Grundlage der Körperfärbung in speziellen Zellen, den **Chromatophoren**, synthetisiert und eingelagert. Je nach Art der gespeicherten Moleküle und der entsprechenden Färbung unterscheidet man Melanophoren (mit Melaninen; braun, schwarz), Erythrophoren (mit Carotinoiden und Pterinen; orange, rot), Xanthophoren (mit Carotinoiden und Pterinen; gelb), Leucophoren (weiß) und Iridophoren (irisierend). Chromatophoren befinden sich vor allem im oberflächennahen Gewebe der Tiere. Sie sind für die beständige Färbung verantwortlich, aber bei manchen Tieren auch für einen neuronal und hormonell gesteuerten Farbwechsel in Anpassung an die jeweiligen Umweltbedingungen wie Schutz vor UV-Licht, Wärmeregulation, innerartliche Kommunikation (z. B. geschlechtsspezifische Signale) und zwischenartlicher Informationsaustausch wie Warnung, Tarnung und Mimikry. Es werden zwei Typen von Farbwechseln unterschieden:

— **Morphologischer Farbwechsel**: Die Farbstoffmenge in den Chromatophoren wird durch Neusynthese, Abbau oder chemische Modifikation verändert. Es kann die Zahl der Chromatophoren pro Flächeneinheit der Haut erhöht oder vermindert werden. Der Prozess dauert Tage bis Wochen. Beispiele dafür sind der Wechsel des Fells bei Säugetieren bzw. die Veränderung des Federkleids von Vögeln in Farbe und Helligkeit.
— **Physiologischer Farbwechsel**: Ursache für die Abläufe innerhalb von Millisekunden bis Minuten sind die Veränderung der Form der Chromatophoren, die intrazelluläre Verlagerung der Farbstoffe, die Bewegung der Chromatophoren im Gewebe und die Anordnung der Pigmentzellen in Schichten. In Kopffüßern (Cephalopoden) sind drei Schichten von Pigmentzellen am Farbwechsel beteiligt. Die oberste Schicht enthält Erythro-, Xantho- und Melanophoren und darunter liegen zwei andere Schichten mit Leuco- und Iridophoren. Kontraktion bzw. Expansion des Tierkörpers verändern die intrazelluläre Verteilung der Chromatophoren. Die Iridophoren enthalten spezielle Organellen (Iridosomen), die mit Reflektinen (ungeordnete, intrinsische Proteine) gefüllt sind und durch Lichtinterferenz zum wechselnden Farbmuster beitragen. Iridophoren in Chamäleons enthalten dagegen Guaninkristalle, die als multiple Reflektoren wirken. Der Farbwechsel tritt durch Regelung einer unterschiedlichen Distanz zwischen den Kristallen ein. Bei Erhöhung der Distanz verschiebt sich das reflektierte Licht vom blauen zum roten Farbton. Das Pantherchamäleon (*Furcifer pardalis*, Chamaeleonidae, Iguania) (◘ Abb. 11.11c), das in Madagaskar vorkommt, trägt als Besonderheit in der Haut zwei Gewebeschichten mit jeweils unterschiedlich angeordneten Iridiophoren. Während die untere Schicht einen statisch hellen Hintergrund ausprägt, kann die obere Schicht graduell über das gesamte Lichtspektrum variieren.

Farbstoffe gehören zu verschiedenen Strukturklassen spezialisierter Metaboliten. Bei **Insekten** ist eine besonders große Chemodiversität zu finden. Strukturfarben ergänzen die Farbgebung. ◘ Abb. 11.9 zeigt Beispiele des Vorkommens verschiedenen Substanzgruppen in Insekten.

Die intra- und interorganismisch wirkenden Körperfarben unterscheiden sich häufig zwischen juvenilen und adulten Tieren. Die Pigmente können in der Hämolymphe transportiert und im Fettkörper gespeichert, aber auch an spezifischen Orten der Cuticula abgelagert werden, z. B. in der Venenstruktur der Schmetterlingsflügel oder den Deckflügeln (Elythren) von Käfern. Die Pigmentierung der Phänotypen unterliegt der hormonellen Steuerung.

Die Farbstoffe unterscheiden sich in ihren spektralen Eigenschaften. Selektive Lichtabsorption einer bestimmten Wellenlänge verursacht die Reflexion von Licht einer anderen Wellenlänge. Der bestimmende Faktor ist die chemische Struktur der Pigmentmoleküle, wie Art und Zahl der chromophoren Gruppen (z. B. C=C, C=O, C=N und N=N). Häufig liegen konjugierte Doppelbindungen in linearen Strukturen vor, aber auch aromatische Ringsysteme sind verbreitet. Spezifische funktionelle Gruppen wie -NH_2- und -Cl-Gruppen führen zu einer Verschiebung des absorptiven Bereichs des Moleküls zu höheren Wellenlängen. Abhängig von der Konzentration und Mischung mit anderen Farbstoffen sowie einer Bindung an Proteine und Lipide ergeben sich vielfältige Farben und Muster.

Carotinoide müssen von Insekten zur Nutzung als Körperfarbe aus der pflanzlichen Nahrung aufgenommen und gegebenenfalls modifiziert werden. Die Substanzgruppe umfasst Carotine und Xanthophylle (oxidierte Carotinderivate). Beispiel dafür sind die Deckflügel der Marienkäfer (◘ Abb. 11.9a). Die Moleküle ergeben Farbmuster von gelb, orange und rot. In

11.2 · Farben, Muster und Licht

◉ Abb. 11.9 Pigment- und Strukturfarben bei Insekten. (Fotos: a–c Leif Meißner, d © Lukas Gojda/▶ stock.adobe.com)

Kombination mit Tetrapyrrolen kommt es zu einer speziellen Grünfärbung von Insekten (siehe unten).

Flavonoide (▶ Abschn. 5.3, ▶ Abb. 5.31) kommen als wichtige Pigmentgruppe in Pflanzen vor. Insekten sind wahrscheinlich die einzigen Tiere, die diese Farbstoffe aufnehmen und dann zur Körperfärbung einsetzen. Sie sind in den Schmetterlingsfamilien der Papilionidae, Satyridae und Lycaenidae als weiße, gelbe und orangefarbene Pigmente weit verbreitet. Oftmals werden bestimmte Flavonoide, die nur in geringen Konzentrationen in Pflanzen vorkommen, zur Farbgebung der Tiere stark angereichert.

Vertreter verschiedener anderer Farbstoffgruppen (Melanine, Pterine, Tetrapyrrole, Polyketide, Aphine, Ommochrome, Papiliochrome) werden von den Tieren eigenständig synthetisiert.

Melanine kommen weit verbreitet in der dunkel gefärbten Cuticula der Insekten vor (z. B. Blattodea, Diptera, Coleoptera) sowie in Larven und adulten Formen von Lepidoptera. Sie leiten sich aus der Aminosäure Tyrosin ab (▶ Kap. 5, ▶ Abb. 5.31). Sie liegen meist polymerisiert vor, oftmals schichtweise angeordnet, und ergeben schwarze, braune und gelbe Farbtöne. Sie bieten einen guten UV-Schutz und sind auch in der Haut von Reptilien, Fischen und in Haaren und Vogelfedern zu finden.

Pterine leiten sich aus dem Nucleotid Guanosintriphosphat ab. Sie färben Insekten weiß, gelb und rot. Es sind charakteristische Pigmente in der Schmetterlingsfamilie der Pieridae (Xanthopterin, gelb), z. B. beim Zitronenfalter (*Gonepteryx rhamni*, Pieridae, Lepidoptera) (◉ Abb. 11.9b). Erythropterin färbt Feuerwanzen (*Oncopeltus fasciatus*, Lygaeidae, Hemiptera) rot. Die Federn im Halsbereich des Kaiserpinguins (*Aptenodytes forsteri*, Spheniscidae, Sphenisciformes) sind durch Pterine gelb gefärbt.

Tetrapyrrole sind im Insektenreich häufig für eine grüne bis blaue Färbung verantwortlich. Zuckmückenlarven (*Chironomus* sp., Chironomidae, Diptera) gehören zu den wenigen Insekten, die ein zyklisches Tetrapyrrol (Hämoglobin) bilden, den typischen Blutfarbstoff der Vertebraten. Biosynthetisch entsteht daraus das lineare Tetrapyrrol Biliverdin, das im Fettkörper der Larven abgelagert wird. Das Pigment ist auch an der Grünfärbung von Heuschrecken beteiligt, z. B. der Grünen Laubheuschrecke (*Tettigonia viridissima*, Tettigoniidae, Orthoptera) (◉ Abb. 11.9c). Die Färbung ergibt sich aus verschiedenen Tetrapyrrolen, die gebunden an

Chromophore blau erscheinen und im Gemisch mit gelben Pigmenten (Carotinoiden) zur grünen Farbgebung beitragen. Derartige Farbstoffgemische werden als Insectoverdine bezeichnet. Wanderheuschrecken (z. B. *Locusta migratoria*, Acrididae, Orthoptera) nehmen eine grüne Farbe an, wenn sie solitär leben (◘ Abb. 11.6c). Bei Erhöhung der Populationsdichte und Schwarmbildung verändert sich die Farbe durch Einlagerung zusätzlicher Pigmente nach Braun. Biliverdin ist auch für die blaugrüne Färbung verschiedener Vogeleier verantwortlich.

Anthrachinone werden über den Polyketidweg (▶ Abschn. 5.4, ▶ Abb. 5.30) synthetisiert und kommen in Napfschildläusen (Coccidae) vor. Das rote Hauptpigment ist die Kermessäure. Sie ist in der Schildlaus *Kermes ilicis* (Coccoidea, Hemiptera) vorhanden, die auf der Eiche *Quercus coccifera* (Fagaceae, Fagales) in der östlichen Mittelmeerregion lebt. Aus der Chitinhülle der Tiere wurde schon in der Antike der begehrte rote Farbstoff Kermes gewonnen.

Aphine sind dimere Naphthochinone, die grün, rot, braun oder schwarz gefärbt sind. Sie sind nur aus Röhrenblattläusen (Aphididae) bekannt.

Ommochrome sind gelbe, rote oder braune Phenoxazinpigmente. Sie werden aus der Aminosäure Tryptophan synthetisiert (▶ Abschn. 5.4, ▶ Abb. 5.31). Sie kommen, gebunden an Proteine, in Insektenaugen vor und sind charakteristisch für die Lepidopterenfamilie der Nymphalidae. Auch viele Schmetterlingsflügel enthalten Ommochrome. Epidermale Ommochrome können in Libellen in einer gelben (oxidierten) bzw. einer roten (reduzierten) Form vorliegen. Auch Cephalopoden besitzen Ommochrome.

Papiliochrome ergeben weiße bis gelbe Farbtöne. Sie leiten sich biochemisch aus der Aminosäure Tyrosin ab (▶ Abschn. 5.4, ▶ Abb. 5.31) und kommen nur in der Schmetterlingsfamilie der Papilionidae vor.

Strukturfarben („physikalische Farben") ergänzen die Farbpalette, die sich aus Pigmentfarben in Tieren ergeben. Sie sind unter Insekten weit verbreitet. Der Farbeindruck entsteht durch physikalische Effekte wie Interferenz, Beugung oder Streuung des Lichts an Nanostrukturen der Körperoberfläche. Über die Färbung entscheidet die wellenlängenselektive Lichtreflexion, die von Weiß (totale Reflexion) über viele andere Farben des Spektrums bis Schwarz (totale Absorption) reicht. Eingelagerte Pigmente und physikalisch erzeugte Farbeffekte ergeben in Kombination die ökologisch wertvollen Farbtöne. Ein besonderer Reichtum an Farben zeigt sich bei Flügeln von Schmetterlingen. Ursache dafür sind Nanostrukturen der Schuppen. In den dreidimensionalen Mikrostrukturen von Chitin sind sogenannte photonische Kristalle eingebaut, die durch ihre periodischen Strukturen die Bewegung von Photonen durch Beugung und Interferenz beeinflussen. Schillernde Farben beruhen auf Irideszenz. Ursachen dafür ist eine Farbänderung der Oberfläche durch Veränderung des Blickwinkels. Die Strukturfarbe Blau ist typisch für den Blauen Morphofalter (*Morpho peleides*, Nymphalidae, Lepidoptera), der in Mittelamerika weit verbreitet ist (◘ Abb. 11.9d). Bei Vögeln (z. B. Kolibris) werden Strukturfarben durch die Federn erzeugt.

Kenntnisse über die natürlichen photonischen Strukturen bilden die Grundlage für die Entwicklung synthetischer, pigmentfreier Materialien wie Textilien und Kosmetika. Sie werden auch auf Kreditkarten zum Fälschungsschutz eingesetzt. Nanophotonische Strukturen erzeugen neben farbigen auch entspiegelte Oberflächen, deren Design man zur Verbesserung von Antireflexionseigenschaften von Fenstern oder auch zur Erhöhung der Energieaufnahme bei Solarzellen und Leistungssteigerung von Leuchtdioden einsetzen kann.

Pigment- und Strukturfarben sind bestimmende Faktoren des Phänotyps der **Vögel**. Farbstoffe werden häufig in Strukturproteine (**Keratine**) von Federn und Schnäbeln eingelagert. Nichtirisierende Strukturfarben, wie sie z. B. im Kopfbereich des Kasuars vorkommen (▶ Abschn. 10.1.5, ▶ Abb. 10.6), werden durch Kollagenmikrofibrillen in der Haut des Tiers ausgelöst. Strukturfarben ergeben zusammen mit Carotinoiden die eindrucksvolle Mehrfarbigkeit des mittelamerikanischen Weißbrusttukans (*Ramphastos tucanus*, Ramphastidae, Piciformes) (◘ Abb. 11.10). Die Metaboliten werden aus der pflanzlichen Nahrung, insbesondere Früchten (Frugivorie, ▶ Abschn. 10.1.5), angereichert. Der Schmutzgeier (*Neophron percnopterus*, Accipitridae, Accipitriformes) konsumiert neben Aas auch trockenen Rinderkot. Obwohl dessen Nährwert gering ist, entnimmt der Vogel daraus Carotinoide, die den Gesichtsbereich des Kopfs gelb färben. Geier, in deren Lebensraum mehr Kuhkot vorkommt, zeigen eine intensivere Gelbfärbung. Im Gefieder sind auch Melanine vorhanden, die braune Farbtöne hervorrufen. Auch die Gelborangefärbung des Schabels der Amselmännchen beruht auf Carotinoiden. Carotinoide dienen offenbar als „ehrliche" Fitnessmarker und spielen eine große Rolle bei der sexuellen Selektion (▶ Abschn. 1.7.2.4). Vogelweibchen bevorzugen Männchen mit besonders hohen Carotinoidmengen in den Schnäbeln.

Das Gefieder der Flamingos wird durch Carotinoide rosarot gefärbt. Zu den Lebensräumen der Vögel gehören weltweit Seen und Lagunen mit einem Salzgehalt, der doppelt so hoch wie der des Meerwassers sein kann. Unter diesen extremen Bedingungen leben große Populationen von Salinenkrebsen, die sich von carotinoidhaltigen Algen ernähren (▶ Abschn. 6.4.4). Flamingos nehmen diese wirbellosen Tiere als Nahrung auf und reichern die Carotinoide in ihren Federn an.

● **Abb. 11.10** Pigmentfarben bei Vögeln. *Ramphastos tucanus* (Camp Mis Palafitos, Orinoco-Delta, Venezuela) (Foto: Axel Fläschendräger), *Eclectus roratus* (© Nick Taurus/▶ stock.adobe.com), *Tauraco fisheri* (© guy-ozenne/Getty Images/iStock)

Bemerkenswerterweise enthalten die Federn von Papageien keine Carotinoide, sondern **Psittacofulvin**pigmente. Ein Beispiel dafür ist das rote Gefieder des Edelpapageis *Eclectus roratus* (Psittaculidae, Psittaciformes) (● Abb. 11.10). Die Polyketide, die die Vögel selbst synthetisieren, enthalten ähnlich wie Carotinoide konjugierte Doppelbindungen mit vergleichbaren spektralen Eigenschaften. Auch hier ergeben Struktureffekte eine variable Färbung. Nur in Vogelarten aus der Familie der Musophagi (Musipagiformes) (z. B. *Tauraco fisheri*), die in afrikanischen Regenwäldern leben, kommen kupferhaltige, zyklische Tetrapyrrolpigmente vor, die die Federn rot (Turacin) (● Abb. 11.10) und grün (Turacoverdin) färben.

Innerartlich werden bei Tieren der soziale Rang, aber auch die Auswahl der Geschlechtspartner durch Körperfarben gesteuert. Bereits Darwin hat die farbenprächtigen Paradiesvögel studiert. Die Tiere bewohnen die Urwälder Neuguineas, der Molukken sowie Nordaustraliens. Die Männchen werben mit ihrem glänzenden, farbig vielgestaltigen Gefieder um den weiblichen Geschlechtspartner (● Abb. 11.11a). Die Balz wird durch eindrucksvolle Tänze ergänzt. Die weiblichen Tiere sind überwiegend braun gefärbt und somit beim Brüten im Unterholz der Regenwälder gut getarnt. Farben zur Werbung setzen beispielsweise auch Eidechsen ein. Männchen der in tropischen Regenwäldern Südamerikas lebenden Echse *Anolis chrysolepis* (Anolidae, Squamata) stellt bei Werbung um das Weibchen über ein verlängertes Zungenbein eine blaue Kehlfahne auf (● Abb. 11.11b). Das weibliche Tier besitzt eine gelbe Kehlfahne. Chamäleons wie *Furcifer pardalis* (Chamaeleoninae, Iguania; ● Abb. 11.11c) verwenden innerartlich den physiologischen Farbwechsel während der Balz. Oberflächennahe Chromatophoren (siehe oben) erzeugen kontrastreiche Farben zur Anlockung weiblicher Tiere, aber auch als Drohgebärde gegenüber Rivalen. Bartgeier (*Gypaetus barbatus*, Accipitridae, Accipitriformes) zeigen häufig ein rotes Brustgefieder. Die rote Farbe beruht auf Eisenoxiden. Die Vögel baden regelmäßig und gezielt in eisenoxidreichen Quellen, um ihr Gefieder zu imprägnieren.

11.2.2 Warnung und Tarnung

Körperfarben werden im Tierreich häufig als Warntracht (**aposematische Färbung**) eingesetzt. Das spezielle Farbmuster signalisiert einem Räuber, dass das Beutetier ungenießbar, giftig oder wehrhaft ist. Die Farbgebung stellt einen passiven Abwehrmechanismus dar, der bereits vor dem Angriff als Abschreckung wirkt. Der Fressfeind lernt meist aus der ersten Begegnung das lebenslange Vermeiden der Beute. Der Begriff **Aposematismus**, der von E. Poulton 1890 geprägt wurde, umfasst neben der prägenden Färbung auch morphologische, akustische, olfaktorische Signale sowie spezielle Verhaltensweisen, die dem Räuber gelten.

Häufig im Insektenreich zu findende Farben sind Rot, Orange, Gelb und Schwarz. Sie kommen oftmals in kontrastreichen Mustern vor, z. B. bei Wespen mit schwarz-gelben Streifen. Eier verschiedener Insekten wechseln einige Tage nach der Ablage die gelbgrüne Tarnfarbe zur Warnfarbe (intensiv rot, blau oder gelb).

Abb. 11.11 Innerartliche Werbung durch Färbung männlicher Tiere. **a** *Paradisaea raggiana* (Varirata-Nationalpark, Papua-Neuguinea) (© feathercollector/▶ stock.adobe.com). **b** *Anolis chrysolepis* (Surinam) (Foto: Axel Fläschendräger). **c** *Furcifer pardalis* (Madagaskar) (© Ingo Arndt/Minden Pictures/Foto Natura/mauritius images)

Eine auffällige rote Warnfarbe tragen verschiedene Marienkäfer (◘ Abb. 11.9a). Raupen vom Jakobskrautbär (*Tyria jacobaeae*, Erebidae, Lepidoptera) warnen den potenziellen Räuber durch orange-schwarze Streifen am Körper. Die Tiere enthalten toxische Alkaloide, die sie aus ihren Futterpflanzen (z. B. *Jacobaea*-Arten, Asteraceae, Asterales; auch auf *Petasites*-Arten, Asteraceae, Asterales) aufnehmen (▶ Kap. 10, ▶ Abb. 10.38). Studien haben gezeigt, dass die Farben aus der Ferne ineinander übergehen und dann mit dem Hintergrund (z. B. Stängel der Pflanzen) übereinstimmen. Somit wird aus der Warnfärbung in der Nähe visuell eine distanzabhängige Tarnfärbung.

Warnung durch Farben ist auch bei Vögeln weit verbreitet. Der afrikanischen Sichelhopf (*Rhinopomastus cyanomelas*, Phoeniculidae, Bucerotiformes) warnt mit einem glänzenden blauvioletten Federkleid und im Flug mit einer weißen „Binde" in den Flügeln sowie durch Abgabe von Geruchsstoffen und einem speziellen Gesang.

Giftige Vögel sind eher die Ausnahme: Vertreter von zwei Familien der Passeriformes – z. B. *Pitohui dichrous*, Oriolidae (◘ Abb. 11.12a), und *Ifrita kowaldi* (Ifritidae), die in Neuguinea leben – warnen Fressfeinde mit intensiven Farben. Sie speichern aber zusätzlich noch in Haut und Federn hochtoxische Steroidalkaloide (**Batrachotoxine**), die sie durch Verzehr von Käfern (*Choresine* sp., Melyridae, Coleoptera) aufnehmen. Batrachotoxine (▶ Abschn. 11.3) sind auch konstitutive Abwehrgifte in Baumsteigerfröschen (z. B. *Oophaga granulifera*, Dendrobatidae, Neobatrachia; ◘ Abb. 11.12b), die aber bereits mit leuchtenden Farben warnen. Diese Amphibien nehmen die Alkaloide mit der Nahrung aus Milben auf.

Eine spezielle, plötzlich eingesetzte Warnfärbung gehört zu den induzierten Abwehrmechanismen (▶ Abschn. 11.3). Diese Reaktionen werden im potenziellen Beutetier erst bei unmittelbarer Begegnung mit dem Räuber ausgelöst. Eine derartige Schrecktracht wird z. B. durch das Abendpfauenauge (*Smerinthus ocellata*, Sphingidae, Lepidoptera) verwendet. Die nachtaktiven Tiere sitzen tagsüber auf Baumstämmen. Bei Reizung spreizen sie plötzlich ihre Vorderflügel. Dadurch werden die kontrastreichen Augenflecken auf der Oberseite der Hinterflügel sichtbar gemacht, die vermutlich die Augen von Wirbeltieren imitieren. Arten der Schmetterlingsgattung *Catocala* (Noctuidae, Lepidoptera) spreizen bei plötzlicher Gefahr die rindenartig gefärbten Vorderflügel und legen dadurch die leuchtend

11.2 · Farben, Muster und Licht

◘ **Abb. 11.12** Einsatz von Farben zur Warnung. **a** *Pitohui dichrous* (Papua-Neuguinea) (© DANIEL HEUCLIN/NHPA/photoshot/picture alliance). **b** *Oophaga granulifera* (La Gamba, Quebrada Bolsa, Costa Rica) (Foto: Axel Fläschendräger)

roten oder gelben Hinterflügel frei. Gespenstschrecken (z. B. *Metriophasma diocles*, Phasmatodea) heben plötzlich die Flügel an. Neben der Vergrößerung des Körpers erscheinen leuchtende Farben und Augenflecken. Mit der Warntracht gekoppelt geben die Insekten auch säurehaltige Drüsensekrete ab.

Der Feuersalamander *Salamandra salamandra* (Salamandridae, Caudata) sondert als Reaktion auf die Begegnung mit einem Fressfeind ein alkaloidhaltiges, giftiges weißes Sekret ab, das sich auf der schwarzen Hautoberfläche deutlich abhebt. Hier ist das farbige Warnsignal mit der Bereitschaft zur chemischen Abwehr gekoppelt.

Farben, Muster, Körperbau, aber auch Transparenz dienen Tieren zur **Tarnung** (**Krypsis**). Sie passen sich der Umgebung an, um von Räubern nicht erkannt zu werden. Von **Somatolyse** spricht man, wenn die Konturen des Körpers optisch verschwimmen. Weit verbreitet im Tierreich ist **Mimese**, d. h. die Anpassung an Teile des Lebensraums durch Nachahmung von Strukturen wie Baumrinde, Boden- oder Sedimentoberflächen. Weibchen der Krabbenspinne *Misumena vatia* (Thomisidae, Araneomorphae) können durch einen Farbwechsel reversibel ihre Körperfarben (Gelb und Weiß) an die Farbe der Blüten anpassen, die sie besuchen. Dadurch hat das Insekt Vorteile bei der Jagd auf Beutetiere, aber schützt sich auch selbst vor Feinden. Die südamerikanische Kröte *Rhinella alata* (Bufonidae, Anura) imitiert Falllaub durch ein detailreiches Körpermuster (◘ Abb. 11.13a).

Manche Insekten wie die Larven der Wasserzikade *Arctocorisa distincta* (Corixidae, Heteroptera) adaptieren sich an die Farbe des Gewässers. Marine Ruderfußkrebse aus der Familie der Pontillidae (Arthropoda) nutzen die Blaufärbung ihres Körpers zur Tarnung. Die Tiere sind Teil des Zooplanktons im Neuston der tropischen Ozeane. Sie ernähren sich von Algen in der Grenzschicht zwischen Hydro- und Atmosphäre. Sie nehmen mit der Algennahrung β-Carotin auf. Daraus synthetisieren sie das Carotinoid **Astaxanthin**, das gegen UV-Licht-Schäden und Sauerstoffradikale schützt. Das eigentlich rot gefärbte Pigment wird in den Körperzellen an Proteine gekoppelt und im Ergebnis die Lichtemission in den Blaulichtbereich verschoben. Da das Emissionsmaximum von ca. 467 nm der Lichtemission des Meerwassers entspricht, sind die Ruderfußkrebse gut gegenüber Fressfeinden geschützt.

Tarnung durch Transparenz ist im Pelagial der Meere (► Abschn. 13.2.1) weit verbreitet. Beispiele sind Arten des Zooplanktons, die Gallertkrake *Amphitretus pelagicus* (Amphitretidae, Octopoda) und verschiedene Fischarten wie Glasbarsche (Ambassidae). In terrestrischen Lebensräumen tritt Transparenz der Tiere selten auf. Der Glasflügelfalter *Eutresis hypereia* (Danainae, Nymphalidae) (◘ Abb. 11.13b), der in Südamerika lebt, besitzt transparente Flügel. Diese sind für sichtbares, Infrarot- und UV-Licht durchlässig. Die Ursache für das Antireflexionsverhalten ist der Flügelbesatz mit Mikrohaaren (**Nanopili**). Insbesondere auch im Flug sind die Insekten gut vor Vögeln getarnt. Grüne Glasfrösche (z. B. *Espadarana prosoblepon*, Centrolenidae, Anura) (◘ Abb. 11.13c), die in Süd- und Mittelamerika nachtaktiv leben, tarnen sich tagsüber beim Schlafen auf Pflanzen durch Einstellen einer Transparenz ihres Körpers. Dies gelingt durch Zwischenlagerung von etwa 90 % der Erythrocyten in der Leber. Dadurch wird auch das lichtabsorbierende Hämoglobin aus dem Kreislauf des Tiers entfernt. Der bemerkenswerte Mechanismus der zeitweiligen Umverteilung von Erythrocyten bei Erhalt der Stoffwechselaktivität ist bisher nicht bekannt.

Als **Mimikry** bezeichnet man die täuschende Nachahmung von Eigenschaften nicht miteinander verwandter, anderer Spezies, z. B. Farbgebung, aber auch andere Signale. Im Falle der **Bates'schen Mimikry** ahmt ein

◘ **Abb. 11.13** Tiere, die zur Tarnung (Krypsis) fähig sind. **a** *Rhinella alata* (Gamboa, Panama). **b** *Eutresis hypereia* (Baeza nach Tena, 2000 m, Ecuador). **c** *Espadarana prosoblepon* (La Gamba, Costa Rica). (Fotos: Axel Fläschendräger)

eigentlich für Fressfeinde geeignetes Tier optisch oder chemisch eine ungenießbare Art nach. So entnimmt der Monarchfalter *Danaus plexippus* (Nymphalidae, Lepidoptera) in allen seinen Entwicklungsstadien aus Pflanzen (Asclepiadaceae) Herzglykoside (Cardenolide), die bei nichterfahrenen, insektenfressenden Jungvögeln Erbrechen auslösen und später gemieden werden. Der Schmetterling *Limenitis archippus* (Nymphalidae, Lepidoptera) imitiert die Färbung von *D. plexippus* als Schutzmimikry vor Vögeln. Auch eine Schutzmimikry, in der Pheromone imitiert werden, kann eingesetzt werden. Bei Insekten ist dies beispielsweise relevant für parasitische Räuber, die in die Kolonien eusozialer Insekten eindringen wollen (▶ Abschn. 11.1.4), für die ausbeutende Nutzung des Mutualismus zwischen Ameisen und anderen Insekten (z. B. Aphiden) und für die Erhöhung der Fortpflanzungschancen. Eine chemische Lockmimikry haben Bolaspinnen (Araneidae, Araneae) entwickelt. Sie spinnen nur einen Faden mit einer Schleimkugel am Ende. Arten der Gattung *Mastophora* arbeiten ein oder mehrere Pheromonimitate ein, die männliche Beutetiere anlocken. Mit dem schwingenden Lasso wird die Beute dann gefangen.

11.2.3 Biolumineszenz

Verschiedene Organismen haben die Fähigkeit entwickelt, selbst oder in Symbiose mit Bakterien auf biologischem Wege Licht zu erzeugen. Bei dieser Biolumineszenz wird chemische Energie durch eine enzymkatalysierte Oxidationsreaktion in Licht umgewandelt. Dafür stehen spezifische Substrate (**Luciferine**) zur Verfügung, die mit **Luciferasen** und Cosubstraten (z. B. Sauerstoff, H_2O_2, ATP, $NADH_2$) reagieren. Luciferine sind strukturell sehr vielfältig und leiten sich aus aromatischen Aminosäuren, Flavinen, Tetrapyrrolen oder Chinonen ab. Der Spektralbereich des entsprechend emittierten Lichts liegt im Bereich von 400–600 nm. Am häufigsten kommen blaulichterzeugende Systeme vor (Wellenlängenmaximum ca. 475 nm). Die Emission von längerwelligem Gelb- und Rotlicht ist relativ selten. Verschiedene Vertreter von Rippenquallen (Chaetognatha), Ruderfußkrebsen (Crustacea), Tintenfischen (Cephalopoda) und die Laternenfische (Myctophidae) haben konvergent Proteine entwickelt, die das gleiche Luciferin, Coelenterazin, als Substrat verwenden. Der Metabolit ist ein modifiziertes Tripeptid aus einem

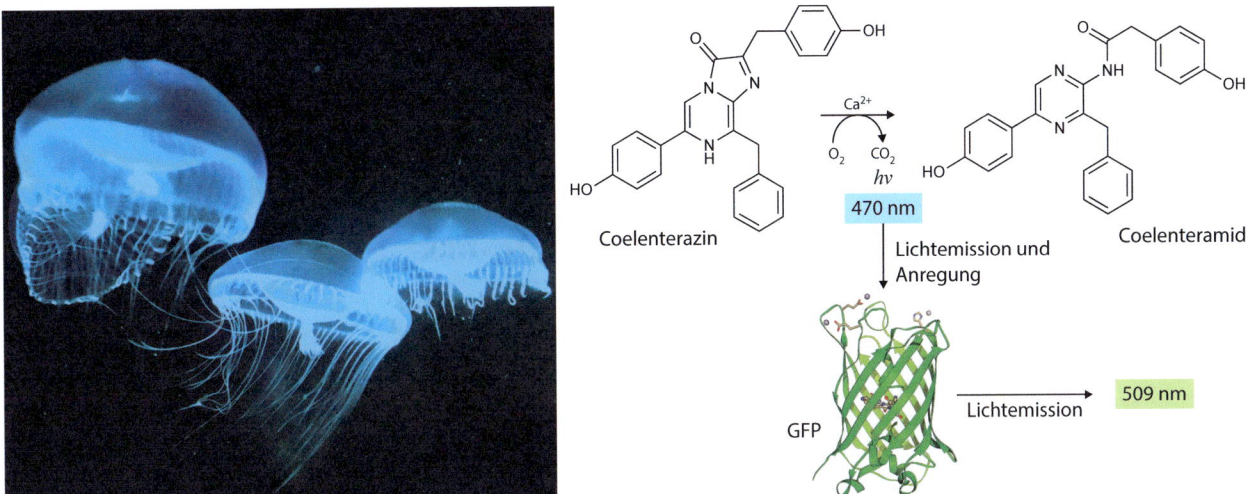

◘ Abb. 11.14 Die Leuchtqualle *Aequorea victoria* mit der Luciferasereaktion, durch die auch ein grün fluoreszierendes Protein (GFP) zur Lichtemission angeregt wird. (Foto: © Lisa Werner/Alamy/Alamy Stock Photos/mauritius images; GFP-Struktur © Science Photo Library/mauritius images)

Phenylalanin- und zwei Tyrosinresten. Die marine Qualle *Aequorea victoria* (Aequoreidae, Leptomedusae), die an der nordamerikanische Pazifikküste lebt, emittiert blaues Licht durch Umsetzung von Coelenterazin unter Sauerstoffverbrauch (◘ Abb. 11.14). Ein Teil der Energie nach der Luciferasereaktion wird durch Resonanzenergietransfer auf spezifische cytosolische Proteine übertragen, die beim Übergang in den elektronischen Grundzustand grünes Fluoreszenzlicht abstrahlen (grün fluoreszierende Proteine, **GFP**) (◘ Abb. 11.14). Die Entdeckung fluoreszierender Proteine ist von hohem Wert für die Zellbiologie. Durch die Entwicklung genspezifischer Fusionen von GFP mit cytosolischen Proteinen wurde es möglich, die räumlich-zeitliche Verteilung der entsprechend markierten Biopolymere in lebenden Zellen zu beobachten.

Biolumineszenz ist in Arten aus ca. 800 Gattungen der Organismenreiche nachgewiesen worden. In marinen Habitaten kommen 80 % aller biolumineszierenden Spezies vor. Bisher sind nur drei Arten limnisch lebender Napfschnecken der Gattung *Latia* (Latiidae, Chilinoidea) bekannt. Die in Neuseeland lebende *L. neritoides* besitzt Leuchtzellen, sondert aber auch einen biolumineszierenden Schleim ab.

Im Oberflächenwasser der Meere siedeln leuchtende Bakterien, Radiolarien und Dinoflagellaten wie *Noctiluca miliaris* (Noctilucaceae, Noctilucales). Dieser einzellige Organismus produziert Licht in speziellen Organellen (**Scintillonen**). Biolumineszierende Dinoflagellaten sind in hoher Zahl (10^4–10^7 Individuen pro Liter Meerwasser) für das sogenannte Meeresleuchten in tropischen Gewässern verantwortlich. In größeren Meerestiefen lebende Tierarten wie Coelenteraten, Cephalopoden, Polychaeten und Knochenfische haben die größte Vielfalt an morphologisch-physiologischer Ausprägung von Biolumineszenz entwickelt.

Primäre Biolumineszenz bedeutet das Selbstleuchten der Tiere. Dabei wird die Lichtemission in spezialisierten Zellen (Photocyten) erzeugt, die in Leuchtorganen (**Photophoren**) organisiert sein können. Die Lichterzeugung wird neuronal gesteuert. Leuchtstoffe können auch extrazellulär abgegeben werden, z. B. von verschiedenen Muscheln, Cephalopoden und Crustacea (z. B. *Cypridina* sp., Cypridinidae, Myodocopida). Primäre Biolumineszenz kommt häufig in marinen Tieren vor und ist im terrestrischen Lebensraum insbesondere in Käferarten aus sieben Familien verbreitet, z. B. bei Kurzflüglern (Staphylinidae), Schnellkäfern (Elateridae) und Leuchtkäfern (Lampyridae). Die Tiere erzeugen grünes, gelbes und hellrotes Licht. In Europa leben biolumineszierende Vertreter der Gattungen *Lampyris*, *Phausis* und *Phosphaenus* (Lampyridae, Coleoptera). Die großen Photophore in den letzten Abdominalsegmenten sind aus dem Fettkörper hervorgegangen. Hinter den Photocyten befinden sich Reflektorzellen zur Lichtverstärkung. Das Luciferin-Luciferase-System ist in den Peroxisomen der Zellen kompartimentiert. Die Tiere leuchten kontrolliert unter Nutzung eines molekularen „Lichtschalters", der maßgeblich durch den Signalstoff Stickstoffmonoxid (NO) und die Sauerstoffverfügbarkeit gesteuert wird. Auch in einigen Pilzen kommt Biolumineszenz in Mycelien und Fruchtkörpern vor, deren Bedeutung aber unklar ist. Vielleicht wird auf diese Weise ein aposematisches Signal gegen Fressfeinde erzeugt.

Bei **sekundärer Biolumineszenz**, die seltener vorkommt, erzeugen symbiotisch lebende Bakterien (gramnegativ, stäbchenförmig und fakultativ anaerob) in einem drüsenartigen Gewebe oder auch in sack- bzw. röhrenartigen Körperstrukturen der Tiere biologisches Licht. Leuchtbakterien sind aus den Familien der Vibrionaceae, Shewanellaceae und Morganellaceae bekannt. Nur wenige Leuchtbakterienarten kommen im Süßwasser (z. B. einige *Vibrio*-Spezies) oder in terrestrischen Habitaten vor. *Photorhabdus*-Arten (Morganellaceae, Enterobacterales) leben in obligat entomophagen Nematoden wie *Heterorhabditis megidis* (Heterorhabditidae. Rhabditida). Die Fadenwürmer befallen Insektenlarven und geben dort die Leuchtbakterien ab. Die Toxine aus den Bakterien töten die Larven, deren totes Gewebe dann leuchtet. Einige *Heterorhabditis*-Arten werden in der biologischen Schädlingsbekämpfung eingesetzt.

Bemerkenswerte Erkenntnisse gibt es zu symbiotisch lebenden, biolumineszierenden Bakterien in Meerestieren. Die Leuchtorgane des etwa 30 cm großen Zwergtintenfischs *Euprymna scolopes* (Sepiolidae, Sepiolida; ◨ Abb. 11.15) werden spezifisch von Leuchtbakterien der Art *Vibrio fischeri* (Vibrionaceae, Vibrionales) besiedelt. Jedes frisch geschlüpfte, juvenile Tier muss diese Symbiose erst aufbauen. Die planktonischen Bakterien gelangen über die Mantelhöhle mithilfe von Mikroströmungen durch ein Flimmerepithel in das Leuchtorgan der Tiere. Dieses hat einen tubulären Aufbau (Krypten). Die Bakterien werden dort unbeweglich, teilen sich und bilden die Biofilmpopulation. Im Zuge der Besiedlung durchläuft das Leuchtorgan eine spezifische Morphogenese. Über einen Zeitraum von etwa vier Wochen entsteht eine stabile Tier-Bakterien-Symbiose. Die Dichte der Bakterien erreicht 10^9 Zellen pro Leuchtorgan. Dabei ändert sich das Verhalten des Wirts von einem arrhythmischen Leben zu einem Tag-Nacht-Rhythmus in der Biolumineszenzleistung. Zu Beginn des Tages gräbt sich der Tintenfisch in das Sediment ein. Der Schleim auf der Körperoberfläche bindet Sandkörner und tarnt das Tier. Bereits in der Morgendämmerung werden 90–95 % der Bakterien ausgestoßen. Erst bei Abenddämmerung bewegt sich das Tier wieder ins freie Wasser und reichert Vibrionen aus dem Wasser in hoher Dichte an, die im Gewebe des Leuchtorgans Biolumineszenz erzeugen. Die Steuerung der Biofilmgenese erfolgt über Signalstoffe (u. a. zwei Acylhomoserinderivate) als sogenannte Autoinducer durch **Quorum Sensing** (▶ Abschn. 7.1). Eine wesentliche Voraussetzung für die Lichtproduktion ist das biochemische Milieu in den Gewebekrypten des Leuchtorgans. Ein essenzieller saurer pH-Wert wird durch anaeroben Abbau von Chitin erreicht, das aus dem Wirtsgewebe zusammen mit dem Enzym Endochitinase bereitgestellt wird. Der für die bakterielle Luciferasereaktion notwendige Sauerstoff wird durch Hämocyten aus dem Blutkreislauf geliefert, die im Flimmerepithel des Tiers konzentriert werden. Während des Tages werden in den Krypten, die nur noch wenige Vibrionen enthalten, Glycerophosphat und Aminosäuren in einem pH-neutralen Milieu metabolisiert. Mit der Abenddämmerung beginnt der Zyklus der physiologisch-biochemischen Gestaltung des Milieus im Leuchtorgan erneut.

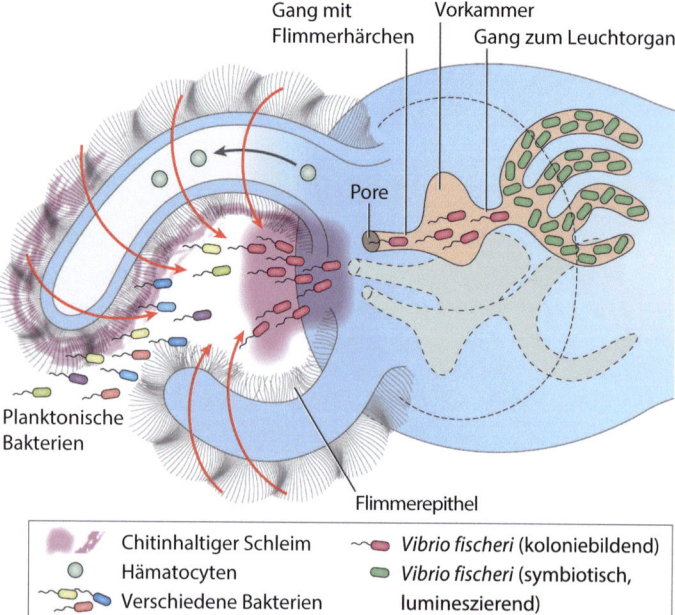
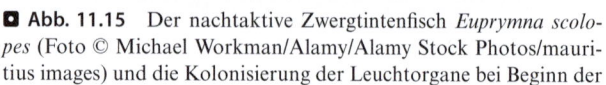

◨ **Abb. 11.15** Der nachtaktive Zwergtintenfisch *Euprymna scolopes* (Foto © Michael Workman/Alamy/Alamy Stock Photos/mauritius images) und die Kolonisierung der Leuchtorgane bei Beginn der Nacht mit dem biolumineszierenden Bakterium *Vibrio fischeri*. (Verändert nach Nyholm et al. 2021, © Springer Nature)

11.2 · Farben, Muster und Licht

Eine besondere Vielfalt in Morphologie und Nutzung von Leuchtorganen hat sich bei **marinen Fischen** entwickelt. Bemerkenswert sind Barten-Drachenfische (Stomiidae, Stomiiformes), die in den Ozeanen in einer Tiefe von 600–4000 m leben. Arten aus den Gattungen *Malacosteus*, *Phostomias* und *Aristostomias* besitzen unter jedem Auge drei unterschiedliche Photophortypen, die jeweils blaues, rotes oder gelbes Licht erzeugen. Der Anglerfisch *Anomalops katoptron* (Anomalopidae, Beryciformes) lebt im flachen Meerwasser des Indopazifiks. Die Tiere halten sich tagsüber im Korallenriff auf und suchen nachts nach Zooplankton. Die Fische tragen unter den Augen jeweils einen bohnenförmigen Photophor mit symbiotischen Gammaproteobakterien (*Candidatus* Photodesmus katoptron) in der tubulären Struktur. Das Biolumineszenzlicht wird durch eine Reflektorschicht aus Guaninkristallen verstärkt, die sich hinter dem Photophor befinden. Durch kurzzeitige Drehung des Leuchtorgans wird das bakterielle Dauerlicht zu einem Blinklicht umgeformt. Der Laternenfisch *Photoblepharon palpebratum* (Anomalopidae, Trachichthyiformes) zieht eine lidähnliche Membran über den Photophor unter seinen Augen und kann so auch Lichtblitze erzeugen (□ Abb. 11.16a).

Photophore Die weiblichen Tiere von *Linophryne arborifera* (Linophrynidae, Lophiiformes) besitzen am Oberkiefer einen Tentakel mit symbiotischen Leuchtbakterien. Die wedelförmig gestalteten Barteln am Unterkiefer enthalten dagegen keine Bakterien, sondern photogene Granula (□ Abb. 11.16b). Der Tiefseetintenfisch *Coccorella atrata* (Evermannellidae, Aulopiformes) trägt neben einem Leuchtorgan am Auge auch kraniale Photophore (□ Abb. 11.16c) *Saccopharynx ramosus* (Saccopharyngidae, Anguilliformes) trägt auf dem Rücken blau leuchtende Papillen, aber rot leuchtende Photophore an der Schwanzspitze (□ Abb. 11.16d).

Biolumineszenz ist in den Lebensräumen von unterschiedlicher ökologischer Relevanz:

■ Partnersuche und Verständigung

Der marine Borstenwurm *Odontosyllis enopla* (Syllidae, Errantia), der im Meer vor den Bermuda-Inseln lebt, erscheint in Schwärmen aus einer Tiefe von 5–6 m zur Reproduktion an der Wasseroberfläche. Dieser Vorgang erfolgt in einer Periodizität, die an den Mondwechsel gekoppelt ist. Immer nur am dritten Tag nach Vollmond und etwa eine Stunde nach Sonnenuntergang bewegen sich zunächst die weiblichen Tiere zur Oberfläche, schwimmen im Kreis und senden Lichtblitze aus. Nach etwa 25 s werden die ebenfalls blinkenden männlichen Würmer angelockt. Dann stoßen die Weibchen die Eier aus, die von den Männchen befruchtet werden.

Viele Leuchtkäfer leuchten nachts kontinuierlich, z. B. beide Geschlechter des in Deutschland heimischen

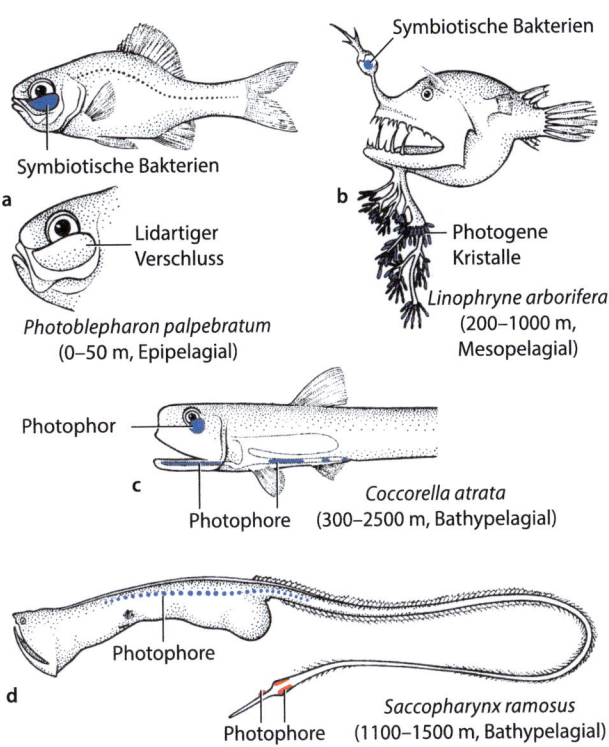

□ Abb. 11.16 Leuchtorgane von marinen Fischen, die in unterschiedlichen Meerestiefen leben. (Verändert nach Krauß und Miersch 1983, Abb. 25)

Großen Glühwürmchens (*Lampyris noctiluca*, Lampyridae, Coleoptera). Das flugunfähige Weibchen lockt durch ein typisches Lichtsignal die Männchen an. Bei *Photinus*-Arten (Lampyridae, Coleoptera) leuchten beide Geschlechtspartner zur Anlockung mit speziesspezifischen Zeitintervallen der Lichtblitze. Die männlichen Tiere des südostasiatischen Leuchtkäfers *Pteroptyx malaccae* (Lampyridae, Coleoptera) leuchten gleichzeitig im Schwarm in der Mangrovenvegetation. Die 100 ms dauernden Lichtblitze sind mit einer Genauigkeit von 20 ms synchronisiert. Das gemeinsam erzeugte Licht lockt die weiblichen Tiere an.

■ Finden und Anlocken von Beute

Photophore und Leuchtorgane mit symbiotischen Bakterien locken auch Beutetiere an (Tiefseefische, □ Abb. 11.16). Larven der Langhornmückenart *Arachnocampa luminosa* (Keroplatidae, Diptera), die in Neuseeland lebt, entwickeln an Höhlendecken Schleimnetze, an denen bis zu 50 cm lange Fäden hängen. Im horizontalen Teil des Netzes sitzen die Larven, die über ein inneres Leuchtorgan kontinuierlich Blaulicht (488 nm) emittieren. Die Larven locken Zuckmücken als Beute an, aber auch erwachsene Tiere der eigenen Art. Die Schleimfäden sind durch Imprägnierung mit Oxalsäure giftig.

■ Tarnung

Der Zwergtintenfisch *Euprymna scolopes* (Sepiolidae, Sepiolida) (◘ Abb. 11.15) emittiert blaugrünes Licht, das durch symbiotische Bakterien erzeugt wird. Das Tier ist durch eine sogenannte Gegenschattierung getarnt, sodass sich seine Konturen gegenüber dem Mondlicht auflösen. Bei Beilfischarten (*Argyropelecus* sp.) befinden sich spezielle lichtreflektierende Hautschichten an den Seitenflächen des schmalen Kopfs sowie ventrale Leuchtorgane. Diese Eigenschaften ergeben eine gegenleuchtende Tarnung gegenüber Fressfeinden, die nach Beutesilhouetten suchen.

■ Warnung

Weibliche Leuchtkäfer der Gattung *Phrixothrix* (Phengodidae, Coleoptera) besitzen an der Außenseite des gesamten Körpers paarig angeordnete, gelbgrün leuchtende Photophore. Zwei Leuchtorgane am Kopf senden zusätzlich rotes Licht aus. Neben der Anlockung männlicher Tiere dient das unterschiedliche Licht wohl auch zur Warnung von Räubern vor Ungenießbarkeit der Beute.

Verschiedene Tintenfischarten stoßen gegen Fressfeinde eine Wolke aus lumineszierenden Partikeln aus. Dadurch werden Räuber verwirrt und lassen von der Beute ab.

11.3 Schutz und chemische Abwehr

Tiere haben gegenüber Fressfeinden spezielle Verteidigungsstrategien entwickelt, die sich hinsichtlich der sensorischen Fähigkeiten der räuberischen Spezies unterscheiden. Dazu gehört neben Warnfärbung und Mimikry (▶ Abschn. 11.2) sowie morphologischen Vorkehrungen auch eine effektive chemische Abwehr. Die Schutzmechanismen ergänzen sich und zielen darauf ab, den Fressfeind so früh als möglich abzuschrecken. Die Räuber lernen, die Warnsignale mit Ungenießbarkeit bzw. Toxizität der Beute zu assoziieren und dann daraus für spätere Begegnungen zu lernen.

Chemische Abwehrmaßnahmen sind metabolisch-energetisch kostspielig. Das zeigt sich beispielsweise an der Sequestrierung von Wirkstoffen, die verschiedentlich aus Pflanzen aufgenommen und strukturell modifiziert werden. Ebenso sind die Neusynthese von Toxinen, ihre Speicherung und gezielte Abgabe aus Zellen und Geweben eine metabolisch aufwendige Situation. Der Einsatz von Toxinen und die Entwicklung von Resistenzen haben sich häufig konvergent im Tierreich entwickelt.

Biogene Gifte sind komplexe Gemische, die im Laufe der Evolution optimiert wurden. So entstanden durch coevolutionäre Anpassung spezialisierte Metaboliten mit spezifischer Wirksamkeit und Zielselektivität bei der Abwehr, aber auch beim Beutefang. Die Zusammensetzung der Gemische variiert häufig zwischen eng verwandten Arten, Populationen einer Art und auch während der Ontogenese von Individuen. Toxine gehören zu verschiedenen Substanzklassen, z. B. stickstoffhaltigen Metaboliten (Korallen, Mollusken, Stachelhäuter, Spinnen, Schmetterlinge), Polyethern (Korallen, Muscheln), Mercaptanen und Sulfiden (Ameisen, Marder), Polyketiden (Insekten) und Terpenoiden (Milben, Bienen, Ameisen, Käfer, Schmetterlinge). Toxine werden verschiedentlich auch aus Bakterien und Pflanzen aufgenommen und zur Verteidigung eingesetzt. Die Aufklärung von Struktur und Biogenese tierischer Gifte erfordert die integrative Nutzung genomischer, transkriptomischer, proteomischer und metabolischer Methoden, die man in ihrer Gesamtheit als *venomics* bezeichnet. Aufbauend auf den Erkenntnissen können auch Wirkstoffe selektiert werden, die z. B. als Therapeutika, klinische Diagnosemarker oder nachhaltige Bioinsektizide Einsatz finden können.

11.3.1 Konstitutive Abwehr

Tiere schützen sich durch konstitutive Abwehr bei antagonistischen Interaktionen mit Fressfeinden, aber auch mikrobiellen Infektionen. Die Toxine können im Gewebe gespeichert oder auf die Körperoberfläche sezerniert werden. Die Oberflächenbenetzung ist bei Amphibien sehr wichtig, um die Besiedlung der Haut durch Bakterien und Pilze zu verhindern. Räuberische Tiere und Parasiten entwickeln häufig Resistenzen gegen die Gifte der Beuteorganismen, die aber auch selbst resistent gegenüber Toxinen der Räuber sein können. Mechanismen für den Selbstschutz vor Vergiftung nach Aufnahme der Toxine, aber auch nach Eigensynthese giftiger Wirkstoffe sind:

— Schnelle Passage durch den Verdauungstrakt und Ausscheidung
— Biochemische Inaktivierung, vor allem durch Oxidation und Konjugatbildung
— Kompartimentierung der Wirkstoffe in spezialisierten Zellen und Drüsen
— Molekulare Änderungen an zellulären Zielstrukturen, z. B. als Folge von Punktmutationen

Unter **Insekten** sind chemische Verteidigungsmaßnahmen am weitesten verbreitet. Larven der Blattwespe *Stauronematus compressicornis* (Tenthredinoidea, Hymenoptera) erstellen Barrieren aus Schaum um das Blattmaterial, an dem sie fressen. Dieses Sekret enthält Tenside, die vor allem gegen Ameisen abschreckend wirken. Mit toxischen Brennhaaren bedecken die Weibchen des Schmetterlings *Euproctis chrysorrhoea* (Noctuidae, Lepidoptera) ihre Eigelege.

11.3 · Schutz und chemische Abwehr

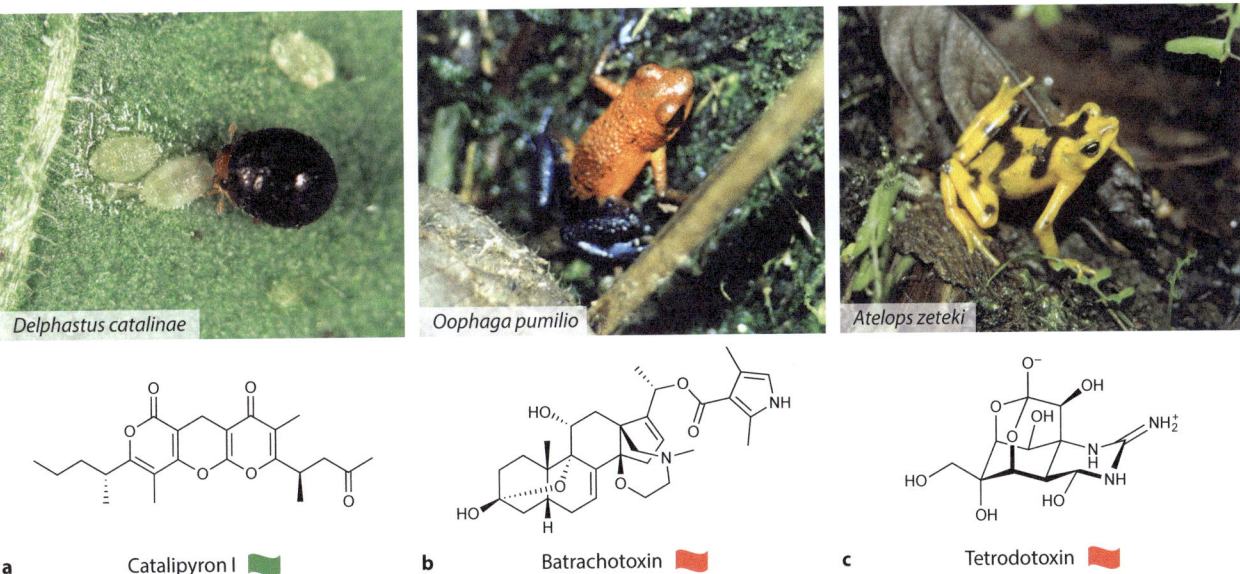

Abb. 11.17 Toxine für die konstitutive Abwehr. *Delphastus catalinae* (Foto: © Nigel Cattlin/Alamy/Alamy Stock Photos/mauritius images); *Oophaga pumilio* (Puerto Viejo, Río Sarapiquí, Costa Rica); *Atelops zeteki* (Nationalpark El Cope, Panama) (Foto: Axel Fläschendräger)

Larven und Puppen des schwarzen Marienkäfers *Delphastus catalinae* (Coccinellidae, Coleoptera) benutzen sekretorische Haare zur konstitutiven Abwehr. Sie enthalten unter anderem sauerstoffhaltige Heterozyklen (Pyrone, z. B. Catalipyron I (◘ Abb. 11.17a). Insekten im Puppenstadium sind durch Parasiten und Räuber besonders gefährdet. Die Puppe des Schildkäfers *Chelymorpha alternans* (Chrysomelidae, Coleoptera), ein Blattkäfer, wird durch die Symbiose mit dem Ascomyceten *Fusarium oxysporum* (Nectriaceae, Hypocreales) geschützt. Die Puppe wird durch einen Kokon aus Pilzhyphen eingesponnen. Der Pilz produziert zahlreiche unterschiedliche Metaboliten (z. B. das Depsipeptid Beauvericin), die toxisch auf Tiere und Pflanzen wirken. Mit der Entwicklung der Raupe zum adulten Käfer überträgt das Tier dann Mycelreste zu neuen Wirtspflanzen der Pilze.

Besonders empfindlich gegenüber Giften von Fremdorganismen sind eusozial lebende Insekten. Individuen der einzelnen Kasten schützen sich mit strukturell sehr unterschiedlichen Wirkstoffen. Die gesamte Kolonie muss vor Fressfeinden, aber auch pathogenen Mikroorganismen bewahrt werden (► Abschn. 10.3.3). Das gilt insbesondere für die Brut. Im Sinne einer präventiven Abwehr bestreicht die Königin der Heide-Feldwespe (*Polistes nimpha*, Vespidae, Hymenoptera) den Stiel des Nests mit Sekreten (u. a. Palmitinsäuremethylester), die verschiedene Ameisenarten abschrecken.

Insbesondere Insekten nehmen oftmals zu Schutz und Abwehr spezialisierte Metaboliten aus ihren Wirtspflanzen auf. Die Sequestrierung und Akkumulation im tierischen Organismus erfolgt selektiv durch

- Absorption im Darm aus der Nahrung,
- passiven bzw. aktiven Transport in den Körper über die Darmepithelzellen,
- Verteilung über die Hämolymphe in spezialisierte Zellen, Gewebe und in die Körperhüllen,
- spezifischen endogenen Metabolismus mit möglicher Veränderung der Molekülstrukturen (Biotransformation),
- physiologisch-biochemisch gesteuerte Exkretion.

Die Tiere regulieren die Zusammensetzung und Menge der pflanzlichen Wirkstoffgemische auch in Abhängigkeit vom chemischen Profil der Wirtspflanze und von der Erfordernis eines spezifischen Fraßschutzes in den einzelnen Stadien ihrer Entwicklung (Ei, Larve, Puppe, adultes Tier). Während der Ontogenese variieren Qualität und Quantität der Wirkstoffe.

Beispiele für die Verwendung spezialisierte Metaboliten aus Pflanzen sind die Aufnahme und Speicherung von cyanogenen Glykosiden (*Zygaena filipendulae*, Zygaenidae, Lepidoptera) (► Abschn. 5.4.2, ► Abb. 5.23), Steroidglykosiden (Cardenoliden) in *Danaus plexippus* (Nymphalidae, Lepidoptera) (► Abschn. 10.4.3, ► Abb. 10.38) und Pyrrolizidinalkaloiden in *Tyria jacobaeae* (Erebidae, Lepidoptera) (► Abschn. 10.4.3, ► Abb. 10.31). Die aufgenommenen Substanzen werden strukturell unverändert oder auch modifiziert zum konstitutiven Schutz eingesetzt. Für Schmetterlinge aus der Familie der Nymphalidae (Unterfamilie Danainae) ist es möglich, die Wirkstoffe in den adulten männlichen Tieren weiter zu Pheromonen zu biotransformieren (► Abschn. 11.1.2).

Weit verbreitet sind spezialisierte Metaboliten pflanzlicher Herkunft in Blattkäfern (Chrysomelidae, Coleoptera), die eine bemerkenswerte chemische Diversität aufweisen. Einige Arten der Gattung *Oreina* (z. B. *O. cacaliae*) sequestrieren Pyrrolizidinalkaloide aus Asteraceenarten. Andere Arten, deren Wirtspflanzen Apiaceenspezies sind, synthetisieren selbst Cardenolide, gegen die sie zum eigenen Schutz eine Resistenz entwickelt haben. Ein Beispiel ist die Art *O. gloriosa*, die im Alpenraum vorkommt und monophag auf *Peucedanum ostruthium* (Apiaceae, Apiales) lebt. Die Zusammensetzung des Toxingemischs ändert sich während der Ontogenese. So ist das Prädatorenrisiko im Puppenstadium besonders groß und somit ebenfalls die Wirkstoffmenge. Adulte Vertreter der Gattung *Oreina* können die Gifte auch zur induzierten Abwehr aus exokrinen Drüsen ausscheiden, die sich am Halsschild und den Deckflügeln befinden. Gleichzeitig haben diese Käfer blau bis grün metallisch glänzende Deckflügel, die durch Interferenzfarben eine zusätzliche aposematische Abschreckung ermöglichen.

Gegen Toxine aus der Beute mussten Tiere in einer Coevolution Autoresistenz entwickeln. Der europäische Igel *Erinaceus europaeus* (Erinaceidae, Eulipotyphla) ist dadurch fähig, cardenolidhaltige Kröten zu jagen. Vertreter der Wassernattern wie *Rhabdophis* ssp. (Colubridae, Squamata) (◘ Abb. 11.18) sind nicht nur gegen Bufadienolide (herzaktive Glykoside aus der Krötenhaut) resistent, sondern können diese Gifte auch in Nackendrüsen zum Schutz vor Fressfeinden speichern.

Zahlreiche Toxine werden von Tieren selbst produziert. Es können aber auch mikrobielle Symbionten mit eigener Syntheseleistung für spezialisierte Metaboliten zur konstitutiven Abwehr der Tiere beitragen. Die weiblichen Tiere des europäischen Bienenwolfs (*Philanthus triangulum*, Crabronidae, Hymenoptera), eine Grabwespe, kultivieren in Antennendrüsen symbiotische Bakterien, die antimikrobielle Verbindungen (u. a. Piericidine) als toxische Analoga des Ubichinons in der Atmungskette, ▶ Abschn. 5.1.2.2) produzieren. Die adulten Wespen setzen in ihren Brutkammern im Boden die Bakterien frei, die von Larven aufgenommen und in ihren Kokon übertragen werden. Damit wird ein Schutz vor Pilzbefall erreicht.

Biofilme übernehmen häufig Schutzfunktionen auf der Körperoberfläche, in speziellen morphologischen Strukturen, im Darm oder in den Körperzellen. So lebt beispielsweise das endosymbiotische Bakterium *Hamiltonella defensa* (Enterobacteriaceae, Enterobacterales) in spezialisierten Zellen (Bakteriocyten) von Daphnien und schützt diese vor parasitischen Wespen. Bakterielle Proteintoxine hemmen im Räuber zentrale Reaktionen des Grundstoffwechsels. Die karibische Weichkoralle *Pseudopterogorgia elisabethae* (Gorgoniidae, Alcyonacea) trägt im Endoderm *Symbiodinium*-Arten (Symbiodiniaceae, Suessiales). Diese Dinoflagellaten synthetisieren trizyklische Diterpenglykoside, die die Nesseltiere für räuberische Fische ungenießbar machen. In Tunicaten der Familie der Didemnidae (z. B. *Lissoclinum patella*) versorgen Cyanobakterien über ihre Photosynthese die Tiere mit Energie. Gleichzeitig aber werden verschiedene spezialisierte Metaboliten zur konstitutiven Verteidigung des Wirts synthetisiert.

Sogenannte Giftfrösche aus den Familien der Dendrobatidae (Zentral- und Südamerika), Mantellidae (Madagaskar), Bufonidae (Südamerika) und Myobatrachidae (Australien) verwenden Alkaloide aus der Arthropodennahrung als schützende Hautsekrete. Der Erdbeerfrosch (*Oophaga pumilio*, Dendrobatidae, Anura) reichert in Hautdrüsen verschiedene Alkaloide an, z. B. das Steroidalkaloid **Batrachotoxin** (◘ Abb. 11.17b). Die Alkaloide stammen aus der Tiernahrung, z. B. aus Hornmilben (Oribatida). Diese Arthropoden bauen im Boden und in der Streuschicht Pflanzenmaterial und saprophytische Pilze ab. Auch Baumsteigerfrösche reichern aus verschiedenen Beutetieren Steroidalkaloide an und ergänzen ihren Schutz durch aposematische Farbmuster (▶ Abschn. 11.2). Der australische Frosch *Pseudophryne semimarmorata* (Myobatrachidae, Anura) synthetisiert eigenständig Indolalkaloide mit Isoprenoidseitenketten, die über die Haut sezerniert und durch Alkaloide aus der Nahrung ergänzt werden.

Batrachotoxine werden auf Neuguinea auch durch Sperlingsvögel (*Pitohui* sp., Oriolidae, Passeriformes, ◘ Abb. 11.12a; *Ifrita kowaldi*, Ifritidae, Passeriformes) aus der Insektennahrung aufgenommen und zur Abwehr von Ektoparasiten und Fressfeinden in verschiedenen Organen, insbesondere aber in Haut und Federn, gespeichert (▶ Abschn. 11.2). Die Wirkstoffe hemmen in räuberischen Tieren irreversibel spannungsgesteuerte

◘ Abb. 11.18 Wassernatter *Rhabdophis subminiatus helleri* mit Beute (Indischer Ochsenfrosch, *Kaloula pulchra*) (Khao Lak, Thailand). (Foto: Axel Fläschendräger)

Natriumionenkanäle von Biomembranen und führen zur Depolarisierung von Muskel- und Nervenzellen, die Lähmungen auslösen. Lange Zeit wurde angenommen, dass die Ursache für das Ausbleiben einer Selbstvergiftung in den batrachotoxinproduzierenden Fröschen und Vögeln eine Genmutation wäre. Aus jüngsten Befunden ist zu schließen, dass in diesen Tieren ein spezielles Protein bereitsteht (*toxin sponge protein*), um dieses Alkaloid zu binden und von den Natriumionenkanälen fernzuhalten.

Eine vergleichbare neurotoxische Wirkung wie Batrachotoxine rufen Guanidinalkaloide hervor, z. B. **Tetrodotoxin** (◘ Abb. 11.17c) und Saxitoxine. Diese Gifte sind weit verbreitet in marinen Mikroorganismen (z. B. Dinoflagellaten, Cyanobakterien) und gelangen über die Nahrungsketten in zahlreiche Tiere wie benthische Wirbellose. Tetrodotoxin kommt auch in bestimmten Organen von Kugelfischen vor, die gegen dieses Gift immun sind. In terrestrischen Tieren ist diese Alkaloidgruppe nur in fünf Amphibienfamilien zu finden, z. B. Salamandridae, Dendrobatidae (*Colostethus* sp.), Brachycephalidae, Rhacophoridae (*Polypedates* sp.) und Bufonidae (*Atelopus zeteki*, ◘ Abb. 11.17c). *Atelopus*-Arten enthalten in Epithel und Hautdrüsen zusätzlich noch Cardiotoxine (Bufadienolide).

Im Tierreich werden auch Proteine zur konstitutiven Abwehr eingesetzt. Ein Beispiel aus dem aquatischen Lebensraum ist die Seezunge, ein Plattfisch (*Pardachirus marmoratus*, Soleidae, Pleuronectiformes), der im Indischen Ozean und Roten Meer lebt. Das Tier sezerniert aus der Rückenhaut ein **Proteintoxin**, das aus 33 Aminosäuren besteht. Es wirkt antimikrobiell und gehört zur Substanzgruppe der Defensine. Es hat auch eine abschreckende Wirkung auf räuberische Fische wie Haie.

11.3.2 Induzierte Abwehr

Viele Tiere schützen sich aktiv vor einem unmittelbaren Angriff durch Fressfeinde, indem sie toxische Wirkstoffe bei Angriff ausscheiden. Besonders Insekten haben eine außergewöhnlich hohe Zahl an Toxinen für die Verteidigung entwickelt, zusammen mit hoher Variabilität der Syntheseorte im Organismus und den morphologischen Voraussetzungen für die Sekretion dieser Metaboliten. Die Substanzen wirken auf das sensorische System der Räuber und lösen im Zielorganismus spezifische physiologisch-biochemische Antworten aus.

Vertreter der Ölkäfer (Meloidae) (◘ Abb. 11.19a) und der Scheinbockkäfer (Oedemeridae) synthetisieren das cytotoxische Monoterpen Cantharidin (◘ Abb. 11.19a). Die Käfer enthalten den Giftstoff in der Hämolymphe. Er wirkt gegen entomophage Pilze und wird auch über das sogenannte Reflexbluten aus den Beingelenken als Wehrsekret freigesetzt. Interessanterweise wirkt Cantharidin auch als Pheromon bei Vertretern verschiedener Coleopteren (z. B. Anthicidae), Dipteren (z. B. Ceratopogonidae) und Heteropteren (z. B. Miridae), die man auch als cantharophile Insekten bezeichnet.

Blattläuse (Aphididae) stoßen aus Speicherstrukturen (Siphonen) ein Sekret aus, das Triglyceride als Klebstoffe sowie **(*E*)-β-Farnesen** als Alarmpheromon enthält. Auf

◘ **Abb. 11.19** Toxine für die induzierte Abwehr. **a** *Meloe proscarabaeus* (Nord-Cornwall, UK) (© Nick Upton/Alamy/Alamy Stock Photos/mauritius images). **b** *Apis mellifera* (Foto: Leif Meißner). **c** *Mephitis mephitis* (Cave Creek Ranch, Chiricahua mountains, Arizona, USA) (© Kenneth Whitten/DP RF/mauritius images)

diese Weise werden artfremde Blattläuse abgewehrt. Verschiedentlich werden Toxine auch zusammen mit adhäsiven Substanzen über Gifthaare sezerniert. Ein Beispiel dafür sind Larven der Netzwanzen (Tingidae). Puppen von Marienkäfern (Coccinellidae) (z. B. *Epilachna* sp.) tragen auf der Körperoberfläche Drüsen, die **Azamakrolidalkaloide** abgeben. Bienen, Wespen und Hornissen (Hymenoptera) nutzen ihren Stechapparat am letzten Segment des Hinterleibs zur Giftabgabe aus speziellen Drüsen. Die Toxine (Peptide, Proteine, biogene Amine) werden vor allem zur aktiven Verteidigung eingesetzt. Hornissen töten damit aber auch die Beute. ◘ Abb. 11.19b zeigt das Proteintoxin **Apamin** der Honigbiene. Der in Europa und Asien vorkommende, aquatisch lebende Gemeine Rückenschwimmer (*Notonecta glauca*, Notonectidae, Hemiptera) injiziert mit stechend-saugenden Mundwerkzeugen einen giftigen, proteinhaltigen Speichel. Dieser enthält z. B. Metalloproteasen, die schwere Muskellähmungen auslösen. Wasserkäfer scheiden auch antimikrobielle Wirkstoffe aus exokrinen Drüsen aus (z. B. **Benzoesäure**), um sich vor Bakterien- und Pilzinfektionen zu schützen.

Weit verbreitet im Insektenreich sind **Wehrdrüsen**. Aus trachealen Drüsen geben einige Heuschreckenarten (Romaleinae), die in Nord- und Südamerika vorkommen, bei Reizung ein Spray mit **Chinonen** ab. Die Larven des japanischen Schwalbenschwanzes *Papilio xuthus* (Papilionidae, Lepidoptera) tragen ausstülpbare Wehrdrüsen (Osmeterien) mit toxischen Sekreten, die nach Gebrauch wieder eingestülpt werden können. Die Ameise *Crematogaster scutellaris* (Formicidae, Apocrita) aktiviert das Wehrsekret außerhalb des Körpers.

Aus der Giftdrüse werden mit dem Stachelapparat Enzyme (Esterasen und Alkohol-Oxidasen) und aus der Dufour-Drüse Substrate (Acetate) freigesetzt. Das Reaktionsgemisch produziert aggressive Aldehyde. Die große taxonomische und ökologische Vielfalt der Ameisen (Formicidae, Hymenoptera) hat auch zur Entwicklung verschiedenster Toxinstrukturen beigetragen, z. B. Ameisensäure, biogene Amine, Alkaloide, Kohlenwasserstoffe, Peptide und Proteine. Bodenbewohnende Stechameisen (Ponerinae) produzieren Gifte, die auf verschiedene Arthropoden wirken, z. B. Isopoden, Myriapoden, Collembolen und Termiten. Ameisen, die sich auf eine Art als Beute spezialisiert haben, besitzen auch spezielle Gifte.

Die meisten Arten der Tausendfüßer (Myriapoda) produzieren in unterschiedlichen **Drüsentypen** eine Vielzahl an Toxinen aus den Strukturgruppen der Alkaloide, Terpenoide, Phenole, Benzo- und Hydrochinone, aliphatischen Kohlenwasserstoffe und cyanogenen Verbindungen. Der Abwehrmechanismus von *Apheloria corrugata* (Polydesmida, Xystodesmidae) funktioniert über Drüsen, die auf der Körperoberfläche segmental verteilt sind und nach einem Zweikammersystem arbeiten (◘ Abb. 11.20a). Die Drüsen produzieren **Mandelonitril** (Benzaldehydcyanhydrin) und speichern den Wirkstoff in einem Reservoir. Bei Bedrohung wird die Substanz über einen muskelgesteuerten Klappenapparat in die Reaktionskammer abgegeben. Aus den Epithelzellen dieser Kammer werden Enzyme (Nitrilasen) freigesetzt, die Mandelonitril zu **Benzaldehyd** und der stark toxischen Blausäure umsetzen. Das Giftgemisch trifft das räuberische Tier als Spray.

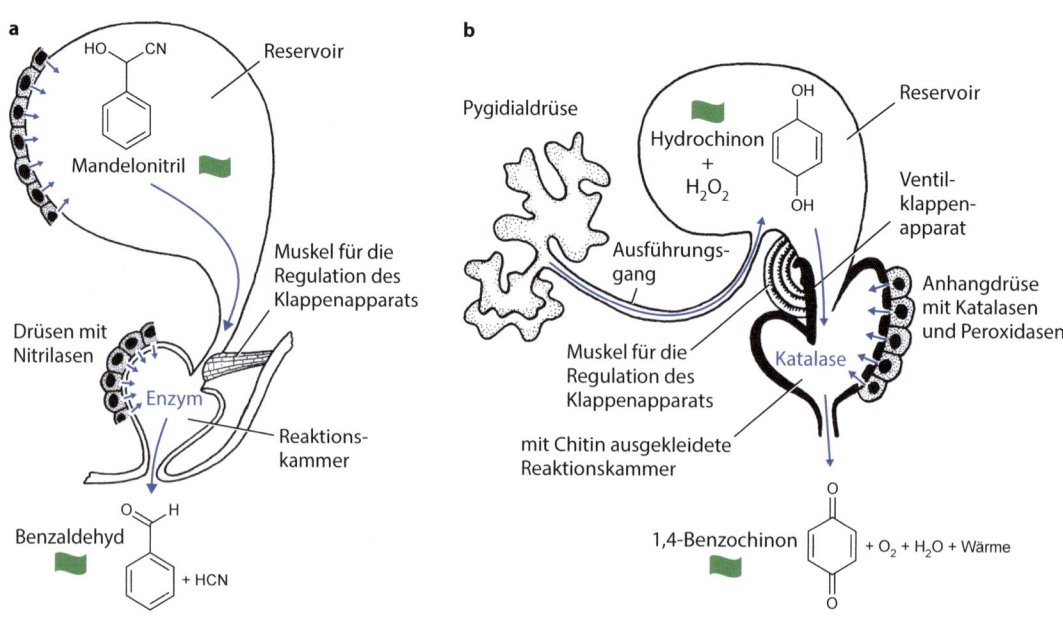

◘ Abb. 11.20 Funktion der Wehrdrüsensysteme von **a** *Apheloria corrugata* und **b** *Brachinus elongatulus*. (Verändert nach Hildebrandt et al. 2020, Abb. 28.10)

Einige Laufkäfer (Carabidae, Coleoptera) aus den Unterordnungen der Brachininae und Paussinae verwenden ein ähnliches Verteidigungssystem. Der Bombardierkäfer *Brachinus elongatulus* (Carabidae, Coleoptera) trägt am Abdomen paarige Pygidialdrüsen, in denen **Hydrochinon** und Wasserstoffperoxid produziert sowie in ein Reservoir abgegeben werden (◘ Abb. 11.20b). Durch ventilartige Klappen gelangen bei Gefahr die Metaboliten portionsweise in eine stabile Reaktionskammer. Das Substratgemisch wird mit oxidativen Enzymen (Katalasen, Peroxidasen) versetzt und bei einer Temperatur bis zu 100 °C zur Reaktion gebracht. Sauerstoff und **Benzochinon** als Produkte werden dem Räuber mit hohem Druck entgegengespritzt. Aus Carabiden sind ca. 250 unterschiedliche spezialisierte Metaboliten aus 19 Strukturklassen bekannt, z. B. Chinonderivate, Aldehyde, Ketone, Terpenoide, Carbonsäuren und Kohlenwasserstoffe.

Charakteristisch für die aquatisch lebenden Nesseltiere (Cnidaria), zu denen Hydrozoa, Scyphozoa und Anthozoa gehören, sind toxinhaltige **Nematocysten**, die in Epithelzellen (Nematocyten) aktiviert werden. Diese spezialisierten Zellen sind über die Körperoberfläche verteilt und dienen der aktiven Verteidigung, aber auch dem Beutefang. Die Nematocyste enthält ein kleines, toxinhaltiges Vesikel und ein äußeres Sinneshaar. Bei Kontakt wird innerhalb von Millisekunden eine apikal orientierte, harpunenartige Struktur ausgestülpt, die in das angreifende Tier eindringt und ein Gemisch aus zyto-, myo- und neurotoxischen Peptiden und Proteinen injiziert. Durch einen anderen Nematocystentyp (Ptychocysten) werden viskose Substanzen freigesetzt, die Angreifer oder Beute festhalten. Chemo- und Mechanorezeptoren können Nematocysten kontrollieren. Auch Korallennesseltiere, die in Endosymbiose mit einzelligen Algen leben (▸ Abschn. 10.5.1), besitzen Nematocysten. Die Würfelqualle *Chironex fleckeri* (Chirodropida, Cnidaria), die an der Nord- und Ostküste Australiens lebt, trägt bis zu 3 m lange Tentakel, die mit Nematocyten besetzt sind. Einige Seegurken (Holothuroidea Echinodermata) verfügen in der Bauchhöhle an der Basis der Wasserlungen über spezielle Abwehrorgane (Cuvier'sche Schläuche). Sie stoßen bei Gefahr klebrige Fäden mit toxischen Saponinen aus, die die Räuber bewegungsunfähig machen. Meeresschnecken (*Conus* sp., Conidae, Sorbeoconcha) produzieren in einer Giftblase im Körperinneren basische Peptide aus zehn bis 30 Aminosäuren (Conotoxine). Über ein Schlundrohr (Proboscis) wird das Gift mit einem **Radulazahn** in das angreifende oder als Beute ausgewählte Tier injiziert und führt zur Lähmung durch Störung der neuromuskulären Signalübertragung.

Giftschlangen wie Seeschlangen (Hydrophiinae), Giftnattern (Elapidae), Vipern (Viperidae; z. B. die Palmenlanzenotter *Bothriechis lateralis*, ◘ Abb. 11.21)

◘ **Abb. 11.21** Palmenlanzenotter *Bothriechis lateralis* (Monteverde, Costa Rica). (Foto: Axel Fläschendräger)

und Klapperschlangen (Viperidae) injizieren mit unterschiedlich gestalteten **Zähnen** Gemische aus toxischen Peptiden und Proteinen in andere Tiere. Die Metaboliten wirken neuro-, cardio- oder myotoxisch. Derartige Wirkmuster entwickeln beispielsweise **Phospholipasen A$_2$**, die als Esterasen die hydrolytische Spaltung lebenswichtiger Phospholipide (z. B. in Biomembranen) bewirken. Allerdings haben auch einige Tiere Resistenzen gegen diese sezernierten Enzyme entwickelt, z. B. nordamerikanische Hörnchenarten (*Otospermophilus* sp., Sciuridae, Rodentia) gegen Toxine aus Klapperschlangen.

Die in Nordamerika beheimateten Stinktiere (z. B. *Mephitis mephitis*, Mephitidae, Carnivora) scheiden aus Analdrüsen ein stark riechendes Wehrsekret aus, das einige Meter weit dem Feind entgegengespritzt wird und flüchtige Thiolverbindungen enthält, z. B. **(*E*)-2-Buten-1-thiol** (◘ Abb. 11.19c).

Literatur

Abschn. 11.1

Basu S et al (2021) Insect alarm pheromones in response to predators: ecological trade-offs and molecular mechanisms. Insect Biochem Mol Biol. https://doi.org/10.1016/j.ibmb.2020.103514

Blomquist GJ, Ginzel MD (2021) Chemical ecology, biochemistry, and molecular biology of insect hydrocarbons. Annu Rev Entomol 66:45–60

Bochynek T et al (2019) Infrastructure construction without information exchange: the trail clearing mechanism in *Atta* leafcutter ants. Proc R Soc B 286:20182539. 10.1098/rspb.2018.2539

Bogner F, Boppré M (1989) Single cell recordings reveal hydroxydanaidal as the volatile compound attracting insects to pyrrolizidine alkaloids. Entomol Exp Appl 50:171–184. https://doi.org/10.1111/j.1570-7458.1989.tb02386x

Boppré M (1977) Pheromonbiologie am Beispiel der Monarchfalter (Danaidae). Biol Zeit 7:161–169

Bortolotti L, Costa C (2014) Chemical communication in the honey bee society, Kap. 5. In: Mucignat-Caretta C (Hrsg) Neurobiology of chemical communication. CRC Press/Taylor & Francis, Boca Raton

Chalissery JM et al (2019) Ant sense, and follow, trail pheromones of ant community members. Insects 10:383. https://doi.org/10.3390/insects10110383

Chen D et al (2022) Aggregation pheromone 4-vinylanisole promotes the synchrony of sexual maturation in female locusts. elife 11:e74581

Czaczkes TJ et al (2015) Trail pheromones: an intergrative view of their role in social insect colony organization. Ann Rev Entomol 60:581–599

Dettner K, Zwölfer H (2010) Pheromone, Abschn. 21.3.2.3. In: Dettner K, Peters W (Hrsg) Lehrbuch der Entomologie, Teil 2. Spektrum Akad., Heidelberg, S 690–695

Engl T et al (2018) Evolutionary stability of antibiotic protection in a defensive symbiosis. https://doi.org/10.1073/pnas.1719797115

Fleischer J, Krieger J (2018) Insect pheromone receptors – key elements in sensing intraspecific chemical signals. Front Cell Neurosci 12:425. https://doi.org/10.3389/fncel.2018.00425

Fox EGP, Adams RMM (2022) On the biological diversity of ant alkaloids. Annu Rev Entomol 67:367–385

Frings S (2021) Pheromone, Kap. 7. In: Frings S (Hrsg) Die Sinne der Tiere – Lehrbuch der vergleichenden Sinnesphysiologie. Springer Spektrum, Heidelberg, S 317–338

Goettler W et al (2022) Comparative morphology of the symbiont cultivation glands in the antennae of female digger wasps of the genus *Philanthus* (Hymenoptera: Crabronidae). Front Physiol. https://doi.org/10.3389/fphys.2022.815494

Guo X et al (2020) 4-Vinylanisole is an aggregation pheromone in locusts. Nature. https://doi.org/10.1038/s41586-020-2610-4

He J et al (2019) Aggregation pheromone for an invasive mussel consists of a precise combination of three common purines. iSciences 19:691–702

He J et al (2021) Adenosine triggers larval settlement and metaomorphosis in the mussel *Mytilops sallei* through the ADK-AMPK-FoxO pathway. ACS Chem Biol 16:1390–1400

Hefetz A (2019) The critical role of primer pheromones in maintaining insect sociality. Z Naturforsch 74:221–231

Houck LD (2009) Pheromone communication in amphibians and reptiles. Annu Rev Physiol 71:161–176

Huang et al (2020) Tree defence and bark beetles in a drying world: carbon partitioning, functioning and modelling. New Pytologist 225:26–36

Jacquin-Joly E, Groot AT (2018) Pheromones, insects. In: Encyclopedia of reproduction. Academic Press, Oxford/Waltham, S 465–471

Kamio M et al (2022) Chemical cues for intraspecific chemical communication and interspecific interactions in aquatic environments: applications for fisheries and aquaculture. Fish Sci 88:203–239

Kandasamy D et al (2023) Conifer-killing bark beetles locate fungal symbionts by detecting volatile fungal metabolites of host tree resin monoterpenes. PLoS Biol. https://doi.org/10.1371/journal.pbio.3001887

Kolay S et al (2020) Regulation of ant foraging: a review of the role of information use and personality. Front Psychol 11:734. https://doi.org/10.3389/fpsyg.2020.00734

Krauß G-J, Miersch J (1983) Chemische Signale, 2. Aufl. Urania-Verlag Leipzig, Jena/Berlin, S 69–80

Liberles SD (2014) Mammalian pheromones. Annu Rev Physiol 76:151–175

Lorenzi MC (2006) The result of an arms race: the chemical strategies of *Polistes* social parasites. Ann Zool Fenn 43:550–563

Maisonnasse A et al (2010) E-β-Ocimene, a volatile brood pheromone involved in social regulation in the honey bee colony (*Apis mellifera*). PLoS ONE 5(10):e13531. https://doi.org/10.1371/journal.pone.0013531

Mitaka Y, Akino T (2021) A review of termite pheromones: multifaceted, context-dependent, and rational chemical communications. Front Ecol Evol 8:595614. https://doi.org/10.3389/fevo.2020.595614

Müller C et al (2020) The power of infochemicals in mediating individualized niches. Trends Ecol Evol. https://doi.org/10.1016/j.tree.2020.07.001

Netherer S et al (2021) Interactions among Norway spruce, the bark beetle *Ips typographus* and its fungal symbionts in times of drought. J Pest Sci 94:591–614

Nishida R (2014) Chemical ecology of insect-plant interactions: ecological significance of plant secondary metabolites. Biosci Biotechnol Biochem 78:1–13

Park JY et al (2019) Ascaroside pheromones: chemical biology and pleiotropic neuronal functions. Int J Mol Sci 20:3898. https://doi.org/10.3390/ijms20163898

Princen SS et al (2019) Honey bees possess a structurally and functionally redundant set of queen pheromones. Proc R Soc B 286:2019.0517. https://doi.org/10.1098/rspb.2019.0517

Sakurai T et al (2014) Molecular and neural mechanisms of sex pheromone reception and processing in the silkmoth *Bombyx mori*. Front Physiol. https://doi.org/10.3389/fphys.2014.00125

Shiota Y et al (2018) *In vivo* functional characterisation of pheromone binding protein-1 in the silkmoth, *Bombyx mori*. Sci Rep 8:13529. https://doi.org/10.1038/s41598-018-31978-2

Silva-Junior EA et al (2018) Pyrazines from bacteria and ants: convergent chemistry within an ecological niche. Sci Rep 8:2595. https://doi.org/10.1038/s41598-018-20953-6

Storch V et al (2013) Pflanzliche Sekundärstoffe und Systematik, Abschn. 4.3.3. In: Storch V et al (Hrsg) Evolutionsbiologie, 3. Aufl. Spektrum, Heidelberg, S 383–408

Thiagarajan D, Sachse S (2022) Multimodal information processing and associative learning in the insect brain. Insects 13:332. https://doi.org/10.3390/insects13040332

Tittiger C, Blomquist GJ (2017) Pheromone biosynthesis in bark beetles. Curr Opin Insect Sci 24:68–74

Vandermoten S et al (2012) Aphid alarm pheromone: an overview of current knowledge on biosynthesis and functions. Insect Biochem Mol Biol 42:155–163

Van Oystaeyen A et al (2014) Conserved class of queen pheromones stops social insect workers from reproducing. Science 343:287–290

Verheggen F et al (2020) The production of sex pheromone in lady beetles is conditioned by presence of aphids and not by mating status. J Chem Ecol 46:590–596

Wang B et al (2022) Molecular basis of (*E*)-β-farnesene-mediated aphid location in the predator *Eupeodes corollae*. Curr Biol 32:951–962

Wee SL et al (2018) A new and highly effective male lure for the guava fruit fly *Bactrocera correcta*. J Pest Sci 91:691–698

Wink M et al (1988) Biosynthesis of pyrrolizidine alkaloid-derived pheromones in the arctiid moth, *Creatonotos transiens*: stereochemical conversion of heliotrine. J Biosci 43:737–741

Wink M, Schneider D (1990) Fate of plant derived secondary metabolites in three moth species (*Syntomis mogadorensis*, *Syntomeida epilais*, and *Creatonotos transiens*). J Comp Physiol B 160:389–400

Wink M (2018a) Plant secondary metabolites modulate insect behavior-steps toward addiction? Front Physiol 9:364. https://doi.org/10.3389/fphys.2018.00364

Wink M (2018b) Quinolizidine and pyrrolizidine alkaloid chemical ecology – a minireview on their similarities and differences. J Chem Ecol. https://doi.org/10.1007/s10886-018-1005-6

Wyatt TD (2017) Primer Pheromones. Curr Biol 27:R739–R743

Yew JY, Chung H (2015) Insect pheromones: an overview of function, form, and discovery. Prog Lipid Res 59:88–105

Zhao T et al (2019) Convergent evolution of semiochemicals across kingdoms: bark beetles and their fungal symbionts. ISME J 13:1535–1545

Abschn. 11.2

Anderson B, de Jager ML (2020) Natural selection in mimicry. Biol Rev 95:291–304

Andrade P, Carneiro M (2021) Pterin-based pigmentation in animals. Biol Lett 17:20210221. https://doi.org/10.1098/rsbl.2021.0221

Badejo O et al (2020) Benefits of insect colours: a review from social insect studies. Oecologia 194:27–40. https://doi.org/10.1007/s00442-020-04738-1

Barnett JB et al (2018) Distance dependent aposematism and camouflage in the cinnabar moth caterpillar (*Tyria jacobaeae*, Erebidae). R SocOpen Sci 5:171396. https://doi.org/10.1098/rsos171396

Blount JD et al (2023) The price of defence: toxins, visual signals and oxidative state in an aposematic butterfly. Proc R SocB 290:20222068. https://doi.org/10.1098/rspb.2022.2068

Borer M et al (2010) Positive frequency-dependent selection on warning color in alpine leaf beetles. Evolution 64:3629–3633

Caro T, Ruxton G (2019) Aposematism: unpacking the defences. Trends Ecol Evol. https://doi.org/10.1016/j.tree.2019.02.015

Caro T, Mallarino R (2019) Coloration in mammals. Trends Ecol Evol. https://doi.org/10.1016/j.tree.2019.12.008

Codell GA, Daley S (2021) Biosynthesis of the ommochromes and papiliochromes. Rec Nat Prod 15:420–432

Dettner K (2010) Abwehrmechanismen der Insekten, Abschn.17.2. In: Dettner K, Peters W (Hrsg) Lehrbuch der Entomologie. Spektrum Akad., Heidelberg, S 560–575

Duarte RC et al (2017) Camouflage through colour change: mechanisms, adaptive value and ecological significance. Philos Trans R Soc B 372:2016.0342. https://doi.org/10.1098/rstb.2016.0342

Fleiss A, Sarkisyan KS (2019) A brief review of bioluminescent systems. Curr Genet 65:877–882

Figon F, Casas J (2018) Morphological and physiological colour changes in the animal kingdom. eLS John Wiley & Sons, Chichester. https://doi.org/10.1002/9780470015902.a0028065

Figon F, Casas J (2019) Ommochromes in invertebrates: biochemistry and cell biology. Biol Rev 94:156–183

Hildebrandt J-P et al (2015) Produktion von Licht (Biolumineszenz), Kap. 26, S. 837–844; Farbwechsel, Kap. 27, S. 845–853. In: Hildebrandt J-P et al (Hrsg) Penzlin – Lehrbuch der Tierphysiologie, 8. Aufl. Springer Spektrum, Berlin

Hedley E, Caro T (2022) Aposematism and mimicry in birds. Ibis 164:606–617

Hellinger J, et al. (2017) The flashlight fish *Anomalops katoptron* uses bioluminescent light to detect prey in the dark. PLoS ONE 12:e0170489. https://doi.org/10.1371/journal.pone.0170489

Howell N et al (2021) Aposematism in mammals. Evolution 75–10:2480–2493. https://doi.org/10.1111/evo.14320

Inaba M, Chuong C-M (2020) Avian pigment pattern formation: developmental control of macro- (across the body) and micro- (within a feather) level of pigment patterns. Front Cell Dev Biol. https://doi.org/10.3389/fcell.2020.00620

Insausti TC, Sasas J (2008) The functional morphology of color changing in a spider: development of ommochrome pigment granules. J Exp Biol 211:780–789

Johnsen S (2001) Hidden in plain sight: the ecology and physiology of organismal transparency. Biol Bull 201:301–318

Koneru M, Caro T (2023) Animal coloration in the anthropocene. Front Ecol Evol. https://doi.org/10.3389/fevo.2022.857317

Krauß G-J, Miersch J (1983) Chemische Signale, 2. Aufl. Urania Leipzig, Jena/Berlin, S 69–80

LaFountain AM et al (2015) Diversity, physiology, and evolution of avian plumage carotenoids and the role of carotinoid-protein interactions in plumage color appearance. Arch Biochem Biophys 572:201–212

Lau ES, Oakley TH (2021) Multi-level convergence of complex traits and the evolution of bioluminescence. Biol Rev 96:673–691

Ligon RA, McGraw KJ (2013) Chameleons communicate colour changes during contests: different body regions convey different informations. Biol Lett 9:20130892. https://doi.org/10.1098/rsbl.2013.0892

Lignon RA, McCartney KL (2016) Biochemical regulation of pigment motility in vertebrate chromatophores: a review of physiological color change mechanisms. Curr Zool 62:237–252

Lunau K (2011) Warnen, Tarnen, Täuschen – Mimikry und Nachahmung bei Pflanze, Tier und Mensch. Wiss. Buchgesellschaft, Darmstadt

Mappes J et al (2005) The complex business of survival by aposematism. Trends Ecol Evol. https://doi.org/10.1016/j.tree.2005.07.011

Margalida A et al (2019) Cosmetic colouring batus: still evidence for bearded vultures *Gypaetus barbatus*: still evidence for an antibacterial function. Peer J. https://doi.org/10.7717/peerj.6783

Martini S et al (2019) Distribution and quantification of bioluminescence as an ecological trait in the deep sea benthos. Sci Rep 9:14654. https://doi.org/10.1038/s41598-019-50961-z

McGraw MC, Nogare MC (2004) Carotenoid pigments and the selectivity of psittacofulvin-based coloration systems in parrots. Comp Biochem Physiol, Part B 138:229–233

Nyholm SV et al (2021) A lasting symbiosis: how the Hawaiian bobtail squid finds and keeps its bioluminescence bacterial partner. Nat Rev Microbiol. https://doi.org/10.1038/s41579-021-00567-y

Oba Y, Schultz DT (2014) Eco-evo bioluminescence on land and in the sea. In: Thouand G, Marks R (Hrsg) Bioluminescence: fundamentals and applications in biotechnology, Vol. 1, Advances in biochemical engineering/biotechnology, 144. Springer, Berlin/Heidelberg. https://doi.org/10.1007/978-3-662-43385-0_1

Pipes BL, Nishiguchi MK (2022) Nocturnal acidification: a coordinating cue in the *Euprymna scolopes* – *Vibrio fischeri* symbiosis. Int J Mol Sci 23:3743. https://doi.org/10.3390/ijms23073743

Price-Waldmar R, Stoddard MC (2021) Avian coloration genetics: recent advances and emerging questions. J Heredity 2021:395–416

Rahlff J et al (2018) Blue pigmentation of neustonic copepods benefits exploitation of a prey-rich niche at the air-sea boundary. Sci Rep 8:11510. https://doi.org/10.1038/s41598-018-29869-7

Rojas B et al (2018) Multimodal aposematic signals and their role in mate attraction. Front Ecol Evol. https://doi.org/10.3389/fevo.2018.00093

Santos JC et al (2003) Multiple, recurring origins of aposematism and diet specialisation in poison frogs. Proc Natl Acad Sci. https://doi.org/10.1073/pnas.2133521100

Saranathan V et al (2010) Structure, function, and self-assembly of single network gyroid ($I4_1 32$) photonic crystals in butterfly wing scales. Proc Natl Acad Sci. https://doi.org/10.1073/pnas.0909616107

Shamim G et al (2014) Biochemistry and biosynthesis of insect pigments. Eur J Entomol 111:149–164

Siddique RH et al (2015) The role of random nanostructures for the omnidirectional anti-reflection properties of the glasswing butterfly. Nat Commun. https://doi.org/10.1038/ncomms7909

Taboada C et al (2022) Glassfrogs conceal blood in their liver to maintain transparency. Science 378:1315–1320

Taysom AJ et al (2011) The contribution of structural-, psittacofulvin- and melanin-based colouration to sexual dichromatism in Australian parrots. J Evol Biol 24:303–313

Thiagarajan D, Sachse S. (2022) Multimodal information processing and associative learning in the insect brain. Insects 13:332. https://doi.org/10.3390/insects13040332.

Toews DPL et al (2017) The evolution and genetics of carotenoid processing in animals. Trends Genet. https://doi.org/10.1016/j.tig.2017.01.002

Van der Kooi CJ et al (2021) Evolution of insect color vision: from spectral sensitivity to visual ecology. Annu Rev Entomol 66:435–461

Watkins OC et al (2018) New Zealand glowworm (*Arachnocampa luminosa*) bioluminescence is produced by a firefly-like luciferase but an entirely new luciferin. Sci Rep 8:3278. https://doi.org/10.1038/s41598-018-212298

Wink M, Legal L (2001) Evidence for two genetically and chemically defined host races *Tyria jacobaeae* (Arctiidae, Lepidoptera). Chemoecology 11:199–207

Abschn. 11.3

Abbot P (2022) Defense in social insects; diversity, division of labor, and evolution. Annu Rev Entomol 67:407–436

Abderamane-Ali F et al (2021) Evidence that toxin resistance in poison birds and frogs is not rooted in sodium channel mutations and may rely on „toxin sponge" proteins. J Gen Physiol. https://doi.org/10.1085/jpg.202112872

Attygalle AB et al (2020) Biosynthetic origin of benzoquinones in the explosive discharge of the bombardier beetle *Brachinus elongatulus*. Sci Nat. https://doi.org/10.1007/s00114-020-01683-0

Beran F, Petschenka G (2022) Sequestration of plant defense compounds by insects: from mechanisms to insect-plant coevolution. Annu Rev 67:163–180

Berasategui A et al (2022) The leaf beetle *Chelymorpha alternans* propagates a plant pathogen in exchange for pupal protection. Curr Biol 32:4114–4127

Bratburd JR et al (2020) Defensive symbioses in social insects can inform human health and agriculture. Front Microbiol 11:76. https://doi.org/10.3389/fmicb.2020.00076

Chang H et al (2023) A chemical defense deters cannibalism in migratory locusts. Science 380:537–543

Clark VC et al (2005) Convergent evolution of chemical defense in poison frogs and arthropod prey between Madagaskar and the neotropics. Proc Natl Acad Sci. https://doi.org/10.1073/pnas.0503502102

Clark C et al (2019) Friends or foes? Emerging impacts of biological toxins. Trends Biochem Sci. https://doi.org/10.1016/j.tibs.2018.12.004

Contreras G et al (2020) Defensins: transcriptional regulation and function beyond antimicrobial activity. Dev Compar Immun. https://doi.org/10.1016/j.dci.2019.103556

Dearing MD et al (2022) Demonstrating the role of symbionts in mediating detoxification in herbivores. Symbiosis 87:59–66

Dettner K (2015) Toxins, defensive compounds and drugs from insects. In: Hoffmann KH (Hrsg) Insect molecular biology and ecology. Taylor & Francis, Boca Raton

Dettner K. (2010) Abwehrmechanismen der Insekten, Abschn.17.2. In: Dettner K, Peters W (Hrsg) Lehrbuch der Entomologie. Spektrum Akad., Heidelberg, S 560–575

Deyrup ST et al (2014) Antipredator-activity and endogenous biosynthesis of defensive secretion in larval and pupal *Delphastus catalinae* (Horn) (Coleoptera: Coccinellidae). Chemoecology 24:145–157

Duran-Riveroll LM et al (2017) Guadinium toxins and their interactions with voltage-gated sodium ion channels. Mar Drugs 15:303. https://doi.org/10.3390/md15100303

Dumbacher JP et al (2000) Batrachotoxin alkaloids from passerine birds: a second toxic bird genus (*Ifrita kowaldi*) from New Guinea. Proc Nat Acad Sci 97:12970–12975

Dumbacher JP et al (2004) Melyrid beetles (*Choresine*): a putative source for the batrachotoxin alkaloids found in poison-dart frogs and toxic passerine birds. ProcNatAcadSci 101:15857–15860

Engl T et al. (2018) Evolutionary stability of antibiotic protection in a defensive symbiosis. Proc Natl Acad Sci. https://doi.org/10.1073/pnas.1719797115.

Erb M, Robert CAM (2016) Sequestration of plant secondary metabolites by insect herbivores: molecular mechanisms and ecological consequences. Curr Opinion, Insect Sci 14:8–11

Fischer ML et al (2023) You are what you eat – ecological niche and microhabitat influence venom activity and composition in aquatic bugs. Proc R Soc B 290:2022064. https://doi.org/10.1098/rspb.2022.2064

Flórez LV et al (2015) Defensive symbioses of animals with prokaryotic and eukaryotic microorganisms. Nat Prod Rep 32:904–936

Fox EGP, Adams RMM. (2022) On the biological diversity of ant alkaloids. Annu Rev Entomol 67:367–385

Giglio A et al (2021) Pygidial glands in carabidae, an overview of morphology and chemical secretion. Life 11:562. https://doi.org/10.3390/life11060562

Grüter C et al (2018) Insect societies fight back: the evolution of defensive traits against social insects. Phil Trans R Soc 373:20170200. https://doi.org/10.1098/rstb.2017.0200

Goettler W et al (2022) Comparative morphology of the symbiont cultivation glands in the antennae of female digger wasps of the genus *Philanthus* (Hymenoptera:Crabronidae). Front Physiol. https://doi.org/10.3389/fphys.2022.815494.

Heredia A et al (2005) Toxicity of the venom in three neotropical *Crematogaster* ants (Formicidae; Mymicinae). Chemoecology 15:235–242

Hildebrandt J et al. (2015) Penzlin – Lehrbuch der Tierphysiologie; Produktion von Giften und Abwehrstoffen, Kap. 28, S. 864–865, 5. Aufl. Springer Spektrum, Heidelberg

King KC (2019) Defensive symbionts. Curr Biol 29:R78–R80

Schlee D (1992) Ökologische Biochemie, 2. Aufl. G. Fischer, Jena/Stuttgart/New York, S 430, Abb. 233

Lindstadt C et al (2019) Antipredator strategies of pupae: how to avoid predation in an immobile life stage? Phil Trans R Soc A 374:20190069. https://doi.org/10.1098/rstb.2019.0069

Mebs D (2016) Leben mit Gift – Wie Tiere und Pflanzen damit zurechtkommen und was wir daraus lernen können. Hirzel, Stuttgart

Menezes C, Thakur NL (2022) Sea anemone venom: ecological interactions and bioactive potential. Toxicon 208:31–46

Massay JH, Newton ILG (2022) Diversity and function of arthropod endosymbiont toxins. Trends Microbiol. https://doi.org/10.1016/j.tim.2021.06.008

Mochida K, Mori A (2021) Antipredator behavior of newts (*Cynops pyrrhogaster*) against snakes. PLoS ONE. https://doi.org/10.1371/journal.pone.0258218

Pearson KC, Tarvin RD (2022) A review of chemical defense in harlequin toads (Bufonidae: *Atelops*). ToxiconX. https://doi.org/10.1016/j.toxcx.2022.1.00092

Petschenka G, Agrawal AA (2016) How herbivores coopt plant defenses: natural selection, specialization, and sequestration. Curr Opin Insect Sci. https://doi.org/10.1016/j.cois.2015.12.004

Rork AM, Renner T (2018) Carabidae semiochemistry: current and future directions. J Chem Ecol 44:1069–1083

Salem H, Kaltenpoth M (2022) Beetle – bacterial symbioses: endless forms most functional. Annu Rev Entomol. https://doi.org/10.1146/annurev-ento-061421-063433

Saporito RA et al (2007) Orbatid mites as a major dietary source for alkaloids in poison frog. Proc Nat Acad Sci. https://doi.org/10.1073/pnas.0702851104

Schendel V et al (2019) The diversity of venom: the importance of behavior and venom system morphology in understanding its ecology and evolution. Toxins 11:666. https://doi.org/10.3390/toxins11110666

Speed MP et al (2012) Why are defensive toxins so variable? An evolutionary perspective. Biol Rev. https://doi.org/10.1111/j.1469-185X.2012.00228.x

Sugiura S (2020) Predators as drivers of insect defenses. Entomol Sci. https://doi.org/10.1111/ens.12423

Thimmappa R et al (2022) Biosynthesis of saponin defensive compounds in sea cucumbers. Nat Chem Biol. https://doi.org/10.1038/s41589-022-01054-y

Touchard A et al (2016) The biochemical toxin arsenal from ant venoms. Toxins 8:30. https://doi.org/10.3390/toxins8010030

Triponez Y et al (2007) Genetic and environmental sources of variation in the autogenous chemical defense of a leaf beetle. J Chem Ecol. https://doi.org/10.1007/S10886-007-9351-9

Van Thiel J et al (2022) Covergent evolution of toxin resistance in animals. Biol Rev. https://doi.org/10.1111/brv.12865

Vesović N et al (2022) Pygidial glands of the blue ground beetle *Carabus intricatus*: chemical composition of the secretion and its antimicrobial activity. Naturwissenschaften 109:19

Von Reumont BM et al (2022) Modern venomics – current insights, novel methods, and future perspectives in biological and applied animal venom research. GigaScience. https://doi.org/10.1093/gigascience/giac048

Wie J et al (2019) Phenylacetonitrile in locusts facilitates an antipredator defense by acting as an olfactory aposematic signal and cyanide precursor. Sci Adv 5:eaav5495

Wood WF et al (2002) Volatile components in defensive spray of the hooded skunk, *Mephitis macroura*. J Chem Ecol 28:1865–1870

Zagrobelny M et al (2018) Cyanogenesis in arthropods: from chemical warfare to nuptial gifts. Insects 9:51. https://doi.org/10.3390/insects9020051

Ein ökologischer Blick aufs Ganze

» „In der lebendigen Natur geschieht nichts, was nicht in Verbindung mit dem Ganzen steht"
(J. W. v. Goethe)

Inhaltsverzeichnis

Kapitel 12 **Terrestrische Lebensräume – 315**
Felix Bärlocher

Kapitel 13 **Aquatische Lebensräume – 339**
Felix Bärlocher

Terrestrische Lebensräume

Felix Bärlocher

Inhaltsverzeichnis

12.1 Der Boden – ein ökologischer Schlüsselraum – 316
12.1.1 Struktur und Profil – 316
12.1.2 Böden als Grundlage des terrestrischen Lebens – 317
12.1.3 Das Edaphon – 319
12.1.4 Die Rhizosphäre – ein Hotspot ökologischer Funktionen und mikrobieller Biodiversität – 320
12.1.5 Das Phytomikrobiom und der Holobiont – 321
12.1.6 Trophische Strukturen – 322

12.2 Klima und Biome – 324

12.3 Die neun Zonobiome und ihre Vegetation – 326
12.3.1 Äquatoriale Zone – tropischer Regenwald – 326
12.3.2 Tropisch-subtropische Zone – tropischer Laubwald oder Savanne – 328
12.3.3 Subtropisch-tropische Zone – heiße Halbwüsten und Vollwüsten – 329
12.3.4 Mediterran – Hartlaubgehölzvegetation – 329
12.3.5 Warmgemäßigt – gemäßigter, immergrüner Wald (Lorbeerwald) – 331
12.3.6 Nemoral – sommergrüner Wald – 331
12.3.7 Arid-gemäßigt kontinental – Steppen bis Wüsten – 332
12.3.8 Boreal – borealer Nadelwald – 333
12.3.9 Polar – baumfreie Tundravegetation – 334

12.4 Alpines Orobiom – Hochgebirge – 335

12.5 Inselberge – 336

Literatur – 337

© Der/die Herausgeber bzw. der/die Autor(en), exklusiv lizenziert an Springer-Verlag GmbH, DE, ein Teil von Springer Nature 2025
G.-J. Krauß, F. Bärlocher, *Ökologie und Ökologische Biochemie*, https://doi.org/10.1007/978-3-662-70586-5_12

12.1 Der Boden – ein ökologischer Schlüsselraum

12.1.1 Struktur und Profil

Böden bestehen aus verwittertem Gestein und organischen Substanzen, die durch Bodenlebewesen (**Edaphon**) umgewandelt werden. Sie bedecken die festen Gesteine der Erdrinde. Die Bodenkunde (**Pedologie**, seltener **Edaphologie**) befasst sich mit Bodenentstehung und -entwicklung. Böden sind dynamische Systeme. Es finden fortschreitende chemisch-physikalische Verwitterung (mit Freisetzung von Mineralstoffen) sowie Ab- und Umbau stetig entstehender organischer Substanz aus Pflanzen, Tieren und Mikroorganismen statt.

Der Boden ist ein Dreiphasensystem mit einer festen Phase (mineralische und organische Partikel), die durch wasser- (flüssige Phase) oder luftgefüllte (Gasphase) Hohlräume oder **Poren** durchsetzt ist. Die Häufigkeit der Phasen und damit die Eignung des Bodens für Tiere, Mikroorganismen und Pflanzenwurzeln werden weitgehend durch die **Körnung** und **Lagerungsdichte** bestimmt. Unter Körnung versteht man die Größenverteilung der Bodenpartikel und ihrer Form (z. B. kugel- oder nadelförmig; Wittig und Streit 2004; Gisi et al. 1997). Man unterscheidet zwischen dem Bodenskelett (> 2 mm) und der Feinerde (Sand: 63–2000 µm; Schluff: 2–63 µm; Ton: < 2 µm). Betreten oder Befahren führen zu einer Verdichtung der Böden, d. h., Anzahl und Größe der Poren nehmen ab. Das **Porenvolumen** (in %) ist definiert als Anteil der Hohlräume, in die Wasser oder Luft eindringen kann. Die **Porengröße** wird in drei Klassen unterteilt: **Grobporen** (> 50 µm) sind als einzige den Pflanzenwurzeln zugänglich. In **Mittelporen** (0,2–50 µm) können Wurzelhaare und Mikroorganismen eindringen. **Feinporen** (< 0,2 µm) binden das Wasser so stark, dass es für Pflanzen nicht verfügbar ist.

Porengrößen und ihre Verteilung beeinflussen, wie viel Wasser bei Niederschlägen in den Boden eindringt und wie viel oberflächlich abfließt. So nehmen Tonböden bei heftigen Regenfällen weit weniger Wasser auf als Sandböden. Die engen Poren werden schnell verstopft und das Wasser fließt oberirdisch ab. Unter **Feldkapazität** versteht man die Wassermenge, die ein wassergesättigter Boden gegen die Schwerkraft halten kann. Durch Evapotranspiration sinkt der Wassergehalt, bis ein Schwellwert erreicht wird, bei dem Pflanzen dem Boden kein Wasser mehr entziehen können. Diesen Wert bezeichnet man als **permanenten Welkepunkt**. Die Differenz zwischen Feldkapazität und Welkepunkt ist das **Wasserpotenzial** und erlaubt eine Schätzung der Wassermenge, die potenziell den Pflanzen zur Verfügung steht. Feldkapazität und Welkepunkt werden durch die Körnung des Bodens unterschiedlich beeinflusst (Abb. 12.1). Als Folge davon ist das Wasserpotenzial bei einer mittleren Körnung am höchsten.

In allen Böden lassen sich parallel zur Oberfläche verschiedene Schichten oder **Horizonte** erkennen. Einen vertikalen Ausschnitt des Bodens mit den verschiedenen Horizonten bezeichnet man als **Bodenprofil** (Abb. 12.2). Es lässt sich von oben nach unten in organische (>30 % der Gesamtmasse ist organisch) und mineralische (< 30 % der Gesamtmasse ist organisch) Horizonte unterteilen.

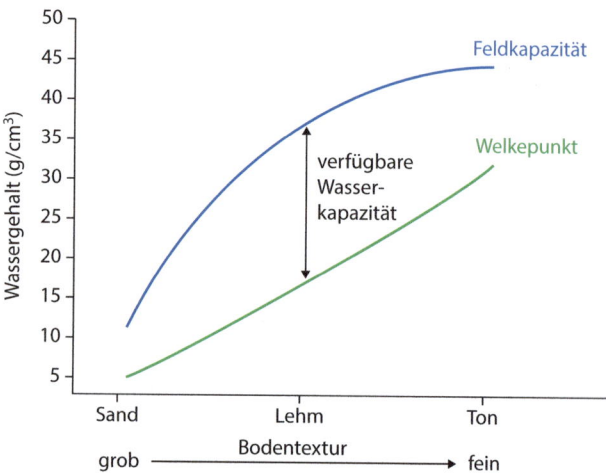

Abb. 12.1 Feldkapazität (blaue Kurve) und Welkepunkt (grüne Kurve) vs. Körnung des Bodens

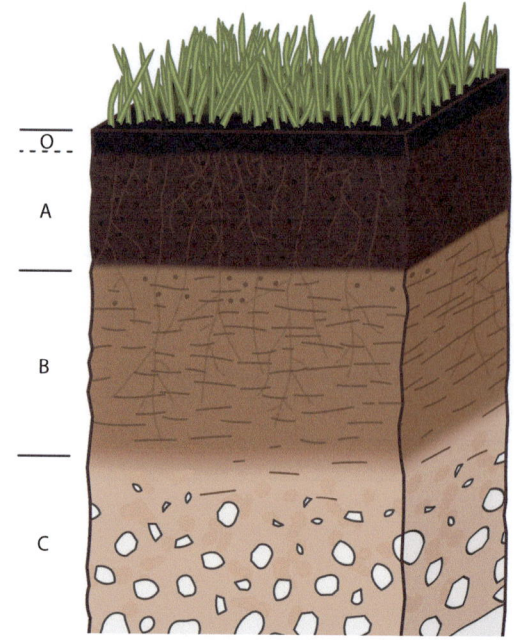

Abb. 12.2 Schematisches Bodenprofil mit organischen (O) und mineralischen (A, B, C) Horizonten. (Tomáš Kebert & umimeto.org, CC BY-SA 4.0)

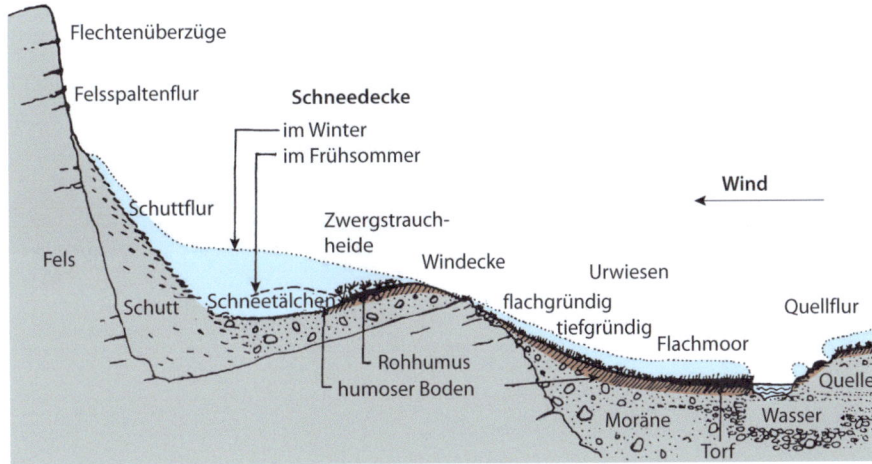

■ Abb. 12.3 Klima und Relief als wichtige Faktoren der Bodenbildung. (Aus Kadereit et al. 2021, Abb. 21.18, © Springer-Nature)

Die organischen Horizonte lassen sich in **L-** (*litter*, weitgehend nichtzersetzte Streu), **F-** (fermentierte Pflanzenreste mit sichtbarer Faserstruktur) und **H-Horizont** (amorphes Humusmaterial) unterteilen.

Terrestrische Böden werden aufgrund ihrer mineralischen Horizonte als **A–C-** oder **A–B–C-Typen** definiert (■ Abb. 12.2). Der **Mineralhorizont A** ist braun bis schwarz und wird durch Aktivitäten von Bodentieren, oftmals Regenwürmern, mit organischem Material aus den organischen Schichten angereichert. Falls vorhanden, wird der **Horizont B** (Unterboden, Einwaschungshorizont) durch Gesteinsverwitterung und Einwaschung von organischen Substanzen geprägt. Der folgende **C-Horizont** ist der wenig veränderte mineralische Untergrund (lockeres Gestein). Weitere Unterteilungen der Bodentypen werden durch nachgestellte Kleinbuchstaben gekennzeichnet. Allerdings gibt es bis heute kein international anerkanntes Klassifizierungssystem.

Herkunft und Zusammensetzung der Streu, Klima und Nährstoffverfügbarkeit beeinflussen das Edaphon und dadurch Abbauprozesse und die Mächtigkeit der verschiedenen Humusschichten (O-Horizonte). Bei geringer Aktivität der Lebewesen, z. B. bei saurer, nährstoffarmer Streu, und tiefen Temperaturen bildet sich **Rohhumus**. Es entsteht ein dreischichtiger Auflagehorizont (L, F, H), in dem die H-Schicht dominiert.

Bei günstigen Abbaubedingungen werden Pflanzenreste effizient in den Mineralboden eingearbeitet. Es entstehen tiefgründige, humusreiche Böden mit einer hohen Speicherkapazität für Wasser und aktiver Mineralisierung. Die Auflageschicht besteht praktisch nur noch aus intaktem Blattmaterial. Man spricht hier von **Mullhumus**. Auf kalkreichen Böden dominieren häufig Mullschichten. Sie ermöglichen eine hohe Waldproduktion und bieten somit ideale Bedingungen für die Forstwirtschaft.

Im **Moderhumus** sind die L-, F- und H-Schichten deutlich erkennbar, aber von geringer Mächtigkeit. Er nimmt eine Zwischenstellung zwischen Rohhumus und Mull ein. Nadelwälder begünstigen die Versauerung des Bodens, was die Bildung von Rohhumus oder Moderhumus fördert.

Besonders in Gebirgen variieren bodenbildende Faktoren wie Klima und Relief über kurze Distanzen sehr stark. Dies kann zu kleinräumigen Vegetationsmosaiken mit unterschiedlich ausgeprägten Bodenhorizonten führen (■ Abb. 12.3).

12.1.2 Böden als Grundlage des terrestrischen Lebens

Die globale Biomasse wird auf ca. 550 Gt Kohlenstoff geschätzt. Davon entfallen rund 80 % auf Pflanzen (■ Abb. 12.4a), dominiert durch $3{,}04 \cdot 10^{12}$ Bäume. 30 % der pflanzlichen Biomasse bestehen aus Wurzeln (Crowther et al. 2015). Die nach Pflanzen bedeutendste Gruppe sind Bakterien (12,8 %), gefolgt von Pilzen, Archaeen, Protisten, Tieren (0,4 %; die Hälfte davon sind Arthropoden; ■ Abb. 12.4b) und Viren. Pflanzen leben vorwiegend terrestrisch, Tiere vorwiegend marin. Bakterien und Archaeen kommen zum überwiegenden Teil in Böden und unterirdischen Habitaten (Aquifere, ozeanische Böden) vor (Bar-On et al. 2018).

Die Landmasse der Erde ist über Aquifere, Flüsse und Küsten mit dem Meer verbunden. Zwischen 40–80 % aller Bakterien und Archaeen leben in Biofilmen auf anorganischen und organischen Oberflächen (▶ Kap. 7). Insgesamt wird die Gesamtzahl der prokaryotischen Zellen auf unserer Erde auf 10^{30} geschätzt, was die Zahl der bekannten Sterne in Galaxien um neun Größenordnungen übertrifft. Ihre Verteilung auf verschiedene Habitate ist in ■ Abb. 12.5 zusammengefasst. Die Verteilung der pilzlichen Biomasse ist weniger gut untersucht. Nach aktuellem Wissen existieren rund 98 % in terrestrischen und der Rest in marinen Habitaten.

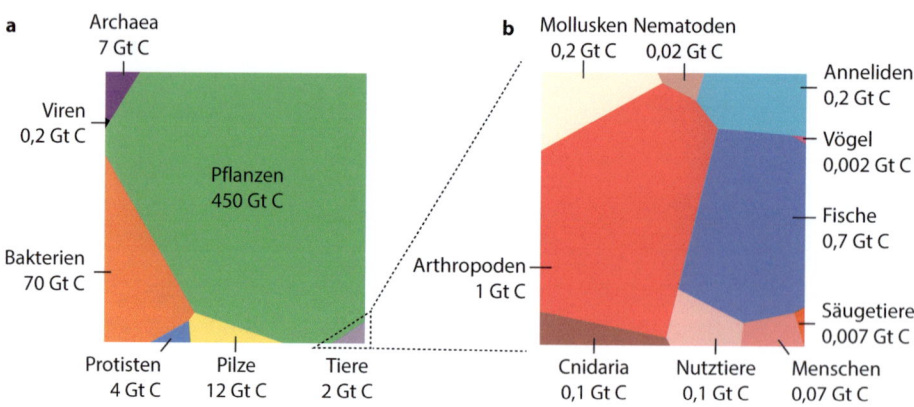

◘ Abb. 12.4 a Verteilung der globalen Biomasse auf verschiedene taxonomische Gruppen in Gigatonnen Kohlenstoff (1 Gt = 10^{15} g C). b Verteilung der tierischen Biomasse. (Nach Bar-On et al. 2018, Abb. 1)

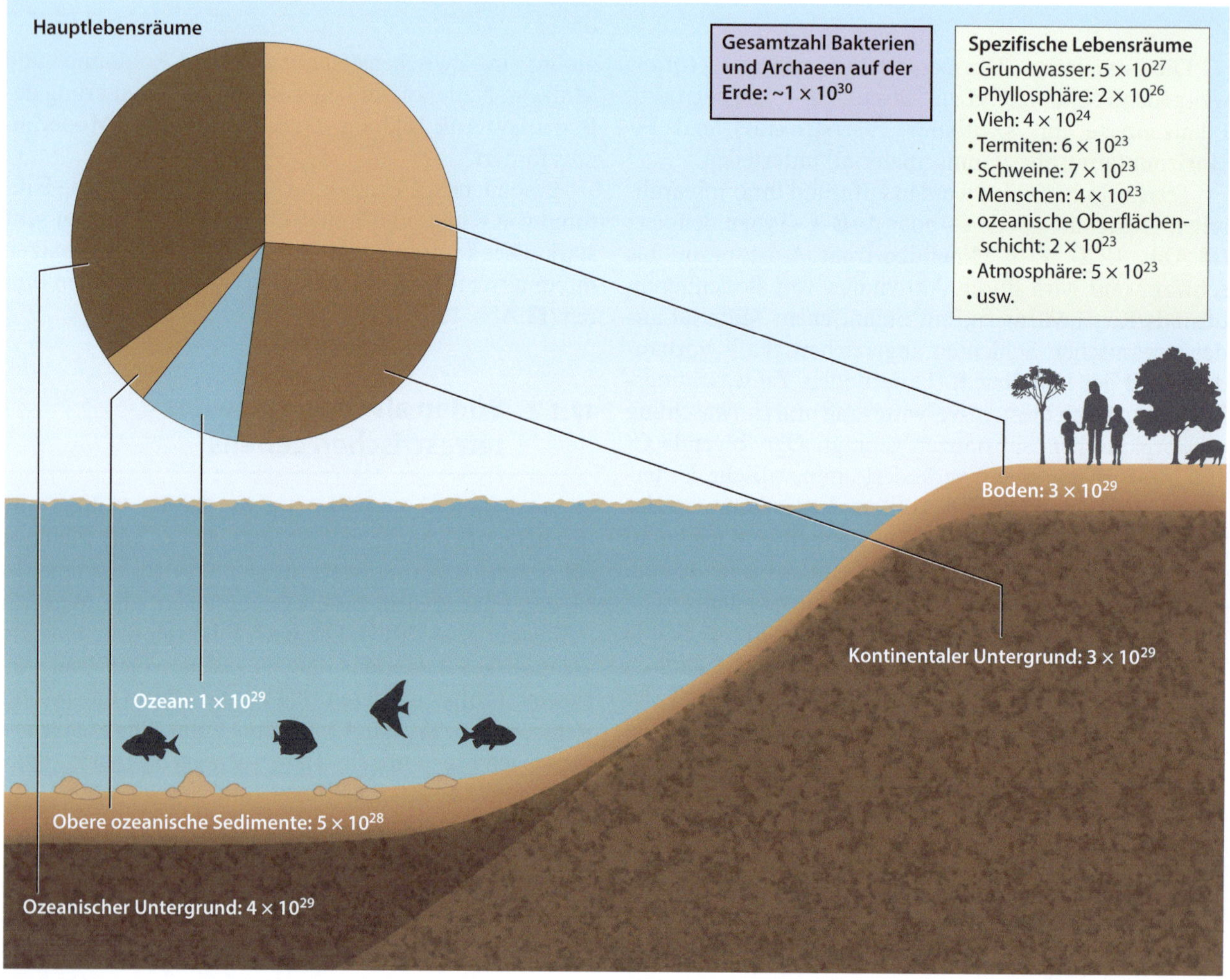

◘ Abb. 12.5 Verteilung der prokaryotischen Zellen auf der Erde. (Nach Flemming und Wuertzl 2019, Abb. 1, © SpringerNature)

Böden sind von fundamentaler Bedeutung für alles terrestrische Leben. Die überwältigende Mehrheit aller Pflanzen unserer Wälder, Wiesen und Agrarökosysteme wächst auf Böden, die weitgehend das Schicksal des Wassers in terrestrischen Habitaten kontrollieren. In Böden werden organische Abfallprodukte der Organismen in ihre anorganischen Bestandteile zerlegt, die als Pflanzennährstoffe wiederverwendet werden. Schließlich bieten Böden einen Lebensraum für eine Vielfalt von Arten und Individuen.

12.1 · Der Boden – ein ökologischer Schlüsselraum

Pflanzen als Primärproduzenten benötigen Licht für die Photosynthese. Deshalb dominieren oberirdische Pflanzenorgane in den meisten Zonobiomen (◘ Abb. 12.6). Ein beträchtlicher Anteil der Pflanzenbiomasse existiert jedoch unterirdisch als Wurzeln, Rhizome, Knollen und Pflanzenzwiebeln im komplexen Lebensraum der Rhizosphäre (▶ Abschn. 12.1.4). Dies ist besonders ausgeprägt in Ökosystemen, wo Gras dominiert (◘ Abb. 12.6).

12.1.3 Das Edaphon

Der Begriff **Edaphon** umfasst alle im Boden lebenden Organismen, wobei zwischen **Mikroflora** (Algen, Bakterien, Pilze) und **Bodenfauna** unterschieden wird. Pflanzenwurzeln werden in der Regel nicht zum Edaphon gezählt. Sie bilden aber eine wichtige Ressource für viele Bodenlebewesen.

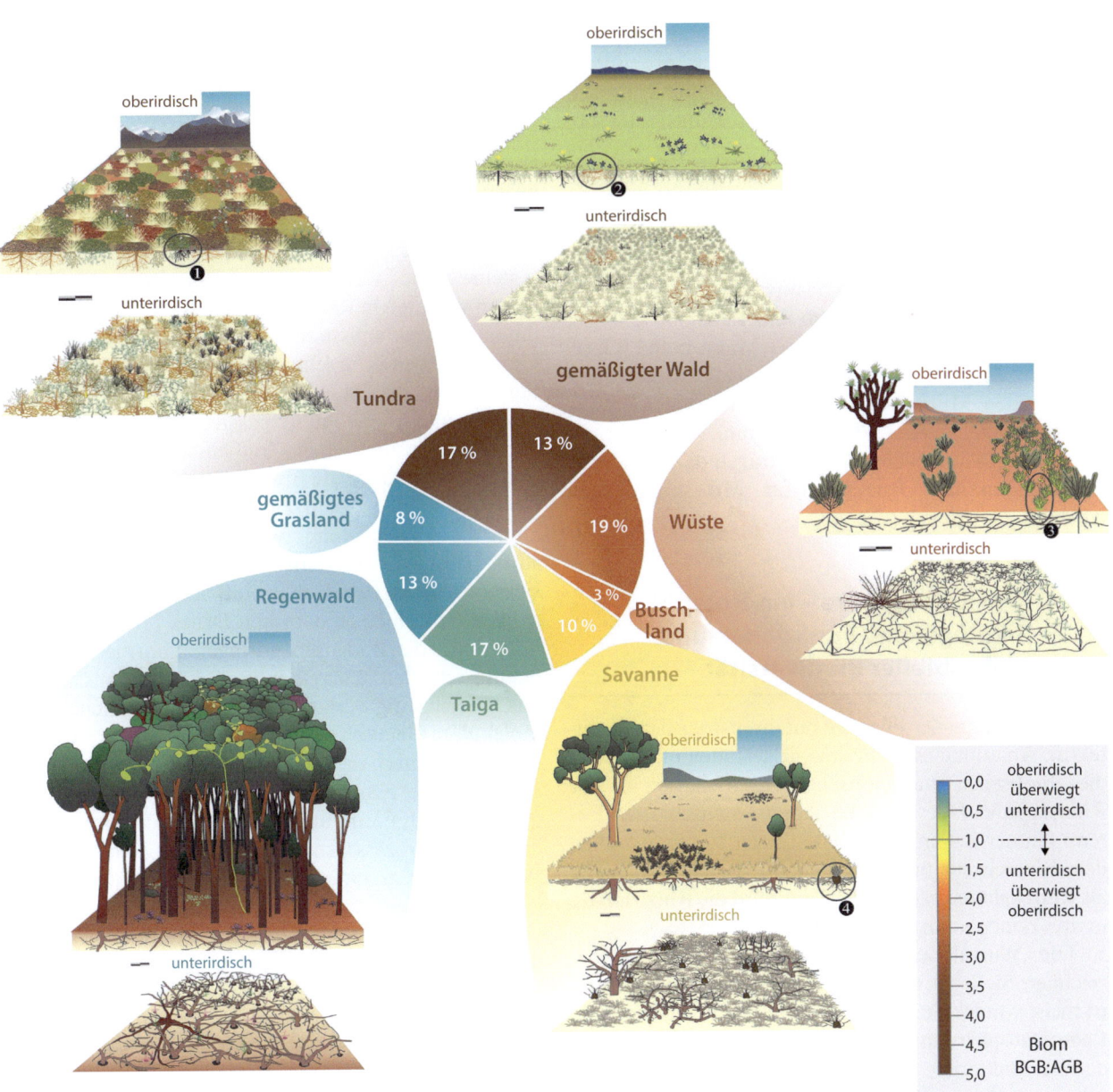

◘ **Abb. 12.6** Verhältnis von unterirdischer (UB) zu oberirdischer Pflanzenbiomasse (OB) in acht terrestrischen Biomen (Tundra: 4,8; Prärie in gemäßigter Zone: 4,3; Wüste: 2,6; Buschland: 2,3; Savanne: 1,3; Taiga: 0,4; tropischer Regenwald: 0,3; gemäßigter Wald: 0,3). Das zentrale Kreisdiagramm zeigt, welcher Prozentsatz der Gesamtfläche auf die entsprechenden Biome entfällt. (Nach Ottaviani et al. 2020, Abb. 1)

Primärproduktion im Boden durch Grünalgen und Cyanobakterien ist auf die oberste Schicht beschränkt. Flechten, eine symbiotische Lebensgemeinschaft zwischen Pilzen und Algen und/oder Cyanobakterien, spielen vor allem als Erstbesiedler von Gestein und häufig in Form biologischer Bodenkrusten eine wichtige Rolle (▶ Abschn. 8.2).

Die meisten Bodenlebewesen ernähren sich durch Aufnahme und Abbau organischer Substanzen und liefern damit einen essenziellen Beitrag zur Regeneration der Pflanzennährstoffe. In der gemäßigt humiden Zone sind Regenwürmer bedeutsam, indem sie oberirdisch anfallende Pflanzenreste in den Mineralboden eintragen (siehe oben). In den saisonal trockenen Tropen und Subtropen übernehmen Termiten diese Funktion. Da Regenwürmer säureempfindlich sind, kann Bodenversauerung zur Bildung von starken Auflageschichten nichtzersetzter Pflanzenabfälle führen.

Die Zusammensetzung des Edaphons spielt eine entscheidende Rolle bei Abbauprozessen. In fruchtbaren Böden tragen Bakterien und Pilze mit je 40 %, Regenwürmer mit 12 %, die übrige Makrofauna (Gastropoden, Arachniden) mit 5 % und die Mikrofauna (Nematoden, Milben, Collembolen) zu 3 % zur Gesamtbiomasse bei. Die Arten der Mikrofauna verändern stetig den porösen Bodenraum und tragen dazu bei, dass ein dynamisches Ökosystem für Mikroorganismen entsteht.

12.1.4 Die Rhizosphäre – ein Hotspot ökologischer Funktionen und mikrobieller Biodiversität

Die Wurzeln sessiler Pflanzen mit ihrer speziellen Architektur, Anatomie und Physiologie gestalten maßgeblich die abiotischen und biotischen Eigenschaften in der Rhizosphäre. Der deutsche Agrarwissenschaftler Lorenz Hiltner hat im Jahr 1904 diesen Raum zwischen dem Wurzelwerk und seiner unmittelbaren Umgebung als **Rhizosphäre** bezeichnet. Heute wird die Rhizosphäre in drei Zonen unterteilt (◘ Abb. 12.7).

Die Wurzeloberfläche wird als **Rhizoplane** bezeichnet. Sie trägt eine schützende Schleimschicht und ist meist von Hyphen der Mykorrhizapilze umhüllt. Die **Endorhizosphäre** umfasst Teile des Cortex und der Epidermis. Bakterien und Pilzhyphen nutzen den interzellulären Raum (Apoplast), in dem auch Ionen und Metaboliten ausgetauscht werden. Die **Ektorhizosphäre** ist der freie Bodenraum in der Nähe der Wurzeln. ◘ Abb. 12.8 gibt einen Einblick in die komplexen Interaktionen innerhalb der Rhizosphäre und ihre Wechselbeziehungen zur Umwelt.

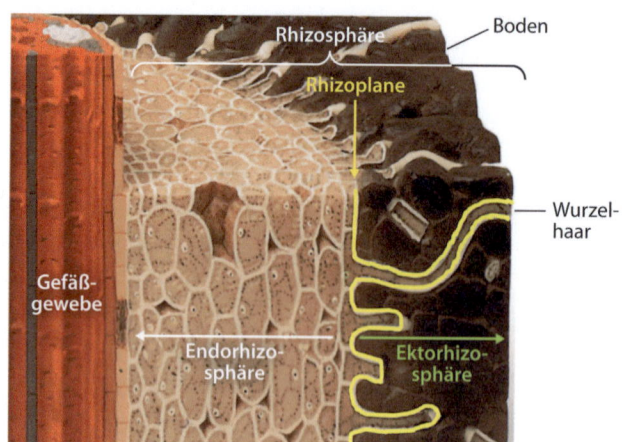

◘ **Abb. 12.7** Die drei Zonen der Rhizosphäre: Endorhizosphäre, Ektorhizosphäre und Rhizoplane. (McNear 2013, Abb. 1)

Die Rhizosphäre ist eines der komplexesten Ökosysteme. Die Lebensbedingungen im wurzelnahen Boden variieren in Raum und Zeit. In Abhängigkeit von ihrem Entwicklungsstadium und den Bedingungen der Umwelt geben Wurzeln nieder- und hochmolekulare Substanzen ab. Diese **Exsudate** umfassen aktiv ausgeschiedene Metaboliten, passive **Diffusate** (entsprechend dem osmotischen Gradienten zwischen Wurzel und Boden) und **Lysate** (freigesetzt durch Autolyse oder Abbau alter oder toter Zellen). Pro Gramm Wurzeln kann die Ausscheidung zwischen 10–250 mg Kohlenstoff betragen. Das entspricht 10–40 % des photosynthetisch fixierten Kohlenstoffs. Wachsende Wurzelspitzen müssen einen enormen Druck (7 kg cm^{-2}) ausüben, um in den Boden einzudringen. Zum mechanischen Schutz scheiden Wurzelhaube und Epidermis Schleim aus. Gleichzeitig verlangsamt dieses unlösliche, hochmolekulare Gemisch von Polysacchariden die Austrocknung, erleichtert die Nährstoffbeschaffung und kittet Bodenpartikel zusammen. Damit erhöht sich die Bodenqualität durch Förderung der Wasserinfiltration und hydraulische Prozesse sowie Belüftung. Zellen, die das Wurzelmeristem umgeben, werden kontinuierlich abgestoßen.

Wurzelausscheidungen sind mitverantwortlich für den sogenannten **Rhizosphäreneffekt**, in dessen Folge sich die Mikroorganismendichte in der unmittelbaren Umgebung der Wurzeln um 5–50 % erhöht. Ein Teelöffel von frisch gepflügtem Boden enthält mehr Mikroorganismen als Menschen auf der Erde leben. In der Rhizosphäre können 10^{10}–10^{12} mikrobielle Zellen vorkommen. Das macht es schwierig, verlässliche Daten über alle Wechselbeziehungen zwischen Pflanzen und Mikroorganismen zu erhalten.

Ausgeschiedene Metaboliten des Grundstoffwechsels werden als Energiequelle verwendet (▶ Abschn. 5.2)

12.1 · Der Boden – ein ökologischer Schlüsselraum

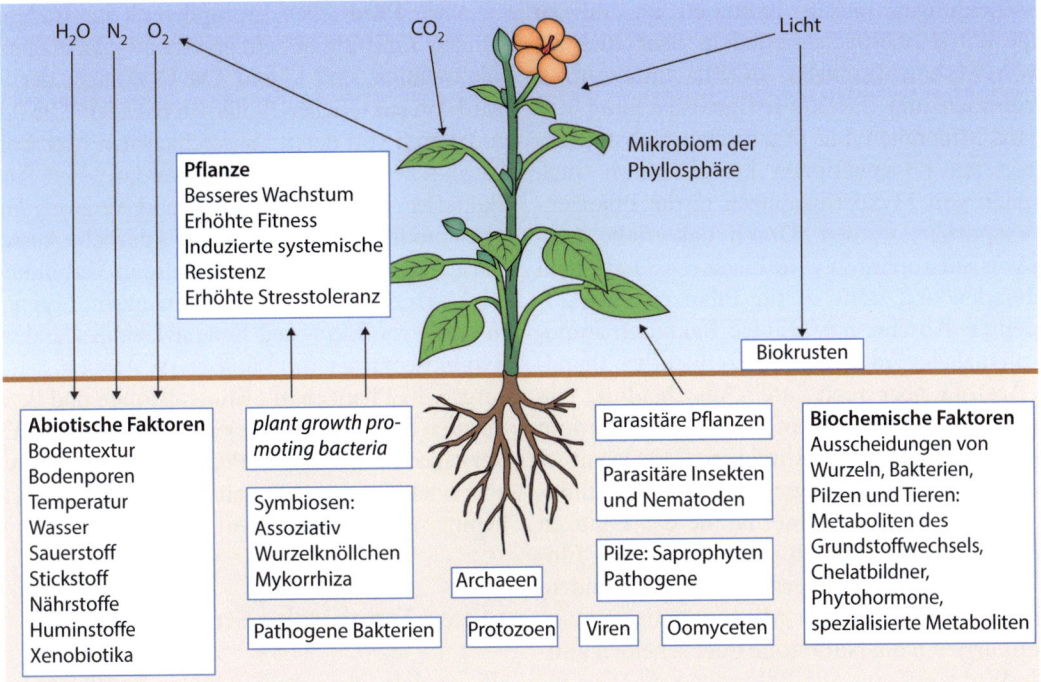

Abb. 12.8 Die Bedeutung der Rhizosphäre – Umweltfaktoren, Organismen und Interaktionen

oder erleichtern die Aufnahme von Mineralstoffen (▶ Abschn. 6.5). Spezialisierte Metaboliten (▶ Abschn. 5.4) sind wichtige Kommunikationsmittel für die verschiedenen Arten des Zusammenlebens, wie:

— Abwehr von pflanzlichen Konkurrenten (Allelopathie, ▶ Abschn. 9.1), Herbivoren und Pathogenen (▶ Abschn. 10.4).
— Anlockung symbiotischer, endophytisch lebender Partner (Rhizobien, Mykorrhizapilze, ▶ Abschn. 8.1).
— Stimulation nützlicher Bakterien (*plant growth promoting bacteria*, PGPBs). Allerdings können auch einige Wirkstoffe potenziell pathogene Mikroorganismen (▶ Abschn. 8.3), parasitäre Pflanzen (▶ Abschn. 9.2) und parasitäre Nematoden (▶ Abschn. 10.4.5) anlocken.

Erste experimentelle Befunde weisen darauf hin, dass Bakterien Wirkstoffe in der Pflanze induzieren, z. B. die Akkumulation der aliphatischen, glykosylierten Dicarbonsäure Azelainsäure in Solanaceae durch *Pseudomonas*-Arten. Dieser spezialisierte Metabolit ist ein systemisches Signal für den pflanzlichen Stoffwechsel und löst ein lokales und spezifisches Muster an Wurzelausscheidungen aus. Dazu gehören z. B. auch verschiedene Acylzucker, die in Solanaceae noch andere Funktionen wahrnehmen, z. B. die Fungizid- und Insektizidwirkung in glandulären Trichomen (▶ Abschn. 10.4.3).

12.1.5 Das Phytomikrobiom und der Holobiont

Mikroorganismen besiedeln die Oberfläche der Wurzeln, aber auch oberirdische Pflanzenteile in Form von Biofilmen (▶ Kap. 7). Die Gesamtheit der mikrobiellen Populationen wird als **Phytomikrobiom** bezeichnet. Die Pflanze bildet mit ihrem Mikrobiom einen **Holobionten**. Die darwinistische Interpretation dieser Beziehungen wird in ▶ Abschn. 1.7.2.8 erläutert. Das Konzept des Holobionten verweist darauf, dass Wachstum und Reproduktion einer Pflanze durch die vielfältigen Interaktionen innerhalb des Mikrobioms und zwischen Mikrobiom und Pflanzen geprägt ist. Die Mikrobiota der Rhizosphäre beeinflussen den pflanzlichen Phänotyp sowie das Mikrobiom des Blattraums (**Phyllosphäre**) (Abb. 12.8) und tragen so zur Fitness des gesamten Holobionten bei.

Im wurzelnahen Lebensraum finden pflanzenspezifische ökobiochemische Leistungen statt, an denen alle Organismen beteiligt sind. Substanz- und Signalaustausch bestimmen das dynamische Kommunikationsnetzwerk, in dem Mikroorganismen eine zentrale Rolle zukommt. Für die Pflanze essenziell sind **wachstumsfördernde Bakterien (*plant growth promoting bacteria*, PGPBs)**. Besonders wichtig sind Vertreter der Firmicutes (z. B. *Bacillus*-Arten) und der Proteobakterien (z. B. *Rhizobium, Azospirillum, Pseudomonas, Acinetobacter*).

Wurzelausscheidungen locken Bakterien an, die zu 15–40 % die Wurzeloberfläche besiedeln, aber auch die Hyphen von Mykorrhizapilzen. PGPBs unterstützen das Pflanzenwachstum durch Verfügbarmachung von Phosphat aus Mineralien und organischen Substanzen. Die freigesetzten Phosphationen können dann auch durch Hyphen von Mykorrhizapilzen in die Pflanzengewebe transportiert werden. Durch bakterielle Ausscheidung von Siderophoren wird Eisen (Fe^{3+}) aus dem Boden gebunden und steht so für Pflanzen zur Aufnahme bereit (▶ Abschn. 6.5). Einige Bakterien stimulieren das pflanzliche Wachstum durch flüchtige Signalstoffe wie Acetoin, aber auch durch Ausscheidung von Phytohormonen. Das distickstoffbindende Bakterium *Azospirillum* (Azospirillaceae, Rhodospirillales) synthetisiert Auxine, die die Verzweigung der Wurzeln stimulieren und somit die Nährstoffaufnahme der Pflanzen verbessern. PGPBs haben auch einen indirekten Einfluss auf Wachstum und Resistenz von Pflanzen, indem sie als Antagonisten pathogener Mikroorganismen wirken. Sie konkurrieren um Nährstoffe oder scheiden antimikrobielle Wirkstoffe aus, die Bakterien und Pilze inaktivieren. Durch Abgabe zellwandspaltender Enzyme werden Populationen phytopathogener Organismen verringert. Verschiedene Bakterien (z. B. *Pseudomonas*, *Bacillus*, *Streptomyces*) induzieren mittels spezialisierten Metaboliten systemische Resistenz in Pflanzen (▶ Abschn. 10.4.4). In der Agrarkultur wird den PGPBs zur Verbesserung der Bodenfruchtbarkeit große Aufmerksamkeit geschenkt. Es wird auch versucht, die Zusammensetzung und Aktivität der Rhizosphärenmikrobiome zu steuern, um Pflanzenfitness und -ertrag zu steigern. Die Beimpfung von Saatgut mit Stämmen von *Bacillus* und *Pseudomonas* ist bereits kommerzialisiert.

Schon die Griechen und Römer in der Antike wussten, dass Fruchtfolge in der Landwirtschaft, die Leguminosen einbezieht, die Produktivität der Nicht-Leguminosen erhöht. Im Jahre 1888 zeigten Hellriegel und Wilfarth, dass diese Steigerung auf der Umwandlung des atmosphärischen Distickstoffs (N_2) in durch Pflanzen verwertbares Ammonium (NH_4) beruht. Verantwortlich dafür sind symbiotische Bakterien (z. B. *Rhizobium*, *Frankia*), die in von der Pflanze (z. B. Leguminosen, Sanddorn, Ölweide) gebildeten **Wurzelknöllchen** vorkommen (▶ Abschn. 8.1.1). Durch speziell gezüchtete Stämme wird versucht, die Produktion der Kulturpflanzen mittel Beimpfung von Böden zu steigern.

Auch **Archaeenarten** sind in die Nährstoffzyklen von Boden und Rhizosphäre eingebunden, so z. B. bei der Oxidation von Ammonium zu Nitrat und Nitrit und der Hydrolyse von organischem zu anorganischem Phosphat. Sulfat kann zu Sulfid reduziert werden. Methanogene Archaeen setzen in Feuchtböden (z. B. im Reisanbau) Methan frei.

Viele **Pilze** leben saprophytisch im Boden. Ihre besondere Leistung besteht im Abbau pflanzlicher Polymere wie Cellulose und Lignin. Die Oberfläche der Pilzhyphen wird von bakteriellen Biofilmen besiedelt. Die Prokaryoten profitieren von deren ausgeschiedenen Metaboliten (z. B. organische Säuren) und vom Verdau toten Pilzmaterials. Bakterien können Wachstum und Verzweigung der Hyphen modifizieren, aber auch das pilzliche Ausscheidungsmuster. Das ist besonders wichtig in Verbindung mit der Mykorrhizierung von Pflanzenwurzeln. Hyphengeflechte in Form von **Ekto- und Endomykorrhiza** sind wesentliche Symbiosepartner von Pflanzen (▶ Abschn. 8.1.2). Sie versorgen die Pflanzen mit Mineralstoffen und beziehen vom Partner organische Moleküle für die eigene Ernährung. Verschiedene pathogene Pilze schädigen Pflanzen, können aber auch durch antifungale Wirkstoffe aus Bakterien gehemmt werden (siehe oben).

12.1.6 Trophische Strukturen

Wie in allen Ökosystemen bilden Primärproduzenten die Basis für terrestrische Nahrungsnetze und Stoffflüsse. Die zentralen Prozesse am Beispiel eines Baums sind in ◘ Abb. 12.9 zusammengefasst. Die grundlegenden Unterschiede zwischen Herbivoren- und Detritusnahrungsketten sind in ▶ Abschn. 4.3.4. dargestellt.

Die meisten terrestrischen **Herbivoren** konsumieren nicht eine ganze Pflanze, sondern haben sich auf gewisse Organe oder Gewebe spezialisiert. So fressen Raupen (Schmetterlingslarven, Lepidoptera) vorwiegend Blätter, während andere Insekten wie Blattläuse (Aphidoidea, Hemiptera) und Zikaden (Cicadoidea, Hemiptera) Nährstoffe aus dem Phloem bzw. Xylem absaugen.

Wichtige Quellen für **terrestrische Detritusnahrungsketten** (◘ Abb. 12.9) sind Laubblätter, Nadeln, Äste, Zweige und Wurzeln sowie tierische Ausscheidungen und Überreste. Der Abbau wird anfänglich durch mechanische Transformationen dominiert. Diese beinhalten Zerkleinerung von Pflanzenabfällen, Mischung von organischen Substanzen mit dem Mineralboden und Lockerung des Bodens. Daraus ergeben sich bessere Bedingungen für anschließende mikrobielle Abbauprozesse. Besonders wichtig für mechanische Umwandlungen des Detritus sind Bodenwürmer, die auch selbst leicht verdaubare Nährstoffe extrahieren.

Der **mikrobielle Abbau** im Boden (◘ Abb. 12.9) beginnt mit der Hydrolyse von Biopolymeren aus Detritus und mikrobieller Biomasse. Freigesetzte Monomere wie Aminosäuren oder Monosaccharide werden durch Mikroorganismen aufgenommen und in Biomasse umgewandelt oder weiter zu anorganischen Nährstoffen abgebaut. So erfolgt die Verwertung von Ammonium durch bakterielle Nitrifikation zu Nitrat und anschließende Denitrifikation zu Nitrit (Abschn. 4.3.5.1) oder

12.1 · Der Boden – ein ökologischer Schlüsselraum

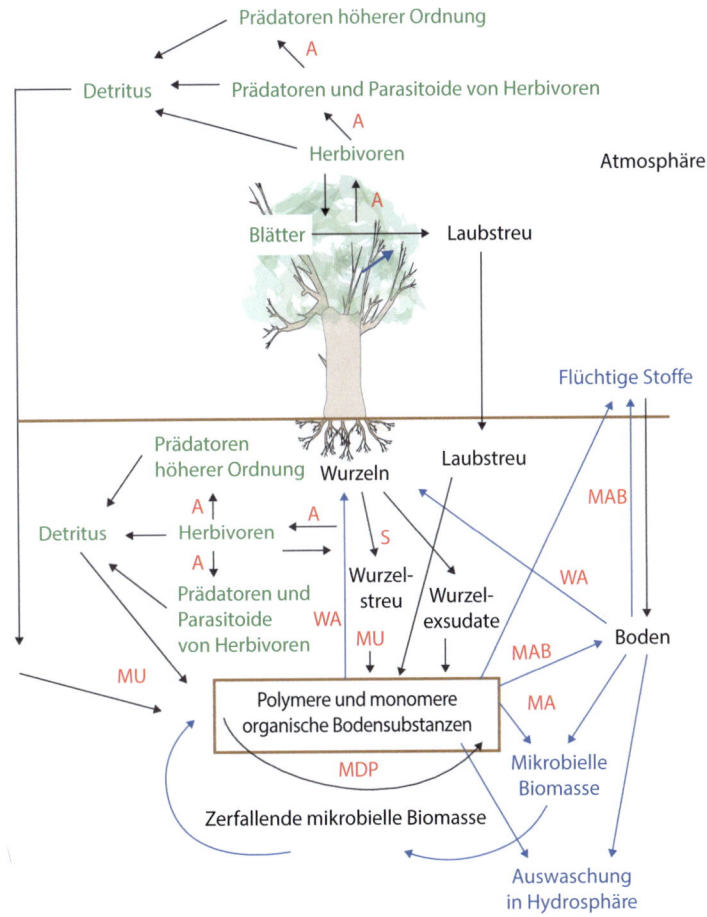

Abb. 12.9 Trophische Strukturen in terrestrischen Ökosystemen am Beispiel eines Baums. Grün: Herbivorennahrungsketten; schwarz und blau: Detritusnahrungsketten; blau: Umwandlungen von monomeren organischen Materialien; rot: Prozesse, die trophische Kaskaden beeinflussen; A, Aufnahme; MAB, mikrobieller Abbau; MDP, mikrobielle Depolymerisierung; MU, mechanische Umwandlungen; MA, mikrobielle Aufnahme; WA, Wurzelaufnahme; S, Seneszenz. (Verändert nach Krauss und Nies 2015, Abb. 6.15, © Wiley-VCH GmbH)

Aufnahme durch Pflanzenwurzeln. Pflanzen und Mikroorganismen besetzen also einerseits verschiedene trophische Stufen (Produzent vs. Konsument resp. Destruent), aber gleichzeitig können sie um die gleichen Nährstoffe konkurrieren.

Während des mikrobiellen Abbaus gelangen organische und anorganische Substanzen durch Auswaschung in die Hydrosphäre (▶ Abschn. 12.9). Flüchtige Stoffe wie die Treibhausgase N_2O, CH_4 und natürlich CO_2 werden freigesetzt und in die Atmosphäre abgegeben. Je nach Umweltbedingungen können diese Substanzen durch Bodenbakterien und Pflanzen wieder in Biomasse umgewandelt werden (▶ Abschn. 12.1.4). Der Boden kann folglich als Quelle oder als Senke für atmosphärische Gase dienen. Steigende Temperaturen können im Zuge des Klimawandels sowohl Primärproduktion wie auch Abbauprozesse stimulieren. Je nachdem, ob Produktion (CO_2-Aufnahme) oder Abbau (CO_2-Ausstoß) stärker reagieren, kann das zu einer negativen oder positiven Rückkopplung mit dem ursprünglichen Temperaturanstieg führen (▶ Abschn. 14.4.3).

Die organischen Substanzen (*soil organic matter*, **SOM**), die von pflanzlichen und tierischen Ausscheidungen und Überresten stammen, bilden mit Tonmineralien ein Gefüge (**Ton-Humus-Komplex**), das in komplexen Wechselwirkungen die Struktur des Bodens, seine Lebenswelt und die Stoffkreisläufe bestimmt. Dadurch entstehen die Grundlagen für wichtige Funktionen und Dienstleistungen des Bodens (**Abb. 12.10**):

- Der Schutz vor Erosion hängt maßgeblich von der Bodenstruktur ab.
- Die Biodiversität wird durch Bodenstruktur, die Zusammensetzung und Aktivitäten des Edaphons und Stoffkreisläufe beeinflusst.
- Nährstoffkreisläufe, Bodenstruktur und das Edaphon beeinflussen die Primärproduktion.
- Das Verhältnis zwischen Kohlenstofffixierung bzw. -freisetzung, das durch die Bodenstruktur beeinflusst wird, kann über Treibhausgase auf das Klima einwirken.
- Die Dynamik der Stoffkreisläufe wirkt sich auf die Wasserverfügbarkeit und Wasserqualität aus.

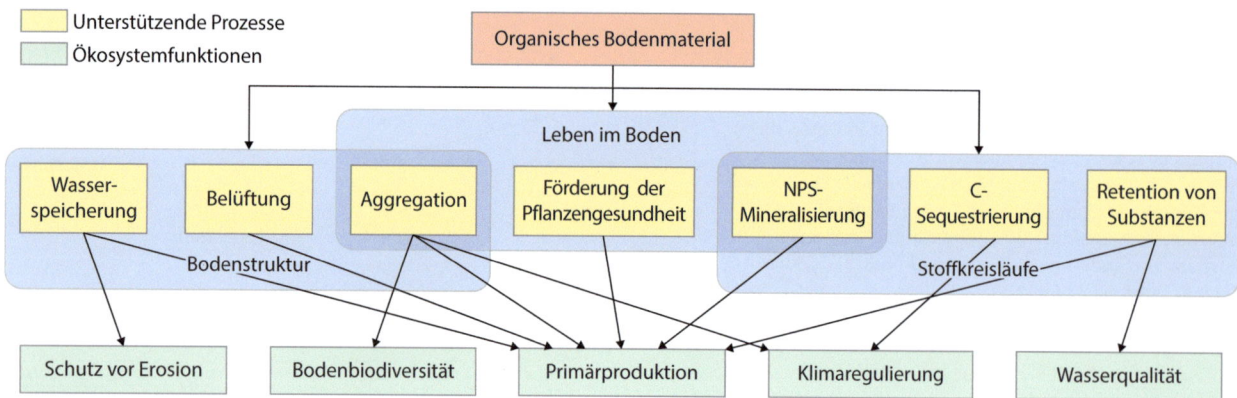

 Abb. 12.10 Ökosystemfunktionen (grün) und unterstützende Prozesse (gelb), die entscheidend durch den Gehalt des Bodens an organischer Substanz beeinflusst werden. (Nach Hoffland et al. 2020, Abb. 2)

12.2 Klima und Biome

Das Klima wird durch mehrere Faktoren beeinflusst (▶ Abschn. 14.4). Für die Vegetation sind Temperatur und Niederschlag von primärer Bedeutung. Gemeinsam bestimmen sie, ob terrestrischen Organismen genügend Wasser zur Verfügung steht. Höhere Temperaturen bewirken stärkere Verdunstung, die durch erhöhten Niederschlag kompensiert werden muss. Umgekehrt benötigt die Vegetation bei tieferen Temperaturen weniger Niederschlag. Die Unterscheidung in humide und aride Zonen beruht auf dem Verhältnis zwischen Niederschlag und Verdunstung.

Heinrich Walter (1917–1989) entwickelte mit Walter Lieth (1925–2015) eine grafische Zusammenfassung der durchschnittlichen klimatischen Bedingungen während eines Jahres an einem bestimmten Ort (Durchschnittswerte beruhen in der Regel auf einer Messperiode von 30 Jahren). In einem typischen Klimadiagramm werden auf der Abszisse die Monate aufgetragen, und zwar von Januar bis Dezember für Standorte auf der nördlichen Hemisphäre und von Juli bis Juni für Standorte auf der südlichen Hemisphäre. Auf der Ordinate werden mittlere Monatswerte der Temperatur und der Niederschläge aufgetragen. Die relative Lage von Temperaturkurve (t) und Niederschlagskurve (N) informiert über die potenzielle Evaporation und damit über die Aridität des lokalen Klimas. In einer ariden Jahreszeit liegt die t-Kurve über der N-Kurve, in einer humiden Jahreszeit darunter.

 Abb. 12.11 zeigt ein erweitertes **Klimadiagramm** für Hohenheim. Ein Teilstrich entspricht 10 °C oder 20 mm Niederschlag. Für diesen Standort, 402 m ü.M., betrug die durchschnittliche Jahrestemperatur, über 50 Jahre gemessen, 8,4 °C; der mittlere Niederschlag, über 40 Jahre, betrug 68 mm. Das durchschnittliche tägliche Minimum des kältesten Monats beträgt −3,5 °C, die tiefste gemessene Temperatur −25,0 °C.

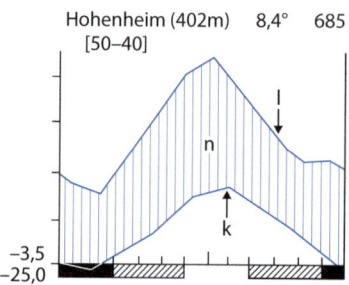

 Abb. 12.11 Klimadiagramm für die Stadt Hohenheim. k: Kurve der mittleren Monatstemperaturen; l: Kurve der mittleren monatlichen Niederschläge; n: relativ humide Jahreszeit, vertikal schraffiert; schwarz: kalte Jahreszeit, Monate mit mittlerem Tagesminimum < 0 °C; schräg schraffiert: Monate mit absolutem Minimum < 0 °C, hier können Spät- oder Frühfröste vorkommen. (Nach Schaefer 2012, Abb. 27)

Die klimatischen Bedingungen sind grundlegende Voraussetzungen für die Gestaltung der terrestrischen Lebensräume und die globale Verbreitung von Mikroorganismen, Pflanzen und Tieren. Geografische Regionen werden durch einen charakteristischen Vegetationstyp geprägt sowie eine Lebensgemeinschaft von Organismen mit ähnlichen ökologischen Ansprüchen. Eine solche „Grundeinheit der großen ökologischen Systeme" wurde von H. Walter als **Biom** bezeichnet. Diese Großlebensräume sind über alle Kontinente verteilt (Abb. 12.12).

Auf der Grundlage verschiedener Kombinationen von Temperatur und Niederschlägen erarbeiteten Walter und Lieth (1967) neun Klimagrundtypen, welche das Klima von neun **Großlebensräumen** (**Zonobiome**) charakterisieren (Tab. 12.1).

Die neun Hauptzonen wurden von mehreren Autoren modifiziert und weiter unterteilt (Körner 2021) und über zehn verschiedene Ansätze zur Klimaklassifizierung wurden vorgeschlagen (Lauer et al. 1995).

12.2 · Klima und Biome

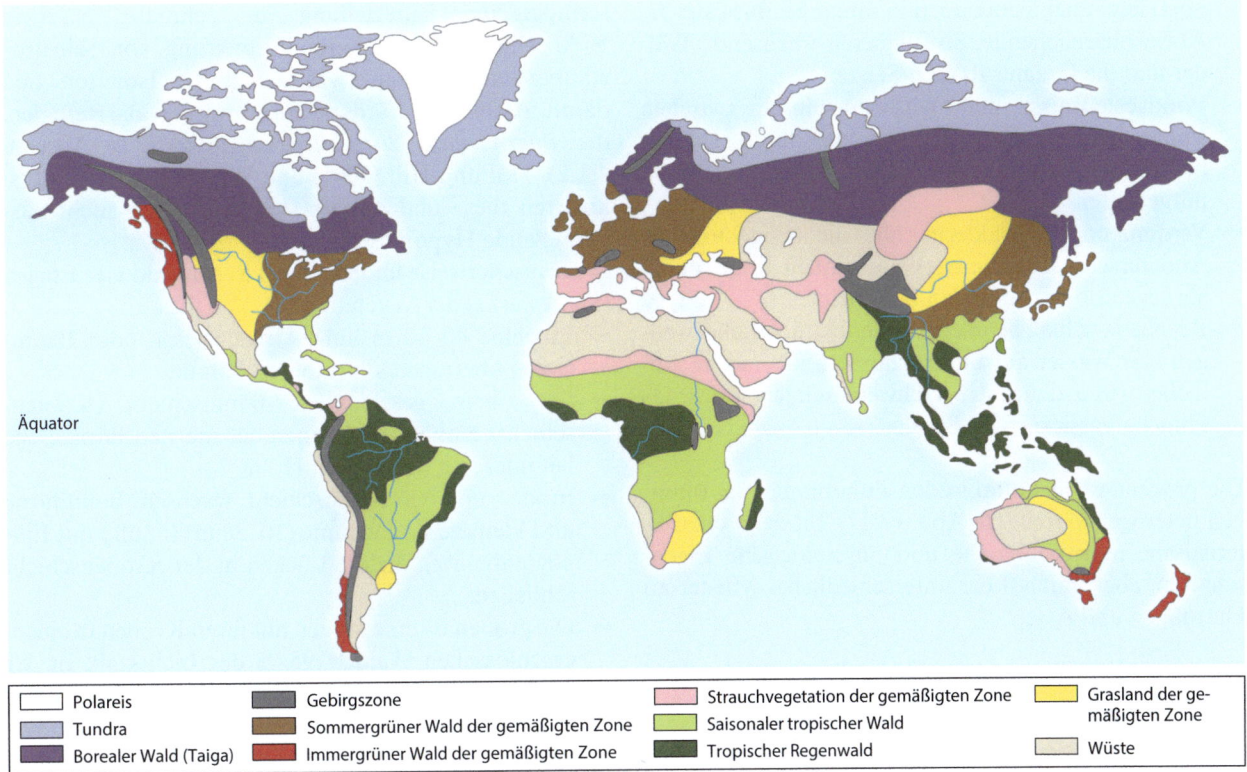

Abb. 12.12 Globale Verteilung der terrestrischen Biome. (Nach Sadava et al. 2019, Abb. 53.13)

Tab. 12.1 Zonobiome der Welt. (Walter und Lieth 1967)

Typus	Zonobiom	Klima	Vegetation
I	Äquatorial	Humid-tropisches Tageszeitenklima	Immergrüner, tropischer Regenwald
II	Tropisch	Humid-arid tropisch, mit Sommerregen, kühle Dürrezeit	Tropischer Laubwald oder Savanne
III	Subtropisch	Heiß-arid, mit wenig Regen (Wüstenklima)	Subtropische Wüstenvegetation
IV	Mediterran	Arid-humid, mit Sommerdürre und Winterregen	Hartlaubgehölzvegetation, frostempfindlich
V	Warm-temperiert	Mild-maritim (ozeanisch), humid	Temperierter, immergrüner Wald mit leichter Frostempfindlichkeit
VI	Nemoral	Gemäßigt, mit kurzer Frostperiode	Winterkahler Wald, größere Frostresistenz
VII	Kontinental	Arid-gemäßigt, mit kalten Wintern	Steppen bis Wüsten, größere Frostresistenz
VIII	Boreal	Kaltgemäßigt, mit kühlen Sommern und langen Wintern	Borealer Nadelwald, starke Frostresistenz
IX	Polar	Polar mit sehr kurzen Sommern	Baumfreie Tundravegetation

Weitergehende Diskussionen findet man in Walter und Breckle (1999), Schultz (2008) und Pfadenhauer und Klötzli (2014).

Der Bedeutung des Klimas für Ökosysteme und ihre Vegetation ist offensichtlich. Aber auch die Biosphäre selbst beeinflusst das Klima:

– Die ursprüngliche Atmosphäre bestand im Wesentlichen aus Kohlenstoffdioxid und Distickstoff. Die „primitiven" photosynthetisierenden Bakterien und Algen entzogen der Atmosphäre Kohlenstoffdioxid und ersetzten es durch Sauerstoff. Die klimatische Bedeutung der Biosphäre (zu der der Mensch ge-

hört) liegt auch heute noch in ihrem Einfluss auf die Atmosphärenchemie. So fungieren wachsende Wälder und die Ozeane als CO_2-Senken.
- Windverhältnisse und Wasseraustausch zwischen Boden und Atmosphäre werden durch Bodenbedeckung in unterschiedlichen Vegetationszonen mitgestaltet.
- Verdunstung in Wäldern kühlt die Umgebung ab. Andererseits absorbieren Wälder mehr Sonnenlicht als vegetationsfreie Böden oder Schnee.
- Bei Niederschlag nehmen Wälder beträchtliche Mengen von Wasser auf und verhindern das rasche Abfließen (und damit Überschwemmungen) oder das schnelle Versickern im Boden.

Die prägende Vegetation in den Zonobiomen ist räumlich heterogen verteilt (◘ Abb. 12.12). Sie zeigt charakteristische morphologische und physiologische Eigenschaften, aber umfasst ein unterschiedliches Muster an Gattungen und Arten.

12.3 Die neun Zonobiome und ihre Vegetation

12.3.1 Äquatoriale Zone – tropischer Regenwald

Tropische Regenwälder im engeren Sinne findet man zwischen 10° nördlich und 10° südlich des Äquators. Sie sind „nass" und „warm" und erfahren keine trockenen Jahreszeiten. Die monatliche Niederschlagsmenge beträgt mindestens 60 mm, pro Jahr können bis zu 10 m fallen. Das führt häufig zum Auswaschen der Nährstoffe aus den Böden. Das Klima ist während des ganzen Jahres humid, d. h., Niederschläge übersteigen die Evapotranspiration.

Tropische Regenwälder sind frostfrei. In allen Monaten ist die tägliche Durchschnittstemperatur höher als 18 °C, jährlich ergibt sich ein Durchschnitt von ca. 25 °C. Temperaturschwankungen im Tagesverlauf übersteigen jene der durchschnittlichen Tagestemperaturen im Jahresverlauf.

Obwohl tropische Regenwälder nur etwa 6–7 % der Landmasse ausmachen, ist ihre Biodiversität außerordentlich hoch. Insgesamt finden wir hier rund die Hälfte aller lebenden Pflanzen- und Tierarten. Auf einem einzigen Hektar coexistieren bis zu 42.000 Insektenarten, 313 Baumarten und 1500 Arten höherer Pflanzen (Newman 2002). Zahlreiche Hypothesen wurden vorgeschlagen, um diese enorme Diversität zu erklären. Dazu gehören lange Perioden ungestörter Evolution und Coevolution, die hohe, konsistente Produktivität (ermöglichte Unterteilung in schmale Nischen; ▶ Abschn. 4.2), die weite Verbreitung von selbstbestäubenden Pflanzen, was genetische Isolation und damit Artbildung fördert, Regenwälder als Refugien, die *intermediate disturbance hypothesis* (▶ Abschn. 4.1.2). Hill und Hill (2001) und Willig et al. (2003) diskutieren diese und weitere sich gegenseitig nicht ausschließende Hypothesen.

Typischerweise finden wir im Regenwald vier Etagen (Stockwerke) der Vegetation (◘ Abb. 12.13):
- Einzelne 40–60 m hohe Urwaldriesen oder Baumriesen überragen alle anderen Bäume.
- Die obere, geschlossene Baumschicht (Kronenschicht) enthält die Kronen der meisten Bäume. Sie befindet sich in 24–40 m Höhe.
- In der unteren Baumschicht wachsen Baumfarne und kleinere Laubbäume (10–30 m) (häufig mit Epiphytenbesatz), die die Lücken in der Kronenschicht schließen.
- Die großen Bäume fangen mit ihren Kronen in einem geschlossenen Wald > 95 % des Lichts ab. In der untersten Kraut- und Strauchschicht findet nur spärliches Wachstum von Farnen und Moosen sowie vereinzelten Jungbäumen statt.

Die konstante hohe Temperatur und Feuchtigkeit fördern den raschen, vollständigen Abbau von Pflanzendetritus durch Pilze und Termiten. Freigesetzte Nährstoffe werden durch weit verbreitete Mykorrhizensysteme (▶ Abschn. 8.1.2) schnell wieder aufgenommen. Das Endresultat ist ein sehr produktiver Wald mit hoher lebender Biomasse, hoher Zersetzungsrate der toten Pflanzenteile und dünnen Humusschichten.

Wegen der hohen Produktivität, beruhend auf Photosynthese, setzt der Regenwald gewaltige Mengen von Sauerstoff frei. Vor allem das Amazonasgebiet wird deshalb häufig, aber irreführend als die „**grüne Lunge der Erde**" bezeichnet. Damit wird suggeriert, dass das unkontrollierte oder bewusste Abbrennen des Regenwalds den Vorrat an atmosphärischem Sauerstoff bedroht.

Natürlich sind Abbrennen und Abholzen des amazonischen Regenwalds ein kritisches Problem, aber nicht, weil sie den Sauerstoffgehalt der Atmosphäre bedrohen. Sauerstoff stammt fast ausschließlich aus den Ozeanen, wurde über Milliarden von Jahren akkumuliert und reicht für Millionen Jahre. Zwar wird bei der Photosynthese Sauerstoff freigesetzt und Regenwälder sind für etwa 30 % der terrestrischen Produktion verantwortlich. Gleichzeitig produzieren Pflanzen jedoch Äste, Blätter und Wurzeln, die durch Herbivoren gefressen oder nach ihrem Absterben durch Mikroorganismen abgebaut werden. Bei vollständigem Abbau wird dieselbe Menge Sauerstoff wieder der Atmosphäre entzogen, die bei der ursprünglichen Photosynthese freigesetzt wurde. Wegen

12.3 · Die neun Zonobiome und ihre Vegetation

☐ **Abb. 12.13** Vegetation des tropischen Regenwalds. **a** Vertikale Struktur eines tropischen Regenwalds (verändert nach Boenigk 2021, Abb. 37.22). **b** Blüte von *Heliconia* sp. (Insel Guadeloupe, Karibik, Frankreich). **c** Vogelfalter (*Ornithoptera* sp.) auf Blüten von *Quisqualis indica* (Cape Tribulation, Queensland, Australien) (Fotos: b, Magali Solé, c, Gudrun Krauß)

hohen Konsum- und Abbauraten ist die Nettoproduktion von Sauerstoff in Regenwäldern deshalb praktisch null. Würden wir alle lebenden Organismen der Welt verbrennen, würde der Sauerstoffgehalt der Atmosphäre von heute 20,9 % nur auf rund 20,4 % sinken (Lane 2002).

Trotzdem haben natürlich Abholzungen und Brandrodungen einen signifikanten Einfluss auf das Klima. Ein intakter Regenwald produziert rund die Hälfte der lokalen Niederschläge und entfernt bis zu 15 % des anthropogenen Kohlenstoffdioxids (Newman 2002). Klimawandel kann das Wachstum der Bäume stimulieren, die dadurch vermehrt als CO_2-Senke fungieren (Hubau et al. 2020).

Wachsende menschliche Populationen und ihre Ansprüche setzen den Regenwald zunehmend unter Druck. Durch Bergbau und Ölbohrungen werden weite Gebiete geschädigt. Kahlschlag zur Holzgewinnung und Umwandlung in landwirtschaftlich genutztes Land (Sojabohnen, Palmöl) führen zu CO_2-Emissionen von 1–2 Gt pro Jahr (anthropogene Gesamtemissionen sind rund 50 Gt). Der Boden wird entblößt, was die Auswaschung von Nährstoffen fördert und zu einem raschen Absinken des Ertrags führt. Eine angemessenere, nachhaltigere Nutzung (*slash-and-char agriculture*) wurde von den indigenen Völkern praktiziert (▶ Abschn. 1.4.1).

12.3.2 Tropisch-subtropische Zone – tropischer Laubwald oder Savanne

In dieser Zone findet ein regelmäßiger Wechsel zwischen kühler Trocken- und warmer Regenzeit statt. Je nach Länge der Regenzeit und Niederschlagsmenge besteht die Vegetation aus laubabwerfendem Wald oder **Savannen**. Eine Savanne ist durch offenen Bewuchs (Grasland) mit vereinzelten Bäumen oder Baumgruppen gekennzeichnet.

In Savannen konsumieren große Herden herbivorer Säuger (Zebras, Gnus, Antilopen) bis zu 50 % der Primärproduktion. Elefanten spielen eine wichtige Rolle bei der Gestaltung der Vegetation. Sie entfernen Äste oder stoßen ganze Bäume um. Dadurch gelangt mehr Licht auf den Boden und die Bedingungen für Graswuchs verbessern sich. Bei intensiver Beweidung der Flächen setzen sich dornenbesetzte Jungbäume durch (◘ Abb. 12.14).

Fröste kommen nur in Ausnahmefällen vor, dagegen spielt Feuer oft eine wichtige Rolle (▶ Abschn. 6.6). Berühmt sind die jährlichen Tierwanderungen in der Serengeti, an der 1,7 Mio. Gnus, 260.000 Zebras und Hunderttausende anderer Herbivoren teilnehmen. Sie beginnt im Ngorongoro-Gebiet in Tansania (südliche Serengeti). Die Tiere migrieren im Uhrzeigersinn in die Gegend des Grumeti- und Mara-Flusses. Im Juli/August erreichen die Herden Kenia, wo sie das Ende der Trockenzeit abwarten. Im frühen November ziehen sie mit dem Beginn der Regenzeit wieder nach Süden. Während der Migration sterben geschätzte 250.000 Gnus wegen Durst, Hunger, Erschöpfung und Prädatoren (z. B. Krokodile des Grumeti- und Mara-Flusses).

Savannen sind Übergangszonen zwischen Wald und Grasland oder Wüsten. Der wichtigste limitierende Faktor ist in der Regel Wasser. Deshalb haben viele Savannenpflanzen lange Wurzeln, die das Grundwasser erreichen und dadurch auch vor den periodisch auftretenden Feuern schützen. Aber auch Tiere wie Equidae (Pferde) und Elefanten können diese lokal feuchten Böden nutzen, indem sie bis zu 2 m tiefe Löcher scharren. In der nordamerikanischen Sonoran-Wüste ver-

◘ **Abb. 12.14** Afrikanische Savanne – Flora und Fauna. **a** Tsaobis-Nationalpark, Namibia. **b** Baobab mit Nestern von Webervögeln (Krüger-Nationalpark, Südafrika). **c** Wasserloch, ebenda. **d** Gelbschnabeltoko, ebenda. (Fotos: **a** Peter Schreck, **b**, **d** Gudrun Krauß, **c** Klara Meißner)

12.3 · Die neun Zonobiome und ihre Vegetation

◘ Abb. 12.15 Nach Wasser scharrende Zebras im Krüger-Nationalpark, Südafrika. (Foto: Gudrun Krauß)

bessert diese Tätigkeit von Pferden und Eseln die Verfügbarkeit des Wassers für andere Wirbeltiere und dient dann als Siedlungsfläche für Baumsprösslinge (Lundgren 2021). Auch in Afrika ist das Scharren nach Wasser weit verbreitet (◘ Abb. 12.15).

12.3.3 Subtropisch-tropische Zone – heiße Halbwüsten und Vollwüsten

Die Grenze zwischen tropischen und subtropischen Zonen ist fließend. Ein Klima wird als subtropisch definiert, wenn alle monatlichen Durchschnittstemperaturen > 5 °C liegen und während mindestens vier Monaten eine Durchschnittstemperatur > 18 °C aufweisen. Höchstens drei der zwölf Monate sind humid. Jährliche Niederschläge betragen weniger als 250 mm und sind außerordentlich variabel. In einigen Wüsten fällt Sommer- oder Winterregen. In extremen Fällen bleibt der Regen oft über Jahre aus. Allgemein fallen in **Wüsten** weniger als 250 mm Niederschlag pro Jahr und nur maximal 5 % der Fläche sind mit Vegetation bedeckt. In **Halbwüsten** findet man eine mehr oder weniger gleichmäßig verteilte Vegetation mit einem Bodendeckungsgrad von ≤ 25 %.

Wüstenpflanzen besitzen spezifische morphologische und physiologisch-biochemische Anpassungen an extremen Wasserstress durch Trockenheit (▶ Abschn. 6.4.2). Diese **Xerophyten** haben häufig **sklerophylle** (hartlaubige) oder **sukkulente** (wasserspeichernde) Blätter oder Stämme (◘ Abb. 12.16). **Poikilohydrische** Pflanzen (Wiederauferstehungspflanzen, *resurrection plants*) trocknen fast vollständig aus und können für Monate und Jahre ohne Wasser überleben. Bei Wasserzufuhr entfalten sie sich wieder innerhalb eines Tages.

Die niederschlagsfreie Zeit überstehen einjährige Pflanzen im Boden im Samenstadium (**Therophyten**) oder durch Anlage von unterirdischen Speicherorganen wie Zwiebeln, Knollen und Rhizomen. Nach ergiebigem Regen sind dann große Landflächen mit Blütenpflanzen bedeckt („blühende Wüste"). In der Atacama-Wüste in Südamerika, die als eine der trockensten Landschaften der Welt gilt, zeigen sich mehr als 200 verschiedene Blütenpflanzen (◘ Abb. 12.16e). Heiße Sandwüsten sind besonders artenarm (◘ Abb. 12.16f).

Wegen der geringen und episodischen Primärproduktion ist die Wüstenfauna sehr artenarm und oftmals dominiert durch nachtaktive Nagetiere, Reptilien, Spinnentiere, Käfer und Skorpione.

12.3.4 Mediterran – Hartlaubgehölzvegetation

Das **mediterrane Klima** ist durch trockene, heiße Sommer und kühle, feuchte Winter charakterisiert. Rund 65 % der Niederschläge fallen im Winter mit einer täglichen Durchschnittstemperatur von 10–12 °C. Im Sommer sind Dürreperioden üblich, die mindestens einen Monat lang dauern. Wildfeuer sind deshalb häufig.

Den Namen erhielt das mediterrane Klima vom Mittelmeer. Außerdem gehören vier weitere Gebiete dazu: die semiariden Regionen des amerikanischen Westens, Gebiete in Zentralchile, die Kap-Region in Südafrika und Gebiete des Südwestens und Südens von Australien.

Hartlaubwälder und Sträucher dominieren die Vegetation (◘ Abb. 12.17). Es kommen belaubte Pflanzen mit mehreren verholzenden Stämmen vor, die 4,5–8 m hoch werden. Die typische Strauchvegetation, die aber auch Zwergbäume enthalten kann, bezeichnet man je nach Region als Maquis (Frankreich), Macchia (Italien), Fynbos (Kap-Provinz), Chaparral (Nordamerika), Kwongan (Australien) oder Matorral (Chile, Spanien).

Typische Pflanzen der mediterranen Zone haben kleine Blätter mit einer dicken Cuticula und abgesenkten Stomata. Damit wird der Wasserverlust im heißen, trockenen Sommer minimalisiert. Außerdem sind Adaptatione an regelmäßige Feuer (▶ Abschn. 6.6) und Nährstoffknappheit im Boden wichtig. Unterwuchsvegetation und Humusschicht sind nur schwach ausgebildet oder fehlen ganz. Totes Pflanzenmaterial ist leicht entzündbar und die Samen vieler Arten keimen nur nach einer Hitzebelastung durch Feuer.

Auch Tiere entwickelten typische Adaptationen an Hitze, Wassermangel und Feuer (▶ Abschn. 6.4.2, und 6.6). Die Biodiversität in diesem Lebensraum ist hoch und durch einen hohen Anteil an endemischen Arten gekennzeichnet.

Abb. 12.16 Wüstenlandschaften. Halbwüsten: **a** Kakteen mit dem Saguaro-Kaktus (*Carnegiea gigantea*, Cactaceae, Caryophyllales) (Saguaro-Nationalpark, Tucson, Arizona, USA). **b, c** Geröllwüste mit ausgetrocknetem Flussbett. **d** Euphorbiaceenpflanzen (Tsaobis-Nationalpark, Namibia). Vollwüsten: **e** Blühende Atacama-Wüste (Südamerika). **f** Horstgräser in der Sandwüste Erg Chebbi, Marokko. (Fotos: **a** © lucky-photo/▶ stock.adobe.com, **b–d** Gudrun Krauß, **e** © abriendomundo/▶ stock.adobe.com, **f** Axel Fläschendräger)

12.3 · Die neun Zonobiome und ihre Vegetation

○ **Abb. 12.17** Typische mediterrane Vegetation (Matorral) mit Hartlaubbäumen und Gebüschformationen in der Sierra de Cazorla, Spanien. (© bennytrapp/► stock.adobe.com)

12.3.5 Warmgemäßigt – gemäßigter, immergrüner Wald (Lorbeerwald)

In subtropischen temperierten Zonen mit ausreichenden Niederschlägen finden wir **immergrüne Wälder**. Die Winter sind mild und die Sommer warm. Die Vegetation erträgt leichte Fröste, aber keine Temperaturen unter −10 °C. Typisch sind Bäume mit dunkelgrünen, ledrigen und glänzenden Blättern. Auf der Nordhalbkugel gehören sie häufig zu den Lorbeergewächsen wie *Persea barbujana* (Lauraceae, Laurales) (○ Abb. 12.18), auf der Südhalbkugel zu anderen Pflanzenfamilien (z. B. *Araucaria*-Wälder in Mittelchile), wobei die Abgrenzung gegenüber gemäßigten Regenwäldern umstritten ist.

Im Vergleich zum tropischen Regenwald ist der vertikale Aufbau dieser immergrünen Wälder mit einer einheitlichen Baumschicht von 30 m Höhe weniger komplex.

Lorbeerwälder gedeihen im Gegensatz zu sommergrünen Laubwäldern nur in milden Wintern als sommergrüne Laubwälder, jedoch im Gegensatz zu tropischen und subtropischen Regenwäldern auch in kühleren Wintern mit gelegentlichen Frösten.

12.3.6 Nemoral – sommergrüner Wald

Das Wort **nemoral** stammt vom lateinischen *nemus* (Wald). Darunter versteht man sommergrüne (winterkahle) Laubwälder, die in kühlgemäßigten Zonen dominieren. Der jährliche Klimaverlauf lässt sich in vier Jahreszeiten unterteilen: Winter mit Schnee und Frösten bis unter −10 °C, niederschlagsreiche Sommer und zwei lange Übergangsphasen (Frühling, Herbst). Die Jahresmitteltemperatur ist < 20 °C. In der sechs bis acht Monate dauernden Vegetationsperiode liegt die Temperatur > 5 °C. Niederschläge sind über das ganze Jahr verteilt und erreichen 500–1500 mm pro Jahr.

○ **Abb. 12.18** Lorbeerwald mit *Persea barbujana* (Los Tilos de Moya, Gran Canaria). (Foto: Axel Fläschendräger)

Sommergrüne Laubwälder sind artenreicher als boreale Wälder. In Europa dominieren oft Buchen (○ Abb. 12.19) und Eichen. Der herbstliche Laubfall verringert die transpirierende Oberfläche der Bäume und damit Wasserverluste im Winter.

Die Zone der **kühltemperaten Wälder** wurde zunächst durch die pleistozäne Kälteperiode gegen den Äquator gedrängt. In Europa wurde ihre spätere Rückwanderung durch die Nord-Süd-Barriere der Alpen eingeschränkt. Deshalb sind Europas Wälder weniger artenreich als die Wälder in Nordamerika oder Ostasien.

Der typische Wald der kühlgemäßigten Zone lässt sich in vier Stockwerke unterteilen. Am Boden bilden Gräser, Farne und Baumsämlinge die Krautschicht. Höher wachsende Pflanzen (Holunder, Haselnuss) gehören zur Strauchschicht. Darauf folgt eine Baumschicht (junge Hauptbäume wie Buchen und Eichen sowie Begleitbaumarten wie Eberesche und Hainbuche). Die oberste Baumschicht bilden die Kronen der jeweiligen Hauptbaumart, die Höhen bis zu 40 m erreichen kann.

Abb. 12.19 Winterkahler Buchenwald. **a** Buchenwald im Frühling mit einem Bestand an Frühblühern (Märzenbecher, *Leucojum vernum*) (Ballenstadt, Harz). **b** Buchenwald im Herbst (Bad Harzburg, Harz, Sachsen-Anhalt). (Fotos: Gudrun Krauß)

Die tiefer liegenden Gebiete Deutschlands befinden sich größtenteils in der nemoralen gemäßigten Zone. Der **Primärwald** oder **Urwald** (vom Menschen unberührter Wald) wäre deshalb ein sommergrüner Laubwald. **Sekundärwälder** entstehen nach menschlichen Eingriffen wie Kahlschlag, Rodung oder Aufforstung. Die Wälder Deutschlands sind im Wesentlichen Sekundärwälder. Den größten Überrest des riesigen Primärwalds, der einst die europäische Ebene bedeckte, findet man heute im Białowieża-Wald in Belarus und Polen.

Rodungen, Feuer, Stürme und Befall durch Pilze oder Schädlinge reißen oft Lücken in das geschlossene Blätterdach. Die vollständige Entfernung der Vegetation erlaubt die Besiedlung durch **Pioniergesellschaften** (Moose, Farne, Gräser). Sie werden durch **Folgegesellschaften** (einjährige Kräuter, später mehrjährige Pflanzen) ergänzt und teilweise ersetzt. Nach einigen Jahren folgen **Pioniergehölze** (Birke, Erle, Weide) und schließlich, nach mehreren Jahrzehnten, setzt sich die **Klimaxgesellschaft** durch (Traubeneichen, Rotbuchen). Sie wird oft als End- oder Dauerstadium einer **Sukzession** bezeichnet. Das ist jedoch etwas irreführend, da auch ohne menschliche Eingriffe die dominanten Bäume eine beschränkte Lebenszeit haben. Ihr Sterben und Zerfall reißen Lücken in den Wald. Die darauf folgende Sukzession wird durch lokale Faktoren beeinflusst.

12.3.7 Arid-gemäßigt kontinental – Steppen bis Wüsten

Unter **Kontinentalklima** versteht man allgemein das Klima im Inneren großer Landmassen. Verglichen mit dem **Seeklima** treten größere Temperaturschwankungen, aber weniger Niederschläge auf. In der arid-gemäßigten Zone folgen auf kalte Winter (bis zu −10 °C) warme bis heiße, trockene Sommer.

Abb. 12.20 Bisonherde in der Prärie (Yellowstone-Nationalpark, USA). (© Brad Pict/► stock.adobe.com)

Die jährliche Niederschlagsmenge bestimmt den Vegetationstypus. Liegt sie zwischen 250 und 400 mm, dominieren **Steppen**, zwischen 100 und 250 mm **Halbwüsten** und unter 100 mm **Vollwüsten**. Die typische Vegetation ist baumlos und besteht überwiegend aus trockenliebenden Gräsern mit vereinzelten verholzten Gebüschen. Je nach Niederschlagsverteilung können sich ausgedehnte Übergangszonen bilden wie Wald-, Gras- und Wüstensteppe (□ Abb. 12.20).

Mit dem Klima spielt das Feuer eine wichtige Rolle bei der Bildung und Erhaltung von Steppen. Das Wachstum der Gräser beginnt unmittelbar nach Bränden, während verholzte Pflanzen in der Regel absterben. Steppenböden sind außerordentlich fruchtbar und werden zunehmend landwirtschaftlich genutzt. Zwischen 1 und 4 % der amerikanischen Tallgrass-Prärie, die sich besonders gut für Agrikultur eignen, bleiben aber im ursprünglichen Zustand.

Typisch für die ursprüngliche Steppe waren oft enorme Herden von großen Herbivoren (Bisons in Nordamerika, Wildpferde in Europa, Saigaantilopen in Asien). Geschätzte 7,5 Mio. Bisons wurden zwischen 1872 und 1874 getötet. Auch gegenüber diesen Herbivoren haben Gräser einen Vorteil im Vergleich zu Sträuchern und Büschen. Ihre Wachstumspunkte liegen unterirdisch. Bei Beweidung bleibt ihr Regenerationspotenzial intakt und Gräser erholen sich rasch. Im

Gegensatz dazu sind die aktiven Wachstumszonen der Sträucher direkt den Herbivoren ausgesetzt.

Weite Steppengebiete auf der Nordhalbkugel kommen sowohl in Eurasien vom Schwarzen Meer bis Nordostchina wie auch in Nordamerika vor, wo sie als Prärien bezeichnet werden. Auf der südlichen Halbkugel nimmt die gemäßigte Zone eine weit geringere Fläche ein. Steppengebiete sind deshalb auf die Pampas in Argentinien und Uruguay beschränkt.

12.3.8 Boreal – borealer Nadelwald

Das Wort boreal stammt aus dem Lateinischen und bedeutet nördlich. Die **boreale Klimazone** wird auch als kaltgemäßigtes Klima bzw. als Nadelwald- oder Schneewaldklima bezeichnet. Sie entspricht der borealen Vegetationszone und dominiert zwischen dem 50. und 70. Breitengrad Europas, Asiens und Nordamerikas. Das einzige kaltgemäßigte Gebiet der Südhalbkugel existiert in der Region Patagonien (Chile und Argentinien).

Temperaturmittelwerte liegen im wärmsten Monat über 10 °C und im kältesten Monat unter −3 °C. Die Vegetationsperiode (T > 5 °C) dauert ca. vier Monate. Die jährliche Niederschlagsmenge ist gering (≤ 500 mm). Wegen der tiefen Temperaturen ist jedoch auch die Verdunstung stark eingeschränkt und das Klima ist humid.

Die Vegetation der borealen Zone wird durch die **Taiga** dominiert. Dieser Koniferenwald südlich der Tundra erstreckt sich durch Sibirien über Fennoskandien (skandinavischer Raum) nach Schottland und Nordamerika (Alaska und im Norden kanadischer Provinzen und Territorien) (Abb. 12.21). Je nach Standort dominieren weltweit verschiedene Arten von vier Nadelholzgattungen: Fichten (*Picea*), Tannen (*Abies*), Lärchen (*Larix*) und Kiefern (*Pinus*). Vor allem in Westsibirien breiten sich großflächige, baumfreie Moore aus. Durch Windfall oder Feuer entblößte Flächen werden rasch durch Pionierbäume wie Birken und Espen kolonisiert. Der Boden ist dicht von sommergrünen Zwergsträuchern, Moosen und Flechten bedeckt.

Wegen der kalten, nassen und sauren Böden werden Pflanzenüberreste nur langsam abgebaut. Im Winter gefrieren die Böden. Unter **Permafrost** versteht man Böden oder Sedimente, die in unterschiedlicher Tiefe unter der Erdoberfläche mindestens zwei Jahre lang gefroren bleiben. Solche Schichten behindern die Wasserinfiltration. Der Boden bleibt deshalb im Sommer nass und erlaubt das Pflanzenwachstum.

Es wird befürchtet, dass langfristiges Auftauen des Permafrostbodens zu massiven Veränderungen des Klimas führen kann. Der als Biomasse gespeicherte Kohlenstoff könnte als Kohlenstoffdioxid und Methan an die Atmosphäre abgegeben werden.

Der boreale Wald ist Siedlungsgebiet für große Säugetiere wie verschiedene Hirsche (darunter Elche und Rentiere bzw. Karibus), Bären und Wölfe. Die Porcupine-Karibuherde (*Rangifer tarandus groenlandicus*, Cervidae, Artiodactyla) in Alaska (USA), im Yukon und in den Northwest Territories (Kanada) zählt rund 200.000 Tiere. Sie unternimmt jährlich eine Wanderung von insgesamt 1350 km und hält damit den Distanzrekord für terrestrische Säuger. Während zahlreiche Kleinsäuger Winterschlaf halten, bleiben andere unter der Schneedecke aktiv (z. B. Mäuse und Lemminge). Sie werden von Eulen und Füchsen gejagt.

Die kanadischen Wälder enthalten insgesamt bis zu 5 Mrd. Vögel. Das entspricht 60 % aller Vögel in Kanada und 30 % der Gesamtpopulation in Kanada und den USA. Im borealen Wald Kanadas findet man weltweit die größten Flächen an Feuchtgebieten als wichtige Brutgebiete für über 12 Mio. Wasservögel. Die Existenz vieler dieser Arten hängt von natürlichen, periodischen Störungen ab, wie Feuer oder massenhafte Vermehrung von Schadeninsekten.

Abb. 12.21 Taiga, borealer Nadelwald (Matanuska River, Alaska, USA). (Foto: Leif Meißner)

12.3.9 Polar – baumfreie Tundravegetation

Unter Tundra (Kältesteppen) versteht man waldfreie Gebiete der subpolaren polaren Klimazone. Die nördliche oder **arktische** Tundra reicht bis jenseits der polaren Waldgrenze von 80° bis 55° Breite. Auf der südlichen Hemisphäre erstreckt sich die **antarktische Tundra** von 70° bis 45° Breite. Vergleichbare Vegetation findet man in der alpinen Höhenstufe der Gebirge (**alpine Tundra, Orobiom**). In höheren Breitengraden der nördlichen Halbkugel schließen sich Eis- und Kältewüsten an. Zum Äquator hin folgen Baumtundren. Die bedeutendsten unberührten Tundragebiete befinden sich im Nunavut-Territorium und im Norden Labradors (beide in Kanada) und im Norden Eurasiens.

Das Leben in der Tundra ist geprägt durch lange, kalte Winter. Tiefste Monatstemperaturen können unter −40 °C sinken. Während der Vegetationsperiode von ein bis drei Monaten steigen sie auf 5–10 °C.

Durchschnittliche Niederschläge sind gering (200–600 mm). Da jedoch auch die Verdunstung eingeschränkt ist, bleibt das Klima insgesamt humid. Im Sommer bilden sich über gefrorenem Untergrund (Permafrost) der arktischen und antarktischen Tundra ausgedehnte Feuchtgebiete, die vorwiegend durch biologische Krusten (▶ Abschn. 8.2), Moose, Flechten, Gräser, Kräuter und sommergrüne Zwergsträucher besiedelt werden. Das Wechselspiel zwischen Frösten und Tauwetter ist für das typische Bodenrelief der arktischen Tundra verantwortlich. Diese Frostmusterböden sind durch Kuppen und Mulden und Polygonstrukturen gekennzeichnet (◘ Abb. 12.22). In der alpinen Tundra finden wir in der Regel keinen Permafrost und der Boden ist weniger feucht.

Insgesamt ist die Flora der Tundra artenarm. Weniger als 1 % der bekannten Gefäßpflanzen lebt dort. Über 90 % der Vegetation wird häufig nur durch zehn Arten dominiert. Mehrere Hundert Flechten- und Algenarten sowie rund 100 Moose leben in diesen Gebieten. Alle Pflanzen sind morphologisch und physiologisch-biochemisch an Kälte- und Gefrierstress angepasst (▶ Abschn. 6.4.3).

Im Sommer kommen in der Arktis enorme Schwärme blutsaugender Insekten vor: *Simulium* spp. (Kriebelmücke, Simuliidae, Diptera), *Chrysops* spp. (Hirschlausfliege, Tabanidae, Diptera) und mehrere Gattungen von Stechmücken. Sie ernähren sich von den dominanten Herbivoren (Wirbeltiere) und Vögeln. Gemessen an der Biomasse

◘ Abb. 12.22 Tundravegetation im Norden Norwegens. **a** Alta Canyon. **b** Nordkap., und Arktische Frostmusterböden: **c** Kuppen und Mulden, **d** Polygonstrukturen. (Fotos: **a**, **b** Leif Meißner, **c** © Arkadii Shandarov/▶ stock.adobe.com, **d** © georgeburba/▶ stock.adobe.com)

sind Karibus die dominanten Herbivoren. Die kleineren, aber viel zahlreicheren Lemminge konsumieren jedoch drei- bis sechsmal so viel Vegetation. Der bedeutendste Prädator ist der Wolf (*Canis lupus*, Canidae, Carnivora), der Moschusochse (*Ovibos moschatus*, Bovidae, Artiodactyla), Rentiere (*Rangifer tarandus*, Cervidae, Artiodactyla) und Lemminge (z. B. der Berglemming *Lemmus lemmus*, Cricetidae, Rodentia) jagt. An den Küsten leben Eisbären (*Ursus maritimus*, Ursidae, Carnivora).

In der antarktischen Tundra sind alle größeren landlebenden Tiere Vögel (Pinguine, Sturmvögel und Scheidenschnäbel) zu finden. Vereinzelt leben hier endemische Füchse, sowie Schakale und Nagetiere. Murmeltiere und Gämsen sind typische Bewohner der alpinen Tundra in Europa. In der Himalaya-Region findet man Yaks (*Bos mutuss*, Bovidae, Artiodactyla) und in Nordamerika Schneeziegen (*Oreamnos americanus*, Bovidae, Artiodactyla) und Dickhornschafe (*Ovis canadensis*, Artiodactyla, Bovidae).

12.4 Alpines Orobiom – Hochgebirge

Klimatyp und Zonobiom stimmen nur im Flachland und niedrigem Hügelland überein. Von **Pedobiomen** spricht man bei Standorten, die von Bodentypen bestimmt werden, z. B. Felsböden, Salzwiesen, Dünen, Moore und Auwald.

In Hochgebirgen (Orobiomen) ändern sich die Vegetation und die Zusammensetzung der Lebensgemeinschaften entsprechend der Höhenstufe. Mit der Höhe nimmt die Temperatur ab. Niederschlagsmenge, Windgeschwindigkeit und Strahlungsintensität nehmen zu. Die Vegetationsperiode ist verkürzt.

Die Alpen, ein Beispiel für temperate Hochgebirge, werden in verschiedene Höhenstufen gegliedert (■ Abb. 12.23) (nach Lüttge et al. 2010):

- Planare Stufe: Flachland bis ca. 300 m Höhe
- Kolline Stufe: Ebene und Hügelland mit Mischwäldern am Nordrand
- Submontane Stufe: 500–1000 m; Buchen- und Tannenwald
- Montane Stufe: bis ca. 1600 m; Mischwald bis Nadelwald (Fichten) im oberen Bereich
- Subalpine Stufe: 2200–2500 m; mit der natürlichen Baumgrenze mit z. B. Latschenkiefern (*Pinus mugo*, Pinaceae, Coniferales), Grün-Erlen (*Alnus viridis*, Betulaceae, Fagales)
- Alpine Stufe: bis ca. 3000 m; Zwergsträucher (z. B. Zwerg-Birke, *Betula nana*, Betulaceae, Fagales), Grasheiden, Felsgesellschaften ähnlich der arktischen Tundra
- Subnivale Stufe: 3000–3300 m, unterhalb der Schneegrenze; lockere Vegetation aus Kryptogamen und Polsterpflanzen
- Nivale Stufe: > 3000 m, Schnee- und Gletschergebiet; kurze Vegetationszeit (zwei bis drei Monate); Flechten, Moose und wenige Angiospermen (z. B. Gletscher-Hahnenfuß; *Ranunculus glacialis*, Ranunculaceae, Ranunculales) (■ Abb. 12.23)

■ **Abb. 12.23** Vegetation in den Alpen. **a** Alpenlandschaft mit Höhenstufen (Val Veny, Italien). **b** Nadelwald in der montanen Stufe (Stubalpe, Steiermark, Österreich). **c** Alpine Zwergstrauchvegetation; *Rhododendron ferrugineum* (Col de Tricot, Mont-Blanc-Massiv, Frankreich). Alpine Matten: **d** Grand Col Ferret, 2000 m (Italien). **e** La Tzoumaz, Massiv des Pierre Avoi (Wallis, Schweiz). **f** Gletscher in der nivalen Stufe (Aletschgletscher, Berner Alpen, Wallis, Schweiz). (Fotos: **a, c, d** Magali Solé, **b** Gudrun Krauß, **e, f** Henrike Tränkner)

Abb. 12.23 (Fortsetzung)

12.5 Inselberge

Biologisch besonders interessante Lebensräume sind die sogenannten **Inselberge** (Porembski 2007). Darunter versteht man einzelne Berge oder Berggruppen, die sich abrupt aus einer Ebene erheben. Berühmt sind der Zuckerhut (Rio de Janeiro, Brasilien) und der Uluru (früher Ayers Rock, Australien; Abb. 12.24).

Inselberge findet man relativ häufig in den feuchten Tropen. Sie entstehen dort, wo die Abtragungsrate durch Wind und Wasser die Verwitterungsrate übersteigt. Zurück bleibt das resistente Felsmaterial. Das Mikroklima der Inselberge unterscheidet sich deutlich von dem der Umgebung. Auf den steilen Felswänden sind die Temperaturen oft deutlich höher als im benachbarten Flachland (mit Maxima von über 60 °C in Westafrika), während die Luftfeuchtigkeit unter 20 % sinken

 Abb. 12.24 Uluru (früher Ayers Rock), ein Inselberg in den Northern Territories, Australien. (Foto: Felix Bärlocher)

• **Abb. 12.25** Vegetation auf dem Uluru. Gefäßpflanzen, unter anderem Gräser und kleine Sträucher, leben bevorzugt in Felsspalten. (Foto: Felix Bärlocher)

kann. Diese extremen Umweltbedingungen auf Inselbergen, kombiniert mit ihrer geografischen Isolation limitieren die biologische Immigration. Flora und Fauna enthalten einen hohen Anteil endemischer Arten, die auf verschiedene Mikrohabitate spezialisiert sind. Nackte Felsen sind vorwiegend mit biologischen Krusten bedeckt (▶ Abschn. 8.2). Dazu kommen epilithische Gefäßpflanzen (häufig poikilohydre Arten, Sukkulenten und durch Monokotyledonen gebildete Matten). Am Fuß der Felswände findet man Arten der Poaceae und Cyperaceae (• Abb. 12.25). Hotspots der Biodiversität der Inselbergflora findet man im Südosten Brasiliens, im Südwesten Australiens und auf Madagaskar.

Literatur

Backer R et al (2018) Plant growth-promoting rhizobacteria: context, mechanisms of action, and roadmap to commercialization of biostimulants for sustainable agriculture. Front Plant Sci 9:1473. https://doi.org/10.3389/fpls.2018.01473

Bahram B, Netherway T (2022) Fungi as mediators linking organisms and ecosystems. FEMS Microbiol Rev fuab058(46):1–16

Bärlocher F, Rennenberg H (2015) Food chains and nutrient cycles. In: Krauss G-J, Nies DH (Hrsg) Ecological biochemistry: environmental and interspecies interactions. Wiley & Sons, Weinheim, S 92–121

Bar-On YM, Phillips R, Miloa R (2018) The biomass distribution on Earth. PNAS 115:6506–6511

Blagodatskaya E et al (2021) Bridging microbial functional traits with localized process rates at soil interfaces. Front Microbiol. https://doi.org/10.3389/fmicb.2021.625697

Boenigk J (2021) Biologie. Der Begleiter in und durch das Studium. Springer Spektrum

Canarini A et al (2019) Root exudation of primary metabolites: mechanisms and their roles in plant responses to environmental stimuli. Front Plant Sci. https://doi.org/10.3389/fpls.2019.00157

Cavicchioli R et al (2019) Scientists' warning to humanity: microorganisms and climate change. Nat Rev|Microbiology 17:569–586

Chari NR, Taylor BN (2022) Soil organic matter formation and loss are mediated by root exudates in a temperate forest. Nat Geosci. https://doi.org/10.1038/s41561-022-01079-x

Compant S et al (2019) A review on the plant microbiome: ecology, functions, and emerging trends in microbial application. J Adv Res 19:29–37

Comyn-Platt E et al (2018) Carbon budgets for 1.5 and 2 °C targets lowered by natural wetland and permafrost feedbacks. Nat Geosci, 11:568–575

Conolly JA et al (2022) Harnessing intercellular signals to engineer the soil microbiome. Nat Prod Rep 39:311–324

Coq S, Joly F-X (2024) Eine verborgene Welt (Böden). Spektrum Wiss 8/24:30–39

Crowther TW et al (2015) Mapping tree density at a global scale. Nature 525:201–205

Crowther TW et al (2019) The global soil community and its influence on biogeochemistry. Science 365. https://doi.org/10.1126/science.aav0550

Flemming H-C, Wuertzl S (2019) Bacteria and archaea on Earth and their abundance in biofilms. Nat Rev|Microbiology 17:247–260

Fuente Cantó C et al (2020) An extended root phenotype. The rhizosphere, its formation and impacts on plant fitness. Plant J 103:951–984

Gisi U, Schenker R, Schulin R, Stadelmann FX, Sticher R (1997) Bodenökologie, 2. Aufl. Thieme, Stuttgart/New York

Hassani MA et al (2018) Microbial interactions within the plant holobiont. Microbiome 6:58. https://doi.org/10.1186/s40168-018-0445-0

Hill JL, Hill RA (2001) Why are tropical rain forests so species rich? Classifying, reviewing and evaluating theories. Prog Phys Geogr 25:326–354

Hoffland E et al (2020) Eco-functionality of organic matter in soils. Plant Soil 455:1–22

Hubau W et al (2020) Asynchronous carbon sink saturation in African and Amazonian tropical forests. Nature 579:80–87

Hutson JM, Burke CC, Haynes G (2013) Osteophagia and bone modifications by giraffe and other large ungulates. J Archaeol Sci 40:4139–4149

Joly K et al (2019) Longest terrestrial migrations and movements around the world. Sci Rep 9:15333. https://doi.org/10.1038/s41598-019-51884-5

Jung J et al (2020) Archaea, tiny helpers of land plants. Comput Struct Biotechnol J 18:2494–2500

Kadereit JW et al (2021) Strasburger – Lehrbuch der Pflanzenwissenschaften, 38. Aufl. Springer-Spektrum, Berlin

Kendrick B (2012) The fifth kingdom, 4. Aufl. Hackett Publishing, Indianapolis

Korenblum E et al (2020) Rhizosphere microbiome mediates systemic root metabolite exudation by root-to-root signaling. Proc Natl Acad Sci 117. https://doi.org/10.1073/pnas.1912130117

Körner C (2021) Vegetation der Erde. In: Kadereit JW, Körner C, Nick P, Sonnewald U (Hrsg) Strasburger – der Pflanzenwissenschaften. Springer, Berlin/Heidelberg, S 1055–1098

Krauss G-J, Nies DH (2015) Ecological biochemistry: environmental and interspecies interactions. Wiley & Blackwell ISBN: 978-3-527-31650-2

Lane N (2003) Oxygen. The molecule that made the world. Oxford University Press, Oxford

Lauer W (1995) Klimatologie, 2. Aufl. Westermann, Braunschweig

Lavallee JM et al (2019) Conceptualization soil organic matter into particulate and mineral-associated forms to address global change in the 21st century. Glob Chang Biol. https://doi.org/10.1111/gcb.14859

Ling N et al (2022) Rhizosphere bacteriome structure and functions. Nat Commun. https://doi.org/10.1038/s41467-022-28448-9

Lundgren EJ et al (2021) Equids engineer desert water availability. Science 372:491–495

Lüttge U et al. (2010) Botanik – die umfassende Biologie der Pflanzen. Wiley-VCH, Kap. 31: Vegetation der Erde: Horizontale und vertikale Gliederung, S 901–937

Lutzoni F, Nowak MD, Alfaro ME et al (2018) Contemporaneous radiations of fungi and plants linked to symbiosis. Nat Commun 9:5451

Lyu D et al (2021) The coevolution of plants and microbes underpins sustainable agriculture. Microorganisms 9:1036. https://doi.org/10.3390/microorganisms9051036

Maestre FT et al (2021) Biogeography of global drylands. New Phytol 231:540–558

McNear DH Jr (2013) The rhizosphere – roots, soil and everything in between. Nat Educ Knowl 4(3):1

Newman A (2002) Tropical rainforest: our most valuable and endangered habitat with a blueprint for its survival into the third millennium, 2. Aufl. Checkmark Books, New York; ISBN 978-0816039739

Odelade KA, Babalola OO (2019) Bacteria, fungi and arcaea domains in rhizospheric soil and their effects in enhancing agricultural productivity. Int J Environ Res Public Health 16(3873). https://doi.org/10.3390/ijerph16203873

Ottaviani G et al (2020) The neglected belowground dimension of plant dominance. Trends Ecol Evol 35:763–766

Pantigoso HA et al (2022) The rhizosphere microbiome: plant microbial interactions for resource acquisition. J Appl Microbiol. https://doi.org/10.1111/jam.15686

Pfadenhauer J, Klötzli F (2014) Vegetation der Erde. Springer-Spektrum, Heidelberg

Porembski S (2007) Tropical inselbergs: habitat types, adaptive strategies and diversity patterns. Rev Bras Bot 30:579–586

Rizaludin MS et al (2021) The chemistry of stress: understanding the „cry of help" of plant roots. Metabolites 11:357. https://doi.org/10.3390/metabo11060357

Rosier M, Medeiros FHV, Bais HP (2018) Defining plant growth promoting rhizobacteria molecular and biochemical networks in beneficial plant-microbe interactions. Plant Soil 428:35–55

Sadava D et al (2019) Purves Biologie. 10. Aufl., Springer Spektrum Berlin/Heidelberg

Schaefer M (2012) Wörterbuch der Ökologie. Spektrum Akademischer Verlag, Heidelberg

Schrey SD et al (2015) Rhizosphere interactions, Kap. 15. In: Krauss G-J, Nies DH (Hrsg) Ecological biochemistry – environmental and interspecies interactions. Wiley-VCH, Weinheim

Schultz J (2008) Die Ökozonen der Erde. Ulmer, Stuttgart. ISBN 978-3-8252-1514-9

Schütz V et al (2021) Differential impact of plant secondary metabolites on the soil microbiota. Front Microbiol. https://doi.org/10.3389/fmicb.2021.666010

Sitte P, Weiler EW, Kadereit JW, Bresinsky A, Körner C (2002) Strasburger. Lehrbuch der Botanik. Spektrum, Heidelberg

Smith TM, Smith RL (2015) Elements of Ecology. Ninth edition, Pearson

Sohrabi R et al (2023) Phyllosphere microbiome. Annu Rev Plant Biol. https://doi.org/10.1146/annurev-arplant-102820-032704

Van Dam NM, Bouwmeester HJ (2016) Metabolomics in the rhizosphere: tapping into belowground chemical communication. Trends Plant Sci 21:256–265

Vandenkoornhuyse P et al (2015) The importance of the microbiome of the plant holobiont. New Phytol 206:1196–1206

Venturi V, Bez C (2021) A call to arms for cell-cell interactions between bacteria in the plant microbiome. Trends Plant Sci 26:1126–1132

Vetterlein D et al (2020) Rhizosphere spatiotemporal organization – a key to rhizosphere functions. Front Agronomy. https://doi.org/10.3389/fagro.2020.00008

Vishwakarma K et al (2020) Revisiting plant-microbe interactions and microbial consortia application for enhancing sustainable agriculture: a review. Front Microbiol. https://doi.org/10.3389/fmicb.2020.560406

Walter H, Breckle S-W (1999) Vegetation und Klimazonen, 7. Aufl. Eugen Ulmer, Stuttgart

Walter H, Lieth H (1967) Klimadiagramm-Weltatlas. Fischer, Jena

Willig MR, Kaufman DM, Stevens RD (2003) Latitudinal gradients of biodiversity: pattern, process, scale and synthesis. Annu Rev Ecol Syst 34:273–309

Wittig R, Streit B (2004) Ökologie. UTB basics. Ulmer, Stuttgart

Aquatische Lebensräume

Felix Bärlocher

Inhaltsverzeichnis

13.1 Grundlegende Unterschiede zwischen aquatischen und terrestrischen Lebensräumen – 340
13.1.1 Physikalische und chemische Umweltfaktoren – 340

13.2 Gliederung aquatischer Lebensbezirke – Pelagial und Benthal – 345
13.2.1 Nahrungsnetze im Pelagial – Plankton, mikrobielle Schleife, viraler Shunt, Mykoloop – 345
13.2.2 Nahrungsnetze im Meeresbenthal – 347
13.2.3 Nahrungsnetze im Süßwasserbenthal – 349

Literatur – 355

13.1 Grundlegende Unterschiede zwischen aquatischen und terrestrischen Lebensräumen

Unter **Limnologie** verstehen wir die Lehre der Ökologie von Binnen- oder Süßgewässern (Seen, Weiher und Fließgewässer; Schwoerbel und Brendelberger 2022), während sich die **Ozeanologie** mit marinen Ökosystemen befasst (Sommer 2016). **Epeirologie** ist ein, allerdings wenig gebräuchlicher, Ausdruck für das Studium terrestrischer Lebensräume. Diese Unterteilung in verschiedene Fachgebiete bedeutet nicht, dass aquatische und terrestrische Ökosysteme isoliert stehen. Hydrosphäre, Lithosphäre und Atmosphäre sind durch Stoffkreisläufe miteinander verknüpft (◘ Abb. 13.1). Allerdings werden limitierende Nährstoffe wie N und P durch Niederschläge ausgewaschen und landen letzten Endes im Meer (▸ Abschn. 4.3.5). Als Folge davon sind terrestrische Ökosysteme im Allgemeinen weniger nährstoffreich als Seen, Flussdeltas oder küstennahe Meeresgebiete (in küstenfernen Meeresregionen besteht oft extreme Knappheit und die Produktivität entspricht der einer Wüste). Flussauen gehören zu den produktivsten Ökosystemen der Welt. So war für Flussrandregionen des Nils vor dem Bau des Assuan-Staudamms das periodisch auftretende Hochwasser (Nilschwemme, Nilflut) lebenswichtig, nicht nur wegen des Wassers sondern auch wegen des Sediments als wichtiger Dünger für die Landwirtschaft.

Obwohl wir Ökosystemkonzepte wie Nahrungsnetze, Stoffkreisläufe und Energiefluss unabhängig von der Umwelt anwenden können, sind aquatische und terrestrische Arten grundlegend verschiedenen Bedingungen ausgesetzt. Landorganismen leben in einer Mischung von Gasen, dominiert durch Distickstoff (78,90 %) und Sauerstoff (20,95 %), gefolgt von Argon (0,92 %) und Kohlenstoffdioxid (0,039 %). Luft enthält ferner eine variable Menge von Wasserdampf (im Durchschnitt 1 %). Aquatische Organismen leben in flüssigem Wasser mit gelösten Gasen, Ionen, Molekülen und Partikeln.

13.1.1 Physikalische und chemische Umweltfaktoren

Physikalisch-chemische Eigenschaften von Luft und Wasser hatten einen entscheidenden Einfluss auf die Evolution der dominanten Organismen und ihrer Rollen in Stoffzyklen und Nahrungsnetzen. Einige wichtige Unterschiede sind in ◘ Tab. 13.1 zusammengestellt.

13.1.1.1 Dichte und Viskosität

Wasser hat eine wesentlich höhere Dichte und Viskosität als Luft, was die Bedeutung der Schwerkraft verringert. Dieser Unterschied spielte eine wichtige Rolle bei der Evolution der Wale, die größten Tiere, die je auf der Erde existierten. In gestrandeten Walen werden innere Organe in kurzer Zeit durch die Schwerkraft beschädigt. Hohe Dichte und Viskosität erlaubten auch die Evolution von **Plankton**. Darunter versteht man die Gesamtheit der Organismen, die sich schwebend im freien Wasser halten. Ihre Eigenbewegung ist zu schwach, um sie von Wasserbewegungen unabhängig zu machen. Einzelne Organismen dieser Gruppe nennt man **Plankter**. Organismen, die gegen Wasserbewegungen schwimmen können, bezeichnet man als **Nekton**.

Große terrestrische Organismen sind auf stützende Strukturen angewiesen. So ist Holz ein tragendes Element von Landpflanzen. Ein wichtiger Bestandteil ist Lignin, das in allen Gefäßpflanzen, aber nicht in Bryophyten vorkommt. Lignin hat eine komplexe Struktur und wird nur langsam abgebaut. Es ist nach Cellulose das zweithäufigste natürliche Polymer.

Die Viskosität (oder dynamische Zähigkeit) ist der Widerstand des Wassers gegenüber freiem Fließen. Geteilt durch die Dichte enthält man die kinematische Zähigkeit. Beide Werte hängen vom Salzgehalt (in Süßwasser vernachlässigbar) ab und sinken mit steigender Temperatur. Bei 25 °C sind sie noch etwa halb so groß wie bei 0 °C.

Bei Verschiebungen von Wassermassen und zwischen Wasser und Organismus treten Reibungskräfte auf, deren Größe unter anderem von der Körperform und Viskosität abhängt. Da die Viskosität mit zunehmender Temperatur sinkt, muss in wärmerem Wasser für aktive Bewegung weniger Energie aufgewendet werden und passives Sinken beschleunigt sich.

Auch die Größe der Grenzschichten zwischen Wasser und soliden Oberflächen und damit die Aufnahme von Nährstoffen werden von der Viskosität beeinflusst.

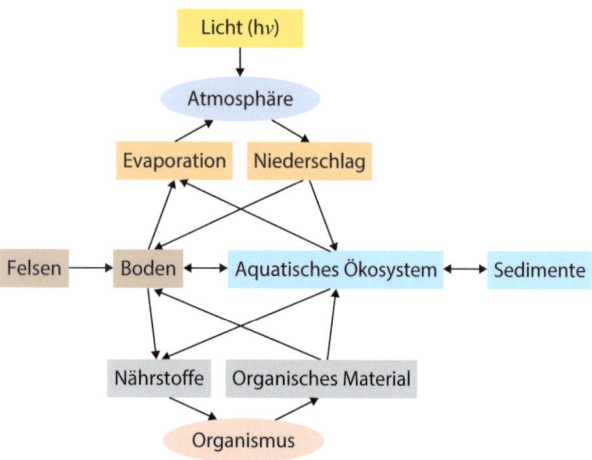

◘ Abb. 13.1 Interaktionen zwischen terrestrischen und aquatischen Ökosystemen. (Verändert nach Krauss und Nies 2015, Abb. 6.4, © Wiley-VCH GmbH)

13.1 · Grundlegende Unterschiede zwischen aquatischen und terrestrischen Lebensräumen

Tab. 13.1 Physikalisch-chemische Unterschiede zwischen Luft und Wasser. Die Größen sind oft temperaturabhängig. Wasser erreicht die größte Dichte bei 4 °C; die Viskosität und Löslichkeit von Gasen in Wasser sinken mit steigender Temperatur. (Vereinfacht nach Wittig und Streit 2004; Schwoerbel und Brendelberger 2022)

Größe	Luft	Wasser
Dichte	0,0013 g cm^{-3}	1 g cm^{-3}
Viskosität (dynamische Zähigkeit)	0,018 mPa s	1 mPa s
Spezifische Wärmeleitfähigkeit	0,000024 J cm^{-1} s^{-1} K^{-1}	0,0057 J cm^{-1} s^{-1} K^{-1}
Spezifische Wärmekapazität	1003 J kg^{-1} K^{-1}	4184 J kg^{-1} K^{-1}
Druck (0 m über Meer)	Atmosphärendruck	Atmosphärendruck plus hydrostatischer Wasserdruck
Spektrale Lichtverteilung in unterschiedlicher Meereshöhe (Luft) bzw. Wassertiefe	Ohne Vegetation geringe Spektralverschiebung durch Atmosphäre und Wolken	Ändert sich auch ohne Organismen mit der Tiefe
O$_2$-Konzentration	270 mg l^{-1}	10 mg l^{-1} bei Sättigung (14 °C)

13.1.1.2 Wärmeeigenschaften

Um 1 kg Wasser von 15 auf 16 °C zu erhöhen (spezifische Wärme) benötigt man 4816 J (1 kcal). Dieser Wert wird nur von Ammoniakgas (5,15 kJ) und flüssigem Wasserstoff (14,23 kJ) übertroffen. Für Eis beträgt die spezifische Wärme 2,04 kJ und für Luft 1,0 kJ. Als Folge davon kann ein Wasserkörper große Wärmemengen speichern.

Auch Phasenumwandlungen (Eis zu Wasser zu Wasserdampf) sind mit beträchtlichen Energiemengen verknüpft. So benötigt die Verdampfung von 1 kg Wasser 2281,8 kJ. Umgekehrt wird bei der Kondensation die gleiche Energiemenge freigesetzt.

Wasser hat ferner eine geringe Wärmeleitfähigkeit (allerdings eine höhere als Luft). Wärmetransport erfolgt deshalb fast ausschließlich durch Wasserbewegungen.

Als Folge dieser Eigenschaften sind Gewässer thermisch ausgeglichene Lebensräume mit geringeren täglichen und jahreszeitlichen Schwankungen als die Atmosphäre oder terrestrische Habitate.

Wegen der hohen Wärmekapazität ändert sich die Wassertemperatur langsamer als die Temperatur auf dem Land. In der Nähe großer Seen oder in der Nähe von Küsten wird deshalb das Land im Sommer gekühlt und im Winter erwärmt. Das führt zum sogenannten Seeklima oder maritimen Klima mit geringeren Temperaturunterschieden zwischen Tag und Nacht und zwischen Sommer und Winter.

13.1.1.3 Die Bipolarität des Wassermoleküls

Wassermoleküle sind bipolar (▶ Abschn. 5.2.1) und deshalb ausgezeichnete Lösungsmittel mit einer hohen Dielektrizitätskonstante von 80,08 (bei 20 °C). Aufgrund dieser Bipolarität ziehen sich Wassermoleküle gegenseitig an und bilden Cluster (Polyhydrole). Ohne Bipolarität hätte Wasser einen Schmelzpunkt von etwa −100 °C und einen Siedepunkt von etwa −80 °C.

Wasser gefriert bei 0 °C. Dabei werden die Wassermoleküle in einem starren Tridymitgitter angeordnet. Jedes Molekül kann durch Wasserstoffbrücken mit funktionellen Gruppen von vier benachbarten Molekülen verknüpft werden. Diese Anordnung ist weniger raumsparend als die Unterteilung in verschieden große, labile Cluster. Eis hat deshalb eine geringere Dichte als Wasser (**Dichteanomalie**; ◻ Tab. 13.2) und schwimmt darüber. Deshalb frieren Seen von der Oberfläche her zu.

Von großer Bedeutung ist ferner die Dichte des Wassers bei verschiedenen Temperaturen (thermische Dichteunterschiede; ◻ Tab. 13.2). Ihr Maximum erreicht sie bei 3,98 °C. Kühleres oder wärmeres Wasser ist leichter und steigt nach oben. Die Dichteänderung beschleunigt sich bei höheren Temperaturen und die Durchmischung der Wassermassen benötigt mehr Energie. Die thermische Schichtung in Tropenseen ist deshalb in der Regel stabiler als in Seen gemäßigter Zonen mit tieferen Temperaturen (▶ Abschn. 13.1.1.6).

Die Dichteanomalie des Wassers beruht auf Wasserstoffbrücken und Aggregatbildungen. Beim Schmelzen von Eis wird das Tridymitgitter aufgelöst und die beweglichen Cluster verschiedener Größen können enger gepackt werden. Bei steigender Erwärmung überwiegt zunehmend die in allen Flüssigkeiten und Gasen beobachtete thermische Ausdehnung.

Als Folge der Dichteanomalie sinkt die Temperatur in tieferen Schichten in Seen gemäßigter Zonen selten unter 4 °C, außer bei starken, lange dauernden Herbststürmen. Gewässer frieren deshalb von oben nach unten zu. Wäre das umgekehrt, würden die Sommertemperaturen nicht ausreichen, um das Eis zu schmelzen, was natürlich tiefgreifende ökologische Konsequenzen hätte.

Tab. 13.2 Thermische Dichteunterschiede des Wassers. (Nach Schwoerbel und Brendelberger 2022)

Temperatur (°C)	Dichte (kg l^{-1})
0 (Eis)	0,91860
0 (Wasser)	0,99987
3,98	1,00000
5	0,99999
10	0,99973
15	0,99913
20	0,99823
25	0,99707
30	0,99568
35	0,99406

Außer der Temperatur beeinflussen der Salzgehalt und der Druck das Dichtemaximum des Wassers. Meerwasser erreicht die höchste Dichte bei −1,9 °C, was seinem Gefrierpunkt entspricht. Mit jeden 100 m Wassertiefe sinkt das Dichtemaximum um 0,1 °C.

13.1.1.4 Im Wasser gelöste Gase und Stoffe

In allen natürlichen Gewässern finden wir gelöste Stoffe. In Süßgewässern dominieren Calciumcarbonate. Daneben kommen Nitrat und Silikat oft in beträchtlichen Mengen vor, gefolgt von Eisen, Mangan, Phosphat, Ammonium, Nitrit und mehrere Spurenstoffe. In den Meeren dominiert Natriumchlorid (NaCl; Kochsalz), mit kleineren Mengen von Magnesium, Schwefel und Kalium. Außerdem enthalten die meisten Gewässer gelöste organische Verbindungen wie Aminosäuren, Kohlenhydrate und Huminstoffe.

In Seen beruhen Transport und Verteilung der gelösten Substanzen vorwiegend auf thermisch und windbedingten Wasserbewegungen. In Bächen und Flüssen spielt die Wasserdurchmischung im fließenden Wasser eine größere Rolle. Im Vergleich dazu ist die molekulare Diffusion viel langsamer (10.000-mal langsamer als in der Luft) und ist nur in Grenzflächen wichtig. Dort spielen Mikroorganismen der Biofilme eine wichtige Rolle, indem sie z. B. laminare Grenzschichten mit ihren Flagellen durchmischen.

Von großer Bedeutung sind im Wasser gelöste Gase, vor allem CO_2 und O_2, deren Konzentrationen weitgehend durch biologische Aktivitäten bestimmt werden. Molekulares Stickstoffgas wird nur von wenigen Organismen benutzt. Bei niedrigen Redoxpotenzialen produzieren spezialisierte Bakterien Schwefelwasserstoff (H_2S) und Methan (CH_4), die durch andere Bakterien wieder oxidiert werden können.

Die Löslichkeit von Gasen verringert sich mit steigender Temperatur und mit sinkendem atmosphärischem Druck (**Henry'sches Gesetz**). Tab. 13.3 zeigt die gelösten Mengen von O_2, N_2 und CO_2 in reinen Atmosphären des jeweiligen Gases und im Gleichgewicht mit der natürlichen Atmosphäre (Druck von 101.325 Pa (1 atm) bei verschiedenen Temperaturen. Auffällig ist die geringe Löslichkeit von Sauerstoff (O_2). Als Folge davon beträgt die Sauerstoffkonzentration im Wasser < 1 % der Konzentration der Atmosphäre und limitiert häufig die Artenzusammensetzung und -häufigkeiten aquatischer Organismen.

Unter natürlichen Bedingungen sind im Wasser gelöste Gase proportional zum Partialdruck des entsprechenden Gases in der Atmosphäre (Henry'sches Gesetz). CO_2 hat die größte Löslichkeit. Seine Konzentration in der Luft ist jedoch gering und Wasser enthält in der Regel wenig gelöstes Kohlenstoffdioxid. Es steht in einem komplexen Gleichgewicht mit H_2CO_3, HCO_3^-, Calcium und Magnesium (Schwoerbel und Brendelberger 2022). Wichtige Konsequenzen sind:

— Destilliertes Wasser ohne gelöstes CO_2 ist neutral (pH = 7,0).
— Im Gleichgewicht mit der Atmosphäre entsteht im Wasser Kohlensäure (H_2CO_3) und der pH sinkt auf 5,2. Zunehmender CO_2-Gehalt der Atmosphäre führt zu einer Versauerung der Weltmeere.
— Calciumcarbonat ($CaCO_3$, auch Kalk genannt) ist in Wasser praktisch unlöslich. Es reagiert jedoch mit Kohlensäure und bildet Hydrogencarbonat (HCO_3^-).
— Calciumbicarbonat wirkt als pH-Puffer. Es bleibt aber nur in Lösung in der Gegenwart von freiem CO_2 (sogenanntes Gleichgewichts-CO_2). Wird mehr CO_2 zugeführt (z. B. durch Abbauprozesse), sinkt der pH und es löst sich mehr $CaCO_3$. Wird CO_2 entzogen, steigt der pH und Calciumbicarbonat zerfällt in CO_2 und unlösliches $CaCO_3$.

In Böden überwiegen Abbauprozesse. Das freigesetzte CO_2 reichert sich im Bodenwasser an und löst, falls vorhanden, $CaCO_3$ auf. Tritt das Wasser in Quellen an die Oberfläche, entweicht CO_2 aus der übersättigten Lösung und $CaCO_3$ fällt aus (Entkalkung). Das kann zu Ablagerungen von Travertin führen. Biogene Entkalkung beruht auf dem Entzug von CO_2 (oder Bicarbonat) durch Photosynthese. Dadurch erhöht sich der pH. In aquatischen Ökosystemen kann also die Primärproduktion der anthropogenen Ansäuerung entgegenwirken, besonders in hoch produktiven Systemen wie Seegraswiesen.

Sauerstoff (O_2) hat in Wasser eine geringere Löslichkeit als Kohlenstoffdioxid (CO_2). Wegen der Absorption von photosynthetisch aktiver Strahlung durch Wasser (▶ Abschn. 13.1.1.5) überwiegen in tieferen Schichten Abbauprozesse und anoxische (sauerstofffreie) Zonen

Tab. 13.3 Temperaturabhängige Löslichkeiten dreier Gase in destilliertem Wasser (mg l^{-1}) bei reiner Atmosphäre des entsprechenden Gases (100 % Partialdruck) und beim aktuellen Partialdruck der Atmosphäre (nach Schwoerbel und Brendelberger 2022)

	Partialdruck (%)	0 °C	10 °C	20 °C	30 °C
O_2	100	69,5	53,7	43,3	35,9
	20,99	14,5	11,1	8,9	7,2
N_2	100	28,8	22,6	18,6	15,9
	78,0	22,4	17,5	14,2	11,9
CO_2	100	3350	2320	1690	1260
	0,41	1,037	0,951	0,69	0,52

Tab. 13.4 Lichtabsorption verschiedener Wellenlängen durch eine 1 m hohe Wassersäule in Prozent. (Schwoerbel und Brendelberger 2022)

Farbe	Wellenlänge (nm)	Absorbiertes Licht (%)
–	800	84,6
Rot	720	65,0
Orange	613	22,2
Gelb	565	4,2
Grün	504	0,9
Blau	473	0,46
Violett	408	0,9
–	365	3,6

können sich bilden. Austauschprozesse mit der Atmosphäre sind langsam im Vergleich zur biologischen Gasproduktion. Ein Gleichgewicht wird deshalb erst erreicht, wenn die Wassermassen während einer Vollzirkulation an die Oberfläche transportiert werden (▶ Abschn. 13.1.1.6).

13.1.1.5 Das Strahlungsklima im Wasser

Die Globalstrahlung, die die Wasseroberfläche erreicht, umfasst Wellenlängen zwischen 300 und 3000 nm. Ein Teil wird in die Atmosphäre zurückreflektiert (in Mitteleuropa im Durchschnitt rund 7 %). Im Wasser wird die Strahlung selektiv gestreut oder absorbiert. Die Intensität der Strahlung nimmt deshalb in tieferen Wasserschichten relativ rasch ab. Wegen selektiver Absorption verschiedener Wellenlängen kommt es dabei zu spektralen Verschiebungen. Besonders stark wird langwellige Strahlung absorbiert: Eine Wassersäule von 1 m absorbiert 65,0 % des roten Lichts (Wellenlänge 720 nm; ◘ Tab. 13.4). Gelöste und suspendierte Stoffe verringern die Transmission des Lichts.

Intensität und spektrale Verschiebungen der Strahlung beeinflussen die Photosynthese in Gewässern, die nur bei Wellenlängen zwischen 400 und 700 nm funktionieren kann. Sie bestimmen die Lage der **euphotischen Zone**, wo Primärproduktion die Gesamtatmung überwiegt. Je nach lokalen Bedingungen geht sie nach ein paar Zentimetern bis 100 m Wassertiefe in die **aphotische** oder **photolytische** Zone über (Gesamtatmung > Primärproduktion).

Spektralverschiebungen können die Lebensbedingungen verschiedener Algen entscheidend beeinflussen (**Zonierung**). Im Litoral der Meeresküsten finden wir deshalb eine vertikale Zonierung, die durch unterschiedliche Absorptionsspektren der lichtsammelnden Pigmente mitbestimmt wird. Zuoberst dominieren Grünalgen (Chlorophyta), gefolgt von Braunalgen (Phaeophyceae) und schließlich Rotalgen (Rhodophyta).

13.1.1.6 Der Wärmehaushalt in Seen und Flüssen

Wasser absorbiert bevorzugt langwellige Strahlung. Dadurch werden die obersten Wasserschichten erwärmt. Wegen der geringen Wärmeleitfähigkeit wird eine Erwärmung tieferer Schichten vorwiegend durch Mischung mit warmen, oberen Schichten erreicht. Verantwortlich dafür ist in erster Linie der Wind. Das Ausmaß der Durchmischung hängt von der Stärke des Winds sowie von Temperaturgradienten des Wassers, Größe und Gestalt (Morphometrie) und Umgebung des Sees ab.

In der gemäßigten Zone ist im Sommer eine vollständige Durchmischung von Seen selten. Typischerweise finden wir zuoberst das mehr oder weniger homogene, warme **Epilimnion** (18–22 °C) (◘ Abb. 13.2). Darunter liegt das **Metalimnion (Sprungschicht)** mit einem steilen Temperaturgradienten. Die Schicht mit der maximalen Rate der Temperaturänderung wird als **Thermokline** bezeichnet. Das Metalimnion begrenzt den

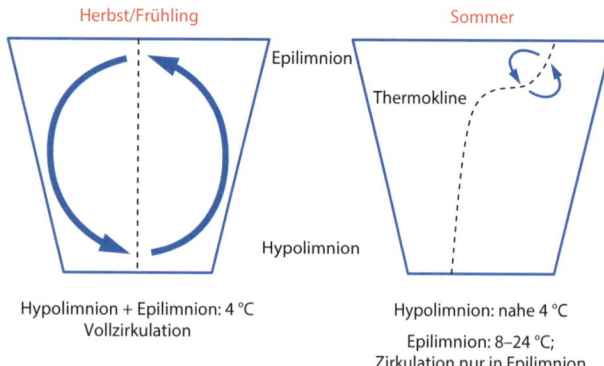

◘ **Abb. 13.2** Sommerstagnation und Herbst- oder Frühjahrszirkulation in einem See in gemäßigten Breiten. (Verändert nach Krauss und Nies 2015, Abb. 6.9, © Wiley-VCH GmbH)

Wärmetransport in die tiefste Zone, das Hypolimnion, mit der höchsten Wasserdichte (nahe bei 4 °C). Diese stabile Anordnung der Wassermassen aufgrund von Temperaturunterschieden bezeichnet man als **Sommerstagnation**.

In produktiven Seen ist Photosynthese häufig auf das Epilimnion beschränkt. Durch Abbauprozesse wird der Sauerstoff im Metalimnion häufig aufgebraucht und kann erst wieder durch Zirkulation und Durchmischung der Wassermassen ersetzt werden.

Im Herbst verliert die oberste Schicht Wärme an die Atmosphäre. Das Wasser kühlt ab, wird dichter und sinkt. Dadurch verringern sich die Dichteunterschiede in der Wassersäule und der Wind kann auch tiefere Wasserschichten durchmischen. Bei Abkühlung auf 4 °C wird bei Stürmen die ganze Wassermasse erfasst. Diese vollständige Durchmischung bezeichnet man als **Herbstzirkulation** (◘ Abb. 13.2). Weitere Abkühlung kann erneut zu einer thermischen Schichtung und damit zur **Winterstagnation** führen: Eis und kaltes Wasser (< 4 °C) liegen über dem 4 °C warmen Tiefenwasser. Im Frühling erwärmt sich der See wieder, was bei erreichter Homothermie eine **Frühjahrszirkulation** ermöglicht.

Seen lassen sich aufgrund von Ausmaß und Rhythmus der Zirkulationen klassifizieren:

- **Amiktische** Seen zirkulieren nie, da sie stets von einer Eisschicht bedeckt sind.
- In **meromiktischen** Seen werden tiefere Schichten nie durch die Zirkulation erfasst, weil sie durch gelöste Stoffe eine erhöhte Dichte haben oder weil der See vor starken Winden geschützt ist.
- In **holomiktischen** Seen wird der ganze Wasserkörper erfasst. Sie werden nach der Häufigkeit der Zirkulationen unterteilt:
  - **Oligomiktische** Seen zirkulieren nicht regelmäßig jedes Jahr.
  - **Monomiktische** Seen zirkulieren einmal pro Jahr, entweder im Sommer oder im Winter.
  - **Dimiktische** Seen sind in gemäßigten Breiten weit verbreitet. Sie zirkulieren im Herbst und im Frühling.
  - **Polymiktische** Seen zirkulieren zum Teil täglich. In der Regel sind es flache Seen mit geringen vertikalen Temperaturunterschieden.

Die Dichte von Meerwasser wird durch Temperatur, Salzgehalt und Druck bestimmt. In niedrigen Breitengraden trennt die **Pyknokline** (Bereich rascher Dichteveränderungen, analog zum Metalimnion) eine dünne, oberflächliche Schicht (geringe Dichte) vom Tiefenwasser (hohe Dichte). In tropischen Gewässern ist diese Schichtung stabil, was den Nährstofftransport von unten nach oben stark behindert. Die Produktivität ist deshalb in der Regel gering und das Wachstum der Phytoplankter wird weitgehend durch das Recycling der Nährstoffe in der photischen Zone kontrolliert. Ausnahmen sind **Auftriebsgebiete** (**Upwellingregionen**). Ablandige Winde treiben warmes Oberflächenwasser weg und es wird durch kaltes, nährstoffreiches Wasser ersetzt. Fünf Auftriebsgebiete, die zusammen 5 % der ozeanischen Fläche ausmachen, sind für 25 % des globalen Fischfangs verantwortlich. Insgesamt ist die Primärproduktion pro Fläche in terrestrischen Habitaten mehr als doppelt so hoch wie in den Ozeanen (Ozeane besetzen rund 70 % der Gesamtfläche unserer Erde; darin finden rund 50 % der Primärproduktion statt).

In gemäßigten Zonen verhält sich küstennahes Meerwasser ähnlich wie Seen. Vollzirkulationen wechseln mit Sommerstagnation. Produktion ist eng mit Nährstoffkonzentrationen verknüpft, die ihrerseits durch Häufigkeit und Ausmaß der Zirkulationen bestimmt werden.

In polaren Regionen ist Meerwasser durchgehend kalt und stabil. Pyknoklinen sind selten. Je nach Häufigkeit und Stärke von Stürmen kann es zu gründlichen Durchmischungen der Wassersäule kommen. Trotzdem ist die Primärproduktion in der Arktis gering. Schuld daran ist die mangelnde Versorgung mit Licht. Ein großer Teil wird wegen des flachen Einfallswinkels der Sonnenstrahlung und durch Eis und Schnee reflektiert. In der Antarktis hingegen ist die Produktivität während der kurzen Sommerzeit hoch: Der Kontinent liegt in einem Auftriebsgebiet.

In Fließgewässern schwankt die Temperatur schneller als in Seen. Jahreszeitliche Schwankungen werden von täglichen Veränderungen überlagert, die weitgehend von Ein- und Ausstrahlung bestimmt werden. In kleinen Bächen kann die Tagestemperatur im Sommer bis um 6 °C fluktuieren. Diese Variation nimmt mit der Nähe zur Quelle ab. Dort wird die Temperatur zunehmend vom Grundwasser bestimmt. Im Sommer ist das Grundwasser relativ kühl. Die Temperatur der Fließgewässer nimmt deshalb mit Entfernung von der Quelle zu. Im Winter trifft das Gegenteil zu.

Wegen der turbulenten Strömung in Fließgewässern wird das Wasser kontinuierlich durchmischt und eine stabile, temperaturbedingte Schichtung ist selten. Eis bildet sich deshalb erst, wenn die ganze Wassersäule auf 0 °C abgekühlt ist. Die Eisschicht schützt, besonders wenn sie mit Schnee bedeckt ist, vor weiterem Wärmeverlust, und auch in kalten Klimaten frieren Fließgewässer selten ganz zu.

Zirkulation und Stagnation beeinflussen Primärproduktion und Abbauprozesse. Im Sommer kommt es in eutrophen Seen häufig zu Massenentwicklungen von Algen und Cyanobakterien (Blaualgen), den sogenannten Algenblüten. Als Folge werden im Epilimnion große Mengen von Sauerstoff freigesetzt. Ein Teil der Produktion wird durch Zooplankton gefressen, der Rest sinkt als **Detritus** ins Hypolimnion, wo er vorwiegend durch Mikroorganismen abgebaut wird. Dadurch wird der vorhandene Sauerstoff aufgebraucht. Da in der Regel im Hypolimnion keine Photosynthese stattfindet (die euphotische Zone ist ein paar Zentimeter bis Meter dick) und Eintrag von der Atmosphäre bis zur Herbstzirkulation beschränkt ist, entstehen leicht anaerobe Zonen. Das erlaubt die Massenentwicklung von **Schwefelbakterien** (Grüne Schwefelbakterien, Schwefelpurpurbakterien). Sie benötigen H_2S, sauerstofffreie Bedingungen und genügend Licht. Ihr Vorkommen beschränkt sich deshalb auf ein dünnes, auffällig gefärbtes Band an der oberen Schicht des Hypolimnions. Falls H_2S zusammen mit Sauerstoff vorkommt, wird es durch chemolithotrophe Bakterien wie *Beggiatoa* (Gammaproteobacteria) oder *Thiobacillus* (Betaproteobacteria) oxidiert und die dabei gewonnene Energie zur CO_2-Fixierung verwendet.

13.2 Gliederung aquatischer Lebensbezirke – Pelagial und Benthal

Lebensräume in Seen und Meeren lassen sich in das **Pelagial** (Freiwasserzone) und das **Benthal** (Bodenzone) unterteilen (Abb. 13.3). Im Benthal unterscheiden wir zwischen dem **Litoral** (Uferzone) und **Profundal** (Tiefenzone), in Meeren wird es oft in **Litoral**, **Archibenthal** (200–1000 m Wassertiefe) und **Abyssal** (> 1000 m) unterteilt.

Die Grenze zwischen Litoral und Profundal wird durch die **Kompensationsebene** definiert. Unterhalb dieser Ebene ist wegen mangelnder Einstrahlung eine positive Photosynthesebilanz nicht mehr möglich. Analog wird das Pelagial in eine durchlichtete (euphotische) und eine lichtarme (aphotische) Zone unterteilt. Insgesamt

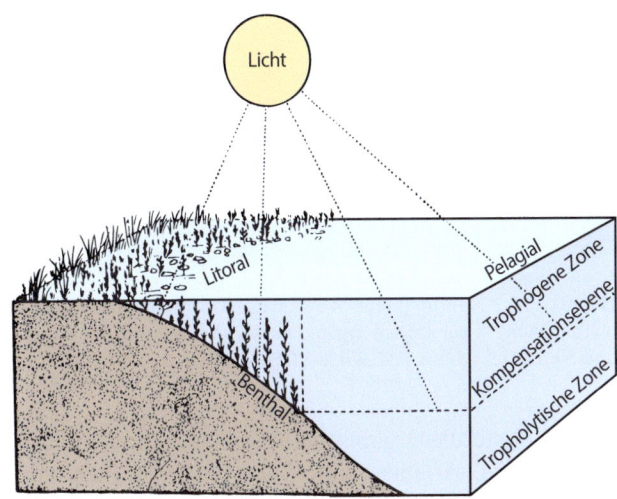

● Abb. 13.3 Lebensräume in einem See. Pelagial (Freiwasserzone) und Benthal (Bodenzone; Litoral und Profundal). (Nach Schwoerbel und Brendelberger 2022, Abb. 6.4, © Springer Nature)

wird die Wasserschicht oberhalb der Kompensationsebene als **trophogene Zone** und unterhalb der Kompensationsebene als **tropholytische Zone** bezeichnet. In Meeren wird das Pelagial in **Epipelagial** (bis 200 m Tiefe) und **Bathypelagial** (unter 200 m) unterteilt.

Im Litoral von Seen finden wir in der seichten Uferzone einen Schilfgürtel (*Phragmites* sp. [Poaceae, Poales]) oder andere emergente Pflanzen), gefolgt von einer Schwimmblattzone (*Potamogeton*-Gürtel [*Potamogeton*, Alismatales, Potamogetonaceae]) und schließlich submersen Makrophyten (*Chara*-Wiesen [*Chara*, Characeae, Charales]).

Die Vegetation des Litorals an Meeresküsten wird durch Makroalgen dominiert. Ihre obere Grenze wird durch die Toleranz gegenüber regelmäßigen Trockenperioden (Ebbe und Flut) im Supra- und Eulitoral definiert. Außerdem müssen sie starker mechanischer Belastung (Brandung) und stark fluktuierenden Temperaturen widerstehen können. Mit zunehmender Tiefe spielt das Lichtspektrum eine entscheidende Rolle.

13.2.1 Nahrungsnetze im Pelagial – Plankton, mikrobielle Schleife, viraler Shunt, Mykoloop

Im Gegensatz zu terrestrischen Ökosystemen, wo strukturell komplexe Pflanzen dominieren, sind in stehenden Gewässern weitgehend frei lebende, mikroskopisch kleine Organismen für die Primärproduktion verantwortlich. Im Pelagial beginnt die klassische Nahrungskette mit dem Phytoplankton, das von Zooplankton gefressen wird, das seinerseits von Prädatoren konsumiert wird (Abb. 13.4; grüne Pfeile). Zusätzlich scheiden

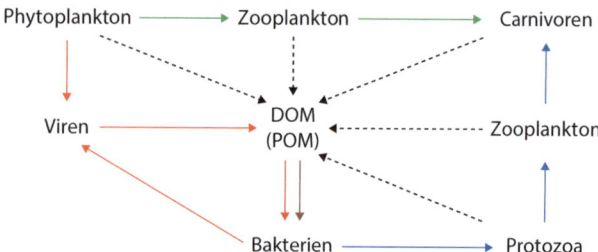

■ **Abb. 13.4** Nahrungsnetz im Pelagial. DOM = dissolved organic matter; POM = particulate organic matter (Verändert nach Krauss und Nies 2015, Abb. 6.5, © Wiley-VCH GmbH)

Plankter (wie alle Organismen) gelöste organische Stoffe aus und ein variabler Anteil der Phytoplankter wird nicht in lebendem Zustand gefressen, sondern in die Detritusnahrungskette eingeschleust (▶ Abschn. 4.3.5).

In aquatischen Systemen wird Detritus in drei Fraktionen unterteilt: Partikel, die größer als 1 mm sind, werden als grobe organische Partikel (CPOM, *coarse particulate organic matter*) definiert. Partikel, deren Größe zwischen 0,5 µm und 1 mm liegt, bezeichnet man als feine organische Partikel (FPOM, *fine particulate organic matter*). Material, das nicht von einem 0,5-µm-Filter zurückgehalten wird, ist gelöste organische Substanz (DOM, *dissolved organic matter*).

Ungefähr 10 % der Biomasse, die in der euphotischen Zone produziert wird, sinken in tiefere Wasserschichten und etwa 1 % erreicht die Tiefe der Ozeane. Dieser Prozess entzieht der Biosphäre CO_2 und Nährstoffe. Eine permanente Thermokline verhindert deren Rückführung in die euphotische Zone über weite Gebiete.

In diesen Abbauprozessen spielen Bakterien eine wesentliche Rolle. In Meeren werden bis zu 50 % der Photosynthese in bakterielle Atmung und Produktion eingeschleust. Was geschieht mit dieser enormen bakteriellen Biomasse? Ursprünglich wurde angenommen, dass der größte Teil durch Protozoa konsumiert wird, die ihrerseits Metazoen als Nahrung dienen, bis nach ein paar trophischen Stufen Fische oder Säuger als Endkonsumenten erreicht werden. Diese Nahrungskette wird als **mikrobielle Schleife** (*microbial loop*) bezeichnet (■ Abb. 13.4; braune Pfeile).

Heterotrophe Nanoflagellaten sind z. B. der marine Heterotrophe *Paraphysomonas*, der marine Mixotrophe *Ochromonas* und der Süßwasserheterotrophe *Spumella* (alle Chrysophyceae, Stramenopiles).

Der Transport von organischer Substanz in höhere trophische Stufen wird jedoch durch den **viralen Shunt** („virale Umleitung") geschwächt (■ Abb. 13.4; rote Pfeile). In 1 ml Meerwasser findet man bis zu 10 Mio. virusähnliche Partikel (**VLPs**, *virus-like particles*). Das entspricht fünf bis zehn VLPs pro Bakterium. Pro Milliliter Meerwasser findet man bis zu 25 Virusgenotypen, in Sedimenten kommen pro Kilogramm bis zu 1 Mio. Geno-

typen vor. Einige dieser Viren greifen eukaryotische Phytoplankter an, die Mehrzahl sind jedoch Phagen, d. h., sie greifen Bakterien an. Es wird geschätzt, dass sie täglich 4–50 % der Bakterien durch Lyse töten. Durch vireninduziertes Sterben der Bakterien werden pro Jahr geschätzte 3–20 Gt DOC (gelöster organischer Kohlenstoff) freigesetzt, der wiederum in der mikrobiellen Schleife weiterverarbeitet wird. Zum Vergleich: Die gesamte Phytoplanktonproduktion beträgt rund 50 Gt pro Jahr.

Die Aufnahme durch Flagellaten und virale Lyse haben unterschiedliche Konsequenzen für das Schicksal der Nährstoffe. Flagellaten sind potenzielle Zwischenstufen zu höheren trophischen Ebenen. Lyse setzt gelöste organische und anorganische Stoffe frei. Sie werden überwiegend durch Bakterien aufgenommen, die wiederum gegenüber Phagen verletzlich sind. Die unmittelbaren Konsequenzen dieses Bakterien-Virus-Zyklus sind klar: gesteigerte Verluste durch Atmung (mehr CO_2-Ausscheidung) und reduzierte Weiterleitung an höhere trophische Stufen. Längerfristig könnte die beschleunigte Freisetzung von Nährstoffen die Primärproduktion durch Phytoplankton begünstigen.

Auch der Kreislauf von anorganisch gebundenem Kohlenstoff wird durch Viren beeinflusst. *Gephyrocapsa huxleyi* (Noelaerhabdaceae, Isochrysidales) ist eine der häufigsten marinen Algen. Ihre Zellen sind mit $CaCO_3$-Schuppen bedeckt, die insgesamt rund 30 % der $CaCO_3$-Produktion in den Ozeanen ausmachen (■ Abb. 13.5). *Gephyrocapsa huxleyi* bildet oft weit verbreitete Algenblüten. Ein riesiges Virus, EhV, ist für deren Kollaps verantwortlich, wobei enorme Mengen an DOC und losgelösten $CaCO_3$-Schuppen freigesetzt werden.

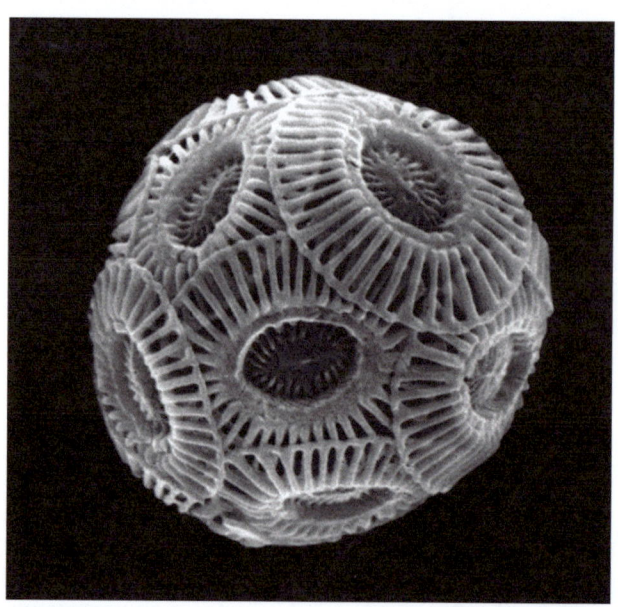

■ **Abb. 13.5** *Gephyrocapsa huxleyi, eine einzellige Alge* mit $CaCO_3$-Schuppen. (Aus Qu et al. 2013, Abb. 18.1, © Springer Nature)

In der klassischen Nahrungskette dient Phytoplankton als Nahrung für Zooplankton. Auch hier beeinflussen Mikroorganismen den Fluss von Energie und Biomasse. Größere Algen werden von Zooplankton oft nicht oder nur mit Mühe konsumiert. Sie werden jedoch von parasitischen Pilzen (Chytridiomycota) befallen. Ein Teil der gewonnenen Energie wird in Zoosporen umgewandelt, die leichter durch Zooplankton konsumiert werden können (◘ Abb. 13.6). Diesen Umweg über Pilzparasiten bezeichnet man als **Mykoloop (Pilzschleife)**. Zwischen 10–30 % der eukaryotischen Zellen (0,6–5 µm) im Pelagial verschiedener Seen können diesen Zoosporen zugeordnet werden.

Das photosynthetisch aktive Strahlungsspektrum nimmt in der Wassersäule wegen Absorption und Reflexion rasch ab (▶ Abschn. 13.1.1.5). Unter der Kompensationsebene (◘ Abb. 13.3) hängt die Nahrungskette von sinkendem Detritus ab. Ausnahmen findet man in der Umgebung von hydrothermalen Schloten mit komplexen benthischen Gemeinschaften und um 10.000- bis 100.000-fach erhöhten Abundanzen (Schwarze Raucher, ▶ Abschn. 6.7). Hier entweicht geothermisch erwärmtes Wasser durch Spalten in der Erdkruste. Die Nahrungsgrundlage dieser Biozönose wird nicht durch Photosynthese, sondern durch Chemolithotrophie geliefert. Schwefeloxidierende Bakterien und Archaeen spielen wichtige Rollen, andere Mikroorganismen verwerten Wasserstoff oder Methan als Energiequelle. Aber auch in sehr tiefen Schichten (2391 m unter der Oberfläche) wurden obligat photosynthetische Chlorobiaceae nachgewiesen (Beatty et al. 2005). Die einzige Energiequelle ist geothermische Strahlung in Wellenlängen, die von diesen Organismen absorbiert werden können.

13.2.2 Nahrungsnetze im Meeresbenthal

Unter **Benthal** versteht man die Bodenzone eines Gewässers. Auf oder im Gewässergrund lebende Organismen werden als **Benthos** bezeichnet. Das ufernahe Litoral erstreckt sich von der Hochwasserzone zu permanent überschwemmten Regionen. Einige der Übergangszonen, wo sich Meer, Süßwasser und Land überschneiden, gehören zu den produktivsten Zonen der Erde. Drei marine Biotope sind von besonderer Bedeutung in Bezug auf Produktivität, Biodiversität und als „Kinderstube" für Fische: Mangroven, Salzmarschen und Korallenriffe.

13.2.2.1 Mangroven

Mangroven sind immergrüne Gehölzformationen an geschützten Verlandungsküsten der Tropen und Subtropen. In humiden Zonen ist *Rhizophora* (Rhizophoraceae, Malpighiales) häufig eine dominante Gattung. Sie bildet typische Stelzwurzeln, die die Pflanze über die Wassersäule heben (◘ Abb. 13.7). Überflüssiges Salz wird durch molekulare Pumpen aus Wurzelzellen entfernt.

An humiden Küsten sinkt die Salzkonzentration in den Böden mit der Nähe zum Land (Auswaschung

◘ **Abb. 13.7** Mangrovenvegetation mit *Rhizophora* bei Ebbe, mit deutlich erkennbaren Stelzwurzeln (Cape Tribulation, Queensland, Australien). (Foto: Gudrun Krauß)

◘ **Abb. 13.6** Lebenszyklus von Chytridien und deren Interaktion mit Algen und Zooplankton. Oben links sind Zoosporen von Chytridien zu sehen. Diese Zoosporen infizieren große, ungenießbare Algen, die dann Sporangien von Chytridien entwickeln. Ein roter Pfeil, beschriftet mit „Mykoloop", zeigt die Verbindung zwischen den infizierten Algen und dem Zooplankton. Mykoloop (Pilzschleife). (Nach Kagami et al. 2004, Abb. 1)

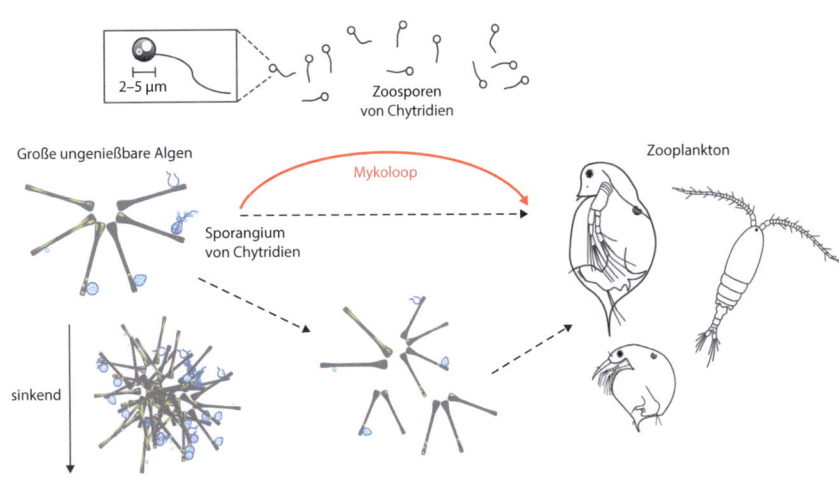

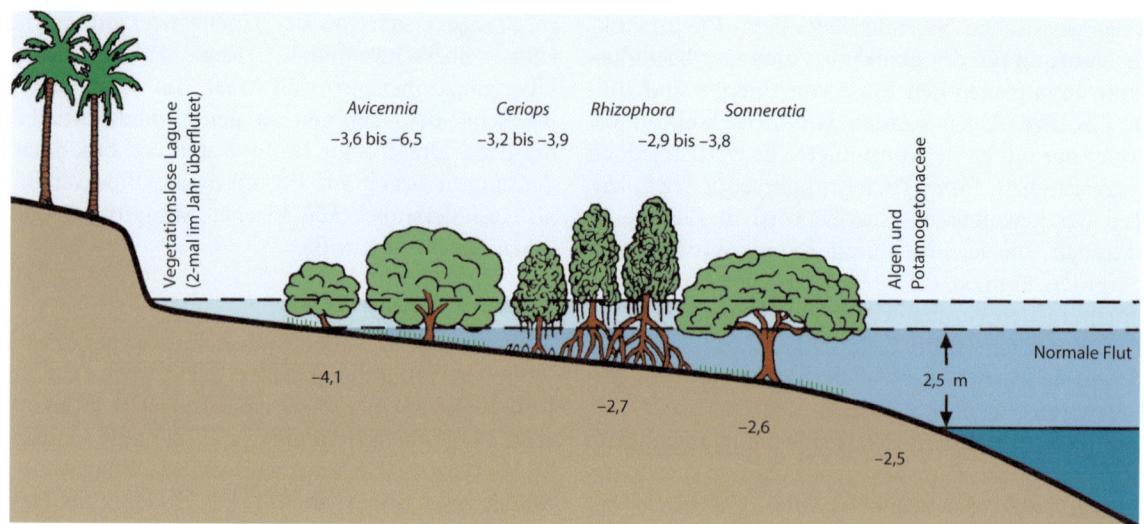

Abb. 13.8 Charakteristische Zonierung von vier Mangrovengattungen an der ostafrikanischen Küste. Salzkonzentrationen in der Bodenlösung, 10 cm unter der Boden-(Schlick-)obergrenze und im Presssaft von Blättern sind als osmotisches Potenzial in MPa angegeben (1 MPa = 10 bar). (Aus Kadereit et al. 2021, Abb. 22.29, © Springer Nature)

durch Regen). In Gegenden mit ariden Jahreszeiten wie an der ostafrikanischen Küste reichert sich Salz in landnahen Randzonen an. Es entsteht ein Salzgradient, der die Vegetationszonierung bestimmt (Abb. 13.8). Wegen periodischer Austrocknung erreicht die Salzkonzentration ein Maximum am meeresfernsten Punkt.

Mangroven bedecken insgesamt 150.000.000 ha. Die Wurzeln des Mangrovenwalds verhindern das Wegschwemmen von Flusssedimenten in das offene Meer. Gleichzeitig schützen die Baumstämme das Land und Bewohner vor Erosion durch Wellen und Stürme.

Die Produktivität der Mangroven kann jene von tropischen Regenwäldern erreichen. Rund 75 % der kommerziell wichtigen Fische verbringen einige Zeit in den Mangroven oder sind von Nahrungsnetzen abhängig, die durch diese Wälder gespeist werden (Carugati et al. 2018).

Einige Mangroven sind Hotspots der Kohlenstoffbindung (Kohlenstoffsequestrierung). In der Halbinsel Yucatán (Mexiko) sind sie mit Sinklöchern assoziiert (Cenotes, Cenoten) und man findet bis zu 2792 Mg C ha^{-1} SOC (*soil organic carbon*). Dieses organische Material stammt zum größten Teil von Mangrovenwurzeln, die seit über 3000 Jahren abgelagert und konserviert wurden (Adame et al. 2021).

Wie in den meisten ufernahen Gewässern dominiert in Mangroven die Detritusnahrungskette (▶ Abschn. 4.3.4). Unter den Destruenten spielen Oomycota (Stramenopila) eine prominente Rolle.

Im Mangrovensediment herrschen anaerobe Bedingungen und Sulfatreduktion ist hier der wichtigste diagenetische Prozess, aber auch Eisenreduktion kommt vor. Denitrifikation und Methanogenese sind relativ unbedeutend. Trotzdem sind N_2O- und CH_4-Emissionen in Mangrovenwälder insgesamt hoch.

■ **Mangrovenwälder als bedrohte Ökosysteme**

Bis zum Ende des 2. Jahrtausends wurden jährlich bis zu 3,6 % der Mangrovenwälder durch Rodung zerstört, heute beträgt die Rate noch 0,2–0,7 %. Neben dem absoluten Flächenverlust verringert auch die Unterteilung eines zusammenhängenden Walds in kleinere Gebiete (Fragmentierung) seine ökologischen Funktionen und Dienstleistungen (Bryan-Brown et al. 2020; Carugati et al. 2018).

Die Grundursache der Zerstörung von Mangrovenwäldern ist die Küstenentwicklung für menschliche Bedürfnisse. Dabei geht nicht nur der Wald mit seinen Schutzfunktionen verloren, gleichzeitig wird er in der Regel durch künstliche Strukturen ersetzt. Dazu gehören Hotels, Entsalzungsanlagen, Kernkraftwerke, Hafenanlagen, die die Hydrologie und damit die Erosion negativ beeinflussen.

Die Nähe zum Meer macht Mangroven zu idealen Standorten für Aquakulturanlagen, hauptsächlich für die Garnelenzucht. Der nährstoffreiche Boden eignet sich hervorragend für Landwirtschaft. Die Umwandlung in Reisfelder wird für 88 % der Mangrovenzerstörung in Myanmar verantwortlich gemacht.

Wegen des Klimawandels steigt die Meeresspiegel und die Wasserchemie ändert sich (Versauerung durch erhöhten CO_2-Gehalt). Aufgrund historischer Daten wurde geschätzt, dass Mangroven einen jährlichen Anstieg von 7 mm überstehen könnten (Saintilan et al. 2020). Zurzeit beträgt er 3,4 mm (Tendenz steigend).

13.2.2.2 Salzmarschen

Wie in Mangrovenwäldern treffen sich in Salzmarschen Land und Meer. Sie sind typisch für die Gezeitenzone (*intertidal zone*) zwischen der Hoch- und der Niedrigwasserlinie. Grundlage bilden nichtverholzte Pflanzen, die periodisch oder in unregelmäßigen Abständen vom Meer überflutet werden (Schaefer 2012). Man findet sie in allen Breitengraden; am häufigsten sind sie zwischen 23–70°.

Salzmarschen sind für Pflanzen ein herausforderndes Habitat. Sie müssen hohen Salzgehalt, wechselnden Wasserstand und anoxisches Sediment tolerieren. Die Diversität der Primärproduzenten ist deshalb gering. Halophyten wie Schlickgräser (*Spartina* spp., Poales, Liliopsida) und der Queller (*Salicornia* spp., Caryophyllales, Eudikotyledonen) dominieren regelmäßig überschwemmte Litoralzonen.

Salzmarschen an der atlantischen Küste Nordamerikas werden durch *Spartina alterniflora* geprägt. In der Bay of Fundy (Kanada) entfernen die starken Gezeiten und Wintereis den größten Teil des oberirdischen Detritus und jeden Frühling beginnt der Zyklus mit neuen Trieben von *Spartina alterniflora* (◘ Abb. 13.9).

Unter optimalen Bedingungen, z. B. um Barriereinseln vor der Küste des amerikanischen Staats Georgia, kann die Nettoprimärproduktion bis 4000 g C m^{-2} pro Jahr betragen. Weniger als 5 % dieser Biomasse wird im lebenden Zustand konsumiert; der überwiegende Teil stirbt und wird durch Pilze für die Aufnahme durch wirbellose Tiere aufgearbeitet (Newell et al. 2000). Marschpflanzen werfen ihre toten Blätter nicht ab und ihre Stängel bleiben längere Zeit aufrecht. Der periodische Wechsel zwischen Wasser und Luft bietet ideale Bedingungen für Pilzwachstum. In einem 1 m breiten Marschsektor durch die 6–8 km lange Gezeitenzone entspricht die jährliche Proteinproduktion durch Pilze dem Eiweißgehalt einer Kuh.

In Marschen der amerikanischen Südstaaten (Florida, Georgia) wird pilzbefallenes Schlickgras ohne große Verzögerung durch die Strandschnecke verzehrt (*Littoraria irrorata*, Littorinimorpha, Mollusca). Weiter nördlich, an der kanadischen Küste, wird der Detritus oft mechanisch zerrieben und durch die Gezeiten als kleine Partikel verbreitet. Diese tragen wesentlich zur Ernährung des Schlickkrebses bei (*Corophium volutator*, Malacostrata, Arthropoda). Die enormen Populationen des Schlickkrebses bilden ihrerseits einen wichtigen Bestandteil der Diät mehrerer Zugvögel. Dazu gehört der Sandstrandläufer (*Calidris pusilla*, Charadriiformes, Aves), der auf dem Flug nach Südamerika in der Bay of Fundy einen Zwischenhalt macht, in dessen Verlauf die Tiere ihr Körpergewicht beinahe verdoppeln.

13.2.2.3 Korallenriffe

Nur 0,1 % der ozeanischen Fläche werden durch Korallenriffe besetzt, die trotzdem zu den produktivsten und diversesten Ökosystemen gehören. Sie bieten Lebensraum für ein Viertel aller marinen Arten.

Korallen bestehen aus Kolonien von winzigen Polypen (Cnidaria, Metazoa) in einer mutualistischen Beziehung mit Zooxanthellen (*Symbiodinium*, Dinophyceae, Alveolata) (▶ Abschn. 10.5.1). Diese Algen tragen zur Ernährung der Korallen bei und unterstützen die Bildung des kalkreichen Exoskeletts, indem sie dem Wasser CO_2 entziehen. Unter Stress stoßen die Polypen ihre Symbionten aus und die Korallen erscheinen weiß (Korallenbleiche). Korallen findet man in allen Ozeanen. Große und gesunde Korallenriffe kommen nur vor, wenn die monatliche Durchschnittstemperatur während des ganzen Jahres mindestens 18 °C beträgt. Am besten gedeihen sie unter nährstoffarmen Bedingungen. Bei erhöhtem Angebot vermehrt sich Phytoplankton, was die Klarheit des Wassers reduziert und dadurch das Wachstum der Endosymbionten beeinträchtigt.

13.2.3 Nahrungsnetze im Süßwasserbenthal

13.2.3.1 Marschen

Benthische Nahrungsketten im Litoral der Seen stützen sich vorwiegend auf Detritus von ufernahen Makrophyten, ergänzt durch das **Periphyton**, ein komplexer Biofilm aus Algen, Cyanobakterien und heterotrophen Mikroorganismen, der submerse Oberflächen besiedelt. Die auf die Fläche bezogene Primärproduktion im Litoral ist oft sehr hoch und übersteigt im Allgemeinen jene

◘ Abb. 13.9 Salzmarsch mit *Spartina alterniflora* in Peck's Cove, Bay of Fundy, Kanada. (Foto: Felix Bärlocher, aus Krauss und Nies 2015, Abb. 6.8, © Wiley-VCH GmbH)

Abb. 13.10 Süßwassermarsch dominiert durch *Typha latifolia* (Waterfowl Park, Sackville NB, Kanada). (Foto: Felix Bärlocher, aus Krauss und Nies 2015, Abb. 6.10, © Wiley-VCH GmbH)

des Pelagials. In Marschen oder Uferzonen dominieren emergente Pflanzen wie *Typha* spp. (Abb. 13.10), *Phragmites australis* und *Scirpus* spp. (alle Poales, Monocotyledoneae). Ihr Abbau erfolgt wie in Salzmarschen vorwiegend durch Pilze. Die toten Stängel und Blätter bleiben aufrecht und werden weitgehend im Luftraum abgebaut.

Der Beitrag dieser emergenten Makrophyten zur Gesamtproduktion eines Sees hängt vom Verhältnis des Umfangs zur Fläche und vom Verhältnis der Fläche zum Volumen ab. Die meisten Seen sind klein (< 1 km²) und nicht sehr tief (< 10 m), was die Bedeutung der ufernahen Vegetation erhöht. In Studien schwankte ihr Anteil an der Primärproduktion zwischen 10 und 75 %. Wie in Salzmarschen wird der überwiegende Teil erst nach dem Absterben als Detritus in das Nahrungsnetz eingeschleust. Tote Stängel und Blätter bleiben für Wochen bis Monate aufrecht und der Abbau beginnt, wenn sie der Atmosphäre ausgesetzt bleiben. Daher überrascht es nicht, dass dabei terrestrische Pilze die Hauptrolle spielen. Auf *Phragmites australis* (Poaceae, Poales) allein wurden > 600 Arten beschrieben. Biomasse und Produktion der Pilze übersteigt jene der Bakterien mit einem Faktor von mindestens 9:1. Schließlich kippen die geschwächten Stängel um und der Abbau setzt sich im Wasser fort, wo Bakterien dominieren. Durch Pilze und Bakterien kolonisierter Detritus dient wirbellosen Tieren als Nahrung.

13.2.3.2 Fließgewässer

Wasser fließt bergab. Diese lapidare Tatsache ist für die hohe Turbulenz und damit Durchmischung in Fließgewässern verantwortlich. Das verhindert stabile thermale Schichtungen und das Gefrieren bis zum Flussbett. Andererseits kann die Wassertemperatur täglich um bis zu 4 °C, in Extremfällen um bis zu 10 °C schwanken. Stromschnellen und Wasserfälle erhöhen den Kontakt des Wassers mit der Atmosphäre. Anoxische Bedingungen sind deshalb selten.

Das benthische Habitat in Fließgewässern erstreckt sich bis zu 20–80 cm unter die Stromsohle in das **hyporheische Interstitial** (auch hyporheisches Biotop, Bettsedimente; Schwoerbel und Brendelberger 2022). Das ist ein wichtiges Refugium für viele Flussorganismen, vor allem für Jugendstadien. Insgesamt bilden sie das **Hyporheos**. Das Interstitial wird sowohl durch Oberflächenwasser (Infiltration) wie auch durch Grundwasser (Exfiltration) beeinflusst. Es ist einerseits ein Grenzbiotop (**Ökoton**, *ecotone*) mit einer Mischfauna aus Grundwasser- und Flussfauna, andererseits ist es ein eigenständiges Biotop mit spezifischen Interstitialorganismen.

Fließgewässer und ihre Einzugsgebiete lassen sich als hierarchisches System interpretieren. Die kleinsten Einheiten mit permanentem Wasserfluss bezeichnet man als Flüsse erster Ordnung. Wenn sich zwei Flüsse erster Ordnung vereinen, entsteht ein Fluss zweiter Ordnung, zwei Flüsse zweiter Ordnung ergeben einen Fluss dritter Ordnung usw. (Abb. 13.11). Die Ordnungszahl eines Flusses korreliert mit seiner Größe und verschiedenen physikalisch-chemischen und biologischen Faktoren, die insgesamt Nahrungsnetze und Stoffflüsse bestimmen.

Eine der wichtigsten Erkenntnisse in der Fließwasserökologie wurde durch H. B. N. Hynes (1975) formuliert: „In every respect, the valley rules the stream" (frei übersetzt: Alle Aspekte eines Fließgewässers werden durch das Tal geprägt). Die Wasserchemie wird weitgehend durch den geologischen Untergrund und die Vegetation (Wald, Landwirtschaft) bestimmt. Im natürlichen Zustand sind die meisten Uferzonen durch Bäume und Sträucher bewachsen. Ihre Wurzeln stabilisieren

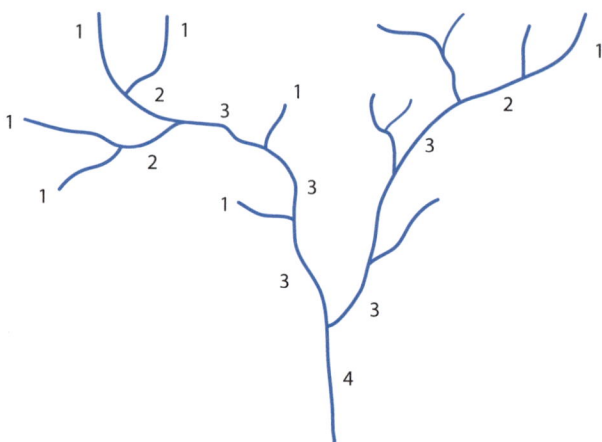

Abb. 13.11 Ordnungsklassifizierung von Fließgewässern. (Aus Krauss und Nies 2015, Abb. 6.11, © Wiley-VCH GmbH)

das Flussufer, tote Zweige und Äste erhöhen die Habitatdiversität und Beschattung verringert die Einstrahlung. Temperaturschwankungen werden abgeschwächt und weniger photosynthetisch aktive Strahlung (PAR) erreicht das Wasser. Dieser Verlust an eigenständiger Primärproduktion (**autochthone** Produktion) wird durch den Import von totem Pflanzenmaterial, vor allem in der Form von Laubblättern oder Koniferennadeln, wettgemacht. In kleinen Bächen (2–5 m Breite) kann bis zu 90% der Nahrung wirbelloser Tiere durch solche **allochthonen** Materialien geliefert werden. Basierend auf Nahrungserwerb und -verwertung werden Fließwasserorganismen in **funktionelle Gruppen** unterteilt. **Weidegänger** (*grazers*) und **Schaber** (*scrapers*) entfernen den mikrobiellem Aufwuchs (**Biofilm**) auf organischen oder anorganischen Substraten. **Zerkleinerer** (*shredders*) verzehren Pflanzendetritus (Laubblätter, Holz). **Sammler** oder **Filtrierer** (*collectors*) ernähren sich von kleinen organischen Partikeln (FPOM), bestehend aus Blattteilchen, Fäkalien, losgelösten Biofilmfragmenten sowie toten oder lebenden Mikroorganismen. Diese Materialien werden entweder mit dem Sediment aufgenommen oder aus der Wassersäule filtriert.

Beim Abbau von Laubblättern in Fließgewässern spielen spezielle Pilze eine entscheidende Rolle. Dabei handelt es sich um eine polyphyletische Gruppe der aquatischen Hyphomyceten. Sie wurden 1942 durch den englischen Mykologen C. T. Ingold entdeckt. Typischerweise bilden sie unter Wasser Konidien (asexuelle Sporen), die häufig vier (tetraradiate) oder mehr (multiradiate) Arme haben oder sigmoid sind (◘ Abb. 13.12). Diese konvergente Morphologie erleichtert die Kolonisierung neuer Substrate, wo die Sporen keimen und mit ihrem Mycel in die Blattmatrix eindringen.

Aquatische Hyphomyceten bauen Cellulose, Hemicellulosen und in geringerem Maße Lignin ab. Dabei erhöht sich die pilzliche Biomasse auf dem Blatt bis auf 10–20 % der Detritusmasse. Zwischen 40 und 80 % der Pilzbiomasse wird in die Produktion von Konidien eingeschleust. Ein Teil davon wird von filtrierenden Wirbellosen als Nahrung verwertet. Viele werden auch im Schaum angereichert, der sich in Fließgewässern oft nach Wasserfällen oder Stromschnellen bildet. ◘ Abb. 13.13 zeigt solche Sporen.

Die Anreicherung des zerfallenden Blatts mit Proteinen, Lipiden und teilweise abgebauten Polymeren lockt wirbellose Tiere an, die durch Pilzbewuchs konditionierte Blätter vorziehen und besser verdauen.

Während des Abbauprozesses wird das ursprüngliche Blattmaterial in verschiedene organische und anorganische Produkte umgeformt (◘ Abb. 13.14), darunter Pilz-, Bakterien- und Wirbellosenbiomasse sowie organische und anorganische gelöste Stoffe. Pilze, Bakterien und Zerkleinerer gehören zur Sekundär- bzw.

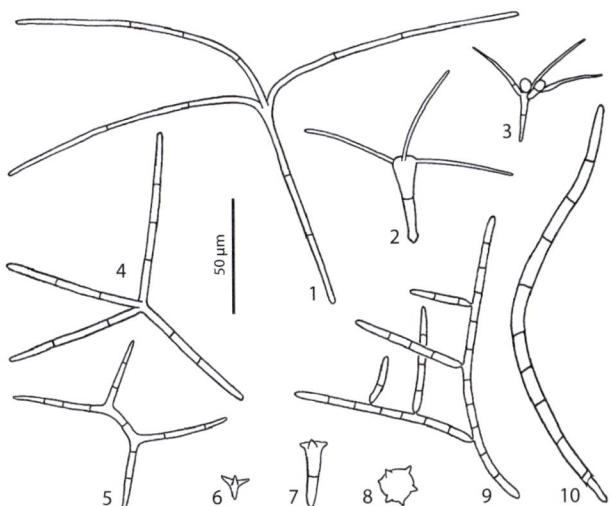

◘ **Abb. 13.12** Sporen aquatischer Hyphomyceten. Die Gattungen 1–6 bilden tetraradiate, 9 bildet multiradiate und 10 sigmoide Formen. **1** *Tetrachaetum elegans*. **2** *Clavariopsis aquatica*. **3** *Tetracladium marchalianum*. **4** *Lemonniera aquatica*. **5** *Tricladium angulatum*. **6** *Heliscella stellata*. **7** *Neonectria lugdunensis* (Syn. *Heliscus lugdunensis*). **8** *Goniopila monticola* (*Margaritispora aquatica*). **9** *Varicosporium elodeae*. **10** *Anguillospora longissima*. (Aus Gulis und Bärlocher 2017, Abb. 10.1)

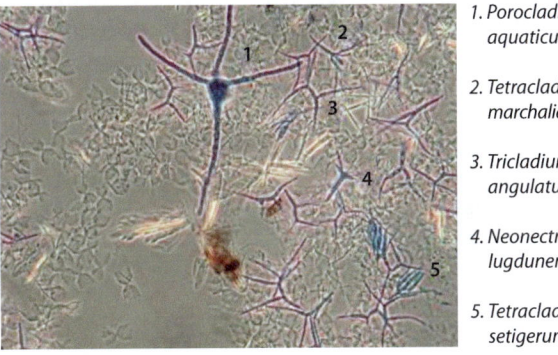

◘ **Abb. 13.13** Mit Baumwollblau gefärbte Sporen aquatischer Hyphomyceten aus einem Bach im Mansfelder Land (Sachsen-Anhalt). (Foto: Gudrun Krauß)

◘ **Abb. 13.14** Abbau der Blattbiomasse und ihre Umwandlung in verschiedene Produkte. (Foto: Gudrun Krauß)

Tertiärproduktion. DOM (*dissolved organic matter*) und FPOM (*fine particulate organic matter*) dienen als Nahrung für Mikroorganismen und Filtrierer. CO_2, NH_4 und PO_4^{3-} sind Nährstoffe für Pflanzen und Mikroorganismen.

Nicht alle dieser Umwandlungen laufen ausschließlich in einer Richtung. Am Anfang des Abbauprozesses akkumulieren Pilze häufig zusätzliches N und P, das sie dem Wasser entziehen.

Wegen des Klimawandels ist der Ausstoß von CO_2 von besonderem Interesse. In der Regel wird angenommen, dass Ökosysteme zukünftig vermehrt Eigenschaften annehmen werden, die wir heute in tieferen Breitengraden finden. Aufgrund von globalen Abbauexperimenten folgerten Boyero et al. (2011), dass in Fließgewässern steigende Temperaturen mikrobielle Aktivitäten fördern und den Beitrag der Zerkleinerer verringern werden. Das bewirkt einen mindestens kurz- bis mittelfristig erhöhten CO_2-Ausstoß und verringert die Produktion und Sequestrierung schwer abbaubarer organischer Verbindungen (Abb. 13.15).

Taxonomie und Ökologie höherer aquatischer Pilze (wozu aquatische Hyphomyceten gehören) sind relativ gut untersucht. Weit weniger wissen wir über Pilze und pilzähnliche Organismen mit Zoosporen, die als *dark matter fungi* bezeichnet werden. Darunter verstehen wir Pilze, deren Aktivitäten weitgehend unbekannt sind. Abb. 13.16 zeigt eine Übersicht der bekannten und vermuteten ökologischen Rolle aquatischer Pilze (Grossart et al. 2020). Das Modell unterscheidet drei Mechanismen, durch die allochthones (z. B. Laubblätter) und autochthones (z. B. Plankton) Material in pilzliche Biomasse übergeführt und damit ins Nahrungsnetz von Seen eingeschleust wird. Im **Mykoloop** machen parasitäre Pilze ungenießbares Phytoplankton durch Fragmentierung oder durch Erzeugung von Zoosporen für Zooplankton verfügbar. Der **Mykoflux** beschreibt Wechselwirkungen zwischen Pilzen und organischem Material, die zur Zersetzung oder Aggregation und Sedimentation führen können. Im **benthischen Shunt** wird partikuläres organisches Material durch Pilze besiedelt und zur Aufnahme durch Makrozoobenthos auf dem Sediment vorbereitet. Das Modell bezieht sich in erster Linie auf Seen. In Fließgewässern spielen aquatische Hyphomyceten eine Schlüsselrolle bei der Konditionierung allochthoner Materialien durch benthische Detritivoren.

■ **Nährstoffspirale und River-Continuum-Konzept**

Bei der Beurteilung der Gewässergüte werden Fließgewässer häufig in 50–100 m lange Segmente unterteilt, die als repräsentativ für das Ökosystem behandelt werden. Realistischer betrachtet man Fließgewässer als räumlich ausgedehnte Transport- und Verarbeitungssysteme mit Segmenten, die sich gegenseitig beeinflussen. Wegen der unidirektionalen Strömung ist der Einfluss von flussauf-

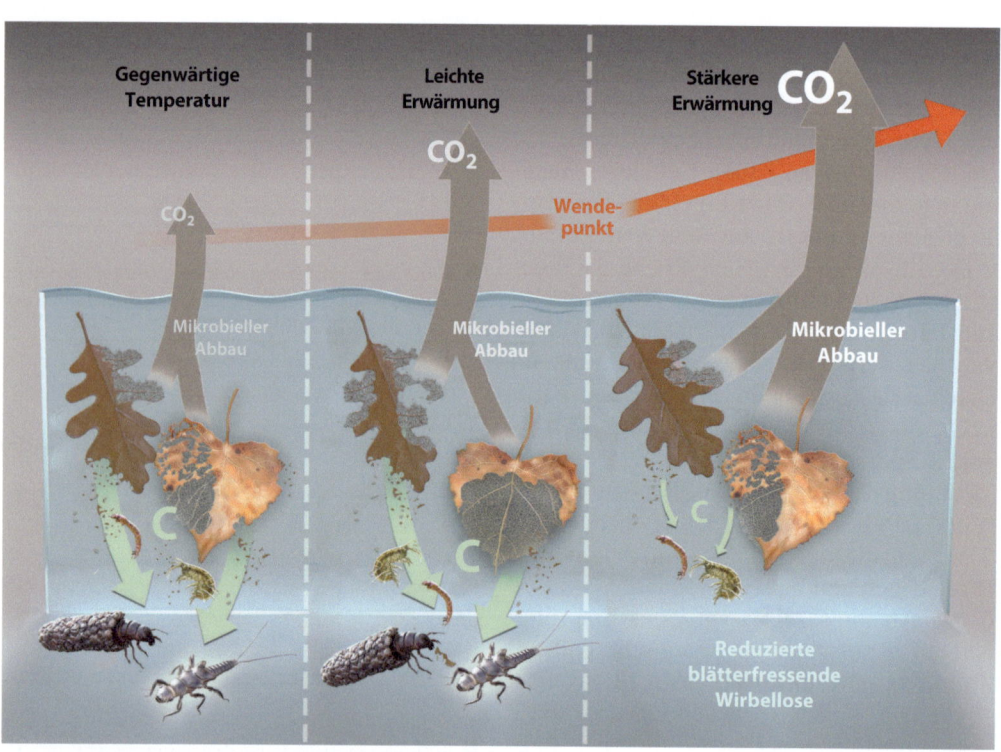

■ Abb. 13.15 Auswirkungen steigender Temperaturen auf den CO_2-Ausstoß während des Blattabbaus. (Aus Marks et al. 2019, Victor O. Leshyk, Center for Ecosystem Science and Society, Northern Arizona University)

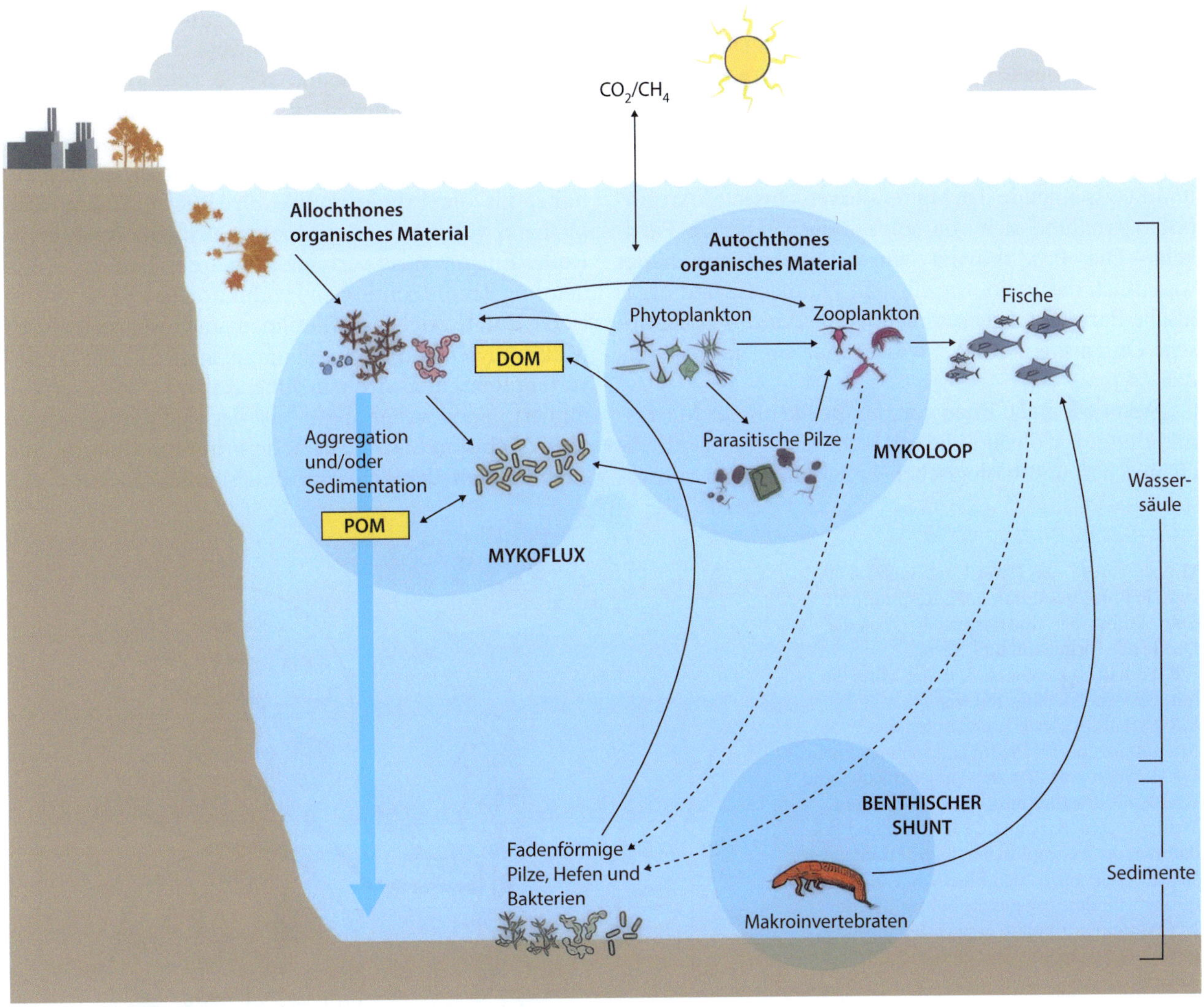

13.2 · Gliederung aquatischer Lebensbezirke – Pelagial und Benthal

◘ Abb. 13.16 Ökologische Rolle aquatischer Pilze. (Aus: Grossart et al. 2020, Wiley Online, Abb. 4)

wärts auf flussabwärts gelegene Abschnitte am ausgeprägtesten. Zwei darauf bauende Konzepte sind das **Spiralenkonzept** der Nährstoffumwandlungen und das **River-Continuum-Konzept** (RCC).

In terrestrischen und lenitischen (Stillgewässer-) Ökosystemen sprechen wir von Nährstoffzyklen. Wir nehmen an, dass ein Nährstoffatom durch verschiedene Kompartimente in einem räumlich beschränkten Rahmen zirkuliert. In Fließgewässern überlagert sich ein flussabwärts gerichteter Transport: Mineralisierte Nährstoffionen oder lösliche organische Moleküle werden in der Regel flussabwärts transportiert, bevor sie wieder durch Algen oder Mikroorganismen absorbiert werden. Man spricht deshalb von einer Nährstoffspirale statt einem Nährstoffkreislauf (◘ Abb. 13.17).

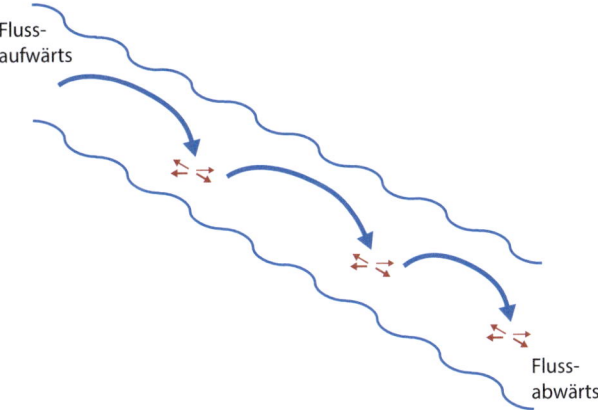

◘ Abb. 13.17 Nährstoffspirale. (Aus Krauss und Nies 2015, Abb. 6.13, © Wiley-VCH GmbH)

Die Distanz, die ein Nährstoffion während eines vollständigen Zyklus durch alle Kompartimente flussabwärts zurücklegt, bezeichnet man als **Spiralenlänge**. Natürlich gilt dasselbe Konzept auch für kleine organische Partikel (FPOM). Mehrere Insektenlarven wie Kriebelmücken (*Simulium* spp., Simuliidae, Diptera) und netzspinnende Trichopteralarven (Insecta, Arthropoda) ernähren sich von solchen suspendierten Partikeln. Die Produktivität eines Flussbereichs hängt wesentlich davon ab, wie effizient Nährstoffe und organische Partikel passiv sedimentieren oder durch benthische Organismen aus der Wassersäule eingefangen werden.

Wenn wir einen Fluss von der Quelle bis zur Meeresmündung verfolgen, ändern sich seine physikalisch-chemischen und biologischen Eigenschaften in voraussagbarer Art und Weise. Sie wurden durch Vannote et al. (1980) im **River-Continuum-Konzept** zusammengefasst (◘ Abb. 13.18). Quellnahe Bäche sind in der Regel durch Ufervegetation stark beschattet. Die Nahrung wird überwiegend durch allochthones Material wie Laubblätter geliefert. Die Gesamtatmung ist deshalb höher als die Primärproduktion (P/R < 1) und Zerkleinerer von Laub (*shredders*) spielen eine prominente Rolle. Flussabwärts verbreitert sich der Bach. Die Bedeutung der autochthonen Produktion (im Fluss produziert) durch Algen in Biofilmen und eventuell durch Makrophyten und Plankton nimmt zu (P/R ≥ 1). Die Invertebratenfauna wird zunehmend von Kollektoren dominiert. Noch weiter abwärts ist der Fluss oft zu tief, zu wenig lichtdurchlässig für hohe Primärproduktion und zu breit, um deutlich von allochthonem Detritus der

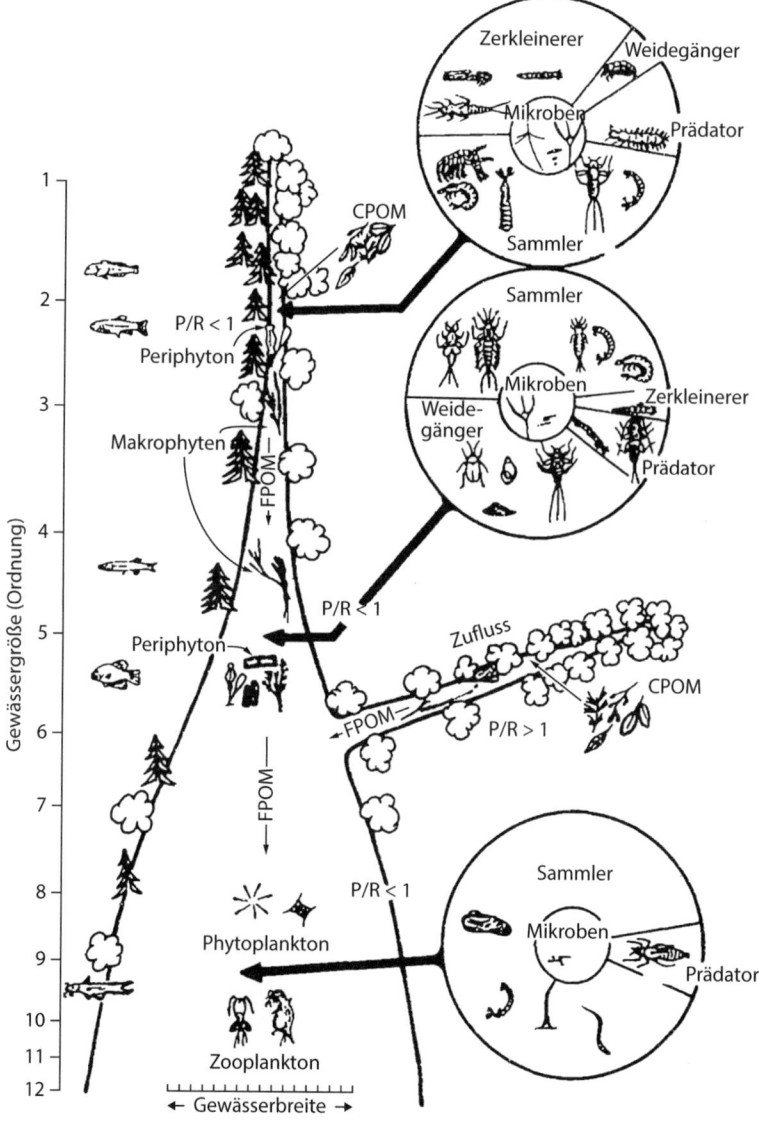

◘ **Abb. 13.18** Das River-Continuum-Konzept. P, Primärproduktion; R, Respiration. Drei Hauptzonen sind dargestellt: Oben die Quelle mit Periphyton und einem P/R-Verhältnis kleiner als 1, in der Mitte die mittlere Gewässerzone mit einem P/R-Verhältnis gleich 1, und unten die Mündungszone mit Phytoplankton und einem P/R-Verhältnis größer als 1. In jeder Zone sind Kreise mit Illustrationen von Zerkleinerern, Weidegängern, Sammlern, Mikroben und Prädatoren, die die trophischen Interaktionen darstellen. Pfeile zeigen den Fluss von CPOM (grobpartikulare organische Substanz) und FPOM (feinpartikulare organische Substanz) durch die Zonen. (Nach Vannote et al. 1980, Abb. 1)

Ufervegetation zu profitieren. Importe von flussaufwärts gelegenen Abschnitten spielen eine wichtige Rolle. Die Gesamtatmung überwiegt wieder die Primärproduktion (P/R < 1).

Das River-Continuum-Konzept erlaubt eine anfängliche Klassifizierung und Interpretation von Fließgewässerabschnitten, allerdings weichen reale Ökosysteme oft weit von diesem Schema ab (Schwoerbel und Brendelberger 2022).

Die Zonierung der Fließgewässer lässt sich auch aufgrund von typischen Artengemeinschaften charakterisieren. Dabei stützte man sich vorwiegend auf Fische, wobei allerdings je nach Kontinent verschiedene Arten dominieren. Eine allgemein anwendbare Unterteilung in drei Zonen stützt sich auf Temperaturmaxima und Struktur der Stromsohle:

- Krenal: Quellzone; die Temperatur entspricht der des Grundwassers. In geothermischen Quellen kann sie 50 °C übersteigen.
- Rhithral: Zone des Gebirgsbachs; Temperaturmaxima < 20 °C
- Potamal: Zone des Tieflandflusses; Temperaturmaxima > 20 °C

Literatur

Adame MF, Santini NS, Torres-Talamante O, Rogers K (2021) Mangrove sinkholes (cenotes) of the Yucatan Peninsula, a global hotspot of carbon sequestration. Biol Lett 17:20210037. https://doi.org/10.1098/rsbl.2021.0037

Bärlocher F, Brendelberger H (2004) Clearance of aquatic hyphomycete spores by a benthic suspension feeder. Limnol Oceangr 49:2292–2296

Bärlocher F, Rennenberg H (2015) Food chains and nutrient cycles. In: Krauss G-J, Nies DH (Hrsg) Ecological biochemistry: environmental and interspecies interactions. Wiley & Sons, S 92–121

Beatty JT et al (2005) An obligately photosynthetic bacterial anaerobe from a deep-sea hydrothermal vent. PNAS 102:9306–9310

Boyero L et al (2011) A global experiment suggests climate warming will not accelerate litter decomposition in streams but might reduce carbon sequestration. Ecol Lett 14:289–294

Bryan-Brown DN et al (2020) Global trends in mangrove forest fragmentation. Sci Rep 10:7117 l. https://doi.org/10.1038/s41598-020-63880-1

Carugati L et al (2018) Impact of mangrove forests degradation on biodiversity and ecosystem functioning. Sci Rep 8:13298. https://doi.org/10.1038/s41598-018-31683-01

Chomel M et al (2016) Plant secondary metabolites: a key driver of litter decomposition and soil nutrient cycling. J Ecol 104:1527–1541

Gessner MO, Chauvet E, Dobson M (1999) A perspective on leaf litter breakdown in streams. Oikos 85:377–384. https://doi.org/10.2307/3546505

Grossart H-P et al (2019) Fungi in aquatic ecosystems. Nat Rev Microbiol 17(6):339–354. https://doi.org/10.1038/s41579-019-0175-8

Grossart, H.-P. et al. (2020) Pilze in aquatischen Ökosystemen Grundlagen aus der allgemeinen Limnologie, 9. Produktivität aquatischer Systeme. Wiley Online. https://doi.org/10.1002/9783527678488.hbal2019002

Gulis V, Bärlocher F (2017) Fungi: biomass, production, and community structure. In: Hauer FR, Lamberti GA (Hrsg) Methods in stream ecology, 2. Aufl. Elsevier, S 177–192

Hynes HBN (1975) The stream and its valley. Edgardo Baldi Memorial Lecture. Verh Internat Verein Limnol 19:1–15

Ingold CT (1975) An illustrated guide to aquatic and water-borne hyphomycetes (Fungi imperfecti) with notes on their biology. Freshw. Biol. Assoc Sci. Publ. No. 30, 96 pages

Kadereit JW, Körner C, Nick P, Sonnewald U (2021) Strasburger – Lehrbuch der Pflanzenwissenschaften. Springer Spektrum,

Kagami M, Takeshi M, Gaku T (2004) Mycoloop: chytrids in aquatic food webs. Front Microbiol 5. https://www.frontiersin.org/article/10.3389/fmicb.2013.00166

Krauss G-J, Nies DH (2015) Ecological biochemistry: environmental and interspecies interactions. Wiley & Blackwell ISBN: 978-3-527-31650-2

Krauss G-J, Solé M, Krauss G, Schlosser D, Wesenberg D, Bärlocher F (2010) Fungi in freshwaters – ecology, physiology and biochemical potential. FEMS Microbiol Rev. https://doi.org/10.1111/j.1574-6976.2011.00266.x

Marks JC et al (2019) Revisiting the fates of dead leaves that fall into streams. Annu Rev Ecol Evol Syst 50:547–568

Newell SY et al (2000) Autumnal biomass and potential productivity of salt marsh fungi from 29° to 43° north latitude along the United States Atlantic Coast. Appl Environ Microbiol 66:180–185

Qu J, Powell A, Sivakumar M (Hrsg) (2013) Satellite-based applications on climate change. Springer, Dordrecht

Saintilan N et al (2020) Thresholds of mangrove survival under rapid sea level rise. Science 368:1181–1121

Schaefer M (2012) Wörterbuch der Ökologie. Spektrum Akademischer Verlag, Heidelberg.

Schwoerbel J, Brendelberger H (2022) Einführung in die Limnologie, 11. Auflage. Aufl. Springer,

Sommer U (2016) Biologische Meereskunde. Springer-Spektrum, Berlin Heidelberg New York

Vannote RL, Minshall GW, Cummins KW, Sedell JR, Cushing CE (1980) The River Continuum Concept. Can J Fish Aquat Sci 37:130–137

Wittig R & Streit B (2004) Ökologie UTB Basics, Ulmer

Qu J et al (2013) Satellite-based applications on climate change. Springer Dordrecht

Unsere Umwelt – Gefährdung und nachhaltige Vorsorge

» „Je mehr Arten wir erhalten, desto wahrscheinlicher wird es, damit eine Versicherungspolice für das gesamte Ökosystem zu besitzen."
„The more species you have, the more likely you're going to have an insurance policy for the whole ecosystem."
(E. O. Wilson)

Inhaltsverzeichnis

Kapitel 14   Wie wir unsere Umwelt beeinflussen – 359
Felix Bärlocher

Kapitel 15   Naturschutz, Umweltschutz und Nachhaltigkeit – was wir tun müssen – 393
Felix Bärlocher

Wie wir unsere Umwelt beeinflussen

Felix Bärlocher

Inhaltsverzeichnis

14.1 Frühgeschichte des Menschen – 361

14.2 Das Bevölkerungswachstum fordert heraus – 361
14.2.1 Zugang zu mehr Ressourcen erlaubt größere Populationen – 361
14.2.2 Bevölkerungszuwachs – eine Malthusianische Katastrophe? – 362
14.2.3 Das demografische Übergangsmodell – 363
14.2.4 Die Zukunft – weiteres Wachstum, Erreichen einer stabilen Population oder Kolonisierung des Mars? – 364
14.2.5 Absolute Bevölkerungszahlen und die IPAT-Gleichung – 365
14.2.6 Energiesklaven und der ökologische Fußabdruck – 365

14.3 Willkommen im neuen Erdzeitalter! – 365
14.3.1 Das Anthropozän – 365
14.3.2 Bald mehr Plastik als Fische in den Weltmeeren? – 366
14.3.3 Urbanisierung – 368

14.4 Der Klimawandel beeinflusst die gesamte Biosphäre – 370
14.4.1 Wetter, Witterung und Klima – 370
14.4.2 Atmosphäre und Klimawandel – 370
14.4.3 Treibhausgase und Temperaturanstieg – 372

14.5 Die Bedrohung von Lebensräumen und Artenvielfalt – 373

14.6 Artensterben und Klimawandel – 374

14.7 Artensterben in ausgewählten Gruppen – 375
14.7.1 Wirbeltiere – 375
14.7.2 Wirbellose Tiere – 375
14.7.3 Mikroorganismen – 375
14.7.4 Bedrohung der Tierwelt in Deutschland – 377

© Der/die Herausgeber bzw. der/die Autor(en), exklusiv lizenziert an Springer-Verlag GmbH, DE, ein Teil von Springer Nature 2025
G.-J. Krauß, F. Bärlocher, *Ökologie und Ökologische Biochemie*, https://doi.org/10.1007/978-3-662-70586-5_14

14.8 Eingewanderte Arten können Probleme bringen – 377

14.8.1 Was unterscheidet invasive von nichtinvasiven Arten? – 378
14.8.2 Emergente Krankheiten – 379
14.8.3 Invasive Pflanzen – 380
14.8.4 Biodiversität und Invasion von Inselökosystemen – 381
14.8.5 Nutzen und Schaden gebietsfremder Arten – 383

14.9 Biologische und chemische Kontrolle von Schädlingen – notwendig, aber riskant – 384

14.9.1 Von der Wild- zur Kulturpflanze – 384
14.9.2 Optimierung der Photosynthese – 385
14.9.3 Pflanzenschutzmittel – 386
14.9.4 Biologische Schädlingsbekämpfung – 387
14.9.5 Ökologische Landwirtschaft – 387

14.10 Gentechnisch veränderte Organismen machen Sorgen – 388

14.10.1 Was sind GVOs? – 388
14.10.2 Die grüne Revolution mit Gentechnik – 389
14.10.3 Ökologische Konsequenzen der Gentechnik – 390

Literatur – 390

14.1 Frühgeschichte des Menschen

Seit Beginn der Entstehung und Entwicklung unserer Art, *Homo sapiens*, vor rund 200.000–300.000 Jahren war der Mensch gezwungen, seine Lebenswelt weniger gefährlich für sich zu machen, oder wie es Arthur Schopenhauer ausdrückte: „Die Natur ist schoen anzuschauen, aber es ist nicht immer schoen ein Theil der Natur zu seyn." Mangelnde Ernährung und Abwehr von Raubtieren waren ursprünglich akute Bedrohungen. Die Etablierung von Land- und Viehwirtschaft erhöhte die Populationsdichten von Menschen und Nutztieren und begünstigte damit die Evolution von Infektionskrankheiten. Manche Aspekte der Lebensbedingungen vieler Menschen haben sich seither dramatisch verbessert, z. B. in Bezug auf Kindersterblichkeit, extreme Armut und Hungersnöte. Allerdings sind diese Fortschritte mit Kosten verbunden und der Mensch wurde selbst zum Gefährder für seine Umwelt. Den Namen *Homo sapiens* hat uns der Vater der biologischen Nomenklatur, Carl von Linné, im Jahr 1758 gegeben. Der von ihm gewählte Artname *sapiens* (lateinisch) heißt übersetzt so viel wie „weise, klug, vernünftig". Unser gegenwärtiges Verhältnis zur Umwelt mahnt dringend dazu, dass wir uns dieser Namensgebung tatsächlich würdig erweisen. Wir müssen uns gemeinsam jenen Fragen stellen, die für unsere Existenz und Zukunft entscheidend sind. Stetig wachsende Ansprüche an Boden, Wasser und Luft führen zur Verknappung der Ressourcen, die alle Lebewesen brauchen, was zu einer Beschleunigung des Artensterbens führt. Noch vor wenigen Jahrzehnten wurde die Möglichkeit eines atomaren Weltkriegs als größte Gefahr für den Fortbestand der Menschheit betrachtet. Heute erscheint vielen die übermäßige Nutzung der natürlichen Ressourcen bedrohlicher – letztlich eine Folge der „unnatürlichen" Megapopulation von über 8 Mrd. simultan auf der Erde lebenden Individuen und ihrem immensen räumlichen und materiellen Bedarf. Besonders aktuell sind mit Klimawandel, Land- und Wassermangel, Eutrophierung und Verschmutzung assoziierte Probleme.

14.2 Das Bevölkerungswachstum fordert heraus

14.2.1 Zugang zu mehr Ressourcen erlaubt größere Populationen

Historische Zahlen über die menschliche Population sind schwierig zu schätzen. Trotzdem lässt sich die Entwicklung in groben Zügen reproduzieren (Webseite des United States Census Bureau 2022). Vor 12.000 Jahren lebten zwischen 1 und 10 Mio. Menschen. Sie ernährten sich weitgehend als Jäger und Sammler. Der Druck durch steigende Menschenpopulationen bei gleichzeitig erschöpften Jagdwildpopulationen begünstigte Ackerbau und Viehzucht. Diese landwirtschaftliche oder neolithische Revolution erhöhte den Nahrungsertrag pro Fläche, was wiederum das Bevölkerungswachstum förderte. Vor etwa 7000 Jahren erreichte die Gesamtpopulation zwischen 5 und 20 Mio., vor 2000 Jahren betrug sie 170–400 Mio. Menschen. Die Bevölkerung wuchs allerdings wegen des häufigen Nahrungsmangels und Epidemien nur sehr langsam. Eine der verheerendsten Pandemien (1346–1352), die Pest (der Schwarze Tod), raffte in Teilen Europas rund einen Drittel der Bevölkerung hin. Nach dieser letzten großen Pestpandemie hat die Weltbevölkerung mehr oder weniger kontinuierlich zugenommen. In den letzten 100–200 Jahren hat sich die medizinische Versorgung wesentlich verbessert und die landwirtschaftliche Produktivität profitierte von Kunstdünger und fossiler Energie. Dadurch erhöhte sich die Geburtenrate und die Sterberate sank. Die Bevölkerungszahl stieg an (◘ Abb. 14.1).

Dazu einige bemerkenswerte Zahlen: (Webseite des United States Census Bureau 2022; Elhacham et al. 2019)

- Die menschliche Bevölkerung hat sich während des 20. Jahrhunderts vervierfacht.
- Heute leben über 8 Mrd. Menschen auf der Welt. Für das Jahr 2100 werden 10,8 Mrd. Menschen prognostiziert. Diese Schätzung geht von einem sich allmählich verlangsamenden Wachstum der Weltbevölkerung aus.
- Schon heute werden 19 % der gesamten Primärproduktion der Erde und 50 % des verfügbaren Süßwassers vom Menschen beansprucht. Zwischen 65 und 80 % des Süßwassers sind als Eis (Gletscher, Polareis) und Schnee nicht unmittelbar verfügbar. Andererseits sind sie wichtige Speicher, die im Sommer sukzessive Wasser abgeben.
- Die Gesamtbiomasse der menschlichen Bevölkerung dürfte an die 350 Mio. t betragen. Zu ihrer Ernährung tragen 520 Mio. t Rinder, 105 Mio. t Schafe und Ziegen und 48 Mio. t Hühner bei. Zum Vergleich: Regenwürmer wiegen insgesamt 3800–7600, Fische 800–2000 und Bakterien 350.000–550.000 Mio. t. Spinnen konsumieren pro Jahr 400–800 Mio. t an Frischgewicht, vorwiegend Insekten und Collembolen.
- Die Masse der von Menschen hergestellten Dinge übertraf im Jahr 2020 erstmals die Masse aller Lebewesen.

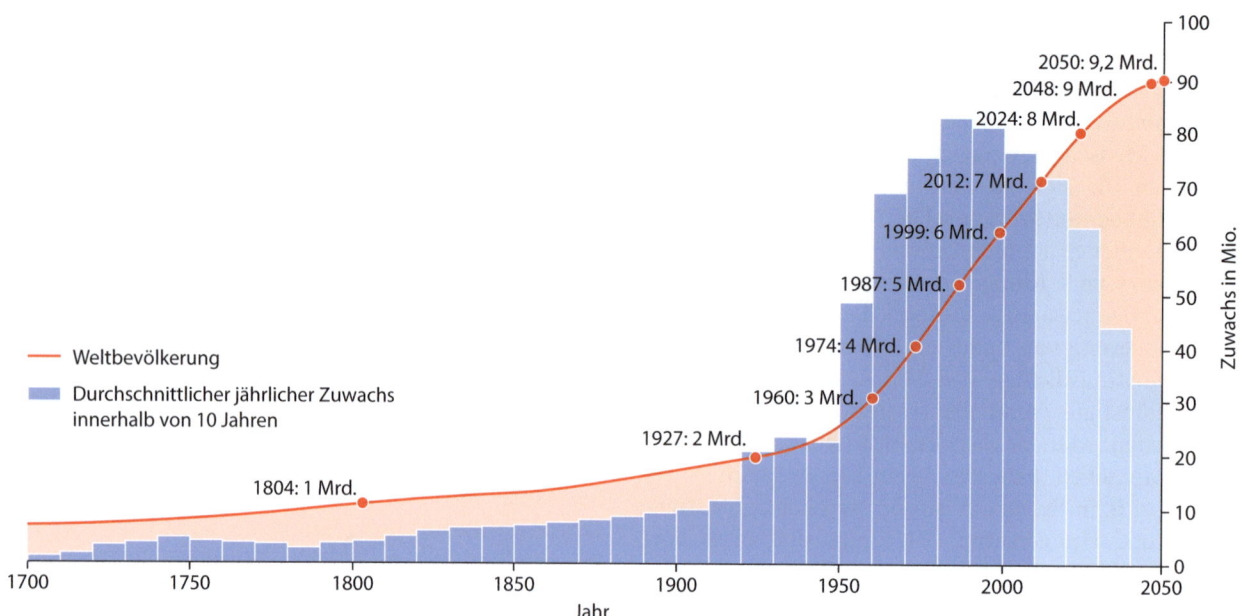

● **Abb. 14.1** Entwicklung der menschlichen Bevölkerung in absoluten Zahlen ab 1700 nach Munk et al. 2009. Die rote Linie stellt die Gesamtbevölkerung dar, die von etwa 600 Millionen im Jahr 1700 auf prognostizierte 9,2 Milliarden im Jahr 2050 ansteigt. Blaue Balken zeigen den durchschnittlichen jährlichen Bevölkerungszuwachs in Millionen innerhalb von 10 Jahren. Markante Punkte sind 1 Milliarde im Jahr 1804, 2 Milliarden 1927, 3 Milliarden 1960, 4 Milliarden 1974, 5 Milliarden 1987, 6 Milliarden 1999, 7 Milliarden 2012 und 8 Milliarden 2024. Der Zuwachs erreicht seinen Höhepunkt um das Jahr 2000 und nimmt danach ab

14.2.2 Bevölkerungszuwachs – eine Malthusianische Katastrophe?

Thomas Robert Malthus, ein englischer Kleriker und Ökonom, warnte 1798 vor den Gefahren einer uneingeschränkten Bevölkerungszunahme. Er beobachtete, dass jede Erhöhung der Nahrungsversorgung kurzfristig den Wohlstand und die Gesundheit der Bevölkerung verbessert. Das führt zu einem Bevölkerungswachstum, wodurch die verfügbare Nahrung pro Person wieder auf das ursprüngliche Niveau sinkt. Anders ausgedrückt, neigen wir dazu, erhöhte Produktion in mehr Menschen „umzuwandeln", anstatt damit das Wohlergehen der existierenden Bevölkerung zu sichern.

Die Schrift von Malthus „Essay on the Principle of Population", die so revolutionär im Gedankengut war, dass er die Erstauflage sogar anonym veröffentlichte, beeinflusste danach sowohl Charles Darwin als auch Alfred Wallace bei der Formulierung der Evolution durch natürliche Selektion.

Letzten Endes ist jede Bevölkerungszunahme natürlich von verfügbaren Ressourcen abhängig. Malthus ging es vor allem um die landwirtschaftliche Produktion. Er nahm an, dass Produktion über längere Zeiträume nur linear zunehmen kann (seine Voraussagen beruhten auf der Verfügbarkeit natürlicher Dünger, also Guano und Kuhmist). Populationen haben jedoch die Tendenz, exponentiell zu wachsen. Das führt unweigerlich zu einem Punkt, wo sich die beiden Kurven treffen. Bei Überschreitung dieses Gleichgewichts besteht die Gefahr einer **Malthusianischen Katastrophe** oder **Malthusianische Falle** (*Malthusian crisis, Malthusian trap*). Wenn Ressourcen nicht weiter wachsen können, muss entweder die Geburtenzahl sinken oder die Todesrate ansteigen. Nach diesen düsteren Szenarien geschieht das in der Regel durch Seuchen, Hungersnöte oder Krieg.

Mit Malthus begann eine Tradition von pessimistischen Voraussagen. Exemplarisch sind jene des amerikanischen Populationsbiologen Paul Ehrlich im Jahre 1968. In seinen Szenarien wären in den 1970er-Jahren Hunderte Millionen Menschen verhungert. Zwischen 1980 und 1989 würden 4 Mrd. Menschen verhungern. Großbritannien wäre im Jahre 2000 eine kleine Gruppe von verarmten Inseln, und Indien würde im Jahr 1980 nicht mehr als 200 Mio. Menschen ernähren können. Glücklicherweise ist keine dieser Katastrophen eingetreten. Spezifische Voraussagen über die katastrophalen Folgen der Überbevölkerung haben sich oft als übertrieben herausgestellt. Es besteht aber die Gefahr, dass Warnungen vor tatsächlich bestehenden Gefahren nicht mehr ernst genommen werden.

In einer Fabel von Äsop wird es einem Hirtenjungen langweilig und er ruft um Hilfe, da ein Wolf seine Herde bedrohe. Als Dorfbewohner zu Hilfe kommen, stellt sich heraus, dass es ein falscher Alarm war. Als später tatsächlich ein Wolf erscheint und die Herde angreift, nehmen die Dorfbewohner die Hilferufe nicht mehr ernst, und der Wolf tötet die ganze Herde. Vor allem Ökonomen argumentieren, dass sich die bisherige Geschichte die Malthusianischen Szenarien falsifiziert habe und dass Menschen eine Ressource und nicht eine Belastung darstellten. Andererseits ist natürlich klar, dass die Tragfähigkeit unseres Planeten eine obere Grenze hat. Man kann unsere Situation mit jener eines amerikanischen Truthahns vergleichen. Jeden Tag falsifiziert er die Hypothese einer imminenten Katastrophe und fühlt sich zusehend in Sicherheit. Schließlich wird er am Weihnachtstag getötet! In der Ökologie entspräche das einem irreversiblen Kipppunkt (▶ Abschn. 4.7.1).

Zweifellos wurde der technische Fortschritt der letzten 150 Jahre in frühen Prognosen unterschätzt. Vor allem in der Landwirtschaft führten Arbeitsteilung, Massenproduktion und Innovationen zu einer starken Erhöhung der Produktivität (▶ Abschn. 1.5). Politische Strukturen und soziale Mechanismen können aber entscheidend sein. Vor allem die sexuelle Revolution und die Stärkung der Selbstbestimmung von Frauen spielten eine wichtige Rolle beim Geburtenrückgang.

Nach Amartya Sen (1999), einem indischen Ökonomen und Philosophen, gab es in einer funktionierenden Demokratie noch nie eine Hungersnot.

14.2.3 Das demografische Übergangsmodell

Die Bevölkerung Deutschlands würde sinken, wenn sie nur von der derzeitigen Fortpflanzungsrate abhängen würde. In der Dynamik von menschlichen Populationen spielen Technologie, Bildung und soziale Faktoren eine wichtige Rolle. In reichen Industrienationen kann ihr Zusammenspiel zu einem Stillstand des Bevölkerungswachstums führen. Diese Entwicklung wird im demografischen Übergangsmodell in fünf (gelegentlich in vier) Stadien unterteilt (◘ Abb. 14.2):

1. Geburtenrate und Sterberate sind beide hoch und im Gleichgewicht. Sehr geringes Bevölkerungswachstum.
2. Langsames Absinken der Sterberate wegen der Verbesserungen in Nahrungsangebot und Gesundheitswesen. Die Wirtschaft wird oft durch Landwirtschaft geprägt und begünstigt weiterhin eine hohe Geburtenrate. Die Bevölkerung nimmt langsam zu.
3. Bessere medizinische Versorgung und Hygiene senken die Sterberate auf sehr niedrige Werte. Urbanisierung und hohe Kosten für Erziehung und Ausbildung der Kinder verringern allmählich die Attraktivität großer Familien. Die Geburtenrate sinkt, die Population steigt aber weiter, weil neue Generationen das fortpflanzungsfähige Alter früher erreichen. Das Bevölkerungswachstum erreicht einen Höchststand.
4. Die Sterberate stabilisiert sich auf einem tiefen Niveau. Die Geburtenrate nimmt durch Empfängnisverhütung stark ab. Das Bevölkerungswachstum sinkt.
5. Geburtenrate und Sterberate stabilisieren sich auf tiefen Werten. Die Bevölkerung bleibt konstant oder nimmt ab.

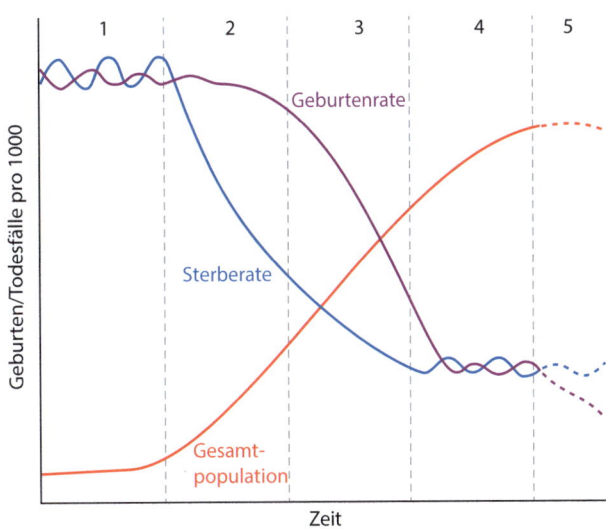

◘ Abb. 14.2 Bevölkerungsentwicklung in Industrieländern: das demografische Übergangsmodell (Wikimedia)

◘ Tab. 14.1 Fertilitätsraten in ausgewählten Ländern oder Regionen

Rang	Land oder Region	Fertilitätsrate
1	Niger	7,6
20	Elfenbeinküste	5
100	Neukaledonien (Frankreich)	2,2
186	Deutschland	1,4
200	Südkorea	1,2
	Nordamerika	1,8
	Europäische Union	1,5
	Globaler Durchschnitt	2,5

Für eine stabile Population ist eine **Fertilitätsrate** (durchschnittliche Anzahl der Kinder pro Frau) von 2,1 nötig. In mehreren Ländern ist die Geburtenrate bereits unter diesen Wert gesunken und die Bevölkerung nimmt ab (falls Ein- und Auswanderung ausgeklammert werden). Einige Werte sind in ◘ Tab. 14.1 zusammengefasst (diese Zahlen sind Schätzungen von 2016, je nach Quelle verschiebt sich die Reihenfolge etwas).

Es bestehen deutliche regionale Unterschiede, die offensichtlich von politischer Stabilität und Wohlstandniveau beeinflusst werden. Insgesamt steigt die Bevölkerung in Afrika und in Teilen von Asien weiterhin stark (◘ Abb. 14.3).

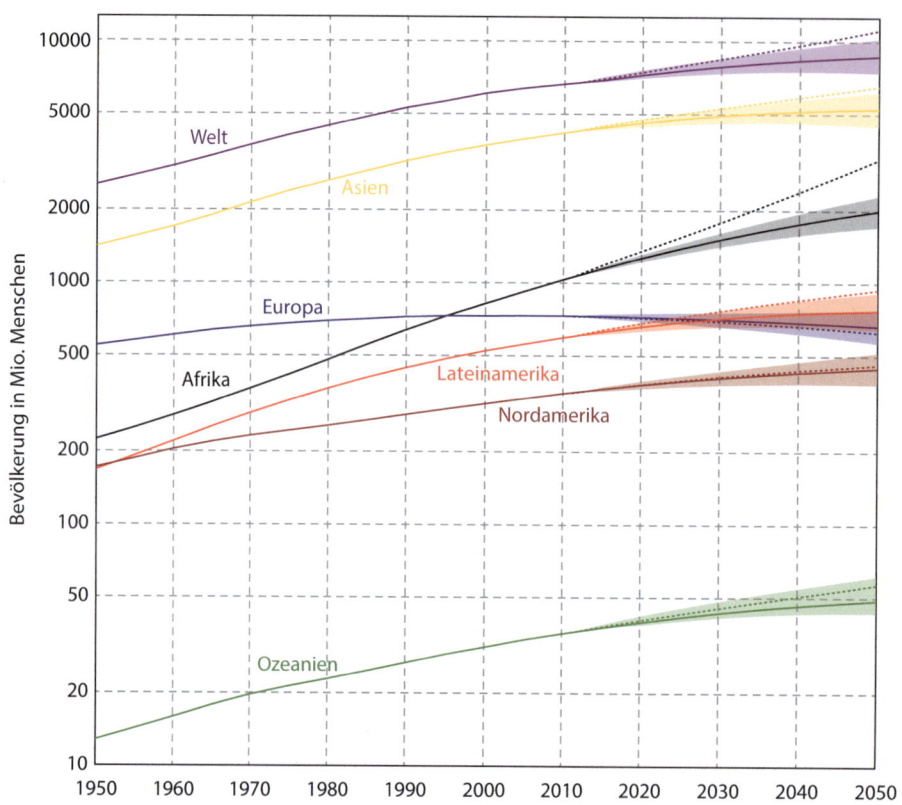

◘ Abb. 14.3 Bevölkerungswachstum nach Kontinenten (Conscious, Wikimedia CC BY-SA 3.0)

14.2.4 Die Zukunft – weiteres Wachstum, Erreichen einer stabilen Population oder Kolonisierung des Mars?

Gegenwärtig stellen sich zwei wesentliche Fragen: Wird sich das globale Bevölkerungsproblem von selbst lösen? Können wir uns auf neue Technologien, zunehmenden Wohlstand und als Folge geringere Fertilität in Entwicklungsländern verlassen? Seit ein paar Jahren sorgen sich vor allem Ökonomen eher um eine Überalterung und Schrumpfung der Bevölkerung in Industrieländern wie Deutschland und Japan. Um das Bevölkerungsdefizit gutzumachen, fordern sie eine höhere Einwanderungsrate von qualifizierten Arbeitnehmern.

Es bleibt unbestritten, dass auch in entwickelten Ländern die Bevölkerung nicht unbeschränkt weiter wachsen kann, sei es durch Geburten oder Einwanderung. Der Ökonom Paul Samuelson schrieb: „… eine unbeschränkt wachsende Nation ist das größte Ponzi-System [Schneeball- oder Pyramidensystem], das je erdacht wurde."(in: Dixit A., https://www.princeton.edu/~dixitak/home/PASLegacy2_WP.pdf) Letzten Endes führen steigende Populationen zu kleineren Wohnungen und Erholungsräumen, Einschränkungen der privaten Mobilität und vermutlich zunehmend vegetarischer oder veganer Ernährung, vielleicht angereichert mit Insekteneiweiß. John Stuart Mill (1848), ein Zeitgenosse von Malthus, warnte vor einer solchen Entwicklung: „Falls die Erde einen großen Teil ihrer Attraktivität verlieren muss …, nur um eine größere, und nicht eine bessere oder glücklichere Bevölkerung zu unterstützen, hoffe ich …, dass sie sich damit abfindet, stationär zu bleiben, lange bevor wir durch Notwendigkeit dazu gezwungen werden."

Global betrachtet ist das dringendste Problem die weiterhin starke Bevölkerungszunahme in Afrika. Mögliche Lösungen müssen bessere Ausbildung und Zugang zu politischen und ökonomischen Entscheidungen für Frauen beinhalten.

Elon Musk, der Gründer der Autofirma Tesla, schlägt vor, dass wir andere Planeten unseres Sonnensystems, z. B. den Mars, kolonisieren sollten. Aber ganz so einfach ist das leider nicht. Tausende von enorm großen und teuren Raumschiffen müssten starten und unterwegs mit Treibstoff versorgt werden. Abgesehen von ethischen Problemen wie die Auswahl der Passagiere würde dieser Ansatz nicht zur Lösung der Probleme auf der Erde beitragen. Außerdem gibt es zurzeit unüberwindbare praktische Hindernisse wie tiefe Temperaturen auf dem Mars (zwischen 0 und −120 °C), erhöhte Strahlung, ungelöste Versorgung mit Nahrung und Energie usw.

14.2.5 Absolute Bevölkerungszahlen und die IPAT-Gleichung

Wir wissen, dass ein traditionell lebender Ureinwohner im Regenwald des Amazonas seine Umwelt weniger stark belastet als ein Europäer oder Amerikaner. Formal wird die Umweltbelastung der menschlichen Bevölkerung mit der folgenden Gleichung ausgedrückt:

$$I = P * A * T$$

I = – Einfluss auf Umwelt (Belastung, *i*mpact)
P = – *p*opulation (Bevölkerungszahl)
A = – *a*ffluence (Wohlstand)
T = – *t*echnology (Technologie)

In Worten ausgedrückt: Die Belastung der Umwelt beruht auf der Anzahl Menschen multipliziert mit ihrem Wohlstand (wie viele Ressourcen konsumieren oder beanspruchen sie?) und ihrer Technologie (wie werden die Ressourcen geerntet und verarbeitet?). Natürlich sind sowohl Wohlstand als auch Technologie schwierig zu bewerten; stellvertretend werden deshalb z. B. Energieverbrauch (in Form von „Energiesklaven") oder der ökologische Fußabdruck verwendet.

14.2.6 Energiesklaven und der ökologische Fußabdruck

In unserem Alltag ersetzen oder vereinfachen wir viele Tätigkeiten wie Reinigen, Kochen, Mobilität durch Energie. Der Begriff **Energiesklave**, der 1940 durch Buckminster Fuller eingeführt wurde, vergleicht diese Aktivitäten mit der Anzahl menschlicher Arbeitskräfte, die eine Maschine ersetzt. Unser Wohlstand und die genutzten Technologien beruhen auch heute noch zu rund 80 % auf dem Ersatz von menschlicher Muskelkraft durch fossile Energie. Der menschliche Körper kann kurzfristig bis 800 W produzieren, auf Dauer sind es rund 80 W. Eine Maschine, die kontinuierlich 80 W produziert, entspricht einem Energiesklaven. Eine Waschmaschine leistet etwa gleich viel wie zehn Menschen, sie entspricht also zehn Energiesklaven. Um einen Jumbojet (Boeing 747) durch Muskelkraft zu starten, wären rund 1 Mio. Menschen nötig. Sie werden durch 1 Mio. Energiesklaven ersetzt.

Je nach Entwicklungszustand eines Landes bestehen natürlich enorme Unterschiede. Ein durchschnittlicher Deutscher verlässt sich auf 40–60 Energiesklaven, ein US-Amerikaner auf 80–110 und ein Bengale auf zwei bis drei.

Tab. 14.2 Ökologischer Fußabdruck in ha pro Person in ausgewählten Ländern oder Regionen. ▶ https://data.footprintnetwork.org/#/, Daten von 2013

Rang	Land oder Region	Fußabdruck
1	Luxemburg	15,82
5	USA	8,22
37	Deutschland	5,30
71	China	3,28
150	Kongo	1,29
164	Indien	1,16
188	Eritrea	0,42
	Globaler Durchschnitt	2,84

Wackernagel und Rees (1996) führten das Konzept des **ökologischen Fußabdrucks** ein. Definiert wird er als Land- und Wasserfläche, die notwendig ist, um den Menschen mit den nötigen Ressourcen zu versorgen. Dies umfasst Kleidung, Nahrung, Energie sowie Raum für die Entsorgung des Abfalls, einschließlich der Absorption von CO_2.

Im Jahr 2013 beanspruchte die Menschheit rund 1,6-mal die Kapazität der Erde. Natürlich ist das nicht nachhaltig, d. h., früher oder später werden wir die Regenerationskapazität überspannen. Zurzeit verlassen wir uns weitgehend auf die Ausbeutung von fossilen Energiequellen (Öl, Erdgas, Kohle).

Pro Person bestehen große Unterschiede zwischen verschiedenen Ländern und Regionen, die mit dem ökonomischen Entwicklungsgrad verknüpft sind (◘ Tab. 14.2).

14.3 Willkommen im neuen Erdzeitalter!

14.3.1 Das Anthropozän

Nach klassischer Zeitenfolge leben wir im Holozän (Zwischenkaltzeit), das vor rund 12.000 Jahren nach dem Ende der letzten Kaltzeit begann. Durch menschliche Aktivitäten erhöhen sich Treibhausgase, der Anteil der landwirtschaftlich genutzten Flächen, Überdüngung, Übersäuerung der Ozeane und Ausrottung vieler Arten. Aufgrund der enormen anthropogenen Veränderungen der neueren Zeit schlugen der Atmosphärenforscher Paul J. Crutzen und der Algenspezialist Eugene F. Stoermer den Begriff Anthropozän vor (▶ Abschn. 1.5.3).

Die Arbeitsgruppe des 35. Internationalen Geologischen Kongresses (Kapstadt 2016) zum Anthropozän schlug vor, nach einem *golden spike* zu suchen, d. h. einer charakteristischen Veränderung in den Sedimenten, welche den Beginn dieses Zeitalters festlegt. Vorgeschlagen wurden u. a. die Jahre 1800 (Beginn der Industrialisierung), 1945 (Zündung der ersten Kernwaffe zu Testzwecken), 1610 (Einschleppung neuer Krankheiten in Amerika und dadurch Massensterben der indigenen Bevölkerung; globaler Austausch von Flora und Fauna). Viele dieser Eingriffe hinterlassen langlebige Spuren in geologischen Schichten: Atombombentests, zunehmendes Bevölkerungswachstum und Ressourcenverbrauch, erhöhte Erosion, Beton- und Plastikpartikel, globaler Transport von Tier- und Pflanzenarten.

Die zunehmende Intensität der menschlichen Eingriffe verändert ökologische Nischen und damit evolutionäre Zwänge. Lang etablierte coevolutionäre Wechselbeziehungen können gestört werden, was die Stabilität der Ökosysteme gefährdet. Um eine nachhaltige Entwicklung zu gewährleisten, müssen wir versuchen, kommende Entwicklungen zu antizipieren und entsprechende Maßnahmen zu ergreifen. Besonders drastisch sind Habitatverluste durch Wildfeuer und Rodungen in tropischen Wäldern. Sie dienen deshalb oft als Paradebeispiel von menschlich verursachten Veränderungen.

Offiziell wird der Begriff Anthropozän durch die International Union of Geological Sciences nicht anerkannt – zuständiges Komitee ist die SQS (International Subcommission on Quaternary Stratigraphy).

14.3.2 Bald mehr Plastik als Fische in den Weltmeeren?

Plastikprodukte (polymere organische Kunststoffe) in der Umwelt haben eine gute Chance, als Technofossilien (Überreste unserer Technik, die Millionen von Jahren erhalten bleiben) zu überleben. Eine Welt ohne Plastik (synthetische organische Polymere) scheint uns unvorstellbar. Dabei begann deren Massenproduktion erst um 1950 (◘ Abb. 14.4). Als erstes Plastik wurde 1907 Bakelit eingeführt, fünf Jahre später gefolgt von Polyvinylchlorid (PVC) und Polyvinylacetat. In den 1930er-Jahren wurden Polyamid (Nylon) und Polymethylmethacrylat (Plexiglas) entdeckt. Die 1930er- und 1940er-Jahre sahen die Entwicklung der meisten heute verwendeten Kunststoffe. Nach dem Zweiten Weltkrieg wurden sie in die Zivilgesellschaft eingeführt, in Form von billigen Einwegprodukten, typisch für eine Wegwerfgesellschaft. In den 1970er-Jahren wurden Plastikstoffe das am häufigsten verwendete Material. Seit 1988 ist das Kippen von Plastikmüll ins Meer verboten (MARPOL, International Convention for the Prevention of Pollution from Ships).

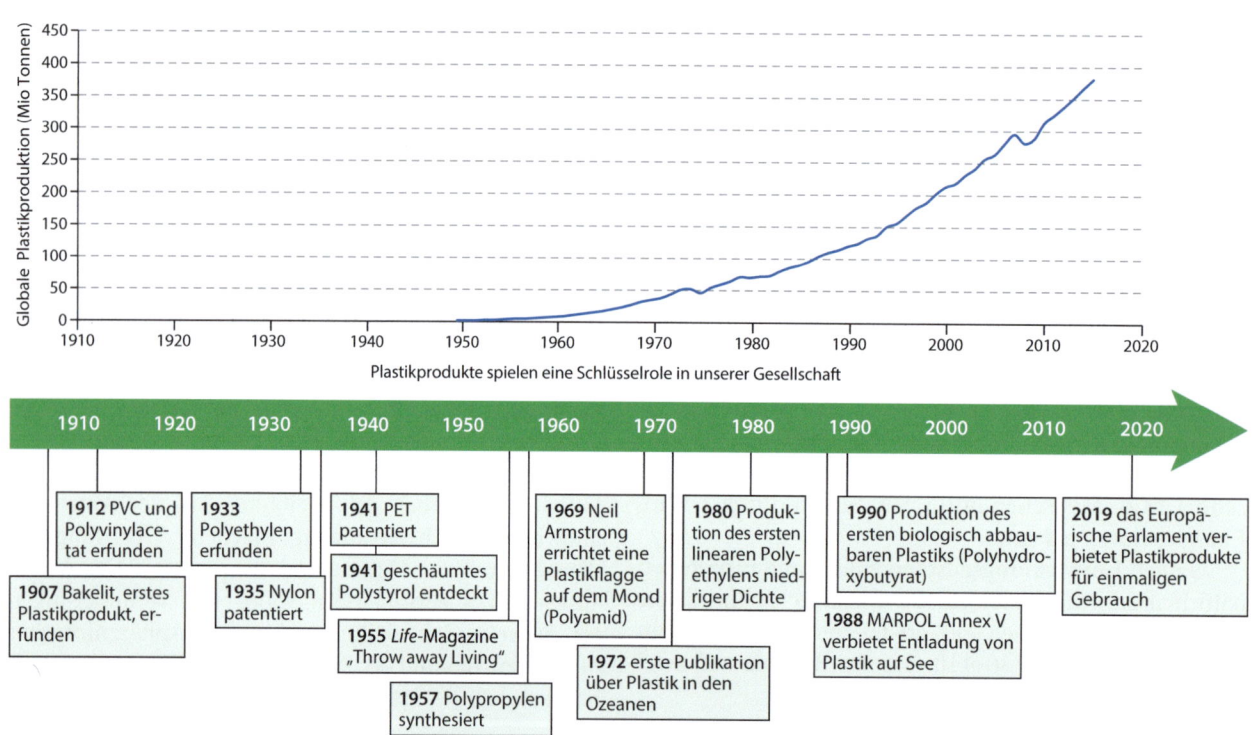

◘ Abb. 14.4 Zeitachse der Entdeckung bzw. Entwicklung von Plastikprodukten. (Amaral-Zettler & Mincer 2020, Abb. 1, © Springer Nature)

Fast alle Plastikprodukte beruhen auf der Umwandlung von fossilen Kohlenwasserstoffen und sind biologisch nicht oder nur langsam abbaubar. ◘ Abb. 14.5 zeigt die möglichen Pfade von Plastikabfällen zwischen Land und Meer. Nach einer kürzlichen Schätzung wurden bis 2015 6300 t Plastikabfall produziert. Davon wurden 9 % recycelt, 12 % verbrannt und 79 % existieren irgendwo in unserer Umwelt – das meiste davon in Mülldeponien oder im Meer. Plastik gelangt durch terrestrische Quellen (Kläranlagen, Flüsse) oder durch beabsichtigte bzw. unbeabsichtigte Freisetzung im Meer (Fischernetze, Bojen, Flaschen) ins Meer. Je nach Dichte wird das Material auf der Oberfläche schwimmen oder auf den Meeresboden sinken. Rein mechanisch und durch UV-Strahlung wird es in kleinere Partikel (bis zu Nanopartikel, 1–100 nm) umgewandelt, was ihre Einschleusung in die Nahrungskette erleichtert. Mikroorganismen kolonisieren Plastik innerhalb weniger Stunden, darunter finden wir auch Pathogene. Das Plastik, das an der Meeresoberfläche schwimmt und deshalb leicht quantifizierbar ist, entspricht nur 1 % der Gesamtmenge. Das Schicksal der restlichen 99 % ist unbekannt.

Falls wir unsere Gewohnheiten nicht ändern, könnten die Weltmeere im Jahre 2050 mehr Plastik als Fische enthalten. Schon heute findet man ausgedehnte Gebiete, in denen sich Plastik anhäuft (z. B. Great Pacific Garbage Patch zwischen 135 und 155 °W bzw. 35 und 42 °N). Neue Entwicklungen erlauben die Dokumentation von solchen Patches durch optische Satellitenfotografie (Biermann et al. 2020). Die ökologischen Folgen der Plastikverschmutzung sind noch weitgehend unbekannt. Seena et al. (2019) zeigten jedoch, dass Nanopartikel aus Plastik den Abbau von Laubblättern behinderten. Erhöhte Plastikkonzentrationen im Boden wurden auch als Hotspots von Bakterien mit Antibiotikaresistenz charakterisiert.

Die meisten Plastiksubstanzen sind außerordentlich schwer abbaubar. Periodisch erscheinen jedoch Berichte, nach denen wirbellose Tiere und Mikroorganismen dazu in der Lage sind (Schell et al. 2019). Besonders effizient sind die Larven der Wachsmotte *Galleria mellonella*, die Polyethylen angreifen und dabei Ethylenglycol freisetzen. Polyethylen wird vor allem als Verpackungsmaterial verwendet und macht ungefähr 40 % der Gesamtproduktion an Plastik aus. Weitere Untersuchungen zeigten, dass das Mikrobiom im Verdauungstrakt eine wichtige Rolle spielt. Einige Bakterienstämme der Gattung *Acinetobacter* (Moraxellaceae,

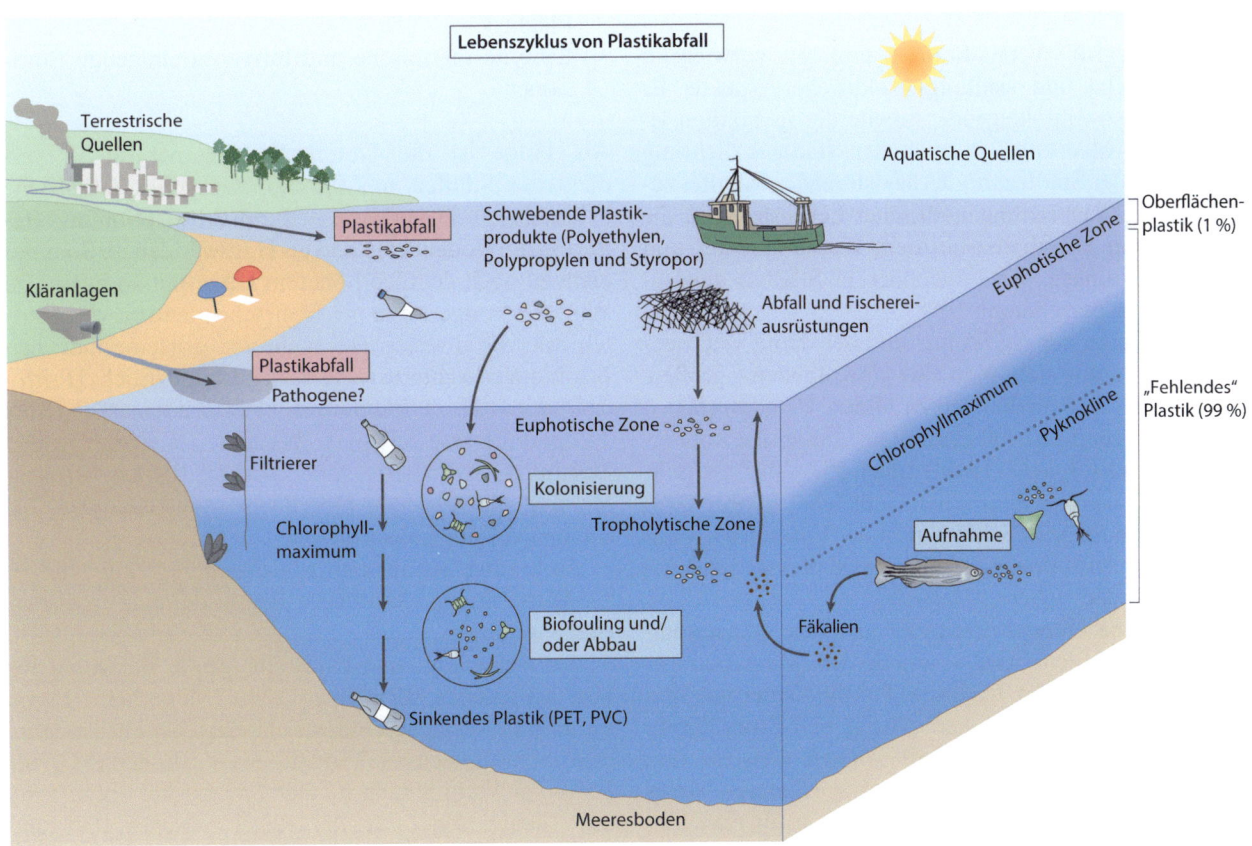

◘ Abb. 14.5 Der „Lebenszyklus" von Plastikabfällen. (Amaral-Zettler & Mincer, Abb. 2, © Springer Nature)

Pseudomonadales) überlebten über ein Jahr mit Plastik als exklusiver Kohlenstoffquelle (Cassone et al. 2020). Auch Pilze mit ihrer außerordentlichen enzymatischen Versatilität sind vielversprechende Kandidaten für den Abbau von Plastik. Hefen, Fadenpilze und parasitische Pilze (v. a. Chytridiomycota) bilden einen wichtigen Bestandteil des Biofilms auf Plastikabfällen.

14.3.3 Urbanisierung

Unter Urbanisierung versteht man die Ausbreitung städtischer Lebensformen. Eine Stadt lässt sich als eine abgegrenzte Siedlung mit einer eigenen Verwaltungs- und Versorgungsstruktur definieren, deren Einwohner überwiegend nichtagrikulturelle Beschäftigungen ausüben. Traditionell, in Mitteleuropa seit dem Spätmittelalter, war die Definition einer Stadt an die Verleihung der Stadtrechte gebunden. Heute wird vielfach die Einwohnerzahl zugrundegelegt. Die notwendige Mindestbevölkerung variiert aber zwischen etwa 200 (Dänemark), 2000 (Deutschland, Frankreich), 5000 (Österreich), 10.000 (u. a. Schweiz, Italien, Großbritannien) und 50.000 (Japan) Einwohnern. Im Einzelfall gibt es aber Ausnahmen. So gilt Arnis in Schleswig-Holstein seit 1934 als kleinste deutsche Stadt mit knapp 300 Einwohnern.

Der Begriff **Verstädterung** umfasst vorwiegend demografische und siedlungsstrukturelle Aspekte. Er beschreibt sowohl steigende Anteile der in Städten lebenden Bevölkerung wie auch der Städteverdichtung (Zunahme der Städtezahl). **Urbanisierung** beinhaltet zusätzlich die Ausbreitung städtischer Lebensformen, die sich z. B. in Haushaltstrukturen, Konsummuster und Wertvorstellungen der Einwohner in Städten ausdrücken (Wittig und Sukopp 1998).

Seit Beginn der Agrikultur und der damit wachsenden Bevölkerung sieht man eine klare Tendenz, größere und zahlreichere Siedlungen zu bilden. Babylon (600 v. Chr.) hatte rund 350.000 Einwohner, das antike Rom erreichte bereits 1 Mio. Heute leben 55 % der menschlichen Bevölkerung in urbanen Gebieten, im Jahre 2050 wird diese Zahl nach Schätzungen der UN auf 68 % ansteigen. Ca. 90 % dieser Zunahme wird in Asien und Afrika stattfinden.

Städtische Ökosysteme (oder genauer: Ökosystemkomplexe) werden bewusst durch den Menschen gestaltet. Dabei spielen Tradition, Politik, Ökonomie und Modetrends wichtige Rollen (Wittig und Streit 2004). Für ein vertieftes Verständnis können Geistes- und Sozialwissenschaften wichtige Beiträge liefern. Trotzdem halten viele Biologen Stadtökologie für eine biologische Wissenschaft. Wittig und Sukopp (1998) definieren denn auch Stadtökologie wie folgt: „Stadtökologie im engeren Sinn ist diejenige Teildisziplin der Ökologie, die sich mit den städtischen Biozönosen, Biotopen und Ökosystemen, ihren Organismen und Standortbedingungen sowie mit Struktur, Funktion und Geschichte urbaner Ökosysteme beschäftigt."

Im Gegensatz zur klassischen Ökologie ist Stadtökologie weitgehend als angewandte Wissenschaft entstanden. Ein wichtiges Ziel war und ist auch heute noch eine menschenfreundliche, die Umwelt nicht übermäßig belastende Stadt. Eine erweiterte Definition von Wittig und Sukopp (1998) lautet deshalb: „Stadtökologie im weiteren Sinn ist ein integriertes Arbeitsfeld mehrerer Wissenschaften aus unterschiedlichen Bereichen und von Planung mit dem Ziel einer Verbesserung der Lebensbedingungen und einer dauerhaften umweltverträglichen Stadtentwicklung."

Hier werden wir uns auf die engere Definition, d. h. Stadtökologie als Teilgebiet der biologischen Ökologie, konzentrieren. Im Vergleich zu ihrem Umland unterscheiden sich Städte in mehreren abiotischen Faktoren, die Fauna und Flora und ihre Wechselwirkungen beeinflussen.

Unterschiede zwischen Klima der Städte und ihres Umlands werden im Wesentlichen durch drei Faktoren bestimmt (Wittig und Sukopp 1998):
- Reduktion vegetationsbedeckter Flächen
- Umwandlung natürlicher Oberflächen in versiegelte Flächen
- Erhöhte thermische und luftverunreinigende Emissionen

Als Folge ist die Durchschnittstemperatur in verdichteten Städten um 0,5–1,5 °C erhöht (**städtische Wärmeinsel**). Dabei kann es durch Absorption und Reflexion am Bodenbelag und an Hauswänden im Sommer auch zu noch deutlich höherem Hitzestau kommen. Im Winter verringert sich die Wahrscheinlichkeit von Frösten, was die Invasion von mehreren frostempfindlichen Neobiota erleichterte (z. B. des Halsbandsittichs [*Psittacula krameri*, Psittaculidae, Psittaciformes]). Diese Temperaturverschiebungen beruhen zu einem großen Teil auf der reduzierten Albedo der städtischen Strukturen und der erhöhten Oberfläche von Gebäuden, die Sonnenstrahlung absorbieren.

In Städten erhöhen sich Niederschläge um rund 10 %. Trotzdem sind städtische Böden deutlich trockener (siehe unten).

Luftverschmutzung kann eine große Belastung für alle städtischen Bewohner sein (Menschen, Flora, Fauna). In westlichen Industrieländern der 1980er-Jahre erreichten die Schwefeldioxidkonzentrationen (SO_2) als Folge der Verbrennung fossiler Brennstoffe bis zu 1 mg m^{-3} (heute sind es in der Regel zwischen 0,01 und 0,05 mg m^{-3}) und in vielen Innenstädten verschwanden epiphytische Flechten und Moose.

Die Böden der Städte sind meistens trockener als im Umland. Mehrere Faktoren tragen dazu bei:
- Wegen der Entwässerung und der Oberflächenversiegelung sinkt der Grundwasserspiegel.
- Bodenaufträge erhöhen ebenfalls den Abstand zum Grundwasser.
- Ein erhöhter Sand- und Kieselgehalt verringert das Wasserhaltevermögen.

Ursprüngliche Ackerböden wurden häufig in Gartenböden (Hortisole) umgewandelt. Das führte zur lokalen Auflockerung der Struktur, Anreichung mit Ton sowie erhöhten Nährstoffkonzentrationen von N und P. Andererseits bewirken Fahrzeuge und Baumaschinen und menschlicher Tritt etwa in Parks Bodenverdichtungen.

Zement, Mörtelreste und Staubdepositionen erhöhen den pH-Wert. Gleichzeitig führen sie zu einer Anreicherung von Schadstoffen (Organika, Schwermetalle).

Im Winter verwendetes Streusalz kann zur Versalzung von Böden und Gewässern führen.

„Noch wichtiger als die Veränderung der abiotischen Umweltfaktoren ist in Städten die Tatsache, dass fast alle Flächen vom Menschen ständig oder zumindest sporadisch benutzt werden" (Wittig und Streit 2004). Dazu gehören die Errichtung von Gebäuden, Straßen und Parkplätzen, die zur Versiegelung der Oberfläche führt. Solche bebauten Flächen werden nur von wenigen spezialisierten Arten besiedelt, andererseits beeinflussen sie das städtische Klima, den Niederschlag, den Abfluss und die Schadstoffemissionen. In Großstädten sind diese indirekten Auswirkungen oft am ausgeprägtesten im Zentrum und nehmen in den Randzonen ab. Dementsprechend nimmt die Zahl der Pilz-, Flechten- und Moosarten zur Stadtperipherie hin zu.

Die Vegetation einer Stadt entwickelt sich zum Teil spontan, d. h. ohne menschliche Intervention. Zusätzlich werden in Gärten und Parkanlagen bewusst bestimmte Arten angepflanzt. Dabei nimmt der Beitrag von Neophyten stark zu. Die häufigsten Stadtarten findet man auch im Umland, vorwiegend auf Äckern oder entlang von Wegen, also in vom Menschen gestörten Habitaten. Auf Städte beschränkte Arten sind deutlich wärmeliebender.

Die Stadtflora ist charakterisiert durch:
- Heterogenität: Städte enthalten eine Vielzahl diverser, kleinflächiger Standorte. Fragmente natürlicher Lebensräume sind durchmischt mit Gärten, Parks und Grünanlagen.
- Dynamik: Städtische Lebensräume sind in der Regel kurzlebig und häufigen Störungen unterworfen. Dazu gehören Schadstoffemissionen, Trittbelastung, Nutzungswechsel oder vollkommene Zerstörung der Vegetation. Arten, die auf Habitatkontinuität angewiesen sind, fehlen deshalb.
- Schneller Artenwechsel: in Städten werden absichtlich oder zufällig kontinuierlich Pflanzensamen eingetragen. Einige dieser Arten überleben zumindest kurzfristig bis zur nächsten Störung.

Als Folge dieser Faktoren sind Samenpflanzen die einzige Gruppe des Pflanzenreichs, deren Artenreichtum pro Fläche deutlich höher in Städten als im Umland ist. Dabei nimmt der Beitrag von Neophyten stark zu.

Die Vegetation der Städte wird dominiert durch kurzlebige Ruderalarten, stickstoffbedürftige Hochstauden, Wiesen- und Rasengesellschaften und Gebüsche und Bäume. In Stadtzentren findet man vorwiegend an ständiges Betreten angepasste Arten sowie Ritzenvegetation.

Unter den angepflanzten Arten fallen vor allem Bäume auf. Ihre Dichte kann so groß sein, dass ein waldartiger Eindruck entsteht (**urban forest**). Naturnahe Wälder wie auch Sümpfe, Moore und Magerrasen findet man jedoch hier selten. Sie werden als **stadtmeidend** oder **urbanophob** bezeichnet.

Städtische Lebensräume sind praktisch immer artenärmer als jene im Umland. Ausnahmen gibt es bei Vögeln: Die Artendichte der Stadtrandzone kann höher als die im Zentrum oder im Umland sein. Die Stadt bietet oft ein reiches Nahrungsanbot (Abfälle, Winterfütterung). Nachteile sind erhöhte Störungen (Bautätigkeiten, Verkehr, Lichtverschmutzung). Wie an anderen Extremstandorten, erreichen erfolgreiche Arten oft hohe Populationsdichten.

Zu den Eigenschaften, die eine Existenz in Städten erleichtern, gehören u. a.:
- Geringe Fluchtdistanz
- Hohe Reproduktionsrate
- Geringe Körpergröße
- Ähnliche Nahrungsansprüche wie der Mensch (Omnivoren, Ratten, Hausmäuse)
- Bei Vögeln: ursprüngliches Habitat war ein reich strukturiertes, felsiges Gelände (Tauben, Schwalben und Schwalbenähnliche, Wanderfalke [*Falco peregrinus*, Falconidae, Falconiformes])
- Unempfindlichkeit gegen Umweltverschmutzung

Einige Arten haben sich auffallend gut an städtische Bedingungen angepasst und erreichen oft höhere Populationen als im Umland. Dazu gehören die Säuger Europäisches Eichhörnchen (*Sciurus vulgaris*, Sciuridae, Rodentia), Rotfuchs (*Vulpes vulpes*, Canidae, Carnivora), Steinmarder (*Martes foina*, Mustelidae, Carnivora) sowie mehrere Vogelarten wie Amsel (*Turdus merula*, Turdidae, Passeriformes), Türkentaube (*Streptopelia decaocto*, Columbidae, Columbiformes) und Haussperling (*Passer domesticus*, Passeridae, Passeriformes). Einige der typischen Stadtbewohner stammen von verwilderten oder gebietsfremden Arten ab, z. B. die Stadttaube, eine verwilderte Form der Felsentaube, (*Columba livia*, Columbidae, Columbiformes) und in Parkanlagen die Mandarinente (*Aix galericulata*, Anatidae, Anseriformes), Kanadagans (*Branta canadensis*, Anatidae, Anseriformes) sowie der Halsband- und der Alexandersittich (*Psittacula krameri* bzw. *eupatria*, Psittaculidae, Psittaciformes).

Untersuchungen der städtischen Flora und Fauna werden keine grundlegend neuen genetischen Mechanismen enthüllen. Sie erlauben jedoch, Wechselwirkungen zwischen evolutionären Prozessen und dynamischen Umfeldveränderungen unter neuen Gesichtswinkeln zu untersuchen (Diamond und Martin 2021). Wie beeinflussen typisch städtische Bedingungen das Zusammenspiel von Mutationsraten, natürlicher Selektion, genetischer Drift und Gründereffekt? Mehrere Forschungsergebnisse haben bereits dazu gezeigt, dass Evolution nicht ausschließlich über geologische Zeiträume beobachtet werden kann – urbane Habitate sind oft Hotspots schneller Evolution.

Angewandte und Grundlagenforschung überlagern sich häufig. Beobachtungen, wie sich die thermischen Adaptationen in städtischen Wärmeinseln entwickeln, geben Hinweise darauf, wie sich Arten an globale Erwärmung anpassen könnten.

In städtischen Ökosystemen finden sich viele Arten in einem neuen biologischen Umfeld, oft ohne Konkurrenten, Fressfeinde oder Mutualisten, mit denen sie in einer langwährenden, coevolutionären Beziehung standen. So nehmen Dichte und Aktivität von herbivoren Insekten im Stadtinneren in der Regel ab. Der Weißklee (*Trifolium repens*, Fabaceae, Fabales) besitzt die Fähigkeit, HCN (Blausäure) zur Verteidigung gegen Herbivoren zu bilden. Die dafür verantwortlichen Gene der Pflanze nehmen im Inneren zahlreicher Großstädte der bewohnten Kontinente signifikant ab, im Vergleich zum angrenzenden, weniger dicht besiedelten Umland (Santangelo et al. 2022). Für den städtischen Klee ist es offenbar vorteilhafter (d. h. metabolisch weniger aufwendig), auf diese nicht mehr gebrauchte Verteidigungsmaßnahme zu verzichten. In dieser Beziehung sind die Innenstädte von Toronto, Tokio oder München vergleichbar, was zu paralleler Evolution führte.

Das Beispiel illustriert, wie eine Art auf ein verändertes biotisches Umfeld reagieren kann. In anderen fungieren abiotische Faktoren als Auslöser. Bestäubung ist eine wichtige mutualistische Beziehung zwischen Tieren und Blütenpflanzen (▶ Abschn. 10.1). Farbe, Größe und UV-Muster der Blumen tragen entscheidend zur ihrer Attraktivität für den Pollinator bei. Cabon et al. (2022) untersuchten im Berliner Stadtgebiet, ob diese Merkmale mit biotischen (Gemeinschaft der Bestäuber) oder abiotischen Faktoren verknüpft sind. Global erwies sich die Proportion von versiegelter (wasserundurchlässiger) Oberfläche als aussagekräftigster Prädiktor. Dieser Faktor korrelierte positiv mit UV-Reflexion und negativ mit Diversität der Blumengrößen. Auf lokaler Stufe war vor allem die Temperatur entscheidend. Zumindest in dieser Studie konnten sich in erster Linie Pflanzen durchsetzen, die mit abiotischen Faktoren der Urbanisierung (Wärmeinsel, versiegelte Böden) zurechtkamen. In den neuen städtischen Ökosystemen fehlen allerdings oftmals die Bestäuber, mit denen Pflanzen in einer langen coevolutionären Beziehung standen.

14.4 Der Klimawandel beeinflusst die gesamte Biosphäre

14.4.1 Wetter, Witterung und Klima

Die Verwechslung der Begriffe Wetter, Witterung und Klima führt immer wieder zu Missverständnissen. Gemäß dem Deutschen Umweltbundesamt (UBA) ist Wetter „der physikalische Zustand der Atmosphäre an einem bestimmten Ort oder in einem Gebiet zu einem bestimmten Zeitpunkt oder in einem kurzen Zeitraum von Stunden bis hin zu wenigen Tagen" (▶ https://www.umweltbundesamt.de/service/uba-fragen/was-ist-eigentlich-klima). Dieser Zustand wird durch meteorologische Faktoren wie Lufttemperatur, -druck und -feuchte, Windgeschwindigkeit und -richtung, Bewölkung und Niederschlag erfasst. Durchschnittswerte über ein paar Tage bis mehrere Wochen charakterisieren die Witterung an einem Ort oder in einem Gebiet.

Als Klima bezeichnet man den Ablauf des Wetters über längere Zeiträume. Die Weltorganisation für Meteorologie (WMO, World Meteorological Organization) empfiehlt mindestens 30 Jahre, aber auch Jahrhunderte und Jahrtausende sind bei der Erforschung und Charakterisierung des Klimas gebräuchlich. Das Klima wird durch statistische Analysen der Atmosphäre charakterisiert, wobei nicht nur Durchschnittswerte, sondern auch die Häufigkeit von Extremen berücksichtigt werden. Für die Biosphäre sind Temperatur und Niederschlag die wichtigsten meteorologischen Faktoren. Gemeinsam sind sie dafür entscheidend, wie viel Wasser den terrestrischen Organismen zur Verfügung steht. Klima- und Vegetationszonen sind deshalb als weitgehend deckungsgleich zu betrachten (▶ Kap. 12).

14.4.2 Atmosphäre und Klimawandel

Das Klima ist besonders eng mit dem Kohlenstoff- und Wasserkreislauf verknüpft (Abschn. 3.6). Die Atmosphäre der frühen Erde enthielt H_2S, Methan und zehn- bis 200-mal so viel CO_2 wie die heutige Atmosphäre. Cyanobakterien begannen vor rund 2,5 Mrd. Jahren

14.4 · Der Klimawandel beeinflusst die gesamte Biosphäre

durch Photosynthese Sauerstoff freizusetzen (▶ Abschn. 5.1.1). Für die damals dominierenden Bakterien war Sauerstoff so lange ein Gift, bis diese Lebensformen Enzyme entwickelten, mit deren Hilfe sie aus der Oxidation organischer Substanzen Energie gewinnen konnten. Die dadurch eingeleiteten Prozesse führten zur heutigen Atmosphäre mit einem Sauerstoffgehalt von 21 %. Gleichzeitig verringerte sich wegen zunehmender Photosynthese und Deposition des Kohlenstoffs in Carbonatsedimenten der Kohlenstoffdioxidgehalt. Wegen des reduzierten Treibhauseffekts sanken Temperaturen, bis sich in manchen Regionen Eis bildete. Brian Harland stellte 1964 die sogenannte Schneeballhypothese vor, wonach die Erde vor rund 600 Mio. Jahren komplett vereist gewesen sei (Maslin 2014). Wahrscheinlicher handelte es sich jedoch um eine „Matschballerde" mit eisfreien Ozeanregionen am Äquator. Heute wird weithin akzeptiert, dass es vor 2,5 und 2,3 Mrd. Jahren und vor 900 und 600 Mio. Jahren zu zwei großen Vereisungsphasen kam. Ursache des Temperaturanstiegs nach der Vereisungsphase könnte sein, dass die bakterielle Primärproduktion weitgehend zum Erliegen kam und der CO_2-Gehalt wieder anstieg.

Global betrachtet wird über längere Zeiträume etwa gleich viel CO_2 durch Atmung freigesetzt wie durch Photosynthese fixiert. Allerdings ist der Kohlenstoffhaushalt nie völlig ausgeglichen. Nicht oder unvollständig abgebaute Überreste von Organismen wurden über Jahrmillionen in fossile Brennstoffe umgewandelt. Gleichzeitig kam es zu ausgeprägten Schwankungen des CO_2-Gehalts der Atmosphäre (◘ Abb. 14.6). In der Kreidezeit (vor 100 Mio. Jahren) war er vier- bis achtmal so hoch wie heute und die Biosphäre erlebte das wärmste Klima aller Zeiten. Seither ist der CO_2-Gehalt mehr oder weniger kontinuierlich bis zum Ende der letzten Kaltzeit gesunken. Veränderungen während der letzten 800.000 Jahre sind in ◘ Abb. 14.6 zusammengefasst. Bis zur Mitte des 20. Jahrhunderts blieb er weitgehend unter 300 ppm.

Seit etwa 3 Mio. Jahren ist es weltweit nicht nur bedeutend kühler geworden, sondern das Klima wechselte auch zwischen zwei Extremen, den Kalt- und Warmzeiten, mit einer Periode von etwa 100.000 Jahren. Die letzte Kaltzeit hatte ihren Höhepunkt vor etwa 21.000 Jahren und ging vor etwa 10.000 Jahren zu Ende.

Vor der Industrialisierung um 1750 enthielt die Atmosphäre rund 280 ppm (parts per million) CO_2, um 1950 etwa 310 ppm und um 2006 380 ppm. Im Jahr 2020 war der durchschnittliche Gehalt 417,2 ppm. Die jährliche Zuwachsrate wird auf 1,5 ppm geschätzt (rund 0,4 %). Im Jahr 2019 betrugen CO_2-Emissionen durch fossile Brennstoffe rund 33 Mrd. t. Wegen COVID-19 gingen sie 2020 temporär um rund 6,4 % oder 2,3 Mrd. t zurück.

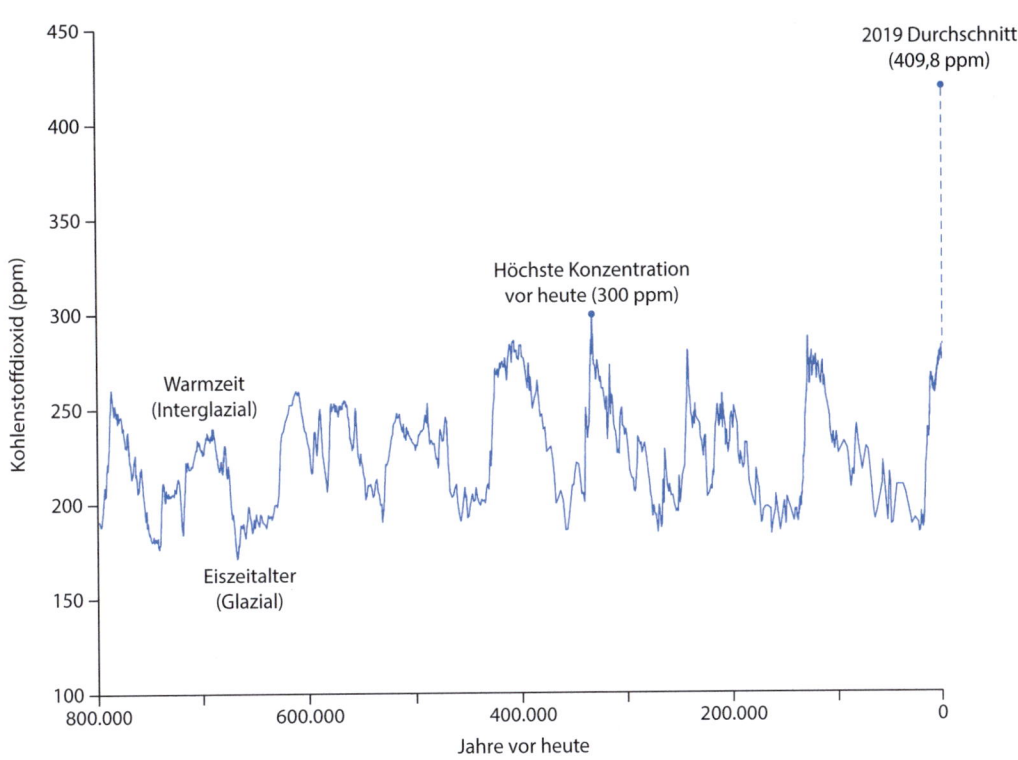

◘ **Abb. 14.6** CO_2-Gehalt der Atmosphäre während den letzten 800.000 Jahre. (Grafik von NOAA ▶ Climate.gov based on data from Lüthi et al. 2008, via NOAA NCEI Paleoclimatology Program)

Rund 85 % der Energie wird aus fossilen Brennstoffen gewonnen (34 % Erdöl, 27 % Kohle, 24 % Erdgas). Nukleare Energie, Energie aus Wasserkraft und alle erneuerbaren Energiequellen machen bisher nur 15 % aus. Als Folge der modernen industriellen Ökonomie fließen jedes Jahr 9,5 Mrd. t Kohlenstoff in die Atmosphäre.

14.4.3 Treibhausgase und Temperaturanstieg

Unter dem Schlagwort „Klimawandel" versteht man den Anstieg der Durchschnittstemperatur der erdnahen Atmosphäre und der Meere seit Beginn der modernen Industrialisierung. Zusätzlich spielen Extreme eine wichtige Rolle. Voraussagen lassen sich in der Regel am zuverlässigsten mit hochaufgelösten Lokalmodellen erstellen. Eine Zusammenfassung der prognostizierten Veränderungen in Deutschland findet man in Brasseur et al. (2017).

Der grundsätzliche Zusammenhang zwischen Temperatur und CO_2 wurde schon 1896 durch den schwedischen Wissenschaftler Svante Arrhenius postuliert, der eine Erklärung für die zyklischen Kaltzeiten suchte. Die kausale Verknüpfung zwischen Treibhausgasen (CO_2, CH_4, N_2O; außerdem synthetische Substanzen wie CCl_2F_2, $CHClF_2$) und Atmosphärentemperatur steht heute außer Frage: Rund die Hälfte der Sonnenstrahlung wird absorbiert und in langwellige Strahlung umgewandelt, welche durch Treibhausgase absorbiert wird und dadurch die Atmosphäre erwärmt. Ohne diesen Effekt betrüge die aktuelle Lufttemperatur bodennaher Schichten nicht durchschnittlich +15 °C, sondern rund −18 °C.

Parallel zur Anreicherung von CO_2 in der Atmosphäre aufgrund der Nutzung fossiler Brennstoffe hat sich die globale Temperatur erhöht. Dabei wird in der Regel die durchschnittliche Temperatur zwischen 1951 und 1980 als Norm angenommen (formelle Temperaturanalysen des NASA Goddard Institute for Space Studies begannen um 1980; die jüngste Klimaperiode von 30 Jahren erstreckt sich deshalb von 1951 bis 1980). Abweichungen von dieser Standardtemperatur werden als Anomalie interpretiert. Über ein Jahrzehnt gemittelte Werte zwischen 1880 und 2010 sind in ◘ Abb. 14.7 zusammengefasst.

Zwischen 1880 und 2020 betrug dieser Anstieg etwas mehr als 1 °C. Dabei bestehen große regionale Unterschiede. Besonders betroffen sind die Arktis und Teile Zentralasiens, während Teile der Antarktis bis jetzt weitgehend unberührt geblieben sind. Auch in vielen Regionen Mitteleuropas ist die mittlere Temperatur stärker angestiegen, als dem globalen Durchschnitt entspricht.

In Klimarekonstruktionen über längere Zeiträume steigt die Temperatur oft vor der CO_2-Konzentration an. Daraus könnte man fälschlicherweise schließen, dass die Temperatur für den CO_2-Anstieg verantwortlich ist, was die übliche Interpretation des Klimawandels auf den Kopf stellen würde. Diese Diskrepanz beruht auf zwei Phänomenen:

— CO_2 war nicht der primäre Auslöser der Wärmeperioden nach den Kaltzeiten. Schwankungen in der Erdumlaufbahn waren dafür verantwortlich. Das führte zu periodischen Schwankungen der Strahlungsenergie, welche die Erdatmosphäre trifft. Erreicht sie ein Maximum, erwärmt sich die Erde. Das stimuliert Abbauprozessen und verringert die Löslichkeit von Gasen in den Ozeanen. Als Folge wird mehr CO_2 freigesetzt, was die ursprüngliche Erwärmung verstärkt.

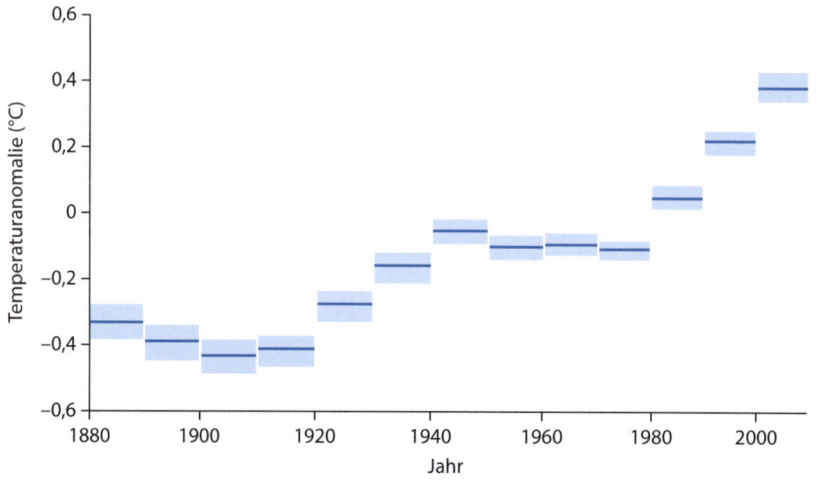

◘ Abb. 14.7 Globale Temperaturanomalien seit 1850, jeweils über ein Jahrzehnt gemittelt. 0 entspricht der mittleren Temperatur zwischen 1951 und 1980. (Nach Maslin 2014, mit Daten von NASA Goddard Institute for Space Studies; Met Office Hadley Centre/Climatic Research Unit; NOAA National Climatic Data Center; Japanese Meteorological Agency)

- Das zweite Phänomen ist ein messtechnisches Problem. Die historische Temperatur wird aus dem Gehalt von Gletschereis an ^{18}O rekonstruiert. Dieser Sauerstoff stammt direkt aus dem Wasser, das den Gletscher bildete. Für den CO_2-Gehalt stützt man sich auf Gasbläschen, die im Eis eingeschlossen wurden. Nun kann es unter Umständen Jahrhunderte bis Jahrtausende dauern, bis sich Schnee in Eis verwandelt. Während dieser Übergangsperiode werden Gase, darunter CO_2, zwischen dem sich bildenden Gletscher und der Atmosphäre ausgetauscht. Im Gletscher eingeschlossenes CO_2 repräsentiert also eine Mischung des atmosphärischen Gehalts über Jahrhunderte bis Jahrtausende.

Eine überwältigende Mehrheit der Klimaforscher akzeptiert heute, dass
- die globale Temperatur seit Beginn der Industrialisierung gestiegen ist,
- dieser Anstieg überwiegend auf den erhöhten CO_2-Gehalt der Luft zurückzuführen ist,
- die Hauptursache für Temperatur- und CO_2-Anstieg die Nutzung fossiler Brennstoff ist und
- dass ein weiterer Ausstoß von CO_2 aus fossilen Lagerstätten (Kohle, Erdöl, Erdgas) immer schwerwiegendere Folgen für die Biosphäre nach sich ziehen wird.

Der Konsens ist allerdings weniger eindeutig, wenn es um Einzelgebiete der Klimaforschung geht (z. B. die Rolle von Luftfeuchtigkeit und Wolken, Meereseis; wie genau die Modelle Temperaturen und Extremwetter für die nächsten zehn, 20, 30 Jahre voraussagen können). Meinungsunterschiede bestehen auch darüber, welche Mischung von Anpassungsmaßnahmen (z. B. angepasste Infrastrukturen, um Extremwetter zu überstehen), Geoengineering und Senkung bzw. unverzüglicher, totaler Stopp des Gebrauchs fossiler Brennstoff vorzuziehen ist (▶ Abschn. 15.2.3).

Der Soziologe Dennis Bray und der Klimaforscher Hans von Storch haben mehrere detaillierte Meinungsumfragen durchgeführt. Die Ergebnisse sind frei von der Webseite des GKSS-Forschungszentrums Geesthacht, Deutschland, abrufbar (▶ https://tinyurl.com/yy3jzgwb). Ein wichtiger Aspekt ist, wie mögliche negative Folgen des Klimawandels aussehen. Dabei findet man das ganze Spektrum von apokalyptischen Warnungen vor imminentem Kollaps bis zur Verharmlosung.

Einige Wissenschaftler und Journalisten sehen sich verpflichtet, die möglichen extremen Folgen darzustellen, um vor den Gefahren des Nichtstuns zu warnen. In einer Umfrage unter Klimaforschern lehnte eine Mehrzahl diesen Ansatz jedoch ab. Auf einer Skala von 1 (komplette Ablehnung) zu 7 (volle Unterstützung) war die durchschnittliche Bewertung nur 2.

Wie Projektionen des menschlichen Populationswachstums gezeigt haben, treten Extremfälle selten auf. Das kann dazu führen, dass spätere Warnungen nicht mehr ernst genommen werden (siehe Äsops Fabel vom Hirtenjungen, ▶ Abschn. 14.2.2). Wenn man andererseits apokalyptische Warnungen ernst nimmt oder diese zu häufig oder drastisch präsentiert werden, kann das leicht zu einem lähmenden Gefühl der Ohnmacht führen mit der Folge eines bewussten Weghörens oder gar einer depressiven Grundstimmung („Soll ich in der heutigen Zeit überhaupt noch Kinder kriegen?").

Die Gefahren des Klimaalarmismus (im englischen Sprachraum oft als *climate porn* bezeichnet) haben von Storch und Krauss (2013) aufgrund persönlicher Erlebnisse dargestellt. Sie schreiben u. a.: „Die Klimaforschung wurde von der Politik gekidnappt, um ihre Entscheidungen als von der Wissenschaft vorgegeben und als alternativlos verkaufen zu können."

14.5 Die Bedrohung von Lebensräumen und Artenvielfalt

Viele Biologen sind davon überzeugt, dass wir uns inmitten des sechsten Massenaussterbens befinden. Hauptverantwortlich dafür sind der Mensch und seine Aktivitäten. Gemäß IBPES (Intergovernmental Science-Policy Platform on Biodiversity and Ecosystem Services; ▶ https://www.ipbes.net) sind die wichtigsten Faktoren:
- Veränderte (i. A. intensivere) Nutzung von Land und Ozeanen durch den Menschen
- Direkte Entnahmen von Arten (Fischerei, Jagd)
- Klimawandel
- Verschmutzung der Lebensräume
- Invasive Arten

Dabei kann die Bedeutung der fünf Faktoren und ihrer Interaktionen je nach geografischer Lage und Artengruppe variieren. Einen guten Einstieg in die Komplexität von Artensterben und -überleben geben die Arbeiten von Joseph H. Reichholf (2006, 2008, 2015). Eine klare Übersicht, wie Klimawandel ökologische Mechanismen beeinflusst, vom Individuum zu paarweisen Wechselbeziehungen zu Ökosystemen und ihren Dienstleistungen, mit besonderer Betonung auf Deutschland, findet man in Klotz und Settele (2017).

Die offensichtlichste Folge des Klimawandels sind steigende Temperaturen, die einen direkten Einfluss auf Gedeihen und Überleben der Organismen haben. In Gewässern führt der steigende CO_2-Gehalt zu einer Versauerung, was viele aquatische Habitate und Organismen negativ beeinflusst.

Die Wärmeexpansion des Wassers, kombiniert mit schmelzendem Eis von Grönland und den Polkappen, kann zur Überschwemmung küstennaher Gebiete führen und damit zum Habitatverlust terrestrischer Arten. Andererseits werden schnee- und eisfreie Flächen zunehmen.

Besonders gefährdet sind Arten, die der zunehmenden Erwärmung oder auch Überschwemmungsgefahr nicht ausweichen können. Das umfasst z. B. Bewohner von Inseln oder von geografisch isolierten Berggipfeln, die oft endemisch von kleinen Populationen besiedelt sind. Insgesamt wird der Klimawandel stärkere Auswirkungen auf die Vegetation im Norden und in mittleren Breitengraden haben. Stark bedroht sind auch Korallenriffe. Bei steigenden Temperaturen und Versauerung durch den hohen CO_2-Gehalt des Wassers verlieren sie ihre symbiotischen Algen (Zooxanthellen) (▶ Abschn. 10.5.1), werden gebleicht und sterben. Andere wichtige Faktoren, die zum Rückgang insbesondere von tropischen Korallenriffen beitragen, sind Fischerei, industrielle Verschmutzung, Sedimenteintrag und Bauaktivitäten.

Durchschnittswerte sind nützliche Hinweise auf die zu erwartende Größenordnung des Klimawandels. Wichtiger für Ökosysteme (und die Wirtschaft) sind jedoch häufig Extremwerte, die sich in Wetterereignissen wie Hitzewellen, Überschwemmungen, Orkanen und Waldbränden manifestieren. In der Presse hört man deshalb häufig die Frage: „Ist Klimawandel für diese Hitzewelle, diesen Waldbrand verantwortlich?" Streng genommen muss die Antwort immer „nein" heißen, da alle Wetterereignisse durch ein komplexes Gefüge von Faktoren kontrolliert werden. Eine neuere Entwicklung der Klimaforschung erlaubt es jedoch, die Wahrscheinlichkeit extremer Wetterereignisse bei Klimakonstanz und Klimawandel zu vergleichen. Eine gute Einführung findet man in Swain et al. (2020).

Umweltveränderungen führen nicht zwangsläufig zum Aussterben einer Art. Phänotypische Plastizität kann das Überleben in unterschiedlichen Lebensräumen ermöglichen. Genetische Variabilität erlaubt Anpassung an sich verändernde Umweltbedingungen. Oder die bedrohte Art kann durch Migration benachbarte Ökosysteme kolonisieren.

Das Aussterberisiko ist besonders groß bei Arten, die auf wenige, kleine Populationen in einem engen geografischen Raum verteilt sind und die zusätzlich vom Menschen ausgebeutet werden. Andererseits wird die Kolonisierung von benachbarten Ökosystemen erleichtert durch zahlreiche Nachkommen, die über größere Distanzen verbreitet werden können. Generalisten finden leichter eine neue Heimat als Spezialisten. Im Prinzip ließe sich die fundamentale Nische durch eine Phänotypisierung (*phenomics*) definieren (▶ Abschn. 4.2) Daraus könnte man die Wahrscheinlichkeit abschätzen, ob sich eine Art erfolgreich in einer neuen Umgebung behaupten kann. Allerdings befinden sich solche Studien erst im Anfangsstadium.

Wegen der vielfältigen, oft subtilen Vernetzungen hat der Verlust einer Art praktisch immer Konsequenzen für andere Mitglieder der Biozönose (Klotz und Settele 2017). Diese Konsequenzen sind oft sehr schwierig oder unmöglich voraussagbar. Beute und Prädatoren können verschieden auf jahreszeitliche Klimaverschiebungen reagieren. Das kann zu Nahrungsmangel bei Samen- oder Insektenfressern und zu Populationsexplosionen bei Beutearten führen.

14.6 Artensterben und Klimawandel

Es besteht kein Zweifel daran, dass Artensterben existiert und durch anthropogene Eingriffe beschleunigt wird. Zuverlässige Schätzungen des Einflusses des Klimawandels sind allerdings schwierig. Als Grundlage dient häufig eine 2004 veröffentlichte Studie von Chris Thomas und Mitarbeitern. Sie untersuchten Populationen von 1103 Pflanzen- und Tierarten, deren Habitat insgesamt 20 % der Erdoberfläche umfassen. Sie modellierten für verschiedene Temperaturszenarien die bis 2050 zu erwartenden Aussterberaten. Bei der geringsten Erwärmung zwischen 0,8 und 1,7 °C sind rund 18 % dem Untergang geweiht. Bei einer Erwärmung zwischen 1,8 und 2,0 wären es 25 % und bei einem Anstieg über 2,0 °C mehr als ein Drittel. Für diese Schätzungen stützten sich die Autoren auf die heutige Verteilung der untersuchten Arten auf Grundlage klimatischer Faktoren. Damit bestimmten sie die gegenwärtig beobachteten, artspezifischen Nischenhypervolumina, d. h. klimatische Bedingungen, unter denen die untersuchten Arten heute existieren. Auf der Basis von Modellen schätzten sie dann, wie sich die Gesamtflächen der verschiedenen Klimazonen verändern werden. Schließlich berechneten sie mit der Arten-Areal-Beziehung, wie viele Arten auf den nach dem Klimawandel überbleibenden Flächen überleben könnten. Aus dieser und ähnlichen Studien wurde geschlossen, dass die aktuelle Aussterberate bis zu 100-mal, für besonders gefährdete Gruppen bis zu 1000-mal höher ist als die über längere geologische Perioden beobachtete „normale" Rate.

Diese Rate übersteigt bei Weitem die Zahl neu entstehender Arten durch Evolution: Die Biosphäre verliert also zunehmend an Diversität und stellt die Menschheit vor ein ernstes Problem. Allerdings gibt es gute Gründe anzunehmen, dass die von Thomas et al. (2004) errechneten Extremwerte mit großen Unsicherheiten behaftet sind und aktuelle Extinktionsraten überschätzen:

- Es ist sehr schwierig, das globale Aussterben einer Art zu dokumentieren. Häufig überleben besonders unauffällige Arten in Restpopulationen.
- Erwartete Aussterberaten werden überwiegend von der Arten-Areal-Gleichung abgeleitet. Aus wegen des Klimawandels geschrumpften Überresten der ursprünglichen Fläche wird die theoretisch überlebende Artenzahl berechnet. Empirisch und mathematisch konnte jedoch gezeigt werden, dass die Zahl der überlebenden Arten praktisch immer beträchtlich höher als erwartet ist.
- Bei den meisten dokumentierten Fällen handelt es sich um Wirbeltiere und Pflanzen, die relativ leicht zu beobachten sind. Aussterberaten für die wesentlich artenreicheren wirbellosen Tiere und Mikroorganismen sind viel schwieriger zu erfassen und könnten ein verändertes Bild ergeben.

Eine zusätzliche Komplikation besteht darin, dass Arten oft zeitlich verzögert auf Umweltveränderungen reagieren – langlebige Individuen überleben möglicherweise Bedingungen, die keine Fortpflanzung mehr erlauben (was zu lokalem Aussterben führen wird). Oder die Besiedlung von veränderten, neu geeigneten Habitaten durch Pflanzen verzögert sich wegen intrinsischer Beschränkungen der Ausbreitung (Block et al. 2022).

14.7 Artensterben in ausgewählten Gruppen

14.7.1 Wirbeltiere

Während der letzten 500 Jahre sind global mindestens 368 **Wirbeltierarten** ausgestorben, zum größten Teil wegen direkter (z. B. Jagd) oder indirekter (z. B. Zerstörung von Habitaten) menschlicher Eingriffen. Etwa 18 % der rund 66.000 heute existierenden bekannten Arten werden als bedroht klassifiziert (IUCN). Die Gefährdung ist besonders akut für Herbivoren, vor allem für herbivore Reptilien und allgemein für große Herbivoren.

Besonders gut untersucht sind **Vögel**. Von den 11.154 in geschichtlicher Zeit bekannten Arten sind 159 (1,4 %) ausgestorben, 226 (2 %) sind vom Aussterben bedroht und 800 (7,2 %) werden als gefährdet klassifiziert (IUCN 2020). Bis Ende des Jahrhunderts könnte bis zu einem Drittel der Arten verschwinden. Die Mehrzahl der bisherigen Verluste wurde auf Inseln im Pazifik beobachtet. Als wichtigste Ursachen gelten Habitatverlust und Umweltverschmutzung, daneben gezielter Wegfang der Adulttiere oder ihrer Eier zu Ernährungszwecken (z. B. bei Dodo, Riesenalk, Moas).

14.7.2 Wirbellose Tiere

Wirbellose Tiere sind sehr viel artenreicher als Wirbeltiere. Rund 1.300.000 Arten sind bekannt, 77 % davon gehören zu den Insekten, die insgesamt rund 80 % aller Nutz- und Wildpflanzen bestäuben (▶ Kap. 10). In einer langjährigen Studie der Insekten in den Wäldern von Costa Rica wurden seit den 1970er-Jahren sinkende Populationsgrößen und Diversität beobachtet. Dieser Trend hat sich seit 2005 verschärft. Als wichtigste Ursache wurde der lokale Klimawandel identifiziert. Steigende Temperaturen modifizierten die üblichen jahreszeitlichen Signale für Pflanzenaktivitäten und davon abhängige Insekten, Niederschläge wurden unregelmäßig und neigten zu Extremen. Warme Luftmassen stiegen nach oben und zerstörten den Schutzschild der Wolken.

Auch in den USA und Europa gehen Insektenpopulationen und -diversität zurück. Die ersten, anekdotischen Hinweise stammen aus den 2000er-Jahren. Fernfahrer beobachteten, dass ihre Windschutzscheiben weniger schnell durch zerschmetterte Insekten beschmutzt wurden.

Eine Recherche der Literatur zeigt, dass der Insektenrückgang ein globales Phänomen ist (Sánchez-Bayo und Wyckhuys 2019). Gleichzeitig erhöhen sich die Populationen einiger Insektenarten. Es handelt sich dabei um Generalisten, die entleerte Nischen in den Lebensräumen besetzen, auch importierte Neozoen wie die Tigermücke oder ehemals der Kartoffelkäfer.

Die wichtigsten Faktoren, die zum Insektensterben beitragen, sind:
- Habitatverluste, intensivierte Landwirtschaft, Verstädterung
- Verschmutzung durch Düngemittel und Pestizide
- Biologische Faktoren wie Pathogene und Konkurrenz durch neu zugewanderte Arten
- Klimawandel

Der Klimawandel spielt in den Tropen wegen erhöhter Temperaturen und veränderter Niederschlagsdynamik eine entscheidende Rolle, ist jedoch von geringerer Bedeutung für die meisten Arten der gemäßigten Zonen (Perez et al. 2016).

14.7.3 Mikroorganismen

Mikroorganismen haben eine fundamentale Bedeutung in allen Ökosystemen, werden aber selten in Zusammenhang mit dem Klimawandel diskutiert. So ist z. B. **marines Phytoplankton** verantwortlich für rund 50 % der globalen CO_2-Fixierung, obwohl es nur etwa 1 % der irdischen Pflanzenbiomasse ausmacht. Verglichen mit terrestrischen Pflanzen ist Phytoplankton über eine größere Fläche verteilt, unterliegt weniger jahreszeitlichen Schwankungen, hat aber einen schnelleren Turnover als beispielsweise Bäume, die eine lange Lebensspanne haben. Phytoplankton reagiert somit schnell auf globale oder lokale Klimaveränderungen. Zurzeit besteht allerdings kein Konsens darüber, ob der Klimawandel die globale Primärproduktion in den Ozeanen erhöhen oder senken wird und ob letzten Endes CO_2 in der Atmosphäre durch die marine Primärproduktion eher zu- oder abnehmen wird (Cavicchioli 2019). Temperatur, CO_2-Gehalt im Wasser und Nährstoffe wie N und P führen zu komplexen und oft kontraintuitiven Reaktionen der verschiedenen Phytoplanktonorganismen. Oft ist die Zellgröße ein wichtiger Adaptationsmechanismus. Sie beeinflusst u. a. die Größe der Schnittstelle zwischen der Umwelt und dem Zellinhalt. Mit zunehmender Stratifikation (die parallel zur Temperatur ansteigt, ▶ Abschn. 13.1.1.6) gewinnen kleinere Zellen einen Vorteil, vermutlich wegen zunehmender Konkurrenz um Nährstoffe. Im marinen System verursacht wärmeres Wasser zusammen mit Übersäuerung, Überdüngung sowie unkontrollierter Fischerei und starkem Tourismus die Schädigung von Korallenriffen und Förderung des Wachstums von Makroalgen und Cyanobakterienmatten.

In terrestrischen Lebensräumen wird die Primärproduktion von **höheren Pflanzen** dominiert. Böden enthalten mehr organischen Kohlenstoff als Atmosphäre und Vegetation zusammen. Mikroorganismen regulieren den Abbau und damit die Produktion von CO_2 (Abschn. 12.1.5). Höhere Temperaturen werden diesen Prozess in der Regel beschleunigen. Voraussetzung sind allerdings genügend Feuchtigkeit und anorganische Nährstoffe. Besonders verletzlich gegenüber dem Klimawandel sind Permafrostböden, definiert als Böden, die während mindestens zwei Jahren eine Temperatur von unter 0 °C aufweisen. Sie belegen 25 % der Erdoberfläche. In Zentralsibirien kann der Boden bis 1500 m tief gefroren sein. Taut der Permafrost, verwandeln neu aktivierte Mikroorganismen organische Materialien in Methan und Kohlenstoffdioxid, was den Treibhauseffekt verstärkt.

Die Aktivitäten von **Pilzen** sind ebenfalls temperaturabhängig. Sie spielen eine wichtige Rolle als Destruenten und als symbiotische Partner von über 80 % der terrestrischen Pflanzen (▶ Abschn. 8.1). Der Temperaturanstieg zwischen 1940 und 2006 korreliert mit einer Verschiebung der herbstlichen Fruchtkörperbildung um 12,9 Tage (Basidiomycota; Auswertung von 34.500 Herbarproben). Mehrere Arten begannen damit, zweimal im Jahr Fruchtkörper zu bilden. Vermutlich erlauben wärmere Jahreszeiten eine längere Wachstumsperiode und erhöhte Abbauleistungen. Die ökologischen Auswirkungen sind jedoch weitgehend unbekannt.

Als Symbiosepartner beeinflussen **Mykorrhizen** (▶ Abschn. 8.1.2) die Reaktion der Pflanzen auf den Klimawandel. Der Effekt begünstigt auch die Etablierung invasiver Pflanzen. Angesichts der Vielfalt von mykorrhizabildenden Pilzen, assoziierten Pflanzen und Umweltfaktoren erstaunt es nicht, dass keine allgemeingültigen Aussagen möglich sind. Erschwerend kommt dazu, dass 92 % der Studien in der nördlichen Hemisphäre unternommen wurden und die Resultate nicht zwangsläufig auf andere Regionen übertragen werden können. Zumindest in einigen Studien konnte jedoch gezeigt werden, dass symbiotische Pilze die Pflanze gegen das Aussterberisiko schützen können, indem sie z. B. die Wahrscheinlichkeit erhöhen, dass die Pflanze erfolgreich neue Habitate besiedelt.

Für **aquatische Hyphomyceten** (▶ Abschn. 13.2.3.2) wird prognostiziert, dass steigende Temperaturen ihre Aktivität stimulieren werden, während der Beitrag von wirbellosen Tieren zum Blattabbau abnimmt. Wegen der höheren Effizienz der Pilze wird dadurch insgesamt ein größerer Anteil des organischen Kohlenstoffs als CO_2 in die Atmosphäre abgegeben.

Die Bewertung des Lebens von Mikroorganismen in frühen Zeiten der Evolution unter veränderten klimatischen Bedingungen ist sehr schwierig. Insbesondere für **Bakterien** sind nur sehr spärliche Fossilien bekannt. Bakterielle evolutionäre Geschichte muss deshalb weitgehend aus DNA-Sequenzen abgeleitet werden. Die Annahme, dass Bakterien wegen ihrer enormen Populationen nicht aussterben, hat sich auf Grundlage dieser Daten als falsch erwiesen. Allerdings konnten Bakterien durch ihre hohe Anpassungsfähigkeit an die Umweltbedingungen ein Massenaussterben vermeiden. Ihre Diversität hat in den letzten Milliarden Jahren stetig zugenommen.

Man kann sich Ökosysteme als eine Formation von **Biomassekompartimenten** vorstellen, die miteinander durch den Fluss von Energie in Form von Kohlenstoffverbindungen verknüpft sind (▶ Abschn. 4.3.3). Sonnenenergie erlaubt es Pflanzen und einigen Mikroorganismen (Cyanobakterien), CO_2 in organische Moleküle umzubauen. Die Gesamtmenge, die z. B. während eines Jahres fixiert wird, bezeichnet man als Gesamtprimärproduktion (GPP, *gross primary production*). Ein Teil davon wird durch Atmung wieder als CO_2 ausgeschieden (R_a, autotrophe Respiration). Übrig bleibt die Nettoprimärproduktion (NPP). Sie dient als Energie- und Nahrungsgrundlage für heterotrophe Mikroorganismen und Tiere, deren CO_2-Ausstoß als R_h (heterotrophe Respiration) bezeichnet wird. Der Ausdruck $GPP - R_a - R_h$ ist ein Maß für die **Nettoöko-**

systemproduktion (**NEP**; *net ecosystem production*). Stehen Nettoprimärproduktion (NPP) und heterotrophe Respiration (R_h) der gesamten Biosphäre im Gleichgewicht, verändern biologische Vorgänge weder den CO_2-Gehalt der Atmosphäre noch die Gesamtmenge des organischen Kohlenstoffs.

Der Verbrauch fossiler Brennstoffe hat den CO_2-Gehalt in der Atmosphäre klimabeeinflussend stetig erhöht. Der CO_2-Gehalt und die Dynamik von Temperatur und Niederschlag beeinflussen sowohl den Verbrauch (bei der Photosynthese) wie auch den Ausstoß (bei Abbauprozessen) von CO_2. Mikroorganismen spielen eine entscheidende Rolle in beiden Prozessen und beide werden in der Regel durch höhere Temperaturen stimuliert. Es ist jedoch nicht klar, ob das im Endeffekt einen erhöhten CO_2-Ausstoß oder eine erhöhte Kohlenstoffsequestrierung bedeutet. In anderen Worten: Wir wissen nicht, ob klimabedingte Reaktionen der Biosphäre die Folgen des anthropogenen Klimawandels beschleunigen oder abschwächen werden.

14.7.4 Bedrohung der Tierwelt in Deutschland

Das Verschwinden einer Art aus Deutschland trägt nur dann zum globalen Aussterben bei, wenn es sich dabei um die weltweit letzten Individuen handelt. Trotzdem können lokale Auswirkungen auf Ökosysteme beträchtlich sein. Eine Analyse von 500 Arten zeigte eine starke Bedrohung durch den Klimawandel (Rabitsch et al. 2013). Besonders gefährdet sind Schmetterlinge, Weichtiere (z. B. Schnecken) und Käfer, besonders jene im Süden, Südwesten und Nordosten des Landes.

14.8 Eingewanderte Arten können Probleme bringen

Die IBPES (Intergovernmental Science-Policy Platform on Biodiversity and Ecosystem Services) listet invasive (gebietsfremde) Arten als fünftwichtigsten Faktor des Artensterbens. Neue Arten entstehen in der Regel in einem geografisch begrenzten Gebiet und sind aufgrund der natürlichen Selektion an die chemisch-physikalischen und biologischen Gegebenheiten ihres Ursprungsorts angepasst. Natürliche Umweltveränderungen und selbstständige Mobilität erlauben es diesen Arten, ihren Entstehungsort zu verlassen und neue Gebiete zu kolonisieren. Allerdings ist die Reichweite artspezifisch beschränkt. Aus eigener Kraft können zwar viele Arten innerhalb Europas oder zwischen Europa und benachbarten asiatischen Regionen migrieren. Die wenigsten Arten können jedoch neue, durch Meere getrennte Inseln oder Kontinente erobern. Dazu sind sie in ihrer Verbreitung in der Regel auf menschliche Unterstützung angewiesen.

Arten, die weit entfernt von ihrem Ursprungsort scheinbar plötzlich auftreten, werden als **nicht einheimisch** oder **gebietsfremd** (*alien*) bezeichnet. Als Startpunkt des anthropogen geförderten Artenaustauschs wird etwas willkürlich die Entdeckung Amerikas durch Christoph Kolumbus definiert. Pflanzen oder Tiere, die schon vor 1492 in Europa vorkamen, bezeichnet man als **Archaeophyten** (Pflanzen) bzw. **Archaeozoen** (Tiere) (Sammelbegriff für alle Organismen: **Archaeobiota**). Wenn sie später eingeschleppt wurden, nennt man sie **Neophyten** bzw. **Neozoen** (**Neobiota**). Vor allem in Bezug auf Nutztiere und -pflanzen war es ein gezielter gegenseitiger Austausch. ◘ Tab. 14.3 zeigt einige wichtige do-

◘ **Tab. 14.3** Ausgewählte Arten, die nach Kolumbus zwischen Alter und Neuer Welt ausgetauscht wurden. Die genannten Arten werden als gebietsfremd interpretiert, wobei allerdings Vertreter der Equidae (Familie der Pferde) wie auch Camelidae (Familie der Kamele) zuerst in Nordamerika auftraten. (Aus Mann 2013)

	Von Alter zu Neuer Welt	von Neuer zu Alter Welt
Haus- und Nutztiere	Altweltkamel Pferd Esel Schwein Rinder Ziege Schaf Europäische Honigbiene	Alpaka Lama Truthahn Meerschweinchen
Kulturpflanzen	Reis Weizen Gerste Hafer Roggen Zwiebel Kohl Pfirsich Apfel Birne Zuckerrohr Kaffee Banane Orange Mandel	Mais Kartoffel Süßkartoffel Erdnuss Tomate Ananas Avocado Papaya Kakao Tabak Maniok Sonnenblume
Krankheiten	Tuberkulose Cholera Beulenpest Pocken Gelbfieber Masern Malaria	Chagas-Krankheit Syphilis? (umstritten)

mestizierte Arten, die nach Kolumbus ausgetauscht wurden. Ungewollt wurden durch menschliche Migrationen auch Schädlinge wie Mäuse, Ratten, Insekten und Krankheiten verbreitet. Besonders Pocken und Masern trugen maßgeblich bei zur erfolgreichen Kolonisierung des amerikanischen Kontinents durch Europäer.

Auch heute noch begünstigen menschliche Aktivitäten die Migration weiterer Arten, z. B. durch Ballastwasser zur Stabilisierung in Schiffen, „blinde Passagiere" in Warentransporten etc. Dabei werden besonders kleine, unauffällige Arten wie Mikroorganismen und wirbellose Tiere oft übersehen, außer, wenn sie später massenhaft auftreten oder Schaden anrichten.

Weshalb können gebietsfremde Arten erfolgreich neue Habitate erobern? Oft wird stillschweigend angenommen, dass eine Art optimal an die Bedingungen ihres ursprünglichen Standorts angepasst ist. Aus ihrer geografischen Verbreitung lassen sich die Rahmenbedingungen ableiten, die ihre Existenz in diesem Habitat erlauben. Für die grafische Darstellung der Situation sind in ◘ Abb. 14.8 Temperatur und Niederschlag als Umweltfaktoren ausgewählt. Bei strikter Interpretation kann die Art nur innerhalb dieser Rahmenbedingungen existieren (◘ Abb. 14.8a). Häufiger ist, dass die Art wegen phänotypischer und genetischer Variabilität auch außerhalb dieses Habitats existieren könnte (◘ Abb. 14.8b), jedoch durch geografische oder andere Barrieren entsprechende Gebiete nicht erreichen konnte. Wenn diese Barrieren durch den Klimawandel oder durch anthropogen erleichterte Migration an Bedeutung verlieren, kann die Art Gebiete kolonisieren, die weit von ihrem Entstehungsort entfernt sind (◘ Abb. 14.8c). Diesen Vorgang bezeichnet man als ökologische Anpassung (*ecological fitting*). Dies ist ein Prozess, in dem Organismen erstens eine neue Umwelt besiedeln, zweitens neue Ressourcen erschließen und drittens neue Lebensgemeinschaften mit anderen Arten bilden. Grundlage dafür sind die speziellen genetisch-physiologischen Eigenschaften, die die Arten mitbringen.

14.8.1 Was unterscheidet invasive von nichtinvasiven Arten?

Obwohl Neobiota in den neuen Gebieten erheblichen und unerwünschten ökologischen Erfolg haben können, sind insgesamt ihre Aussichten für die Besiedlung eher eingeschränkt. Nach der vom Botaniker Wolfgang Kunik postulierten Zehnerregel (Storl 2012) können sich von 1000 eingeführten Fremdarten höchstens 100 vorübergehend festsetzen. Zehn davon werden sich dauerhaft ansiedeln. Nur eine Art wird unerwünschte Konsequenzen für die vorhandene Artengesellschaft oder das Ökosystem hervorrufen. Oft braucht es mehrere günstige Situationen, bis sich eine Fremdart durchsetzt. So schlugen die zwei ersten Versuche fehl, den in Eurasien heimischen Gemeinen Star (*Sturnus vulgaris*, Sturnidae, Passeriformes) in Amerika anzusiedeln. Erst ein dritter Ansatz, in dem 60 Vögel im Central Park (New York) freigelassen wurden, führte zum Erfolg. Heute ist der Star mit 150 Mio. Individuen einer der häufigsten Vögel in Nordamerika.

Fremdarten werden als invasiv bezeichnet, wenn sie massenhaft in ein neues Gebiet einwandern. Heute verknüpft man das oft mit irgendwelchen Schäden (aus anthropogener Sicht). Besonders eindeutig ist das bei Krankheitserregern wie dem Erreger des Ulmensterbens (*Ophiostoma novo-ulmi*, Ascomycota) oder dem Erreger der Kastanienrindenkrebs (*Cryphonectria parasitica*, früher als *Endothia parasitica* klassifiziert; Ascomycota). Von großer historischer Bedeutung war die Kartoffelfäule, die in Irland zum Hungertod von über 1 Mio. Menschen führte (*Irish potato famine*, 1845–1852). Verursacht wurde sie durch den Oomyceten *Phytophthora infestans*, der zuerst in Südamerika auftrat.

Der ökonomische Gesamtschaden durch aquatische invasive Fremdarten wurde konservativ auf 345 Mrd. US-Dollar geschätzt, wovon 62 % wirbellosen Tieren, 28 % Wirbeltieren und 6 % Pflanzen zugeschrieben werden. Die zehn bedeutendsten Gattungen sind in ◘ Abb. 14.9 zusammengefasst.

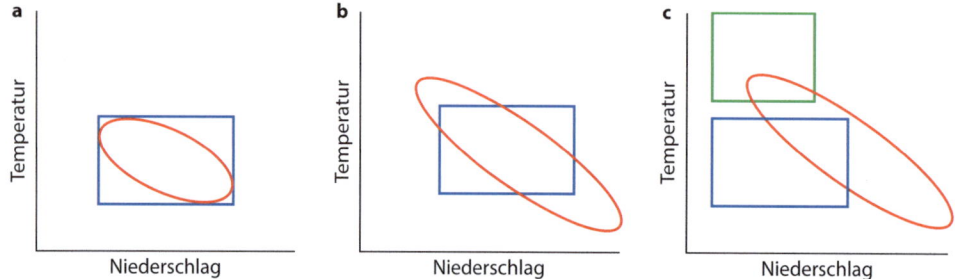

◘ **Abb. 14.8** Ökologische Anpassung. **a**. Beobachtete Variationsbreite von Temperatur und Niederschlag (blaues Rechteck) in Gebieten, wo eine hypothetische Art ursprünglich vorkommt (rotes Oval). **b**. Kombinationen der beiden Faktoren, die Überleben ermöglichen würden (rotes Oval). **c**. Wenn das Klima wärmer wird (grünes Rechteck), kann die Art überleben (Überschneidung grünes Rechteck und rotes Oval), obwohl sie diese Bedingungen noch nie erlebt hat

14.8 · Eingewanderte Arten können Probleme bringen

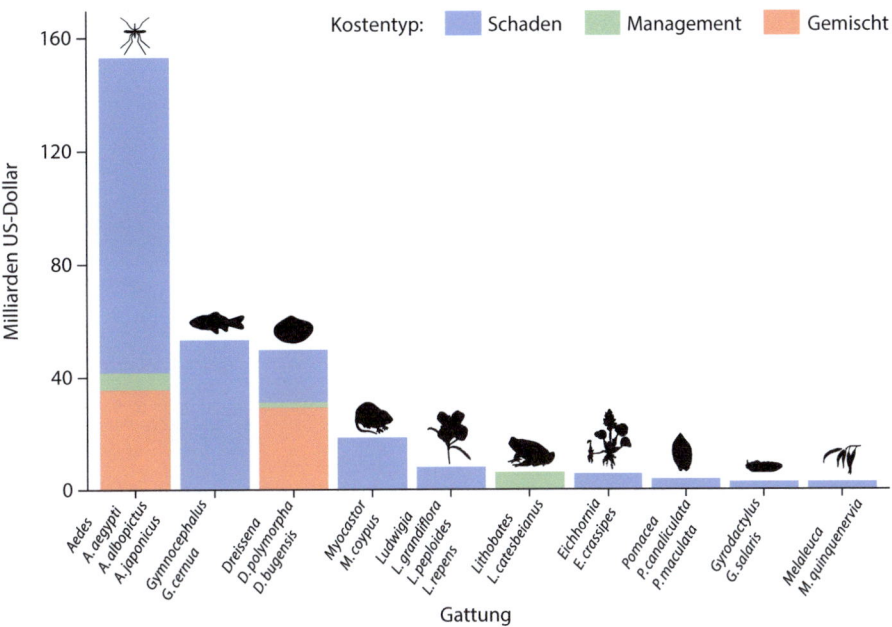

Abb. 14.9 Die zehn invasiven aquatischen Gattungen, die den größten ökonomischen Schaden verursachen. Geschätzte Kosten sind in Direktschäden (z. B. erhöhte Gesundheitskosten, verringerte Ernten, Tourismus) und Management (Kontrolle, Forschung etc.) unterteilt. (Nach Cuthbert et al. 2021, Fig. 2)

Den größten Schaden verursachen Mücken der Gattung *Aedes* (Culicidae, Diptera), die als Vektoren für verschiedene Viren fungieren, die u. a. Dengue-Fieber, Gelbfieber und Zika-Fieber verursachen. Das Adultstadium ist terrestrisch, das Larvenstadium verbringt die Mücke jedoch in aquatischen Habitaten. Der nächsthohe Schaden wird dem eurasischen Kaulbarsch (*Gymnocephalus cernua*, Percidae, Perciformes) zugeschrieben, gefolgt von der Zebra- oder Wandermuschel *Dreissena* spp. (zwei Arten; Dreissenidae, Myida), der Nutria (*Myocastor coypus*, Echimyidae, Rodentia) und die Heusenkräuter (*Ludwigia* spp., mehrere Arten; Onagraceae, Myrtales).

Eine breitere Definition von „invasiv" umfasst auch einheimische Arten, die plötzliche Populationsexplosionen aufweisen und dadurch großen Schaden anrichten. In Kanada ist der Falter *Malacosoma disstria* (Lasiocampidae, Lepidoptera), ein endemischer Ringelspinner, ein solches Beispiel. In der Regel lebt er in kleinen, unauffälligen Populationen. Von Zeit zu Zeit vermehrt er sich jedoch so stark, dass er weite Gebiete der Laubwälder entblättert. Solche Ausbrüche werden oft durch extreme Wetterereignisse gefördert.

14.8.2 Emergente Krankheiten

Arten werden als invasiv bezeichnet, wenn sie zu ökonomischen oder ökologischen Schäden führen. Besonders eindeutig sind dies Krankheiten, die gezielt den Menschen oder wichtige Kulturpflanzen angreifen (siehe oben). Als emergent (neu auftretend) bezeichnet man sie, wenn

- es sich um bisher unbekannte Krankheiten handelt,
- sich die Häufigkeit oder die geografische Ausbreitung bekannter Krankheiten in den letzten 20 Jahren stark erhöht hat,
- sie sich nicht kontrollieren lassen.

Dazu gehören Erkrankungen des Menschen, verursacht durch Viren (z. B. AIDS, SARS, Denguefieber), oder Bakterien wie die Lymekrankheit (Erreger ist *Borrelia burgdorferi*, Spirochaetaceae, Spirochaetales) und *Escherichia coli*-O157:H7-Infektionen. Oft ist der Ausbreitung einer Krankheit mit der durch den Menschen erleichterten Verbreitung des Arthropodenvektors verknüpft (siehe oben). So kann das Zika-Virus durch die Asiatische Tigermücke (*Aedes albopictus*, Culicidae, Diptera) übertragen werden, die in tropischen und subtropischen Gebieten von Südostasien heimisch ist. Durch Waren- und Passagiertransporte wurde es in viele Länder mit gemäßigtem Klima eingeführt. Seit 2008 wird *Aedes albopictus* Skuse (1894) zu den 100 schlimmsten invasiven Arten gezählt (Global Invasive Species Database).

Zoonosen sind Infektionskrankheiten, die von Tieren auf den Menschen überspringen (oder umgekehrt). Insgesamt machen sie rund 60 % der emergenten Infektionskrankheiten aus, über 70 % davon stammen ursprünglich von Wildtieren. Viele neue Krankheiten erschienen zuerst in zoonotischen Viren in Afrika (Ebola, HIV) oder Asien (Schweinegrippe, Vogelgrippe, Coronaviren). Insgesamt sind dafür die großen menschlichen Populationen sowie die Nähe von Mensch und Tier verantwortlich. Durch die Rodung von Urwäldern dringt der Mensch immer weiter in den Lebensraum von wilden Tieren ein. Der verstärkte Kontakt zwischen Wildtieren, Haustieren und Menschen erhöht die Wahrscheinlichkeit, dass Viren der Sprung vom Tier zum Menschen oder umgekehrt gelingt. Ebenfalls eine wichtige Rolle spielen Bushmeat (Wildfleisch, weit verbreitet im subsaharischen Afrika) und Wet Markets, d. h. Märkte, wo noch lebendige oder kurz vor dem Verkauf geschlachtete Tiere wie Schweine und Geflügel oder auch exotische Tiere verkauft werden.

Emergente Krankheiten liefern klare Beispiele für Schäden, die auf invasive Arten zurückzuführen sind.

14.8.3 Invasive Pflanzen

Pyšek et al. (2012) fassten die Ergebnisse von 287 Publikationen mit insgesamt 167 invasiven Pflanzenarten zusammen. In den meisten Fällen (63,3 %) wurden als Folge der Invasion signifikante Veränderungen beobachtet, am häufigsten in den ursprünglichen Pflanzengemeinschaften (76,2 %), gefolgt von Bodeneigenschaften wie C-, N-, P-Zyklen, Wassergehalt (57,8 %) und schließlich in der Fauna (50,2 %). Die Auswirkungen auf die Pflanzengemeinschaften waren größtenteils negativ (geringere Artenzahl und Abundanzen). Im Gegensatz dazu wurden überwiegend positive Veränderungen in der Bodenbiota und den Nährstoff- und Wasserkonzentrationen im Boden festgestellt. Eine der eindeutigsten Schlussfolgerungen war, dass signifikante Effekte durch invasive Pflanzen sehr viel wahrscheinlicher auf Inseln als auf Festland auftreten. Eine Metaanalyse von 25 invasiven Makrophyten zeigte global einen negativen Effekt auf Abundanz und Diversität einheimischer Makrophyten, aber keinen signifikanten Einfluss auf Makroinvertebraten und Fische (Tasker et al. (2022).

Als negativ werden die Reduktion der Diversität und Abundanzen nativer Arten bewertet. Deren Substitution durch gebietsfremde Arten beeinflusst ökologische Funktionen und damit Dienstleistungen (▶ Abschn. 4.5). Diese Veränderungen können unter Umständen als positiv betrachtet werden. Dieses Dilemma soll an zwei Fallstudien erläutert werden: *Lythrum salicaria* und *Tamarix* spp.

Der Gewöhnliche Blutweiderich (*Lythrum salicaria*, Lythraceae, Myrtales) ist eine mehrjährige Pflanze und stammt ursprünglich aus Mitteleuropa. Sie wurde im frühen 19. Jahrhundert in Nordamerika eingeführt. Sie wächst 1–2 m hoch, hat auffällige, purpurfarbene Blüten und kommt vor allem in Feuchtgebieten vor (◘ Abb. 14.10). Wenn sie blüht, kann man leicht schließen, dass sie die Vegetation dominiert, besonders in Feuchtgebieten mit ihrer farblich relativ eintönigen Flora.

◘ Abb. 14.10 *Lythrum salicaria* (Lebanon Hills Regional Park, Minnesota, USA) (© Minden Pictures/Benjamin Olson/picture alliance)

Lythrum salicaria setzt sich, wie viele invasive Pflanzen, besonders in nährstoffreichen, anthropogen beeinflussten (gestörten) Habitaten durch. Das zeigte sich in Versuchen, neue Feuchtgebiete durch jährliche Überschwemmungen von Böden im Montezuma National Wildlife Refuge (Staat New York) zu schaffen. Mehr als 95 % der frisch gewachsenen Biomasse bestand aus *Lythrum salicaria*. Basierend auf mehreren Studien wurde geschlossen, dass der Eindringling einheimische *Typha*-Arten verdrängt, das Habitat für Wasservögel verschlechtert und insgesamt ernste ökologische Konsequenzen nach sich zieht. Die früheren Untersuchungen hatten jedoch schwerwiegende Mängel, u. a. fehlte die notwendige statistische Auswertung. Eine sorgfältige Studie in Ontario (Kanada) widerlegte die Hypothese, dass die Artenzahl in Feuchtgebieten in Zusammenhang mit der Invasion von *Lythrum salicaria* in Ontario abnimmt. Lavoie (2010) folgerte, dass der wahre Einfluss dieser Pflanze auf existierende Ökosysteme auch weit entfernt von dem ist, was in der populärwissenschaftlichen Presse dargestellt wird. Die Ressourcen, die heute zur Entfernung von *Lythrum salicaria* aufgewendet werden, würde man effektiver zur Vermeidung menschlicher Störungen verwenden. Trotzdem schaffte es diese Pflanze auf Platz 50 der 100 schlimmsten invasiven Arten (Liste von IUCN, International Union for Conservation of Nature).

Tamarix-Arten (Platz 92 der am stärksten invasiven Arten; ◘ Abb. 14.11) verursachen oft größere Schäden als *Lythrum*. Die Gattung umfasst 50–60 Arten der Familie Tamaricaceae (Caryophyllales) und stammt ursprünglich aus relativ trockenen Gebieten in Eurasien und Afrika. Die Pflanze toleriert längere Trockenperioden und erhöhten Salzgehalt der Böden. Im Südwesten der Vereinigten Staaten wurde sie deshalb als möglicher Schutz vor Erosion angepflanzt. Um 1900 wuchs sie wild in weiten Gebieten von Texas, Arizona, Utah und Kalifornien. Sie kann tatsächlich Erosion kontrollieren. Pro Individuum hat sie keinen höheren Wasserbedarf als Vertreter der ursprünglichen Vegetation, wächst jedoch in dichteren Beständen. Dadurch erhöht sich der Wasserverlust pro Fläche und Häufigkeit sowie die Intensität der Wildfeuer nehmen zu.

Tamarisken entziehen dem Boden Salz (NaCl) und reichern es in ihren Geweben an. Mit der Zeit sammelt sich salzreicher Detritus an. Beim Pflanzenabbau wird das Salz wieder ausgewaschen und erreicht die oberen Bodenschichten, wo es die Neubesiedlung durch einheimische Pflanzen behindert. Uferzonen entwickeln sich so zu monotonen Tamariskengürteln, die von Vögeln weitgehend gemieden werden.

Neuere Untersuchungen ergeben jedoch ein komplexeres Bild. Als Grundursachen für die Neophytenverbreitung wurden Staudämme und die Regulation des Abflusses identifiziert sowie intensivierte Beweidung des bewässerten Landes. *Tamarix* spp. haben bessere Chancen als die einheimische Vegetation, längere Perioden mit geringem Wasserstand der Flüsse zu überstehen. Sie gedeihen auch besser auf übermäßig beweideten Gebieten und auf versalzten Böden. Die massive Zunahme von Staudämmen und die Umverteilung des Wassers für Bewässerungen schufen erst die Bedingungen, die die enorme Ausbreitung der Tamarisken ermöglichen.

Invasive Pflanzen siedeln offensichtlich am erfolgreichsten in anthropogen gestörten Habitaten. Dort können sie zu weiteren Rückgängen der einheimischen Flora und davon abhängiger Fauna führen. Wenn man jedoch gebietsfremde Pflanzen mitberücksichtigt, hat sich die Gesamtdiversität der Vegetation in der Mehrzahl der untersuchen Fälle erhöht. So hat sich die pflanzliche Artenzahl in Neuseeland seit der Ankunft der Europäer verdoppelt. Diese Zahlen spiegeln natürlich nur einen Teil der Ökosystemänderungen wider. Invasive Pflanzen werden oft von einheimischen Konsumenten gemieden (was ein weiterer Grund für ihren Erfolg sein kann). Es kann Jahrzehnte oder Jahrhunderte dauern, bis alle Einflüsse von Neobiota auf Ökosysteme geklärt werden.

14.8.4 Biodiversität und Invasion von Inselökosystemen

Die überzeugendsten Beispiele, wie Fremdarten für das Aussterben von einheimischen Spezies verantwortlich sind, stammen aus Studien von Inseln. So führte die ungewollte Einschleppung der Braunen Nachtbaumnatter (*Boiga irregularis*, Colubridae, Squamata; ◘ Abb. 14.12) auf die Insel Guam zum Verschwinden von zehn endemischen Vogelarten und zu stark reduzierten Fledermaus- und Reptilienpopulationen. Ähnlich zerstörerische Konsequenzen haben freigesetzte oder entwichene Ratten, Schweine, Füchse, Katzen und Hunde, während Ziegen, Schafe und Kaninchen oft zu drastischen Rückgängen bei einheimischen Pflanzen führten. Auch Biota von größeren Inseln können durch invasive Arten bedroht werden. So sind in Neuseeland flugunfähige Kiwis leichte Beute für das Hermelin (*Mustela erminea*, Mustelidae, Carnivora), das zur Kontrolle der ebenfalls eingeführten Kaninchen ausgesetzt wurde. Gut dokumentiert sind auch die Verluste an endemischen Vogelarten auf Hawaii.

Ausgesetzte kommerzielle Fischarten vermehren sich häufig auf Kosten endemischer Arten. Im Viktoriasee (Ostafrika), der als Habitatinsel interpretiert werden kann, wird das Verschwinden von mehreren Hundert endemischer Buntbarscharten (Cichlidae) auf die Einführung des Nilbarschs (*Lates niloticus*, Latidae, Perciformes; in Deutschland im Fischverkauf als Viktoriabarsch bezeichnet; ◘ Abb. 14.13) zurückgeführt.

◘ Abb. 14.11 *Tamarix* sp. (Salt River, Arizona, USA) (© A. Hartl /blickwinkel/picture alliance)

Abb. 14.12 Braune Nachtbaumnatter (*Boiga irregularis*) (Halmahera Island, North Maluku, Indonesien) (© Minden Pictures/Ch'ien Lee/picture alliance)

Abb. 14.13 Nilbarsch (*Lates niloticus*) (Foto von Danny Ye)

Die Fauna von Inseln ist besonders gefährdet, weil ihre Populationen oft klein sind und ursprüngliche Prädatoren fehlen. Den potenziellen Beutetieren fehlen deshalb Vermeidungs- und Verteidigungsmechanismen. Bei Vögeln kommt dazu, dass sie auf Inseln oft ihre Flugfähigkeit verlieren. Räuberische Säugetiere liefern die überzeugendsten Beispiele, wie gebietsfremde Eindringlinge Populationen einheimischer Arten drastisch verringern können. Katzen wurde 1788 durch europäische Siedler in Australien eingeführt. Heute findet man dort 2,8 Mio. verwilderte Katzen, verteilt über 99,9 % der gesamten Landmasse. Jedes Jahr töten sie 1400 Mio. einheimische Tiere.

Die Verletzlichkeit von Ökosysteme auf Inseln gegenüber gebietsfremden Einwanderern wird häufig auch als Hinweis darauf interpretiert, dass viele Nischen oder „Planstellen" (▶ Abschn. 4.2) wegen der stochastischen Natur der Kolonisierung leer geblieben sind oder behelfsmäßig durch nicht optimal angepasste Arten gefüllt wurden (z. B. Darwinfinken, ▶ Abschn. 3.1.4). Daraus könnte man schließen, dass der Widerstand gegen invasive Arten (*biotic resistance*) mit der Biodiversität einer Biozönose zunimmt. Verschiedene Untersuchungen zeigten jedoch ein komplexeres Bild. Auf kleinen Flächen (bis zu 1 m^2) findet man oft keine konsistente negative Korrelation. In Colorado wiesen Gebiete mit hohem Nährstoffgehalt im Boden und hoher nativer Biodiversität auch einen hohen Anteil an invasiven Pflanzen auf. Als Grundursache wurde das Angebot an Ressourcen identifiziert, unabhängig von Artendiversität.

Interaktionen zwischen gebietsfremden und einheimischen Arten geben Hinweise darauf, wie Ökosysteme entstehen und funktionieren. Außerdem können sie Prioritätensetzungen beim Naturschutz beeinflussen (▶ Abschn. 15.4).

Die Insel Ascension ist ein Beispiel für ein durch Menschen geschaffenes Ökosystem, das einen Blick auf die komplexen Mechanismen ökologischer Anpassung in kurzen Zeiträumen erlaubt. Von praktischem und theoretischem Interesse wären Vergleiche mit natürlich entstandenen Systemen wie die Entwicklung auf der Surtsey-Insel (▶ Abschn. 3.1.4).

Die vulkanische Insel Ascension gehört zur Inselgruppe der Marianen im pazifischen Ozean. Sie erstreckt sich über eine Fläche von 7,9 km^2. Ihre höchste Erhebung erreicht sie mit dem Green Mountain („grüner Berg"), der 857 m hoch ist. Im Jahre 1836 besuchte Charles Darwin diese Insel am Ende seiner fünfjährigen Expedition auf der HMS Beagle. Er beklagte sich über die „naked hideousness" („nackte Scheußlichkeit") der Insel. Die Vegetation war äußerst spärlich. Bevor Menschen anlandeten, existierten 25–30 Gefäßpflanzenarten, davon etwa zehn endemisch. Auf dem Gipfel des Green Mountains wuchsen ein paar Farne und ein endemischer Strauch, *Oldenlandia adscensionis* (Rubiaceae, Gentianales), der heute vermutlich ausgestorben ist. Mit der Besiedlung der Insel wurden zunehmend mehr Pflanzen eingeführt. Der entscheidende Moment war ein Besuch des Botanikers Joseph Hooker im Jahr 1843. Er machte vier Vorschläge, das Ökosystem zu „verbessern":

- Pflanzung von Bäumen auf Berggipfeln zur Stimulierung von Niederschlägen
- Förderung von Bodenbildung durch Vegetation auf steilen Halden
- Bepflanzung der tieferliegenden Täler mit dürreresistenten Sträuchern und Bäumen
- Anpflanzung von geeigneten Nutzpflanzen in Gärten

Abb. 14.14 Green Mountain, Ascension. Eingang zum Nationalpark (LordHarris, CC BY-SA 3.0, Wikimedia)

Die Motivation für diesen Plan erinnert an Vorschläge zum Terraforming des Mars. Es ging nicht darum, einer Region ein Ökosystem aufzuzwingen, sondern der Natur durch gezielten Eingriff zu erlauben, sich eine neue Umwelt zu schaffen.

Während mehrerer Jahre wurden monatlich Sendungen von verschiedenen Pflanzenarten zur Insel geschickt und angepflanzt. Der ursprünglich kahle Gipfel ergrünte und der Berg wurde sinngemäß in Green Mountain umgetauft (◘ Abb. 14.14).

Heute werden die höheren Regionen des Green Mountains durch einen Wolkenwald dominiert. Die Bäume und Sträucher nutzen kondensiertes Wasser. Die Vegetation besteht vorwiegend aus rund 300 importierten Arten, darunter Zedern (Bermuda), Eiben (Südafrika), Guavenbäume (Brasilien), Brombeeren (Europa), Kirschenbäume (Japan), Bambus (Asien) und Eukalyptus (Australien).

Natürlich wurden auch Tiere ausgesetzt oder eingeschleppt, darunter Igel, verschiedene Vogelarten, Bienen, Ratten, Schafe, Hühner, Esel und Katzen. Von den importierten Vögeln konnten sich nur Kanarienvögel und Mynahs auf die Dauer ansiedeln.

Ratten und vor allem Katzen zwangen die meisten Seevögel, ihre Nester auf andere Inseln zu verlegen. Seit der Ausrottung der Katzen haben sich mehrere Arten wieder erholt. Auch die zeitweise lokal ausgestorbene Grüne Meeresschildkröte (*Chelonia mydas*, Cheloniidae, Testudines) ist zurückgekehrt.

Die meisten ökologischen Studien über Ascension haben sich auf Wasservögel, Meeresschildkröten sowie überlebende native Pflanzen und wirbellose Tiere konzentriert. Über 90 % der Arten wurden leider kaum untersucht, da sie als „natürlich" invasiv betrachtet wurden. Dabei bietet Ascension ein einzigartiges Beispiel, die Entstehung und das Funktionieren eines Ökosystems zu untersuchen. Aus traditioneller Sicht beruft man sich bei solchen Studien auf ein evolutionäres Modell. Die verschiedenen Arten passen sich gegenseitig an und füllen so die potenziellen Nischen. Insekten entwickeln biochemische Mechanismen, um sich an die Verteidigungsstrategien der Pflanzen anzupassen, und Pflanzen wiederum adoptieren Gegenstrategien (▶ Abschn. 10.4). Maßnahmen und Gegenmaßnahmen lassen sich mit einem Rüstungswettlauf vergleichen. Auch zwischen Blütenpflanzen und ihren Bestäubern sind gegenseitige Anpassungen häufig (▶ Abschn. 10.1). Aus diesen Beobachtungen wurde geschlossen, dass komplexe, artenreiche Ökosysteme durch langwierige coevolutionäre Prozesse gebildet werden.

Das Ökosystem des Green Mountains liefert ein spektakuläres Gegenbeispiel. Hier gelang der Übergang von artenarmen Farngesellschaften zu einem diversen Wald innerhalb von etwa 150 Jahren. Der entscheidende Mechanismus war die **ökologische Anpassung** (*ecological fitting*; ◘ Abb. 14.8). Eine gebietsfremde Art wurde angepflanzt und fand genügend Ressourcen, um zu überleben und sich fortzupflanzen. Dasselbe Prinzip lässt sich auf Tiere anwenden. Ein Insekt oder Wirbeltier gelangt durch Zufall oder durch menschlichen Eingriff in ein neues Habitat. Findet es genügend Nahrung und Schutz vor potenziellen Feinden, wird es sich permanent niederlassen.

Der Green Mountain zeigt, dass zumindest für die Entstehung und Frühphasen von komplexen Ökosystemen coevolutionäre Nischendifferenzierungen nicht unabdingbar sind. Durch Vergleich von Wäldern des Green Mountains und benachbarter, natürlich entstandener Systeme ließen sich wichtige Aspekte von Ökosystemen, ihrer Entwicklung und ihrer Funktionen untersuchen. Langjährige Untersuchungen könnten aufzeigen, ob die Bedeutung enger coevolutionärer Beziehungen mit dem Alter des Systems zunimmt und mit seiner Stabilität verknüpft ist. Auch Ökosysteme, die sich spontan und ohne menschlichen Einfluss auf kürzlich entstandenen Inseln entwickelten (z. B. Surtsey, ▶ Abschn. 3.1.4) können wertvolle Informationen liefern.

14.8.5 Nutzen und Schaden gebietsfremder Arten

Invasive, gebietsfremde Arten haben einen schlechten Ruf. Dabei war es bis Mitte des 20. Jahrhunderts akzeptierte Praxis, Arten aus kommerziellen oder ästhetischen Gründen in neue Gebiete einzuführen. Mögliche negative Konsequenzen wurden ignoriert. Das änderte sich mit der Publikation von des Buchs „The Ecology of invasions by Animals and Plants". Darin interpretiert Charles Elton gebietsfremde Arten als Bedrohung menschlicher Interessen. Seitdem hat sich die Forschung invasiver Arten auf ihre negativen Aspekte konzentriert. Das kann zu ökologischem Nativismus führen, der Annahme, dass die Artenzusammensetzung in einem Ökosystem möglichst unverändert bleiben sollte. Andere Interpretationen sind möglich (▶ Abschn. 15.4).

Sax et al. (2022) schlagen einen pragmatischen Ansatz vor, in dem Nutzen und Schaden einer gebietsfremden Art budgetiert werden. Überwiegen positive Aspekte, besteht kein Grund für Kontrollmaßnahmen. Anderenfalls sollte man Kontrollkosten gegen potenziellen Gewinn abwägen.

Mögliche Nutzen gebietsfremder Arten lassen sich in nach IPBES (Intergovernmental Science-Policy Platform on Biodiversity and Ecosystem Services); Sax & Baines 2008, Sax et al. 2022; Pascual et al. 2017) in drei Kategorien unterteilen (Sax & Baines 2008, Sax et al. 2008, 2022; Pascual et al. 2017):

- Instrumentelle Werte (*instrumental values*) sind am einfachsten zu erkennen. Dazu gehört z. B. die Produktion von Holz, Brennstoffen und Nahrung. Eingeführte Pflanzenarten können die Renaturierung von kahlen Flächen beschleunigen und tragen damit zur Erosionskontrolle bei (Abschn. 6.4.2, 14.4.7.2). Die Einführung von eurasischen Regenwürmern in Nordamerika erhöhte agrikulturelle Produktion um bis zu 25 % (Nutzen), allerdings wurden einheimische Populationen von wirbellosen Bodentieren um bis zu 25 % reduziert (Schaden).
- Intrinsische Werte (*intrinsic values*) beziehen sich auf den inhärenten Wert eines Individuums, einer Art oder eines Ökosystems, unabhängig von instrumentellen Werten (▶ Abschn. 1.1). Dabei spielen in der breiten Öffentlichkeit ästhetische Kriterien oft eine ausschlaggebende Rolle.
- Unter beziehungsorientierten Werten (*relational values*) versteht man Werte, die auf menschlichen Beziehungen zur Natur beruhen. Sie beeinflussen kulturelle Identität und Mythologien, soziale Kohäsion und geistige Gesundheit. Auch ursprünglich gebietsfremde Arten können dazu beitragen. So identifiziert sich der amerikanische Staat Kentucky als „Bluegrass State" mit dem durch Spanien eingeführten Gras *Poa pratensis* (Poaceae, Poales). Der Dingo (*Canis familiaris dingo* (Canidae, Carnivora), der vor vielleicht rund 3500 Jahren in Australien eingeführt wurde, spielt eine wesentliche Rolle in den Mythen der indigenen Bevölkerung.

Bei domestizierten Arten, die Nahrung, Baumaterial und Brennstoffe liefern und die oft weit entfernt von ihrer ursprünglichen Heimat vorkommen, überwiegt klar der Nutzen. Ebenso eindeutig überwiegen bei invasiven Pathogenen negative Aspekte (▶ Abschn. 1.7.2). Bei vielen anderen Arten gilt es, Schaden gegen Nutzen abzuwägen. Dabei kann je nach Gewichtung der verschiedenen Kategorien Nutzen oder Schaden überwiegen. Ein pragmatischer Ansatz ist in ▶ Abschn. 15.4.8 dargestellt.

14.9 Biologische und chemische Kontrolle von Schädlingen – notwendig, aber riskant

14.9.1 Von der Wild- zur Kulturpflanze

Evolutionär betrachtet ist es kein Vorteil für Pflanzen, möglichst nährstoffreiche, konsumentenfreundliche Strukturen zu bilden. Ausnahmen sind die Produktion von Nektar zur Anlockung von Bestäubern oder die Bildung von Nüssen und Früchten zur Samenverbreitung. Wildpflanzen waren deshalb in der Regel schlecht zur Landwirtschaft geeignet. Natürliche Selektion fördert Pflanzen, die erfolgreich mit ihren Nachbarn um Licht, Wasser und Nährstoffe konkurrieren, sich gegen die Herbivoren erfolgreich verteidigen (▶ Abschn. 1.7, 10.4) und ihre Samen möglichst weit verbreiten können. Diese Eigenschaften stehen in einem diametralen Gegensatz zu den Zielen der Landwirtschaft. Nutzpflanzen sollten so viel wie möglich in nährstoffreiche, leicht erntbare Strukturen investieren. Während Jahrtausenden wurden durch konventionelle Züchtungsmethoden erfolgreiche Wildpflanzen in Nutzpflanzen umgewandelt. Als einer der größten Domestizierungserfolge gilt die Modifikation des Wildgrases Teosinte (*Zea mays* ssp. *parviglumis*, Poaceae, Poales) zum Kulturmais (*Zea mays* ssp. *mays*, Poaceae, Poales) in Zentralamerika. In Teosinte sitzen zwei Reihen dreieckiger Körner (ein Ährchen pro Cupula oder Fruchtbecher) an einer dünnen Ährenachse (◘ Abb. 14.15). Im heutigen Mais sind Ährchen in zahlreiche Reihen in einem Kolben zusammengefasst. Jede Cupula enthält zwei Ährchen. Bei der Reife fallen die Körner nicht mehr wie bei Teosinte von der Ähre ab, was natürlich die Ernte der Körner erleichtert. Die Verhinderung des Selbstaussäens durch eine feste Rhachis (Blattspindel) spielte auch eine wichtige Rolle bei der Domestizierung des Weizens (*Triticum*, Poaceae, Poales). **Emmer** (*Triticum dicoccon*, Poaceae, Poales), auch **Zweikorn** genannt, ist zusammen mit Einkorn eine der ältesten kultivierten Getreidearten. Zur Römerzeit war der Emmer als „Weizen von Rom" bekannt. Erst in der Neuzeit verlor er in Europa an Bedeutung. Im Laufe des 20. Jahrhunderts stieg die Anbaufläche für Emmer wieder an.

14.9 · Biologische und chemische Kontrolle von Schädlingen – notwendig, aber riskant

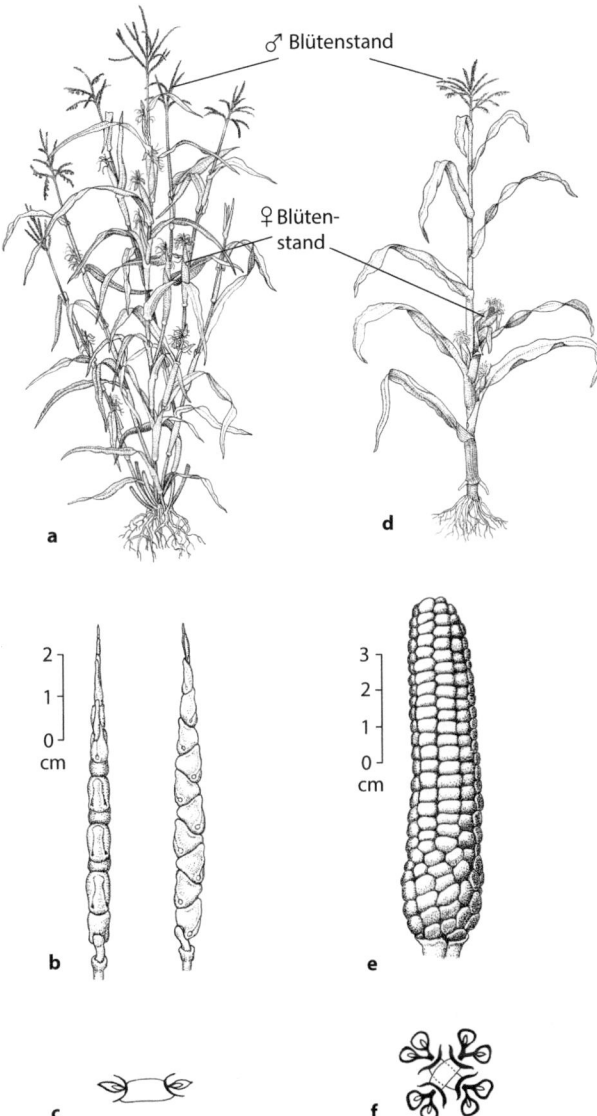

◘ **Abb. 14.15** **a**, **b**, **c** Teosinte (*Zea mays* ssp. *parviglumis*). b, c.: Ährchen in zwei Reihen, pro Cupula (Fruchtbecher) ein Ährchen. **d**, **e**, **f** Kultivierter Mais (*Zea mays* ssp. *mays*). e, f: Ährchen in zahlreichen Reihen, pro Cupula zwei Ährchen. (Aus Kadereit 2021, Abb. 17.16)

Moderne Kulturpflanzen sind sehr viel ertragreicher als ihre Vorfahren, sind aber schlechte Konkurrenten in natürlichen Ökosystemen. So reagieren viele Wildpflanzen auf Beschattung, indem sie in die Höhe wachsen, wodurch weniger Energie zur Produktion von Samen oder Früchten zur Verfügung steht. Der Erfolg der grünen Revolution (▶ Abschn. 1.5) beruht zum Teil auf der Entwicklung von Zwergweizen (*dwarf wheat*): Anstatt in hohe Halme investiert die Pflanze in Samenproduktion. Natürlich macht sie das verletzlich gegenüber höher wachsenden Unkräutern.

Wegen ihres hohen, konzentrierten Nährstoffgehalts sind Kulturpflanzen außerdem attraktiv für Herbivoren. Das gilt sowohl für die Wachstumsperiode wie auch für die Lagerung nach der Ente, wo vor allem Nagetiere (Ratten und Mäuse) und Insekten großen Schaden anrichten können.

Von Zeit zu Zeit hört man auch von Zerstörungen von Arekanuss-, Bananen-, und Kokosnussplantagen durch Elefanten in Afrika oder Indien. In Europa sind es vor allem Wildschweine, die oft große Schäden in Maisfeldern anrichten. Das sind zwar spektakuläre Ereignisse, aber die weitaus größeren Verluste entstehen durch kleinere Tiere wie Mäuse, herbivore Insekten oder durch Krankheiten wie Pilzbefall. Eine der schrecklichsten Hungersnöte der neueren Geschichte wurde in Irland durch *Phytophthora infestans*, den Erreger der Kraut- und Knollenfäule an der Kartoffel ausgelöst (▶ Abschn. 14.7.2).

Auch heute noch leiden Hunderte Millionen Menschen periodisch oder chronisch an Hunger. Mit einer weiterhin steigenden Weltbevölkerung wird geschätzt, dass die Nahrungsproduktion bis 2050 um 50–70 % erhöht werden muss. Für eine ausreichende Versorgung ist die Züchtung von ertragreicheren Pflanzen mit hoher Resistenz gegenüber Schadorganismen unabdingbar. Dabei ist wichtig, verschiedenste Ansätze zu berücksichtigen. Robert May drückte es im Jahr 2005 als Präsident der Royal Society wie folgt aus: „We could not feed today's world with yesterday's agriculture and we won't be able to feed tomorrow's world with today's" („Wir könnten die heutige Welt nicht mit der Landwirtschaft von gestern ernähren, und werden die Welt von morgen nicht mit der heutigen Landwirtschaft ernähren können").

Mindestens ebenso wichtig für die Lösung aktueller und zukünftiger Ernährungsprobleme ist jedoch die Verringerung der Ernteverluste – rund ein Drittel der produzierten Ernährungsgüter verderben oder werden weggeworfen (FAO 2013; Seppelt et al. 2022; ▶ Abschn. 15.3).

14.9.2 Optimierung der Photosynthese

Letzten Endes wird die potenzielle Primärproduktion durch die Effizienz der Photosynthese eingeschränkt. Durch gentechnische Manipulation des Calvin-Zyklus (▶ Abschn. 5.3.2.2) lässt sich der Ertrag um bis zu 40 % erhöhen. Allerdings sind besonders im deutschsprachigen Raum viele Menschen sehr skeptisch gegenüber gentechnisch veränderten Pflanzen. In zahlreichen anderen Ländern werden sie genutzt und geschätzt. 49 % aller modifizierten Pflanzen werden in Nordamerika angebaut, 34 % entfallen auf Südamerika und 14 % auf Asien.

Ein wesentlicher Ansatzpunkt gegenwärtiger Forschung sind Strategien zur Steigerung der photosynthetischen Leistung von Kulturpflanzen unter Berücksichtigung abiotischer und biotischer Einflüsse aus der Umwelt. Der Einsatz moderner Omics-Methoden ermöglicht ein tieferes Verständnis, wie Gene und Stoffwechsel auf Umweltveränderungen reagieren und eine zielgerichtete Anpassung der Kulturbedingungen möglich wird. Mittels *phenomics* werden phänotypische Daten über den Lebenszyklus eines Individuums unter verschiedenen Umwelteinflüssen erfasst. Kenntnisse über Verknüpfungen zwischen Genotyp und Phänotyp ermöglichen die Identifizierung und Modifikation spezifischer Gene, die für höhere Erträge und verbesserte Resistenz verantwortlich sind. Potenzielle ökologische Konsequenzen sind noch weitgehend unbekannt.

14.9.3 Pflanzenschutzmittel

Global betragen heute Ernteverluste durch Schädlingsbefall zwischen 10 und 90 % (im Durchschnitt etwa 35–40 %). Um diese Schäden gering zu halten, werden Pflanzenschutzmittel verwendet. Das sind chemische oder biologische Produkte, die Kulturpflanzen vor Tieren (Insekten und Nagetieren) oder mikrobiell verursachten Krankheiten (vorwiegend Pilzbefall) schützen oder unerwünschte Konkurrenzpflanzen bekämpfen. Auf Deutschlands landwirtschaftlich genutzter Fläche (etwa die Hälfte der Gesamtfläche) werden pro Jahr und pro Hektar rund 9 kg Pflanzenschutzmittel eingesetzt. Leider verursacht der Einsatz viele Nebenwirkungen (Fent 2013). So sind auch Tier- und Pflanzenarten mit wichtigen ökologischen Funktionen und Dienstleistungen betroffen. Da Pflanzenschutzmittel oft weitflächig angewendet werden, gelangen Spritznebel oder Abriebstäube von Saatgut in benachbarte Wasser- oder Landökosysteme. Beispielsweise beeinträchtigen Fungizide in Fließgewässern den Abbau von Laubblättern durch Pilze und die Tätigkeit wirbelloser Tiere.

Der Einsatz von Pflanzenschutzmitteln ist also mit Risiken für die Umwelt verbunden. Diese Risiken müssen gegen den Nutzen (Schutz der Kulturpflanze und damit bessere Ernten) abgewogen werden.

Erste Hinweise auf chemische Schädlingsbekämpfung finden sich um 4500 v. Chr. bei den Sumerern im fruchtbaren Mesopotamien. Hier wurden Schwefelverbindungen eingesetzt. Daneben galt Rauch als wirksam gegen Pilzbefall. Pyrethrum durch Zerkleinerung oder Extraktion von getrockneten Blüten von *Chrysanthemum cinerariaefolium* wird seit über 2000 Jahren als Insektizid eingesetzt. Die sogenannte Bordeauxmischung (Kupfersulfat, Calciumhydroxid und Wasser) rettete im 19. Jahrhundert die europäische Weinindustrie.

Kupfer wird in Böden angereichert und führt zu Schwermetallverschmutzung. Seine Anwendung ist deshalb heute in Großbritannien und in den meisten europäischen Ländern mit Ausnahme von Belgien, Zypern, Frankreich, Griechenland, Ungarn, Italien, Malta, Portugal, Rumänien und Slowenien illegal. Vor allem in der biologischen Landwirtschaft gilt es aber weiterhin als unersetzlich (▶ Abschn. 14.8.5).

Andere Pestizide entstanden als Nebenprodukte bei industriellen Prozessen, z. B. Nitrophenole, Chlorphenole, Naphthalen, Ammoniumsulfat und Natriumarsenat. Sie waren allerdings nur begrenzt wirksam, wenig selektiv und oft auch für die Kulturpflanze und den Menschen giftig.

In den 1940er-Jahren wurden zahlreiche Pestizide neu entwickelt, darunter Aldrin, Dieldrin und Parathion. Besonders wirksam und kostengünstig erwies sich das Insektizid DDT (Dichlordiphenyltrichlorethan). Seine Anwendung bewirkte einen raschen Rückgang von Malaria, Gelbfieber und Fleckfieber (*typhus fever*), alles Krankheiten, die durch Arthropoden übertragen werden. Während der 1950er-Jahre machte sich kaum jemand Gedanken über mögliche Gefahren bei der Anwendung von Pestiziden und der Entdecker der starken Wirkung von DDT, Paul Hermann Müller, erhielt hierfür 1948 gar den Nobelpreis für Medizin. Sie waren weniger giftig als frühere Pflanzenschutzmittel, die teils Arsen enthielten. Die Landwirtschaft produzierte mehr und billigere Nahrungsmittel und mehrere Pflanzenkrankheiten konnten stark zurückgedrängt werden. Mögliche Auswirkungen auf Nicht-Zielarten (*non-targeted species*) wurden nicht berücksichtigt. Das änderte sich 1962 besonders in Nordamerika mit Rachel Carsons Buch „Silent Spring" („Der stumme Frühling"). Die Autorin machte auf die Nahrungsketten in der Natur aufmerksam und belegte, wie sich Giftstoffe mit jeder trophischen Stufe anreichern (▶ Abschn. 4.3.3). So führt die DDT-Anreicherung in Raubvögeln zu einer Schwächung der Eierschalen und behindert so die erfolgreiche Fortpflanzung. Als Alternative empfahl Carson die biologische Schädlingsbekämpfung. Heute ist DDT in den meisten Ländern verboten, es wird aber noch vereinzelt zur Kontrolle von krankheitsübertragenden Insekten verwendet, vor allem in afrikanischen Ländern mit hohen Inzidenzraten von Malaria.

In den 1970er- und 1980er-Jahren wurde mit Glyphosat das bisher meistverkaufte Herbizid eingeführt. Da es möglicherweise krebserregend ist und auch für Nicht-Zielarten giftig sein kann, ist es heute in mehreren Ländern verboten, bleibt aber eines der am häufigsten angewandten Herbizide.

Imidacloprid, ein Neonicotinoid, ist gegenwärtig eines der weitverbreitetsten Insektizide. Es wurde 1988 patentiert. Der Wirkstoff verhindert die Weiterleitung von Nervenimpulsen durch Bindung an nicotinischen Acetylcholinrezeptoren und führt zu Lähmung und Tod des Insekts. Probleme entstehen durch die Persistenz von Vertretern dieser Substanzgruppe sowie durch Auswirkungen auf Nicht-Zielarten in umliegenden Ökosystemen. So trägt Imidacloprid mit zum Bienensterben bei, an dem aber auch andere Faktoren wie Monokulturen der modernen Landwirtschaft sowie die Varroamilbe, Viren und andere Krankheitserreger beteiligt sind. Heute ist der Einsatz von Neonicotinoiden in Europa mit wenigen Ausnahmen untersagt.

Gegenwärtig ist die Forschung darauf gerichtet, Pestizide mit einem möglichst engen Wirkspektrum zu entwickeln (Fent 2013). Im Sinne einer integrierten **Schädlingsbekämpfung** (*integrated pest management*) sollen Ernteverluste durch chemische und biologische Kontrolltechniken und Züchtung resistenter Kulturpflanzen, u. a. durch **Gentechnik**, auf einem tolerierbaren Niveau gehalten werden. Um das Wachstum von Schädlingen zu verhindern, ist es das Ziel, so weit wie möglich auf die Anwendung von Pestiziden zu verzichten. Stattdessen sollen natürliche Kontrollmechanismen im Lebensraum gefördert werden.

14.9.4 Biologische Schädlingsbekämpfung

Als Alternative oder Ergänzung zum chemischen Pflanzenschutz bietet sich die biologische Schädlingsbekämpfung an. Darunter versteht man den Einsatz von Lebewesen, um die Schädlingspopulation so weit zu verringern, dass die wirtschaftlichen Schäden unbedeutend bleiben. Das gilt sowohl für die Landwirtschaft wie für den Schutz von gelagerten Vorräten. Dazu gibt es mehrere Ansätze:

- Förderung natürlicher Feinde der Schädlinge: Maßnahmen sind der Erhalt und die räumliche Verbindung natürlicher Restbestände oder -habitate, die es dem Nützling erlauben, seinen Lebenszyklus innerhalb oder nahe der Kulturfläche zu durchlaufen. Kontroverser sind Einführungen gebietsfremder Schädlinge. Erfolgreich war z. B. die Aussetzung eines australischen Marienkäfers (*Rodolia cardinalis*, Coccinellidae, Coleoptera) in Kalifornien, wo er die eingeschleppte Australische Wollschildlaus (*Icerya purchasi*, Margarodidae, Hemiptera) kontrolliert. Oft greifen die ausgesetzten „Nützlinge" jedoch auch andere Arten an. So wurde die südamerikanische Aga-Kröte (*Rhinella marina*, Bufonidae, Anura) in Australien ausgesetzt, zur Kontrolle eines Käfers (*Dermolepida albohirtum*, Scarabaeidae, Coleoptera), der Zuckerrohrplantagen zerstört. Die Kröte bevorzugte aber im neuen Lebensraum andere Beutetiere, was zu einem markanten Rückgang einiger einheimischen Reptilien führte.
- Periodische Freisetzung von Nutzinsekten, um kritische Perioden zu überbrücken: So werden in Deutschland Eiparasiten (Schlupfwespen) zur Bekämpfung des Maiszünslers (*Ostrinia nubilalis*, Crambidae, Lepidoptera) eingesetzt.
- Selbstvernichtungsverfahren: Die Fertilität eines Teils der Schädlingspopulation wird mit Strahlung oder Chemikalien reduziert, um kopulationsfähige, aber sterile Männchen zu produzieren. Andererseits können in eine Population gebietsfremden Artgenossen eingebracht werden. Das führt häufig zur genetischen Unverträglichkeit.
- Pheromonfallen zur Anlockung von Schadinsekten (Abschn. 11.1).
- Resistenzzüchtungen: Züchtung von Pflanzen mit erhöhter Resistenz gegen Herbivoren oder mikrobielle Krankheiten durch konventionelle oder gentechnische Methoden.

14.9.5 Ökologische Landwirtschaft

Ziele einer ökologischen Landwirtschaft (auch als biologische Landwirtschaft oder Ökolandbau bezeichnet) sind umweltschonende Produktion und artgerechte Tierhaltung. Deshalb wird weitgehend auf Mineraldünger und synthetische Pflanzenschutzmittel verzichtet (Schaefer 2012). Problematisch ist aber der Verzicht auf synthetische Fungizide. In der biologischen Landwirtschaft werden weiterhin Kupfer und Schwefel eingesetzt. So bekämpft man Kraut- und Knollenfäule in Kartoffeln mit Kupfersulfat. Diese Substanz hat eine hohe Toxizität gegenüber Wasserorganismen.

Häufiger Wechsel in der Fruchtfolge soll Bodenmüdigkeit und damit sinkenden Ertrag verhindern. So wird durch Anbau von Futter- und Körnerleguminosen Stickstoff im Boden angereichert, der anschließend der Hauptfrucht wie Weizen zur Verfügung steht.

Nährstoffe bleiben durch internen Kreislauf (Verwendung von Stallmist, Kompost) dem System weitgehend erhalten. Falls ausschließlich organische Dünger verwendet werden, spricht man von **organischem Landbau**.

Im Vergleich zur konventionellen Landwirtschaft ist die Biodiversität bei ökologischer Landwirtschaft im Durchschnitt um 30 % höher. Auch andere Dienstleistungen wie Schutz von Boden- und Wasserqualität und Schutz vor Erosion werden besser geschützt (Wittwer et al. 2021).

Allerdings ist ökologische Landwirtschaft arbeitsintensiv und pro Flächeneinheit bis zu 25–30 % weniger produktiv. Ein kompletter Verzicht auf konventionellen Anbau würde eine weitere Ausweitung der Anbaufläche auf Kosten von natürlichen Ökosystemen bedeuten. In den meisten europäischen Ländern ist das faktisch nicht mehr möglich, da die gesamte verfügbare Fläche bereits landwirtschaftlich genutzt wird. Die meisten bestehenden natürlichen Ökosysteme sind als Naturschutzgebiete rechtlich geschützt.

14.10 Gentechnisch veränderte Organismen machen Sorgen

14.10.1 Was sind GVOs?

GVOs (gentechnisch veränderte Organismen) versteht man Organismen (mit Ausnahme des Menschen), deren genetisches Material so verändert wurde, wie es mit Methoden der traditionellen Züchtung (Kreuzen, Mutationen, Rekombinationen) nicht möglich wäre. GVOs werden auch als gentechnisch modifizierte Organismen (**GMOs, gentechnisch modifizierte Organismen**) bezeichnet. Freisetzen oder Inverkehrbringen von GVOs ohne Genehmigung ist in der EU untersagt.

Genveränderungen umfassen gezielte Abschaltungen oder Modifikationen einzelner Gene oder das gezielte Einschleusen arteigener oder artfremder Gene. Die CRISPR/Cas-Methode erlaubt, Gene gezielt zu schneiden und verändern, sie zu entfernen oder neue Gene einzufügen (Doudna und Sternberg 2018). **Transgene Organismen** sind GVOs mit artfremden Genen, wobei die importierten Gene als **Transgene** bezeichnet werden. Auf diese Weise lassen sich Tiere oder Pflanzen mit Eigenschaften ausstatten, die mit konventionellen Züchtungsmethoden nicht oder nur schwer erreichbar wären.

Gentechnische Modifikationen sind für drei Anwendungsgebiete wichtig:

- Herstellung von Wirkstoffen: Zum ersten Mal wurde 1977 das Wirbeltierhormon Somatostatin im Bakterium *Escherichia coli* biotechnologisch produziert. Ein Jahr später gelang die Produktion von Humaninsulin erstmals in Bakterien und 1988 von menschlichen Antikörpern in Pflanzen.
- Genetische Therapie: Modifizierte Viren werden eingesetzt, um funktionelle Gene in Menschen oder Tiere einzuschleusen. Dort ersetzen sie mutierte Gene, die die Krankheit auslösen. Dieser Ansatz wurde bereits erfolgreich zur Behandlung von gewissen Immundefizienzen und der Leberschen kongenitalen Amaurose (eine angeborene Funktionsstörung der Netzhaut) eingesetzt. Andere bisher unheilbare Krankheiten, für die gentherapeutische Ansätze erforscht werden, sind cystische Fibrose, Parkinson-Krankheit, Diabetes, Muskeldystrophie und Krebserkrankungen.
- Erzeugung von Mikroorganismen, Pflanzen oder Tieren mit neuen Eigenschaften: Als erster gentechnisch modifizierter Organismus wurde 1973 das Bakterium *E. coli* mit eingeschleuster Resistenz gegen das Antibiotikum Kanamycin vorgestellt (als Markergen für eine erfolgreiche Modifikation). Ein Jahr später folgte das erste modifizierte Tier, eine Maus, als Hilfe bei der Krebsforschung. Die erste kommerziell erzeugte Pflanze war eine Tomatensorte, die die sogenannte FlavSavr-Tomate bildete, bei der der Reifungsprozess verzögert und somit mehr Aromastoffe gebildet werden. Die Sorte konnte sich im Markt jedoch nicht durchsetzen und wird nicht mehr produziert. Das erste kommerziell genutzte und gentechnisch erzeugte Tier war der GloFish im Jahr 2003, ursprünglich für Forschungszwecke entwickelt und heute in Tierhandlungen erhältlich. Im sogenannten AqAdvantage-Lachs (2015) wurde die Wachstumsrate genetisch manipuliert und die Tiere erreichen das gewünschte Gewicht in 16–18 Monaten anstatt in drei Jahren. Am häufigsten wird heute an genetisch modifizierten Kulturpflanzen geforscht. Ziele sind Herbizidtoleranz der Nutzpflanze (auf 60 % der angebauten Fläche), interne Produktion von Insektiziden (20 %) oder eine Kombination der beiden (20 %). Komplexere Modifikationen beeinflussen Produktionssteigerung, Modifikation eines Metaboliten, Synthese neuer Metaboliten und erhöhte Resistenz gegen abiotische Stressfaktoren (Temperaturextreme, Versalzung). In gentechnisch modifizierten Organismen verändern wir das Genmaterial, die DNA. Ein neuer Ansatz beruht auf Messenger-RNA oder mRNA. Dieses Molekül ist für die Produktion von Proteinen verantwortlich, wird aber nicht in das Erbmaterial eingebaut. mRNA spielte eine zentrale Rolle bei der Entwicklung von Impfstoffen gegen COVID-19: Im Körper des Geimpften initiiert sie die Produktion von Spikeproteinen des Coronavirus, wodurch das Immunsystem stimuliert wird. RNA kann jedoch mehr, als bei der Proteinproduktion mitzuhelfen. **RNAi** (i für Interferenz) kann die Produktion gewisser Proteine verhindern. Dank dieser Eigenschaft lässt sich RNA als Pestizid verwenden. Das Konzept ist einleuchtend: Man identifiziert ein Protein, das für das Überleben des Schädlings wesentlich ist. Dann entwirft man ein RNAi-Molekül, das die Produktion dieses Proteins verhindert. Es wird entweder durch Nahrung in den Schädling eingeschleust oder man manipuliert die DNA des Wirts so, dass er RNAi produziert, die dann vom Schädling konsumiert wird. Als Beispiel diene die Honigbiene (*Apis mellifera*, Apidae, Hymenoptera), die von der Var-

roamilbe (*Varroa destructor*, Varroidae, Mesostigmata) befallen wird. Dieser Parasit ernährt sich von Fettkörpern (analog zur Leber in Säugetieren) der Biene. In Feldversuchen fütterte man die Bienen mit Zuckerwasser mit RNAi, welche die Synthese eines lebenswichtigen Proteins in der Milbe verhindert.

In allen drei Anwendungsgebieten wurden aufgrund ethischer und medizinischer Bedenken Einwände erhoben. Spezifisch ökologische Befürchtungen bestehen jedoch vorwiegend in Bezug auf die Einschleusung artfremder Gene in Pflanzen oder Tiere. Genmodifizierte Organismen haben möglicherweise einen Konkurrenzvorteil und könnten in benachbarte Ökosysteme eindringen, wo sie die Fremdgene an verwandte Arten weitergeben. Dadurch könnten beispielsweise sogenannte Superweeds (Superunkräuter) entstehen, die sich wie gebietsfremde, invasive Arten verhalten. Die Entwicklung von Resistenz gegen Herbizide, Insektizide und Antibiotika ist natürlich eine lange bekannte Konsequenz der Evolution (Abschn. 17.2). Die Übertragung eines Resistenzgens von der Nutzpflanze auf den Schädling durch Hybridisierung ist umso wahrscheinlicher, je näher die beiden Arten verwandt sind. Die Herkunft des Gens (durch Technik oder durch Mutation) dürfte da keine Rolle spielen.

14.10.2 Die grüne Revolution mit Gentechnik

Gentechnik wird häufig als Fortsetzung und Intensivierung der grünen Revolution betrachtet, die auf der konsequenten Anwendung von Technologien zwischen den 1950er- und späten 1960er-Jahren beruhte. Ertragreichere Getreidesorten wurden angepflanzt, chemische Dünger und Pestizide verwendet und die Versorgung mit Wasser durch Irrigation kontrolliert. Dank der grünen Revolution wurden über 1 Mrd. Menschen vor dem Hungertod gerettet und ihr Initiator und damaliger Hauptprotagonist Norman Borlaug erhielt 1970 hierfür den Friedensnobelpreis. Allerdings war die grüne Revolution auch mit sozialen und ökologischen Kosten verknüpft, nämlich erhöhten Umweltbelastungen und Verlust an Naturräumen. Sie förderte auch praktisch ungebremstes Wachstum der Weltbevölkerung mit steigenden Ansprüchen an Ressourcen. Weltweit stellt die kleinbäuerliche Landwirtschaft immer noch einen höheren Beitrag zur Sicherung der Ernährung als die industrielle Landwirtschaft (Seppelt et al. 2022).

Im Vergleich zu konventionellen Ansätzen erlauben gezielte Genveränderungen eine schnellere und gezieltere Anpassung der Kulturpflanzen an eine sich verändernde Welt als konventionelle Züchtungsmethoden. Dem wird entgegengehalten, dass viele Eigenschaften wie Dürreresistenz auf einem komplexen Zusammenspiel vieler Gene beruhen, die sich nur schwer durch Modifikation von ein paar ausgewählten Genen kontrollieren lässt. Eine Zusammenfassung von Pro und Contra der Gentechnik findet man in Karalis et al. (2020).

Zurzeit werden vor allem gentechnisch modifizierte Pflanzen angebaut, die entweder resistent gegen Herbizide sind oder ein Gift produzieren, das natürlicherweise im Bakterium *Bacillus thuringiensis* (Bacillaceae, Bacillales; Bt) vorkommt. Während der Sporulation bilden die Bakterien Kristallproteine (∂-Endotoxine), die als Insektizide wirken. Dieses Gift wird seit 1920 eingesetzt, u. a. im biologischen Anbau. Heute wird das entsprechende Gen direkt in die Pflanze eingeschleust und induziert dort die Synthese. Das Gift ist tödlich für mehrere Arten aus Insektenordnungen wie Lepidoptera, Diptera und Coleoptera. Ein Hauptziel ist der europäische Maiszünsler (*Ostrinia nubilalis*, Crambidae, Lepidoptera).

Das weitverbreitetste Herbizid in den USA ist Roundup, ein Breitbandherbizid basierend auf Glyphosat (▶ Abschn. 14.8.3). Entwickelt und patentiert wurde es durch Monsanto in den 1970er-Jahren. Seit 1996 produziert dieselbe Firma auch Pflanzen, die gegen Glyphosat resistent sind. Das sollte gezielteren und deshalb sparsameren Einsatz des Herbizids erlauben. Wegen seines breiten Wirkungsspektrums und Anbaus von gentechnisch modifizierten, resistenten Kulturpflanzen (Baumwolle, Raps, Mais, Sojabohne) wird es jedoch oft im Überfluss versprüht. Da es wasserlöslich ist, gelangt es leicht in benachbarte Böden und ins Grundwasser. Verschiedene Bakterien sind interessanterweise in der Lage, Glyphosat abzubauen.

Ideal wären Pestizide, die nur den aktuellen Schädling angreifen und deren Wirkung auf das bepflanzte Feld beschränkt wird. Das ist nur in Ausnahmefällen möglich. Gentechnologie kann diese direkten Auswirkungen potenziell verringern.

Unabhängig davon, ob Pestizide oder Antibiotika gesprüht oder durch die Pflanze synthetisiert werden, sorgen Mutationen und natürliche Selektion früher oder später dafür, dass in den Schädlingen Resistenz auftreten wird und der Pflanzenschutz angepasst werden muss. Das lässt sich durch Modifikation der Pestizide oder durch Steuerung der Pflanzenresistenz erreichen, entweder durch traditionelle Züchtung oder durch Gentechnik.

14.10.3 Ökologische Konsequenzen der Gentechnik

Die Anpflanzung von gentechnisch veränderten Kulturpflanzen im Freiland birgt die Gefahr, dass neue, artfremde Gene in verwandte Wildpflanzen eingeschleust werden, die sich dann wie invasive Eindringlinge verhalten und tiefgreifend die Biodiversität und Funktionen benachbarter Ökosysteme stören. Dazu publizierte die Royal Society (UK) im Jahre 2016 eine Übersicht von 18 Fragen und Antworten (► https://royalsociety.org/topics-policy/projects/gm-plants/). Eine Auswahl sei hier kurz vorgestellt:

- Frage: Kann das Eintragen von artfremden Gensequenzen unvoraussehbare Konsequenzen nach sich ziehen? Antwort: Dieses Phänomen beobachtet man regelmäßig auch ohne Gentechnik. Mehrere Bakterien und Viren schleusen fremde Gene in infizierte Pflanzen ein. Natürlich vorkommende springende Gene bewegen sich spontan innerhalb des Genoms. Es besteht kein grundsätzlicher Unterschied zwischen konventionell und gentechnisch erzeugten Pflanzen.
- Frage: Schaden GVOs der Umwelt? Antwort: Biodiversität ist empfindlich gegenüber maßloser Verwendung von Dünger und Pestiziden, unabhängig davon, ob konventionell oder gentechnisch erzeugte Pflanzen ausgesät werden. Besonders effektive Unkrautkontrolle reduziert zwangsläufig die damit verknüpfte Insektendiversität. Der Schaden kann gemildert werden, wenn ein kleiner Anteil der agrarwirtschaftlich genutzten Fläche für Wildpflanzen freigehalten wird.
- Frage: Erhöht sich durch den Einsatz von GVOs das Entstehen von pestizidresistenten Unkräutern? Antwort: Auch hier lässt sich kein Unterschied zu konventioneller Landwirtschaft feststellen. Das Problem lässt sich verringern, indem man Pflanzen mit verschiedenen Resistenzen rotiert oder periodisch andere Pestizide anwendet.
- Frage: Lässt sich der Genaustausch zwischen GVO- und Nicht-GVO-Pflanzen vermeiden? Antwort: Die Genetic Use Restriction Technology (GURT) verhindert die Keimung von Samen und wurde in den 1990er-Jahren patentiert, hat aber nie zuverlässig funktioniert. Im Jahr 2000 führten die Vereinten Nationen unter der Biodiversitätskonvention ein Moratorium für GURT ein zum Schutz der Bauern, die sonst nicht mehr geerntete Samen zur Neupflanzung gebrauchen könnten. Allerdings ist die Verwendung von selbstproduzierten Samen oft illegal, wenn Lizenzen in Kraft sind. Das gilt für GVOs und konventionelles Saatgut.
- Frage: Gentechnisch veränderte Nutzpflanzen werden erst seit etwa 20 Jahren verwendet. Besteht nicht die Möglichkeit, dass unerwünschte Nebeneffekte erst jetzt oder auch in der Zukunft auftreten werden? Antwort: Natürlich ja, genau wie bei traditionell gezüchteten Organismen. Andererseits werden GVOs gründlicher getestet in Bezug auf ihre Nahrungsqualitäten und möglichen ökologischen Effekte. Außerdem weisen sie in der Regel weniger genetische Unterschiede auf zum ursprünglichen, unveränderten Organismus.

Literatur

Agosta SJ, Klemens JA (2008) Ecological fitting by phenotypically flexible genotypes: implications for species associations, community assembly and evolution. Ecol Lett 11:1123–1134

Amaral-Zettler LA, Mincer TJ (2020) Ecology of the plastisphere. Nat Rev Microbiol 18:139–151

Atwood TB et al (2020) Herbivores at the highest risk of extinction among mammals, birds, and reptiles. Sci Adv 6:eabb8458

Baslam M, Mitsui T, Hodges M, Priesack E, Herritt MT, Aranjuelo I, Sanz-Sáez Á (2020) Photosynthesis in a changing global climate: scaling up and scaling down in crops. Front Plant Sci 11:882. https://doi.org/10.3389/fpls.2020.00882

Bennett AE, Classen AT (2020) Climate change influences mycorrhizal fungal-plant interactions, but conclusions are limited by geographical study bias. Ecology 101:e02978

Biermann L et al (2020) Finding plastic patches in coastal waters using optical satellite data. Sci Rep 10:5364. https://doi.org/10.1038/s41598-020-62298-z

Block S et al (2022) Ecological lags govern the pace and outcome of plant community responses to 21st-century climate change. Ecol Lett 25:2156–2166

Bombelli P, Howe CJ, Bertocchini F (2017) Polyethylene biodegradation by caterpillars of the wax moth *Galleria mellonella*. Curr Biol 27:R283–R293

Botkin DB et al (2007) Forecasting the effects of global warming on biodiversity. BioScience 57:227–236

Bradshaw CJC (2021) Underestimating the challenges of avoiding a ghastly future. Front Conserv Sci., 13 Jan 2021. https://doi.org/10.3389/fcosc.2020.615419

Brasseur G, Jacob D, Schuck-Zöller S (Hrsg) (2017) Klimawandel in Deutschland. Springer Spektrum Open Source, Berlin Heidelberg

Bray D (2010) The scientific consensus of climate change revisited. Environ Sci Policy 13:340–350

Bray D, von Storch H (2010) CliSci2008: a survey of the perspectives of climate scientists concerning climate science and climate change. GKSS report 2010/9, S 121

Cabon V et al (2022) Urbanisation modulates the attractiveness of plant communities to pollinators by filtering for floral traits. Oikos e09071. https://doi.org/10.1111/oik.09071

Campbell DA, Serôdio J (2021) Phytoplankton: processes and patterns. https://eproofing.springer.com/books_v2/printpage.php?token=eb_O. Zugriffsdatum 13. April, 2025

Cassone BJ et al (2020) Role of the intestinal microbiome in low-density polyethylene degradation by caterpillar larvae of the greater wax moth, *Galleria mellonella*. Proc R Soc B 287:20200112. https://doi.org/10.1098/rspb.2020.0112

Literatur

Cavicchioli R (2019) Scientists' warning to humanity: microorganisms and climate change. Nat Rev Microbiol 17:569–586

Ceballos G et al (2015) Accelerated modern human-induced species losses: entering the sixth mass extinction. Sci Adv 1:e1400253

Cuthbert RN et al (2021) Global economic costs of aquatic invasive alien species. Sci Total Environ 775:145238

Diamond SE, Martin RA (2021) Evolution in cities. Annu.Rev.Ecol.Evol.Syst. 52:519–540

Doudna J, Sternberg SH (2018) Eingriff in die Evolution: Die Macht der CRISPR-Technologie und die Frage, wie wir sie nutzen wollen. Springer, Berlin/Heidelberg. ISBN 3-662-57444-6

Elhacham E et al (2019) Global human-made mass exceeds all living biomass. Nature 588:444. https://doi.org/10.1038/s41586-020-3010-5

Elton CA (1958) The ecology of invasions by animals and plants. Methuen, London. https://doi.org/10.1007/978-3-030-34721-5

Epstein A (2014) The moral case for fossil fuels. Portfolio/Penguin, New York

FAO (2013) Food wastage footprint. Impacts on natural resources. https://www.fao.org/4/i3347e/i3347e.pdf accessed 14 April, 2025

Fent K (2013) Ökotoxikologie 4. Aufl. Thieme, Stuttgart

Finkel ZV et al (2007) A universal driver of macroevolutionary change in the size of marine phytoplankton over the Cenozoic. Proc Natl Acad Sci U S A 104:20416–20420

Flannery T (2007) Wir Wettermacher. S. Fischer, Frankfurt am Main

Gange AC et al (2007) Rapid and recent changes in fungal fruiting patterns. Science 316:71

Gatehouse AMR et al (2011) Insect-resistant biotech crops and their impacts on beneficial arthropods. Philos Trans R Soc B 2011(366):1438–1452

Gioria M et al (2023) Why are invasive plants successful? Annu Rev Plant Biol. https://doi.org/10.1146/annurev-arplant-070522-071021

Grossart H-P et al (2022) Inland water fungi in the Anthropocene: current and future perspectives. In: Encyclopedia of inland waters, S 667–684. https://doi.org/10.1016/b978-0-12-819166-8.00025-6

Guo Q (2015) No consistent small-scale native-exotic relationships. Plant Ecol 216:1225–1230

Hallmann CA et al (2017) More than 75 percent decline over 27 years in total flying insect biomass in protected areas. PLoS One 12:2017

He F, Hubbell SP (2011) Species–area relationships always overestimate extinction rates from habitat loss. Nature 473:368–371

IPBES (2019) Global assessment report on biodiversity and ecosystem services of the Intergovernmental Science-Policy Platform on Biodiversity and Ecosystem Services. In: Brondizio ES, Settele J, Díaz S, Ngo HT (Hrsg) . IPBES secretariat, Bonn

IUCN (2020) The IUCN Red List of Threatened Species. Version 2020-21. Retrieved 28 Mar 2020.

Janzen DH, Hallwachs W (2021) To us insectometers, it is clear that insect decline in our Costa Rican tropics is real, so let's be kind to the survivors. PNAS 118(2):e2002546117

Jopp F, Reuter H, Breckling B (Hrsg) (2011) Modelling complex ecological dynamics. An introduction into ecological modeling for students, teachers & scientists. Springer, Berlin/Heidelberg

Jørgensen PS, Folke C, Carroll SP (2019) Evolution in the Anthropocene: informing governance and policy. Annu Rev Ecol Evol Syst 50:527–546

Kabisch, S. et al (Hrsg) (2024) Die resiliente Stadt. Konzepte, Konflikte, Lösungen. Springer Berlin/Heidelberg.

Kadereit JW (2021) Evolution. In: Kadereit JW, Körner C, Nick P, Sonnewald U (Hrsg) Strasburger – Lehrbuch der Pflanzenwissenschaften. Springer, Berlin/Heidelberg, S 649–682

Karalis DT, Karalis T, Karalis S et al (2020) Genetically Modified Products, Perspectives and Challenges. Cureus 12(3):e7306. https://doi.org/10.7759/cureus.7306

Kauserud H et al (2008) Mushroom fruiting and climate change. Proc Natl Acad Sci 105:3811–3814

Key T et al (2010) Cell size trade-offs govern light exploitation strategies in marine phytoplankton. Environ Microbiol 12:95–104

Klein N (2015) Die Entscheidung. Kapitalismus vs. Klima. S. Fischer, Frankfurt am Main

Klotz S, Settele J (2017) Biodiversität. In: Brasseur G, Jacob D, Schuck-Zöller S (Hrsg) Klimawandel in Deutschland. Springer Spektrum Open Source,

Kolbert E (2016) Das sechste Massensterben. Suhrkamp, Berlin

Kühne S et al (2017) The use of copper pesticides in Germany and the search for minimization and replacement strategies. Creative Commons Attribution License, http://creativecommons.org/licenses/by/4.0/

Lavoie C (2010) Should we care about purple loosestrife? The history of an invasive plant in North America. Biol Invasions 12:1967–1999

Le Quéré C et al (2018) Global carbon budget 2018. Earth Syst Sci Data 10:2141–2194

Leonhardt, D.A. (2021) Bestäuber im Sinkflug. Spektr Wissensch 10/2021. https://www.spektrum.de/magazin/insektensterben-bestaeuber-im-sinkflug/1913887 accessed 14 April, 2025

Lomborg B (2007) Cool it. Albert A. Knopf, New York

Louca S et al (2018) Bacterial diversification through geological time. Nat Ecol Evol 2:1458–1467

Ludwig K-H (2007) Eine kurze Geschichte des Klimas. Verlag C.H, Beck, München

Lüthi D et al (2008) High-resolution carbon dioxide concentration record 650,000–800,000 years before present. Nature 453:379–382

Mann CC (2012) 1493: uncovering the new world Columbus created. Random House, New York

Mann CC (2013) Kolumbus' Erbe – wie Menschen, Tiere, Pflanzen die Ozeane überquerten und die Welt von heute schufen. Rowohlt, Hamburg

Marris M (2011) Rambunctious garden. Bloomsbury, New York

Maslin M (2014) Climate change: a very short introduction. Oxford University Press, Oxford/New York

May R (2005) Threats to tomorrow's world. Anniversary address. The Royal Society, See http://royalsociety.org/uploadedFiles/Royal_Society_Content/about-us/history/Anniversary_Address_2005.pdf

McKibben B (2012) Global warming's terrifying new math. Rolling Stone. http://www.rollingstone.com/politics/news/global-warmings-terrifying-new-math-20120719 accessed April 14, 2025

Medina FM et al (2011) A global review of the impacts of invasive cats on island endangered vertebrates. Glob Chang Biol 17:3503–3510. https://doi.org/10.1111/j.1365-2486.2011.02464.x

Mill JS (1848) Principles of political economy. John W. Parker, London

Munk K (ed.) (2009) Taschenlehrbuch Biologie. Ökologie Biologie. Thieme Verlag, Stuttgart

Newman JA et al (2011) Climate change biology. CABI, Wallingford

Orion T (2015) Beyond the war on invasive species. Chelsea Green Publishing, White River Junction

Pascual U et al (2017) Valuing nature's contributions to people: the IPBES approach. Curr Opin Environ Sustain 26–27:7–18

Pearce F (2015a) Global extinction rates: why do estimates vary so wildly?. https://e360.yale.edu/features/global_extinction_rates_why_do_estimates_vary_so_wildly

Pearce F (2015b) The new wild. Beacon Press, Boston

Perez TM, Stroud JT, Feeley KJ (2016) Thermal trouble in the tropics. Science 351:1392–1393

Pimm SL et al (2014) The biodiversity of species and their rates of extinction, distribution, and protection. Science 344:1246752

Pinker S (2018) Aufklärung jetzt: Für Vernunft, Wissenschaft, Humanismus und Fortschritt. Eine Verteidigung. S. Fischer, Frankfurt am Main

Pyšek P et al (2012) A global assessment of invasive plant impacts on resident species, communities and ecosystems: the interaction of impact measures, invading species' traits and environment. Glob Chang Biol 18:1725–1737. https://doi.org/10.1111/j.1365-2486.2011.02636.x

Rabitsch W, Essl F, Kühn I, Nehring S, Zangger A, Bühler C (2013) Arealänderungen. In: Essl F, Rabitsch W (Hrsg) Biodiversität und Klimawandel: Auswirkungen und Handlungsoptionen für den Naturschutz in Mitteleuropa. Springer, Berlin, S 59–66

Reichholf JH (2006) Die Zukunft der Arten. C.H. Beck, München

Reichholf JH (2008) Ende der Artenvielfalt? Fischer Taschenbuchverlag, München

Reichholf JH (2015) Eine kurze Naturgeschichte des letzten Jahrtausends. Fischer Taschenbuch, Frankfurt am Main

Ricardo Cavicchioli R et al (2019) Scientists' warning to humanity: microorganisms and climate change Nature Reviews Microbiology 17:569–586

Ridley M (2010) The rational optimist: how prosperity evolves. Harper Collins, New York

Roberts P, Hamilton R, Pipernoe DR (2021) Tropical forests as key sites of the "Anthropocene": past and present perspectives. PNAS 118(40):e2109243118

Rosling H, Rosling O, Rosling Rönnlund A (2018) Factfulness: ten reasons we're wrong about the world – and why things are better than you think. Flatironbooks, New York

Sánchez-Bayo F, Wyckhuys KAG (2019) Worldwide decline of the entomofauna: a review of its drivers. Biol Conserv 232:8–27

Santangelo JS et al (2022) Global urban environmental change drives adaptation in white clover. Science 375:1275–1281

Sax DF, Baines SD (2008) Species invasions and extinction: The future of native biodiversity on islands. PNAS 105:11490–11497

Sax DF, Schlaepfer MS, Olden JD (2022) Valuing the contributions of non-native species to people and nature. Trends Ecol Evol 37(12). https://doi.org/10.1016/j.tree.2022.08.005

Schaefer M (2012) Wörterbuch der Ökologie. Spektrum Akademischer Verlag, Heidelberg

Schell T, Rico A, Vighi M (2019) Occurrence, fate and fluxes of plastics and microplastics in terrestrial and freshwater ecosystems. Rev Environ Contam Toxicol. https://doi.org/10.1007/398_2019_40

Schlaepfer MA (2018) Do non-native species contribute to biodiversity? PLoS Biol. https://doi.org/10.1371/journal.pbio.2005568

Schmitz OJ (2017) The new ecology. Princeton University Press, Princeton/Oxford

Seena S et al (2019) Does nanosized plastic affect aquatic fungal litter decomposition? Fungal Ecol 39:388–392

Sen A (1999) Democracy as freedom. Anchor Books, Random House, New York

Seppelt R et al (2022) Agriculture and food security under a changing climate: an underestimated challenge. iScience 25:105551. 22 Dec 2022

Simberloff D et al (2013) Impacts of biological invasions: what's what and the way forward. Trends Ecol Evol 28:58–66

Simkin AJ et al (2019) Feeding the world: improving photosynthetic efficiency for sustainable crop production. J Exp Bot 70:1119–1140

von Storch H, Krauss W (2013) Die Klimafalle: Die gefährliche Nähe von Politik und Klimaforschung. Hanser GmbH, München

Storl W-D (2012) Wandernde Pflanzen. Wesen und Geheimnisse der Neophyten. AT Verlag AG, München

Stromberg JC, Chew MK, Nagler PL, Glenn EP (2009) Changing perceptions of change: the role of scientists in *Tamarix* and river management. Restor Ecol 17:177–186

Swain DL et al (2020) Attributing extreme events to climate change: a new frontier in a warming world. One Earth 2:522–527

Tasker SJL, Foggo A, Bilton DT (2022) Quantifying the ecological impacts of alien aquatic macrophytes: a global meta-analysis of effects on fish, macroinvertebrate and macrophyte assemblages. Freshw Biol 67:1847–1860

Thakur MP et al (2019) Microbial invasions in terrestrial ecosystems. Nat Rev Microbiol 17:621–631

Thomas CD (2017) Inheritors of the Earth. PublicAffairs, New York

Thomas ED et al (2004) Extinction risk from climate change. Nature 427:145–148

Thompson K (2014) Where do camels belong? Greystone Books, Vancouver

United Nations (2007) World population prospects, the 2006 revision. https://www.un.org/development/desa/pd/sites/www.un.org.development.desa.pd/files/files/documents/2020/Jan/un_2006_world_population_prospects-2006_revision_volume-i.pdf

Vince G (2016) Am achten Tag. Eine Reise in das Zeitalter des Menschen. Konrad Theiss, ISBN 978-3-8062-3393-3

Wackernagel M, Rees W (1996) Our ecological footprint: reducing human impact on the Earth. New Society Publishers, Gabriola Island. ISBN 0-86571-312-X

Wallace-Wells D (2019) The uninhabitable earth. Tim Duggan Books, New York

Wink M (2022) Neozoa and neophytes – friend or foe? J Nat Man 1(190):10–23

Wittig R & Streit B (2004) Ökologie UTB Basics, Ulmer

Wittig R, Sukopp H (1998) Was ist Stadtökologie? In: Sukopp H, Wittig R (Hrsg) Stadtökologie, 2. Aufl. G. Fischer, Stuttgart

Wittwer RA et al (2021) Organic and conservation agriculture promote ecosystem multifunctionality. Sci Adv 7(34). https://doi.org/10.1126/sciadv.abg6995

Yan S et al (2020) Improving RNAi efficiency for pest control in crop species. Biotechniques 68:283–290

Zhu D et al (2022) Soil plastispheres as hotspots of antibiotic resistance genes and potential pathogens. ISME J 16:521–532. https://doi.org/10.1038/s41396-021-01103-9

Naturschutz, Umweltschutz und Nachhaltigkeit – was wir tun müssen

Felix Bärlocher

Inhaltsverzeichnis

15.1 Vermeidung und Abschwächung zukünftiger Schäden – 394
15.1.1 Ein Schlüsselbegriff – Nachhaltigkeit – 394
15.1.2 MIPS – Materialintensität pro Serviceeinheit – 395

15.2 Anthropogenes CO_2 – 395
15.2.1 Quellen – 395
15.2.2 Fossile vs. alternative Energiequellen – 396
15.2.3 Schadensverminderung – 397
15.2.4 Anpassungsmaßnahmen – 398
15.2.5 Umweltbewusstes Verhalten des Einzelnen – 399
15.2.6 Psychologie des Umweltschutzes – Rebound-Effekte und moralische Lizenzierung – 400

15.3 Anthropogene Beanspruchung von globaler Nettoprimärproduktion und Gesamtfläche – 400
15.3.1 Half-Earth-Proposal – 401
15.3.2 Kreislaufwirtschaft – 402

15.4 Was Naturschutz bedeutet – 403
15.4.1 Was soll geschützt werden? – 403
15.4.2 Artenschutz – 404
15.4.3 Lebensraumschutz (Biotopschutz) – 406
15.4.4 Management der Schutzgebiete – 406
15.4.5 Naturschutzgebiete als Museen oder als dynamische Systeme – 408
15.4.6 Renaturierungsökologie – 409
15.4.7 Naturschutzgebiete enthalten dynamische, sich stets entwickelnde und ändernde Systeme – 412
15.4.8 Moderner Naturschutz – pragmatisch definierte Ziele und Kompromisse – 414
15.4.9 Internationale Konventionen zum Schutz der Biodiversität und nachhaltiger Nutzung – 416

Literatur – 418

© Der/die Herausgeber bzw. der/die Autor(en), exklusiv lizenziert an Springer-Verlag GmbH, DE, ein Teil von Springer Nature 2025
G.-J. Krauß, F. Bärlocher, *Ökologie und Ökologische Biochemie*, https://doi.org/10.1007/978-3-662-70586-5_15

15.1 Vermeidung und Abschwächung zukünftiger Schäden

In den letzten 200 Jahren hat die menschliche Bevölkerung enorm zugenommen (▶ Kap. 14). Zusätzlich hat sich der Bedarf an Ressourcen pro Mensch stetig erhöht (▶ Abschn. 14.2.5). So wird geschätzt, dass die heutige Population die Ressourcen von rund zwei Planeten beansprucht. Darauf beruhende Probleme lassen sich grundsätzlich in zwei Aspekte unterteilen: Verwendung fossiler Energie und anderer nicht erneuerbarer Ressourcen und steigende Beanspruchung bzw. Beeinflussung natürlicher Ökosysteme für anthropogene Zwecke (Land- und Forstwirtschaft, Bergbau).

Jede Population wird letzten Endes durch die artspezifische Kapazität des Ökosystems beschränkt (*carrying capacity*, ▶ Kap. 3). Durch Technologie wurde die Kapazität für die menschliche Population weit über die natürliche Grenze gesteigert. Zurzeit (Januar 2022; ▶ https://www.worldometers.info/world-population/) leben rund 8 Mrd. Menschen auf der Erde. Ist diese Bevölkerung nachhaltig (*sustainable*)? Schätzungen einer nachhaltigen oberen Grenze der menschlichen Population gehen weit auseinander. Eine Metaanalyse (Van den Bergh und Rietveld 2004) nannte 7,7 Mrd. als beste Schätzung, mit Extremwerten von 0,65 bis 98 Mrd. Ansätze, wie wir die Population stabilisieren oder senken können, betonen als Prioritäten Familienplanung und/oder Verbesserung der ökonomischen Grundlagen, insbesondere erleichterten Zugang zu Bildung und medizinischer Versorgung für Frauen (Übergangsstadium, ▶ Abschn. 14.2.3), was zumindest kurzfristig den Bedarf an Energie und anderen Ressourcen erhöhen wird. Eine nachhaltige Welt lässt sich am ehesten erreichen, wenn wir gleichzeitig die menschliche Bevölkerung in absoluten Zahlen und Ressourcenbeanspruchung pro Mensch stabilisieren und letzten Endes reduzieren können.

15.1.1 Ein Schlüsselbegriff – Nachhaltigkeit

Der Begriff **Nachhaltigkeit** wurde in der mitteleuropäischen Forstwirtschaft anfangs des 18. Jahrhunderts eingeführt. Nachhaltige Ernte soll verhindern, dass die Nutzungsintensität einer Ressource ihre Regenerationsintensität übersteigt, d. h., man darf einem Wald nur so viel Holz entnehmen, wie nachwachsen kann. Der Ertrag bleibt so über die Generationen hinweg gleich und die Nutzung gilt als nachhaltig (*sustainable*). Dasselbe Prinzip gilt für jede sich erneuernde oder regenerierbare Ressource. Wie Nentwig et al. (2017) betonen, ist Nachhaltigkeit ein anthropozentrischer Begriff und die Natur als solche ist nicht nachhaltig. Stoffkreisläufe zeigen, dass sich über längere Zeiträume Verschiebungen zwischen den Lebensräumen abspielen (▶ Abschn. 4.3.5). Gewaltige Mengen von Biomasse und Salz wurden aus der Biosphäre entfernt und führten zu den Kohle-, Öl- und Salzlagern.

Heute umfasst Nachhaltigkeit neben ökonomischen auch ökologische und soziale Aspekte. Im Brundtland-Report (WCED 1987) der Vereinten Nationen wird **nachhaltige Entwicklung** (*sustainable development*) wie folgt definiert: „Sustainable development meets the needs of the present without compromising the ability of future generations to meet their own needs." („Nachhaltige Entwicklung erfüllt die Bedürfnisse der Gegenwart, ohne die Fähigkeit zukünftiger Generationen zu gefährden, ihre eigenen Bedürfnisse zu erfüllen.") Umweltpolitische Ziele werden mit ökonomischen und sozialen Zielen verknüpft. Nach dieser Interpretation von Nachhaltigkeit sind stabile Gesellschaften nur dann erreichbar, wenn ökologische, ökonomische und soziale Ziele gleichwertig angestrebt werden. Das Konzept soll für alle Länder (globale Gerechtigkeit) und zukünftige Generationen (Generationengerechtigkeit) gelten (Rockström et al. 2023). Nachhaltigkeit wird also nicht nur eine Verpflichtung für die Ökologie, sondern auch für die Wirtschaft und die Soziologie. Darauf beruht das Drei-Säulen-Modell der Nachhaltigkeit (◐ Abb. 15.1a):
- Ökonomische Nachhaltigkeit setzt eine Wirtschaftsform voraus, die eine dauerhaft tragfähige Grundlage für Wohlstand bietet.
- Soziale Nachhaltigkeit erlaubt allen Mitgliedern der Gesellschaft Teilnahme an sozialen Errungenschaften wie Ausbildung und Gesundheitswesen. Ziel ist eine zukunftsfähige, lebenswerte Gesellschaft.
- Ökologische Nachhaltigkeit bedeutet Erhaltung der Natur und Umwelt für zukünftige Generationen.

Im Drei-Säulen-Modell werden soziale, ökonomische und ökologische Aspekte als gleichrangig eingestuft. Dabei ist natürlich klar, dass Natur (Biodiversität) und Umwelt (Klima, Wasser, Boden) letzten Endes das nicht ersetzbare Fundament von Wirtschaft und Sozialsystemen darstellen. Symbolisiert wird das durch ein modifiziertes Säulenmodell (◐ Abb. 15.1b): Biodiversität bildet die Grundlage, auf die sich Wirtschaft, Kultur und Soziales stützen, die alle zu nachhaltiger Entwicklung beitragen. Jeder Säulentyp ist doppelt vorhanden, da es verschiedene Versionen von Wirtschaft, Kultur und Sozialsystemen gibt.

Im Jahr 2015 verabschiedete die Generalversammlung der Vereinten Nationen die Agenda 2030 für nachhaltige Entwicklung (Schmid und Pröll 2020). Dieses komplexe und ambitionierte Projekt umfasst 17 Ziele mit 169 Unterzielen. Eine detaillierte Diskussion würde den Rahmen dieses Buchs sprengen.

15.2 · Anthropogenes CO_2

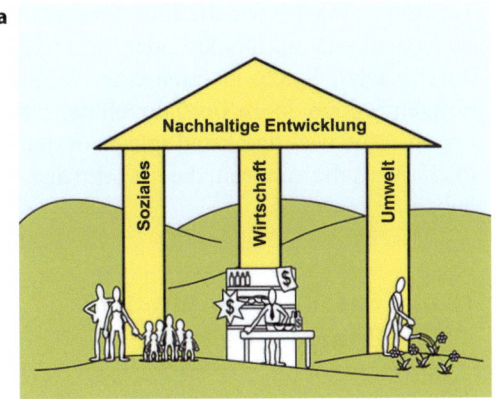
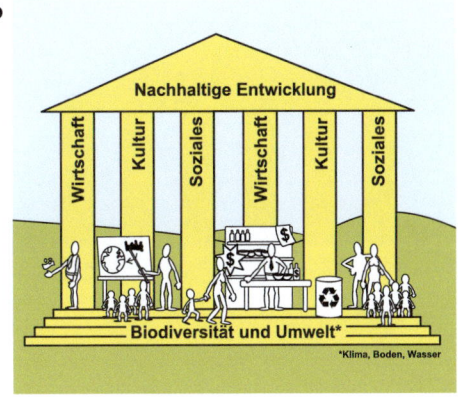

Abb. 15.1 **a** Nach dem Drei-Säulen-Modell der Nachhaltigkeit tragen Umwelt, Soziales und Wirtschaft gleichwertig zu nachhaltiger Entwicklung bei. **b** Nach dem Mehr-Säulen-Modell bilden Biodiversität und Umwelt das Fundament für die Säulen Ökonomie, Kultur und Soziales. (Aus Wittig und Niekisch 2014, Abb. 17.9)

Heute haben „nachhaltig" und „Nachhaltigkeit" einen ähnlich hohen Stellwert wie „ökologisch" und stehen für alles, was gut und erstrebenswert ist. Leider wird selten klar definiert, was damit gemeint wird. Für *sustainable development* listet Wullenweber (2000) über 70 Übersetzungen. Es überrascht deshalb nicht, dass mit diesen Begriffen, genau wie mit „Ökologie", oft Etikettenschwindel betrieben wird (Wittig und Niekisch 2014).

Eine nützliche Unterteilung in schwache und starke Nachhaltigkeit wurde von Ott und Döring (2004) vorgeschlagen. Bei schwacher Nachhaltigkeit bleibt das Gesamtkapital konstant oder es wächst. Dabei handelt es sich um die Summe des Sachkapitals (Produktionsmittel, Transport, Infrastruktur), des Humankapitals (Wissen, Soziales) und des Naturkapitals (Biodiversität, erneuerbare Rohstoffe). Verlust an Biodiversität, kombiniert mit Gewinn an Sachkapital oder Humankapital, wäre, so interpretiert, nachhaltig. Für starke Nachhaltigkeit gilt dagegen:
- Erneuerbare Ressourcen werden nur in dem Maße genutzt, wie sie sich regenerieren.
- Nicht erneuerbare Ressourcen werden nur so weit verbraucht, wie sie durch gleichwertige erneuerbare Ressourcen ersetzt werden können.
- Schadstoffe werden nur in dem Maße in der Umwelt deponiert, wie sie abgebaut werden können oder solange sie eine als schadlos definierte Konzentrationsschwelle nicht übersteigen.

So definiert ist Nachhaltigkeit, basierend auf erneuerbaren Materialien und Energie, höchstens in Ausnahmefällen realisierbar (Terborgh 1999). Das gilt auch für die Forstwirtschaft, wo der Begriff erstmals eingeführt wurde. Forstgebiete werden oft gedüngt (zum Teil mit nicht erneuerbaren Ressourcen) und mit Pestiziden behandelt (führt zu Verlusten der Biodiversität). Holz wird mit Maschinen unter Verwendung nicht erneuerbarer Energie und Materialien geerntet und auch der Boden wird dabei verdichtet (Wittig und Niekisch 2004).

15.1.2 MIPS – Materialintensität pro Serviceeinheit

Die Umweltbelastung eines Guts hängt davon ab, wie viel Energie und andere Ressourcen zu seiner Herstellung verwendet wurden. Diese Investitionen werden in Zusammenhang mit dem Nutzen (Dienstleistung) gesetzt: Schmidt-Bleek (1997) schlug dafür die Materialintensität pro Serviceeinheit (**MIPS**) vor. Dazu werden sämtliche Materialien zur Herstellung, zum Betrieb, für Reparaturen und die Entsorgung erfasst. Dieser Aufwand wird geteilt durch die erzielten Serviceeinheiten: Je öfter ein Gut benutzt wird, desto geringer ist die (relative) Umweltbelastung. Wittig und Niekisch (2014) bezeichnen die MIPS einer Dienstleistung als „ökologischen Rucksack". Anstatt durch Materialverbrauch lässt sich Umweltbelastung auch durch den Ausstoß von Schadstoffen messen. Wegen seiner Rolle im Klimawandel steht hier CO_2 im Vordergrund (▶ Abschn. 14.4).

15.2 Anthropogenes CO_2

15.2.1 Quellen

Um den CO_2-Ausstoß effektiv zu kontrollieren, müssen wir seine Quellen kennen. **Abb. 15.2** zeigt die geschätzten Beiträge von sechs Sektoren:
- Mit 25 % ist die Erzeugung von Elektrizität und Wärme durch fossile Brennstoffe die wichtigste Quelle von Treibhausgasen.

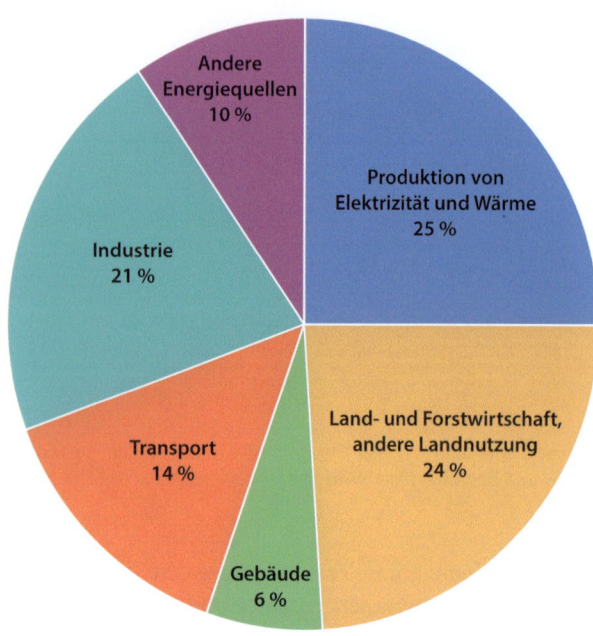

☐ **Abb. 15.2** Wichtigste Quellen des anthropogenen CO_2-Ausstoßes. (▶ https://www.epa.gov/ghgemissions/global-greenhouse-gas-emissions-data, https://www.ipcc.ch/report/ar5/wg3, Contribution of Working Group III to the Fifth Assessment Report on the Intergovernmental Panel on Climate Change)

- Die zweitwichtigste Quelle mit 24 % bilden Land- und Forstwirtschaft und andere Landnutzungspraktiken. Rund 20 % dieses Ausstoßes werden wieder aus der Atmosphäre über wachsende Biomasse oder tote organische Substanzen entfernt.
- Industrielle Prozesse sind für 21 % der Emissionen verantwortlich. Darunter fallen die In-situ-Energiegewinnung durch fossile Brennstoffe, sowie durch chemische und metallurgische Transformationen und Ausstoß von der Abfallentsorgung.
- Der Transport (14 %) stützt sich zu 95 % auf fossile Brennstoffe. Von den insgesamt 14 % entfallen 73,5 % auf den Straßentransport, davon wiederum 60 % auf den Passagiertransport (Autos, Motorräder, Busse).
- Gebäude (Heizungen, Kochen) sind für 6 % der Emissionen verantwortlich.
- Etwa 10 % der Emissionen sind nicht direkt mit Energie zur Produktion von Elektrizität oder Wärme verknüpft. Als Quellen gehören dazu verschiedene Prozesse bei der Extraktion, der Verarbeitung und dem Transport fossiler Brennstoffe.

Bei der Vielfalt der Emissionsquellen ist es klar, dass es keine einfache, allgemein anwendbare Lösung zur DEkarbonisierung der Wirtschaft geben kann. Auch wenn es für die gesamte Stromerzeugung gelingen würde, müssten wir zusätzlich Sektoren wie Landwirtschaft, Transport etc. elektrifizieren.

Einige Ansätze wie die Energiewende werden am effektivsten auf nationaler oder übernationaler Ebene durchgesetzt. Solche tiefgreifenden Veränderungen benötigen jedoch Jahre bis Jahrzehnte, bis sie Resultate zeigen. Eine wichtige Rolle spielen deshalb auch individuelle Verhaltensweisen, die oft sofortige Auswirkungen haben.

15.2.2 Fossile vs. alternative Energiequellen

Der zunehmende Energiebedarf der Industrialisierung wurde und wird zu über 80 % durch fossile Brennstoffe gedeckt. Diese Energiequellen sind nicht erneuerbar und werden deshalb früher oder später erschöpft sein. Wann dies geschehen wird, ist schwierig abzuschätzen. Es hängt u. a. vom Verbrauch und der Entdeckung und Ausbeutung neuer Reserven ab. Größenordnungsmäßig werden bei gleich bleibendem Verbrauch Öl und Erdgas noch 50 Jahre und Kohle doppelt so lange reichen. Bevor sie restlos aufgebraucht sind, wird ihr Preis jedoch so stark ansteigen, dass andere Energiequellen kompetitiver werden. So sagte u. a. der langjährige Ölminister von Saudi Arabien, Ahmed Zaki Yamani: „The stone age came to an end, not for lack of stones, and the oil age willl end, but not for lack of oil." („Die Steinzeit ging zu Ende, nicht weil keine Steine mehr vorhanden waren, und das Ölzeitalter wird ebenfalls zu Ende gehen, aber nicht, weil kein Öl mehr vorhanden sein wird.")

Da die Nutzung fossiler Brennstoffe CO_2 freisetzt und dadurch zum Klimawandel beiträgt, wird eine rascherer Ersatz von fossilen Brennstoffen durch alternative Energiequellen angestrebt. Um dieses Ziel zu koordinieren, werden jährliche UN-Klimawandel-Konferenzen abgehalten, im Rahmen der United Nations Framework Convention on Climate Change (UNFCCC). Die erste fand 1995 in Berlin statt. Die Konferenzen bezeichnet man COP (Conference of the Parties). „Parties" bezieht sich auf jene 197 Nationen, die 1992 dem UNFCCC zustimmten.

Das Ziel des Paris-Agreements (unterzeichnet am 12. Dezember 2015 und in Kraft getreten am 4. November 2016) ist es, die globale Erwärmung unter 2 °C, am besten unter 1,5 °C zu halten. Die Europäische Union und mehr als 110 weitere Länder haben sich unterdessen verpflichtet, bis 2050 Kohlenstoffneutralität zu erreichen, d. h. ein Gleichgewicht zwischen CO_2-Emissionen und -Entfernung.

Fossile Brennstoffe haben heute einen schlechten Ruf. Dabei darf nicht übersehen werden, dass ihre Entdeckung und die Nutzung entsprechender Technologie das Leben der Menschheit enorm verbessert haben. Senkung der Kindersterblichkeit, steigende Lebenserwartung bei besserer Gesundheit, mehr Freizeit, Rückgang von Hungersnöten sind Fortschritte, auf die wir nicht verzichten wollen und die durch billige, leicht verwertbare Energie ermöglicht wurden.

Wie erwähnt sind fossile Brennstoffe jedoch nicht erneuerbar und ihre Nutzung beeinflusst das globale Klima. Deshalb begann die Suche nach alternativen Energiequellen. Sie sollten klimaneutral und nachhaltig sein (erneuerbar, d. h., auch für unsere Nachkommen verfügbar). Ursprünglich spielte Biomasse bei Weitem die wichtigste Rolle: Holz wurde verbrannt, um Wärme zu gewinnen. Als Folge davon sank die Waldfläche in Europa zwischen 800 und 1350 von etwa 80 % auf rund die Hälfte (heute rund 33 %). Im Jahr 2020 leistete Biomasse mit 52 % immer noch den größten Beitrag zu erneuerbarer Endenergie in Deutschland, an zweiter Stelle folgte Windenergie mit 28 %.

Ursprünglich wurde geschätzt, dass Biomasse im Jahre 2050 bis zu 60 % des Weltenergiebedarfs decken könnte, heute wird ihr potenzieller Beitrag auf höchstens 15 % geschätzt. Unbestritten ist die sogenannte Kaskadennutzung landwirtschaftlicher Produkte: Nach der primären Auswertung als Nahrung oder Fasern wird die Energie der Rest- und Abfallstoffe ausgebeutet. Zunehmend abgelehnt wird jedoch der Anbau von Pflanzen zum Energiegewinn. Das führt zu Flächen- und Nutzungskonkurrenz mit der Nahrungsmittelproduktion. Um alles Benzin in den USA durch Bioethanol zu ersetzen, müsste eine Fläche mit Mais bepflanzt werden, die die heutige Ackerfläche um 50 % übersteigt. Biomasse hat außerdem einen geringen ERoEI (*energy return on energy invested*; gewonnene Energie pro investierte Energie). Für Mais wird er im besten Fall auf 1,5:1 geschätzt (für Öl beträgt er 11:1).

Deutschlands Energiewende stützt sich vorwiegend auf Sonne und Wind, die beide elektrische Energie produzieren. Aktuelle Beiträge der verschiedenen Energiequellen findet man auf ▸ https://www.agora-energiewende.de.

Verglichen mit fossilen Brennstoffen sind Sonne und Wind „verdünnte" Energiequellen: Pro geernteter Energieeinheit muss viel Material eingesetzt werden. Außerdem sind sie nur unregelmäßig verfügbar und die gewonnene Elektrizität kann nicht leicht gespeichert werden. Das kann zu temporärem Energieüberfluss oder -mangel führen (Flatterstrom). Um die Energieversorgung auch bei fehlendem Wind und fehlender Sonne zu gewährleisten, muss die Grundlast weiterhin durch konventionelle Kraftwerke gesichert werden. In Deutschland wird das erschwert durch die Entscheidung, alle Kernkraftwerke bis 2022 und alle Kohlenkraftwerke bis 2038 abzuschalten.

Nukleare Energie hat zusammen mit winderzeugter Energie den geringsten CO_2-Ausstoß, nämlich 12 g CO_2 kWh^{-1}. Im Vergleich erzeugen Kohle 820 und Erdgas 490 g. Nachteile sind die Produktion radioaktiver Abfälle und die Angst vor Naturkatastrophen wie Fukushima, bei denen Radioaktivität in die Umwelt entweicht. Aufgrund der Schwierigkeit, die Grundlast mit Sonne und Wind zu gewährleisten, diskutiert die EU, Atomenergie und Erdgas neu als klimafreundlich einzustufen. Im abschließenden Abkommen der 28. COP-Konferenz in Dubai (2. November bis 13. Dezember 2023) wurde ein beschleunigter Ausstieg aus fossilen Brennstoffen beschlossen (▸ https://unfccc.int/documents/636608). Ersetzt werden sollen sie durch emissionsarme Energiequellen, darunter auch Nuklearenergie. In einem Zusatzabkommen nannten 22 Länder als Ziel, bis 2050 ihre nukleare Energieerzeugung zu verdreifachen.

Bis zum Endziel der vollständigen Eliminierung fossiler Brennstoffe werden noch Jahre bis Jahrzehnte vergehen. Während dieser Übergangsperiode sollten Schäden wegen des Klimawandels möglichst klein gehalten werden. Mögliche Ansätze werden in zwei Gruppen unterteilt: **Schadensverminderung** (Mitigation) und **Anpassungsmaßnahmen** an Klimaveränderungen, die bereits im Gange sind.

15.2.3 Schadensverminderung

Hier geht es um die Stabilisierung und Reduktion von Treibhausgasen in der Atmosphäre und um die Beeinflussung des Klimas durch technische Maßnahmen. Stabilisierung und Reduktion lassen sich durch reduzierten Verbrauch fossiler Brennstoffe oder durch Förderung natürlicher CO_2-Senken wie Ozean, Böden und Vegetation erreichen. Nach einer Empfehlung der Nationalen Akademien der USA sollten bis 2050 jährlich 10 Gt CO_2 aus der Atmosphäre entfernt werden. Das ist rund das Doppelte von dem, was die Vereinigten Staaten durch Verbrauch fossiler Brennstoffe freisetzen. Die Entfernung und Langzeitsequestrierung von CO_2 wird als **Carbon Dioxide Removal** (CDR) bezeichnet. Bastin et al. (2019) schätzen, dass durch Pflanzung von 500 Mrd. Bäumen atmosphärisches CO_2 um 25 % reduziert werden könnte (das entspricht rund der Hälfte des gesamten anthropogenen CO_2-Ausstoßes seit 1960). Allerdings wurde diese Schätzung als zu optimistisch kritisiert. Realistischere Annahmen reduzieren die zu erwartende CO_2-Sequestrierung um 80 %.

CO_2 kann auch durch technische Methoden aus der Atmosphäre entfernt werden (**NET**, *negative emission technology*). Zumindest in Pilotversuchen lassen sich bis zu 91 % Effizienz erreichen. Allerdings ist die Technologie noch sehr teuer.

Ebenfalls umstritten ist die mögliche Rolle von **Solar-Geoengineering**. Das Ziel ist die Erhöhung der atmosphärischen **Albedo** (Anteil der reflektierten Strahlung; je mehr reflektiert wird, umso geringer die Erwärmung). Erreicht wird das durch Aerosole, die durch spezialisierte Flugzeuge oder Ballone in die Stratosphäre eingebracht werden. Am besten untersucht ist die mögliche Rolle von Sulfaten, die bei Vulkanausbrüchen ausgestoßen werden und deren abkühlender Effekt gut dokumentiert ist. Das Problem ist allerdings, dass sich die Auswirkungen auf regionale Klimate und Nebenwirkungen schwierig voraussagen und kontrollieren lassen.

15.2.4 Anpassungsmaßnahmen

Darunter versteht man Anpassungen an das aktuelle und zukünftige Klima. Ein wichtiges Ziel ist eine verringerte Verletzlichkeit gegenüber den negativen Folgen des Klimawandels (steigender Meeresspiegel, Extremwetterereignisse, Ernährungsunsicherheit). Gleichzeitig gilt es, eventuelle positive Änderungen auszunutzen. Dazu gehören verlängerte Vegetationsperioden und erhöhte Ernten in einigen Regionen.

Während ihrer Geschichte musste sich die Menschheit oft mit Änderungen des Klimas auseinandersetzen. Einige dieser Veränderungen (v. a. von Niederschlägen) haben zum Aufstieg und Niedergang von Zivilisationen beigetragen. Während den letzten 12.000 Jahren ist das Klima relativ stabil geblieben und unsere Zivilisationen haben sich daran angepasst. Wir müssen nun lernen, uns an gegenwärtige und zu erwartende Änderungen anzupassen. Dafür gibt es keine Universallösung – wirksame Maßnahmen sind kontextspezifisch. Die vier Schritte des Adaptationsprozesses sind in ◘ Abb. 15.3 zusammengefasst.

1. Lösungen beginnen mit einer Evaluierung der bereits ablaufenden oder zu erwartenden Veränderungen (z. B. Niederschläge und damit Wasserverfügbarkeit für die Landwirtschaft, Überschwemmungen und Dürreperioden, Temperaturextreme).
2. Darauf beruhend werden mögliche Maßnahmen evaluiert in Bezug auf Kosten-Nutzen-Verhältnis und Machbarkeit.
3. Gewählte Maßnahmen werden auf lokalen, regionalen oder nationalen Stufen implementiert.
4. Wichtig ist, dass die kombinierten Effekte von Umweltveränderungen und Gegenmaßnahmen kontinuierlich beobachtet, bewertet und eventuell modifiziert werden.

Bei Adaptationen an den Klimawandel stoßen Lebewesen an unüberwindbare Grenzen. Bei 100 %iger Luftfeuchtigkeit können Menschen Temperaturen über 35 °C auf Dauer nicht überleben.

Strukturelle Adaptationen umfassen Maßnahmen gegen steigenden Meeresspiegel und Sturmfluten (Deiche, Dämme, Schutz durch Mangroven).

Veränderte Niederschlagsmuster und Eindringen von Meerwasser in Böden gefährden landwirtschaftliche Erträge. Mögliche Adaptationen sind genetische Modifikationen der Kulturpflanzen oder ihr Ersatz durch andere Arten, Sammlung und Lagerung von Regenwasser und Anpassung von Aussaat und Ernte an eine erhöhte Variabilität klimatischer Bedingungen (z. B. Anhäufung von Extremwetterereignissen).

Einige Maßnahmen ziehen neben der Minderung von Klimaschäden zusätzlichen Nutzen nach sich. So schützte der Ausbau von Mangroven in Indonesien nicht nur gegen den steigenden Meeresspiegel und Erosion, sondern erhöhte auch Fischpopulationen und die Attraktivität für Touristen. Andererseits können kurz-

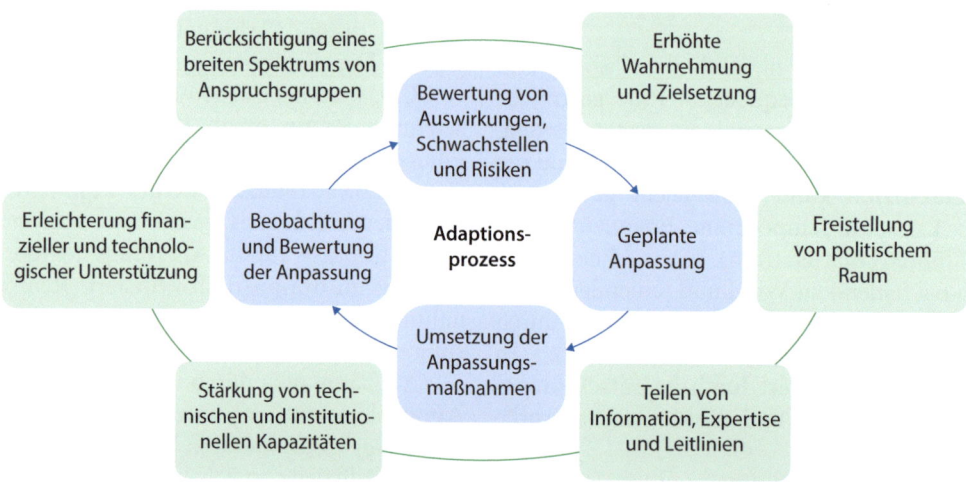

◘ Abb. 15.3 Schritte zur Anpassung an den Klimawandel. (Quelle: ▸ https://unfccc.int/topics/adaptation-and-resilience/the-big-picture/what-do-adaptation-to-climate-change-and-climate-resilience-mean)

fristig erfolgreiche Maßnahmen ein falsches Gefühl der Sicherheit hervorrufen. Im Überflutungsgebiet des Jamuna-Flusses (Bangladesch) führte der Bau von Dämmen zu erhöhter Einwanderung in neu geschützte Gebiete. Bei einem Dammbruch wären deshalb erhöhte Todesopfer zu erwarten. Einführung von Bewässerungssystemen, wo Agrikultur sich nicht mehr auf Regenfälle verlassen kann, kann zu Überkonsum verleiten und die Versorgung verschlechtert sich für stromabwärts gelegene Gebiete.

Erfolgreiche Adaptationsmaßnahmen müssen zwingend soziale und institutionelle Aspekte berücksichtigen – Information, Gesetze und Regulationen sind wesentlich für eine erfolgreiche Durchsetzung der vorgeschlagenen Lösungen.

15.2.5 Umweltbewusstes Verhalten des Einzelnen

Der anthropogene Ausstoß von Treibhausgasen und andere Umweltschäden beruhen zu einem großen Teil auf der Kumulation von Milliarden von individuellen Entscheidungen (*life style choices*). Umweltorganisationen, amtliche Stellen und die Tagespresse zeigen Beispiele, wie wir persönlich unseren ökologischen Fußabdruck (Abschn. 14.2.7) verringern können. Besonders wichtig ist, dass die heranwachsende Generation auf solche Veränderungen vorbereitet wird und sie akzeptiert. Die Effektivität von Maßnahmen hängt davon ab, wie viele Menschen sie adoptieren. Als Erstes scheint es naheliegend abzuschätzen, wie groß der Impakt pro Individuum ist. Wynes und Nicholas (2017) erstellten eine Liste von CO_2-Emissionen, die durch verschiedene Lebensstiländerungen gespart werden könnten (◘ Abb. 15.4). Die Zahlen beruhen auf Studien in entwickelten Ländern, da dort Energie- und Ressourcenverbrauch am höchsten sind. Sie stützen sich auf historische Verbrauchsdaten.

Die Maßnahmen wurden in drei Gruppen unterteilt, in jene mit hohem Einfluss, mittlerem Einfluss und geringem Einfluss. Die weitaus größte Reduktion (58,6 tCO_2e = CO_2-Äquivalente in Tonnen) ergibt sich beim Verzicht auf ein Kind, gefolgt vom Verzicht auf ein Auto (2,4 tCO_2e), auf Flugreisen (1,6 tCO_2e pro transatlantische Rundreise) und an siebter Stelle der Verzicht auf Fleisch

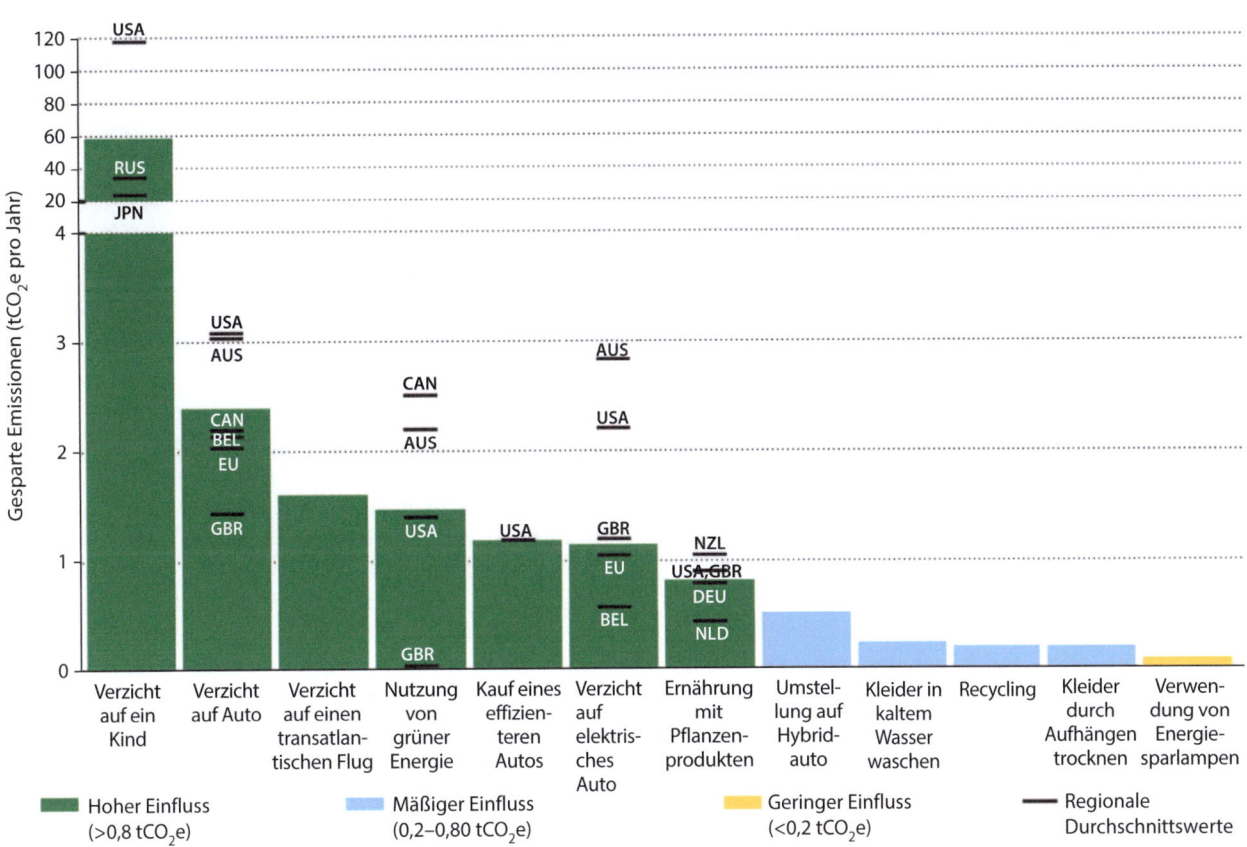

◘ **Abb. 15.4** Durchschnittliche Reduktion der CO_2-Emissionen durch verschiedene Aktionen. Zahlen in tCO_2e (CO_2-Äquivalente in Tonnen). (Nach Wynes und Nicholas 2017, Abb. 1) Schwarze Linien zeigen Durchschnittswerte ausgewählter Länder oder Regionen: USA, RUS (Russland), JPN (Japan), AUS (Australien), CAN (Canada), BEL (Belgien), EU (Europäische Union), GBR (Grossbritannien), NZL (Neu Seeland), DE (Deutschland), NLD (Niederlande)

(0,8 tCO$_2$e). Diese vier Aktionen haben ein viel größeres Potenzial Emissionen zu senken, als einige der häufig empfohlenen Maßnahmen wie Recycling, das Ersetzen der Glühbirnen oder das Waschen mit kaltem Wasser. Wynes und Nicholas (2017) empfehlen eine verbesserte Kommunikation durch die Politik und Erziehungskanäle, um die vier genannten Maßnahmen mit großem Einfluss gezielt zu fördern und um Rebound-Effekte zu minimieren (▶ Abschn. 15.2.5). Voraussetzung ist natürlich gesellschaftliche Akzeptanz der vorgeschlagenen Maßnahmen. Als umstrittenes Beispiel wird häufig Chinas Ein-Kind-Politik erwähnt (Rodriguez 2023). Ab 1979 durfte eine Familie nur noch ein Kind haben, allerdings mit vielen Ausnahmen, vor allem für die ländliche Bevölkerung. Aus Sorge wegen Überalterung wurde die Anzahl der erlaubten Kinder 2015 auf zwei und 2021 auf drei erhöht. Insgesamt verringerte sich die Anzahl der Geburten zwischen 1994 und 2004 um 300 Mio. Dennoch wurde die angestrebte Bevölkerungszahl von maximal 1,2 Mrd. im Jahr 2018 um 194 Mio. überschritten. Mitverantwortlich war die Erhöhung der Lebenserwartung um 15 Jahre auf 78,2. Als effizienter gilt heute die Förderung des allgemeinen Wohlstands, vor allem durch eine verbesserte Ausbildung von Frauen und ihre Einbeziehung als Arbeitskräfte. Gemäß dem demografischen Übergangsmodell führt dies zu einer starken Reduktion der Geburtenrate (▶ Abschn. 14.2.3).

Nun ist zwar die Verringerung des anthropogenen CO$_2$-Ausstoßes eine wichtige, aber keineswegs die einzige Maßnahme, unseren negativen Einfluss auf die Umwelt zu minimalisieren. Dazu gehören unter anderem die sparsamere Verwendung oder der Verzicht auf Düngemittel, Pestizide und Plastik (▶ Kap. 14). Gemeinsam ist allen, dass sie mit zunehmender Bevölkerung zunehmen (IPAT-Gleichung, ▶ Abschn. 14.2.6), was wiederum die Bedeutung eines reduzierten Bevölkerungswachstums oder Bevölkerungsrückgangs betont.

15.2.6 Psychologie des Umweltschutzes – Rebound-Effekte und moralische Lizenzierung

Umweltschutzmaßnahmen sind häufig nicht so wirksam wie erwartet. Zum Teil hängt das mit dem Rebound-Effekt zusammen. So reduziert unter Umständen eine Verbesserung der Treibstoffeffizienz um 5 % den Benzinverbrauch nur um 2 % – weil Autofahren pro Kilometer billiger wird, wird ein Teil der Ersparnis für mehr oder weitere Fahrten verbraucht. Der Rebound-Effekt beträgt hier (5 − 2)/5 = 60 %.

Auch grundsätzlich verschiedene Aktivitäten werden oft miteinander verrechnet. Wenn man umweltbewusst nur organisch/biologisch produzierte Lebensmittel kauft, fühlt man sich möglicherweise berechtigt, ein größeres Auto zu kaufen oder auf längere Reisen zu gehen. Dieses Verhalten wird als *mental rebound* oder **moralische Lizenzierung** bezeichnet. Es erlaubt dem Individuum, ohne Schuldgefühle eine verwerfliche Aktivität auszuführen, wenn sie durch eine gute Aktivität kompensiert wird. Dabei besteht die Versuchung, billige, schnelle Lösungen (*quick-fixes*) zu suchen. Für wirksamen Umweltschutz müssen solche Kompensationsmechanismen berücksichtigt werden.

15.3 Anthropogene Beanspruchung von globaler Nettoprimärproduktion und Gesamtfläche

Unter **HANPP** (*human appropriated net primary productivity*) versteht man den Anteil der Nettoprimärproduktion einer Region, eines Landes oder der Gesamtwelt, den der Mensch für sich beansprucht (Bau, Brennholz, Nahrung etc.). Zwischen 1910 und 2005 erhöhte sich die globale Bevölkerung auf das Vierfache und die Wirtschaftsleistung auf das 17-Fache, während die globale HANPP sich nur verdoppelte von 13 auf 25 %. Dieser geringere Anstieg beruht auf dem Rückgang von Bioenergienutzung und erhöhten Erträgen in Landwirtschaft. Dabei bestehen natürlich große regionale Unterschiede. So wurde die HANPP in Ghana auf 44 % geschätzt.

Bis 2050 muss nach Projektionen der FAO (Food and Agriculture Organization of the United Nations) die Nahrungsproduktion um 70 % gesteigert werden. Sie beruhen auf der zunehmenden Verstädterung der Population und steigendem Wohlstand, was erhöhten Fleischkonsum nach sich zieht. Hochgerechnet müssten 2050 jährlich 461 Mio. t Fleisch produziert werden, 2005 waren es 249 Mio. t. Die Produktion von Fleisch beansprucht jedoch bedeutend mehr Ressourcen als die Produktion von pflanzlichen Nahrungsmitteln. Insgesamt belegt die Agrikultur weltweit 5 Mrd. ha (38 % der Erdoberfläche). Ein Drittel dient als Ackerland, der Rest als Weideland. Nicht berücksichtigt in diesen Zahlen ist dabei, dass rund ein Drittel der Produktion verdirbt oder weggeworfen wird. Die Senkung dieser Verluste wäre umweltschonender als eine Produktionssteigerung. Gleichzeitig müssen wir mit vermehrtem Auftreten extremer Wetterereignisse rechnen. Nach Seppelt et al. (2022) genügen Effizienzverbesserungen in der Landwirtschaft unter diesen Bedingungen nicht, um Nahrungsmittelsicherheit (*food security*) zu gewährleisten.

Besonders aufwendig ist die Produktion von Rindfleisch. Es werden deshalb verschiedene Alternativen erforscht. Rubio et al. (2020) verglichen Aspekte der

15.3 · Anthropogene Beanspruchung von globaler Nettoprimärproduktion und Gesamtfläche

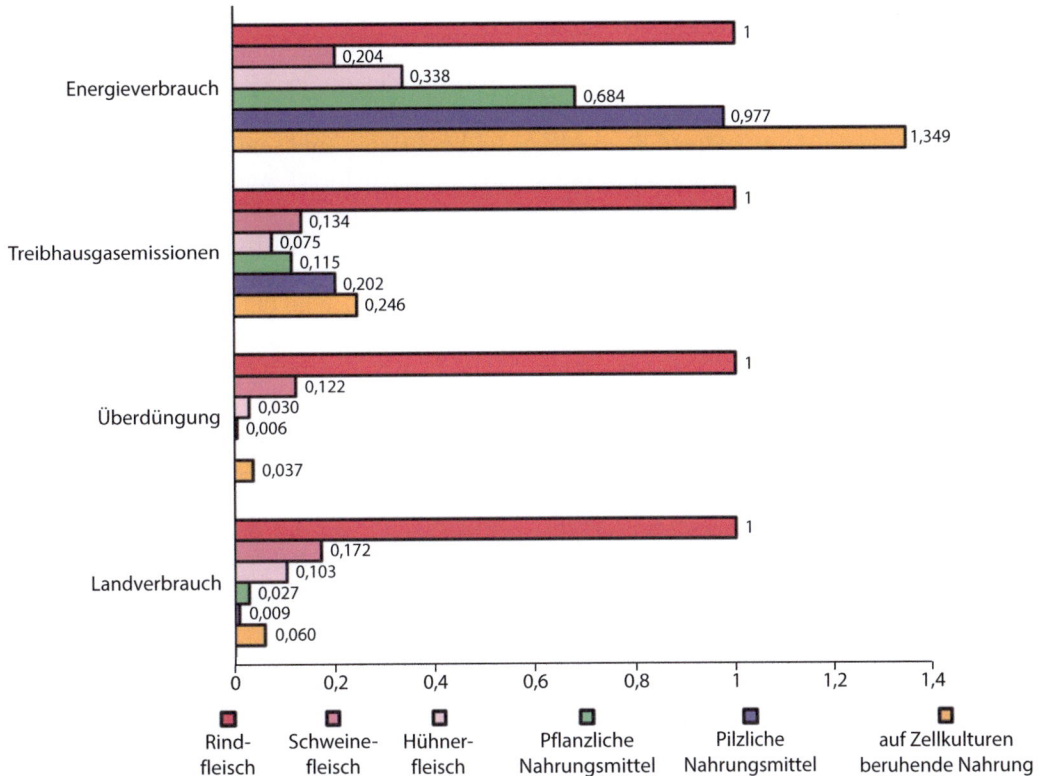

◘ **Abb. 15.5** Aspekte der Umweltbelastung durch die Produktion von Rindfleisch vs. Schweine- und Hühnerfleisch und Fleischalternativen. Alle Daten in Bezug auf Rindfleisch normalisiert (1 = 100 %). (Nach Rubio et al. 2020, Abb. 5)

Umweltbelastung durch Rindfleisch, andere Fleischquellen und Fleischersatz (◘ Abb. 15.5). Mit einer Ausnahme (Energieaufwand für Fleisch aus Zellkulturen) schneidet Rindfleisch am schlechtesten ab. Bei einer ausschließlich veganen Ernährung der Weltbevölkerung ließe sich die benötigte landwirtschaftliche Fläche auf ein Viertel reduzieren. Nach Eisen und Brown (2022) fielen dadurch 68 % des anthropogenen CO_2-Ausstoßes weg. Allerdings wird bei solchen Analysen häufig unterschlagen, dass durch Rinder beweidetes Land häufig nicht für Ackerbau geeignet ist.

Als Futtermittel für die Fleischproduktion (Schweine, Hühner) dominieren in Europa Soja und Fischmehl, deren Herstellung große Flächen beansprucht und zur Umweltbelastung beiträgt. Als Ersatz bieten sich Insekten an. Sie können in mehrstöckigen Gebäuden auf wenig Land und mit geringem Wasserverbrauch gezüchtet werden und ernähren sich von landwirtschaftlichen Abfallprodukten. Zurzeit sind durch die EFSA (European Food Safety Agency) drei Insekten zum menschlichen Verzehr freigegeben: Larven von *Tenebrio molitor* (Mehlkäfer, Tenebrionidae, Coleoptera), *Locusta migratoria* (Wanderheuschrecke, Acrididae, Orthoptera) und *Acheta domesticus* (Hausgrille, Gryllidae, Orthoptera).

15.3.1 Half-Earth-Proposal

Die wachsende menschliche Beanspruchung natürlicher Ressourcen bedroht die existierende Biodiversität. Um möglichst viele gefährdete Arten und ihre Interaktionen zu erhalten, muss Artenschutz auf der Stufe von Biotopen oder Ökosystemen ansetzen (▶ Abschn. 15.4.2). Dabei kommt die Arten-Areal-Kurve ins Spiel: Die Artenzahl nimmt mit der Anzahl untersuchter Gebiete und damit der untersuchten Fläche zu (▶ Abschn. 3.1.3). Darauf beruhend machte der prominente Ameisenspezialist und Ökologe Edward O. Wilson (1929–2021) den sogenannten Half-Earth-Proposal („Halb-Erde-Vorschlag") zur weitmöglichsten Erhaltung der aktuellen Biodiversität. Danach soll die Hälfte der Erdfläche permanent geschützt und der Natur vorbehalten bleiben. Nach der Arten-Areal-Gleichung wäre damit das Überleben von 90 % der Arten gewährleistet. Half-Earth wäre das größte Naturschutzprojekt der Geschichte und würde eine Fläche von mehr als 70 Mio. km² erfassen. Zur Umsetzung würde die Erde in Ökoregionen unterteilt; zurzeit erfüllen 13 % der 864 Ökoregionen das Half-Earth-Ziel. Die Teilnehmer des COP15-Treffens (2022 UN Biodiversity Conference in Kunming und Montreal) adoptierten das sogenannte 30-by-30-Ziel: 30 % der terrestrischen und marinen Habitate sollen bis zum Jahr 2030 unter Schutz gestellt werden.

Die Gefahr besteht, dass der Schutz der Biodiversität die Existenz indigener oder allgemein ländlicher Bevölkerungen bedrohen könnte. Im Extremfall werden Landenteignung und Zwangsvertreibungen angeordnet im Sinne einer *fortress conservation*. Darunter versteht man die Annahme, dass der Schutz von Ökosystemen nur dann funktionieren kann, wenn alle Menschen entfernt werden. Das übersieht die Jahrhunderte bis Jahrtausende dauernde Coexistenz und gegenseitige Beeinflussung von Natur und indigenen Völkern. Im Jahre 2018 veröffentlichte Victoria Tauli-Corpuz (UN Special Rapporteur on the Rights of Indigenous Peoples) einen Bericht („Cornered by Protected Areas"), der die wesentliche Rolle indigener Völker im Schutz der Biodiversität und funktionierenden Ökosystemen hervorhebt. In indigen kontrollierten Wäldern sind Abholzraten geringer und Biodiversität höher als in traditionellen Naturschutzgebieten. Für effektiven Naturschutz ist es deshalb wesentlich, dass lokale Gemeinschaften ein Mitspracherecht erhalten, wie das Land verwaltet werden soll. Indigene Völker haben traditionelle Ansprüche auf rund 50 % der Erdfläche, rechtlich anerkanntes Eigentum ist auf 10 % beschränkt.

Wie realistisch ist der Half-Earth-Vorschlag? Er bedeutet, dass die Menschheit die Hälfte des Planeten für ihre Bedürfnisse beansprucht (Unterkunft, Wasser, Nahrung, Transport, Gesundheitswesen, Kultur etc.). Wilson ist optimistisch, er setzt auf das Übergangsmodell der Populationsentwicklung (▶ Abschn. 14.2.3) und auf die Innovationskraft der Technik in einem freien Markt. Wesentlich ist der Übergang von einem ressourcenintensiven zu einem informationsintensiven Wachstum. So schlägt Wilson als Schutz der Naturreservate vor übermäßigem „ökologischem" Tourismus die Installation von Tausenden von kleinen Videokameras vor, die Liveübertragungen von besonders interessanten Habitaten zeigen (z. B. Wasserstellen in der afrikanischen Savanne). Er nimmt an, dass eine Mehrheit der potenziellen Touristen sich damit zufriedengeben würde.

15.3.2 Kreislaufwirtschaft

Die konventionelle industrielle Produktion wird oft als **Linearwirtschaft** oder als **Wegwerfwirtschaft** bezeichnet. Dabei wird der größte Teil der verwendeten Rohstoffe nach der abgelaufenen Nutzung des Produkts deponiert oder verbrannt (◻ Abb. 15.6). Das steht klar im Widerspruch zur Endlichkeit der Ressourcen und damit zur Nachhaltigkeit. Die **Kreislaufwirtschaft** strebt deshalb ein regeneratives System an. Ressourcenverbrauch (Material und Energie), Abfallproduktion und Emissionen werden minimiert. Dadurch reduziert sich die Ausnutzung der Umwelt als Schadstoffsenke. Als Schlagworte werden oft die **3 Rs** verwendet (*reduce, reuse, recycle*). Ziel ist es, Produkte herzustellen, die länger funktionsfähig sind und leichter repariert werden können. Letzten Endes werden die übrigbleibenden Rohstoffe recycelt. Im Jahr 2005 verarbeitete die globale Wirtschaft rund 62 Mrd. t. Nur etwa 4 Mrd. t davon stammten aus Recycling. Weitere 44 %, besonders fossile Brennstoffe, dienten der Energiegewinnung. Diese können natürlich nicht recycelt werden. Ein Umstieg auf erneuerbare Energien ist deshalb eine wichtige Grundlage der zukünftigen Kreislaufwirtschaft.

Mit der Kreislaufwirtschaft nähern wir uns wieder der ursprünglichen Landwirtschaft. Dort stammt die Energie in Form von menschlicher und tierischer Muskelkraft von der bewirtschafteten Fläche. Abfälle (Ausscheidungen, Küchenabfälle, Stroh, Asche) werden als Dünger oder Heizmaterial in die Produktion zurückgeführt.

Als Vergleich wird häufig die Vernetzung der Ökosysteme herangezogen: Abfall der einen Art dient als Ressource einer anderen Art. Die finanzielle Aufwertung von Abfällen kann auch in der Wirtschaft wichtige Anstöße zu reduziertem Ausstoß und intensiverer Auswertung geben. Diese Valorisierung kann durch Marktkräfte (zunehmender Mangel an Rohstoffen, die mit Abfällen weggeworfen werden) oder durch staatliche Eingriffe (Steuern auf Abfallproduktion) erreicht werden.

Die Entstehung des Konzepts der Kreislaufwirtschaft ist komplex und hat viele Wurzeln, unter anderen die **industrielle Ökologie**, welche die Minimierung der Ressourcen und den Einsatz sauberer Technologien fordert. In den 1990er-Jahren wurde das **Cradle-to-Cradle-Prinzip** („Wiege zu Wiege") eingeführt. Anfallende Produkte sollen als Nährstoffe in biologische Kreisläufe zurückgeführt oder als technische Produkte kontinuierlich in technischen Kreisläufen gehalten werden. Abfälle und Emissionen werden als fehlgeleitete Ressourcen

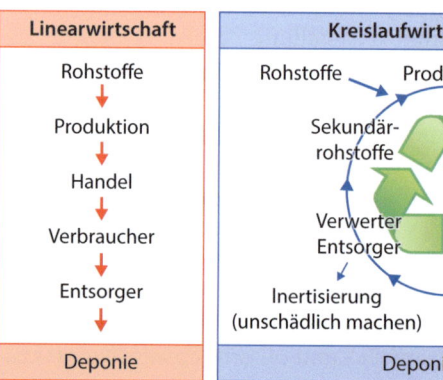

◻ **Abb. 15.6** Linear- vs. Kreislaufwirtschaft. (Nach Ökologix, CC0, Wikimedia)

interpretiert. Als Spezialfall wird oft die **blaue Ökonomie** (*blue economy*) behandelt. Darunter versteht man die nachhaltige Nutzung der Ozeane durch traditionelle Aktivitäten wie Schifffahrt, Fischerei, Aquakultur, Tourismus. Außerdem gehören dazu Dienstleistungen wie Kohlenstoffspeicherung, Schutz der Küsten vor Erosion, kulturelle Werte und Erhaltung der Biodiversität.

Intuitiv leuchtet es ein, dass verringerter Rohstoffabbau und Abfallproduktion positive Aspekte der Kreislaufwirtschaft sind. Allerdings setzt der zweite Hauptsatz der Thermodynamik (Entropiegesetz) Grenzen: Kein System kann zu 100 % zirkulär oder geschlossen sein. Strikte Anwendung einer Kreislaufwirtschaft würde gezwungenermaßen zu einem „negativen Wachstum" (*degrowth*) der Wirtschaft führen. Vor allem die Rückgewinnung von Rohstoffen wie Metallen, die in Abfällen oft in sehr geringen Konzentrationen vorkommen, könnte enorme Mengen an Energie benötigen. Das EASAC (European Academies Science Advisory Council) kam deshalb zum Schluss, dass die Rückgewinnung von Substanzen aus Abfall nie 100 % erreichen kann und der Grenzwert, der angestrebt werden soll, substanzspezifisch ist.

In Deutschland wurde 1994 das Kreislaufwirtschafts- und Abfallgesetz verabschiedet: „Abfälle sind in erster Linie zu vermeiden, insbesondere durch die Verminderung ihrer Menge und Schädlichkeit, in zweiter Linie stofflich zu verwerten oder zur Gewinnung von Energie zu nutzen (energetische Verwertung)."

15.4 Was Naturschutz bedeutet

Unter **Naturschutz** versteht man Maßnahmen zur Erhaltung bzw. Wiederherstellung von **Struktur** (Biodiversität) und **Funktionen** (Wechselbeziehungen zwischen Arten, Stoffkreisläufe) natürlicher Ökosysteme. Gemäß Duden wird als natürlich der Teil der Welt verstanden, der ohne Zutun des Menschen existiert oder sich entwickelt. Streng genommen werden alle Gebiete und Ökosysteme der Erde vom Menschen beeinflusst, auch solche, die uns als unberührt erscheinen, wie tropische Regenwälder oder Polarregionen.

Ein verwandter Begriff ist **Umweltschutz**. „Als Umweltschutz bezeichnet man die Gesamtheit der individuellen und politischen Maßnahmen und Bestrebungen, die natürlichen Lebensgrundlagen der Organismenwelt – einschließlich des Menschen – zu erhalten und gestörte ökologische Systeme wieder in einen naturnahen Funktionszustand zu bringen" (Wittig und Streit 2004).

Seit einiger Zeit hat der Begriff Umweltschutz auf Kosten von Naturschutz an Bedeutung gewonnen (Hupke 2015). Die beiden Begriffe überschneiden sich.

Bei Naturschutz liegt die Betonung jedoch eher auf Schutz der Natur *vor dem Menschen*, während der Umweltschutz die natürliche Umwelt für den Menschen bewahren will. Es geht also eher um Schutz der Natur *für den Menschen*.

Der „Genuss" der Natur spielte bereits im hochmittelalterlichen Minnesang (um 1200 n. Chr.) eine zentrale Rolle, führte jedoch nicht zu Forderungen zum Schutz der Natur. Der Gedanke, dass Natur schützenswert ist, wurde durch mehrere weltanschauliche Strömungen im 18. und 19. Jahrhundert beeinflusst, wie Utilitarismus, Naturalismus und Romantik, aber auch von religiösen und ästhetischen Idealen. Nach Hupke (2015) spielten gesellschaftliche Umwälzungen eine entscheidende Rolle. Die Industrialisierung schwächte den Adel und ermöglichte den Aufstieg des Bürgertums. Auch die Forst- und Landwirtschaft änderten sich und wurden effizienter und produktiver. Das führte zu einer Vereinheitlichung und Verarmung des Landschaftsbilds. Die ersten Aktivisten für Naturschutz waren denn auch nicht primär Biologen, sondern Künstler und Kulturschaffende. In Deutschland gilt der Kauf des Drachenfels im Siebengebirge durch die preußische Regierung im Jahr 1836 als erstes Beispiel eines aktiven Naturschutzes. Dadurch wurde der weitere Abbau des Drachenfels-Trachyts (vulkanisches Gestein) für den Kölner Dom verhindert. Der Drachenfels mit Burg wurde 1922 offiziell unter Naturschutz gestellt.

Interesse am Naturschutz entwickelte sich zuerst in industrialisierten Staaten, vor allem in Europa und Nordamerika, wo menschliche Eingriffe weit größere Veränderungen nach sich zogen und wo größere Finanzkraft Rücksicht auf ethisch-moralische und ästhetische Regeln erleichterte. Konflikte mit dem Naturschutz in Entwicklungsländern beruhen häufig auf wachsenden Bevölkerungen mit dem Ziel, ihren Lebensstandard zu verbessern. Am leichtesten lässt sich dies oft durch intensivere Ausbeutung von Ressourcen jener naturnahen Ökosysteme, die uns so wertvoll erscheinen. Sozioökonomische Umstände erschweren zusätzlich die Anwendung wirksamer Naturschutzmaßnahmen. In ◘ Tab. 15.1 sind die wichtigsten Argumente für den Naturschutz zusammengefasst. Dabei sind Konflikte zwischen darauf beruhenden Zielen unvermeidlich (z. B. Ökonomie vs. Ästhetik).

15.4.1 Was soll geschützt werden?

Naturschutz bedeutet letzten Endes **Erhaltung** (Konservierung) oder **Wiederherstellung** (Restauration) der Biodiversität auf allen Stufen von Genen zu Ökosystemen (▶ Kap. 3). § 1 des deutschen Bundesnaturschutzgesetzes (▶ https://www.buzer.de/1_BNatSchG.htm)

Tab. 15.1 Argumente für den Naturschutz. (Nach Hupke 2015, Tab. 2.1)

Argument	Begründung
Moralisch-ethisch	Jede Art hat einen inhärenten Wert und ein Existenzrecht.
Kulturgeschichtlich	Belebte Kulturgüter wie Bäche und Wiesen samt ihren Arten sind ebenso erhaltenswert wie unbelebte Kulturgüter wie Gemälde und Bücher.
Ästhetisch	Viele Arten werden als schön (Orchideen, Schmetterlinge) oder majestätisch (Löwe, Elefant) empfunden.
Gesundheitlich	Die Natur produziert reines Wasser und saubere Luft.
Psychohygienisch	Aufenthalt in der Natur erhöht unsere Lebensqualität.
Pädagogisch	Biotope und Arten als Anschauungsobjekte.
Ökonomisch	Dienstleistungen wie Heilpflanzen, Pollination, Schädlingskontrolle, Tourismus

definiert die Ziele des Naturschutzes und der Landschaftspflege wie folgt.

(1) Natur und Landschaft sind aufgrund ihres eigenen Wertes und als Grundlage für Leben und Gesundheit des Menschen auch in Verantwortung für die künftigen Generationen im besiedelten und unbesiedelten Bereich nach Maßgabe der nachfolgenden Absätze so zu schützen, dass

1. die biologische Vielfalt,
2. die Leistungs- und Funktionsfähigkeit des Naturhaushalts einschließlich der Regenerationsfähigkeit und nachhaltigen Nutzungsfähigkeit der Naturgüter sowie
3. die Vielfalt, Eigenart und Schönheit sowie der Erholungswert von Natur und Landschaft auf Dauer gesichert sind; der Schutz umfasst auch die Pflege, die Entwicklung und, soweit erforderlich, die Wiederherstellung von Natur und Landschaft (allgemeiner Grundsatz).

Traditionell lag die Betonung oft auf Artenschutz – es fällt leichter, die Bevölkerung zum Schutz einer charismatischen Art (wie Großer Panda, Tiger, Wal) als zur Erhaltung abstrakter Ökosystemfunktionen zu motivieren. Die Faktoren, die sogenannte **Flaggschiffarten** (*flagship species*) gefährden, lassen sich auch öfter klar identifizieren und eliminieren. Solche Arten benötigen oft weite Räume für ihre Existenz. Wirksame Schutzmaßnahmen erfordern deshalb die Bereitstellung großer Flächen, was gleichzeitig dem Schutz des Ökosystems, seinen Funktionen und Dienstleistungen und den dazugehörenden Arten dient.

Besonders wichtig ist der Schutz von **Schlüsselarten** (▶ Abschn. 4.3.6). Eine der am stärksten bedrohten Arten ist das Sumatra-Nashorn (*Dicerorhinus sumatrensis*, Rhinocerotidae, Perissodactyla), von dem weniger als 80 Individuen frei leben (McConkey et al. 2022). Das Nashorn ist ein wichtiger Konsument von den großen Früchten mehrerer Pflanzen. Die äußeren Schichten dieser Früchte sind nährstoffreich und umgeben den harten Samen. Nashörner verdauen die Hülle und scheiden den unversehrten Samen aus. Da Aufnahme und Ausscheidung der Samen selten am selben Ort geschehen, tragen die Tiere zur Verbreitung der Pflanze über größere Gebiete bei. Für 22 Pflanzenarten stellt dies die einzige Möglichkeit dar, neue Subpopulationen zu gründen und damit Inzucht zu vermeiden.

Eine wichtige Rolle bei der Reduktion und oft Ausrottung von Arten spielten selektives Jagen. Motivation waren früher vorwiegend die Beschaffung von Fleisch und anderen Produkten (Federn, Felle, Häute, Elfenbein) und der Schutz des Menschen und seiner Haustiere vor Raubtieren. Größere Gefahren stellt heute die Verwendung von Tierteilen (z. B. Hörner der Nashörner, Haifischknorpel) für traditionelle Medizin oder als Statussymbole dar (Trophäenjagd). Andere begehrte Sammelobjekte sind Schmetterlinge, Orchideen und tropische Fische.

15.4.2 Artenschutz

Der direkteste Ansatz besteht darin, Jagd, Nutzung oder Handel einer Art zu verbieten, oft ergänzt durch Zucht- und Wiederansiedlungsprojekte. **Rote Listen** klassifizieren Arten nach Größe des Aussterberisikos. Sie wurden erstmals 1966 erstellt (**Red Data Book** der IUCN). Arten werden aufgrund ihrer Populationsgrößen und Verteilung in neun Kategorien unterteilt:

- *Not evaluated* (NE): nicht beurteilt
- *Data deficient* (DD): zu wenig Information, um Status zu beurteilen
- *Least concern* (LC): geringe Gefährdung
- *Near threatened* (NT): wahrscheinliche Gefährdung in der nahen Zukunft
- *Vulnerable* (VU): gefährdet
- *Endangered* (EN): stark gefährdet

- *Critically endangered* (CR): sehr stark gefährdet
- *Extinct in the wild* (EW): existiert nicht mehr in Natur oder nur außerhalb der natürlichen Verbreitung; kommt noch in Zoologischen oder Botanischen Gärten oder in Laboratorien vor
- *Extinct* (EX): ausgestorben oder verschollen

In Deutschland wird eine vereinfachte Klassifizierung mit fünf Kategorien verwendet (Hupke 2015):
- 0 – ausgestorben oder verschollen
- 1 – vom Aussterben bedroht
- 2 – stark gefährdet
- 3 – gefährdet
- 4 – potenziell gefährdet (nur auf Bundesländerebene)

Dabei überraschen einige Entscheidungen. So gibt es in Deutschland bis zu 5.100.000 Brutpaare des Haussperlings (*Passer domesticus*, Passeridae, Passeriformes). Er gehört damit zu den häufigsten einheimischen Singvögeln. Trotzdem steht er bundesweit auf der Vorwarnliste bedrohter Tierarten und im Jahr 2018 setzte ihn Hamburg als erste deutsche Stadt auf die Stufe gefährdeter Vogelarten. Grund dafür ist der Rückgang der Bestände, in größeren Städten um bis zu 50 %. Begründet wird diese Entscheidung damit, dass der plötzliche oder anhaltende Rückgang einer weit verbreiteten Art ein Hinweis darauf ist, dass sich etwas Grundlegendes in der Umwelt verändert. Das kann z. B. auf einem reduzierten Angebot von Ressourcen (Energie) beruhen, worauf Arten mit hohen Populationen oft stärker reagieren als seltene Arten (Evans et al. 2005). Ein anderer Faktor kann das plötzliche Auftreten eines Pathogens oder Parasiten sein (▶ Abschn. 4.3.7 und 14.7.2).

Die ursprüngliche Lebensweise des Haussperlings ist unbekannt. Er hat sich jedoch im Laufe der Zeit vollständig den menschlichen Siedlungen angepasst und folgte ihnen auf alle Kontinente mit Ausnahme der Antarktis. Als Gründe für seinen Rückgang vor allem in Städten werden Mangel an Nahrung (Insekten und Samen) und Nistmöglichkeiten (zunehmend Gebäude mit glatten Fassaden) angeführt. Sowohl seine ursprüngliche Massenentwicklung (er galt früher als Saatgutschädling) wie auch sein heutiger Rückgang sind also weitgehend auf menschliche Aktivitäten zurückzuführen.

Hupke (2015) warnt vor einer idealisierten Interpretation der Natur. Daraus wird oft geschlossen, dass seltene Arten zunehmen sollten, gleichzeitig dürfen häufige Arten nicht seltener werden. Da Arten oft um die gleichen Ressourcen konkurrieren (▶ Kap. 3), benötigte das im Prinzip einen wachsenden Planeten. Lebensgemeinschaften werden jedoch heute als dynamische Systeme verstanden, in denen Populationen verschiedener Arten kurz- oder langfristigen Schwankungen unterliegen (▶ Abschn. 3.2). Relevanter als gezielter Schutz einzelner Arten wird heute die Erhaltung der Lebensräume betrachtet (▶ Abschn. 15.4.3).

Der Handel mit bedrohten Arten oder ihren Produkten wird durch das Washingtoner Artenschutzabkommen **CITES** (Convention on International Trade in Endangered Species of Wild Fauna and Flora) geregelt. In drei Anhängen (Appendices) werden rund 5000 Tier- und 30.000 Pflanzenarten gelistet. Erlaubt ist jedoch der Handel mit Nachkommen von Individuen in Gefangenschaft (Labor, Zoologische Gärten), die z. B. zur Wiedereinführung der Art in ursprüngliche Biotope dienen. Das wird natürlich nur dann zum Erfolg führen, wenn die Gründe, die zum Aussterben geführt hatten, entfernt wurden. Erfolgreich wieder eingebürgert wurden unter anderem der Europäische Biber (*Castor fiber*, Castoridae, Rodentia) und in den Alpen der Eurasische Luchs (*Lynx lynx*, Felidae, Carnivora) und der Alpensteinbock (*Capra ibex*, Bovidae, Artiodactyla).

Wenn eine Wiedereinbürgerung wenig Aussichten auf Erfolg bietet, weil z. B. passende Biotope fehlen, kann die Art in Gefangenschaft vor dem Aussterben gerettet werden (**Ex-situ-Erhaltung**). Das ist problematisch, da parallel zur Populationsgröße einer Art die genetische Variabilität sinkt. Das erhöht Inzucht und damit die Zunahme letaler Mutationen (**Inzuchtdepression**). Die Population schrumpft weiter und kann sich oft nicht mehr erholen. Beschleunigt wird dieser Vorgang, wenn eine Population bei geringer Dichte langsamer wächst als bei hoher Dichte. Oft wird es für Individuen schwieriger, Fortpflanzungspartner oder Ressourcen zu finden. Diese Abnahme der individuellen Fitness bei tiefer Populationsgröße oder -dichte bezeichnet man als **Alleeeffekt**. Daraus abgeleitet wurde das Konzept der Mindestgröße einer überlebensfähigen Population (*minimum viable population size*). Gemäß der stark vereinfachenden **50/500**-Regel muss eine Population mindestens 50 Individuen enthalten, um Inzucht zu vermeiden, und mindestens 500, um genetische Drift zu vermeiden.

Die genetische Vielfalt von Kultur- und Wildpflanzen kann in Botanischen Gärten und in Samenbanken gewährleistet werden. Samen können über Hunderte bis Tausende von Jahren lebensfähig bleiben: Im Jahr 2012 wurde *Silene stenophylla* (Caryophyllaceae, Caryophyllales) von 32.000 Jahre altem Fruchtgewebe regeneriert.

Zurzeit existieren weltweit über 1000 Samenbanken mit verschiedenen Schwerpunkten. Ziel des **Svalbard Global Seed Vault** ist die Sicherung der genetischen Variabilität von Kulturpflanzen. Diese Anlage wurde 2008 auf Spitzbergen eröffnet und soll Bomben und Erdbeben überstehen können.

Das **Millenium Seed Bank Project** gehört zu den Royal Botanical Gardens in Kew (Großbritannien).

Zurzeit sind darin alle einheimischen Pflanzen vertreten. Als Fernziel soll die Sammlung mehr als 24.000 Arten aus allen Regionen enthalten.

Auch Herbarien können einen Beitrag leisten: Die Fitness einer Pflanze wird oft durch Interaktionen mit assoziierten Mikrobiota bestimmt (▶ Abschn. 7.3.2). Mit modernen molekularen Analysen lässt sich die genetische Zusammensetzung dieser Biofilme in zunehmendem Maße bestimmen. Ein Vergleich von Herbarmaterial verschiedenen Alters kann uns Hinweise auf den Einfluss von Umweltveränderungen auf Pflanze und assoziierter Mikrobiota geben.

15.4.3 Lebensraumschutz (Biotopschutz)

Jede Art ist in ein Netz von Wechselbeziehungen mit anderen Arten eingebettet (▶ Kap. 3 und 4). Ihr Überleben lässt sich deshalb am leichtesten gewährleisten, wenn größere Lebensräume, im Idealfall ganze Ökosysteme, geschützt werden. Dabei ist die Minimalfläche artspezifisch. So benötigt ein einziges Löwenrudel je nach Nahrungsangebot ein Territorium zwischen 20 und 400 km^2.

Die Planung von effizienten Schutzgebieten ist komplex (Primack 2014). Als Erstes müssen die Projektziele klar definiert werden. Geht es in erster Linie um Artenschutz? Um Schutz eines gesamten Ökosystems? Um die Sicherung bestimmter Dienstleistungen? Das Reservat sollte genügend Ressourcen enthalten, um für die geschützten Arten und damit ihren ökologischen Funktionen überlebensfähige Populationen zu gewährleisten.

Die Form des Schutzgebiets kann entscheidend sein. Gestützt auf die Theorien der Inselbiogeografie (▶ Abschn. 3.1.4) werden Reservate als Inseln natürlicher Ökosysteme interpretiert, umgeben von menschlich umgewandelten Gebieten. Einige Schlüsselfragen, auf die Naturschutzbiologen Antworten suchen:
— Wie groß muss die geschützte Fläche sein?
— Ist ein einziges großflächiges Schutzgebiet besser als mehrere kleinere Reservate? Auf Englisch wird diese Debatte als **SLOSS** (*single large or several small*) charakterisiert.
— Wie viele Individuen sind nötig, um das Überleben einer Art zu gewährleisten?
— Wie sieht die ideale Form eines Reservats aus (z. B. Kreis, Rechteck)?
— Sollen mehrere Reservate miteinander durch Korridore verknüpft sein? Wie weit sollten sie voneinander entfernt sein?

Die Antworten auf diese Fragen sind oft systemspezifisch. Trotzdem lassen sich empirisch einige Regeln ableiten (◘ Abb. 15.7). Ganz allgemein gilt, dass „mehr" (größere Flächen, höhere Anzahl Reservate) zu besseren Resultaten führt (höhere Biodiversität). Kontroverser ist die Frage, wie die zwei Ansätze gegeneinander abgewogen werden. Erreichen wir einen besseren Schutz, indem wir die verfügbare Fläche in viele kleine oder in wenige große Reservate unterteilen (Riva und Fahrig 2022)? Darauf gibt es keine allgemeingültige Antwort.

15.4.4 Management der Schutzgebiete

Nachdem ein Schutzgebiet ausgewählt worden ist, müssen Maßnahmen gewählt werden, die die formulierten Ziele erreichen. Traditionell wurde oft angenommen, dass es die Natur am besten weiß. Daraus könnte man schließen, dass man das Schutzgebiet sich selbst überlassen sollte. Das kann durchaus für große Flächen gelten, wo menschlicher Einfluss relativ gering ist. Beispiele wären etwa Pflanzengemeinschaften, die regelmäßige Zyklen oder Sukzessionen durchlaufen. Menschliche Eingriffe haben hier oft unerwünschte Resultate. So führte das Bestreben, die Wildpopulation zur Jagd möglichst hoch zu halten, zur Eliminierung von Topprädatoren (Wölfe, Bären). Als Folge davon explodierten häufig die Bestände von Rehen und Hirschen (und oft auch Nagetieren). Unerwünschte Folgen sind Überweidung und Bodenerosion.

Übereifriges Entfernen von gefallenen und vermodernden Bäumen entfernt wesentliche Existenzgrundlagen vieler Arten, darunter Pilze und wirbellose Tiere. Ein „sauberer" Wald heißt hier ein „steriler" Wald.

In manchen Biotopen spielt Feuer eine wesentliche ökologische Rolle (▶ Abschn. 4.1.2). Totales Unterdrücken von Feuer ist aufwendig und sinnlos und führt zur Verbuschung und letzten Endes zur Verwaldung. Feuerabhängige Arten gehen verloren. Die Anhäufung von brennbaren Materialien kann massive, verheerende Feuer begünstigen. Hier sind kontrollierte, kleinflächige Feuer angebracht.

Im Allgemeinen erfordern kleine Schutzgebiete, die von lange besiedelten Flächen umgeben oder durch den Menschen beeinflusst wurden, aktive Maßnahmen. Einige Ökotope können nur durch spezifische Pflegemaßnahmen erhalten bleiben. So müssen Magerwiesen und Heidelandschaften regelmäßig intensiv beweidet oder gemäht werden, um Verbuschung und Artenverlust zu vermeiden.

Die bisher besprochenen Maßnahmen zielen darauf, die bestehende Diversität zu erhalten. Ziel der **Restaurationsökologie** ist es, regional ausgestorbene Arten wieder einzuführen. Bei der **Renaturierung** werden Gebiete sich selbst überlassen, die Rekolonisierung erfolgt durch natürliche Prozesse (z. B. nach Abbau von Kies und Sand). Aktivere Maßnahmen umfassen das Zuschütten von Kiesgruben oder offenen Bergbau-

15.4 · Was Naturschutz bedeutet

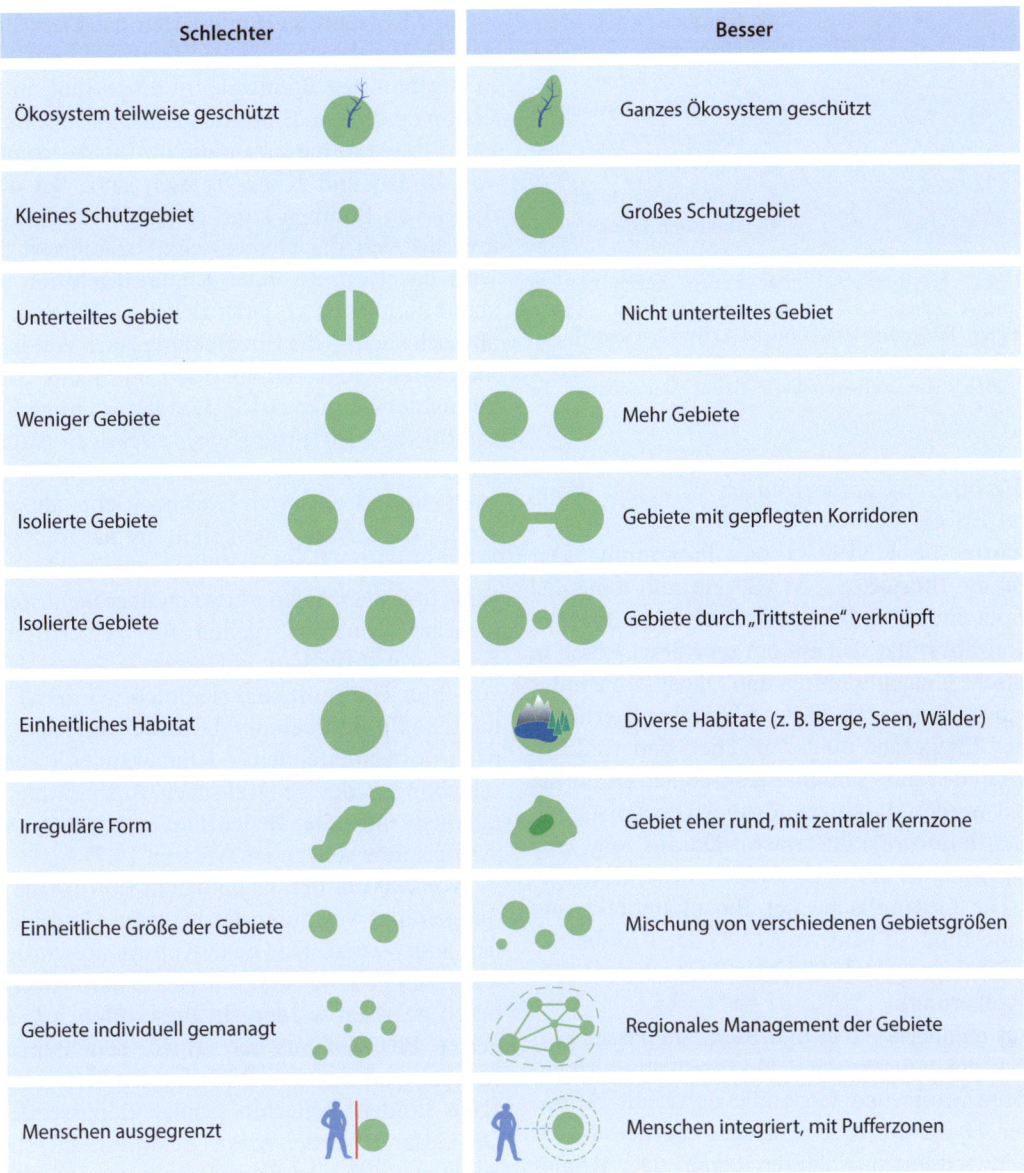

◉ **Abb. 15.7** Einige bewährte Prinzipien bei der Planung von Naturschutzgebieten. Die Ansätze in der rechten Spalte sind im Allgemeinen vorzuziehen. (Nach Primack 2014, Abb. 16.1)

gruben durch eingebrachtes Bodenmaterial und Wiederansiedlung von Pflanzen und Tieren (**Rekultivierung** oder **Rewilding**, ▶ Abschn. 15.4.6).

In dicht besiedelten Regionen wie Mitteleuropa ist es schwierig, größere Flächen für den Naturschutz zu finden und freizustellen. Im **Integrationsmodell** finden deshalb Landwirtschaft und Naturschutz auf derselben oder auf benachbarten Flächen statt. Ökologische Schäden auf intensiv genutzte Flächen werden durch nahe Schutzflächen kompensiert. Im klassischen **Segregationsmodell** sind Landwirtschaft und Naturschutz räumlich strikt getrennt. Das bedeutet die Freisetzung größerer Flächen und den weitgehenden Verzicht auf ökonomischen Gewinn. Obwohl das Segregationsmodell optimalen Schutz zu gewährleisten scheint, wird aus praktischen Gründen oft das Integrationsmodell vorgezogen. Außerdem gibt es kaum Ökosysteme, die nicht für Tausende von Jahren durch menschliche Aktivitäten beeinflusst worden sind. Plötzliches Aussetzen dieser Aktivitäten kann tiefgreifende Veränderungen des Systems verursachen. Das Verbot der traditionellen Nutzung von Ressourcen in neu geschaffenen Naturschutzgebieten führt oft zu Ressentiments und Widerstand der lokalen Bevölkerung. Erfahrungsgemäß hängt der Erfolg neuer Nationalparks stark davon ab, in welchem Maße indigene und ländliche Bewohner in der Planung und im Management berücksichtigt werden. Ein Aktionsplan, der ohne Konsultation der direkt be-

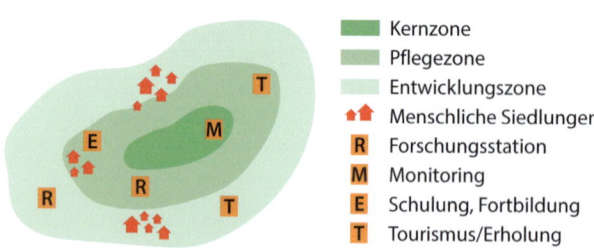

◘ Abb. 15.8 Ein MAB-Reservat umfasst drei Zonen mit zunehmendem menschlichem Einfluss. Kernzone (frei von menschlichen Aktivitäten), Pflegezone (traditionelle Aktivitäten und Tourismus erlaubt), Entwicklungszone (nachhaltige Entwicklung erlaubt). (Nach West 2016, The Netherlands National Commission for UNESCO)

troffenen Bevölkerung aufgezwungen wird, hat wenig Aussicht auf Erfolg.

1971 führte die UNESCO das Programm „**Der Mensch und die Biosphäre – MAB**" ein, mit dem Ziel Umweltschutz und menschliche Aktivitäten zu integrieren. Das Konzept stützt sich auf ein zentrales Gebiet, in dem biologische Gemeinschaften und Ökosysteme unter striktem Schutz stehen (◘ Abb. 15.8). Diese **Kernzone** ist von einer **Pflegezone** umgeben. Hier sind traditionelle Aktivitäten erlaubt und ihre Konsequenzen für die Biodiversität werden durch zerstörungsfreie Forschung (*non-destructive research*) überwacht. Darauf folgt eine **Entwicklungszone**, in der nachhaltige Entwicklung gestattet ist. Die Gesamtfläche der Biosphärenreservate umfasst heute rund 10 Mio. km² (2 % der Erdoberfläche). Darin leben geschätzte 275 Mio. Menschen (2–3 % der Weltbevölkerung).

Auch gut regulierte Parks und Reservate lassen sich nicht vollständig von externen Faktoren abschirmen. Dazu gehören Stoffe und Gase, die durch die Atmosphäre oder Hydrosphäre eingetragen werden (Luft- und Wasserverschmutzung, saurer Regen). Der Klimawandel hält sich nicht an Grenzen und wird die Zusammensetzung der bestehenden Biozönose beeinflussen. Die Populationen einiger Arten werden dadurch gefördert, andere gehen zurück oder sterben gar aus. Solche Störungen begünstigen in der Regel invasive Arten.

15.4.5 Naturschutzgebiete als Museen oder als dynamische Systeme

Die spezifische Kombination von Arten und Genen in jedem beliebigen Gebiet sind einzigartig, die fundamentalen biologischen Mechanismen und das Spektrum der ökologischen Beziehungen bleiben jedoch konstant. Ziel der konventionellen Konservierung und Restauration ist es, einen idealisierten Zustand zu erhalten oder wiederherzustellen.

In Mitteleuropa dominierten nach der Eiszeit Wälder die Vegetation. Dieser ursprüngliche Zustand wird in sogenannten Bannwäldern angestrebt, in denen jegliche menschliche Eingriffe untersagt sind. Es sollen sich jene Bäume durchsetzen, die für lokale Kombinationen von Boden und Klima typisch sind. Bei der Lebensdauer von Bäumen kann es jedoch Jahrhunderte dauern, bis sich die Gemeinschaft stabilisiert. Außerdem wird das Konzept einer **Klimaxvegetation** als Endzustand zusehends zu **potenzieller natürlicher Vegetation** abgeschwächt – die Entwicklung eines Walds wird heute mindestens zum Teil als offen und nicht voraussagbar betrachtet (Hupke 2015). Das hat wichtige Konsequenzen für die Zielrichtung eines effektiven Naturschutzes: Es geht weniger um die Wiederherstellung und Sicherung eines idealisierten Gleichgewichts alteingesessener Arten, sondern um die Erhaltung natürlicher Prozesse, die Sukzessionen und Zyklen ermöglichen. Auch die Rolle invasiver Arten muss neu überdacht werden. Ökologische Prinzipien gelten für gebietsfremde Arten genauso wie für lang eingesessene Arten. Unabhängig von ihrer Herkunft sind sie potenziell in der Lage, ökologische Funktionen und Dienstleistungen auszuführen. Mit fortschreitendem Klimawandel werden Verschiebungen der geografischen Ausbreitung weiter zunehmen und die Bedeutung exotischer Arten wird zweifelsohne steigen (► Abschn. 14.7).

Vor 7000 Jahren begannen in Europa die ersten Rodungen und Vorläufer der heutigen Getreidearten wurden angepflanzt. Das neue Kulturland wurde nicht systematisch gedüngt und musste deshalb von Zeit zu Zeit brach gelassen werden. In diese offenen Gebiete wanderten Pflanzen aus den Alpen, den Steppen Südosteuropas und aus dem Mittelmeergebiet ein. Die Waldarten fanden weiterhin genügend passende Habitate. Die Gesamtzahl der Arten (Betadiversität) stieg deshalb an. Heute scheinen diese damals eingewanderten Arten seit jeher zur Vegetation zu gehören. Sie gerieten seit dem 19. und verstärkt seit dem 20. Jahrhundert durch intensivierte Landwirtschaft (Mechanisierung, Pestizide, Herbizide) zunehmend unter Druck, was zu einem auffälligen Artenverlust in der Agrarlandschaft führte. Die Aufmerksamkeit der Naturschützer richtete sich vermehrt auf den Rückgang dieser Einwanderer anstatt auf die alteingesessenen Arten. Das wirft die Frage auf, was überhaupt geschützt werden soll. Ist das Ziel eine möglichst unberührte Natur? Dann sollten Naturschutzgebiete weitgehend sich selbst überlassen werden. Oder sollte man größtmögliche Vielfalt von Habitaten und damit Arten anstreben? Dann muss der Mensch oft gezielt eingreifen, um z. B. alte Agrarlandschaften zu erhalten. Dabei handelt es sich häufig um Gebiete in Rand- oder ungünstigen Lagen mit geringem Ertrag (Hupke 2015).

In Nordwestdeutschland betrifft dies vor allem kalk- und nährstoffarme Sandböden. Ursprünglich wurde die Vegetation durch Traubeneichenwälder (*Quercus petraea*, Fagaceae, Fagales) dominiert. Durch intensive Beweidung entstanden Lücken, auf denen sich eine botanisch ziemlich eintönige Heidelandschaft bildete. Als dominante Pflanze setzte sich die Besenheide (*Calluna vulgaris*, Ericaceae, Ericales) durch, die von August bis September weite Flächen mit ihren lilafarbenen Blüten überzieht (◘ Abb. 15.9).

Ende des 19. Jahrhundert wurde die Produktivität der Heidelandschaft durch Düngung und Kalkzuführung erhöht, was gleichzeitig zu einem Rückgang der typischen Vegetation führte. Schließlich wurden die letzten Reste als Naturschutzgebiet Lüneburger Heide zusammengefasst. Sie muss aufwendig gepflegt werden, um eine Verbuschung zu verhindern. Zu den Maßnahmen gehören Feuer und Beweidung durch Heidschnucken (*Ovis orientalis* f. *aries*, Bovidae, Artiodactyla) eine alte Landschafsrasse, (◘ Abb. 15.9).

Ebenfalls zu Landschaftstypen mit beschränktem agrikulturellem Ertrag gehören **Kalkmagerrasen**, die z. B. in Württemberg häufig vorkommen. Sie weisen eine hohe Diversität an Blütenpflanzen auf und wurden oft über Jahrhunderte extensiv beweidet. Heute lohnt sich das wirtschaftlich nicht mehr. Sich selbst überlassen, verbuscht die Vegetation und wird bald durch Schlehe (*Prunus spinosa*, Rosaceae, Rosales) und Roten Hartriegel (*Cornus sanguinea*, Cornaceae, Cornales) dominiert. Der Schatten des entstehenden Walds behindert die artenreiche Bodenvegetation, die zunehmend durch auch anderswo weitverbreitete Arten ersetzt wird. Zu den gefährdeten Typen, die wegen ihren attraktiven Blüten oft im Fokus des Naturschutzes stehen, gehören zwölf Arten der Orchideen (Orchidaceae) und fünf Arten der Enziangewächse (Gentianaceae). Beide Gruppen kommen oft gemeinsam vor, haben aber unterschiedliche Ansprüche und reagieren verschieden auf Pflegemaßnahmen. Betont man Schafbeweidung, fördert man Enziane. Andererseits bewirkt regelmäßiges Mähen einen Rückgang der Enziane und Zunahme der Orchideen. Der Naturschützer muss entscheiden, welche Gruppe prioritär gefördert werden soll. Das ist letzten Endes ein Werturteil, das sich nicht wissenschaftlich begründen lässt.

15.4.6 Renaturierungsökologie

Im Idealfall überlässt man es natürlichen Prozessen, den ursprünglichen Zustand eines Ökosystems wiederherzustellen. Oft sind jedoch aktivere Eingriffe nötig. Die Auswahl und Anwendung solcher Maßnahmen fallen ins Gebiet der **Renaturierungsökologie** (auch **Restaurationsökologie**, vom englischen *restoration ecology*). Unter Renaturierung versteht man die gewollte Rückführung von landwirtschaftlich oder industriell benutzten Bodenoberflächen in den ursprünglichen, naturnäheren Zustand und die Wiederherstellung der Struktur, Funktion, Diversität und Dynamik des Ökosystems. Ein wichtiger Meilenstein war die Gründung der **Society for Ecological Restoration** (SER; ► www.ser.com) im Jahre 1987. Im Jahre 2019 erklärte die Generalversammlung der Vereinten Nationen 2021–2030 als Jahrzehnt der Ökosystemrestauration. Das EU-Parlament hat am 12. Juli 2023 das Gesetz zur Wiederherstellung der Natur (Nature Restoration Law) beschlossen. Es verpflichtet alle EU-Mitgliedsstaaten, zerstörte Natur wieder in einen „guten ökologischen Zustand" zu bringen und so den Bestand von Bestäubern, natürlichen Ressourcen, sauberer Luft und sauberem Wasser zu sichern (► https://www.nabu.de/natur-und-landschaft/naturschutz/europa/33254.html). Eine umfassende Darstellung der Geschichte, Theorie und Techniken findet man in Zerbe (2019).

Im weitesten Sinne begann die Ökosystemrenaturierung mit dem Ackerbau. Die regelmäßige Brachlegung von Kulturflächen diente der Regeneration der Nährstoffe und fand erst mit der Verwendung mineralischer Dünger ein Ende. Vor rund 200 Jahren begann in Mitteleuropa eines der großflächigsten Restaurationsprojekte. Durch übermäßige Holzernte entstandene, waldfreie Gebiete wie Heiden oder Magerwiesen (► Abschn. 15.4.5) wurden mit Kiefern (Flachland: *Pinus sylvestris*, Coniferales, Pinaceae) oder Fichten (Mittelgebirge: *Picea abies*, Pinaceae, Coniferales) aufgeforstet. Das markiert gleichzeitig den Beginn der geregelten Forstwirtschaft und des Nachhaltigkeitskonzepts.

Frühe Renaturierungsansätze stützten sich auf traditionelle Ansätze, um verloren gegangene Funktionen wiederherzustellen (z. B. Restauration von Feuchtgebieten zum Schutz vor Überschwemmungen) oder ökonomisch wertvolle Pflanzen zu schützen (lang-

◘ Abb. 15.9 Lüneburger Heide mit Heidschnucken und Besenheide (*Calluna vulgaris*). (© RuZi/► stock.adobe.com)

fristiges Management von Weidegebieten und Wäldern). Der anzustrebende Zustand wurde ursprünglich als statisch betrachtet, bis erkannt wurde, dass ein Regime von natürlichen und anthropogenen Störungen wie Überschwemmungen, Trockenperioden und Feuer wesentlich den Charakter der meisten Ökosysteme beeinflusst.

Der erste Schritt einer Renaturierung besteht darin, jene Faktoren zu identifizieren und zu entfernen, die für die ungewünschten Veränderungen des Ökosystems verantwortlich waren, z. B. übermäßiger Nährstoffeintrag in Seen oder übermäßige Beweidung. Unter Berücksichtigung ökologischer und sozioökonomischer Argumente entscheidet man sich für eine von vier Maßnahmen (◻ Abb. 15.10):
— Keine Aktion: Entweder wäre eine Renaturierung zu teuer oder sie erfolgt durch natürliche Regeneration.
— Das beschädigte Ökosystem wird durch ein anderes Ökosystem ersetzt, das ähnliche oder bevorzugte Dienstleistungen erbringt (z. B. Ersatz eines artenarmen Walds durch produktives Grasland).
— Teilweise Renaturierung: Der Schwerpunkt liegt auf Wiedereinführung von dominanten Arten, die kritisch für Ökosystemfunktionen sind.
— Vollkommene Renaturierung: Weitestmögliche Wiederherstellung eines Ökosystems mit allen ursprünglichen Arten und ihren Funktionen.

Um den Erfolg der Maßnahmen zu beurteilen, müssen Referenzsysteme mit der gewünschten Struktur und Funktionen verfügbar sein.

Intuitiv scheint es naheliegend, die Natur sich selbst zu überlassen (*mother nature knows best*). Einige Systeme haben sich jedoch so stark verändert, dass eine spontane Erholung nicht mehr möglich ist. So ist die Besiedlung durch Pflanzen abhängig von einer fruchtbaren Bodenschicht. Fehlt diese, muss sie zuerst wieder ersetzt werden. Auch das globale Aussterben der ursprünglichen Artengemeinschaft kann die Rückkehr zum Originalzustand verunmöglichen.

Unter **Rewilding** (Wiederverwilderung) versteht man die nach Wiedereinführung einiger Schlüsselarten (Megafauna) eine weitgehend spontane, vom Menschen unabhängige Entwicklung geschützter Gebiete in einen ursprünglichen Zustand. Als ursprünglich wird oft das Ende des Pleistozäns vor 13.000 bis 10.000 Jahren definiert. Damals spielte die Megafauna eine entscheidende ökologische Rolle. Viele der Großherbivoren und -carnivoren starben aus, wobei nach der Overkillhypothese der Mensch eine der Hauptursachen ist (▶ Abschn. 1.7.2.10). Nach Soulé und Noss (1998) stellt Rewilding einen Ansatz der Konservierungsbiologie dar, der auf drei Cs beruht:
— *Core*: Streng geschützte Kernreservate (*core reserves*).
— *Connectivity*: Die Reservate müssen durch Korridore miteinander verbunden sein, um Austausch von Flora und Fauna zu ermöglichen.
— *Key species*: Gewisse Schlüsselarten müssen vorhanden sein, darunter Vertreter der Megafauna wie große Herbivoren und **Carnivoren**.

Anthropogen stark beeinflusste Ökosysteme haben in der Regel eine reduzierte trophische Komplexität, einen reduzierten Austausch mit ähnlichen Ökosystemen und eine reduzierte Häufigkeit aber erhöhte Heftigkeit natürlicher Störungen (◻ Abb. 15.11). Rewilding, das mehrere Reservate verknüpft, erleichtert die Rekolonisierung durch lokal ausgestorbene Arten. Der ungestörte Ab-

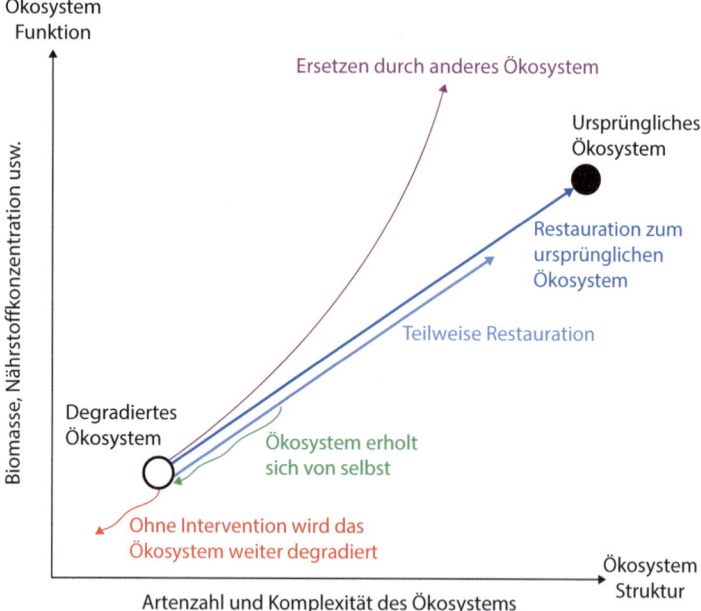

◻ **Abb. 15.10** Strategien zur Renaturierung degradierter Ökosysteme. (Nach Primack 2014)

15.4 · Was Naturschutz bedeutet

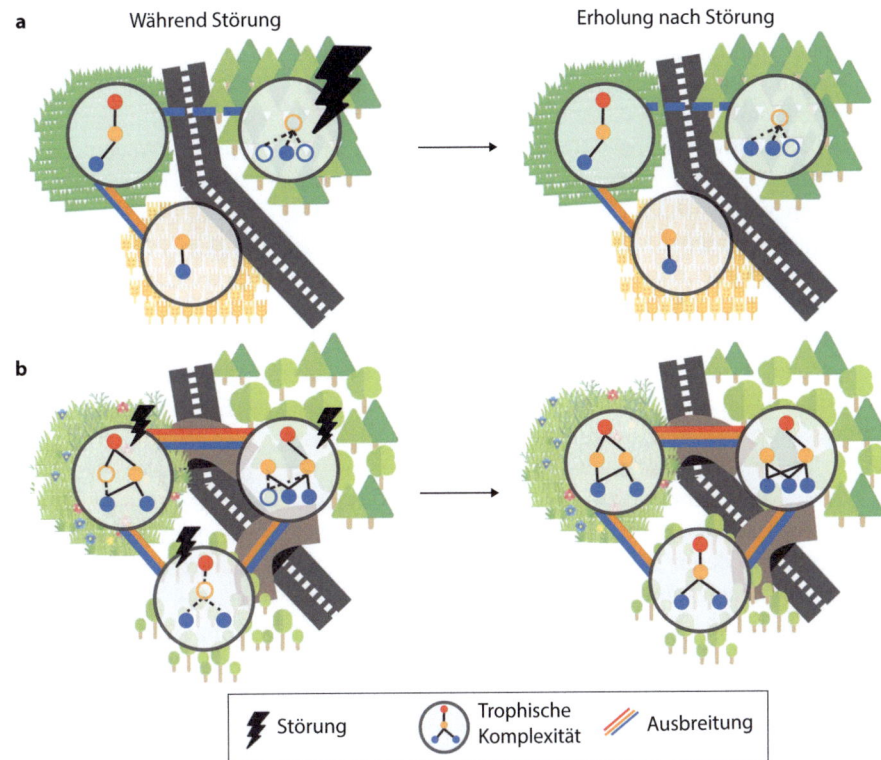

◘ Abb. 15.11 Unterschiedliche Reaktionen auf Störungen in intensiv gemanagten System **a** und in Rewilding-Systemen **b**. Insgesamt haben weniger stark kontrollierte, miteinander verbundene Systeme eine höhere Resilienz in Bezug auf Biodiversität und trophische Komplexität. Rot: Topprädatoren; gelb: Herbivoren; blau: Primärproduzenten. (Perino et al. 2019, Abb. 1)

lauf natürlicher Störungen (Feuer, Dürre, Überschwemmungen) verhindert das Auftreten seltener, aber katastrophaler Ereignisse. Mitglieder der Megafauna dienen oft als Verbreitungsmechanismen für Pflanzen und führen stochastische Schwankungen ins System ein (▶ Abschn. 4.2.4).

Das Ziel von Rewilding ist die Schaffung sich selbst regulierender Ökosysteme, die nach ihrer Etablierung keine weiteren menschlichen Eingriffe benötigen. Eine wichtige Rolle spielt die Annahme, dass ausgerottete Arten, vor allem Großtiere mit über 45 kg Körpergewicht, wesentlich zur Funktionalität des Ökosystems beitrugen. Dazu gehörten mehrere Arten der Gattung *Mammuthus* (Mammut, Elephantidae, Proboscidea), der Höhlenbär (*Ursus spelaeus*, Ursidae, Carnivora), der Höhlenlöwe (*Panthera spelaea*, Felidae, Carnivora), das europäische Nilpferd (*Hippopotamus antiquus*, Hippopotamidae, Artiodactyla) und mehrere Wollnashörner (*Coelodonta* spp., Rhinocerotidae, Perissodactyla).

Heute besteht mindestens die theoretische Möglichkeit, einige dieser Arten durch **De-Extinktion** (**Rückausrottung**) wieder auferstehen erlassen. Am erfolgversprechendsten ist die Klonierung. Ein Zellkern wird der präservierten Zelle einer verstorbenen Art entnommen und in eine kernlose Zelle einer heute lebenden, verwandten Art eingeführt. Ein möglicher Kandidat ist das Mammut, das relativ nah mit heutigen Elefanten verwandt ist.

Wesentlich einfacher ist der Ersatz durch Wiedereinführung von Restpopulationen oder von verwandten Arten, die oft aus anderen Regionen stammen und deren funktionelle Äquivalenz postuliert werden muss. So stammen z. B. die nordamerikanischen Mustangs von verwilderten europäischen Hauspferden ab. Pferde (Gattung *Equus*, Equidae, Perissodactyla) entstanden ursprünglich in Nordamerika. Sie besiedelten über die Beringbrücke Eurasien, starben aber in ihrem Ursprungsgebiet vor 10.000 bis 8000 Jahren aus.

Moschusochsen (*Ovibos moschatus*, Bovidae, Artiodactyla) waren während der letzten Eiszeit über weite Tundragebiete in Eurasien und Nordamerika verbreitet. Im späten Pleistozän und frühen Holozän schrumpften ihre Zahlen auf ein paar Restbestände im Norden Kanadas und in Grönland. Seither wurden sie erfolgreich wieder in Norwegen, Schweden, Sibirien und Alaska angesiedelt.

Der Europäische Bison oder Wisent (*Bison bonasus*, Bovidae, Artiodactyla) überlebte in kleinen Populationen bis ins frühe 20. Jahrhundert in den Bergen des Kaukasus und im nördlichen Zentraleuropa. Heute existieren wieder mehrere Tausend frei lebende Wisente, die von Restbeständen in Zoologischen Gärten abstammen. Allerdings besetzt der Europäische Bison nur noch einen kleinen Bruchteil seines historischen Gebiets.

Der Amerikanische Bison (*Bison bison*, Bovidae, Artiodactyla) war einst der dominante Herbivore in Nordamerika. Er fehlte nur entlang den Küsten und in Wüsten. Seine Population betrug vor der Ankunft der ersten Europäer mindestens 30 Mio. Im Jahr 1900 existierten noch rund 1000 frei lebende Tiere. Heute ist die Population wieder auf über 400.000 angestiegen.

Bei Renaturierung bzw. Rewilding steht in der Regel die Wiederherstellung der ursprünglichen Flora und Fauna im Vordergrund. Eine mindestens ebenso wichtige Rolle spielen jedoch die unauffälligeren Mitglieder der Gemeinschaft: wirbellose Tiere, Mykorrhizapilze (als lebenswichtige Symbiosepartner von Pflanzen) und Bakterien (wichtig bei der Wiederherstellung degradierter Böden).

Kritiker des Rewilding-Konzepts wenden ein, dass die rund 10.000 Jahre seit dem Ende des Pleistozäns ausreichen, um eine neue Klimaxgesellschaft entstehen zu lassen, deren Funktionalität von der Abwesenheit der früheren Megafauna abhängt. Unter diesem Gesichtspunkt repräsentieren die eingeführten Arten exotische Einwanderer, deren Ankunft das Zusammenspiel der aktuellen Gemeinschaften beeinflusst. Hier ist es angebracht, die zukünftige Rolle von eingewanderten oder einwandernden Arten neu zu überdenken.

15.4.7 Naturschutzgebiete enthalten dynamische, sich stets entwickelnde und ändernde Systeme

Traditioneller Naturschutz wuchs aus der Annahme, dass Ökosysteme statisch sind und jede Art eine wesentliche, unersetzbare Rolle spielt. Wie wir oben gesehen haben, sind sie dynamisch und periodische Störungen, natürliche oder vom Menschen ausgehende, sind wesentlich für die Persistenz vieler Arten und Ökosysteme.

Es wird weiterhin angenommen, dass Artenpopulationen und Ökosystemfunktionen über längere Zeitspannen um mittlere Werte oszillieren (die Natur ist „gutmütig" und kehrt in einen bevorzugten Zustand zurück; Hupke 2015). Grundsätzlich verändern sich jedoch Umweltbedingungen und damit Ökosysteme ständig. Zu den natürlichen Störungen kommen zunehmend menschliche Eingriffe. Neben der Übernahme ganzer Ökosysteme für Land- und Forstwirtschaft gehören hier globale Faktoren wie ein steigender CO_2-Gehalt der Atmosphäre, der für den beobachteten Klimawandel verantwortlich ist. Arten reagieren spezifisch auf steigende Temperaturen und sich ändernde Niederschlagsregimes. Durch selektive Zu- bzw. Abnahme verschiedener Arten verändern sich die Strukturen und damit Funktionen und Dienstleistungen der Ökosysteme. Was soll und kann unter diesen Umständen geschützt werden? Traditioneller Artenschutz wird am ehesten funktionieren, wenn das Erbgut so modifiziert wird, dass die Art unter den neuen Bedingungen überleben kann. Als Paradebeispiel dient die Züchtung und Modifikation von Korallen (Abschn. 12.2.2.3), die an steigende Temperaturen und sinkende pH-Werte angepasst sind und damit Korallenriffe retten könnten. Solche gezielten Aktionen erlauben es, einzelne weitverbreitete Schlüsselarten zu retten. Aber auch anscheinend intakte Ökosysteme sind dynamisch: Wegen des Klimawandels und zusätzlichen menschlichen Einflüssen verändert sich die geografische Verteilung verschiedener Arten. Der Klimawandel führt allgemein zu erhöhten jährlichen Durchschnittstemperaturen und zu einer Anhäufung von Perioden mit Extremtemperaturen.

Eine Analyse von 538 Arten zeigte, dass lokale Aussterberaten höher mit Extremwerten als mit Durchschnittstemperaturen korrelierten (Román-Palaciosa und Wiensa 2020). Um Aussterben zu vermeiden, können Arten sich in Richtung kühler Temperaturen ausbreiten (gegen Pole oder bergaufwärts) oder ihre Nischendimensionen erweitern (▶ Abschn. 4.2). In der oben genannten Studie wurde geschätzt, dass 57–70 % der 538 Arten sich zu wenig schnell ausbreiten, um ein globales Aussterben zu vermeiden. Überraschenderweise zeigte sich jedoch, dass die Nischenerweiterung eine weit wichtigere Rolle als die Ausbreitung spielt, um die das Überleben zu gewährleisten. Wenn beide Faktoren berücksichtigt werden, wird die Gesamtaussterberate auf 16–30 % geschätzt.

Aussterberaten sind artspezifisch. So hängt die Verbreitung bei Pflanzen unter anderem von der Samengröße ab (kleinere Samen werden schneller und weiter durch den Wind verbreitet). Solche Unterschiede können dazu beitragen, dass historische Wechselwirkungen zwischen Arten auseinandergerissen werden. Gleichzeitig werden wegen der ökologischen Anpassung (*ecological fitting*, ▶ Abschn. 14.7) neue Wechselwirkungen entstehen. Diese Anpassungen können oft erstaunlich schnell vor sich gehen. So lernte der Afrikanische Languste (*Jasus lalandii*, Palinuridae, Decapoda) innerhalb eines Monats eine invasive Muschel (*Semimytilus patagonicus*, Mytilidae, Mytilida) zu erkennen und einer einheimischen Art (*Choromytilus meridionalis*, Mytilidae, Mytilida) vorzuziehen (Alexander et al. 2022).

Arten, die ein neues Gebiet erobern, sind zumindest anfänglich oft besonders erfolgreich und vermehren sich explosiv. Sie werden als invasiv klassifiziert und sind oft gebietsfremd (▶ Abschn. 14.7). Traditioneller Naturschutz beruht auf der Annahme, dass Aktivitäten von solchen eingewanderten Arten das existierende Ökosystem degradieren oder gar zerstören. Nach Hupke (2015) sollten wir jedoch von einer (Total)zerstörung nur bei Ereignissen sprechen, die etwa die Auswirkungen eines Vulkanausbruchs oder eines Meteoriteneinschlags haben.

Mit viel Aufwand wird versucht, Populationen gebietsfremder Arten zu reduzieren oder diese auszurotten. Nach der Ansicht einiger Biologen ist diese Beschränkung auf den Ursprungsort (nativ vs. exotisch) und die Verknüpfung von exotisch mit potenziellen

Schäden irreführend (nativ = gut, exotisch = schlecht). In der Natur setzen sich Arten durch, die an lokale Bedingungen angepasst sind. Die Herkunft oder der Entstehungsort ist kein zuverlässiges Kriterium: Im Laufe der Geschichte haben Arten oft den Ort ihrer Entstehung verlassen und sind dort ausgestorben. Später sind möglicherweise entfernte Nachkommen wieder zurückgewandert. So entstanden die Mitglieder der Kamele (Familie Camelidae) in Nordamerika. Dort sind sie ausgestorben, ihre Nachkommen sind jedoch nach Südamerika (existierende Gattungen: *Lama*, *Vicugna*) und Asien (existierende Gattung: *Camelus*, einhöckrige und zweihöckrige Kamele) ausgewandert.

Die Gattung *Equus* (Familie Equidae; Pferde) entstand ebenfalls in Nordamerika, starb dort aus und wurde durch Europäer wieder eingeführt. Solche *assisted migration* (unterstützte Wanderung) könnte das Überleben gefährdeter Arten erleichtern. Der amerikanische Pfeifhase (*Ochotona princeps*, Ochotonidae, Lagomorpha) ist ein kleines, hasenähnliches Säugetier in den Bergen der westlichen Vereinigten Staaten. Die Tiere sterben nach einigen Stunden bei einer Temperatur von 26 °C. Wegen globaler Erwärmung beschränkt sich ihr Lebensraum auf eine Zone, die immer näher zum Gipfel rückt, bis auch dort die Temperatur ihre Toleranz übersteigt. Eine mögliche Lösung wäre die Transplantation gefährdeter Population auf höhere oder weiter nördlich liegende Berge. Selbst können die Tiere die nötige Migration nicht unternehmen. Dazu müssten sie tieferliegende Regionen mit für sie tödlichen Temperaturen durchqueren. Die wenigsten Naturschützer würden hier eine gezielte Rettungsaktion ablehnen. Der Widerstand wird größer, wenn die Überführung über größere Distanzen erfolgt.

Wenn es gilt, ökologische Funktionen oder Dienstleistungen zu erhalten, besteht kein A-priori-Grund, exotische Arten von vornherein auszuschließen. Gebietsfremde Pflanzen dienen oft als Unterschlupf und Nistplätze für Vögel und liefern Nahrung für Bestäuber und andere Insekten. In Hawaii filtrieren importierte Mangroven Sedimente und bieten neugeschaffene Habitate für native Fische. Viele weitere Beispiele findet man in Pearce (2015), Harris (2011), Thomas (2017) und Thompson (2014).

Neuartige Ökosysteme (*novel ecosystems*) bestehen aus Kombinationen aus nativen und durch den Menschen eingeführten Arten, die sich ohne weitere anthropogene Eingriffe erhalten oder weiterentwickeln. Als Beispiel wurde der Green Mountain erwähnt (Abschn. 14.7.5). Auch die Wälder mehrerer karibischer Inseln werden heute weitgehend durch exotische Bäume dominiert. In Puerto Rico sind sie für das Überleben eines wichtigen kulturellen Symbols verantwortlich. Dabei handelt es sich um den 3–5 cm großen Höhlen-Pfeiffrosch oder Coqui-Pfeiffrosch (*Eleutherodactylus coqui*, Eleutherodactylidae, Anura; ◻ Abb. 15.12). Sein ursprüngliches Habitat waren einheimische Wälder, die zunehmend durch Zucker- und Kaffeepflanzungen ersetzt wurden. Die Zuckerproduktion erreichte ein Maximum um 1940 und nur noch 6 % des ursprünglichen Walds blieben intakt, was zu massiver Erosion führte. Viele Arten, darunter der Coqui-Pfeiffrosch, waren vom Aussterben bedroht. Die Wende kam mit schwindender Nachfrage für Zucker. Zwischen 1959 und 1974 halbierte sich die agrikulturelle Fläche und die Waldfläche verzehnfachte sich auf 60 %. Es waren aber nicht native Bäume, die die brachliegenden Böden besiedelten, sondern weitgehend durch Europäer importierte Frucht- und Zierbäume. Die häufigste Art auf Puerto Rico ist heute der Afrikanische Tulpenbaum (*Spathodea campanulata*, Bignoniaceae, Lamiales; ◻ Abb. 15.12). Traditionelle Naturschützer waren entsetzt: Sie hatten eine Restauration des ursprünglichen Walds erwartet und sahen die Entwicklung als „feindliche Übernahme".

◻ **Abb. 15.12 a** Coqui-Pfeiffrosch (*Eleutherodactylus coqui*) (© japhoto/▶ stock.adobe.com). **b** Afrikanischer Tulpenbaum (*Spathodea campanulata*). (Bali, Indonesien, © Alesya/▶ stock.adobe.com)

Der einheimische Förster Ariel Lugo konnte jedoch dokumentieren, dass die exotischen Arten, besonders der Tulpenbaum, den Weg zur Rückkehr vieler nativer Arten vorbereiteten. Sie verringerten die Erosion, verbesserten die Bodenfruchtbarkeit und boten Unterkunft und Nahrung für viele native Insekten, Reptilien und Vögel. Vor allem bieten die Bäume ein Heim für den Coqui-Pfeiffrosch, der in den wenigen Restbeständen des ursprünglichen Walds weitgehend einer Pilzkrankheit (Chytridiomykose) erlegen ist.

Der Coqui-Pfeiffrosch steht heute auf der Roten Liste der IUCN als vom Aussterben bedrohte Art. Gleichzeitig gilt er paradoxerweise in Hawaii, wo er versehentlich in den 1980er-Jahren eingeführt wurde, als invasiver Schädling, der aktiv bekämpft wird. Andererseits beherbergen Puerto Ricos neue Waldökosysteme wachsende Populationen des Gelbbrustaras (*Ara ararauna*, Psittacidae, Psittaciformes), der im nativen Paraguay vom Aussterben bedroht ist.

15.4.8 Moderner Naturschutz – pragmatisch definierte Ziele und Kompromisse

Naturschutz beinhaltet Erhaltung oder Wiederherstellung der Biodiversität und ökologischer Zusammenhänge. Idealisiert führt Renaturierung in einem geschützten Gebiet zu einem Zustand der „korrekten" Biodiversität, mit den ursprünglichen ökologischen Interaktionen und Dienstleistungen. Ein solches Ziel ist nur in Ausnahmefällen annähernd erreichbar. Oft müssen wir zwischen Alternativen auswählen, die alle in Isolation betrachtet wünschenswert sind, sich aber gegenseitig ausschließen oder aus politischen oder sozioökonomischen Gründen nicht durchsetzbar sind. Harris (2011) erstellte eine Liste von sieben wichtigen Zielsetzungen, unter denen wir eine geeignete und politisch akzeptable Lösung finden müssen.

— **Moralisch-ethisch**: Jede Art hat einen inhärenten Wert und ein Existenzrecht. Im Gegensatz zum Menschen wird das Existenzrecht bei Tieren und Pflanzen in der Regel nicht auf der Stufe des Individuums angewendet. Konflikte entstehen, wenn eine Art die Existenz einer zweiten Art gefährdet, z. B. wenn Katzen oder Ratten Nestlinge auf Inseln bedrohen. Hier scheint menschliches Eingreifen gerechtfertigt.

— **Schutz charismatischer Megafauna**: Der World Wildlife Fund (WWF) setzt bewusst auf deren Popularität. Sponsoren erhalten ein Plüschtier ihrer Wahl. Häufig gewählte Tiere sind Tiger, Eisbär und Panda. Da solche Großtiere oft Schlüsselarten sind und große Flächen beanspruchen, garantiert ihre Existenz gleichzeitig das Überleben wichtiger Sektoren des Ökosystems. Allerdings kann die unkontrollierte Zunahme von Schlüsselarten problematisch werden. Afrikanische Elefantenpopulationen sind bedroht und nehmen insgesamt ab. Sie wachsen jedoch in Reservaten, was zu einer drastischen Veränderung der Vegetation führen kann (Verhinderung von Baumwuchs). Außerdem brechen Elefanten häufig aus dem Reservat aus und zerstören benachbarte Pflanzungen. Als mögliche Korrektur wird kontrollierter Abschuss vorgeschlagen. Lokale, in der Regel arme Leute unterstützen diese Maßnahme. Reiche Leute aus dem Ausland lehnen sie ab. Ähnliche Konflikte finden wir in Mitteleuropa, wo Stadtbewohner die Ausbreitung von Bären und Wölfen (in ländlichen Regionen!) begrüßen, während Bauern sie häufig ablehnen.

— **Aussterberate verlangsamen:** Unter diesem Ansatz sind alle Arten gleichwertig behandelt. Darauf beruht der Endangered Species Act in den Vereinigten Staaten. Hotspots der Biodiversität sind deshalb besonders schützenswert. Da Finanzen für den Naturschutz beschränkt sind, sollten sie dort angewendet werden, wo der Artenverlust am wirksamsten verlangsamt wird. Oft ist dafür ein Minimalbetrag erforderlich. So hat die Entfernung von Ratten oder Katzen von einer Insel, wo sie einheimische Vögel bedrohen, nur Aussichten auf Erfolg, wenn alle erfasst werden. Das kann sehr schwierig und teuer werden. Für das gleiche Geld ließe sich anderswo möglicherweise eine größere Anzahl von Arten schützen.

— **Schutz der genetischen Diversität:** Betonung des Artenschutzes führt unweigerlich zu Diskussionen des Artkonzepts (▶ Abschn. 1.7.2.9). So können Grizzlybären (eine Unterart des Braunbären, *Ursus arctos*, Ursidae, Carnivora) und Eisbären (*Ursus maritimus*, Ursidae, Carnivora) überlebensfähige Nachkommen produzieren. Man könnte sie deshalb zu einer Art zusammenfassen. In den USA sind Arten, Unterarten und *distinct population segments* (unterscheidbare Teilbereiche einer Population) gesetzlich geschützt. Diese Begriffe werden aber im Gesetzestext nicht weiter definiert. Vielleicht wäre es angebrachter, sich stattdessen auf den Schutz der genetischen Diversität zu konzentrieren, was letzten Endes das Rohmaterial für aktuelle und zukünftige Biodiversität liefert. Oft finden wir größere genetische Unterschiede zwischen Individuen derselben Art als zwischen zwei nahe verwandten Arten. In diesen Fällen kann der Schutz der Diversität innerhalb einer Art kosteneffektiver sein.

— **Schutz der Biodiversität:** Man könnte im Prinzip alle Froscharten dieser Welt in Plastikboxen weiterzüchten und so vor dem Aussterben schützen. Dabei verlöre man aber die ökologischen Wechselwirkungen mit anderen Arten und damit ökologische Funktionen und Prozesse. Biodiversität umfasst die Artenzahl, genetische Variationen innerhalb der Arten und Diversität der Ökosysteme (▶ Abschn. 3.1). Frühere Naturschützer hatten oft spirituelle oder ästhetische Motive. Die frühesten Nationalparks, darunter Yosemite und Yellowstone, beinhalten spektakuläre Landschaften, aber nicht unbedingt die artenreichsten Ökosysteme. Wenn Biodiversität im Vordergrund steht, sind Marschen und Küstengebiete mindestens so schützenswert. Biodiversität ist jedoch schwierig zu definieren und zu messen. Wie viele Arten mit ihren Interaktionen können aus einem Netzwerk verschwinden, bevor es sich grundlegend verändert? Sind Schlüsselarten wertvoller als „überflüssige" (redundante) Arten? Falls die Zusammensetzung einer Biozönose teilweise oder weitgehend durch Zufall bestimmt wird (▶ Abschn. 4.2.4), können wir überhaupt einen schützenswerten Sollzustand definieren? Wie modifizieren wir unsere Ziele angesichts des Klimawandels? Trotz dieser Schwierigkeiten repräsentiert Biodiversität am ehesten das, was eine Mehrheit unter Natur versteht und schützen will. Allerdings mit Einschränkungen – die wenigsten erlauben die natürliche Entwicklung des menschlichen Mikrobioms (▶ Abschn. 7.6), indem sie auf persönliche Hygiene verzichten.

- **Maximierung der Dienstleistungen:** Basierend auf utilitaristischen Argumenten ist die Natur schützenswert, insofern sie uns nutzt, z. B. durch Verhinderung von Erosion oder Überschwemmungen, Lieferung von Nahrung und Baumaterialien, Bestäubung unserer Kulturpflanzen usw. (Abschn. 3.1.7 und ▶ 4.5). Lange galten solche Ressourcen als unerschöpflich. Ökonomisch betrachtet wird der Preis einer Ware oder Dienstleistung durch Angebot und Nachfrage bestimmt. Bei übergroßem Angebot sinkt der Preis auf null. Als Folge dessen wurden Arten und Ökosysteme und ihre Dienstleistungen als kostenlos betrachtet. Zumindest seit dem Millenium Ecosystem Assessment der Vereinten Nationen (2005) hat sich diese Einstellung grundlegend verändert. Costa Rica hatte beinahe die Hälfte des ursprünglichen Walds verloren. 1997 begann die Regierung, an lokale Landbesitzer Zahlungen zu leisten, sofern sie den Kahlschlag einstellten oder kahlgeschlagene Sektionen wieder mit Bäumen bepflanzten. Das Geld kam zum Teil von Wasserkraftunternehmen. Sie profitieren von der Fähigkeit eines intakten Walds, den Wasserfluss und damit die Stromproduktion zu regulieren. Heute erhalten 8 % der Landbesitzer solche Zahlungen und Costa Rica wurde das erste tropische Land, in dem die Entwaldung gestoppt und später rückgängig gemacht wurde. Kritiker wenden ein, dass damit dem Besitzer das Recht eingeräumt wird, Arten oder Ökosysteme zu zerstören. Ein weiteres Problem besteht darin, dass eine Mehrheit der Arten keinen nachweisbaren ökonomischen Nutzen bringt. Oder rein technische Lösungen oder gebietsfremde Arten erbringen bessere Leistungen als native Arten. So sind invasive Arten oft effizienter als native Arten in der raschen Wiederbesiedlung und Erosionskontrolle entblößter Böden. Falls die Entfernung von CO_2 Priorität hat, könnte man versucht sein, rasch wachsende Eukalyptusbäume anzupflanzen. Auch die Verknüpfung von Dienstleistungen und Biodiversität gelingt nicht immer: erhöhte Funktionen in diverseren Gesellschaften hängen oft von der Gegenwart besonders aktiver Arten ab. Maximierung einer Dienstleistung ist nicht immer optimal. Übermäßige Produktion in Seen bedeutet oft mehr Algen und weniger Fische. Eine allzu wörtliche Interpretation, dass wir ökonomisch messbare Dienstleistungen bewahren sollen, garantiert keinen Schutz der Biodiversität.

- **Schutz aus ästhetischen und spirituellen Gründen:** Nach der Biophiliehypothese (Wilson 1984) haben Menschen eine angeborene Tendenz, mit der Natur und anderen lebenden Organismen emotionale Verbindungen zu erstellen. Im Laufe der evolutionären Menschwerdung entwickelte sich eine natürliche Affinität zu den vielen Formen des Lebens und zu den Habitaten und Ökosystemen, die das Leben ermöglichen. Wir lieben natürliche Formen, Geräusche und Gerüche. Aufenthalt in der Natur erfrischen Körper und Geist. Viele erleben im Wald, auf dem Meer oder im Gebirge das Gefühl, eins mit der Natur zu werden. Religionen haben oft „heilige Orte", wo sie mit ihren Vorfahren kommunizieren. In Hawaiis traditioneller Kultur spielt die native Biodiversität eine wichtige Rolle. Im Kumulipo, einem genealogischen Gesang, werden spezifische Pflanzen und Tiere als Vorfahren des hawaiianischen Volks genannt. Diese Arten werden nicht nur zur Herstellung kulturell wichtiger Artefakte wie Kanus oder Leis (hawaiianischer Kopfschmuck aus Blüten, Muscheln, Samen und Federn) verwendet, sie werden buchstäblich als zur Familie gehörend betrachtet. Als Folge davon ist es oft schwierig, indigene Unterstützung zu gewinnen zum Schutz von Arten, die nicht im Kumulipo genannt werden. Dazu gehört z. B. die endemische, vom Aussterben bedrohte Hawaii-Mönchsrobbe (*Neomonachus schauinslandi*, Phocidae, Carnivora). Bei ästhetischen, kulturellen und religiösen Werten handelt es sich ebenfalls um etwas, was vom Menschen gewünscht wird. In dieser Beziehung besteht kein fundamentaler Unterschied zu den anderen Zielsetzungen.

15.4.9 Internationale Konventionen zum Schutz der Biodiversität und nachhaltiger Nutzung

Arten und Ökosysteme halten sich nicht an Grenzen. Effektiver Naturschutz und nachhaltige Nutzung von Ressourcen bedingen deshalb oft Verhandlungen und Abmachungen zwischen mehreren Staaten.

Eine gute Übersicht von nationalen und internationalen Gesetzen, Verordnungen und Konventionen findet man in Wittig und Niekisch (2014). Auszüge davon, beschränkt auf internationale Konventionen, sind in ◘ Tab. 15.2 zusammengefasst. Ursprünglich ging es bei solchen Übereinkommen um die gemeinsame, nachhaltige Nutzung natürlicher Ressourcen. Geschützt wurde die Produktivität oder, allgemeiner, das Wohlergehen von kommerziell wertvollen Arten. Da keine Art in Isolation existiert, bestehen jedoch zahlreiche Schnittstellen zwischen dem gezielten Schutz einer wirtschaftlich interessanten Art und allgemeiner Biodiversität.

Eines der frühesten Abkommen (1888) galt der verbesserten Ausnutzung des Atlantischen Lachses (*Salmo salar*, Salmonidae, Salmoniformes) im Rhein.

Die Übereinkunft zum Schutz der Vögel unterschied ausdrücklich zwischen für die Landwirtschaft nützlichen (z. B. Steinkauz, *Athene noctua*, Strigidae, Strigiformes; Weißstorch, *Ciconia ciconia*, Ciconiidae, Ciconiiformes) und schädlichen Arten (z. B. Bartgeier, *Gypaetus barbatus*, Accipitridae, Accipitriformes).

Das ursprüngliche Ziel der Konvention zur Regulierung des Walfangs (1931; Convention for the Regulation of Whaling) war ebenfalls die Optimierung der Waljagd. Die Optimierung desselben Ziels wurde 1946 neu formuliert. Erst 1982 wurde ein Waljagdmoratorium beschlossen, das 1986 in Kraft trat. Japan, Island und Norwegen erkannten das Moratorium nicht an und führen weiterhin eine beschränkte Waljagd durch. Einige indigene Völker dürfen weiterhin eine Anzahl Wale zum Eigenbedarf erlegen.

Beim Seerechtsübereinkommen der Vereinten Nationen (United Nations Convention on the Law of the Sea, UNCLOS) geht es in erster Linie um die nachhaltige Nutzung lebender Ressourcen, während bei den WRRL und MSRL die Betonung auf Umwelt- und Gewässerschutz liegt. Bei den europäischen Regelungen zur Agrarpolitik stand ursprünglich die Produktivität im Vordergrund. Gegenwärtig spielt der Klimaschutz eine

◘ **Tab. 15.2** Einige wichtige internationale Übereinkommen zum Schutz der Biodiversität und für nachhaltige Nutzung natürlicher Ressourcen

Abkommen	Jahr	Gültigkeit	Worum geht es
Übereinkommen zur Regelung der Lachsfischerei im Stromgebiet des Rheins	1888	Einige europäische Staaten	Verbesserte Nutzung einer natürlichen Ressource
Internationale Übereinkunft zum Schutz der für die Landwirtschaft nützlichen Vögel	1900	11 europäische Staaten	Schutz von für die Landwirtschaft nützlichen Vogelarten
Convention for the Regulation of Whaling (heute geleitet durch die International Whaling Commission)	1931/1946	15 Staaten	Verbesserte Nutzung einer natürlichen Ressource
International Whaling Commission (IWC)	1982/1986	89 Staaten Gegner: Japan, Island, Norwegen Einige Ausnahmen für indigene Völker in Sibirien und Alaska	Moratorium des Walfangs, 1982 beschlossen, gültig ab 1986
United Nations Convention on the Law of the Sea (UNCLOS)	1972	Global	Fischerei, andere lebende Ressourcen
Europäische Wasserrahmenrichtlinie (WRRL)	2000	EU	Wasserpolitik: Harmonisierung des Gewässerschutzes
Meeresstrategie-Rahmenrichtlinie 2008/56/EG (MSRL)	2008	EU	Erhaltung und Wiederherstellung der Meeresumwelt
Regelungen zur Agrarpolitik	Erstmals 1962	EU	Ursprünglich verbesserte Produktivität der Landwirtschaft und sichere Versorgung mit Nahrungsmitteln, später zunehmend Bekämpfung des Klimawandels
Ramsar-Konvention	1971	160 Staaten	Doppelziel: Nutzung und Schutz von Feuchtgebieten

15.4 · Was Naturschutz bedeutet

◘ Tab. 15.2 (Fortsetzung)

Abkommen	Jahr	Gültigkeit	Worum geht es
Welterbekonvention	1972	Vereinte Nationen	Teile des Kultur- oder Naturerbes müssen als Bestandteil des Welterbes der ganzen Menschheit erhalten werden 193 Naturerbestätten 759 Kulturerbestätten 29 sowohl Natur- wie auch Kulturerbestätten
Liste des gefährdeten Welterbes (List of World Heritage in Danger)	1972	Vereinte Nationen	Unter Naturerbe: 18 Erbestätten (v. a. Nationalparks)
Convention on International Trade in Endangered Species of Wild Fauna and Flora (CITES), auch Washingtoner Artenschutzabkommen genannt	1973	178 Staaten	Verbot des Handels geschützter Arten oder ihrer Körperteile und Ausscheidungen (wie Federn, Korallenexoskelett, Kot)
Convention on the Conservation of Migratory Species of Wild Animals (CMS), auch Bonner Konvention genannt	1979	116 Staaten	Schutz von wandernden (grenzüberschreitenden) Arten und ihren Habitaten
Convention on Biological Diversity (CBD)	1992	Global	Schutz der Biodiversität, Nachhaltigkeit ihrer Nutzung, gerechte Verteilung der durch Nutzung erzielten Vorteile
Internationales Tropenholzübereinkommen (ITTA)	1983/1994	25 Produzenten- und 35 Abnehmerländer	(verpasstes) Ziel: bis 2000 nur noch Handel mit Holz aus nachhaltiger Forstwirtschaft
Collaborative Initiative for Tropical Forest Biodiversity, Memorandum of Understanding between CBD and ITTO	2010	25 Produzentenländer	Schutz und nachhaltige Forstwirtschaft
Intergovernmental Science-Policy Platform on Biodiversity and Ecosystem Services (IPBES)	2012	147 Länder	Schnittstelle zwischen Wissenschaft und Politik zum Schutz von: • Biodiversität, Ökosystemfunktionen und Dienstleistungen • nachhaltigem Nutzen von Biodiversität • langzeitigem menschlichem Wohlergehen • nachhaltiger Entwicklung
Europäisches Gesetz zur Wiederherstellung der Natur (Nature Restoration Law)	2023	EU	Wiederherstellung von zerstörter Natur; Sicherung des Bestands von Bestäubern, natürlichen Ressourcen, sauberer Luft und sauberem Wasser

zunehmend wichtige Rolle. In der Ramsar-Konvention geht es um die Erhaltung und nachhaltige Nutzung von Feuchtgebieten.

In den 1970er-Jahren wurden zunehmend Abkommen unterzeichnet, in denen es vorwiegend um den Schutz von Arten und Ökosystemen ging (Anerkennung von Naturerbestätten, CITES, CMS, CBD). Dabei werden Nutzung und Nutzbarkeit der Ökosysteme nicht grundsätzlich abgelehnt, was zu Konflikten zwischen kommerziellen und naturschützenden Zielen führen kann. So reguliert das 1983 unterzeichnete ITTA (International Tropical Timber Agreement) den Tropenholzhandel mit dem Ziel, ihn auf eine nachhaltige Basis zu stellen. Das steht zum Teil in direktem Widerspruch mit den Zielen von CITES und CBD. Ein Memorandum of Understanding zwischen CBD und den Produzentenländern des ITTA soll die Zusammenarbeit bei Schutz und nachhaltiger Nutzung stärken.

In der CBD (Convention on Biological Diversity) werden neben Biodiversität ausdrücklich die Nachhaltigkeit, ihr Nutzen und eine gerechte Verteilung der durch Nutzung erzielten Vorteile und Gewinne erwähnt. Besonders aktuell sind kommerzielle Gewinne, beruhend auf Kenntnissen und Gebräuchen indigener Gemeinschaften. Der Schutz dieses geistigen Eigentums und nativer genetischen Ressourcen sind zentrale Streitpunkte zwischen Entwicklungs- und Industrieländern.

Literatur

Aegerter S (2020) Das Wachstum der Grenzen: Über die unerschöpfliche Erfindungskraft der Menschen. NZZ Libro/Schwabe Verlagsgruppe AG, Basel

Alexander MS, Skein L, Robinson TB (2022) Rapid learning in a native predator shifts diet preferences towards invasive prey. Biol Lett 18:20210655. https://doi.org/10.1098/rsbl.2021.0655

Bastin J-F et al (2019) The global tree restoration potential. Science 365:76–79

Bianciotto V, Selosse M-A, Martos F, Marmeisse R (2022) Herbaria preserve plant microbiota responses to environmental changes. Trends Plant Sci 27:120–123

Coban O, De Deyn GB, Van der Ploeg M (2022) Soil microbiota as game-changers in restoration of degraded lands. Science 375(6584). https://doi.org/10.1126/science.abe0725

Eisen MB, Brown PO (2022) Rapid global phaseout of animal agriculture has the potential to stabilize greenhouse gas levels for 30 years and offset 68 percent of CO_2 emissions this century. PLOS Clim 1(2):e0000010. https://doi.org/10.1371/journal.pclm.0000010

Epstein A (2014) The moral case for fossil fuels. Portfolio/Penguin, New York

Evans KL, Greenwood JJD, Gaston KJ (2005) Relative contribution of abundant and rare species to species-energy relationships. Biol Lett:1 87–1 1190. https://doi.org/10.1098/rsbl.2004.0251

Girod B, de Haan P (2009) Mental rebound. Rebound Research Report Nr. 3. ETH Zürich, IED-NSSI, report EMDM1522, 34 pages. accessed 15 April 2025 www.nssi.ethz.ch/res/emdm/

Haas et al (2015) How circular is the global economy? An assessment of material flows, waste production, and recycling in the european union and the world in 2005. J Ind Ecol 19:765–777. https://doi.org/10.1111/jiec.12244

Haberl H, Erb K-H, Krausmann F (2014) Human appropriation of net primary production: patterns, trends, and planetary boundaries. Annu Rev Environ Resour 39:363–391

Harris E (2011) Rambunctious garden. Bloomsbury Publishing, New York

Hupke K-D (2015) Naturschutz. Ein kritischer Ansatz. Springer Spektrum, Berlin Heidelberg

Jørgensen PS, Folke C, Carroll SP (2019) Evolution in the anthropocene: informing governance and policy. Annu Rev Ecol Evol Syst 50:527–546

Koonin SE (2021) Unsettled. What climate science tellus us, what it doesn't, and why it mtters. BenBella Books, Dallas

Krausmann F et al (2023) Global human appropriation of net primary production doubled in the 20th century. PNAS 110:10324–10328

McConkey KR, Firmann A, Campos-Arceiz A (2022) Lost mutualisms: seed dispersal by Sumatran rhinos, the world's most threatened megafauna. Biotropica. https://doi.org/10.1111/btp.13056

Meadows DH, Meadows DL, Randers J, Behrens WWIII (1972) The limits to growth. Universe Books, New York

Meltzer DJ (2015) Pleistocene overkill and North American mammalian extinctions. Annu Rev Anthropol 44:33–53. https://doi.org/10.1146/annurev-anthro-102214-013854

Moore C, Morel AC, Asare RA, Adu Sasu M, Adu-Bredu S, Malhi Y (2019) Human appropriated net primary productivity of complex mosaic landscapes. Front For Glob Change 2:38. https://doi.org/10.3389/ffgc.2019.00038

National Academies of Sciences, Engineering, and Medicine (2019a) A decision framework for interventions to increase the persistence and resilience of coral reefs. The National Academies Press. https://doi.org/10.17226/25424

National Academies of Sciences, Engineering, and Medicine (2019b) Negative emissions technologies and reliable sequestration: a research agenda. The National Academies Press, Washington, DC. https://doi.org/10.17226/25259

Ott K, Döring R (2004) Theorie und Praxis starker Nachhaltigkeit. Metropolis, Marburg

Pearce F (2015) The new wild. Beacon Press, Boston

Perino A et al (2019) Rewilding complex ecosystems. Science 364(6438):eaav5570. https://doi.org/10.1126/science.aav5570

Pinker S (2018) Enlightenment now: the case for reason, science, humanism, and progress. Penguin Random House, New York

Poore J, Nemecek T (2018) Reducing food's environmental impacts through producers and consumers. Science 360:987–992

Primack RB (2014) Essentials of conservation biology, 6. Aufl. Sinauer, Sunderland

Reichholf JH (2005) Die Zukunft der Arten. Neue ökologische Überraschungen. C.H. Beck, München

Reichholf JH (2015) Eine kurze Naturgeschichte des letzten Jahrtausends. Fischer, Frankfurt am Main

Ridley M (2010) The rational optimist. Harper-Collins, New York

Riva F, Fahrig L (2022) Landscape-scale habitat fragmentation is positively related to biodiversity, despite patch-scale ecosystem decay. Ecol Lett 26:268–277

Rockström J et al (2023) Safe and just Earth system boundaries. Nature 619:102–120

Rodriguez SM (2023) Reproductive realities in modern China: birth control and abortion, 1911–2021. Cambridge University Press, Cambridge

Román-Palaciosa C, Wiensa JJ (2020) Recent responses to climate change reveal the drivers of species extinction and survival. PNAS 117:4211–4217

Rubio NR et al (2020) Plant-based and cell-based approaches to meat production. Nat Commun 11(6276). https://doi.org/10.1038/s41467-020-20061-y

Schmid E, Pröll T (Hrsg) (2020) Umwelt- und Bioressourcenmanagement für eine nachhaltige Zukunftsgestaltung. Springer Spektrum, Heidelberg Berlin

Schmidt-Bleek F (1997) Wieviel Umwelt braucht der Mensch? Faktor 10 – das Maß für ökologisches Wirtschaften. DTV, München

Seppelt R, Klotz S, Peiter E, Volk M (2022) Agriculture and food security under a changing climate: an underestimated challenge. iScience 25:105551

Simberloff D (2013) Invasive species. What everyone needs to know. Oxford University Press, New York

Slobodkin LB (2001) The good, the bad and the reified. Evol Ecol Res 3:91–105

Soulé M, Noss R (1998) Rewilding and biodiversity: complementary goals for continental conservation. Wild Earth 8:19–28

Terborgh J (1999) Requiem for nature. Island Press, Washington, DC

Thomas CD (2017) Inheritors of the Earth. Public affairs. Hachette Book Groups, New York

Thompson K (2014) Where do camels belong? Greystone Books, Vancouver

Trosper RL (1995) Traditional American Indian economic policy. Am Indian Cult Res J 19:65–95

Vale R, Vale B (2009) Time to eat the dog? Thames & Hudson, London

Van den Bergh JCJ, Rietveld P (2004) Reconsidering the limits to world population: meta-analysis and meta-prediction. Bioscience 54:195–204

Veldman JW et al (2019) Comment on „The global tree restoration potential". Science 366(6463). https://doi.org/10.1126/science.aay7976

Literatur

Vivanco DF et al (2016) The foundations of the environmental rebound effect and its contribution towards a general framework. Ecol Econ 125:60–69

West S (2016) Meaning and Action in Sustainability Science: Interpretive approaches for social-ecological systems research. https://doi.org/10.13140/RG.2.2.32127.10406

Wilson EO (1984) Biophilia. Harvard University Press, Cambridge, MA

Wilson EO (2016) Half-Earth. Our planet's fight for life. Liveright Publ. Corp. A Division of W.W. Norton, New York

Winans K, Kendall A, Deng H (2017) The history and current applications of the circular economy concept. Renew Sust Energ Rev 68:825–833

Wittig R, Niekisch M (2014) Biodiversität: Grundlagen, Gefährdung, Schutz. Springer Spektrum, Berlin Heidelberg

Wittig R, Streit B (2004) Ökologie. UTB Basics. Ulmer, Stuttgart

Wullenweber K (2000) Wortfang. Was die Sprache über Nachhaltigkeit verrät. Polit Ökol 63/64:23–24

Wynes S, Nicholas KA (2017) The climate mitigation gap: education and government recommendations miss the most effective individual actions. Environ Res Lett 12:074024. https://doi.org/10.1088/1748-9326/aa7541

Zerbe S (2019) Renaturierung von Ökosystemen im Spannungsfeld von Mensch und Umwelt. Springer Spektrum, ISBN 978-3-662-58650-1 (eBook)

Serviceteil

Stichwortverzeichnis – 423

Stichwortverzeichnis

A

Abbau
- mikrobieller 322

Abscisinsäure (ABA) 148, 150, 157

Abwanderung 45, 61

Abwehr
- chemische 302
- induzierte 217, 305
- induzierte chemische 267
- konstitutive 138, 216, 302
- konstitutive chemische 261
- konstitutive physikalische 259

Abyssal 345

Acetyl-Coenzym A 284

Ackerbau 361

Actinfilament 106

Actinorhiza 208

Adaptation 117
- proximate Ursache 17
- ultimate Ursache 17

Adaption
- an den Klimawandel 398

Adenosintriphosphat (ATP) 111

Adhäsin 165

Aerenchym 122

Aerosol
- mikrobielles 198

Aggregationspheromon 286

Agrikultur 10

Agrochemie 12

Aktualismus 14

Alarmpheromon 289

Albedo 77

Alge
- Mutualismus mit Tieren 274

Algenblüte 195, 226

Alkaloid 136, 137, 225, 229, 241, 258, 261, 296, 306

Alleeeffekt 405

Allelochemikalie 225, 226
- Biotransformation 225

Allelopathie 29, 134, 224

Allochthon 351

Allopatrie 67

Allopatrisch 66

Alpen
- Höhenstufen 335

Alphadiversität 39, 40

Alphaproteobakterium 102

Alpin 335

Alterspyramide 48

Altersstruktur 47

Altruismus
- reziproker 4, 19

Amazonien
- Regenwald 9

Ameise 251, 254, 290
- biotische Interaktionen 251

Amiktisch 344

Amin
- biogenes 306

Aminosäure 135
- nichtproteinogene 137, 262

Ammonifikation 77

Amphibol 112

Amygdalin 264

Amylase 256

Amyloplast 116

Anabolismus 114

Anemophilie 232

Angiospermen
- Bestäubung 232
- Blütenbiologie 232

Angriffsrate
- dichteabhängige 62

Anhydrobiose 161

Anpassung
- an den Klimawandel 398
- evolutionsbedingte 147
- modifikative 147
- ökologische 378, 383, 412

Ansatz
- hypothetisch-deduktiver 29
- statistischer 30

Anthere 240

Anthocyanin 271

Anthrachinon 137, 294

Anthropozän 4, 12, 365

Antibiose 51

Antifrostprotein (AFP) 164

Antioxidans 154, 176

Apamin 306

Apatit 81

Aphin 294

Apoplast 105, 154, 155, 259

Aposematismus 138, 295

A-posteriori-Wahrscheinlichkeit 30

Appressorium 215

A-priori-Wahrscheinlichkeit 30

AqAdvantage-Lachs 388

Aquaporin 110, 155

Äquatorial 325, 326

Aquifer 75

Arbeit 111

Arbuskel 210

ArchaeGLOBE Project 11

Archaeobiota 377

Archaeon 101, 102, 181

Archaeophyt 377

Archaeozoon 377

Archibenthal 345

Arginin 148

Arid 75

Arid-gemäßigt 332

Arsenat 177

Arsenit 177

Art
- Austausch zw. Alter und Neuer Welt 377
- eingewanderte 377
- gebietsfremde 377, 383
- homoiochlorophylle 160
- invasive 378, 379
- nicht einheimische 377
- nichtinvasive 378
- poikilochlorophylle 160

Artbildung 15, 22
– kontinuierliche 15
– sprunghafte 15
Arten-Areal-Kurve 40
Artenschutz 404
Artensterben 14
– und Klimawandel 374, 375
Artensummenkurve 37–39
Artenvielfalt 39, 44
– Bedrohung 373
Artenzahl 36
Artkonzept
– kladistisches 22
– phylogenetisches 22
Ascarosid-18 269
Ascension 382
Ascorbinsäure 154
Assisted evolution 276
Astaxanthin 297
Atemwurzel 170
Atmosphäre
– CO_2-Gehalt 371, 377
– und Klimawandel 370, 377
Atmungskette 113, 115, 116
Auftriebsgebiet 344
Auftriebsströmung 79
Aussterberisiko 374
Austausch
– kolumbianischer 13
Autochorie 242
Autochthon 351
Autökologie 4
Autotoxizität 225
Autotrophie 100
Auwald 170
Auxin 148
Avenacin A1 216
Avoidance 147, 149, 163, 175
Azamakrolidalkaloid 306
Azelainsäure 138, 218, 219, 321

B

Bakteriophage 62
Bakterium
– Artensterben 376
– chemoautotrophes 71
– chemolithotrophes 82
– lithotrophes 71
– phototrophes, anoxygenes 82
– wachstumsförderndes 321
Bakteroid 207
Barcode 36
Barcode of Life Data Systems (BOLD) 37
Barcoding 72
Barophil 181
Basisreproduktionszahl 56
Bates'sche Mimikry 298
Bathypelagial 345
Batrachotoxin 296, 304
Before-after control-impact (BACI) 31
Beifang 49
Belt'sches Körperchen 253
Benthal 345, 347
– Nahrungsnetze 347, 349
Benthos 347
Benzochinon 307

Benzoesäure 306
Benzoxazinoid 137, 225
Bergbaufolgelandschaft 226
Bergbaugebiet 161
Bestätigungsfehler 31
Bestäuber
– Klassifizierung nach der Pflanze 235
Bestäuber-Beute-Konflikt 246
Bestäubung 232
Bestäubungssyndrom 236
β-Carotin 154, 297
β-Caryophyllen 140, 285
Betadiversität 39, 40
β-Farnesen 136, 264, 289, 305
ß-Glucosidase 264
β-ionon 139
ß-Myrcen 227
β-Ocimen 238, 256
β-Pinen 287
Betalain 137, 235
Bevölkerung
– Entwicklung 361, 362
Bevölkerungswachstum 361, 362
– nach Kontinenten 364
Big Data 31
Big-Data-Challenge 32
Bildgebungstechnik
– molekulare 201
Biliverdin 293
Bioakkumulation 72
Biodiversität 11, 13, 22, 66, 68, 91
– Definition 36
– Inselökosystem 381
– internationale Konventionen zum Schutz 416
– und ökologische Funktionen 44
– Wechselwirkung mit Ökosystemfunktionen 92
Biofilm 17, 20, 140, 163, 165, 190, 215, 216
– auf Zähnen 200
– Eigenschaften 190
– Genese 191
– im aquatischen Lebensraum 194
– im Boden 192
– im Ozean 194
– im Süßwasser 198
– im terrestrischen Lebensraum 192
– ökologische Diversität 191
– phototropher 193
– Reaktion auf Botenstoffe 192
– Termitendarm 204
– in Tieren 198
Biofouling 197
Biokruste 167
Biolumineszenz 298
– Funktionen 301
– primäre 299
– sekundäre 300
Biom 324
Biomagnifikation 72
Biomasse
– globale 318
Biomembran 103
Biosphäre
– tiefe subozeanische 197
Biotic resistance 382
Biotop 14
Biotopschutz 406
Biozönose 13, 14, 68

Blasenhaar 168
Blatt
- Farbe 261
- Farbmuster 261
- Form 261
Blattabbau 352
Blattflächenindex 77
Blattschneiderameise 198, 216, 252, 255, 284, 291
Blausäure 138, 306
Blei 177
Blumenol 210
Blüte 232
- Eigenschaften 232
- elektrisches Feld 235
- Farbe 234, 235
- Morphologie 234
- Mutualismus mit Tieren 232
- Nährsubstanzen 240
- olfaktorische Signale 238
Blütenmal 235
Blütenöl 242
Blütenpflanze
- Evolution 130
Blütenstetigkeit 234
Blütentemperatur 234
Boden 192, 316
- Feldkapazität 316
- Horizont 316
- Körnung 316
- Lagerungsdichte 316
- Porengröße 316
- Porenvolumen 316
- saurer 172
Bodenbildung 317
Bodenfauna 319
Bodenmüdigkeit 225
Bodenprofil 316
Bodenstruktur 316
Bodenzone 345
Bombykal 285
Bombykol 284
Bor 172
Boreal 325, 333
Borkenkäfer 216, 286
Bornylacetat 287
Bottom-up 32
Bottom-up-Kontrolle 84
Brassinosteroid 148, 157
Brennstoff
- fossiler 18, 77, 372, 396
Bruttoprimärproduktion (BPP) 77
Bufadienolid 305
Bündelscheidenzelle 125
2,3-Butandiol 140
Butansäure 140
2-Buten-1-thiol 307
Buttersäure 252

C

Cadiumentgiftung 177
Cadmium 177
Calcium 172
Callose 216, 218, 259
Calmodulin 150
Calvin-Zyklus 120, 122, 151
Camalexin 218
CAM-Cycling-Pflanze 127
CAM-Idling 168
CAM-Idling-Pflanze 126
CAM-Pflanze 126
Campher 287
Canavanin 137, 262
Cannula 182
Cantharidin 305
Cantharophilie 236
Canticidin D 256
Capsaicin 243
Carbon dioxide removal (CDR) 397
Carboxysom 120
Cardenolid 263, 266, 298, 303
Carotinoid 118, 148, 235, 240, 271, 292, 294
Carrying capacity 46
Catalipyron I 303
Catechin 226
Catechol 216
c-di-GMP 191
Cellular automata 32
Cellulase 256
Cellulasen 229
Cellulose 257
Cephalodium 212
C_3-Pflanze 122, 123
C_4-Pflanze 124, 126
Chamaephyt 67
Chaos 47
Chaperon 150, 155, 164, 176
Character displacement 66
Character displacement 66
Character release 66, 67
Chemische Ökologie 29
Chemoautotroph 71
Chemodiversität 129
Chemo(litho)autotrophie 100
Chemolithotroph 82
Chemo(organo)heterotrophie 100
Chemorezeption 258
Chemotaxonomie 131
Chinolizidinalkaloid 229
Chinon 216, 298, 306
Chiropterophilie 236
Chitin 105, 182, 294, 300
Chitinase 267
Chlor 172
Chloroplast 102, 107, 117, 135, 266, 277
Chlorose 171
Chromatophore 292, 295
Chromoplast 116
Chytridiomycet 56
1,8-Cineol 225
Circumnutation 227
CO_2
- anthropogene Quellen 395, 396
- Nettoausstoß in Landwirtschaft 11
Coarse particulate organic matter (CPOM) 74, 346
CO_2-Emission
- Reduktion 397, 399
CO2-Konzentrierungsmechanismus 120
CO_2-Konzentrierungsstrategie 128
CO_2-Sequestrierung 397
Cobalt 172
Coelenterazin 299

Coevolution 129, 232, 259, 274
Coffein 241
Colchicin 261
Computermodell 31
Conference of the Parties (COP) 396
Confirmation bias 31
Connectance 73
Conophthorin 269
Conotoxin 307
Convention on International Trade in Endangered Species of Wild Fauna and Flora (CITES) 405
Corema 286
Coronatin 218
COX1 36
C_4-Photosynthese 125, 157
Cradle-to-Cradle-Prinzip 402
Crassulaceen-Säuremetabolismus (CAM) 126, 127, 157, 169
CRISPR/Cas 388
Cryptochrom 152
Cumarin 173, 225
Cuticula 194, 235, 258, 261
Cyanobakterium 101, 116
Cyanogenese 138
Cystein 176
Cytochrom-c-Oxidase 264
Cytochrom-Oxidase 36
Cytokinin 148, 215, 271
Cytoplasma 103
Cytoskelett 106

D

Damage associated molecular pattern (DAMP) 267
Danaidon 285
Dark matter fungi (DMF) 37, 352
Darm
– Mikrobiom 198
Darwinfink 41, 66
Darwin'sches Paradoxon 274
Deep ecology 5
De-Extinktion 411
Defensin 137, 218
Dehydrobietinal 219
Demissin 262
Demografie 47
Demut 11
Denitrifikation 78
Der stumme Frühling 386
Desulfurikation 82
Detritus 345
Detritusnahrungskette 74
– terrestrische 322
Dhurrin 138
Diacetin 242
Dialkylpyrazin 291
Diapause 161
Dichlordiphenyltrichlorethan (DDT) 386
Dichte 340
Dichteanomalie 341
Dichtemaximum 342
Dictyosom 108
Dielektrizitätskonstante 341
Dienstleistung 4, 5, 8, 44, 87
– ökologische 87
Diethylessigsäure 140
Diguanosinmonophosphat
– zyklisches (c-di-GMP) 191

Dihydroxypropansulfonat (DHPS) 84
Dimethyldisulfid (DMS) 140, 157
Dimethylsulfid (DMS) 83, 140
Dimethylsulfoniumpropionat (DMSP) 83, 157, 194
Dimethylsulfoniumpropionsäure (DMSP) 275
Dimethylsulfoxid (DMSO) 84, 276
Dimethylsulfoxoniumpropionat (DMSOP) 84
Dimiktisch 344
Dinosaurier 67
Dipol-Dipol-Wechselwirkung 109
Dissolved organic matter (DOM) 74, 195, 346, 352
Distickstoff 204
Disturbance 62
Distickstoffassimilation 204
Diterpen 148
Diversität
– biochemische 284
– Entwicklung 23
– funktionale 69
Diversitäts-Stabilitäts-Hypothese 45, 91
DNA-Barcoding 36
Domatium 252, 253
Dorn 259
Dreifelderwirtschaft 12
Dysstress 147

E

Ecdyson 262
Ecological fitting 69, 378, 383, 412
Edaphologie 316
Edaphon 316, 319
eDNA 37
Effect functional trait 69
Effektgröße 30
Eigenschaft
– emergente 70
Einwanderung 61
Einwohner
– indigener 7
Eisen 172, 173
Ektendomykorrhiza 210
Ektomykorrhiza 162, 208
Elaiophor 242
Elaioplast 107
Elaiosom 243
Element
– essenzielles 171
Elementom 91
Elicitor 217, 267
Elton'sche Pyramide 72
Embryophyt 103
Emigration 45
Endergon 111
Endocytose 108
Endomykorrhiza 209
– in Ericaceen 210
– in Orchideen 210
Endophyt 56
Endoplasmatisches Reticulum 108, 266
Endosymbiontentheorie 102
Endosymbiose 102, 181
Energie
– fossile 361
– freie 111
– nukleare 397

Energiefluss 71, 72
Energiequelle
– alternative 396, 397
– fossile *vs.* alternative 396
Energiesklave 365
Energieumsatz 111
Energiewende 397
Enthalpie
– freie 111
Entwicklungszone 408
Environmental DNA 37
Enzym
– antioxidatives 155
Epeirologie 340
Epidemiologie 52
Epigenetik 16, 147
Epilimnion 343
Epipelagial 345
Epiphyt 254
Epizoochorie 242
Ergosterol 216
Ernährung
– vegane 401
Error-probability statistics 31
Ertrag
– maximaler, nachhaltiger 49
Erythrophore 292
Ethylen 139, 148, 171, 173, 259, 271
Eukaryot 101
Euryhalin 110
Eusozialität 19, 251, 255
Eustress 147
Eutrophierung 80, 81
Evapotranspiration 75
Evenness 42
Evenness-Index 43, 44
Evolution 16
– des pflanzlichen Stoffwechsels 103
Evolutionstheorie 15, 28
Exergon 111
Exklusionsprinzip
– von Gause 61
Exklusionsprinzip von Gause 53
exo-Brevicomin 239, 287
Exocytose 108
Extinktion 40
Extrazelluläre polymere Substanz (EPS) 190

F

Facilitation 50
Familienselektion 19
Farbgebung
– innerartliche Bedeutung 291
Färbung
– aposematische 295
Farbwechsel 292
Fehlschluss
– naturalistischer 5
Feinwurzelendophyt 210
Fertilitätskurve 48
Fertilitätsrate 363
Fettsäurederivat 238
Fettwiese 11, 66
Feuer 178, 269, 406
Filtrierer 351

Fine particulate organic matter (FPOM) 74, 346, 352, 354
Fisch
– Leuchtorgan 301
Fitness 17
– Darwin'sche 16
Flaggschiffart 404
Flavinadenindinucleotid (FAD) 112
Flavonoid 137, 206, 225, 235, 240, 273, 293
FlavSavr-Tomate 388
Flechte 210
Fleischproduktion 401
Fließgewässer 74, 350
– Gruppierung der Organismen 351
– Güteklassen 88
– Ordnungsklassifizierung 350
– Zonierung 355
Fließgleichgewicht 112
Fluss
– Wärmehaushalt 343
Folgegesellschaft 332
Food security 11
Forisom 216
Forschung
– ökologische 31
Forstwirtschaft 11, 29
Fortress conservation 402
Fortschritt
– technischer 363
Fraßschutz 137
Fraxetin 173
Freiwasserzone 345
Fretwell-Oksanen-Hypothese 86
Frontalin 287
Frost 163
Frosttoleranz 163
Frostwechselklima 163
Frucht 242
– Mutualismus mit Tieren 232
Fruchtbarer Halbmond 11
Fruchtwechsel 12
Fructan 108, 156
Fructose 241
Frugivore 242
Frugivorie 294
Frühjahrszirkulation 344
Functional trait 68
Fußabdruck
– ökologischer 365

G

Gaia-Hypothese 70, 87
Galapagosinsel 66
Galle 271
γ-Aminobuttersäure 157, 161
Gammadiversität 39, 40
Gärung 113
Gause'sches Exklusionsprinzip 53, 61
Gefangenendilemma 19
– wiederholtes 20
Gefrierschutz 162
Gefrierstress 154
Gemeinschaft 11
Genduplikation 129, 265
Generalist 259
Generation
– siebte 11

Genfluss 16
Genomics 118, 131
Gentechnik 387, 389
– ökologische Konsequenzen 390
Gentechnisch
– Modifikationen 388
Gentransfer
– horizontaler 102, 191
Genverwandtschaft 19
Geobotanik 13
Gesamtphosphat 81
Gesamtprimärproduktion (GPP) 376
Gesetz des Minimums 12
Gezeiten 166, 170
Gezeitenzone 349
Gibberellin 148
Gibbs-Energie 111
Gift
– biogenes 302
Gilde 65
Gleichgewicht
– der Natur 6
– ökologisches 5, 7
Gleichung
– logistische 46
Gleitfalle 248
Gluconeogenese 113
Glucose 241
Glucosinolat 138, 216, 263
Glutaminsäure 176
Glutamin-Synthetase/Glutamin-Oxoglutarat-Aminotransferase-System 277
Glutathion 154, 176
Glycerol 155, 156, 163, 164
Glyceronitril 179
Glycinbetain 157
Glykolyse 113
Glykoprotein
– arabinosehaltiges 160
Glykosid
– cyanogenes 138, 216, 264, 303
Glyoxysom 108
Glyphosat 386, 389
Golgi-Apparat 108
Gongylidia 256
Gradualismus 15
Great Pacific Garbage Patch 367
Green leaf volatiles 140, 269
Großlebensraum 324
Grundprinzip
– biozönotisches 68
Grundstoffwechsel
– Zwischenprodukte 134
Grüne-Welt-Hypothese 85
GS/GOGAT-System 277
Guajacol 179
Guaninkristall 301
Güteklasse
– Fließgewässer 88
GVO 388
Gymnospermen
– Bestäubung 232

H

Habitat 64
Hadal 181
Halbparasit 227
Halbwüste 329, 332
Half-Earth-Proposal 401
Halophyt 167
Hämocyt 300
Hämolymphe 263, 285
Hartig-Netz 208
Hartlaubgehölzvegetation 329
Harz 270
Harzgang 261
Harzkanal 263, 267
Hauptsatz der Thermodynamik 110, 111
Haustorium 229
Heliotropismus 234
Helophyt 170
Hemikryptophyt 67
Hemiparasit 227
Henry'sches Gesetz 342
Herbivore 322
Herbivore associated molecular pattern (HAMP) 268
Herbivorennahrungskette 74
Herbivorie 251, 258
Herbstzirkulation 344
Herzglykosid 266
Heterocyste 204, 205, 212
Heterotrophie 100
Hibernation 162
Hitze 154
Hitzeschockprotein 150
Hochdurchsatzmethode 131
Hochgebirge 335
Holistisch 11
Holobiont 20, 321
Holobiontkonzept 199
Holomiktisch 344
Holoparasit 227
Holozön 69
Homogenozän 12
Homoiochlorophyll 160
Homoiohydrisch 110
Honigtau 252, 259
Horizont 316
– mineralischer 317
– organischer 317
Human appropriated net primary productivity (HANPP) 400
Humanökologie 29
Humid 75
Hutchinsons Nischenmodell 65
Hydathode 215
Hydrathülle 109
Hydrochinon 307
Hydrophilie 232
Hydrophyt 121, 169
Hydrothermalquelle 181, 204
Hydroxydanaidal 285
Hydroxylradikal 153
Hydroxyperoxymethylthioformiat (HPMTF) 83
Hydroxyprolin 160
Hygrophyt 169
Hyperraum
– *n*-dimensionaler 64
Hypervolumenmodell 68
Hyphomycet
– aquatischer 175, 177, 194, 351, 376
Hyporheos 350
Hypothese 30
Hypothese der mittleren Störungsintensität 63

Stichwortverzeichnis

I

Ice binding protein 164
Ice nucleating protein 165
Idiosynchrasie 92
Idiosynchrasiemodell 92
Immigration 40, 45
Indikatorpflanze 174
Individual-based modelling 32
Indol 268
Indol-3-essigsäure 148, 256, 271
Infrarotsensor 179
Ingoldian fungi 175
Inkompatibilität 215
Insekt
– eusoziales 290
– Färbung 292
– herbivores 194, 216
– parasitoides 271
Inselberg 336
Inselbiogeografie 40
Inselgemeinschaft 92
Inselökosystem
– Biodiversität 381
– Invasion 381
Interaktion
– kooperative 18
– zwischenartliche 50
Intermediärfilament 106
Intermediate disturbance hypothesis 63
Internodium 253
Interstitial
– hyporheisches 350
Interzeption 75
Invasion 69
Ionenausschluss 167
Ionenbeziehung 155
Ionenhomöostase 155
Ionenkanal 218
Ionenpumpe 101
IPAT-Gleichung 365
Iridophore 292
Iridosom 292
Irreducible complexity 16
Isopentenylacetat 289
Isopren 139
Isothiocyanat 263, 264
Isotopenanalyse 72
ITS-Sequenz 36

J

Janzen-Connell-Hypothese 62, 63, 242
Jasmonsäure 138, 148, 218, 219, 250, 266, 267, 271
Juglon 225

K

Kabeljau 49
Kalibergbau 166
Kalium 172
Kalkmagerrasen 409
Kältestarre 162
Kältesteppe 333
Kannenpflanze 248
Kapazität 46
Karrikin 148, 179

Kaskade
– ökologische 50
– trophische 84
Katabolismus 114
Katalase 154, 307
Katastrophismus 14
Kauliflorie 236
Kennwert 30
Keratin 294
Kernzone 408
Key species 62
Keystone species 62
Kill-the-Winner-Hypothese 62
Kin selection 19
Klappfalle 250
Klebefalle 246
Kleptoplast 277
Kleptoplastie 276
Klima 11, 324, 370
– arides 75
– humides 75
Klimadiagramm 324
Klimarekonstruktion 372
Klimawandel 77, 234, 370
– und Artensterben 374, 375
– und Atmosphäre 370
Klimaxgesellschaft 332
Klimaxvegetation 408
Klimazone
– boreale 333
Knöllchenbakterium 162
Kohlenstoffkreislauf 77, 78
Kommensale 199
Kommensalismus 50, 248
Kompartimentierung 103, 106
Kompatibilität 215
Kompensationsebene 345
Komplementärhypothese 92
Komplementärmodell 92
Komplexität
– nicht reduzierbare 16
Konkurrenz 51, 52
Konkurrenzausschlussprinzip 53
Konkurrenzgleichung 52
Konservationsbiologie 23
Konservierungsbiologie 410
Kontinental 325
Kontinentalklima 332
Konvention
– internationale 416
Kooperation 6, 18, 20
– coevolutionäre 21
– Problem 18
Kopplung
– energetische 111
Koprophagie 245
Korallenbleiche 349
Korallenmikrobiom 275
Korallenpolyp 274, 275
Korallenriff 170, 274, 277, 349
Koralloidwurzel 205
Krankheit
– emergente 379
Kranzanatomie 124
Kreislaufwirtschaft 402
Krenal 355
Kreuzresistenz 217

Kristall
- photonischer 294
Kruste
- biologische 212
Krustenflechte 210
Krypsis 297
Krypte 300
Kryptophyt 67
K-Stratege 46
Kultivierungssymbiose 254
Kulturmais 384
Kulturpflanze 384, 385
Kunstdünger 361
Kupfer 172
Kupferschieferbergbau 175

L

Landbau
- organischer 387
Landpflanze
- Evolution 131
Landschaftsplanung 29
Landwirtschaft 11, 29, 66
- Anfänge 11
- intensive 12
- ökologische 387
- Überdüngung 66
Latex 266
Laticifer 261, 263, 266
Laubflechte 211
Laubwald
- tropischer 328
Leaf area index 77
Lebensraum
- Bedrohung 373
- saliner 165
Lebensraumschutz 406
Lebensstrategie 46
Leguminose 205
Lenticelle 215
Leuchtorgan 299
Leucophore 292
Leukoplast 107
Licht 151, 154
- als Stressor 152
Lichtintensität 152, 269
Lichtkompensationspunkt 117
Lichtreaktion 119
Lichtsammelkomplex 118
Lidar 37
Light-responsive element 194
Lignin 133, 137, 159, 229, 269
Lignocellulase 256
Limnologie 340
Limonen 140
Linalool 139
Linamarin 138
Linearwirtschaft 402
Lipidhomöostase 107
Lipidtransferprotein 218
Lithotroph 71
Litoral 345
Lizenzierung
- moralische 400
Log-Normalverteilung 37
Lorbeerwald 331

Lotka-Volterra-Gleichung 55, 61
Lotka-Volterra-Konkurrenzgleichung 52
Lotka-Volterra-Modell 51, 54
Luchs 54, 55
Luciferase 298
Luciferin 298
Luft
- Eigenschaften 341
Luftstickstoffassimilation 204
Luftstickstoffbindung 171, 193
Luftverschmutzung 368
Lycopsamin 285
Lysin 148
Lysosom 108
Lythrum salicaria 380

M

Magerwiese 66
Magnesium 172
Mähwiese 11
Makrokosmos 14
Makrolidantibiotikum 256
Makronährelement 171
Malthusianische Falle 362
Malthusianische Katastrophe 362
Mandelonitril 306
Mangan 172, 177
Mangrove 168, 347
- Produktivität 348
Mangrovenwald 75, 165
- Zerstörung 348
Mannitol 156
Marine protected area (MPA) 61
Marsch 349
Massenaussterben 23, 24, 373
Materialintensität pro Serviceeinheit (MIPS) 395
Matschballerde 371
Maximum sustainable yield 49
Mechanorezeption 258
Mediterran 325, 329
Meer 75
- Lebensräume 345
Meeresbenthal
- Nahrungsnetz 347
Megafauna
- charismatische 414
Melanin 137, 293, 294
Melanophore 292
Melittophilie 236
Membranfluss 108
Membranlipid 148
Membranprotein 105
Membranrezeptor 149
Mensch
- Frühgeschichte 361
Mental rebound 400
Merkmal
- funktionales 68
Meromiktisch 344
Mesophyllzelle 124
Mesosaprob 88
Metabarcoding 37
Metabolic grids 130
Metabolit
- flüchtiger spezialisierter (VOC) 135, 138
- spezialisierter 129, 134, 135, 224, 241

Metabolomics 118, 131
Metabolon 112
Metalimnion 343
Metall 171
Metallhyperakkumulator 177
Metalloenzym 154
Metallophyt 174
Metallothionein 176
Metalltoleranz 177
Metallungleichgewicht 154
Metaorganismus 20
Metapopulation 53, 61
Methan 77, 258
Methanogenese 101, 171
Methionin 148
Methode
– hypothetisch-deduktive 30
Methyl-4-pyrrol-2-carboxylat 291
Methylamin 157, 164
3-Methylbutansäure 140
Methylerythritolphosphatweg 136
Methyljasmonat 140, 268
5-Methylsalicylat 254
Methylsalicylat 218
Mevalonat 284
Mevalonatweg 136
Microbial loop 74, 346
Microbody 108
Mikrobiom 257
– assoziiertes (Flechte) 212
– des Darms 198
– des Menschen 199
– gastrointestinales 200
Mikrokosmos 14
Mikronährelement 171, 174
Mikroorganismus
– Artensterben 375
– biotropher 215
– hemibiotropher 215
– nekrotropher 215
Mikro-RNA 148, 229
Mikrotubulus 106
Millenium Seed Bank Project 405
Mimese 297
Mimikry 243, 261, 266, 298
– Bates'sche 298
Mineraldünger 12
Mineralstoffungleichgewicht 154
Mitochondrium 107, 135
Moderhumus 317
Modifikation
– gentechnische 388
Molybdän 172
Monomiktisch 344
Monopolisierungshypothese 68
Monoterpen 148, 263, 271, 286
Moor 170, 204
Moos 204, 214
Morphoart 22
Mount St. Helens 42
Muginsäure 173
Mullhumus 317
Multidrug-Effluxpumpe 190
Multiomics 36
Mutation 129
Mutterbaum 70

Mutualismus 51, 55, 102
Myc-Faktor 209
Myiophilie 236
Mykobiont 210, 211
Mykoflux 352
Mykoheterotrophie 210
Mykoloop 345, 347, 352
Mykorrhiza 55, 70, 81, 131, 155, 170, 174, 178, 208, 322
– arbuskuläre 162, 209
– Artensterben 376
– ektotrophe 208
– endotrophe 209
Myrcen 136, 287
Myrmecochorie 243, 251, 254
Myrmecotrophie 254
Myrosinase 138, 263

N

N-Acylglutamin 268
N-Acylhomoserinlacton (AHL) 195
Na^+-K^+-ATPase 263, 266
Nachhaltigkeit 365, 394
– Drei-Säulen-Modell 394
– starke *vs.* schwache 395
N-Acylhomoserinlacton (AHL) 191
Nadelwald
– borealer 333
Nährstoffspirale 353
Nahrungskette 5, 65, 71, 72, 74
Nahrungsmittelsicherheit 11
Nahrungsnetz 65
– im Meeresbenthal 347
– im Pelagial 345
– im Süßwasserbenthal 349
– Komplexität 73
– Modell 73
Nahrungsproduktion 385
Nahrungspyramide 72
Nanopartikel 367
– Abbau 367
Nanopilus 297
Naphthochinon 294
Nastie 234
Natrium 172
Naturschutz 29, 394, 403
– moderner 414
Naturschutzgebiet 408, 412
Negative emission technology (NET) 397
Nekrose 171
Nektar 154, 159, 233, 234, 236, 240, 242
Nektarium 240, 253, 268
– extraflorales 242
Nekton 340
Nematocyste 307
Nematode
– endoparasitischer 273
Nemoral 325, 331
Neobiota 69, 377
Neonicotinoid 386
Neophyt 377
Neozoon 377
Nerolidol 268
Nettoökosystemproduktion (NEP) 376
Nettoprimärproduktion (NPP) 71, 77

Nettoreproduktionswert 48
Netz
– metabolisches 130
Netzwerk 69, 70
Neurorezeptor 261
Neutraltheorie 68
N-Homoserinlacton (HSL) 191
N-Hydroxypipecolinsäure 148, 219
Nickel 172, 177
Nicotinamidadenindinucleotid (NAD) 112
Nietenhypothese 92
Nische 13, 53, 64
– als Planstelle 65
– fundamentale 65, 68
– ökologische 64
– realisierte 65, 68
Nischenbreite 65
Nischendifferenzierung 65
Nischenkonservativismus
– phylogenetischer 67
Nischenmodell
– von Hutchinson 65
Nischenüberlappung 65, 66
Nitratreduktion 151
Nitrifikation 77, 258
Nitril 263
Nitrilase 306
Nitrogenase 207
Nitrosomonas 21
Nodulationsfaktor 206
Nodulationsgen 206
Novel ecosystem 413
Nucleoid 106
Nullhypothese 30

O

Oenocyte 284, 290
Ökologie 28
– industrielle 402
– theoretische 14
Ökologische Biochemie 29
Ökologische Chemie 29
Ökonomie
– blaue 403
Ökosystem 14, 376
– aquatisch *vs.* terrestrisch 340
– Definition 69
– Funktionen 69
– neuartiges 413
– reifes 14
– städtisches 368
– Struktur 69
Ökosystemdienstleistung 8, 44, 87
– Kategorien 87
– Stabilität 44
Ökosystemfunktion
– Stabilität 44
– Wechselwirkungen mit der Biodiversität 92
Ökosystemgesundheit 87
Ökosystemingenieur 84
Ökosystemintegrität 87
Ökosystemmodell 31, 32
– Limitierung 32
Ökoton 350
Oligomiktisch 344

Oligosaprob 88
Omics-Technologie 29, 131, 201, 386
Ommochrom 294
Omnivore 72
Opsin 152, 291
Optimal defense theory 261
Organell 106
– Evolution 102
Organismus
– euryhaliner 110
– gentechnisch veränderter 388
– homoiohydrischer 110
– poikilohydrischer 110
– stenohaliner 110
– transgener 388
Organotroph 71
Ornithin 148
Ornithophilie 236
Orobiom 333
– alpines 335
Osmolyt 150, 155, 161, 169, 212
Osmoregulation 169
Osmose 109
Osmosensor 157
Osmotin 267
Oxalsäure 258, 301
Oxidase
– alternative 115
Oxidation
– biologische 113
9-Oxo-2-decensäure 290
Oxylipin 138, 140, 148
Ozeanologie 340
Ozon 154, 269

P

PAMP-triggered immunity (PTI) 217
Pangäa 12
Pansen 199
Papiliochrom 294
Paradigma 31
Paradigmenwechsel 30
Paradox of the plankton 61
Parasit 54, 73
Parasitismus 51, 56, 227
Parasitoid 54
Paris-Agreement 396
Parsimonie 17
Partikel
– virusähnlicher (PLP) 346
Patchdynamikmodell 63
Pathogen 73
Pathogen-associoated molecular pattern (PAMP) 217
Pathogenesis-related protein 218
Pathogenitätsfaktor 215
Pattern recognition receptor (PRR) 217
Pedobiom 335
Pedologie 316
Pektinase 229, 256
Pelagial 345
– Nahrungsnetze 345
Pentosephosphatzyklus
– oxidativer 123
– reduktiver 122
Peptid 137, 148, 258

Peptidase 267
Periphyton 349
Peristom 248
Permafrost 333
Peroxidase 154, 307
Peroxisom 108
Persister 190
Pestizid 386
Pflanze
- Abwehr 215
- allelopathische Wechselwirkungen 224
- allelopathisches Potenzial 224
- aridoaktive 157, 158
- aridopassive 157, 158
- aridotolerante 159, 160
- Artensterben 376
- biochemische Abwehr 217
- C_3/CAM-intermediäre 127
- carnivore 244, 252
- chemicarnivore 245
- feuerangepasste 178
- gentechnisch veränderte 385
- halophile 167
- induzierte Abwehr 217
- insectivore 170
- invasive 226, 380
- Klassifizierung nach dem Bestäuber 235
- konstitutive Abwehr 216
- metallhyperakkumulierende 177, 178
- myrmecophile 253
- parasitische 227
- poikilohydrische 329
- protocarnivore 245
Pflanzenbiomasse
- in terrestrischen Biomen 319
Pflanzengeografie 13
Pflanzenschutzmittel 386
Pflanzenzelle 104
Pflegezone 408
Phagosom 108
Phalänophilie 236
Phanerophyt 67
Phänotypisierung 118
Phenol 137, 216, 225, 238, 239, 241, 242, 263, 286
Phenomics 386
Phenylacetonitril 288
Phenylalanin-Ammonium-Lyase 137, 151
Phenylpropanoid 148
Pheromon 140, 251, 259, 262, 269, 284
- chemische Diversität 284
Phoresie 61
Phosphat
- gelöstes, reaktives 81
Phosphatidylcholin 268
Phosphatidylinositol 148, 150
Phosphoinositid 148, 150
Phospholipase A_2 307
Phospholipid
- amphiphiles 103
Phosphor 172
- Umwandlung im Ökosystem 81
Phosphorkreislauf 80
Phosphorylierung
- oxidative 111
Photoautotroph 71

Photoautotrophie 100
Photobiont 210, 212, 275
Photoheterotrophie 100
Photoinhibition 117
Photomorphogenese 151
Photophor 299, 301
Photophosphorylierung 112
Photorespiration 107, 123, 124
Photorezeptor 152
Photosynthese 116, 118, 161
- Optimierung 385
Photosyntheseleistung 117
Photosystem 118
- PSI 120
- PSII 119
Phototropin 152
Phototropismus 117
Phycobilisom 102
Phycocyan 118
Phycoerythrin 118
Phycosphäre 194
Phyllosphäre 193, 321
Phytoalexin 218
Phytoanticipin 216, 248
Phytobiom 193
Phytochelatin 176
Phytochrom 151
Phytohormon 148, 151, 194, 219
Phytolith 260
Phytomelatonin 148, 218, 219
Phytomikrobiom 321
Phytopathogen 177, 215
Phytoplankton 138
- Artensterben 375
Phytosanierung 177
Phytotoxin 218
Piezophil 181
Pilz
- aquatischer 175
- Artensterben 376
- endophytischer 129
Pilzschleife 347
Pinitol 156
Pioniergehölz 332
Pioniergesellschaft 332
Plankton 194, 340, 345
Plant growth promoting bacterium (PGPB) 173, 204, 225, 321
Plant growth promoting rhizobacterium (PGPR) 140, 193
Plasmalemma 105
Plasmamembran 105, 149, 176, 267
Plasmodesmos 105, 161, 216
Plastik 366
- Lebenszyklus 367
Plastisphäre 197
Plastochinon 119
Plastom 107
Plumbagin 248
Pneumatophor 170
Poikilochlorophyll 160
Poikilohydrisch 110, 210, 329
Polar 325, 333
Pollen 233, 240
Pollination 234
Pollinator prey conflict 246
Polyamin 148, 173, 176, 238

Polyketid 137, 295, 302
Polymiktisch 344
Polyol 164, 212
Polysaprob 88
Population
– Wachstumskurve 45
Populationsdynamik 61
– Gleichgewicht *vs.* Ungleichgewicht 64
– offenes *vs.* geschlossenes System 64
Populationsmodell
– diskretes 47
Populationsökologie 4
– angewandte 49
Populationswachstum
– dichteabhängiges, logistisches 46
– dichteunabhängiges, exponentielles 45
Potamal 355
Power 30
Prädation 51
Prädatorenabwehr 137
Prähaustorium 229
Primärkonsument 72
Primärwald 332
Primer-Pheromon 284, 290
Prioritätseffekt 68
Produktion
– autochthone 351
Profundal 345
Prokaryot 105
Prolin 156, 241
Proteaseinhibitor 261
Protein 137
– eisbindendes 164
– eiskeimbindendes 165
– fluoreszierendes 299
Proteinkinase 150
Proteintoxin 305, 306
Proteoidwurzel 172
Proteomics 118, 131
Protonengradient 115
Protopedion 214
Proximat 17
Prudent predator 14
Psittacofulvin 295
Psychophilie 236
Pterin 292, 293
Ptychocyste 307
Punctuated equilibrium 15
Punktualismus 15
Purin 148
Push-Pull-Strategie 270
Putzsymbiose 51
Pygidialdrüse 307
Pyknokline 344
Pyocin 22
Pyramide
– Elton'sche 72
– ökologische 72, 84
Pyrenoid 120
Pyron 303
Pyrophyt 178
Pyrrolizidinalkaloid 225, 241, 261, 262, 284, 285, 303

Q

Quercetin 273
Quorum Sensing 191, 215, 300

R

Radiation 259
– adaptive 67
Radulazahn 307
Raffinose 155, 156
Rarefaktion 38
Rarefaktionskurve 38, 39
Räuber-Beute-Beziehung 54, 55
rbcL (Gen) 36
Reaktionszentrum 118
Reaktive Sauerstoffspezies (ROS) 107, 119, 150, 153, 164, 169, 176, 218, 219, 267
Rebound-Effekt 400
Redoxreaktion 101
Reduktion
– metabolische 162
Redundanzmodell 92
Regenwald
– Amazonien 9
– tropischer 326
Rekultivierung 161, 407
Releaser-Pheromon 284, 290
Renaturierung 215, 406
Renaturierungsökologie 409
Replication crisis 30
Reproduktionswert 48
Resistenz
– induzierte 269
– systemische 138
Response functional trait 69
Restaurationsökologie 406, 409
Resurrection plant 110, 159
Retinal 152, 291
Reusenfalle 248
Revolution
– grüne 389
– landwirtschaftliche 361
– neolithische 361
Rewilding 407, 410
Rezeptorkinase 149
RGT-Regel 117
Rheophyt 170
Rhithral 355
Rhizobium 205
Rhizoplane 320
Rhizosphäre 139, 193, 268, 320
Rhizosphäreneffekt 320
Rhodoplast 102
Rhodopsin 291
Ribulose-1,5-bisphosphat-Carboxylase/Oxygenase (Rubisco) 120, 123, 157, 219
Rinderpest 85
River-Continuum-Konzept 353, 354
RNAi 389
Rohhumus 317
Rote Liste 404

r-Stratege 46
Rubisco 120
Rückausrottung 411
Rückkopplung
– verzögerte 47

S

Saccharose 108, 161, 163, 241
– acylierte 265
Sakuranetin 218
Salicylsäure 148, 218, 219, 239, 268, 271
Salinität 154
Salzdrüse 168
Salzeliminierung 168
Salzkompartimentierung 168
Salzmarsch 75, 165, 349
Salzstress 168
Salzsukkulenz 169
Salztoleranz 166, 167
Same 242
– Mutualismus mit Tieren 232
Samenbank 405
Sammler 351
Saponin 136
Saprobiensystem 88
Saugfalle 251
Savanne 158, 166, 198, 251, 257, 328
Schaber 351
Schadensverminderung 397
Schädlingsbefall 386
Schädlingsbekämpfung 387, 388
Schädlingskontrolle 384
Schatten 151
Schattenpflanze 117
Schichtung
– thermische 341
Schleife
– mikrobielle 74, 345, 346
Schlüsselart 62, 84, 92, 404
Schlüsselartenmodell 92
Schmetterlingseffekt 47
Schnee
– mariner 194, 197
Schneeschuhhase 54, 55
Schutzgebiet
– Management 406
Schwarzer Raucher 181, 182
Schwefel 172
Schwefelkreislauf 81, 82
Schwellenwertüberschreitung 91
Scintillion 299
Second Messenger 150
See 75
– Lebensräume 345
– Wärmehaushalt 343
Seegras 195, 205
Seeklima 332, 341
Sekundärkonsument 72
Sekundärwald 332
Selektion 16
– Stufe 17
Selektivität
– nichtkonstruktive 24
Selen 172

Senecionin 262
Senfölglykosid 263
Sensille 285
Sexualpheromon 239, 284
Shannon-Äquitabilität 43
Shannon-Index 43, 44
Shannon-Weaver-Index 43
Shannon-Wiener-Index 43
Shearinin D 256
Shunt
– benthischer 352
– viraler 345, 346
Sideretin 173
Siderophor 194
Signal
– retrogrades 117
Signalempfang 149
Signalerkennung 149
Signaling
– anterogrades 107
– retrogrades 107
Signaltransduktion 150
Signifikanzniveau 30
Signifikanztest 30
Silent Spring 386
Silicium 172
Siliciumdioxid 260
Simpson-Index 42, 44
Singulettsauerstoff 153
SIR-Modell 56
Sklerophyllie 259
Slash and burn 9
Slash and char 9
Soil organic matter (SOM) 323
Solar-Geoengineering 398
Somatolyse 297
Sommerstagnation 344
Soredium 211
Sorgoleon 225
Sozialdarwinismus 18
Spatha 239
Species-area relationship 40
Spezialist 259
Spiralenkonzept 353
Sprungschicht 343
Spurenelement 171
Spurpheromon 256
Stabilität
– Grundtypen 91
– ökologische 91
Stachel 259
Stadtflora 369
Stammsukkulenz 158
Stärke 163
Stelzwurzel 170
Stenohalin 110
Steppe 332
– aride 166
Steroid 148
Steroidalkaloid 296
Sterol 240
Stickoxid 153
Stickstoff 172
– Umwandlung im Ökosystem 78
Stickstoffkreislauf 77, 79

Stickstoffoxidradikal 153
Stochastizität 47
Stöchiometrie
– ökologische 90
Stoffkreislauf 74
Stoffwechselweg
– amphiboler 112, 114
Störung 54, 62, 91
– stochastische 68
Störungsintensität 63
Strahlung
– photosynthetisch aktive 117
Strahlungsklima
– im Wasser 343
Stress
– abiotischer 146
– biotischer 153, 154
Stressantwort
– biochemische 150
Stressbewältigung 146
Stresskonzept
– biologisches 147
Stresswirkung
– Phasen 147
Strigolacton 148, 179, 209, 227
Stroma 107
Struggle for existence 18
Struktur
– trophische 322
Strukturfarbe 294
Stufe
– trophische 72
Suberin 269
Substratkettenphosphorylierung 111
Subtropisch 325
Subtropisch-tropisch 329
Sukzession 41–43, 332
Sulfatase 263
Superkontinent 12
Superorganismus 4, 6, 7, 14, 70, 87, 251, 290
Superoxidradikal 153
Surfactant 194
Surtsey 41, 42, 382
Survival of the fittest 13
Süßwasserbenthal
– Nahrungsnetz 349
Suszeptibilität 216
Svalbard Global Seed Vault 405
Symbiose 51, 204, 205, 252, 254, 256, 274
Symbiosom 205, 207, 275
Sympatrie 66
Sympatrisch 66
Symplast 155
Synökologie 4
Systemin 148, 267

T

Taiga 333
Tamariske 381
Tannin 132, 137, 258, 259, 263, 266, 271
Tannosom 107, 137
Tarnung 295, 297
Tau 155, 159
Taxonomie 23
– integrative 23, 131

Temperatur 117, 152
– globale 372
Temperaturanomalie
– globale 372
Temperaturanstieg
– und Treibhausgase 372
Teosinte 384
Termite 198, 251, 254, 256, 290
– Biofilm im Darm 204
Terpen 238
Terpenoid 136, 225, 241, 242, 250, 263, 265, 270, 286, 302, 307
Terpinen-4-ol 287
Terra nullius 8
Terra preta do índio 9
Tertiärkonsument 72
Teststatistik 30
Tetrapyrrol 137, 293, 298
Tetraterpen 148
Tetrodotoxin 305
Theorie
– metabolische 90
Thermokline 343
Therophyt 67, 329
Thiocyanat 263
Thylakoidmembran 107
Tiefenökologie 5
Tiefenzone 345
Tiefsee 182, 183
Tiefseequelle
– hydrothermale 204
Tier
– Artensterben 375, 377
Tierzelle 104
Tit for tat 20
Toleranz 147, 176
Ton-Humus-Komplex 323
Top-down-Kontrolle 84
Topprädator 72
Transcriptomics 118, 131
Transgen 388
Transkriptionsfaktor 159
Transkriptionskontrolle 150
Transparenz zur Tarnung 297
Transpiration 161
Transportarbeit 111
trans-Verbenol 287
Trehalose 155, 156, 161, 164
Treibhauseffekt 75
Treibhausgas
– Reduktion 397
– und Temperaturanstieg 372
Tricarbonsäurezyklus (TCC) 113–115
Trichom 157, 176, 261, 263, 265
Trimethylamin 181
Trimethylamin-N-oxid (TMAO) 157, 181, 183
3,4,5-Tri-O-Galloylchinasäure 160
Triterpen 148
Trittbrettfahrer 21
Trockenheit 152
Trockenstress 212
Tropisch 325
Tropisch-subtropisch 328
Tryptophan 148
Tundra 333
Turacin 295
Turacoverdin 295

Turgor 108, 109
Turnover 112

U

Überflutung 154
Übergangsmodell
– demografisches 363
Überlebenskurve 48
Uferzone 345
Ulmensterben 85
Ultimat 17
Ultraschallechoortung 236
Umwelt-DNA 37
Umweltethik 5
Umweltfaktor 340
– abiotischer 146
– biotischer 146
Umweltökonomie 50
Umweltschutz 394, 403
Umweltstochastizität 47
United Nations Framework Convention on Climate Change (UNFCCC) 396
Untergrund
– tiefer kontinentaler 192
Upwelling 79
Upwellingregion 344
Urban forest 369
Urbanisierung 368
Ureinwohner 8
Urwald 332
Usninsäure 212
UV-Licht 152, 292
UVR-8 152

V

Vakuole 108
Van-der-Waals-Kraft 109
Van't Hoff'sche Reaktionsgeschwindigkeits-Temperatur-Regel 117
Vegetationszone 28
Vektor 216
Venomics 302
Verbenon 287
Verhalten
– umweltbewusstes 399
Vernetzung 11
– im Ökosystem 69, 85
Versalzung 8, 10, 75, 369
Versicherungshypothese 45
Verstädterung 368
Verteidigung
– indirekte chemische 268
Verteilung
– allopatrische 66
– sympatrische 66
Verwandtschaftsselektion 19
Victorin 219
Viehzucht 11, 361
4-Vinylanisol 288
Virulenzgen 215
Virus 56
Virus-like particle (VLP) 346
Viskosität 340
Vogel
– Färbung 294

Volatile organic compound (VOC) 135, 138, 194, 238
Volicitin 268
Volk
– indigenes 9, 11
Vollparasit 227
Vollwüste 329, 332
Volterra-Prinzip 54
Vulkan 212

W

Wachs
– epiculiculäres 260
Wachstum
– dichteabhängiges, logistisches 46
– dichteunabhängiges, exponentielles 45
Wachstumskurve 45
Wahrscheinlichkeit 30
Wald
– gemäßigter, immergrüner 331
– kühltemperat 331
– sommergrüner 331
Wärmehaushalt
– Gewässer 343
Wärmeinsel
– städtische 368
Warmgemäßigt 331
Warmtemperiert 325
Warnfärbung 138, 296
Warnung 295
Wasser
– Dichte 340
– Dichteanomalie 341
– Dichtemaximum 342
– Eigenschaften 109, 111, 340, 341
– gelöste Gase 342
– gelöste Stoffe 342
– Lichtabsorption 343
– Strahlungsklima 343
– thermische Schichtung 341
– Viskosität 340
– Wärmeeigenschaften 341
– Wärmeleitfähigkeit 341
Wasserkreislauf 75, 76
Wassermolekül
– Bipolarität 341
– Dielektrizitätskonstante 341
Wasserpotenzial 316
Wasserstoffbrücke 109, 155, 341
Wasserstoffperoxid 153
Wasserstress 155
Wasserüberschuss 169
Wattenmeer 166
Wechselbeziehung
– zwischenartliche 50
Wechselwirkung
– zwischen Arten 51
Wegwerfwirtschaft 402
Wehrdrüse 306
Weidegang 51
Weidegänger 351
Welkepunkt 316
Weltanschauung
– holistische 11
Wetter 370
Wettrüsten 259
Wiederauferstehungspflanze 110, 159, 329

Wildnis 9
Wildpflanze 384
Winterdürre 163
Winterruhe 162
Winterschlaf 162
Winterstagnation 344
Wirbellose
– Artensterben 375
Wirbeltier
– Algengarten 277
– Artensterben 375
Wissen
– indigenes 8
– traditionelles 8, 9, 11
Witterung 370
Wood Wide Web 70
Wurzelknöllchen 131, 158, 171, 206, 207, 322
Wurzelparasit
– obligater 227
Wüste 212, 214, 329, 332
Wüstenlandschaft 330

X

Xanthophore 292
Xanthophyll 118
Xanthopterin 293
Xerophyt 157, 329

Y

Yellowstone-Nationalpark 9

Z

Zehnerregel 378
Zeigerpflanze 88, 89
Zellatmung 113
Zelle
– eukaryotische 103
– prokaryotische 105
Zellkern 106
Zelltod
– hypersensitiver 218
Zellwand 105
Zerkleinerer 351
Zink 172, 177
Zone
– aphotische 343
– euphotische 343
– photolytische 343
– trophogene 345
– tropholytische 345
Zonobiom 208, 214, 324–326, 328, 329, 331–333
Zoochorie 242
Zoonose 379
Zoophilie 232
Zooxanthelle 275
Zuckerkäfer 198
Zuckerrohr 205
Zuwachsrate
– spezifische 45
Zuwanderung 45
Zwei-Domänen-Stammbaum 102
Zyklus
– biogeochemischer 74

If you have any concerns about our products,
you can contact us on
ProductSafety@springernature.com

In case Publisher is established outside the EU,
the EU authorized representative is:
**Springer Nature Customer Service Center GmbH
Europaplatz 3, 69115 Heidelberg, Germany**

Printed by Libri Plureos GmbH
in Hamburg, Germany